Physik

NATUR UND TECHNIK

für die Sekundarstufe I
Band 2

Cornelsen

Physik
für die Sekundarstufe I
Band 2

Das Werk wurde erarbeitet von

Bernd Heepmann
Dr. Heinz Muckenfuß
Wilhelm Schröder
Dr. Leonhard Stiegler

unter Mitarbeit von
Franz Forster
Dietwald Kipp

Redaktion
Helmut Dreißig
(redaktionelle Leitung)
Christa Greger
Jürgen Hans Kuchel
Christian Wudel

Grafik
Gabriele Heinisch (Cornelsen)
Yvonne Koglin

Fotos
Budde und Fotostudio Mahler
(Auftragsfotos Cornelsen)
Sonstige Fotoquellen
siehe Verzeichnis der Bild- und Textquellen

Gestaltung und technische Umsetzung
Dierk Ullrich

1. Auflage ✔
Druck 5 4 3 2 Jahr 02 01 2000 99

Alle Drucke dieser Auflage können im Unterricht nebeneinander verwendet werden.

Druck: CS-Druck Cornelsen Stürtz, Berlin

ISBN 3-464-06032-2

Bestellnummer 60322

gedruckt auf säurefreiem Papier, umweltschonend hergestellt aus chlorfrei gebleichten Faserstoffen

Inhaltsverzeichnis

Mechanik

Körper in Bewegung S. 166
1 Die Geschwindigkeit
2 Beschleunigung und Verzögerung

Kräfte wirken auf Körper S. 172
1 Verschiedene Kräfte
2 Wir experimentieren mit Kräften
3 Wir messen Kräfte
4 Wenn mehrere Kräfte wirken ...
5 Das Wechselwirkungsprinzip
6 Zusammenfassung

Reibung und Verkehrssicherheit S. 182
1 Vorsicht, Kurve!
2 Der Anhalteweg
3 Zusammenfassung

Die Masse S. 188
1 Körper sind träge
2 Masse und Gewichtskraft
3 Die Dichte
4 Zusammenfassung

Kreisbewegungen S. 198
1 Gefährliche Kurven
2 Schwerelosigkeit trotz Schwerkraft
3 Wovon hängt die Zentralkraft ab?
4 Zusammenfassung

Einfache Maschinen S. 206
1 Hebel machen's möglich
2 Seile und Rollen
3 Zusammenfassung

Die Arbeit S. 220
1 Wer arbeitet hier?
2 Wo wird mehr gearbeitet?
3 Kann man Arbeit einsparen?
4 Zusammenfassung

Energieformen und Energieumwandlungen S. 228
1 Keine Arbeit ohne Energie?
2 Zusammenfassung

Die Leistung S. 236
1 Was bedeutet *Leistung*?
2 Zusammenfassung

Der Druck S. 242
Warum sinkt das Pistenfahrzeug nicht tiefer ein?

Mechanik der Flüssigkeiten S. 244
1 Wenn Flüssigkeiten „unter Druck" geraten ...
2 Der Schweredruck in Flüssigkeiten
3 Der Auftrieb
4 Das Schwimmen
5 Zusammenfassung

Mechanik der Gase S. 258
1 Eingesperrte Gase
2 Der Luftdruck und seine Wirkungen
3 Luftdruck – der Schweredruck von Luft
4 Zusammenfassung

Pumpen und Ventile S. 272
Wie funktionieren Pumpen und Ventile?

Elektrizitätslehre

Die elektrische Stromstärke S. 274
1 Ströme und Stromstärken
2 Wir messen die elektrische Stromstärke
3 Zusammenfassung

Die elektrische Spannung S. 278
1 Elektronen müssen angetrieben werden
2 Die Spannung wird gemessen
3 Zusammenfassung

Elektrische Energie S. 284
1 Die elektrische Leistung
2 Stromkreise übertragen Energie
3 Die elektrische Energie
4 Elektrische Energie gibt's nicht umsonst
5 Zusammenfassung

Der elektrische Widerstand S. 294
1 Was versteht man unter dem elektrischen Widerstand?
2 Wovon hängt der Widerstand eines Leiters ab?
3 Licht ausschalten – nur durch Wärme?
4 Elektrische Glühlampen – mit einer *Flamme* einschalten?
5 Das ohmsche Gesetz
6 Zusammenfassung

Mehrere Geräte an einer Stromquelle S. 306
1 Eine merkwürdige Schaltung
2 Die Parallelschaltung
3 Der Spannungsteiler
4 Die Leistung bei Parallel- und Reihenschaltung
5 Zusammenfassung

Kräfte auf Ströme im Magnetfeld S. 316
1 Wie funktioniert ein Drehspulinstrument?
2 Der Elektromotor
3 Zusammenfassung

Elektrische Energie durch Induktion S. 324
1 Eine Spule als Energiequelle?
2 Induktionsspannungen – streiken da unsere Messgeräte?
3 Wie funktioniert ein Generator?
4 Induktion und lenzsche Regel
5 Generatoren in der Technik
6 Zusammenfassung

Der Transformator S. 336
1 Wie funktioniert ein Transformator?
2 Der Transformator wird belastet
3 Transformatoren im Wechselstromnetz
4 Zusammenfassung

Wärmelehre/Energetik

Die spezifische Wärmekapazität S. 344
1 Wärme wird gemessen
2 Zusammenfassung

Verborgene Energie S. 348
1 Schmelzen und Erstarren
2 Verdampfen und Kondensieren
3 Siedetemperatur und Druck
4 Zusammenfassung

Verdunsten und Kühlen S. 356
1 Kühlen im warmen Sommerwind?
2 Kühlschrank und Wärmepumpe
3 Zusammenfassung

Maschinen, die mit Wärme arbeiten S. 360
1 Heißer Dampf verrichtet Arbeit
2 Energieumwandlung und Abwärme
3 Verbrennungsmotoren
4 Zusammenfassung

Elektrizitätswerke im Vergleich S. 372
1 Energieversorgung durch Wärmekraftwerke
2 Elektrische Energie aus erneuerbaren Energien

Energie sparen! S. 382
1 Energiesparen beim Heizen
2 „Geschenkte Energie"

Kernphysik

Die Radioaktivität S. 386
1 Nachweis und Eigenschaften radioaktiver Strahlung
2 Atombau und radioaktive Strahlung
3 Wie kann man sich vor radioaktiver Strahlung schützen?
4 Halbwertszeit und Messung der Radioaktivität
5 Gefahr und Nutzen radioaktiver Strahlung
6 Zusammenfassung

Energie aus Atomkernen S. 400
1 Kernenergie und Kernspaltung
2 Kernenergie als Bedrohung der Menschheit – die Atombombe
3 Die technische Nutzung der Kernenergie: Kernkraftwerke
4 Das Problem der „Entsorgung"
5 Die Katastrophe von Tschernobyl und ihre Folgen
6 Zusammenfassung

Elektronik

Leitungsvorgänge in Halbleitern S. 412
1 Leiter – Nichtleiter – Halbleiter
2 Wie verhält sich ein Halbleiter beim Erwärmen?
3 Ein weiterer Halbleiter: der Fotowiderstand
4 Elektronenleitung – Löcherleitung
5 Die Diode
6 Zusammenfassung

Transistoren in elektronischen Schaltungen S. 424
1 Verstärken
2 Elektronische Sensorschaltungen
3 Kondensatoren für Zeitschaltungen
4 Der Kondensator im Wechselstromkreis
5 Transistoren verstärken Signale
6 Analog – digital
7 Zusammenfassung

Die Flipflopschaltung S. 438
Transistorschaltungen als „Gedächtniszellen" von Computern

Grundlagen der Informationsverarbeitung S. 440
1 Informationen werden gespeichert
2 Informationen werden verarbeitet: logische Schaltungen
3 Zählen und Addieren
4 Eine kleine Geschichte der Computertechnik
5 Zusammenfassung

Aus Optik und Akustik

Die Farben S. 450
1 Licht steckt voller Farben
2 Farbaddition und Farbsubtraktion
3 Das Auge macht's möglich
4 Körperfarben
5 Zusammenfassung

Schallerzeugung und Schallausbreitung S. 462
1 Wie entsteht der Schall?
2 Schallwellen und Schallausbreitung
3 Resonanz
4 Zusammenfassung

Lärm und Lärmbekämpfung S. 472
1 „Power" für die Ohren?
2 Lärmschutz

Anhang S. 476

7502R

Körper in Bewegung

1 Die Geschwindigkeit

1

Wie könnten die Schülerinnen und Schüler die Geschwindigkeit der Autos messen? Überlegt euch ein Verfahren und probiert es in der Nähe eurer Schule aus.

Tipp: Wenn ein Auto an dem festgelegten Ort vorbeifährt, gibt dort jemand *möglichst unauffällig* ein Zeichen, z. B. mit einer Taschenlampe.

Bevor ihr mit den folgenden Versuchen beginnt, legt ihr euch eine Tabelle an (→ Muster). Dort tragt ihr alle Ergebnisse ein.

bewegter Körper	Weg	Zeit	Geschwindigkeit
Läufer	100 m	? s	?

V 1 In welcher Zeit läufst du eine Strecke von 100 m (75 m)? Wenn du es nicht weißt, dann probiere es aus.

V 2 Wie schnell ist ein Radfahrer auf der 100-m-Strecke? Vergleiche seine Zeit mit deiner Laufzeit.

V 3 Wie schnell fliegt ein Handball oder Fußball? Bild 2 zeigt, wie du das feststellen kannst.

V 4 Wie schnell sind Spielzeugautos? Messt auf dem Flur eine gerade Strecke von 5 m oder 10 m ab. Wie viel Zeit benötigen verschiedene Autos mit Elektro- oder Federantrieb? Wie groß ist jeweils die Geschwindigkeit?

V 5 Für diesen Versuch benötigt ihr z. B. einen elektrisch angetriebenen Experimentierwagen (Bild 3).

a) Ein Metronom ist auf 1-s-Takt eingestellt. Bei jedem Schlag markiert ihr den Ort des Wagens mit Filzstift auf einem Papierstreifen, der neben dem Wagen mit Klebestreifen festgeklebt ist.

Zerschneidet anschließend den Streifen an den markierten Stellen und legt die Stücke nebeneinander.

b) Messt eine Strecke von 5 m ab und macht jeweils nach 1 m einen Strich.

Stoppt die Zeiten, die der Experimentierwagen für 1 m, 2 m, 3 m, 4 m, 5 m benötigt. Notiert die Messwerte in der Tabelle.

Lege in deinem Heft ein Diagramm nach Bild 4 an und trage die Messwerte ein.

Berechne für jede Messung den Quotienten aus Weg und Zeit.

Beispiel: 2 m in 4 s: $\frac{2\ \text{m}}{4\ \text{s}} = 0{,}5\ \frac{\text{m}}{\text{s}}$.

2

3

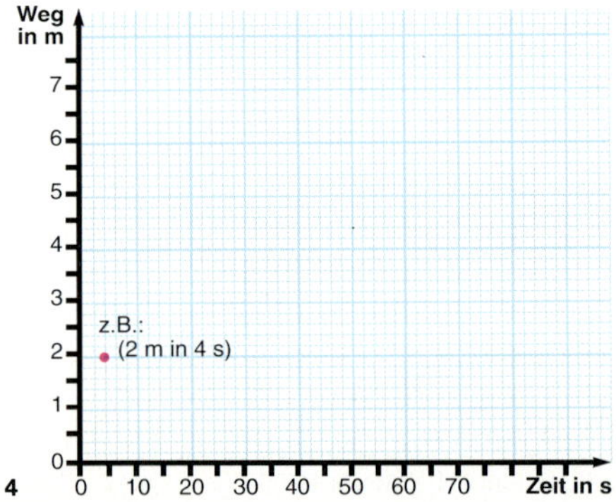

4

6251R

Was versteht man unter Geschwindigkeit?

Jens und Peter sind beim Sportfest in unterschiedlichen Gruppen gestartet. Jens ist 100 m in 15 s gelaufen, Peter 75 m in 12,5 s. Nun möchten die beiden wissen, wer *schneller* gelaufen ist.

Das kann man aus den Ergebnissen nicht ohne weiteres ablesen. Sowohl die Strecken als auch die Zeiten waren ja unterschiedlich. Vielmehr muss man für den Vergleich *gleiche Strecken* oder *gleiche Zeiten* zugrunde legen.

Sie können ausrechnen, *wie viel Meter sie in einer Sekunde gelaufen sind:*

Jens: In 15 s lief er 100 m,
in 1 s also 100 m : 15 = 6,7 m.

Peter: In 12,5 s lief er 75 m,
in 1 s also 75 m : 12,5 = 6,0 m.

Die **Geschwindigkeit** von Jens beträgt 6,7 $\frac{\text{m}}{\text{s}}$ *(Meter durch Sekunde)*. Peter hatte eine mittlere Geschwindigkeit von 6,0 $\frac{\text{m}}{\text{s}}$. Jens lief also *schneller* als Peter. Seine Geschwindigkeit war *größer*.

Man hat festgelegt, die Geschwindigkeit so zu berechnen:

Geschwindigkeit = $\mathbf{\frac{Weg}{Zeit}}$, $v = \frac{s}{t}$.

Das Symbol v für die Geschwindigkeit ist abgeleitet von lat. *velocitas*.

Natürlich war Peter nicht auf der ganzen Strecke gleich schnell: In der ersten Sekunde nach dem Start legte er vielleicht nur 3 m zurück. Im Mittelteil der Strecke schaffte er mehr als 6 m in 1 s. Kurz vor dem Ziel lief er 5 m in 1 s.

Wäre jemand mit dem Fahrrad neben Peter hergefahren, hätte er auf dem Tachometer unterschiedliche Geschwindigkeiten abgelesen. Peters Geschwindigkeit war nicht immer gleich groß.

In solchen Fällen spricht man von der **mittleren Geschwindigkeit** *(Durchschnittsgeschwindigkeit)*. Man sagt: Peter hatte eine *mittlere* Geschwindigkeit von 6 $\frac{\text{m}}{\text{s}}$. Er lief „im Mittel" 6 m in 1 s.

Wir haben bisher die Geschwindigkeit in **Meter durch Sekunde** angegeben. Oft verwendet man auch die Einheit **Kilometer durch Stunde**. Wir können diese Einheiten ineinander umrechnen:

$$1\,\frac{\text{m}}{\text{s}} = \frac{60\text{ m}}{1\text{ min}} = \frac{3600\text{ m}}{1\text{ h}} = 3{,}6\,\frac{\text{km}}{\text{h}}.$$

$$1\,\frac{\text{km}}{\text{h}} = \frac{1000\text{ m}}{60\text{ min}} = \frac{1000\text{ m}}{3600\text{ s}} = 1\,\frac{\text{m}}{\text{s}} = 0{,}278\,\frac{\text{m}}{\text{s}}.$$

Es gilt also:

Geschwindigkeit in $\frac{\text{m}}{\text{s}}$ · 3,6
→ Geschwindigkeit in $\frac{\text{km}}{\text{h}}$.

Geschwindigkeit in $\frac{\text{km}}{\text{h}}$: 3,6
→ Geschwindigkeit in $\frac{\text{m}}{\text{s}}$.

Beispiel: Gib Peters Geschwindigkeit in Kilometer durch Stunde an.

Lösung: 6 · 3,6 = 21,6.

Die Geschwindigkeit beträgt 21, 6 $\frac{\text{km}}{\text{h}}$.

Aufgaben

1 In Versuch 5 b ergaben sich z. B. folgende Messwerte:

Weg *s* in m	Zeit *t* in s	Geschwindigkeit *v* in $\frac{\text{m}}{\text{s}}$
1	2,1	?
2	4	?
3	5,9	?
4	8,1	?
5	10	?

a) Stelle die Ergebnisse auf Millimeterpapier grafisch dar. Überlege dir, wie du die Achsen unterteilst.

b) Berechne die Geschwindigkeiten.

c) Erkläre die geringen Unterschiede.

d) Die Bewegung *dieses* Wagens nennt man *gleichförmig*. Was versteht man darunter?

e) Bewegungen, die wir in unserer Umwelt beobachten, sind meist *ungleichförmig*. Ordne in gleichförmige und ungleichförmige Bewegungen:

Auto im Straßenverkehr; Mofafahrer auf dem Schulweg; Minutenzeiger einer Uhr; Blech auf einem Fließband; Blumentopf fällt aus 3. Etage; Öltanker in ruhiger See; Sportlerin beim 100-m-Lauf.

2 In Bild 5 sind die Messergebnisse von zwei Versuchen dargestellt.

a) Welcher Wagen war schneller?

b) Wie viel Meter fuhren die Wagen in 1,5 s, 3 s, 4,5 s, 6 s?

c) Wie viele Sekunden haben sie für 2 m, 5 m, 7 m, 10 m gebraucht?

d) Gib die Geschwindigkeiten der beiden Wagen in m/s und in km/h an.

3 In einer Klasse wurden die Versuche 1–4 (Schüler, Radfahrer, Fußball und Modellauto) durchgeführt.

Übertrage die Tabelle und berechne die Geschwindigkeiten.

	Weg	Zeit	Geschwindigkeit
V 1	100 m	15 s	?
V 2	100 m	12 s	?
V 3	20 m	2 s	?
V 4	3 m	3 s	?

4 Ergänze: Je schneller ein Auto fährt, desto … ist die Zeit, die es für eine Strecke von 200 km benötigt.

Je langsamer es fährt, desto … ist der Weg, den es in einer Stunde zurücklegt.

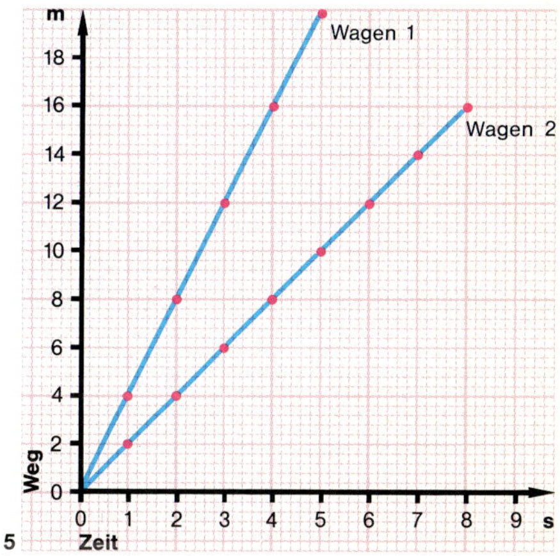

5

5 Ein Auto fährt auf der Autobahn mit einer konstanten Geschwindigkeit von 80 km/h. Wie weit ist es nach 2,5 Stunden gekommen?

6 Bei einer Radtour wird in drei Stunden eine Strecke von 38 km zurückgelegt. Berechne die *mittlere* Geschwindigkeit in km/h und in m/s.

Weshalb ist es hier sinnvoll, von *Durchschnitts-* oder *mittlerer* Geschwindigkeit zu sprechen?

7 Wie kannst du prüfen, ob ein Fahrradtacho die Geschwindigkeit richtig anzeigt?

Aus Umwelt und Technik: **Geschwindigkeitsmessungen auf See**

„Geschwindigkeiten“ spielten im Leben unserer Vorfahren kaum eine Rolle. Zunächst waren nämlich nur zwei Fortbewegungsmittel wichtig: die eigenen Füße und Pferde mit oder ohne Wagen. Wie weit man damit an einem Tag oder in einer Stunde kam, war jedem bekannt. Man sprach damals von „Tagesreisen“ und „Wegstunden“; Geschwindigkeitsangaben waren überflüssig.

Auf See dagegen werden schon seit langem Geschwindigkeiten von Schiffen bestimmt. Früher benutzte man dazu ein **Handlog** und eine *Sanduhr* (Bild 1). Das *Handlog* bestand aus einem mit Blei beschwerten Brettchen, an dem die *Logleine* befestigt war. Das Brett wurde am Heck des Schiffes ins Wasser geworfen. Durch den Widerstand, den das Brett dem Wasser entgegensetzte, wurde die Leine mehr oder weniger schnell abgerollt – je nach Geschwindigkeit des Schiffes.

1

In der Leine befanden sich in bestimmten Abständen *Knoten*, die gezählt wurden, solange die *Loguhr* (eine Sanduhr für 15 s) lief. Man gab die Geschwindigkeit durch die Zahl der Knoten an, die in 15 s gezählt wurden. 1 Knoten bedeutet 1 Seemeile pro Stunde (1 Seemeile = 1,852 km). Wenn z. B. 12 Knoten gezählt wurden, betrug die Geschwindigkeit „12 Knoten“ (12 Seemeilen pro Stunde).

Die Geschwindigkeit von Schiffen wird auch heute noch in *Knoten* angegeben, obwohl sich die Messverfahren geändert haben.

Aus Umwelt und Technik: **Geschwindigkeitsmessungen im Straßenverkehr**

Die Hauptursache für Verkehrsunfälle ist überhöhte Geschwindigkeit. Daher müssen Geschwindigkeitsbegrenzungen eingehalten werden. Außerdem muss die Geschwindigkeit den Verkehrsverhältnissen angepasst werden. Daher werden Geschwindigkeitskontrollen durchgeführt, und zwar vor allem dort, wo Menschen besonders gefährdet sind.

Weit verbreitet ist die **Radarmessung**. Von einem kleinen Sender (z. B. vorne am Kühlergrill des Polizeifahrzeugs) gehen Strahlen aus, die vom wegfahrenden Fahrzeug reflektiert werden. Liegt die gemessene Geschwindigkeit über der zulässigen Geschwindigkeit, so fertigt eine automatische Kamera ein Bild des Fahrzeugs an (Bild 2).

Nur noch selten wird das **Funkstoppverfahren** angewendet: Am Anfang und am Ende einer 300 bis 500 m langen Strecke steht jeweils mindestens ein Posten mit Funkgerät und Stoppuhr. Posten 1 gibt für alle Stoppuhren das Startkommando, Posten 2 das Stoppkommando. Zu den gestoppten Zeiten wird die Geschwindigkeit aus einer Tabelle abgelesen.

Um Fehler zu vermeiden,
- wird nur die längste der gemessenen Zeiten zur Berechnung der Geschwindigkeit benutzt,
- wird zu dieser Zeit 1 s hinzugezählt,
- ist die Messung ungültig, wenn zwei Messwerte um mehr als 1 s voneinander abweichen.

Häufig werden **Messfühler** und **Lichtschranken** zur Geschwindigkeitsüberwachung eingesetzt.

Die *Messfühler* bestehen aus zwei Kabeln, die im Abstand von 1,5 m auf der Straße verlegt werden. Überfahren die Vorderräder Kabel 1, wird eine Uhr gestartet; wenn sie Kabel 2 überfahren, wird die Uhr gestoppt.

Ähnlich arbeiten *Lichtschranken*: Dabei wird die Uhr ein- bzw. ausgeschaltet, wenn die entsprechenden Lichtbündel von einem Fahrzeug unterbrochen werden. Beide Systeme werden – wie Radaranlagen – mit automatischen Kameras gekoppelt.

2

Fragen und Aufgaben zum Text

1 Vor dem Zeitalter der Motorisierung hieß es: „Die Stadt ist drei Wegstunden entfernt.“ Was bedeutete diese Angabe?

2 Tachos messen nicht die Durchschnittsgeschwindigkeit, sondern die *Momentan*geschwindigkeit. Erkläre den Unterschied. *Tipp:* In „Momentan“ steckt das Wort *Moment* (Augenblick).

3 Für das Funkstoppverfahren braucht man keine aufwendigen Hilfsmittel.

a) Fertige eine Skizze an, aus der hervorgeht, wie dieses Verfahren funktioniert.
Überlege dazu:
- Wie viel Polizeibeamte müssen mindestens beteiligt sein, wenn die Schnellfahrer angehalten werden sollen?
- Wo müssen sie stehen?
- Mit welchen Geräten müssen sie ausgerüstet sein?

b) Bei einer 500-m-Strecke werden z. B. 25 s gemessen. Hat der Fahrer die zulässige Geschwindigkeit von 50 km/h eingehalten?

4 Auf Autobahnen stehen im Abstand von 1 km blaue Kilometertafeln. Wie kann man mit ihrer Hilfe einen Tacho prüfen?

6253R

Aus Umwelt und Technik: **Verschiedene Geschwindigkeiten**

Geschwindigkeiten im Verkehr

Verkehrsteilnehmer	Geschwindigkeit
Fußgänger	ca. $5\,\frac{km}{h}$
Radfahrer	ca. $15\,\frac{km}{h}$
Mofa zulässige Höchstgeschwindigkeit	$25\,\frac{km}{h}$
Autos in Wohngebieten	$30\,\frac{km}{h}$
zulässige Höchstgeschwindigkeit in Ortschaften	$50\,\frac{km}{h}$
zulässige Höchstgeschwindigkeit auf Landstraßen	$100\,\frac{km}{h}$
Richtgeschwindigkeit auf Autobahnen	$130\,\frac{km}{h}$
Schnellzug (Intercity)	bis $200\,\frac{km}{h}$
Intercity-Express (ICE)	bis $280\,\frac{km}{h}$
Düsenverkehrsflugzeug	bis $980\,\frac{km}{h}$

Geschwindigkeiten in der Natur

	Geschwindigkeit
Schnecke	ca. 5 mm/s
mäßiger Wind (Stärke 4)	7 m/s
Schwalbe	ca. 17 m/s
Rennpferd	ca. 25 m/s
Falke	ca. 28 m/s
Gepard	ca. 34 m/s
Orkan (Windstärke 12)	60 m/s
Schall (in Luft)	330 m/s
Licht	300 000 km/s

Geschwindigkeiten im Weltall

Himmelskörper (z. B. Planeten und Monde) bewegen sich mit hoher Geschwindigkeit durch den Weltraum. Auch die Erde steht nicht still.

Die Erde dreht sich um ihre eigene Achse. Für eine Umdrehung benötigt sie 24 Stunden (1 Tag).

Wie schnell dreht sich die Erde um ihre Achse? Stell dir einmal vor, du stehst irgendwo am Äquator, z. B. am gezeichneten Punkt in Bild 3. Dann legst du mit diesem Punkt der Erdoberfläche in 24 Stunden eine Strecke von 40 000 km zurück. Deine Geschwindigkeit beträgt also

$$\frac{40\,000\text{ km}}{24\text{ h}} = 1667\,\frac{\text{km}}{\text{h}}.$$

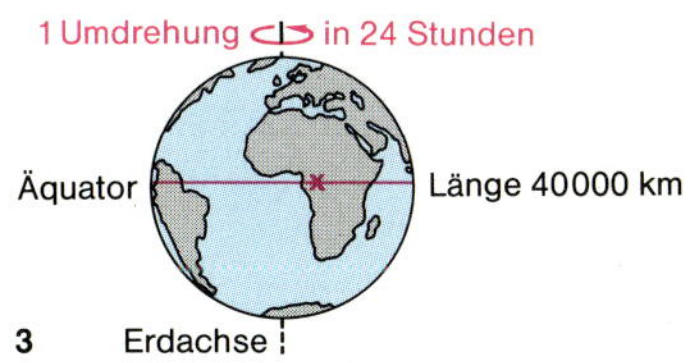

3

Die Erde bewegt sich um die Sonne (Bild 4). Dazu benötigt sie 1 Jahr (365 Tage). Um die gewaltige Strecke von 937 000 000 km in einem Jahr zu bewältigen, rast sie mit einer Geschwindigkeit von ungefähr 107 000 km/h durch das Weltall!

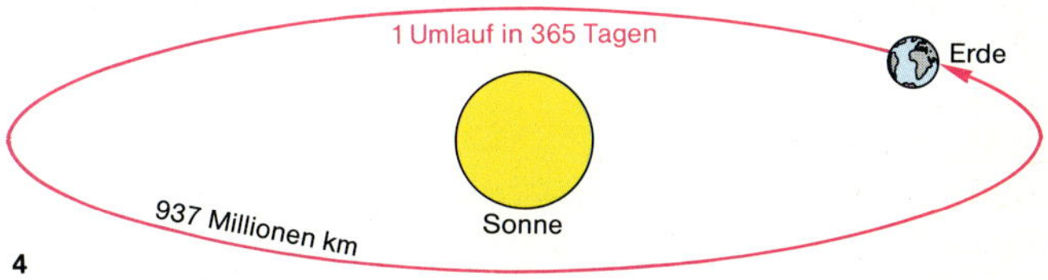

4

Der Mond bewegt sich um die Erde (Bild 5). Er braucht dazu etwa einen Monat (27 Tage). Seine Geschwindigkeit beträgt 3600 km/h.

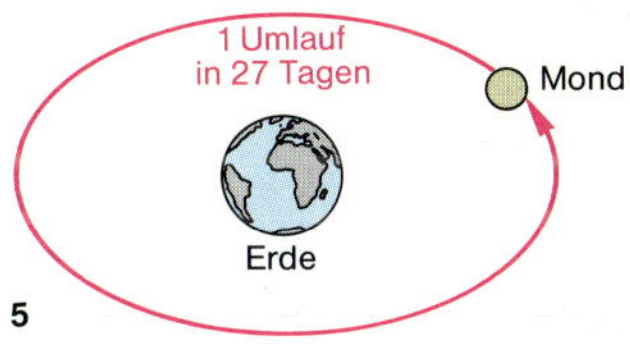

5

Fragen und Aufgaben zum Text

1 Benutze die Werte in den Tabellen.
a) Rechne alle Geschwindigkeiten, die in m/s angegeben sind, in km/h um.
b) Wer ist schneller, ein Schnellzug oder ein Falke?
c) Wie viel Zeit braucht eine Schnecke für eine Wegstrecke von 1 m?

2 Licht breitet sich mit einer Geschwindigkeit von 300 000 km/s aus.
a) Berechne, welche Strecke das Licht in 1 Minute (1 Stunde) zurücklegt.
b) Der Mond ist von der Erde etwa 400 000 km entfernt. Wie lange braucht das Licht ungefähr für diese Strecke?
c) Stell dir vor, ein Auto könnte eine solche Strecke ohne Pause mit 100 km/h fahren. Wie lange wäre es unterwegs?
d) Die Sonne ist fast 150 000 000 km von der Erde entfernt. Wie lange braucht das Sonnenlicht um die Erde zu erreichen?

3 Hier geht es noch einmal um große Zahlen:
a) Stell dir vor, rund um die Erde verliefe eine Straße – genau am Äquator entlang. Wie lange würde ein Auto brauchen um die Erde auf dieser Straße zu umfahren? Dabei soll die Geschwindigkeit des Autos gleichmäßig 80 km/h betragen.
b) Die Erde benötigt 1 Jahr um die Sonne auf einer ganz bestimmten Bahn zu umkreisen. Wie lange würde ein Düsenflugzeug für dieselbe Strecke brauchen?
c) Wie lange brauchte dafür eine Rakete (Geschwindigkeit 40 000 km/h)?

2 Beschleunigung und Verzögerung

1

Ein ungleiches Rennen! – Wer wird gewinnen?

Die Versuche 6–8 führt ihr im Freien durch. Ihr benötigt eine 100-m-Strecke, ein Fahrrad mit Tacho und Gangschaltung und für Versuch 8 eine Stoppuhr.

Legt vor Beginn Tabellen für eure Versuchsergebnisse an (→ Muster).

Tabelle für V 6 u. V 7

Weg	Start	10 m	20 m	...	100 m
Geschwindigkeit (Fahrrad, 1. Gang)	$0\,\frac{km}{h}$	?	?	...	?

V 6 Auf der 100-m-Bahn macht ihr alle 10 m einen deutlich sichtbaren Strich. Neben jede Markierung stellt sich ein Helfer. Dann startet der Radfahrer. Immer wenn er einen Strich überfährt, ruft er laut seine Geschwindigkeit. Die Helfer tragen sie in die vorbereitete Tabelle ein.

Führt den Versuch in verschiedenen Gängen durch. (Während der Fahrt darf nicht geschaltet werden!)

V 7 Diesmal beschleunigt der Radfahrer möglichst stark bis zur 30-m-Marke. Dann lässt er sein Rad auslaufen ohne weiterzutreten.

Ab der 30-m-Marke liest er wieder bei jedem Strich laut seine Geschwindigkeit ab.

V 8 „Der Wagen beschleunigt von 0 auf 100 in 14 s." Was bedeutet diese Angabe eigentlich?

Wie beschleunigt ein Fahrrad (Mofa)? Überlege dir einen Versuch um diese Frage zu beantworten. Es soll die Beschleunigung von 0 auf $10\,\frac{km}{h}$, von 0 auf $20\,\frac{km}{h}$ und von 0 auf $30\,\frac{km}{h}$ gemessen werden. Führt den Versuch in verschiedenen Gängen durch.

Legt euch zuerst wieder eine Tabelle an (→ Muster).

Geschwindigkeitsänderung	von 0 auf 10 km/h	von 0 auf 20 km/h	von 0 auf 30 km/h
Zeit (Fahrrad, 1. Gang)	? s	? s	? s

V 9 In der Klasse könnt ihr die Beschleunigung mit diesen Versuchsanordnungen (Bilder 2–5) untersuchen.

a) Ein Metronom wird auf einen 1-s-Takt eingestellt. So *hört* man, wenn jeweils eine Sekunde verstrichen ist. Bei jedem Schlag wird der Ort der Kugel (Bild 2) oder des Eisenbahnwagens (Bild 3) mit einem Filzschreiber markiert.

Schneide die so markierten Wegabschnitte aus und lege sie nebeneinander.

b) Immer wenn $\frac{1}{50}$ s verstrichen ist, schreibt der *Zeitmarkengeber* einen Punkt auf dem Papier (Bild 4).

Überlege vor dem Versuch, wie die Abstände zwischen den Punkten wohl aussehen werden.

c) Ein ähnlicher Versuch kann auch mit dem Tropfwagen durchgeführt werden. Bild 5 zeigt den entsprechenden Versuchsaufbau.

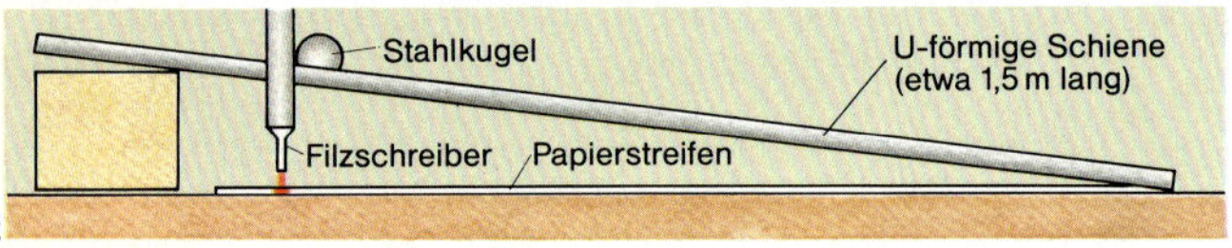

2

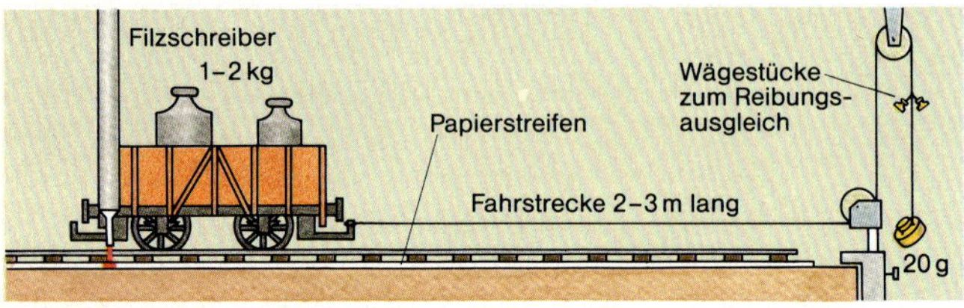

3

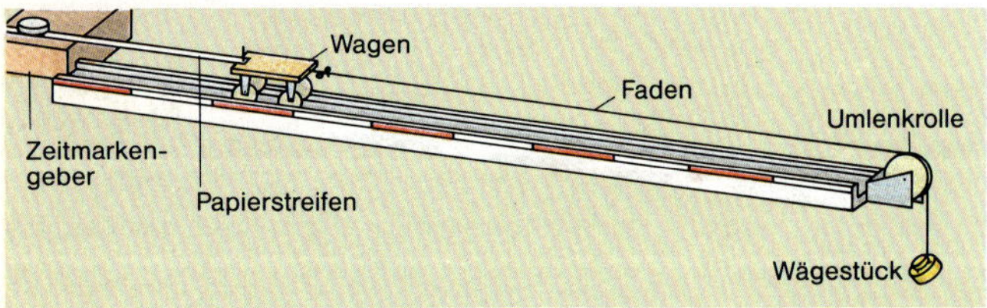

4

5

6255R

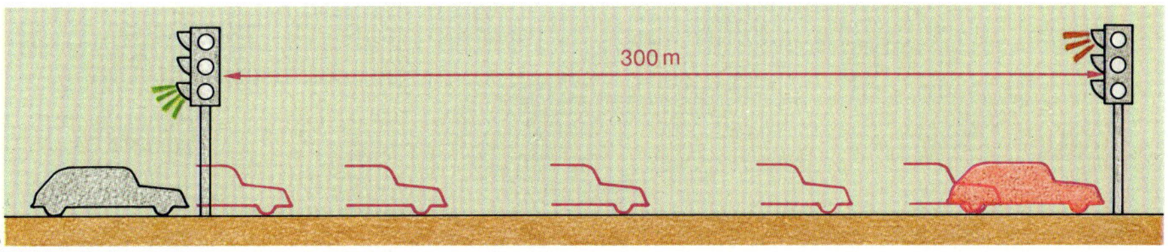

6

Das Auto legt die 300 m lange Strecke zwischen den Ampeln in 25 s zurück (Bild 6). Seine *Durchschnittsgeschwindigkeit* beträgt also

$$v = \frac{300\ \text{m}}{25\ \text{s}} = 12\ \frac{\text{m}}{\text{s}} = 12 \cdot 3{,}6\ \frac{\text{km}}{\text{h}} = 43{,}2\ \frac{\text{km}}{\text{h}}.$$

Dies ist aber nicht seine tatsächliche Geschwindigkeit zu verschiedenen Zeitpunkten. **Diese Geschwindigkeit ändert sich nämlich ständig.**

Man sagt: **Die Bewegung ist ungleichförmig.**

Beschleunigung

Zunächst nimmt die Geschwindigkeit des Wagens dauernd zu; er *beschleunigt* (Bild 7). Unter **Beschleunigung** versteht man also eine **Geschwindigkeitszunahme**.

Verzögerung

Dann wird die Geschwindigkeit des Wagens geringer; er *verzögert* (Bild 8). Eine **Verzögerung** ist eine **Geschwindigkeitsabnahme**. (Man spricht auch von *negativer Beschleunigung*.)

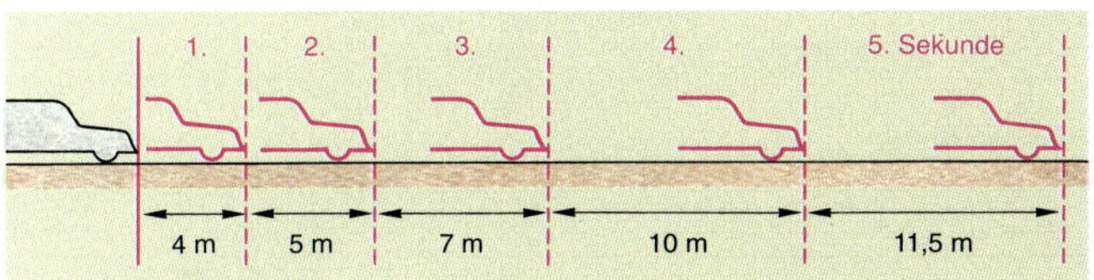

Beschleunigte Bewegung:
immer längere Wege in gleichen Zeiten.

7

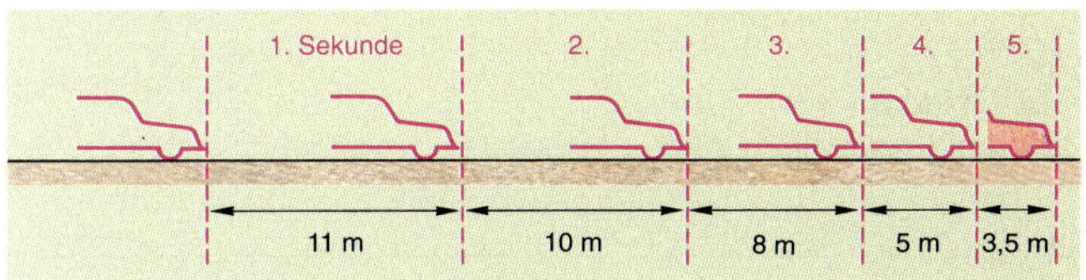

Verzögerte Bewegung:
immer kürzere Wege in gleichen Zeiten.

8

Aufgaben

1 Das Auto in Bild 9 fährt in jeder Sekunde einen gleich langen Weg. Es bewegt sich *gleichförmig*.

Was kannst du über die *Geschwindigkeit* bei einer gleichförmigen Bewegung aussagen?

2 Ein Auto fährt an: Nach der ersten Sekunde ist es 2 m weit gekommen, nach der zweiten 10 m, nach der dritten 18 m. Berechne seine (Durchschnitts-)Geschwindigkeit *während* der 1., 2. und 3. Sekunde.

Beschleunigt das Auto, verzögert es oder fährt es gleichförmig? Begründe deine Antwort.

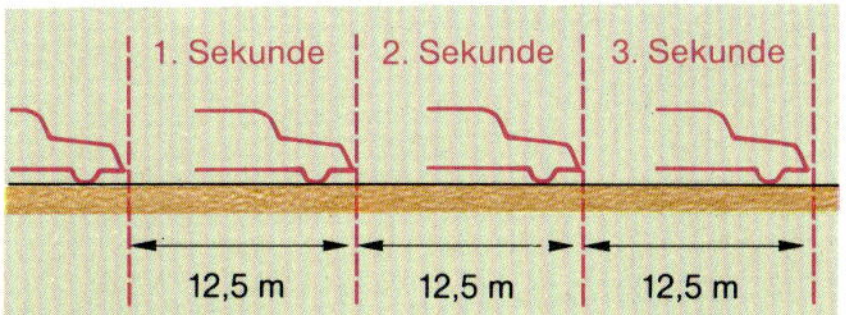

Gleichförmige Bewegung:
gleich lange Wege in gleichen Zeiten.

9

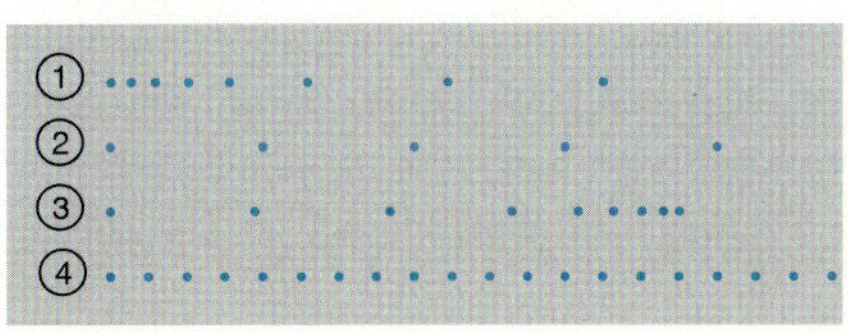

10

3 Suche aus Prospekten oder Zeitschriften Beschleunigungswerte von verschiedenen Fahrzeugen heraus. Vergleiche die Werte miteinander.

4 In welchen Verkehrssituationen kann eine hohe Beschleunigung wichtig sein? Inwiefern können hohe Beschleunigungen im Straßenverkehr gefährlich sein?

5 Aus einem Loch im Kühler eines Autos tropft Wasser. Ordne den Tropfenspuren von Bild 10 folgende Begriffe zu: gleichförmig (schnell), gleichförmig (langsam), beschleunigt, verzögert.

6 Die beiden Kurven im Diagramm von Bild 11 gehören zu den Bewegungen von zwei Fahrzeugen: Ein Lastwagen fährt auf der Autobahn. Ein Personenwagen fährt auf die Autobahn und ordnet sich in den Verkehr ein.

Welche Kurve gehört zu welchem Fahrzeug? Beschreibe die Bewegungen der Fahrzeuge.

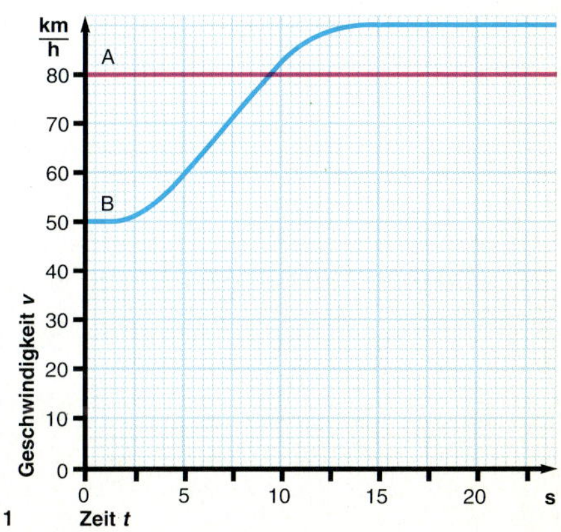

11

Kräfte wirken auf Körper

1 Verschiedene Kräfte

1

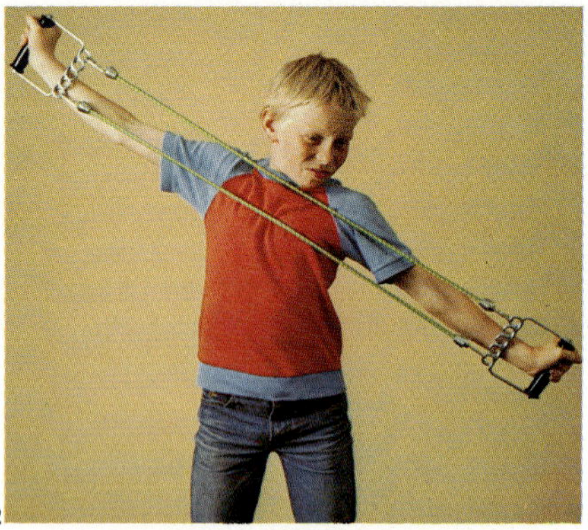
2

3

4

5

6

7

8

9

Aufgaben

1 Auf den Bildern 1–9 kannst du Wirkungen von Kräften erkennen. Notiere in einer Tabelle, auf welchen Körper eine Kraft ausgeübt wird und welche Wirkung sie hat.

Bild	Körper, auf den die Kraft wirkt	Wirkung der Kraft
1	Ball	Ball wird in andere Richtung gelenkt.
2	?	?

2 Manche Bilder passen zusammen, weil die Wirkungen der Kräfte ähnlich sind.

a) Auf einigen Bildern beeinflussen Kräfte die Bewegung der Körper.

Suche diese Bilder heraus und beschreibe, *wie* sich die Bewegungen jeweils ändern.

b) Auch die Kräfte auf den übrigen Bildern bewirken Veränderungen an Körpern. Was verändert sich hier?

511R

2 Wir experimentieren mit Kräften

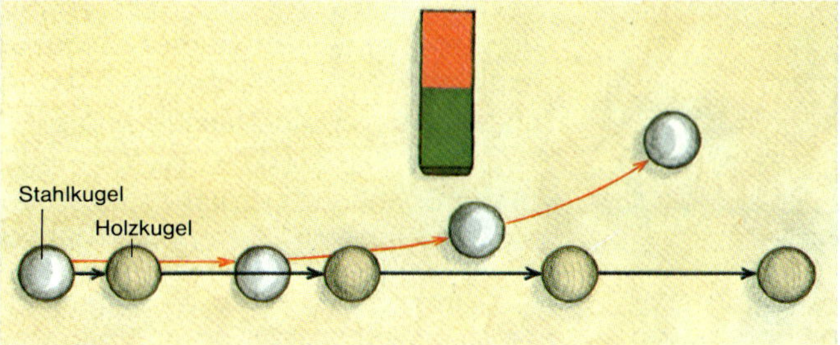

10

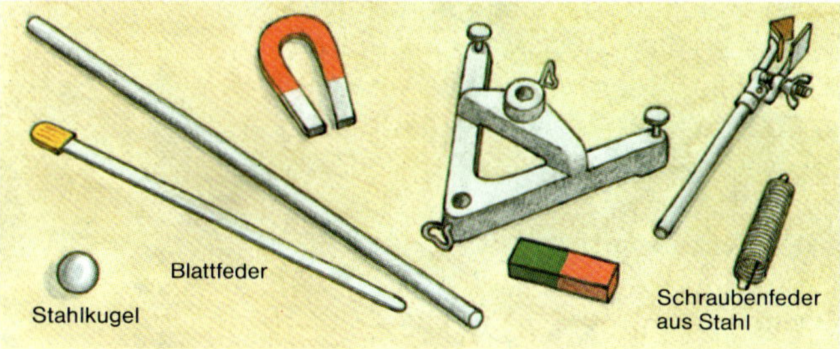

11

V 1 Mit Hilfe eines Dauermagneten soll die Bewegung einer Stahlkugel verändert werden. Bild 10 zeigt *eine* Möglichkeit, es gibt aber noch andere. Beschreibe jeweils, wie sich die Bewegung ändert.

V 2 Magnetische Kräfte können Körper auch verformen. Mit den Geräten von Bild 11 kannst du das zeigen.

V 3 Wie kannst du ein Modellauto anders als durch deine Muskeln in Bewegung setzen? Welcher Körper übt die Kraft aus? Beschreibe die Bewegung des Autos genau.

V 4 Der Wind kann Kräfte auf Körper ausüben. Zeige, dass diese Kräfte Körper verformen und Bewegungen verändern können.

Was man in der Physik unter Kraft versteht

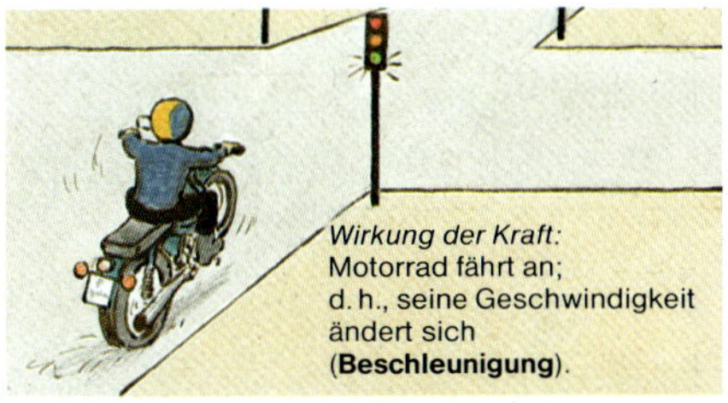
12 *Wirkung der Kraft:* Motorrad fährt an; d. h., seine Geschwindigkeit ändert sich (**Beschleunigung**).

13 *Wirkung der Kraft:* Auto fährt schneller als vorher; d. h., seine Geschwindigkeit ändert sich (**Beschleunigung**).

14 *Wirkung der Kraft:* Lastwagen bremst; d. h., seine Geschwindigkeit ändert sich (**Verzögerung**).

15 *Wirkung der Kraft:* Skifahrer fährt in eine Kurve; d. h., seine Bewegungsrichtung ändert sich (**Richtungsänderung**).

In der Umgangssprache spricht man von der *Ausdruckskraft* eines Redners. *Sehkraft* nennt man die Fähigkeit zu sehen. Oder man redet von *Magnetkraft*, wenn ein Magnet eine Schraube anzieht.

In der Physik hat der Begriff *Kraft* eine ganz bestimmte Bedeutung. Die Bilder 12–19 zeigen Beispiele, bei denen **physikalische Kräfte** wirken. Man erkennt Kräfte an ihren Wirkungen.

In den Beispielen der Bilder 12–15 bewirken Kräfte, dass sich die *Geschwindigkeit* oder die *Bewegungsrichtung* eines Körpers – sein **Bewegungszustand** – ändert. **Immer wenn sich der Bewegungszustand eines Körpers ändert, wirkt auf ihn eine Kraft.**

Manchmal ändert sich der Bewegungszustand eines Körpers nicht, obwohl Kräfte auf ihn wirken. Man beobachtet aber *Verformungen* (Bilder 16–18). In solchen Fällen wirken auf den Körper weitere Kräfte, die eine Änderung des Bewegungszustands verhindern. In Bild 16 übt z. B. der Erdboden eine zusätzliche Kraft auf die Bäume aus. **Kräfte bewirken auch Verformungen.**

Verformungen und Bewegungsänderungen können auch gemeinsam auftreten (Bild 19): Der Angler übt eine Kraft auf die Angel mit dem Fisch aus. Angel und Fisch werden beschleunigt, die Angel wird außerdem verformt.

Verformungen können vorübergehend (Bild 16) oder von Dauer sein (Bild 18). Nimmt ein Körper seine alte Form an, sobald die Kräfte nicht mehr wirken, nennt man sein Verhalten *elastisch*. Bleibt er verformt, heißt es *plastisch*.

16 *Wirkung der Kraft:* Die Bäume werden verbogen und geknickt (**Verformung**).

17 *Wirkung der Kraft:* Der Teigklumpen wird platt gedrückt (**Verformung**).

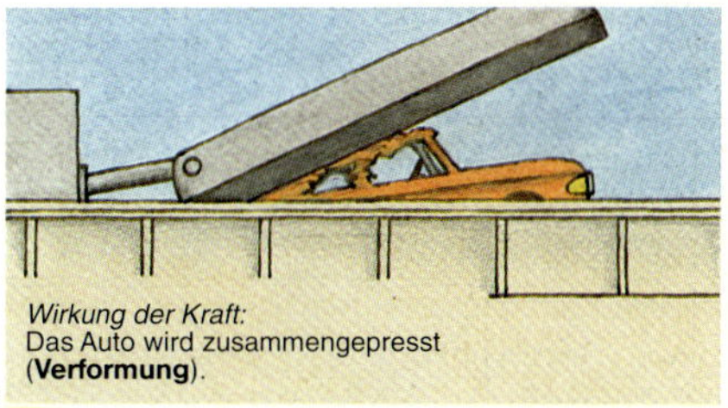
18 *Wirkung der Kraft:* Das Auto wird zusammengepresst (**Verformung**).

19 *Wirkung der Kraft:* Angel und Fisch werden **beschleunigt**. Die Angel wird **verformt**.

Aufgaben

1 In welchen der folgenden Situationen spielen *physikalische* Kräfte eine Rolle? Begründe deine Antwort.
a) Eine Lehrkraft schlägt wütend den Zeigestock auf den Tisch, sodass der Stock zerbricht.
b) Ein Schlitten fährt einen Hang hinunter und kommt auf einen gestreuten Gehweg.
c) Ein Autofahrer gibt Gas und überholt einen Lkw.
d) Der Großvater hat nur noch eine geringe Sehkraft.
e) Ein Apfel fällt vom Baum.
f) Ein Mann versucht einen Nagel aus der Wand zu ziehen, aber es gelingt nicht.
g) „Lanin hat eine besonders starke Waschkraft."

2 „Kräfte bewirken Bewegungs*änderungen*." Überlege einmal, ob dieser Satz auch auf folgende Situation zutrifft: Wenn man auf der Autobahn eine längere Strecke mit gleich bleibender Geschwindigkeit fährt, muss man dauernd den Fuß auf dem Gaspedal haben; der Motor übt also *ständig* eine Kraft aus. Der Bewegungszustand ändert sich aber *nicht*!

1

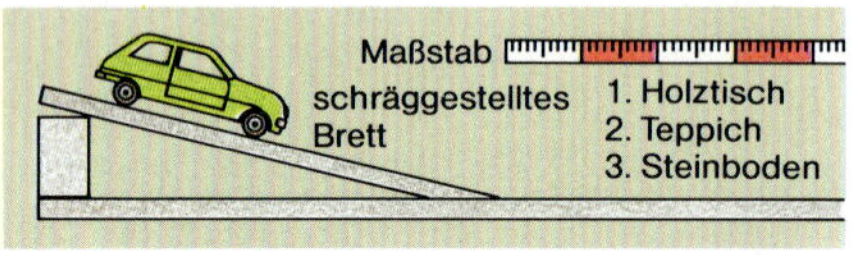

2

3 Beim Curling wird ein schwerer, blank polierter „Stein" über ein Eisfeld geschleudert. Er soll nahe an ein bestimmtes Ziel in etwa 35 m Entfernung herankommen.

Doch was machen die Spieler dort mit ihrem Besen (Bild 1)? Das Eis ist doch schon glatt und sauber!

a) Was geschieht, wenn man mit einem Besen schnell und kräftig über eine Eisfläche reibt?

b) Der Stein wird trotz aller Bemühungen immer langsamer. Schließlich kommt er zur Ruhe. Hier müssen also Kräfte wirken. Welche sind es?

c) Die Schuhe der Curlingspieler haben Sohlen mit besonders gutem Profil. Warum?

4 Bild 2 zeigt Anordnungen für drei **Versuche**. Es wirken jeweils Kräfte, die die Bewegung bremsen.

a) Beschreibe diese Kräfte.

b) Die Kräfte sind unterschiedlich groß. Wie kommt das?

5 Eine Kugel wird mit der Hand in Bewegung gesetzt. Wenn man dann die Kugel sich selbst überlässt, bewegt sie sich mit gleich bleibender Geschwindigkeit (gleichförmig) immer weiter.

a) Ist eine solche Bewegung (ohne dauerndes Wirken einer Kraft) überhaupt möglich?

b) Welche Bedingungen müssten erfüllt sein, damit sich die Kugel tatsächlich immer weiterbewegt?

3 Wir messen Kräfte

V 5 So z. B. könnt ihr die Kräfte *vergleichen*, die eure Muskeln ausüben (Bild 3). Statt des Expanders eignet sich auch ein Fahrradschlauch.

(Der Expander muss aber gut befestigt werden, damit er während des Versuchs nicht abrutscht! Bei dem Fahrradschlauch nimmst du das Ventil am besten zwischen die Finger.)

a) Welche Eigenschaften des Expanders (Schlauches) werden genutzt?

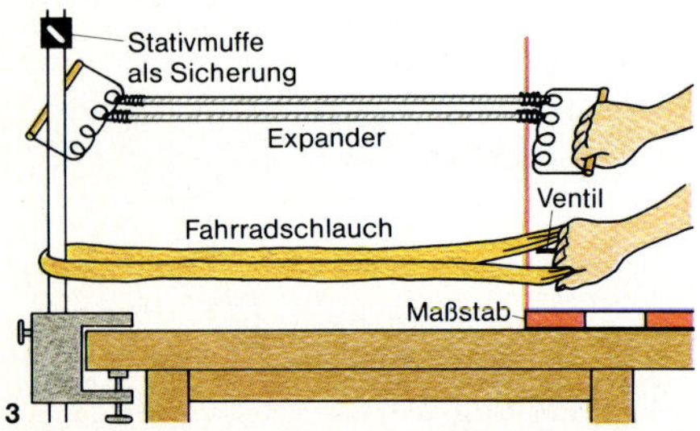

3

b) In welcher *Einheit* könnte man *hier* die Kräfte messen? Beurteile, ob diese Einheit zur Messung von Kräften sinnvoll wäre.

c) Warum kann der Expander nicht immer weiter ausgezogen werden? Hier wirken doch *zwei* Kräfte ...

V 6 Überprüfe an Gummibändern und unterschiedlichen Schraubenfedern die folgenden Behauptungen:

Doppelte Kraft → doppelte Verlängerung; dreifache Kraft → dreifache Verlängerung usw.

Benutze zum Vergleich die Gewichtskraft mehrerer gleicher Wägestücke (Bild 4).

a) Miss jedes Mal die *Verlängerung* und notiere die Ergebnisse in einer Tabelle.

b) Stelle die Ergebnisse sämtlicher Messungen grafisch dar. Trage dazu auf der senkrechten Achse die gemessene Verlängerung und auf der waagerechten die Anzahl der angehängten (gleichen) Wägestücke ab.

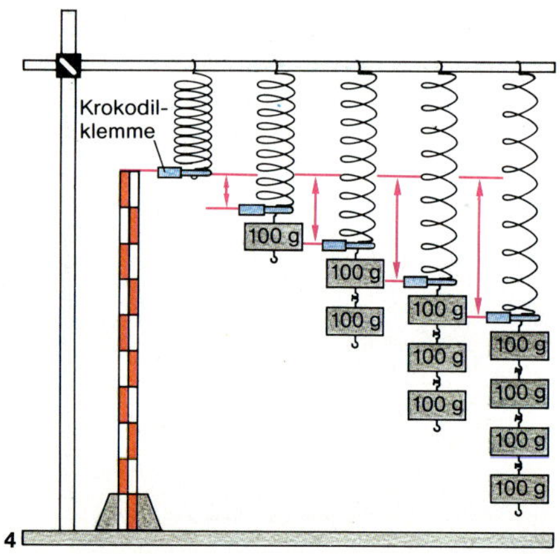

4

V 7 Jetzt benötigst du Kraftmesser mit verschiedenen Messbereichen. Denke daran, sie vor jedem Versuch auf null einzustellen (→ das Info unten auf dieser Seite).

a) Miss die Kräfte, mit denen verschiedene Magnete ein Eisenstück festhalten. Gib die Kräfte in der Einheit *Newton* (N) an.

b) Bei welchen Zugkräften zerreißen Nähgarn, Wolle, Seide usw.?

Führe immer mehrere Messungen durch und bilde dann den jeweiligen Mittelwert.

c) Mit welcher Kraft musst du hier jeweils ziehen um das Stativ zu kippen (Bild 5)? Notiere die Ergebnisse.

d) Zeichne das Stativ ab und trage die vier Kräfte als Pfeile ein (1 cm Pfeillänge entspricht 1 N).

e) Ziehe einen Holzklotz am Kraftmesser über die Tischplatte. (Dabei soll der Klotz mit gleich bleibender Geschwindigkeit gleiten.) Miss die dazu nötige Kraft.

Die (gleich große) *Gegenkraft*, die hier die Beschleunigung des Klotzes verhindert, nennt man *Reibungskraft*.

f) Bestimme die Reibungskraft auch, wenn der Klotz mit einem Wägestück belastet ist.

Lege nun runde Bleistifte (oder Rollen) unter den Klotz und wiederhole die Messung.

V 8 *Gleich große Kräfte mit unterschiedlichen Wirkungen?*

Der Kraftmesser wird an zwei verschiedenen Stellen *(Angriffspunkten)* eingehakt (Bild 6). Ziehe jeweils mit einer Kraft von 3 N in die eingezeichneten Richtungen. Beschreibe und vergleiche die Wirkungen der Kräfte.

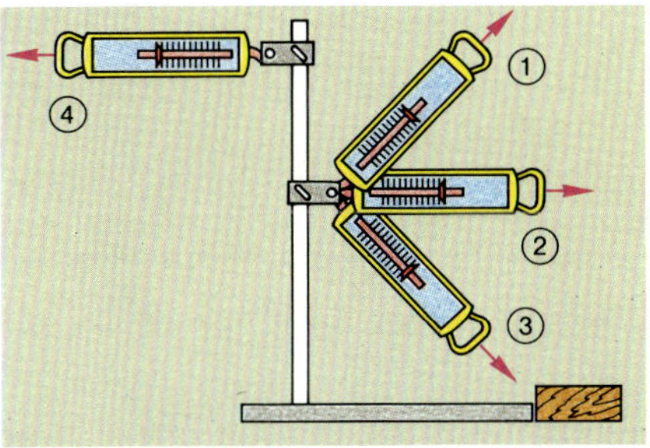

5

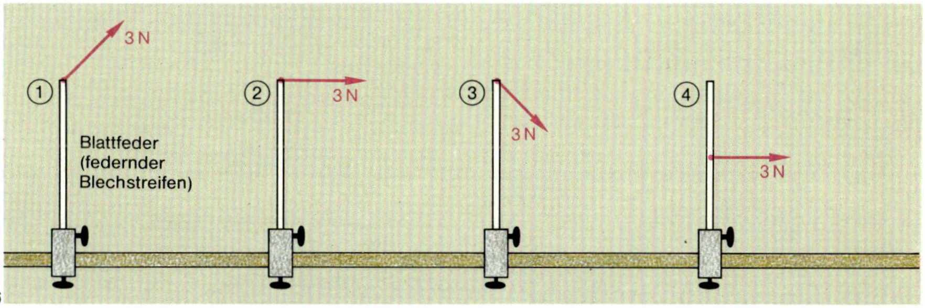

6

So werden Kräfte gemessen

Um physikalische Größen zu messen, ist ein *Messgerät* und eine *Einheit* nötig.

Messgerät für Kräfte

Kräfte misst man mit dem **Kraftmesser**. Sein Gehäuse enthält eine Schraubenfeder, die durch die Kraft verformt wird (→ Bauanleitung im Anhang).

Kleine und große Kräfte kann man nicht mit demselben Messgerät messen. Man benutzt Kraftmesser mit verschiedenen Messbereichen. So hat z. B. der Kraftmesser von den Bildern 7 u. 8 eine dicke Feder. Sie dehnt sich bei kleinen Kräften kaum. Man sagt, die Feder ist „hart". Ihr Messbereich ist 0 N ... 10 N.

Die Feder in Bild 9 dagegen ist sehr dünn. Sie dehnt sich schon bei kleinen Kräften. Diese Feder ist „weich". Ihr Messbereich ist 0 N ... 1 N.

Der Messbereich gibt an, welche Kräfte gemessen werden können. Zu große Kräfte können das Messgerät zerstören.

Vor dem Messen müssen viele Kraftmesser genau auf null eingestellt („justiert") werden. Dazu dient der Nullpunktschieber oder eine Stellschraube.

Einheit für Kräfte

Die Einheit für die Kraft ist **1 Newton** (1 N). Sie ist nach dem englischen Physiker *Isaac Newton* (1643–1727) benannt.

Wie groß die Kraft 1 N etwa ist, kann man sich gut an einem Beispiel merken: Auf eine 100-g-Tafel Schokolade wirkt eine Gewichtskraft von 1 N.

Hookesches Gesetz

Dass Schraubenfedern für die Kraftmessung besonders geeignet sind, lässt sich mit dem Ergebnis von Versuch 6 erklären: Verdoppelt (verdreifacht) man die Kraft, so ist auch die Verlängerung der Feder doppelt (dreimal) so groß. **Die Verlängerung der Feder ist der Kraft proportional** (sofern die Kraft nicht allzu groß ist). Diesen Zusammenhang bezeichnet man als **hookesches Gesetz**.

Kräftegleichgewicht

Angenommen die Gewichtskraft auf eine Metallkugel soll gemessen werden. Die Kugel wird dazu an eine Schraubenfeder gehängt. Auf die Kugel wirken zwei Kräfte (Bild 10): Die *Rückstellkraft*, mit der die gespannte Feder die Kugel nach oben zieht, und die *Gewichtskraft*, mit der die Kugel nach unten gezogen wird.

Wenn die Kugel in Ruhe ist, sind beide Kräfte gleich groß. Man sagt, es besteht **Kräftegleichgewicht**.

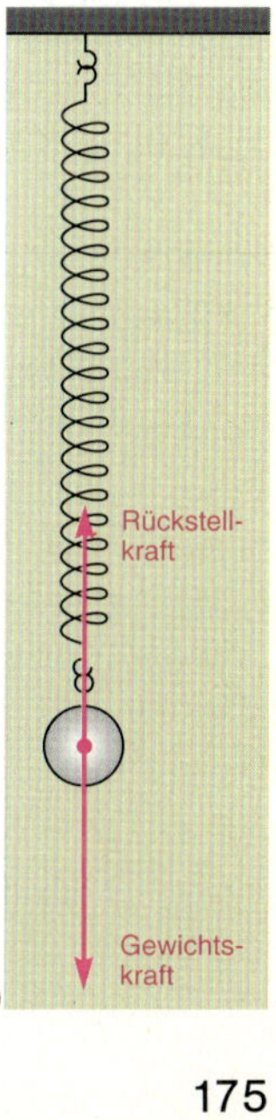

10

7

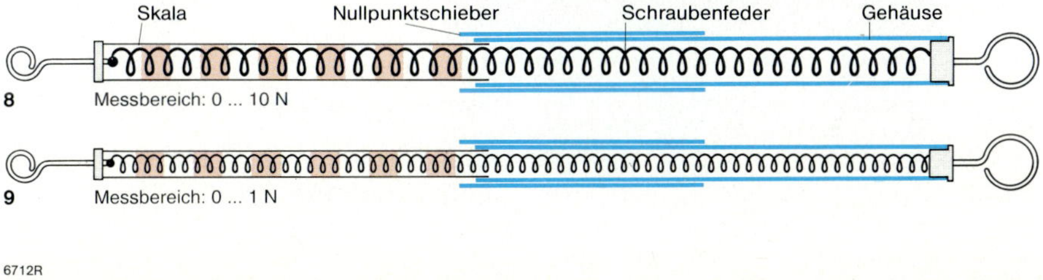

8 Messbereich: 0 ... 10 N

9 Messbereich: 0 ... 1 N

So werden Kräfte dargestellt

Die Kräfte, die in Bild 1 wirken, sind gleich groß. Man sagt: Sie haben den gleichen **Betrag**. Trotzdem sind ihre *Wirkungen* unterschiedlich. Es reicht also nicht aus, nur den Betrag einer Kraft anzugeben. Auch ihre **Richtung** und ihr **Angriffspunkt** sind von Bedeutung.

Mit Hilfe von **Pfeilen** (den sogenannten „Kraftpfeilen") kann man die drei Merkmale *Betrag, Richtung* und *Angriffspunkt* auf einfache Weise darstellen (Bild 2). Dabei muss nur vereinbart werden, wie Pfeil*länge* und *Betrag* der Kraft zusammenhängen (z. B. 1 N ≙ 2 cm).

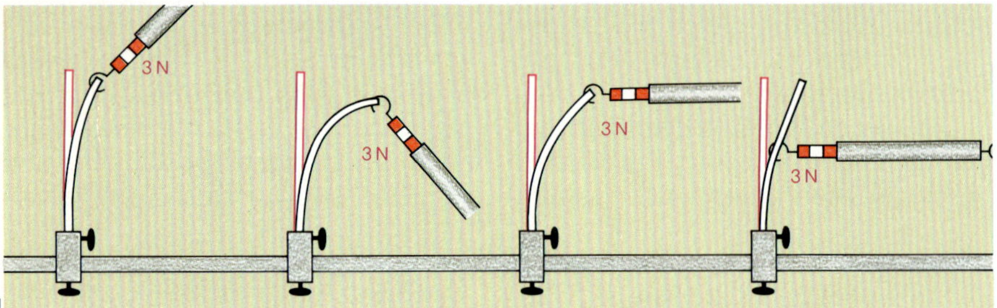

1

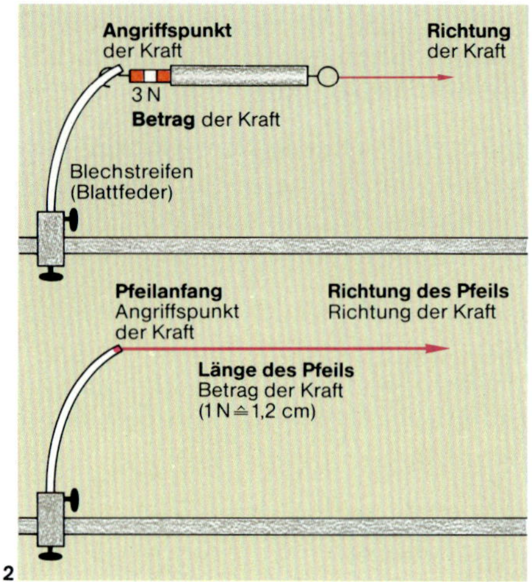

2

Aufgaben

1 Hier sollst du Kräfte messen und zeichnen:

a) Schreibe auf, wie viel Newton (N) ein Kraftmesser anzeigt, wenn du folgende Körper (jeweils einzeln) an ihn hängst:
2 Tafeln Schokolade (je 100 g),
1 Stück Butter (250 g),
1 Tüte Salz (500 g),
2 Tüten Zucker (je 1 kg).

b) In welche Richtung wirken die Gewichtskräfte? Zeichne sie entsprechend auf (1 N entspricht 1 cm).

2 Du willst eine Schraubenfeder als Kraftmesser benutzen. Was musst du tun, damit du mit ihr Kräfte in Newton messen kannst?

3 Die Verlängerung von Schraubenfedern und einem Gummiband bei verschiedenen Gewichtskräften wurde in einem **Versuch** gemessen:

Anzahl der Wägestücke	Verlängerung in cm			
	Feder 1	Feder 2	Feder 3	Gummiband
0	0	0	0	0
1	12	2,8	5,5	2,5
2	24	5,6	11,0	5,8
3	36	8,4	16,5	9,8
4	48	11,2	22,0	13,6

a) Um wie viel Zentimeter sind die Federn (das Gummiband) bei jedem einzelnen Wägestück länger geworden? Vergleiche die Ergebnisse von Federn und Gummiband.

b) Stelle die obigen Messergebnisse grafisch dar. Vergleiche die Kurven.

c) Welches ist die weichste Feder, welches die härteste?

d) Warum nimmt man nicht Gummibänder zum Bau von Kraftmessern?

4 Drei gleich lange Kraftmesser haben ganz unterschiedliche Messbereiche: ① 0 … 1 N; ② 0 … 10 N; ③ 0 … 100 N.

a) Welche dieser Messbereiche gehören zu den Kraftmessern in Bild 3?

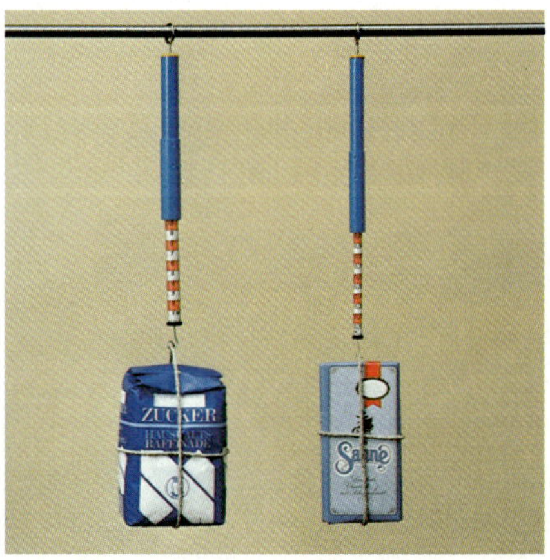

3

b) Welcher der Kraftmesser hat die härteste Feder?

c) Wenn mit einer Kraft von 1 N an den Kraftmessern gezogen wird, verlängern sie sich um 1 mm, 1 cm, 10 cm. Welche Verlängerung gehört zu welchem Kraftmesser?

5 Warum misst man Kräfte nicht in der Einheit *cm*?

6 Beim Kraftmesser wirken immer zwei Kräfte auf ein angehängtes Wägestück: nämlich die Gewichtskraft und die Rückstellkraft der Feder.

Auch bei vielen anderen Beispielen, die wir bereits kennen gelernt haben, wirken jeweils **zwei Kräfte** auf *denselben Körper*.

a) Auf welchen Fotos in diesem Kapitel entdeckst du solche Kräfte? Lege eine Tabelle nach folgendem Muster an:

Bild	1. Kraft	2. Kraft
Junge mit Expander	Muskelkraft des Jungen	Rückstellkraft der Feder
…	…	…

b) Bei welchen Beispielen herrscht Kräftegleichgewicht?

c) Bei welchen Beispielen überwiegt eine Kraft? Was ist die Folge?

515R

4 Wenn mehrere Kräfte wirken . . .

Zwei gegen einen – ein ungleicher Wettkampf?!
Na, dann warte einmal ab!

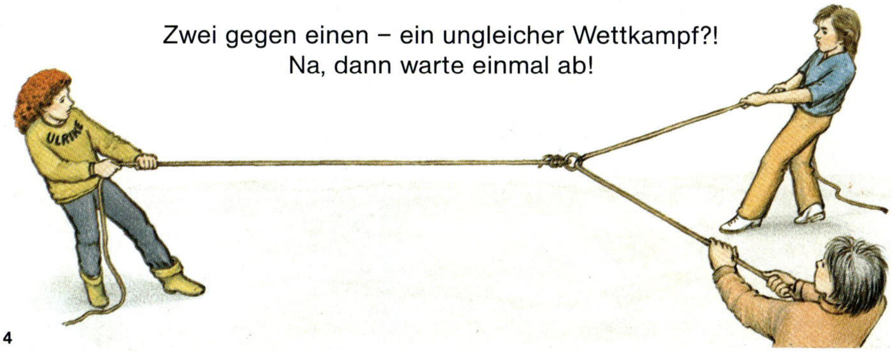

4

V 9 Baue die Situation von Bild 4 nach. Ulrikes Muskelkraft wird dabei durch die Gewichtskraft F_G eines Wägestückes ersetzt (Bild 5). Es soll Kräftegleichgewicht herrschen.

Schätze vor dem Versuch, wie viel N die Kraftmesser anzeigen werden.

Verändere den Winkel zwischen den Kraftmessern. Wie ändern sich dabei die Kräfte F_1 und F_2?

V 10 Die Kräfte F_1 und F_2 wirken nun beide in gleicher Richtung (Bild 6).

Wie groß sind jetzt die beiden Kräfte? Schätze wieder erst vor dem Versuch.

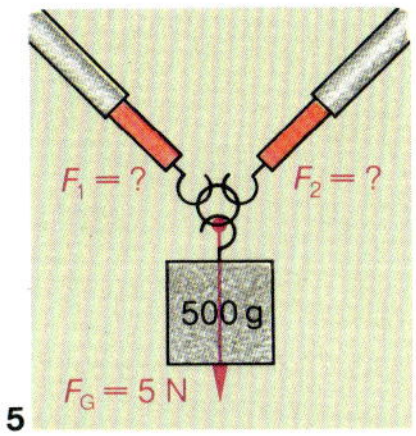

5

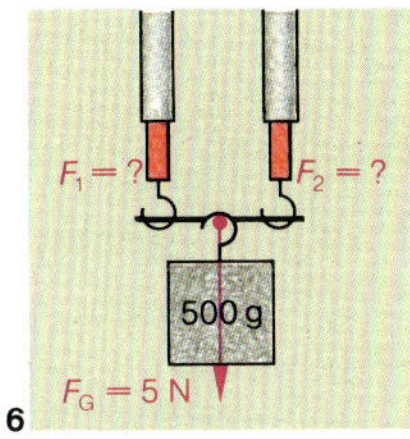

6

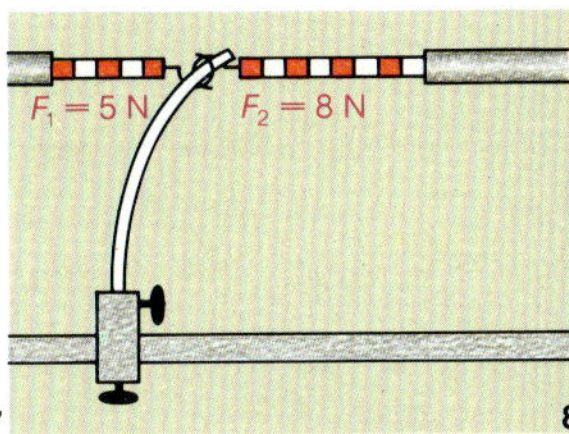

7

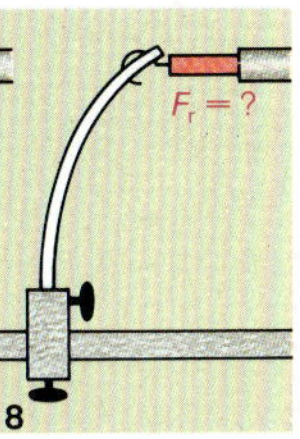

8

a) Zeichne die Versuchsanordung mit Kraftpfeilen für F_1, F_2 und F_G.

b) Stelle eine *Regel* für Kräfte auf, die in gleicher Richtung wirken.

c) Was kannst du über nichtparallele Kräfte (wie in Versuch 9) aussagen?

V 11 Auf einen Blechstreifen wirken zwei Kräfte in entgegengesetzter Richtung (Bild 7). Die *Einzelkraft*, die den Blechstreifen genauso stark verbiegt (Bild 8), nennen wir *Gesamtkraft* oder *resultierende Kraft* F_r.

Wie groß ist sie? Prüfe nach, ob deine Antwort richtig ist.

Aufgaben

1 Zwei Jungen schieben ein Auto an – der eine mit einer Kraft von 200 N, der andere mit 230 N. Wie groß ist die Gesamtkraft? Rechne und zeichne (→ das Info „Kräfteparallelogramm" auf der folgenden Seite).

2 In einer Fahrstuhlanlage (Bild 9) wirkt die Gewichtskraft eines „Gegengewichts" über Seil und Rollen auf die Kabine. Mit welcher Kraft muss die Seilwinde die Kabine halten?

3 Ulrike und Melanie ziehen einen schwer beladenen Handwagen. Unterwegs bricht ihnen der Handgriff der Deichsel ab. Zum Glück haben sie ein Stück Seil dabei und wissen sich zu helfen (Bild 10).

a) Als der Wagen noch in Ordnung war, mussten beide zusammen mit einer (Gesamt-)Kraft von 560 N ziehen. Welche Zugkraft musste jedes der beiden Mädchen ausüben?

b) Das Seil bildet nun einen Winkel von 50° (Bild 10). Wie groß müssen die beiden Zugkräfte *jetzt* sein?

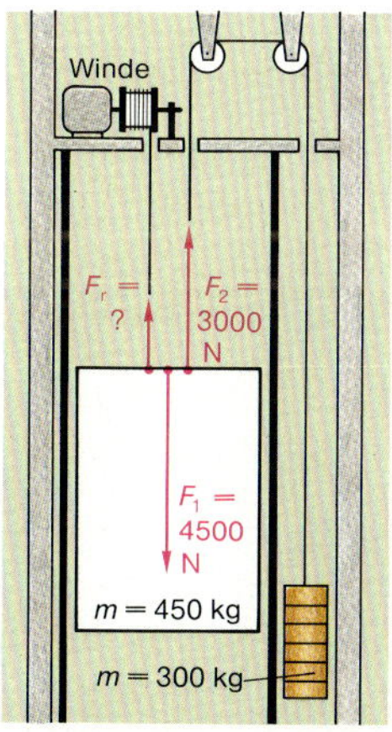

9

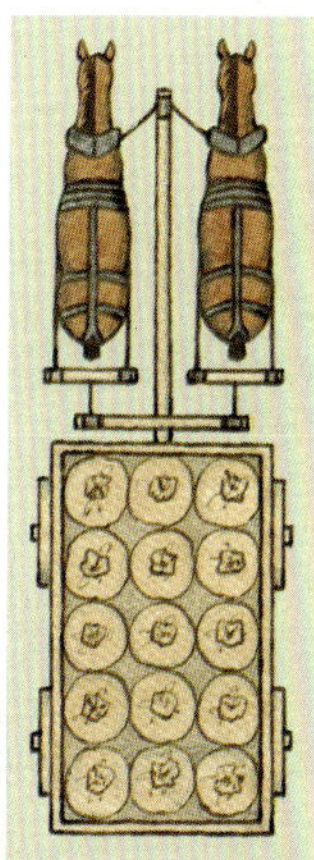

11

10

4 Zwei Schlepper ziehen einen Ozeandampfer. Dabei beträgt die Zugkraft des einen 100 000 N, die des anderen 80 000 N. Die Zugrichtungen der beiden Schlepper schließen einen Winkel von 35° ein.

Welche resultierende Zugkraft F_r wirkt auf den Dampfer?

5 Auch heute noch sieht man gelegentlich Kutschen, die von zwei Pferden gezogen werden (Bild 11).

Warum spannt man die Pferde in dieser Weise vor den Wagen? Man könnte sie doch direkt an einem Punkt des Wagens ziehen lassen ...

516R

Das Kräfteparallelogramm

Oft haben Kräfte den *gleichen Angriffspunkt*, wirken aber *nicht in gleicher (oder entgegengesetzter) Richtung.* Man kann dann nicht einfach ihre Beträge zusammenzählen (bzw. voneinander abziehen) um die Gesamtkraft zu ermitteln. Trotzdem lassen sich solche Probleme – auch ohne Versuch – lösen, und zwar mit dem **Kräfteparallelogramm**. Wie man dabei vorgeht, kannst du dir an einem *Beispiel* klarmachen.

Mit welcher Kraft muss in Bild 1 jeder Elefant ziehen, damit das Seil möglichst straff gespannt ist? Der Winkel zwischen den Kräften soll 150° betragen.

Die Artistin drückt das Seil mit der **Gewichtskraft** $F_G = 500$ N senkrecht nach unten (Bild 2). Wenn die Artistin in Ruhe ist, besteht Kräftegleichgewicht; es muss also eine gleich große **Gegenkraft** senkrecht nach oben wirken (Bild 3).

Diese Gegenkraft muss von den beiden Elefanten aufgebracht werden. Sie ist daher die Gesamtkraft F_r (resultierende Kraft) von F_1 und F_2.

Die Beträge von F_1 und F_2 erhält man, wenn man (wie in Bild 4 dargestellt) das **Parallelogramm** ABCD **konstruiert**. Die Seiten AB und BC stellen dabei die Kräfte F_1 und F_2 dar.

Aus den Längen dieser Seiten können wir die **Beträge der Kräfte berechnen**. Mit Hilfe der gewählten Abbildungsvorschrift erhalten wir: Jeder der beiden Elefanten muss eine Kraft von 975 N ausüben um die Artistin zu tragen.

1

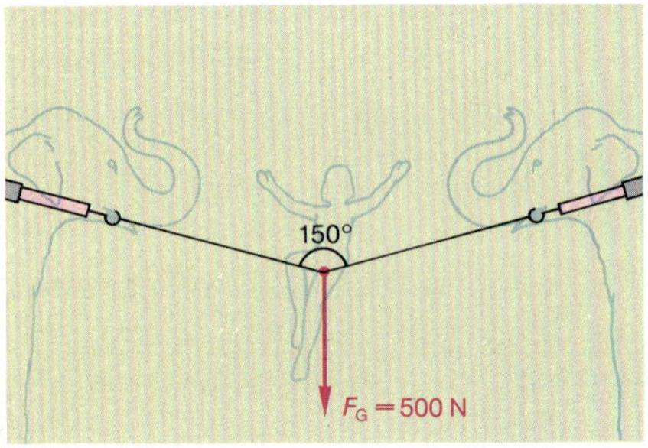

2

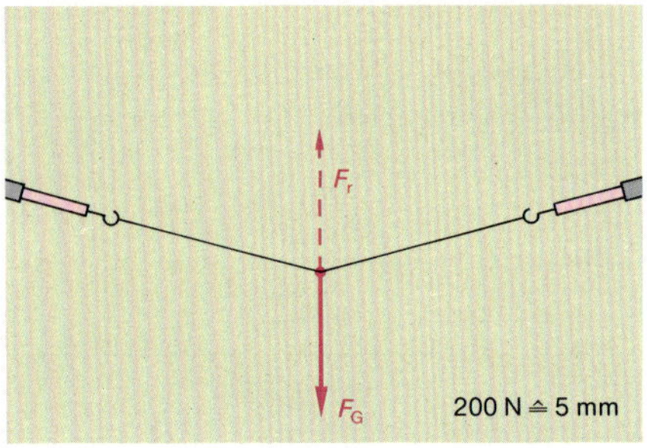

3

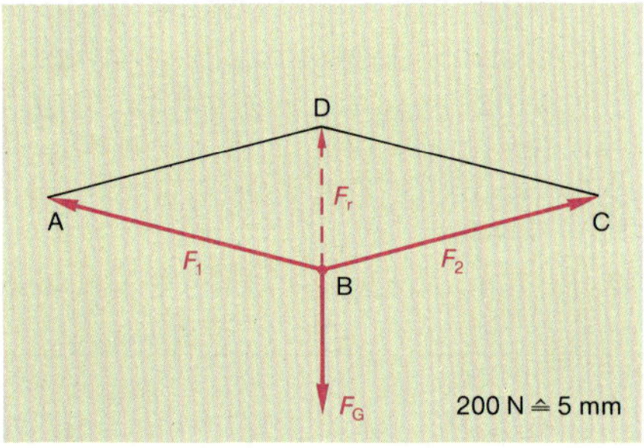

4

5 Das Wechselwirkungsprinzip

5

Wer erreicht als Erste die Stativstange? Ist es immer die, die am fleißigsten zieht?

V 12 In Bild 5 ziehen Ulrike und Stefanie gleichzeitig möglichst gleichmäßig stark und langsam am Seil.

Probiert es aus und markiert die Stelle, wo ihr euch trefft.

V 13 Jetzt zieht *nur* Ulrike. Stefanie hält das Seil nur fest. Wo werden sie sich jetzt treffen? Überlegt, *bevor* ihr den Versuch durchführt.

V 14 Stefanie und Ulrike stoßen sich gegenseitig ab, am besten jeweils mit einem Fuß am Brett der anderen. Messt vom Startpunkt aus, wie weit die beiden jeweils rollen.

V 15 Wir wiederholen noch einmal Versuch 14. Diesmal stößt nur Ulrike Stefanie mit dem Fuß weg. Wer wird wegrollen?

V 16 Wiederholt die Versuche 12 u. 13 mit zwei Kraftmessern. Während möglichst gleichmäßig gezogen wird,

6988R

sollen die Kraftmesser abgelesen werden.

Versucht vorherzusagen, welcher Kraftmesser die größere Kraft anzeigt. Oder werden sie gleich große Kräfte anzeigen?

V 17 Zwischen zwei Klötzen ist eine Feder gespannt (Bild 6).

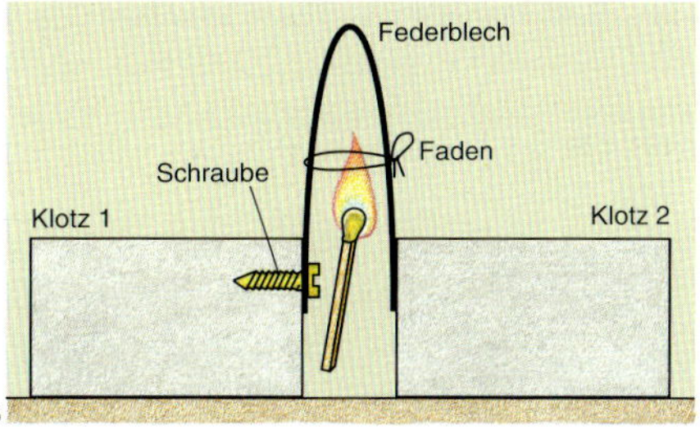

6

a) Was wird passieren, wenn der Bindfaden durchbrennt?

b) Wiederhole den Versuch. Lege vorher runde Stifte unter Klotz 2. Versuche das Ergebnis vorherzusagen und zu erklären.

c) Lege jetzt Stifte unter Klotz 1. Was wird jetzt passieren? Erkläre.

Das Gesetz von „actio und reactio“

Dass ein Magnet einen Eisennagel anzieht, weiß jeder. Aber auch der Nagel zieht den Magneten an! Man kann das beobachten, wenn man den Nagel festhält und dafür sorgt, dass sich der Magnet bewegen kann.

Genau genommen müsste man also sagen: Magnet und Eisennagel ziehen sich gegenseitig an.

Bei einem Wägestück, das an einer Feder hängt, ist es ähnlich: Das Wägestück zieht die Feder nach unten, die Feder zieht das Wägestück nach oben.

Magnet und Nagel, Wägestück und Feder üben also gegenseitig Kräfte aufeinander aus. *Isaac Newton* erkannte, dass es sich hier um eine allgemein gültige Gesetzmäßigkeit handelt: Nie kann ein Körper auf einen anderen eine Kraft („actio“) ausüben, ohne dass auf ihn ebenfalls eine Kraft („reactio“) wirkt.

Newton formulierte diesen Zusammenhang im Jahr 1687 so:

Körper üben Kräfte immer nur wechselseitig aufeinander aus. Die Kräfte, die zwei Körper wechselseitig aufeinander ausüben, sind gleich groß und entgegengesetzt gerichtet.

Man bezeichnet diese Aussage als **Wechselwirkungsprinzip**.

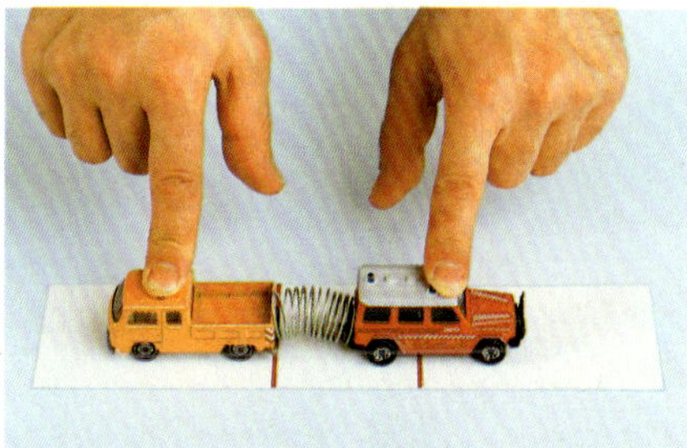
7

8

Noch ein Beispiel zu diesem Prinzip: Nimm an, du willst ein Auto anschieben. Du musst eine Kraft auf das Auto ausüben um seinen Bewegungszustand zu ändern. Denke dir nun zusätzlich eine Feder zwischen deinen Händen und dem Auto. Die zusammengedrückte Feder übt nach hinten und nach vorne jeweils eine gleich große Kraft aus (Bild 7). Auf dich wirkt also eine genauso große Kraft wie auf das Auto (Bild 8).

Man kann sagen: Du schiebst das Auto nach vorne und das Auto schiebt dich mit einer gleich großen Kraft nach hinten. Allerdings verhindert die Reibung deiner Schuhe auf der Fahrbahn, dass du dich rückwärts in Bewegung setzt.

Dass das Auto auf dich eine nach hinten gerichtete Kraft ausübt, würde besonders deutlich, wenn du auf Rollschuhen stündest. Dann würdest du nämlich beim Anschieben in entgegengesetzter Richtung wegrollen.

Das Wechselwirkungsprinzip darf nicht mit der Gesetzmäßigkeit beim Kräftegleichgewicht verwechselt werden.

Wechselwirkungskräfte greifen grundsätzlich *an zwei verschiedenen Körpern* an. Der linke Magnet in Bild 9 zieht den rechten an und der rechte den linken.

Beim *Kräftegleichgewicht* wirken zwei oder mehr Kräfte *auf denselben Körper*. So ist z. B. der Magnet von Bild 10 im Kräftegleichgewicht. Auf ihn wirken zwei Kräfte, die die beiden anderen Magneten ausüben.

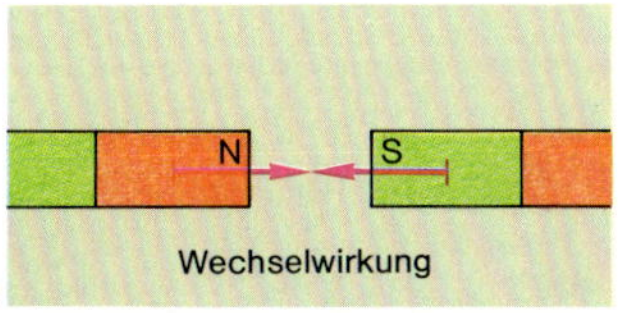

9

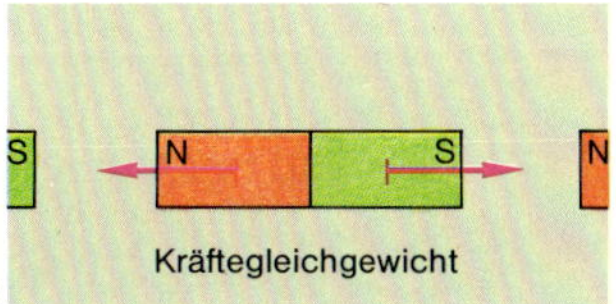

10

Aufgaben

1 Erkläre mit dem Wechselwirkungsprinzip die Ergebnisse der Versuche 13, 15 u. 17.

2 Zeichne die Situation von Versuch 17 in dein Heft. Trage die gemessenen Kräfte ein. Was kannst du über ihre Größe und Richtung sagen?

3 Sven kommt mit dem Ruderboot ans Ufer zurück. Kurz vor dem Anlegen springt er ans Ufer.

„Pass auf, das Boot!“, ruft ihm Michael noch zu. Doch es ist schon zu spät …

Was ist passiert? Erkläre. Was hätte er besser machen sollen?

4 Vielleicht hast du einmal auf dem Jahrmarkt mit einem Luftgewehr geschossen.

Beim Schießen spürt man an der Schulter den „Rückstoß“ des Gewehrs.

Erkläre, wie der Rückstoß zustande kommt.

Aus Umwelt und Technik: **Ohne Wechselwirkung keine Fortbewegung**

Sicher kennst du die Lügengeschichten des Barons von Münchhausen. Unter anderem behauptet er, er habe sich am eigenen Schopf aus dem Sumpf gezogen.

Natürlich weißt du, dass das nicht möglich ist. Ungefähr das gleiche wäre es, wenn du dich auf eine Waage stellen und an deinen Haaren ziehen würdest. Die Anzeige der Waage bliebe völlig gleich; du würdest dir bei einem solchen Kraftakt höchstens die Haare ausreißen.

Wenn der Ausschlag der Waage zurückgehen soll, musst du dich z. B. auf einen Tisch stützen. Du brauchst also einen zweiten Körper.

Einen solchen zweiten Körper benötigst du auch beim **Gehen**, nämlich die Erde.

Wenn du gehst, übst du eine nach hinten gerichtete Kraft auf die Erde aus. Nach dem *Wechselwirkungsprinzip* wirkt dann auf dich eine nach vorne gerichtete Kraft. Diese von der Erde ausgeübte Kraft ist es, die dich voranbringt.

Ähnliches gilt für das **Autofahren**: Beim Auto dreht der Motor die Räder und übt so eine nach hinten gerichtete Kraft auf die Fahrbahn aus. Erst die Wechselwirkungskraft, die von der Straße auf das Auto ausgeübt wird, treibt das Auto an.

1

Wie aber kann der Bewegungszustand einer **Rakete** im Weltall geändert werden? Das Weltall ist ja praktisch leer. Es gibt dort keinen Körper, auf den die Rakete eine Kraft ausüben könnte. Ohne einen solchen Körper gibt es aber keine Wechselwirkungskraft auf die Rakete.

Eine Rakete muss den Körper, mit dem sie in Wechselwirkung treten soll, in den Weltraum mitbringen. Bei diesem Körper handelt es sich um die Gase, die bei der Verbrennung des Treibstoffs entstehen (der zur Verbrennung nötige Sauerstoff muss ebenfalls mitgeführt werden).

Die Verbrennungsgase werden von den Triebwerken mit hoher Geschwindigkeit nach hinten ausgestoßen. Um die Gase auf diese Geschwindigkeit zu bringen, muss die Rakete eine nach hinten gerichtete Kraft auf die Gase ausüben.

Die Gase ihrerseits üben eine nach vorne gerichtete Kraft auf die Rakete aus – und dadurch wird die Rakete angetrieben. Die Kraft, welche die Rakete auf die Gase ausübt, ist genauso groß wie die Kraft, die auf die Rakete wirkt.

Bild 1 zeigt die europäische *Ariane*-Rakete, mit der Satelliten in Erdumlaufbahnen gebracht werden.

Alles klar?

1 Auf den Eimer von Bild 2 wirken zwei Kräfte. Zeichne und beschreibe die beiden Kräfte.

2

2 Ein Auto fährt auf gerader und ebener Strecke an; es ist windstill.

Plötzlich bleibt der Motor stehen: Das Fahrzeug wird immer langsamer – und schließlich kommt es zum Stillstand, obwohl der Fahrer überhaupt nicht gebremst hat.

a) Welche Kraft brachte das Auto zum Stehen?

b) Was wäre passiert, wenn es diese Kraft nicht gäbe?

c) Wovon hängt es ab, wie weit ein Auto fährt, wenn der Motor ausgegangen ist?

3 Ist eigentlich eine Kraft nötig um ein Paket hochzuhalten? Der Bewegungszustand des Pakets ändert sich ja nicht …

4 An eine Schraubenfeder wird ein Körper gehängt. Die Gewichtskraft beträgt 2 N aus. Die Feder wird um genau 3 cm länger. Um wie viel länger würde die Feder bei 1 N, 4 N, 5 N werden?

5 An einem Kraftmesser sind nur die Marken „0 N" und „5 N" zu erkennen. Wie lässt sich die Skala ergänzen?

6 In den folgenden Beispielen befindet sich jeweils ein Körper (durch schräg gestellte Schrift gekennzeichnet) im Kräftegleichgewicht. Benenne jeweils die Kräfte, die auf diesen Körper wirken.

① Eine *Kiste* steht auf dem Tisch.
② Ein Hund zerrt an der *Leine*.
③ Ein *Wägestück* hängt an einer Schraubenfeder.
④ Ein Traktor zieht einen schwer beladenen *Anhänger* mit konstanter Geschwindigkeit.

7 Ein Drahtseil hängt immer etwas durch (Bild 3).

a) Ermittle die Zugkräfte in Richtung der Seilenden mit Hilfe einer Zeichnung. (Die Gewichtskraft, die auf das Seil wirkt, wird dabei nicht berücksichtigt.)

b) Warum gelingt es eigentlich nicht, das Seil ganz straff zu spannen?

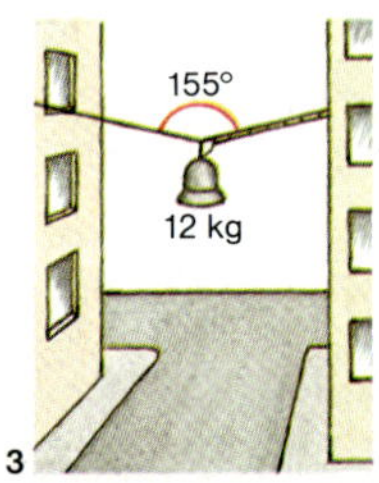

3

6990R

6 Zusammenfassung

Kräfte und ihre Wirkungen

Das Wirken einer Kraft erkennt man daran, dass …

… ein Körper **verformt** wird,

… der **Bewegungszustand eines Körpers verändert** wird, d. h., dass seine Geschwindigkeit oder seine Bewegungsrichtung verändert wird.

4 Der Junge übt eine Kraft auf den Schlitten aus. Dadurch wird der Schlitten beschleunigt.

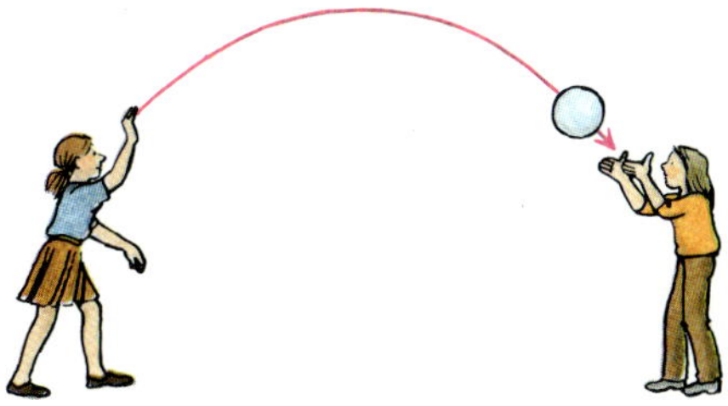

5 Auf den Ball wirkt die Anziehungskraft der Erde. Sie verändert die Bewegungsrichtung des Balles.

6 Der Junge übt auf beide Griffe des Expanders Kräfte aus. Der Expander wird verformt.

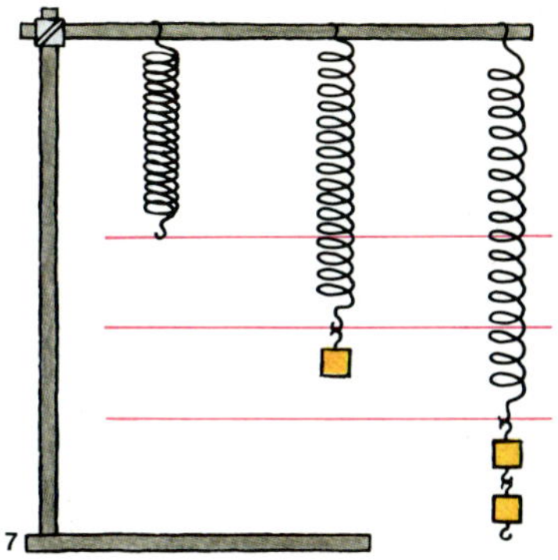

7

Kräfte können gemessen werden

Kräfte misst man mit dem Kraftmesser.

Je länger seine Schraubenfeder auseinander gezogen wird, desto größer ist die gemessene Kraft:
doppelte Kraft → doppelte Verlängerung,
dreifache Kraft → dreifache Verlängerung usw.
Die Verlängerung der Feder ist proportional zur Kraft *(hookesches Gesetz)*.

Die Einheit der Kraft ist 1 Newton (1 N).

Kräfte werden durch Pfeile dargestellt.

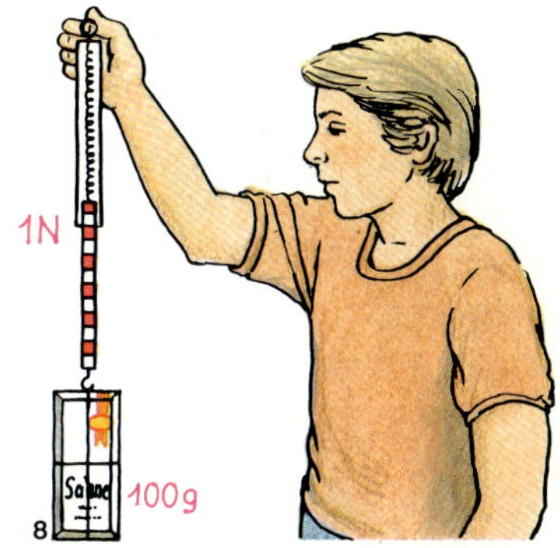

8

Wenn mehrere Kräfte wirken

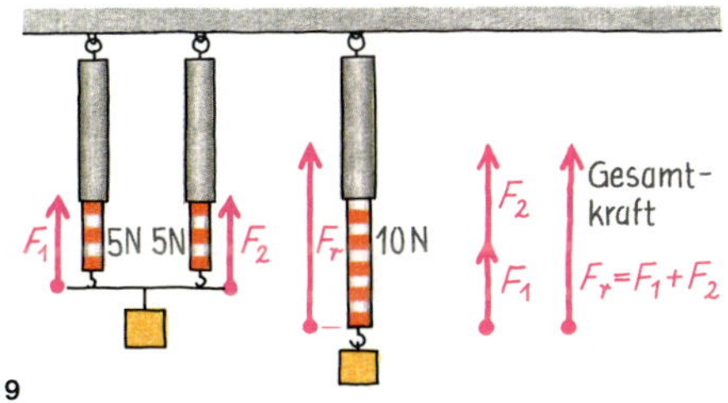

9

Wenn zwei Kräfte in gleicher Richtung auf einen Körper wirken, addieren sich ihre Beträge zum Betrag der Gesamtkraft. Haben die Kräfte entgegengesetzte Richtungen, so ergibt sich die Gesamtkraft als Differenz der Einzelkräfte.

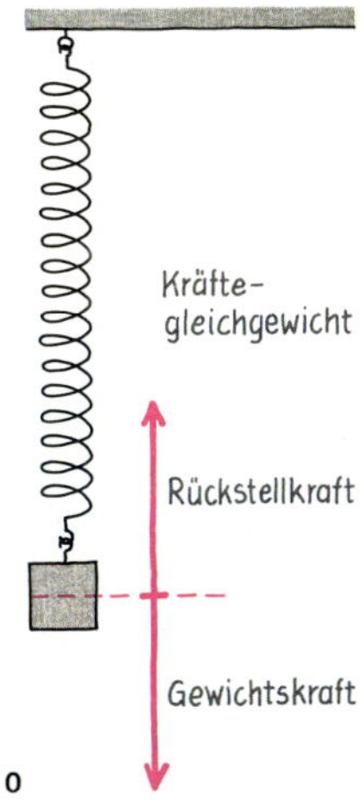

10

Wirken auf *einen* Körper Kräfte gleichen Betrages in entgegengesetzten Richtungen, so herrscht **Kräftegleichgewicht**: Der Bewegungszustand des Körpers ändert sich nicht.

Das Wechselwirkungsprinzip

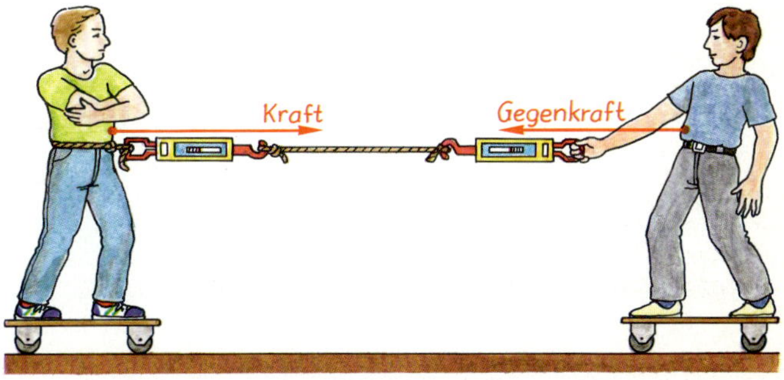

11

Das **Wechselwirkungsprinzip** lautet:
Wenn von einem Körper eine Kraft *(„actio")* auf einen anderen Körper ausgeübt wird, dann wirkt von dem zweiten Körper eine Kraft *(„reactio")* auf den ersten Körper zurück:
actio = reactio.

Auf jeden der beiden Körper wirkt also eine Kraft. Die beiden Kräfte haben entgegengesetzte Richtungen und sind gleich groß.

Reibung und Verkehrssicherheit

1 Vorsicht, Kurve!

1

2

V 1 Wie gut haftet ein Reifen auf einer trockenen und einer nassen Fahrbahn?

a) Bild 3 zeigt, wie du die „Haftung" messen kannst: Ziehe am Kraftmesser mit zunächst wenig Kraft, dann immer stärker (nicht ruckartig!). Wie groß kann die Zugkraft werden, ohne dass der Reifen wegrutscht?

b) Untersuche möglichst auch die Haftung auf einem Kiesweg und auf einer mit Sand oder Laub bedeckten Straße.

c) Überlege, in welche Richtung die Kraft wirkt, die den Reifen am Wegrutschen hindert. Den Höchstwert dieser Kraft bezeichnet man als *Haftreibungskraft* (→ Info *Verschiedene Reibungsarten* ...).

V 2 Die Kraft, die den Reifen auf die Fahrbahn presst, heißt *Anpresskraft* (oder *Normalkraft*). Ob Reibungskräfte von dieser Anpresskraft abhängen?

a) Du benötigst ein Stück Fahrradreifen. Verändere die Anpresskraft, indem du den Reifen mit Wägestücken belastest (Bild 4). Wie groß sind jeweils die Anpresskraft und die Haftreibungskraft? Notiere deine Messwerte so:

Reibungspartner	Anpresskraft F_N in N	Haftreibungskraft F_{Haft} in N	Haftreibungszahl μ_{Haft}
Reifen (neu) auf Tischplatte	z. B. 10 (bei 1 kg)	?	?

b) Wiederhole den Versuch auf anderen Unterlagen. Verwende auch ein Stück alten Reifen ohne Profil.

c) Berechne für die einzelnen Messungen die *Haftreibungszahlen* (→ Info) und vergleiche sie. Was stellst du dabei fest?

d) Untersuche nun, ob die *Gleitreibungskraft* (→ Info) von der Anpresskraft abhängt. Berechne dann die *Gleitreibungszahlen* (Tabelle anlegen!).

V 3 Vergleiche die Haft- und Gleitreibung von Schuhsohlen auf unterschiedlichen Fußböden (z. B. Stein, Kunststoff, Holz, Teppich) in einem Versuch ähnlich V 2.

Unterscheidet sich die Gleitreibungskraft auf trockenem Steinfußboden (Treppenstufen) von der auf nassem? Erkläre das Versuchsergebnis.

V 4 Bild 5 zeigt dir, wie du einfache Reibungsversuche (wie z. B. Versuch 2) auch ohne einen teuren Kraftmesser durchführen kannst. Lege auch einmal runde Filzstifte unter das Brett.

V 5 Ziehe mit einem Kraftmesser einen Holzquader über die Tischplatte. Bestimme die Gleitreibungskraft.

Wie wird sich die Gleitreibungskraft ändern, wenn du den Holzquader auf eine andere (*kleinere* oder *größere*) Seitenfläche legst? Schätze zuerst und überprüfe dann deine Vermutung.

3

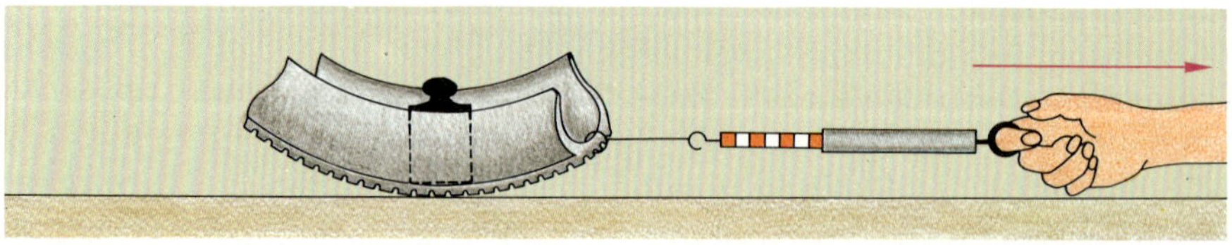
4

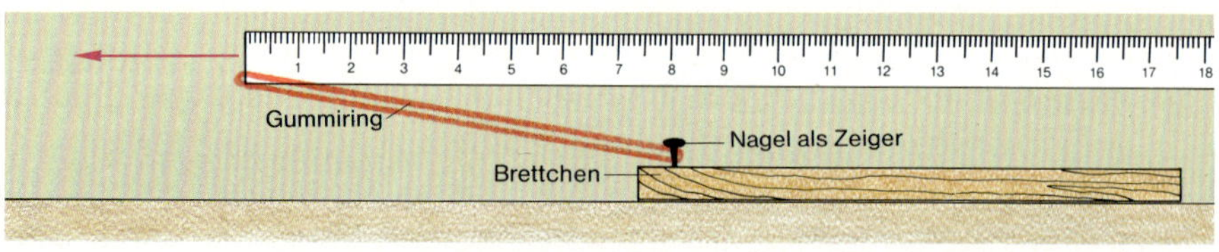

5

1360R

○ *Wie kommt es zur Reibung?*

Um diese Frage beantworten zu können, muss man wissen, dass **die Oberfläche eines Körpers niemals vollkommen glatt ist** – auch dann nicht, wenn sie geschliffen und poliert wurde. Unter dem Mikroskop erkennt man immer noch Unebenheiten (Bild 6). Wenn nun ein Körper z. B. durch seine Gewichtskraft auf einen anderen Körper (die Unterlage) gepresst wird, „verhaken" sich ihre Oberflächen ineinander; der Körper *haftet* dann auf seiner Unterlage. Man spricht daher in diesem Fall von **Haftreibung**. (Die Haftreibung wird noch durch Kräfte zwischen den beiden Körpern – *Adhäsionskräfte* – verstärkt.)

Auch wenn der Körper nicht auf der Unterlage liegt, sondern rutscht oder *gleitet*, tritt eine Reibung auf: die **Gleitreibung**. Die Bewegung des Körpers wird dadurch gebremst, dass er sich fortwährend mit der Unterlage „verhakt" und dann wieder von ihr „losreißt".

Die geringste Abbremsung wird erzielt, wenn der Körper auf der Unterlage mit Hilfe von Walzen oder Rädern *rollt*. Man spricht dann von **Rollreibung**.

○ *Die Haftreibung:*

Wenn man einen Schrank verrücken will, muss man kräftig ziehen, damit er sich von der Stelle bewegt. Ist dabei die Zugkraft nicht groß genug, bleibt er stehen (er „haftet" auf dem Fußboden).

Beim Ziehen spürt man deutlich eine **Gegenkraft**; sie ist der Zugkraft entgegengesetzt und verhindert, dass sich der Schrank bewegt. Dies gilt nicht nur für den Schrank, denn jeder Körper „haftet" auf seiner Unterlage:

Erhöht man vorsichtig die Zugkraft an einem Körper, so bleibt er zunächst liegen (Bild 7). Die Gegenkraft hält also der Zugkraft das Gleichgewicht. Mit wachsender Zugkraft wird auch diese Gegenkraft immer größer. Kurz bevor der Körper zu rutschen beginnt, erreicht sie ihren Höchstwert. Diesen Höchstwert bezeichnet man als **Haftreibungskraft** (Bild 8).

Einen Augenblick lang, bevor sich der Körper in Bewegung setzt, ist also die angezeigte Zugkraft genauso groß wie die Haftreibungskraft (die entgegengesetzt gerichtet ist).

Die Größe dieser Haftreibungskraft hängt ab von der *Beschaffenheit der reibenden Flächen* und von der *Anpresskraft*. (Die Anpress- oder Normalkraft ist die Kraft, mit der ein Körper senkrecht auf seine Unterlage gepresst wird.)

○ *Die Haftreibungszahl:*

Wie groß die Haftreibung zwischen den Reibungspartnern ist, verrät die Haftreibungszahl μ_{Haft} (sprich: mü-haft). Um sie zu berechnen, muss man die Haftreibungskraft F_{Haft} und die Anpresskraft F_N kennen. μ_{Haft} ergibt sich dann so:

$$\mu_{Haft} = \frac{F_{Haft}}{F_N}.$$

Dazu ein Beispiel: Beträgt die Haftreibungskraft eines Holzklotzes auf einer Tischplatte 1,8 N und die Anpresskraft (hier die Gewichtskraft) 4 N, so erhält man als Haftreibungszahl

$$\mu_{Haft} = \frac{1{,}8\ \text{N}}{4\ \text{N}} = 0{,}45 = \frac{0{,}45}{100} = 45\ \%.$$

Das heißt für dieses Beispiel: Um Haftreibung zu überwinden, muss man 45 % der Anpresskraft aufwenden.

○ *Die Gleitreibung:*

Ein Körper, der auf einer Fläche entlangrutscht, wird durch eine Reibungskraft, die sog. **Gleitreibungskraft**, gebremst. Soll er weiterrutschen, muss diese Kraft durch eine andere Kraft (die *Zugkraft*) überwunden werden.

Zum Messen der Gleitreibungskraft zieht man den Körper an einem Kraftmesser *mit gleich bleibender Geschwindigkeit*. Die dabei angezeigte Zugkraft ist ebenso groß wie die Gleitreibungskraft (jedoch entgegengesetzt gerichtet).

So wird die **Gleitreibungszahl** μ_{Gleit} berechnet:

$$\mu_{Gleit} = \frac{F_{Gleit}}{F_N}.$$

○ *Die Rollreibung:*

Schwere Körper lassen sich am leichtesten fortbewegen, wenn man sie auf Walzen (Rollen) legt. Die Ägypter und Assyrer bewegten auf diese Weise bereits vor 4000 Jahren tonnenschwere Steinblöcke auf Schlitten fort. Sklaven mussten dabei ständig Rundhölzer (Baumstämme) vor die Schlitten legen.

Einige Reibungszahlen findest du in einer Tabelle im Anhang.

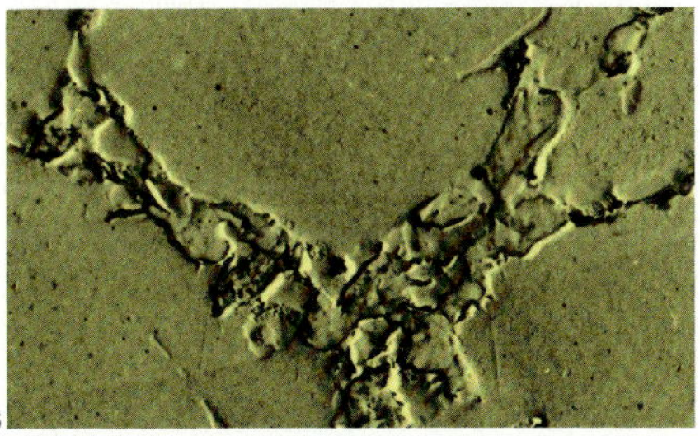
6

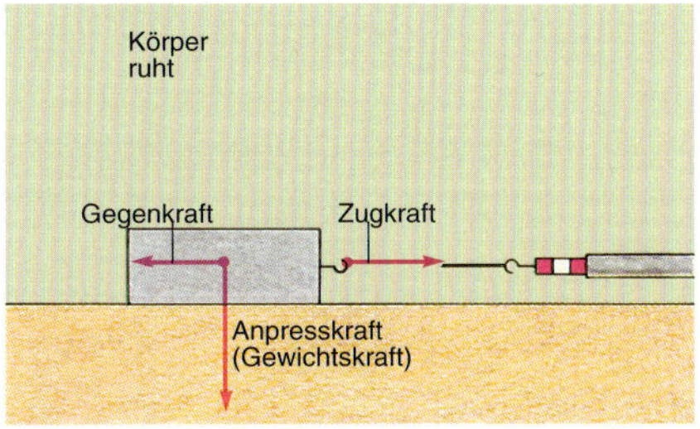

7

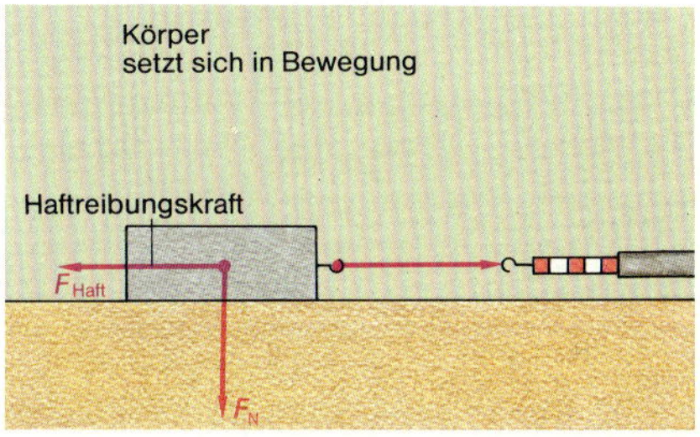

8

Aufgaben

1 Vergleiche die Haftreibungskraft und die Gleitreibungskraft, die du für jeweils gleiche Reibungspartner gemessen hast. Was stellst du fest?

2 Früher presste man Schmierfett zwischen Rad und Achse; heute werden dort Kugellager eingebaut (Bild 9). Welchen Vorteil hat das?

3 Um Reibung zwischen Körpern zu verringern benutzt man Flüssigkeiten als *Schmiermittel*. Nenne Beispiele.

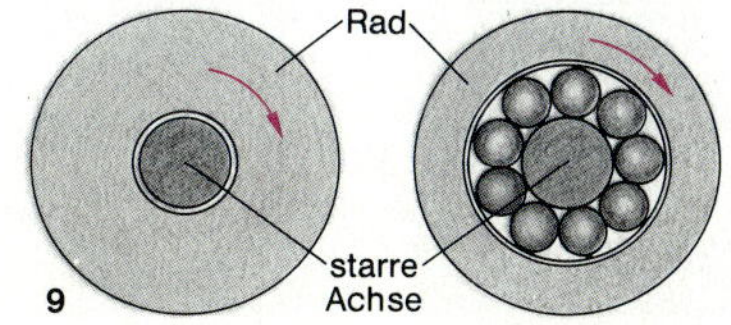

9

Auch Wasser kann ein Schmiermittel sein, z. B. zwischen Reifen und Straße. Weshalb ist dieses „Schmiermittel" unerwünscht?

4 Ein Messingklotz (1 kg) wird über einen Holztisch gezogen. Die Zugkraft beträgt 6,2 N. Berechne die Gleitreibungszeit μ_{Gleit}.

Aus Umwelt und Technik: **Reifenprofil und Verkehrssicherheit**

An einen Autoreifen (Bild 1) werden heutzutage vielfältige Anforderungen gestellt. Er soll

- weitgehend die Unebenheiten der Fahrbahn „schlucken" und zu einer weichen Federung beitragen;
- Antriebs-, Brems- und Lenkkräfte möglichst gut übertragen;
- gut auf der Straße haften, besonders in Kurven;
- auch bei Nässe, Matsch und Schnee Sicherheit bieten;
- beim Fahren möglichst leise sein und sich nur wenig erwärmen;
- wenig kosten und lange halten; d. h., er soll sich nur langsam abnutzen und darf nicht platzen.

Damit Reifen stets verkehrssicher sind, muss man auf **Reifendruck** und **Reifenprofil** achten. So ist z. B. für jedes Fahrzeug vorgeschrieben, wie groß der Luftdruck im Reifen sein muss. Ist der Druck höher, so ist die Standfläche des Reifens auf der Straße (die sogenannte *Aufstandsfläche*) kleiner als bei vorgeschriebenem Druck.

Eine möglichst große Standfläche ist aber wichtig: In V 5 konntest du zwar feststellen, dass die Reibungskraft *nicht* von der Größe der reibenden Fläche abhängt. Dies gilt jedoch nur für starre feste Körper (z. B. für einen Holzklotz), nicht aber für Reifen. Der biegsame, weiche Reifengummi „klebt" nämlich umso besser auf der Straße, je größer die Standfläche ist. Dies ist übrigens auch der Grund, weshalb Reifen von Rennwagen oft gar keine Profilrillen besitzen.

Profillose Reifen sind aber nur für trockene Straßen geeignet. Damit nämlich ein Auto auch bei Regen sicher zu lenken und zu bremsen ist, muss das Wasser zwischen Reifen und Fahrbahn nach außen abgeleitet werden. Diese wichtige Aufgabe übernehmen die **Profilrillen**.

Besonders gefährlich wird es, wenn Wasser in riesigen Pfützen auf der Fahrbahn steht. Fährt dann ein Auto zu *schnell* oder mit *zu wenig Reifenprofil,* so bildet sich zwischen den Reifen und der Fahrbahn ein Wasserkeil (Bild 2). Das Auto schwimmt sozusagen auf einer Wasserschicht und lässt sich weder bremsen noch lenken!

Man nennt diesen äußerst gefährlichen Zustand **Aquaplaning** (oder *Wasserglätte*).

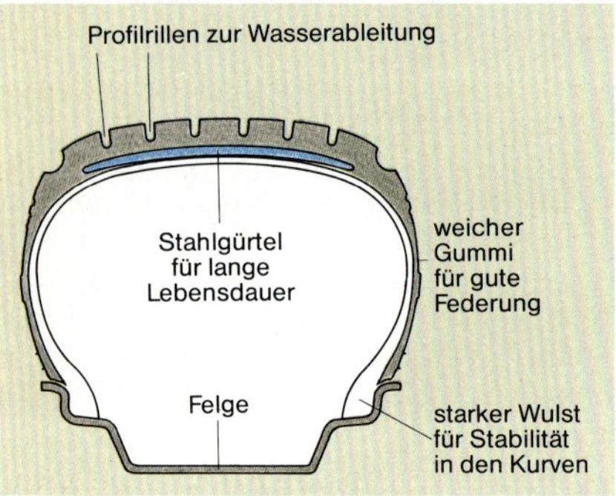

1

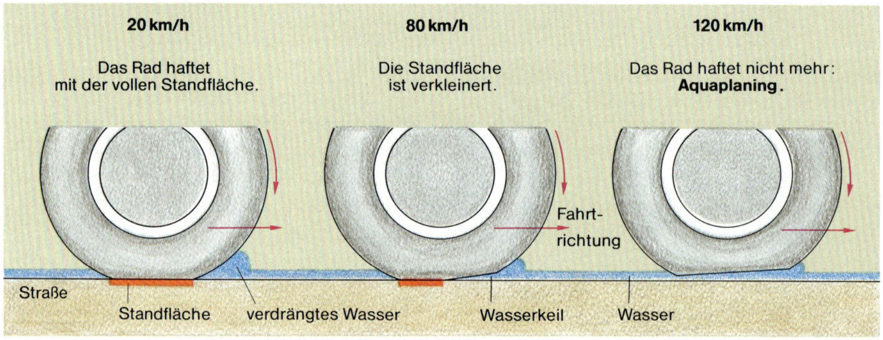

2

Fragen und Aufgaben zum Text

1 Bis 1975 waren in der Bundesrepublik Deutschland Winterreifen mit Stahlnägeln *(Spikes)* erlaubt. Welchen Vorteil hatten sie? Weshalb wurden sie verboten?

2 Reifen von Kraftfahrzeugen (auch von Mofas und Mopeds) müssen Profilrillen haben, die an jeder Stelle der Lauffläche mindestens 1 mm tief sind. Sonst darf das Fahrzeug nicht benutzt werden. (Fachleute empfehlen sogar, die Reifen nur bis auf 3 mm Profiltiefe abzufahren.) Warum ist ein gutes Reifenprofil so wichtig?

3 Ist bei niedrigem Luftdruck im Reifen die Haftung auf der Straße besser? (Sieh dir dazu Bild 3 an.)

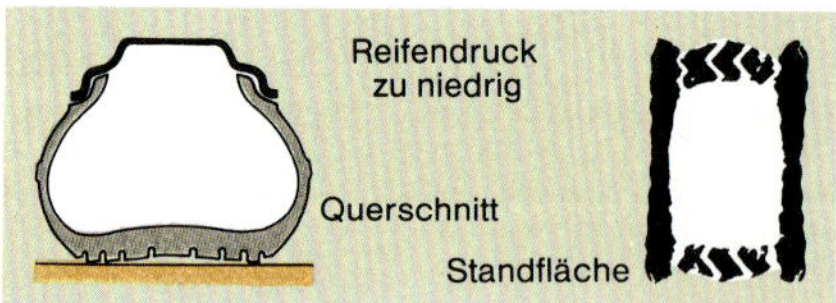

3

4 Reifen für Rennwagen werden aus einem besonders „klebrigen" Gummi hergestellt. Oft haben sie gar keine Profilrillen. Nenne Vor- und Nachteile solcher Rennreifen.

5 Was ist *Aquaplaning*? Wann tritt es auf? Wie lässt es sich vermeiden?

6 Weshalb sind diese Fahrbahnoberflächen (Bilder 4–7) besonders für Mofa- und Motorradfahrer gefährlich? Gib eine physikalische Begründung an.

4

5

6

7

1362R

2 Der Anhalteweg

Herr Kaufmann fährt mit einer Geschwindigkeit von 40 km/h durch die Stadt. Die Straße ist trocken und übersichtlich. Plötzlich sieht er etwa 25 m vor sich ein Kind auf die Straße laufen (Bild 8). Er bremst – und kommt gerade noch vor dem Kind zum Stehen.

8

Fertige eine Skizze der Straße an und trage ein, was in der Zeit vom Wahrnehmen des Kindes bis zum Stillstand des Autos geschieht.

V 6 Wie lang der *Reaktionsweg* ist, hängt zum Beispiel von der *Reaktionszeit* ab. So könnt ihr eure eigene Reaktionszeit messen:

a) Auf einer etwa 70 cm langen Latte (z. B. Rückseite eines Messstabes) markiert ihr Zahlenwerte – wie in Bild 9.

b) Ein Schüler hält die Latte so hoch, dass sich ihre Unterkante in Höhe der Hand eines Mitschülers befindet (Bild 10). Dabei soll die Hand ca. 20 cm seitlich von der Latte entfernt sein.

c) Der erste Schüler lässt nun die Latte fallen und der zweite versucht sie schnell zu fassen.

d) Dort, wo sich dann die Oberkante der Hand befindet, wird die Reaktionszeit des Schülers abgelesen.

V 7 So könnt ihr in einem Versuch feststellen, wovon der *Bremsweg* abhängig ist:

a) Fahrt mit einem Fahrrad (Mofa) einmal mit 10 km/h (15 km/h) und einmal mit 20 km/h (25 km/h). Bremst jeweils mit gleicher Kraft, und zwar dann, wenn das Vorderrad eine Marke überfährt. Messt dann den Bremsweg.

b) Welchen Einfluss haben Reifen- und Straßenzustand auf den Bremsweg?

Untersuche in ähnlicher Weise wie in Versuch 2 die Reibung von Reifen auf verschiedenen Fahrbahnen: Asphalt, Kopfsteinpflaster ... Verwende wieder Reifenteile mit und ohne Profil (Bilder 11 u. 12).

Wiederhole den Versuch auch bei nasser Fahrbahn und möglichst auch auf einem Brett mit einer „Ölspur“.

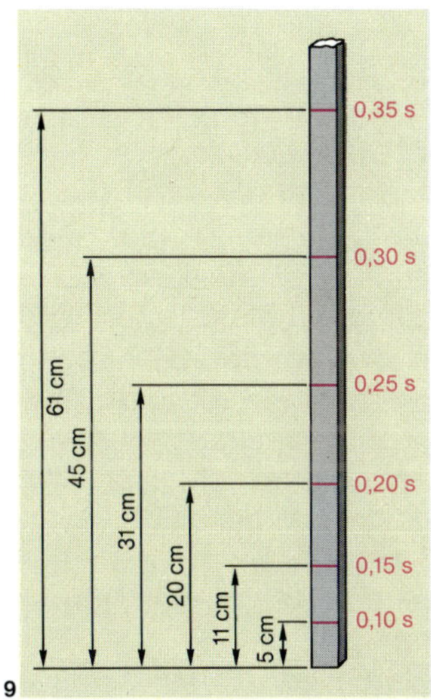

9

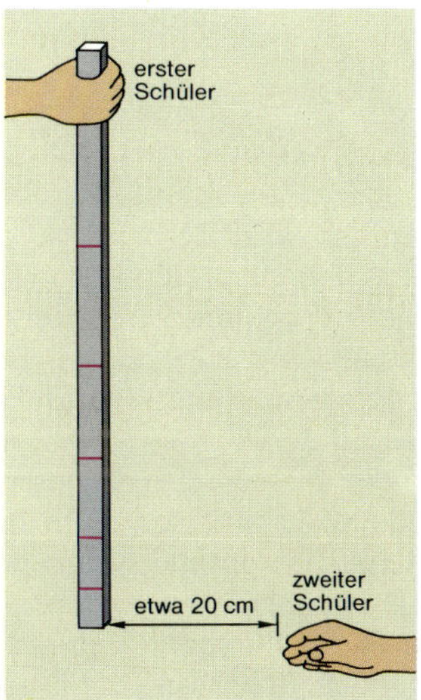

10

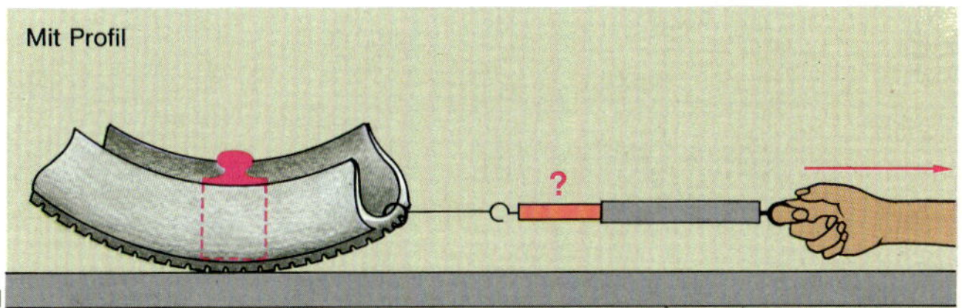

11

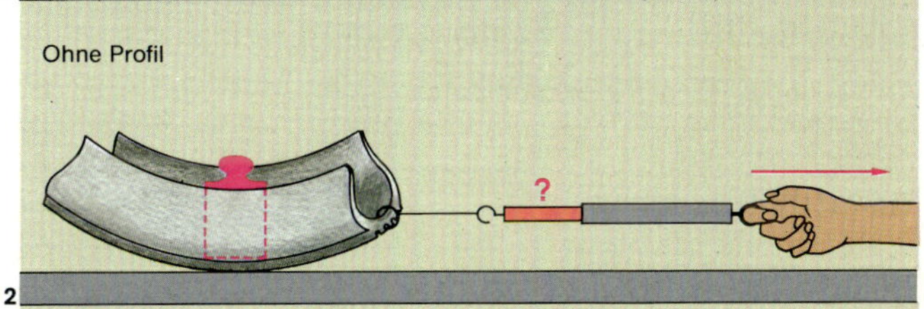

12

Anstelle der Reifenteile kann man zwei gleiche Holzklötze mit unterschiedlichen Unterflächen verwenden (z.B. mit Plastikfolie bzw. Schleifpapier beklebt).

Reaktionswege und Bremswege

So berechnet man den Reaktionsweg.
Beispiel: Geschwindigkeit: 20 km/h,
Reaktionszeit: 1 s.
Rechnung:

$$20\,\frac{\text{km}}{\text{h}} = \frac{20\,000\text{ m}}{3600\text{ s}} = \frac{5{,}56\text{ m}}{1\text{ s}}.$$

Der Reaktionsweg bei 20 km/h und 1 s Reaktionszeit beträgt also 5,56 m.

Bremswege für Pkws

Geschwindigkeit	trockener Asphalt	nasser Asphalt	vereiste Fahrbahn
20 km/h	bis 2,5 m (Mofa: 4 m!)	bis 4 m	bis 20 m
40 km/h	bis 9 m (Mofa: 15 m!)	bis 15 m	bis 65 m
50 km/h	bis 15 m	bis 22 m	bis 100 m
60 km/h	bis 22 m	bis 32 m	unberechenbar
100 km/h	bis 60 m	bis 87 m	unberechenbar

Aufgaben

1 Die Länge des *Reaktionsweges* hängt von der Geschwindigkeit des Fahrzeugs und von der Reaktionszeit des Fahrers ab. (Diese beträgt im Durchschnitt 1 s.)

a) Wie kommt es, dass in Versuch 6 viel kürzere Zeiten als 1 s herausgekommen sind?

b) Die Reaktionszeit eines Menschen kann oft viel länger als 1 s sein. Nenne Gründe dafür.

c) Berechne die Reaktionswege für eine Reaktionszeit von 1 s (2 s) und eine Geschwindigkeit von 20 km/h, 40 km/h, 50 km/h, 60 km/h, 100 km/h, 120 km/h.

2 Vergleiche die *Bremswege* eines Pkws auf trockenem Asphalt bei 20 km/h und 40 km/h sowie bei 20 km/h und 60 km/h (Tabelle auf der Vorseite). Formuliere dazu:
„Doppelte Geschwindigkeit $\xrightarrow{\text{etwa}}$ ... Bremsweg."
„Dreifache Geschwindigkeit $\xrightarrow{\text{etwa}}$ ... Bremsweg."

3 Mit der folgenden Formel kannst du berechnen, wie lang der *Anhalteweg* eines Pkws ungefähr ist:

$$\text{Anhalteweg (in m)} = \left(\frac{\text{Geschwindigkeit (in km/h)}}{10}\right)^2 + \frac{\text{Geschwindigkeit (in km/h)}}{5}.$$

a) Berechne nach dieser Formel den *Anhalteweg* bei einer Geschwindigkeit von 40 km/h (60 km/h, 100 km/h).

b) Überprüfe mit Hilfe der Tabelle, für welchen Straßenzustand diese Formel nur gelten kann.

c) Bei einem Fahrrad (Mofa) ist der Bremsweg fast doppelt so groß wie bei einem Pkw! Berechne den *Anhalteweg* bei 25 km/h (40 km/h).

4 Beschreibe den Bremsvorgang bei einer Trommelbremse (Bild 1) und bei einer Scheibenbremse (Bild 2). Benutze dabei den Begriff *Reibung.*
Welche Bremsenmängel vergrößern den *Bremsweg*?

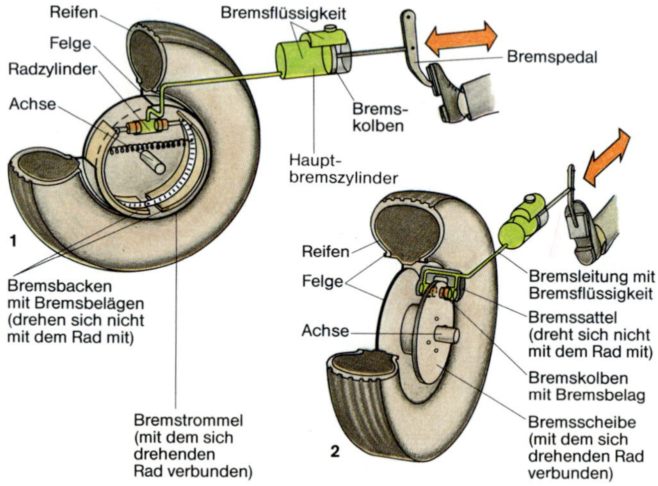

1
2

Aus Umwelt und Technik: **Bremsen ja – aber nicht mit blockierten Rädern!**

Ein Alptraum für jeden Autofahrer: Im Dunkeln steht plötzlich ein unbeleuchteter Anhänger auf der Landstraße. Was tun? – Vollbremsung? Gleichzeitig versuchen um das Hindernis herumzufahren? Ob aber das Fahrzeug *das* mitmacht? ...

Bild 3 zeigt dazu einen Test: Beide Fahrer haben am Stoppschild mit der Vollbremsung begonnen. Und beide versuchen ihr Fahrzeug um das Hindernis herumzulenken. Aber das linke Auto fährt trotz eingeschlagener Lenkung geradeaus: Seine Räder drehen sich nicht mehr; sie *blockieren* – und „radieren" geradeaus über die Fahrbahn hinweg.

Das **Blockieren** der Räder kann böse Folgen haben:
- Das Fahrzeug schleudert;
- es lässt sich nicht mehr lenken;
- der Bremsweg wird viel länger;
- die Reifen werden zerstört.

Das rechte Auto hingegen lässt sich gleichzeitig bremsen *und* lenken, weil seine Räder nicht blockieren. Dieses Auto wurde nämlich mit einem **Anti-Blockier-System** (kurz ABS genannt) ausgestattet.

Beim ABS werden die Drehzahlen aller vier Räder ständig automatisch gemessen und an einen Bordcomputer gemeldet. Die Drehzahl ändert sich ja häufig: Beim Beschleunigen wird sie größer und beim Bremsen nimmt sie ab.

3

Sinkt die Drehzahl eines Rades beim Bremsen *zu schnell,* stellt der Computer Blockiergefahr fest. Sofort wird der Druck in den Bremsleitungen und in der Bremse verringert: Das Rad wird somit weniger gebremst und dreht sich wieder schneller – die Blockiergefahr ist beseitigt. Jetzt darf der Bremsdruck erneut ansteigen, sodass das Rad wieder stärker abgebremst wird.

Dieses durch den Computer gesteuerte Wechselspiel läuft vier- bis zehnmal in einer Sekunde ab. So schnell könnte der Fahrer selbst gar nicht reagieren.

Fragen und Aufgaben zum Text

1 Warum dürfen Räder beim Bremsen nicht blockieren?

2 Eine alte Autofahrerregel lautet: „Bei Straßenglätte Stotterbremse!" Was ist damit gemeint?

1364R

Alles klar?

1 Manchmal ist Reibung unerwünscht, dann sollen die Reibungskräfte möglichst klein sein. Bei anderen Gelegenheiten wünscht man sich recht große Reibungskräfte. Suche Beispiele für „erwünschte" und „unerwünschte" Reibung und ordne sie in einer Tabelle.

2 „Ohne Reibung hielte kein Nagel in der Wand." Was meinst du dazu?

Welche Rolle spielt die Reibung bei Dübeln und Schrauben?

3 Ist beim Anreißen eines Streichholzes Haftreibung oder Gleitreibung wichtig?

4 Wo tritt beim Bremsen eines Fahrzeugs Reibung auf? Welche Reibungsarten spielen dabei eine Rolle?

5 „Bei Reibung entsteht Wärme." Nenne Beispiele zu diesem Satz. Stimmt er immer?

6 Wie funktioniert das „Feuerzeug" der Steinzeitmenschen?

7 Das Anfahren eines Autos bei Glatteis geht oft nur mit einem Trick: Jemand setzt sich hinten auf die Kofferraumklappe (bei Hinterradantrieb). Erkläre!

8 Warum kann man nicht mit Kreide auf einer Fensterscheibe schreiben?

9 „Wer gut schmiert, der gut fährt." Erkläre dieses Sprichwort.

10 Der Anhalteweg eines jeden Fahrzeugs (auch eines Mofas) setzt sich aus Reaktionsweg und Bremsweg zusammen. Auf welchen dieser beiden Teilwege haben die folgenden „Mängel" jeweils Einfluss? Alkoholgenuss, abgenutzte Bremsbeläge, zu hohe Geschwindigkeit, abgefahrene Reifen, schlechte Sicht, Regen, Müdigkeit.

3 Zusammenfassung

Haftreibung

Obwohl an dem Körper gezogen wird, bleibt er auf der Unterlage liegen; er haftet. Es wirkt also eine Kraft, die der Zugkraft entgegengerichtet ist. Steigert man die Zugkraft, so wird auch diese *Gegenkraft* immer größer. Wenn sie ihren Höchstwert erreicht hat, beginnt der Körper zu rutschen. Diesen Höchstwert der Gegenkraft nennt man **Haftreibungskraft**.

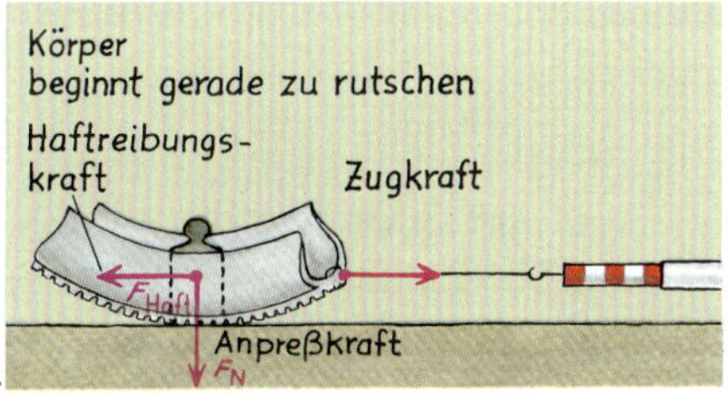

4

Gleitreibung

Auch wenn ein Körper auf seiner Unterlage gleitet, wirkt eine bremsende Kraft: die **Gleitreibungskraft**.

Zieht man den Körper mit gleich bleibender Geschwindigkeit über die Unterlage, so ist die gemessene Zugkraft genauso groß wie die Gleitreibungskraft. Die Gleitreibungskraft ist immer *kleiner* als die entsprechende Haftreibungskraft.

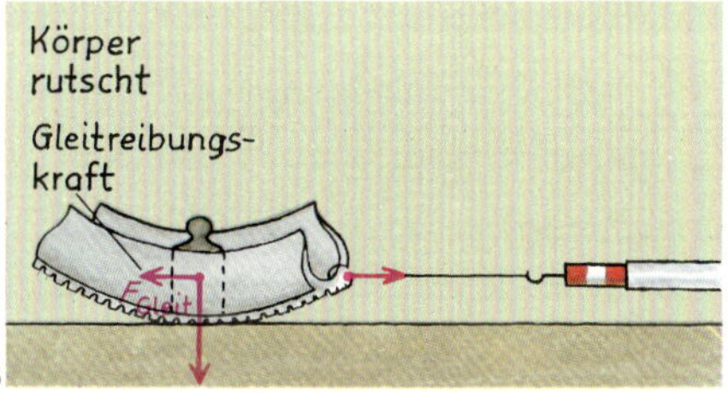

5

Rollreibung

Wenn man einige Stifte als Walzen unter einen Holzklotz legt, muss man nur eine geringe Kraft aufwenden, um den Holzklotz über seine Unterlage zu ziehen. Die bremsende Gegenkraft, die hierbei auftritt, bezeichnet man als **Rollreibungskraft**.

Im Allgemeinen ist die Rollreibungskraft erheblich kleiner als die Gleitreibungskraft.

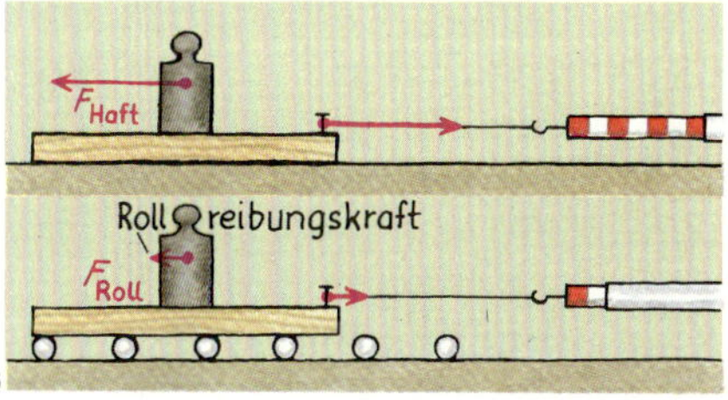

6

Der Anhalteweg

Der Anhalteweg eines Fahrzeugs setzt sich aus **Reaktionsweg** und **Bremsweg** zusammen.

Der *Reaktionsweg* hängt ab von der Reaktionszeit des Fahrers und von der Geschwindigkeit, die das Fahrzeug gerade hat. Der *Bremsweg* hängt ab vom Zustand der Reifen, der Bremsen und der Fahrbahn sowie von der Geschwindigkeit des Fahrzeugs **(doppelte Geschwindigkeit → vierfacher Bremsweg)**.

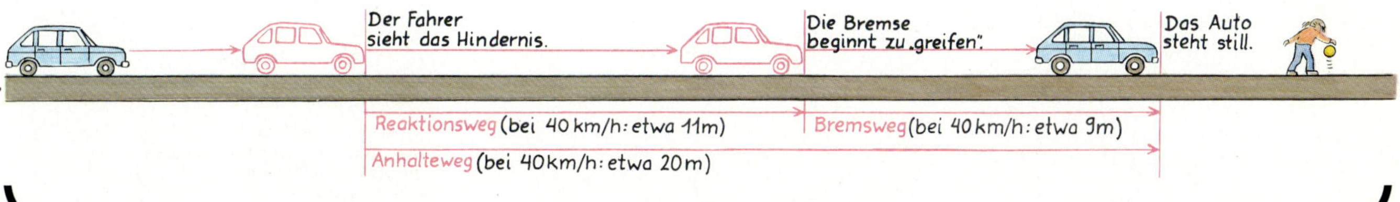

7

Die Masse

1 Körper sind träge

1

2

3

Drei verschiedene Situationen! – Erkennst du Gemeinsamkeiten?

V 1 Wie sich Körper bei plötzlichen Bewegungsänderungen verhalten, kannst du auch an einem flachen Wagen beobachten, auf dem ein Holzklotz liegt. Beschreibe jeweils die Bewegung des Wagens und die des Klotzes.

a) Lass den Wagen schnell anfahren.

b) Der Wagen soll gegen ein Hindernis prallen. Führe den Versuch einmal ohne und einmal mit „Sicherheitsgurt" für den Klotz durch (Bild 4).

c) Ziehe den Wagen mit dem Klotz zuerst möglichst gleichförmig geradeaus – und lass ihn dann um eine enge Kurve fahren.

V 2 Überlege zunächst, was passieren wird, wenn du hier (Bild 5) das Brettchen rasch zur Seite wegziehst.

V 3 Ein Blatt Papier wird unter einen Becher gelegt, der möglichst nahe am Tischrand steht.

Gelingt es dir, das Papier wegzuziehen, ohne dass der Becher umkippt oder vom Tisch fällt? Versuche es sowohl mit einem gefüllten Becher als auch mit einem leeren. Erkläre deine Beobachtung.

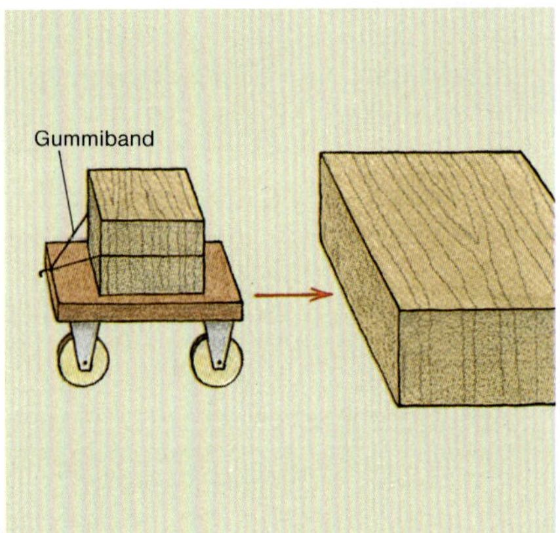

4

V 4 Welcher Faden wird wohl reißen, wenn du unten am Knebel ziehst (Bild 6)?

a) Ziehe dabei einmal ruckartig und einmal langsam und vorsichtig.

b) Ersetze den unteren Wollfaden durch einen Bindfaden.

c) Wiederhole den Versuch nun mit einem Styroporblock anstelle der Zuckertüte.

V 5 Zwei unterschiedliche Kugeln werden mit gleicher Kraft weggestoßen (Bild 7).

Welche der beiden Kugeln wird dadurch stärker beschleunigt? Findest du eine Erklärung dafür?

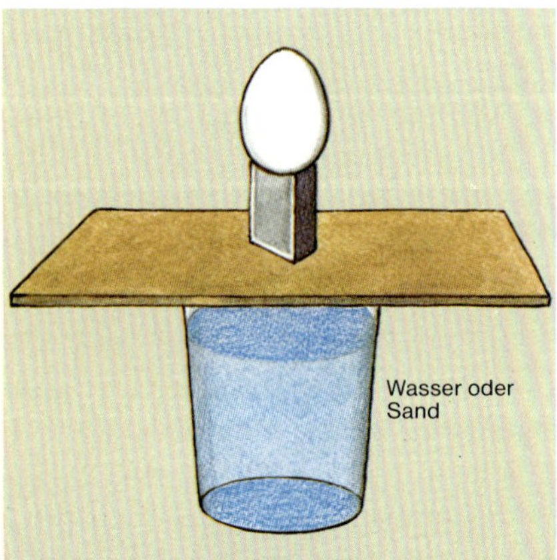

5

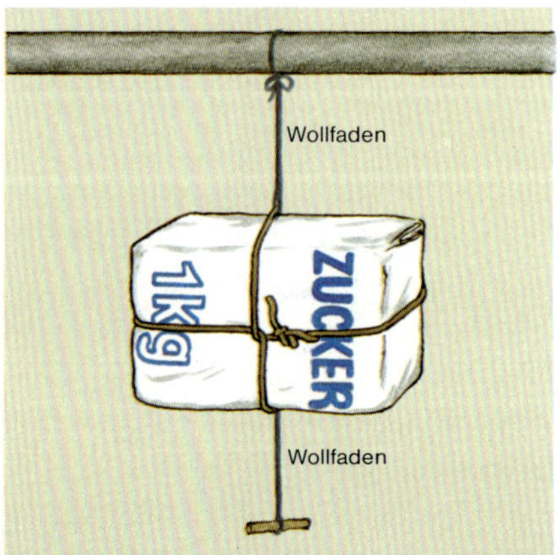

6

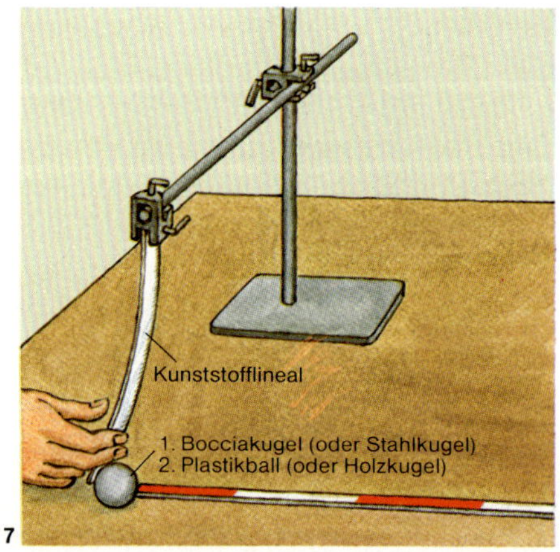

7

1318R

In allen Beispielen und Versuchen spielen plötzliche **Bewegungsänderungen** eine Rolle. Meist sind zwei Körper beteiligt. Dabei zeigt sich, dass der eine Körper die Bewegungsänderung des anderen nicht ohne weiteres mitmacht:

○ Das Abschleppseil reißt, weil das hintere Auto nicht *ruckartig* auf die gleiche Geschwindigkeit kommen kann wie das vordere – das heißt, weil **es im Zustand der Ruhe verharrt.**

○ Beim scharfen Bremsen bewegt sich der Fahrer zunächst mit unverminderter Geschwindigkeit weiter – nur der Sicherheitsgurt verhindert, dass er gegen die Windschutzscheibe prallt. Mit anderen Worten: **Der Fahrer verharrt im Zustand der Bewegung.**

○ Wenn man schnell um eine Kurve fährt, kann schlecht befestigtes Gepäck vom Autodach fallen: Es geht nicht – wie das Auto – in die Kurve, sondern „fliegt" geradeaus weiter. Man sagt: **Es verharrt im Zustand der „Geradeausfahrt".**

Wir können also beobachten, dass sich Körper einer Änderung ihres Bewegungszustands „widersetzen".

Jeder Körper hat die Eigenschaft, seinen Bewegungszustand beizubehalten, sofern keine Kräfte auf ihn einwirken (oder wenn Kräftegleichgewicht herrscht). Diese Eigenschaft nennt man **Trägheit**.

Man kann sagen: **Jeder Körper ist (physikalisch gesehen) träge.**

Aber nicht alle Körper sind in gleichem Maße träge; denke nur an das gefüllte und an das leere Becherglas in Versuch 3. **Die Trägheit eines Körpers ist nämlich von seiner Masse abhängig.** (Die Masse wird in Kilogramm oder Gramm angegeben; sie wird in der Umgangssprache häufig als „Gewicht" bezeichnet.) Dabei gilt:

○ große Masse → große Trägheit,
○ kleine Masse → kleine Trägheit.

Wir können aber auch umgekehrt von der Trägheit auf die Masse schließen:

○ große Trägheit → große Masse,
○ kleine Trägheit → kleine Masse.

Beispiel:
In Versuch 5 wurde die Bocciakugel nicht so stark beschleunigt wie der Plastikball, obwohl jeweils die gleiche Kraft wirkte (Bild 8). Das heißt: Die Bocciakugel setzt der Bewegungsänderung einen größeren Widerstand entgegen als der Plastikball; sie ist träger. Daher muss sie auch eine größere Masse haben.

Wenn wir also Massen vergleichen wollen, könnten wir das mit Hilfe von Trägheitsversuchen tun. Dieses Verfahren ist aber recht umständlich.

8

Aufgaben

1 Die Ladung auf dem Dachgepäckträger eines Autos muss immer gut festgebunden sein. In welchen Situationen könnte es sonst gefährlich werden? Begründe deine Antwort.

2 Erkläre die verschiedenen Beobachtungen, die du in den Versuchen 2–5 machen konntest. Benutze bei deiner Antwort die Begriffe *Trägheit* und *Masse.*

3 Zwanzig 10-Pf.-Stücke sind – so wie in Bild 9 – übereinander gestapelt. Das unterste soll entfernt werden, ohne dass man den Stapel anhebt oder umkippt ... Wenn der Stapel aber kleiner ist, wirst du es kaum noch schaffen. Warum nicht?

4 Ein mit Wasser gefüllter Teller wird ruckartig angeschoben bzw. gleichförmig bewegt und dann abrupt angehalten. Nach welcher Seite schwappt jeweils das Wasser über?

9

5 Stehende Fahrgäste müssen sich in Bussen gut festhalten. Kannst du das physikalisch begründen?

6 Wenn bei einem Hammer der Kopf nur noch lose auf dem Stiel sitzt, dann stößt man den Stiel kräftig auf den Boden – und schon ist der Schaden behoben ...

7 Zusammenstöße von großen Schiffen haben – auch bei niedrigen Geschwindigkeiten – verheerende Folgen. Weshalb?

8 Warum zerbricht eigentlich ein Teller, der zu Boden fällt?

9 Eisenbahnzüge haben Bremswege von bis zu 700 m. Wie kommt das?

Aus Umwelt und Technik: **Sicherheitsgurt und Airbag**

Wie wichtig der Sicherheitsgurt ist, zeigen Untersuchungen aus dem Jahr 1983: In jener Zeit wären in der Bundesrepublik Deutschland pro Tag durchschnittlich fünf Menschen *weniger* im Straßenverkehr getötet (und 70 weniger verletzt) worden, wenn sich *alle* Autoinsassen angeschnallt hätten. Damals fuhren sehr viele Autofahrer ohne Gurt – „Gurtmuffeln" drohte noch kein Bußgeld.

Auch heute sterben Menschen, weil sie den Sicherheitsgurt nicht benutzen. So mancher Autofahrer glaubt nämlich, vor allem im Stadtverkehr auf den Gurt verzichten zu können. „Bei den geringen Geschwindigkeiten in der Stadt kann man sich doch notfalls am Lenkrad oder am Armaturenbrett abstützen", sagen sie.

Stimmt diese Annahme? Was bewirken **Sicherheitsgurte** überhaupt?

Die beiden Bildreihen zeigen den Vorteil von Sicherheitsgurten. In beiden Fällen prallt ein Auto mit einer Geschwindigkeit von 50 km/h auf ein Hindernis.

1

5

2

6

3

7

4

8

In den Bildern 1–4 ist die Versuchspuppe nicht angeschnallt. Sie bewegt sich aufgrund ihrer **Trägheit** zunächst einfach weiter – und zwar mit der Geschwindigkeit von 50 km/h. Mit dieser Geschwindigkeit prallt sie dann gegen die Windschutzscheibe – und wird von der Scheibe schlagartig abgebremst. (Anschließend wird sie dann durch den Aufprall zurückgeschleudert.)

Das Fahrzeug selbst kommt nicht plötzlich zum Stehen. Die „Knautschzone" bewirkt, dass das Auto auf einer Strecke von immerhin etwa 0,5 m abgebremst wird.

Für die Versuchspuppe ist das ein Vorteil – wenn der Sicherheitsgurt angelegt ist. Sie ist dann mit dem Fahrzeug verbunden und wird „allmählich" verzögert, während sich die Knautschzone verformt (Bilder 5–8). Zusätzlich dehnt sich dabei der Sicherheitsgurt. So können Sicherheitsgurte schwere, ja tödliche Verletzungen verhindern.

Nun könnte man meinen, ein Autoinsasse hätte – im Gegensatz zur Puppe – die Möglichkeit, sich bei einem Auffahrunfall noch rechtzeitig abzustützen.

Das stimmt aber nicht, denn selbst wenn das Fahrzeug beim Aufprall eine Geschwindigkeit von nur 15 km/h hätte, müsste man sich schon mit einer Kraft von ungefähr 5000 N abstützen! Man müsste also in der Lage sein eine Masse von 500 kg (1/2 t) zu stemmen – doch das kann selbst der stärkste Gewichtheber nicht.

Bei einer Geschwindigkeit von 50 km/h müsste man sich mit einer Kraft von 25 000 N abstützen. Die gleiche Kraft wäre erforderlich um zwei bis drei Autos auf einmal anzuheben!

Ganz abgesehen davon, dass kein Mensch diese Kraft ausüben könnte, wäre auch niemand in der Lage, schnell genug zu reagieren: Die Reaktionszeit eines Menschen beträgt etwa 1 s, der Aufprall dauert aber nur rund 0,1 s.

Selbst bei einem Aufprall mit niedriger Geschwindigkeit „fliegen" also Personen, die nicht angeschnallt sind, unweigerlich weiter gegen die Windschutzscheibe und das Armaturenbrett.

Heute werden Autos zusätzlich zu den Sicherheitsgurten mit **Airbags** (engl. *air:* Luft; *bag:* Tasche, Sack) ausgerüstet. Auf der Fahrerseite

6992R

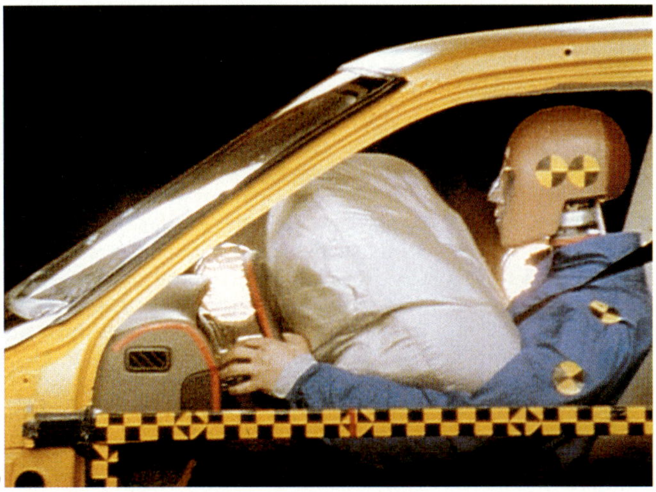

9

stecken sie im Mittelteil des Lenkrades. Bei einem Aufprall des Fahrzeugs wird der Airbag innerhalb von 0,03 s aufgeblasen (Bild 9).

Zusätzlich zum Sicherheitsgurt bremst der Airbag Kopf und Brust der Insassen ab und verringert so die Verletzungsgefahr.

Die „Wucht" des Aufpralls bei einem Unfall macht Bild 10 auf eindringliche Weise deutlich. Mit den angegebenen Geschwindigkeiten würde das Auto auf den Erdboden prallen. Ohne Sicherheitsgurt hätte niemand eine Chance bei einem Aufprall mit heiler Haut davonzukommen.

Fragen und Aufgaben zum Text

1 Was ist in Bild 10 dargestellt?

2 Beschreibe, wie Sicherheitsgurte die Autoinsassen schützen können. Verwende dabei den Begriff *Trägheit.*

3 Warum werden Sicherheitsgurte nach Unfällen erneuert?

4 Auch **Kopfstützen** dienen der Sicherheit, selbst bei einem Auffahrunfall in Fahrtrichtung. Erkläre.

Bei welcher Art von Unfällen sind Kopfstützen besonders wirkungsvoll?

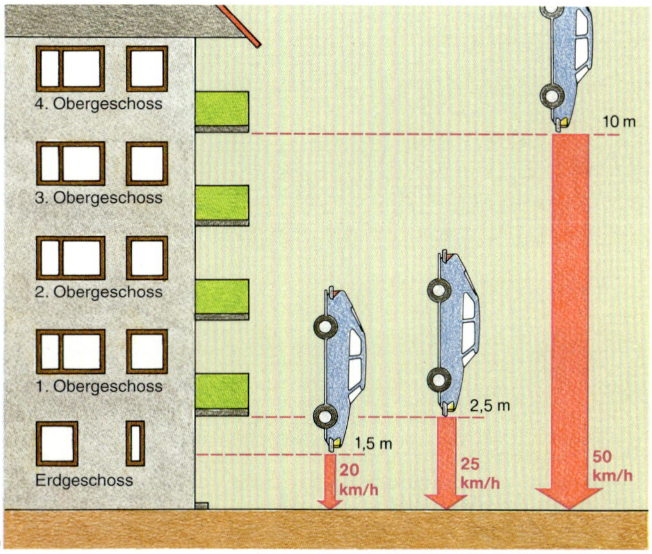

10

2 Masse und Gewichtskraft

Am 21. Juli 1969 betreten zum ersten Mal Menschen den Mond.
Sie tragen Raumanzüge und schwere Rucksäcke mit der Sauerstoffversorgung und dem Kühlsystem.
Diese Ausrüstung wiegt 84 kg. Das ist etwa so viel, wie ein erwachsener Mann selbst wiegt.

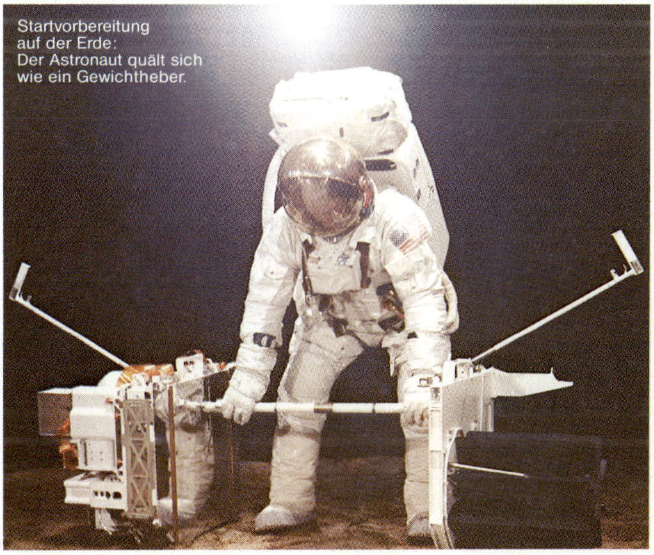

Startvorbereitung auf der Erde: Der Astronaut quält sich wie ein Gewichtheber.

11

Spaziergang auf dem Mond: Was der Astronaut hier alles tragen kann!

12

Masse und Gewichtskraft auf Erde und Mond

Am Beispiel der Astronauten wird deutlich, dass auf Erde und Mond unterschiedlich große Kräfte nötig sind, um den gleichen Körper hochzuheben. Auf denselben Körper wirken also auf Erde und Mond unterschiedlich große Anziehungskräfte.

Man bezeichnet die Kraft, mit der ein Körper von der Erde oder vom Mond angezogen wird, als **Gewichtskraft.**

Die Bilder 1 u. 2 veranschaulichen die unterschiedlichen Gewichtskräfte. Wenn wir auf Erde und Mond die Gewichtskräfte auf dieselben Körper bestimmen würden, kämen wir zu folgenden Messergebnissen:

	auf der Erde	auf dem Mond
Gewichtskraft der Tüte Zucker	ca. 10 N	ca. 1,6 N
Gewichtskraft des Wägestücks	ca. 10 N	ca. 1,6 N
Masse der Tüte Zucker	1 kg	1 kg

Die Gewichtskraft auf einen Körper ist auf dem Mond viel geringer als auf der Erde. Der Körper ist aber auf dem Mond ebenso träge wie auf der Erde. Seine Masse ist unveränderlich.

Der Astronaut *Neil Armstrong* berichtet: *„Auch mit den veränderten Schwereverhältnissen* (den Gewichtskräften) *mussten wir erst einmal vertraut werden. Auf dem Mond fände es ein Astronaut gar nicht so schwierig Sprünge von bis zu 6 m Höhe zu machen. Aber er darf nicht vergessen, dass die Masse seines Körpers die gleiche bleibt. Der Aufprall mit hoher Geschwindigkeit auf einen Mondfelsen würde genauso wehtun wie der Aufprall auf einen Felsbrocken hier auf der Erde."*

Befinden sich aber zwei Körper gleicher Masse *am selben Ort* (auf der Erde oder auf dem Mond), dann misst man natürlich gleiche Gewichtskräfte.

Diese Tatsache macht man sich zunutze, um **Massen mit einer Balkenwaage zu vergleichen und zu messen.**

Legt man einen Körper unbekannter Masse (z. B. einen Stein) auf eine der beiden Waagschalen der Balkenwaage, so bewirkt die Gewichtskraft, dass diese Waagschale heruntergedrückt wird.

Um die Waage wieder ins Gleichgewicht zu bringen, muss auch auf die andere Waagschale eine gleich große Kraft wirken. Das kann man z. B. durch Drücken mit der Hand erreichen oder dadurch, dass man Körper gleicher Masse (z. B. geeignete Wägestücke) auflegt. Denn auf gleich große Massen wirken ja *am selben Ort* jeweils gleich große Gewichtskräfte – also sowohl auf der Erde als auch auf dem Mond.

Um auf der Erde oder auf irgendeinem Himmelskörper Massen bestimmen zu können, benötigt man lediglich **Wägestücke bekannter Massen** als Vergleichskörper und eine **Balkenwaage** als Messinstrument (Bilder 3 u. 4).

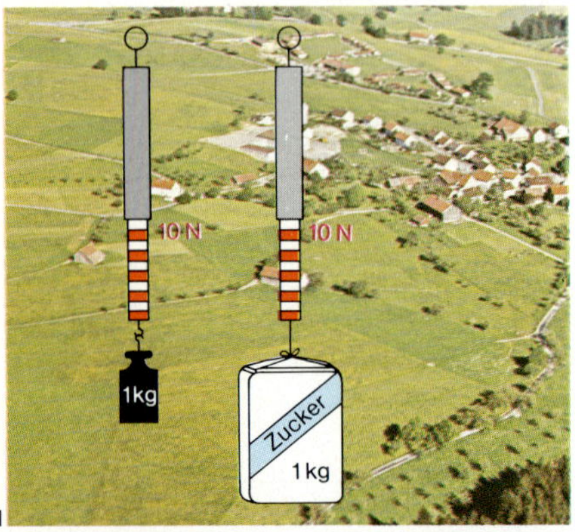

1

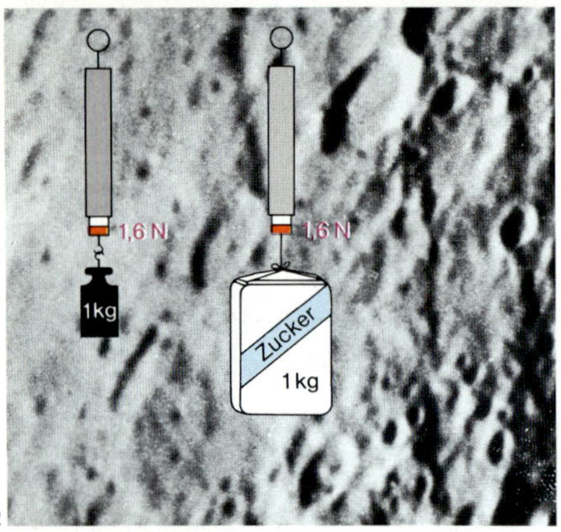

2

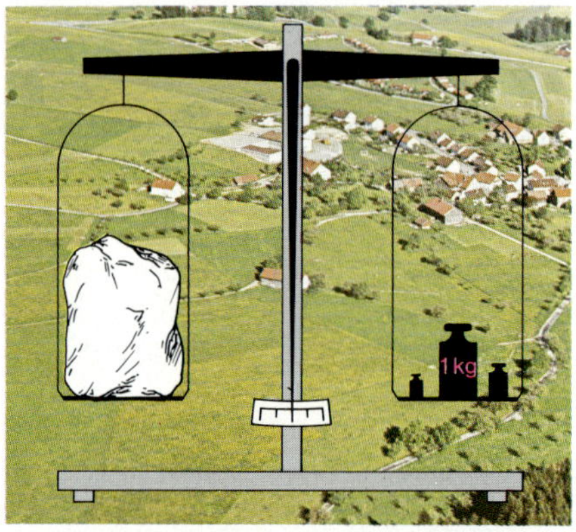

3

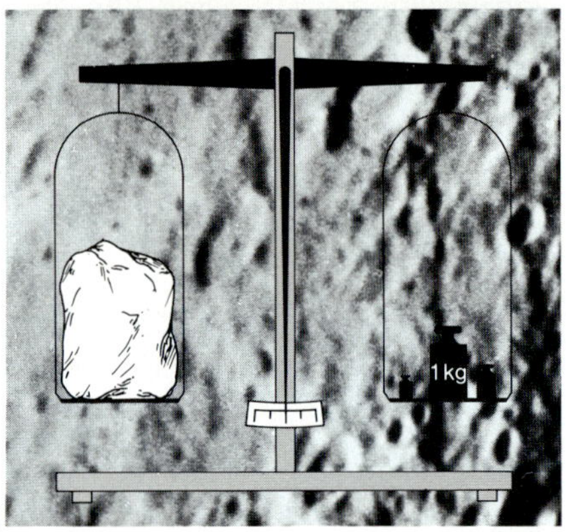

4

Die Einheit der Masse

Die Einheit der Masse (m) ist das **Kilogramm (1 kg)**. Sie ist durch einen Vergleichskörper – das **Urkilogramm** (Bild 5) – festgelegt. Die Masse 1 kg entspricht der Masse von 1 Liter Wasser bei +4 °C.

Das Urkilogramm ist ein Zylinder aus Platin-Iridium mit einem Durchmesser und einer Höhe von je 39 mm. Es wird im Internationalen Büro für Maße und Gewichte bei Paris aufbewahrt. Alle Staaten, in denen das Kilogramm als Einheit der Masse eingeführt ist, besitzen eine genaue Nachbildung des Urkilogramms.

5

Für Deutschland befindet sie sich in der *Physikalisch-Technischen Bundesanstalt* in Braunschweig.

Man gibt größere Massen in **Tonnen (t)** oder **Megatonnen (Mt)** an, kleinere in **Gramm (g)** oder **Milligramm (mg)**:

1 Mt = 1 000 000 t; 1 kg = 1000 g;
1 t = 1000 kg; 1 g = 1000 mg.

Die Masse von Edelsteinen (z. B. Diamanten) und Perlen wird in **Karat (Kt**; international **ct**, von *Carat*) angegeben:
1 kt = 0,2 g.

1322R

Aus der Geschichte: **Die Entdeckung der Massenanziehung**

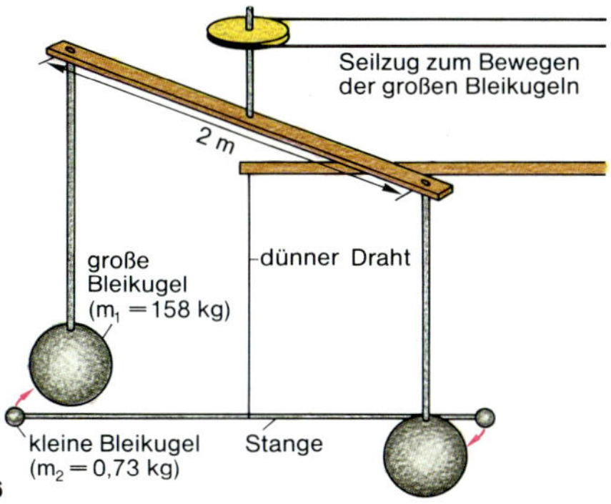

6

Mit der Frage, wodurch es überhaupt zu Gewichtskräften kommt, beschäftigte sich vor etwa 300 Jahren der berühmte englische Naturforscher *Isaac Newton.*

Er fand dabei unter anderem Folgendes heraus: **Alle Körper ziehen einander an.**

Ein Apfel fällt z. B. vom Baum, weil er von der Erde angezogen wird.

Aber nicht nur solch riesige Körper wie die Erde und der Mond üben Anziehungskräfte aus – auch Körper mit sehr kleinen Massen ziehen einander an. Das konnte etwa hundert Jahre später der englische Chemiker *Henry Cavendish* nachweisen. Seinen Versuchsaufbau zeigt Bild 6.

Er befestigte zwei kleine Bleikugeln an einer Stange und hängte diese an einem Draht auf. Dann näherte er diesen beiden Kugeln zwei große Bleikugeln. Und tatsächlich: Die Stange mit den kleinen Bleikugeln drehte sich jetzt geringfügig. Die kleinen Kugeln hatten sich also auf die großen Kugeln zubewegt.

Damit war bewiesen: *Alle* Körper üben Anziehungskräfte aus – selbst wenn ihre Massen nur sehr klein sind. Diese Erscheinung bezeichnet man als **Massenanziehung** oder auch als **Gravitation** (lat. *gravis*: schwer).

Je größer die Massen der beteiligten Körper sind, desto größer sind auch die Anziehungskräfte, die sie aufeinander ausüben. Das ist der Grund dafür, dass man auf Erde und Mond an den gleichen Körpern unterschiedliche Gewichtskräfte misst.

Ein Apfel fällt vom Baum, weil ihn die Erde mit einer bestimmten Kraft anzieht. *Aber auch der Apfel zieht die Erde an – und zwar mit einer gleich großen Kraft.* Dass dies so ist, können wir jedoch nicht wahrnehmen: Die Erde ist wegen ihrer riesigen Masse sehr träge; die Anziehungskraft des Apfels kann da nichts ausrichten.

Wie groß die Anziehungskraft zwischen zwei Körpern ist, hängt aber nicht nur von ihren Massen ab, sondern auch von ihrem Abstand.

Je weiter die Körper voneinander entfernt sind, desto geringer sind die Massenanziehungskräfte.

Auch diese Gesetzmäßigkeit fand schon Newton heraus. Wie sich demzufolge die Gewichtskraft eines Körpers auf der Fahrt Erde–Mond verändern würde, zeigt Bild 7.

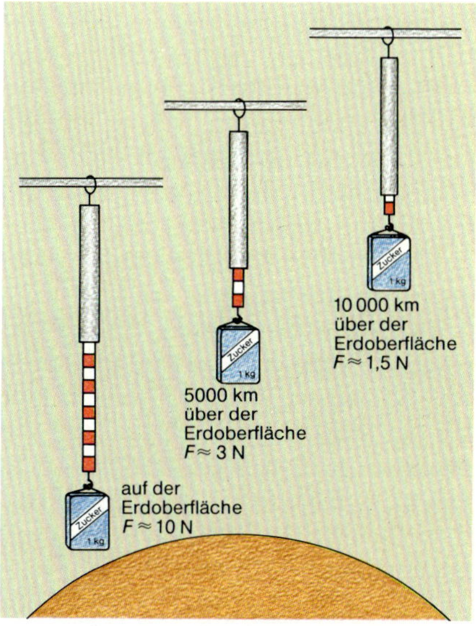

7

Aufgaben

1 Die Ausrüstung eines Astronauten hat eine Masse von 84 kg.

a) Welche Gewichtskraft würde ein Kraftmesser auf der Erde (auf dem Mond) anzeigen, wenn man die Ausrüstung anhängen könnte?

b) Wie viel Kraft muss ein Astronaut auf der Erde (auf dem Mond) aufwenden um seine Ausrüstung zu tragen?

2 Auch auf der Erde kann ein Kraftmesser unterschiedliche Gewichtskräfte anzeigen, wenn man denselben Körper anhängt (Bild 8). Wie ist das zu erklären?

3 Bei uns erfährt ein Körper mit 1 kg Masse eine Gewichtskraft von (genau genommen) 9,81 N.

a) Welche Gewichtskräfte würde man bei einem Sperling (30 g), bei einer E-Lok (90 t) und bei einem Menschen (70 kg) messen?

b) Berechne die Gewichtskräfte auf dieselben Körper am Äquator, am Nordpol und auf dem Mond.

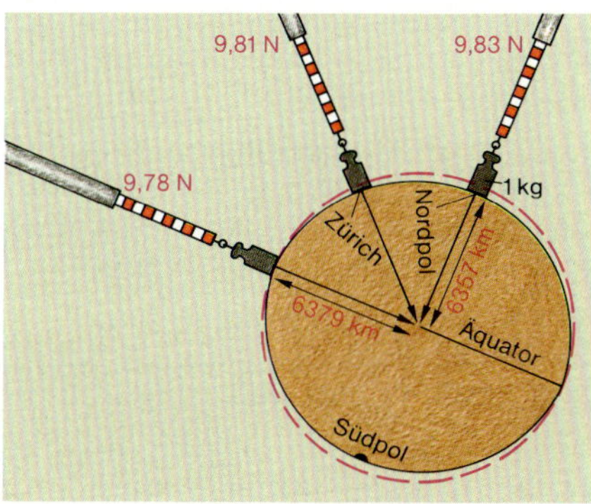

8

4 Die Himmelskörper haben unterschiedliche Massen. Daher würden Kraftmesser unterschiedliche Gewichtskräfte anzeigen, wenn man sie dort mit einem 1-kg-Wägestück belasten würde (→ Tabelle).

Welche Kraft müsstest du auf diesen Himmelskörper jeweils aufwenden um eine Tasche (m = 4 kg) anzuheben?

Himmelskörper	Masse im Vergleich zur Erdmasse	Radius in km	Gewichtskraft auf 1-kg-Stück in N
Venus	$^4/_5$	6 200	8,7
Erde	1	6 378	9,8
Mond	$^1/_{81}$	1 738	1,6
Mars	$^1/_{10}$	3 397	3,7
Jupiter	318	71 600	23
Saturn	95	60 100	9,1

Aus Umwelt und Technik: **Waagen müssen geeicht werden**

Früher gab es für den Gebrauch falsch anzeigender Waagen oder falscher Gewichte (Wägestücke) hohe, oft grausame Strafen (→ unten).

Auch heute ist gesetzlich vorgeschrieben, dass Waagen, die in Geschäften benutzt werden, alle zwei Jahre vom Eichamt überprüft werden. Stimmt die Waage nicht, muss sie innerhalb einer bestimmten Zeit neu eingestellt werden. Andernfalls muss der Händler ein Bußgeld zahlen. Dies gilt auch für moderne elektronische Waagen, an denen gar nichts verändert werden kann.

Zur Überprüfung einer Waage werden besondere Wägestücke („Gebrauchsnormale") auf die Waagschale gelegt (Bild 1). Wie genau die Waage anzeigen muss, hängt vom *Eichwert (e)* ab. Er ist auf jeder Waage angegeben (Bild 2).

Bei der abgebildeten Waage beträgt der Eichwert $e = 2$ g. Bis zu einer Belastung von $500 \cdot e$ (also hier bis zu $500 \cdot 2\,\text{g} = 1000\,\text{g}$) darf die Waage um den Wert $\pm 1/2 \cdot e$ (d. h. um ±1 g) falsch anzeigen. Sie dürfte demnach z. B. bei einem 200-g-Wägestück 199 g oder 201 g anzeigen. Zwischen 1 kg und 4 kg darf ihre Anzeige etwas ungenauer sein, nämlich $\pm 1 \cdot e$ (also ±2 g).

Selbst die Gebrauchsnormalen müssen regelmäßig geeicht werden: Sie werden jährlich mit den „Kontrollnormalen" im Eichamt verglichen. Sogar diese werden alle fünf Jahre überprüft, indem man sie in der Landeseichdirektion mit den dortigen „Hauptnormalen" vergleicht. Und diese Hauptnormalen müssen ebenfalls verglichen werden, und zwar alle zehn Jahre mit einer Nachbildung des *Urkilogramms* in der Physikalisch-Technischen Bundesanstalt in Braunschweig.

1

Stellt sich bei der Überprüfung heraus, dass eine Gebrauchsnormale durch Abnutzung zu leicht geworden ist, so bohrt man in ihren Boden ein Loch und steckt etwas Bleidraht hinein. Das Loch wird dann mit einem Messingstopfen fest verschlossen (Bild 3). Dabei macht man das Wägestück absichtlich etwas zu schwer, denn zum Schluss wird der Boden noch glatt geschliffen.

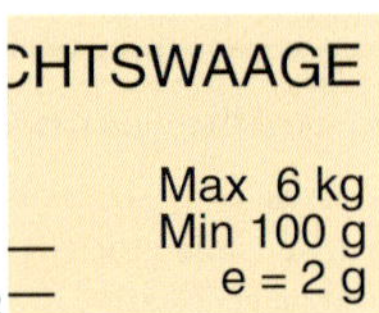

2

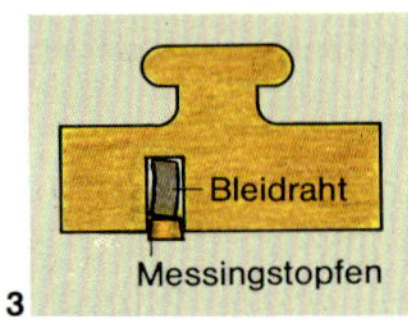

3

Auf Wochenmärkten findet man auch noch Wägestücke aus Gusseisen. Sie haben oben einen Bleistopfen mit dem Stempel des Eichamtes. Diese Wägestücke sind teilweise hohl und mit kleinen Bleikugeln *(Tarierschrot)* gefüllt. Auch diese Wägestücke müssen alle zwei Jahre geeicht werden.

Wie genau die Wägestücke sein müssen, richtet sich nach ihrer Masse: Bei einem 1-kg-Wägestück darf die Fehlergrenze z. B. ±0,2 g betragen; bei einem 10-kg-Wägestück sind es ±1,6 g; bei einem 100-g-Wägestück darf die Ungenauigkeit jedoch nur ±0,03 g (30 mg) betragen.

Aber nicht nur Waagen und Wägestücke müssen regelmäßig überprüft werden, sondern auch viele andere Messgeräte. Dazu gehören z. B. die Messwerke an den Zapfsäulen der Tankstellen. Sie werden einmal jährlich überprüft.

Dabei füllt der Prüfer unterschiedlich große Gefäße (z. B. mit 20 l oder 50 l Inhalt); es sind *Eichkolben.* Diesen Vorgang wiederholt er mehrmals mit unterschiedlichen „Auslaufgeschwindigkeiten" des Benzins. Dabei darf die Anzeige an der Zapfsäule in keinem Falle mehr als 0,5 % vom Messwert abweichen.

Urkunde

verliehen der Stadt Nowgorod
Anno 1135

Der Bischof soll Maße und Gewichte überwachen. Strafe für ungerechten Gebrauch von Maßen und Gewichten: Hinrichten zum Tode und die Habe in drei Teile teilen – einen Teil der Sophienkirche, einen Teil der Iwanowskaja und einen Teil den Hundertschaftsführern von Nowgorod.

Fürst Wsewolod

Fragen und Aufgaben zum Text

1 Warum werden Geschäftswaagen und Wägestücke regelmäßig überprüft?

2 Beschreibe, wie man Waagen (Wägestücke, Zapfsäulen) eicht. Was bedeutet der Begriff *Eichwert*?

3 Der Beamte überprüft eine Waage mit dem Eichwert $e = 5$ g. Er legt ein 500-g-Wägestück auf die Waage; sie zeigt 488 g an. Entspricht das noch den Vorschriften?

4 Wie viel mehr oder weniger darf das Messwerk einer Zapfsäule anzeigen, wenn ein 50-l-Eichkolben gefüllt wird?

5 Nenne andere Messgeräte, die vom Eichamt überprüft werden müssen.

Anweisung

an das Moskauer Zollhaus
über die Einnahme von Zöllen,
Anno 1681

Alle Waagen müssen mit den mit einem Adler versehenen Zollwaagen übereinstimmen.
Für bei Händlern gefundene betrügerische Waagen wird Beschlagnahme der Waren und Verbannung des Händlers und seiner Familie angeordnet.

Zar Fjodor Alexejewitsch

2461R

3 Die Dichte

4

5

V 6 Was wiegt mehr: Zucker, Salz oder Mehl? Plane einen Versuch dazu und führe ihn durch.

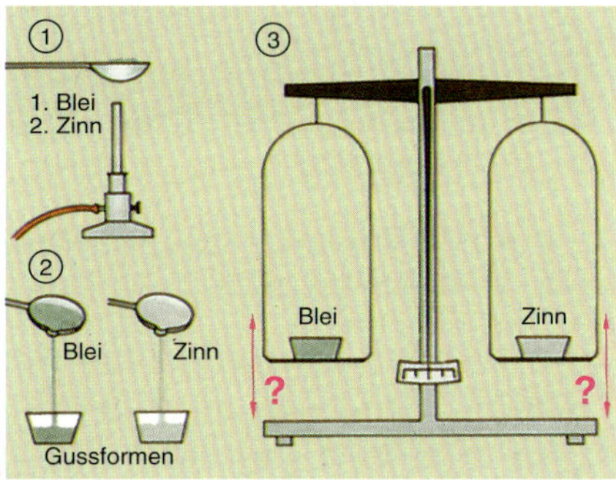

6

V 7 Welches Metall wiegt mehr: Blei oder Zinn? Das können wir nach Bild 6 untersuchen. Worauf muss man bei der Wahl der Gussformen und beim Gießen achten?

V 8 Mit einer Balkenwaage können wir die Masse von 1-Kubikzentimeter-Würfeln aus verschiedenen Stoffen bestimmen. Vergleiche die Ergebnisse mit den Dichte-Werten, die du in einer Tabelle im Anhang findest.

V 9 Diesmal wollen wir die Dichte von *unregelmäßigen* Körpern (z. B. Wägestück, Radiergummi, Stein) bestimmen. Dazu brauchen wir die Balkenwaage und (zur Bestimmung des Volumens) einen Messzylinder mit Wasser. Wie läuft der Versuch ab?

V 10 Wie viel wiegt eine große Eisenschraube? Wir können ihre Masse *ohne Waage* bestimmen. Als Hilfsmittel brauchen wir nur einen Messzylinder mit Wasser und die Dichtewerte aus dem Anhang.

Wir berechnen die Dichte

Was ist „schwerer": Eisen oder Stein? Das kannst du z. B. auf folgende Weise herausbekommen:

1. Mit der Balkenwaage bestimmst du die **Masse** des Steins, z. B. 175 g.
2. Ein Messzylinder mit Wasser hilft dir dann das **Volumen** des Steins zu ermitteln, z. B. 70 cm³.
3. Jetzt kannst du **berechnen**, wie viel z. B. **1 cm³** des Steins wiegt:

$$\frac{175}{70}\,\frac{\text{g}}{\text{cm}^3} = 2{,}5\,\frac{\text{g}}{\text{cm}^3}.$$

Man nennt diesen Wert die **Dichte** des Steins (Formelzeichen: ρ; sprich: ro).

$$\frac{\text{Masse des Steins}}{\text{Volumen des Steins}} = \text{Dichte von Stein.}$$

Die **Einheit** der Dichte ist $\mathbf{1\,\frac{kg}{m^3}}$.

Außerdem ist gebräuchlich: $1\,\frac{\text{g}}{\text{cm}^3}$.

Die Dichte unseres Steins beträgt also 2,5 g/cm³. Im Anhang kannst du in einer Tabelle nachlesen, welche Dichte *Eisen* hat. Nun ist die Ausgangsfrage leicht zu beantworten.

Aufgaben

1 Bei den Versuchen 6, 7 und 10 sind Ausdrücke gebraucht worden, die man in der Sprache der Physik mit dem Begriff *Masse* beschreibt. Ändere die entsprechenden Sätze.

2 Aluminium hat eine Dichte von 2,7 g/cm³. Erkläre, was das bedeutet.

3 Es gibt einige Sterne (sogenannte „weiße Zwerge"), die eine Dichte von 1 000 000 g/cm³ haben. Wie viel g (kg, t) wiegt ein 1-cm³-Würfel davon?

4 In Bild 7 geht es um das Metall *Messing*:

a) Wie groß ist das Volumen des 50-g-Wägestücks aus Messing?

b) Welche Masse hat ein 1-cm³-Würfel aus Messing?

c) Welches Volumen hat ein 200-g-Wägestück aus Messing?

d) Hat ein eisernes 200-g-Wägestück ein anderes Volumen als ein 200-g-Wägestück aus Messing?

5 Warum ist bei den Dichtewerten in der Tabelle im Anhang die Dichte von Holz nicht mit einem genauen Zahlenwert angegeben?

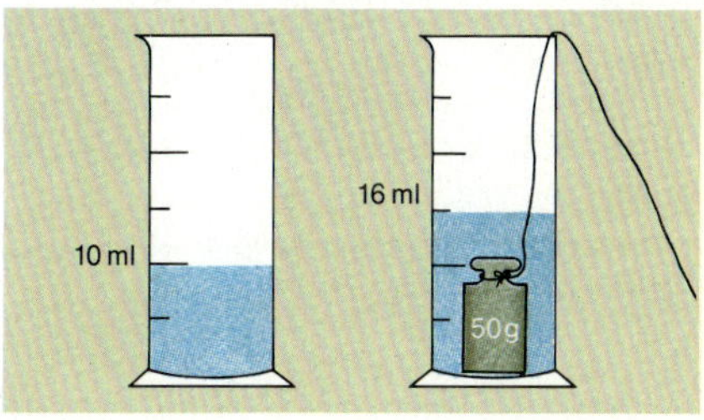

7

Alles klar?

1 Was würde passieren, wenn es keine Massenanziehung gäbe?

2 Muss ein Hammer, der auf dem Mond zum Abmeißeln von Gestein gebraucht wird, eine größere Masse haben als einer, der auf der Erde verwendet wird?

3 Auf einer Fahrt zum Mond würde die Gewichtskraft, die ein Körper erfährt, immer kleiner werden. In der Nähe des Mondes nähme sie aber wieder zu. Wie ist das zu erklären?

1

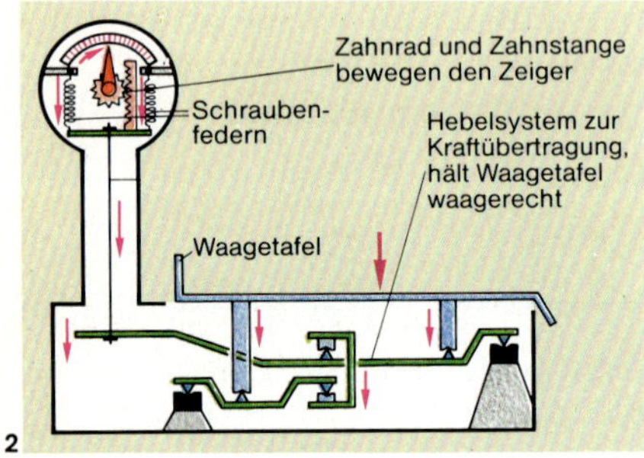

2

4 „Bei einer Tafel Schokolade (100 g) misst man eine Gewichtskraft von 1 N." Stimmt dieser Satz so?

Bei wie vielen Tafeln würde der Kraftmesser auf dem Mond eine Kraft von ungefähr 1 N anzeigen?

5 In einem kleinen Wagen mit einem Drahtgestell ist eine Metallkugel aufgehängt (Bild 1).

Wie wird sich jeweils die Metallkugel bewegen, ...

a) wenn der Wagen angestoßen wird?

b) wenn er sich gleichförmig bewegt?

c) wenn er auf ein Hindernis prallt?

d) wenn er nach links (nach rechts) in die Kurve geht?

6 In Personen- und Paketwaagen sind oft Schraubenfedern eingebaut (Bild 2). Auch mit solchen Waagen könnte man auf dem Mond Massen bestimmen. Wie müsste man dabei vorgehen?

7 Die Einheit für die Masse ist 1 kg. Wie ist diese Einheit festgelegt?

Welche anderen vom Kilogramm abgeleiteten Einheiten kennst du?

8 In den Bildern 3 u. 4 geht es um Massen und Dichten:

a) In welchem Messzylinder befindet sich die größere Masse?

b) Was hat die größere Dichte: Wasser oder Quecksilber?

c) Vergleiche das Volumen und die Masse der beiden Körper auf den Waagschalen.

d) Welcher der Würfel ist der Aluminiumwürfel, welcher ist der Silberwürfel?

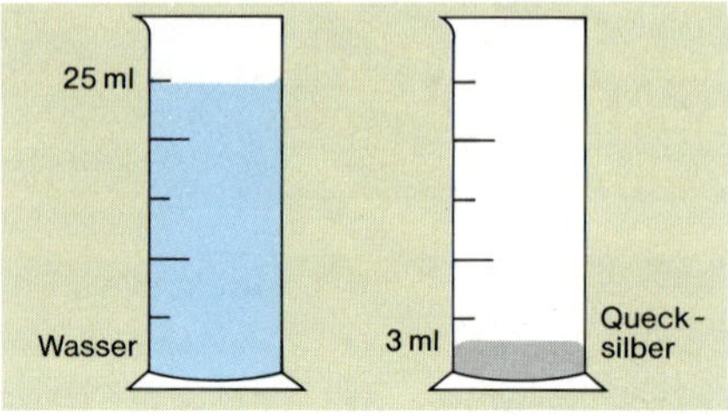

3

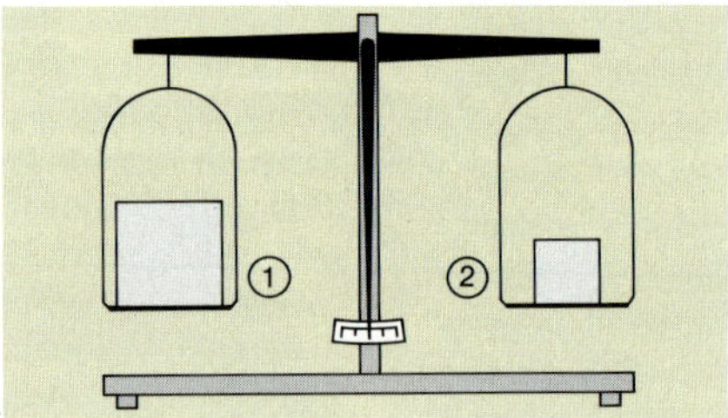

4

4 Zusammenfassung

Trägheit und Masse

Ein Körper **behält seinen Bewegungszustand** bei, solange *keine Kraft* auf ihn einwirkt oder *Kräftegleichgewicht* besteht.

- Ein Körper, der in Ruhe ist, bleibt in Ruhe.
- Ein Körper, der sich gleichförmig bewegt, bleibt in gleichförmiger Bewegung.
- Ein Körper, der sich geradeaus bewegt, bewegt sich weiter geradeaus.

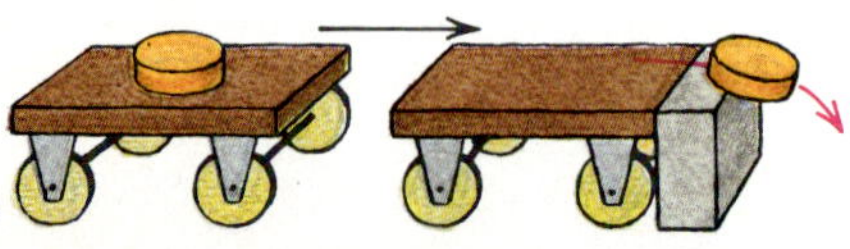
5

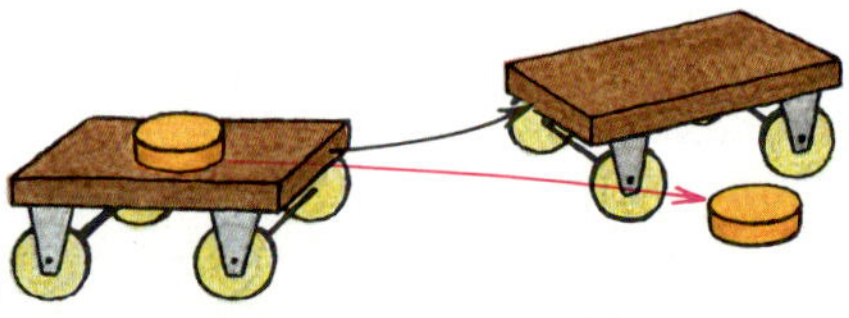
6

Jeder Körper setzt dem Versuch, seinen Bewegungszustand zu ändern, einen „Widerstand" entgegen.

Diese Eigenschaft der Körper heißt **Trägheit**. Man sagt: Jeder Körper ist **träge**.

Die Trägheit eines Körpers ist davon abhängig, wie groß seine **Masse** (m) ist:

Je größer die Masse eines Körpers ist, desto größer ist seine Trägheit.

2463R

Die Masse – eine Körpereigenschaft

7

Die Masse ist eine Eigenschaft eines jeden Körpers:

Jeder Körper hat Masse.

Sie ist *unabhängig* davon, wo sich der Körper gerade befindet.

Die Masse wird in der Einheit **Kilogramm** (kg) gemessen.

Beispiel: Eine Tüte Zucker, die auf der Erde 1 kg Masse hat, hat auch auf dem Mond (und überall sonst) eine Masse von 1 kg.

8

Massenanziehung und Gewichtskraft

9

Die Gewichtskraft ergibt sich durch die **Massenanziehung (Gravitation)** zweier (oder mehrerer) Körper.

Die Gewichtskraft (F_G), die ein Körper erfährt, hängt davon ab, wo sich der Körper befindet. Sie ist also *keine* Eigenschaft eines einzelnen Körpers.

Beispiel: Auf dem Mond erfährt eine Tüte Zucker eine wesentlich geringere Gewichtskraft als auf der Erde. Der Grund dafür ist, dass die Massenanziehungskräfte zwischen *Mond* und Zuckertüte kleiner sind als die zwischen *Erde* und Zuckertüte.

10

Die Dichte

11

Die Dichte eines Körpers aus einem bestimmten Stoff kann folgendermaßen bestimmt werden:

1. Man misst die Masse des Körpers.
2. Man stellt sein Volumen fest.
3. Man errechnet aus Masse (m) und Volumen (V) die Dichte (ϱ):

$\frac{\textbf{Masse}}{\textbf{Volumen}} = \textbf{Dichte};$ Einheit: $1\,\frac{\text{kg}}{\text{m}^3}$.

12

Jeder Stoff hat eine ganz bestimmte Dichte.
Sie ist deshalb ein wichtiges Erkennungsmerkmal für einen Stoff.
Die Dichte eines Stoffes (angegeben in g/cm^3) gibt die Masse von $1\ cm^3$ des Stoffes an (in g).

Kreisbewegungen

1 Gefährliche Kurven

1

Offensichtlich treten hier Kräfte auf …

V 1 Auf dem Eisenbahnwagen von Bild 2 liegt eine Stahlkugel. Sie ist auf einer kleinen Schraubenmutter so gelagert, dass sie eben noch liegen bleibt, wenn der Zug sich langsam in Bewegung setzt.

(Der Versuch lässt sich auch mit einem üblichen Experimentierwagen durchführen.)

a) Der Zug fährt mit gleich bleibender Geschwindigkeit auf dem geraden Schienenstück und wird gleich in eine Kurve einbiegen.

Wie wird sich die Kugel deiner Meinung nach bewegen? Zeichne den Weg der Stahlkugel auf dem Fußboden nach.

b) Kannst du die Bewegung der Stahlkugel erklären?

2

3

V 2 Befestige einen Bindfaden an einer schweren Holzkugel und lass die Kugel – wie in Bild 3 – auf einer ebenen Fläche rollen.

a) Was geschieht, wenn der Faden an einem Punkt festgehalten und dadurch gespannt wird?

b) Beschreibe die Bewegung, die die Kugel ausführt, wenn du den Faden wieder loslässt.

V 3 Auf dem Sportgelände experimentieren wir mit dem Schleuderball.

Beobachte, in welche Richtung der Schleuderball wegfliegt, wenn sich der Werfer dreht und dann plötzlich den Ball loslässt.

Zeichne die Bahn des Balles aus der Vogelperspektive.

Aufgaben

1 Auch im Alltag beobachtest du, dass Körper eine Kreisbahn *tangential* verlassen. Suche Beispiele!

4

2 Bild 4 zeigt Funken, die von einem Schleifstein wegfliegen. (Funken sind z. B. kleine, glühende Sandkörner, die sich von der Schleifscheibe gelöst haben.) Warum fliegen sie gerade in diese Richtung?

Zeichne den Funkenflug, wenn das Werkstück an einer anderen Stelle angesetzt wird.

3 Für Rennfahrer sind Schalensitze unentbehrlich. Beschreibe deren Wirkung bei Kurvenfahrten.

4 Für Kinder, die Fangen spielen, ist ein Laternenpfahl oft „die letzte Rettung“ (Bild 5). Erkläre!

5

Diese Erfahrung hast du bestimmt schon gemacht: Du stehst in einem Bus, der mit gleich bleibender Geschwindigkeit geradeaus fährt – doch plötzlich biegt er ab. Du hältst dich krampfhaft an einer Haltestange fest, denn „irgendetwas“ scheint dich zur Wand des Busses zu drängen.

Manchmal sagt man: „Die Fliehkraft zieht dich zur Kurvenaußenseite.“ In Versuch 1 hast du aber gesehen, dass eine solche Kraft zur Kurvenaußenseite nicht auftritt. Es ist ja auch kein Körper da, der diese Kraft ausüben könnte ... Welche Kräfte sind überhaupt bei der Kreisbewegung wirksam?

Wenn keine Kraft auf einen Körper wirkt, bleibt dieser in Ruhe oder bewegt sich mit gleich bleibender Geschwindigkeit geradeaus weiter – das ist die Aussage des **Trägheitsgesetzes**.

Erst eine *Kraft* ruft eine Bewegungsänderung hervor, d. h., sie macht den Körper schneller oder langsamer oder lenkt ihn aus seiner Richtung ab.

Soll sich ein Körper im Kreis bewegen, so muss er dauernd seine Richtung ändern; es muss also ständig eine Kraft auf ihn einwirken.

Das wird am Beispiel des Hammerwerfers von Bild 6 deutlich: Er muss die Kugel ständig zu sich hinziehen. Sobald er sie loslässt, fliegt sie in die Richtung weg, in die sie sich im Augenblick des Loslassens bewegte (Bild 7). Die zum Kreismittelpunkt gerichtete Kraft, die der Hammerwerfer auf die Kugel ausübt, bezeichnet man als **Zentralkraft**.

Die Zentralkraft hat keinen Einfluss auf den Betrag der Geschwindigkeit; sie ändert nur die Bewegungs*richtung*.

Das ist bei der Busfahrt nicht anders: Fährt der Bus in eine Kurve, so muss auch auf dich eine Kraft wirken, damit du die Kurve „mitfährst“; du musst dich deshalb z. B. an einer Haltestange festhalten. Die Haltestange übt dann auf dich die Zentralkraft aus und zieht dich mit dem Bus um die Kurve (Bild 8).

Fehlt diese Zentralkraft, so behältst du aufgrund der Trägheit deinen Bewegungszustand bei. Du bewegst dich dann geradeaus auf die Wand des Busses zu.

Vielleicht sagst du aber doch: „Wenn ich einen Ball an einer Schnur im Kreis schleudere, spüre ich eine *Fliehkraft*. Sie zieht den Ball nach außen.“

Es kann aber keine Fliehkraft geben, denn es ist kein Körper da, der diese „Kraft“ ausübt und damit den Ball nach außen zieht. Den *Eindruck*, den du hast, müssen wir anders erklären:

6

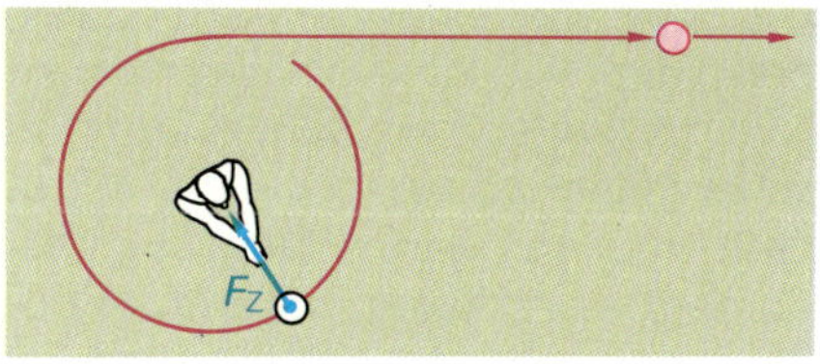

7

8

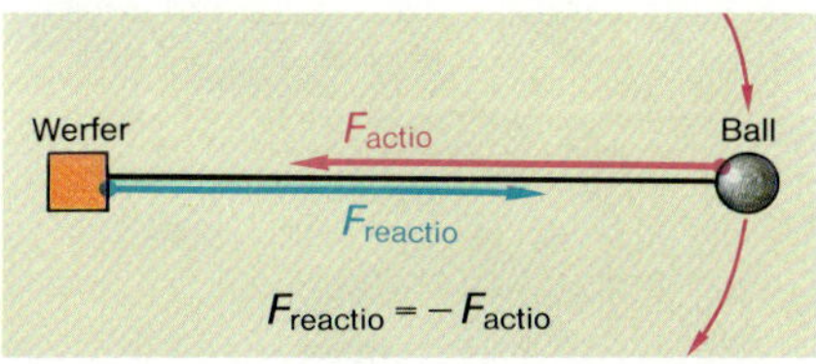

9

Übt ein Körper auf einen anderen eine Kraft aus, z. B. beim Schleuderballwerfen, so geschieht Folgendes (Bild 9):

Der Werfer (1. Körper) übt eine Kraft F auf den Ball (2. Körper) aus. Das hat sozusagen als Reaktion zur Folge, dass auch der Ball (2. Körper) *auf den Werfer* (1. Körper) eine Kraft ausübt, die *Reaktionskraft*. Diese Kraft ist genauso groß wie die Kraft F, sie greift aber *am Werfer* an und wirkt *in Gegenrichtung* zu F.

Physiker sagen dazu: *Actio = reactio.* Nicht der Ball wird also nach außen gezogen, sondern der Werfer.

Kräfte, die du *beim Kurvenfahren im Innern eines Fahrzeugs* empfindest, sind ähnlich zu erklären.

Fährst du nämlich in einem Fahrzeug als Fahrgast um die Kurve, so hast du den *Eindruck*, auf dich wirke eine „Fliehkraft“ zur Kurvenaußenseite. Diesen Eindruck kann man mit dem vergleichen, den du in einem Fahrzeug hast, das beschleunigt oder verzögert wird:

- Wirst du mit dem Fahrzeug beschleunigt, hast du den *Eindruck*, „irgendetwas drücke dich“ in den Sitz. In Wirklichkeit übt aber der Sitz auf *dich* eine Kraft *in Fahrtrichtung* aus.
- Wirst du mit dem Fahrzeug abgebremst, hast du den Eindruck, „irgendetwas drücke dich“ gegen den Sicherheitsgurt. In Wirklichkeit übt aber der Sicherheitsgurt auf *dich* eine Kraft *entgegen der Fahrtrichtung* aus (und bremst dich zusammen mit dem Fahrzeug ab).
- So ist es auch bei der Kurvenfahrt: Obwohl du den Eindruck hast, „irgendetwas treibe dich“ zur Kurvenaußenseite, wirkt eine Kraft *vom Fahrzeug auf dich zum Kurvenmittelpunkt*.

Fragen und Aufgaben zum Text

1 Sieh dir Bild 8 noch einmal an. Welche Kräfte wirken auf die Fahrgäste? Welcher Körper übt sie aus? In welche Richtung und auf welche Körper üben die Fahrgäste Kräfte aus?

2 „Durch Fliehkräfte wird man aus der Kurve getragen.“ Stelle diesen Satz physikalisch richtig.

3 Wenn es eine Fliehkraft gäbe – in welche Richtung müsste diese dann an der Kugel von Bild 6 wirken? Warum kann es diese Kraft nicht geben?

4 Hunde schütteln sich, wenn sie ein nasses Fell haben (Bild 10).

Erkläre physikalisch, warum sich dabei das Wasser vom Fell trennt.

10

5 Wenn dein Fahrzeug bremst, wirst du *scheinbar* in Fahrtrichtung weitergetrieben. Wenn es in eine Kurve einbiegt, wirst du *scheinbar* zur Kurvenaußenseite getrieben.

Worin liegt der gemeinsame physikalische Grund für diese Eindrücke?

2930R

2 Schwerelosigkeit trotz Schwerkraft!

Aus Umwelt und Technik: **Schwerelos – in nur 300 km Höhe?**

In Raumstationen kann man etwas Erstaunliches beobachten: Gegenstände und Astronauten schweben (Bild 1). Man nennt das Schwerelosigkeit, denn es scheint, dass die Schwerkraft nicht mehr wirkt.

Die Höhe der Raumstationen über der Erdoberfläche beträgt 300 bis 500 km. Im Vergleich mit dem Erdradius von ca. 6370 km ist das nicht viel. Wie nahe die Raumstationen noch bei der Erde sind, zeigt auch Bild 2, in dem die Erde und die Bahn des Raumschiffs maßstabsgetreu dargestellt sind.

In einer so geringen Entfernung wirkt die Schwerkraft natürlich immer noch – schließlich wird ja sogar der 1000-mal so weit entfernte Mond durch die Schwerkraft, die die Erde auf den Mond ausübt, auf seiner Bahn gehalten! Eine Raumstation würde sich ohne die Schwerkraft geradlinig ins Weltall hinausbewegen. In beiden Fällen ist also die *Schwerkraft* die für die Kreisbewegung notwendige Zentralkraft.

Die Gewichtskraft, die auf die Astronauten im Raumschiff wirkt, ist nur geringfügig kleiner als an der Erdoberfläche. Trotzdem bewegen sie sich scheinbar schwerelos!

Für Astronauten gehört es zum Trainingsprogramm, sich an den Zustand der Schwerelosigkeit zu gewöhnen. Dazu wird dieser Zustand in Flugzeugen für jeweils wenige Sekunden hergestellt (Bild 3).

Das Flugzeug muss dazu im Sturzflug auf die Erde zufliegen und mit den Triebwerken den Luftwiderstand ausgleichen. Es befindet sich dann praktisch im freien Fall auf den Erdmittelpunkt zu.

Lässt dabei einer der Astronauten beispielsweise eine Kamera los, so wird diese durch die Schwerkraft beschleunigt – genauso wie der Astronaut und das ganze Flugzeug. Die Kamera stürzt dann mit dem Astronauten zusammen auf die Erde zu, bewegt sich dabei aber nicht von der Hand des Astronauten weg. Sie schwebt also neben dem Astronauten her.

Die Astronauten schweben ebenfalls, weil sie ja nicht durch die Schwerkraft zu Boden gepresst werden. Vielmehr „sackt" ihnen ständig der Boden unter den Füßen weg; alles um sie herum fällt in gleicher Weise auf die Erde zu.

Bei einem um die Erde kreisenden Raumschiff ist das nicht anders: Auch dieses führt eine Fallbewegung aus. Gleichzeitig bewegt es sich aber waagerecht zur Erdoberfläche nach vorne. In Bild 4 ist die Bewegung so dargestellt, als würde das Raumschiff für kurze Zeit tangential fliegen, dann für die gleiche Zeit fallen, dann wieder tangential fliegen usw.

Die Bahn eines Raumschiffs sieht natürlich nicht so aus wie die von Bild 4. Wenn wir aber in Gedanken die Zeiten für die Teilbewegungen immer weiter verringern, werden die „Sägezähne" kleiner. Schließlich ist diese Bahn nicht mehr von einer Kreisbahn zu unterscheiden. Wir können daher sagen, das Raumschiff „fällt um die Erde herum".

Die Schwerelosigkeit kann für die Astronauten unangenehme Seiten haben. So müssen sie z. B. Getränke aus geschlossenen Behältern saugen. Aus einer Tasse zu trinken ist nämlich unmöglich, denn im Zustand der Schwerelosigkeit stellt sich kein waagerechter Flüssigkeitsspiegel ein. Außerdem wären frei umherschwebende Wassertropfen nicht ungefährlich; sie könnten nämlich in elektronische Messgeräte gelangen und dort Schaden anrichten.

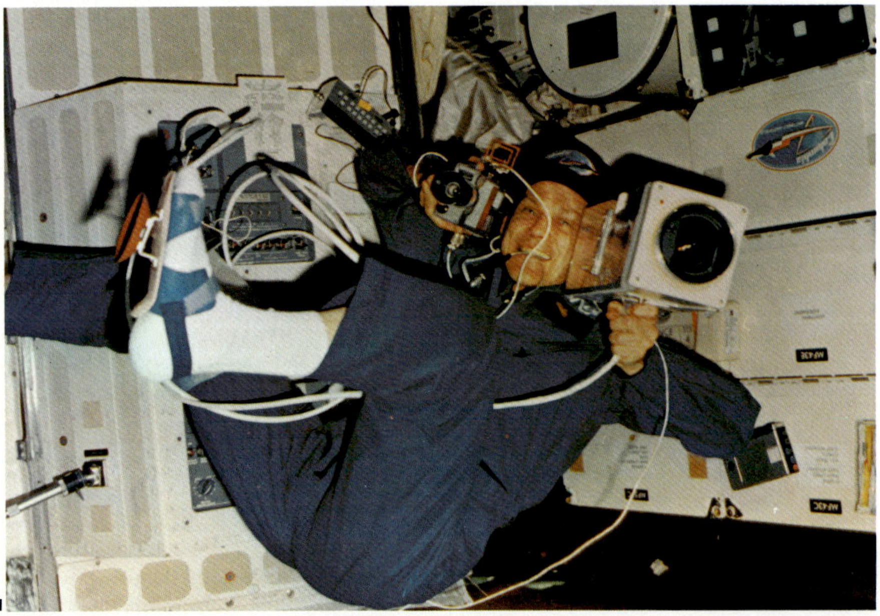

1

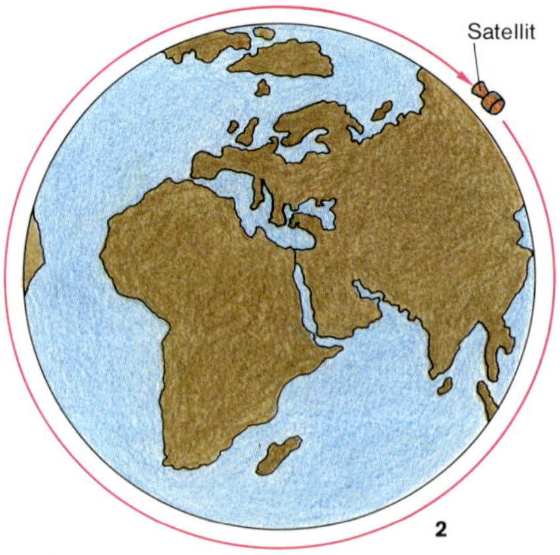

2

2931R

3

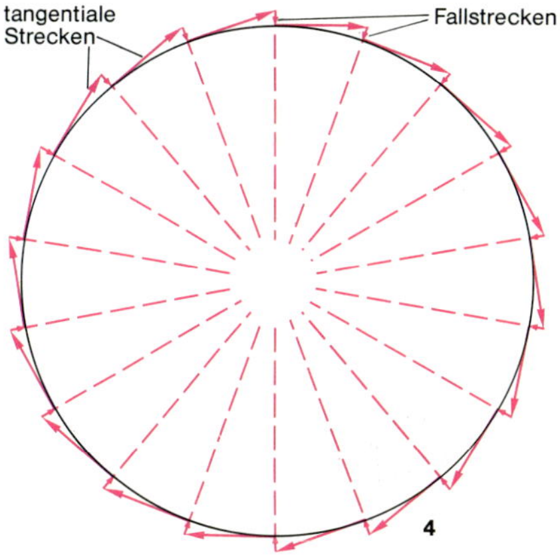

4

Auch andere Nahrungsmittel müssen gut verpackt sein. Beim Essen darf nämlich nicht gekrümelt werden; die Krümel würden sonst unkontrolliert durch das Raumschiff schwirren.

Im Raumschiff kann man auf Tische und Stühle verzichten. Was man „aus der Hand legen" will, lässt man frei schweben.

Das mag praktisch sein; wenn der Gegenstand dabei aber noch eine gewisse Geschwindigkeit hat (was kaum vermeidbar ist), dann „segelt" er durch die Kapsel.

Will man das verhindern, „heftet" man die Gegenstände mit Magneten an Stahlflächen.

Nachts müssen sich die Astronauten an ihrem Bett festschnallen. Sonst würde jede Bewegung dazu führen, dass sie frei durch das Raumschiff schweben.

Ob das Bett aber am Boden, an der Decke oder an den Seitenwänden befestigt ist, spielt keine Rolle: „Unten" und „oben" gibt es für die Astronauten nicht.

John Glenn, der 1962 als erster Amerikaner auf einer Satellitenbahn um die Erde kreiste, schrieb über die „Schwerelosigkeit":

„Einige Erlebnisse zeigen, wie schnell sich der Mensch an die Schwerelosigkeit gewöhnt.

Es war etwa 45 Minuten nach Eintritt der Schwerelosigkeit, da hatte ich gerade mit der Handkamera eine Aufnahme gemacht und wollte im nächsten Augenblick irgendeinen Hebel stellen. Ich fand überhaupt nichts dabei, dass ich rasch die Kamera einfach in der Luft abstellte, die Schaltung vornahm und mir die Kamera unmittelbar aus ihrem Schwebezustand wieder heranholte.

Man kann natürlich auch leicht etwas verlieren, wenn man es auf diese Weise in der Luft abstellt – einfach deshalb, weil es weiterschwebt.

Mir ging es so mit einer kleinen Filmkassette, die ich in die Kamera einlegen wollte. Sie rutschte mir zwischen den Fingern durch. Nun wollte ich danach greifen. Stattdessen versetzte ich ihr aber einen Stoß. Da segelte sie weiter um das Armaturenbrett herum. Das war das Letzte, was ich von ihr sah."

Fragen und Aufgaben zum Text

1 Warum ist das Wort *Schwerelosigkeit* nicht besonders passend um den Zustand im Raumschiff zu beschreiben?

2 Weshalb könnte man wohl in einer Raumstation keine Suppe aus einem Teller löffeln?

3 Ein Raumschiff auf einer Kreisbahn „fällt um die Erde herum". Erkläre!

4 Die *Raumkrankheit* macht den Astronauten oft Schwierigkeiten. Sie hängt damit zusammen, dass das Gleichgewichtsorgan im Innenohr nicht mehr funktioniert. Versuche eine Erklärung dafür zu finden (Lexikon, Biologiebuch!).

5 Lies den nebenstehenden Bericht des Astronauten *Glenn*.

Nach welchem physikalischen Gesetz bewegten sich die Kamera und die Filmkassette in der Raumkapsel weiter?

Beschreibe, wie sich die Vorgänge wohl abgespielt hätten, wenn Glenn in einem ganz gewöhnlichen Flugzeug geflogen wäre.

6 Messungen an Astronauten haben gezeigt, dass sie im Weltraum 2,5 bis 5 cm größer als auf der Erde sind. Woran könnte das liegen?

7 Bei Astronauten, die sich lange im Weltraum aufhielten, wurde z. B. *Muskelschwund* festgestellt. Wie kam es dazu und was hätten sie dagegen unternehmen können? Wären normale Liegestütze eine Möglichkeit gewesen?

3 Wovon hängt die Zentralkraft ab?

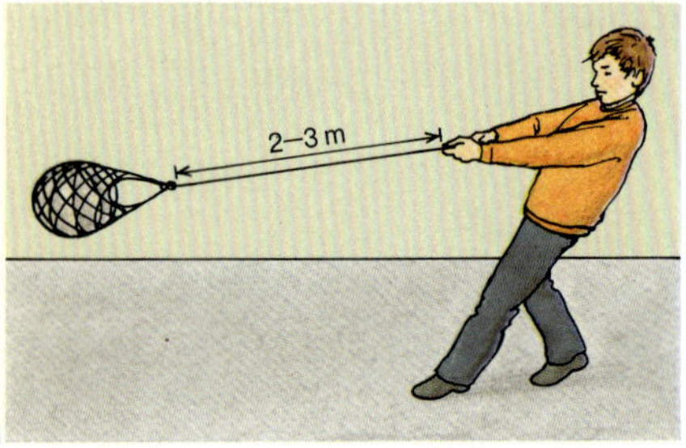

1

2

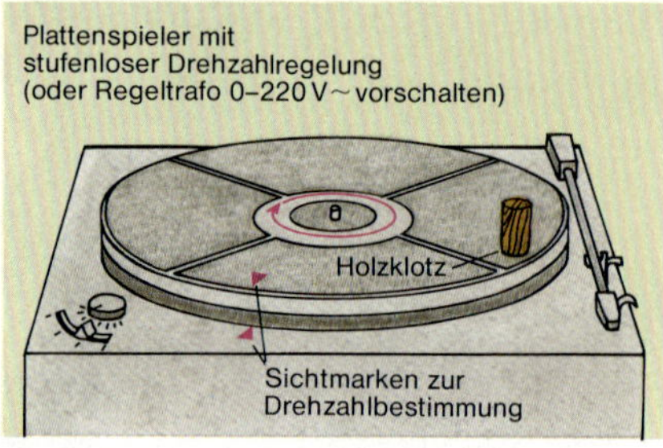

3

V 4 Dieser Versuch (Bild 1) kann dir erste Hinweise darauf geben, welche Größen Einfluss auf die Zentralkraft haben. Verändere die Geschwindigkeit des kreisenden Balles und dann den Radius der Kreisbahn.

Stecke auch einmal *zwei* Bälle in das Netz. Wie ändert sich jeweils die nötige Zentralkraft? Welche Zusammenhänge vermutest du?

V 5 Wir *messen* die Kraft, die wir auf einen Körper ausüben müssen, damit er sich im Kreis bewegt (Bild 2). Die Schnur rutscht (fast) reibungsfrei durch das Glasrohr, wenn diese am oberen Ende trichterförmig aufgeschmolzen ist. Auf der Schnur bringen wir zwei Markierungen an – die eine 50 cm und die andere 1 m von der Mitte des Säckchens entfernt.

a) Drehe den Sack ($m = 0{,}1$ kg) bei einem Radius von 0,5 m im Takt eines Metronoms. Der Sack soll pro s *eine* Umdrehung ausführen. Welche Kraft zeigt der Kraftmesser an? Berechne die Geschwindigkeit des Sackes.

b) Bewege den Sack (bei gleich bleibendem Radius) schneller – bis sich die Geschwindigkeit verdoppelt hat. Wie groß ist jetzt die Kraft?

Welchen Zusammenhang vermutest du also zwischen der *Geschwindigkeit* des Säckchens und der Zentralkraft?

c) Wie hängt die Kraft vom *Radius* ab? (*Hinweis:* Die Geschwindigkeit des Sackes muss in beiden Fällen gleich sein.)

d) Untersuche auch den Zusammenhang zwischen der Zentralkraft und der *Masse* des Säckchens.

V 6 Beim Kurvenfahren werden die Zentralkräfte durch die Haftreibung zwischen Reifen und Fahrbahn hervorgerufen; es sind nämlich Reibungskräfte, die ein Auto „in die Kurve zwingen". In diesem Versuch (Bild 3) ist das ähnlich.

a) Die Drehzahl des Plattentellers wird langsam erhöht. Bei einer bestimmten Drehzahl wird der Holzklotz nicht mehr in die Kurve gezwungen; wir messen dann, wie lange eine Umdrehung der Scheibe dauert.

Wir entfernen die Gummiauflage des Plattentellers und wiederholen den Versuch. Erkläre das Ergebnis.

b) Wir legen den Holzklotz näher an die Achse als in Teil a. Muss die Drehzahl der Scheibe jetzt größer oder kleiner sein, damit der Klotz seinen Ort verlässt? (*Tipp:* Überlege, wie die Geschwindigkeit des Klotzes auf der Kreisbahn vom Bahnradius abhängt.)

c) Wir legen zwei Holzstücke mit kleiner und großer Masse *im gleichen Abstand* von der Achse auf den Plattenteller. Was vermutest du: Fallen die Klötze gleichzeitig herunter? Wenn nicht, welcher fällt zuerst?

Begründe deine Vermutung und überprüfe sie im Experiment.

d) Zwei Klötze gleicher Masse werden in unterschiedlichen Abständen von der Achse auf die Scheibe gelegt.

Versuche vorherzusagen, welcher Klotz zuerst fällt.

Aufgaben

1 Auf abgesperrter Strecke ist es für Rennfahrer physikalisch sinnvoll, durch die Kurven auf der „Ideallinie" zu fahren. Erkläre das (→ dazu das Info auf der rechten Seite)!

2 Ein Fahrzeug schneidet die Kurve und muss plötzlich ausweichen. Versuche die Fahrspur aufzuzeichnen, die dabei entsteht.

Warum ist es gefährlich, im Straßenverkehr Kurven zu schneiden? Begründe das mit deinen Kenntnissen über Kreisbewegungen.

3 Wie schafft man es, mit einem Fahrzeug ohne Gefahr durch enge Kurven zu kommen?

4 Unter Autofahrern sind „Hundekurven" gefürchtet. (Das sind Kurven, die zum Kurvenausgang hin immer enger werden.)

Warum sind solche Kurven besonders gefährlich? Wie kann man sich vor der Gefahr schützen?

5 Weshalb sind Autobahn*ausfahrten* besondere Gefahrenstellen?

6 „Ohne Gas rein, mit Gas raus!" So lautet ein Ratschlag fürs Kurvenfahren. Ist er sinnvoll? Begründe deine Meinung.

7 Bei einer Testfahrt auf trockener Fahrbahn ($\mu_{Haft} = 0{,}8$) wurde für eine Kurve eine maximale Geschwindigkeit von 140 km/h ermittelt.

Nun ist die Fahrbahn aber nass und schmutzig ($\mu_{Haft} = 0{,}4$). Mit welcher Geschwindigkeit dürfte derselbe Wagen jetzt höchstens noch durch die Kurve fahren?

2933R

Auf ein Auto muss in der Kurve eine Zentralkraft wirken, damit es „die Kurve kriegt“. Diese Kraft wird durch die Fahrbahn ausgeübt.

Dabei ist die **Haftreibung** zwischen Straße und Reifen entscheidend; die durch die Lenkung schräg gestellten Reifen werden nämlich durch Reibungskräfte zur Kurvenmitte gedrängt (Bild 4).

Böse Folgen kann es haben, wenn diese Kräfte nicht ausreichen, um das fahrende Auto „in die Kurve zu zwingen“: Dann beginnt das Fahrzeug aufgrund seiner Trägheit weiterzurutschen und es gerät aus der Kurve.

Scharfe Kurven, d. h. Kurven mit kleinem Radius, sind besonders gefährlich. Den Grund dafür hast du bereits in den Versuchen kennen gelernt: Je kleiner nämlich der **Radius** einer Kreisbahn ist, desto größer muss die Zentralkraft sein. Zentralkraft und Radius sind umgekehrt proportional (antiproportional):

$$F_Z \sim \frac{1}{r} \quad (v = \text{konst.}).$$

Bei Autorennen vergrößern die Fahrer die Kurvenradien, indem sie auf einer „Ideallinie“ fahren. Im Straßenverkehr allerdings ist es lebensgefährlich (und daher verboten), auf einer solchen „Ideallinie“ die Kurven zu schneiden (Bild 5).

Um mehr oder weniger scharfe Kurven sicher zu meistern, gibt es nur eine einzige Möglichkeit:

Man muss die **Geschwindigkeit** *vor* den Kurven verringern! Das ist sehr wirkungsvoll, denn bei halber Geschwindigkeit geht die nötige Zentralkraft auf ein Viertel zurück. Doppelte Geschwindigkeit dagegen erfordert die vierfache Zentralkraft (Bild 6), dreifache Geschwindigkeit die neunfache:

$$F_Z \sim v^2 \quad (r = \text{konst.}).$$

Die Zentralkraft ist auch proportional zur **Masse** des Fahrzeugs:

$$F_Z \sim m.$$

Dieser Zusammenhang könnte unter Umständen folgenden Fehlschluss nahe legen: Bei einem Fahrzeug ist bekanntlich auch die Haftreibung proportional zur Masse. Deshalb wäre zu erwarten, dass ein voll beladener Pkw bei etwa der gleichen Geschwindigkeit aus der Kurve treibt wie ein leerer Pkw. Trotzdem muss man mit einem voll beladenen Pkw in Kurven besonders vorsichtig (also langsam) fahren. Durch das Beladen ändert sich nämlich die *Straßenlage* des Fahrzeugs; sein Fahrwerk reagiert dann anders auf Unregelmäßigkeiten in der Fahrbahn.

Die Zentralkraft lässt sich so berechnen:

$$F_Z = \frac{m \cdot v^2}{r}.$$

Diese Formel ist für den Straßenverkehr von großer Wichtigkeit:

Die maximale Zentralkraft F_Z kann der Fahrer nämlich nicht verändern; sie ist durch die Haftreibungskraft zwischen Straße und Reifen vorgegeben:

$$F_{Haft} = \mu_{Haft} \cdot F_N.$$

Ebenso ist der Kurvenradius r durch die Straßenführung festgelegt.

Daher gibt es für den Fahrer nur eine Möglichkeit sicher durch Kurven zu fahren: Er muss die Geschwindigkeit seines Fahrzeugs so niedrig wählen, dass die nötige Zentralkraft stets kleiner als die Haftreibungskraft ist.

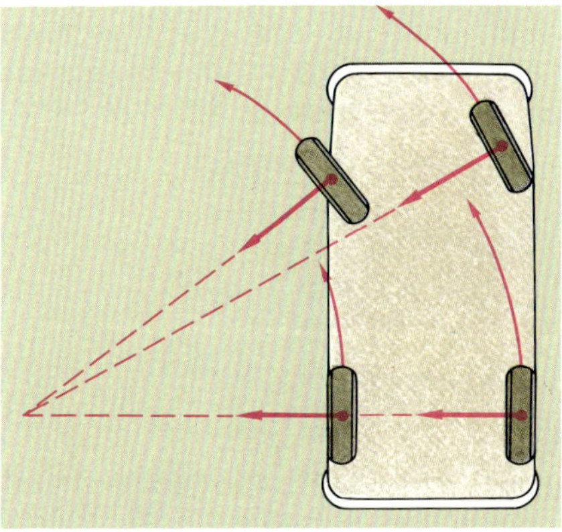
4

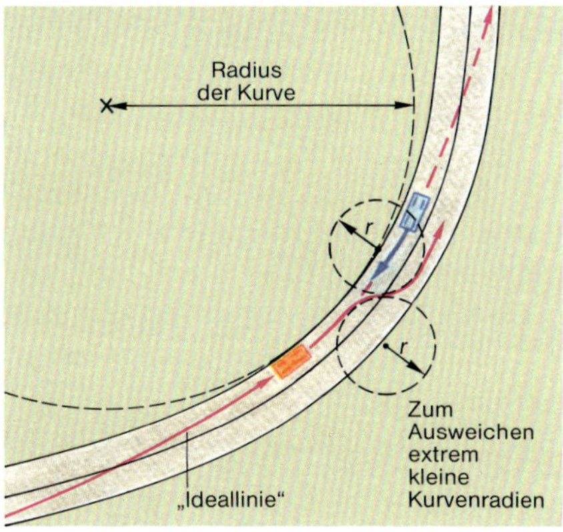

5

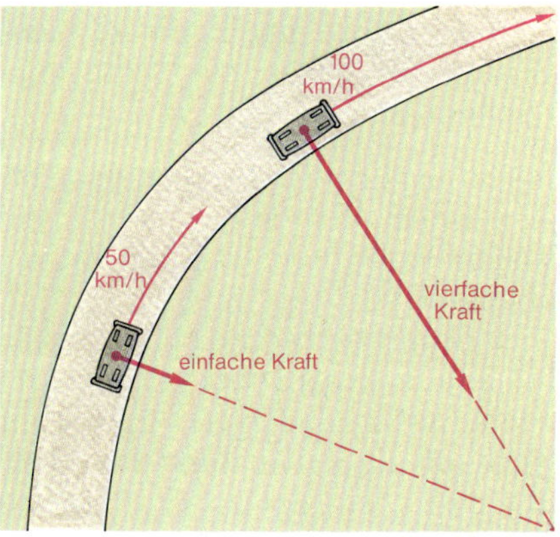

6

8 Sieh dir dieses Foto (Bild 7) an. Es zeigt dir einen recht interessanten **Versuch**, den du selbst einmal durchführen könntest.

a) Der an der Schnur befestigte Plastilinklumpen wird im Kreis herumgeschleudert. Was geschieht, wenn du ihn dabei zunehmend schneller kreisen lässt?

b) Wieso stellt sich bei den unterschiedlichen Geschwindigkeiten jeweils ein ganz bestimmter Radius der Kreisbahn ein?

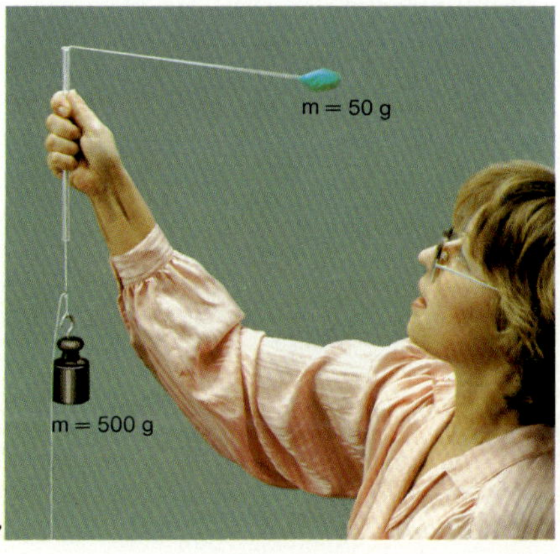

7

c) Berechne die Geschwindigkeit, die der Plastilinklumpen haben muss, wenn er auf einer Kreisbahn mit einem Radius von 50 cm geschleudert werden soll.

Wie viele Umdrehungen pro s sind dazu erforderlich? Überprüfe deine Rechnung auch im Versuch.

9 Ein Mittelklassewagen der Masse $m = 1000$ kg fährt mit 100 km/h in eine Kurve; die Haftreibungszahl beträgt hier $\mu_{Haft} = 0{,}8$. Welchen Radius muss die Kurve mindestens haben?

Aus Umwelt und Technik: **Schräglage in der Kurve – nichts als Show?**

1

Von Motorradfahrern kann man immer wieder hören, dass das Fahren auf kurvenreichen Strecken besonders viel Spaß macht (Bild 1).

Beifahrern allerdings, die das Kurvenfahren nicht gewohnt sind, wird dabei schnell einmal „mulmig". Sie versuchen dann häufig die Schräglage zu verringern, indem sie sich weniger stark in die Kurve legen als der Fahrer.

Doch dieses Verfahren ist nicht ungefährlich, denn die Schräglage hat ihren Sinn …

Auch Autos neigen sich in Kurven oft „ungewollt" nach außen (Bild 2); sie werden aber durch die Außenräder abgestützt.

Dagegen kommt ein Motorradfahrer in aufrechter Haltung (oder gar nach außen geneigt) überhaupt nicht um die Kurve: Sobald er nämlich den Lenker einschlägt, übt die Fahrbahn eine Kraft auf die Reifen aus und drängt das Rad aus der Bewegungsrichtung zur Kurvenmitte. Ein Versuch (Bild 3) zeigt, dass das

2

böse Folgen hätte: Unten am Stift greift eine (Reibungs-)Kraft an. Sie beschleunigt das untere Ende des Stiftes. Seine höher liegenden Teile bleiben infolge der Trägheit zurück – und der Stift kippt entgegen der Bewegungsrichtung um.

Genauso würde auch der aufgerichtete Motorradfahrer zur Kurvenaußenseite kippen.

Damit er um die Kurve fährt, ruft er durch seine Schräglage eine Komponente der Gewichtskraft F_G hervor, die ihn zum Mittelpunkt zieht (Bild 4).

Der Motorradfahrer muss die richtige Schräglage „im Gefühl haben", damit er weder nach außen noch nach innen kippt.

Das „Gefühl" für die korrekte Schräglage reicht aber *nicht* aus um

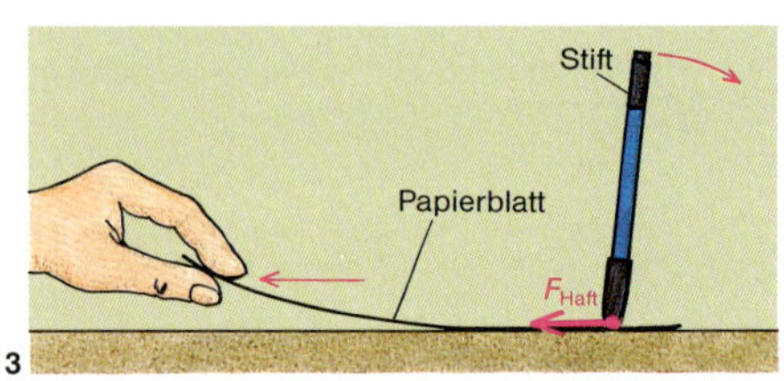

3

sicher Kurven zu fahren! Ob die erforderliche Zentralkraft überhaupt auf das Motorrad übertragen werden kann, hängt einzig und allein von der **Haftreibungskraft** zwischen Reifen und Fahrbahn ab.

Die Zentralkraft kann höchstens genauso groß sein wie die maximale Haftreibungskraft: $F_Z \leq F_{Haft}$.

Der Motorradfahrer muss daher Folgendes beachten:

Mit zunehmender Geschwindigkeit wird die nötige Zentralkraft immer größer. Die maximale Haftreibungskraft bleibt dagegen gleich. In Kurven darf deshalb die Geschwindigkeit nicht zu hoch sein.

Besondere Vorsicht ist geboten, wenn die Fahrbahn nass oder sandig ist. Die maximale Haftreibungskraft ist dann erheblich verringert.

Bei wenig Übung und mangelndem „Gefühl" für die physikalischen Zusammenhänge kann man also in einer Kurve umkippen oder herausrutschen – oder beides.

4

Fragen und Aufgaben zum Text

1 Warum ist es gefährlich, wenn sich beim Motorradfahren der Beifahrer nicht auch in die Kurve legt?

2 Wie erzeugen Zweiradfahrer die zum Kurvenfahren nötige Zentralkraft?

Wir wird im Unterschied dazu die Zentralkraft beim Autofahren erzeugt?

3 Zeige geometrisch durch eine Kräftezerlegung, dass die Zentralkraft umso größer ist, je mehr sich der Fahrer in die Kurve legt.

4 In Bild 5 kannst du erkennen, dass sich auch ein Eisschnellläufer in die Kurve legen muss.

5

a) Die Zentralkraft wird in diesem Fall *nicht* durch Haftreibung auf den Läufer übertragen; die Haftreibungskräfte zwischen Stahl und Eis wären zu gering.

Wieso gleiten die Kufen nicht zur Kurvenaußenseite weg?

b) Suche weitere Beispiele, bei denen Zentralkräfte durch Schräglagen hervorgerufen werden.

5 Weshalb sind Eisenbahnschienen in Kurven besonderen Belastungen ausgesetzt? Welche der beiden Schienen muss häufiger ausgewechselt werden?

4745R

Alles klar?

1 Warum neigen sich Autos in Kurven nach außen?

2 Erkläre, weshalb der nassen Wäsche in einer *Wäscheschleuder* Wasser entzogen wird.

3 Welche Kräfte wirken auf die Jahrmarktsbesucher in Bild 7? Zeichne für einen der „Passagiere" das Kräfteparallelogramm.

4 Ein Radfahrer (Masse einschl. Fahrrad: 80 kg) fährt mit 36 km/h in eine enge Kurve (mit einem Radius von 30 m). Da die Fahrbahn sandig ist, beträgt die Haftreibungszahl $\mu_{Haft} = 0{,}3$. Schafft der Radfahrer die Kurve?

5 Vor dem Abwurf schleudert ein Hammerwerfer seinen Hammer ($m \approx 7$ kg) auf einer Kreisbahn mit ca. 2 m Durchmesser. Aus Wurfweiten von über 80 m kann man auf Abwurfgeschwindigkeiten von rund 100 km/h schließen. Welche Zentralkraft muss der Sportler ausüben?

7

6 Wenn Lastwagen mit Zwillingsrädern von Baustellen kommen, sind zwischen den Reifen oft noch Steine eingeklemmt. Zu solchen Fahrzeugen sollte man einen größeren Abstand einhalten. Warum?

Weshalb wächst die Gefahr mit der Geschwindigkeit des Lastwagens?

7 *Zentrifugen* dienen dazu, Stoffgemische zu trennen, indem man das Gemisch bei hoher Drehzahl im Kreis bewegt.

Das Wort *Zentrifuge* ist zusammengesetzt aus lat. *centrum:* Mittelpunkt und lat. *fugere:* fliehen. Welche Vorstellung steckt in dem Begriff?

8 Wieso lässt sich ein Auto bei Aquaplaning nicht mehr lenken?

4 Zusammenfassung

Keine Kurven ohne Kräfte

8

Damit sich ein Körper auf einer Kreisbahn bewegt, muss seine Bewegungsrichtung ständig verändert werden. Dies ist nur möglich, wenn auf ihn eine Kraft in Richtung des Drehzentrums wirkt. Diese Kraft heißt **Zentralkraft**.

Die Zentralkraft hat keinen Einfluss auf den Betrag der Geschwindigkeit, weil sie stets senkrecht zur Bewegungsrichtung wirkt.

Fällt die Zentralkraft auf einen kreisenden Körper weg, so bewegt sich der Körper geradlinig weiter – und zwar *tangential* zur Kreisbahn.

9

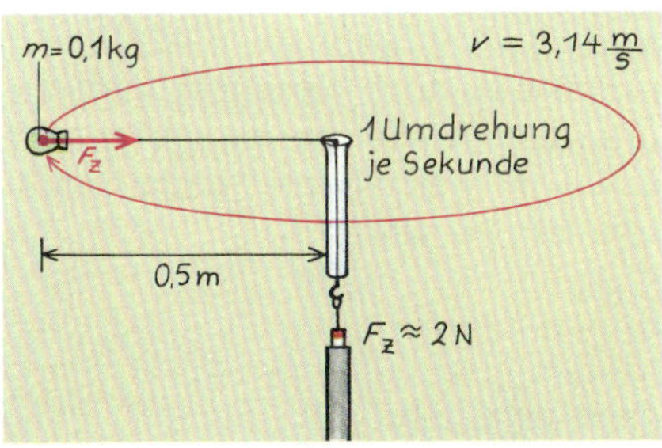

10

Die Zentralkraft hängt ab von der **Masse** des Körpers, seiner **Geschwindigkeit** und dem **Radius** der Kreisbahn.

Sie kann so berechnet werden:

$$F_Z = \frac{m \cdot v^2}{r}.$$

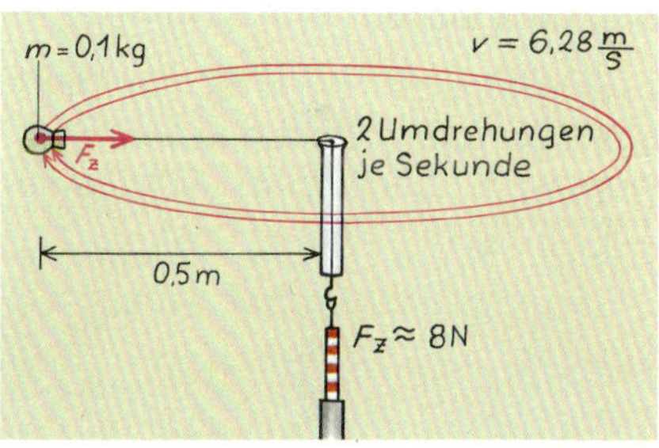

11

Im Straßenverkehr wird die Zentralkraft beim Kurvenfahren durch die Haftreibung hervorgerufen. Die Reibungskräfte werden von der Straße auf die Reifen ausgeübt; sie sind zum Kurvenmittelpunkt gerichtet.

Wenn die erforderliche Zentralkraft größer als die Haftreibungskraft ist, wird das Fahrzeug nicht mehr in die Kurve „gezwungen". Es rutscht dann geradeaus weiter. Um das zu vermeiden, muss vor der Kurve die Geschwindigkeit verringert werden.

Einfache Maschinen

1 Hebel machen's möglich

1

Der Draht lässt sich nicht durchkneifen
– er ist einfach zu dick.
Wie geht man am besten vor?

V 1 Farbdosen lassen sich z. B. mit einem Schraubenzieher öffnen (Bild 2). Zeichne die Dose mit dem richtig angesetzten Schraubenzieher ab.

Trage dann mit Kraftpfeilen Folgendes in deine Zeichnung ein:

a) Wo greift die Kraft an, die die Hand ausübt? Welche Richtung hat sie?

b) Wo wirkt die Kraft auf den Deckel? In welche Richtung bewegt sich der Deckel?

c) Es gibt eine Stelle an der Dose, über die der Schraubenzieher gekippt wird. Kennzeichne sie in deiner Zeichnung mit einem Punkt.

V 2 Untersuche die Handbremse deines Fahrrades (Bild 3):

Wie wirkt jeweils die Handbremse, wenn du zuerst bei ① und anschließend bei ② drückst?

V 3 Bild 4 zeigt ein einfaches Bremsenmodell, das du dir selbst bauen kannst.

Versuche es mit irgendeinem Modellbaukasten, der dir zur Verfügung steht. Den Klotz am Gummiband kann man von der Drehachse weg oder zu ihr hin verschieben.

a) Schiebe den beweglichen Klotz einmal zur Drehachse hin und einmal von ihr weg. Bremse jeweils, bis das Rad still steht, und vergleiche die Kräfte, die du dabei aufbringen musstest.

a) Miss die unterschiedlichen Kräfte anschließend auch noch mit einem Kraftmesser.

b) Ziehe mit dem Kraftmesser einmal gerade nach oben und einmal schräg zur Seite. Was zeigt er jeweils an? Benötigst du also beide Male gleich viel Kraft?

c) Erfinde noch andere einfache Bremsen. Vielleicht kannst du sie dann in der Klasse deinen Mitschülern vorführen.

2

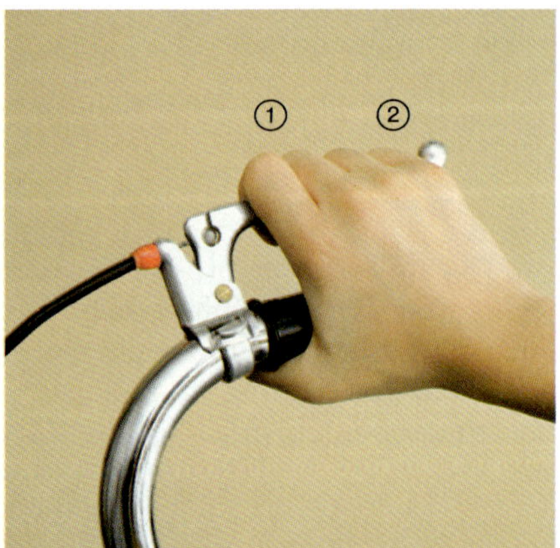

3

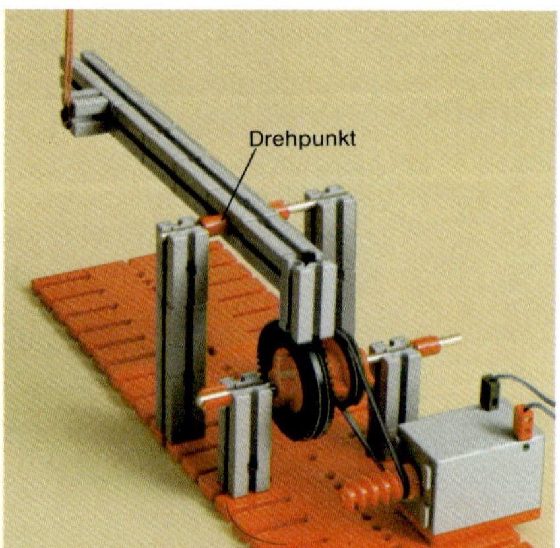

4

1029R

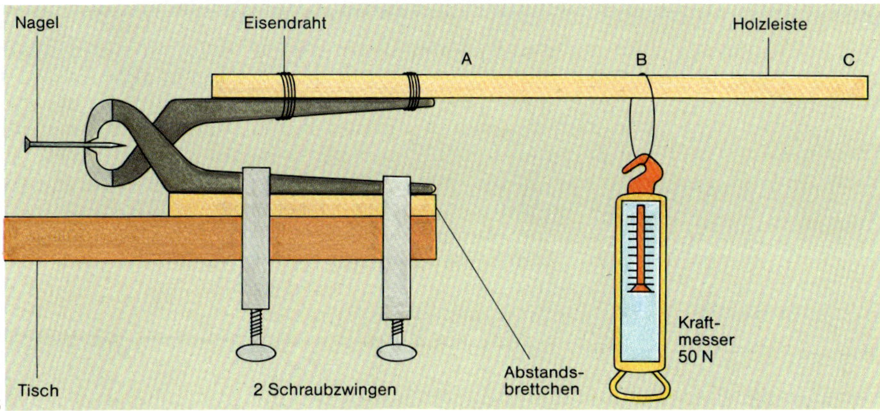

5

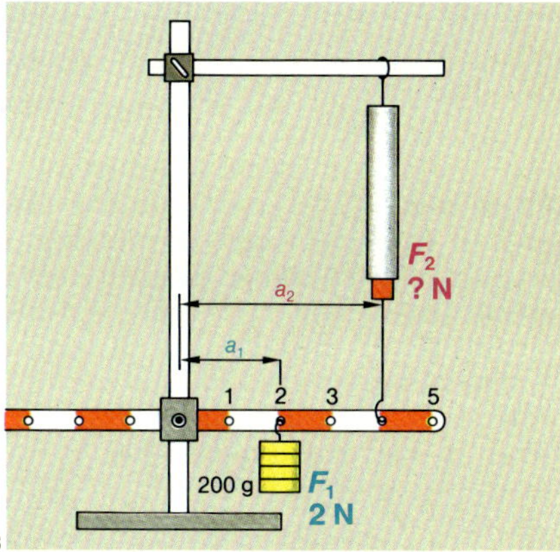

8

V 4 So kannst du messen, wie viel Kraft du benötigst um einen Nagel durchzukneifen (Bild 5).

Wo wird man so deiner Meinung nach die größte und wo die geringste Kraft messen?

V 5 Eine Last von 200 kg (2 N Gewichtskraft) soll mit einer Kraft von 1 N angehoben und (wie Kinder auf einer Wippe) zum Schaukeln gebracht werden können (Bild 6).

Dafür stehen dir als Versuchsgeräte ein Bleistift und eine Leiste (oder ein Lineal) zur Verfügung.

Als „Kraft" setzt du in diesem Versuch am besten ein 100-g-Wägestück (1 N Gewichtskraft) ein.

a) Kannst du, ohne zu probieren, die Leiste so auf den Bleistift legen, dass der Versuch sofort klappt? (Bevor du die Leiste auf den Bleistift legst, darfst du mit einem Lineal messen.)

b) Welche Kraft wäre nötig, wenn das 200-g-Wägestück durch ein 1-kg-Wägestück ersetzt würde?

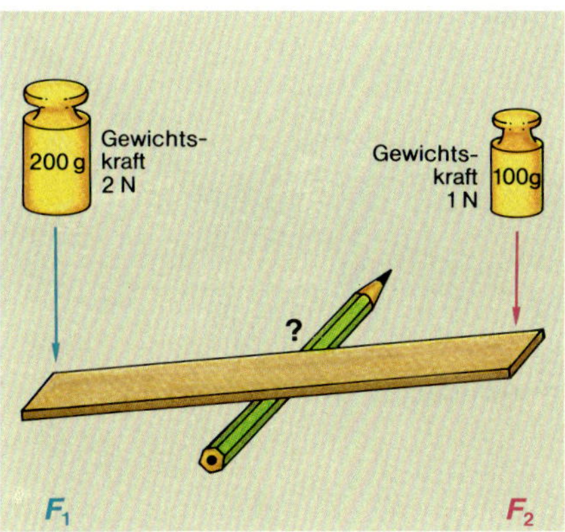

6

V 6 Im Info auf der folgenden Seite kannst du wichtige Begriffe zum Thema *Hebel* nachlesen. Welche Beziehung besteht beim Hebel zwischen den Kräften und den Hebelarmen, wenn Gleichgewicht herrscht?

Für diesen Versuch verwenden wir den Aufbau von Bild 7. Das Gerät lässt sich mit einer Wippe vergleichen; auch dort gibt es verschiedene Plätze, an denen die Kräfte unterschiedliche Wirkungen haben.

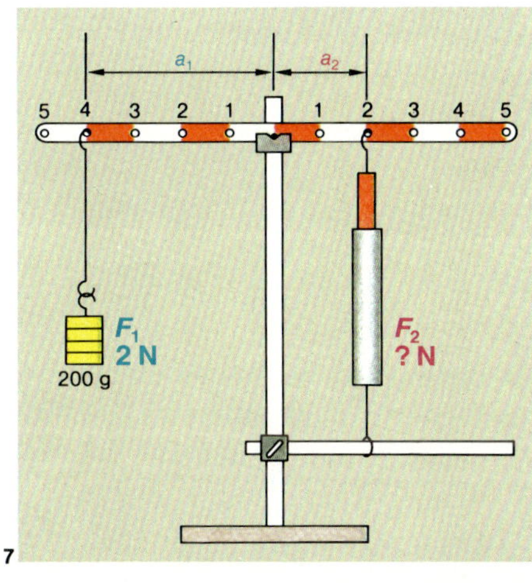

7

a) Welche Kraft zeigt der Kraftmesser in der Anordnung von Bild 7 an?

b) Verändere die Kraft F_1 sowie die Hebelarme a_1 und a_2. Miss jeweils die Kraft F_2 (Tabelle!).

V 7 In Bild 8 siehst du einen *einseitigen Hebel* (→ Info); bei ihm liegen die beiden Hebelarme – vom Drehpunkt aus gesehen – auf *derselben* Seite. Gilt auch für ihn und die Gesetzmäßigkeit, die du in Versuch 6 kennen gelernt hast (das *Hebelgesetz*)?

V 8 Die beiden Arme eines Hebels bilden nicht immer eine gerade Stange; manchmal sind sie so angeordnet, dass sie einen Winkel bilden (*Winkelhebel* → auch Bild 4 auf der folgenden Seite).

Mit dem Versuchsgerät der Bilder 9 u. 10 kannst du untersuchen, ob das Hebelgesetz auch für solche Winkelhebel gilt.

a) Beschreibe das Versuchsgerät.

b) Die Scheibe soll sich nicht drehen, also im Gleichgewicht sein (Bild 9):

- ○ Welche Gewichtskraft F_2 muss in diesem Fall bei B wirken?
- ○ Welches ist der zugehörige Hebelarm a_2?

c) Welche Kraft wird der Kraftmesser bei der Situation von Bild 10 anzeigen? (Er ist bei der Scheibe an der gleichen Stelle eingehängt wie das Wägestück in Bild 9.)

Wo ist in diesem Fall der zugehörige Hebelarm a_2?

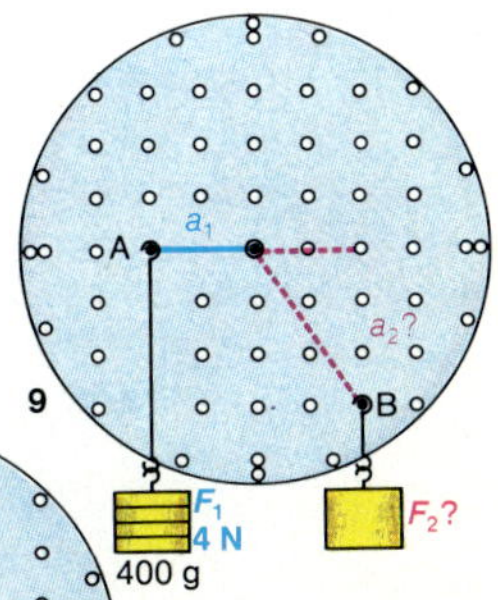

9

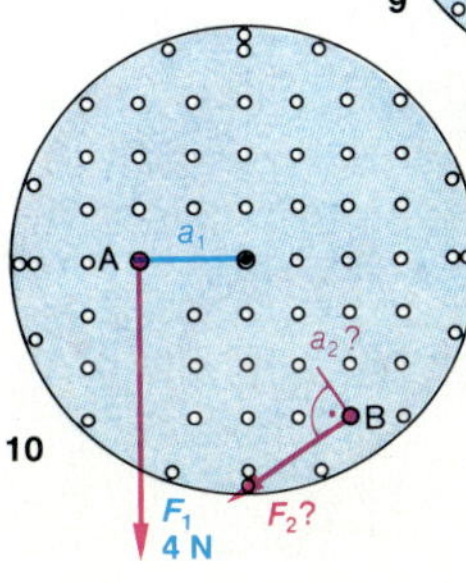

10

1030R

Was ist ein Hebel? Was ist ein Drehmoment?

In den vorangegangenen Versuchen haben wir verschiedene Geräte kennen gelernt, die einige gemeinsame Merkmale haben. Diese Merkmale sind an einem „Schrankheber", der in Bild 1 gezeichnet ist, gut zu erkennen.

Weil man mit diesem Gerät Lasten auch *heben* kann, hat man es **Hebel** genannt **(zweiseitiger Hebel)**. Die beiden Arme (a_1 und a_2) heißen deshalb **Hebelarme**.

Auch in dem zweiten Beispiel eines „Schrankhebers" (Bild 2) wird eine Latte als Hebel benutzt **(einseitiger Hebel)**. Diesmal kommt man ohne den Klotz als zusätzliches Hilfsmittel aus.

Alle Geräte, die dieselben Merkmale wie unsere „Schrankheber" haben, nennt man *Hebel*.

Die gemeinsamen **Merkmale aller Hebel** sind: **zwei Hebelarme** (a_1 und a_2) und ein gemeinsamer **Drehpunkt** (D).

Auf einen Hebel wirken (mindestens) zwei Kräfte (F_1, F_2). (Oft wird die Kraft F_1 auch als *Last* bezeichnet und der dazugehörige Hebelarm als *Lastarm.*) Jede dieser Kräfte „versucht" den Hebel im Drehpunkt D zu drehen, d. h. eine Drehwirkung hervorzurufen. Diese wird als **Drehmoment** M bezeichnet.

Für jeden der Hebel in den Bildern 1 u. 2 kann man also *zwei* Drehmomente ermitteln: 1. das Drehmoment M_1 als Produkt des Hebelarms a_1 und der zugehörigen Kraft F_1 ($a_1 \times F_1$); 2. das Drehmoment M_2 als Produkt von a_2 und F_2 ($a_2 \times F_2$)

Die **Einheit** des Drehmoments ist **1 Newtonmeter** (1 Nm).

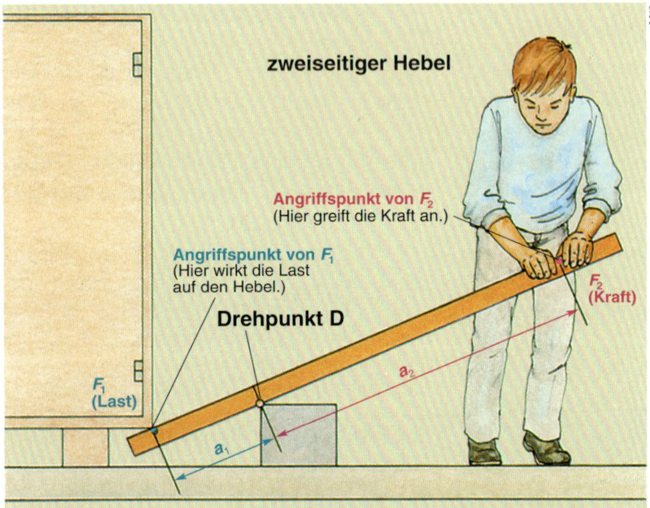

Der **Hebelarm a_1** (auch *Lastarm* genannt) ist der Abschnitt des Hebels zwischen Drehpunkt und Angriffspunkt der Kraft F_1 (der *Last*).

Um den **Drehpunkt** dreht sich der Hebel. Vom Drehpunkt aus liegt auf der **einen Seite** der Hebelarm **a_1**, auf der **anderen Seite** der Hebelarm **a_2**. Darum ist dies ein **zweiseitiger Hebel.**

Der Hebelarm **a_2** (auch *Kraftarm* genannt) ist der Abschnitt des Hebels zwischen Drehpunkt und Angriffspunkt der Kraft F_2.

1

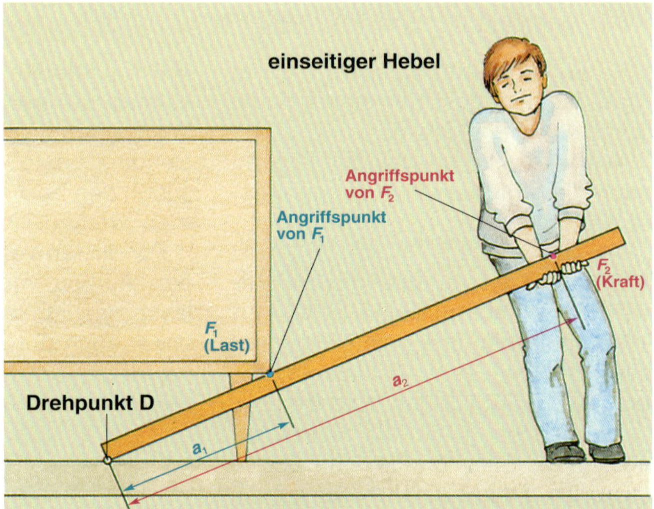

Der **Drehpunkt** dieses Hebels liegt an *einem* Hebelende. Vom Drehpunkt aus gesehen befinden sich die Hebelarme **a_1** und **a_2** auf derselben Seite. Daher ist dies ein **einseitiger Hebel.**

2

Nur selten sind Hebel so einfach gebaut wie unsere „Schrankheber":

Einen **Nussknacker** kennst du sicherlich. Er besteht aus *zwei* Hebeln mit einem gemeinsamen Drehpunkt.

Dies ist ein **Winkelhebel**. Wie du siehst, kann man mit diesem Gerät dicke Nägel herausziehen oder Kisten öffnen.

Auch **Tretkurbel und Kettenrand** des Fahrrads bilden einen Hebel. Ein Teil des Kettenrades stellt den Hebelarm a_1 dar.

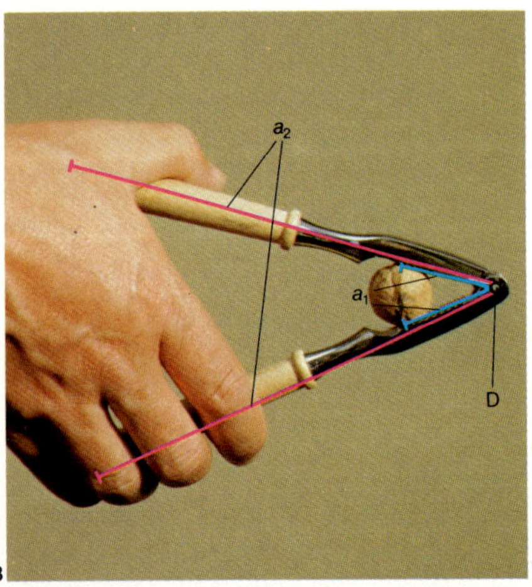

3

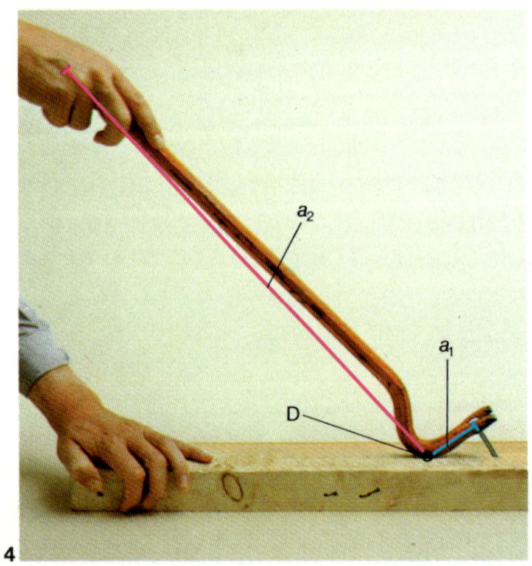

4

5

1031R

Aufgaben

1 Alle Geräte in den Bildern 6–9 helfen dem Menschen Kräfte besser einzusetzen. Erläutere diesen Satz.

a) Welche Bilder zeigen Hebel?

b) Gib an, welche Hebel einseitig und welche zweiseitig sind.

c) Zeichne zwei Hebel ab (einen einseitigen und einen zweiseitigen).

Kennzeichne in deinen Zeichnungen den Drehpunkt *D*, die Hebelarme a_1 und a_2 sowie die Kräfte F_1 und F_2 mit ihren Angriffspunkten.

6

7

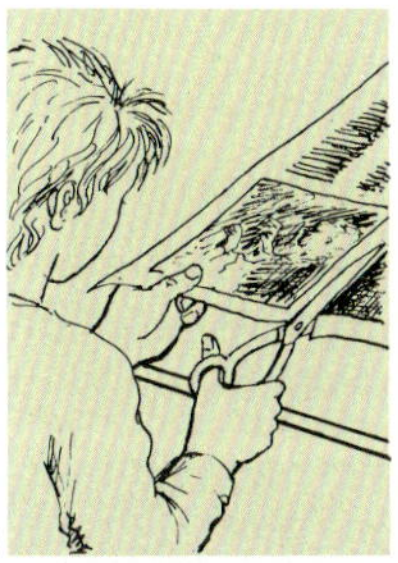

8

9

2 Diese Radmuttern sitzen zu fest (Bild 10). Wie könnte die Frau sich mit einem Metallrohr helfen?

Warum dürfte sie aber das Metallrohr nicht zum Festziehen benutzen?

10

3 Habt ihr V 6 u. V 7 durchgeführt? Dann sieh dir die Bilder 11 u. 12 mit den dazugehörigen Tabellen 1 u. 2 an. Du kannst die fehlenden Angaben herausbekommen.

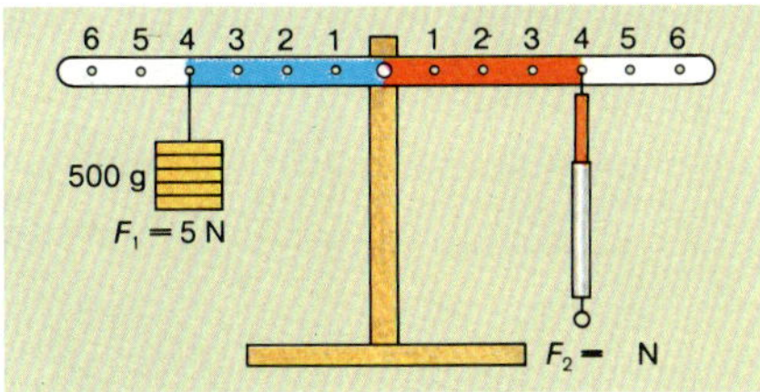

11

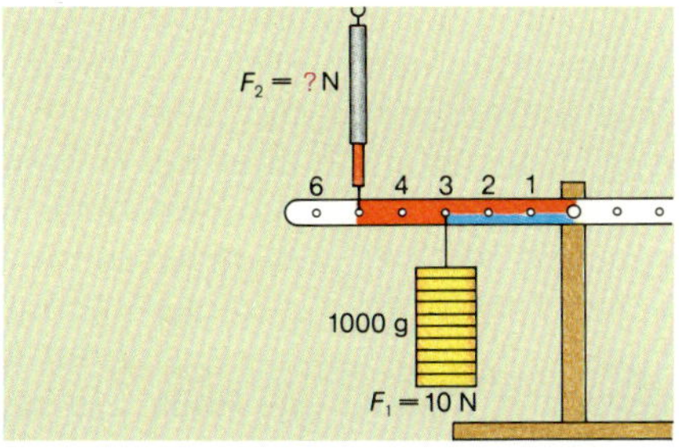

12

Tabelle 1 (einseitiger Hebel, Bild 11)

Nr.	a_1	F_1	a_2	F_2
1	4 cm	5 N	4 cm	?
2	2 cm	10 N	4 cm	?
3	2 cm	6 N	?	2 N
4	40 cm	4 N	10 cm	?
5	15 cm	?	12 cm	5 N

Tabelle 2 (einseitiger Hebel, Bild 12)

Nr.	a_1	F_1	a_2	F_2
1	3 cm	10 N	5 cm	?
2	50 cm	?	30 cm	10 N
3	20 cm	?	60 cm	1 N
4	30 cm	12 N	?	18 N
5	20 cm	9 N	30 cm	?

4 In Werkstätten wird zum Festziehen von Radmuttern ein sogenannter *Drehmomentschlüssel* benutzt. An ihm kann man das Drehmoment *M* ablesen, d. h. das Produkt aus a_2 und F_2. (Beim *VW Polo* muss es zum Beispiel 90 Nm betragen.)

a) Versuche zu erklären, wie der Drehmomentschlüssel funktioniert. Die Bilder 13 u. 14 helfen dir dabei.

b) Warum ist es gerade bei Radmuttern so wichtig, dass sie sachgemäß angezogen werden?

c) Welche Kraft musst du mindestens ausüben, wenn du eine Schraubenmutter mit einem Drehmoment von 20 Nm anziehen sollst? Der Schlüssel ist 25 cm (80 cm) lang.

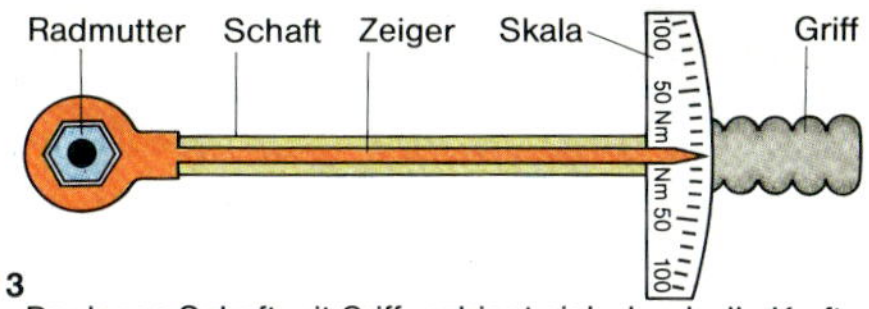

13 Der lange Schaft mit Griff verbiegt sich durch die Kraftwirkung. Der Zeiger verändert sich nicht.

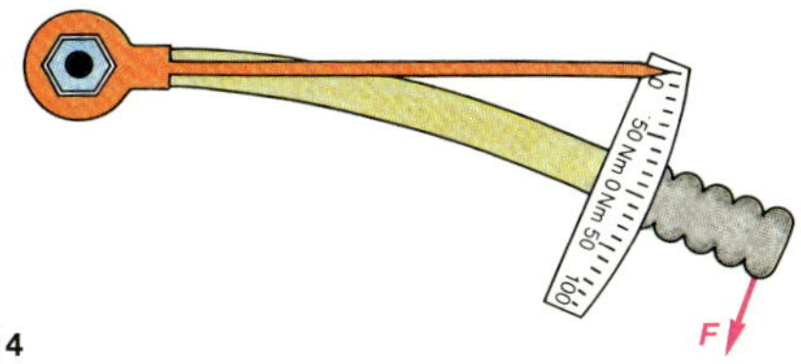

14

6 Die in Bild 15 gezeigte Vorrichtung bezeichnet man als *Wellrad*. Bei einem Wellrad sind Welle (Walze) und Rad (hier: eine Kurbel) fest miteinander verbunden.

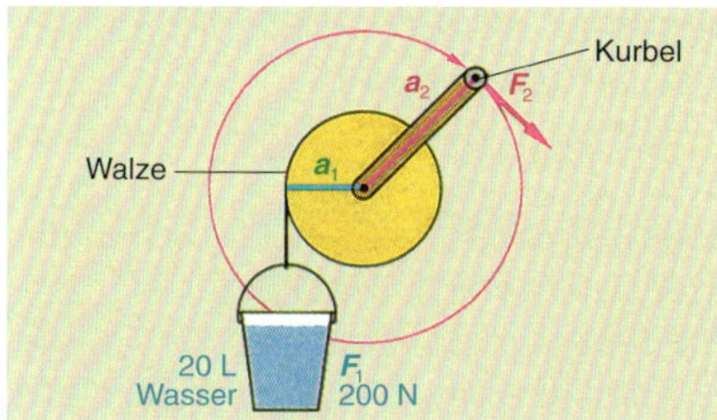

15

a) Welche Kraft ist nötig um den Eimer mit dem Wellrad zu halten?

b) Bild 16 zeigt einen Wettkampfrollstuhl für behinderte Sportler. Wo findest du hier ein Wellrad?

Welchen Vorteil bringt es?

16

Aus Umwelt und Technik: **Hebel an Maschinen**

1

4

Hast du schon einmal beim Ausheben einer Baugrube zugesehen? Dabei muss eine Menge Erde abtransportiert werden, um Platz für das Fundament zu schaffen, auf dem das Gebäude später stehen wird.

Ein **Schaufellader**, wie er in Bild 1 dargestellt ist, leistet da gute Dienste – im Nu ist der Lkw voll! Du siehst, dass es auch an dieser Maschine Hebel gibt.

Mit dem Hebel ① wird die Schaufel bewegt. Kraftarm und Lastarm liegen auf einer Seite vom Drehpunkt. (Du erkennst es auch in Bild 2.) Es handelt sich also um einen *einseitigen* Hebel.

Mit dem langen Hebel ② wird die Last gehoben. Die Kraft greift im Punkt F an, die Last wirkt in Punkt B; der Drehpunkt ist bei Punkt D_2. (Sieh dir dazu auch Bild 3 an.) Der Kraftarm ist viel kürzer als der Lastarm. Mit diesem Hebel kann die Maschine also keine Kraft sparen! Im Gegenteil: Sie muss an dieser Stelle mehr Kraft aufbringen, als die Gewichtskraft der vollen Schaufel ausmacht. (Die Schaufel kann bis zu 3250 kg Last aufnehmen; das entspricht einer Gewichtskraft von 32 500 N.)

Du fragst dich bestimmt, warum die Ingenieure hier überhaupt einen Hebel eingebaut haben, wenn doch damit **keine Kraft gespart** werden kann. Das hat einen ganz besonderen Grund: Durch den langen Lastarm und den kurzen Kraftarm des Schaufelladers **verlängert sich der Weg** der Schaufel. Das ist beim Schaufellader recht wichtig, denn nur so können auch über 3 m hohe Lastwagen beladen werden.

Dieser Hebel erfüllt also eine andere Aufgabe als die, die du bisher kennen gelernt hast. Es wird keine Kraft gespart, sondern der **Weg** wird **vergrößert**.

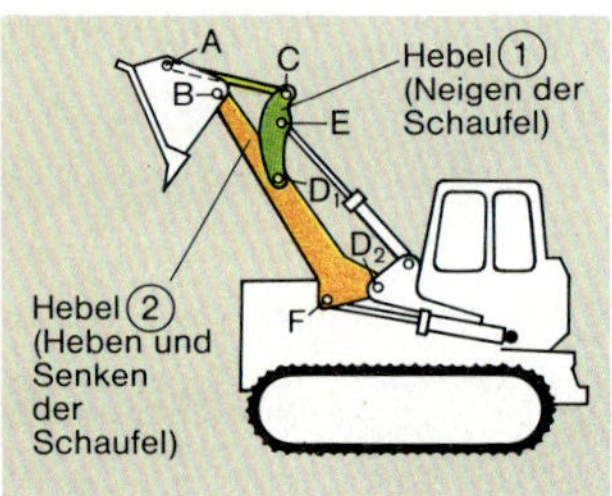

2

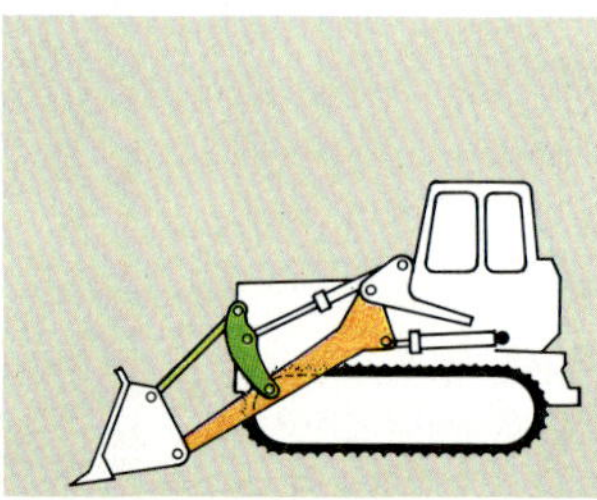
3

Bild 4 zeigt einen Blick in eine Fabrikhalle. Hier werden Karosserien für Personenkraftwagen hergestellt, und zwar auf besondere Weise: Am Fließband stehen nämlich keine Arbeiter – ihren Platz haben ferngesteuerte **Industrieroboter** eingenommen.

Diese Roboter können die unterschiedlichsten Arbeiten ausführen. Und auch hier spielen Hebel eine wichtige Rolle: Sie führen z. B. ein Schweißgerät millimetergenau an eine bestimmte Stelle heran. Das erkennst du in Bild 5. Statt des Schweißgerätes können sie auch einen Greifer tragen, mit dem der Roboter z. B. eine Kurbelwelle in einen Pkw einsetzt.

Ein solcher Roboter arbeitet mit einer „Wiederholgenauigkeit" von 1 mm. Das bedeutet: Er kann denselben Vorgang beliebig oft wiederholen, ohne von seinem vorgegebenen Ziel um mehr als 1 mm abzuweichen.

5

Fragen und Aufgaben zum Text

1 Betrachte noch einmal die Bilder 2 u. 3.

a) Bildet auch die Stange, die du zwischen den Punkten A und C siehst, einen Hebel?

b) Warum sind beide Hebel am Schaufellader *ein*seitige Hebel?

c) Wird mit dem Hebel ① Kraft gespart?

2 Welche Vorteile hat es, in Fabriken statt Menschen Industrieroboter einzusetzen? Nenne auch Nachteile.

1033R

Aus Umwelt und Technik: **Hebel in der Natur**

6

11

Eine Pflanze kann bekanntlich nur dann Früchte und Samen entwickeln, wenn ihre Blüten befruchtet (bestäubt) werden. Dafür sorgen meistens Insekten, die von Blüte zu Blüte fliegen – immer auf der Suche nach dem süßen Blütensaft (Nektar). Ohne es zu wissen, tragen die Insekten dabei den Blütenstaub von einer Blüte zur anderen.

Beim **Salbei** (Bild 6), einer Heilpflanze, die man auf Wiesen findet, „hat sich die Natur einen Trick ausgedacht" – dabei spielt auch ein *Hebel* eine Rolle:

Der Staubfaden, der den Staubbeutel mit dem Blütenstaub trägt, liegt meist dicht am Blütenblatt an (Bilder 7 u. 8). Eine Platte am Ansatz des Staubfadens versperrt dem Insekt den Weg zum Nektar.

Will nun z. B. eine Hummel an den Nektar heran, muss sie mit ihrem Rüssel die Platte nach hinten drücken. Das hat zur Folge, dass der Staubfaden plötzlich nach unten klappt (Bilder 9 u. 10). Jetzt berührt der Staubbeutel den haarigen Rücken der Hummel und der Blütenstaub bleibt dort „kleben". Wenn dann die Hummel zurückkriecht, nimmt auch der Staubfaden seine ursprüngliche Lage wieder ein. Die Hummel fliegt zur nächsten Blüte und lässt dort den Blütenstaub zurück.

7

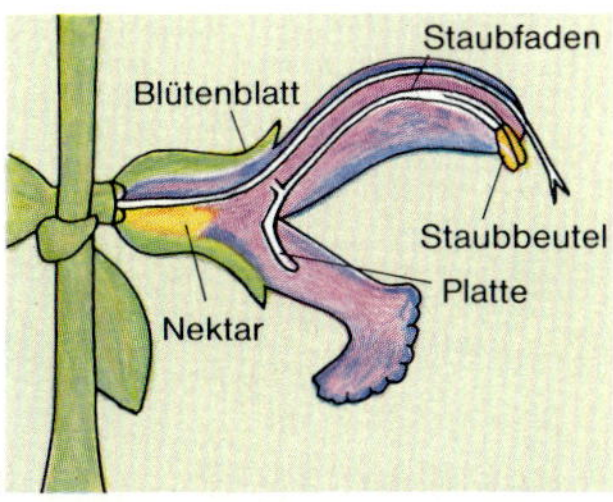

8

9

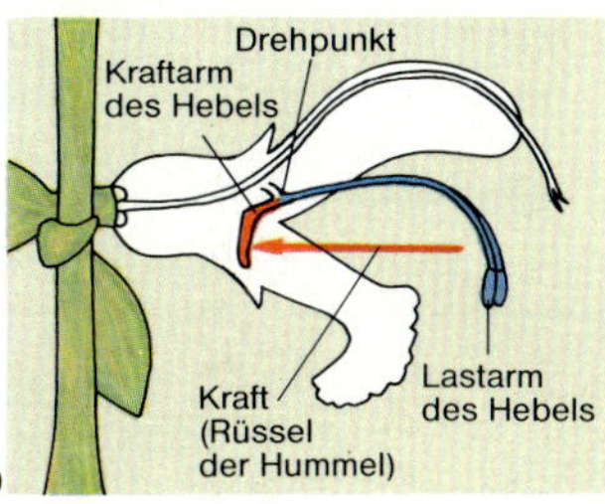

10

Auch bei Tieren findet man *Hebel* in vielen Formen. In Bild 11 siehst du zum Beispiel das weit aufgerissene Maul einer **Kreuzotter** mit den mächtigen, gebogenen Giftzähnen. Diese gefährlichen Giftzähne richten sich erst dann so drohend auf, wenn die Kreuzotter ihr Maul öffnet. Bei geschlossenem Maul sind sie dagegen nach innen gegen den Oberkiefer der Schlange gekippt (Bild 12).

So funktioniert die „automatische Giftzahnaufrichtung" der Kreuzotter (Bild 13): Der Giftzahn steckt bei B drehbar im Oberkiefer. Öffnet die Kreuzotter das Maul, so hebt sich der Schädelknochen und der Zahn kippt nach vorn. Wenn sie das Maul schließt, senkt sich der Schädelknochen und der Zahn klappt nach innen.

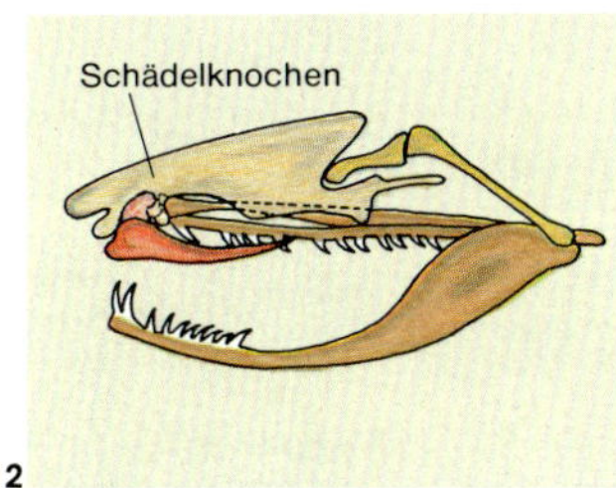

12

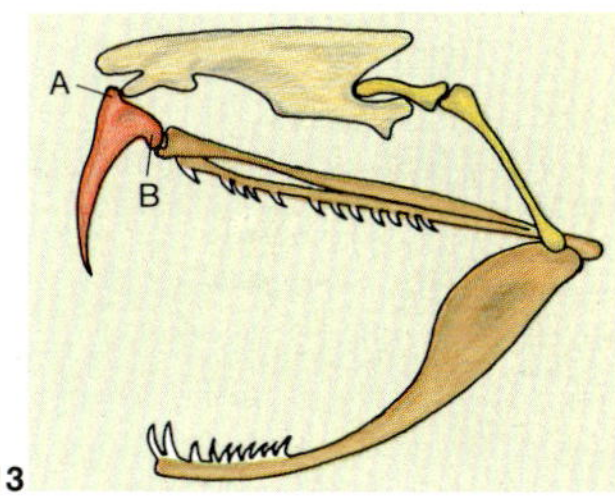

13

Fragen und Aufgaben zum Text

1 Beschreibe, wie der Hebel der Salbeiblüte funktioniert.
a) Ist es ein einseitiger oder ein zweiseitiger Hebel?
b) Wird mit ihm Kraft gespart oder der Weg verlängert?

2 Sieh dir noch einmal Bild 13 an:
a) Ist der Drehpunkt dieses Hebels bei A oder bei B?
b) Ist es ein einseitiger oder ein zweiseitiger Hebel?
c) Beschreibe die Funktionsweise dieses Hebels.
d) Welchen Vorteil hat dieser Hebel für die Schlange?

3 Wenn ein **Mensch** eine Last hebt, wirkt auch sein eigener Unterarm wie ein Hebel (Bild 14):
a) Zeichne den Arm ab und trage ein: Drehpunkt, Angriffspunkt der Kraft, Kraftarm, Angriffspunkt der Last und Lastarm.
b) Ist der Unterarm ein einseitiger oder ein zweiseitiger Hebel?

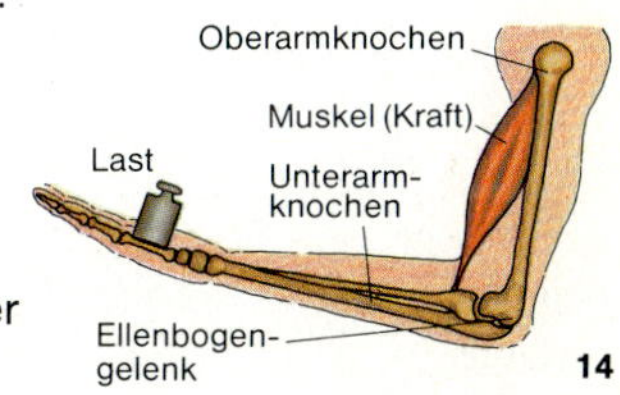

14

2 Seile und Rollen

1

Bist du sicher, dass dies kein Trickfoto ist?
Ob dieses Mädchen (29 kg) tatsächlich seine Lehrerin (62 kg) an die Decke der Turnhalle ziehen kann?

V 8 Eine Last (z. B. Wasser oder Steine) kann man auf unterschiedliche Weise hochziehen. Die Bilder 2–5 zeigen vier Möglichkeiten.

a) Welchen Einfluss haben die fünf Vorrichtungen auf Betrag, Richtung und Angriffspunkt der Zugkraft? Stelle Vermutungen an, falls du eine der Antworten nicht weißt.

b) Plane zu jedem der vier Bilder einen Versuch (Skizze!). Als Last könntest du zum Beispiel ein 500-g-Wägestück benutzen. Lege im Heft eine Tabelle an (→ Muster) und fülle die ersten beiden Spalten aus.

Überprüfe dann deine Vermutungen durch Messungen.

c) Warum unterscheiden sich die Ergebnisse, die du zu den Anordnungen nach den Bildern 3 u. 4 erhältst?

d) Welchen Vorteil hat das Verfahren von Bild 4, welchen hat das Verfahren von Bild 5?

Erfinde eine Vorrichtung, die diese beiden Vorteile vereint. Fertige eine Skizze an.

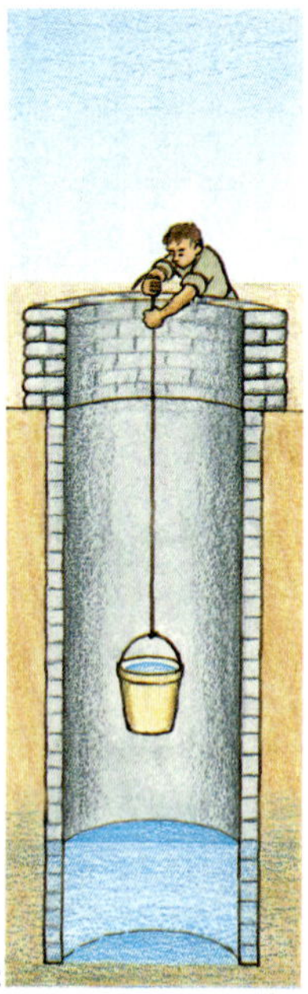

2

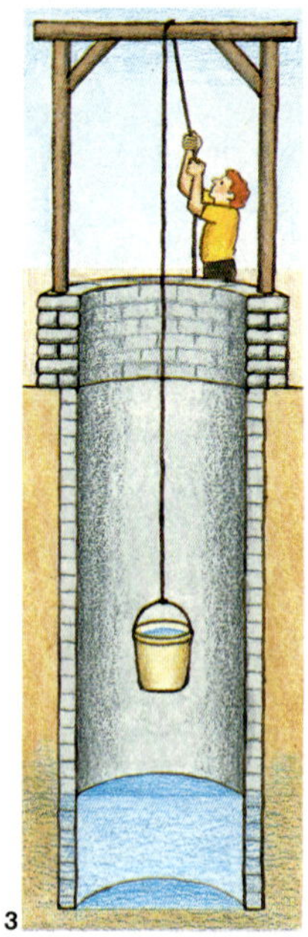

3

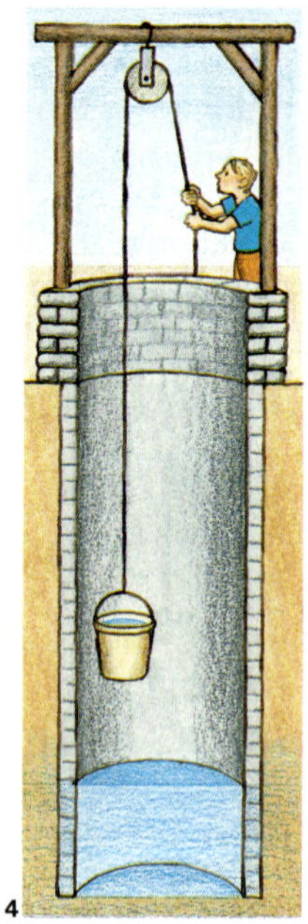

4

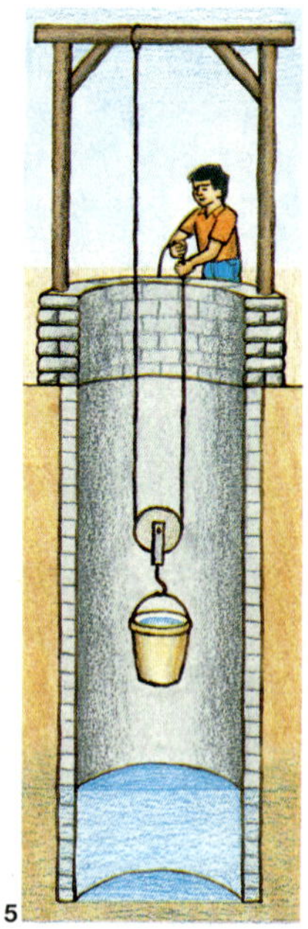

5

Anordnung nach …	auf die Last wirkende Gewichtskraft in N	vermutete Zugkraft in N	gemessene Zugkraft in N
Bild 2	?	?	?
Bild 3	?	?	?
…	?	?	?

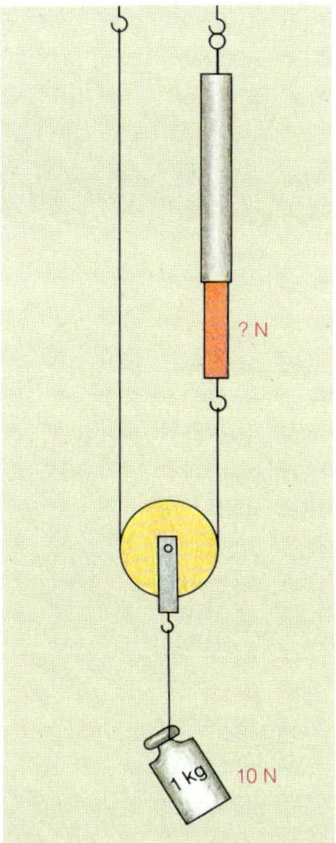

6

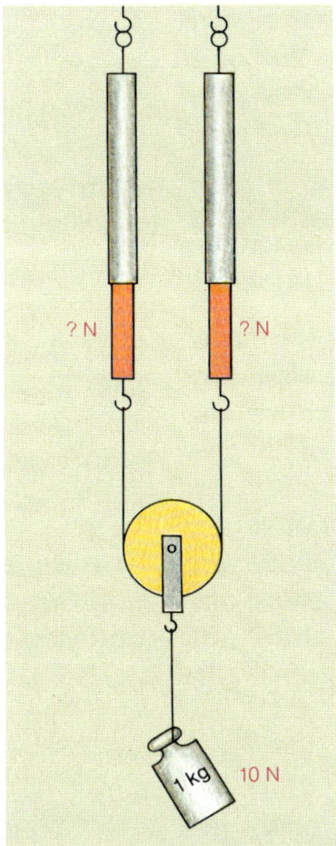

7

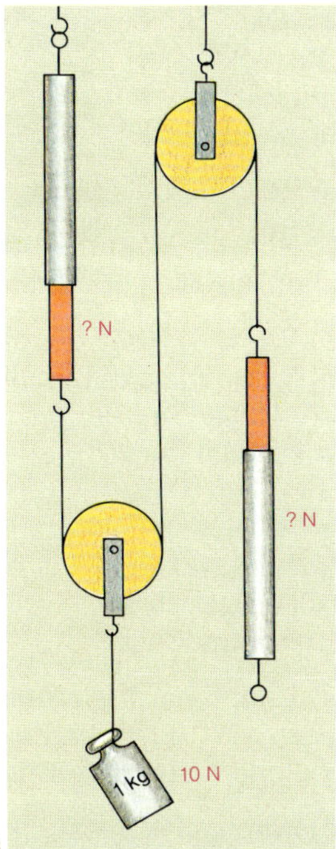

8

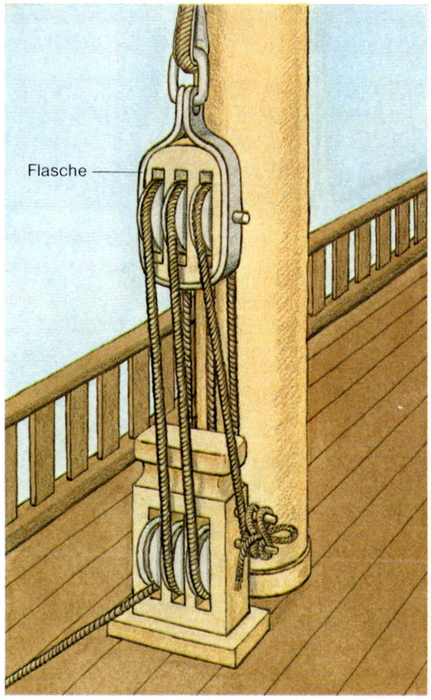

9

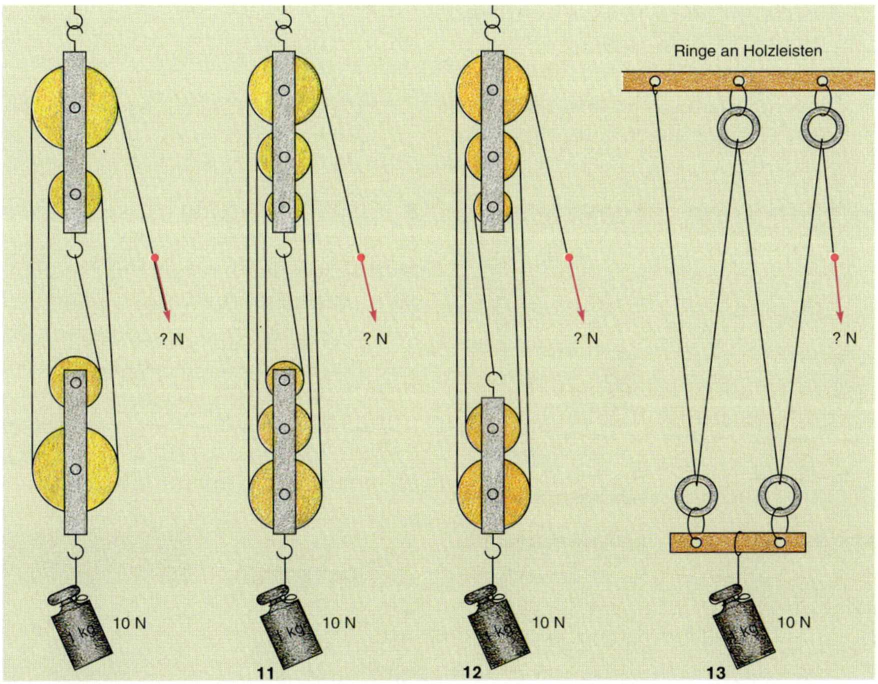

10 11 12 13

Anordnung nach	Last in kg	auf die Last wirkende Gewichtskraft in N	Anzahl der tragenden Seilstücke	gemessene Zugkraft in N
Bild 10	?	?	?	?
Bild 11	?	?	?	?
...	?	?	?	?

V 9 Die in den Bildern 6–8 gezeigten Versuche können dir helfen die Ergebnisse von Versuch 8 (Bild 5) zu erklären. Schätze *vor* der Durchführung der Versuche, wie viel Kraft die Kraftmesser bei Gleichgewicht anzeigen werden.

V 10 Eine Zugvorrichtung, bei der mehrere feste und lose Rollen verwendet werden, bezeichnet man als **Flaschenzug**.

Flaschenzüge haben ihren Namen von ihrer äußeren Form (Bild 9). Es gibt Flaschenzüge mit unterschiedlich vielen Rollen. Je nach der Zahl der tragenden Seilstücke kann man unterschiedlich viel Kraft sparen.

a) Die Bilder 10–12 zeigen verschiedene Flaschenzüge. (In Bild 13 siehst du, wie man einfache Flaschenzüge zu Hause aufbauen kann.)

Übertrage die Versuchsanordnungen in dein Heft.

b) Schätze, bevor du die Versuche durchführst, die jeweils benötigte Zugkraft (bei Gleichgewicht).

Auch diesmal trägst du die Ergebnisse in eine Tabelle ein (→ Muster unter den Bildern).

Aufgaben

1 In den Beispielen der Bilder 1–3 werden Seile und Rollen benutzt:

a) In welchen Fällen wird Kraft gespart? Begründe deine Meinung.

b) Welche Aufgabe hat das in Bild 1 gezeichnete Seil?

c) Welchen Zweck erfüllen die Rollen in den Bildern 2 u. 3?

1

2

3

2 Tauziehen einmal anders (Bild 4): So kannst du jeden schlagen, wenn du am richtigen Seil ziehst! Welches ist gemeint und warum dieses?

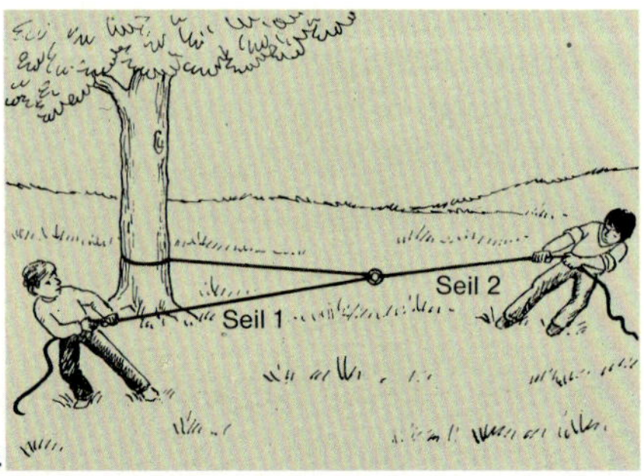

4

3 Die Schülerin schaffte ihren „Kraftakt" von Bild 1 der Vorseite natürlich nur mit einem Flaschenzug; er hatte sieben Rollen.

a) Zeichne die Lösung auf.

b) Wie viel Kraft benötigte das Mädchen, um die Lehrerin hochzu*halten*?

c) Wie viel Kraft benötigte sie etwa beim Hoch*ziehen*? (Für die Reibung der Rollen in ihren Lagern musst du zusätzlich ca. 20 % ansetzen.)

4 Mit Hilfe eines Flaschenzuges (bestehend aus 2 festen und 2 losen Rollen) wird ein Motor (90 kg) um 2 m gehoben.

a) Zeichne auf, wie der Motor gehoben wird. Es gibt zwei Lösungen. Welche hältst du für praktischer?

b) Wie viele Seilstücke tragen jeweils die Last?

c) Wie viel Kraft ist jeweils zum Heben des Motors erforderlich?

5 Wie viel Kraft ist hier jeweils nötig um ein Gleichgewicht herzustellen (Bilder 5–8)?

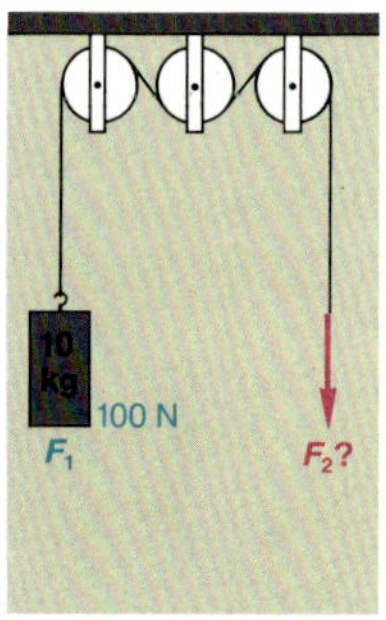

5

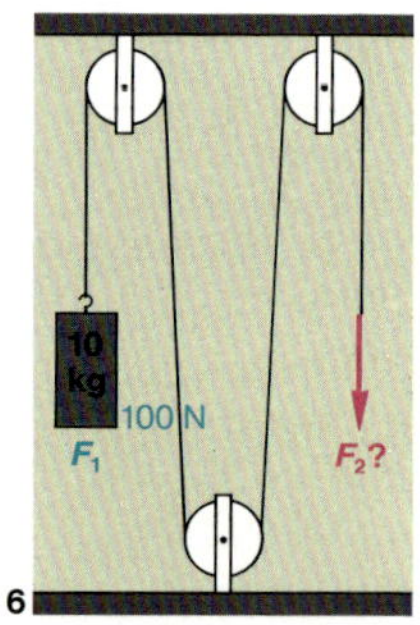

6

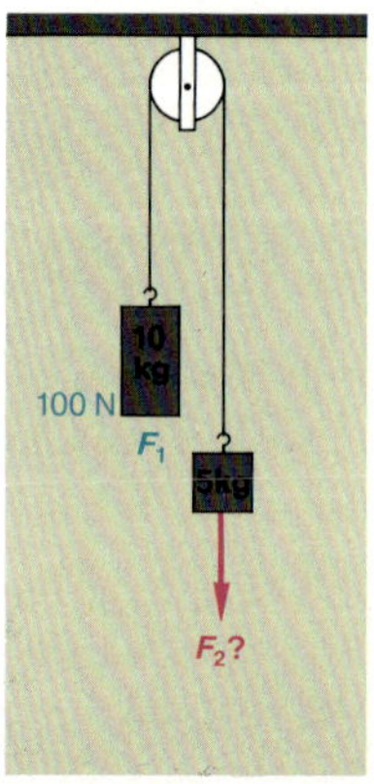

7

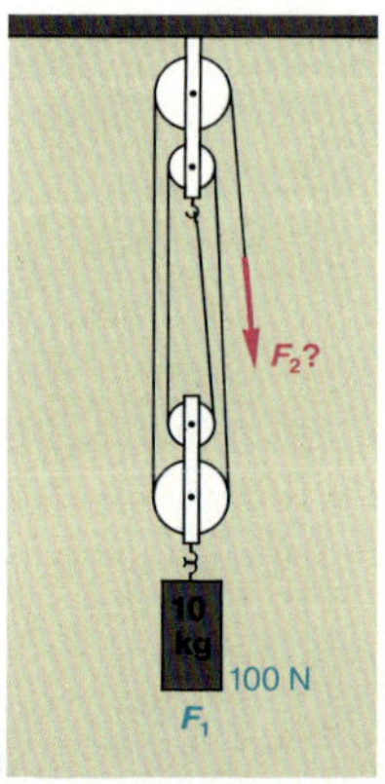

8

6 Eine Kiste (120 kg) wird mit Hilfe verschiedener Flaschenzüge gehoben. Folgende Kräfte sind erforderlich: ① 200 N, ② 600 N und ③ 300 N.

a) An wie vielen Seilstücken hängt jeweils die Last?

b) Zeichne die drei Flaschenzüge.

7 *Leonardo da Vinci* (1452–1519) wies nach, dass sich die Gesetze, die für die feste und lose Rolle gelten, auch mit dem Hebelgesetz nachweisen lassen (Bilder 9 u. 10).

a) Welche Rolle ist mit dem zweiseitigen und welche mit dem einseitigen Hebel vergleichbar?

b) Begründe mit dem Hebelgesetz, dass bei der Rolle von Bild 9 $F_2 = F_1$ und bei der von Bild 10 $F_2 = \frac{1}{2} F_1$ gilt.

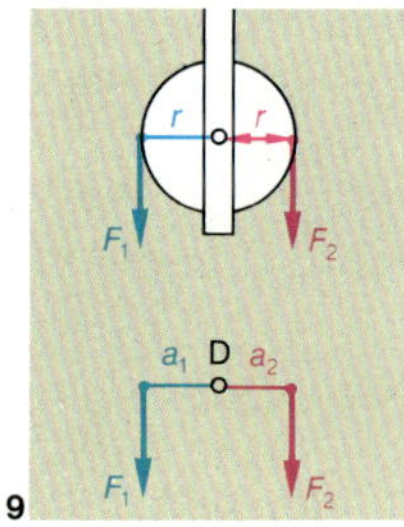

9

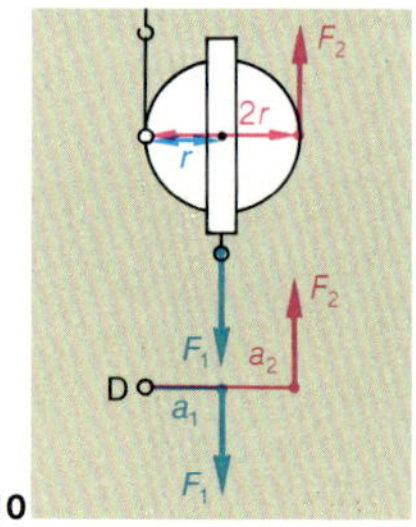

10

8 Harry behauptet: „Es ist ganz einfach festzustellen, wie viel Kraft man an einem Flaschenzug benötigt. Man braucht nur die Rollen zu zählen – und dann muss man noch die Gewichtskraft der Last durch die Anzahl der Rollen teilen!"

Wende Harrys Regel auf diese beiden Beispiele an (Bilder 11 u. 12). Ob seine Regel immer stimmt?

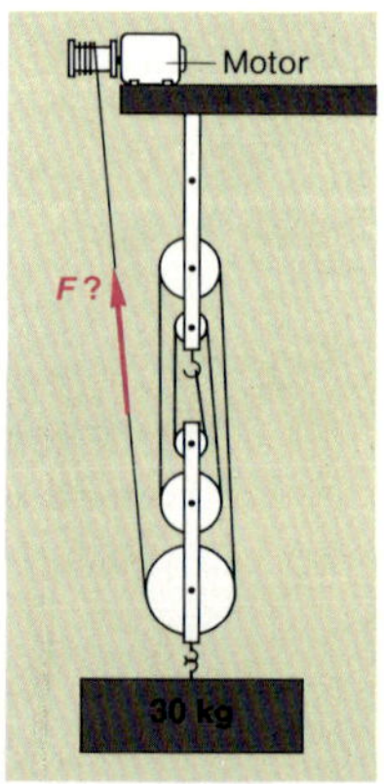

11

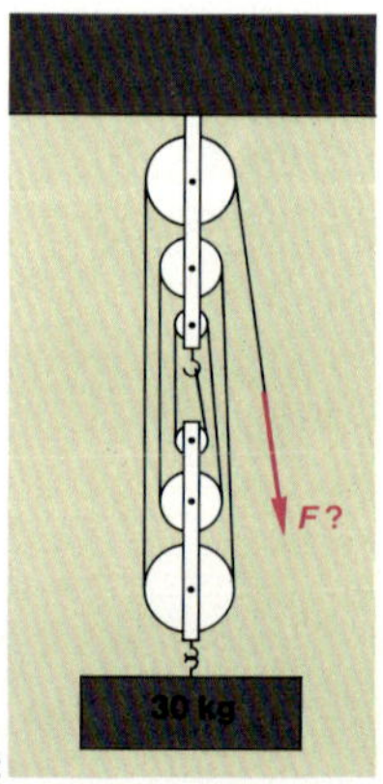

12

1035R

Aus Umwelt und Technik: **Tragfähigkeit: „375 Pkws"!**

13

Der riesige Kran, den du in Bild 13 siehst, steht in einem Stahlwerk im Ruhrgebiet. Aus der *Pfanne* – so nennt man den oben hängenden großen „Eimer" – wird das flüssige Eisen in die bereitstehenden Gießformen gefüllt.

Vorher muss aber noch die Schlacke, die oben auf dem flüssigen Eisen schwimmt, abgegossen werden. Zu diesem Zweck ist der Kran mit einem *Hilfshub* ausgerüstet, der die Pfanne kippt; so kann die Schlacke abfließen.

Es ist schon eindrucksvoll, was dieser Kran zu leisten vermag: Der Hilfshub allein kann schon 115 t tragen – das entspricht einer Last von etwa 115 Pkws. Die Pfanne ist 4,6 m hoch und hat einen Durchmesser von 4,3 m. In die Pfanne passen 270 t flüssiges Eisen hinein – so viel wiegen etwa 270 Pkws!

Zum Transportieren dieser gewaltigen Last sind vier Flaschenzüge in den Kran eingebaut worden; jeder von ihnen besitzt fünf lose Rollen.

Und das Seil reißt nicht, wenn die riesige Last daran hängt! Dabei ist es nur 40 mm (4 cm) dick und hat eine Tragfähigkeit von lediglich 11,5 t.

Fragen und Aufgaben zum Text

1 Den Kran in Bild 13 nennt man „Gießkran". Erkläre diesen Namen und beschreibe seine Aufgabe.

2 Die Tragfähigkeit des Kranes beträgt 375 t, das Fassungsvermögen der Pfanne wurde aber auf 270 t begrenzt. Kannst du diesen Unterschied begründen?

3 Wie viel lose Rollen hat der Gießkran insgesamt?

4 Auf wie viel Seilstücke verteilt sich die hängende Last?

5 Das 4 cm dicke Seil hat eine Tragfähigkeit von „nur" 11,5 t. Warum reißt es aber trotzdem nicht, wenn die Pfanne am Kran hängt?

6 Ein Kran der Bundesbahn (Bild 14) hat eine Tragfähigkeit von bis zu 150 t. Sein Haupthubwerk (A) ist „zwölfstrangig" und kann bis zu 150 t tragen. Sein Seil hat einen Durchmesser von 32 mm und ist 263 m lang; die „Bruchlast" des Seils beträgt 87 t. Das Hilfshubwerk (B) ist „sechsstrangig" und kann 32 t tragen.

a) Wie viel Pkws (1000 kg) könnte der Kran gleichzeitig heben?

b) Wie viel lose Rollen hat das Haupthubwerk, wie viel das Nebenhubwerk?

c) Das Seil des Haupthubwerks hat eine „Bruchlast" von 87 t. Was bedeutet das?

Weshalb kann trotzdem eine Last von 150 t an den Kran gehängt werden?

d) Das Seil des Haupthubs ist 263 m lang. Der Kran kann aber Lasten nur ungefähr 20 m weit hochziehen. Wie würdest du diesen Unterschied erklären?

e) Wenn die Ausladung (Reichweite) des Krans 16 m statt 8 m beträgt (Bild 14), darf der Haupthub nur mit 45 t (statt 150 t) belastet werden. Warum?

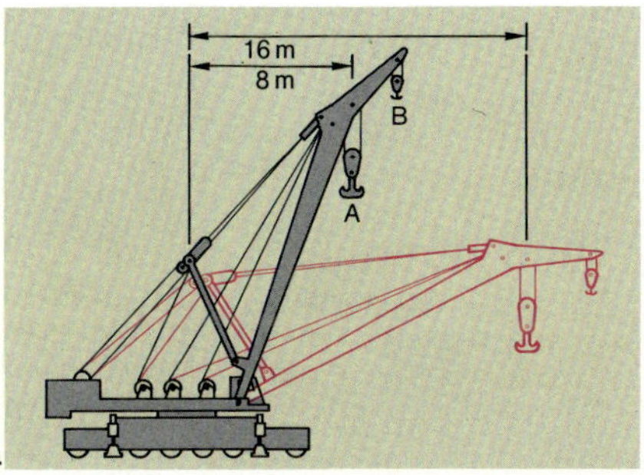

14

Aus der Geschichte: **Erste Werkzeuge und Maschinen**

Mit seinen schwachen Muskelkräften hätte der Mensch eigentlich von Anfang an vielen Tieren unterlegen sein müssen. Trotzdem gelang es ihm schließlich, eine beherrschende Stellung einzunehmen.

Das ist vor allem auf seinen Erfindungsreichtum zurückzuführen: Schon frühzeitig entwickelte und benutzte er nämlich Hilfsmittel, die seine schwachen Muskelkräfte verstärkten.

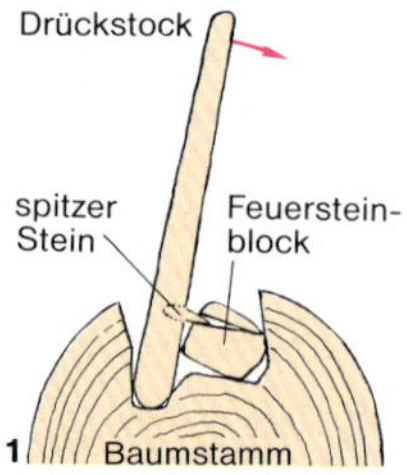

1

Bei der Herstellung feiner Steinklingen z. B. bediente sich der Mensch des **Hebels**. Bild 1 zeigt eine seiner Methoden zur Absprengung einer Klinge von einem Steinblock.

Wahrscheinlich sind Hebel (neben Seilen und Stangen) schon frühzeitig auch zum Bewegen von Lasten (z. B. Steinen) benutzt worden. Ohne Hilfsmittel hätte der Mensch auch kaum die riesigen Tempel und Gedenkstätten errichten können, die teilweise heute noch erhalten sind. Beim Bau der ägyptischen Pyramiden (in der Zeit um 2000 v. Chr.) hatten Hebel eine große Bedeutung (Bild 2)!

2

Eine sehr wichtige Erfindung in der Geschichte des Menschen war das **Rad**. Mit Rädern wurde die Beförderung von Lasten wesentlich erleichtert. Vermutlich haben die Sumerer, die im Zweistromland zwischen Euphrat und Tigris (dem heutigen Irak) lebten, das Rad vor ungefähr 5000 Jahren erstmals benutzt (Bild 3).

Die Erfindung des Rades löste aber nicht nur Transportprobleme. Vielmehr wurde so die Entwicklung vieler neuer Geräte und Maschinen (z. B. Rollen und Flaschenzüge) überhaupt erst möglich. So kannten schon die Assyrer **Rollen** zum Heben von Lasten: Bild 4, das eine feste Rolle zeigt, stammt aus der Zeit um 800 v. Chr.

3

Die älteste Abbildung eines Kranes mit **Flaschenzug** wurde auf der Grabplatte einer römischen Familie gefunden (Bild 5). Sie lebte vermutlich um 200 v. Chr.; wahrscheinlich ist einer der dort Begrabenen von Beruf Baumeister gewesen.

4 Wasserschöpfen in einer belagerten Stadt mit einer festen Rolle (nach einem assyrischen Relief)

5

Bild 7 zeigt ein Modell dieses Kranes. Der Flaschenzug, der an diesem Kran hing (Bild 6), hatte *zwei lose* und *drei feste Rollen*. Das Ende des Seils war an der beweglichen „Flasche“ befestigt.

Bei diesem Kran wurde also die Gesamtlast auf fünf Seilstücke verteilt.

Gezogen wurde das Seil mit Hilfe eines Tretrades: Dieses Tretrad, das du auch in Bild 7 erkennst, war so konstruiert, dass in ihm ein Mensch laufen konnte. Durch seine Gewichtskraft versetzte er das Rad in Drehung; dadurch wurde die Last gehoben.

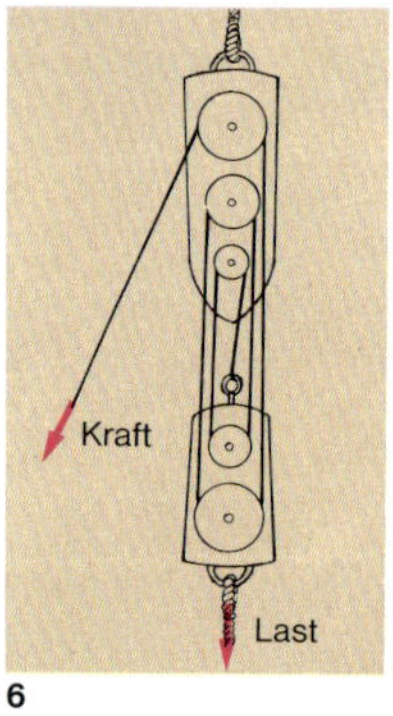

6

7

1037R

Alles klar?

1 Auch der Fahrradlenker bildet mit der Vorderradgabel und dem Vorderrad einen Hebel (Bild 8).

a) Wo ist der Hebelarm a_2, wo der Drehpunkt des Hebels?

b) Vergleiche die Wirkung, wenn du einmal in der Mitte des Lenkers und einmal ganz außen lenkst.

c) Aus Sicherheitsgründen darf der Lenker an einem Mofa nicht verändert werden. Man darf z. B. keinen größeren Lenker anbauen. Weshalb?

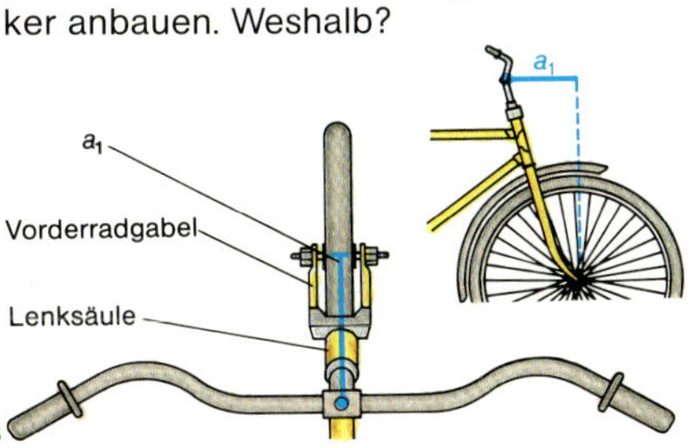

8

2 Vereinfacht ist in Bild 9 eine Schubkarre abgebildet. Auch sie ist ein Hebel.

a) Wir würdest du sie beladen, damit du es beim Schieben leicht hast?

b) Zeichne die Karre ab und trage ein: Drehpunkt, Hebelarme und Kräfte.

c) Ist die Schubkarre ein einseitiger oder ein zweiseitiger Hebel?

9

3 Hier siehst du eine *römische Schnellwaage* (Bild 10).

a) Wie kann man mit nur einem Wägestück verschiedene Lasten wiegen?

b) Wie schwer ist der Sack Kartoffeln, der hier gerade gewogen wird?

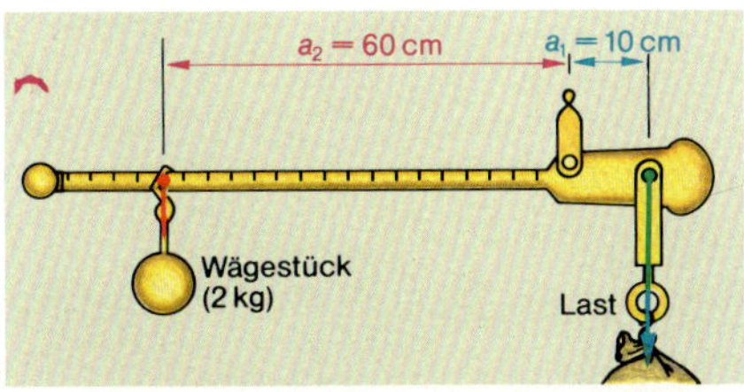

10

4 In den Bildern 11 u. 12 soll Gleichgewicht herrschen (→ auch die Tabelle).

a) Welche Kräfte sind in den Zeilen 1 u. 2 der Tabelle erforderlich?

b) An welche Stelle gehören bei Nr. 3 u. 4 die angegebenen Wägestücke?

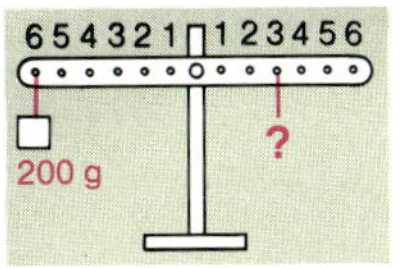

11

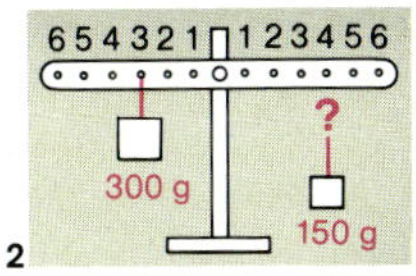

12

Nr.	F_1	a_1	F_2	a_2
1 (Bild 11)	2 N	6 cm	?	3 cm
2	2 N	5 cm	?	2 cm
3 (Bild 12)	3 N	3 cm	1,5 N	?
4	0,6 N	4 cm	0,8 N	?

5 Die Hebel der Bilder 13 u. 14 sollen im Gleichgewicht sein.

a) Zeichne zunächst Bild 13 ab und trage dann die nach unten wirkenden Kräfte durch Kraftpfeile in richtiger Länge ein (100 N entsprechen 1 cm).

b) Zeichne auch Bild 14 ab und gib die Lage der Drehpunkte an.

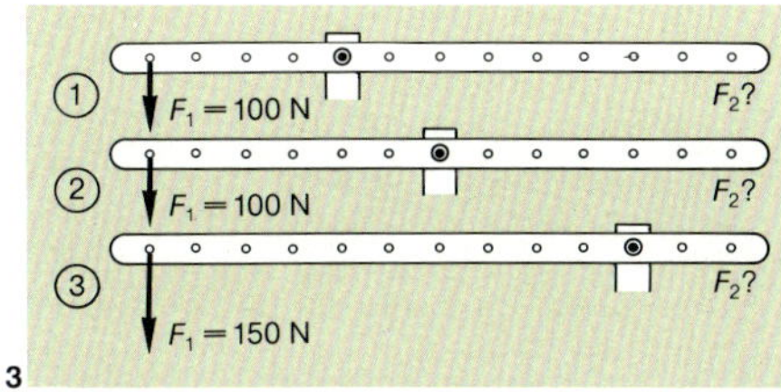

13

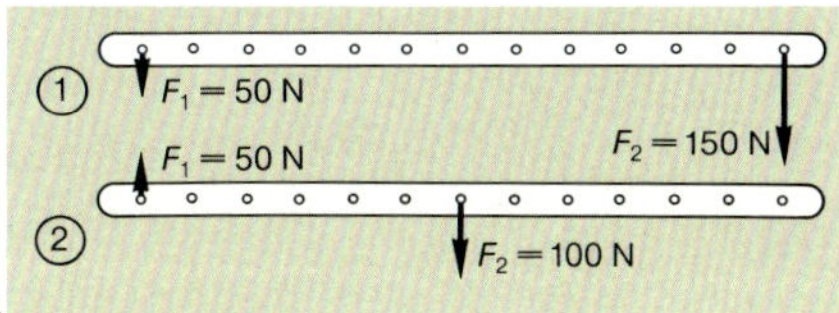

14

6 Beim Radwechseln ist Herrn Müller der Wagenheber weggerutscht, nachdem er beide Hinterräder abgenommen hatte.

a) Zeichne, wie er den Pkw mit einer Stange (4 m) und einem Stein anheben kann.

b) Wie muss er den Hebel ansetzen, damit er den Wagen überhaupt hochbekommt? (Die Hinterachslast des Pkws beträgt 500 kg, Herr Müller wiegt 80 kg.)

7 Ein Traktor ist mit seinem Anhänger stecken geblieben. Der Bauer holt ein Seil und eine Rolle mit Haken. Am Straßenrand steht ein Baum. Zeichne auf, wie sich der Bauer helfen will (Bild 15). Begründe!

15

8 Die stromführenden Drähte für Elektroloks und Straßenbahnen müssen immer straff gespannt sein. Das bewirkt die Vorrichtung von Bild 16.

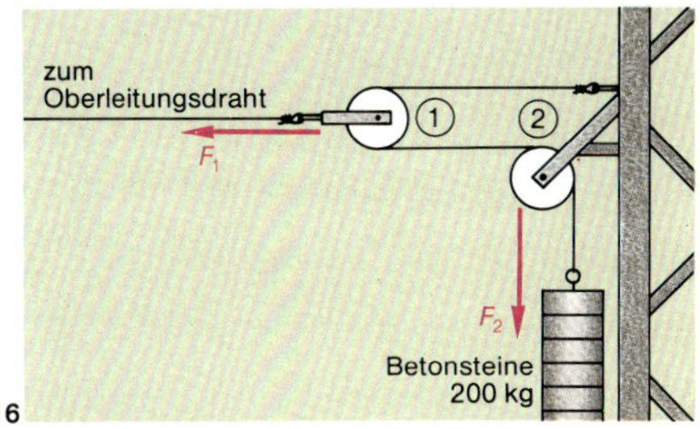

16

a) Zeichne eine Spannvorrichtung mit einer Rolle. Welchen Nachteil hat sie?

b) Berechne, wie groß die Zugkraft F_1 ist, wenn die Masse der Steine 200 kg beträgt.

9 Die Bilder 17–22 zeigen verschiedene Anordnungen von Rollen und Seilen.

Wie groß ist jeweils die Kraft, die erforderlich ist, um das Wägestück zu halten?

Es bleibt unberücksichtigt, dass auf die Rollen zusätzlich Gewichtskräfte wirken. Vernachlässigt wird ebenfalls die Reibung an den Rollen.

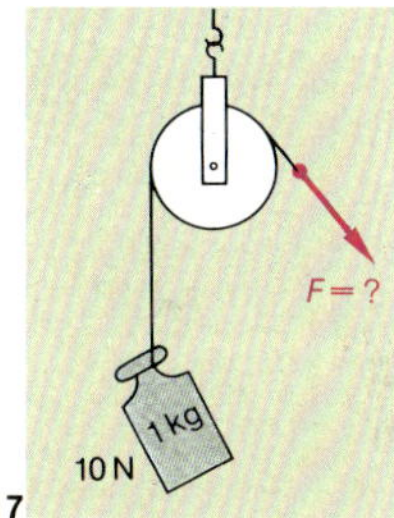

17

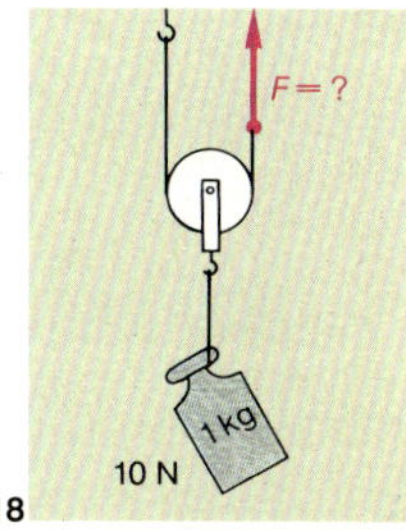

18

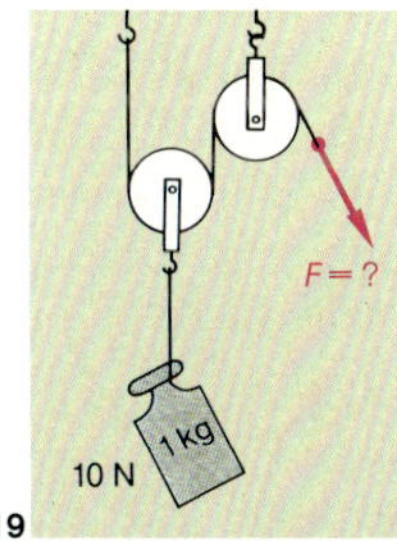

19

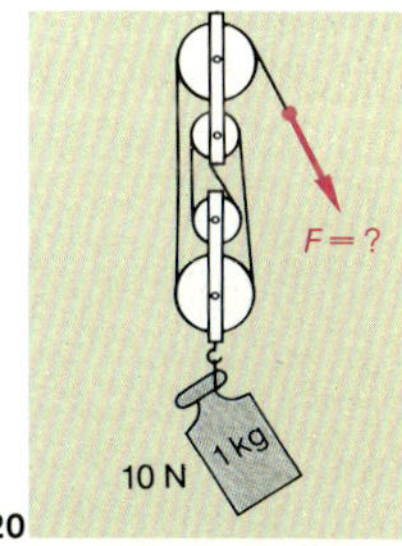

20

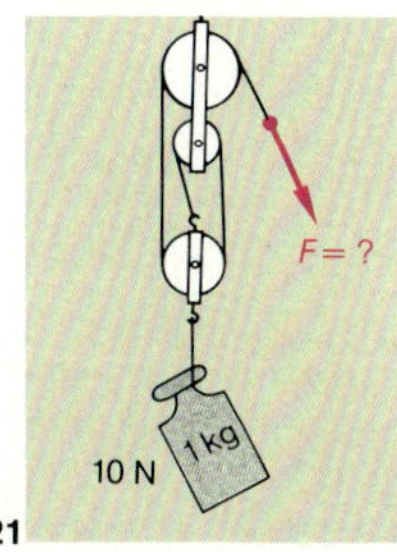

21

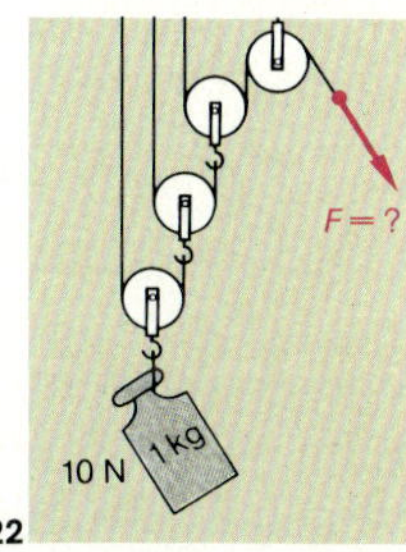

22

3 Zusammenfassung

Zweierlei Hebel

1 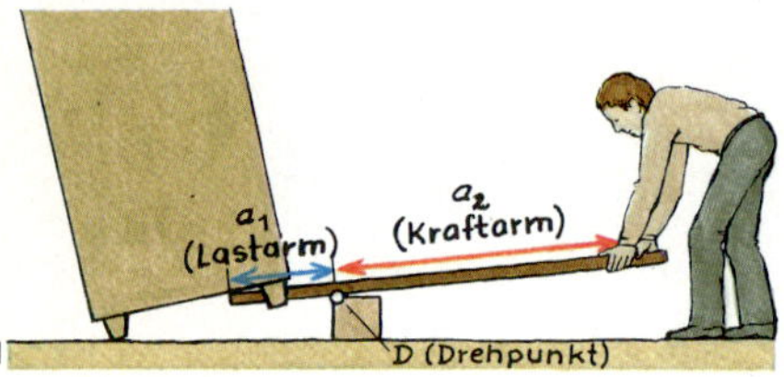

Man unterscheidet
zweiseitige Hebel (Bild 1)
und *einseitige* Hebel (Bild 2).
Jeder Hebel hat einen
Drehpunkt und **Hebelarme.**

2 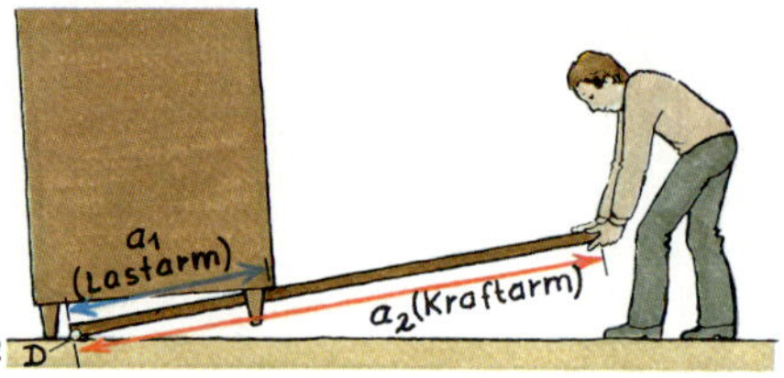

Je länger der Kraftarm eines Hebels ist,
desto größer ist die Drehwirkung, die man mit der Kraft verursachen kann:
Kraftarm doppelt so lang wie Lastarm → doppelte Kraftwirkung;
Kraftarm zehnmal so lang wie Lastarm → zehnfache Kraftwirkung.

Die Wirkung von Hebeln kann man berechnen

3 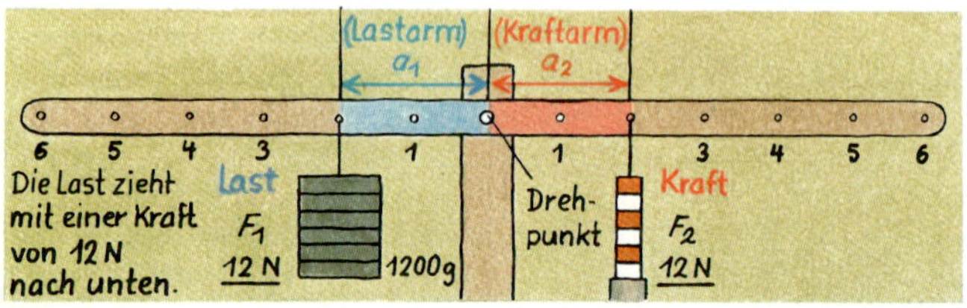

4 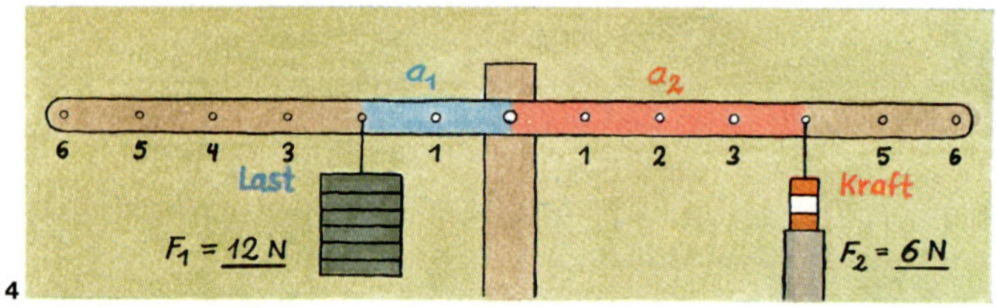

a_1	F_1	$a_1 \times F_1$	a_2	F_2	$a_2 \times F_2$
0,02 m	12 N	0,24 Nm	0,02 m	12 N	0,24 Nm
0,02 m	12 N	0,24 Nm	0,06 m	4 N	0,24 Nm
0,02 m	12 N	0,24 Nm	0,04 m	6 N	0,24 Nm
0,04 m	30 N	1,2 Nm	0,02 m	60 N	1,2 Nm

Wenn sich ein Hebel im Gleichgewicht befindet,
ist das Produkt *Lastarm* × *Last* gleich dem Produkt *Kraftarm* × *Kraft.*
Diese Zusammenhang nennt man **Hebelgesetz.**

$$a_1 \times F_1 = a_2 \times F_2.$$

Das Produkt $a \times F$ bezeichnet man als **Drehmoment**: $M = a \times F$.

Bei der Bestimmung der Kraft musst du beachten, dass immer die *senkrecht* auf den Hebelarm wirkende Kraft gemeint ist. (Damit du dich hieran gut erinnerst, wurde das Malzeichen als Kreuz geschrieben; beim Kreuz stehen ja die beiden Linien senkrecht aufeinander.)

5 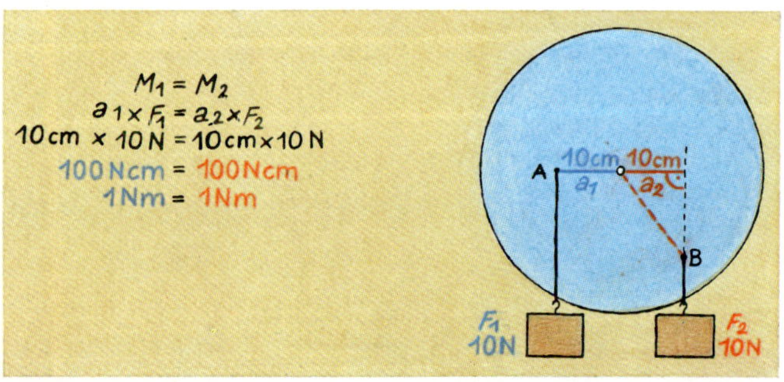

6 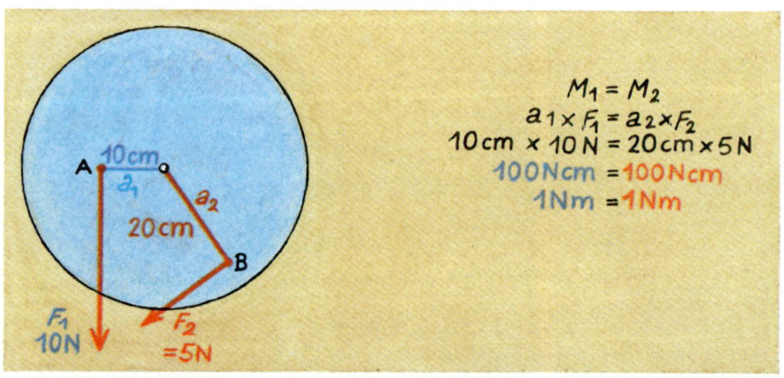

1039R

Seile und Rollen

Mit einem **Seil** (oder einer **Stange**) kann man nur den Angriffspunkt einer Kraft verändern. Der Betrag der Kraft bleibt gleich. Kräfte werden übertragen, aber nicht eingespart.

Rollen sorgen dafür, dass die Kräfte in den Seilstücken gleich groß sind. In dieser Anordnung wird nur die Richtung der erforderlichen Zugkraft verändert.

Die Gewichtskraft, die auf die Last wirkt, wird hier auf zwei Seilstücke übertragen und gleichmäßig verteilt.

$$F_2 = \frac{1}{2} F_1$$

7

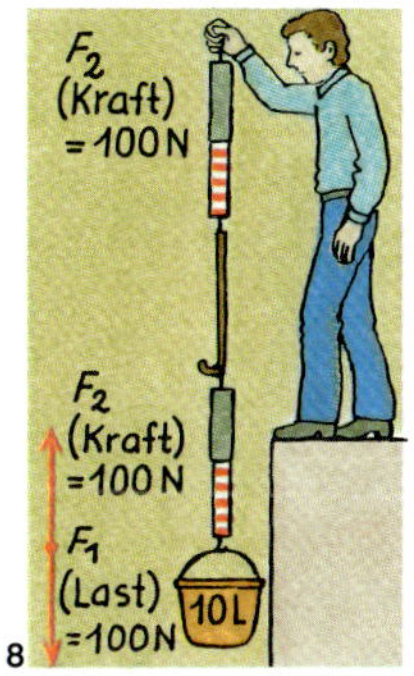

8

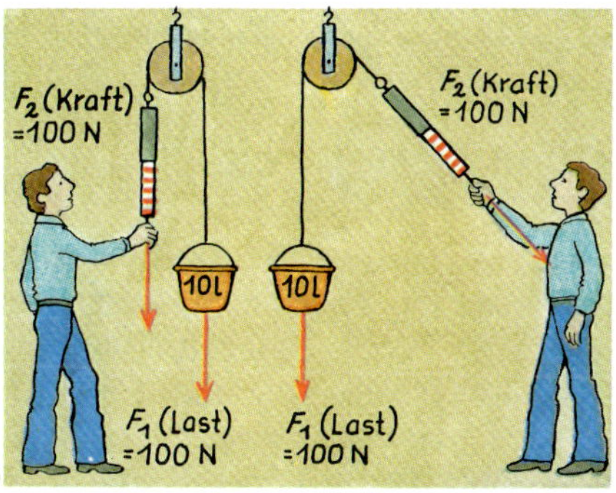

9

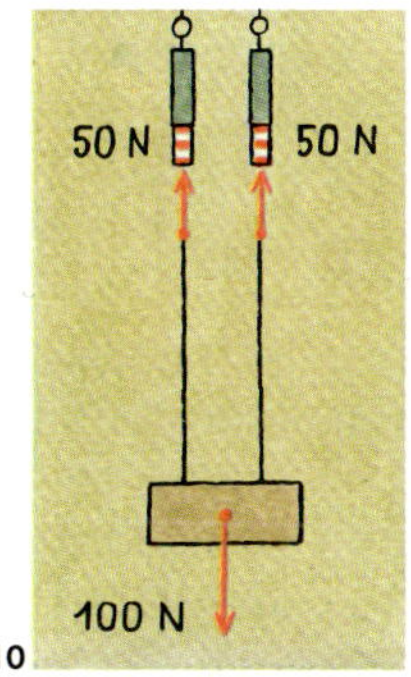

10

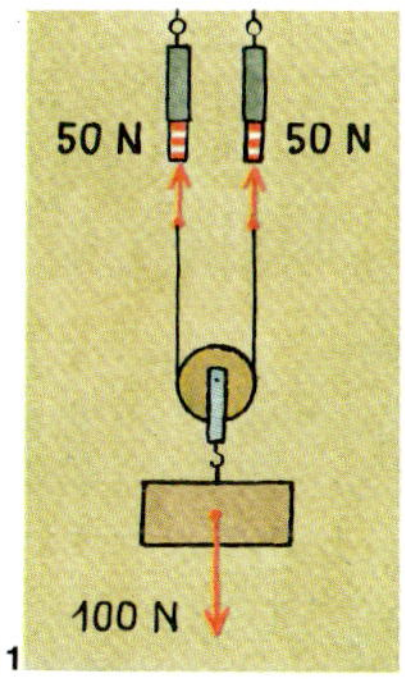

11

Mit Seilen und Rollen kann man Kraft einsparen. Dazu drei einfache Beispiele:

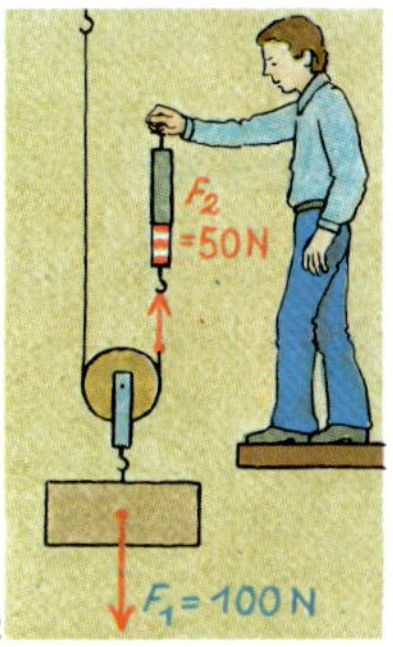

12

Auch hier verteilt sich die Last auf zwei Seilstücke. Die eine Hälfte der Last wird vom Haken getragen.

$$F_2 = \frac{1}{2} F_1$$

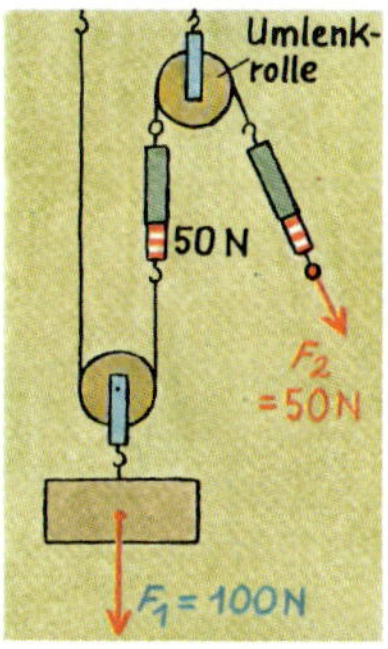

13

Die Last hängt wieder an zwei Seilstücken. Um das Seilende zu halten, muss die Zugkraft F_2 halb so groß wie die Gewichtskraft F_1 sein.

$$F_2 = \frac{1}{2} F_1$$

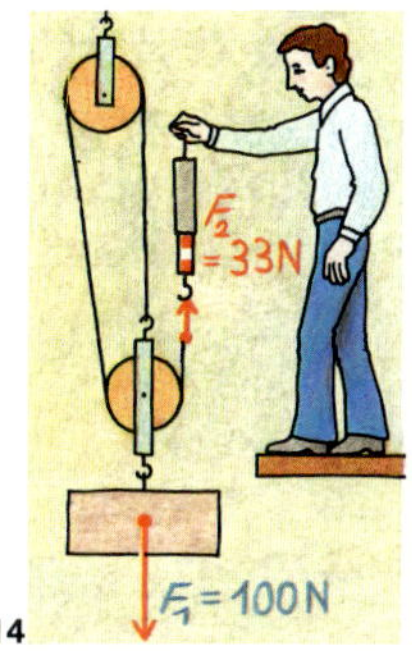

14

Die Last verteilt sich auf drei Seilstücke. Die Zugkraft F_2 beträgt ein Drittel der Gewichtskraft F_1.

$$F_2 = \frac{1}{3} F_1$$

Der Flaschenzug

Bei Flaschenzügen sind mehrere Rollen in zwei Gruppen (Flaschen) zusammengebaut.

Die Gewichtskraft, die auf die Last wirkt, wird gleichmäßig auf die Seilstücke verteilt.

$$\text{Kraft} = \frac{\text{Last}}{\text{Zahl der tragenden Seilstücke}}$$

$$F_2 = \frac{F_1}{n}$$

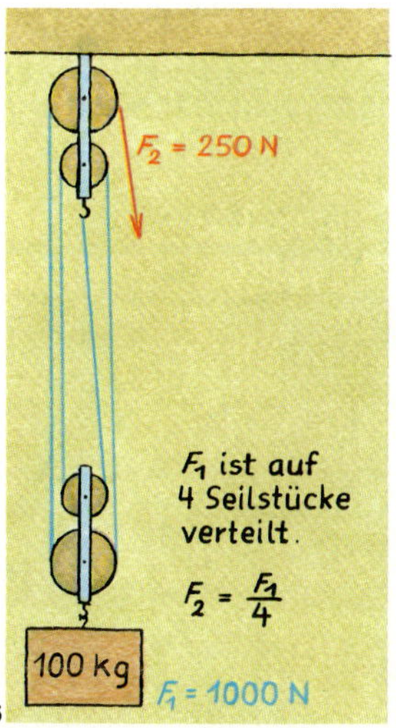

15

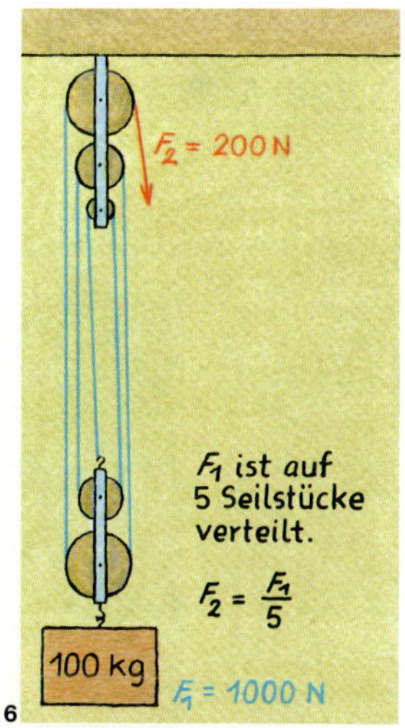

16

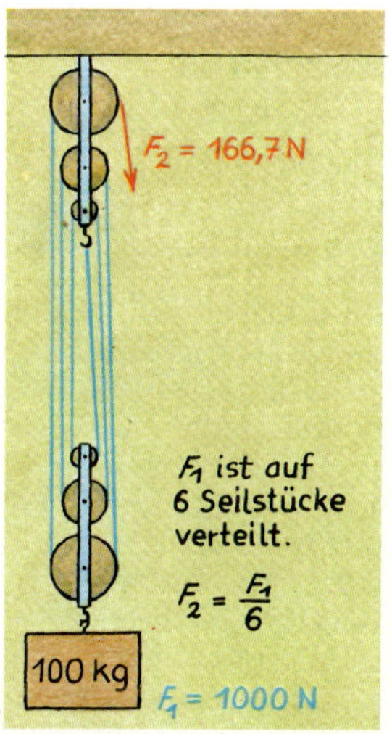

17

Die Arbeit

1 Wer arbeitet hier?

1

2

Herr Marten ist Lehrer. Er hat in seiner Klasse einen Aufsatz schreiben lassen und sitzt nun zu Hause um zu korrigieren.

Arbeitet Herr Marten gerade? Selbstverständlich arbeitet er, wirst du sagen. Doch im Sinne der Mechanik handelt es sich bei seiner Tätigkeit um **keine Arbeit**.

Hier geht Herr Marten seinem Hobby nach: Bergsteigen. Die Aufsatzhefte sind vergessen, die Schule ist weit. An *Arbeit* denkt er bestimmt nicht.

Und doch: Gerade jetzt würde ein Physiker sagen, dass Herr Marten arbeitet. Im physikalischen Sinn ist das, was er hier tut, **Arbeit**! …

Aufgaben

1 Beschreibe, was man in der Umgangssprache unter *Arbeit* versteht. Dagegen gehören zur Arbeit im physikalischen Sinn immer *zwei* Merkmale. Welche sind es?

2 In den Bildern 3–6 sind *drei* Beispiele zu sehen, bei denen im *physikalischen Sinn* gearbeitet wird. Findest du die richtigen heraus?

3

4

5

6

Die Arbeit und ihre Einheit

Die physikalische Arbeit wird in **Newtonmeter** angegeben (Abkürzung: **Nm**).

Eine Arbeit von **1 Nm** wird dann verrichtet, wenn

1. ein Gegenstand auf einem **Weg von 1 m** Länge weiterbefördert wird *und* wenn dabei
2. ständig eine **Kraft von 1 N** in Richtung dieses Weges wirkt.

Du verrichtest zum Beispiel dann eine **Arbeit von 1 Nm**, wenn du eine 100 g schwere Tafel Schokolade (zum Heben benötigst du eine Kraft von **1 N**) um genau **1 m** anhebst (Bild 7).

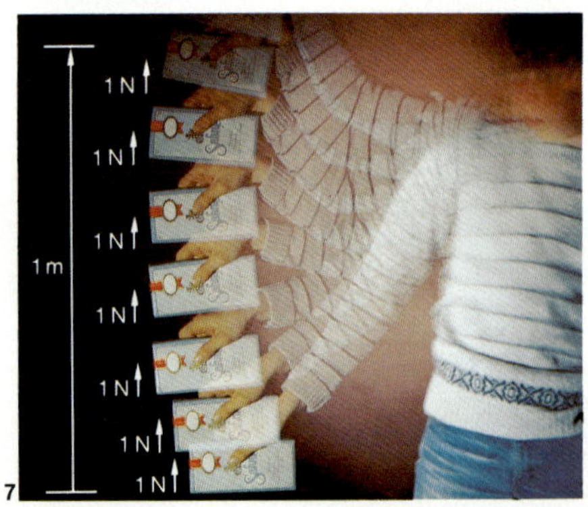

7

Genauso groß ist die Arbeit, wenn du z. B. zwei 100-g-Tafeln um einen halben Meter anhebst oder eine halbe Tafel um zwei Meter hebst.

Sicherlich würdest du eine Tätigkeit wie das Anheben von Schokolade überhaupt nicht als *Arbeit* bezeichnen. Das zeigt dir, dass das Newtonmeter eine recht kleine Einheit ist.

So wie es für die beiden physikalischen Größen *Kraft* und *Weg* als Abkürzungen **Formelzeichen** gibt (F bzw. s), hat auch die physikalische Größe *Arbeit* ein Formelzeichen: $\boldsymbol{W}$ (von engl. *work*).

578R

2 Wo wird mehr gearbeitet?

Hier hebt ein Lastenaufzug Steine in die oberen Stockwerke einer Baustelle (Bild 8). Die Steine liegen dabei auf Schubkarren. Der Aufzug nimmt also den Bauarbeitern **Arbeit** ab.

Daran siehst du, dass auch Maschinen arbeiten können.

Der Motor des Aufzugs zieht die Steine mit der nötigen **Kraft** nach oben (Bild 9). Dabei legt die Last mal eine kürzere und mal eine längere Strecke (einen **Weg**) zurück.

Wann verrichtet der Motor besonders viel Arbeit?

8

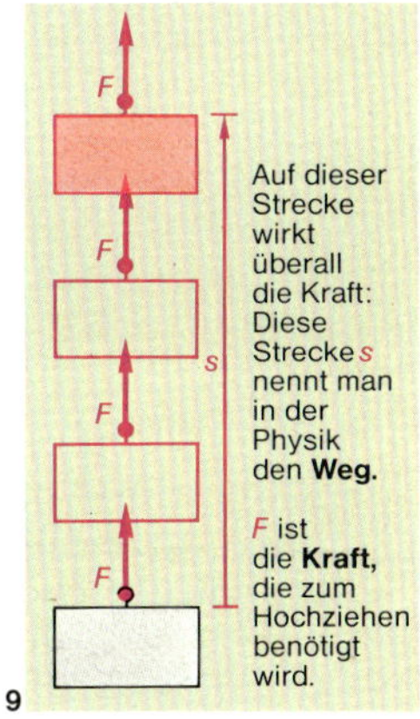

9

Aufgaben

1 Ein Eimer (5 kg) wird **1 m** hochgehoben. Wie viel Kraft ist nötig?

Ändert sie sich, wenn der Weg **2 m** ist? Plane dazu einen **Versuch**.

2 In Bild 10 zieht ein Kran Paletten mit Steinen nach oben.

a) Tina meint: „Bei B und D verrichtet der Kran doppelt so viel Arbeit wie bei A." Stimmt das?

b) Vergleiche auch die Arbeit bei C mit der bei A.

c) Wo ist die Arbeit größer: bei C oder bei D?

d) Vergleiche die bei E und F verrichtete Arbeit mit der Arbeit bei A.

e) Der Kran soll 6-mal (dann 2-mal) so viel Arbeit verrichten wie bei A. Das ist der Fall, wenn …

3 Ergänze die folgenden Sätze: „Bei gleichem Weg ist die verrichtete Arbeit umso …, je größer die eingesetzte Kraft ist." „Bei gleicher Kraft …"

4 Bisher hast du Arbeiten nur miteinander *verglichen* – du kannst sie auch **berechnen**. Du brauchst dafür Angaben über die Kraft *F* (in N) und den Weg *s* (in m). Lies dazu das Info auf der Nachbarseite und lege eine solche Tabelle an:

Last	zum Heben nötige Kraft *F*	Weg *s*	Arbeit *W*
100 g	1 N	1 m	1 Nm
500 g	5 N	1 m	5 Nm
500 g	? N	2 m	? Nm
1 kg	? N	2 m	? NM
3 kg	…	6 m	…

5 Suche eine kurze **Formel**, mit der man die Arbeit berechnen kann.

6 Berechne mit dieser Formel die von dem Kran in Bild 10 verrichteten Arbeiten – und zwar bei A, B, C, D, E und F. Lege dir dafür ebenfalls eine Tabelle an.

Last	zum Heben nötige Kraft *F*	Weg *s*	Arbeit *W*
Bei A:			
…	…	…	…

Trage als Last einer einfachen Palette 600 kg ein; das entspricht bei uns etwa einer Gewichtskraft von 6000 N. Außerdem musst du wissen, dass es von einem Stockwerk zum jeweils nächsten 3 m sind.

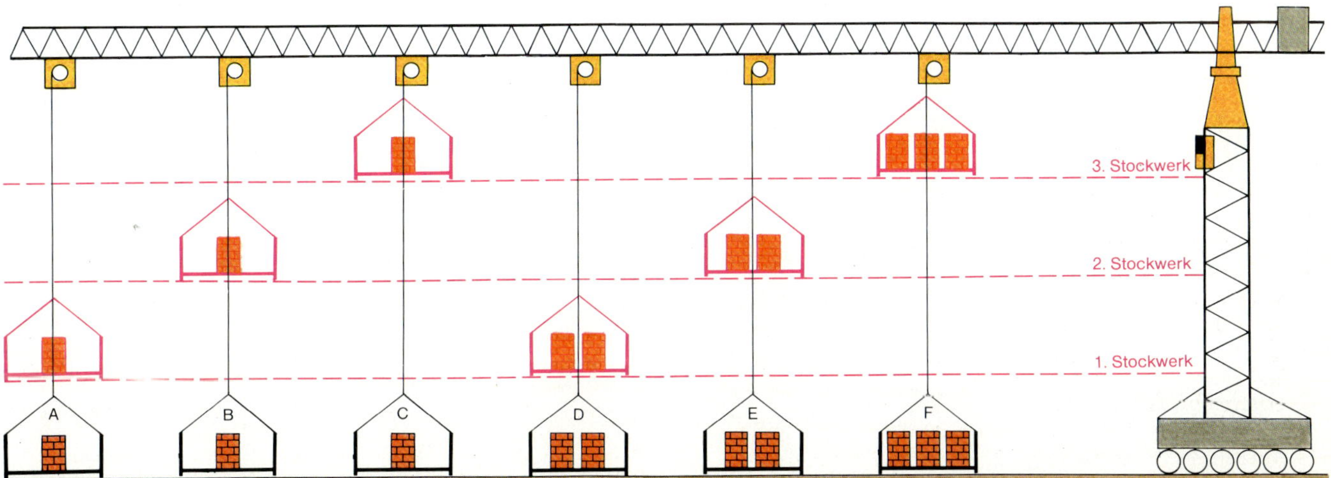

10

579R

3 Kann man Arbeit einsparen?

1

Für Rollstuhlfahrer wurde hier eine lange Auffahrt – eine **schiefe Ebene** – gebaut.

Warum ist sie nicht so kurz wie die Treppe daneben?

V 1 Prüfe nach, ob man durch eine *schiefe Ebene* Arbeit einsparen kann. Baue die schiefe Ebene auch unterschiedlich steil auf (Bild 2).

a) Was musst du messen? Beachte die Einheiten.

b) Was solltest du bei der Benutzung des Kraftmessers beachten (Bild 3)?

c) Lege eine Tabelle an, in die du die Messwerte und die berechnete Arbeit eintragen kannst.

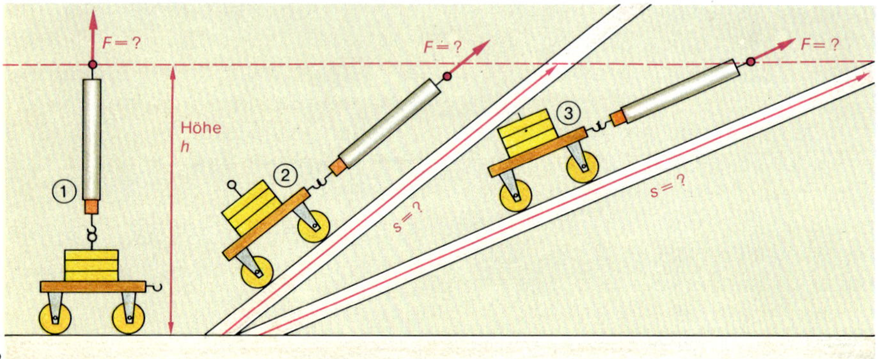

2

3

V 2 Du weißt sicher schon, dass man mit *Rollen* Kraft sparen kann. Ob auch die Arbeit durch die Benutzung von Rollen geringer wird?

Diese Abbildungen (Bilder 4–7) zeigen Möglichkeiten, wie du es in Versuchen überprüfen kannst. Berechne die jeweils verrichtete Arbeit.

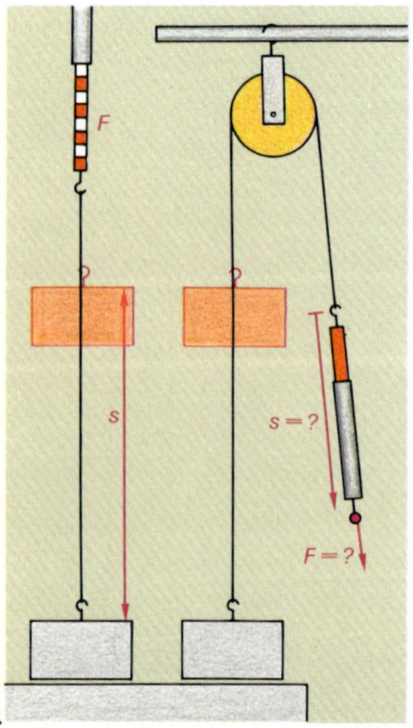

4

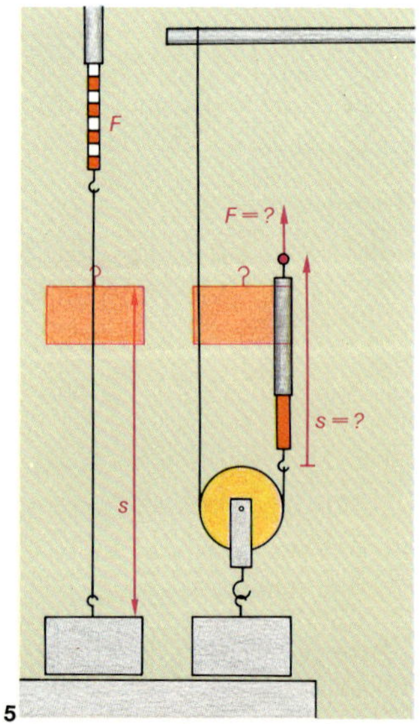

5

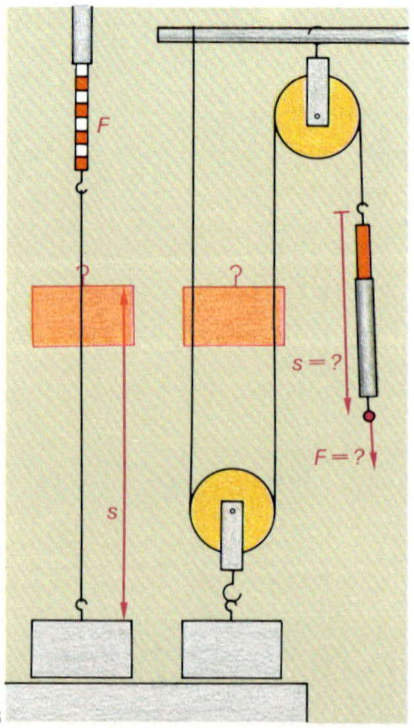

6

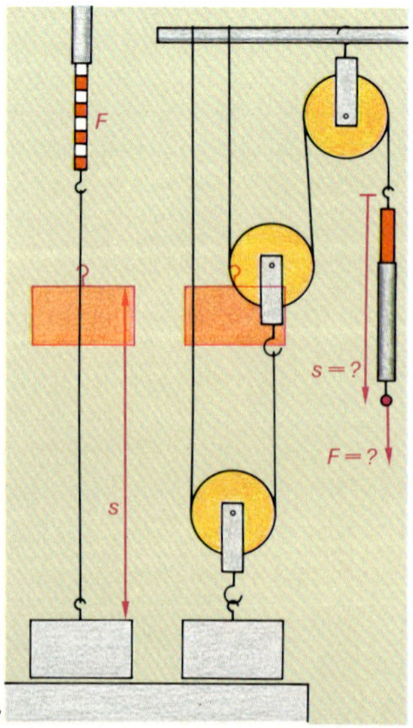

7

580R

Aufgaben

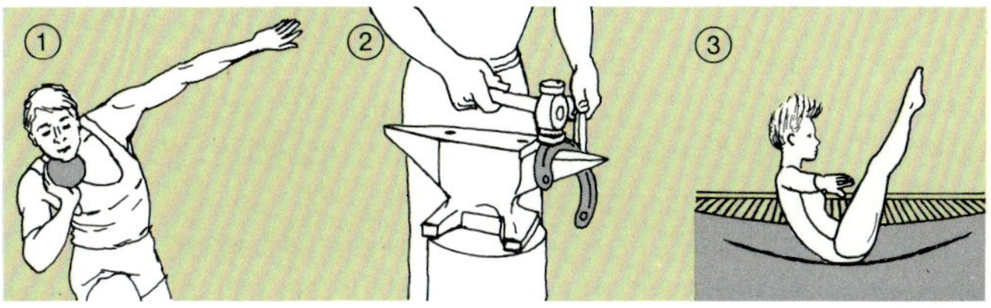

8

10

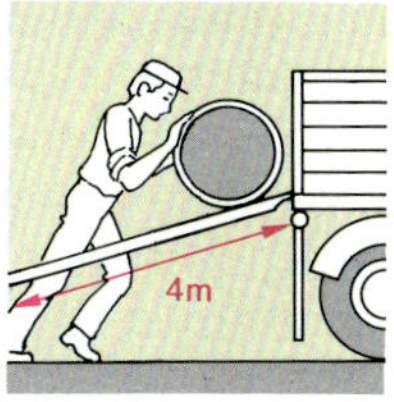

11

1 Bild 8 zeigt Beispiele für verschiedene Arbeiten.

a) Begründe jeweils, dass im physikalischen Sinn gearbeitet wird.

b) Ordne den dargestellten Formen der Arbeit die Namen *Spannarbeit, Verformungsarbeit* und *Beschleunigungsarbeit* zu.

c) Was versteht man unter *Hubarbeit*, was unter *Reibungsarbeit*?

d) Nenne weitere Beispiele, in denen Arbeit verrichtet wird. Gib jeweils auch die Form der Arbeit an.

2 Stelle zunächst fest, welche Gewichtskraft auf deinen Körper wirkt.

a) Wie viel Arbeit verrichtest du, wenn du vom Keller in eure Wohnung steigst, ohne etwas zu tragen?

b) Welche Rolle spielt dabei die „Steilheit" (Steigung) der Treppe?

c) Wie groß ist die Arbeit, wenn du beim Hochsteigen noch einen 25 kg schweren Koffer trägst?

d) Ändert sich die Arbeit, wenn du mit dem Koffer mal stehen bleibst oder wenn du ihn mal absetzt?

3 In Bild 9 gelangen Frank und Michael auf verschiedenen Wegen nach oben. Michael benutzt den kürzeren Weg. Trotzdem kann die von beiden verrichtete Arbeit gleich sein. Erläutere!

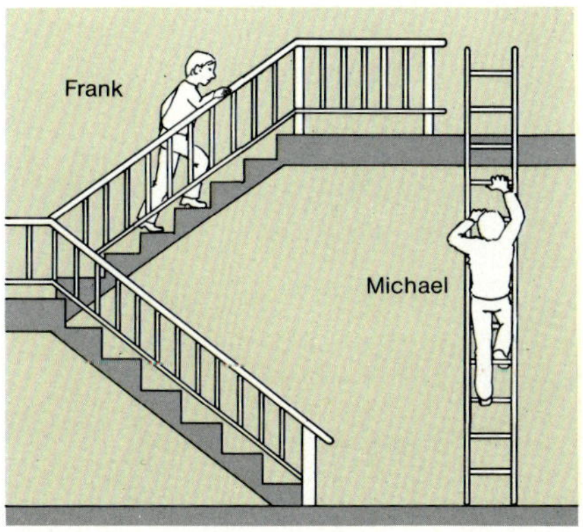

9

4 Ein Fass (60 kg) soll auf einen Wagen geladen werden.

a) Wie viel Kraft braucht man beim Hoch*heben*? Wie lang ist der Weg, über den es gehoben wird (Bild 10)?

b) Das Hoch*rollen* auf einer schiefen Ebene (z. B. einer Leiter) geht viel leichter (Bild 11). Wievielmal länger wird dadurch der Weg? Wie groß ist die erforderliche Kraft?

c) Berechne für beide Fälle die zu verrichtende Arbeit.

5 Auf einer Baustelle soll eine Last (420 kg) um 6 m angehoben werden. Der neben der Last stehende Motor zieht dazu ein Drahtseil über einen Flaschenzug. Die Last hängt an sechs Seilstücken.

a) Wie groß muss die Zugkraft mindestens sein? Wie viel Arbeit verrichtet der Motor?

b) In Wirklichkeit werden die Zugkraft und die Arbeit etwas größer sein als berechnet. Was wird bei der Rechnung nicht berücksichtigt?

6 Du besteigst einen Leuchtturm. Es sind 275 Stufen von 20 cm Höhe. Welche Arbeit verrichtest du dabei?

7 In Bild 12 siehst du zwei Möglichkeiten einen schweren Schrank anzuheben. Mit dem Hebel geht es leichter. Ob man damit auch *Arbeit* einspart?

12

8 Frank will seinen Bruder auf einem Schlitten ziehen. Physikalisch betrachtet ist das Arbeit. Von der Länge des Zugseils hängt die Zugrichtung ab (Bild 13). Frank überlegt nun, ob es sich lohnt, ein anderes Seil an den Schlitten zu binden.

a) Hätte er es mit einem längeren oder kürzeren Seil leichter? Begründe deine Antwort.

b) Überprüfe deine Antwort in einem **Versuch**.

9 Die physikalischen Größen *Arbeit* und *Drehmoment* sind etwas ganz Verschiedenes, obwohl man beide in der Einheit *Newtonmeter* angibt.

a) Bei beiden Größen wird ein Kraftbetrag mit einer Länge multipliziert. Worin liegt der Unterschied?

b) Berechne die Arbeit, die man beim Drehen des Schraubenschlüssels von Bild 14 verrichten muss.

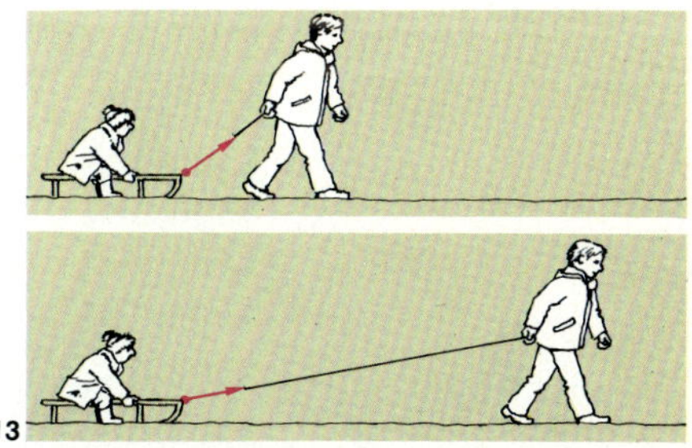
13

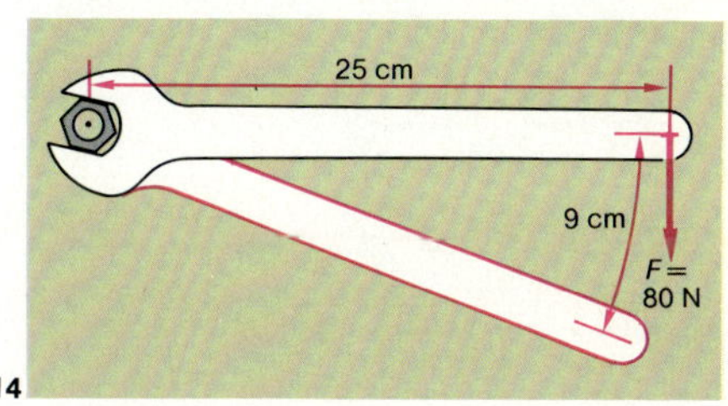

14

Aus der Geschichte: **Auf der Suche nach einem „kraftsparenden Laufrad"**

Du weißt nun schon, dass man in der Physik immer nur in einem bestimmten Fall von **Arbeit** spricht: wenn eine Last befördert wird. Sicher haben auch schon unsere Vorfahren erfahren müssen, dass sogar der eigene Körper diese Last sein kann – etwa dann, wenn man ihn beim Treppensteigen oder Klettern hochbewegen muss.

Doch auch beim Gehen oder Laufen auf ebener Strecke verrichtet man Arbeit: Bei jedem Schritt hebt man den eigenen Körper ein kleines Stück weit an (Bild 1). Die Beine ermüden zusätzlich durch das Tragen des Körpergewichts – selbst wenn man still steht.

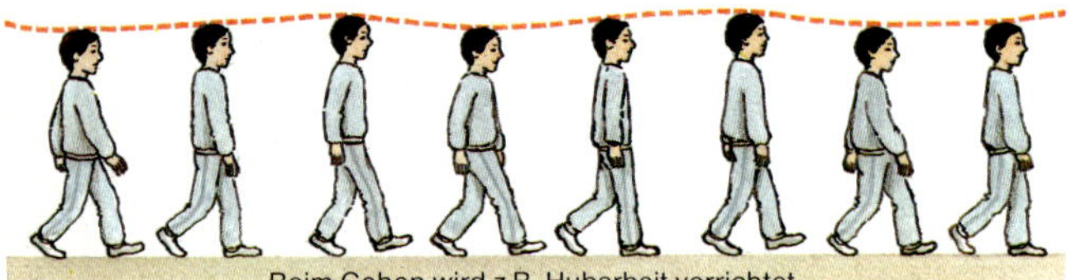

1 Beim Gehen wird z.B. Hubarbeit verrichtet.

Da ist es keineswegs erstaunlich, dass sich zu Beginn des vorigen Jahrhunderts der *Feldherr Karl von Drais* die folgenden Fragen stellte:

„Gibt es irgendeine Möglichkeit, die Beine vom Körpergewicht zu entlasten? Ließe sich damit sogar **Kraft einsparen**? Und könnte man diese eingesparte Kraft vielleicht dafür nutzen, **längere Wege** zurückzulegen?"

Drais fand darauf tatsächlich eine Antwort. Und er setzte die Lösung, die er fand, in die Tat um: Der Vorläufer unseres Fahrrads wurde geboren.

In Mannheim führte er dann im Jahr 1817 sein erstes **Laufrad** vor (Bild 2). In späteren Jahren wurde es nach ihm *Draisine* genannt (sprich: dräsine).

So wie ein Reiter sein Pferd besteigt, schwang sich Drais auf sein Laufrad. Dann stieß er sich mit beiden Füßen vorwärts. Dabei zeigte sich, dass sein Laufrad auf ebenen Strecken (und erst recht bergab) sogar *schneller* war als Ross und Reiter.

Die Zeitungen meldeten: *„Freiherr von Drais lief von Mannheim nach Schwetzingen in einer kleinen Stunde – die Postkutsche braucht dafür vier Stunden."*

Das war der Anfang. Und bald gab es ähnliche Erfindungen, die von Mal zu Mal für die Fahrer praktischer wurden: Etwa seit 1850 bekamen die Fahrzeuge Tretkurbeln und Pedale an die Achse des Vorderrades. Nun brauchte sich der Fahrer nicht mehr von den oft verschmutzten Wegen abzustoßen.

Es zeigte sich immer deutlicher, dass nur noch eine geringe Kraft zur Fortbewegung nötig war, wenn das Fahrzeug erst einmal rollte. Die Räder liefen sogar zu schnell: Der Fahrer war nämlich oft nicht in der Lage, so schnell zu treten, wie die Tretkurbeln sich drehten. Die „Tretkraft" seiner Beinmuskeln wurde also nicht einmal voll genutzt.

Das änderte sich, als man darauf kam, die Vorderräder zu vergrößern. Bis zu 2,50 m war bald ihr Durchmesser. Solche **Hochräder** (Bild 3) legten mit einer einzigen Raddrehung 5–8 m zurück. Nun konnte der Fahrer kräftig in die Pedale treten.

Man musste lange üben, bis man auf dem Hochrad das Gleichgewicht halten konnte. Auch das Lenken war schwierig, weil das drehbare Vorderrad bei jeder Kurve die Schenkel des Fahrers berührte. Dessen Hosen sahen nach längerer Fahrt wie Putzlumpen aus.

2

3

584R

Zu einem weniger gefährlichen Verkehrsmittel wurde das Fahrzeug erst, als die Räder gleich groß und vor allem kleiner als zuvor gebaut wurden. Die Tretkurbel lag nun zwischen den Rädern. Vom Jahr 1888 an gab es solche **Niederräder** (Bild 4). Sie wurden in der Werbung damals als „Sicherheitsräder" angepriesen.

Seither hat sich die Grundform des **Fahrrads** – wie wir es heute nennen – kaum verändert. Der Komfort wurde aber immer weiter erhöht: Luftgefüllte Gummireifen, Freilauf für die Fahrt bergab, Rücktrittbremse und Gangschaltung kamen hinzu – alles Dinge, auf die du bei deinem eigenen Fahrrad bestimmt nicht mehr verzichten möchtest.

Sehr beliebt sind heute Fahrräder mit möglichst vielen Gängen. Die Kette läuft dabei über verschieden große Zahnräder. Zahnräder und Kette bilden ein **Getriebe** und machen das Fahren in jedem Gelände möglich.

Steigt die Straße bergan, merkt der Fahrer schnell, dass die erforderliche Tretkraft größer wird. Er steigt aus dem Sattel und setzt seine ganze Gewichtskraft zum Drehen der Tretkurbeln ein. Wenn er mit dieser Kraft auf keine ausreichende Geschwindigkeit mehr kommt, müsste er ohne Gangschaltung absteigen und schieben.

So aber legt er einen „Berggang" ein: Die Kette springt hinten auf ein größeres Zahnrad oder vorn am Kettenrad auf ein kleineres. Sofort wird das Treten leichter, dafür muss der Fahrer aber nun viel öfter treten. Seine Beine auf den Pedalen legen einen *längeren Weg* zurück. Mit diesem längeren Weg „bezahlt" man sozusagen die *kleinere Tretkraft*. Die Arbeit, die beim Bergauffahren zu verrichten ist, ändert sich durch die Gangschaltung nicht.

Auf ebener Strecke nimmt man den „Schnellgang" mit kleinen Tretwegen und großer Tretkraft. Das Rad von *Miguel Indurain* besitzt nur diesen einen Gang (Bild 5). Bei einer Tretrunde führt das Hinterrad über vier Umdrehungen aus. Eine Tretrunde bringt das Fahrrad um mehr als 8 m voran. Mit diesem Rad fuhr der Spanier 1994 in einer Stunde 53 040 m weit. Das war neuer Weltrekord!

Bis heute gibt es keine andere Erfindung, mit der man durch Muskelkraft so schnell vorwärts kommt wie mit dem Fahrrad. Außerdem ist Radfahren gesund, umweltfreundlich und energiesparend.

Fragen und Aufgaben zum Text

1 Erläutere den Namen „Laufmaschine", den *Karl von Drais* seinem Fahrzeug gab.

2 Stürze vom Hochrad verliefen oft tödlich. Was machte diese Räder so gefährlich?

3 Erkläre, weshalb man zunächst so gefährliche Hochräder und nicht schon Niederräder baute.

4 Wie erreicht das „Niederrad", das bis heute gebaut wird, trotz der kleinen Räder hohe Fahrgeschwindigkeiten? Vergleiche mit dem Hochrad.

5 Beschreibe das Besondere bei der Gangschaltung eines Mountainbikes.

6 Das Weltrekordfahrrad (Bild 5) eignet sich nicht für alle Straßen. Erläutere!

7 Was gehört heute alles zu einem verkehrssicheren, bequemen und schnellen Fahrrad?

4

5

Die Goldene Regel der Mechanik

Wenn ein Radfahrer eine Gangschaltung hat, kann er wählen, ob er beim Treten viel oder wenig Kraft einsetzen möchte. Damit ändert sich aber auch die Anzahl der Tretrunden.

Im „Berggang" *spart* der Radfahrer *Kraft* ein, dafür muss er viel öfter treten: Die Tretkurbeln legen einen *großen Weg* zurück. Wenn der Radfahrer dagegen im „Schnellgang" etwas von diesem *Weg einspart*, benötigt er beim Treten eine *größere Kraft*.

Diesen Zusammenhang bezeichnet man als **goldene Regel der Mechanik**:

○ Will man Kraft sparen, so muss man einen längeren Weg in Kauf nehmen.

Und umgekehrt:

○ Wenn man Weg sparen will, muss man eine größere Kraft ausüben.

Die verrichtete Arbeit ist aber für eine bestimmte Fahrstrecke in beiden Fällen gleich.

Die goldene Regel der Mechanik gilt nicht nur für das Fahrradgetriebe. Sie gilt für alle Zahnräder, Flaschenzüge, Hebel, schiefen Ebenen …

Mit diesen Geräten kann man beim Arbeiten Kräfte einsparen – dabei werden aber die Wege jeweils größer. Man nennt sie auch **einfache Maschinen**.

Einfache Maschinen setzten die Ägypter schon beim Bau der Pyramiden ein (um 2500 v. Chr.). Damals war man auf kraftsparende Vorrichtungen besonders angewiesen.

Die Krafteinsparung „bezahlt" man aber mit der Verlängerung des Weges, auf dem die Kraft wirkt:

Man muss z. B. beim Flaschenzug mehr Seil durchziehen als bei Verwendung einer Rolle (Bild 1).

Die Verlängerung des Weges stellt nicht unbedingt einen Nachteil dar: Auf diese Weise kann man das Hochheben und Absetzen der Last viel genauer durchführen.

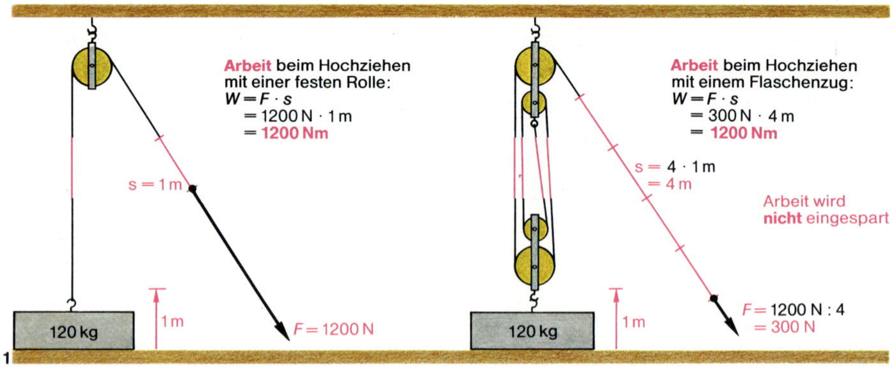

1

Alles klar?

2

1 Über einem Neubau hängt die Richtkrone am Kran und zeigt an, dass der Rohbau vollendet ist (Bild 2). Die Richtkrone wiegt 50 kg und hängt 30 m hoch.

„Während die Krone oben hängt, wird sie ständig mit einer Kraft von 500 N nach unten gezogen. Also verrichtet der Kran die ganze Zeit über eine Arbeit von 500 N · 30 m = 15 000 Nm."

Nimm Stellung zu dieser Behauptung.

2 Gebirgsstraßen schlängeln sich in vielen Kurven bergan (Bild 3). Die Kurven heißen *Serpentinen*. Welchen Sinn haben sie?

3 Für die physikalische Arbeit gibt es kein besonderes Messgerät, wie z. B. für die Temperatur das Thermometer. Trotzdem kann man die Größe einer Arbeit feststellen. Wie?

3

4 Welchen *Weg* dein Fahrrad bei einer Drehung der Tretkurbel zurücklegt, hängt davon ab, in welchen Gang du geschaltet hast (Bild 4).

Der Gang wirkt sich auch auf die *Tretkraft* aus.

Erkläre den Zusammenhang zwischen Weg und Kraft.

5 Die Feuerwehr pumpt 40 000 l Wasser aus einem überschwemmten Keller heraus.

Wie viel Arbeit verrichtet die Pumpe, wenn das Wasser 2,50 m hochgepumpt wird?

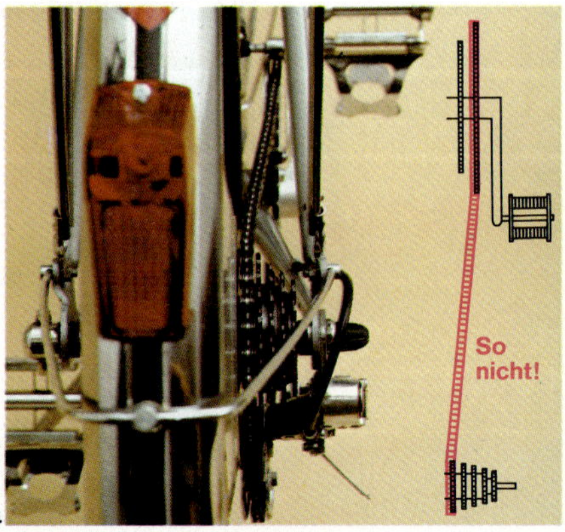

4

6 Wie lautet die goldene Regel der Mechanik? Erkläre sie an einem Beispiel.

7 Welche einfachen Maschinen kennst du? Nenne ihre Vor- und Nachteile.

Was kannst du über die physikalische Arbeit beim Einsatz einfacher Maschinen aussagen?

8 „Treppen sind einfache Maschinen", behauptet Harry.

„So ein Blödsinn!", antwortet sein Vater. „Lernt ihr das in der Schule?"

Wer von den beiden hat deiner Meinung nach Recht?

6758R

4 Zusammenfassung

Was versteht man in der Physik unter Arbeit?

In der Physik spricht man von **Arbeit,** wenn ein Körper
- ○ auf einem **Weg** weiterbefördert wird und wenn
- ○ dabei eine **Kraft** in Richtung dieses Weges wirkt.

Je größer die Kraft ist oder je länger der Weg, desto größer ist die verrichtete Arbeit. So bedeutet z. B. eine doppelte Kraft oder ein doppelter Weg: Es muss doppelt so viel Arbeit verrichtet werden.

Wenn man wissen will, wie groß eine Arbeit ist, misst man die *eingesetzte Kraft F* und den *zurückgelegten Weg s* – und dann errechnet man daraus die Arbeit *W*.

Das Produkt von Kraft und Weg ist
ein Maß für die **Arbeit**.
Arbeit = Kraft · Weg.
$W = F \cdot s$.

Da die Kraft in Newton und der Weg in Metern gemessen wird, ist die Einheit der Arbeit das **Newtonmeter** (1 Nm). Diese Einheit heißt auch **Joule** (J).

1 N · 1 m = 1 Nm = 1 J.

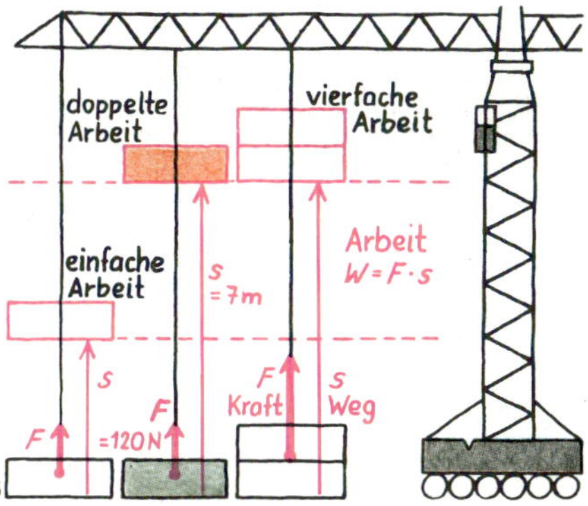

5

Beispiel: Zum Heben einer Last ist eine Kraft von 1200 N nötig. Die Last wird um 7 m angehoben. Wie groß ist die Arbeit?

Lösung:
$F = 1200$ N, $s = 7$ m,
$W = F \cdot s$,
$W = 1200\ \text{N} \cdot 7\ \text{m} = 8400$ J.
Die Arbeit beträgt 8400 J.

Welche Formen der Arbeit gibt es?

6

7

Beim Hochheben einer Last wird **Hubarbeit** verrichtet (Gewichtheber, Kran, Aufzug, Treppensteigen).

Verformungsarbeit tritt beim Verformen oder Zerbrechen einer Körpers auf (Ton kneten, Pappe zerreißen).

Elastische Körper werden durch **Spannarbeit** gedehnt und gespannt (Gummiband, Stahlfeder).

Beschleunigungsarbeit und **Reibungsarbeit** sind zwei weitere Formen mechanischer Arbeit.

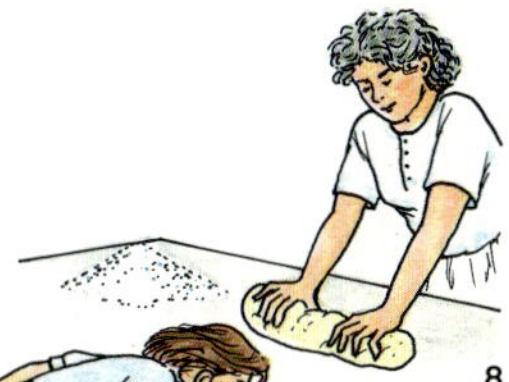
8

9

Die Goldene Regel der Mechanik

Kräfte kann man einsparen. Man benötigt dafür *einfache Maschinen* (Hebel, feste und lose Rollen, Flaschenzüge, schiefe Ebenen und Zahnradgetriebe).

Mit einfachen Maschinen spart man Kraft; dafür ist der Weg, den man zurücklegt, länger. Das Produkt aus Kraft und Weg – die Arbeit – bleibt gleich groß.

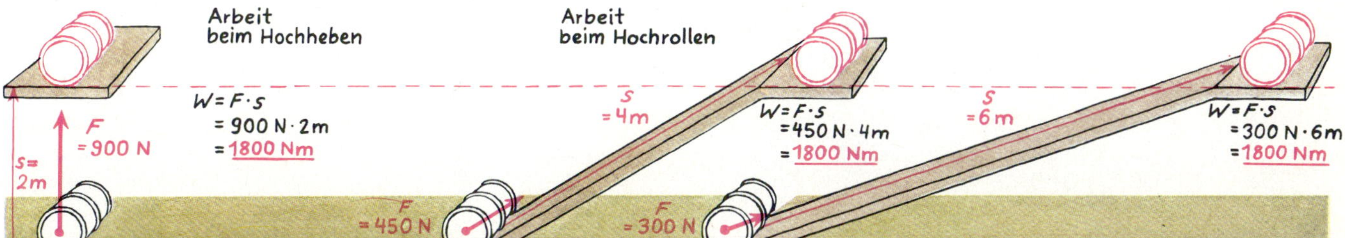

10

Energieformen und Energieumwandlungen

1 Keine Arbeit ohne Energie?

1

Wenn ein Auto bergauf fährt, muss sein Motor schwer arbeiten. Er benötigt dann *viel Benzin.* Beim Verbrennen des Benzins wird **Energie** frei, die das Auto antreibt.

2

Hier rasen Wagen der Achterbahn *ganz von allein* nach oben. Sie besitzen keinen Motor und benötigen deshalb auch kein Benzin und keinen elektrischen Strom.

Braucht denn nur ein Auto Energie, ein Wagen der Achterbahn aber nicht?

Was versteht man unter *Energie*?

Wenn du Sport treibst oder schwer arbeitest, hast du mehr Hunger als sonst. Dein Körper braucht dann besonders viel von der **Energie**, die in Lebensmitteln steckt. Dein Körper braucht sie um **arbeiten** zu können.

Das gilt nicht nur für Menschen. Energie brauchen alle Lebewesen und alle Maschinen, die Arbeit verrichten. **Arbeiten kann nur, wer Energie besitzt.**

In der Mechanik unterscheidet man mehrere **Formen von Energie** (Bilder 3–5), z. B. *Höhenenergie (Lageenergie), Bewegungsenergie* und *Spannenergie (Federenergie).*

Was geschieht mit der Energie, wenn sie zum Arbeiten genutzt wird?

Sie geht nicht etwa verloren, sondern wird auf den Körper, an dem Arbeit verrichtet wird, **übertragen**. So bekommt z. B. ein Bogen *Spannenergie* dadurch, dass er vorher durch den Einsatz von Muskeln verformt und gespannt wird; an ihm wird also *Verformungsarbeit* bzw. *Spannarbeit* verrichtet.

Wenn man einen Körper anhebt, an ihm also *Hubarbeit* verrichtet, erhält er *Höhenenergie.*

Wird an einem Körper *Beschleunigungsarbeit* verrichtet (z. B. beim Anschieben eines Autos), erhält dieser Körper *Bewegungsenergie*.

Auch *Reibungsarbeit* gibt es, z. B. wenn ein Auto gebremst wird; dabei entsteht *Wärmeenergie.*

Wenn also an einem Körper Arbeit verrichtet wird, erhält er Energie. Diese wird durch ihn **gespeichert**. Wenn er dann selbst Arbeit verrichtet, nimmt seine Energie wieder ab, er gibt sie weiter.

Der gespannte Bogen z. B. entspannt sich beim Schießen; dabei verliert er seine Spannenergie. Dafür verrichtet er Arbeit (Beschleunigungsarbeit) an dem Pfeil; er beschleunigt ihn. Der Pfeil erhält dadurch Bewegungsenergie.

Diesen Vorgang, bei dem aus der Spannenergie des Bogens die Bewegungsenergie des Pfeils wird, bezeichnet man als **Energieumwandlung** (Bild 6).

Immer wenn mechanische Arbeit verrichtet wird, ist *Reibungskraft* im Spiel. Dabei wird Energie in unerwünschte *Wärmeenergie* umgewandelt. Da diese nicht mehr zum Arbeiten genutzt wird, gilt sie als verloren („Wärmeverlust").

Wenn an einem Körper Arbeit verrichtet wird, kann viel oder wenig Energie übertragen werden. Wie viel Energie übertragen wird, hängt von der Größe der Arbeit ab. Die übertragene Energie ist genauso groß wie diese Arbeit. Deshalb werden Arbeit und Energie in derselben Einheit, nämlich in der Einheit **Newtonmeter** (Nm), gemessen.

Wenn z. B. ein Spielzeugmotor eine 100-g-Schokoladentafel (1 N) um 1 m hochhebt, verrichtet er die Arbeit $1\ N \cdot 1\ m = 1\ Nm$. Dabei erhält die Schokoladentafel 1 Nm an Höhenenergie.

Außer den mechanischen Energieformen gibt es **weitere Formen von Energie**, z. B. *chemische Energie, elektrische Energie* und die erwähnte *Wärmeenergie.* Diese Energieformen wirst du später noch kennen lernen.

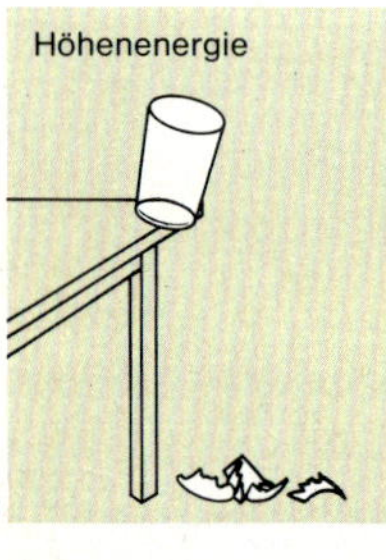

3

4

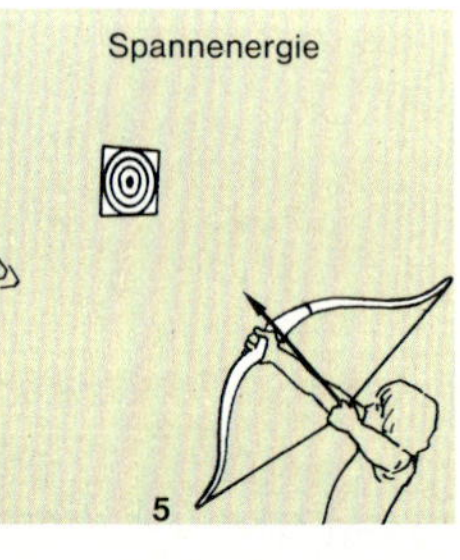

5

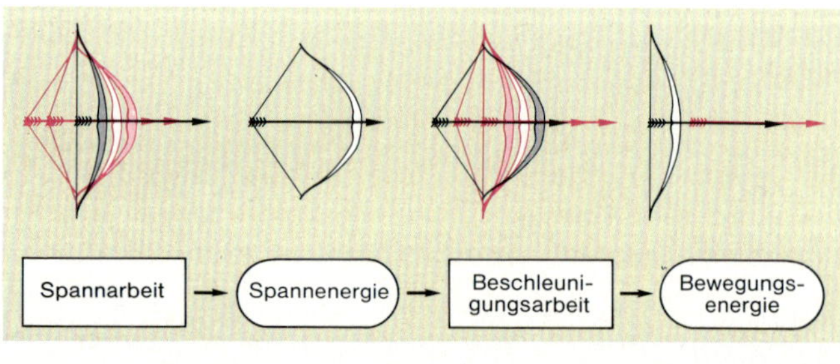

6

2665R

V 1 In Bild 7 siehst du unter anderem vier Batterien. Leider sind diese Batterien „leer“; sie liefern keine elektrische Energie mehr. Trotzdem kannst du mit ihrer Hilfe den Wagen antreiben. Versuche es!

Überlege dir weitere Möglichkeiten den abgebildeten Wagen in Bewegung zu setzen.

V 4 Dies ist eine Fahrbahn für Fahrzeuge ohne Motor (Bild 9). Führe mehrere Fahrversuche mit unterschiedlicher *Höhenenergie* durch:

a) Bis wohin rollt der Wagen in Bild 9 höchstens?

b) Warum kommt der Wagen nach einiger Zeit zur Ruhe?

c) Beschreibe die Energieumwandlungen bei diesem Versuch. Bild 10 hilft dir dabei.

d) Wie musst du deine Beschreibung ändern, wenn der Auslauf der Fahrbahn *waagerecht* ist (in Bild 10 gestrichelt gezeichnet)?

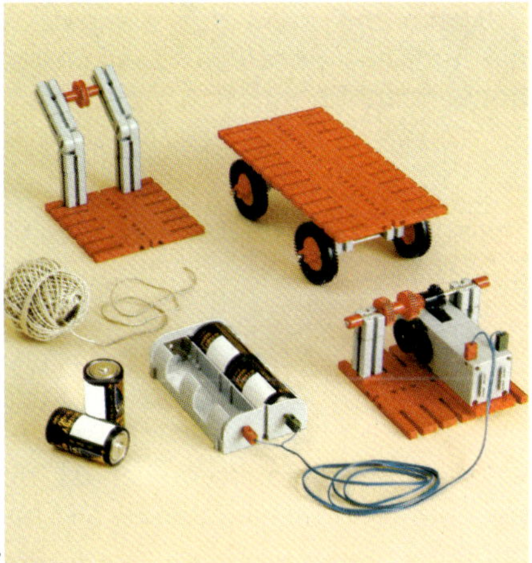

7

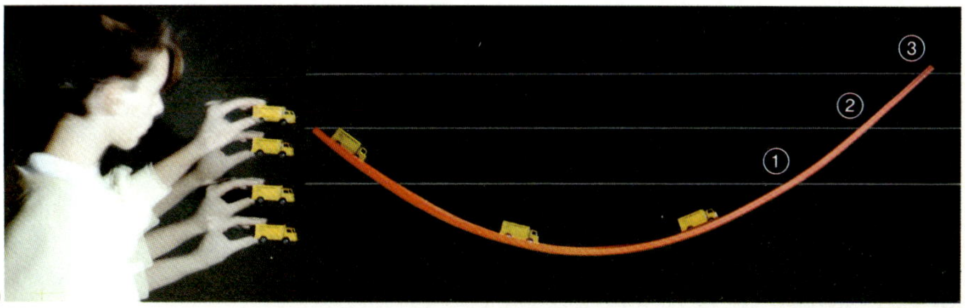

9

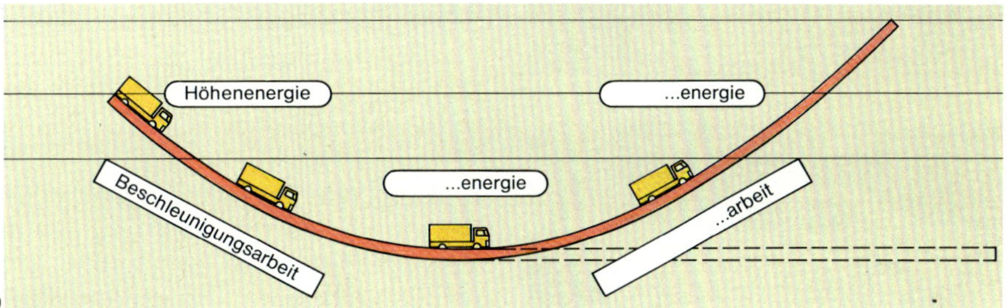

10

V 2 Nimm ein Spielzeugauto, das eine Feder zum Aufziehen hat. Ziehe sie unterschiedlich stark auf und miss jedes Mal nach, wie weit das Auto von der *Spannenergie* der Feder bewegt wird.

V 3 Das in Bild 8 herabrollende Fahrzeug besitzt *Bewegungsenergie*. Es kann den Klotz verschieben (oder eine Plastikkugel verformen).

Versuche auf zweierlei Art die Bewegungsenergie des Fahrzeugs zu vergrößern.

V 5 Manche Zirkusartisten benutzen ein Schleuderbrett. Hier ist es nachgebaut worden (Bild 11). Wie soll der Versuch ablaufen?

a) Wie hoch fliegt das Wägestück B höchstens?

b) Welche Möglichkeiten gibt es, das Wägestück B *noch höher* fliegen zu lassen?

V 6 Für diesen Versuch brauchst du ein schweres Wägestück, eine lange Schnur und – einen Partner mit starken Nerven! An seiner Nasenspitze startest du (ohne Anschwung) das Pendel (Bild 12).

Was meinst du: Muss dein Partner den Kopf zurückziehen, wenn das Wägestück zurückkommt? Erkläre das Versuchsergebnis.

8

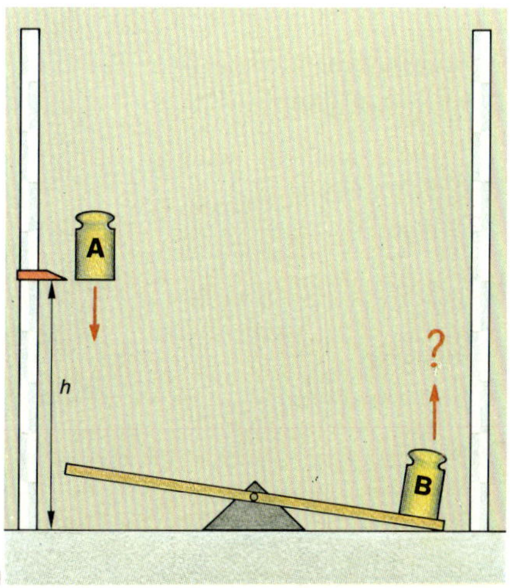

11

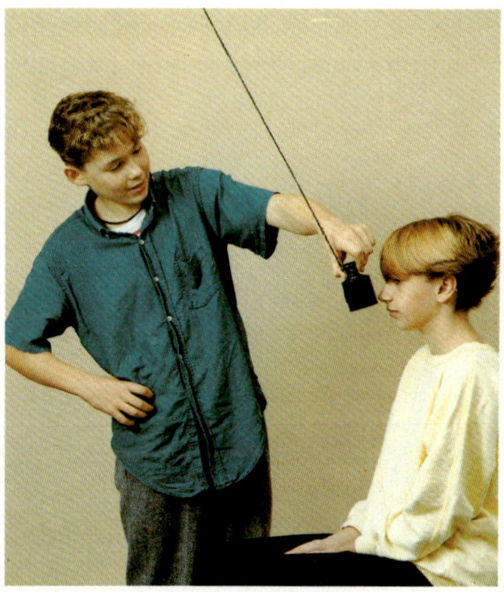

12

Aufgaben

1 Beschreibe den Zusammenhang zwischen Arbeit und Energie am Beispiel der Mausefalle.

2 Bild 1 zeigt Crash-Tests mit unterschiedlich schnellen Autos. Welche Energieumwandlung findet statt?

Wenn ein Auto seine Geschwindigkeit *verdoppelt*, wird seine Bewegungsenergie *viermal* so groß. Vergleiche die Aufprallfolgen bei den verschiedenen Geschwindigkeiten.

1

3 Die Bilder 2–7 zeigen einen Stabhochspringer. Wo findest du mechanische Energie- oder Arbeitsformen (Höhenenergie, Bewegungsenergie, Spannenergie, Beschleunigungsarbeit, Verformungsarbeit)?

8 9 10 11

4 Hier siehst du eine Bildgeschichte von „Vater und Sohn" (Bilder 8–11). Wo erkennst du Spannenergie, Bewegungsenergie, Spannarbeit, Verformungsarbeit oder Beschleunigungsarbeit?

5 Herr Valentin will sein Dach neu decken. Dazu müssen die alten Dachpfannen nach unten und die neuen nach oben. Um „energiesparend" zu arbeiten, hat er sich etwas ausgedacht: Er möchte es ausnutzen, dass die alten Dachpfannen schon Energie (Höhenenergie) haben. Und Energie braucht er ja auch um die neuen nach oben zu schaffen. Kannst du seinen Plan beschreiben?

6 Ein rollendes Fahrrad besitzt Bewegungsenergie. In welche Energieform wandelt sich diese um, wenn der Fahrer die Bremse zieht?

7 Tinas Vater behauptet: „Beim Abbremsen meines Autos geht Energie verloren." Tina meint: „Energieverlust gibt es überhaupt nicht." Was kannst du dazu sagen?

8 In dem in Bild 12 abgebildeten **Versuch** bewegt das angehängte Wägestück den Wagen immer schneller; es beschleunigt ihn.

Woher bekommt das Wägestück die für diese *Beschleunigungsarbeit* notwendige Energie?

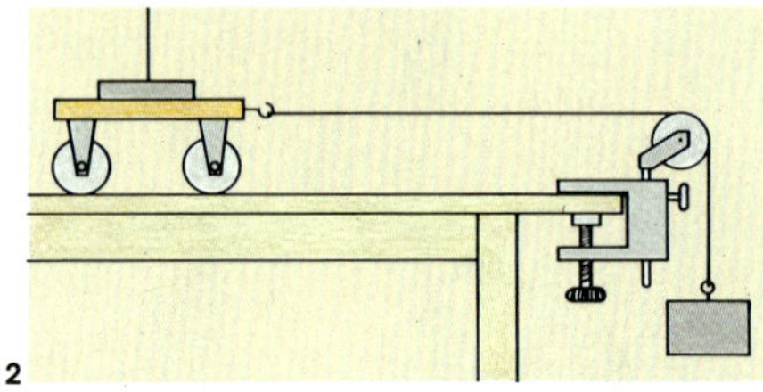
12

9 Welche Energieform kannst du bei dem Tennisschläger in Bild 13 erkennen?

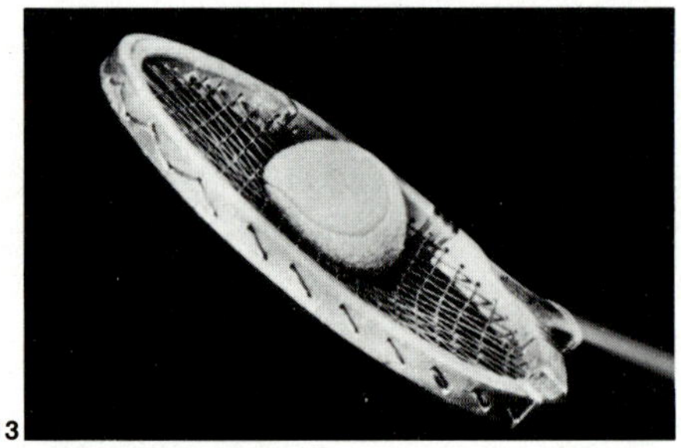
13

10 Das weißt du bereits: Ein Apfel an einem Baum besitzt Höhenenergie. Wenn er herabfällt, wird daraus ...energie.

Harry behauptet nun:

„Wenn der Apfel am Boden liegt, kann er immer noch Höhenenergie haben!" ...

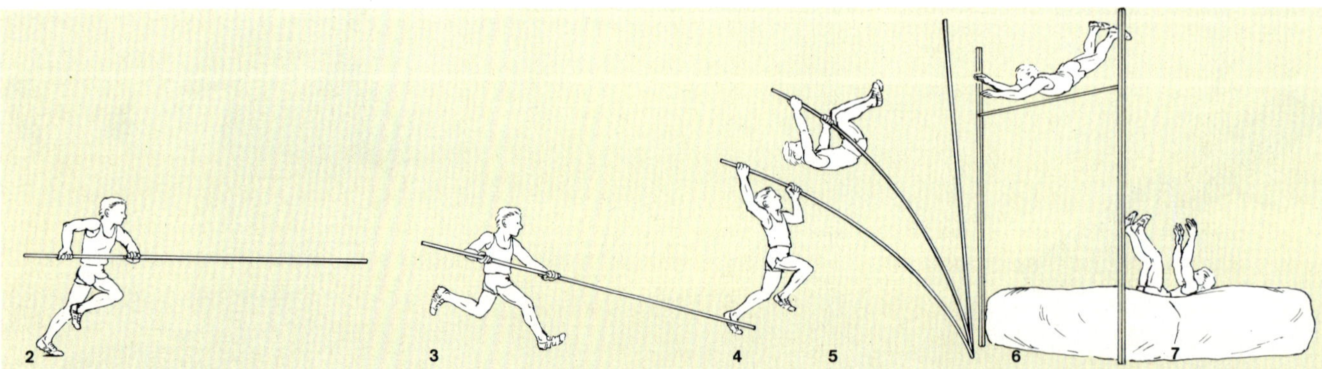
2 3 4 5 6 7

Aus der Geschichte: **Erste Energiequellen**

Maschinen, wie wir sie heute kennen, gab es im Altertum noch nicht. Deshalb waren die Menschen bei ihrer Arbeit auf **Muskelkräfte** angewiesen. Trotzdem wurden schon damals mit Hilfe *einfacher Maschinen* (Rollen, Hebel, ...) erstaunliche Bauwerke geschaffen, z. B. Pyramiden, Tempel und Wasserleitungen.

Wo die menschliche Muskelkraft nicht reichte, spannte man Tiere (Ochsen oder Pferde) ein. In einem **Göpel** z. B. gingen Tiere ständig im Kreis herum und drehten so Wellen mit hölzernen Zahnrädern. Bild 14 zeigt, wie um 1550 mit einem Pferdegöpel Erz gefördert wurde. Die große Scheibe in der Mitte des Bildes diente als Bremse.

Die Arbeitskraft von Menschen und Tieren stand jedoch nicht kostenlos zur Verfügung. Mit ihrer Nahrung müssen sie ja ständig neue Energie „auftanken"; außerdem legen sie immer wieder Ruhepausen ein. Ideale Energiequellen sind sie also nicht.

Trotzdem kam man wohl erst um 200 v. Chr. auf die Idee eine viel billigere und auch ausdauerndere Energiequelle zu nutzen: das **fließende Wasser**.

Bild 15 zeigt ein riesiges **Wasserrad** aus dem 16. Jahrhundert. Mit seiner Hilfe wurde Wasser aus einem Bergwerk nach oben gekurbelt. Das hölzerne Rad war größer als ein dreistöckiges Haus; man wusste nämlich, dass ein *großes* Rad Vorteile bringt: Sein Halbmesser wirkt wie der Kraftarm eines Hebels (Bild 16) – und je größer *der* ist, umso günstiger ist die Kraftübertragung.

Als moderne Nachfahren der Wasserräder gelten die **Wasserturbinen** in Kraftwerken. Wo immer es möglich ist, werden Stauseen angelegt; von dort fällt das Wasser durch die Rohre hinab und trifft auf die Schaufeln der riesigen Turbinen (→ Bild 2 auf der folgenden Seite).

14

15

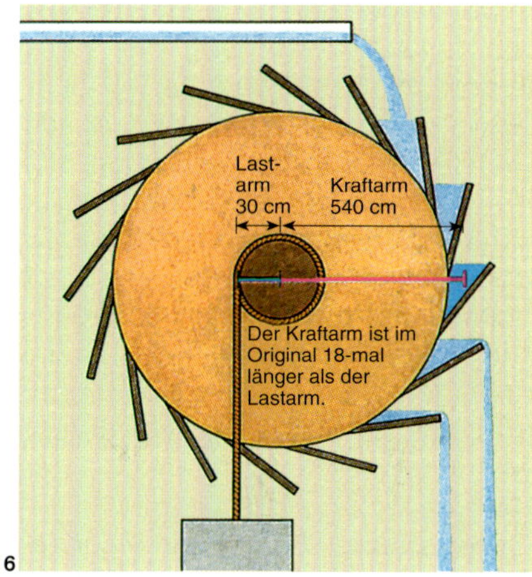

16

Fragen und Aufgaben zum Text

1 Fließendes Wasser ist eine kostenlose Energiequelle. Doch woher stammt seine Energie? Das heißt: Welches ist die eigentliche Energiequelle?

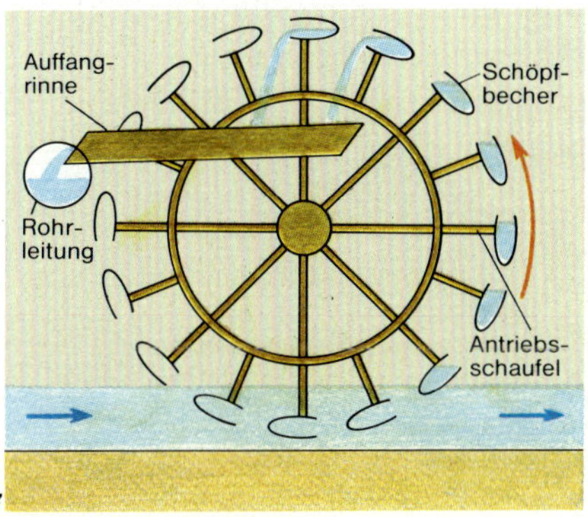

17

2 Bei dem im Bild 15 gezeigten Wasserrad handelt es sich um ein sogenanntes *Kehrrad*. Das Rad kann sowohl vorwärts als auch rückwärts laufen.

a) Wie funktioniert es deiner Meinung nach?

b) Welche Aufgabe hat wohl der Arbeiter oben in Bild 15?

3 Das Wasserrad von Bild 17 schöpft Wasser aus einem Fluss auf ein höher gelegenes Feld. Welche Energieumwandlung geht hier vor sich?

4 Wind ist eine kostbare Quelle für Bewegungsenergie. Woher stammt die Energie des Windes? Welchen Nachteil hat diese Energiequelle?

5 Bild 18 zeigt ein *oberschlächtiges* und ein *unterschlächtiges* Wasserrad. Welche Energieformen werden hier jeweils genutzt?

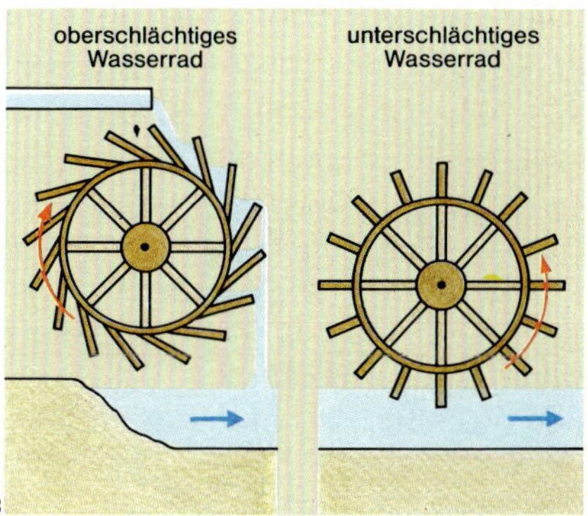

18

Aus Umwelt und Technik: **Das größte Wasserkraftwerk der Welt**

1

In 15-jähriger Bauzeit entstand an der Grenze zwischen Brasilien und Paraguay das riesige Wasserkraftwerk *Itaipú* (Bild 1). 1975 wurde mit dem Bau begonnen und zeitweise arbeiteten 42 000 Menschen an dem Bauwerk. Seine Ausmaße sind wirklich gewaltig:

Der *Staudamm* ist 7,7 km lang und würde mit seiner Höhe von 196 m sogar den Kölner Dom überragen. Er begrenzt einen *Stausee*, der eine Fläche von 1350 km^2 hat. (Damit ist er etwa dreimal so groß wie der Bodensee.)

In 18 *Rohren* stürzt das Wasser dieses Sees auf die Turbinen herab – aus 120 m Höhe! Dabei fließen in jeder Sekunde bis zu 600 m^3 Wasser durch jedes einzelne Rohr. (Mit 600 ^{3} Wasser könntest du 11 Jahre lang täglich einmal eine Badewanne füllen.)

Die *Turbinen* (Bild 2) und mit ihnen die angekoppelten *Generatoren* (Dynamomaschinen) drehen sich 92-mal in einer Minute. Jede dieser Einheiten aus Turbine und Generator könnte bei uns ein Kohlekraftwerk ersetzen. Ein Maschinenblock liefert nämlich in jeder Sekunde genauso viel elektrische Energie wie ein ganzes Kohlekraftwerk – und in Itaipú gibt es davon 18!

In jeder Sekunde fließen allein durch den Rio Paraná 8500 m^3 Wasser in den Stausee hinein. Damit steht der „Nachschub an Energie" kostenlos zur Verfügung.

Ein Bauwerk dieser Größe stellt einen schweren Eingriff in die Umwelt dar: 67 000 Menschen mussten dem Stausee weichen. Als Entschädigung erhielten sie aber kein neues Land, sondern Geld. Riesige Wälder wurden gerodet. Tiere wurden eingefangen und in Reservate gebracht.

In der Umgebung des Sees ist die Luftfeuchtigkeit angestiegen; man befürchtet, dass Pilzkrankheiten den Weizenanbau gefährden. Die seichten Küstenregionen des Sees bieten den Überträgern der Malaria ideale Lebensbedingungen. Starkes Pflanzenwachstum im Stausee muss mit Chemikalien bekämpft werden …

2

2668R

Die Höhen- oder Lageenergie

Der hochgezogene Rammbär von Bild 3 kann beim Herabfallen Arbeit verrichten. Er besitzt also aufgrund seiner Lage Energie. Diese Höhen- oder Lageenergie nennt man auch **potentielle Energie** (lat. *potentia:* Macht, Fähigkeit).

Beim Hochziehen wird dem Rammbär Energie zugeführt, und zwar durch Hubarbeit. Die Hubarbeit lässt sich leicht berechnen: Die Kraft, die man beim Heben ausüben muss, ist genauso groß wie die Gewichtskraft F_G. Der zurückgelegte Weg ist die Hubhöhe h. Für die Hubarbeit W ergibt sich also: $W = F_G \cdot h$.

Durch das Anheben erhält der Körper demnach die Lageenergie

$W_{pot} = F_G \cdot h$.

Nach dieser Formel hat ein Stein am Erdboden ($h = 0$ m) keine Lageenergie. Bezogen auf den Grund eines Brunnens hat der Stein aber durchaus noch Lageenergie. Lässt man ihn hineinfallen, kann er dort Verformungsarbeit verrichten. In Zweifelsfällen muss man bei der Lageenergie angeben, von wo aus die Höhe des Körpers gemessen wird.

Newtonmeter – Joule – Wattsekunde

Energie und Arbeit haben dieselbe Einheit: das **Newtonmeter** (Nm). Diese Einheit heißt auch **Joule** (J; *sprich:* dschūl), zu Ehren des englischen Physikers *James Prescott Joule* (1818–1889).

3

Elektrische Energie wird oft in **Wattsekunden** (Ws) angegeben. Das Watt ist die Einheit der Leistung: $1\ W = 1\ \frac{Nm}{s}$.

Daher gilt: 1 J = 1 Nm = 1 Ws.

1 Joule ist ein recht kleiner Energiebetrag. Man gibt Energien daher oft in Kilojoule (kJ) oder in Megajoule (MJ) an.

1 kJ = 1000 J;

1 MJ = 1000 kJ = 1 000 000 J.

Fragen und Aufgaben zum Text

1 Wie viel Höhenenergie wird umgewandelt, wenn im Kraftwerk Itaipú 1 m³ Wasser (Masse: 1000 kg) aus einer Höhe von 120 m herabfällt?

2 Elektrische Energie wird meist in der Einheit Kilowattstunde (kWh) gemessen. 1 kWh elektrischer Energie kostet 20 bis 30 Pfennig.

1 kWh = 3600 kWs = 3600 kJ.

Wie viel Liter Wasser müssen im Kraftwerk Itaipú durch die Turbine fließen, um eine Kilowattstunde elektrischer Energie zu erzeugen?

3 Alte Pendeluhren werden durch herabsinkende „Gewichte" angetrieben. Das „Gewicht" hat zum Beispiel eine Masse von 3,5 kg und sinkt am Tag um 17 cm herab.

Wie viel Höhenenergie wandelt diese Uhr im Laufe eines Jahres um? (Zum Vergleich: Eine elektrische Uhr benötigt pro Jahr eine Batteriezelle, die etwa 10 kJ elektrische Energie liefert.)

Aus der Geschichte: **Das Perpetuum mobile**

Immer wenn Arbeit verrichtet wird, finden Energieumwandlungen statt.

Zum Beispiel verrichtet in einem Wasserkraftwerk das herabstürzende Wasser Arbeit am Turbinenrad. Die Höhenenergie des Wassers im Stausee wird mit Hilfe von Turbinen und Generatoren in elektrische Energie umgewandelt.

Sollte es nicht möglich sein, das Wasser mit einem Teil dieser Energie gleich wieder hochzupumpen?! So hätte man doch eine unerschöpfliche Quelle für Energie …

Ungefähr seit dem 12. Jahrhundert haben Tüftler immer wieder nach einer Antwort auf diese Frage gesucht. Einmal in Gang gesetzt sollte eine Maschine ganz von selbst weiterlaufen und dabei fortwährend Arbeit verrichten. Leider hat aber ein solches **Perpetuum mobile** (von lat. *perpetuum:* dauernd; *mobilis:* beweglich) noch niemals funktioniert.

Aus dem Becken A fließt das Wasser durch das Rohr B auf das Wasserrad C. Der Weg der Kraftübertragung kann anhand der Buchstaben verfolgt werden. Das Schwungrad K soll einen gleichmäßigen Lauf der Maschine bewirken. Um die Welle P ist ein Rohr in Form einer Wendel gelegt. Die untere Öffnung des Rohres taucht in das Wasser des Bodenbeckens ein und fördert Wasser nach oben. Das Wasser fließt also in einem Kreislauf.

4

Bild 4 zeigt einen Plan für ein Perpetuum mobile aus dem 17. Jahrhundert: Hier treibt Wasser aus einem Becken (A) ein Wasserrad (C) an. Das Wasserrad sollte über eine „Schnecke" (P) das Wasser zurückpumpen und außerdem die Schleifsteine (Q) des Scherenschleifers antreiben – kostenlos und für immer.

Fragen und Aufgaben zum Text

1 Warum konnte die Erfindung des sich ewig drehenden Schleifsteins nicht funktionieren?

2 Dreht sich die Maschine, wenn man keinen Schleifstein mit ihr antreibt?

Welche Energieumwandlung findet dann statt?

3 An einen Fahrraddynamo kann man nicht nur ein Lämpchen, sondern auch einen Elektromotor anschließen. Mit dem Elektromotor könnte man doch das Hinterrad des Fahrrades antreiben …

Nimm zu diesem Plan Stellung.

Alles klar?

1 Welche Energieumwandlung findet in einem Wasserkraftwerk statt?

2 Bild 1 zeigt das Pumpspeicherwerk *Geesthacht*. Ein Pumpspeicherwerk ist ein besonderes Wasserkraftwerk. Um sein Speicherbecken zu füllen, wird Wasser aus einem Fluss oder See hochgepumpt. Die Pumpen dafür werden elektrisch betrieben. Welchen Sinn haben solche Pumpspeicherwerke?
Beschreibe die Energieumwandlungen.

1

3 Welche Formen mechanischer Energie kennst du? Gib für jede Energieform ein Beispiel an.

4 Bei der Achterbahn fahren die Wagen nicht „von allein" nach oben. Beschreibe die Energieumwandlungen.

5 Harry schreibt in sein Physikheft: „Ohne Energie kann niemand arbeiten." Tina schreibt genau das Gegenteil ins Heft: „Ohne Arbeit besitzt niemand Energie." Wer hat Recht?

6 Ein Pkw und ein Lkw fahren mit 50 km/h. Vergleiche ihre Bewegungsenergie. Wie ändert sich die Bewegungsenergie des Pkws, wenn er seine Geschwindigkeit verdoppelt?

7 „In allen Lebensmitteln steckt Energie von der Sonne." Was ist mit dieser Aussage gemeint?

2 Zusammenfassung

4

Energie und Arbeit

Arbeiten kann nur, wer Energie besitzt. **Energie** ist die Fähigkeit, Arbeit zu verrichten.

Wenn an einem Körper Arbeit verrichtet wird, erhält er Energie.

Die Energie wird beim Arbeiten von einem Körper auf einen anderen *übertragen*.

Die zugeführte Energie ist genauso groß wie die verrichtete Arbeit. Ein Körper besitzt so viel **Lageenergie (Höhenenergie)**, wie Hubarbeit an ihm verrichtet wurde: $W_{pot} = F_G \cdot h$.

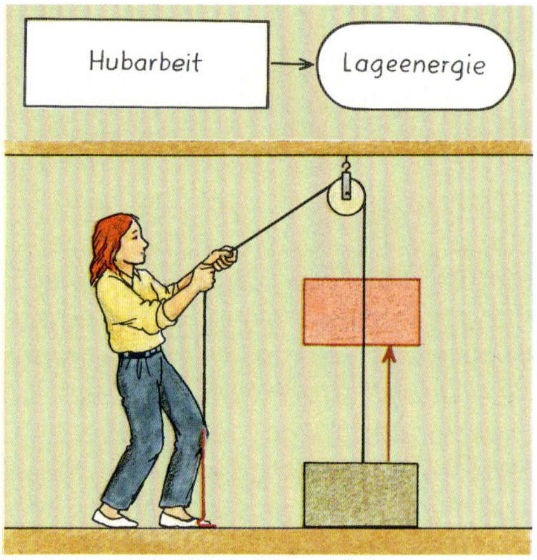

5

5581R

Begründe, dass die Aussage auch zum Beispiel für Kartoffeln, Milch und Fleisch gilt.

8 Herr Witzig hat eine automatische Apfel-Erntemaschine erfunden. Bild 2 zeigt seine Erfindung. Beschreibe, wie diese Maschine funktionieren soll. Wo steckt die Energie für sie? Wann verrichtet die Maschine Arbeit?

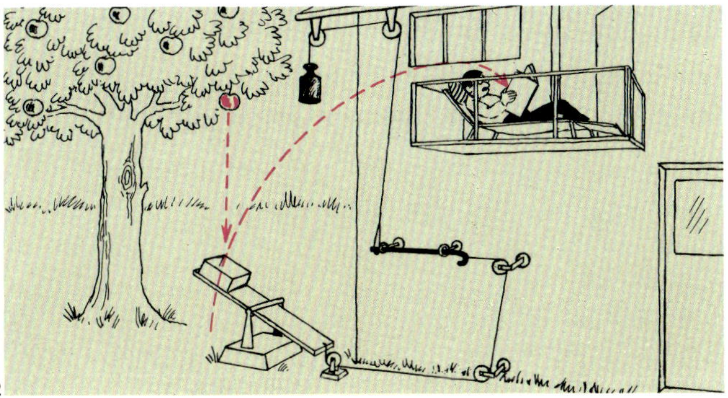

2

9 Ordne den Bewegungsabschnitten der Trampolinspringerin (Bild 3) die folgenden Sätze zu:

„Die Höhenenergie ist am größten." – „Die Spannenergie ist am größten." – „Die Bewegungsenergie nimmt zu."

10 Begründe, dass beim Hochheben eines Körpers mit einem Flaschenzug die Lageenergie um $W_{pot} = F_G \cdot h$ zunimmt.

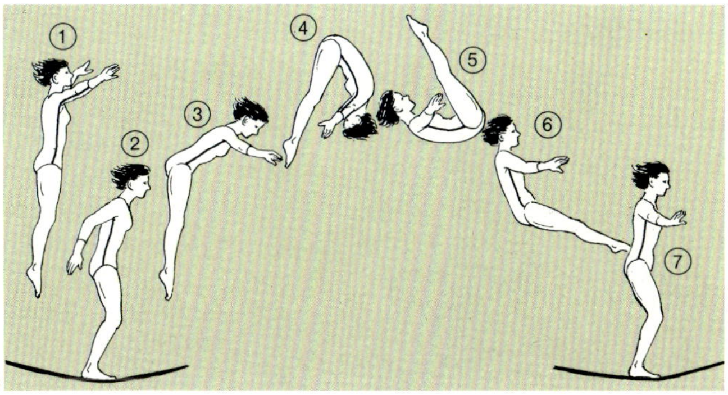

3

Energieumwandlungen

Es gibt verschiedene Energieformen. Zu den mechanischen Energieformen zählt man

- die **Bewegungsenergie**,
- die **Lageenergie** (oder *Höhenenergie*) und
- die **Spannenergie**.

Weitere Energieformen sind die **chemische Energie**, die **elektrische Energie**, die **Strahlungsenergie** ...

Wenn Arbeit verrichtet wird, wandelt sich die Energie oft von einer Form in eine andere um.

In Bild 6 siehst du als Beispiel eine Kette von derartigen **Energieumwandlungen**.

Beim Beschleunigen oder Hochheben von Körpern ist Reibung nicht zu vermeiden. Es muss also Reibungsarbeit verrichtet werden. Dadurch kommt es zur Erwärmung z. B. von Radlagern.

Wenn bei einer Energieumwandlung unerwünschte Wärme auftritt, spricht man von *Energieverlust*.

Die „verloren gegangene" Energie kann nicht mehr vollständig zum Arbeiten genutzt werden. Die Energie ist aber noch vorhanden, sie steckt nämlich in den erwärmten Körpern.

Beim Arbeiten wird Energie nur übertragen. Dabei kann keine Energie verschwinden oder hinzukommen.

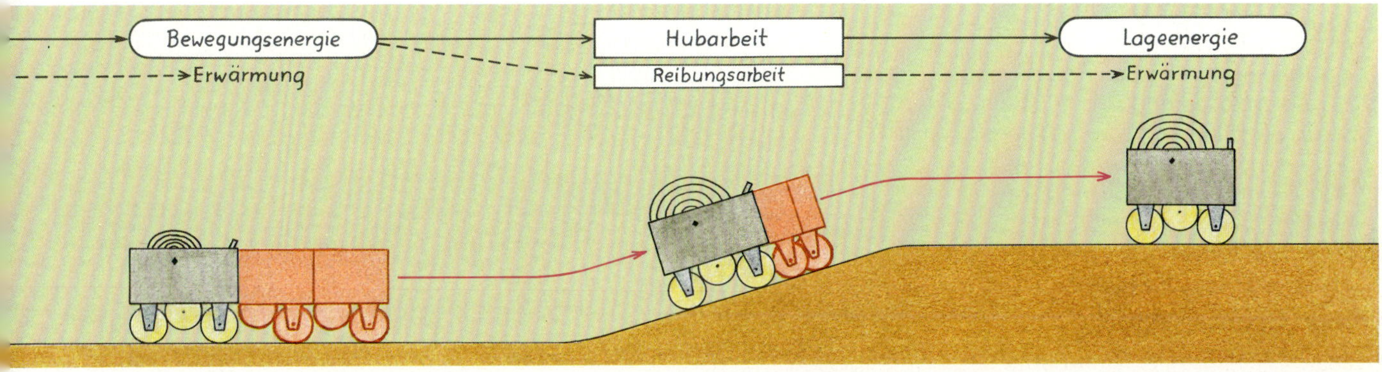

6

Die Leistung

1 Was bedeutet *Leistung*?

1

Streit in der Sportstunde

Bald gibt es Zeugnisse mit Noten in allen Fächern. Auch Herr Steffen, der Sportlehrer, hat jetzt öfter sein Notenbuch dabei.

Heute wird an den Tauen geklettert (Bild 1). Jörg und Gerd sind gerade dran: „Auf die Plätze – fertig – los!" Herr Steffen stoppt die Zeit. Beide benötigen genau 7 s, um 5 m nach oben zu klettern und anzuschlagen.

„Gut gemacht, ihr beiden! Das gibt für jeden eine Zwei", sagt Herr Steffen.

Gerd freut sich. Jörg aber protestiert: „Das finde ich ziemlich ungerecht! *Meine Leistung* war besser als die von Gerd!" …

Leistung im Supermarkt

Sabine, Stefan und Andreas haben einen Ferienjob; sie arbeiten gemeinsam im Supermarkt. Mit ihren Wagen müssen sie Kisten zu verschiedenen Regalen fahren (Bilder 2–4):

- ○ Wer verrichtet gerade die größte *Arbeit*? Begründe deine Antwort.
- ○ Stefans Wagen ist schwerer beladen als der Wagen von Sabine; er lässt sich deshalb schwerer schieben als ihrer. Trotzdem *leisten* Stefan und Sabine gleich viel. Wieso ist das möglich?
- ○ Andreas hat seinen Wagen genauso voll geladen wie Stefan, aber er schiebt ihn nur halb so weit wie dieser. Wie groß ist seine *Arbeit* im Vergleich zu der von Stefan?
  Andreas *leistet* aber mehr! Hast du eine Erklärung dafür?
- ○ Wie hängen Kraft, Weg und Zeit mit der *Leistung* zusammen?
  Auf welche Weise könnte man die Leistung berechnen?

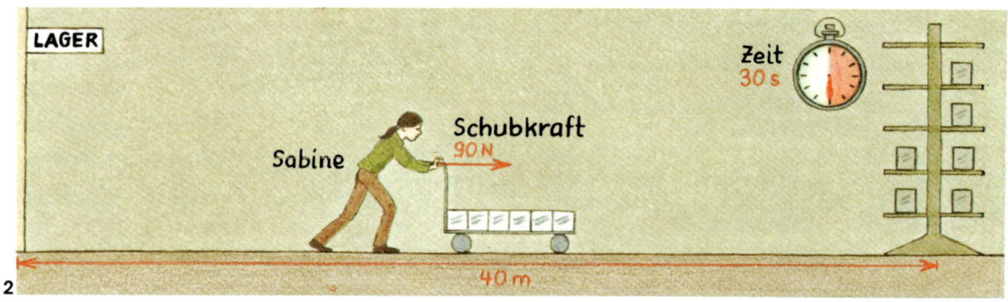

2

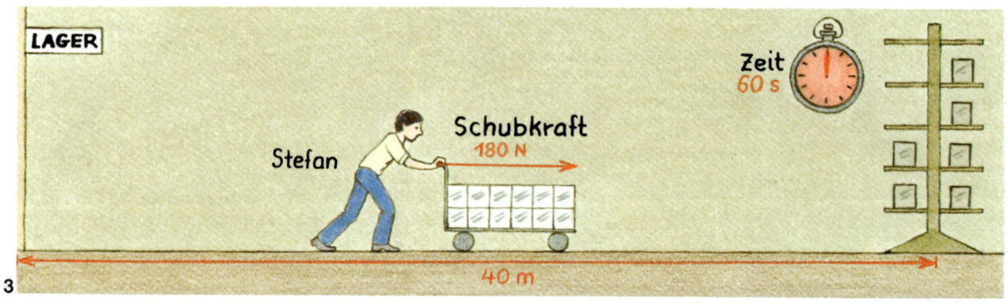

3

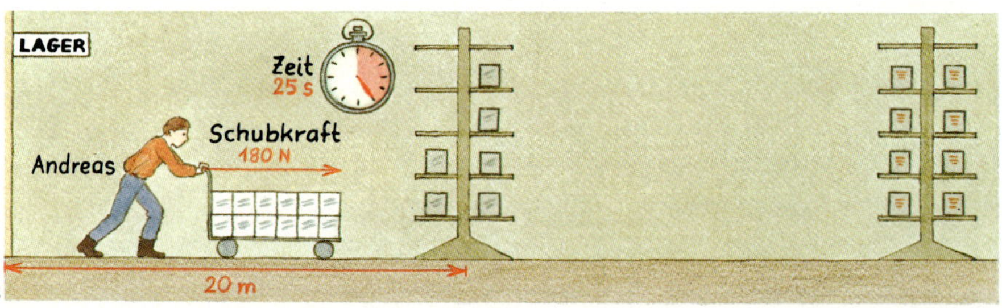

4

779R

Die Einheit der Leistung

Die Leistung misst man in der Einheit **Newtonmeter durch (pro) Sekunde**:

$$1\ \frac{\text{Newtonmeter}}{\text{Sekunde}} = 1\ \frac{\text{Nm}}{\text{s}}.$$

Deine Leistung beträgt $1\ \frac{\text{Nm}}{\text{s}}$, wenn du z. B. eine Tafel Schokolade hochhebst (Bild 5) und

- ○ dafür die Kraft 1 N einsetzt,
- ○ die Tafel um den Weg 1 m anhebst,
- ○ dafür die Zeit 1 s benötigst.

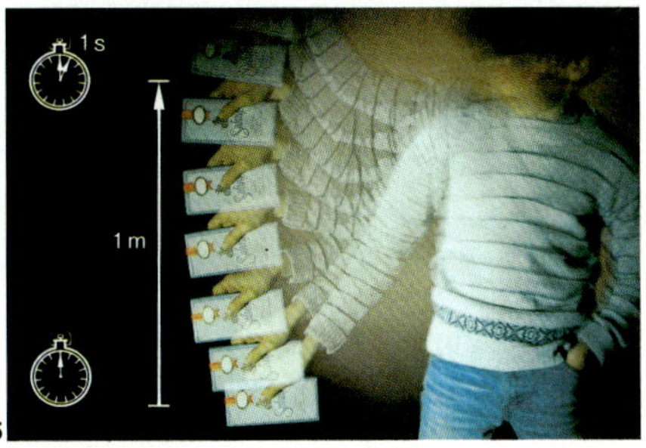

5

Auf elektrischen Geräten oder Motoren wird die Leistung oft in **Watt** (W) oder **Kilowatt** (kW) angegeben:

$$1\ \text{W} = 1\ \frac{\text{Nm}}{\text{s}};$$

$$1\ \text{kW} = 1000\ \text{W} = 1000\ \frac{\text{Nm}}{\text{s}}.$$

Für die physikalische Größe *Leistung* verwendet man das Formelzeichen P (abgeleitet von engl. *power:* Fähigkeit, Vermögen, Leistung).

V 1 Ermittle deine Leistung beim Treppensteigen. Welche Messgeräte brauchst du? Notiere die Ergebnisse so:

Name	Zeit t in s	Masse m in kg	Gewichtskraft F_G in N	Treppenhöhe h in m	Arbeit W in Nm	Leistung P in W
?	?	?	?	?	?	?

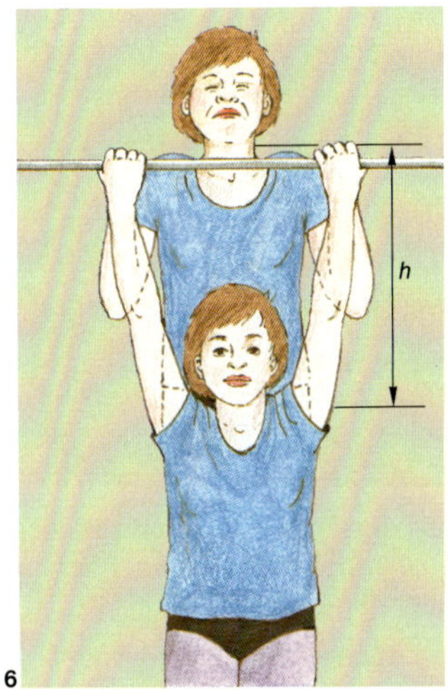

6

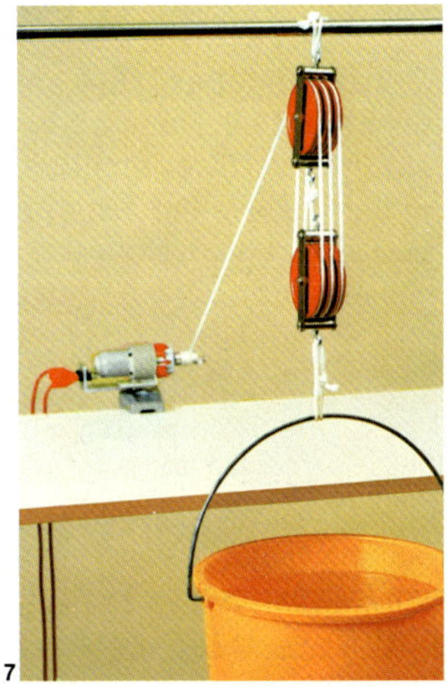
7

V 2 So kannst du deine Dauerleistung bestimmen: Steige zwei Minuten lang immer wieder auf einen Stuhl und stelle dich oben jedes Mal ausgestreckt hin.

Bewege dich dabei so, als ob du diese Arbeit stundenlang tun solltest.

a) Wie viele Aufstiege n schaffst du in der Zeit $t = 120$ s? Zähle vor und nach dem Versuch deine Pulsschläge pro Minute. Wie reagiert dein Herz auf die Hubarbeit?

b) Bestimme die Stuhlhöhe h (in m) und deine Gewichtskraft F_G (in N). Berechne dann deine Leistung P (in W):

$$\text{Leistung} = \frac{\text{Kraft} \cdot \text{Weg}}{\text{Zeit}} = \frac{\text{Gewichtskraft} \cdot \text{Höhe} \cdot \text{Aufstiege}}{\text{Zeit}},$$

$$P = \frac{F_G \cdot h \cdot n}{t}.$$

V 3 Wie lange benötigst du für fünf Klimmzüge an einer Reckstange (Bild 6)? Berechne deine Leistung P in Watt. Was musst du dazu alles messen?

V 4 Hier zieht ein Motor Lasten von 1 kg (2 kg, 4 kg, 10 kg) über einen Flaschenzug nach oben (Bild 7). Ermittle jeweils die Leistung des Motors.

Aufgaben

1 Leistungen misst man in Nm/s. Welche anderen Einheiten stecken darin? Warum gerade *diese*?

2 Gerd (49 kg) verrichtet beim Klettern am Tau folgende *Arbeit* (Bild 1):

$W = F \cdot s = 490\ \text{N} \cdot 5\ \text{m} = 2450\ \text{Nm}.$

Seine *Leistung* beträgt:

$$P = \frac{W}{t} = \frac{2450\ \text{Nm}}{7\ \text{s}} = 350\ \frac{\text{Nm}}{\text{s}}.$$

Was hat Jörg, der 56 kg wiegt und gleich groß ist, geleistet?

3 Berechne die Leistungen der drei Schüler im Supermarkt (Bilder 2–4).

4 Ergänze die folgenden Sätze: „Je mehr *Zeit* für eine bestimmte Arbeit benötigt wird, desto … ist die Leistung.“ „Je mehr *Arbeit* …“

5 Christine (45 kg) besteigt einen 600 m hohen Berg in einer Stunde (1 h). Berechne ihre Leistung.

6 Große Leistungen misst man in Megawatt: 1 MW = 1 000 000 W.

Ein Kernkraftwerk hat eine Leistung von 1200 MW. Wie viele Automotoren (40 kW) haben zusammen die gleiche Leistung?

7 Matthias (48 kg) rennt eine Treppe ins 3. Stockwerk hinauf (8 m). Seine Leistung beträgt dabei 320 W. Wie viel Zeit benötigt er für sein schnelles Treppensteigen?

8 Ein 800 kg schweres Auto hat einen Motor, der 40 kW leistet.

a) In welcher Zeit müsste das Auto auf einen 1000 m hohen Berg fahren können? (Schätze zuerst, bevor du die Zeit berechnest!)

b) Beurteile das von dir berechnete Ergebnis.

Aus Umwelt und Technik: **Was kann ein Mensch leisten?**

1

Rekordsprung bei den Olympischen Spielen 1992: *Heike Henkel* schleudert ihren Körper über die 202 cm hohe Latte. Sie muss ihren Schwerpunkt um rund 1 m anheben (Bild 1). Die erforderliche Hubarbeit von etwa 500 Nm verrichten ihre Muskeln in weniger als 0,2 s. Die Leistung der Hochspringerin beträgt während des Absprungs somit mehr als 2,5 kW. Als Belohnung gibt es die Goldmedaille.

Auch diese Mutter verrichtet Hubarbeit (Bild 2). Viele Male am Tag hebt sie ihr Kind, sie trägt es zur Wohnung im zweiten Stock hoch, sie schleppt die eingekauften Lebensmittel und die Wannen mit der Wäsche … Was sie dabei wohl leistet?

2

Wenn ein Mensch viele Stunden am Tag körperlich arbeiten muss, beträgt seine **Dauerleistung etwa 75 Watt**. Das ist nicht viel; die Leistung einer Haushaltglühlampe liegt in der gleichen Größenordnung.

Eine höhere Leistung ist nur für kurze Zeit möglich, etwa beim Sport (→ Tabelle). Dann steigt sofort die Anzahl der Herzschläge und die Atmung wird schneller. Um mehr leisten zu können, benötigt der Körper zusätzliche Energie. Läufst du z. B. 400 m in 100 s, so leisten deine Muskeln etwa 220 Watt. Für diese Leistung ist in jeder Sekunde 1 kJ Energie zusätzlich nötig, denn nur rund ein Viertel der aufgenommenen Energie kann von den Muskeln zum Arbeiten genutzt werden. Weil dein Körper die Energie aus der „Verbrennung" der Nahrung bezieht, musst du in jeder Sekunde 1 l Luft zusätzlich einatmen.

Die Leistung des Körpers misst der Arzt mit einem *Fahrrad-Ergometer* (Bild 3).

Je stärker es abgebremst wird, umso mehr muss der Patient leisten, er fährt sozusagen mit dem Rad bergauf. Welche Höchstleistung erreicht werden kann, hängt von verschiedenen Umständen ab. Alter und Geschlecht spielen eine Rolle, ebenso das Körpergewicht, das Training durch Beruf und Sport sowie der Gesundheitszustand. Daher wird die Leistungsmessung auch zur Diagnose von Krankheiten eingesetzt.

Auch ein Mensch, der nur liegt oder schläft, wandelt ständig chemische Energie um, um Blutkreislauf und Atmung in Gang und die Körpertemperatur konstant zu halten. Bei 50 kg Körpergewicht sind pro Tag ca. 5000 kJ nötig. Teilt man die umgewandelte Energie durch die Zeit, ergibt sich ein Wert von rund 60 W.

3

Tätigkeit	Muskelleistung in Watt
Spazierengehen	30 bis 40
Gartenarbeit, Hausarbeit, Radfahren, Treppensteigen	75 bis 120
Dauerlauf, Radfahren (bergauf)	150
Fußball spielen, Sprinten	220
Skilanglauf, Schwimmen (Kraulen)	250

Fragen und Aufgaben zum Text

1 Beschreibe den Zusammenhang zwischen körperlicher Leistung, Herzschlag und Atmung.

2 Von 1 kJ Energie, die der Körper durch das Verbrennen der Nahrungsmittel gewinnt, können die Muskeln rund ein Viertel zum Arbeiten nutzen. Wo bleibt die restliche Energie?

3 Wie könntest du die Leistung der Mutter (Bild 2) ermitteln?

4 Man kann die Leistung auch so berechnen:
Leistung = Kraft · Geschwindigkeit, $P = F \cdot v$.
Leite diese Formel aus der Beziehung $P = W/t$ her.

5 In der Ebene übt ein Radfahrer im „Berggang" eine kleine Tretkraft aus, muss aber mit hoher Geschwindigkeit treten (→ rechte Seite). Was ändert sich, wenn er auf den „Schnellgang" umschaltet? Was kannst du über seine Leistung aussagen?

6 Erkläre, was in den folgenden Beispielen jeweils mit der *Leistung* gemeint ist. Gibt es Gemeinsamkeiten mit dem physikalischen Leistungsbegriff?
a) Im Zeugnis wird deine Leistung in Mathematik bewertet.
b) Katrin betreibt Leistungssport.
c) Der Maurer wird nach Leistung bezahlt.
d) Die neuen Computer werden immer leistungsfähiger.
e) Die Kuh hat eine hohe Milchleistung.

6642R

Aus Umwelt und Technik: **Der Fahrradantrieb**

4

Sporträder, Rennräder und Mountainbikes haben Kettenschaltungen mit 12 oder 21 Gängen. Zwei oder drei große Kettenräder sitzen vorn an den Tretkurbeln und sechs oder sieben Zahnräder hinten auf der Antriebsachse.

Der Sinn der vielen Zahnräder hängt mit der Leistungsfähigkeit unseres Körpers zusammen. Die Dauerleistung der Muskeln ist nicht beliebig groß. Außerdem ist die Tretkraft begrenzt und wir können die Pedalkurbeln auch nicht beliebig schnell drehen. Drehzahlen von 50 bis 80 Umdrehungen pro Minute empfinden wir als bequem. Rennfahrer schaffen 120 Umdrehungen pro Minute.

Die Leistung P ergibt sich aus der Antriebskraft, die auf das Fahrrad wirkt, und der Fahrgeschwindigkeit:

Leistung = Kraft · Geschwindigkeit, $P = F \cdot v$.

Man kann für F auch die Tretkraft und für v die Geschwindigkeit einsetzen, mit der die Pedale gedreht werden.

Die verschiedenen *Übersetzungen* durch die Zahnräder passen das Fahrrad in unterschiedlichem Gelände an unsere Fähigkeiten an.

Nehmen wir als Beispiel ein Fahrrad mit 27er-Rädern. Sie haben einen Durchmesser von 27 Zoll = 69 cm und einen Radumfang von 2,15 m.

Der Fahrer von Bild 5 fährt auf ebener Strecke im „Normalgang“ mit der Übersetzung 1 : 3. Er tritt die Pedale mit geringer Tretgeschwindigkeit und setzt dabei eine Tretkraft von 110 N ein. Seine Geschwindigkeit beträgt etwa 20 km/h und seine Leistung 100 W. So kommt er bequem und schnell voran.

Wenn die Straße bergauf geht, wird das Treten schwerer. Die Tretkraft muss größer werden. Gleichzeitig wird die Tretgeschwindigkeit abnehmen, da die Leistung kaum steigt. Wer jetzt eine Gangschaltung hat, ist „fein raus“.

Der Fahrer von Bild 6 hat auf ebener Strecke den „Berggang“ mit der Übersetzung 1 : 2 eingelegt. Die erforderliche Tretkraft ist klein, er muss allerdings schneller treten. Auch er leistet 100 W.

Am Berg kann er die Tretkraft ohne weiteres erhöhen, wird dann aber langsamer treten. Das Fahren ist für ihn damit recht bequem. Wenn er die Leistung nicht erhöht, muss er am Berg natürlich eine kleinere Fahrgeschwindigkeit in Kauf nehmen.

Die Gangschaltung erlaubt es also, je nach Steigung der Straße zwischen höherer Tretgeschwindigkeit und größerer Tretkraft zu wählen.

Rennradfahrer bevorzugen immer gleich hohe Tretgeschwindigkeiten. Sie fahren mit wenigstens 90 Umdrehungen pro Minute. Mit der Gangschaltung passen sie ihre Tretkraft der Straßensteigung an.

Fragen und Aufgaben zum Text

1 Der Schnellgang hat eine *Übersetzung* von 1 : 4. Was bedeutet das?

2 Welchen Sinn haben die verschiedenen Übersetzungen bei einer Gangschaltung?

3 Warum haben Mountainbikes vorn kleinere Kettenräder und hinten größere Zahnräder als andere Fahrräder?

5

6

Aus der Geschichte: **Von Pferdestärken und Feuermaschinen**

Seit etwa 5000 Jahren ist das Pferd ein Haustier. Mit seiner Kraft und Leistungsbereitschaft half es dem Menschen, Felder zu bestellen, Mühlsteine zu bewegen, Wagen zu ziehen oder große Entfernungen zurückzulegen.

Leistungen von Pferden dienten dazu, die Größe von Ländereien anzugeben: So war z. B. in Westfalen ein *Morgen Land* diejenige Fläche, die ein Pferdegespann im Laufe eines Morgens pflügen konnte (das sind ungefähr 2500 m^2, eine Fläche von etwa 1/4 Fußballplatz).

Bis zum 18. Jahrhundert blieb das Pferd (neben dem fließenden Wasser) die wichtigste „Antriebsmaschine" – auch im Bergbau: So zogen Grubenpferde Wagen mit Kohle durch die Stollen. In Göpeln liefen die Pferde oft stundenlang im Kreis herum; auf diese Weise trieben sie Vorrichtungen an, mit denen das Grubenwasser hochgehoben wurde. Wenn die Leistung der Pferde dafür nicht mehr ausreichte, musste die Grube aufgegeben werden, und die Bergleute wurden arbeitslos.

Im Jahre 1689 erfand der Engländer *Thomas Savery* eine Pumpe mit Dampfantrieb, die er „Freund des Bergmannes" nannte. Sie konnte das Wasser aber höchstens 10 m hochpumpen.

1712 stellte *Thomas Newcomen* – ebenfalls in England – eine Wasserpumpe vor, von der später mehr als 100 Stück gebaut wurden. Eine „Feuermaschine" (Bild 1) trieb sie an. In jeder Minute pumpte sie 600 Liter Wasser aus den Gruben nach oben. Diese „Feuermaschine" arbeitete aber unwirtschaftlich; für die Feuerung ihres Dampfkessels benötigte man nämlich so viel Kohlen, wie ein kleines Bergwerk gerade fördern konnte.

Im Jahre 1769 erhielt *James Watt* ein Patent auf „eine neue Methode zur Senkung des Dampf- und Brennstoffverbrauchs bei Feuermaschinen". Tatsächlich konnte er mit seinen Dampfmaschinen etwa zwei Drittel des Brennstoffes gegenüber Newcomens Pumpen einsparen.

Bald gab es nicht nur in England, sondern in ganz Europa Watts Dampfmaschinen. Heute gelten sie als Auslöser der *industriellen Revolution.*

Was **leistete** Watts Dampfmaschine?

Watt rechnete den Bergwerksbesitzern vor, wie viel Pferde sie an den Göpeln durch seine Maschine einsparen könnten. Wenn diese z. B. so viel leistete wie 12 Pferde, dann sagte er: „Die Maschine hat *12 Pferdestärken.*" (Abgekürzt: 12 PS.) Genauer hätte es eigentlich „Pferdeleistungen" heißen müssen.

Später stellte Watt Versuche an um die Leistung eines Pferdes zu messen. Er fand heraus, dass ein Pferd in einer Sekunde eine 75 kg schwere Last um einen Meter hochheben kann (Bild 2). Watt hatte aber offensichtlich ein besonders kräftiges Pferd genommen oder nur kurze Zeit gemessen. Andere Messungen ergaben nämlich, dass die Dauerleistung eines Pferdes viel geringer ist.

Heute misst man physikalische Leistungen nicht mehr in PS. Zur Ehre von James Watt hat man der **Einheit** der Leistung *seinen* Namen gegeben: **Watt (W)** bzw. **Kilowatt (kW)** – neben der Einheit *Newtonmeter durch Sekunde.*

1

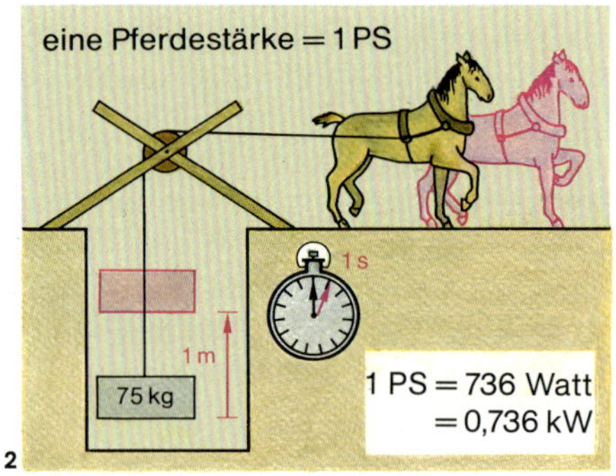

2

Fragen und Aufgaben zum Text

1 Wie wurde vor der Erfindung der Dampfmaschine das Grubenwasser aus den Bergwerken nach oben gepumpt?

2 Viele Maschinen wurden früher mit Pferdekraft oder vom fließenden Wasser bewegt. Vergleiche diese beiden Antriebsarten miteinander.

3 Was ist ein PS?

4 „Der neue *Audi* dort leistet 90 Kilowatt!" – „Was, nicht mehr? Unser *Opel* hat 120 PS!" …

1339R

Alles klar?

1 Auf einer Baustelle zieht ein Kran Steine hoch. Wie könntest du seine Leistung berechnen?

2 Vergleiche die in Versuch 1 ermittelte Leistung mit den Angaben in der Tabelle unten. Suche auch nach einer Erklärung für den Unterschied.

3 Im Elektrogeschäft: „Haben Sie Glühlampen mit etwa 1/10 PS?“ – „Aber natürlich“, meint der Verkäufer. Welche Glühlampe wird der Kunde bekommen?

4 Beim Vergleich von Autoprospekten findet man z. B. Angaben dieser Art:

Die Leistung von Fahrzeug A beträgt 48 kW und seine Höchstgeschwindigkeit 170 km/h. Wagen B hat eine Leistung von 54 kW und erreicht 160 km/h.

Was fällt dir auf? Gib eine Erklärung für die „widersprüchlichen“ Angaben.

5 „Mit leistungsstarken Autos fährt man öfter in gefährliche Situationen hinein als aus ihnen heraus.“

Was ist mit dieser Aussage gemeint?

6 Alle Autos haben wenigstens vier Gänge. Erkläre, warum mehrere Gänge nötig sind.

7 Der Motor des Traktors von Bild 3 hat die gleiche Höchstleistung wie der des Personenwagens. Der Unterschied liegt im Getriebe! Erkläre anhand der Formel

Leistung = Kraft · Geschwindigkeit.

8 Auch heute noch haben „Holland“-Fahrräder oft keine Gangschaltung. Was mag der Grund sein?

Einige Leistungen

Fahrradynamo	3 W
Mensch	
Dauerleistung	75 W
Höchstleistung	1400 W
Mofa	1100 W
Mittelklasseauto	60 kW
Lastwagen	320 kW
Elektrolokomotive	5 600 kW
Kraftwerk	1 000 MW
Mondrakete	bis 70 000 MW

3

2 Zusammenfassung

Was versteht man unter Leistung?

Ein Kran leistet mehr als ein Arbeiter, denn er kann die gleiche Arbeit *in kürzerer Zeit* verrichten. Das „Arbeitstempo“ des Krans ist größer.

Würde der Kran ebenso lange arbeiten wie der Mensch, würde er in dieser Zeit *mehr* Arbeit verrichten.

In der Physik wird das „Arbeitstempo“ durch die Leistung angegeben: Die **Leistung** ist definiert als Quotient aus Arbeit W und Zeit t. Das Formelzeichen der Leistung ist P (von engl. *power*).

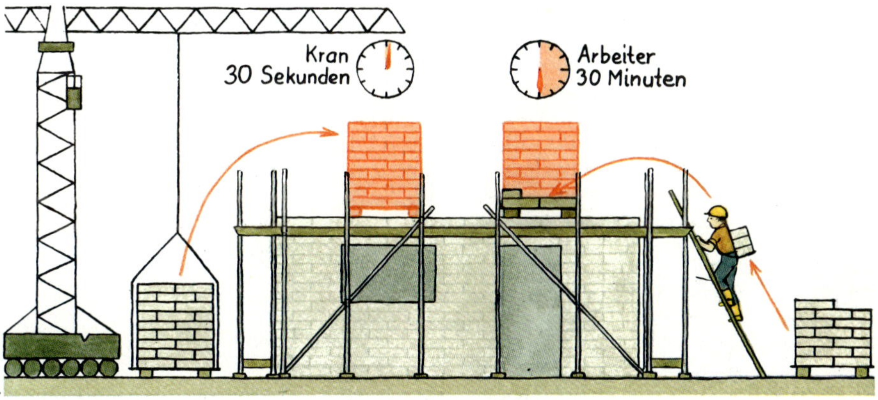

4

Die Leistung gibt an, wieviel Arbeit in einer Sekunde verrichtet wird.

$$\text{Leistung} = \frac{\text{Arbeit}}{\text{Zeit}} \quad \text{oder} \quad \text{Leistung} = \frac{\text{Kraft} \cdot \text{Weg}}{\text{Zeit}} \quad \text{oder} \quad \text{Leistung} = \text{Kraft} \cdot \text{Geschwindigkeit},$$

$$P = \frac{W}{t}, \qquad P = \frac{F \cdot s}{t}, \qquad P = F \cdot v.$$

Die Einheit der Leistung heißt **Watt (W)**: $1\ \text{Watt} = 1\ \frac{\text{Newtonmeter}}{\text{Sekunde}}$, $1\ \text{W} = 1\ \frac{\text{Nm}}{\text{s}}$.

Der Druck

Warum sinkt das Pistenfahrzeug nicht tiefer ein?

1

V 1 Wir untersuchen, warum Körper unterschiedlich tief in ihre Unterlage einsinken.

Lege zunächst *unterschiedlich große* Brettchen auf ein dickes Stück Schaumstoff und stelle jeweils ein 1-kg-Wägestück darauf.

Führe den gleichen Versuch dann auch mit *verschiedenen Wägestücken* durch, die du nacheinander auf das *gleiche* Brettchen legst.

Vergleiche die jeweiligen Wirkungen auf den Schaumstoff, der als Unterlage dient.

Kraft und Fläche – der Druck

Jeder Körper übt auf seine Unterlage eine Gewichtskraft aus. Je schwerer er ist, desto größer ist diese Kraft. Aber auch bei gleich großen Gewichtskräften können ganz unterschiedliche Wirkungen zu beobachten sein.

Zum Beispiel sind die Sportler in Bild 2 etwa gleich schwer (ca. 75 kg); die Gewichtskraft beträgt also jeweils rund 750 N. Aber der Mann auf den Skiern sinkt nicht so tief in den Schnee ein wie die drei „Fußgänger". Bei ihm verteilt sich nämlich die Gewichtskraft auf eine viel größere Fläche; das heißt, er setzt den Schnee nicht so stark „unter Druck" wie die anderen Sportler.

Auf 1 cm² der Schneedecke wirken unterschiedlich große Kräfte. Bei dem Skifahrer (Bild 3) beträgt die Kraft pro cm²:

$$\frac{F_G}{A} = \frac{750\,\text{N}}{3000\,\text{cm}^2} = \frac{1\,\text{N}}{4\,\text{cm}^2} = \mathbf{0{,}25\,\frac{N}{cm^2}}.$$

Bei einem der „Fußgänger" dagegen (Bild 4) ergibt sich als Kraft pro cm²:

$$\frac{F_G}{A} = \frac{750\,\text{N}}{500\,\text{cm}^2} = \frac{3\,\text{N}}{2\,\text{cm}^2} = \mathbf{1{,}5\,\frac{N}{cm^2}}.$$

Wie stark der Schnee „unter Druck steht", hängt also von der **Kraft** (F) und von der Größe der **Fläche** (A) ab, auf die die Kraft wirkt. Der Quotient F/A gibt an, wie groß der **Druck** p ist:

$$\textbf{Druck} = \frac{\textbf{Kraft}}{\textbf{Fläche}};\quad p = \frac{F}{A}.$$

Bild 5 zeigt, dass *ein und derselbe Körper* einen *unterschiedlich großen Druck* hervorrufen kann, wenn man nur die Größe seiner Standfläche ändert.

2

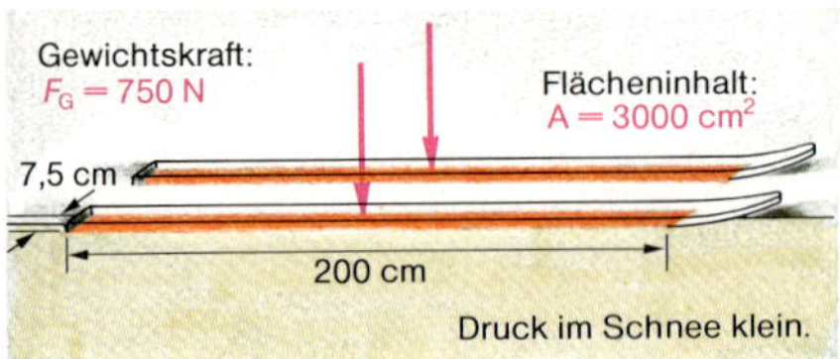

3

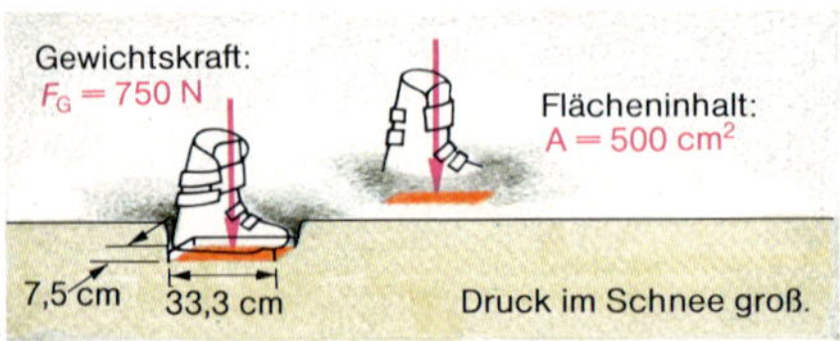

4

Der Angriffspunkt der Kraft wurde bei allen Bildern zum Thema „Druck" in die Pfeilspitze gelegt.

5

525R

Die Einheit des Druckes

Kräfte werden in der Einheit *Newton* (N) und *Flächeninhalte* in der Einheit *Quadratmeter* (m^2) gemessen.

Daraus ergibt sich als Einheit für den Druck **1 N/m²**. Diese Einheit bezeichnet man als **1 Pascal** (1 Pa), zu Ehren des französischen Physikers *Blaise Pascal.*

Ein Druck von 1 Pa herrscht, wenn eine Kraft von 1 N gleichmäßig und senkrecht auf eine Fläche von 1 m^2 wirkt.

$$1\ \text{Pa} = 1\ \frac{\text{N}}{\text{m}^2}.$$

Ein Druck von 1 Pa ist sehr klein. In der Technik gibt man den Druck daher meist

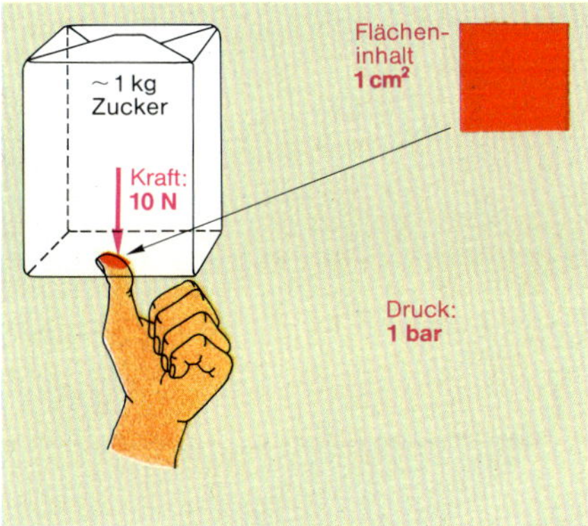

6

in **Bar** (bar) oder in **Millibar** (mbar) an. Dabei gilt: 1 bar = 1000 mbar.

Ein Druck von 1 bar entsteht, wenn eine Kraft von 10 N senkrecht auf eine Fläche von 1 cm² wirkt (Bild 6).

$$1\ \text{bar} = 10\ \frac{\text{N}}{\text{cm}^2}.$$

Umrechnung von Bar in Pascal:
1 bar = 100 000 Pa,
1 mbar = 100 Pa.

Um Umrechnungen von Bar auf Pascal zu vereinfachen, benutzt man häufig das Hektopascal (hPa): 1 hPa = 100 Pa. Es gilt nämlich: **1 hPa = 1 mbar.**

Aufgaben

1 Wie hängen Gewichtskraft und Druck (bei gleicher Fläche) zusammen? Formuliere so: „Je größer die Gewichtskraft, desto …"

Beschreibe auch den Zusammenhang von Fläche und Druck (bei gleicher Gewichtskraft).

2 Begründe physikalisch die besondere Form von Reißzwecken.

3 Wie groß ist der Druck (in bar), den ein Skifahrer und ein Fußgänger erzeugen (Bilder 2–4)?

4 Das Pistenfahrzeug in Bild 1 übt eine Gewichtskraft von 52 000 N auf den Untergrund aus; die Standfläche seiner Ketten beträgt 14 m². Bei der Frau beträgt die Gewichtskraft ungefähr 600 N, während ihre Standfläche 0,04 m² groß ist.

a) Begründe, warum die Frau tiefer einsinkt als das Pistenfahrzeug.

b) Berechne den jeweiligen Druck (in bar).

5 Wenn man jemanden, der ins Eis eingebrochen ist, herausziehen will, muss man sich sehr vorsichtig verhalten (Bilder 7 u. 8). Damit wird die Gefahr geringer, dass man selbst ins Eis einbricht.

Stimmt das überhaupt? Die Gewichtskraft bleibt doch schließlich die gleiche …

6 In manchen Räumen ist das Tragen von „Pfennigabsätzen" verboten. Warum wohl?

7 Zwei Nägel werden in einen Styroporblock gedrückt (Bild 9).

Welcher Druck (in bar) wird dadurch jeweils hervorgerufen? (Die Fläche der Nagelspitze ist 0,1 mm² groß, die des Kopfes 4 mm².) Vergleiche die beiden Werte.

8 „Elefanten vermögen sich nicht nur lautlos im Dschungel zu bewegen, sie sind auch äußerst leichtfüßig. Selbst viereinhalb Tonnen schwere Bullen hinterlassen im Boden kaum Spuren." (Zitat entnommen aus „Grzimeks Tierleben".)

a) Kannst du dir vorstellen, woran das liegt?

b) Die Fußsohle ist bei einem Elefanten etwa 1700 cm² groß. Welcher Druck herrscht unter den Füßen eines 4500 kg schweren Elefanten, wenn das Tier gleichzeitig auf allen Füßen steht?

Vergleiche mit dem Druck, den ein Mensch verursacht (→ Aufgabe 4).

9 Beim Plattenspieler kann der Auflagedruck des Diamanten 5000 bar betragen. Die Auflagekraft des Tonarmes beträgt aber nur rund 20 mN (0,02 N). Wie ist das möglich?

10 In einer Zeitungsmeldung war zu lesen, dass ein Autofahrer im Winter eine Eisfläche mit einem Parkplatz verwechselte. Das merkte er erst, als sein Wagen einige Zentimeter tief einsackte. Zum Glück sank es dann nicht weiter. Begründe!

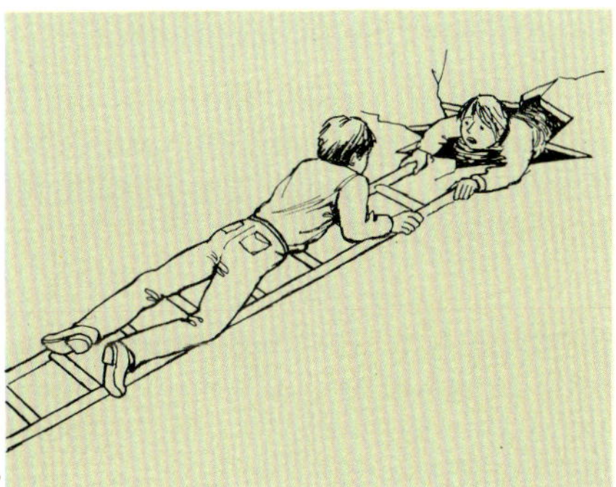
7

8

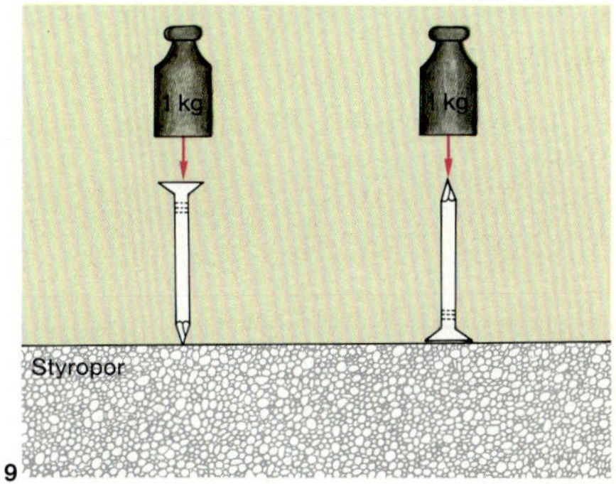

9

Mechanik der Flüssigkeiten

1 Wenn Flüssigkeiten „unter Druck“ geraten ...

1

Kinderleicht scheint es zu sein, den Wagen mit diesem *hydraulischen Wagenheber* anzuheben.

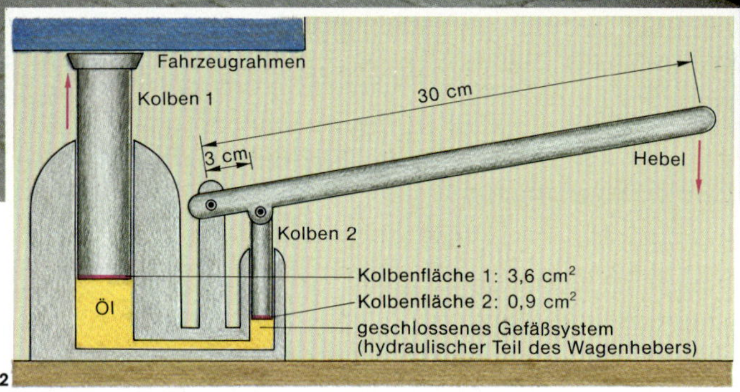

2

Ob das nur an dem **Hebel** liegt? Oder spielt auch die **Flüssigkeit** des Wagenhebers eine Rolle?

V 1 Mit Hilfe eines Versuchs mit zwei unterschiedlich großen Kolbenprobern (Bild 3) soll der hydraulische Teil des Wagenhebers untersucht werden (griech. *hydor*: Wasser).

Überlege bei jedem der Teilversuche a–f *vorher*, welche Ergebnisse du erwartest.

a) Lass eine Kraft von oben auf den Kolben 2 einwirken.

b) Stelle nun auf beide Kolben gleichzeitig ein 1-kg-Wägestück.

c) Belaste Kolben 1 wieder mit einem 1-kg-Wägestück. Was für ein Wägestück musst du auf Kolben 2 setzen, damit beide Kolben stehen bleiben?

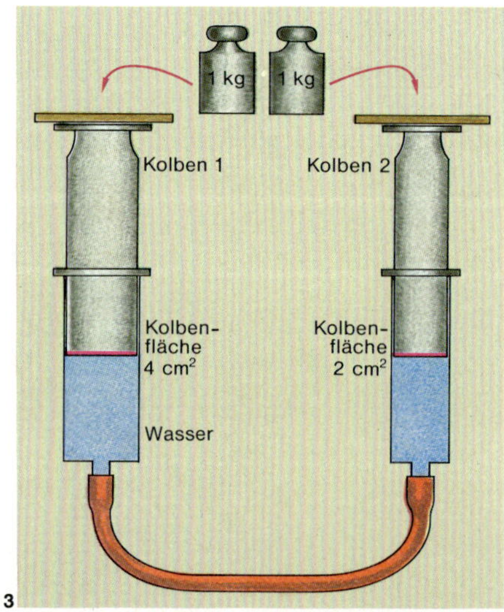

3

Vergleiche die Gewichtskräfte, mit denen diese Wägestücke auf die Kolben einwirken. Vergleiche auch die Grundflächen von Kolben 1 und 2.

d) Versuche eine *Beziehung zwischen diesen Kräften und den Grundflächen der Kolben* herzustellen.

e) Überprüfe dein Ergebnis auch noch mit anderen Wägestücken. Kannst du vorhersagen, welche du auswählen musst?

f) Wiederhole den Versuch möglichst auch mit Kolbenprobern anderen Querschnitts. Kannst du auch da voraussagen, welche Wägestücke du nehmen musst?

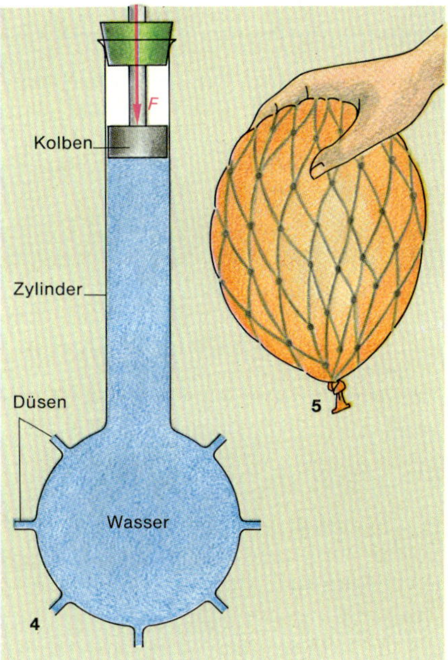

4 5

V 2 Bild 4 zeigt einen möglichen Versuchsaufbau, mit dem du das Verhalten der Flüssigkeit von Versuch 1 erklären kannst.

a) Was wirst du beobachten, wenn auf den Kolben des Gerätes Kräfte einwirken?

Findest du eine Erklärung für deine Beobachtung?

b) Eine ähnliche Beobachtung kannst du mit einem einfacheren Versuchsaufbau machen (Bild 5): Überspanne einen mit Wasser gefüllten Luftballon mit einem Netz. Ziehe das Netz straff und drücke mit dem Daumen vorsichtig durch eine Netzmasche hindurch auf die Gummihaut.

Wiederhole den Versuch, nachdem du das Netz gleichmäßig etwas enger gezogen hast.

V 3 Was wirst du bei diesem Versuch beobachten (Bild 6)?

Beschreibe das Versuchsergebnis und suche eine Erklärung dafür.

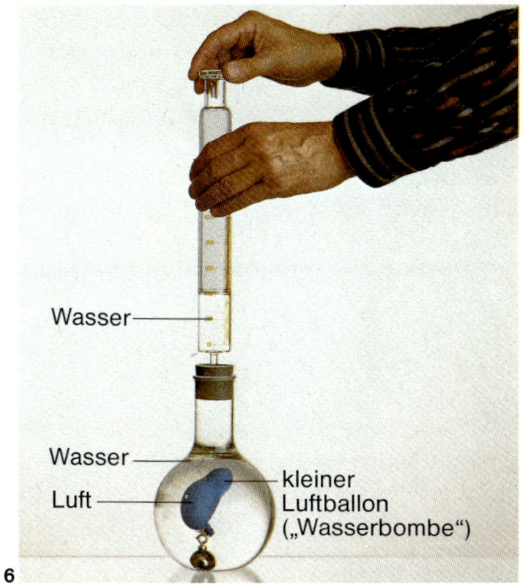

6

Der Druck in Flüssigkeiten

Wenn eine Kraft über einen Kolben auf eine Flüssigkeit wirkt, dann gerät diese „unter **Druck**" (sofern sie sich in einem geschlossenen Gefäß befindet). Das hat zur Folge, dass die Flüssigkeit **Kräfte** auf die Außenwände ausübt (Bild 7). Die Kräfte, die auf eine bestimmte Wandfläche wirken (z. B. auf 1 cm^2), sind an jeder Stelle des Gefäßes gleich groß.

Legt man einen Körper in eine „unter Druck stehende" Flüssigkeit, so wirken auch auf ihn Kräfte ein (Bild 8). Die Kraft auf 1 cm^2 Oberfläche des Körpers ist wiederum überall gleich groß.

Die „unter Druck stehende" Flüssigkeit übt in alle Richtungen Kräfte auf ihre Begrenzungsflächen und auf eingetauchte Körper aus. Verdoppelt (verdreifacht) man die Größe der betrachteten Fläche, so wirkt dort auch die doppelte (dreifache) Kraft. Der Quotient *Kraft : Fläche* ist also stets gleich groß. Wir kennen diesen Quotienten bereits als Maß für den **Druck**.

Man sagt: **Der Druckzustand ist an allen Stellen der Flüssigkeit gleich.**

Mit Hilfe des **Teilchensmodells** können wir dieses besondere Verhalten von Flüssigkeiten deuten:

Die Teilchen, aus denen **feste Körper** bestehen, stellen wir uns ja als „fest gepackt" vor. Diese Teilchen üben so starke Anziehungskräfte aufeinander aus, dass sie durch äußere Kräfte kaum gegeneinander verschoben werden können. Feste Körper übertragen deshalb eine auf sie einwirkende Kraft im Allgemeinen nur *in Richtung dieser Kraft*.

Ganz anders sind die Teilchen **flüssiger Körper** angeordnet. Sie sind leicht gegeneinander verschiebbar.

Das ist der Grund dafür, dass sich flüssige Körper anders als feste Körper verhalten: Wenn eine Kraft auf einen Teil der Flüssigkeitsoberfläche wirkt, wird diese Kraft nicht nur in gleicher Richtung übertragen; vielmehr weichen die Teilchen jetzt aufgrund ihrer leichten Verschiebbarkeit nach allen Seiten aus und üben dadurch Kräfte *in alle Richtungen* aus (Bild 9). Da diese Kräfte überall in der Flüssigkeit auf Körper einwirken können, erfolgt die Kraftausübung hier sogar „um die Ecke".

Der **Modellversuch** von Bild 10 veranschaulicht noch einmal das besondere Verhalten der Flüssigkeiten.

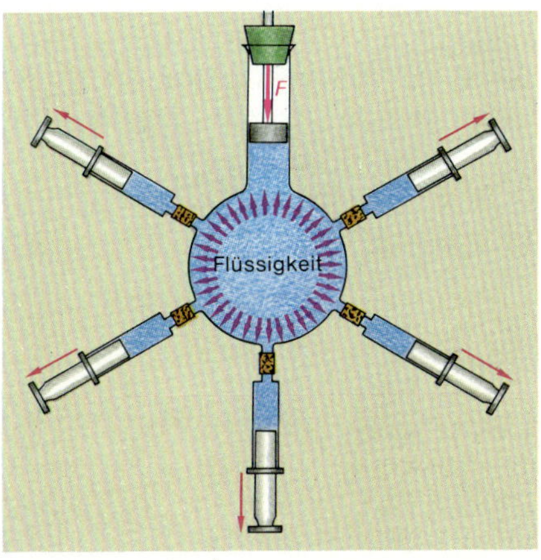

7

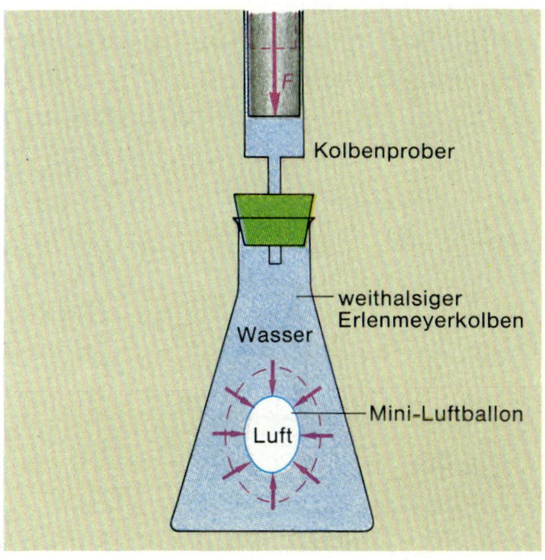

8

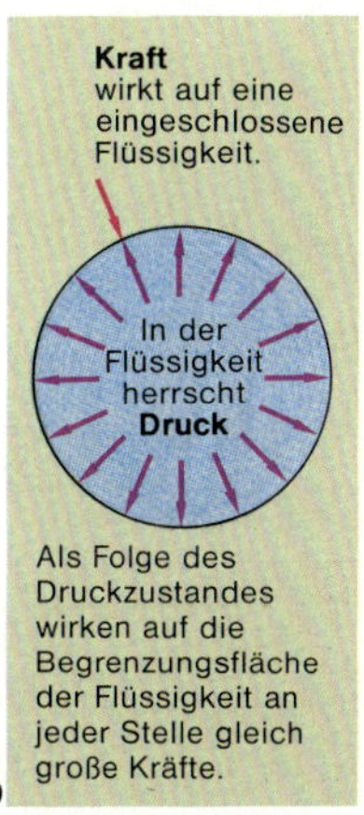

9 Als Folge des Druckzustandes wirken auf die Begrenzungsfläche der Flüssigkeit an jeder Stelle gleich große Kräfte.

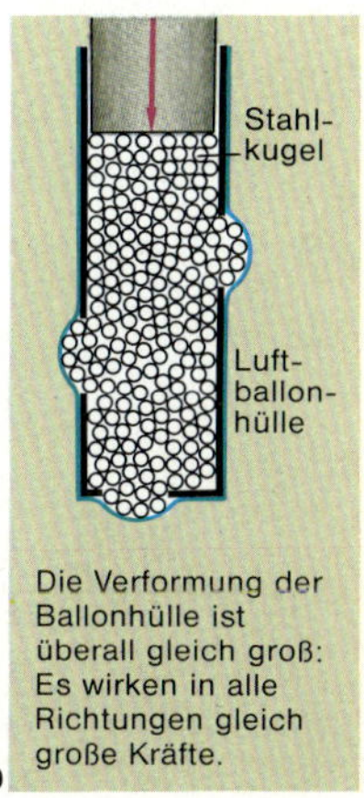

10 Die Verformung der Ballonhülle ist überall gleich groß: Es wirken in alle Richtungen gleich große Kräfte.

Kräfteverstärkung durch Flüssigkeiten

Mit Hilfe von Flüssigkeiten kann man die Wirkung von **Kräften verstärken**. Sieh dir dazu Bild 1 an.

In diesem **hydraulischen System** wird der Druck der Flüssigkeit durch die Kraft $F_1 = \mathbf{10\ N}$ erzeugt; sie wirkt auf die Fläche $A_1 = 2\ \text{cm}^2$ des Kolbens 1; damit wirkt sie auch auf den gleich großen Teil der Flüssigkeitsoberfläche, der mit der Grundfläche des Kolbens Kontakt hat.

Der Druck p, unter den damit die Flüssigkeit gerät, beträgt also

$$p = \frac{F}{A} = \frac{10\ \text{N}}{2\ \text{cm}^2} = \frac{\mathbf{5\ N}}{\mathbf{1\ cm^2}}.$$

Der Quotient „5 N : 1 cm²" bedeutet: Auf jeden Quadratzentimeter der Kolbenfläche A_1 und auf jeden Quadratzentimeter der dort angrenzenden Flüssigkeit wirkt eine Kraft von **5 N**.

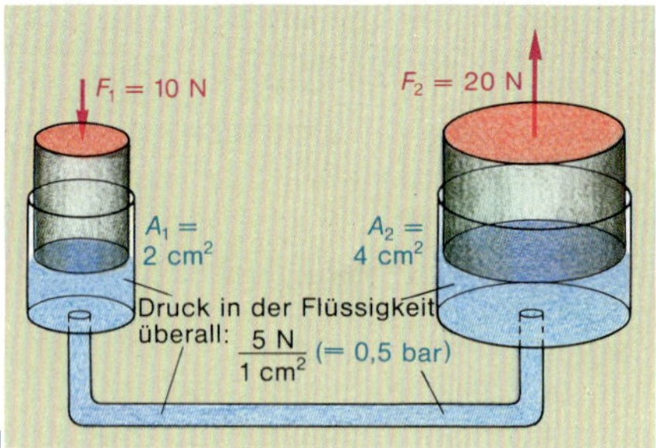

1

Bei Flüssigkeiten, die „unter Druck stehen", ist der Druck *überall* gleich groß. **Die eingeschlossene Flüssigkeit übt also auf *jeden* Quadratzentimeter ihrer Begrenzungsfläche eine Kraft von 5 N aus.** Das gilt auch für die Kolbenfläche A_2 des zweiten Kolbens.

Da aber diese Kolbenfläche nicht 1 cm², sondern **4** cm² groß ist, wirkt hier eine *viermal* so große Kraft F_2:

$$F_2 = p \cdot A_2 = 5\,\frac{\text{N}}{\text{cm}^2} \cdot \mathbf{4}\ \text{cm}^2 = \mathbf{20\ N}.$$

Damit kann dieser Kolben einer Gegenkraft das Gleichgewicht halten, die doppelt so groß ist wie die auf den Kolben 1 wirkende Kraft $F_1 = 10$ N.

Genauso ergibt sich z. B. bei einer Kolbenfläche $A_3 = \mathbf{6}\ \text{cm}^2$ als Kraft F_3:

$$F_3 = p \cdot A_3 = 5\,\frac{\text{N}}{\text{cm}^2} \cdot \mathbf{6}\ \text{cm}^2 = \mathbf{30\ N}.$$

Das bedeutet: Vergrößert man die Kolbenfläche, so nimmt dort die Kraft entsprechend zu.

Aufgaben

1 Du weißt, dass Kräfte in einem hydraulischen System in alle Richtungen wirken. Wie erklärst du das?

2 Welches Verstärkungsverhältnis wird mit dem Hebel des hydraulischen Wagenhebers erreicht (Bild 2 der Vorseite)? Wie verstärkt die Hydraulik? Welche Gesamtverstärkung erreicht man auf diese Weise?

3 So einfach wie im Bild 2 der Vorseite kann der hydraulische Wagenheber nicht gebaut sein.

Warum könnte man das Auto mit einem so gebauten Wagenheber nur ganz wenig anheben? Beschreibe anhand der genaueren Schnittzeichnung auf dieser Seite (Bild 2), wie der Wagenheber funktioniert.

4 Bei einem hydraulischen System (Kolbenabmessungen wie in Bild 1) hält Kolben 2 einer Kraft von 600 N das Gleichgewicht. Unter welchem Druck steht die Flüssigkeit? Welche Kraft wirkt auf Kolben 1?

5 Bei Hebeln und Rollen gilt die goldene Regel der Mechanik: „Was man an Kraft spart, muss man an Weg zusetzen." Gilt sie auch für hydraulische Kraftverstärker?

Überlege dir einen **Versuch**, mit dem du das überprüfen kannst.

6 Auch dieses Beispiel beantwortet die Frage, ob in einem hydraulischen System die goldene Regel der Mechanik gilt: Auf einen Kolben (Grundfläche 2 cm²) wirkt eine Kraft von 12 N. Er sinkt 4 cm tief in den Zylinder ein. Dieser ist mit einer Flüssigkeit gefüllt und mit einem anderen Zylinder verbunden. Wie viel Flüssigkeit wird durch den Kolben verdrängt? (Volumen des Zylinders = Grundfläche · Höhe.) Lege eine Skizze an.

Wie hoch steigt die Flüssigkeit im zweiten Zylinder, wenn dessen Kolbenfläche 4 cm² groß ist?

Welchen Betrag hat die Kraft, die der zweite Zylinder ausübt?

Berechne die Arbeit W_1, die am Kolben verrichtet wird. Wie groß ist die Arbeit W_2, die der Kolben 2 verrichtet? Vergleiche!

7 Auch viele **Hebebühnen** arbeiten hydraulisch (Bild 3).

Wie groß ist der Druck, der in der Flüssigkeit herrscht? Wie viel Kraft muss auf den Pumpenkolben wirken, damit das Auto getragen wird?

Beschreibe die Funktionsweise der Hebebühne in einer Wirkungskette.

Wie hoch wird das Auto gehoben, wenn der Pumpenkolben um 60 cm gesenkt wird?

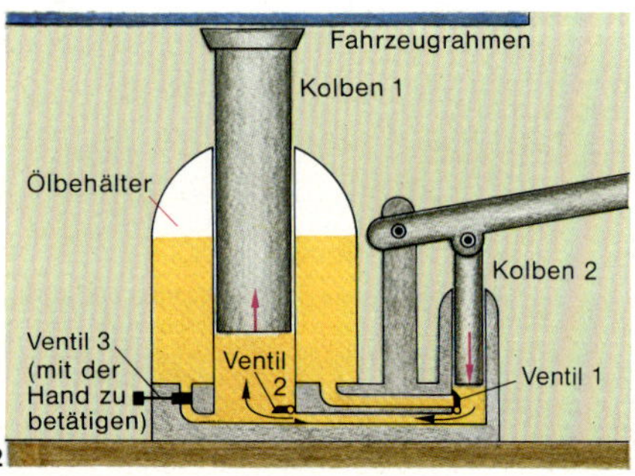

2

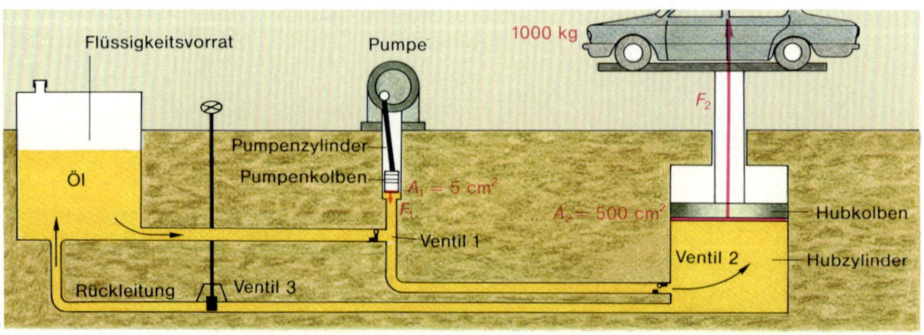

3

2467R

2 Der Schweredruck in Flüssigkeiten

Aus der Geschichte: **11 000 m unter der Meeresoberfläche**

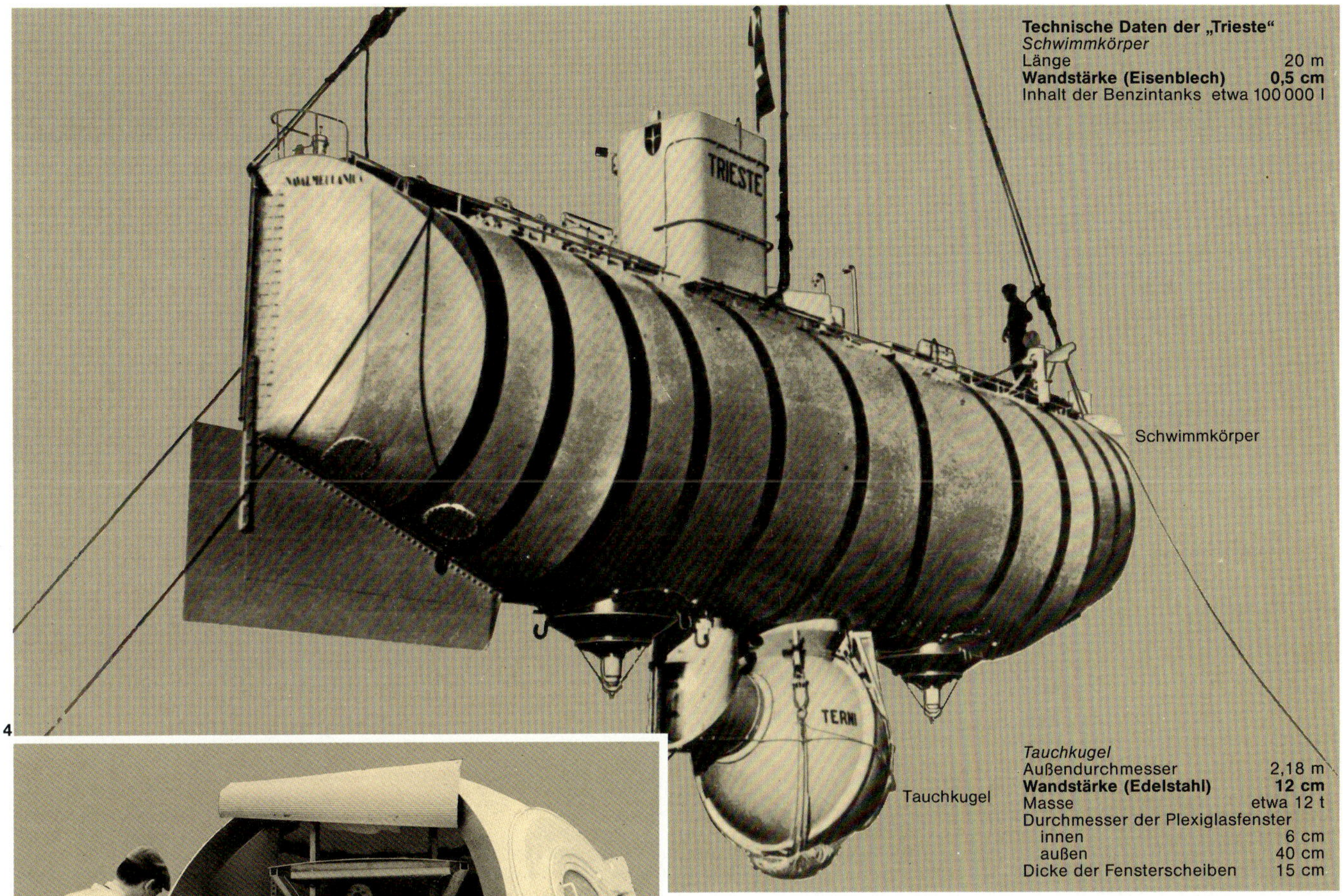

4

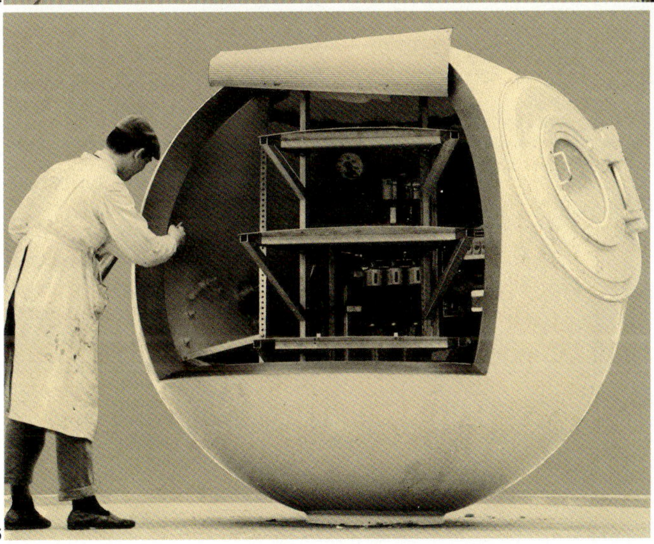
5

23. Januar 1960: Der 11 km tiefe Marianengraben im Stillen Ozean ist Schauplatz eines kühnen Unternehmens. Der Schweizer *Jacques Piccard* und der Amerikaner *Don Walsh* wollen mit ihrer „Trieste“ den Meeresgrund erreichen.

Das zigarrenförmige Oberteil ist mit Benzin und mit Wasser gefüllt und hat eine Verbindung zum Meerwasser. Da Benzin leichter als Wasser ist, hält das Oberteil die „Trieste“ in der Schwebe. Die Tauchkugel hängt an der Unterseite.

Don Walsh berichtet: *Zunächst wurden die Lufttanks, die zum Sinken und Steigen notwendig waren, mit Wasser gefüllt. Der Abstieg begann sehr langsam. Durch den recht starken Wellengang wurden wir heftig durchgeschüttelt, aber bereits in 30 m Tiefe war nichts mehr von der unruhigen See zu spüren. Wir sanken jetzt mit einer Geschwindigkeit von 1,3 m/s.*

Bald waren wir im Bereich vollkommener Dunkelheit angelangt. Wir hatten die Scheinwerfer meistens nicht eingeschaltet. So konnten wir die selbst leuchtenden Lebewesen der Tiefsee beobachten.

Nach etwa 4 Stunden waren wir in 9000 m Tiefe angelangt. Um nicht zu heftig auf dem Meeresboden aufzusetzen, warfen wir Eisenballast ab. Dadurch verringerte sich unsere Geschwindigkeit immer mehr, sodass sie schließlich nur noch 30 cm/s betrug.

Erst in 10 907 m Tiefe erreichten wir nach 4 Stunden 48 Minuten Fahrt den Meeresboden. Im Scheinwerferlicht sahen wir einen 30 cm langen, flachen Fisch, wenig später eine dunkelrote Krabbe. Auch in dieser ungeheuren Tiefe leben also noch Tiere. Nach 20 Minuten Aufenthalt begann der Aufstieg. Und 3 Stunden 27 Minuten später kamen wir wieder wohlbehalten an der Meeresoberfläche an.

Hast du dir die technischen Daten der „Trieste“ auf der Vorseite angesehen?

○ Woran könnte es liegen, dass die Wände der Tauchkugel *24-mal* so dick wie die des Schwimmkörpers sind?

○ Warum wurde die Tauchkugel *ringsherum* (und nicht nur *oben*) mit so stabilen Wänden ausgestattet?

V 4 Mit diesem einfachen Versuch kannst du den Wasserdruck in unterschiedlichen Tiefen untersuchen. Die Bilder 1 u. 2 zeigen dir, wie du dabei vorgehen könntest.

Tauche den mit gefärbtem Wasser gefüllten Ballon und das durchsichtige Rohr langsam in das Gefäß ein (Bild 1). Ziehe es dann wieder ebenso langsam heraus.

Halte nun das Rohr schon vor dem Eintauchen oben zu (Bild 2) und tauche den Ballon bis zum Boden des Gefäßes ein. Gib dann die Öffnung des Rohres frei.

V 5 Um den Druck im Wasser festzustellen, braucht man ein *Manometer*, von dem Bild 3 eine sehr einfache Ausführung zeigt. (Die Gummihaut soll möglichst wenig gespannt sein). Drücke unterschiedlich stark auf die Gummihaut.

Untersuche dann mit dem Manometer den Druck in verschiedenen Tiefen.

V 6 Was soll wohl mit der Anordnung von Bild 4 festgestellt werden? Welche Ergebnisse erwartest du?

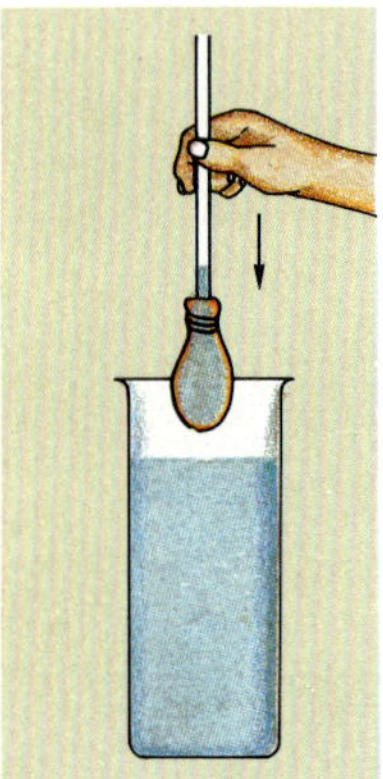
1

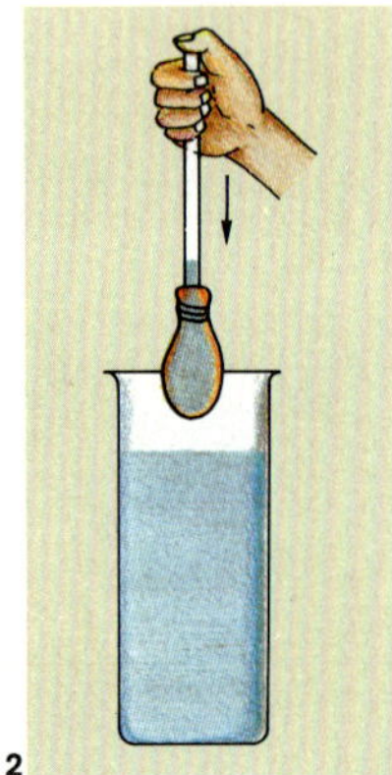
2

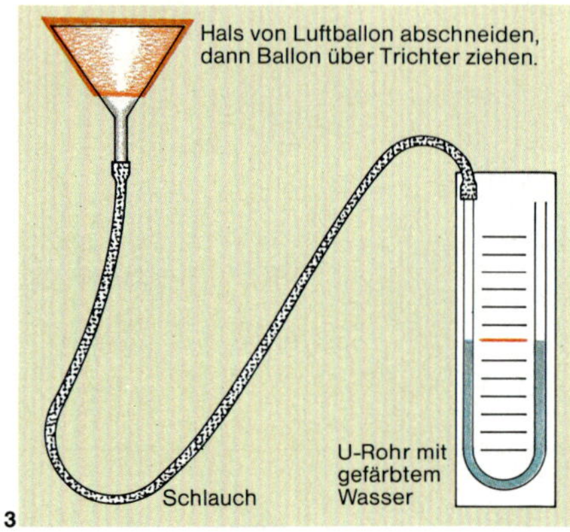

3

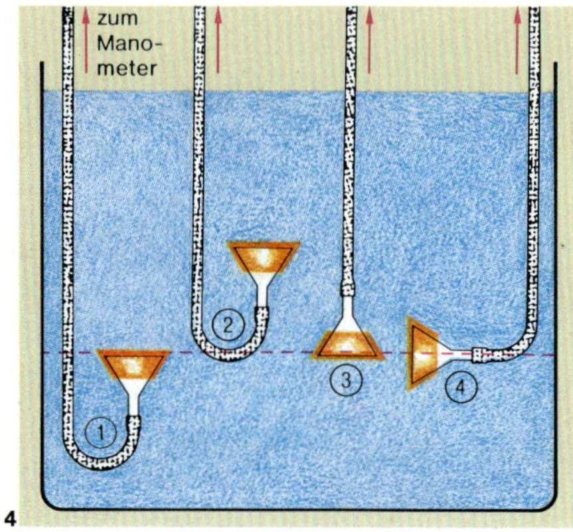

4

Wie kommt der Druck in großen Wassertiefen zustande?

Die Tauchkugel der „Trieste“ hat so stabile Wände, weil sie für große Wassertiefen bestimmt ist. Der Druck des Wassers wird nämlich mit zunehmender Wassertiefe immer größer.

Wie groß ist aber der Druck in unterschiedlichen Wassertiefen? *Welchen* Kräften muss dort ein Körper standhalten?

Um das herauszufinden, wollen wir eine *Fahrt in einer Tauchkugel* ein Stück weit in Gedanken mitmachen:

Nach **100 m** Tauchfahrt halten wir an. In dieser Wassertiefe lastet eine Wassersäule von 100 m Höhe auf jeder (waagerechten) Fläche. Das stellt Bild 5 vereinfacht dar; dabei wurde die Fläche $A = 4\ \text{cm}^2$ als Grundfläche der Säule gewählt.

Das Volumen dieser Wassersäule beträgt somit 40 000 cm^3; sie hat damit eine Masse von 40 000 g (40 kg). Die 40 kg Wasser üben eine Gewichtskraft von etwa 400 N auf die Grundfläche aus.

Auch wenn sich unter dieser gedachten Säule nur Wasser befindet, wirkt die Gewichtskraft von 400 N: Sie setzt das Wasser dieser Tiefe (100 m unter der Wasseroberfläche) „unter Druck“ – so wie in einem Kolbenprober der belastete Kolben das Wasser „unter Druck setzt“.

Der Druck p in 100 m Wassertiefe beträgt also:

$$p = \frac{F}{A} = \frac{400\ \text{N}}{4\ \text{cm}^2} = \frac{\mathbf{100\ N}}{\mathbf{1\ cm^2}} = 10\ \text{bar} = 10\ 000\ \text{hPa}.$$

Dabei sagt der Quotient „100 N : 1 cm^2“ aus, dass in dieser Tiefe **auf *jeden Quadratzentimeter* eines Körpers eine Kraft von 100 N wirkt** – und zwar jeweils senkrecht zur Körperoberfläche. Das gilt z. B. auch für die Unterseite der Tauchkugel.

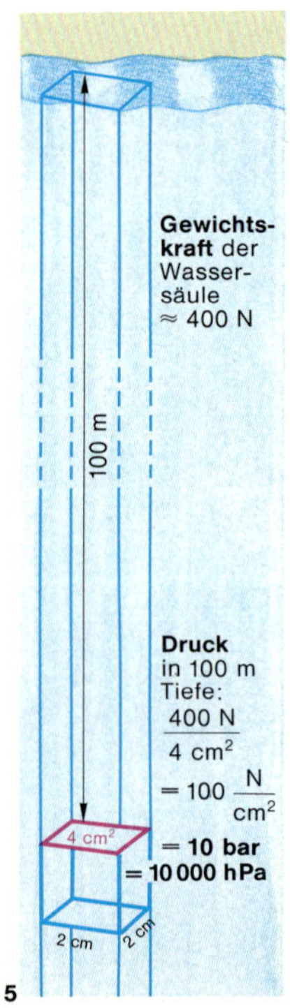

5

Du erkennst jetzt sicher schon, dass die Tauchkugel **in größeren Tiefen als 100 m** *noch größeren Kräften* ausgesetzt ist; dann sind ja die Wassersäulen über ihr länger und damit schwerer.

So wirkt z. B. in **10 000 m** (10 km) Wassertiefe auf jeden Quadratzentimeter eines eingetauchten Körpers eine Kraft von ungefähr **10 000 N**; das entspricht der Gewichtskraft, die ein Pkw auf seine Unterlage ausübt! Der Druck in dieser Tiefe beträgt demnach 10 000 N/cm^2.

Der hohe Druck in großer Wassertiefe entsteht, weil das darüber befindliche Wasser „schwer“ ist. Man spricht deshalb auch vom **Schweredruck** des Wassers. Die *Folge* dieses Schweredrucks sind **Kräfte**, die mit zunehmender Tiefe größer werden. Diese Kräfte wirken in jeder Richtung auf alle Oberflächen eingetauchter Körper.

Vereinfacht kann man sagen: **Der Druck im Wasser nimmt alle 10 m um 1 bar zu.**

2469R

Aufgaben

1 Das Ergebnis von Versuch 5 entspricht Beobachtungen, die du auch beim Tauchen machen kannst …

2 Beschreibe, wie der Schweredruck in einer Flüssigkeit entsteht.

Von Flüssigkeiten, die „unter Druck stehen“, haben wir gesagt: „Der Druck ist bei ihnen überall gleich groß.“ Welche Einschränkungen müssen wir jetzt eigentlich dazu machen?

3 Warum besteht die *gesamte* Tauchkugel aus dickem Stahl?

4 Kannst du jetzt beantworten, warum die Tauchkugel der „Trieste“ aus 12 cm dickem Spezialstahl hergestellt wurde und warum für den Schwimmkörper 5 mm dünnes Stahlblech ausreichte?

5 In einem Süßwassersee beträgt der Wasserdruck in 10 m Tiefe 1 bar.

a) Was bedeutet das?

b) Welche Kraft wirkt in 10 m Tiefe auf die Fläche 2 cm^2 (5 cm^2)?

c) Welche Kraft wirkt dort in 10 m Tiefe auf das Trommelfell eines Tauchers? (Das Trommelfell ist ungefähr 0,5 cm^2 groß.)

6 Warum wäre es lebensgefährlich, mit einem Schnorchel zu tauchen, den jemand mit einem Rohr über die vorgeschriebenen 25 cm hinaus verlängert hat?

7 Der Schweredruck in Salzwasser ist größer als der in Süßwasser.

a) Woran liegt das?

b) Berechne den Schweredruck in Meerwasser in 10 m, 100 m, 1000 m und 10 000 m Tiefe. (Durchschnittliche Dichte des Meerwassers: 1,03 g/cm^3; bei 1 Liter Meerwasser müsste man daher eine Gewichtskraft von 10,1 N messen.)

c) Die Oberfläche der Tauchkugel beträgt 15 m^2. Wie groß ist die Gesamtkraft, die in 100 m (1000 m, 10 000 m) Tiefe auf die Kugel wirkt?

8 Die Fenster der Tauchkugel der „Trieste“ haben außen einen Durchmesser von 40 cm, innen von 6 cm.

a) Warum wurden die Fenster so kegelförmig gebaut?

b) Die Außenfläche eines dieser Fenster beträgt ca. 1260 cm^2. Welche Kraft wirkt in 10 000 m (1000 m, 10 m) Tiefe auf die gesamte Fensterfläche?

9 Aus welchem dieser Gefäße (Bild 6) würde das Wasser am weitesten spritzen, wenn die Füllhöhe *h* bei allen Gefäßen gleich hoch bleibt? (Vergleiche dazu den Schweredruck am Boden der Gefäße.)

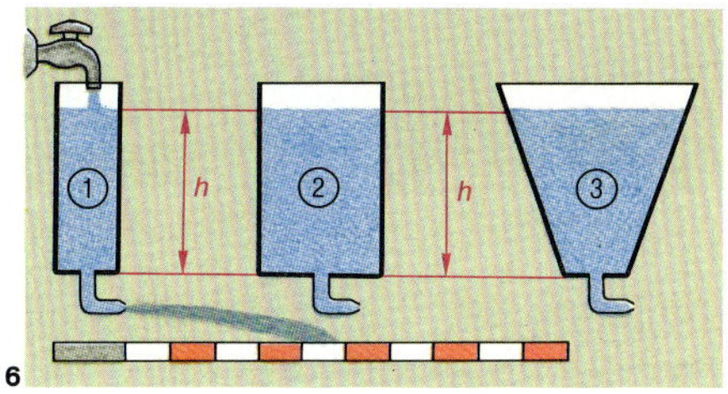

6

10 Wie hoch wird in der Anordnung von Bild 7 das Wasser steigen, wenn der Hahn geöffnet wird?

Solche Anordnungen nennt man *verbundene Gefäße*. Probiere sie in ähnlichen **Versuchen** aus. Kannst du eine Gesetzmäßigkeit ableiten?

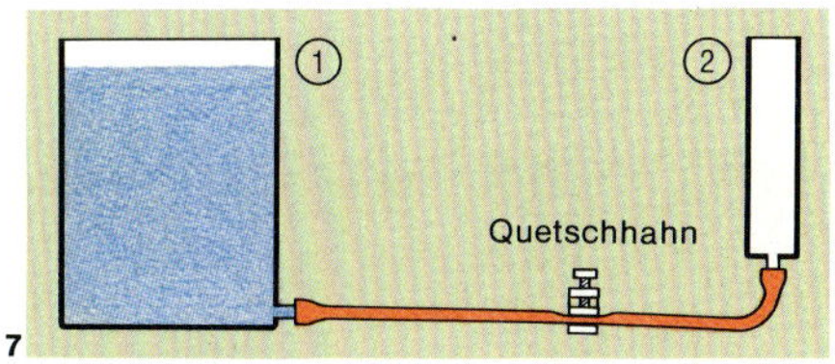

7

11 Hier siehst du einige Beispiele verbundener Gefäße (Bilder 8–13).

Inwiefern hat man sich dabei jeweils das Gesetz von den verbundenen Gefäßen zunutze gemacht?

12 In Bild 14 stehen die Flüssigkeitssäulen nicht gleich hoch. Versuche das zu erklären. (Tipp: Wie groß ist der Druck im waagerechten Teil?)

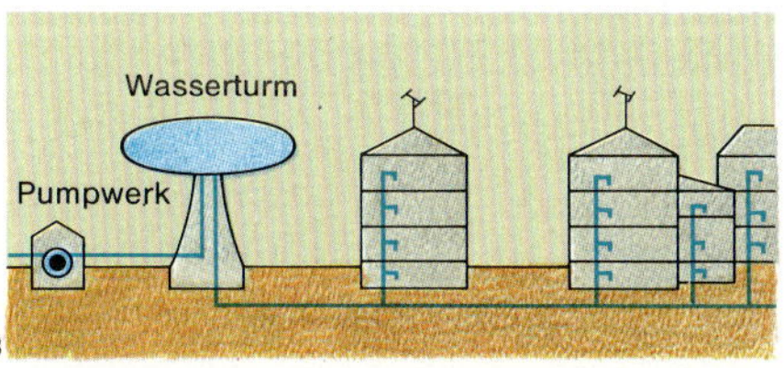

8

9

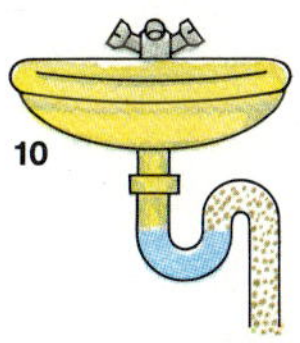
10

11

12

14

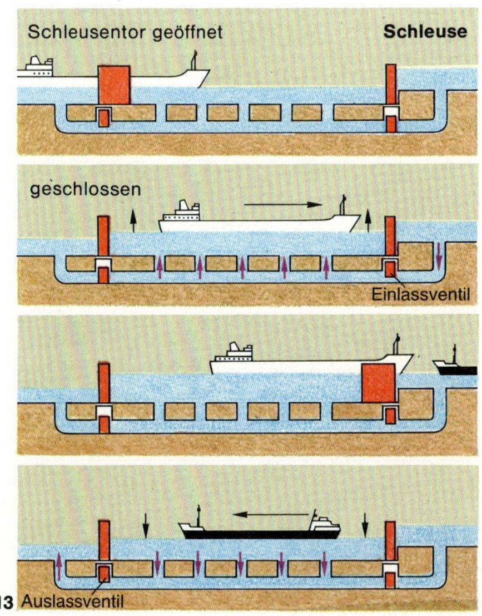

13

3 Der Auftrieb

1

Da hat Dagobert mal wieder Pech gehabt! Aber wieso eigentlich?

Warum ist denn der Holzboden seiner Schatztruhe nicht schon im Wasser herausgebrochen?

Die Goldstücke können doch nicht plötzlich außerhalb des Wassers schwerer geworden sein? ...

V 7 Ob ein Körper „an Land" schwerer ist als im Wasser? Dazu kannst du selber einen Versuch planen und durchführen.

V 8 Fülle einen Luftballon langsam mit etwas Wasser. Binde den Ballon dann über dem Wasser zu (Bild 2). Im Ballon darf danach keine Luft mehr sein! An dem Bindfaden befestigst du einen Gummiring.

a) Halte den Ballon am Gummiring fest, und lass ihn ganz langsam in einen mit Wasser gefüllten Eimer sinken (Bild 3).

b) Wiederhole den Versuch mehrere Male. Beobachte jedes Mal den Gummiring und die Form des Ballons.

V 9 Lege eine Tabelle an (→ Muster unten).

Wir hängen den wassergefüllten Ballon von Bild 2 an einen Kraftmesser und bestimmen die folgenden Größen:
1. die Gewichtskraft (in Luft),
2. die Kraft, die auf den gefüllten Ballon nach unten wirkt, wenn er ganz in Wasser eingetaucht ist,
3. das Volumen des Wassers, das verdrängt wird, wenn der Ballon vollständig untergetaucht ist.

Die 4. Spalte der Tabelle soll zeigen, um wie viel der Körper im Wasser leichter wird. Dazu errechnest du jeweils den Unterschied zwischen der Kraft, die der Kraftmesser in Luft und in Wasser anzeigt. Vergleiche diese Werte mit denen in der letzten Tabellenspalte.

V 10 Führe V 9 jetzt mit einem Metallkörper (oder mit einem Plastilinkörper) statt des Luftballons durch. Miss dabei die gleichen Größen.

Versuch Nr.	Kraftmesseranzeigen Körper in Luft	Kraftmesseranzeigen Körper in Wasser	Unterschied der beiden Anzeigen	Volumen des verdrängten Wassers	Gewichtskraft auf das verdrängte Wasser
9	... N	... N	... N	... cm^3	... N

2

3

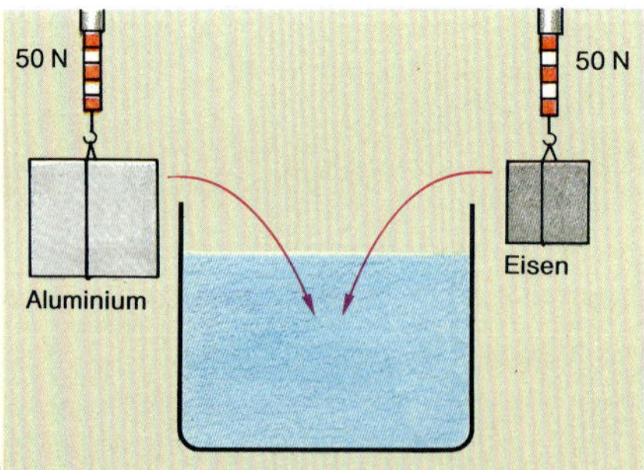

4

V 11 Bei einem Gegenstand aus Aluminium und bei einem Gegenstand aus Eisen messen wir gleiche Gewichtskräfte (Bild 4).

Ob die beiden Kraftmesser auch dann noch den gleichen Wert anzeigen, wenn die Körper ganz in Wasser eingetaucht sind?

Trage auch die Ergebnisse dieses Versuchs in die Tabelle ein.

2471R

V 12 Drücke einen Gummiball (oder eine Styroporkugel) ganz unter Wasser und lass ihn los. Du kannst so die Wirkung der Kraft (die gegen die Gewichtskraft gerichtet ist) gut beobachten. Man nennt sie ***Auftriebskraft***. Erkäre den Namen.

V 13 Mit diesem Versuchsaufbau von Bild 5 kann man die Auftriebskraft, die auf einen Ballon oder auf eine Styroporkugel wirkt, direkt messen (wenn man die sehr kleine Gewichtskraft vernachlässigt).

a) Miss die Auftriebskraft, die auf den Ballon oder die Styroporkugel wirkt.

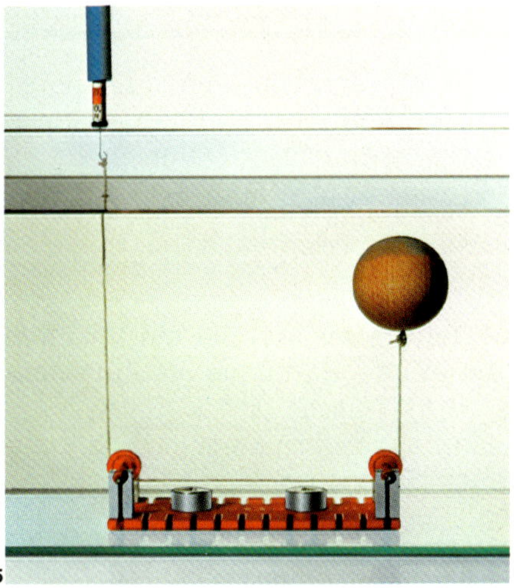
5

b) Bestimme das Volumen des Wassers, das verdrängt wird, wenn der Ballon (die Kugel) ganz eintaucht.

Berechne auch die Gewichtskraft auf das verdrängte Wasser.

c) Vergleiche die Ergebnisse der Versuchsteile a und b.

V 14 Ein Taucher holt eine schwere Kiste aus einem Schiffswrack, das in 15 m Tiefe liegt. Ob die Kiste in 15 m Tiefe genauso schwer ist wie in 5 m Tiefe?

Überprüfe in einem Versuch, ob sich die Auftriebskraft mit der Wassertiefe ändert.

Wie ist der Auftrieb in Wasser zu erklären?

Warum sind eigentlich Körper im Wasser leichter als in der Luft? Im Wasser kann doch die Anziehungskraft der Erde nicht weniger wirken als in Luft?

In Bild 6 messen wir für einen Eisenwürfel (Kantenlänge: 10 cm) in Luft eine Gewichtskraft von **78 N**. Wenn der Würfel aber ganz in einen Behälter mit Wasser eintaucht, zeigt der Kraftmesser nur noch **68 N** an (Bild 7). Wie kommt das?

Du weißt bereits, dass im Wasser ein Druck herrscht, der sogenannte **Schweredruck** des Wassers. Deshalb wirken aus allen Richtungen **Kräfte** auf einen eingetauchten Körper.

Da der Schweredruck von der Wassertiefe abhängt, sind diese Kräfte auf die Flächen des Körpers **unterschiedlich groß** – je nachdem, in welcher Wassertiefe sich diese Flächen befinden.

Die Grundfläche des Eisenwürfels in Bild 8 ist 10 cm tiefer eingetaucht als seine Deckfläche. Das bedeutet: Auf die Grundfläche wirkt eine *aufwärts* gerichtete Kraft F_2, die um **10 N** größer ist als die *abwärts* gerichtete Kraft F_1, die auf die Deckfläche einwirkt. Um diese Kraft von 10 N wurde hier der Eisenwürfel beim Eintauchen leichter. Wir bezeichnen sie als ***Auftriebskraft*** F_A.

Beim Eintauchen ins Wasser hat unser Eisenwürfel genau 1 Liter Wasser (also 1000 cm^3) verdrängt (Bild 9). Für 1 Liter Wasser beträgt die Gewichtskraft ebenfalls 10 N. Dieser Wert ist also genauso groß wie die gemessene Auftriebskraft. Deshalb können wir sagen: *Die Auftriebskraft in Wasser ist genauso groß wie die Gewichtskraft, die sich für das verdrängte Wasser ergeben würde.*

Auch für andere Flüssigkeiten gelten diese Überlegungen:

Die Auftriebskraft, die auf einen Körper in einer Flüssigkeit wirkt, ist so groß wie die Gewichtskraft, die sich für die verdrängte Flüssigkeit ergeben würde (archimedisches Prinzip).

Musteraufgabe:
Welche Auftriebskraft F_A wirkt auf einen Gummiball ($V = 900\ cm^3$), der ganz unter Wasser gedrückt wird?
Lösung:
Volumen des verdrängten Wassers:
$V = 900\ cm^3$.
Da 1 cm^3 Wasser 1 g wiegt, wiegt das verdrängte Wasser 900 g.
Gewichtskraft: $F_G = 9$ N.
Der Ball erfährt eine Auftriebskraft von $F_A = 9$ N.

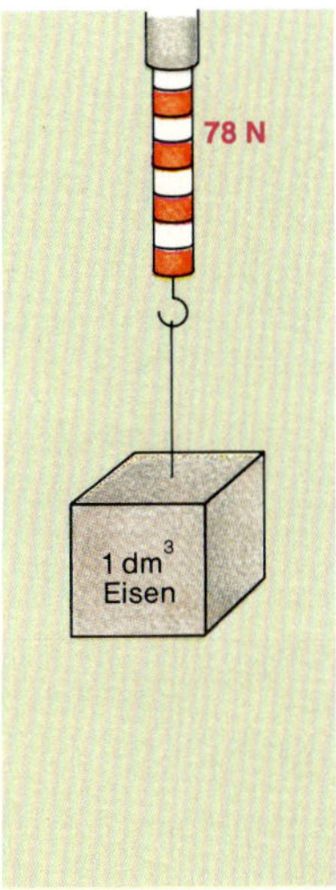

6

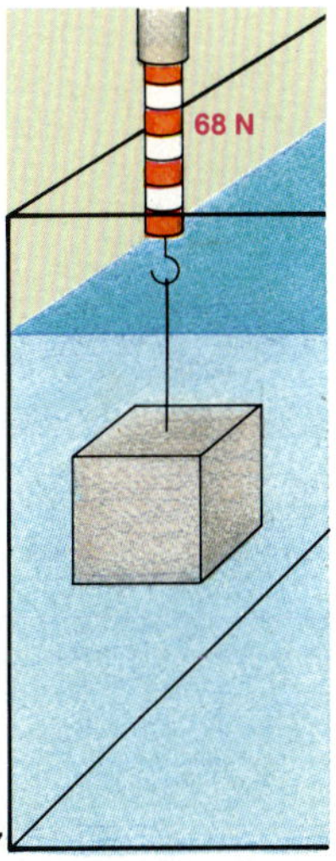

7

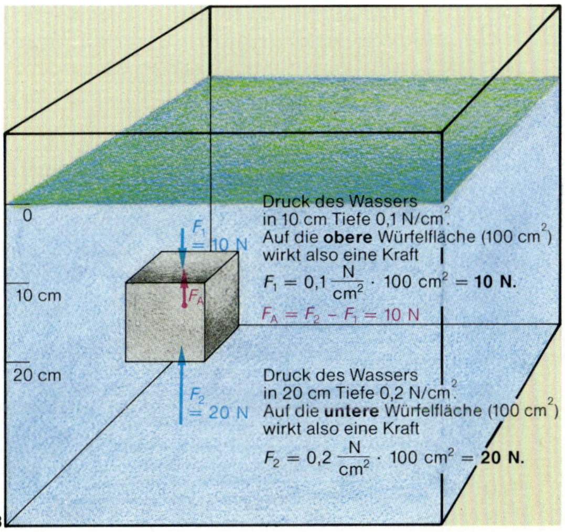

8

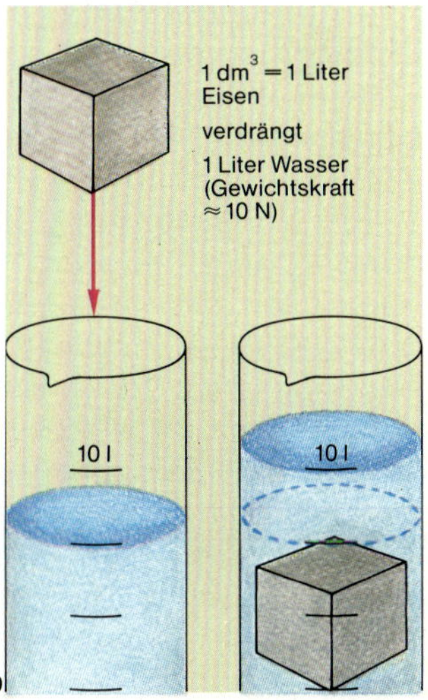

9

Aufgaben

1 Warum sind Körper im Wasser nicht schwerer als an der Luft? Das Wasser über ihnen wiegt doch auch etwas.

2 Stell dir vor, unser Eisenwürfel von Bild 6 der Vorseite würde 5 m tief ins Wasser gehalten. Was müsste der Kraftmesser dann anzeigen – 78 N, 68 N oder weniger?

Wie fiele das Ergebnis mit Öl statt Wasser aus?

3 Erkläre jetzt, weshalb Dagoberts Schatzbergung misslang.

4 Wie du hier siehst (Bild 1), führt der Mittellandkanal auch als Brücke über einen Fluss. Wird die Brücke stärker belastet, wenn sie gerade von einem Schiff überquert wird?

Der abgebildete **Versuch** (Bild 2) hilft dir die richtige Antwort zu finden: Der Holzklotz könnte das Schiff sein, der linke Waagebalken stellt die Brücke dar. Ob die Waage im Gleichgewicht bleibt?

5 Ein Eisenwürfel wird in Leitungswasser und anschließend in Salzwasser getaucht.

a) Begründe, weshalb die Auftriebskräfte in beiden Fällen nicht gleich groß sind.

b) Der Eisenwürfel hat ein Volumen von 75 cm^3. Berechne die Auftriebskraft in Wasser und in Salzwasser. (1 cm^3 Wasser wiegt 1,00 g, und 1 cm^3 Salzwasser wiegt 1,03 g.)

c) Würdest du andere Auftriebskräfte errechnen, wenn du den Eisenwürfel durch einen Aluminiumkörper *gleichen Volumens* ersetzt?

6 Wovon hängt die Auftriebskraft ab, die auf einen Körper in einer Flüssigkeit wirkt – von der Tiefe, der Menge, der Dichte der *Flüssigkeit* oder von der Form, der Gewichtskraft, dem Rauminhalt (Volumen) des eingetauchten *Körpers*?

7 In V 13 wurde die Auftriebskraft, die auf einen Ballon wirkt, gemessen. (Das nur geringe „Eigengewicht" des Ballons wurde vernachlässigt.)

Wie groß ist die Auftriebskraft, die auf eine *Holz*kugel ($V = 400\ cm^3$) in Wasser wirkt, wenn am Kraftmesser 2 N angezeigt werden? ($F_G = 2$ N.)

1

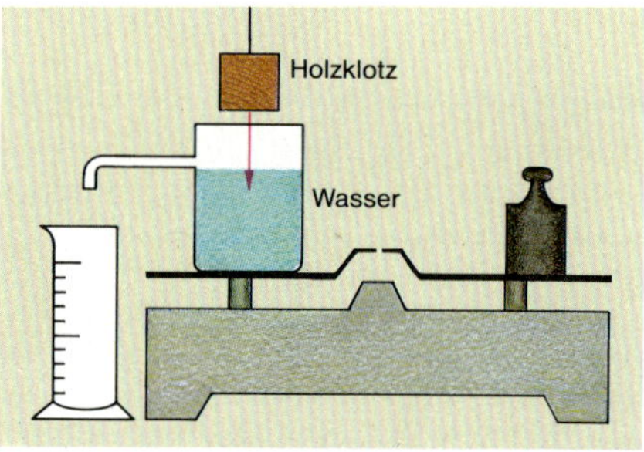

2

Aus der Geschichte: **Archimedes als Detektiv**

König *Hieron von Syrakus* ließ sich aus einem Barren reinen Goldes eine Krone anfertigen. Sie gelang dem Goldschmied sehr gut; trotzdem war der König nicht zufrieden: Die Krone schien ihm eine etwas andere Farbe zu haben als das Barrengold, das der Goldschmied verwenden sollte.

Ob er einen Teil des Goldes durch billigere Metalle ersetzt und so den König betrogen hatte?

Aber wie sollte König Hieron seinen Verdacht beweisen? Er beauftragte den Gelehrten *Archimedes* (287–212 v. Chr.) mit der Lösung dieses Problems. Der grübelte lange darüber nach, bis er schließlich – gerade als er ein Bad nahm – doch noch den entscheidenden Einfall hatte.

Am nächsten Tag ließ sich Archimedes die Krone und einen gleich schweren Klumpen Gold vom König geben. Beides hängte er an eine Waage: Goldklumpen und Krone waren im Gleichgewicht.

Dann ließ er eine Wanne mit Wasser füllen und senkte die Waagschale samt Krone und Goldbarren langsam hinein. Nun geschah etwas Erstaunliches: Die Waagschale mit dem daranhängenden Goldklumpen senkte sich im Wasser (Bild 3).

Keiner der Umstehenden verstand das. Archimedes aber wies auf den Goldschmied und rief: „Da steht ein Betrüger!"

3

Fragen und Aufgaben zum Text

1 Wieso konnte Archimedes so sicher sein, dass der Goldschmied betrogen hatte? Wenn du den folgenden **Versuch** durchführst, kannst du das erklären:

a) An den Enden eines Holzstabes befestigst du jeweils an einer Schnur eine gleich schwere Kugel aus Knete. (Zuvor hast du aber in eine der Kugeln ein Stückchen Holz „gemogelt".) Dann hängst du den Holzstab so an einem Bindfaden auf, dass die „Waage" im Gleichgewicht ist.

Welche Seite wird sich senken, wenn du die „Waage" in Wasser tauchst?

b) Erkläre das Ergebnis. Überlege, welcher Körper das größere Volumen hat, und bedenke, dass beide Körper an der Luft gleich schwer sind.

2 Wie wäre das Ergebnis ausgefallen, wenn du ein gleich großes Stück Eisen statt Holz in die Knete gesteckt hättest?

3 Was könnte der Goldschmied in die Krone „gemogelt" haben?

2473R

4 Das Schwimmen

4

5

Eisen sinkt und Holz schwimmt – das weiß doch schließlich jeder!
Aber halt! Die Bilder 4 u. 5 zeigen genau das Gegenteil:
Da schwimmt die Eisenschraube
und das Holzstück liegt am Boden ...

V 15 Untersuche jetzt selbst, welche Stoffe im Wasser schwimmen:

Eisen, Kupfer, Wachs (Stearin), Holz, Sand, Kohle, Eis, Glas, Gummi, Kunststoff, Stein ...

Lege eine Tabelle an, in die du deine Ergebnisse einträgst.

V 16 Olaf behauptet: „In einem großen Wasserbecken schwimmen Körper viel besser als in einem kleinen!"

Ob das so stimmt, kannst du selber überprüfen: Als Schwimmkörper eignen sich ein Korken, eine Styroporkugel oder ein leeres Tablettenröhrchen mit Stopfen. Du musst den Körper beschweren (Bild 6), sodass er in einem kleinen Becken (z. B. im Einweckglas) ganz langsam zu Boden sinkt. (Vielleicht schaffst du es sogar, dass der Körper im Wasser schwebt.) Danach setzt du ihn vorsichtig in ein großes Becken (zum Beispiel in einen Wassereimer).

V 17 „Salzwasser trägt viel besser!" Auch diese Behauptung kannst du mit deinem Schwimmkörper überprüfen. Dazu lässt du ihn zuerst in Leitungswasser langsam *sinken* oder *schweben*. Dann schüttest du Salz in das Wasser und rührst vorsichtig um.

6

V 18 Für diesen Versuch brauchst du außer Wasser noch etwas Speiseöl und Spiritus.

a) Aus etwa 10 cm Höhe lässt du einen Teelöffel Speiseöl in ein Glas mit Wasser laufen.

b) Gieße dann einen Teelöffel Speiseöl in ein leeres Glas, das du anschließend *ganz langsam* mit Wasser füllst.

c) Fülle ein kleines, schmales Glas (z. B. ein Schnapsglas) halbvoll mit Speiseöl. In das Öl gießt du anschließend vorsichtig einen Teelöffel gefärbtes Wasser.

d) Als Nächstes gießt du langsam einen Teelöffel gefärbten Spiritus in das Glas. (Spiritus und Wasser können mit Tinte gefärbt werden.) Was beobachtest du?

V 19 Ein Stück dünnes Aluminiumblech (oder eine Alufolie) sinkt, wenn man es ins Wasser fallen lässt.

Du kannst *dasselbe* Blech aber so verändern, dass es auf dem Wasser schwimmt und sogar noch belastet werden kann! (Dabei darfst du eine Blech- oder Papierschere und Klebeband benutzen.)

Aufgaben

1 Die folgende Tabelle ist noch unvollständig:

Körper	Dichte $\frac{g}{cm^3}$	Flüssigkeit	Dichte $\frac{g}{cm^3}$	schwimmt (+) schwebt (0) sinkt (−)
Eisenwürfel	?	?	?	+
Stahlkasten	0,4	?	?	+
Aludraht	?	Salzwasser	1,03	?
Alubecher	0,2	Wasser	?	?
Korken mit Nägeln	1,0	Wasser von 100 °C	0,96	?
Korken mit Nägeln	1,0	Wasser von 4 °C	1,00	?

a) Die Dichten des Stahlkastens und des Alubechers sind mit 0,4 g/cm³ und 0,2 g/cm³ angegeben. Worauf beziehen sich diese Angaben?

b) Übertrage die Tabelle in dein Heft und ergänze sie.

c) Ordne auch die Ergebnisse des Versuchs 15 ein.

2 Wann steigt und schwimmt ein Körper in einer Flüssigkeit? Wann schwebt er, wann sinkt er?

Beantworte diese Fragen mit Hilfe der Begriffe *Dichte* und *Auftriebskraft*.

3 Was wird wohl in diesem **Versuch** (Bild 1) mit den Ballons passieren? (Achte beim Ausprobieren darauf, dass die Ballons keine Luft mehr enthalten.)

Erkläre die Ergebnisse wieder mit den beiden Begriffen *Dichte* und *Auftriebskraft*.

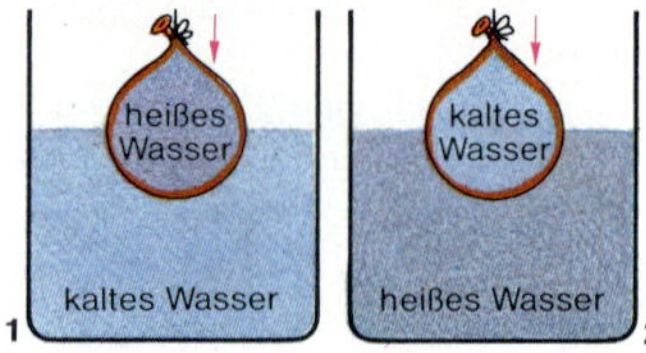

1 2

4 In dem in Bild 2 gezeigten Gefäß befinden sich folgende Stoffe: Wasser, Benzin, Quecksilber, Kork, Eisen, Stearin (Wachs) und Platin.

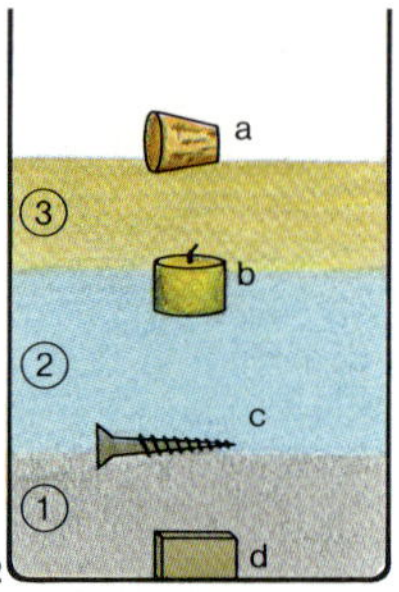

2

a) Aus welchen Flüssigkeiten bestehen deiner Meinung nach die Schichten 1, 2 und 3?

b) Um welche Stoffe handelt es sich bei a, b, c und d?

c) Begründe deine Antworten. Verwende dabei wiederum die Begriffe *Dichte* und *Auftriebskraft*.

Aus Umwelt und Technik: **Schiffshebung durch Schaumstoff**

Im Hafen von Kuweit sank im November 1965 das Frachtschiff „Al Kuweit“ mit etwa 5000 Schafen an Bord. Von verschiedenen Firmen gingen Angebote zur Bergung des Schiffs ein. Dabei machte der Däne *Karl Krøyer* – man nannte ihn den „dänischen Ideenmann“ – einen fantastisch klingenden Vorschlag:

Kleine Styroporkügelchen sollten das Schiff heben! Ob er wohl beim Lesen dieser Mickymaus-Geschichte (Bild 3) darauf gekommen war?

Tatsächlich übertrug man ihm den Auftrag. So konnte es also losgehen!

Per Flugzeug ließ Krøyer zunächst Pumpen, dicke Schläuche und eine Ladung Styroporkügelchen nach Kuweit bringen. Die Hauptladung der Kugeln kam dann per Schiff.

Die Schaumstoffkugeln ließ er zunächst mit Wasser vermischen. Dann wurden sie mit Pressluft durch die Schläuche in den vorher abgedichteten Schiffsrumpf gepumpt (Bild 4).

Schon nach sechs Wochen war es dann so weit: Die „Al Kuweit“ erschien an der Oberfläche (Bild 5).

Seine Methode zur Hebung eines gesunkenen Schiffs wollte Krøyer zum Patent anmelden.

Das Patentamt lehnte aber seinen Antrag mit der Begründung ab, nicht er – Krøyer – sei der Erfinder dieser Methode, sondern der Schreiber der Donald-Duck-Geschichte …

4

5

3

2475R

1 Wo in Bild 6 ist der größte, wo der geringste Druck? Ordne und begründe!

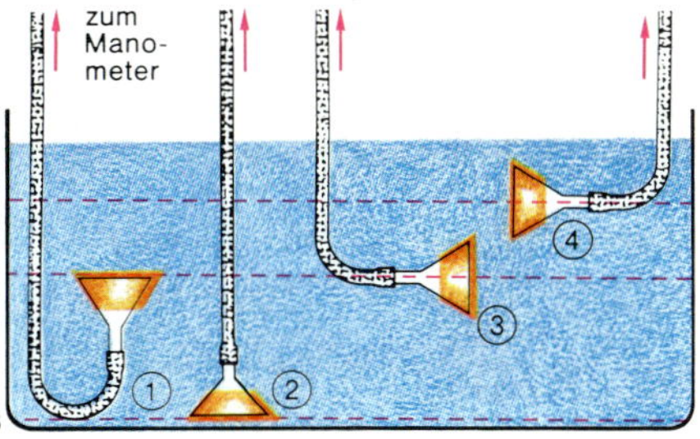

6

2 Beschreibe einen Versuch, mit dem du beweisen kannst, dass alle Körper im Wasser leichter werden.

3 Erkläre das Ergebnis des Versuchs, der in Bild 7 gezeichnet wurde.

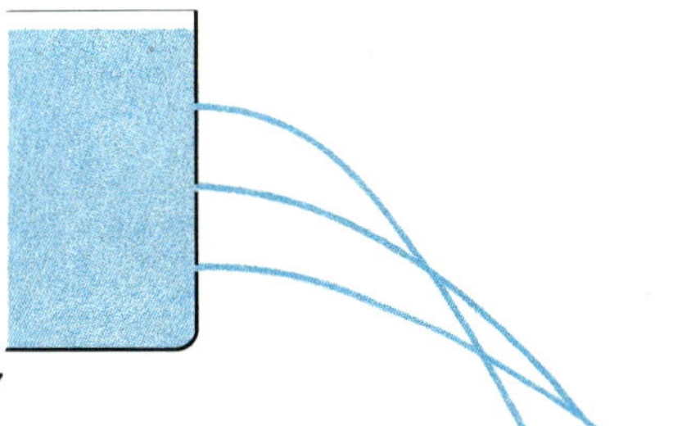
7

4 Warum kann ein Blauwal nur im Wasser leben? (Der Blauwal wiegt mehr als 30 Elefanten!)

5 Wie groß ist die Auftriebskraft, die auf einen Kupferquader wirkt ($l = 40$ cm; $b = 30$ cm; $h = 15$ cm), wenn der Körper vollständig in Wasser (Salzwasser, Benzin) eintaucht?

Würde sich die Auftriebskraft bei einem Bleiquader, der das gleiche Volumen hat, ändern?

6 Ein Taucher führt beim Tauchen folgende Körper mit sich:

Körper	Volumen des Körpers	Gewichtskraft des Körpers
Eisenwürfel	1000 cm^3	78 N
Alukoffer	5000 cm^3	20 N
Vollgummiball	1200 cm^3	12 N
Styroporkugel (mit Schrauben beschwert)	150 cm^3	1,2 N (≙ 120 g)

a) Wie viel Wasser verdrängt jeder einzelne Körper?

b) Wie groß ist jeweils die Auftriebskraft?

c) In 2 m Tiefe lässt der Taucher alle Körper los. Was passiert? Erkläre mit dem Begriff *Auftriebskraft*.

7 Beschreibe und erkläre, wie U-Boote sinken und steigen (Bild 8).

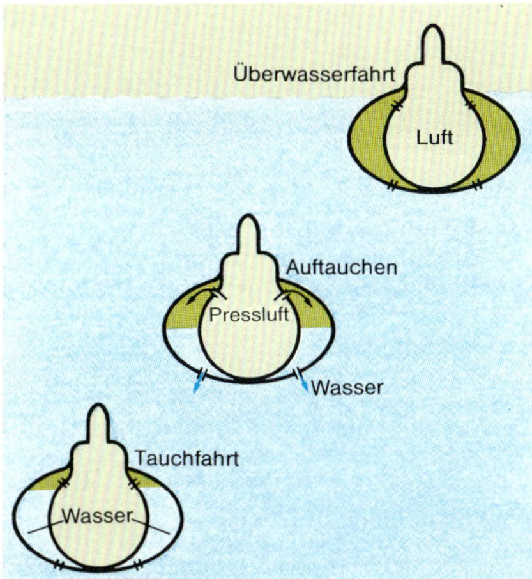

8

8 Schiffe tragen sog. „Freibordmarken" (Bild 9). Sie geben an, wie tief das Schiff im Wasser liegen darf. Für verschiedene Wassersorten und Jahreszeiten sind unterschiedliche Marken angegeben.

9

a) In welchem Wasser sinkt ein Schiff bei gleicher Ladung tiefer ein: in Süßwasser oder in Salzwasser?

b) Sinkt ein Schiff (bei gleichem Wasser) im Winter oder im Sommer tiefer ein?

c) Stell dir vor, es gäbe nur die Freibordmarke TF. Ein Containerschiff wird im Winter in Wilhelmshaven (Nordsee) so belastet, dass es bis zu dieser Marke einsinkt. Dann nimmt das Schiff Kurs auf Afrika und fährt schließlich in die Kongomündung (Süßwasser) ein. Was geschieht?

9 Zwei gleich große Gläser sind randvoll mit Wasser gefüllt. Nachdem du in eines einen Holzklotz gelegt hast, stellst du beide Gläser auf eine Balkenwaage.

Bleibt die Waage im Gleichgewicht? Erkläre die Beobachtung.

Wie wäre der Versuch mit einem gleich großen Eisenwürfel ausgegangen?

10 Auch so kann man versunkene Schiffe heben (Bild 10). Erkläre!

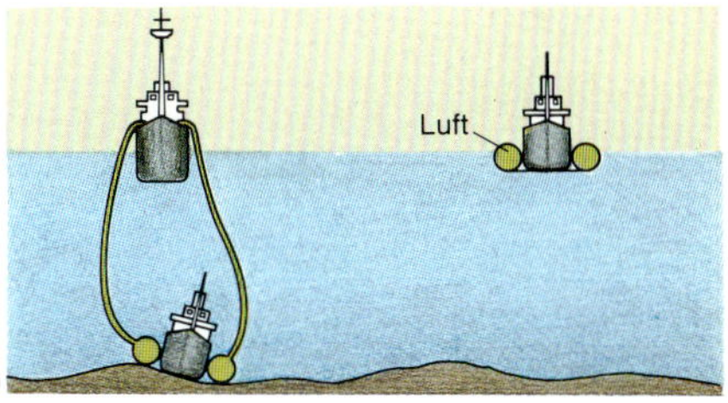

10

11 Wenn du dich lang gestreckt aufs Wasser legst und tief Luft holst, gehst du nicht unter.

a) Woran liegt das?

b) Ein Mensch geht im Toten Meer nicht unter (Bild 11), auch wenn er ausatmet. Warum? (Dichte des menschlichen Körpers: ca. 1,02 g/cm^3.) Erkläre das auch mit dem Begriff *Auftriebskraft*.

11

c) Bevor du tauchst, solltest du nicht tief einatmen. Warum?

12 Man kann die Dichte von Flüssigkeiten mit *Aräometern* (Senkwaagen) feststellen.

So wird z. B. der Säuregehalt in Autobatterien geprüft. In der Batterie befindet sich verdünnte Schwefelsäure. Beim Entladen und Nachfüllen von Wasser verringert sich die Konzentration der Schwefelsäure (und damit ihre Dichte).

Wie lässt sich das mit einem Säureprüfer (Bild 12) beweisen? (Dichte der konzentrierten Schwefelsäure: 1,84 g/cm^3.)

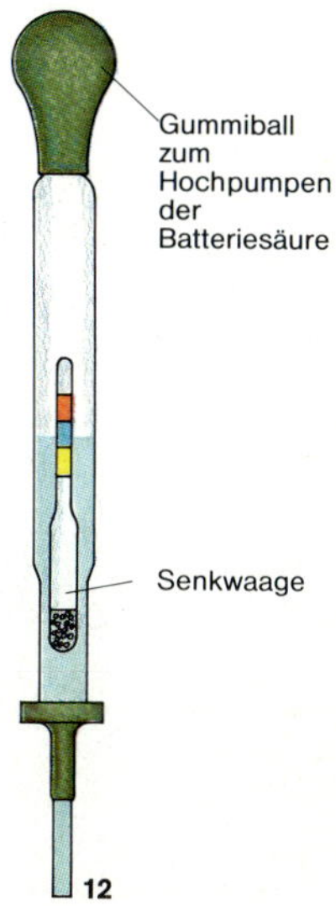

12

5 Zusammenfassung

Der Druck in Flüssigkeiten

Hier wirkt eine Kraft F – über die Kolbenfläche A_1 – auf eine Flüssigkeit in einem Gefäß. Dadurch ändert sich der Zustand der Flüssigkeit: In ihr herrscht jetzt ein **Druck**.

Wir erkennen das daran, dass **Kräfte** auf die Begrenzungsflächen der Flüssigkeit (oder auf eingetauchte Körper) wirken.

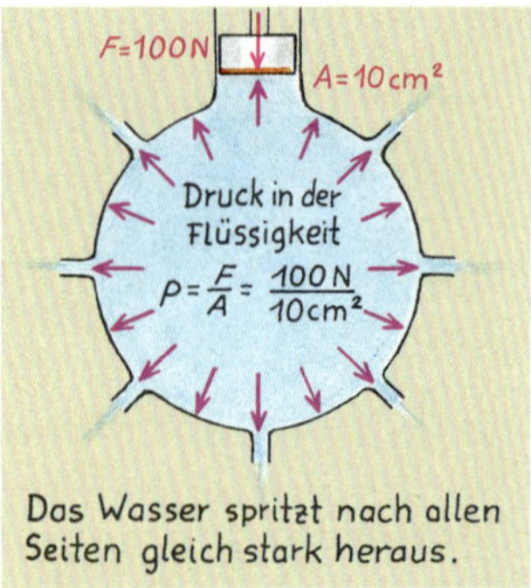

1

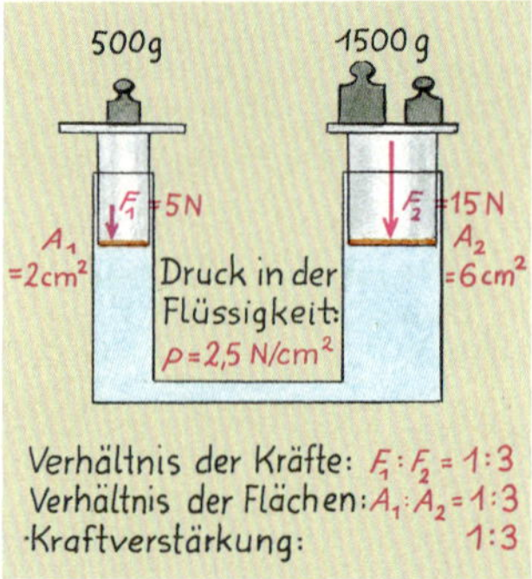

2

In *hydraulischen Maschinen* kann man Kräfte mit Hilfe von Flüssigkeiten **verstärken**: So erzeugt hier die Kraft F_1 einen bestimmten Druck in der Flüssigkeit. Er ist überall in der Flüssigkeit gleich groß.

Die Grundfläche des zweiten Kolbens ist aber größer als die des ersten Kolbens; deshalb wird der zweite Kolben mit einer Kraft F_2 nach oben gedrückt, die größer als die Kraft F_1 ist.

Wenn eine Flüssigkeit „unter Druck steht", wirken **Kräfte** auf alle Begrenzungsflächen oder auf eingetauchte Körper; diese Kräfte sind *überall* in der Flüssigkeit **gleich groß**.

Hydraulische Maschinen sind Kraftwandler.

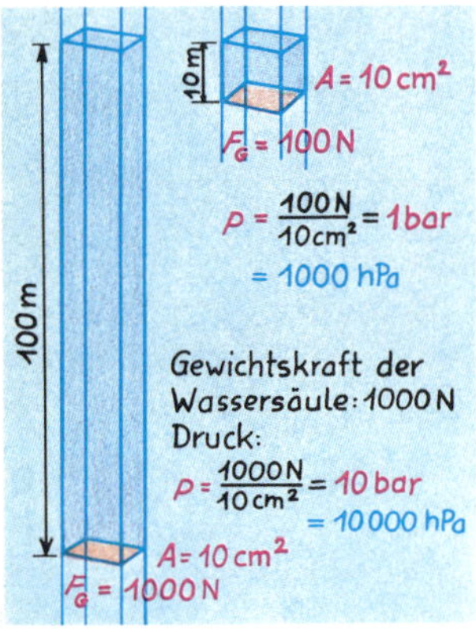

3

Flüssigkeiten werden nicht nur durch andere Körper „unter Druck gesetzt". Da die Flüssigkeit selbst eine Masse hat und damit eine Gewichtskraft ausübt, bewirkt sie einen Druck, den man **Schweredruck** nennt.

Als Folge des Schweredrucks wirken (in jeweils gleicher Tiefe) gleich große Kräfte in alle Richtungen.

Der Schweredruck hängt ab:

① von der **Höhe** h der darüber lastenden „Flüssigkeitssäule" (und damit von der Wassertiefe): Je größer die Wassertiefe, desto stärker der Druck; $p \sim h$;

② von der **Dichte** ϱ (Rho) der Flüssigkeit: Je größer die Dichte, desto größer die Masse (also auch die Gewichtskraft) der Flüssigkeit und damit der Druck: $p \sim \varrho$.

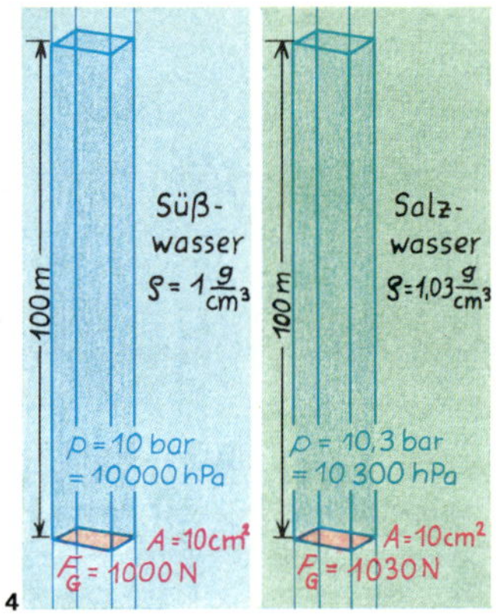

4

Verbundene Gefäße

In *verbundenen Gefäßen* steht eine Flüssigkeit – unabhängig von der Gefäßform – immer gleich hoch (**Gesetz von den verbundenen Gefäßen**).

Das liegt daran, dass der *Schweredruck* in einer Flüssigkeit nicht von der Form des Gefäßes abhängt, in dem sich die Flüssigkeit befindet (Bild 5).

In Bild 6 wirkt auf den beweglichen Kolben K von links eine größere Kraft als von rechts; links ist nämlich der Schweredruck aufgrund der größeren Höhe des Wassers größer. Der Kolben bewegt sich deshalb so lange nach rechts, bis in beiden Gefäßen das Wasser gleich hoch steht; dann ist der Schweredruck auf beiden Seiten des Kolbens gleich groß (Bild 7).

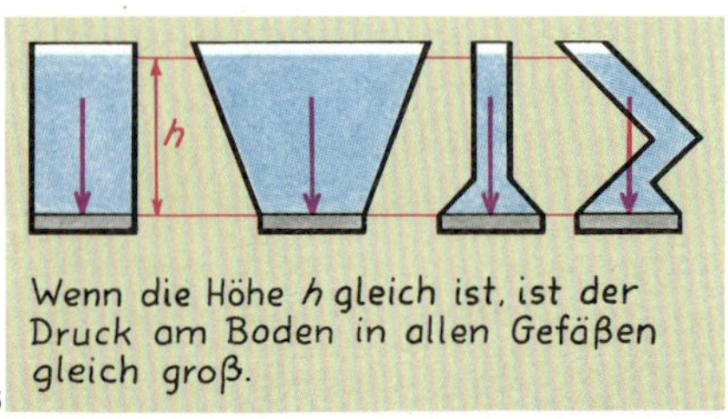

5

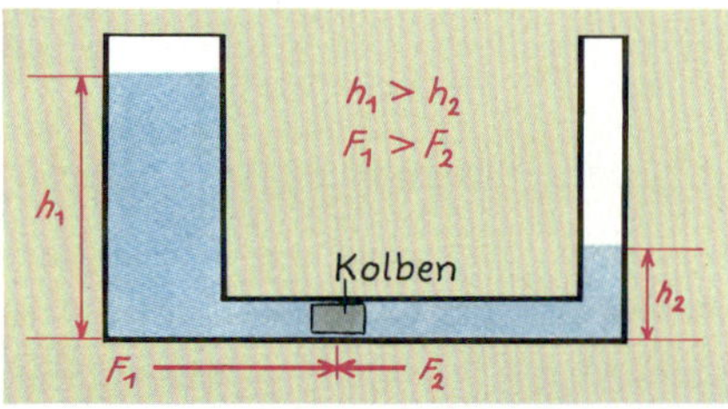

6

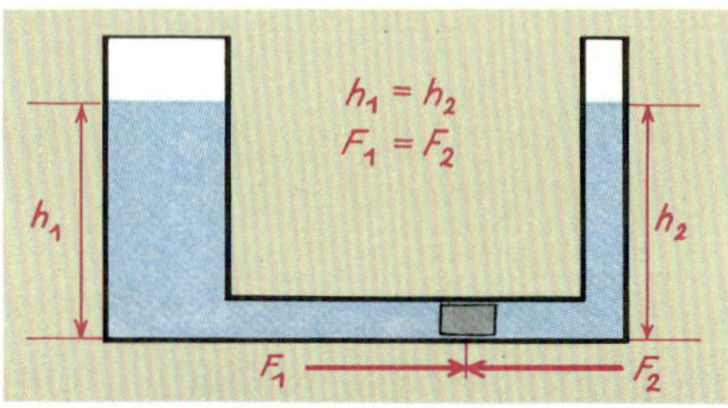

7

2477R

Der Auftrieb in Flüssigkeiten

Die **Auftriebskraft** (der Auftrieb) wirkt auf jeden Körper, der sich in einer Flüssigkeit befindet. Sie ist nach oben gerichtet und wirkt damit der Gewichtskraft (der Erdanziehungskraft) entgegen; deshalb macht sie die eingetauchten Körper „leichter".

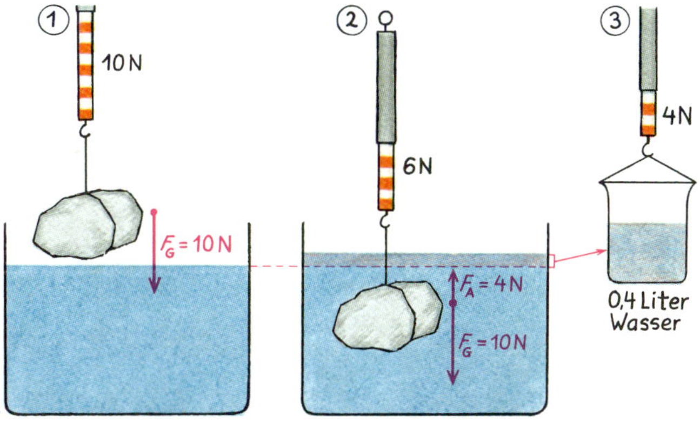

8

Beispiel (Bild 8): Bei einem Stein zeigt ein Kraftmesser *in Luft* **10 N** an, bei demselben Stein *in Wasser* nur **6 N**. Die Auftriebskraft beträgt damit **4 N** (gleich dem Unterschied zwischen beiden Messungen). Das entspricht der *Gewichtskraft des Wassers*, das der Stein beim Eintauchen *verdrängt* – nämlich so viel, wie er selbst an Raum einnimmt (d. h. 0,4 l = 400 cm³). Und bei 0,4 l Wasser stellt man eine Gewichtskraft von 4 N fest.

Die Auftriebskraft ist nur abhängig
① vom *Volumen* der verdrängten Flüssigkeit und
② von der *Dichte* der Flüssigkeit (denn die Dichte bestimmt zusammen mit dem Volumen die Gewichtskraft der verdrängten Flüssigkeit).

Deshalb gilt das *archimedische Prinzip*:

Die Auftriebskraft, die ein Körper in einer Flüssigkeit erfährt, ist so groß wie die Gewichtskraft der verdrängten Flüssigkeitsmenge.

Sinken – schweben – steigen – schwimmen

So kann man voraussagen, ob ein Körper in einer Flüssigkeit z. B. schwimmt oder sinkt:
① Man vergleicht Auftriebskraft und Gewichtskraft.
② Man vergleicht die Dichten des Körpers und der Flüssigkeit.

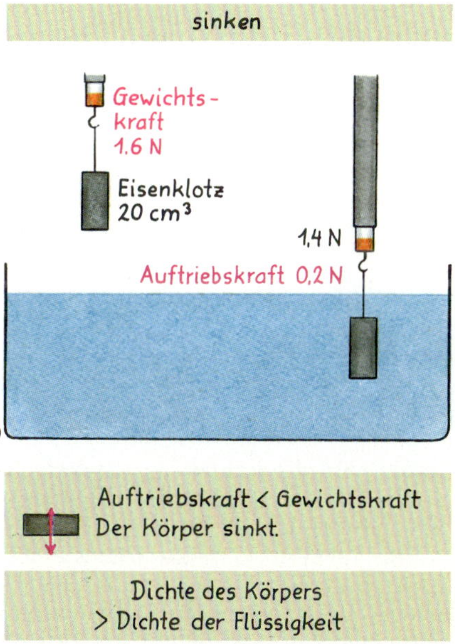

9

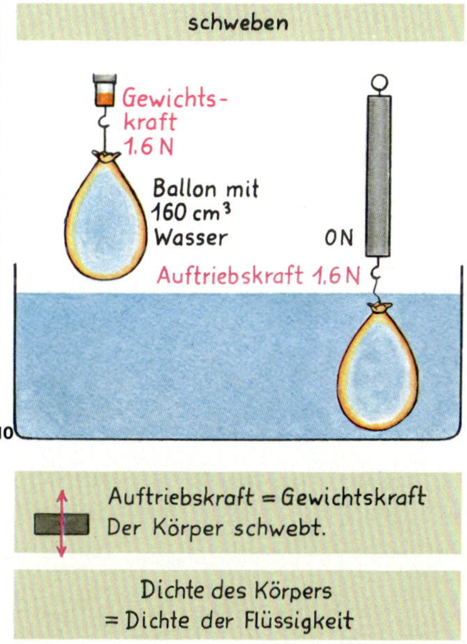

10

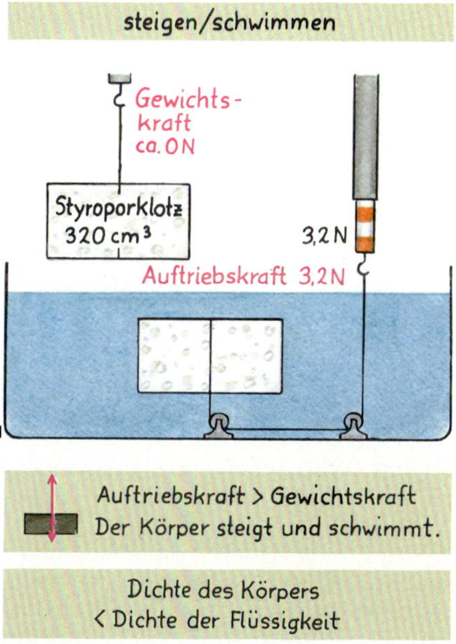

11

Auch bei schwimmenden **Hohlkörpern** (z. B. eisernen Schiffen) sind diese Verfahren möglich: Ihre Auftriebskraft ist größer als ihre Gewichtskraft, weil ihr Volumen – aufgrund der Hohlräume – so groß ist. Damit ist aber auch die **durchschnittliche Dichte** des gesamten Körpers (Hülle + Hohlraum) wesentlich kleiner als die des Wassers.

Mechanik der Gase

1 Eingesperrte Gase

1

Die Taucherin verbraucht in jeder Minute etwa 15 Liter Luft.
Die Flasche hat aber nur ein Volumen von 10 Litern ...

V 1 Du brauchst für diesen Versuch eine Luftpumpe oder eine Plastikspritze (ohne Nadel).

a) Ziehe den Kolben heraus und halte die Öffnung mit dem Daumen zu. Stoße nun den Kolben hinein (einmal mit wenig Kraft und einmal stärker) und lass ihn dann sofort wieder los. Beschreibe deine Beobachtungen.

b) Fülle die Plastikspritze mit Wasser und wiederhole den Versuch. Welchen Unterschied zur Luftfüllung stellst du fest?

V 2 Baue den Versuch nach Bild 2 auf und puste kräftig in das Röhrchen. Erkläre das „Ergebnis".

V 3 Ein aufgeblasener Luftballon wird in ein Einkaufsnetz gesteckt. Da das Netz dicht anliegen soll, musst du es oben zusammenhalten. Ziehe das Netz nun straffer, sodass der Ballon noch weniger Platz hat.

Beschreibe deine Beobachtung. Versuche auch sie zu erklären.

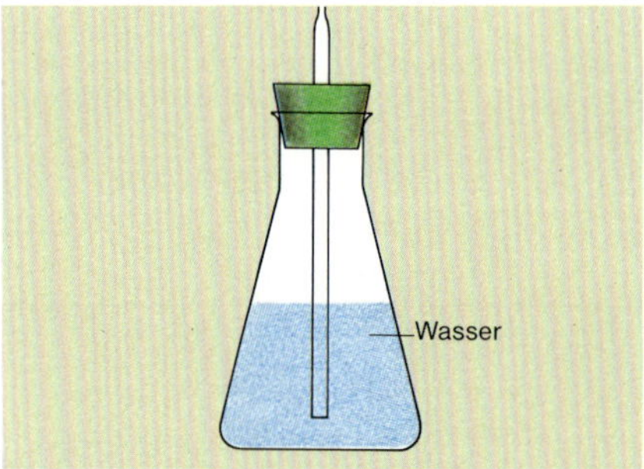

2

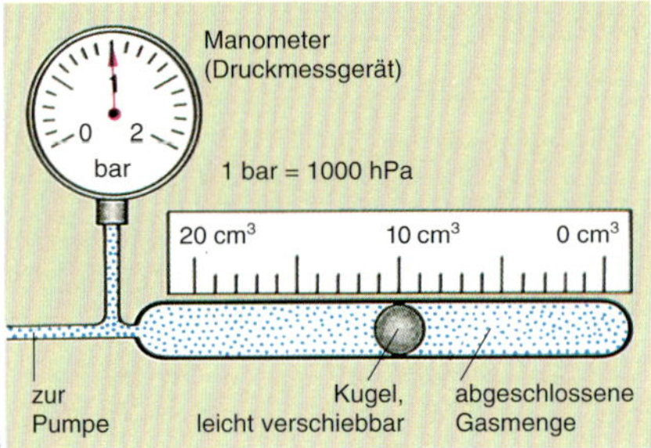

3

V 4 Mit der Anordnung von Bild 3 soll untersucht werden, welcher Zusammenhang zwischen dem **Druck** und dem **Volumen** eines eingeschlossenen Gases besteht.

a) Beschreibe den Aufbau. Was geschieht, wenn Luft hineingepumpt wird? Welche Beziehung zwischen Druck und Volumen vermutest du?

b) Notiere die Messwerte und stelle sie auch grafisch dar (*senkrechte Achse*: Volumen; *waagerechte Achse*: Druck).

Der Druck in eingeschlossenen Gasen

In Bild 4 wird auf den Kolben und damit auf die Luft im Zylinder eine immer größere Kraft ausgeübt. Die eingeschlossene Luft gerät dadurch mehr und mehr „unter Druck". Man erkennt dies daran, dass die eingeschlossene Luft ihrerseits immer größere Kräfte auf Kolben, Zylinderwand und Stopfen ausübt. Schließlich wird der Stopfen fortgeschleudert.

Genauso wie Flüssigkeiten üben auch Gase **Kräfte** auf ihre Begrenzungsflächen aus – und zwar **in alle Richtungen**.

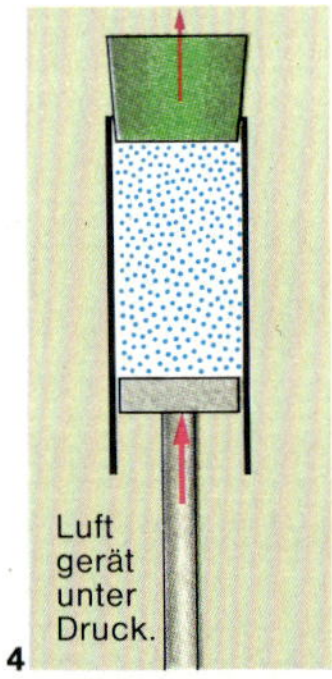

4

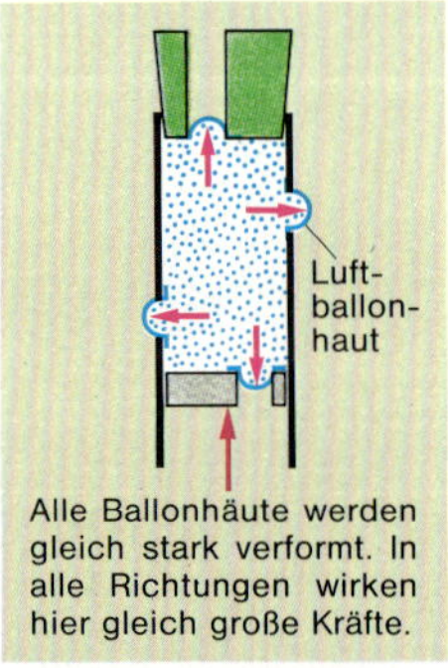

5

Dabei sind die Kräfte, die senkrecht auf jeweils 1 cm² Wandfläche wirken, überall gleich groß (Bild 5).

Zwischen den Flüssigkeiten und den Gasen besteht jedoch ein großer Unterschied: **Gase lassen sich zusammenpressen.** (Man sagt: Sie sind *kompressibel.*) **Das Volumen von Gasen ändert sich also, wenn Kräfte auf sie einwirken.** Dagegen bleibt bei Flüssigkeiten, die „unter Druck stehen", das Volumen stets gleich. (Nur bei sehr großen Kräften kann es sich um weniger als 1 % ändern.)

2479R

So kann man sich das Verhalten von Gasen erklären

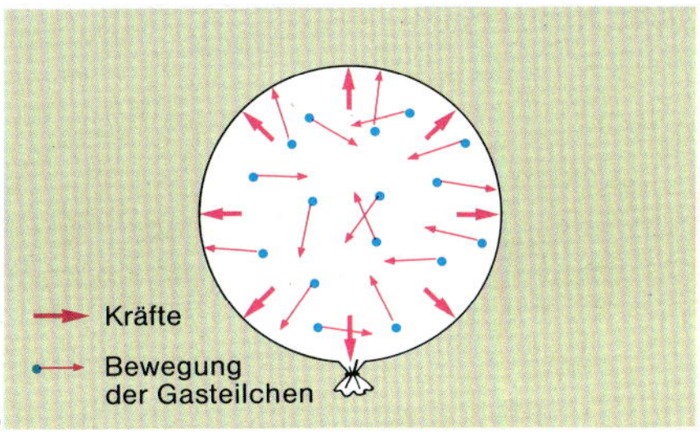

6

Die **Teilchen**, die das Gas bilden, befinden sich in **ständiger Bewegung**. Sie bewegen sich kreuz und quer in dem Raum, der ihnen zur Verfügung steht. Die durchschnittliche Geschwindigkeit von Luftteilchen beträgt ca. 500 m/s (bei Zimmertemperatur). Bei den Gasen werden die Teilchen *nicht* durch Kräfte zusammengehalten. Die Abstände zwischen den Teilchen sind groß.

Sperrt man eine bestimmte Menge Gas (z. B. Luft) in eine Plastiktüte ein, so nehmen die Teilchen den ganzen Raum ein. Auf die Begrenzungsflächen prasseln dabei in jeder Sekunde unzählige Gasteilchen (Bild 6). Dadurch übt das Gas auf die Plastiktüte Kräfte aus und hält sie so „in Form"; das Gas in der Tüte steht also „unter Druck".

Presst man die Tüte zusammen, so steigt in ihrem Innern der Druck: Weil den Gasteilchen weniger Raum zur Verfügung steht, prallen sie häufiger gegen die Außenbegrenzungen. Die Kräfte auf die Wände werden größer (Bild 7).

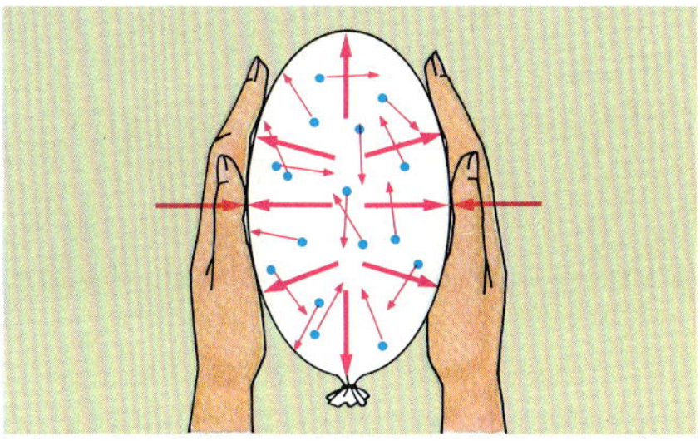
7

Wenn sich Gase in einem abgeschlossenen Raum befinden, herrscht dort ein Druck. Er ist eine Folge der ständigen Bewegung der Gasteilchen.

Aufgaben

1 Was geschieht, wenn Kräfte auf eine eingeschlossene Flüssigkeit oder auf ein Gas wirken? Nenne Gemeinsamkeiten und Unterschiede.

2 Schlägt man mit der Hand auf eine aufgeblasene Papiertüte, so zerplatzt diese. Wieso eigentlich?

3 Die meisten Fahrzeuge haben *luftgefüllte* Gummireifen. Welche Eigenschaft der Luft wird dabei genutzt?

Nenne Vorteile gegenüber anderen Verfahren, die man früher zur Federung anwandte (Bilder 8 u. 9).

4 Reisebusse sind häufig „luftgefedert" (Bild 10). Warum kann man hier das Gas nicht einfach durch eine Flüssigkeit ersetzen?

5 Der Zusammenhang zwischen dem Druck p und dem Volumen V einer bestimmten Gasmenge wurde mit der Anordnung von Bild 3 untersucht (→ Versuch 4).

p in bar	0,6	0,8	1,0	1,2	1,4	1,6
V in cm^3	19,0	14,6	11,9	9,5	8,3	7,2

a) Formuliere: „Je größer der Druck, desto ..."

b) Das **boyle-mariottesche Gesetz** besagt, dass für ein abgeschlossenes Gas (bei konstanter Temperatur) gilt:

$p_1 \cdot V_1 = p_2 \cdot V_2 = p_3 \cdot V_3 = \ldots = \text{konst.}$

Überprüfe, ob die Messwerte diese Gleichungen erfüllen.

6 Auch so lässt sich der Druck ändern (Bild 11). Was wird nach einiger Zeit zu beobachten sein?

Militärfahrrad mit Ersatzbereifung aus Schraubenfedern, 1916

8

Hochrad mit Vollgummireifen, 1870

9

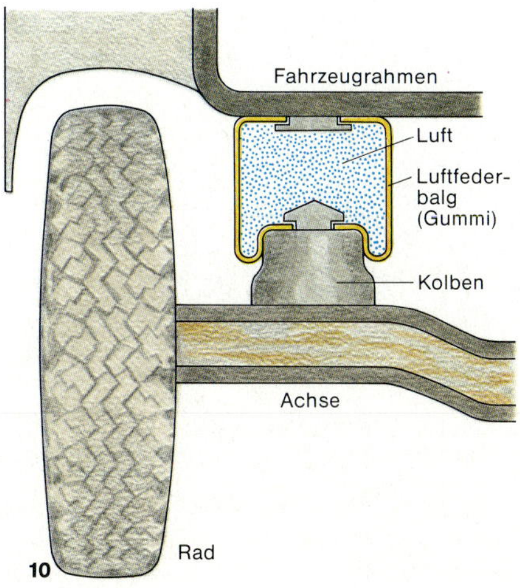

10

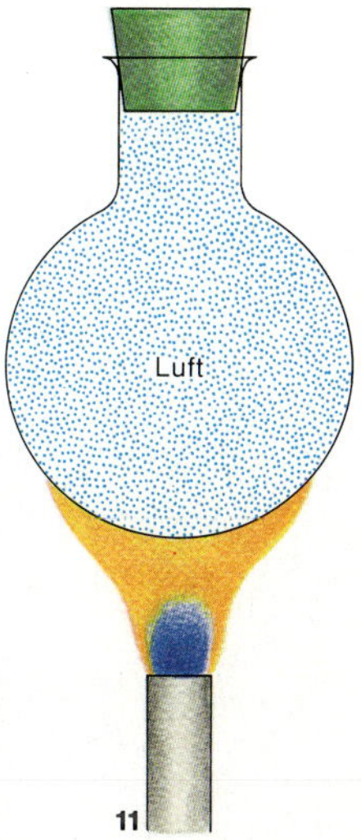

11

2480R

2 Der Luftdruck und seine Wirkungen

Aus der Geschichte: **Die „Magdeburger Halbkugeln“**

Die folgende Geschichte ereignete sich im Jahre 1657, also vor mehr als 300 Jahren. Die Schrecken des Dreißigjährigen Kriegs lagen gerade neun Jahre zurück. Damals sah die Welt ganz anders aus als heute: Man kannte noch keine Flugzeuge und Eisenbahnen. Es gab auch noch keine Autos, ja, nicht einmal das Fahrrad war erfunden. Als Verkehrsmittel benutzte man Pferde, Kutschen oder Segelschiffe. Natürlich hatte man auch noch keinen elektrischen Strom, also kein elektrisches Licht, kein Telefon, kein Radio und kein Fernsehen. Zu dieser Zeit lebte in Magdeburg Otto von Guericke *(Bild 1). Er war Bürgermeister der Stadt, fand aber immer noch Zeit, physikalische Experimente durchzuführen.*

Die interessantesten und auch überraschendsten Versuche führte er Zuschauern vor – z. B. den **Versuch mit zwei großen Halbkugeln**:

Vor den Toren der Stadt fanden sich hohe Herren und eine Menge Volk ein. Guericke und zwei seiner Gehilfen hantierten auf einer abgesteckten Wiese mit zwei Halbkugeln aus Kupfer. Endlich trat er zurück und seine Helfer legten die beiden Schalen mit einem Lederring als Dichtung zusammen. Eine Halbkugel war mit einem Hahn versehen. Hier wurde eine Luftpumpe angeschlossen, mit der man die Luft *aus der Kugel herauspumpen* konnte.

Nachdem sie eine halbe Stunde gepumpt hatten, wurden vor jede Halbkugel zehn starke Pferde gespannt. Die Rossknechte ließen nun die Peitschen knallen und zwanzig Pferde legten sich mit aller Kraft ins Geschirr (Bild 2). Die Zuschauer hielten den Atem an. Die Zugseile waren zum Zerreißen gespannt – aber die Halbkugeln hielten zusammen, als ob sie miteinander verschraubt wären. Eine mächtige, unsichtbare Kraft musste die beiden Schalen zusammenpressen – davon waren die Zuschauer überzeugt.

Da trat Guericke heran. Er öffnete den Hahn, an dem anfangs die Pumpe angeschlossen war, und plötzlich polterten die Schalen wie von selbst auseinander …

Die Kunde von Guerickes Versuch lief durch das ganze Land. Sie erregte die Menschen damals fast genauso wie etwa die erste Mondlandung in unserer Zeit.

1

2

2481R

V 5 Mit zwei Saughaken kannst du einen ähnlichen Versuch wie Otto von Guericke machen:

Presse die Haken so aneinander, wie Bild 3 es zeigt.

Schaffst du es, sie wieder auseinander zu ziehen?

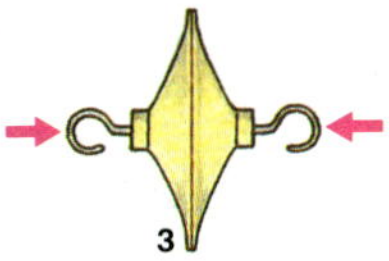
3

V 6 Fülle ein Glas bis zum Rand mit Wasser. Lege eine Postkarte darauf und drehe das Glas langsam um. Erst dann lässt du die dünne Pappe los.

Wer hat den Mut sich wie in Bild 4 als „Testperson" zur Verfügung zu stellen?

Meinst du, dieser Versuch funktioniert nur mit Pappe? Nimm an ihrer Stelle eine lockere Mullbinde (Gaze). Lege sie auf das Glas und lass das Wasser durch den Mull hindurchlaufen, bis das Glas ganz voll ist. Lege deine Hand darauf, drehe das Glas um und ziehe die Hand weg …

V 7 Die Bilder 5–7 zeigen drei Versuchsaufbauten.

Überlege, was jeweils geschieht, wenn man Luft aus dem Kolben absaugt. Begründe deine Vermutungen.

4

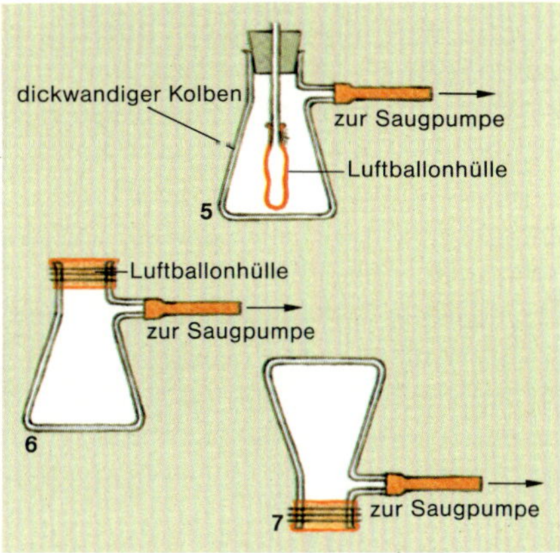

5 6 7

V 8 Welches Ergebnis erwartest du hier (Bild 8), wenn die Saugpumpe eingeschaltet wird?

Was wird zu beobachten sein, wenn in der Glasglocke ein leicht aufgeblasener Luftballon liegt?

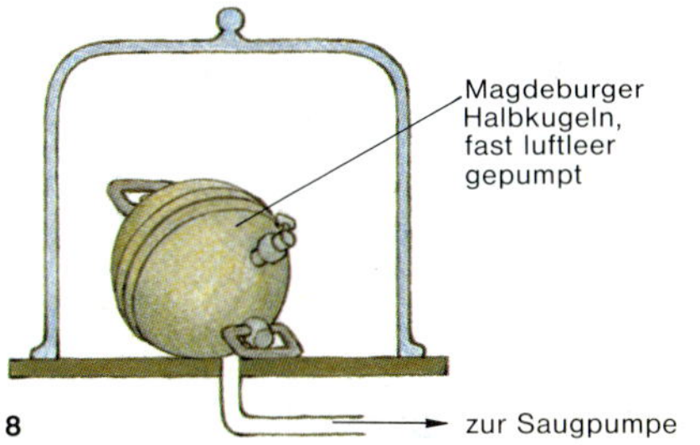

8

V 9 Lass einen ungefähr 1 m langen Schlauch ganz voll Wasser laufen und verschließe ihn an beiden Enden mit den Daumen. Halte den Schlauch dann senkrecht und biege ihn unten um (Bild 9). Öffne nun das *untere* Schlauchende.

Was geschieht, wenn du auch das obere Ende freigibst?

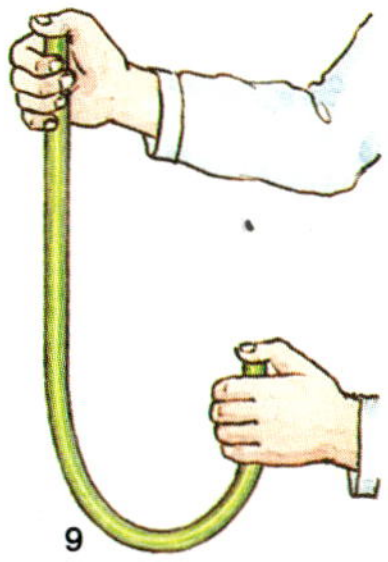
9

Aufgaben

1 Einige Aufgaben und Fragen zur Geschichte von den „Magdeburger Halbkugeln":

a) Stelle in zwei Schnittzeichnungen die beiden Halbkugeln *vor* und *nach* dem Abpumpen der Luft dar. Verdeutliche dabei die Luftmengen innerhalb und außerhalb der beiden Halbkugeln durch Punkte.

b) Welche Kräfte wirken jeweils von innen und von außen auf die Kugel? Stelle sie durch Pfeile dar.

c) Warum fielen in Guerickes Versuch die Halbkugeln auseinander, als der Hahn geöffnet wurde?

2 Zeichne auch das umgedrehte Glas Wasser von Versuch 6.

Trage die Kräfte ein, die auf die Pappe wirkten. Erkläre, warum die Pappe nicht nach unten fiel.

3 Diese Blechdose (Bild 10) wurde zerquetscht, als die Luft aus der Dose abgesaugt wurde. Erkläre!

4 Beschreibe, was beim Obsteinkochen passiert (Bilder 11 u. 12).

a) Warum lässt sich nach dem Abkühlen das Glas nicht mehr ohne weiteres öffnen?

b) Manche Hausfrauen bevorzugen *Einmachtropfen* zum „Einkochen". Sie tropfen einige davon auf die Innenseite des Deckels, zünden sie an und drücken den Deckel fest auf das Glas. Warum funktioniert diese Methode ebenfalls?

10

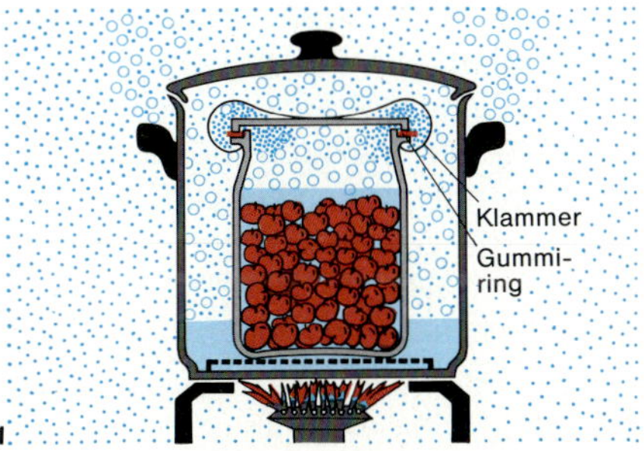

11

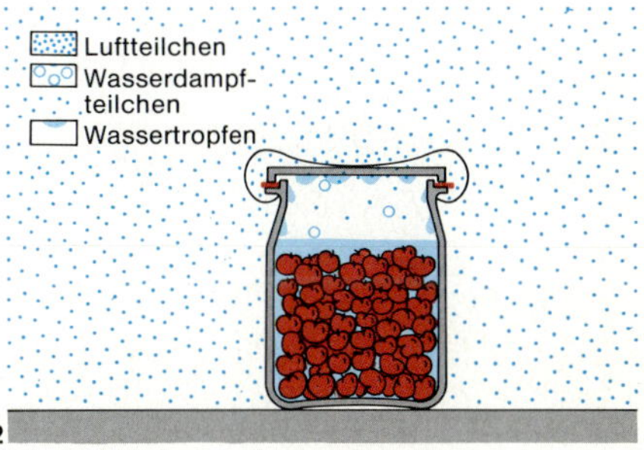

12

3 Luftdruck – der Schweredruck von Luft

Aus der Geschichte: **Guerickes Luftdruckmesser**

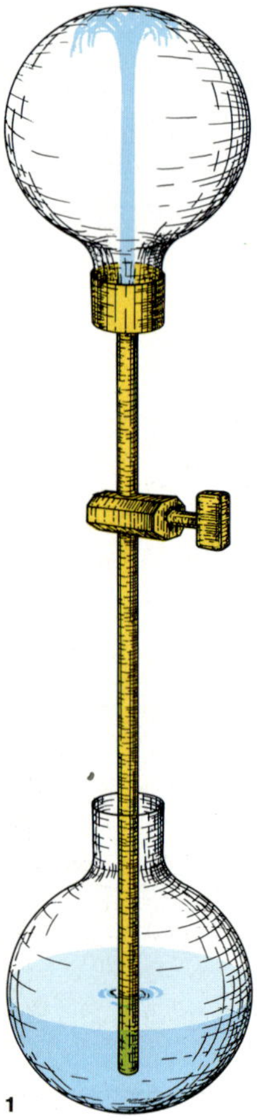
1

In seinem Arbeitszimmer hatte *Guericke* einen interessanten Apparat (Bild 1): Wenn er den Hahn öffnete, spritzte das Wasser mit großer Gewalt nach oben. Guericke hatte nämlich vorher die Luft aus der oberen Glaskugel herausgepumpt.

Seine Besucher waren jedes Mal verblüfft. Schließlich wussten die meisten von ihnen noch nicht, dass es einen Luftdruck gibt und dass die Luft das Wasser im unteren Teil des Apparates „unter Druck setzt".

Eines Tages fragte sich Guericke: „Was passiert wohl, wenn ich das Rohr immer länger mache? Ob das Wasser dann immer weiter nach oben spritzt? Oder hört es irgendwo einmal auf zu steigen?"

Guericke überlegte sich einen **Versuch** um diese Frage zu beantworten:

Er baute den Apparat vor seinem Haus auf und verlängerte das Rohr immer weiter. Wieder und wieder schloss Guericke die Saugpumpe an den Hahn an und pumpte die Luft aus dem Rohr und dem oberen Glasgefäß heraus. Doch jedes Mal stieg das Wasser in das obere Gefäß!

Schließlich reichte das Rohr bis zum vierten Stockwerk (Bild 2). Da passierte es: Das Wasser stieg nun nicht mehr nach oben. Es blieb bei „18 Magdeburger Ellen" stehen (also bei etwa 10 m).

Aufgrund dieses Versuchs konnte Otto von Guericke angeben, wie groß der Luftdruck ist: Der Luftdruck ist so groß, dass die Luft eine Wassersäule von ungefähr 10 m Höhe „tragen" kann.

2

V 10 Mit einem stabilen Plastikschlauch (mindestens 10 m lang), einem passenden Stopfen und einem Eimer voll Wasser lässt sich der Versuch von Guericke zur Luftdruckmessung wiederholen. Man braucht nicht einmal eine Pumpe …

V 11 In der Glasglocke (Bild 3) ist der Luftdruck zunächst genauso groß wie außerhalb.

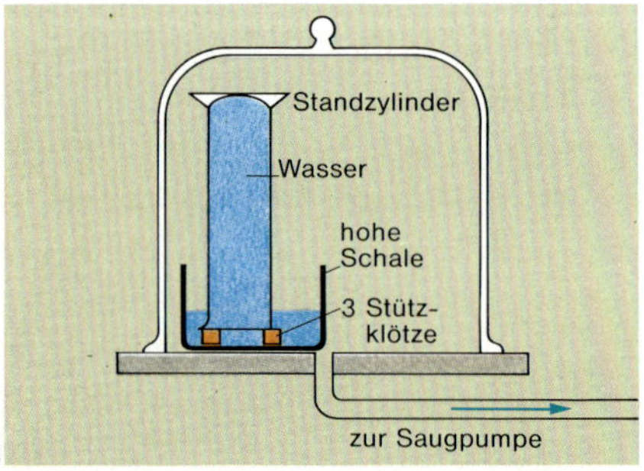

3

a) Warum fließt das Wasser nicht aus dem Zylinder?

b) Was wird geschehen, wenn man den Luftdruck in der Glocke verringert? Erkläre deine Vermutung.

c) Nun lässt man vorsichtig wieder Luft einströmen …

V 12 Halte die Öffnung einer *Plastik*spritze zu, nachdem du ihren Kolben ganz hineingeschoben hast. Zieh nun den Kolben heraus und lass ihn wieder los. Beschreibe und erkläre deine Beobachtungen.

Führe den Versuch möglichst mit mehreren unterschiedlich großen Plastikspritzen durch.

V 13 Bild 4 zeigt, wie du die Kraft messen kannst, die zum Herausziehen des Kolbens nötig ist.

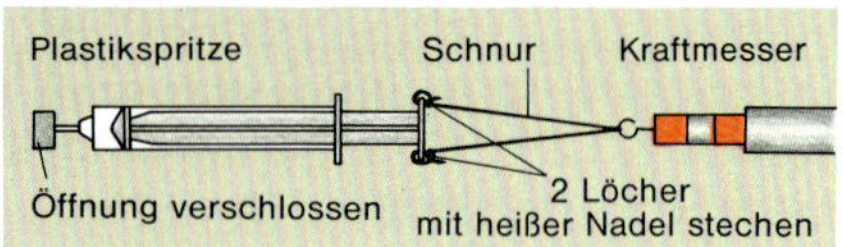

4

a) Vergleiche die Kräfte bei unterschiedlichen Spritzen.

b) Woher stammt die *Gegenkraft*, die du hier überwinden musst?

c) Berechne den Druck, der diese Gegenkraft verursacht.

V 14 Mit dem Versuchsaufbau von Bild 5 lässt sich der Luftdruck recht genau bestimmen. Wie muss man vorgehen?

Stelle die wirkenden Kräfte in einer Zeichnung dar.

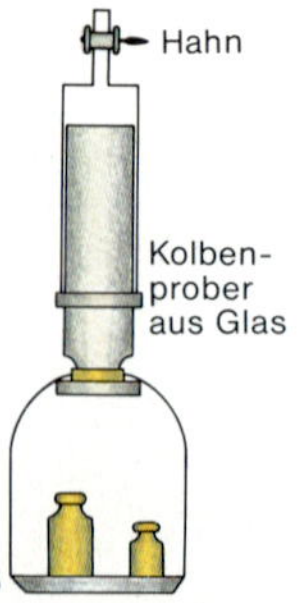

5

2483R

Wir leben am Grund eines riesigen „Luftmeeres" (→ nächste Doppelseite). Man kann sich vorstellen, dass auf jedem cm^2 Erdoberfläche eine viele Kilometer hohe Luftsäule steht.

Wie alle anderen Körper hat auch die Luft eine **Masse** und wird von der Erde angezogen; die Luft ist also *schwer* und erfährt eine Gewichtskraft. Die folgenden Werte gelten für Luft, die sich in Höhe des Meeresspiegels befindet (bei 0 °C):

	Masse	Gewichtskraft
1 dm^3 Luft (1 Liter)	1,29 g	0,0127 N
1 m^3 Luft	1290 g	12,7 N

Die Luft in unteren Schichten wird von der darüber liegenden Luft aufgrund der Gewichtskraft zusammengepresst; sie steht daher „unter Druck". Diesen Druck bezeichnet man als **Luftdruck** oder auch als **Schweredruck der Luft**.

In gleicher Höhe wirken als Folge des Luftdrucks **gleich große Kräfte auf gleich große Flächen**.

Die Messgeräte für den Luftdruck heißen **Barometer**.

Guerickes Barometer (Bild 6) war ausgesprochen unhandlich; es musste ja eine Höhe von 10 m haben. Da sind Geräte, die mit **Quecksilber** statt mit Wasser arbeiten, schon geeigneter. Quecksilber ist etwa 13-mal so schwer wie Wasser (Dichte von Quecksilber: 13,55 g/cm^3). In einem luftleer gepumpten Rohr kann aufgrund des Luftdrucks nur eine Quecksilbersäule von 760 mm Höhe stehen (Bild 7). Die Kraft *F*, die die Luft auf die Quecksilbersäule ausübt, ist bei dieser Höhe *genauso groß* wie die Gewichtskraft *F* des Quecksilbers (Bild 8).

Bei normalem Luftdruck (in Meereshöhe) ist die Quecksilbersäule genau 760 mm hoch.

Die Bezeichnung „Millimeter Quecksilbersäule" („mm Hg") findet man noch als Einheit auf älteren Barometern. „760 mm Hg" entsprechen dabei 1013 hPa. Normaler Luftdruck:

1013 hPa = 1013 mbar = 1,013 bar = 10,13 N/cm^2 (Bild 9).

Häufig gebraucht werden **Dosenbarometer** (Bild 10).

Den Druck eingesperrter Gase (z. B. Luftdruck im Autoreifen) misst man mit einem **Manometer** (Bild 11). Das „unter Druck stehende" Gas verformt dabei z. B. eine Feder.

Manometer zeigen den **Überdruck** in einem Raum an. Das ist derjenige Druck, der zu dem „äußeren" Luftdruck auf der Erde noch hinzukommt (Bild 12).

Einige (Über-)Druckwerte

Traglufthalle	0,003 bar	Autoreifen (Lkw)	3,5–5,0 bar
Fahrradreifen	0,7–1,0 bar	Spraydosen max.	10 bar
Mopedreifen	1,2–1,8 bar	Sauerstoffflasche	150 bar
Motorradreifen	1,5–2,0 bar	Druckluftflasche („Taucherflasche")	200 bar
Autoreifen (Pkw)	1,6–2,2 bar		

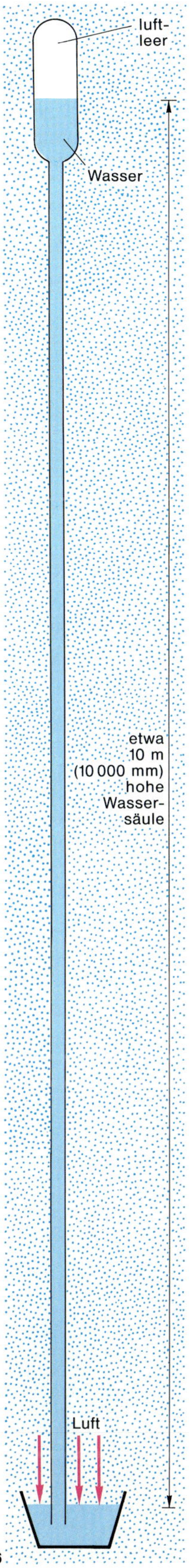

6

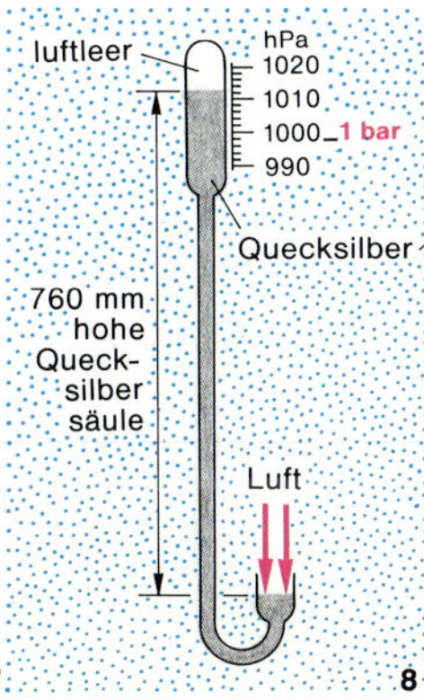

7

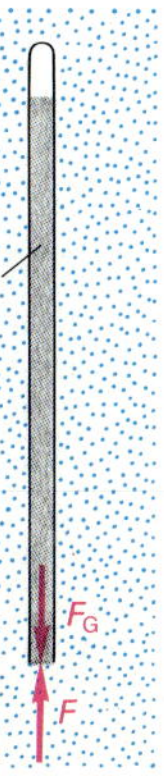

8

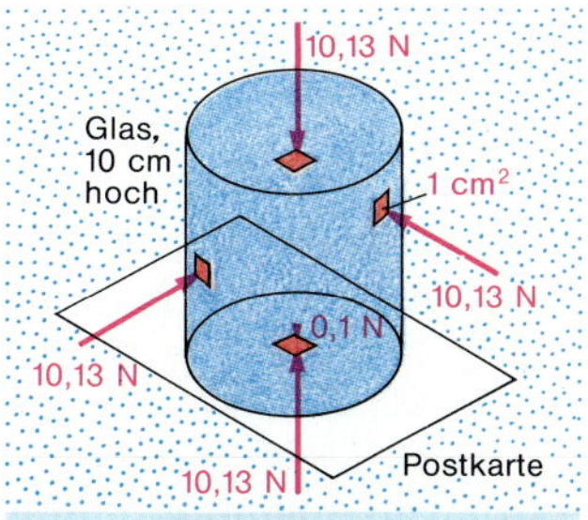

9

Auf 1 cm^2 der Postkarte wirkt von unten eine Kraft von etwa 10 N (als Folge des Luftdrucks) und von oben eine Kraft von etwa 0,1 N (Gewichtskraft des Wassers).

Wichtigster Teil des Dosenbarometers ist die fast luftleere Druckdose aus Blech. Je stärker die Luft von außen auf den gewellten Deckel drückt, desto mehr wird er eingedellt. Drückt die Luft weniger stark, wölbt sich der Deckel wieder zurück.
Mit dem Deckel ist eine Feder verbunden. Sie überträgt die Bewegungen des Deckels auf den Zeiger.

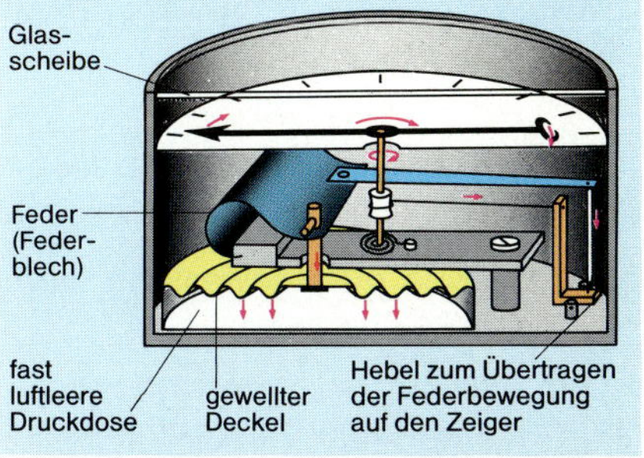

10

11

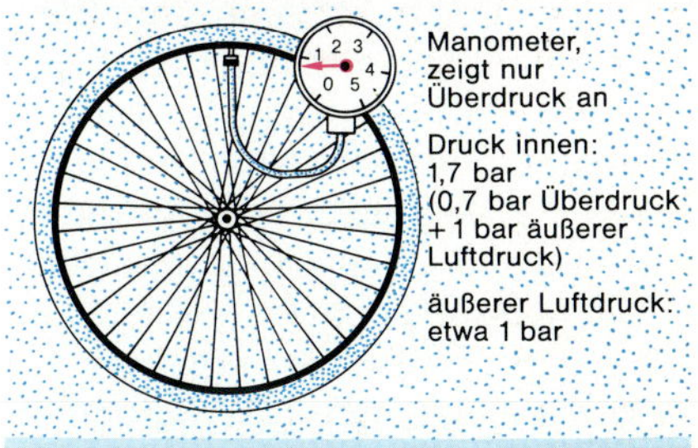

Der Luftdruck ist innerhalb und außerhalb des Reifens zunächst gleich. Beim Aufpumpen wird zusätzliche Luft in den Reifen gepumpt. Im Reifen entsteht ein Druck von etwa 1,7 bar: 1 bar äußerer Luftdruck + 0,7 bar Überdruck.
12

Aufgaben

1 Diesen **Versuch** kannst du selbst durchführen: Unter der glatt gestrichenen Zeitung von Bild 1 liegt ein dünnes Brettchen (10 cm · 10 cm). An diesem ist der Faden befestigt.

Versuche das Brettchen mit einem Ruck nach oben zu ziehen. Ziehe auch einmal ganz langsam.

Berechne die Kraft, die infolge des Luftdrucks auf die 40 cm · 80 cm große Zeitung wirkt.

2 Welche Flüssigkeit erfordert das längste (kürzeste) Barometerrohr: Wasser, Alkohol, Quecksilber oder Öl? Begründe deine Antwort.

3 Die Messungen zu Versuch 13 ergaben z. B. folgende Werte:
$A_1 = 3{,}8\ \text{cm}^2$, $A_2 = 1{,}13\ \text{cm}^2$;

Kraft zum Herausziehen des Kolbens:
$F_1 = 40\ \text{N}$, $F_2 = 15\ \text{N}$.

a) Berechne den jeweiligen Luftdruck in hPa und in bar.

b) Ein Barometer zeigte 1013 hPa an. Warum erhält man bei den Messungen abweichende Ergebnisse?

1

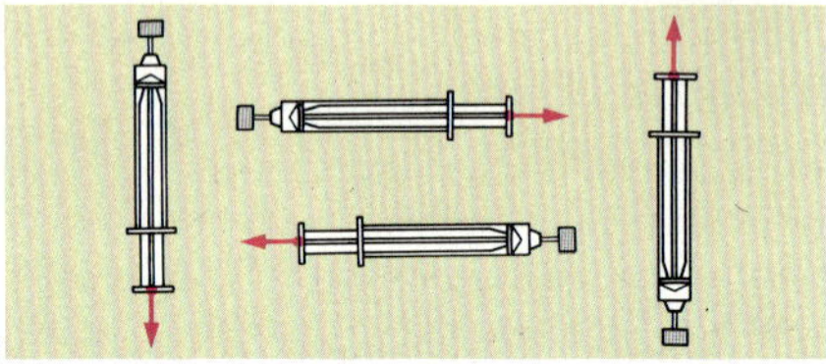

2

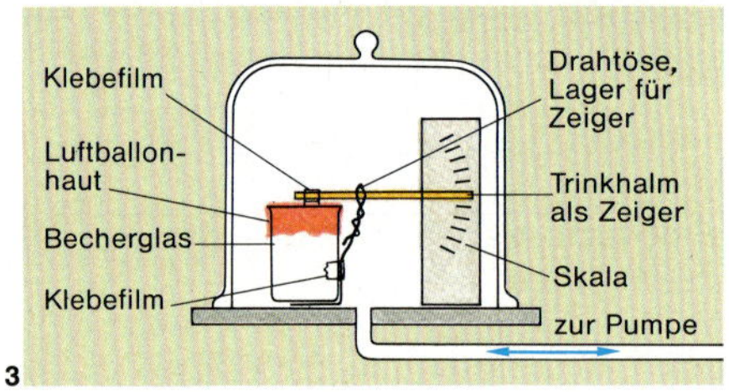

3

c) Würde dieser Versuch auf der Zugspitze die gleichen Werte liefern? Begründe deine Antwort.

d) Warum ist die Kraft, die zum Herausziehen des Kolbens nötig ist, hier stets gleich groß (Bild 2)?

4 Bild 3 zeigt ein einfaches Dosenbarometer zum Selbstbauen.

a) Was ist wohl zu beobachten, wenn der Druck unter der Glocke verringert wird? Erkläre!

b) Was geschieht, wenn man den Luftdruck erhöht? (Glasglocke dabei nach unten pressen!)

5 Eine 760 mm hohe Quecksilbersäule hat eine Grundfläche von 1 cm².

a) Wie groß ist ihre Gewichtskraft? Wie groß ist die Gewichtskraft bei doppelter (dreifacher) Grundfläche?

Berechne jeweils die Kraft, die auf 1 cm² der Grundfläche wirkt.

b) Warum spielt die Grundfläche der Quecksilbersäule bei der Bestimmung des Luftdrucks keine Rolle?

Aus Umwelt und Technik: **Der Luftdruck ist von der Höhe abhängig**

Die Erde ist von einer Lufthülle umgeben. Sie reicht mehrere hundert Kilometer hoch. Wir leben auf dem Grund dieses „Luftmeeres".

Im Jahr 1648 machte ein Verwandter des französischen Wissenschaftlers Pascal einen interessanten **Versuch**. Er dachte sich: „Wenn wir wirklich auf dem Boden eines riesigen Luftmeeres leben, dann müsste doch der *Luftdruck nach oben hin immer geringer* werden." Er nahm zwei Quecksilberbarometer, in denen die Quecksilbersäule gleich hoch stand: nämlich bei 26 Zoll und 3½ Linien; das sind nach unseren heutigen Maßen etwa 708 mm.

Das eine Barometer ließ er in seinem Haus stehen (in Clermont, Frankreich, ungefähr 500 m über dem Meeresspiegel). Mit dem anderen bestieg er einen 1000 m höheren Berg (den Puy-de-Dôme; Bild 4).

Er nahm einige Männer als Zeugen mit. Auch bei dem Barometer in seinem Haus blieben einige Leute; sie sollten den Barometerstand dauernd beobachten und jede Veränderung genau messen und aufschreiben.

Als die Bergsteiger zurückkamen und ihre eigenen Aufzeichnungen mit denen der Gruppe im Tal verglichen, kam Folgendes heraus:

Die Messung auf dem Gipfel hatte *23 Zoll und zwei Linien* ergeben; das sind etwa 626 mm. Das Barometer im Tal stand aber immer bei *26 Zoll und 3½ Linien*, also bei 708 mm. Genauso viel zeigte das „Bergbarometer" auch jetzt wieder im Tal an.

Fragen und Aufgaben zum Text

1 Warum zeigte das „Bergbarometer", als es wieder im Tal war, denselben Wert an wie vor der Bergbesteigung?

2 Versuche das Ergebnis des Versuchs zu erklären. Bild 4 hilft dir dabei.

3 Miss mit einem Barometer den Luftdruck im Keller und im obersten Stockwerk eines hohen Hauses.

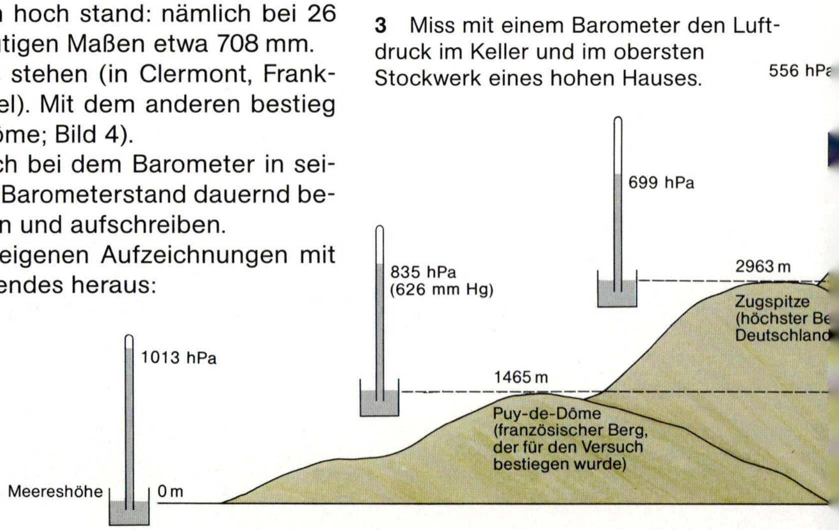

4

2485R

Aus Umwelt und Technik: **Die Lufthülle der Erde**

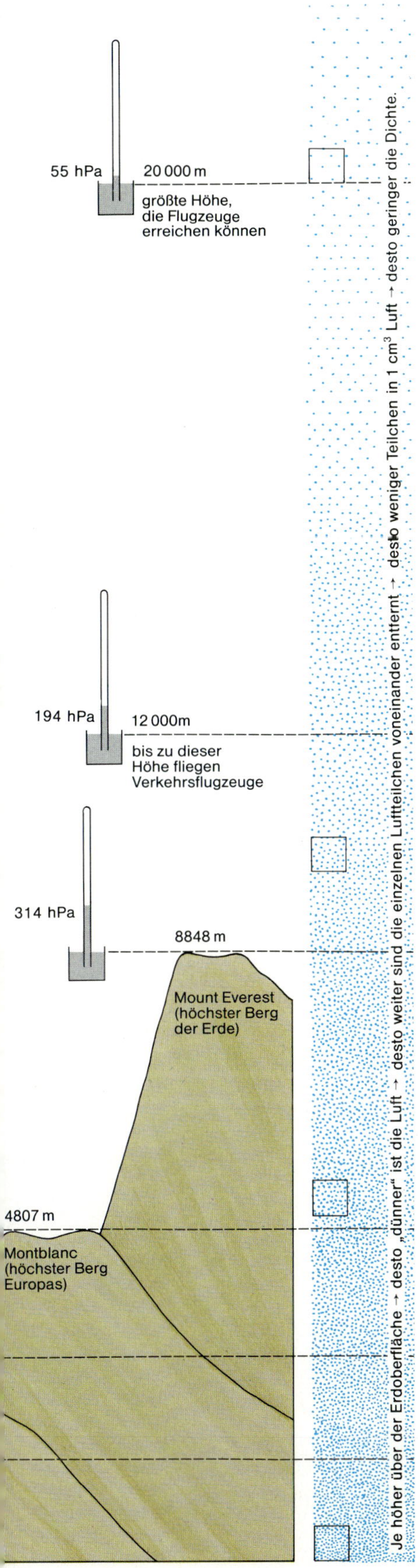

5

In der Lufthülle der Erde (Bild 5) ist der Luftdruck über der Erdoberfläche (oder über dem Meeresspiegel) am größten. Nach oben hin wird die Luft immer dünner, oder – physikalisch ausgedrückt – ihre Dichte nimmt ab (Bild 4). Schon in 5000 m Höhe ist sie so dünn, dass den meisten Menschen das Atmen schwer fiele. Man muss in solchen Höhen viel schneller atmen, um die zum Leben notwendige Luft zu bekommen.

Zum Besteigen der höchsten Berggipfel müssen auch die meisten Bergsteiger Luft in Flaschen mitnehmen. In Verkehrsflugzeugen, die Reiseflughöhen von 10 000 – 12 000 m erreichen, können wir nur deshalb normal atmen, weil zusätzliche Luft ins Flugzeug gepresst wird; dadurch ist dann die Dichte der Luft etwa die gleiche wie in ca. 1500 m Höhe. Außerhalb des Flugzeugs herrscht ein Druck von etwa 250 hPa, im Innern von etwa 830 hPa.

Die Lufthülle ist für uns auch aus anderen Gründen lebensnotwendig: Auf dem Mond, den keine schützende Luftschicht umgibt, beträgt die Temperatur auf der von der Sonne beschienenen Seite ungefähr +150 °C; auf der unbeschienenen Seite beträgt sie dagegen etwa –150 °C. Keine Pflanze, kein Tier und kein Mensch kann unter solchen Bedingungen leben. Wenn auch die Erde keine Lufthülle hätte, gäbe es bei uns ähnliche Temperaturen. Die Lufthülle nimmt am Tag die Sonnenwärme auf, speichert sie und gibt sie in der Nacht wieder ab; außerdem sorgt sie dafür, dass die Wärmeverluste durch Strahlung bei der Erde kleiner sind als beim Mond.

Die Lufthülle schützt uns auch davor, dass ständig Gesteinskörper aus dem Weltall auf die Erde fallen. Die meisten kleineren Körper (Meteoriten) werden durch die Luft sehr stark gebremst. Dabei erhitzen sie sich so stark, dass sie verglühen. Sternschnuppen sind solche Körper, die in der Lufthülle verbrennen. Von ihnen bleiben nur kleine Staubteilchen übrig, die für uns nicht mehr gefährlich sind.

Große Gesteinskörper (Meteore) durchdringen nur sehr selten die Lufthülle der Erde. Der Mond dagegen ist von Einschlagstellen übersät (Bild 6).

6

Fragen und Aufgaben zum Text

1 Große Verkehrsflugzeuge fliegen oft in 10 000 m Höhe. Weshalb kann man darin trotzdem ohne Schwierigkeiten atmen?

2 Erkläre, warum die Lufthülle für uns lebensnotwendig ist.

3 Im „Luftmeer" und im Ozean ist der Druck über dem Grund am höchsten. Nach oben hin nimmt er ab. Der Druck des Wassers im Ozean wird dabei alle 100 m *um den gleichen Betrag* (10 bar) geringer.
Überprüfe anhand von Bild 4, ob Entsprechendes auch für Luft gilt. Erkläre!

Aus der Geschichte: **Leichter als Luft – Ballons und Luftschiffe**

Anfang Juni 1783 sorgten die Brüder *Jacques* und *Charles Montgolfier* für großes Aufsehen: Sie füllten einen Ballon mit „stinkendem Rauch“, der beim Verbrennen von Stroh und Schafwolle entstand. Und tatsächlich – der Ballon erhob sich in die Lüfte. Warum er aufstieg, konnte zunächst niemand erklären.

Die Montgolfiers selbst glaubten, sie hätten ein mysteriöses „elektrisches Gas“ erzeugt, das auch die Wolken in der Schwebe hielte. Eine Kommission von Wissenschaftlern beauftragte deshalb den Pariser Physik-Professor *Jacques Charles*, den Ballonflug genauer zu untersuchen. Auch Charles wusste noch nicht, dass es bei den *Montgolfieren* lediglich auf die heiße Luft im Innern ankommt. Vielmehr glaubte er, ein Ballon könne nur mit Hilfe des gerade entdeckten Wasserstoffgases aufsteigen. Er baute daher den ersten **Wasserstoffballon** (Bild 1) und startete ihn am 27. August 1783 in der Nähe von Paris.

1

Diese Ballonfahrt fand ein recht unrühmliches Ende. Der unbemannte Ballon platzte nämlich in 5 km Höhe und fiel 15 km vom Startplatz entfernt in der Nähe eines Dorfes zu Boden. Was dann geschah, beschreibt ein Bericht aus jener Zeit (Bild 2):

„Die Inwohner liefen haufenweise herbei, und da zwei Mönche sie versichert hatten, die Ballonhülle wäre die Haut von einem Ungeheuer, so griffen sie dasselbe mit Steinen, Mistgabeln und Dreschflegeln an. Der Pfarrer im Orte musste sich daher auch zur herabgefallenen Luftkugel begeben, um seine erschrockenen Pfarrkinder zu beruhigen.“

Für die erste *bemannte* Ballonfahrt wurde dann im November 1783 wieder eine Montgolfiere eingesetzt, also ein **Heißluftballon**. Doch bald setzten sich die Wasserstoffballons durch. Erst in unseren Tagen hat der Heißluftballon wieder an Bedeutung gewonnen (als Sportgerät).

Einen Aufsehen erregenden Flug führten 1862 die Engländer *Henry Coxwell* und *James Glaisher* durch:

Mit einem Ballon, der mit Leuchtgas gefüllt war, erreichten sie nach eigenen Angaben eine Höhe von über 10 000 m. Da sie keinen Sauerstoff mitführten, hätten beide ihren Wagemut beinahe mit dem Leben bezahlt. Während der eine infolge der dünnen Luft bereits ohnmächtig war, gelang es dem anderen noch, eine Ventilleine zu ziehen, sodass oben aus dem Ballon etwas Gas entweichen konnte. Der Ballon sank daraufhin und die beiden waren gerettet.

Im Jahr 1960 fand ein weiterer spektakulärer Ballonflug statt:

Ein Hauptmann der amerikanischen Luftwaffe stieg mit einem Ballon auf eine Höhe von 31 360 m. Dann sprang er – geschützt durch einen Druckanzug – mit dem Fallschirm ab. 14 Minuten später landete er wohlbehalten auf der Erde.

Ballons haben einen großen Nachteil: Die Flugrichtung bestimmt ganz allein der Wind. Immer wieder hat man deshalb versucht, Ballons lenkbar zu machen und mit einem Motor anzutreiben.

Diese Versuche führten schließlich zur Entwicklung von **Luftschiffen**.

Die ersten großen Luftschiffe wurden von *Graf Zeppelin* (1838–1917) gebaut (→ Bild 3 und die beiden folgenden Zeitungsausschnitte).

2

3

2487R

24. März 1900. Augenblicklich sieht man mit Spannung der Auffahrt des vom Generalleutnant Grafen von Zeppelin konstruierten Riesenluftschiffs entgegen, die in nächster Zeit aus der wohlverschlossenen Ballonhalle inmitten des Bodensees erfolgen soll.

Der große hölzerne Schuppen, die Montierungshalle für das neue Luftschiff, schwimmt auf 95 Pontons. Wenn der große zylinderförmige Ballon, den diese Halle birgt, fertiggestellt ist, wird seine Länge ungefähr 125 Meter betragen.

Das Gerüst dieses Riesenluftschiffs besteht fast ganz aus Aluminiumstäben, die von starken Aluminiumdrähten zusammengehalten werden. Dieses Gerüst ist in mehrere Abteilungen geteilt, von denen jede einen mit Wasserstoffgas gefüllten Ballon als eigentlichen Tragfaktor enthält. Im ganzen tragen nicht weniger als 17 Ballons mit einem Raumgehalt von 10 000 Kubikmetern das Fahrzeug, während seine Bewegung durch vier große Schrauben, deren Flügel ebenfalls aus Aluminium hergestellt sind, bewirkt wird. Die aus dem gleichen Metall erbauten beiden Gondeln tragen je einen Benzinmotor, um die vier großen Schrauben in Bewegung zu setzen.

Friedrichshafen, 2. Juli 1900. Der erste größere Aufstieg des Luftschiffs verlief heute fehlerlos. Das Schiff schwebte 8 Uhr 3 Min. bei Manzell empor und landete 8 Uhr 20 Min. bei Immenstaab. Auf- und Abstieg gingen tadellos glatt. Die Höhe, in der manövriert wurde, betrug etwa 200 Mtr. Das Schiff dampfte zuerst eine kurze Strecke gegen den Wind, wendete dann und lief mit dem Wind, der schwach war, 13 Mtr. per Sekunde. Hernach brach ein Drahttau der Steuervorrichtung, deshalb erfolgte der Abstieg. Die Stabilität des Fahrzeugs war vorzüglich. Der Versuch wird baldigst wiederholt werden. Die anwesenden Sachverständigen waren sehr befriedigt. Die Behauptung, daß Luftschiffe mit genügender Stabilität möglich seien, wird für erwiesen gehalten. Die Landung erfolgte auf dem Wasser. Das Luftschiff schwamm auf den Seitengondeln wie eine Ente.

In der Blütezeit der Luftschifffahrt flogen Luftschiffe mit Passagieren von Kontinent zu Kontinent (Bild 4).

Im Jahr 1929 fand mit dem Luftschiff „Graf Zeppelin" (LZ 127) sogar eine Reise um die Welt statt (→ technische Daten rechte Textspalte). Für die 34 000 km lange Strecke brauchte LZ 127 knapp 300 Stunden reine Flugzeit – hinzu kamen mehrtägige Zwischenlandungen in Tokio, Los Angeles und New York.

4

Das Zeitalter der Luftschiffe endete jäh (Bild 5): Am 6. Mai 1937 verunglückte die „Hindenburg" (LZ 129) bei der Landung in Lakehurst bei New York. Das mit Wasserstoff gefüllte Luftschiff brannte dabei völlig aus, und 35 Menschen kamen ums Leben. Daraufhin stellten alle deutschen Luftschiffe ihren Dienst ein. Luftschiffe, die später noch gelegentlich gebaut wurden, füllte man nicht mehr mit Wasserstoff, sondern mit unbrennbarem Helium.

5

Technische Daten des LZ 127

Volumen der 17 Gasbehälter	105 000 m³
Leistung der 5 Motoren	2 650 PS
Länge	237 m
Reisegeschwindigkeit	110 km/h
Aktionsradius	10 000 km/h
Nutzlast	30 t
Besatzungsmitglieder	38
Passagiere	20

Fragen und Aufgaben zum Text

1 Welche Bedingung muss erfüllt sein, damit ein Ballon aufsteigen kann? Mit welchem Gas ist das am besten möglich?

Gas (bei 0 °C und 1013 hPa)	Dichte in $\frac{kg}{m^3}$ (bzw. $\frac{g}{l}$)
Luft	1,29
Erdgas	ca. 0,7
Wasserstoff	0,09
Helium	0,18

2 Weshalb können auch Ballons aufsteigen, die mit heißer Luft gefüllt sind?

3 Die Ballonfahrt kann mit Hilfe des *archimedischen Prinzips* (→ Mechanik der Flüssigkeiten) erklärt werden.
a) Formuliere das archimedische Prinzip für Luft.
b) Begründe damit, warum ein Ballon schwebt.
c) Die Auftriebskraft, die ein Körper in *Wasser* erfährt, kommt durch den unterschiedlichen Schweredruck an seiner Ober- und Unterseite zustande. Wie entsteht die Auftriebskraft, die auf Körper in der *Luft* wirkt?

4 Welche Möglichkeiten gibt es bei einem Wasserstoffballon, die Flughöhe zu vergrößern oder zu verkleinern?

5 In modernen Heißluftballons wird ein Propangasbrenner mitgeführt. Ballast ist nicht nötig. Wie kann solch ein Ballon höher aufsteigen oder sinken?

6 In einem **Versuch** kannst du dir einen „Zimmerheißluftballon" selbst bauen. Du brauchst eine größere Plastiktüte (z. B. Mülleimertüte), deren Rand du mit einem dünnen Pappstreifen versteifst. Dann bläst du die Tüte etwas auf und hältst sie vorsichtig über ein oder zwei brennende Teelichter …

7 Die Mechaniker hatten den Ballon von Prof. Charles prall mit Gas gefüllt. Warum platzte der Ballon in großer Höhe?

8 Kann man einen Ballon eigentlich beliebig hoch steigen lassen?

9 Warum ist in 30 km Höhe ein Druckanzug nötig?

10 Bei normalem Luftdruck wirkte auf die „Hindenburg" eine Auftriebskraft von 2 140 000 N.
a) Ihr Leergewicht (mit Treibstoff und Ballast) betrug 195 000 kg. Wie viel Nutzlast konnte sie höchstens aufnehmen?
b) Änderte sich die Auftriebskraft mit zunehmender Höhe oder blieb sie immer gleich? Begründe deine Antwort.
c) Angenommen das Luftschiff wäre nicht mit Wasserstoff, sondern mit dem nicht brennbaren Helium gefüllt worden. Wie hätte sich dadurch die Auftriebskraft geändert?

Aus der Geschichte: **Die erste Operation bei geöffnetem Brustkorb**

Noch vor 80 Jahren gab es bei schweren Verletzungen des Brustkorbs keine Rettung. Auch Operationen an den Organen innerhalb des Brustkorbs waren unmöglich. Um das zu verstehen, müssen wir die Vorgänge bei der **Atmung** kennen lernen.

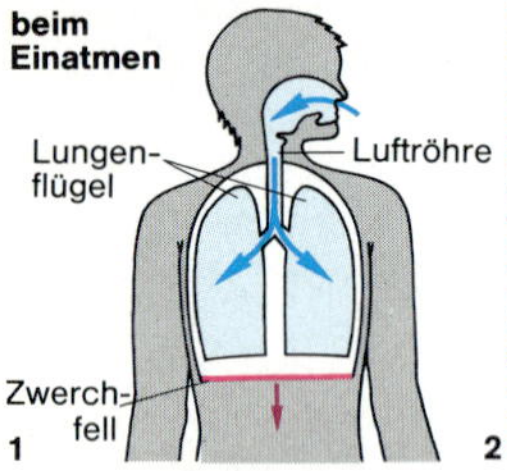

1

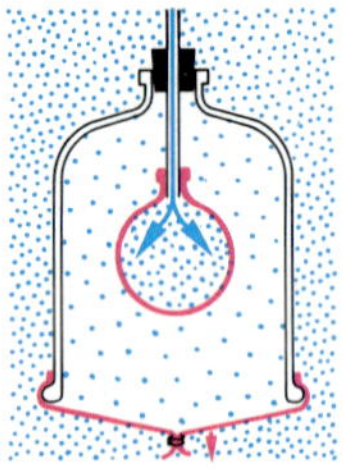
2

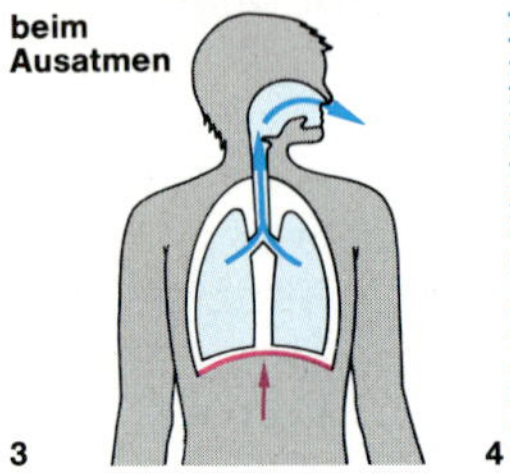

3

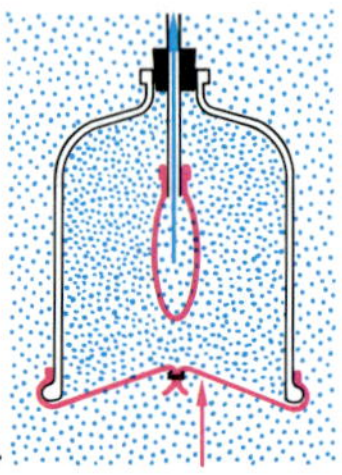
4

Die Bilder 1 u. 3 zeigen die Lunge beim Ein- und Ausatmen. Wie Luft in die Lunge gelangt, soll ein **Modellversuch** zur Atmung klarmachen (Bilder 2 u. 4): Die Glasglocke stellt den Brustkorb dar, der Luftballon darin die Lunge. Die Plastiktüte, die dicht um die Glocke geklebt ist, entspricht dem Zwerchfell, das den Brustkorb nach unten hin abschließt.

Wird die Plastiktüte nach unten gezogen (Bild 2), vergrößert sich der Raum unter der Glocke. Dort entsteht ein **Unterdruck** gegenüber dem äußeren Luftdruck. Dies hat zur Folge, dass die Außenluft in den Luftballon einströmt.

Ähnlich füllt sich die Lunge **beim Einatmen** mit Luft (Bild 1): Die Rippen heben sich, das Zwerchfell spannt sich nach unten. Der Brustraum wird dadurch größer. Es entsteht ein Unterdruck. Die Außenluft strömt durch die Luftröhre in die Lunge, bis der Druck ausgeglichen ist.

Beim Ausatmen senken sich die Rippen und das Zwerchfell wölbt sich nach oben (Bild 3). Der Brustraum wird dadurch kleiner. Für die Luft bleibt weniger Platz, sie wird aus der Lunge herausgepresst.

Zum Atmen muss also im Brustkorb ein Unterdruck erzeugt werden können. Das ist aber nur möglich, wenn der Brustraum durch den Brustkorb nach außen hin *luftdicht* abgeschlossen ist. Wird er durch Verletzungen undicht, können sich die Lungenflügel kaum noch mit Luft füllen und nach kurzer Zeit tritt der Tod ein.

Zu Beginn des 20. Jahrhunderts wurden verschiedene Methoden entwickelt, wie man trotzdem den Brustkorb für Operationen öffnen kann. In Deutschland löste *Ferdinand Sauerbruch* als Erster dieses Problem.

Er baute eine *Unterdruckkammer* um den zum Einatmen nötigen Unterdruck auch bei geöffnetem Brustkorb aufrechtzuerhalten. Damit führte er zunächst viele erfolgreiche Operationen an Tieren durch (Bild 5).

Im Juni 1904 fand die erste Operation dieser Art an einem Menschen statt. Dazu hatte man eine gläserne Unterdruckkammer gebaut – groß genug für drei Ärzte und den Patienten, dessen Kopf aus der Kammer herausguckte. Eine Motorpumpe sorgte für den notwendigen Unterdruck, der ca. 13 hPa niedriger als der äußere Luftdruck sein musste.

Sauerbruch, der bei der Operation für die Überwachung des Drucks verantwortlich war, berichtet: „... *Dann brachte man die Kranke und Geheimrat von Mikulicz trat ein. Nun auf einmal – überaus gespenstisch wirkte es auf mich – kamen alle Zuschauer langsam näher um dieser Operation zuzusehen. An den drei Wänden sah ich nichts als Gesichter. Und aus allen blickten forschende Augen in das Glashaus. Der Geheimrat durchschnitt die Haut. Jetzt war es an mir den Unterdruck herzustellen. Ich tat das, sah auf meine Messapparate. Der Luftdruck in der Kammer sank. Ich war zufrieden, alles schien ausgezeichnet zu gehen ...*

Dann – plötzlich durchfuhr mich ein eisiger, ein entsetzlicher Schreck. Ich hatte für den Bruchteil einer Sekunde aufgesehen, starrte in die sich weitenden Augen der Zuschauer, blickte zurück auf mein Manometer und sah hilflos zu, wie der Unterdruck entwich, begriff, dass die Kammer sich mit der normalen Atmosphäre füllte, wusste, dass die Brust der Kranken geöffnet war, ahnte Fürchterliches ...

Die Patientin war tot. Unsere Apparatur hatte versagt."

Schon einen Monat später wurde die nächste Operation in der Kammer durchgeführt – diesmal erfolgreich. Damit waren der Chirurgie völlig neue Möglichkeiten eröffnet ...

Heutzutage werden Patienten bei Operationen innerhalb des Brustkorbs meist künstlich beatmet. Dazu wird stoßweise Sauerstoff in die Lunge gepumpt. Der Druck in der Lunge ist dabei stets etwas größer als der äußere Luftdruck.

Fragen und Aufgaben zum Text

1 Warum gelingt der Modellversuch zur Atmung nicht, wenn der „Brustraum" (die Plastiktüte) ein Loch hat?

2 Warum können Brustverletzungen tödlich sein, auch wenn kein wichtiges Organ betroffen ist? Wie könnte man bei solchen Verletzungen erste Hilfe leisten?

3 Warum musste der Kopf des Patienten außerhalb der Unterdruckkammer sein?

4 Sauerbruch schreibt, er habe bei der ersten Operation hilflos zusehen müssen, wie der Unterdruck *entwich*.
a) Ist diese Ausdrucksweise physikalisch richtig? Begründe deine Meinung.
b) Welche Gründe für den Druckanstieg sind denkbar?

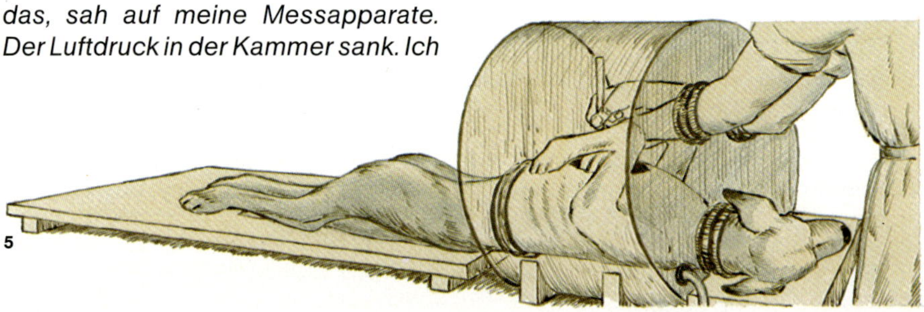
5

2489R

1 Kraftfahrzeuge sind auf unterschiedliche Art gefedert. Manche Autos sind „gasgefedert".

Wieso eignet sich Gas zur Federung von Autos?

2 Beim Straßenbau benutzt man oft Drucklufthämmer um den Straßenbelag aufzustemmen. In der Nähe der Arbeiter steht immer ein besonderer Wagen.

Welche Aufgabe hat er? Wie wird er genannt?

3 Eine Taucherflasche hat einen Rauminhalt von nur 10 Litern.

a) Jedesmal, wenn der Taucher atmet, verbraucht er mehr als einen halben Liter Luft. Er atmet in einer Minute etwa 30mal. Trotzdem kann die Luft in der Flasche für mehr als eine Stunde reichen ...

b) Der Druck in der Flasche beträgt etwa 200 bar. Welches Volumen hätte die Luft aus der Taucherflasche bei nur 1 bar?

c) Bei 10 m Tauchtiefe reicht die Luft nur etwa halb so lange wie unmittelbar unter der Wasseroberfläche. Erkläre!

4 Auch bei dem in Bild 6 gezeigten Korkenheber ist die Luft im Spiel! Versuche zu beschreiben, wie er arbeitet.

5 In der Bedienungsanleitung für eine Gartenspritze (Bild 7) heißt es:

„Behälter nur bis zur Markierung füllen, sorgfältig verschließen und ungefähr 20 Schläge Luft einpumpen. Spritze mit dem Hahn betätigen." Was meinst du, wie dieses Gerät funktioniert?

6 Manche Häuser, besonders auf dem Land, sind nicht an öffentliche Wasserleitungen angeschlossen. Sie haben eigene Brunnen.

Bild 8 zeigt dir eine solche Wasserversorgungsanlage. Eine Pumpe befördert hier Wasser aus dem Brunnen in einen Druckbehälter, in dem zuerst nur Luft ist. Öffnet man im Haus einen Wasserhahn, so läuft das Wasser mit einem kräftigen Strahl heraus, *auch wenn die Pumpe gerade nicht läuft.*

Wie erklärst du dir das?

7 Saughaken kann man nur an glatten Wänden benutzen. Erkläre!

8 Michael sticht ein Loch in eine Milchdose; es fließt aber trotzdem kaum Milch heraus.

Was muss er deiner Meinung nach tun? Es gibt zwei Möglichkeiten.

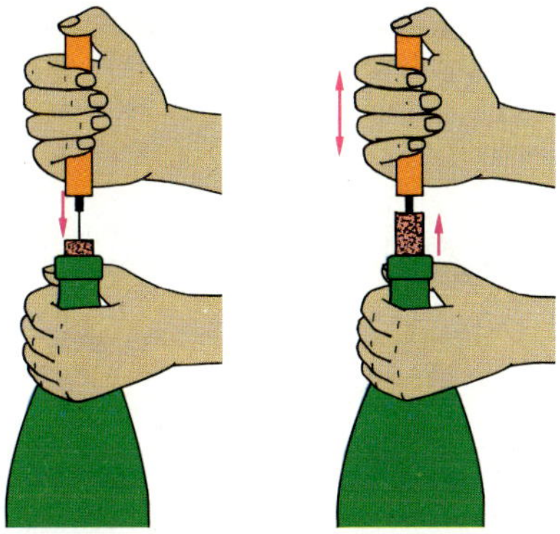

6

7

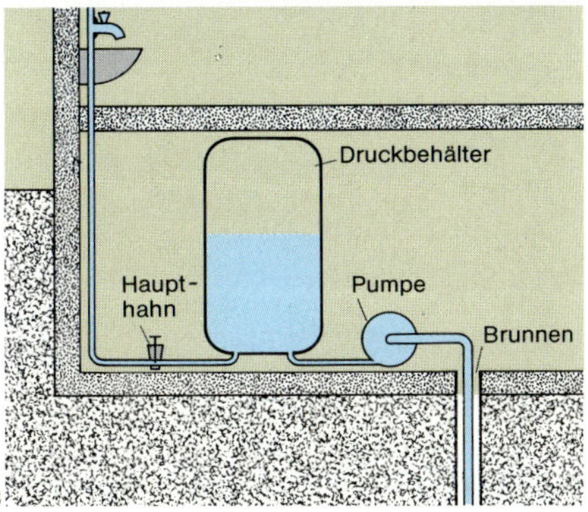

8

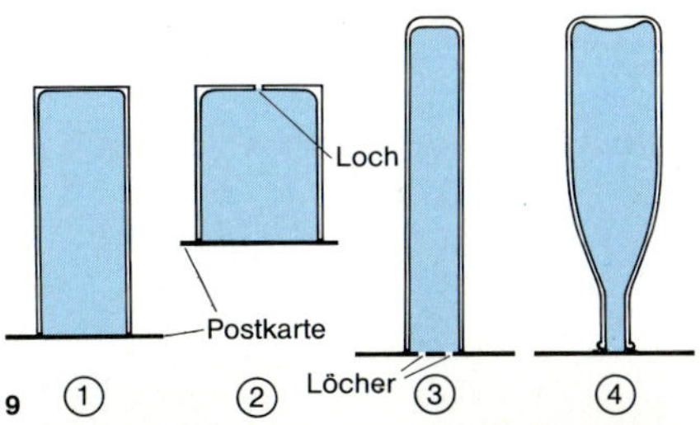

9

10

9 Oft lassen sich Marmeladengläser beim ersten Mal nur unter großer Anstrengung aufschrauben. Da gibt es aber einen wirkungsvollen Trick: Mit einem spitzen Gegenstand sticht man einfach ein Loch in den Deckel.

Erkläre, warum sich der Deckel dann leichter aufschrauben lässt.

10 Aus welchem dieser Gefäße (Bild 9) fließt das Wasser aus? Begründe!

11 Berechne für Gefäß 1 von Bild 9 die Kraft, die das Wasser auf die Postkarte ausübt (Höhe des Gefäßes: 30 cm, Grundfläche: 35 cm^2).

Wie groß ist die Kraft, die aufgrund des Luftdrucks von unten auf die Karte wirkt? Vergleiche!

12 In Bild 10 siehst du „vakuumverpackte" Lebensmittel. Du erkennst deutlich, dass die Folie ganz dicht an den Lebensmitteln anliegt und nur kleine Zwischenräume vorhanden sind. Es befindet sich nur ganz wenig Luft in der Packung.

Beim Verpacken dieser Lebensmittel spielte der Luftdruck eine Rolle. Versuche den Vorgang zu erklären.

13 Warum darf das (äußere) Gehäuse eines Dosenbarometers nicht luftdicht verschlossen sein?

14 Wie lang muss ein durchsichtiger Plastikschlauch sein, damit du daraus ein „Wetterbarometer" bauen kannst? Als Flüssigkeit für den Schlauch willst du Wasser verwenden.

15 Auf dem 4478 m hohen Gipfel des Matterhorns hat die Quecksilbersäule eines Barometers im Durchschnitt eine Höhe von 43,3 cm. Berechne den Luftdruck in hPa.

16 Barometer lassen sich auch als Höhenmesser benutzen. Weshalb ist das möglich?

Als man zu Beginn der Luftfahrt nur Barometer als Höhenmesser einsetzte, gab es zahlreiche Unfälle, weil Flugzeuge in falscher Höhe flogen. Worauf führst du das zurück?

17 Bei Verletzungen des Brustkorbes wird dem Verunglückten heutzutage eine dicht schließende Gesichtsmaske aufgesetzt. Dann wird er mit Sauerstoff versorgt, der unter einem geringen Überdruck steht.

Warum kann auch bei diesem Verfahren die Atmung funktionieren?

4 Zusammenfassung

Der Druck eingeschlossener Gase

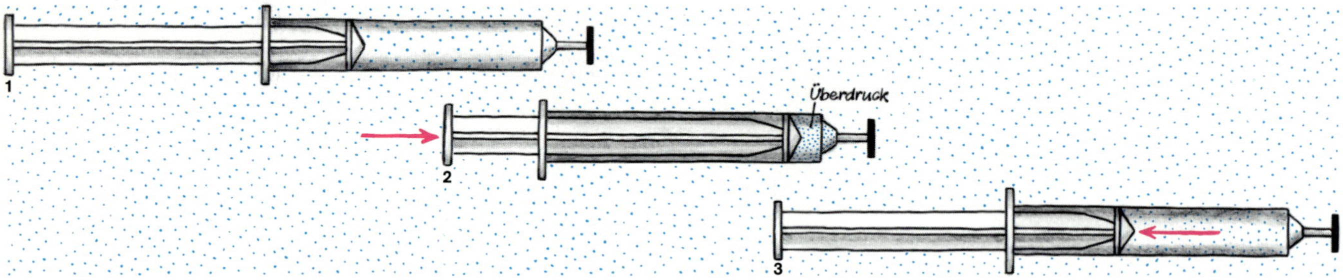

1, 2, 3

Wenn Gase in einem Behälter eingesperrt sind, herrscht in dem Behälter ein **Druck**. Das hat folgenden Grund: Die Gasteilchen bewegen sich ständig kreuz und quer durch den ihnen zur Verfügung stehenden Raum (Bild 1). Dabei prasseln in jeder Sekunde unzählig viele Teilchen gegen die Begrenzungswände (oder gegen Körper, die sich in dem Behälter befinden) und üben damit **Kräfte** aus.

Beim Zusammenpressen (Bild 2) steigt der Druck des Gases *(Überdruck)*, weil den Teilchen weniger Raum zur Verfügung steht und sie daher häufiger gegen die Wände stoßen. Das Gas übt nun also auf die Wände des Behälters größere Kräfte aus als zuvor. Dadurch wird z. B. der Kolben der Plastikspritze zurückgeschleudert, sobald die äußere Kraft kleiner wird (Bild 3).

Eingesperrte Gase lassen sich durch Kräfte zusammenpressen; sie sind **kompressibel**.

Das boyle-mariottesche Gesetz

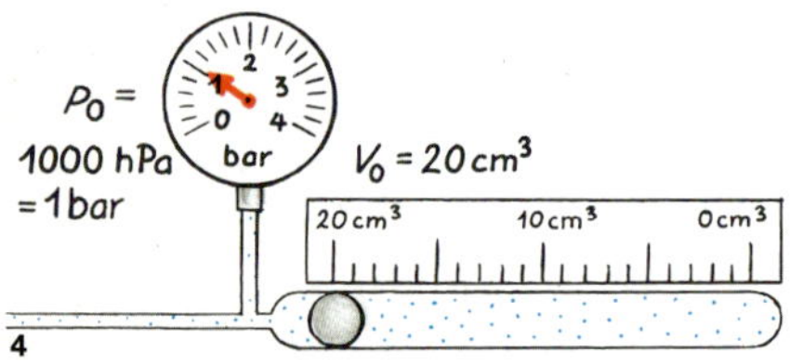

4

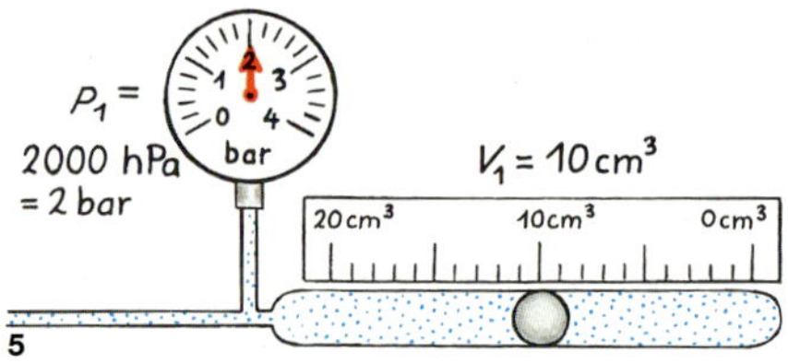

5

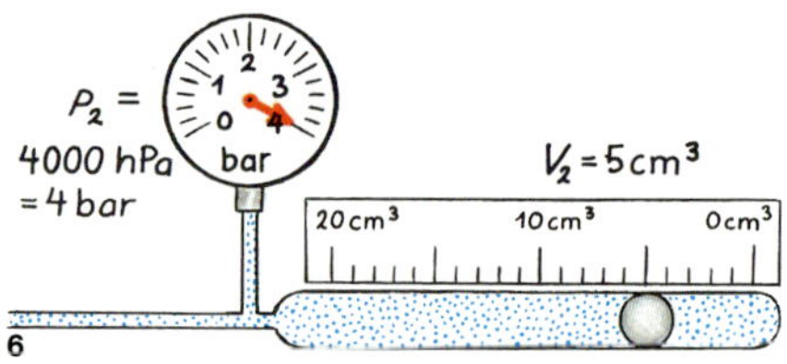

6

Das boyle-mariottesche Gesetz beschreibt den Zusammenhang zwischen **Druck** und **Volumen** eines eingeschlossenen Gases bei *konstanter Temperatur*:

halbes Volumen ($\frac{1}{2}V_0$) → doppelter Druck ($2 \cdot p_0$),
drittel Volumen ($\frac{1}{3}V_0$) → dreifacher Druck ($3 \cdot p_0$),
viertel Volumen ($\frac{1}{4}V_0$) → vierfacher Druck ($4 \cdot p_0$).

Das Produkt aus Druck und Volumen bleibt also bei einem eingeschlossenen Gas gleich:

$$p_0 \cdot V_0 = p_1 \cdot V_1 = p_2 \cdot V_2 = \ldots \text{ konst.}$$

Der Luftdruck – der Schweredruck der Luft

7

Die Erde ist von einer Lufthülle umgeben. Die Dichte der Luft nimmt mit zunehmender Höhe ab: Sie ist in 10 km Höhe schon so gering, dass dort ein Mensch ohne Sauerstoffgerät nicht überleben könnte.

Die Luft in den unteren Schichten wird durch die darüberliegende Luft zusammengepresst. Auf diese Weise entsteht der **Luftdruck**.

Wenn **Druckunterschiede** zwischen Hohlräumen im Innern eines Körpers und der Außenluft bestehen, lassen sich Wirkungen des äußeren Luftdrucks gut beobachten.

2491R

Der Luftdruck und seine Wirkungen

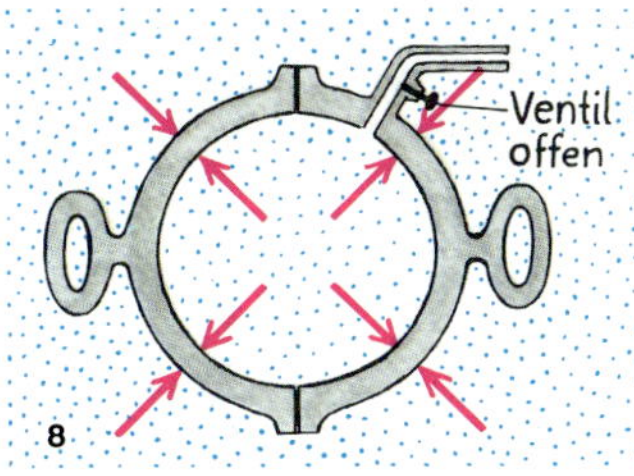

8

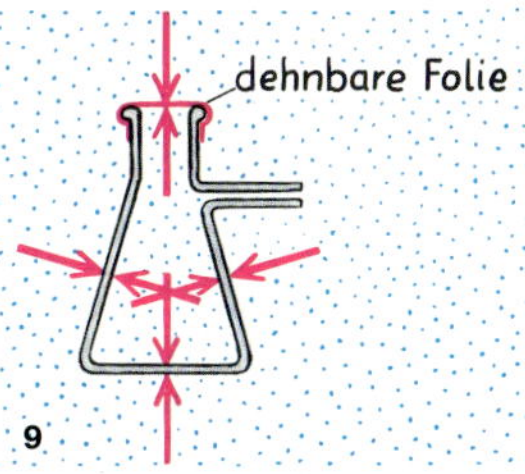

9

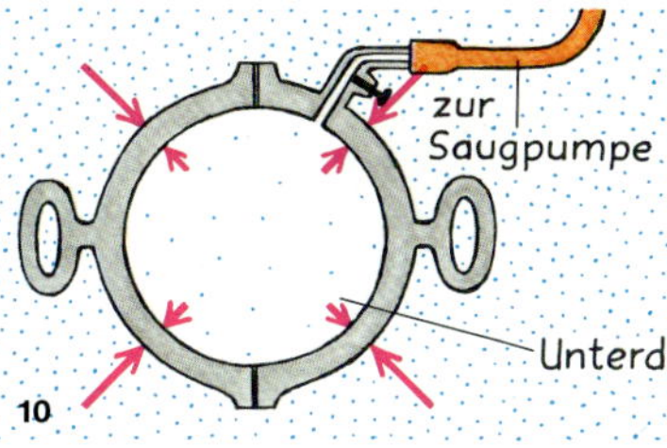

10

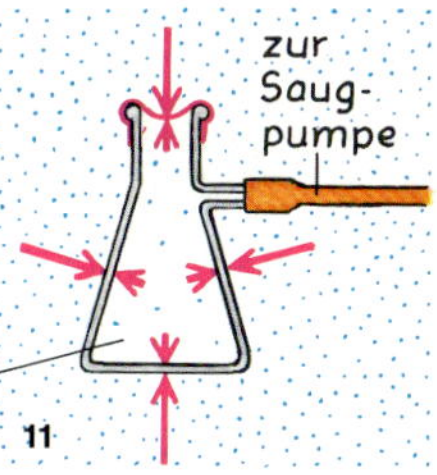

11

Die Halbkugeln lassen sich leicht trennen, weil der Druck der Luft innen und außen gleich ist. Die Luft übt von innen und von außen *gleich große* Kräfte aus. Es herrscht Kräftegleichgewicht. Aus dem gleichen Grund ist die Folie, die den Kolben verschließt, *nicht* eingedellt.

Die Halbkugeln lassen sich (fast) nicht mehr trennen, und die Folie ist eingedellt, weil der Druck im Innenraum kleiner ist als außen. Die Kräfte, die auf die Außenfläche wirken, sind daher *größer* als die jeweils von innen wirkenden Gegenkräfte.

Die Messung des Luftdrucks

12

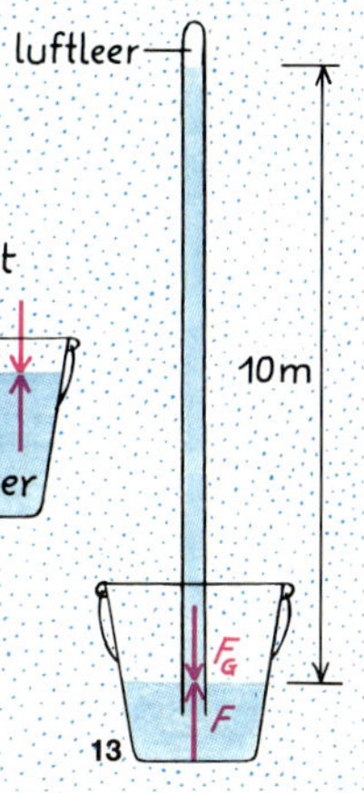

13

Als Folge ihres Drucks übt die Luft auf eine Wasseroberfläche Kräfte aus (Bild 12). Sie setzt dadurch das Wasser „unter Druck". Dabei ist der Druck des Wassers im Eimer genauso groß wie der Luftdruck. Auf die in Bild 13 eingezeichnete Wasserschicht wirken daher zwei Kräfte:

- von oben die Gewichtskraft F_G, die die „Wassersäule" im Schlauch ausübt,
- von unten die Kraft F, die das Wasser im Eimer aufgrund des Luftdrucks ausübt.

Beide Kräfte sind gleich groß, deshalb fließt das Wasser nicht aus.

14

Sinkt der Luftdruck (z. B. beim Abpumpen der Luft aus der Glasglocke in Bild 14), so sinkt die Wassersäule. **Die Höhe der Wassersäule ist also ein Maß für den Luftdruck.**

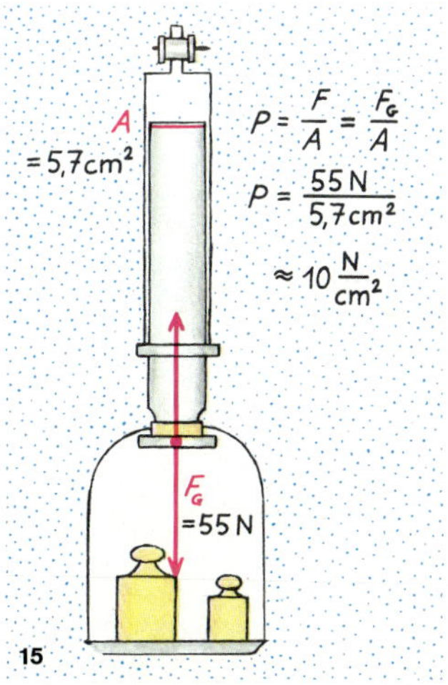

15

Stellt man immer mehr Wägestücke auf die Waagschale von Bild 15, so setzt sich der Kolben schließlich in Bewegung. Kurz bevor dies geschieht, besteht Gleichgewicht zwischen der Gewichtskraft F_G und der Kraft F, die aufgrund des Luftdrucks von unten wirkt.

Aus F_G und der Größe der Kolbenfläche A lässt sich dann der Luftdruck ermitteln.

Der Luftdruck beträgt ungefähr $10\,N/cm^2 = 1$ bar. Auf $1\,cm^2$ eines Körpers wirkt also eine Kraft von 10 N (Bild 16). Das entspricht der Gewichtskraft von 1 Liter Wasser!

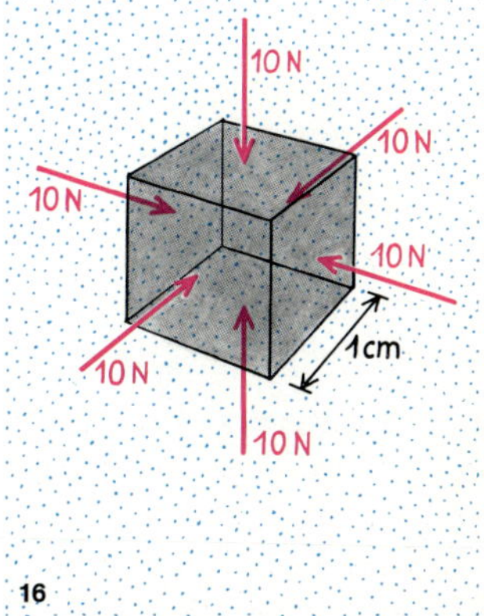

16

Der Luftdruck wird meistens in **Hektopascal** angegeben (1 bar = 1000 mbar = 1000 hPa). Der *Normaldruck* (in Meereshöhe) beträgt 1013 Pa (1,013 bar).

Messgeräte für den Luftdruck nennt man **Barometer**. Beispiele: Quecksilber- oder Dosenbarometer.

Pumpen und Ventile

Wie funktionieren Pumpen und Ventile?

Aus Umwelt und Technik: **Pumpen für unterschiedliche Zwecke**

1

2

3

Mit Pumpen werden Flüssigkeiten oder Gase angehoben und durch Rohrleitungen transportiert. Zum Beispiel lassen sich mit den Pumpen der Bilder 1–3 Erdöl, Schmutzwasser und Grundwasser aus dem Erdboden nach oben befördern.

Pumpen gibt es in verschiedenen Bauarten. In Versuch 1 sowie in den folgenden Aufgaben mit den dazugehörigen Bildern lernst du u. a. die Funktionsweise von **Kolbenpumpen** kennen. Die wichtigsten Bauteile solcher Pumpen sind Kolben, Zylinder und Ventile.

Pumpen dieser Art wurden schon vor 2000 Jahren eingesetzt und finden auch heute noch vielfältige Verwendung.

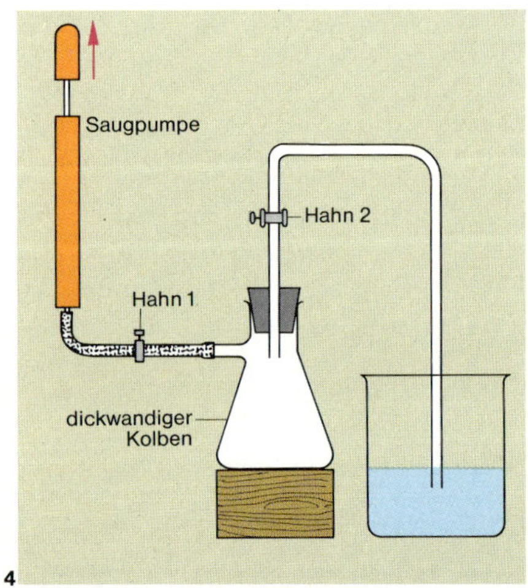

4

V 1 Dieser Versuch (Bild 4) zeigt dir, wie ein *Saugwagen* (Bilder 2 u. 5) funktioniert. Du brauchst nur die Bilder miteinander zu vergleichen.

a) Welche Teile des Saugwagens findest du im Versuchsaufbau wieder?

b) Hahn 2 ist zunächst geschlossen, Hahn 1 ist geöffnet. Was geschieht, wenn die Saugpumpe betätigt wird?

c) Nun wird Hahn 1 geschlossen und Hahn 2 geöffnet. Was geschieht?

d) Erkläre den Saugwagen: Welche Aufgabe hat die Pumpe? Wer treibt eigentlich den Schlamm in den Tank?

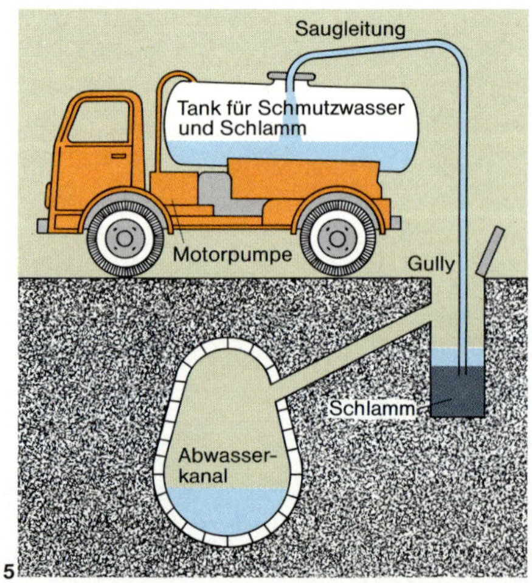

5

2493R

Aufgaben

1 Die Bilder 6 u. 7 zeigen, wie eine einfache Pumpe und deren Ventile funktionieren.

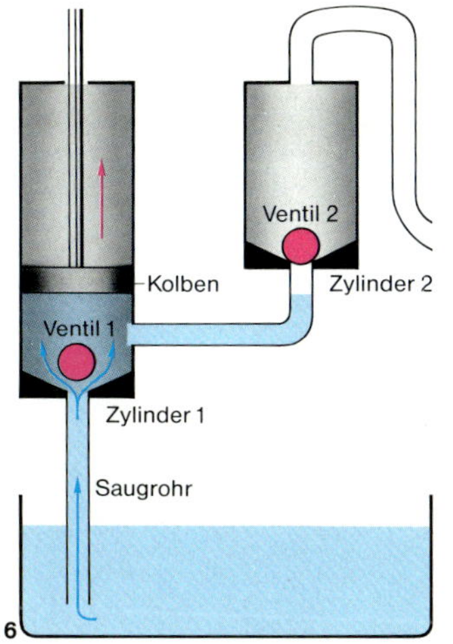

6

Der Kolben wird hochgezogen. – Auf das Wasser im Saugrohr wirkt von oben eine kleinere Kraft. – Aufgrund des äußeren Luftdrucks wird das Wasser in den Zylinder 1 gepresst. – Ventil 1 öffnet sich. – Der Druck der Luft im Zylinder wird geringer.

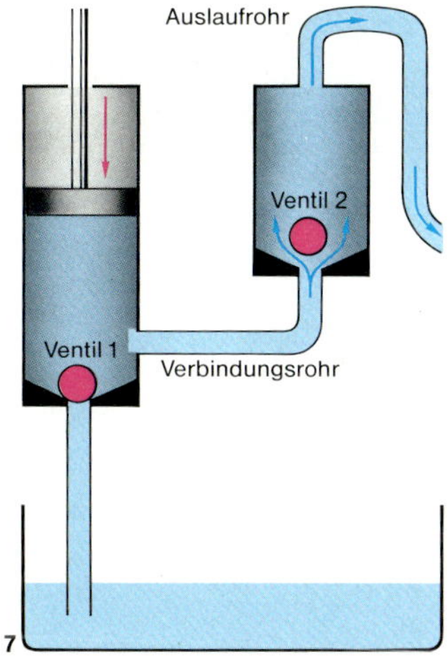

7

Der Kolben wird abwärts bewegt. – Ventil 2 öffnet sich. – Das Wasser wird in das Verbindungsrohr gepresst. – Ventil 1 schließt sich. – Das Wasser steigt im Zylinder 2 empor und fließt aus dem Auslaufrohr.

a) Bringe die Sätze unter den beiden Bildern in die richtige Reihenfolge.

b) Wann öffnen sich die Ventile? Wann schließen sie sich? Gib die jeweiligen Druckverhältnisse vor und hinter den Ventilen an.

2 Die Bilder 8–10 zeigen den Aufbau der Wasserpumpe (Bild 3), die man häufig noch in Gärten findet.

a) Erkläre ihre Funktionsweise. (Vermeide dabei das Wort *saugen*.)

b) Diese Pumpe kann Wasser nur um etwa 9,50 m heben. Warum nicht höher?

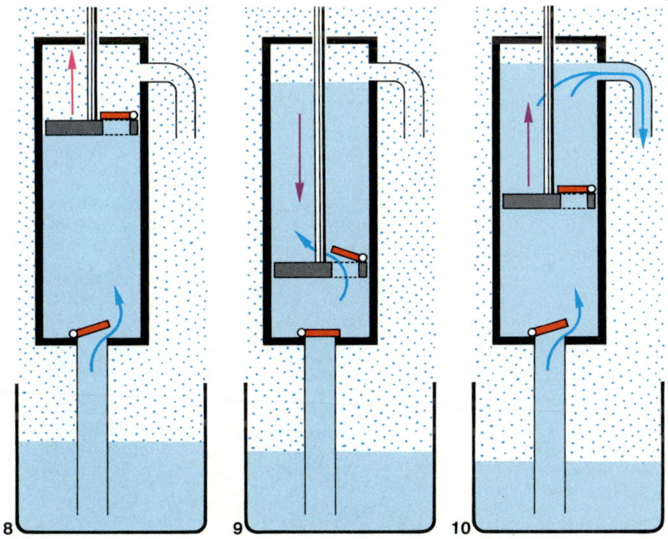
8 9 10

3 Die Bilder 11 u. 12 zeigen zwei unterschiedliche Fahrradventile. Wie funktionieren sie?

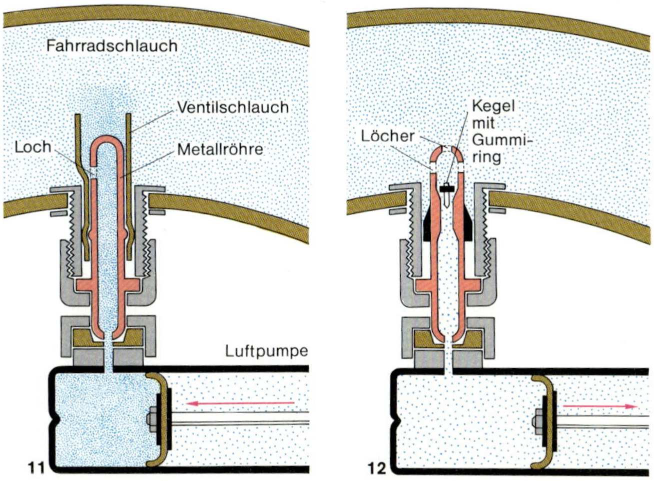

11 12

a) Woran könnte es liegen, wenn ein Ventil undicht ist?

b) Warum lässt sich ein Schlauch mit *Blitzventil* (Bild 12) leichter aufpumpen als einer mit gewöhnlichem Ventil?

4 Der Kolben einer Fahrradluftpumpe besteht aus einer biegsamen Scheibe aus Leder oder Weichplastik.

a) Bild 13 zeigt, dass er wie ein Ventil wirkt. Erkläre!

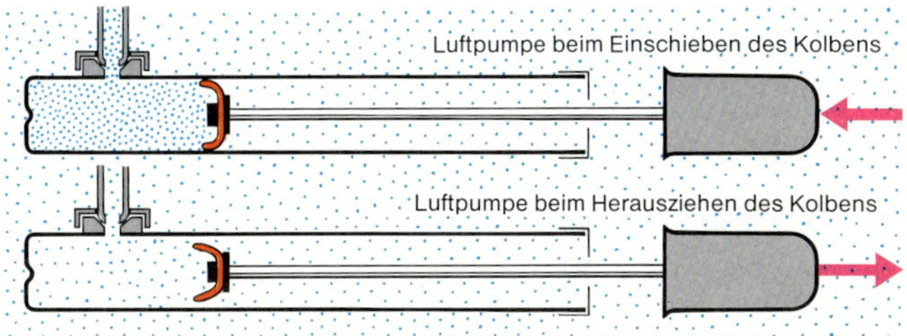

13

b) Welchen Grund kann es haben, wenn eine Luftpumpe defekt ist?

c) Wozu könnte man die Pumpe in Bild 14 verwenden?

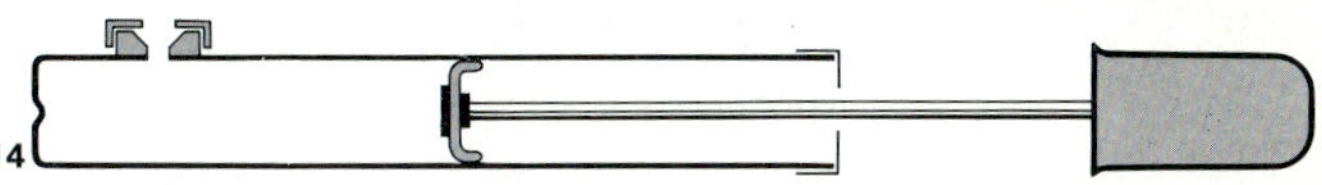
14

5 Ventile werden eingebaut, wenn die Gefahr besteht, dass ein zu hoher Druck entsteht. Ein solches *Sicherheitsventil* befindet sich z. B. bei Heizungsrohren in der Nähe des Heizkessels (Bild 15). Es soll verhindern, dass die Heizungsrohre platzen. Wie funktioniert das Ventil?

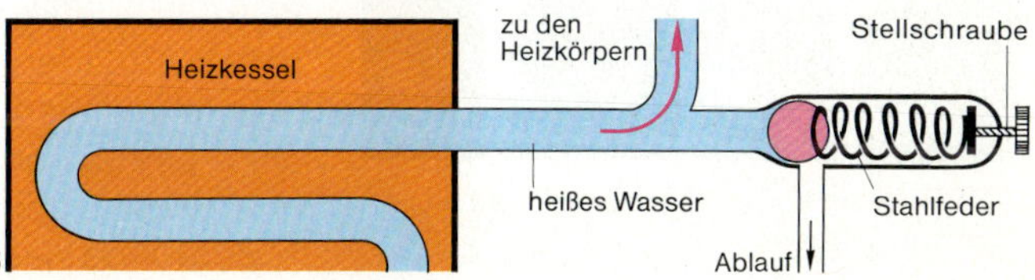

15

Die elektrische Stromstärke

1 Ströme und Stromstärken

1

2

Auch bei diesen beiden Beispielen spricht man in der Umgangssprache von *Strom*.
Was *strömt* hier jeweils?
Wie kann man feststellen, ob ein Strom groß oder klein ist?

Aufgaben

3 Hier siehst du sofort, welcher Wasserstrom der größere ist.

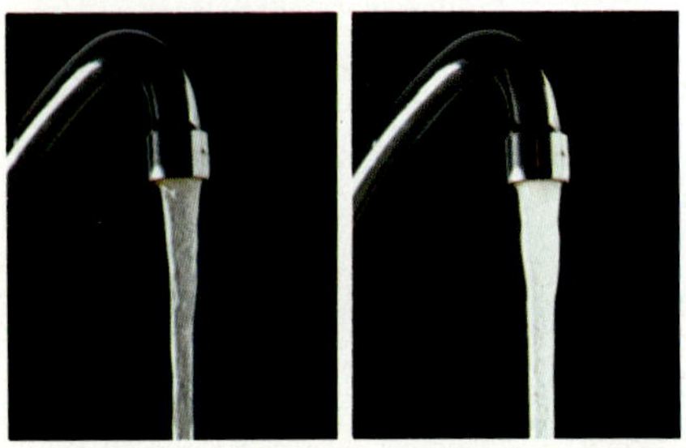
4 Bei diesen Wasserströmen wird es aber schon schwieriger ...

1 Die Bilder 3 u. 4 zeigen unterschiedliche **Wasserströme**. Plane einen **Versuch**, mit dem du herausfinden kannst, welcher von zwei Wasserströmen der größere ist.

2 Von zwei Quellen soll die mit der größten „Schüttung" (dem größten Wasserstrom) an die Wasserversorgung angeschlossen werden. Als Messergebnis liegen vor:

Quelle 1: 636 Liter in 12 Sekunden;
Quelle 2: 720 Liter in 15 Sekunden.

Für welche Quelle wird man sich entscheiden?

3 Im Gegensatz zu Wasserströmen kann man *elektrische* Ströme nicht sehen. Trotzdem lässt sich sofort sagen, in welchem dieser beiden *gleichen* Lämpchen (Bild 5) der Strom größer ist ...

Begründe deine Antwort.

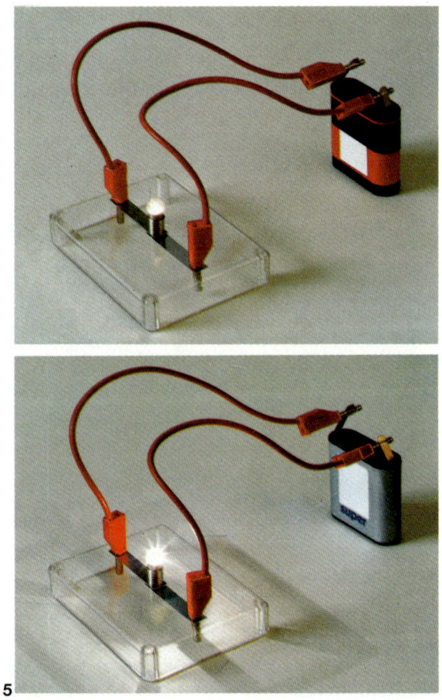
5

2376R

Was strömt eigentlich in einem elektrischen Stromkreis?

Bei der Beantwortung dieser Frage hilft uns die **Versuchsreihe**, die in den Bildern 6–8 dargestellt ist (Lehrerversuche).

In Bild 6 leuchtet die Glimmlampe nicht. Der Stromkreis ist ja unterbrochen, es kann also überhaupt nichts strömen.

Das ändert sich aber, wenn man eine isoliert angebrachte Metallkugel zwischen den beiden Isolierklemmen hin und her bewegt (Bild 7): Jedes Mal, wenn die Kugel eine der Klemmen berührt, leuchtet die Glimmlampe kurz auf.

Wir haben Glimmlampen als Anzeiger für fließende Ladungen kennen gelernt. Jedes Aufleuchten der Glimmlampe bedeutet also, dass für kurze Zeit **elektrische Ladungen durch die Leitungen strömen** oder fließen. Dabei muss es sich um *negative* Ladungen handeln, also um **Elektronen**; nur diese können sich ja in metallischen Leitern bewegen.

Zwischen den Isolierklemmen werden die Elektronen mit Hilfe der Kugel transportiert: Die Kugel nimmt sie an der negativen Klemme auf und gibt sie an der positiven wieder ab. Außerhalb des Netzgerätes bewegen sich die Elektronen in Richtung vom Minuspol zum Pluspol. (*Innerhalb des Netzgerätes* werden die Elektronen vom Pluspol zum Minuspol getrieben.)

Verbindet man nun die beiden Isolierklemmen durch einen Leiter (Bild 8), so leuchtet die Lampe dauernd. Das heißt: Durch die Leitungen fließen nun *ständig* Ladungen.

Übrigens zeigt die Glimmlampe nicht nur das Fließen der Elektronen an; sie gibt uns auch einen Hinweis auf ihre **Bewegungsrichtung**: Die Glimmlampe leuchtet nämlich immer nur an derjenigen Metallzunge (Elektrode) auf, durch die die Elektronen in die Lampe *hinein*fließen (Bild 9).

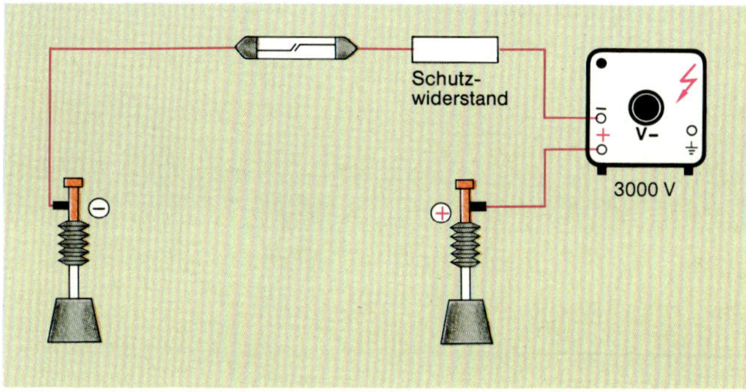

6

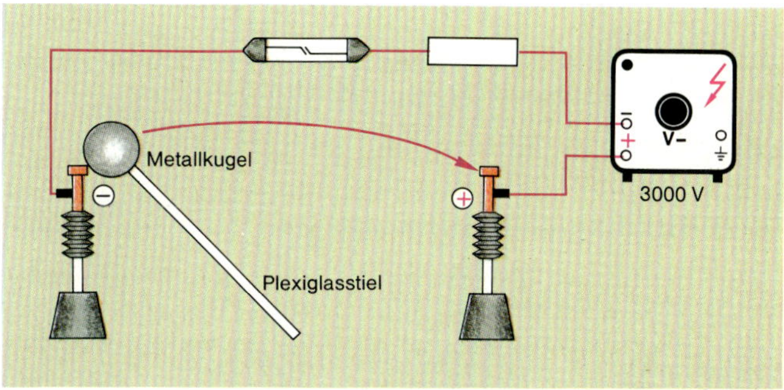

7

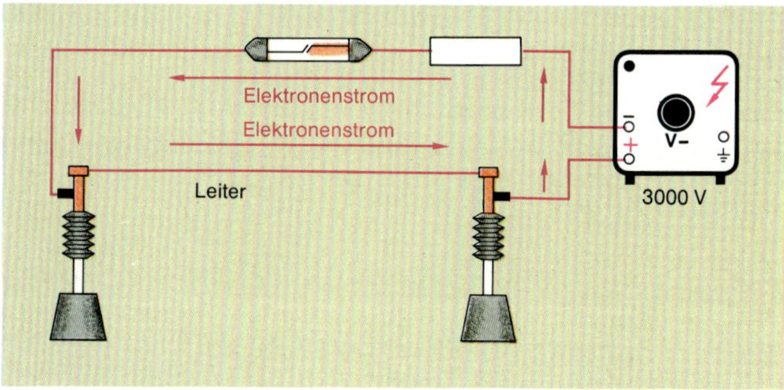

8

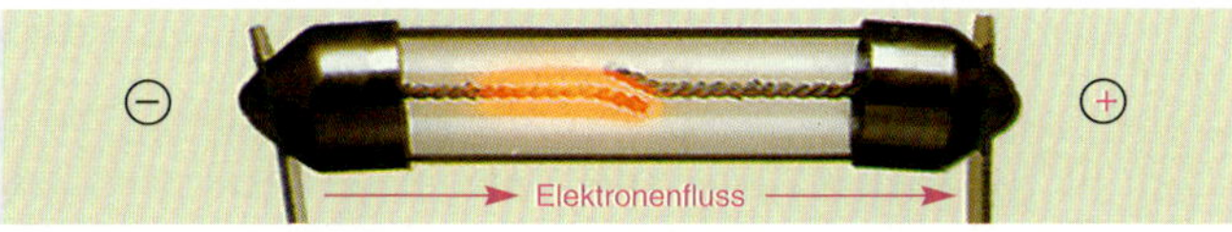

9

Allgemein können wir sagen: **In den Leitungsdrähten eines geschlossenen Stromkreises fließen negative Ladungen (Elektronen) in Richtung vom negativen zum positiven Pol der Stromquelle. Fließende elektrische Ladungen bezeichnet man als *elektrischen Strom*.**

Was versteht man unter *elektrischer Stromstärke*?

Ein elektrischer Strom ist immer ein **Strom von Ladungen**. Fließen innerhalb einer Sekunde besonders viele Ladungen (in Metallen sind es **Elektronen**) an einer beliebigen Stelle des Stromkreises vorbei, so spricht man von einem *großen* Strom oder einer *großen* **Stromstärke**. Sind es weniger, so ist der Strom (die Stromstärke) entsprechend *kleiner.*

Die Gesamtheit der vorbeigeflossenen Ladungen nennt man *Ladungsmenge* oder kurz **Ladung.** Wir können also sagen:

Je mehr Ladung *Q* in einer bestimmten Zeit *t* an irgendeiner Stelle durch den Leiterquerschnitt fließt, desto größer ist der Strom (die Stromstärke) *I*. Es gilt:

$$\text{Strom(stärke)} = \frac{\text{Ladung}}{\text{Zeit}} \qquad I = \frac{Q}{t}.$$

Die **Einheit der Stromstärke** ist das **Ampere (A)** – so benannt nach dem französischen Physiker *André Marie Ampère* (1775–1836). Das A finden wir auch im Schaltzeichen des Strommessers wieder:

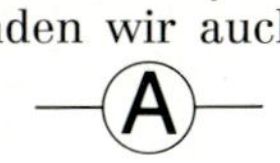

Häufig gibt man die Stromstärke auch in **Milliampere** (mA) oder in **Mikroampere** (μA) an.

1 A = 1000 mA; 1 mA = 1000 μA.

Ein Strom hat dann die Stromstärke 1 A, wenn pro Sekunde ungefähr 6 Trillionen (6 000 000 000 000 000 000) Elektronen durch den Leiterquerschnitt fließen. Diese Zahl ist unvorstellbar groß. Das zeigt dir auch folgendes Beispiel: Nimm einmal an, es gäbe eine „Superzählmaschine“ für Elektronen, die in einer Sekunde 1000 Elektronen abzählen kann. Diese Maschine brauchte 200 Millionen Jahre – nur um diejenigen Elektronen zu zählen, die in einer einzigen Sekunde bei einer Stromstärke von 1 A durch den Leiterquerschnitt fließen!

Nun vermutest du vielleicht, ein Strom von 1 A sei ungewöhnlich groß. Das ist aber nicht richtig; selbst im Haushalt treten Stromstärken von einigen Ampere auf (→ die Tabelle *Einige Stromstärken* im Anhang).

Als **Einheit der Ladung** ergibt sich (aus $I = Q/t$ bzw. $Q = I \cdot t$) die **Amperesekunde** (As) – auch **Coulomb** (C) genannt. 1 As bzw. 1 C entspricht der Ladung von 6 Trillionen Elektronen.

2 Wir messen die elektrische Stromstärke

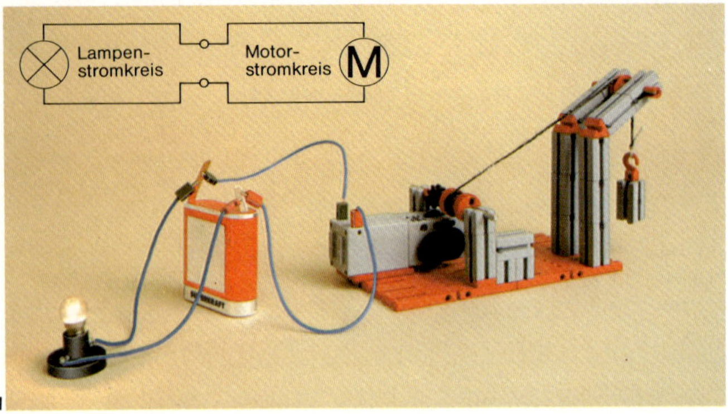

1

V 1 Wo ist die Stromstärke größer, im Lampenstromkreis oder im Motorstromkreis (Bild 1)?

Überlege: Wie muss der Strommesser angeschlossen werden, damit er vom Strom *durchflossen* wird?

Untersuche auch, ob elektrischer Strom durch einen angeschlossenen „Verbraucher" *verbraucht* wird.

V 2 Schließe nacheinander eine Bleistiftmine (ca. 5 cm) und verschiedene Glühlämpchen an eine Flachbatterie an.

Miss jeweils die Stromstärke und überprüfe, ob der Strom überall im Stromkreis gleich groß ist.

V 3 Was stellst du fest, wenn du den Strommesser wie in Bild 2 anschließt?

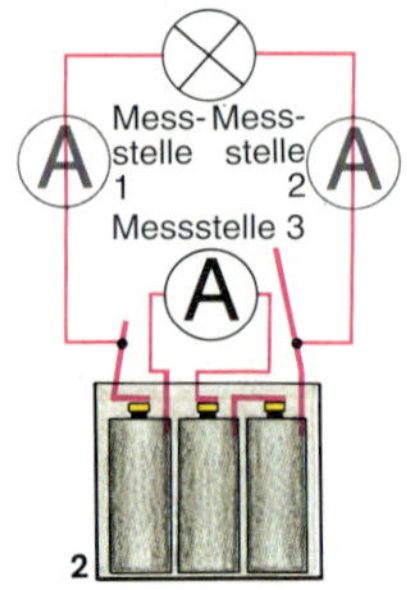

2

So misst man die elektrische Stromstärke

Der Strommesser, dessen Skala du in Bild 3 siehst, kann elektrische Ströme bis zu 1 A messen. Man sagt: Sein **Messbereich** beträgt 1 A.

Diesen Wert darf der zu messende Strom nicht überschreiten. Ein Strom von z. B. 3 A würde nämlich den Zeiger so heftig auslenken, dass er am Ende der Skala gegen die Begrenzung schlägt; dabei könnte er sich verbiegen. Außerdem enthält das Messgerät feine Drähte, die sich so stark erhitzen könnten, dass sie aufglühen und dabei zerstört werden. (In Messgeräten ist allerdings meist eine Sicherung eingebaut, die den Stromkreis bei zu großen Strömen unterbricht.)

3

Die Geräteskala in Bild 3 ist in 50 gleiche Teile unterteilt. Der erste Teilstrich nach dem Nullpunkt bedeutet 1/50 A, das sind 20 mA. Mit diesem Messgerät könnte man eine Stromstärke von z. B. 17 mA nicht genau bestimmen; vielleicht würde man einen Wert von 10 mA schätzen, vielleicht 25 mA. Zum genauen Messen *dieser* Stromstärke benötigt man ein Gerät mit einem *kleineren* Messbereich.

Um nicht immer wieder andere Messgeräte einsetzen zu müssen, wurden Strommesser *mit mehreren Messbereichen* entwickelt. Die Messbereiche werden mit einem Wählschalter eingestellt. Häufig kann man mit solchen **Vielfachmessgeräten** auch noch andere Größen (z. B. die elektrische Spannung) messen.

„Fahrplan" beim Messen mit einem Vielfachmessgerät:

1. Mit dem Schalter zunächst den größten Stromstärke-Messbereich einstellen.

2. Den Stromkreis irgendwo unterbrechen und das Messgerät dort einfügen. (Dabei den +Anschluss eines Gerätes mit dem +Pol der Stromquelle verbinden.)

3. Wenn der Zeigerausschlag zu klein ist, die Stromquelle abschalten und den *nächstkleineren Messbereich* einstellen; danach die Stromquelle wieder einschalten. (Dies so oft wiederholen, bis die Anzeige möglichst weit rechts erfolgt.)

4. Die auf der Skala abgelesenen Werte müssen auf den eingestellten Messbereich (in Bild 4: 300 mA) *umgerechnet* werden (in Bild 4: 205 mA).

4

Aufgaben

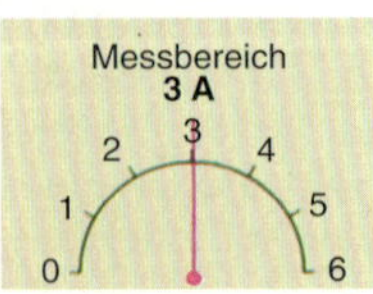

5

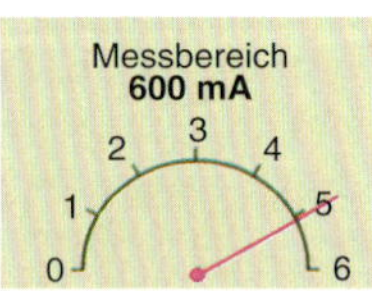

6

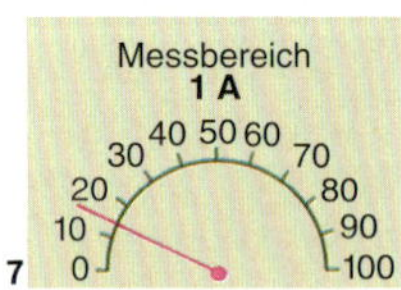

7

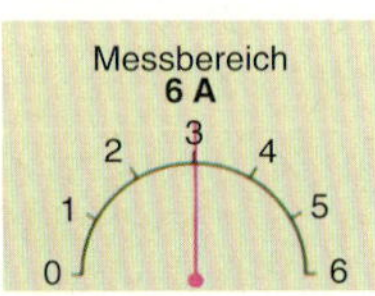

8

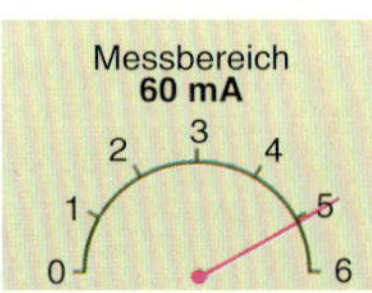

9

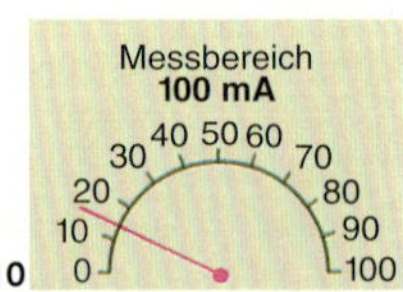

10

1 Bei einigen Messversuchen zeigte der Strommesser 0,85 A (0,01; 0,5 A; 43 mA) an. Rechne diese Angaben in mA bzw. A um.

2 Warum muss am Vielfachmessgerät zuerst der größte Messbereich eingestellt werden, wenn ein Strom gemessen werden soll?

3 Welche elektrischen Stromstärken kannst du in den Bildern 5–10 ablesen?

2370R

Alles klar?

1 Wie stellst du dir einen großen (kleinen) elektrischen Strom vor?

2 Ergänze: „Je mehr Elektronen in einer Sekunde durch den Stromkreis strömen, desto ...“

3 Ein Strommesser zeigt in einem Stromkreis 0,2 A an (Bild 11).

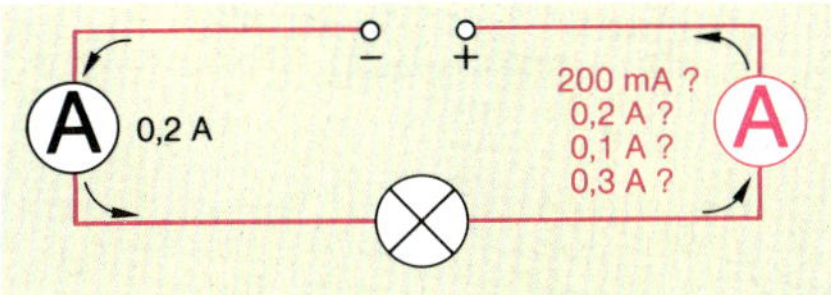

11

Was wird er anzeigen, wenn man ihn an anderer Stelle (in Bild 11 *rot* gezeichnet) einbaut?

4 Hier wurde eine Flachbatterie von ihrer Umhüllung befreit (Bild 12), sodass die Batteriezellen frei liegen. An einer Stelle wurde eine Lampe eingefügt.
Leuchtet die Lampe hier auf?
Wenn nicht: Was müsstest du tun, damit sie hier aufleuchtet?

12

5 Manche sagen: „Unter Stromstärke versteht man die *Menge des fließenden Stromes*.“ Versuche das physikalisch genauer zu formulieren.

6 In Bild 13 ist eine Glühlampe an einen Pluspol und an einen Minuspol angeschlossen. Leuchtet die Glühlampe auf oder leuchtet sie nicht auf? Begründe!

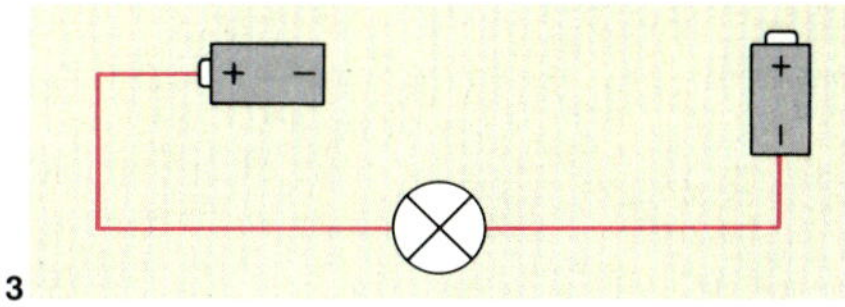
13

3 Zusammenfassung

Ströme und Stromstärken

Um festzustellen, wie groß ein Wasserstrom ist, ermitteln wir, welche Wassermenge in einer bestimmten Zeit durch die Leitung fließt. Messen wir z. B. 5,0 l in 25 s, so können wir sagen: Die Wasserstromstärke beträgt $\frac{5{,}0\,\text{l}}{25} = 0{,}2\,\frac{\text{l}}{\text{s}}$

14

Wenn man also irgendeinen Strom (Wasserstrom, Verkehrsstrom ...) beschreiben will, muss man zunächst zwei Dinge feststellen:

1. *was* strömt (z. B. Wasser, Autos)

und

2. *wie viel* davon z. B. in einer Sekunde an einer Stelle vorbeiströmt.

Die elektrische Stromstärke

Im elektrischen Stromkreis fließen Ladungsträger. In metallischen Leitern handelt es sich dabei um Elektronen.

Wie groß ein elektrischer Strom ist, hängt davon ab, wie viel Ladung *Q* in einer Sekunde an einer Stelle des Stromkreises vorbeifließt.

Kleiner Strom → wenig Elektronen fließen in jeder Sekunde durch den Leiterquerschnitt.

Großer Strom → viele Elektronen fließen in jeder Sekunde durch den Leiterquerschnitt.

Wie groß ein Strom ist, wird durch die Stromstärke angegeben. Man hat festgelegt:

$$\text{Stromstärke} = \frac{\text{Ladung}}{\text{Zeit}};\quad I = \frac{Q}{t}.$$

Die Einheit der Stromstärke ist 1 Ampere.

Der Strom ist an jeder Stelle eines Stromkreises gleich groß. Vor und hinter einem elektrischen Gerät misst man die gleiche Stromstärke. Elektrische Ladungen fließen nur im Kreislauf und werden nicht „verbraucht“.

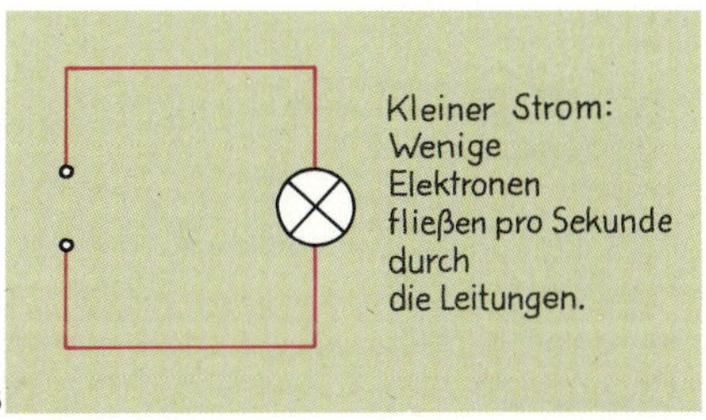

15

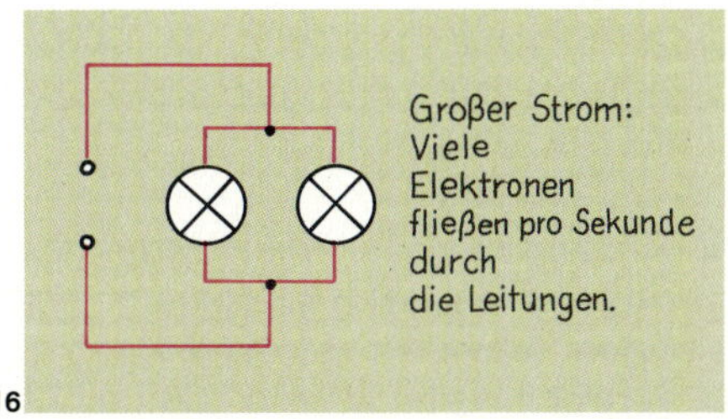

16

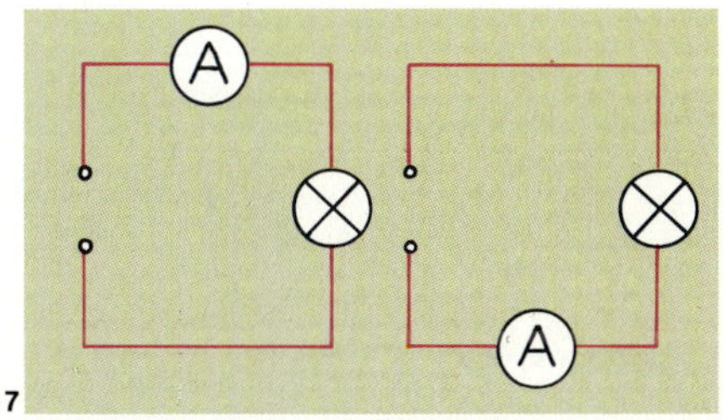

17

Die elektrische Spannung

1 Elektronen müssen angetrieben werden

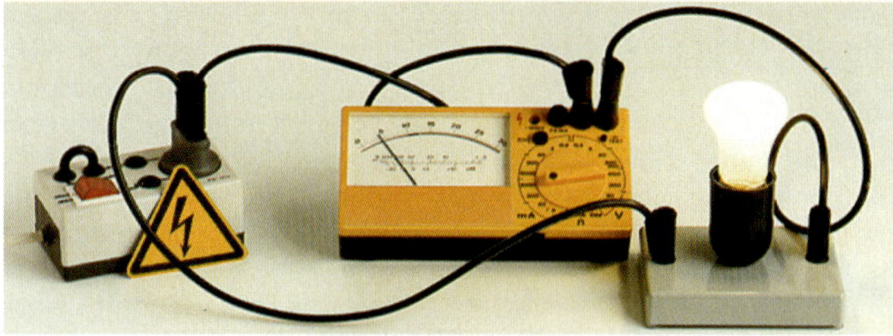
1

Die Stromstärke reicht nicht aus um Vorgänge im Stromkreis zu erklären.

Eine Lampe ist an das Stromnetz angeschlossen, ...

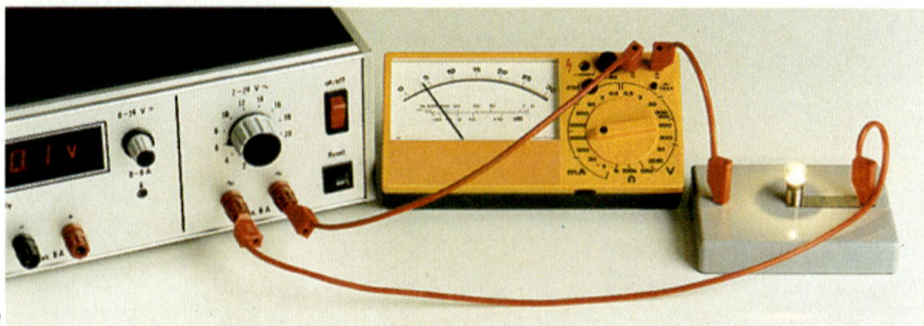
2

... die andere an eine Flachbatterie.

Welche Lampe leuchtet heller? Wo würdest du den größeren Strom vermuten?

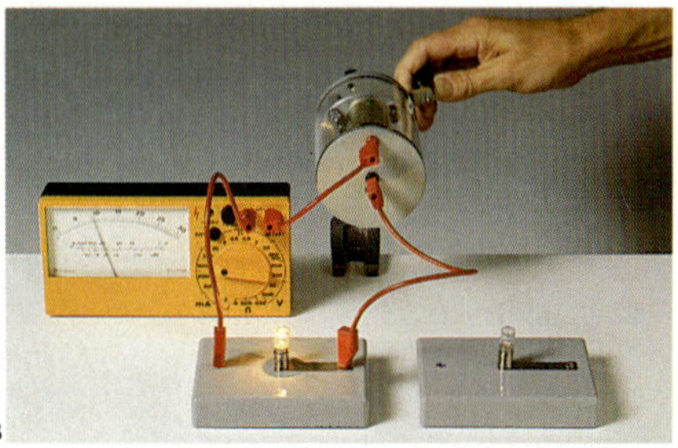
3

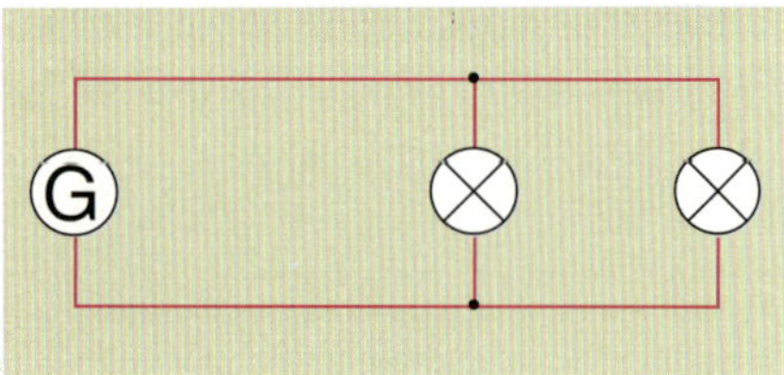

4

5

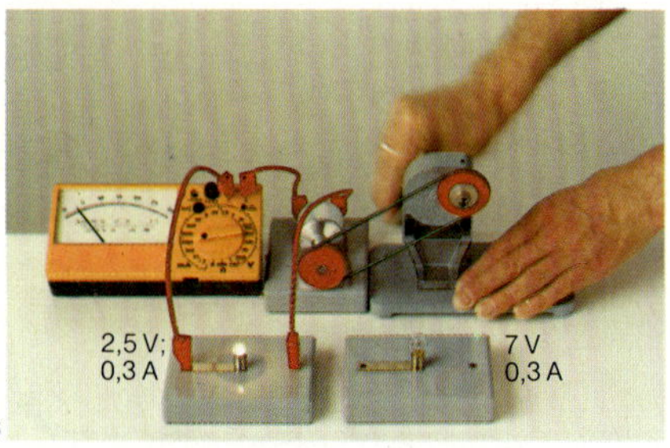

6

V 1 Stelle dein Fahrrad auf Lenker und Sattel. Klappe den Dynamo an das Vorderrad und löse dann alle Leitungen vom Dynamo. Nun versetzt du das Vorderrad mit einem kräftigen Schwung in Drehung und wartest ab, bis es stehen bleibt.

Nachdem Scheinwerfer und Rücklicht wieder angeschlossen sind, gibst du dem Rad erneut einen Schwung ... Was fällt dir auf?

V 2 Mit dem Generator von Bild 3 kannst du Elektronen antreiben.

a) Schließe eine Lampe mit der Aufschrift „4 V; 1 A" an den Generator an. Drehe die Kurbel so schnell, dass sich ein Strom von 1 A einstellt.

Schalte eine zweite gleichartige Lampe parallel (Bild 4). Drehe wieder so schnell, dass beide Lampen jeweils so hell leuchten wie die eine Lampe. Geht die Kurbel schwerer zu drehen? Musst du schneller drehen?

b) Die beiden Lämpchen werden in Reihe geschaltet (Bild 5). Drehe die Kurbel so, dass sich ein Strom von 1 A ergibt. Was stellst du fest?

V 3 Steht kein „Tischgenerator" zur Verfügung, lässt sich ein Dynamo mit Handantrieb einsetzen (Bild 6).

Verwende einmal eine Lampe mit der Aufschrift „2,5 V; 0,3 A" und eine Lampe „7 V; 0,3 A". Drehe die Kurbel so, dass das Messgerät eine Stromstärke von 0,3 A anzeigt.

Was fällt dir beim Drehen auf?

V 4 Hier werden Elektronen mit einem Akku (aufladbare Batterie) angetrieben (Bild 7).

a) Setze zuerst die Lampe „4 V; 1 A" in den Stromkreis ein.

b) Ersetze sie dann durch eine Lampe „12 V; 1 A". Was beobachtest du?

c) Schalte weitere Akkuzellen in Reihe und miss jeweils die Stromstärke.

d) Was kannst du aus diesem Versuch schließen?

V 5 Elektronen lassen sich auch auf andere Weise antreiben.

Bild 8 zeigt ein *Thermoelement*: An einen kleinen Motor werden z. B. ein Stück Kupfer- und Nickeldraht angeschlossen. Dann werden die freien Drahtenden verdrillt und mit einer Kerzenflamme erhitzt.

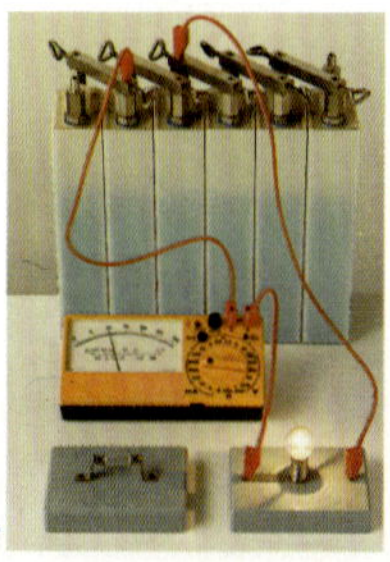
7

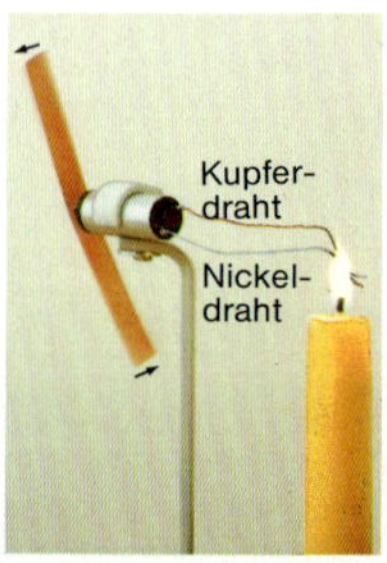

8

6735R

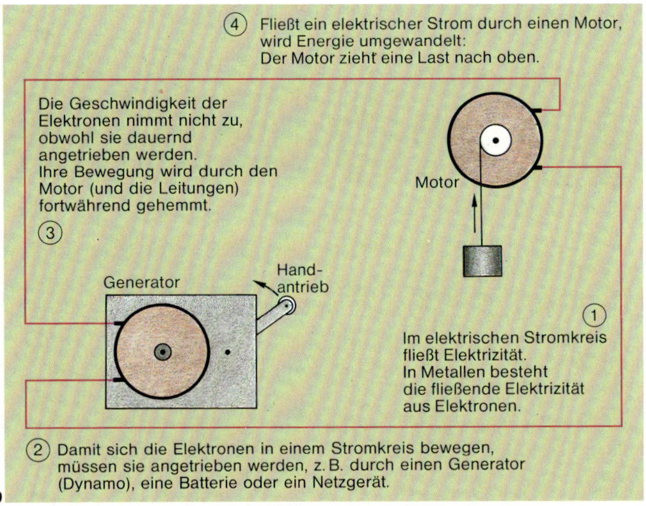

9

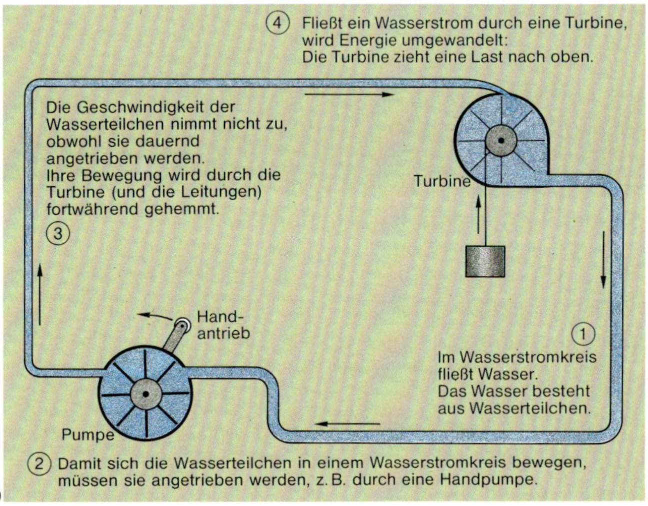

10

In den Bildern 9 u. 10 ist der elektrische Stromkreis einem Wasserstromkreis gegenübergestellt.

Elektronen müssen angetrieben werden

In den Rohren eines Wasserstromkreises befinden sich ständig Wasserteilchen – auch wenn die Pumpe nicht arbeitet. Im elektrischen Stromkreis befinden sich ständig Elektronen – auch wenn nicht am Generator (Dynamo) gekurbelt wird.

Damit sich Wasserteilchen oder Elektronen im Kreislauf bewegen, müssen sie angetrieben werden. Wenn sie angetrieben werden, entsteht ein Strom.

Wenn man an einem Generator (Dynamo) langsam dreht, leuchtet ein angeschlossenes Lämpchen nur schwach. Dreht man schneller, leuchtet es heller. Man kann Elektronen also unterschiedlich stark antreiben. **Die Spannung *U* gibt an, wie stark jedes Elektron auf seinem Weg durch Generator oder Batterie angetrieben wird.**

Außer Generatoren verwendet man zum Antreiben Batterien, Netzgeräte, Solarzellen ... Diese Geräte bezeichnet man als *Spannungsquellen*.

Werden die Elektronen nicht angetrieben, bleiben sie schlagartig stehen. Daher geht z. B. eine Lampe sofort aus.

Beim Anlegen einer Spannung werden die Elektronen überall im Stromkreis angetrieben, nicht nur im Generator oder in der Batterie.

Die Bilder 11 u. 12 verdeutlichen diesen Sachverhalt: In der Glasröhre liegen die Kugeln eng beieinander. In Bild 11 wird eine weitere Murmel in das Rohr hineingeschoben. Augenblicklich bewegen sich alle anderen Kugeln in die gleiche Richtung.

In Bild 12 ist das Glasrohr zu einem Ring gebogen. Alle Kugeln bewegen sich gleichzeitig im Kreis, wenn wir sie durch die Öffnung mit dem Finger antreiben.

Die Einheit der Spannung

Die Einheit der Spannung heißt **Volt (V)**. Sie ist nach dem italienischen Professor *Alessandro Volta* benannt, der vor 200 Jahren grundlegende Experimente und Messungen in der Elektrizitätslehre durchgeführt hat.

Kleine Spannungen werden in Millivolt (mV) angegeben, hohe Spannungen in Kilovolt (kV).

1 V = 1000 mV, 1 kV = 1000 V.

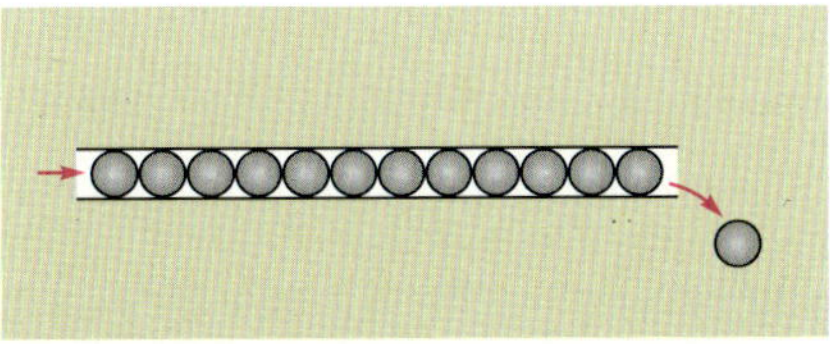
11

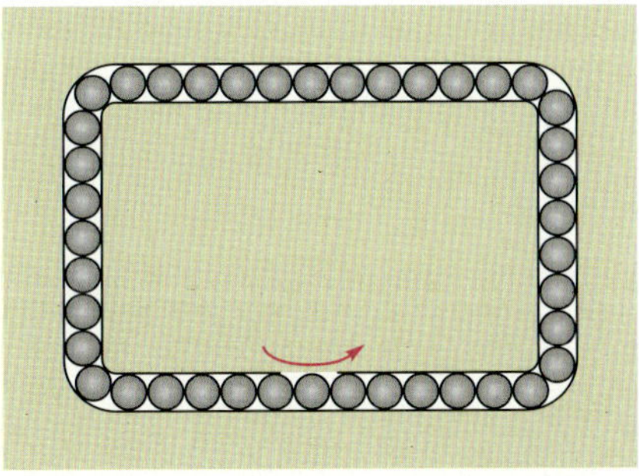
12

Zum Antreiben braucht man Energie

Um die Elektronen anzutreiben, ist Energie erforderlich. Dem Generator wird die nötige Energie durch die Arbeit beim Drehen zugeführt.

Einem *Thermoelement* wird die Energie in Form von Wärme zugeführt. Das Thermoelement ist einfach aufgebaut, es besteht aus zwei verdrillten Drähten. Die Elektronen werden angetrieben, wenn der verdrillte Teil der Drähte heißer ist als die beiden Drahtenden.

Die Energie, die der Spannungsquelle zugeführt wird, bleibt erhalten: Sie wird zu den angeschlossenen Elektrogeräten übertragen und z. B. in Form von Licht und Wärme abgegeben.

Spannungsangaben auf Geräten

Für jedes Elektrogerät wird die benötigte Spannung in Volt angegeben.

Ein elektrischer Mixer funktioniert nicht, wenn er an eine Flachbatterie mit 4,5 Volt angeschlossen wird. Er muss an eine Steckdose (230 V) angeschlossen werden. Auch eine Haushaltsglühlampe leuchtet nicht, wenn sie mit einer 4,5-Volt-Batterie verbunden ist.

Schließt man dagegen eine Lampe, die für eine Spannung von 2 V gebaut wurde, an ein Netzgerät mit 6 V an, brennt sie nach kurzer Zeit durch.

Jedes Gerät ist für eine bestimmte Spannung gebaut. Damit es richtig funktioniert, muss es an eine Spannungsquelle angeschlossen werden, die die angegebene Spannung hat.

2 Die Spannung wird gemessen

V 6 Miss nach, ob die Spannungsangaben auf Batterien stimmen.

V 7 Um Elektronen durch die Leitungsdrähte eines Stromkreises zu treiben, ist eine Spannung nötig. Wir messen die Spannung, die zwischen den Enden verschiedener Leiter des Stromkreises herrscht.

Baue den Stromkreis von Bild 1 auf. Übertrage die Tabelle und miss die Spannung zwischen den in der Tabelle genannten Punkten.

Vergleiche die Messwerte und erkläre die Unterschiede. (*Tipp:* Die Stromstärke ist an jeder Stelle des Stromkreises gleich.)

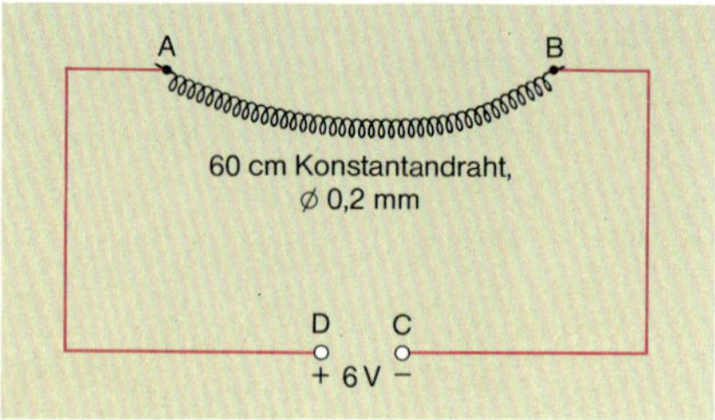

1

Messung zwischen	Spannung in V
A u. B	?
B u. C	?
C u. D	?
D u. A	?

V 8 Stelle mit Hilfe des Spannungsmessers eine Spannung von 4 V am Netzgerät ein. Schließe eine passende Glühlampe an ohne dabei den Spannungsmesser abzuklemmen.

Beobachte das Messgerät.

Die Spannungsmessung

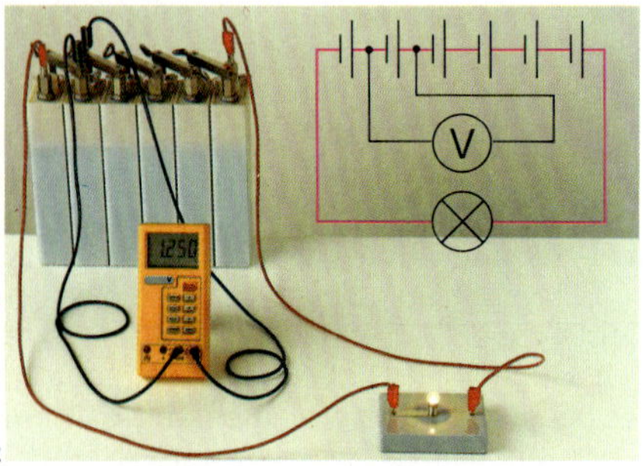
2

Schaltung des Spannungsmessers

Um die Spannung von Generatoren oder Batterien zu messen, schließt man den Spannungsmesser an ihre Pole an. Das Gerät misst dann, wie stark die Elektronen angetrieben werden. Im Gegensatz zur Strommessung wird der Stromkreis *nicht* unterbrochen und das Messgerät nicht *in* den Stromkreis eingesetzt.

Der Spannungsmesser kann auch mit zwei beliebigen Stellen des Stromkreises verbunden werden (Bild 2). Das Gerät zeigt dann an, wie stark die Elektronen im Bereich zwischen den Anschlüssen angetrieben werden.

Wie man Spannung nachweisen kann

Um eine 4,5-V-Flachbatterie zu prüfen, kann man die Pole mit der Zungenspitze berühren. Aufgrund der Spannung wird ein Strom durch die Zunge hervorgerufen, der die Geschmacksnerven reizt; es schmeckt salzig.

Elektriker verwenden Spannungsprüfer wie in Bild 3, bei denen Leuchtdioden die Spannung anzeigen. Nachgewiesen wird dabei eigentlich der Strom in einem Prüfstromkreis, in den die Leuchtdiode eingebaut ist.

Sehr hohe Spannungen führen zur Funkenbildung. Aus der Länge der Funken lässt sich die Spannung ermitteln: 1 cm Funkenlänge entspricht einer Spannung von 30 kV. Wenn ein Funken eine Luftschicht von 3 cm durchschlägt, beträgt die Spannung 3 · 30 kV = 90 kV.

3

Spannungs- und Stromstärkemessung im Vergleich

	Messung der Spannung	Messung der Stromstärke
Messgerät	Spannungsmesser (Voltmeter)	Strommesser (Amperemeter)
Schaltzeichen	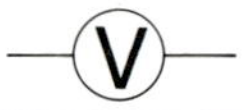	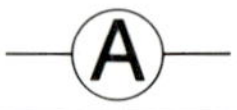
Einheit	Volt (V)	Ampere (A)
Schaltung	Der Spannungsmesser wird an den beiden Punkten angeschlossen, zwischen denen die Spannung gemessen werden soll.	Der Stromkreis wird an irgendeiner Stelle unterbrochen, dort wird der Strommesser eingebaut. Der Stromkreis muss ein Elektrogerät enthalten, sonst wird der Strommesser überlastet.
Schaltskizze	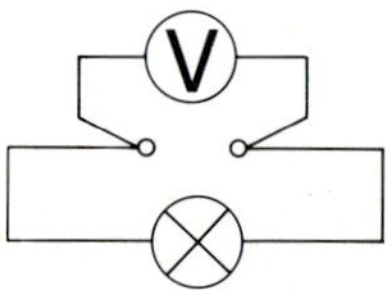	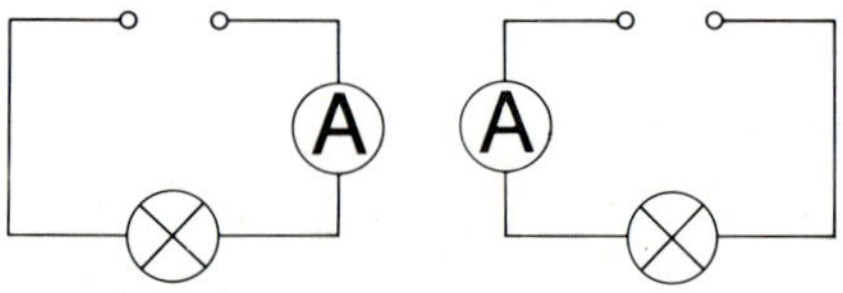

6737R

Aus Umwelt und Technik: **Unsere „Spannungsquellenparade"**

Elektrische Ladungen können auf ganz verschiedene Weise angetrieben werden.

„Apfelzelle"

Ein Eisennagel und ein Stück Kupferdraht werden in einen Apfel gesteckt. Zwischen beiden entsteht durch chemische Prozesse eine Spannung von etwa 0,5 V.

Trockenbatterien und -zellen

Im Aufbau sind die *Zellen* mit der „Apfelzelle" vergleichbar: Die Aufgaben von Kupferdraht und Eisennagel übernehmen z. B. ein Zinkbecher und ein Kohlestab (im Innern der Zelle); anstelle des Apfels befindet sich eine eingedickte Salzlösung zwischen Becher und Stab. Von einer *Batterie* spricht man, wenn mehrere Zellen zusammengeschaltet sind.

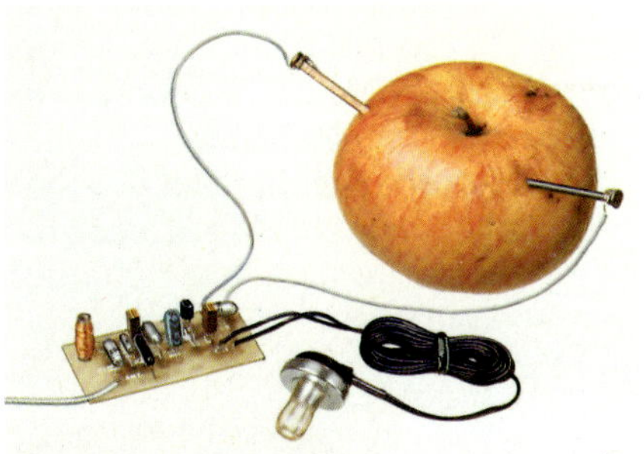

4

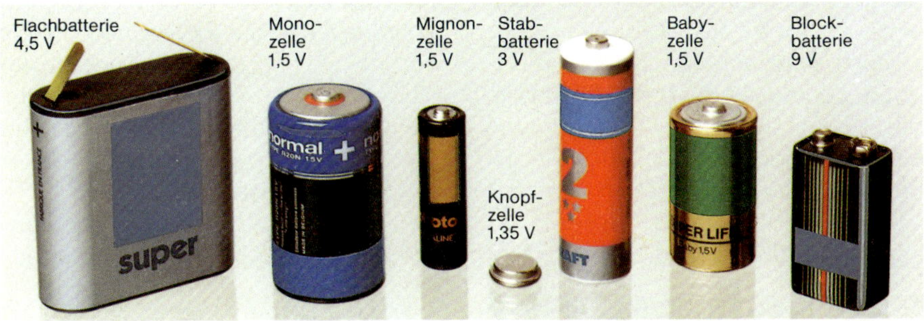

5

In diesen Spannungsquellen wird *chemische Energie* genutzt um Ladungsträger anzutreiben.

Fahrraddynamo

Er erzeugt Spannungen bis 6 V und der Radfahrer treibt ihn an.

Generator im Elektrizitätswerk

Ein solcher Generator erzeugt eine Spannung von 27 000 V und versorgt mehr als drei Millionen Haushalte mit Energie. Der Antrieb des Generators erfolgt über eine Dampfturbine.

Autolichtmaschine

Der Dynamo fürs Auto – er wird vom Motor über einen Keilriemen angetrieben. Ein Regler sorgt dafür, dass die Spannung stets 12 V beträgt.

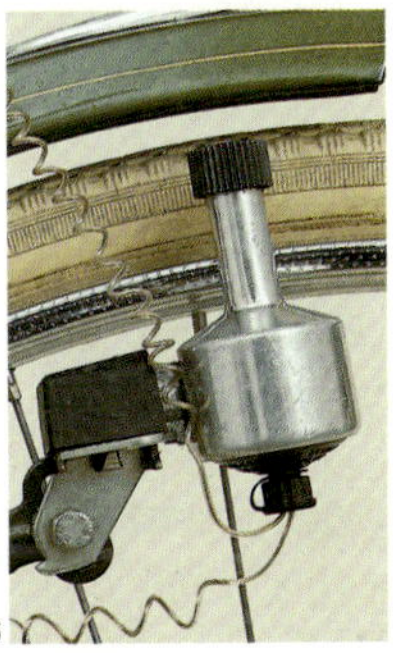

6

7

8

Bei diesen Spannungsquellen ist *mechanische Arbeit* erforderlich um die Ladungsträger anzutreiben.

Über *Netzgeräte* (0 V bis 25 V) und *Steckdosen* (230 V) erhalten wir Energie vom Elektrizitätswerk.

9

Elektrisiermaschine

Mit einer solchen Maschine hat man schon vor 200 Jahren Spannungen von mehreren tausend Volt erzeugt.

Solargenerator

Wahrscheinlich werden Solargeneratoren für unsere Energieversorgung immer wichtiger.

Sie nutzen die Sonnenenergie um die Ladungsträger anzutreiben.

10

Aus Umwelt und Technik: **Wenn eine Monozelle nicht ausreicht ...**

Eine einzige Monozelle als Spannungsquelle – das reicht für einen Radiorekorder nicht aus. Meist braucht man für ihn eine Batterie aus vier (oder fünf) solcher Zellen. Ein Rekorder benötigt nämlich eine Spannung von 6 V oder 7,5 V – eine Monozelle hat aber nur 1,5 V. Mit vier Monozellen müsste man also ohne weiteres auf 6 V kommen.

Doch ganz so einfach ist es nicht, denn du musst du beim Einsetzen der Zellen auf die richtige Polung achten. Die richtige Anordnung ist oft im Batteriefach angegeben (Bild 1).

Wenn du Bild 1 genau ansiehst, erkennst du, dass eine leitende Verbindung zwischen dem Pluspol der zweiten und dem Minuspol der dritten Zelle besteht. Die Zellen werden also im Prinzip so wie in Bild 2 geschaltet. Man spricht von einer *Hintereinander-* oder *Reihenschaltung*.

Bei dieser Anordnung können die Elektronen *nacheinander* die vier Zellen durchfließen. Dabei treibt jede einzelne Zelle die Elektronen an. So werden sie viermal so stark angetrieben wie von einer einzigen Zelle. Die Gesamtspannung der in Reihe geschalteten Zellen beträgt daher 4 · 1,5 V – insgesamt also 6 V.

Allgemein gilt: Die Gesamtspannung ergibt sich bei in Reihe geschalteten Spannungsquellen als Summe der Einzelspannungen.

Bild 3 zeigt eine weitere Möglichkeit vier Monozellen miteinander zu verbinden *(Parallelschaltung)*. Hier fließen die Elektronen immer nur durch eine der vier Zellen. Jedes Elektron wird daher auch nur von einer einzigen Zelle angetrieben. Am Lämpchen misst man die Spannung einer Monozelle – nämlich 1,5 V.

Eine Batterie aus parallel geschalteten Zellen hat den Vorteil, dass mit ihr ein Elektrogerät länger betrieben werden kann als mit nur einer einzigen Zelle.

1

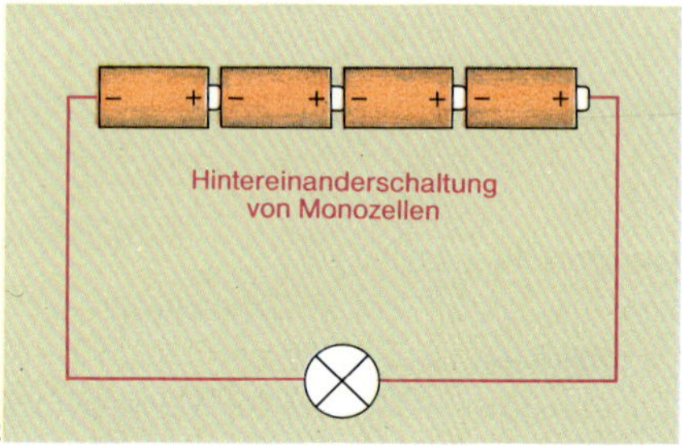

2

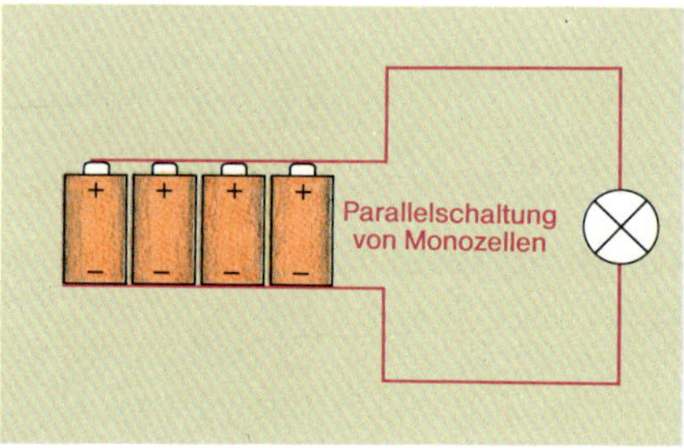

3

Aus Umwelt und Technik: **Zitterfische**

Manche Fischarten können für einige tausendstel Sekunden elektrische Spannungen von mehreren hundert Volt erzeugen. Sie nutzen die Spannungen, um andere Fische, die in ihre Nähe kommen, zu betäuben oder zu töten. Zu diesen *Zitterfischen* gehören der Zitterrochen (Bild 4), der Zitteraal und der elektrische Wels.

Die Spannung entsteht im **elektrischen Organ**. Bei diesem Organ handelt es sich um umgewandelte Hautdrüsen oder Muskeln. Es wird vom Gehirn über Nerven gesteuert. Im Ruhezustand weist das elektrische Organ keine Spannung auf.

Beim Zitterrochen ist ein Teil der Muskulatur zum elektrischen Organ umgebildet (Bild 5).

Es besteht aus vielen nebeneinander liegenden Säulen, die aus Tausenden von Gewebeplatten zusammengesetzt sind und unter der Haut enden.

4

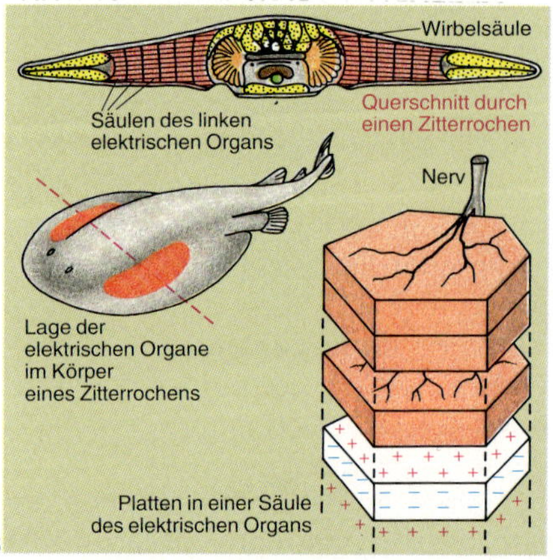

5

Die Gewebeplatten sind jeweils an der gleichen Seite mit einem Nerv versehen. Im Ruhezustand befinden sich innen an der Plattenoberfläche negative Ladungsträger und außen positive. Die Platten erscheinen nach außen ungeladen.

Wenn die Nerven durch das Gehirn gereizt werden, wird die Spannung erzeugt: An der Seite, wo die Nerven enden, werden Ladungsträger durch die Grenzschicht getrieben. Die Platte wird umgepolt, sodass außen positive und innen negative Ladungsträger sitzen. Jede Platte wird so zu einer elektrischen Zelle.

Die Zellenspannungen addieren sich wie bei Batterien. An den Säulenenden, also an der Körperhaut des Fisches, treten daher hohe Spannungen auf, die im Wasser einen Strom hervorrufen. Durch den Strom werden Beutetiere gelähmt oder Angreifer abgeschreckt.

6738R

Alles klar?

1 „Die Stromstärke beträgt 1 A." „Die Batterie hat eine Spannung von 4,5 V."
Erläutere diese Aussagen.

2 Was zeigen die beiden richtig geschalteten Messgeräte von Bild 6 an?

3 Angenommen das Messgerät ① in Bild 6 wäre ein Vielfachmessgerät.
Was geschähe, wenn man das Messgerät einfach von „Volt" auf „Ampere" umschalten würde?

4 Bild 7 zeigt ein halb fertige Schaltung. Was soll gemessen werden?

5 Die Lampe in der Schaltung von Bild 8 leuchtet nicht.
Wo steckt der Fehler?

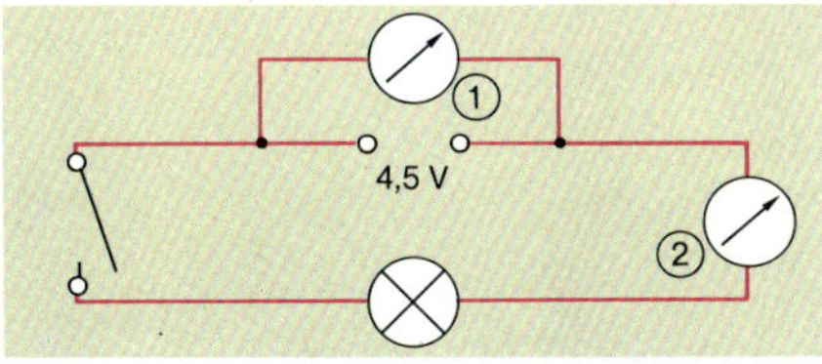

6

6 Warum ist auf Batterien immer nur die Spannung angegeben?

7 Das Lämpchen im Stromkreis von Bild 9 leuchtet nicht. Die Spannung am Lämpchen beträgt 0 V. Gib dafür eine Erklärung.

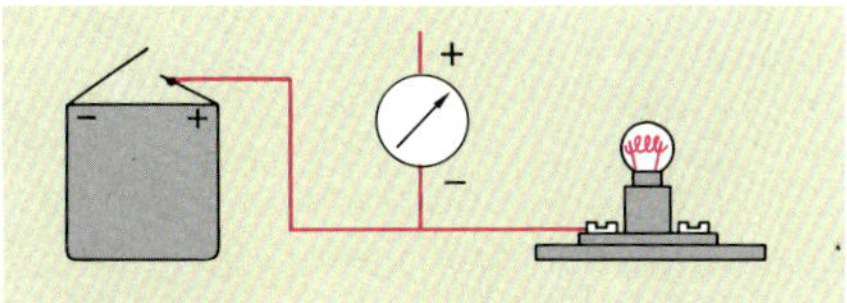

7

8 In das Batteriefach eines Kassettenrekorders werden fünf Monozellen eingelegt. Aus Versehen wird eine Monozelle falsch herum eingesetzt.

a) Warum funktioniert der Rekorder nicht richtig?

b) Wie hoch ist die Gesamtspannung bei *einer* falsch eingelegten Zelle?

9 Könnte man mit Monozellen eine normale Haushaltsglühlampe zum Leuchten bringen?
Begründe deine Antwort.
Achtung, nicht ausprobieren – Lebensgefahr!

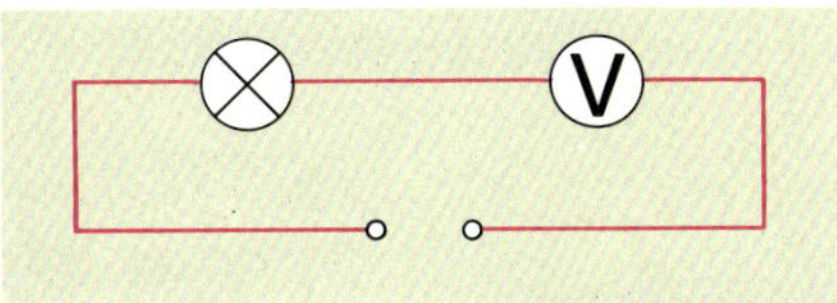

8

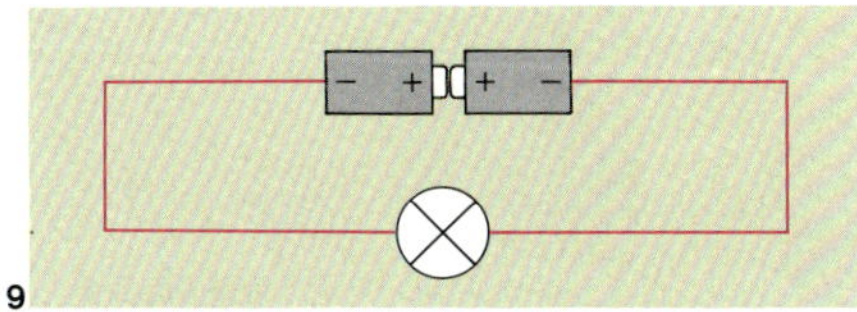

9

3 Zusammenfassung

Die elektrische Spannung

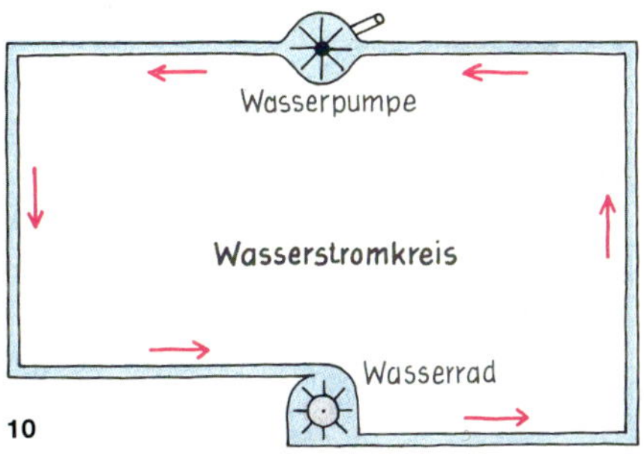

10

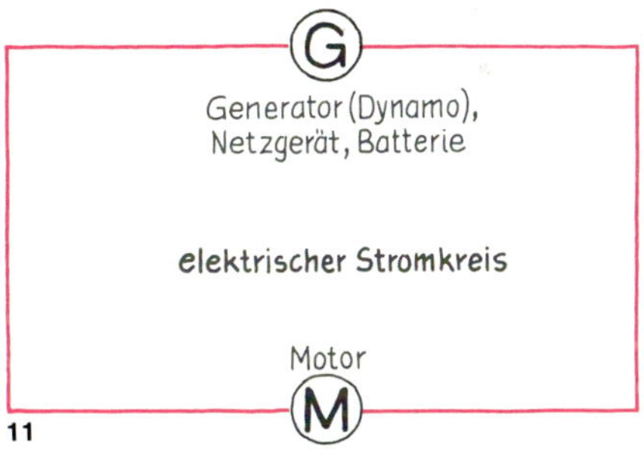

11

Das Wasser im Wasserstromkreis fließt nur, wenn es von einer Pumpe angetrieben wird.
Die Bewegung wird von der Turbine und den Rohren gehemmt.

Die Elektronen im elektrischen Stromkreis müssen ständig z. B. mit einem Dynamo angetrieben werden.
Ihre Bewegung wird von den Elektrogeräten und den Drähten gehemmt.

Die Spannung gibt an, wie stark jedes Elektron auf seinem Weg durch die Batterie oder den Dynamo angetrieben wird.

Die Einheit der Spannung ist 1 Volt (1 V).
Der Spannungsmesser wird an die beiden Punkte angeschlossen, zwischen denen die Spannung gemessen werden soll. Der Stromkreis wird dazu nicht unterbrochen.

Elektrische Energie

1 Die elektrische Leistung

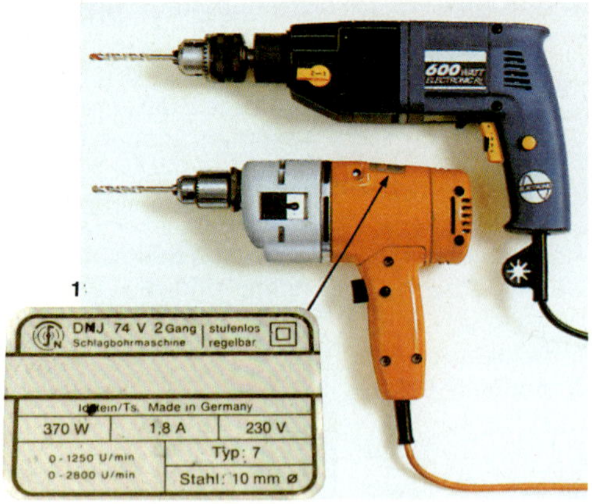

1

2

Auf Elektrogeräten und Glühlampen findet man Angaben wie „230 Volt; 25 Watt".
Außer der Betriebsspannung wird die Leistung des Gerätes genannt.

Die **Leistung** *P* gibt an, wie viel Energie in einer Sekunde vom Gerät umgewandelt wird.
Wieso ist die Leistung für den Benutzer des Elektrogerätes wichtig?

V 1 *(Lehrerversuch)* Wir untersuchen, wie die Leistung von Elektrogeräten mit Stromstärke und Spannung zusammenhängt.

Wir benötigen Glühlampen mit 25 Watt (25 W), 40 Watt, 60 Watt …

Die Glühlampen werden nacheinander an die Steckdose angeschlossen um zu sehen, wie sie sich in der Helligkeit unterscheiden.

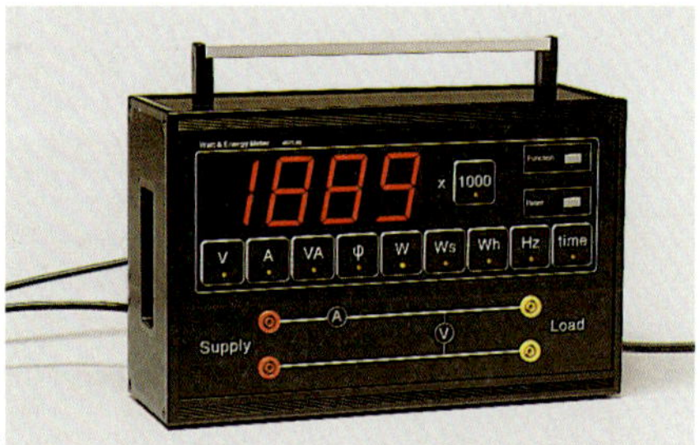

3

Gleichzeitig werden mit einem Messgerät (Bild 3) Leistung und Strom bestimmt. Notiere die Beobachtungen und Messwerte in einer Tabelle.

Leistung *P* angegeben in W	Leistung *P* gemessen in W	Stromstärke *I* in A	Helligkeit
25	?	?	gering

V 2 *(Lehrerversuch)* Jetzt werden Glühlampen parallel geschaltet und wieder Leistung und Stromstärke gemessen. Die Messwerte werden ebenfalls in die Tabelle eingetragen.

V 3 *(Lehrerversuch)* Wir messen die Leistung und die Stromstärke bei einem kleinen Reisetauchsieder und einem großen Tauchsieder. In beiden Fällen wird die gleiche Menge Wasser mit derselben Anfangstemperatur verwendet.

Die Tauchsieder werden jeweils eine Minute lang eingeschaltet. Notiere die Messwerte in der Tabelle. Vergleiche auch die Erwärmung.

Stelle die Messwerte aus den Versuchen 1–3 in einem Diagramm dar (*waagerechte Achse:* Stromstärke, *senkrechte Achse:* Leistung).

Wovon die elektrische Leistung abhängt

Auf jedem Elektrogerät sind die Betriebsspannung (in Volt) und die elektrische Leistung (in Watt) angegeben.

Bei Glühlampen findet man die Angaben auf dem Glaskolben oder auf dem Gewindesockel, bei anderen Elektrogeräten auf dem Typenschild (Bild 4).

Je höher die Leistung ist, desto mehr Energie wandelt das Gerät in einer Sekunde um.

Beispiele:

- Ein Tauchsieder mit 1000 Watt erwärmt einen Liter Wasser schneller als ein 400-Watt-Tauchsieder.

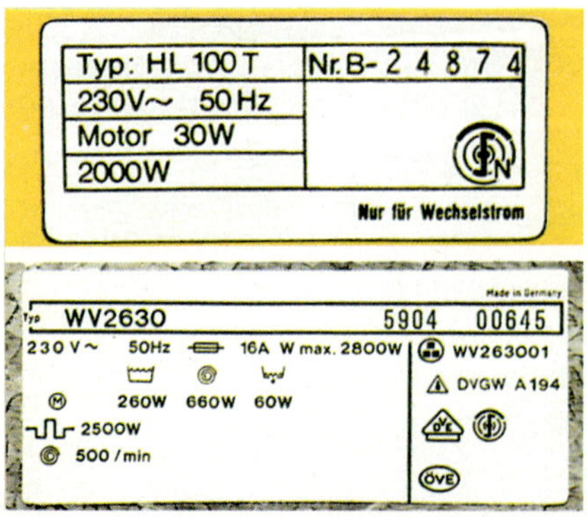

4

- Eine 75-Watt-Glühlampe leuchtet heller als eine 25-Watt-Glühlampe.
- Eine Stereoanlage mit 2 · 100 Watt hat mehr „Power" als eine mit 2 · 30 Watt.
- Die 1000-Watt-Bohrmaschine leistet mehr als das 500-Watt-Modell.

Wenn man verschiedene Lampen und Geräte über eine Steckdose an das Stromnetz (230 V) anschließt, stellt man fest: Je größer die Leistung ist, desto größer ist auch der elektrische Strom.

Beim Reisetauchsieder misst man z. B. eine Leistung von 405 W und eine

6699RD

Stromstärke von 1,75 A. Bei einem Bügeleisen beträgt die Leistung 1200 W und die Stromstärke 5,20 A.

In Bild 5 sind die Wertepaare aus Leistung und Stromstärke für verschiedene Elektrogeräte eingetragen (Spannung: 230 V). Alle Punkte liegen auf einer Geraden. Daher gilt: **Die Leistung ist proportional zur Stromstärke. $P \sim I$.**

Teilt man die Leistung P durch die Stromstärke I, so erhält man stets den gleichen Wert. *Beispiel:* Für den Reisetauchsieder ergibt sich

$$\frac{P}{I} = \frac{405\ \text{W}}{1{,}75\ \text{A}} = 231\ \frac{\text{W}}{\text{A}}.$$

Beim Bügeleisen erhält man

$$\frac{P}{I} = \frac{1200\ \text{W}}{5{,}20\ \text{A}} = 231\ \frac{\text{W}}{\text{A}}.$$

Auch für Elektrogeräte, die z. B. an die Autobatterie (12 V) angeschlossen werden, ergibt sich im Diagramm eine Gerade. Sie verläuft jedoch weniger steil.

Der Quotient aus Leistung und Stromstärke beträgt in diesem Fall stets

$$\frac{P}{I} = 12\ \frac{\text{W}}{\text{A}}.$$

Es fällt auf, dass der Zahlenwert des Quotienten P/I gleich dem Zahlenwert der Spannung ist. Das ist kein Zufall, denn in der Physik ist die Spannung durch diesen Quotienten definiert (und damit eine Messvorschrift festgelegt).

Die Spannung gibt an, wie groß die Leistung bei einem Strom von 1 A ist.

$$\textbf{Spannung} = \frac{\textbf{Leistung}}{\textbf{Stromstärke}};\ U = \frac{P}{I}.$$

Für die Einheit 1 Volt gilt somit:

$$1\ \text{V} = \frac{1\ \text{W}}{1\ \text{A}}.$$

Ein Gerät, das an eine 12-V-Batterie angeschlossen ist, hat bei einer Stromstärke von 1 A eine Leistung von 12 W. Ein Haushaltsgerät (230 V) hat bei gleicher Stromstärke eine Leistung von 230 W.

Für die elektrische Leistung gilt:
Leistung = Spannung · Stromstärke;
$P = U \cdot I.$
Für die Einheit 1 Watt gilt:
1 W = 1 V · 1 A.

Einige elektrische Leistungen

Taschenrechner (3 V)	0,4 mW
Fahrradlampe (6 V)	2,4 W
Fernlicht am Auto (12 V)	60 W
Tiefkühltruhe (230 V)	150 W
Bügeleisen (230 V)	1 kW
Elektroherd (400 V)	6 kW
E-Lok (15 kV)	3 MW

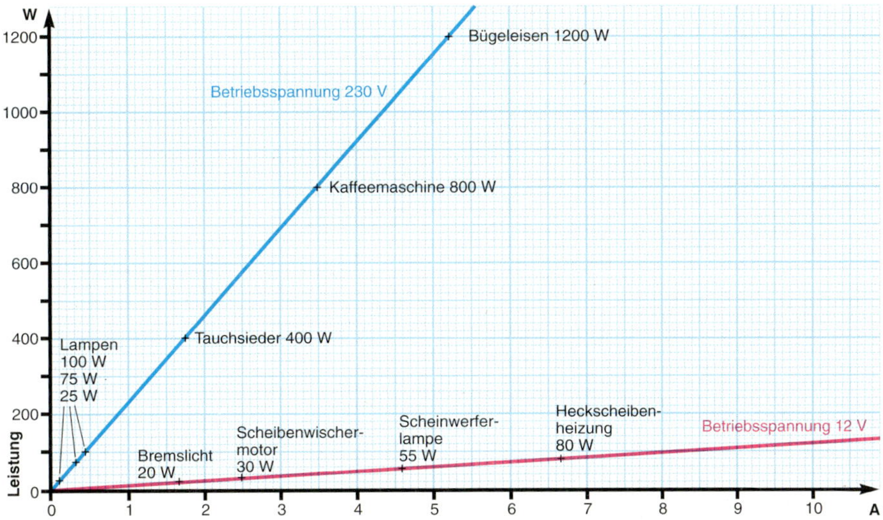

5

Aufgaben

1 Ergänze die Tabelle von den Versuchen 1–3 um die Spalte $U = P/I$. Berechne jeweils diesen Quotienten.

2 Sieh dir die Typenschilder auf dieser Doppelseite an. Was sagen sie aus?

3 Berechne die Stromstärken, die sich beim Anschluss folgender Geräte an geeignete elektrische Energiequellen ergeben: Fernlichtlampe eines Autos, Fahrradlampe, Tiefkühltruhe, Elektroherd, E-Lok (→ *Einige elektrische Leistungen*).

4 Bild 6 zeigt das Typenschild einer besonderen Steckdose. Was bedeuten die einzelnen Angaben?

6

5 Warum sollte man eine Waschmaschine mit einer Leistung von 3300 W nicht an einen Stromkreis mit einer 10-A-Sicherung anschließen?

6 Durch den Starter (Anlasser) eines Automotors fließt ein Strom von 100 A. Der Strom durch den Motor einer Bohrmaschine beträgt z. B. 2,7 A. Trotzdem leistet der Anlasser nur etwa doppelt so viel wie die Bohrmaschine. Erkläre!

7 Auf Gerätesteckern sind Höchstwerte für die Spannung und die Stromstärke angegeben. Notiere die Werte, die du auf verschiedenen Schutzkontakt- und Eurosteckern findest.

Berechne aus den Werten, welche Leistungen die angeschlossenen Geräte haben dürfen.

2 Stromkreise übertragen Energie

Strom spart Öl

1988 wurden rund 52 % des Endenergieverbrauchs für die Heizung in Haushalten durch Öl gedeckt, 32 % durch Gas, 5 % durch Kohle. Der Strom steuerte 5 %, die Fernwärme 4 % bei.

In Zeitungen kommt der Begriff „Strom" recht häufig vor – aber fast nie im Sinne von Elektronenstrom.

○ Was ist hier mit den Begriffen „Strom", „Strombedarf", „Stromverbrauch" gemeint?

○ Suche weitere Zitate, in denen von „Strom" die Rede ist, aber der Elektronenstrom nicht gemeint ist.

Je kälter, desto mehr Strom

Im Kühlschrank reicht normalerweise eine Temperatur von sieben Grad aus. Wird der Thermostat auf fünf Grad gestellt, verbraucht Ihr Kühlschrank gleich 15 Prozent mehr Strom.

Gut geplant und schon gespart

Energieeinsparung beginnt bei der richtigen Planung. Um z. B. einen Büroraum zu beleuchten, würde der Strombedarf für Glühlampen etwa 30 Watt pro Quadratmeter betragen. Verwendet man Leuchtstofflampen, verringert sich dieser…

Stromverbrauch schwankt nur noch wenig

Die Anforderungen der Verbraucher an die Kraftwerke bleiben zwischen 8 und 19 Uhr nahezu auf Höchstlast-Niveau. Auch abends geht der Stromverbrauch nur wenig zurück…

1 Die einzelnen Maschinen wurden von einer einzigen Dampfmaschine angetrieben. Die Energie wurde über eine Welle aus Stahl übertragen. Auf der Welle saßen Riemenscheiben, die sich mit der Welle drehten. Die Maschinen erhielten die Energie über einen Riemen.

3 In modernen Fabriken hat heute jede Maschine einen eigenen Elektromotor als Antrieb. Die nötige Energie erhält der Motor über einen Stromkreis vom Elektrizitätswerk.

V 4 Als um 1800 die ersten Fabriken entstanden, wurde die Energie mechanisch übertragen (Bild 1).

Bild 2 zeigt diese Art der Energieübertragung in einfacher Form.

a) Welchen Weg nimmt die Energie bei dieser Anlage?

b) Ein Wägestück wird mit Hilfe des Riemenantriebs um 1 m angehoben. Bestimme, wie lange dieser Vorgang dauert.

c) Berechne die Arbeit, die beim Heben des Wägestücks verrichtet wird.

d) Wie viel Energie wird pro Sekunde von Wellrad 1 zum Wellrad 2 übertragen?

V 5 Heute wird Energie häufig elektrisch übertragen (Bild 3).

Bild 4 zeigt diese Art der Energieübertragung in einfacher Form.

a) Welchen Weg nimmt die Energie bei dieser Anlage?

b) Ein Wägestück wird mit Hilfe von Generator und Motor um 1 m angehoben. Bestimme, wie lange dieser Vorgang dauert.

c) Berechne die Arbeit, die beim Heben des Wägestücks verrichtet wird.

d) Wie viel Energie wird pro Sekunde vom Generator zum Motor übertragen?

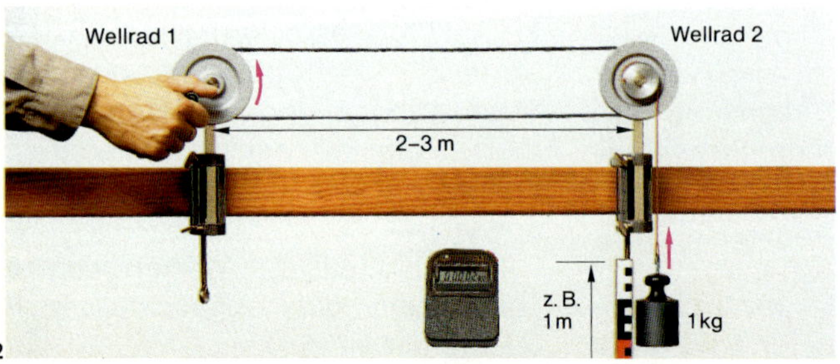

2

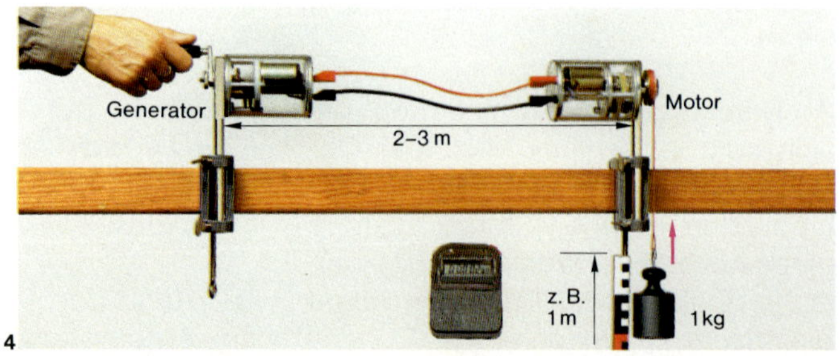

4

6701R

V 6 Bei Anlagen zur elektrischen Energieübertragung wird die Energie häufig durch mechanische Arbeit zugeführt. Es gibt aber auch andere Möglichkeiten der Energiezufuhr. Überlege dir solche Möglichkeiten und beschreibe jeweils den Weg der Energie.

V 7 In der Anordnung von Bild 4 wird Energie zum Hochheben des Wägestücks benötigt. Die Energie lässt sich wiedergewinnen, wenn das Wägestück herabsinkt und den Motor antreibt.

Der Motor wird dabei als Generator verwendet, es entsteht elektrische Energie.

Probiere aus, ob ein angeschlossenes Lämpchen leuchtet.

Beschreibe wieder die Energieumwandlung und -übertragung.

Energieübertragung in elektrischen Anlagen – der Energiestrom

Energie, die mit Hilfe von Stromkreisen übertragen wird, bezeichnet man als **elektrische Energie**.

Die Energie wird dem Stromkreis z. B. über einen Generator oder eine Solarzelle oder durch eine Batterie zugeführt. Die Spannungsquelle ist ein Energiewandler: Sie wandelt die zugeführte Energie in elektrische Energie um.

Beim Generator wird die Energie durch mechanische Arbeit zugeführt, bei der Solarzelle wird die Energie des Sonnenlichtes genutzt. In der Batterie ist chemische Energie gespeichert.

Auch die angeschlossenen Elektrogeräte sind Energiewandler. Zum Beispiel hebt der Elektromotor einen Gegenstand an und wandelt so elektrische Energie in Lageenergie um, außerdem gibt er Wärme an die Umgebung ab.

Die Elektrogeräte nehmen in jeder Sekunde genauso viel Energie auf, wie sie umwandeln und abgeben.

In einem geschlossenen Stromkreis wird in jeder Sekunde eine bestimmte Energiemenge übertragen. Man spricht deshalb von einem **Energiestrom**, der z. B. vom Generator zum angeschlossenen Elektrogerät fließt. Je mehr Energie pro Sekunde zum Elektrogerät fließt, desto größer ist der Energiestrom.

Um anzugeben, wie groß ein Energiestrom ist, teilt man einfach die transportierte Energie durch die Zeit.

Von Energieströmen sprechen wir, wenn von *transportierter* Energie die Rede ist. Steht die *umgewandelte* Energie im Vordergrund, sprechen wir von der Leistung des Energiewandlers.

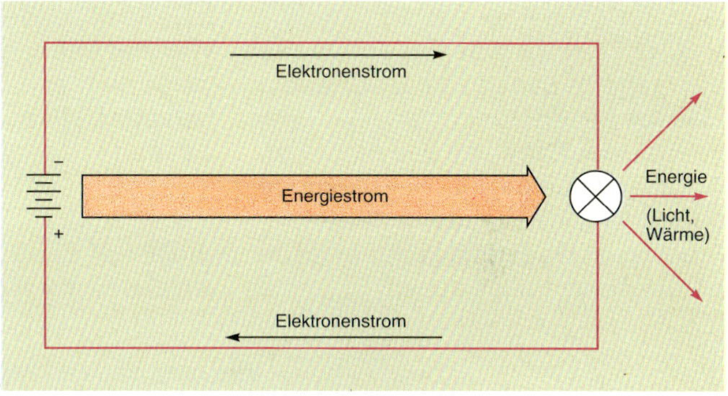

5

Die Elektronen bewegen sich in den Leitungen im Kreislauf. Der Energiestrom dagegen geht in das elektrische Gerät hinein und von dort als Licht oder Wärme weiter in die Umgebung (Bild 5).

In der Umgangssprache wird zwischen dem Elektronenstrom und dem Energiestrom kaum unterschieden. Es ist einfach nur von „Strom“ die Rede. Da in Zeitungen und Zeitschriften oft Energiefragen im Mittelpunkt stehen, ist meist der Energiestrom gemeint. Gelegentlich versteht man in der Alltagssprache unter „Strom“ sogar die elektrische Energie.

In diesem Buch wird das Wort „Strom“ immer nur für einen Strom von Elektronen (oder anderen Ladungsträgern) verwendet. Energieströme werden stets als solche bezeichnet.

Fragen und Aufgaben zum Text

1 Gib für die folgenden Aussagen an, was mit dem Wort „Strom“ gemeint ist.
a) „Der Strom fließt vom Kraftwerk zum Verbraucher.“
b) „Der Stromverbrauch steigt von Jahr zu Jahr an.“
c) „Die neue Spülmaschine braucht weniger Strom als die alte.“
d) „Der Strom durch einen 55-W-Autoscheinwerfer ist größer als der durch eine 100-W-Haushaltglühlampe.“
e) „Der Ladestrom für die Akkus des Walkmans beträgt 50 mA.“

2 In welcher Einheit gibt man Energieströme an?

3 Die elektrische Energie

1

Wäschewaschen vor 50 Jahren – ohne elektrische Energie schwere körperliche Arbeit!

2

Heute nimmt uns die Waschmaschine diese Arbeit ab.

V 8 Ein elektrisches Handrührgerät hat mehrere Schaltstufen. Mit einem Messgerät ermitteln wir, wie viel Energie das Gerät bei den einzelnen Schalterstellungen in der Sekunde aufnimmt und umwandelt. In welcher Stellung ist die Energieaufnahme am größten und am kleinsten? Wie viel Energie braucht das Gerät, wenn man es in den verschiedenen Schalterstellungen je 1 min lang einschaltet?

V 9 Der Motor des Rührgeräts wird „belastet". Dazu werden die Quirle in ein Gefäß mit Wasser getaucht.

a) Beobachte die Quirle zunächst außerhalb des Wassers. Tauche sie dann ein. Was geschieht?

b) Wie ändert sich die Energieaufnahme?

c) Wiederhole den Versuch bei den anderen Schalterstellungen.

Wie man die elektrische Energie berechnet

In Haushalten und Fabriken sind viele „elektrische Sklaven" für uns tätig: Mit Elektromotoren werden Lasten angehoben, wird Holz gesägt, Kuchenteig geknetet und Wäsche geschleudert.

Alle diese Elektrogeräte nehmen elektrische Energie auf und wandeln sie in mechanische Energie um. Die Leistung gibt an, wie viel Energie in der Sekunde umgewandelt wird. Es gilt:

$$\text{Leistung} = \frac{\text{Energie}}{\text{Zeit}};\ P = \frac{W}{t}.$$

Wieviel Energie von einem Gerät umgewandelt wird, hängt ab
- von der Einschaltdauer t und
- von der Leistung P des Gerätes.

Für die elektrische Energie gilt:
elektrische Energie = elektrische Leistung · Zeit;

$$W = P \cdot t.$$

Wenn die Leistung in Watt und die Zeit in Sekunden eingesetzt wird, erhält man die elektrische Energie in Wattsekunden.

1 Ws = 1 W · 1 s = 1 J.

Beispiel: Die Leistung eines Rührgerätes beträgt 46 W. Wie viel elektrische Energie wird in 1 min umgewandelt?

P = 46 W, t = 60 s.

$W = P \cdot t$ = 46 W · 60 s = 2760 Ws.

Wenn es um elektrische Energie im Haushalt geht, ist die Wattsekunde eine recht kleine Einheit; man erhält sehr große Zahlenwerte. Die Elektrizitätswerke geben die elektrische Energie daher in **Kilowattstunden (kWh)** an.

Jede Stunde hat 60 Minuten zu je 60 s: 1 h = 60 min = 60 · 60 s = 3600 s.

Damit können wir Kilowattstunden in Wattsekunden umrechnen:

1 kWh = 1000 Wh = 1000 W · 3600 s
= 3 600 000 Ws.

Zwei Beispiele sollen dir zeigen, wie viel Energie eine Kilowattstunde ist:
- Um einen Höhenunterschied von 1 m zu überwinden, benötigen die Motoren eines ICE-Zuges (380 000 kg) ungefähr 1 kWh zusätzlich. 1 kWh ist also die Energie, die nötig ist, um den ganzen Zug um 1 m anzuheben.
- Ein Kran kann eine Last von rund 5 t anheben. Mit einer Kilowattstunde kann er fünfmal eine solche Last um 10 m anheben. Der Kran benötigt für diese Arbeit nur ein paar Minuten. Wenn ein Mensch die gleiche Arbeit verrichten sollte, müsste er 500 Säcke von 50 kg in den dritten Stock eines Hauses schleppen. Ein Arbeitstag würde dazu nicht ausreichen.

Fragen und Aufgaben zum Text

1 Der Elektromotor eines Staubsaugers hat eine Leistung von 800 W. Er wird eine halbe Stunde lang eingeschaltet. Berechne die in dieser Zeit umgewandelte elektrische Energie (in Ws und in kWh).

2 Elektrolokomotiven benötigen eine Betriebsspannung von 15 000 V. Die Stromstärke beträgt beim Anfahren 200 A. Berechne die Leistung der Lok beim Anfahren.

Die Leistung wird 1,5 min lang benötigt. Wie viel elektrische Energie wurde beim Anfahren umgewandelt?

3 Die Spannung eines Fahrraddynamos beträgt 6 V. Der Strom in der Scheinwerferlampe ist 0,4 A groß. Die Fahrradbeleuchtung war 45 min lang eingeschaltet. Wie viel Energie hätten deine Beinmuskeln sparen können, wenn du die Fahrt bei Tageslicht durchgeführt hättest?

4 Was ändert sich, wenn man ein elektrisches Rührgerät nicht in Wasser, sondern in einer zähen Teigmasse rühren lässt? Erläutere deine Antwort.

6703R

4 Elektrische Energie gibt's nicht umsonst

In jedem Haus und jeder Wohnung befindet sich ein elektrischer Zähler (Bild 3). Er ist an die Hauptleitung angeschlossen, die vom Elektrizitätswerk kommt.

Solange Elektrogeräte eingeschaltet sind, dreht sich die Zählerscheibe. Je mehr Umdrehungen die Scheibe in einem Jahr macht, desto mehr elektrische Energie ist durch den Zähler geflossen und desto höher wird die Rechnung vom Elektrizitätswerk.

Schau dir euren Zähler zu Hause an. Achte auch auf sein Typenschild.

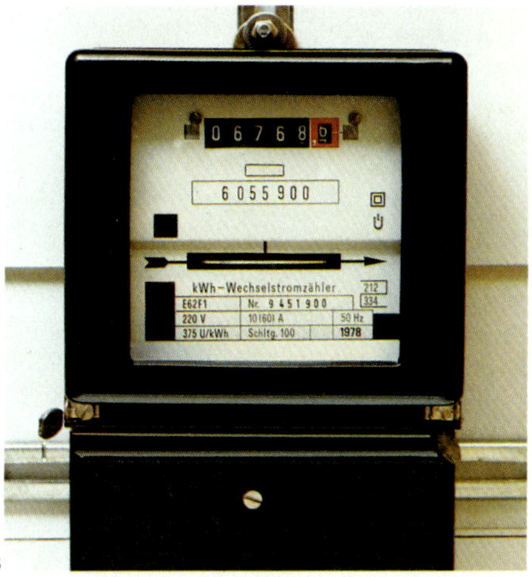

3

○ Beobachte die Zählerscheibe. Wann dreht sie sich nicht, wann nur langsam und wann besonders schnell?

Tipp: Lass z. B. ein Bügeleisen, den Backofen, Lampen oder andere Elektrogeräte einschalten, während du die Scheibe beobachtest.

○ Notiere den Zählerstand im Abstand von genau 24 Stunden.

○ Was misst der Zähler überhaupt? Welche Einheit wird dabei verwendet?

○ Sieh in der „Stromrechnung" nach, wie teuer jede Einheit ist.

Achtung! Die Versuche 10–12 dürfen nur vom Lehrer durchgeführt werden (Netzspannung)!

V 10 Zwischen eine Steckdose und einen Heizlüfter ist ein Zähler geschaltet (Bild 4). Beobachte die Zählerscheibe, wenn nur der Ventilator läuft und wenn dann die Heizstufen 1 und 2 eingeschaltet werden.

V 11 Der Heizlüfter wird durch eine leistungsstarke Glühlampe (100 W) ersetzt.

a) Wie viel Sekunden benötigt die Zählerscheibe für eine Umdrehung? Wie viel, wenn eine zweite 100-W-Lampe dazugeschaltet wird?

b) Wie lange dauert eine Umdrehung, wenn nur eine 25-W-Lampe angeschlossen ist?

V 12 Mit zwei unterschiedlichen Tauchsiedern wird 1/2 l Wasser erwärmt. Zu Beginn wird jeweils die Wassertemperatur gemessen.

a) Ein 1000-W-Tauchsieder wird so lange eingeschaltet, bis die Zählerscheibe 10 Umdrehungen gemacht hat. Wie lange braucht sie dafür? Um wie viel °C ist die Wassertemperatur in dieser Zeit angestiegen?

b) Der Versuch wird mit einem Reisetauchsieder (300 W) wiederholt. (Kaltes Wasser nehmen und wieder 10 Umdrehungen der Scheibe abwarten!) Welche Zeit werden wir wohl messen? Wie hoch wird die Temperatur steigen?

V 13 Baue das Modell eines elektrischen Aufzugs (Bild 5). Je mehr Hubarbeit der Spielzeugmotor verrichtet, desto mehr elektrische Energie muss ihm das Netzgerät (oder die Batterie) liefern.

Stell dir Folgendes vor: Dir gehört das Elektrizitätswerk (hier: die Batterie oder das Netzgerät) und du willst deinem Kunden (hier: dem Betreiber des Motors) eine Rechnung über die gelieferte Energie schreiben. Was müsstest du dazu alles wissen oder messen? Welche Messgeräte benötigst du dazu? (Ein Zähler soll diesmal nicht benutzt werden.)

Führe an deinem Modell die entsprechenden Messungen durch.

4

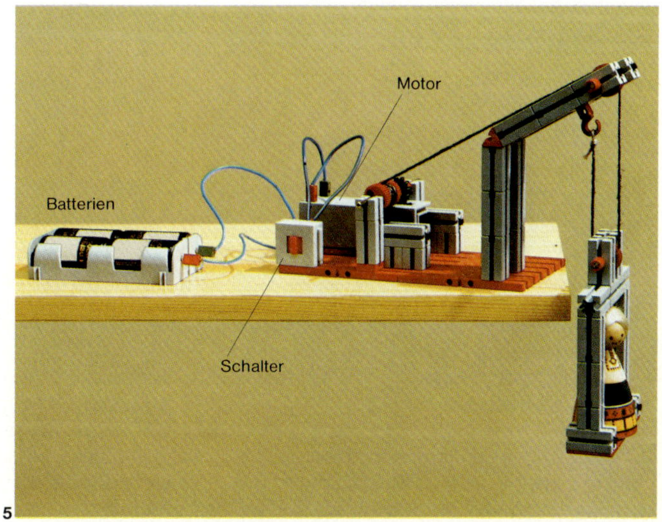

5

Aus Umwelt und Technik: **Vom Strombegrenzer zur „Stromrechnung"**

Elektrisches Licht – das konnten sich Arbeiterfamilien vor 100 Jahren nicht leisten! Eine Edison-Glühlampe (mit Kohlefaden) kostete 7 Mark, der Anschluss ans Elektrizitätswerk 230 Mark. Ein Arbeiter verdiente aber nur rund 3 Mark am Tag.

Die Abrechnung für die elektrische Energie war zunächst ganz einfach: Für jede angeschlossene Lampe musste jährlich ein Betrag von 20 Mark ans Elektrizitätswerk gezahlt werden – unabhängig davon, wie lange die Lampe eingeschaltet war.

Trotz der hohen Kosten setzte sich die elektrische Beleuchtung aber doch gegen das Gaslicht durch: 1885 gab es z. B. in Berlin 700 000 Gaslampen und nur 4880 Glühlampen. Fünf Jahre später zählte man schon 92 000 elektrische Lampen.

Um durch heimlich installierte Lampen keinen Verlust zu haben, bauten die E-Werke in den Haushalten **Strombegrenzer** ein: Wurde eine Lampe zu viel angeschlossen, so schaltete dieser Apparat alle Lampen ständig ein und aus. Das dadurch hervorgerufene Flackern des Lichtes war für die Augen unerträglich und zwang den Wohnungsinhaber nur die vereinbarte Lampenzahl einzuschalten.

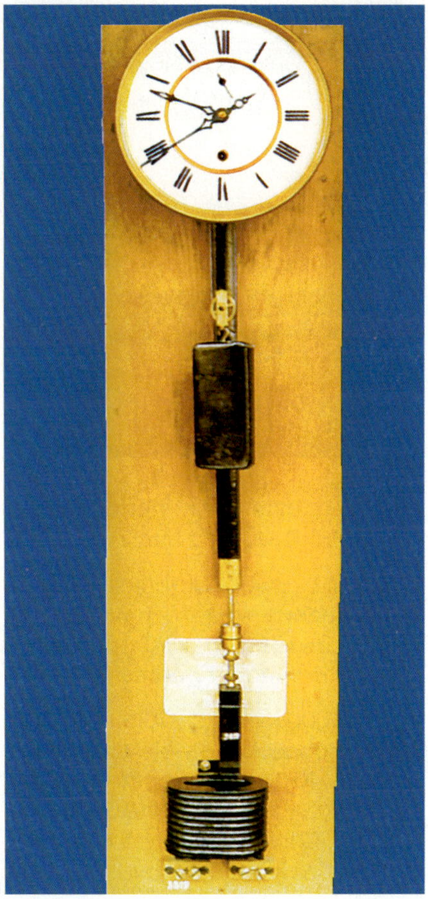

1

Es gab aber auch damals schon elektrische Zähler, zum Beispiel den **Pendelzähler** (Bild 1).

Dieser Zähler war eine umgebaute Pendeluhr: Unten am Pendel hing ein Dauermagnet, unter dem eine Spule angebracht war. Die Spule war in den Stromkreis der Wohnung geschaltet. Durch den elektrischen Strom wurde sie zum Elektromagneten und zog den Dauermagneten an. Die Uhr lief dadurch umso schneller, je mehr Glühlampen eingeschaltet waren. Am Monatsende wurde die Uhrzeit des Zählers mit der Normalzeit verglichen. Aus der Differenz ließ sich berechnen, wie viel elektrische Energie geliefert worden war.

Moderne Zähler sind ganz anders konstruiert. Sie funktionieren ähnlich wie ein Elektromotor. Ein eingebautes Zählwerk zählt, wie oft sich der Rotor dieses Motors dreht. Die Energie für diesen „Zählermotor" kostet pro Tag etwa einen halben Pfennig.

Und so oder ähnlich sehen heute „Stromrechnungen" aus (Bild 2):

Zahler-Nummer	Abrechnung von	bis	Tarif	Zählerstand alt	neu	**Verbrauch**	Arbeitspreis	Arbeitsbetrag DM	Monats-Grundpreis DM	Zahl der Tage	Netto-Grundpreis DM	**Netto-Gesamtpreis** DM
1	2	3	4	6	7	8	9	10	11	12	13	14
Strom 6324146	01JAN	31DEZ	H2 ①	008668	011416	KWH 2748	PF/KWH 25,44 ②	699,09	20,85 ③	360 ④	+ 250,20	= 949,29 ⑤

Rechnungsdatum	Netto-Rechnungsbetrag	Umsatzsteuer	**Brutto-Rechnungsbetrag**	Sie haben bereits gezahlt:	Sie haben noch zu zahlen:	Sie erhalten zurück:	Neue monatliche Teilbeträge (in DM) Strom	Gas	Wasser	Gesamt	erstmalig fällig am
21JAN	949,29	16 % + 151,89	= 1101,18	1200,00		98,82	110				01MRZ

① Tarif für Haushalte

② Preis für 1 kWh in Pfennigen

③ Monatlicher Grundbetrag für Zählermiete, Stromanschluss zum Haus usw.

④ Wie bei der Zinsrechnung: 12 Monate je 30 Tage = 360 Tage.

⑤ Rechnungsbetrag ohne Mehrwertsteuer (zur Zeit 16%)

2

Fragen und Aufgaben zum Text

1 Wie lange musste vor 100 Jahren ein Maurer arbeiten um eine Glühlampe kaufen zu können?

Vergleiche dein Ergebnis mit den heutigen Verhältnissen.

2 Die zuvor übliche Gasbeleuchtung wurde schließlich durch elektrische Lampen abgelöst. Gib einige Gründe dafür an.

3 Als es noch Pendelzähler gab (Bild 1), brachten die Ableser der E-Werke stets eine genau eingestellte Taschenuhr mit. Erkläre!

4 Stand des Zählers am 1. Januar: 1246,4 kWh; am 1. Februar: 1513,4 kWh.

Wie viel elektrische Energie wurde an den Haushalt geliefert? Berechne den Arbeitspreis. (Gehe davon aus, dass 1 kWh 25 Pfennig kostet.)

5 Warum ist das Zählergehäuse verplombt?

6 Harry meint: „Ich würde keine *Strom*rechnung bezahlen. Strom wird doch gar nicht verbraucht." Was hältst du davon?

7 Die Rechnung (Bild 2) zeigt es ganz deutlich: Man zahlt nicht nur für die gelieferte elektrische Energie, sondern auch noch für …

6705R

Aus Umwelt und Technik: **10 Tipps zum Energiesparen**

3

① Augen auf beim Gerätekauf

Je größer die Leistungsangabe (in Watt) auf dem Typenschild eines Elektrogerätes, desto teurer ist seine Benutzung.

Die Energie-Information (Bild 4) auf vielen Geräten zeigt, ob die Stromkosten bei diesem Gerät niedriger oder höher liegen als bei vergleichbaren Typen.

Elektro-Herd
[redacted] **REGENT FH 6.08**

Kochplatten	**4**
davon Automatik-Platten	**2**
Backofen/Umluft	
Volumen	**62 l**
Bräunungs-Unterschied	**25 %**
Energieverbrauch pro Std. und Aufheizen (175 °C)	

0,92 kWh
niedriger ⟨ 0,5 – 1 – 1,5 – 2 ⟩ höher

Norm CENELEC TC 59X (SEC) 13 PI-Mbl. D 0802-7 — Norm IEC 350 F-Reg.Nr. 1007

4

② Kühler Ort fürs Kühlgerät!

Kühlschränke nicht neben den Elektroherd stellen! Gefriergeräte gehören in den kühlen Keller, nicht in die warme Küche (Spareffekt: 30 %)!

Die Kühlschranktüren nicht unnötig lange öffnen! Kühlschränke öfter abtauen! (Schon bei 2 mm Eisschicht lässt die Kühlwirkung um 15 % nach.)

③ Geräte vollpacken!

Wer Geschirrspüler oder Waschmaschine zweimal nur halbvoll packt, zahlt ans E-Werk doppelt!

Aufgepasst bei Sparprogrammen: Zwei „Sparwäschen" sind oft teurer als *ein* normaler Waschgang!

④ Kühler Tipp für heiße Wäsche!

Viele meinen: „Wäsche muss gekocht werden, sonst wird sie nicht sauber." Für leicht verschmutzte Kochwäsche reicht oft eine Waschtemperatur von 60 °C aus. (Spareffekt: 40 %)

⑤ Zieh Leine!

Ein elektrischer Wäschetrockner ist eine feine und bequeme Sache. Auf der Leine trocknet die Wäsche aber umsonst (Bild 5)!

5

⑥ Der Spar-Kochtopf!

Im Schnellkochtopf steigt die Temperatur auf über 100 °C an; das Essen wird dadurch schneller gar. Hier gilt: Zeit ist Geld! (Spareffekt: mehr als 50 %)

Übrigens: Nicht jeder Topf passt auf jede Kochplatte (Bild 6)!

6

⑦ Hinein in den kalten Ofen!

Bei Speisen, die länger als 30 Minuten im Backofen bleiben, kann man auf das Vorheizen des Ofens verzichten. (Spareffekt: bis 20 %)

7

⑧ Leuchtstofflampe kontra Glühlampe!

Das Licht aus Glühlampen ist zwar „gemütlicher", aber viermal so teuer wie das Licht aus Leuchtstofflampen (Bild 7)!

⑨ Sparen mit Köpfchen!

Ein Dummkopf ist, wer auf der dunklen Kellertreppe stürzt (weil er „Strom sparen" will) oder wer sich bei Kerzenlicht die Augen oder noch mehr verdirbt … (Bild 8)!

Übrigens: Für mechanische Arbeit (bewegen, drehen, bohren, pumpen, saugen, heben …) ist die elektrische Energie unschlagbar billig!

8

⑩ Nachwärme nutzen!

Probiere es selber aus: Fülle je 1 Liter Wasser in zwei gleiche Kochtöpfe und miss die Temperatur. Stelle den ersten Topf auf eine Kochplatte und erhitze das Wasser, bis es siedet. Schalte den Strom ab und stelle sofort den zweiten Topf auf die Platte. Wie warm wird dieses Wasser noch?

Wie kann man also die Nachwärme beim Kochen nutzen?

Aus Umwelt und Technik: **Die Energiesparlampen sind im Kommen**

Die gute alte Glühlampe ist weniger eine Lampe – sondern eher eine Heizung! Nur 5 % der zugeführten Energie gibt sie in Form von Licht ab. Der Rest geht als Wärme verloren.

Da ist es kein Wunder, dass die Energiesparlampen im Kommen sind: Sie wandeln immerhin rund 20 % der elektrischen Energie in Licht um. Zum Beispiel hat die Lampe oben in Bild 1 nur 15 Watt, leuchtet aber etwa so hell wie eine 75-Watt-Glühlampe.

Ein weiterer Vorteil ist die lange Lebensdauer dieser Lampen. Sie bringen es auf rund 8000 Stunden. Bei Glühlampen rechnet man nur mit 1000 Betriebsstunden.

Die Energiesparlampen enthalten kleine Leuchtstoffröhren. Durch den elektrischen Strom wird das Gas in der Röhre angeregt unsichtbare Strahlung auszusenden. Ein Leuchtstoff auf der Innenseite der Röhre wandelt die Strahlung in Licht um.

Zum „Zünden" ist ein Vorschaltgerät nötig. Bei manchen Lampen ist es eingebaut. Eine solche Lampe ist größer und schwerer als eine Glühlampe. Wenn sie defekt ist, wird auch das Vorschaltgerät weggeworfen. Günstiger sind Lampen mit getrenntem Vorschaltgerät.

Energiespar- und Leuchtstofflampen haben einen Nachteil: Sie enthalten Quecksilber und dürfen nicht mit dem Hausmüll beseitigt werden.

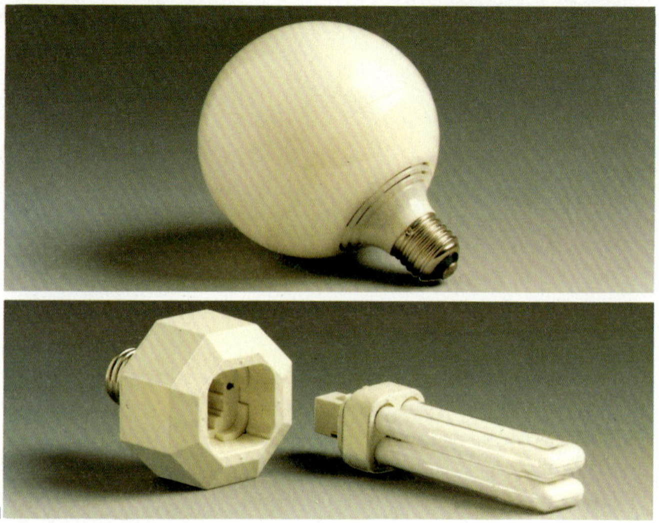
1

Fragen und Aufgaben zum Text

1 Berechne die Kostenersparnis einer 15-Watt-Energiesparlampe gegenüber einer 75-Watt-Glühlampe während der Lebensdauer von 8000 Stunden.

2 Erkundige dich nach den Preisen von Energiesparlampen und Glühlampen. Beziehe auch die Anschaffungskosten in die Rechnung von Aufgabe 1 ein.

Alles klar?

2

1 In den USA haben die Steckdosen eine Spannung von 110 V. Was geschieht, wenn ein Haartrockner oder ein Rasierapparat (220–230 V) angeschlossen wird?

2 Warum sind die elektrischen Leitungen im Auto zum Teil viel dicker als die Zuleitungen bei Haushaltgeräten?

3 Die Daten einer Leuchtdiode lauten: 1,5 V; 20 mA. Berechne ihre Leistung. Vergleiche sie mit der eines Glühlämpchens.

4 Die durchschnittliche Leistung eines Menschen beträgt 70–100 Watt (Bild 2), wenn er nicht nur für kurze Zeit, sondern mehrere Stunden lang arbeitet.

Vergleiche diese Leistung mit der einer elektrischen Bohrmaschine. (Sieh dir dazu die Typenschilder zu Beginn dieses Kapitels an.)

5 Christians Zimmer auf dem ausgebauten Dachboden wird elektrisch beheizt. Der Heizlüfter (1500 W) läuft an 150 Tagen jeweils 4 Stunden.

Berechne die Energiekosten (1 kWh kostet 25 Pfennig).

6 Der Generator in einem Elektrizitätswerk hat eine Leistung von 600 MW und läuft Tag und Nacht.

Wie viel elektrische Energie (in kWh) liefert er im Laufe von 24 Stunden?

Welchen Wert (in DM) hat die an einem Tag erzeugte elektrische Energie?

7 Ein 59 kg schwerer Schüler (Gewichtskraft: 500 N) steigt mühsam 360 m hoch auf einen Fernsehturm. Berechne die mechanische Arbeit.

Diese Arbeit kann auch vom Elektromotor des Fahrstuhls verrichtet werden. Berechne die Energiekosten für die Hubarbeit. Reibungsverluste bleiben dabei unberücksichtigt. (*Tipp:* Für die Umrechnung gilt: 1 Nm = 1 Ws.)

8 Eine Monozelle (1,5 V; Bild 3) kann etwa 100 Stunden lang einen Strom von 0,08 A hervorrufen. Die Batteriespannung wird dabei allerdings kleiner; sie beträgt durchschnittlich nur 1,2 V. Berechne die während dieser Zeit gelieferte Energie.

Vergleiche die Kosten mit denen für „Strom aus der Steckdose".

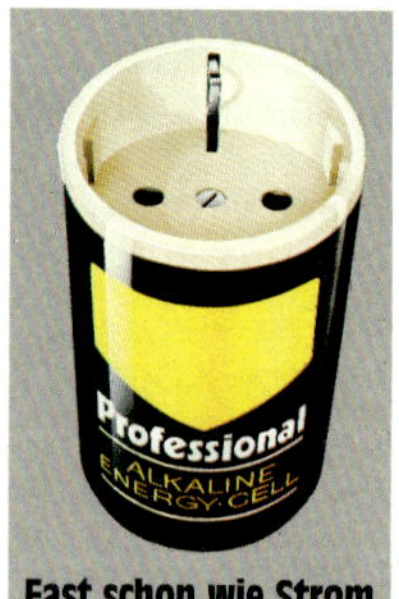

3 Fast schon wie Strom aus der Steckdose.

9 Auf einer Autobatterie (12 V) findet man z. B. die Angabe: „36 Ah".

Was bedeutet die Abkürzung Ah? (*h* ist abgeleitet von lat. *hora*: Stunde.)

Wie viel elektrische Energie kann die Batterie abgeben? Wie viel kostet die gleiche Energiemenge, wenn sie vom Elektrizitätswerk geliefert wird?

5545R

5 Zusammenfassung

Die elektrische Leistung

Je größer die Leistung eines Gerätes ist, desto heller, heißer, stärker, lauter … ist es. Die Leistung gibt an, wie viel Energie in 1 s umgewandelt wird. Die Einheit der Leistung ist 1 Watt: 1 W = 1 J/s.

Bei Geräten, die an die Steckdose (230 V) angeschlossen werden, stellt man fest: Die Leistung ist proportional zur Stromstärke. Der Quotient aus Leistung und Stromstärke ist stets gleich: $\frac{P}{I} = 230\ \frac{\text{W}}{\text{A}}$.

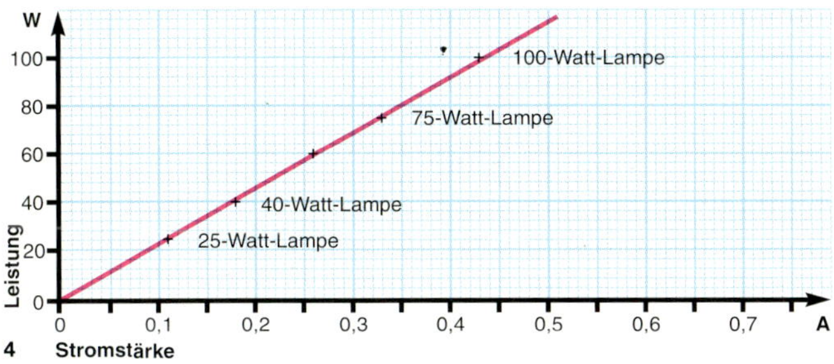

4

Bei Geräten, die an die Autobatterie (12 V) angeschlossen werden, ist die Leistung ebenfalls proportional zur Stromstärke. Wenn man die Leistung durch die Stromstärke teilt, ergibt sich $\frac{P}{I} = 12\ \frac{\text{W}}{\text{A}}$.

Dass der Quotient P/I den gleichen Zahlenwert wie die Spannung hat, liegt an der Spannungsdefinition.

Die Definition der Spannung lautet:

$$\text{Spannung} = \frac{\text{Leistung}}{\text{Stromstärke}};\ U = \frac{P}{I}.$$

Die Spannung gibt an, wie groß die Leistung bei einer Stromstärke von 1 A ist.

Für die Einheit der Spannung ergibt sich: $1\ \text{V} = \frac{1\ \text{W}}{1\ \text{A}}$.

Die elektrische Leistung berechnet man so: Leistung = Spannung · Stromstärke; $P = U \cdot I$.

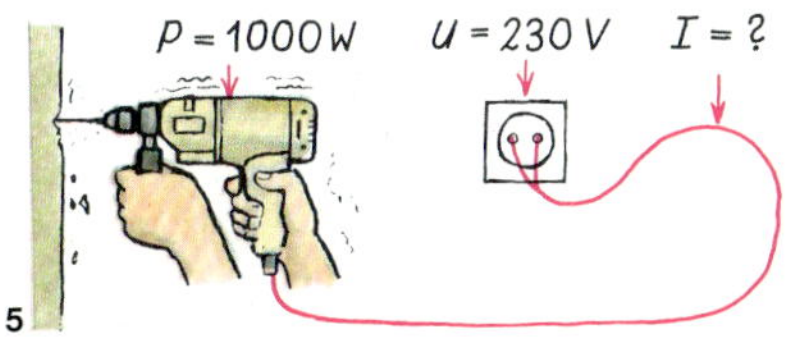

5

Musteraufgabe: Berechne die Stromstärke der Bohrmaschine

Lösung: $P = U \cdot I$

Umstellen: $I = \frac{P}{U}$

Einsetzen: $I = \frac{1000\ \text{W}}{230\ \text{V}} \approx 4{,}3\ \text{A}$

Die elektrische Energie

Energie, die mit Hilfe von Stromkreisen übertragen wird, bezeichnet man als **elektrische Energie**.

Damit ein Generator elektrische Energie abgibt, muss er z. B. mit Hilfe einer Kurbel gedreht werden. An ihm muss also Arbeit verrichtet werden, dafür ist Energie nötig.

Generatoren, Solarzellen, Batterien sind *Energiewandler*. Sie wandeln mechanische Energie, Lichtenergie oder chemische Energie in elektrische Energie um.

Auch die Elektrogeräte sind *Energiewandler*: Eine Lampe wandelt elektrische Energie um und gibt sie in Form von Wärme und Licht an die Umgebung weiter.

Mit dem Stromkreis wird in jeder Sekunde eine bestimmte Energiemenge übertragen. Man spricht daher von einem *Energiestrom*. Um anzugeben, wie groß er ist, teilt man die transportierte Energie durch die Zeit.

Der Energiestrom fließt von der Quelle zum Verbraucher. Der Elektronenstrom dagegen fließt im Kreislauf.

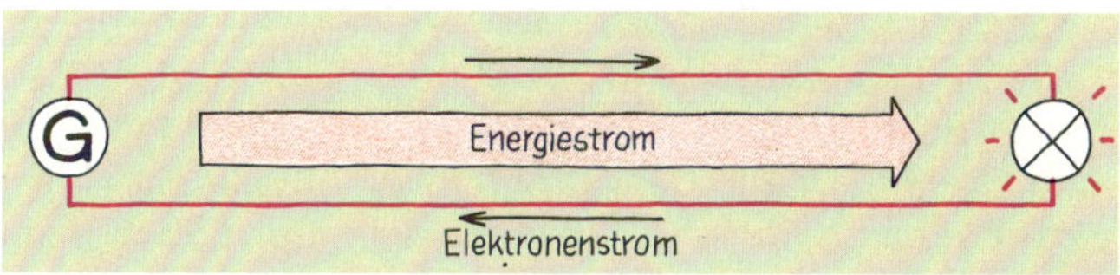

6

Wie viel elektrische Energie in einem Haushalt benötigt wird, hängt ab
- von der Leistung der angeschlossenen Geräte und
- von der Einschaltdauer.

Die elektrische Energie kann man so berechnen:
Energie = Leistung · Zeit; $W = P \cdot t$.

Die elektrische Energie wird oft in Wattsekunden oder Kilowattstunden angegeben.
1 Ws = 1 J; 1 kWh = 3 600 000 Ws.

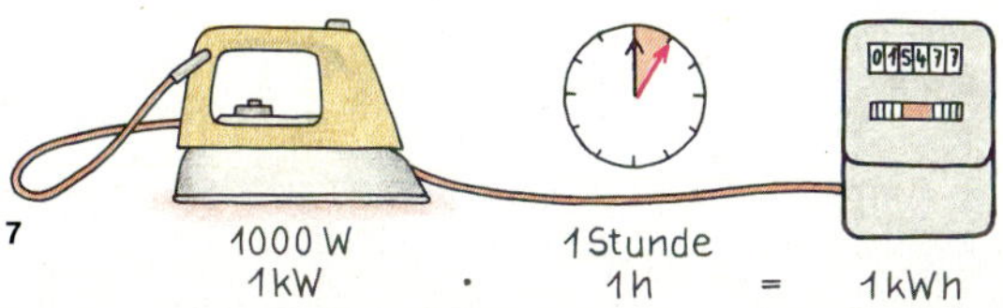

7

Der elektrische Widerstand

1 Was versteht man unter dem elektrischen Widerstand?

1

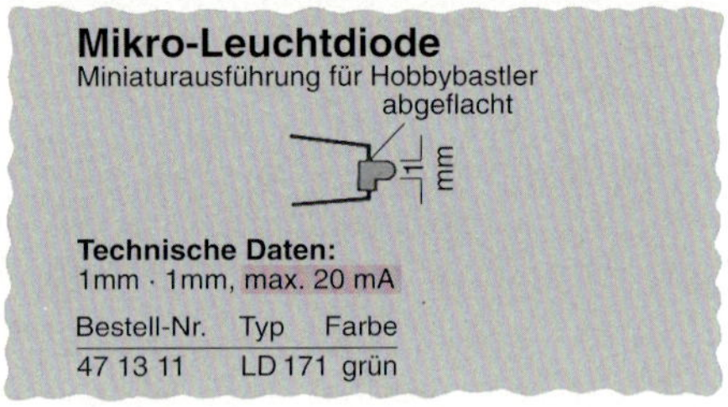

2

Michael bastelt gerne an seiner Modelleisenbahn. Seine neueste Idee: Die Kelle des Zugabfertigers wird beleuchtet – mit einer *Leuchtdiode* (Bild 1).

Direkt an den Trafo (16 V) darf er die Leuchtdiode nicht anschließen. Die Leuchtdioden „vertragen" nämlich höchstens Ströme von 20 mA (Bild 2); bei einem größeren Strom würde die entstehende Wärme sie zerstören ...

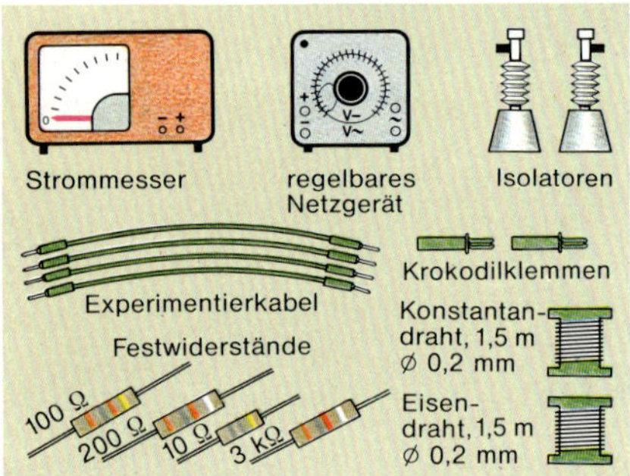

3

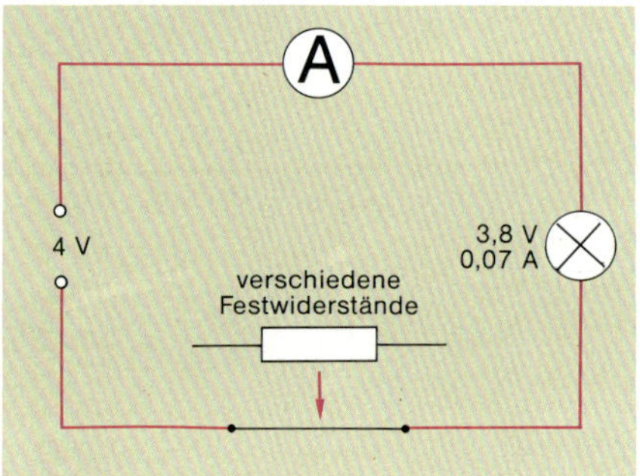

4

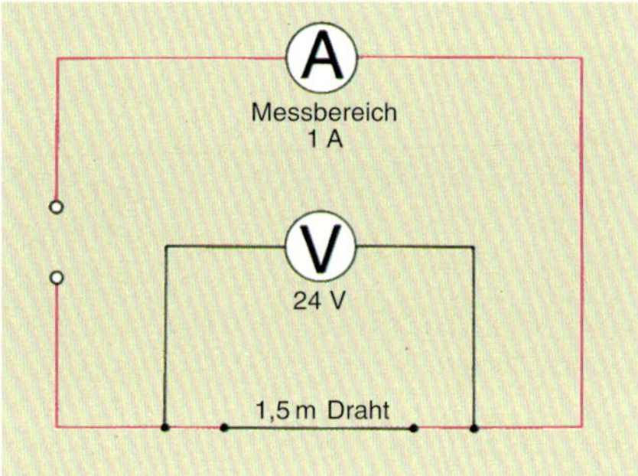

5

V 1 Probiere aus, ob du mit den Materialien von Bild 3 einen Stromkreis aufbauen kannst, in dem der Strom 20 mA beträgt. Am Netzgerät soll dabei eine Spannung von 4 V eingestellt sein.

Wenn du den Strom auf 20 mA begrenzt hast, kannst du es riskieren, eine Leuchtdiode in den Stromkreis einzubauen.

V 2 Baue nacheinander verschiedene *Festwiderstände* in den Stromkreis von Bild 4 ein und bestimme jeweils den Strom. Was kannst du über den elektrischen Widerstand der einzelnen Bauteile aussagen?

Mit einem sog. *Schiebewiderstand* kannst du erreichen, dass das Lämpchen (wie im Kino) langsam erlischt.

Sieh dir einen solchen Schiebewiderstand zunächst genau an und überlege dabei, welche seiner drei Anschlüsse du benutzen willst. (Lege eine Schaltskizze an.) Miss auch hierbei wieder den Strom.

V 3 Überprüfe in einem Versuch, ob Kupfer, Eisen oder Konstantan besser leitet. Verwende als Stromquelle ein Netzgerät (2 V). Dir steht ein 1,50 m langer Kupferdraht mit 0,2 mm Durchmesser zur Verfügung (Querschnitt: ca. 0,03 mm^2). Welche Maße wählst du für den Eisendraht und für den Konstantandraht?

a) Führe den Versuch durch und notiere dabei deine Messwerte in einer Tabelle.

b) Welcher der drei Drähte ist der bessere elektrische Leiter? Welcher hat den größten Widerstand, welcher den kleinsten?

c) Wie hängen bei gleicher Spannung *Strom* und *Widerstand* zusammen?

V 4 Wir untersuchen, welche Spannung nötig ist, damit in Drähten aus unterschiedlichem Material ein Strom von 1 A fließt.

Baue die gleichen Drähte wie in Versuch 3 in diesen Stromkreis ein (Bild 5). Lege eine Tabelle für deine Messwerte an.

a) Wie hängt die *Spannung*, die hier jeweils eingestellt werden muss, mit dem *Widerstand* der Drähte zusammen? Formuliere so: „Je höher die Spannung sein muss, desto ..."

b) Überprüfe, ob sich der gleiche Zusammenhang zwischen den erforderlichen Spannungen und den Widerständen ergibt, wenn durch die Leiter Ströme von nur 0,5 A fließen sollen.

2601R

Der elektrische Widerstand – eine Eigenschaft jedes Leiters

Schließt man Drähte aus unterschiedlichen Metallen nacheinander an dieselbe Stromquelle an, so werden unterschiedlich große Ströme gemessen (Versuch 3). Offensichtlich wirken also die Drähte selbst auf den Elektronenfluss ein. Wir können uns das so erklären:

Jeder Draht besteht aus eng „gepackten" **Metallatomen**. Jedes davon hat in seiner Atomhülle eine bestimmte Anzahl Elektronen. Jeweils *ein* Elektron kann sich aus der Atomhülle lösen und hält sich dann als frei bewegliches Elektron im Draht auf (Bild 6).

Durch die Spannung, die zwischen den Enden des Drahtes herrscht, werden diese freien Elektronen in Richtung Pluspol der Stromquelle **angetrieben**. Sie bewegen sich dann zwischen den Metallatomen hindurch, wobei sie mit diesen immer wieder zusammenstoßen und von ihrer Bahn abgelenkt werden. Sie machen daher große Umwege (Bild 7).

Je stärker die Elektronen auf ihrem Weg behindert werden, desto langsamer kommen sie im ganzen Stromkreis voran (in Richtung auf den Pluspol). Das heißt: Je stärker die Behinderung ist, desto weniger Elektronen fließen in einer Sekunde durch den Leiterquerschnitt, desto kleiner ist also der Strom.

Diese Eigenschaft metallischer Leiter, Elektronen auf ihrem Wege zu behindern, bezeichnet man in der Physik als **elektronischen Widerstand**.

Wir können daher sagen:

- Werden die Elektronen stark behindert, so ist der Widerstand groß.
- Ist die Behinderung der Elektronen *geringer*, so ist der Widerstand kleiner.

Weil jeder metallische Leiter aus Atomen aufgebaut ist, behindert auch der beste unter ihnen (das Silber) den Elektronenfluss. Auch ein Silberdraht hat demnach einen elektrischen Widerstand.

Bei Drähten aus Metall*legierungen* (z. B. Konstantan) ist der Widerstand in der Regel größer als bei Drähten aus reinen Metallen. Deshalb verwendet man für elektrische Schaltungen im Allgemeinen Leitungen aus sehr reinem *Kupfer*.

Aber nicht nur metallische Leiter haben einen Widerstand. Auch in Flüssigkeiten und in anderen Stoffen (z. B. Kohlenstoff) wird der Fluss der elektrischen Ladungen behindert. Daher haben alle Körper einen elektrischen Widerstand.

6 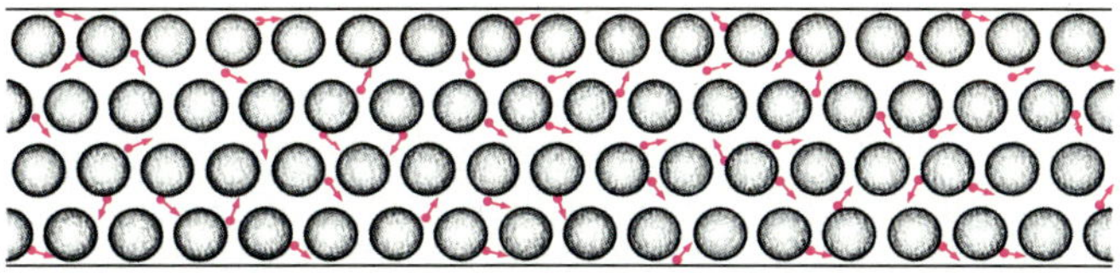

Die Pfeile geben an, in welche Richtung sich die Elektronen gerade bewegen

7 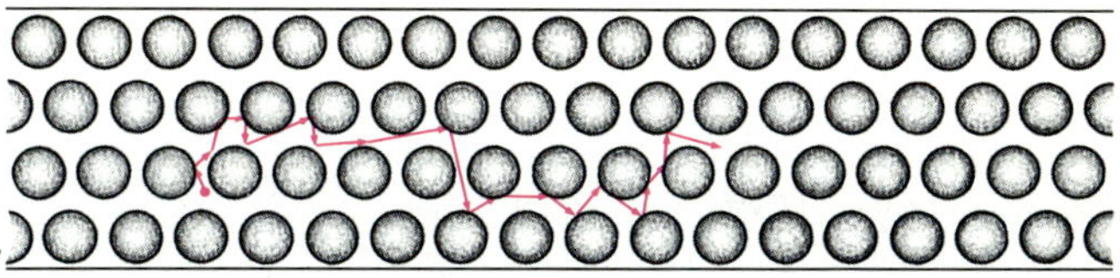

Weg eines Elektrons im Metall bei angelegter Spannung

Fragen und Aufgaben zum Text

1 „Auch der beste Leiter hat einen elektrischen Widerstand." Was meinst du zu dieser Aussage?

2 Konstantandraht wird manchmal als *Widerstandsdraht* bezeichnet. Welchen Grund hat das wohl? Warum kann man sagen, dass die Bezeichnung *Widerstandsdraht* eigentlich irreführend ist?

3 An einen schlechten Leiter muss eine höhere Spannung angelegt werden als an einen guten Leiter, wenn man gleich große Ströme erreichen will. Gib eine Erklärung dafür.

4 Beschreibe, was sich in einem Metalldraht abspielt, der an eine Stromquelle angeschlossen ist. Erkläre dabei den Begriff elektrischer Widerstand.

5 Weshalb hat ein langer Konstantandraht einen größeren Widerstand als ein kürzerer Konstantandraht (bei gleichem Querschnitt)?

So wird der elektrische Widerstand ermittelt

Schließt man *unterschiedliche* Drähte nacheinander an ein Netzgerät an, so muss man *unterschiedliche Spannungen* einstellen, damit jeweils ein *Strom von 1 A* fließt (Versuch 4).

Die Spannung muss dabei umso größer sein, je größer der Widerstand ist, den die Elektronen auf ihrem Weg durch den Draht zu überwinden haben. Also kann man sagen:

Die Spannung, die für einen Strom von 1 A nötig ist, gibt Auskunft über den Widerstand des Leiters.

Der Quotient aus Spannung *U* und Stromstärke *I* ist daher ein Maß für den elektrischen Widerstand *R:*

$$\textbf{Widerstand} = \frac{\textbf{Spannung}}{\textbf{Stromstärke}};\ R = \frac{U}{I}.$$

Das Formelzeichen *R*, das den elektrischen Widerstand bezeichnet, ist abgeleitet von engl. *resistance* (Widerstand).

Elektrische Widerstände werden in **Ohm** (Ω) angegeben. Diese Einheit ist nach dem deutschen Physiker *Georg Simon Ohm* (1787–1854) benannt.

Ein Leiter hat einen Widerstand von 1 Ω, wenn eine Spannung von 1 V erforderlich ist, damit ein Strom von 1 A fließt. Es gilt also:

$$1\,\Omega = \frac{1\,\text{V}}{1\,\text{A}}.$$

Die folgenden fünf Leiter mit einer Querschnittsfläche von 1 mm² (1,1 mm Durchmesser) besitzen je einen elektrischen **Widerstand von 1 Ohm** (1 Ω): 59 m Kupferdraht, 37 m Aluminiumdraht, 11,5 m Nickeldraht, 10 m Eisendraht und 2 m Konstantandraht.

Auch ein Kohlestäbchen von nur ca. 15 mm Länge (1 mm² Querschnittsfläche) hat einen Widerstand von 1 Ω.

Hat ein Konstantandraht nur 0,03 mm² Querschnitt (was einem Durchmesser von etwa 0,2 mm entspricht), so genügen davon schon 6 cm, um einen Widerstand von 1 Ω zu erreichen. (Du kannst dir also kleine Widerstände aus dünnem Konstantandraht selbst herstellen.)

Größere Widerstandswerte gibt man nicht in Ohm (Ω) an, sondern in **Kiloohm** (kΩ) oder in **Meg(a)ohm** (MΩ).

1000 Ω = 1kΩ
1 000 000 Ω = 1000 kΩ = 1 MΩ.

Aufgaben

1 Du sollst den elektrischen Widerstand eines Drahtes bestimmen. Dir steht aber nur *ein* Messgerät für Ströme und Spannungen zur Verfügung. Wie kannst du vorgehen? Fertige auch Schaltskizzen an.

2 In einem **Versuch** wurden verschiedene Metalldrähte an ein Netzgerät angeschlossen. Dabei wurden jeweils Stromstärke und Spannung bestimmt (→ die folgende Tabelle).

U in V	1	4	5	6
I in A	0,5	1	0,1	0,27

Berechne die elektrischen Widerstände.

3 Wie könntest du einen Widerstand mit 45 Ω selbst herstellen?

4 Wenn eine Haushaltglühlampe (100 W) an ein Netzteil mit einer Spannung von 10 V angeschlossen wird, leuchtet sie nicht auf. Man misst einen Strom von 95 mA. (Der Glühdraht wird dabei nicht heiß; er hat praktisch Zimmertemperatur.) Wie groß ist der Widerstand der Lampe?

5 Auf der Vorseite sind einige Leiter aufgeführt, die je einen Widerstand von 1 Ω haben. Wie groß wäre jeweils der Widerstand eines 1 m langen Drahtes bzw. Stabs von gleichem Querschnitt (1 mm^2)?

Aus Umwelt und Technik: **Widerstände bestimmen – ohne zu rechnen**

Den Widerstand eines Leiters zu bestimmen, das kann ganz schön lange dauern: Stromkreis aufbauen, Stromstärke messen, Spannung messen und dann auch noch den Widerstand ausrechnen. Viel schneller geht es mit den meisten Vielfachmessgeräten. Mit ihnen lässt sich der elektrische Widerstand direkt **messen**.

Das Prinzip dieser Messungen ist einfach: Du weißt ja bereits, dass der *Strom* von den Widerständen der Leiter abhängig ist, sofern man sie immer an die gleiche Stromquelle anschließt *(gleiche Spannung)*. Auch das Messgerät misst eigentlich nicht den Widerstand, sondern die **Stromstärke**! Auf der Geräteskala wurden nur Widerstandswerte den Stromstärkewerten zugeordnet (Bild 1).

Wie man ein solches Widerstandsmessgerät selbst aufbaut, zeigt ein

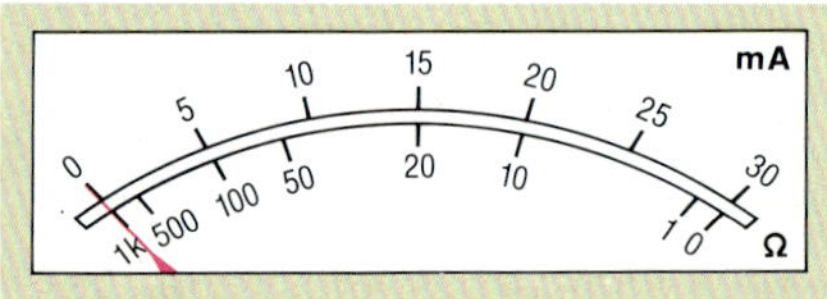

1

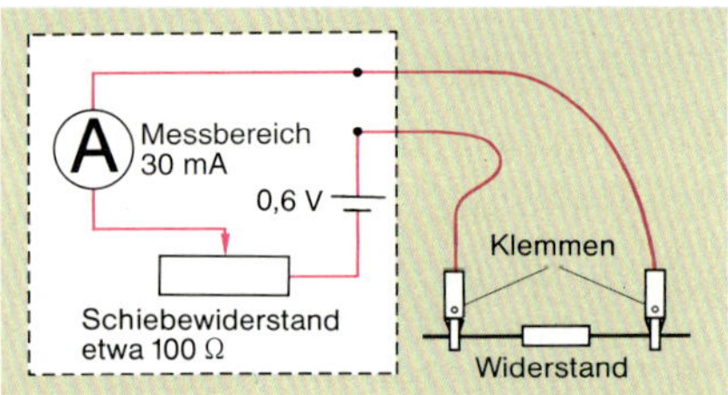

2

Versuch (Bild 2): Verbindet man die beiden Klemmen direkt miteinander, so beträgt der Widerstand zwischen ihnen 0 Ω. Mit dem Schiebewiderstand kann jetzt der Strom so eingestellt werden, dass das Messgerät Vollausschlag (z. B. 30 mA) zeigt. Das bedeutet also: 30 mA = 0 Ω.

Klemmt man bekannte Widerstände zwischen die Klemmen, so kann man jedem Stromstärkewert einen bestimmten Widerstandswert zuordnen (z. B. für 15 mA: 20 Ω).

Da das Vielfachmessgerät schon eine eigene Stromquelle und einen regelbaren Widerstand enthält, ermöglicht es Widerstandsmessungen ohne besonderen Versuchsaufbau.

2 Wovon hängt der Widerstand eines Leiters ab?

Große Kräfte werden oft mit Widerstandsdrähten gemessen, also eigentlich *elektrisch*.

Dazu verwendet man sogenannte **Dehnungsmessstreifen**; das sind feine Drähte, die in Kunststofffolien eingeschlossen sind (Bild 3).

3

Zum Beispiel kann man mit ihrer Hilfe bei Brücken und Hochhäusern Zug- und Schubkräfte bestimmen. Solche Kräfte treten etwa dann auf, wenn der Boden unter dem Fundament einseitig nachgibt.

Die entscheidende Rolle bei diesem Messverfahren spielt der elektrische Widerstand des Messdrahtes.

○ Warum ändert sich bei der Situation von Bild 4 der Widerstand des Messdrahtes, wenn eine Kraft nach unten wirkt?

○ Was geschieht bei einer nach oben gerichteten Kraft?

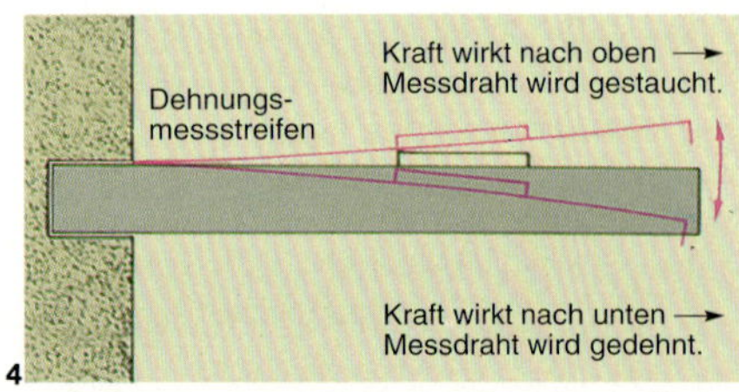

4

2603R

Länge, Querschnitt, Material – der Widerstand eines Leiters

Vergleicht man verschiedene Drähte aus *gleichem Material*, so zeigt sich, dass ihr Widerstand sowohl von der **Länge** als auch von der **Querschnittsfläche** abhängt.

So hat z. B. ein Konstantandraht (Querschnitt: 0,03 mm²) einen Widerstand von 5 Ω, wenn er 30 cm lang ist, und von 10 Ω, wenn er 60 cm lang ist (bei konstantem Querschnitt). Doppelte Länge bedeutet also doppelten Widerstand. Das heißt, **der Widerstand R eines Leiters nimmt im gleichen Maß zu, wie man seine Länge l vergrößert: $R \sim l$.**

Für gleich lange Konstantandrähte mit *unterschiedlichen Querschnitten* findet man diese Beziehung: Je *größer* die Querschnittsfläche, desto *kleiner* der Widerstand (und umgekehrt).

Diese Aussage wird verständlich, wenn wir uns z. B. einen Draht mit einer Querschnittsfläche von 4 mm² aus vier einzelnen Drähten von je 1 mm² Querschnitt zusammengesetzt denken (Bild 5): Herrscht zwischen den Enden der vier dünnen Drähte die gleiche Spannung (z. B. $U = 8\ \text{V}$), so ist in jedem der Drähte der Strom gleich groß (z. B. $I_1 = 0{,}5\ \text{A}$). In allen vier Drähten zusammen misst man daher den vierfachen Strom ($I_2 = 4 \cdot I_1 = 2\ \text{A}$). Jeder der dünnen Drähte hat den Widerstand

$$R_1 = \frac{U}{I_1},\quad R_1 = \frac{8\ \text{V}}{0{,}5\ \text{A}} = 16\ \Omega.$$

Für den dicken Draht ergibt sich dagegen nur ein Viertel dieses Wertes:

$$R_2 = \frac{U}{I_2} = \frac{U}{4 \cdot I_1},\quad R_2 = \frac{8\ \text{V}}{2\ \text{A}} = 4\ \Omega.$$

Der Widerstand R eines Leiters nimmt also im gleichen Maß ab, wie man seine Querschnittsfläche A vergrößert: $R \sim 1/A$.

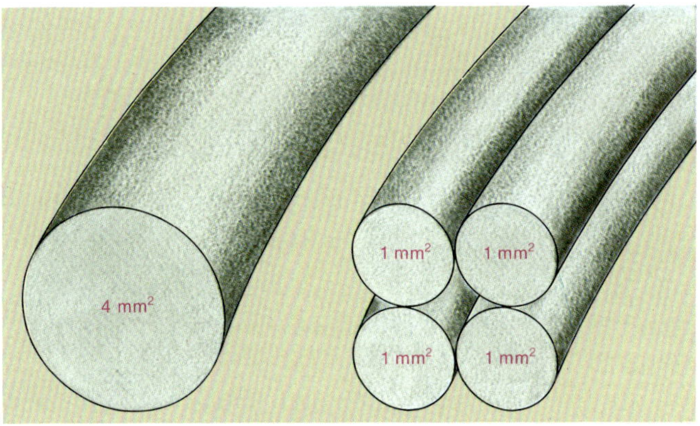

5

Wie wir schon wissen, bestimmt außer den Abmessungen auch das **Material** eines Leiters seinen Widerstand. So können 1 m lange Drähte von 1 mm² Querschnitt ganz unterschiedliche Widerstände aufweisen.

Um den Einfluss des Materials zu beschreiben, gibt man meist den **spezifischen Widerstand** an (Formelzeichen: ϱ; → Tabelle). Der Wert $\varrho = 0{,}027\ \Omega\ \text{mm}^2/\text{m}$ für Aluminium besagt z. B., dass ein 1 langer Aluminiumdraht von 1 mm² Querschnitt einen Widerstand von 0,027 Ω hat.

Mit Hilfe der spezifischen Widerstände können wir die Widerstände von Leitern **berechnen**, ohne Strom und Spannung zu messen.

Beispiel: Wie groß ist der Widerstand eines Kupferdrahtes von 500 m Länge und 2,5 mm² Querschnitt.

Lösungsweg: Ein Kupferdraht von 1 m Länge und 1 mm² Querschnitt hat einen Widerstand von 0,017 Ω.

Ein Kupferdraht von **500** m Länge und 1 mm² Querschnitt hat einen Widerstand von **500** · 0,017 Ω = 8,5 Ω.

Ein Kupferdraht von 500 m Länge und **2,5** mm² Querschnitt hat einen Widerstand von 8,5 Ω : **2,5** = 3,4 Ω.

Dieser Lösungsweg lässt sich so zusammenfassen:

$$\textbf{Widerstand} = \textbf{spezifischer Widerstand} \cdot \frac{\textbf{Länge}}{\textbf{Querschnittsfläche}}$$

$$R = \varrho \cdot \frac{l}{A}.$$

Setzt man die Werte für ϱ, l und A ein, so erhält man

$$R = 0{,}017\ \frac{\Omega\ \text{mm}^2}{\text{m}} \cdot \frac{500\ \text{m}}{2{,}5\ \text{mm}^2} = \frac{0{,}017\ \Omega \cdot \text{mm}^2 \cdot 500\ \text{m}}{1\ \text{m} \cdot 2{,}5\ \text{mm}^2} = 3{,}4\ \Omega.$$

Hier erkennst du, warum der spezifische Widerstand solch merkwürdige Einheit hat: „Kürzt" man nämlich gleiche Einheiten in Zähler und Nenner, so ergibt sich die Einheit Ω – wie es bei einem Widerstand sein muss.

Fragen und Aufgaben zum Text

1 Wovon hängt der Widerstand eines Leiters ab?

2 Ein 250 m langer Leiter aus Kupfer (3 mm² Querschnitt) wird durch einen Aluminiumdraht gleichen Querschnitts ersetzt. Berechne die Widerstände.

3 Warum kann es günstiger sein, den Querschnitt eines Leiters anzugeben als seinen Durchmesser? In welchen Fällen ist die Angabe des Durchmessers praktischer?

Stoff	Spezif. Widerstand ϱ in $\frac{\Omega\ \text{mm}^2}{\text{m}}$ (bei 20 °C)
Silber	0,016
Kupfer	0,017
Aluminium	0,027
Wolfram	0,055
Nickel	0,087
Eisen	0,10
Stahl	0,13
Blei	0,21
Konstantan	0,50
Quecksilber	0,96
Graphit	8,0
Silber	50 … 100

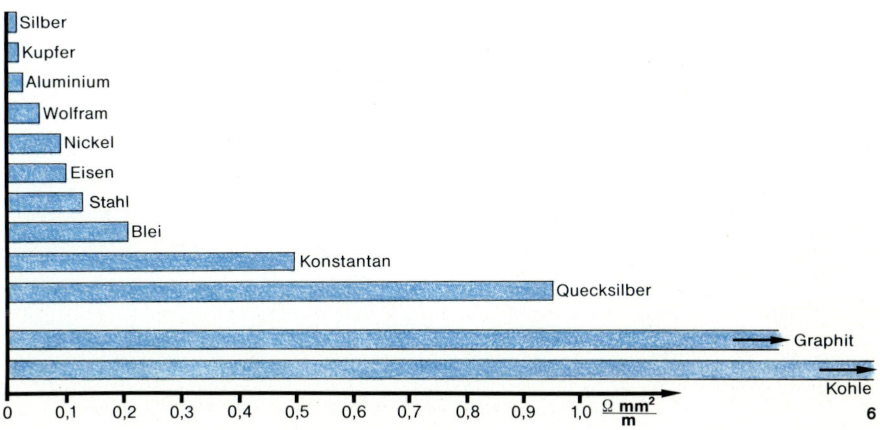

6

3 Licht ausschalten – nur durch Wärme?

Mit einem brennenden Streichholz das Licht ausschalten? Unmöglich! Oder doch? … 1

V 5 Für diesen Versuch brauchst du eine Drahtwendel, die etwa 5 cm lang ist. Dazu wickelst du einfach 1 m Eisendraht (0,2 mm ⌀) auf eine Stricknadel auf. Die Stricknadel wird dann aus der Wendel herausgezogen.

a) Probiere nun aus, ob das Licht tatsächlich ausgeht, wenn du die Wendel erhitzt (möglichst auf ihrer ganzen Länge). Wie erklärst du deine Beobachtung?

b) Bestimme anschließend den Widerstand der kalten und der heißen Drahtwendel („Kalt-“ und „Heißwiderstand“).

V 6 Drähte erwärmen sich „von selbst“, wenn sie von großen Strömen durchflossen werden.

Ob auch diese „Eigenerwärmung“ den Widerstand der Drahtwendel beeinflussen wird?

a) Das Netzgerät in Bild 2 soll so eingestellt werden, dass ein Strom von 3,5 A bis 4 A durch den Eisendraht fließt. Überlege zunächst, was du wohl beobachten wirst.

b) Dann wird kalte Luft (z. B. mit einem Haartrockner) gegen den Draht geblasen. Wie wird sich deiner Meinung nach die Anzeige am Strommesser verändern?

c) Der gleiche Versuch sollte dann auch nacheinander mit *Kupferdraht* (1 m lang, 0,2 mm ⌀, mit *Nickeldraht* (80 cm lang, 0,4 mm ⌀) und mit *Konstantandraht* (60 cm lang, 0,4 mm ⌀) durchgeführt werden.

d) Warum bezeichnet man wohl zwei der drei verwendeten Drähte auch als **Kaltleiter**? Auf welchen Draht in unserem Versuch trifft dieser Name aber nicht zu?

V 7 Wir untersuchen den Zusammenhang zwischen Spannung und Stromstärke bei einem Draht aus dem Metall Wolfram. Dazu wird ein Glühlämpchen (3,5 V; 0,2 A) verwendet; sein Glühdraht besteht nämlich aus diesem Material.

a) Schließe die Lampe an ein Netzgerät an. Erhöhe die Spannung (von 0 V an) schrittweise um 0,3 V (bis höchstens 3,9 V). Miss dabei Strom und Spannung und berechne jeweils den Widerstand (Tabelle anlegen!).

b) Stelle die Abhängigkeit des Stromes von der Spannung grafisch dar.

c) Welcher Zusammenhang besteht hier zwischen der Temperatur und dem elektrischen Widerstand?

V 8 In der Technik verwendet man sogenannte **Kaltleiter-Widerstände** (Bild 3). Untersuche, wie sich der Widerstand eines solchen Leiters jeweils beim Erwärmen und beim Abkühlen verändert (Bilder 4 u. 5).

V 9 Um den Kaltleiter-Widerstand bei höheren Temperaturen zu untersuchen, braucht man keine Kerze als Wärmequelle, sondern nur etwas Geduld … Hast du eine Idee, wie das gemeint ist? (Denke an Versuch 6.)

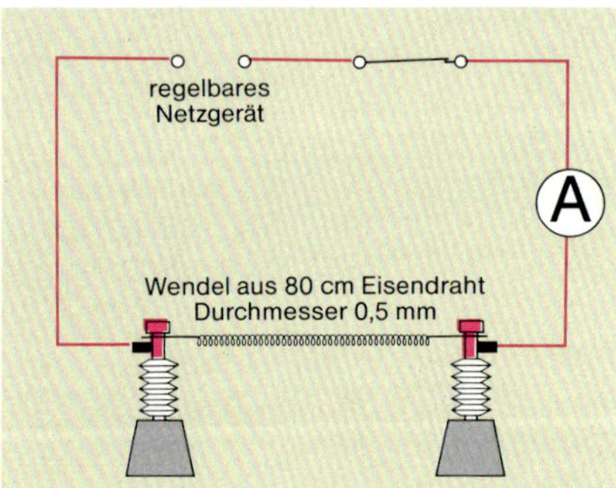

2

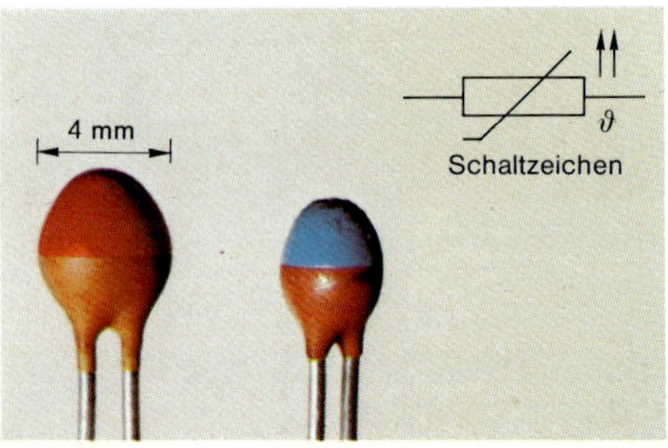

3

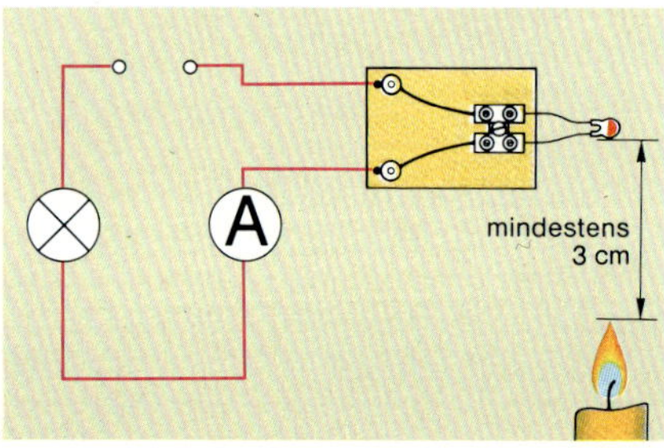

4

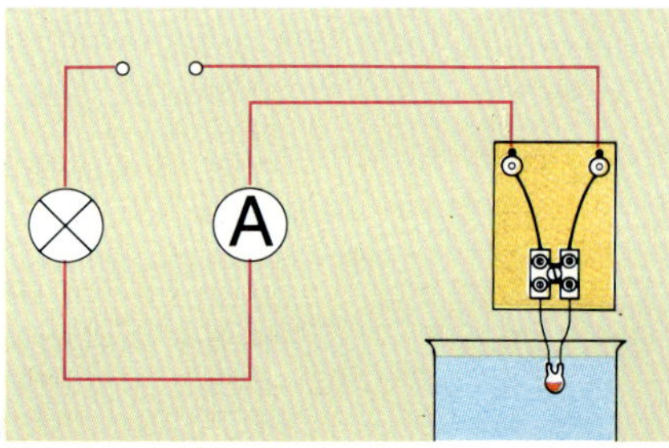

5

2605R

Aus Umwelt und Technik: **Eine elektrische Heizölsperre**

Wenn zu viel Heizöl in einen Tank gepumpt wird, kann das Öl durch das Entlüftungsrohr nach außen gelangen. Ausgelaufenes Öl ist aber sehr gefährlich: Brennbare Dämpfe können entstehen; das Öl kann auch im Boden versickern und womöglich ins Grundwasser gelangen.

Man muss also unbedingt verhindern, dass der Heizöltank überläuft. Trotzdem ist es nicht nötig, dass jemand beim Füllen neben dem Tank steht und aufpasst. Hier sorgt nämlich ein **Kaltleiter-Widerstand** dafür, dass nicht zu viel Öl eingefüllt wird.

Der Kaltleiter-Widerstand befindet sich im Heizöltank an einem dünnen Rohr – und zwar genau in der Höhe, bis zu der der Tank gefüllt werden darf (Bild 6).

Nun können wir erklären, warum der Tankwagenfahrer nicht nur den Schlauch, sondern auch eine elektrische Leitung auslegen muss (Bilder 7 u. 8). Diese Leitung (mit zwei Adern) verbindet nämlich den Kaltleiter-Widerstand im Tank mit einer Stromquelle im Tankwagen; so entsteht ein geschlossener Stromkreis.

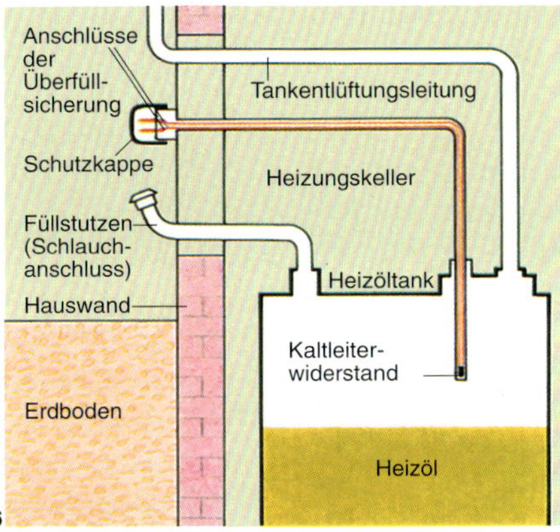

6

Wenn die Leitung angeschlossen ist, fließt zuerst für kurze Zeit ein größerer Strom. Dadurch *erwärmt* sich der Kaltleiter im Heizöltank recht schnell; sein Widerstand wird größer und die Stromstärke in der Leitung *sinkt.* Der Strom ist schließlich gerade noch so groß, dass sich der Kaltleiter nicht abkühlt.

Jetzt kann das Öl in den Tank gefüllt werden. Dabei steigt der Flüssigkeitsspiegel im Öltank an und erreicht schließlich den Kaltleiter. Der Tank ist nun fast voll. Das kalte Öl *kühlt* jetzt den erwärmten Kaltleiter schnell ab; dabei wird sein Widerstand geringer. Die Folge ist, dass die Stromstärke in der Leitung zum Tankwagen wieder *steigt.*

Durch diesen nun größeren Strom wird ein Relais betätigt. Die Ölzufuhr wird dadurch gestoppt.

Solche oder ähnliche Vorrichtungen – **Überfüllsicherung** genannt – sind beim Füllen von Heizöltanks gesetzlich vorgeschrieben.

7

8

Fragen und Aufgaben zum Text

1 Bild 9 zeigt das Modell einer Überfüllsicherung. Wie funktioniert es?

2 Beschreibe in einer *Wirkungskette,* wie mit einer Überfüllsicherung die Ölzufuhr gestoppt wird: „Der Kaltleiter wird von Elektrizität durchflossen. → Dabei erwärmt er sich. → ..."

3 Warum verwendet man für eine Überfüllsicherung einen Kaltleiter-Widerstand? Könnte er nicht einfach durch eine Wendel aus Eisendraht ersetzt werden?

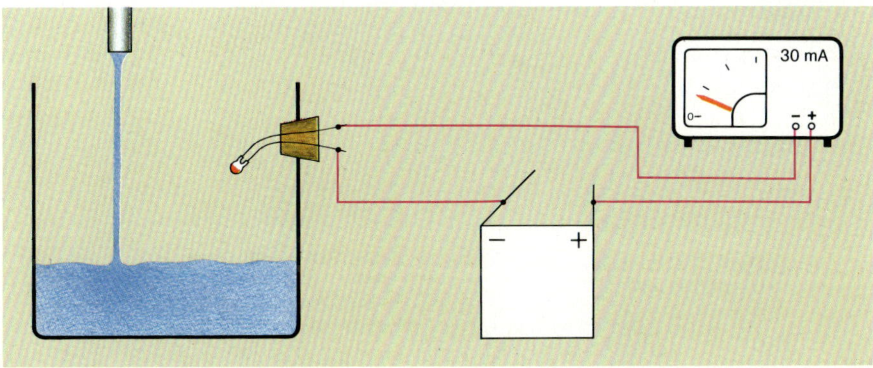

9

Aus Umwelt und Technik: **Warum eine Glühlampe „durchbrennt“**

Glühlampen haben zwar eine lange Lebensdauer (ca. 1000 Leuchtstunden), aber schließlich „brennen“ sie doch durch. Das geschieht meistens beim Einschalten der Lampe.

Bei einer „durchgebrannten“ Lampe ist der Glühdraht nur an einer einzigen Stelle durchgeschmolzen. An dieser Schmelzstelle, die kaum 1 mm lang ist, muss also die Erwärmung erheblich größer gewesen sein als im übrigen Draht. Wie ist das möglich?

Im Laufe der vielen Leuchtstunden verdampft auch immer etwas Metall des Glühdrahtes, seine Temperatur beträgt ja ca. 2500 °C. An einigen Stellen wird der Draht daher etwas dünner.

Da die Glühdrähte aus einem Metall (nämlich Wolfram) hergestellt sind, besteht zwischen ihrem **Kalt**- und ihrem **Heißwiderstand** ein erheblicher Unterschied (→ Tabelle). Schalten wir z. B. eine 100-W-Lampe ein, so beträgt der Strom im kalten Glühdraht kurzzeitig fast 6 A. Dieser Strom ist mehr als 10-mal so groß wie der normale Betriebsstrom der Lampe.

Dieser hohe Einschaltstrom erhitzt den Glühdraht dort am stärksten, wo der Widerstand am größten ist – an der dünnsten Stelle des Drahtes. Wenn dabei seine Schmelztemperatur überschritten wird, „brennt“ er durch.

Lampe	Kaltwiderstand	Heißwiderstand
25 W (normal)	157 Ω	1940 Ω
100 W (normal)	37 Ω	490 Ω
500 W (Projektion)	5,8 Ω	97 Ω
1000 W (Großleuchte)	2,8 Ω	48 Ω

Aufgaben

1 Bild 1 zeigt das Strom-Spannungs-Diagramm (die sogenannte *Kennlinie*) einer Glühlampe. Erkläre den Verlauf der Messkurve.

1

2 In dem Namen *Konstantandraht* erkennt man das Wort *konstant*. Warum hat man diesen Namen gewählt?

3 „Damit ein Kaltleiter überhaupt Elektrizität leitet, muss er kalt sein.“ Stimmt dieser Satz?

4 In den Versuchen 5 u. 6 hat sich die Temperatur der Drahtwendel auf unterschiedliche Weise verändert. Man spricht von *Eigenerwärmung* und *Fremderwärmung*. Beschreibe die beiden Möglichkeiten.

4 Elektrische Glühlampen – mit einer *Flamme* einschalten?

Die Göttinger Tageszeitung brachte im Januar des Jahres 1900 folgende Mitteilung:

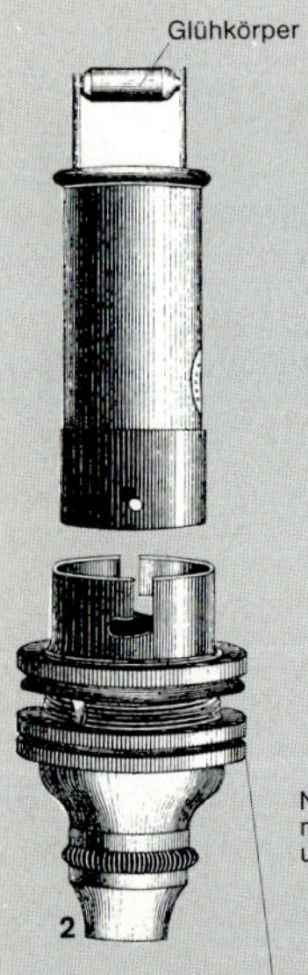

2

Die Stadt Göttingen wird die erste sein, in der die elektrische Lampe - von Professor Nernst an der hiesigen Universität erfunden - zur praktischen Verwendung kommen wird.

Dazu gibt das Elektrizitätswerk bekannt, daß es nunmehr in der Lage ist, den Benutzern des elektrischen Stromes die benötigten Lampen kostenlos zur Verfügung zu stellen.

Ebenso werden *zur Zündung der Lampen* - ebenfalls umsonst - *kleine Brenner* ausgegeben. Die Lampen dürfen nämlich unter gar keinen Umständen mit Streichhölzern angezündet werden.

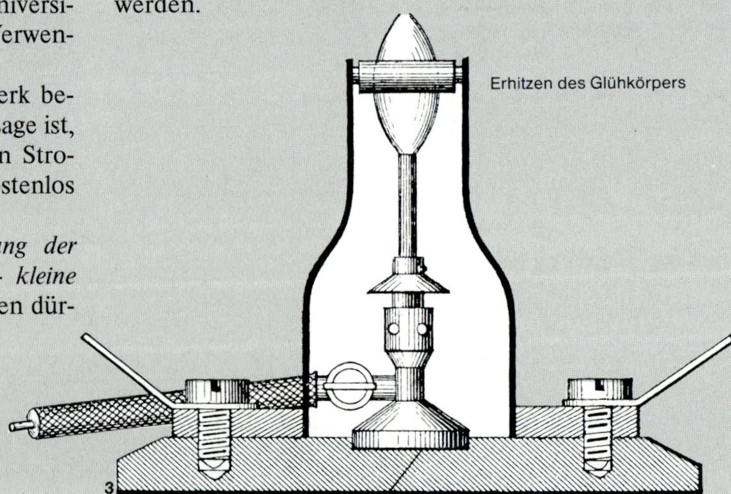

3

Eine elektrische Lampe muss *angezündet* werden? Unglaublich!
Und doch gab es solche Lampen. Wenn du Versuch 10 durchführst, kannst du erklären, warum der Glühkolben zunächst mit einer Flamme erhitzt werden musste.

2607R

V 10 Anstelle des Glühkörpers von Bild 3 wird eine Bleistiftmine (Graphit) eingesetzt (Bild 4).

Stelle das Netzgerät so ein, dass durch die *kalte* Bleistiftmine ein Strom von 150 mA fließt.

a) Erhitze dann die Bleistiftmine mit der Brennerflamme. Beobachte dabei den Strommesser.

b) Wie ändert sich die Stromstärke, wenn du die heiße Mine mit einem Eisstückchen abkühlst?

V 11 Kaltleiter-Widerstände kennst du bereits. Doch es gibt auch die sogenannten **Heißleiter-Widerstände** (Bild 5). Kannst du dir vorstellen, worin sie sich von den Kaltleiter-Widerständen unterscheiden?

Plane dazu einen Versuch und führe ihn durch. (Benutze einen 1-kΩ-Heißleiter-Widerstand. Achtung: Der Heißleiter-Widerstand darf *nicht in eine Flamme* gehalten werden! Er muss *vorsichtig über* der Flamme erwärmt werden.)

V 12 Wie verhält sich der Heißleiter-Widerstand bei Eigenerwärmung (Bild 6)?

a) Erhöhe so lange die Spannung, bis die Lampe gerade schwach aufleuchtet. Was geschieht, wenn der Strom weiter eingeschaltet bleibt?

b) Was könntest du beobachten, wenn du hier den Heißleiter-Widerstand gegen einen entsprechenden Kaltleiter-Widerstand austauschen würdest?

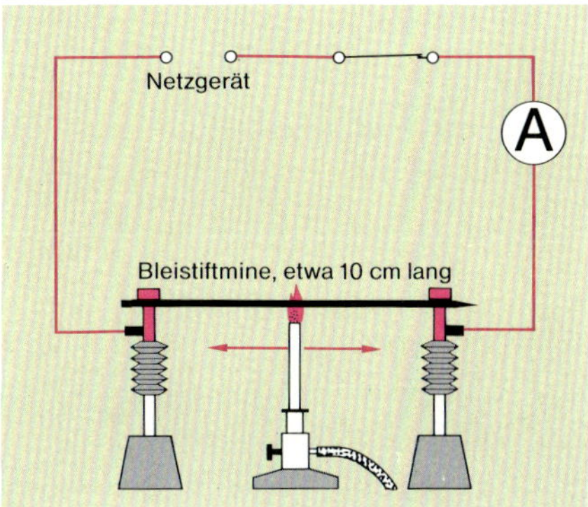

4

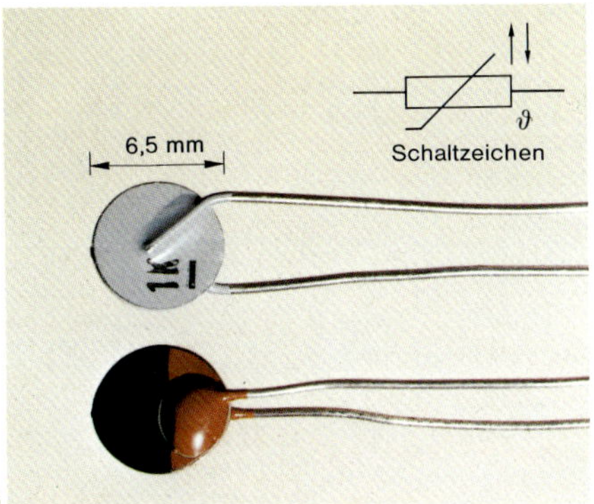

5

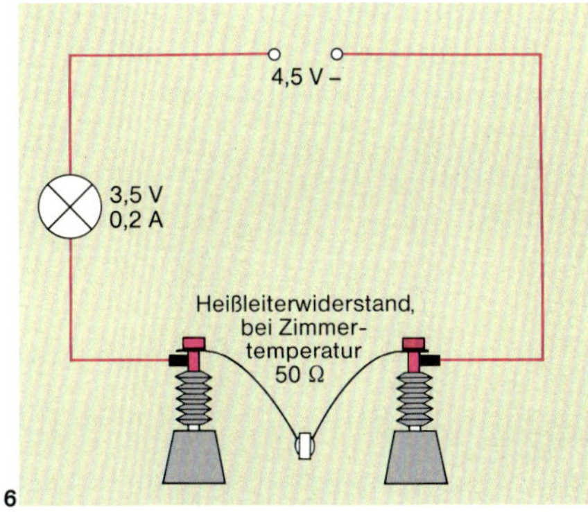

6

Aufgaben

1 Wie ändert sich der Widerstand eines *Heißleiters*, wenn die Temperatur steigt?

a) Formuliere so: „Je höher die Temperatur eines Heißleiters angestiegen ist, desto …“

b) Bilde einen entsprechenden Satz für Kaltleiter.

2 Nimm einmal an, in dieser Schaltung (Bild 7) fließe zunächst ein so großer Strom, dass die Temperatur des Heißleiters durch Eigenerwärmung ansteigt.

Wie ändert sich dadurch die Stromstärke im Laufe der Zeit?

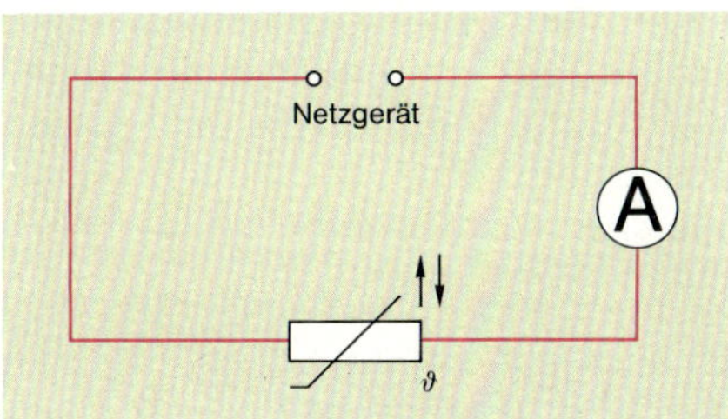

7

3 Die Schaltzeichen für Kaltleiter-Widerstände und Heißleiter-Widerstände unterscheiden sich durch Pfeilpaare. Was deutet das Pfeilpaar beim Kaltleiter an? Worauf weist es beim Heißleiter hin?

4 Harry behauptet: „Bei einem Kaltleiter nimmt der Widerstand zu, wenn er erwärmt wird. Mit einem Heißleiter müsste sich das aber doch ausgleichen lassen.

Findest du heraus, welche Schaltung sich Harry ausgedacht hat?

5 Im Kühlwasser von Autos befinden sich Heißleiter-Widerstände als Temperaturfühler. Am Armaturenbrett wird die Temperatur angezeigt – durch einen Strommesser, der mit einer °C-Skala versehen ist. Überlege dir die Schaltskizze.

6 Große Computer arbeiten am sichersten bei Zimmertemperatur. Durch den Strom erwärmen sie sich aber mit der Zeit. Dann werden automatisch Ventilatoren zur Kühlung eingeschaltet. Wie?

7 „Kaltleiter und Heißleiter verhalten sich beim Erwärmen gerade entgegengesetzt.“

Erkläre diesen Satz mit Hilfe von Bild 8. Beginne so: „Der Kaltleiter leitet *kalt* am besten. Wenn die Temperatur ansteigt, …“

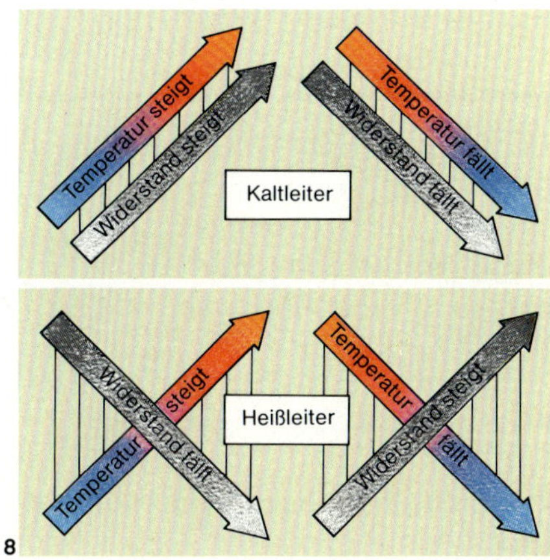

8

Aus Umwelt und Technik: **Automatische Brandmelder**

Als Brandmelder setzt man oft **Heißleiter-Widerstände** (Bild 1) ein. In den betreffenden Räumen sind sie an vielen Stellen unter der Decke angebracht.

Jeder dieser Heißleiter ist Teil eines Stromkreises. In dem Stromkreis befindet sich außerdem eine elektrische Schaltvorrichtung, die z. B. eine Sirene auslösen kann. Bild 2 zeigt diesen Stromkreis.

Bei der üblichen Raumtemperatur sind die Ströme in den Heißleiter-Widerständen sehr klein. Die Stromstärke beträgt nur wenige Milliampere. Bei so kleinen Strömen steigt die Temperatur der Heißleiter nicht durch Eigenerwärmung an; folglich bleibt ihr Widerstandswert unverändert. Die elektrische Schaltvorrichtung (Relais) für die Sirene wird ebenfalls erst von größeren Strömen betätigt. Bricht nun irgendwo in den überwachten Räumen ein Feuer aus, so steigt dort die Lufttemperatur an. Die Folge ist, dass ...

Fragen und Aufgaben zum Text

1 Wie funktioniert der nebenan beschriebene Brandmelder? Setze die angefangene Beschreibung fort.

2 Auch mit einem *Kalt*leiter-Widerstand könnte man eine einfache Brandmeldeanlage bauen.

Erfinde eine solche Anlage, bei der im Brandfall jedoch keine Sirene aufheult, sondern eine Kontrollleuchte erlischt.

3 Bild 3 zeigt vereinfacht eine andere Brandmeldeanlage. Wie funktioniert diese Vorrichtung?

1

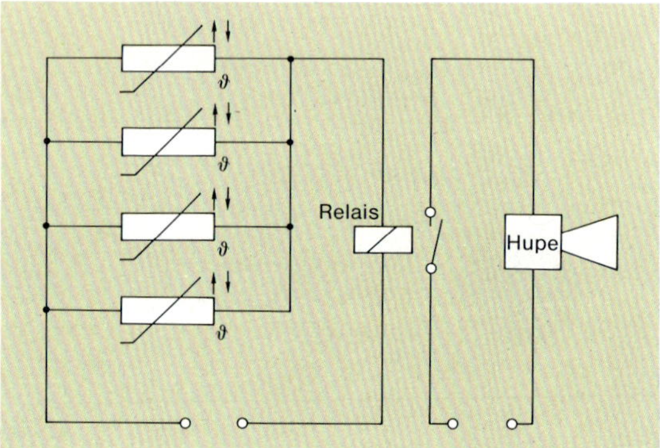

2

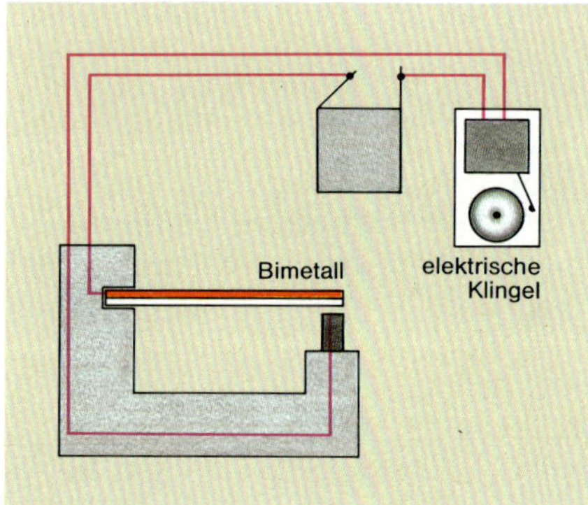

3

5 Das ohmsche Gesetz

V 13 In diesem Versuch soll festgestellt werden, welcher Zusammenhang zwischen Strom und Spannung bei einem Konstantandraht besteht. Bild 4 zeigt den Versuchsaufbau.

a) Erhöhe die Spannung von 0 V an schrittweise um 0,5 V; miss jeweils den Strom. Notiere deine Messwerte für Spannung und Strom. (Tabelle!)

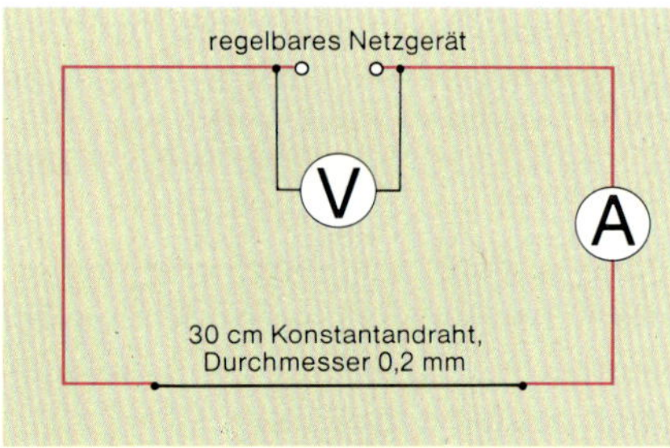

4

b) Sieh dir in deiner Tabelle genau die Messwerte für *U* und *I* an. Welche Gesetzmäßigkeit kannst du dabei erkennen?

c) Stelle in einem Diagramm die Abhängigkeit zwischen dem Strom und der Spannung grafisch dar (*senkrechte Achse:* Strom; *waagerechte Achse:* Spannung).

Aufgaben

1 Vergleiche die Strom-Spannungs-Diagramme (Kennlinien) für Konstantandraht und für Wolframdraht. (Das Diagramm für Wolfram hast du bereits bei der Durchführung von Versuch 7 angelegt.)

Wodurch unterscheiden sich die Kurven? Erkläre den Unterschied.

2 Bild 5 zeigt das Ergebnis von drei **Versuchen** im Vergleich. Dabei wurde der Strom *I* in Abhängigkeit von der Spannung *U* aufgetragen.

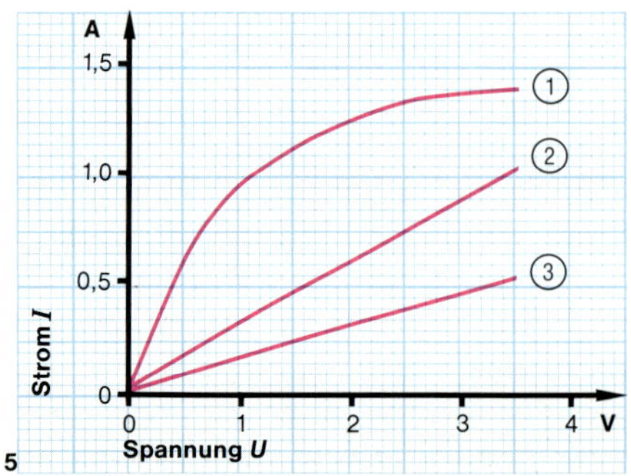

5

a) Für die Messungen wurden ein kurzer und ein doppelt so langer Konstantandraht sowie ein Draht aus einem reinen Metall verwendet. Welche Kurve gehört zu welchem Draht? Begründe!

b) Warum steigt die Kurve 1 steil an und wird dann immer flacher?

2609R

Aus der Geschichte: **Georg Simon Ohm und das ohmsche Gesetz**

Georg Simon Ohm wurde im Jahre 1789 – also vor rund 200 Jahren – als Sohn eines Schlossermeisters in Erlangen geboren.

Nachdem der junge Ohm im damals dürftigen Schulunterricht Lesen, Schreiben und Rechnen gelernt hatte, unterrichtete ihn sein Vater weiter: Sobald die Arbeit in der Schlosserei getan war, studierte er mit seinem Sohn Mathematik und Physik.

Mit 16 Jahren begann Georg Simon Ohm dann ein Studium dieser Fächer an der Universität Erlangen. Nach dem Studium wurde er Lehrer.

1817 kam Ohm an ein Kölner Gymnasium. Dort führte er viele Experimente durch, um die damals noch rätselhaften Erscheinungen der Elektrizität zu erforschen.

Ohm suchte dabei auch nach Zusammenhängen zwischen den wichtigen Größen beim Stromkreis: nämlich der *Stromstärke,* der *Spannung der Stromquelle* und dem *Widerstand der verwendeten Leiter.*

Damals kannte man den Begriff der *Stromstärke* noch gar nicht, sondern man sprach stattdessen von der magnetischen Wirkung der fließenden Elektrizität. Unter der „erregenden Wirkung der Elektrizitätsquelle“ verstand man zur Zeit Ohms dasselbe, was wir heute elektrische *Spannung* nennen.

Ohms Versuche waren mit großen Schwierigkeiten verbunden. So gab es zur damaligen Zeit weder ein regelbares Netzgerät als Stromquelle noch einen Strommesser. Stromquelle und Messgerät musste er sich erst einmal selbst bauen.

Daher dauerte es 10 Jahre, bis Ohm die gesuchten Zusammenhänge herausgefunden hatte.

Mit den modernen Geräten, die uns zur Verfügung stehen, brauchen wir nur etwa 10 Minuten, um diese Zusammenhänge zu „entdecken“.

In dem Versuch nach Bild 4 können wir dazu z. B. die Spannung von 1 V an schrittweise verdoppeln, verdreifachen ... und jeweils die zugehörige Stromstärke messen.

Wir erhalten dabei zum Beispiel die folgenden Messwerte:

Spannung U in V	Stromstärke I in A
1	0,2
2	0,4
3	0,6
4	0,8
5	1,0

Aus dieser Tabelle lesen wir ab, dass man bei doppelter (dreifacher ...) Spannung auch den doppelten (dreifachen ...) Strom misst. Daher gilt:

Spannung und Stromstärke sind einander (direkt) proportional: $U \sim I$. Diesen Zusammenhang bezeichnen wir als **ohmsches Gesetz**.

Bei einer proportionalen Zuordnung haben jeweils zusammengehörende Messwerte den gleichen Quotienten. Das heißt:

$$\frac{U}{I} = \text{konst.} \quad \text{bzw.} \quad U = \text{konst.} \cdot I.$$

Den Quotienten „$U : I$“ kennen wir jedoch schon. Er bezeichnet den elektrischen Widerstand R. Wir können das ohmsche Gesetz somit auch folgendermaßen formulieren:

$$\boldsymbol{U = R \cdot I} \quad \textbf{und} \quad \boldsymbol{R = \text{konst.}}$$

In unserem Versuch haben wir festgestellt, dass das ohmsche Gesetz für *Konstantandraht* gilt. Der Widerstand eines Drahtes aus Konstantan hängt nämlich praktisch *nicht* von der Temperatur ab.

Das ohmsche Gesetz gilt auch für die metallischen Leiter und für Kohlenstoff (Graphit) – *allerdings nur, solange diese Leiter nicht durch die fließende Elektrizität erwärmt werden.* Sonst ändert sich ja – wie wir schon wissen – der Wert des elektrischen Widerstands.

Das ohmsche Gesetz gilt also für Metalle und Kohlenstoff *nur,* wenn die elektrischen Ströme gering sind oder wenn die jeweiligen Leiter gekühlt werden (also bei konstanter Temperatur).

Zu Lebzeiten Ohms hatte der elektrische Strom noch keinerlei Bedeutung für die Technik: Es gab nämlich weder elektrische Glühlampen noch Elektromotoren.

Daher ist es nicht verwunderlich, dass die Bedeutung des Ohmschen Gesetzes zunächst noch nicht erkannt wurde. Die Zusammenhänge, die Ohm beschrieben hatte, gerieten sogar so weit in Vergessenheit, dass sie 20 Jahre später in Frankreich noch einmal sozusagen „nachträglich entdeckt“ wurden.

Erst daraufhin erinnerte man sich wieder an Georg Simon Ohm und er erhielt für seine wissenschaftliche Leistung eine Reihe von hohen Auszeichnungen. Später wurde er noch Professor an der Universität München. Nur wenige Jahre danach, im Jahr 1854, starb Ohm aber als einsamer Mann in München.

Fragen und Aufgaben zum Text

1 Was sagt das ohmsche Gesetz aus? Für welche Leiter und unter welchen Umständen gilt es?

2 Zwischen den Anschlüssen eines Festwiderstands herrscht eine Spannung von 2 V. Der Strom beträgt 0,5 A. Wie viel Ohm hat der Widerstand?

Durch den Festwiderstand soll der dreifache Strom fließen. Wie kann man das erreichen?

3 Ein Festwiderstand von 120 Ω wird an ein Netzgerät angeschlossen. Welche Spannung muss am Netzgerät eingestellt werden, damit man in diesem Stromkreis einen Strom von 15 mA misst? (Ein Strom von 15 mA erwärmt den Festwiderstand kaum.)

4 Die Pole einer 4,5-V-Flachbatterie werden durch einen Konstantandraht verbunden. Der Draht hat einen Widerstand von 5 Ω. Berechne den Strom.

5 In einem **Versuch** wird eine Wendel aus Eisendraht an ein Netzgerät angeschlossen. Dann misst man den Strom bei einer Spannung von 0 V, 1 V, 2 V, ..., 10 V.

Die Drahtwendel wird dann in destilliertes Wasser getaucht und die Messung wird wiederholt.

Wie sehen deiner Meinung nach die beiden Messkurven im Strom-Spannungs-Diagramm aus?

Alles klar?

1 Wovon hängt es ab, wie groß der elektrische Widerstand eines Drahtes ist? Formuliere z. B. so: „Der Widerstand ist umso größer, je …"

2 Bild 1 zeigt den Aufbau eines Festwiderstands: Auf ein nichtleitendes Porzellanstäbchen wurde hier eine Kohleschicht aufgedampft und mit Hilfe einer feinen Schleifscheibe wendelförmig ausgefräst.

Wie kann man auf diese Weise Festwiderstände mit *unterschiedlichen* Widerstandswerten erzeugen?

3 Ein Konstantandraht hat den Widerstand von 1 Ω. Welche Ströme würde man bei Spannungen von 0,5 V, 1 V, 1,5 V und 2 V messen?

4 Als Betriebsstromstärke ergaben sich bei a) einem Heizstrahler 4,55 A, b) einem

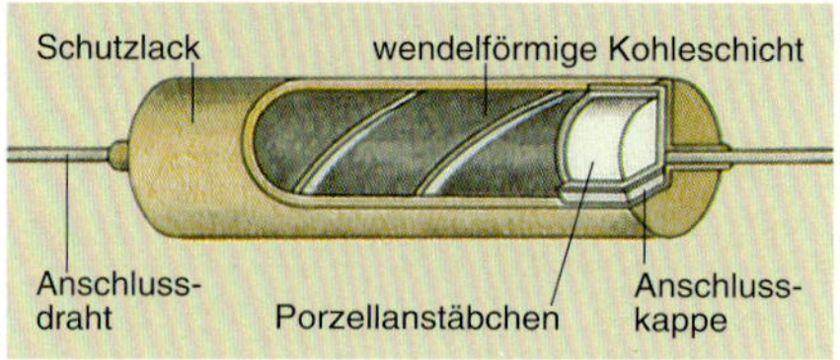

1

Bügeleisen 2,96 A, c) einer Kaffeemühle 0,46 A, d) einem Staubsauger 2,25 A, e) einem Schnellkocher 7,25 A. Alle Geräte waren für 230 V bestimmt.

Wie groß war ihr elektrischer Widerstand während des Betriebs (auf eine Stelle nach dem Komma)?

5 Bei Unfällen mit elektrischem Strom wird auch der menschliche Körper von Elektrizität durchflossen. Dabei spielt der Widerstand des menschlichen Körpers eine wichtige Rolle. Er beträgt für den Strom ungefähr 1000 Ω, wenn man über beide Handflächen Kontakt mit der Spannungsquelle hat.

a) Berechne, wie groß der Strom im Körper bei einem Unfall mit Netzspannung (220 V) ist.

Ströme im Körper von mehr als 25 mA sind lebensgefährlich. Vergleiche!

b) Warum darf in Schülerversuchen nur mit Spannungen von höchstens 24 V gearbeitet werden?

6 Der Kaltwiderstand des Glühdrahtes in einer 100-W-Lampe beträgt 37 Ω. Ist die Lampe eingeschaltet, steigt der Widerstand auf mehr als das Zehnfache an, nämlich auf 490 Ω. Dabei erreicht der Glühdraht eine Temperatur von ungefähr 2500 °C. Berechne den „Einschaltstrom" und den „Betriebsstrom" der Lampe.

6 Zusammenfassung

Der elektrische Widerstand

Drähte aus unterschiedlichen Metallen leiten die Elektrizität unterschiedlich gut. Das erklären wir so:

Jeder Leiter behindert den Elektronenfluss durch den Draht. Diese Behinderung ist dabei von Leiter zu Leiter verschieden.

Die Eigenschaft der Leiter,
den Elektronenfluß zu behindern,
wird **elektrischer Widerstand** genannt.

Je *stärker* ein Leiter die Elektronen in ihrem Fluss behindert, desto *größer* ist sein Widerstand.

Je *weniger* er sie behindert, desto *kleiner* ist sein Widerstand.

Der Widerstand eines Leitungsdrahtes
hängt ab vom **Material** des Leiters,
von seiner **Querschnittsfläche** und von seiner **Länge**
(sowie von seiner Temperatur).

Dabei gilt:

Je *größer* die Querschnittsfläche, desto *kleiner* der Widerstand. (Querschnittsfläche und Widerstand sind einander umgekehrt proportional.)

Je *länger* der Draht, desto *größer* der Widerstand. (Länge und Widerstand sind direkt proportional.)

Will man den Widerstand eines Leiters ermitteln, so schließt man ihn an eine Stromquelle an, dann misst man die **Spannung** zwischen den Enden des Leiters sowie den **Strom.** Daraus lässt sich der Widerstand berechnen:

$$\textbf{Widerstand} = \frac{\textbf{Spannung}}{\textbf{Stromstärke}}; \; R = \frac{U}{I}.$$

Der Widerstand wird in der **Einheit** Ohm (Ω) gemessen. Ein Leiter hat den Widerstand 1 Ω, wenn eine Spannung von 1 V nötig ist, damit ein Strom von 1 A fließt.

$$1\,\Omega = \frac{1\text{ V}}{1\text{ A}}.$$

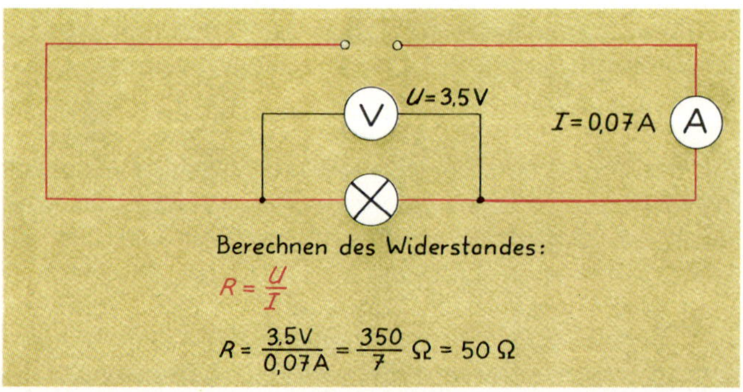

2

2611R

Temperatur und Widerstand: Kaltleiter

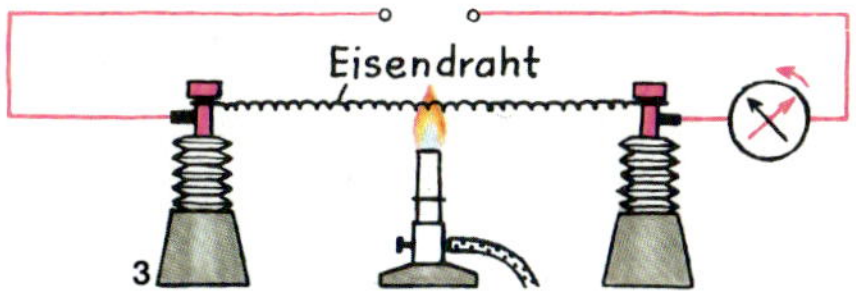

3

Wenn ein Draht erhitzt oder gekühlt wird, ändert sich sein elektrischer Widerstand.

Der Widerstand eines Drahtes hängt also von seiner **Temperatur** ab.

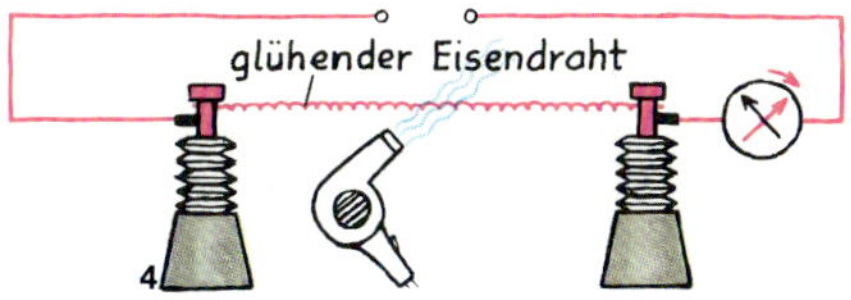

4

Je **höher** die Temperatur des Drahtes ist, desto **größer** ist auch sein Widerstand.
Je niedriger die Temperatur ist, desto kleiner ist sein Widerstand.

Drähte leiten also normalerweise bei hohen Temperaturen schlechter als bei tiefen. Man nennt sie **Kaltleiter**.

Bestehen die Drähte aus reinem Metall, nimmt der Widerstand beim Erhitzen erheblich zu; bestehen sie aber aus bestimmten *Legierungen*, ändert sich der Widerstand mit steigender Temperatur nur geringfügig oder bleibt praktisch unverändert (z. B. Konstantan).

Bei technischen **Kaltleiter-Widerständen** führen schon geringe Temperaturerhöhungen dazu, dass der Widerstandswert stark ansteigt.

Andere temperaturabhängige Widerstände: Heißleiter

Ein Kohle- oder Graphitstab ist ein **Heißleiter**.

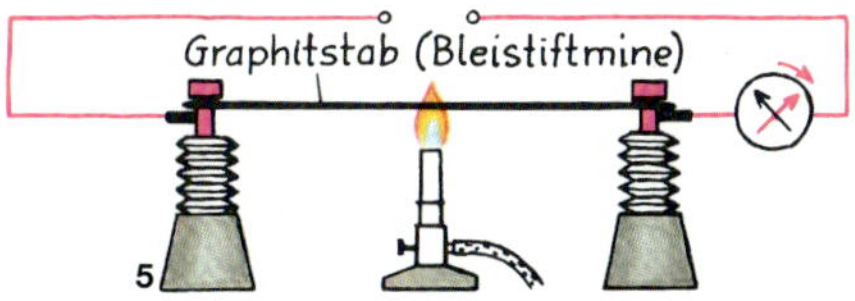

5

Je **höher** die Temperatur eines Heißleiters ist, desto **geringer** ist sein Widerstand.
Je tiefer die Temperatur ist, desto größer ist sein Widerstand.

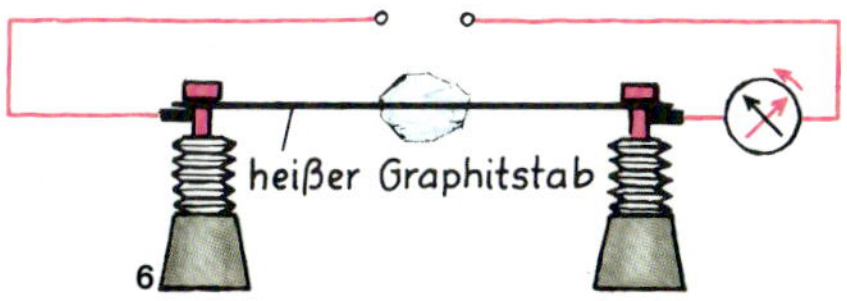

6

Heißleiter leiten also bei hohen Temperaturen besser als bei tiefen.

Das Ohmsche Gesetz

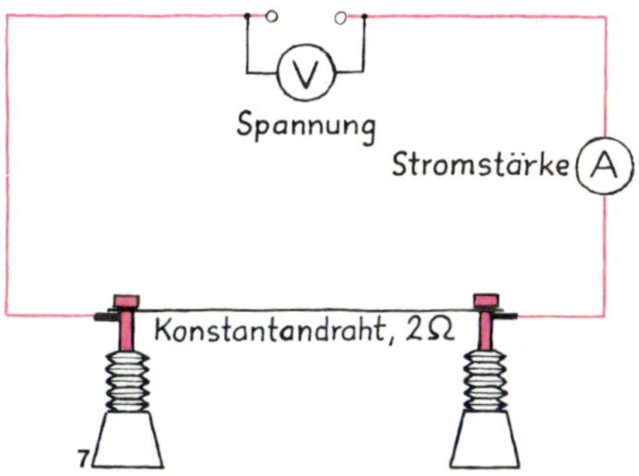

7

Beim Konstantandraht hängt die Stromstärke von der Spannung so ab:

doppelte Spannung → doppelte Stromstärke,

dreifache Spannung → dreifache Stromstärke,

halbe Spannung → halbe Stromstärke.

Spannung und Stromstärke sind also einander (direkt) proportional: $U \sim I$.

Spannung U	Stromstärke I	Widerstand $R = \frac{U}{I}$
1 V	0,5 A	2 Ω
2 V	1 A	2 Ω
3 V	1,5 A	2 Ω
4 V	2 A	2 Ω
5 V	2,5 A	2 Ω
6 V	3 A	2 Ω

Wir bezeichnen diese Abhängigkeit als das **ohmsche Gesetz**.

Man kann das ohmsche Gesetz auch so formulieren:

Spannung = Widerstand · Stromstärke und **der Widerstand ist konstant.**

$$U = R \cdot I \qquad R = \text{konst.}$$

Das ohmsche Gesetz gilt für metallische Leiter und für Kohle nur bei *konstanter Temperatur* (also nur bei kleinen Strömen oder bei Kühlung der Leiter).

Mehrere Geräte an einer Stromquelle

1 Eine merkwürdige Schaltung

1 Zwei Lampen an einer Stromquelle – doch nur *eine* leuchtet. Merkwürdig!

V 1 Experimente mit der Steckdose als Stromquelle sind lebensgefährlich. Du kannst aber eine ähnliche Schaltung wie die von Bild 1 untersuchen, wenn du eine *Flachbatterie* und zwei *unterschiedliche Glühlämpchen* (L 1 und L 2) verwendest.

a) Dein Stromkreis soll zunächst nur das Lämpchen 1, außerdem die Flachbatterie, einen Schalter und einen Strommesser enthalten. Zeichne dazu eine Schaltskizze und baue den Stromkreis auf.

Welche Stromstärke wird bei geschlossenem Schalter angezeigt?

b) Damit dein Stromkreis der in Bild 1 abgebildeten Schaltung entspricht, muss noch das Lämpchen 2 eingefügt werden. Wie muss die Schaltskizze verändert werden?

Wie groß ist jetzt die Stromstärke?

c) Auf den Gewindesockeln der beiden Lämpchen L1 und L2 sind als „Typenschild" bestimmte Angaben eingeprägt (z. B. 3,8 V/0,2 A).

Prüfe nach, ob ein Zusammenhang zwischen diesen beiden Angaben und deinen Messwerten besteht.

d) Die Schaltung in Bild 1 nennt man **Hintereinanderschaltung** (manchmal auch *Reihenschaltung*). Erkläre den Namen. (*Hinweis:* Überlege dir dazu den Weg der Elektronen.)

V 2 Diesmal soll die Hintereinanderschaltung von zwei *gleichen* Lämpchen untersucht werden:

a) Schließe zuerst nur *ein* Lämpchen an eine Stromquelle an. Baue dann auch das zweite Lämpchen in den Stromkreis ein. Beobachte dabei die Helligkeit des ersten Lämpchens.

b) Schraube eines der Lämpchen los.

V 3 Wir untersuchen Stromstärke und Spannung in einem Stromkreis mit einigen hintereinander geschalteten Festwiderständen.

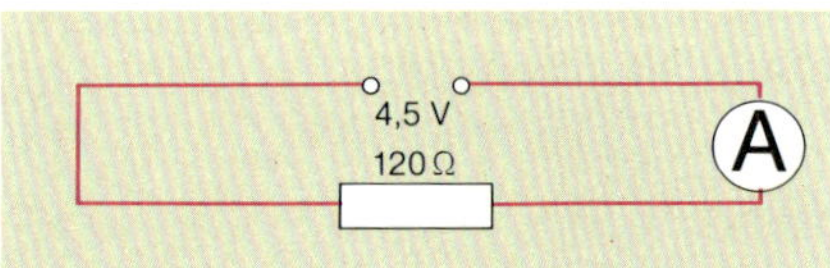

2

a) Baue die Schaltung nach Bild 2 auf, also mit dem Widerstand $R_1 = 120\ \Omega$. Miss dann die Stromstärke.

Füge dann die Widerstände R_2 und schließlich auch R_3 zusätzlich in den Stromkreis ein (beide mit ebenfalls $120\ \Omega$). Notiere die jeweiligen Stromstärken in einer Tabelle.

b) Formuliere dein Versuchsergebnis so: „Je mehr Widerstände hintereinander geschaltet werden, desto …"

c) Bestimme nun zunächst die Spannung zwischen den Polen der Stromquelle. (Dabei sollen alle drei Widerstände an die Stromquelle angeschlossen sein.)

Miss dann auch die Spannungen, die zwischen den Anschlüssen der Festwiderstände R_1, R_2 und R_3 herrschen (Bild 3).

Halte deine Ergebnisse in einer Tabelle fest (Muster unten).

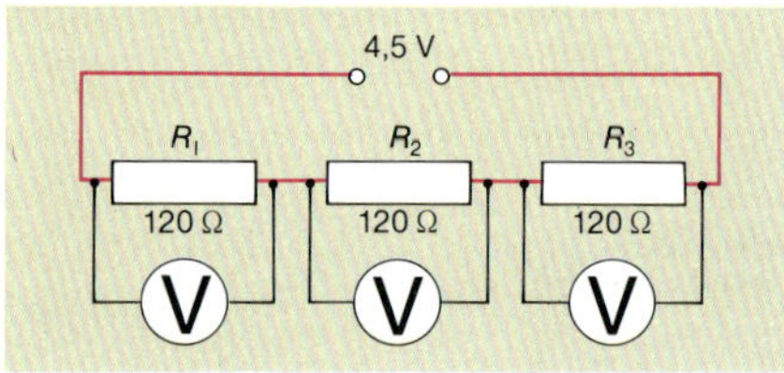

3

Spannungsmessung	Spannung in V
an der Stromquelle	?
am Widerstand R_1	?
…	…

d) Überlege, welche Beziehung zwischen der Spannung der Stromquelle und den Spannungen an den Festwiderständen besteht.

e) Gilt diese Beziehung auch dann, wenn du jetzt drei *unterschiedliche* Festwiderstände (z. B. $R_1 = 33\ \Omega$, $R_2 = 100\ \Omega$ und $R_3 = 180\ \Omega$) verwendest?

f) Überprüfe die gefundenen Ergebnisse, indem du nunmehr die Spannung an der Stromquelle veränderst.

2613R

Widerstand und Spannung bei der Hintereinanderschaltung

Die Glühdrähte der Lämpchen sind so dünn, dass man sie kaum sieht. Sie bestehen aus Wolfram – einem Metall, das die Elektrizität viel schlechter leitet als z. B. Kupfer. In einem Stromkreis mit hintereinander geschalteten Lämpchen setzen daher praktisch nur die **Glühdrähte** dem Strom einen „Widerstand" entgegen.

Die Elektronen, die den Strom bilden, fließen nacheinander durch die drei Glühdrähte (Bild 4). Sie werden dabei von den drei einzelnen Glühdrähten genauso stark behindert wie von einem einzigen, dreimal so langen Glühdraht (Bild 5).

Der **Widerstand** dieses *Gesamt*glühdrahtes ist daher genauso groß wie die Widerstände der drei einzelnen Glühdrähte *zusammen*. Man bezeichnet ihn deshalb als **Gesamtwiderstand** R_g – im Gegensatz zu den Widerständen R_1, R_2 und R_3 der einzelnen Drähte, die **Teilwiderstände** heißen (Bild 6).

Wenn also mehrere Widerstände hintereinander geschaltet sind, kann man den Gesamtwiderstand so errechnen:

$\boldsymbol{R_g = R_1 + R_2 + R_3 + \ldots}$

Der Gesamtwiderstand ist daher immer größer als jeder einzelne Teilwiderstand.

Nun können wir auch V 1 erklären: Zunächst befand sich nur eine Lampe im Stromkreis, z. B. eine mit geringem Widerstand; dabei war die Stromstärke recht hoch. Als zusätzlich eine Lampe mit hohem Widerstand (in Hintereinanderschaltung) eingefügt wurde, sank die Stromstärke im ganzen Stromkreis ab; nun bestimmte ja der noch höhere Gesamtwiderstand den Strom. Die Folge war, dass nur die Lampe hell war, die bei der geringeren Stromstärke leuchtet.

Auch mit Hilfe der Spannung ist das Ergebnis von Versuch 1 zu erklären:

Die Spannung U der Stromquelle teilt sich auf die Teilwiderstände auf. Daher ergeben die an den Teilwiderständen gemessenen Teilspannungen U_1, U_2 und U_3 zusammen die Gesamtspannung:

$\boldsymbol{U = U_1 + U_2 + U_3 + \ldots}$

Um nämlich Elektronen durch die einzelnen Widerstände zu treiben, ist jeweils ein Teil des Antriebs der Batterie nötig. Da der Strom durch die Widerstände gleich ist, muss der Teilantrieb umso größer sein, je größer der Teilwiderstand ist. **Am größeren Widerstand messen wir die höhere Spannung.**

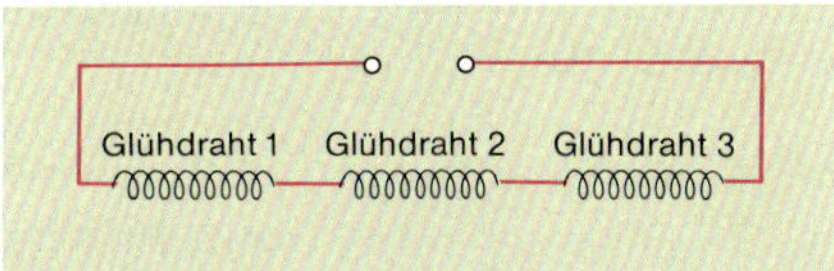

4

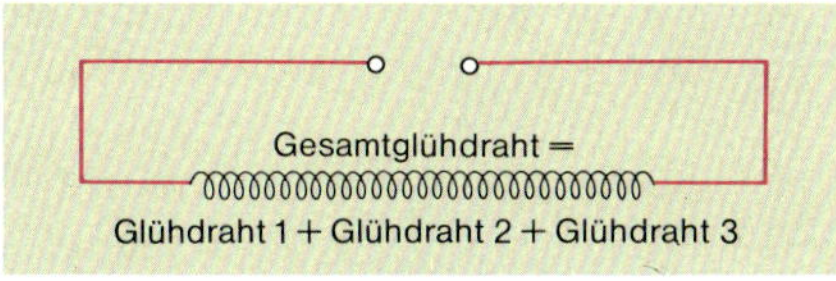

5

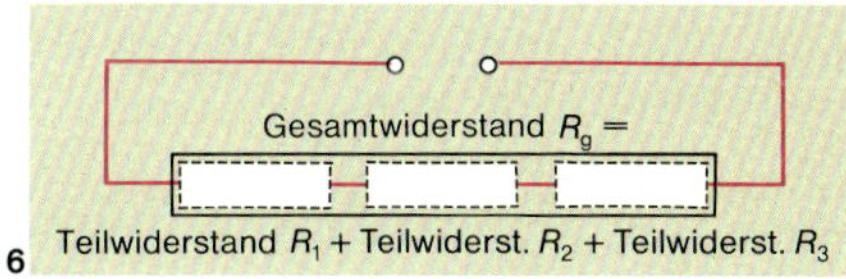

6

Aufgaben

1 Warum leuchtete in Versuch 1 die Lampe L 1 (Aufschrift: 0,2 A) nicht mehr, nachdem L 2 (0,07 A) in den Stromkreis eingebaut worden war?

2 In einem Stromkreis sind drei Widerstände hintereinander geschaltet. Du weißt nicht, wie groß sie sind. Wie könntest du trotzdem den Gesamtwiderstand ermitteln?

3 In Versuch 2 wurden zwei gleiche Lämpchen hintereinander geschaltet. Erkläre mit den Begriffen *Teilwiderstand* und *Gesamtwiderstand*, was du beobachtet hast.

4 Mehrere Lämpchen sind hintereinander geschaltet. Was geschieht, wenn ein Lämpchen durchbrennt oder losgedreht wird? Begründe!

5 Drei gleiche Widerstände sind hintereinander an eine Flachbatterie angeschlossen. Bei einer Spannung von 4,5 V fließt Strom von 75 mA. Wie groß ist jeder Widerstand?

6 Durch 2 hintereinander geschaltete Widerstände (120 Ω, 80 Ω) fließt ein Strom von 0,1 A. Berechne Teilspannungen und Gesamtspannung.

Aus Umwelt und Technik: **Eine Hintereinanderschaltung mit Trick**

Die Hintereinander- oder Reihenschaltung von Lampen hat einen großen Nachteil: Brennt in einer Lampe der Glühdraht durch, so ist der Stromkreis unterbrochen, und auch die übrigen Lampen gehen aus.

Bei der Weihnachtsbaumbeleuchtung wird dieser Mangel neuerdings mit einem **Trick** behoben: Im Sockel jeder Lampe ist ein kleiner Heißleiter-Widerstand eingebaut (Bild 7). Durch diesen fließen fast keine Ladungen, solange der Glühdraht der Lampe unversehrt ist; der kalte Heißleiter hat nämlich einen sehr großen Widerstand. Brennt der Glühdraht einer solchen Lampe durch, so

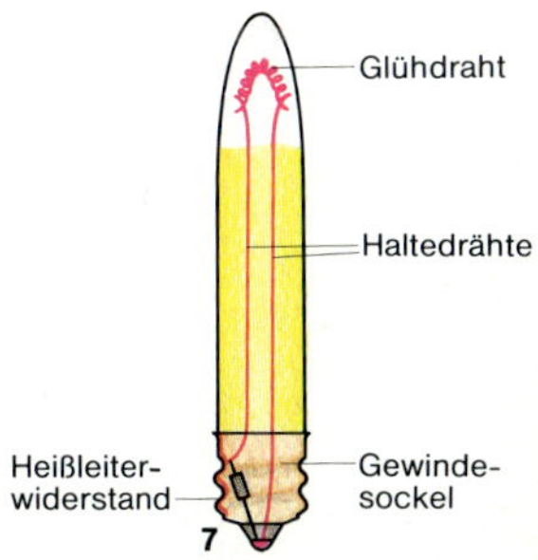

7

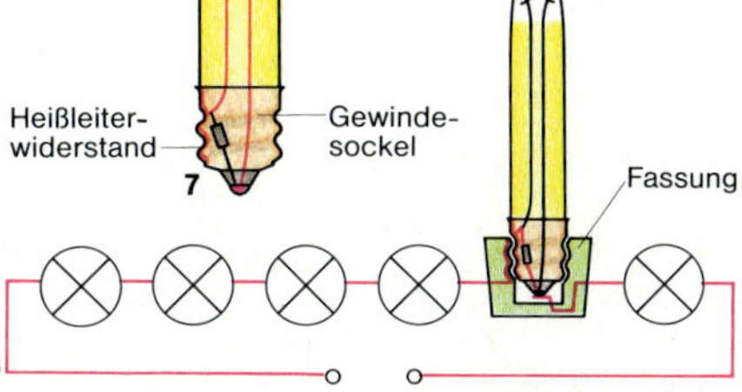

8

erlöschen zunächst auch alle anderen Lampen, leuchten aber nach kurzer Zeit wieder auf. Wie kommt das?

Bild 8 zeigt, dass der Stromkreis nicht unterbrochen ist; die Anschlüsse der schadhaften Lampe sind noch durch den Heißleiter verbunden. Infolge seines hohen Widerstands wird aber die Stromstärke erst einmal so gering, dass alle Lampen ausgehen.

Da der Widerstand des kalten Heißleiters viel größer ist als die übrigen Teilwiderstände, liegt praktisch die ganze Netzspannung am Heißleiter an. Der Strom durch den Heißleiter ist daher jetzt größer als bei intaktem Glühdraht. Also erwärmt sich der Heißleiter: Sein Widerstand wird kleiner – die Stromstärke steigt an – die übrigen Lampen leuchten auf.

Aus Umwelt und Technik: **Wenn die Spannung „zusammenbricht“**

Wer eine alte Batterie im Auto hat, kennt das Problem: Man will den Motor starten, aber der Anlasser dreht sich kaum.

„Leer“ kann die Batterie nicht sein, denn die Innenbeleuchtung des Wagens funktioniert noch – die Lampe wird allerdings während der Startversuche dunkler. Erst danach leuchtet sie wieder heller …

Eine ähnliche Beobachtung kann man auch in ganz einfachen Stromkreisen machen – sogar bei einer ganz „frischen“ Batterie:

Zwischen den beiden Polen einer „frischen“ Flachbatterie misst man eine Spannung von 4,5 V. Wenn man z. B. einen Elektromotor oder einen Festwiderstand anschließt, zeigt der Spannungsmesser kaum noch 4 V an. Sobald man den Motorstromkreis unterbricht, steigt die Spannung an der Batterie wieder auf 4,5 V. Diese Spannung bezeichnet man als *Leerlaufspannung* U_0, während man die Spannung bei angeschlossenem Motor *Belastungsspannung* U_{bel} oder *Klemmenspannung* nennt.

Warum ist die Belastungsspannung geringer als die Leerlaufspannung?

In einem Strom*kreis* fließen die Elektronen auch durch die Energiequelle selbst, hier also durch die Flachbatterie. Im Innern der Flachbatterie befindet sich eine eingedickte Salzlösung. Diese leitet den Strom viel schlechter als z. B. Metalldrähte. Im Innern der Batterie wird somit der Bewegung der Elektronen ein Widerstand entgegengesetzt. Wir bezeichnen ihn als *Innenwiderstand* R_i der Batterie. Demnach müssten wir eigentlich in Schaltskizzen zum Schaltzeichen der Batterie auch noch das des Innenwiderstands hinzuzeichnen (Bild 1).

Der Innenwiderstand R_i und der Widerstand R_a *(Außenwiderstand)* sind dabei in Reihe geschaltet. Bei Belastung der Batterie verteilt sich somit die Leerlaufspannung U_0 der Batterie auf R_i und R_a. Der Spannungsmesser zeigt in diesem Fall nicht mehr U_0 an, sondern U_{bel}. Die Belastungsspannung ist um die Teilspannung U_i, die am Innenwiderstand anliegt, geringer als U_0.

Wir können also sagen: Bei Belastung sinkt die Leerlaufspannung U_0 um die Teilspannung U_i am Innenwiderstand. Daher gilt $U_{bel} = U_0 - U_i$.

Den Widerstand eines Bauteils berechnet man so:

$$R = \frac{U}{I}.$$

Dabei ist U die Spannung zwischen den Anschlüssen des Bauteils und I die Stromstärke. Genauso verfahren wir jetzt auch bei der Berechnung des Innenwiderstands R_i:

$$R_i = \frac{U_i}{I} = \frac{U_0 - U_{bel}}{I}.$$

Fragen und Aufgaben zum Text

1 In einem **Versuch** wurden verschiedene Widerstände R_a an eine Monozelle ($U_0 = 1{,}55$ V) angeschlossen (Bild 1).

Wie sich dabei die Spannung U_{bel} zwischen den Batteriepolen und die Stromstärke I veränderten, zeigt Bild 2.

a) Berechne den Innenwiderstand der Batterie für jeden Außenwiderstand.

b) Wovon hängt deiner Meinung nach der Innenwiderstand ab?

c) Führe eine entsprechende Versuchsreihe für eine Flachbatterie oder ein Netzgerät ($U_0 = 2$ V) durch.

2 Wieso fehlt auf Batterien die Angabe des Innenwiderstands?

3 Warum wird der Innenwiderstand der Batterie als „verborgener“ Widerstand bezeichnet?

4 Schließt man eine Batterie kurz, so wird sie warm. Erkläre!

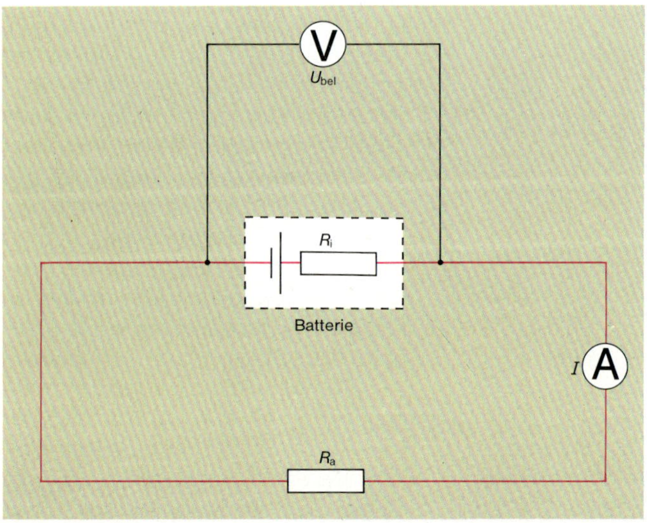

R_a in Ω	U_{bel} in V	I in A
0,5	0,92	1,25
1	1,10	0,90
2	1,20	0,42
4	1,31	0,28
6	1,37	0,21
8	1,38	0,17
10	1,39	0,14
150	1,53	0,01

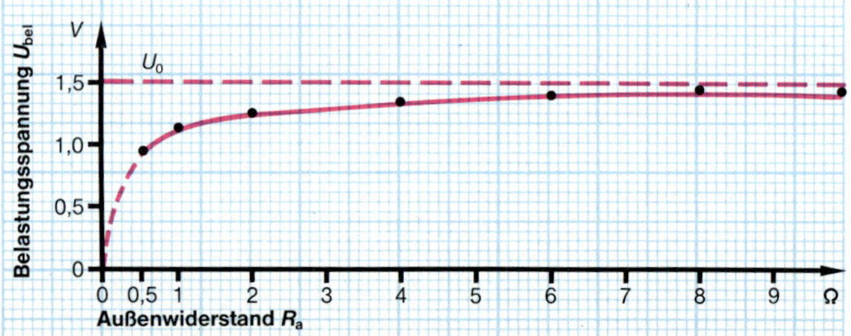

1306R

2 Die Parallelschaltung

Warum leuchten hier *beide* Glühlampen? 3

V 4 In Bild 4 siehst du eine ähnliche Schaltung wie in Bild 3, diesmal jedoch mit einer Batterie als Stromquelle. Versuche sie noch zu *vereinfachen* und dadurch mit kürzeren Leitungen auszukommen:

Solche Anordnungen von Lampen (oder von Widerständen) nennt man **Parallelschaltungen**. Suche eine Erklärung für diesen Namen.

Miss die Spannung zwischen den Anschlüssen beider Lämpchen.

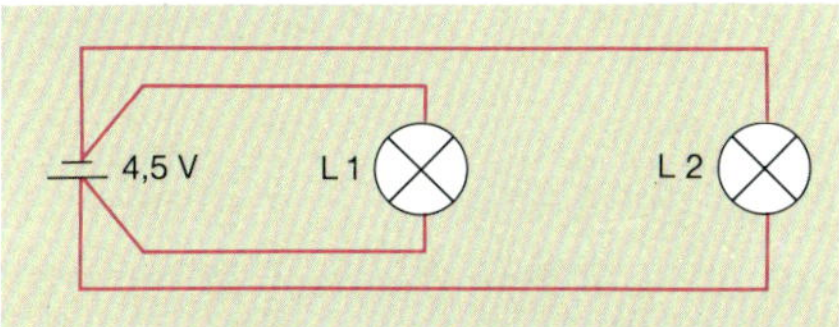

4

V 5 In den vereinfachten Stromkreis von Versuch 4 soll nun ein Schalter eingebaut werden:

a) Mit dem Schalter soll *nur L 2* geschaltet werden können. Wo setzt du ihn ein? (Schaltskizze!)

b) An welcher Stelle muss der Schalter eingesetzt werden, wenn man *beide Lämpchen gemeinsam* ein- und ausschalten will?

V 6 In diesem Versuch wird eine Parallelschaltung mit drei Lämpchen genauer untersucht. Lege vor jeder Messung eine Schaltskizze an.

a) Miss die **Spannung** an der Stromquelle und an jedem Lämpchen.

b) Wie groß sind die **Ströme** durch die einzelnen Lämpchen?

Baue den Strommesser nun so in die Schaltung ein, dass er alle drei Ströme *zusammen* misst. Was zeigt das Gerät an? Welche Gesetzmäßigkeit gilt für die Messwerte?

c) Der Strommesser bleibt so angeschlossen, dass er den gesamten Strom für alle drei Lämpchen auf einmal misst. Schraube aber die Lämpchen in ihren Fassungen los.

Drehe sie nun nacheinander fest; notiere dabei jeweils den Strom.

Berechne aus den gemessenen Strömen und der Spannung den jeweiligen **Gesamtwiderstand** der Anordnung. Was stellst du fest?

Mehrere Stromkreise in einem: die Parallelschaltung

Schließt man zwei **unterschiedliche 6-V-Glühlampen einzeln** an eine passende Stromquelle an, so leuchten sie hell: Der Strom in beiden Lampen hat also die „richtige" Stromstärke.

Auch wenn man die Lämpchen **parallel schaltet,** sodass sie *gleichzeitig* mit der Stromquelle verbunden sind, leuchten sie hell. Das ist leicht zu verstehen, denn jedes Lämpchen ist *unmittelbar* mit der Stromquelle verbunden; zwischen ihm und der Stromquelle befindet sich praktisch kein hemmender Widerstand, der den Elektronenfluss behindert.

Bei der **Parallelschaltung** können wir also eigentlich nicht von einem einzigen Stromkreis sprechen. Vielmehr sind hier **zwei (oder noch mehr) Stromkreise miteinander verknüpft** (Bild 5):

Die Stromquelle und die doppelt gezeichneten Leitungen gehören ja nicht nur zu Stromkreis 1, sondern auch zu Stromkreis 2; in ihnen fließt sowohl die Elektrizität für Lampe 1 (*Teilstrom* I_1) als auch die für Lampe 2 (*Teilstrom* I_2).

Der Strommesser in Bild 5 zeigt daher auch die **Gesamtstromstärke** I_g für beide Lampen an:

Gesamtstromstärke = Stromstärke für Lampe 1 + Stromstärke für Lampe 2.

$$\mathbf{I_g = I_1 + I_2}$$

Bei einer Parallelschaltung liegt an jedem Gerät die **gleiche Spannung** U an. Der *Gesamtwiderstand* R_g der Geräte beträgt also: $R_g = U : I_g$. Da I_g größer als jeder Teilstrom ist, ist der Gesamtwiderstand R_g immer noch kleiner als der kleinste Einzelwiderstand.

Im Haushalt sind Elektrogeräte (und Steckdosen) parallel geschaltet (Bild 6). Ihre **Betriebsspannung** beträgt daher immer 230 V oder 380 V (Bilder 7 u. 8).

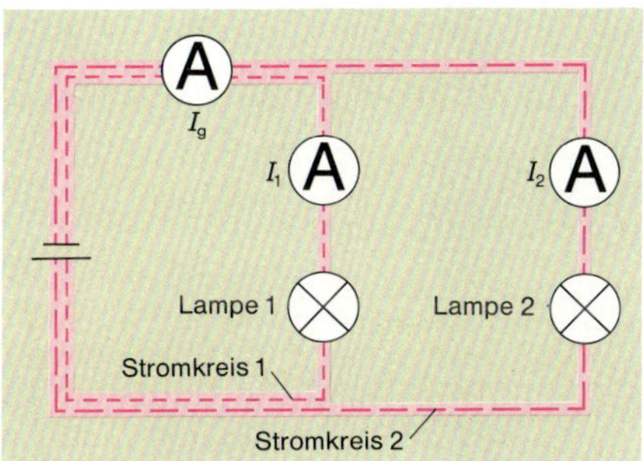

5

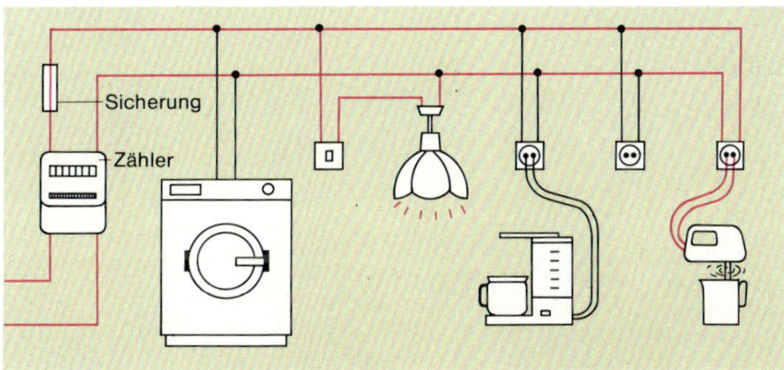

6

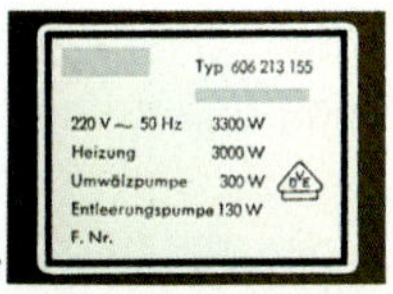

7

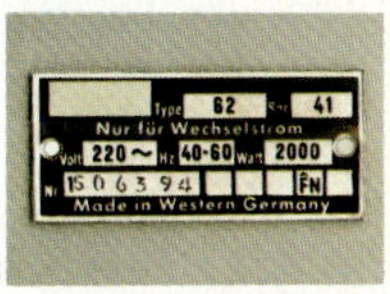

8

Ströme bei der Parallelschaltung – eine andere Erklärung

Wir können die Versuchsergebnisse über die Ströme bei parallel geschalteten Geräten auch so erklären:

In der Schaltung von Bild 1 erkennen wir zwei Stromkreise, die an den Stellen A und B *verknüpft* sind. Diese Stellen, die man als *Knoten* bezeichnet, spielen bei unseren Überlegungen eine wichtige Rolle.

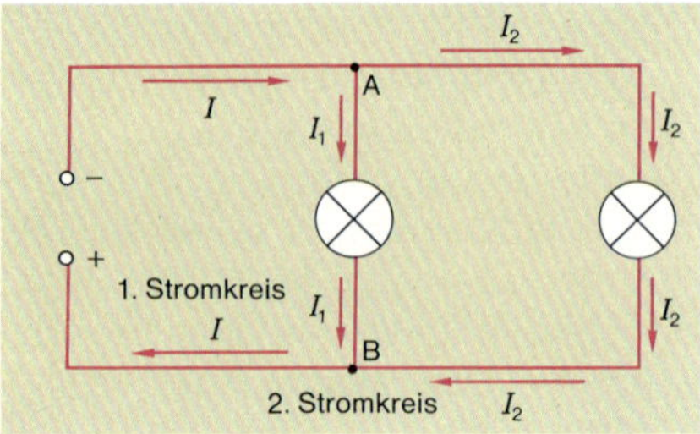

1

Die Pfeile in Bild 1 geben die Bewegungsrichtung der Elektronen an. In den Knoten A fließen also von links Elektronen hinein. Dort können sie sich aber nicht ständig ansammeln; auch können keine Elektronen „verschwinden" oder „dazukommen". Das bedeutet:

Alle Elektronen, die zum Beispiel in einer Sekunde in den Knoten A hineinfließen, müssen in der gleichen Zeit auch wieder abfließen.

Wir können dafür auch sagen: Die aus A abfließenden Ströme I_1 und I_2 müssen zusammen genauso groß sein wie der zufließende Strom I:

$I = I_1 + I_2$.

Der Strom I verzweigt sich also im Knoten A in zwei Teilströme I_1 und I_2. Man bezeichnet I deshalb als Gesamtstrom und schreibt I_g anstelle von I. Für den *Knoten B* kann man entsprechende Überlegungen anstellen und kommt dabei zum gleichen Ergebnis.

Auch wenn mehr als zwei Geräte parallel geschaltet sind, ergibt sich die Gesamtstromstärke als die Summe der Teilstromstärken:

$I_g = I_1 + I_2 + I_3 + \ \ldots$

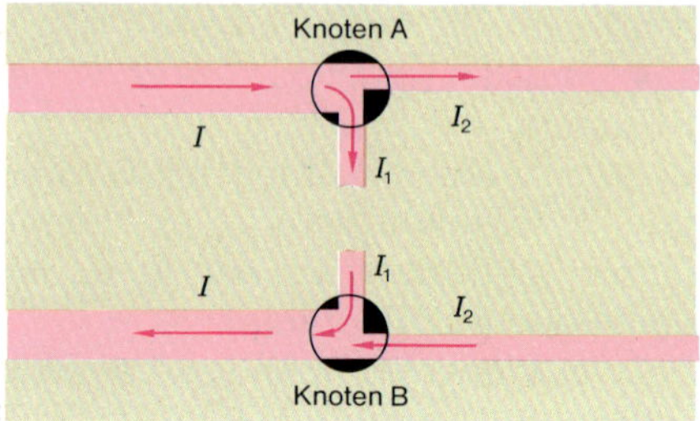

2

Aufgaben

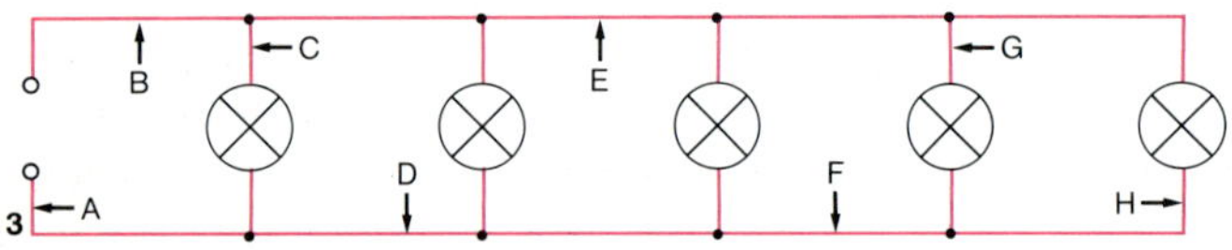

3

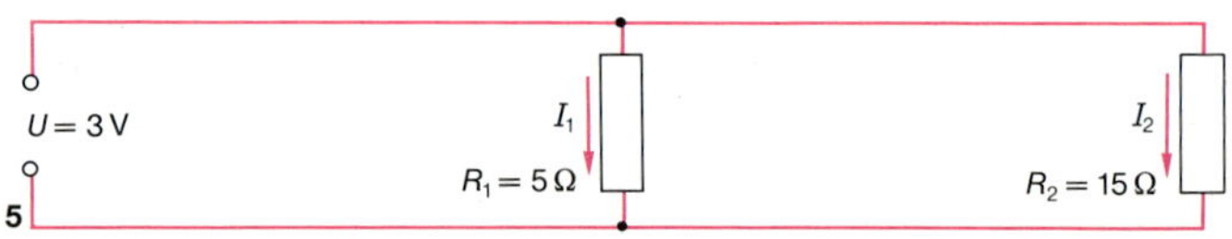

5

1 In dieser Schaltskizze (Bild 3) sind verschiedene Stellen durch Buchstaben gekennzeichnet.

a) An welcher Stelle könnte ein Strommesser eingebaut werden, der den *Gesamt*strom anzeigt? Begründe!

b) Wo würdest du einen Schalter einsetzen, mit dem zwei der fünf Lampen gesondert geschaltet werden können?

2 Alle zehn Glühlampen eines Kronleuchters tragen die Aufschrift „230 V/15 W". Wie sind die Glühlampen geschaltet? Lege eine Schaltskizze an.

3 In Stromkreise der Hausinstallation müssen bekanntlich Sicherungen eingebaut werden. Sie unterbrechen den Stromkreis z. B. dann, wenn ein Gerät defekt ist und einen Kurzschluss verursacht.

a) Warum wird die Sicherung nie wie in Bild 4 angeordnet?

b) An welcher Stelle der Schaltung muss sich die Sicherung befinden? Begründe!

4 Welcher der beiden Teilströme in Bild 5 ist deiner Meinung nach größer, I_1 oder I_2? Begründe deine Vermutung.

Berechne nun die beiden Teilströme. (*Tipp:* Hier sind *zwei* Stromkreise verknüpft!) Bilde dann die Quotienten $I_1 : I_2$ und $R_1 : R_2$. Was stellst du fest?

5 Wir bestimmen den Gesamtwiderstand R_g von zwei parallel geschalteten Widerständen R_1 und R_2.

a) Müsste der Gesamtwiderstand kleiner oder größer sein als z. B. R_1? Begründe deine Antwort.

b) Berechne nun R_g für die Schaltung in Bild 6.

Hilfen: Bei parallel geschalteten Widerständen addieren sich die Teilströme zu einem Gesamtstrom: $I_g = I_1 + I_2$.

Die Stromstärken hängen dabei von der anliegenden Spannung und dem jeweiligen Widerstand ab:

$I_1 = U : R_1$, $\quad I_2 = U : R_2$ $\quad$ und $\quad I_g = U : R_g$.

Es gilt also: $U : R_g = U : R_1 + U : R_2$ bzw.

$$\frac{1}{R_g} = \frac{1}{R_1} + \frac{1}{R_2}.$$

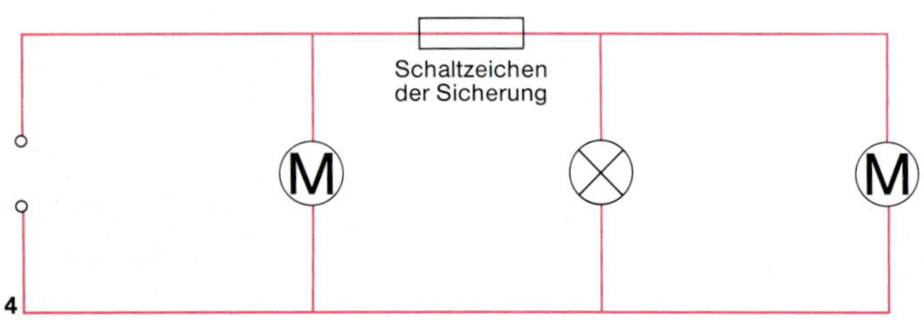

4

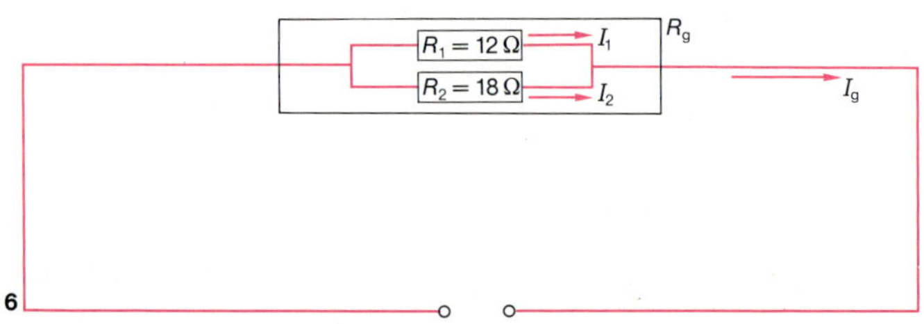

6

2616R

3 Der Spannungsteiler

Michael will einen Elektromotor antreiben. Dazu braucht er eine Spannung von 2 V. Seine Batterie hat aber 4,5 V …

„Mit einer Hintereinanderschaltung von Widerständen müsste ich's eigentlich schaffen“, überlegt er. „Die Batteriespannung *verteilt* sich doch auf die hintereinander geschalteten Widerstände.“ Welche Schaltung meint Michael?

V 7 Wir untersuchen die Spannungen an jeweils zwei hintereinander geschalteten Teilwiderständen. Der Gesamtwiderstand beträgt dabei stets etwa 200 Ω (→ Tabelle).

	Teil-widerstand	Spannung am Teil-widerstand
1. Paar	100 Ω	? V
	100 Ω	? V
2. Paar	120 Ω	? V
	82 Ω	? V
3. Paar	150 Ω	? V
	47 Ω	? V
4. Paar	180 Ω	? V
	22 Ω	? V

a) Schließe die vier Widerstandspaare nacheinander an eine Stromquelle an. Bestimme die Spannung, die zwischen den Anschlussstellen eines jeden Widerstands herrscht. Notiere und vergleiche sie.

b) Die an den einzelnen Widerständen gemessenen Spannungen bezeichnen wir ja im Allgemeinen als *Teilspannungen*.

Welche Beziehung besteht zwischen den Teilwiderständen und den zugehörigen Teilspannungen?

c) Die Anordnung, die du benutzt hast, bezeichnet man normalerweise als *Spannungsteilerschaltung.*

Hast du eine Erklärung für diesen Namen?

d) Überlege: Welches Widerstandspaar könnte man wohl verwenden, wenn eine der beiden Teilspannungen 2 V betragen soll?

e) Ob deine Überlegung tatsächlich richtig ist, kannst du im Experiment überprüfen.

V 8 Statt der Widerstandspaare verwenden wir in diesem Versuch als Spannungsteiler einen Schiebewiderstand. Er besteht im Wesentlichen aus einem aufgewickelten Widerstandsdraht. Sein Widerstand soll hierbei 100 Ω betragen.

a) Der Schleifkontakt steht in der Mitte (Bild 7). Welche Spannungen werden die beiden Messgeräte wohl anzeigen?

b) Der Schleifkontakt des Schiebewiderstands wird nach *links* verschoben; der linke Teilwiderstand wird also kleiner, der rechte größer. Was geschieht dabei?

c) Wie ändert sich die Anzeige der zwei Messgeräte, wenn der Schleifkontakt schließlich nach *rechts* bewegt wird?

V 9 Baue noch eine Spannungsteilerschaltung auf.

Nimm dafür eine Stromquelle (mit 4,5 V) sowie einen Drehwiderstand, (zum Beispiel den, der in Bild 8 abgebildet ist).

a) Stelle den Spannungsteiler so ein, dass ein Spannungsmesser genau 2 V anzeigt.

b) Bei welcher Stellung des Schleifkontaktes erhältst du eine Spannung von 0 V?

Bei welcher Stellung zeigt das Messgerät eine Spannung an, die etwa so groß ist wie die der Stromquelle?

c) Setze zwischen Stromquelle und Widerstand einen Strommesser ein. Ändert sich die Stromstärke, wenn man den Schleifkontakt vorwärts bzw. zurückdreht?

V 10 Wir verwenden wieder die Spannungsteilerschaltung mit dem Schiebewiderstand. Stelle dabei den Schleifkontakt so ein, dass du eine Teilspannung von 4 V misst (Bild 9).

a) Nun werden ein Lämpchen (z. B. 4 V/0,1 A) und ein Schalter angeschlossen.

Beobachte den Spannungsmesser, während du das Lämpchen ein- und ausschaltest.

b) Wie muss der Schleifkontakt verstellt werden, damit das Lämpchen hell aufleuchtet und das Messgerät gleichzeitig eine Spannung von 4 V anzeigt?

c) Versuche deine Beobachtungen zu erklären. (*Hinweis:* Das Lämpchen hat einen Heißwiderstand, der etwa 40 Ω beträgt.)

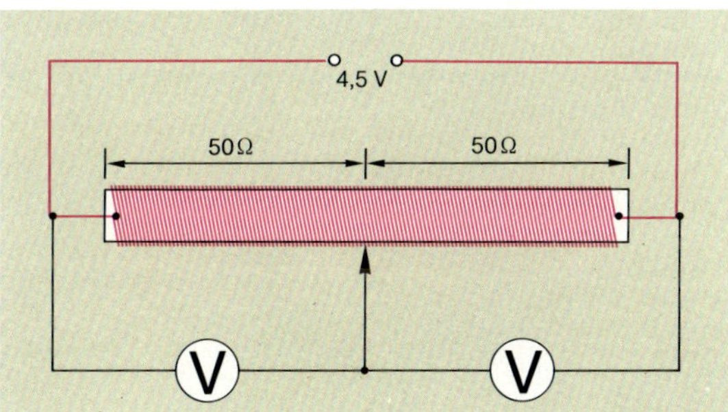

7

8 Der zeigerartige Schleifkontakt wird vom Drehknopf (links) bewegt.

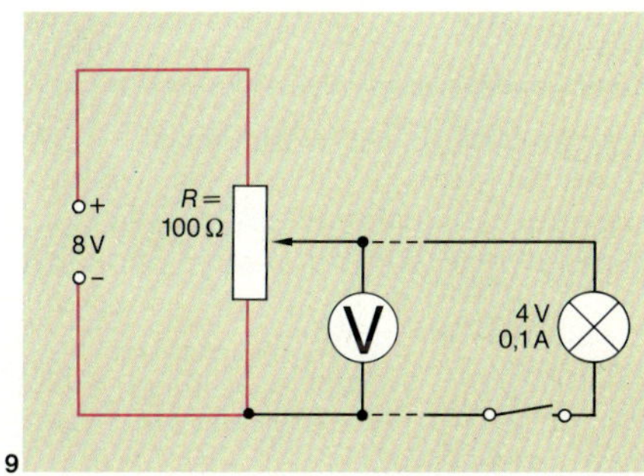

9

Unbelastete und belastete Spannungsteiler

Einen einfachen **Spannungsteiler** zeigt Bild 1. Für den Strom im Widerstandsdraht ergibt sich: $I = \frac{U}{R} = \frac{6\,\mathrm{V}}{10\,\Omega} = 0{,}6\,\mathrm{A}$.

Wenn sich der Schleifer am Anfang des Drahtes befindet, zeigt der Spannungsmesser 0 V an. Fahren wir mit dem Schleifer den Draht entlang, so steigt die angezeigte Spannung an und erreicht am Drahtende den Wert 6 V. Die Gesamtspannung verteilt sich dabei *gleichmäßig* auf die Gesamtlänge des Konstantandrahtes. Auf je 10 cm Drahtlänge kommt also eine Spannung von 1 V.

Das bedeutet: Um den Strom von 0,6 A durch 10 cm des Konstantandrahtes zu treiben, ist eine Spannung von 1 V nötig.

Jeder Teillänge des Drahtes entspricht eine ganz bestimmte **Teilspannung.** Umfasst die Teillänge z. B. 1/3 der Gesamtlänge, so beträgt die Teilspannung 1/3 der Gesamtspannung, hier also 2 V.

Da jedes Teilstück des Drahtes einen bestimmten Widerstand aufweist, können die Drahtstücke auch durch entsprechende Festwiderstände ersetzt werden.

Unsere bisherigen Überlegungen gelten für den Fall, dass die Elektrizität lediglich durch den Widerstandsdraht bzw. die hintereinander geschalteten Widerstände fließt **(unbelasteter Spannungsteiler)**. Die Spannungsverhältnisse ändern sich aber völlig, wenn an einen Teilwiderstand ein Festwiderstand oder etwa ein Lämpchen angeschlossen wird **(belasteter Spannungsteiler)**. Wird nämlich z. B. in der Schaltung von Bild 2 der Schalter geschlossen, so liegt ein zusätzlicher Widerstand (R_2) parallel zum Teilwiderstand R_1. Der Gesamtwiderstand R_g (von R_1 *und* R_2) ist aber wesentlich kleiner als R_1:

$$\frac{1}{R_g} = \frac{1}{R_1} + \frac{1}{R_2}; \quad \frac{1}{R_g} = \frac{1}{30\,\Omega} + \frac{1}{15\,\Omega} = \frac{1}{10\,\Omega}.$$

Daraus folgt: $R_g = 10\,\Omega$.

Bei Belastung eines Spannungsteilers ist also ein *anderer* Teilwiderstand wirksam. Dadurch **ändert sich auch die Aufteilung der Gesamtspannung in einzelne Teilspannungen** (Bild 3).

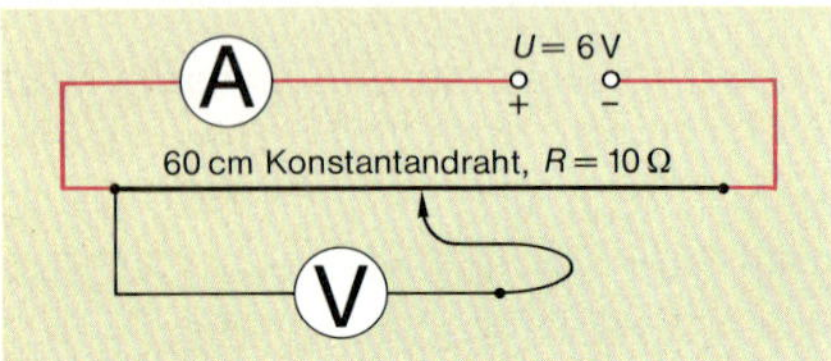

1

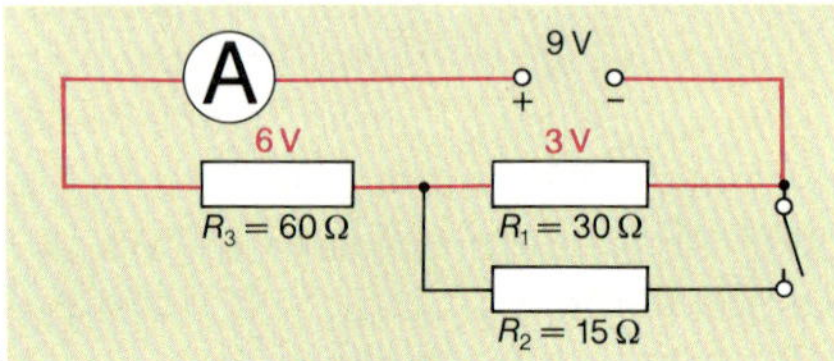

2

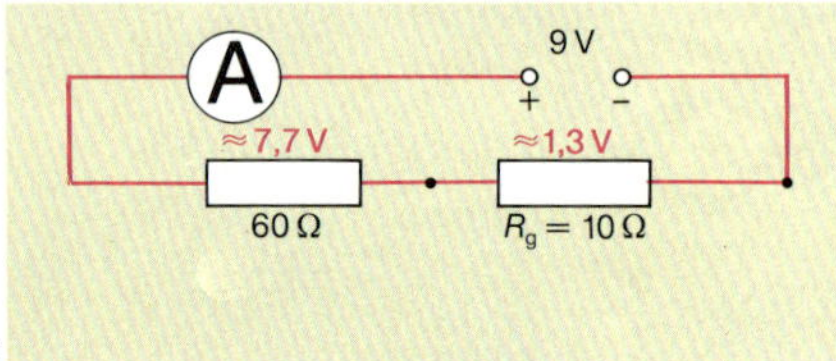

3

4 Die Leistung bei Parallel- und Reihenschaltung

V 11 Im Haushalt sind die verschiedenen Geräte parallel geschaltet. Die Leistung jedes einzelnen Gerätes ist auf dem Typenschild angegeben.

Überlege, wie man den Energiestrom für alle Geräte (oder ihre Gesamtleistung) berechnen kann.

Im *Lehrerversuch* wird der vermutete Zusammenhang überprüft: An den Leistungmesser werden über eine Mehrfachsteckdose verschiedene Elektrogeräte angeschlossen.

Wie ändert sich die Stromstärke in den Zuleitungen, wenn der Energiestrom größer wird?

V 12 Der Versuch von Bild 4 zeigt, wie eine *Sicherung bei Überlastung* wirkt. Als Sicherung dient ein Lamettafaden.

Schließe nacheinander die Lampen L 1, L 2 sowie den Heizdraht an.

Welche Gefahr wird durch die Sicherung abgewendet?

V 13 Was geschieht bei einem *Kurzschluss?*

In den Stromkreis ist wieder eine Sicherung eingebaut. Als Leiter verwenden wir blanke Kupferdrähte (Bild 5). Zum Kurzschluss kommt es, wenn sich die Drähte z. B. an der Stelle B berühren.

Erkläre, weshalb die Sicherung durchschmilzt.

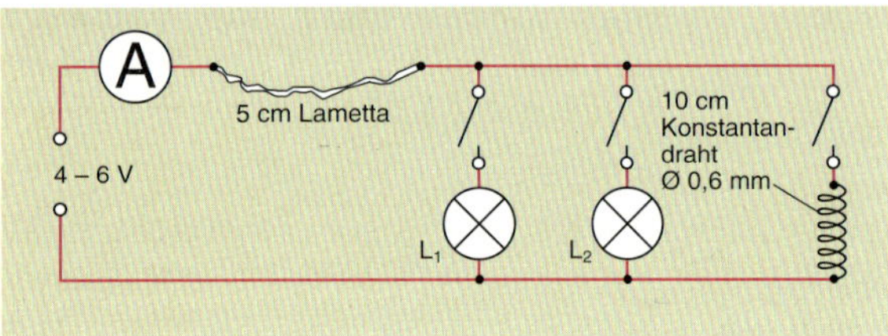

4

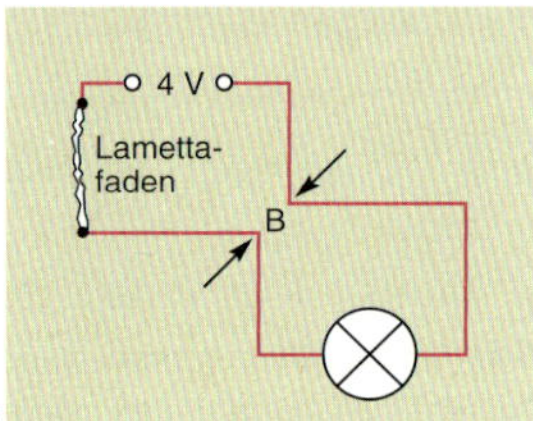

5

Energieversorgung mit Parallelschaltung – Sicherung

Energieversorgung im Haushalt

Wenn mehrere Geräte an eine elektrische Energiequelle angeschlossen sind, wird jedes Gerät von der Quelle versorgt. Die Energieströme zu den einzelnen Geräten addieren sich zum Gesamtenergiestrom, den die Quelle abgeben muss (Bilder 6 u. 7). Ihre Leistung entspricht dann der Gesamtleistung aller Geräte.

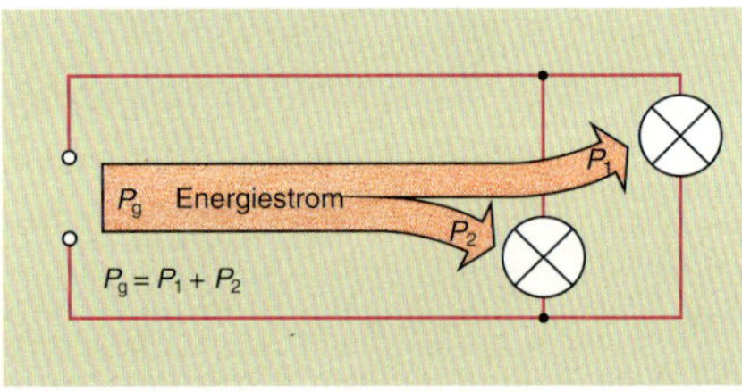

6

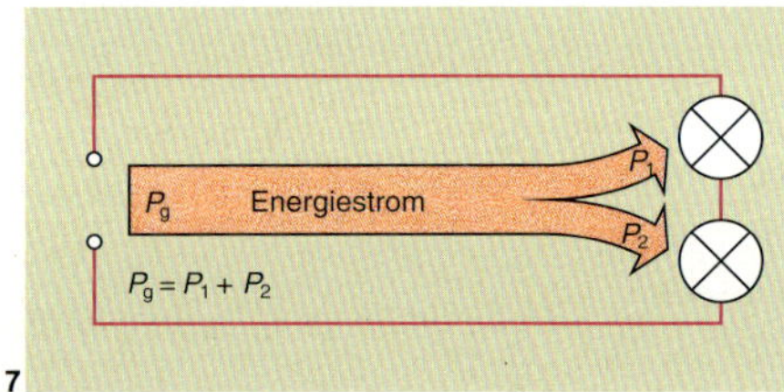

7

6732R

Bei der Reihenschaltung von gleichartigen Lampen verteilt sich die Spannung gleichmäßig auf die Lampen. Um eine weitere Lampe hinzuzufügen, müsste man die Spannung erhöhen, damit an jeder Lampe die „richtige Spannung" anliegt. Da die Netzspannung konstant ist, eignet sich die Reihenschaltung *nicht* für die Energieversorgung im Haushalt.

Günstig ist die *Parallelschaltung*: An allen Geräten liegt die gleiche Spannung, nämlich die Netzspannung von 230 V.

Die Gesamtstromstärke dagegen ändert sich: Je größer die Leistung der angeschlossenen Geräte, desto größer die elektrische Stromstärke.

Die Stromstärke lässt sich aus der Gesamtleistung P_g der Geräte (bzw. dem Gesamtenergiestrom) berechnen: $I = \frac{P_g}{U}$.

Beispiel: Die angeschlossenen Haushaltgeräte haben eine Gesamtleistung von 1800 W. Die Stromstärke beträgt

$$I = \frac{1800\ \text{W}}{230\ \text{V}} = 7{,}83\ \text{A}.$$

Brandgefahr und Sicherung

Wenn immer mehr Geräte parallel geschaltet werden, steigt die Stromstärke in den gemeinsamen Zuleitungen an. Je größer der Strom ist, desto stärker erwärmen sich die Leiter.

Wenn zu viele Geräte angeschlossen sind, ist der Stromkreis **überlastet**. Es besteht Brandgefahr.

Für alle elektrischen Anlagen ist daher vorgeschrieben, dass in jeden Stromkreis eine Sicherung eingebaut sein muss. Die Sicherung unterbricht den Stromkreis, sobald die Stromstärke einen bestimmten Wert überschreitet. Wie groß dieser Wert ist, hängt von den verwendeten Leitungen ab.

In *Schmelzsicherungen* schmilzt ein Draht durch. Die *Sicherungsautomaten* sind Schalter, die bei Überlastung den Stromkreis unterbrechen.

Durch Betätigung eines Hebels können sie wieder eingeschaltet werden. Sie brauchen nicht ausgewechselt zu werden, wie es bei den Schmelzsicherungen der Fall ist.

Brandgefahr besteht auch bei einem **Kurzschluss**. Er entsteht durch fehlende oder mangelnde Isolation der Leiter eines Stromkreises.

In Bild 8 haben z. B. die beiden Zuleitungen zu dem Bügeleisen leitenden Kontakt. Parallel zum Gerät gibt es also eine weitere leitende Verbindung mit sehr kleinem Widerstand. Die Widerstände der Kontaktstelle und des Gerätes sind parallel geschaltet. Daher fließt ein sehr großer Strom, durch den die Sicherung ausgelöst wird.

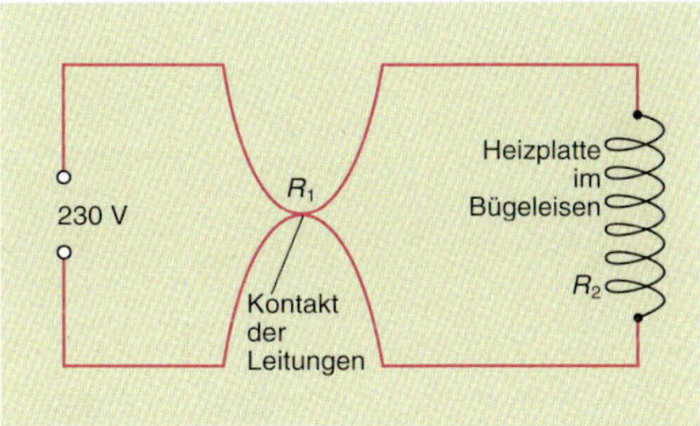

8

Aus Umwelt und Technik: **Elektrische Kochplatten**

Wenn das Teewasser schnell zum Sieden gebracht werden soll, muss viel Energie zugeführt werden. Die Leistung der Kochplatte muss hoch sein. Wird dagegen Gemüse „bei geringer Hitze" gegart, ist nur eine geringe Energiezufuhr erforderlich.

Bei vielen Elektroherden lässt sich die Energieabgabe der Kochplatte in sechs Schritten verändern. Erstaunlich ist, dass man für sechs Stufen mit drei Heizdrähten auskommt (Bild 9).

Die Widerstände der Heizdrähte sind unterschiedlich groß. Für eine Kochplatte mit 14,5 cm Durchmesser gilt bei Betriebstemperatur:

$R_1 = 64\ \Omega$, $R_2 = 193\ \Omega$, $R_3 = 97\ \Omega$.

Die Drähte werden unterschiedlich geschaltet, einzeln, parallel oder hintereinander (Bild 10). Mit dem Wählschalter werden ihre Anschlüsse (1 bis 4) mit dem Netz verbunden.

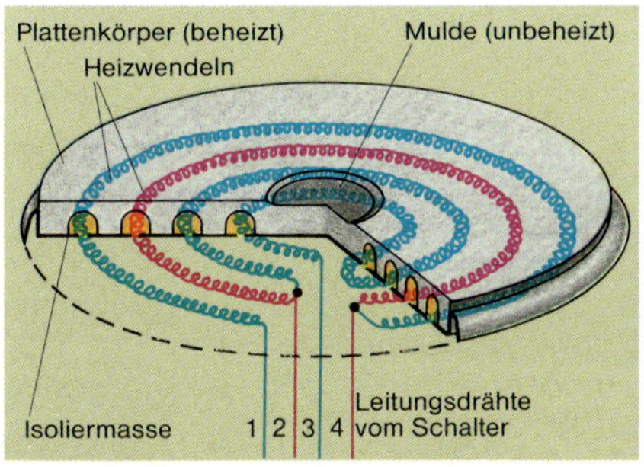

9

Bei **Stufe 1** sind die Heizdrähte R_2 und R_3 hintereinander geschaltet. Ihr Gesamtwiderstand beträgt

$$R_g = R_2 + R_3 = 193\ \Omega + 97\ \Omega = 290\ \Omega.$$

Bei einer Spannung von $U = 230$ V ergibt sich ein Strom von

$$I = \frac{U}{R_g} = \frac{230\ \text{V}}{290\ \Omega} = 0{,}793\ \text{A}.$$

Die Leistung der Kochplatte beträgt

$$P = U \cdot I = 230\ \text{V} \cdot 0{,}793\ \text{A} = 182\ \text{W}.$$

Bei **Stufe 1½** ist nur der Heizdraht $R_2 = 193\ \Omega$ eingeschaltet. Bei einer Stromstärke von

$$I = \frac{U}{R} = \frac{230\ \text{V}}{193\ \Omega} = 1{,}19\ \text{A}$$

hat die Kochplatte eine Leistung von

$$P = U \cdot I = 230\ \text{V} \cdot 1{,}19\ \text{A} = 274\ \text{W}.$$

Wenn man von Stufe 2 auf **Stufe 2½** schaltet, wird zum Heizdraht R_3 noch R_2 parallel geschaltet. Die Wärmeleistung von R_3 ändert sich nicht, aber es kommt die von R_2 hinzu.

Fragen und Aufgaben zum Text

1 Begründe (ohne Rechnung), warum sich beim Umschalten von Stufe 1 auf Stufe 1½ die Heizleistung vergrößert.

2 Warum ist die Leistung in Schalterstellung 3 am größten?

3 Berechne die Leistung in den Schalterstellungen 2 und 2½.

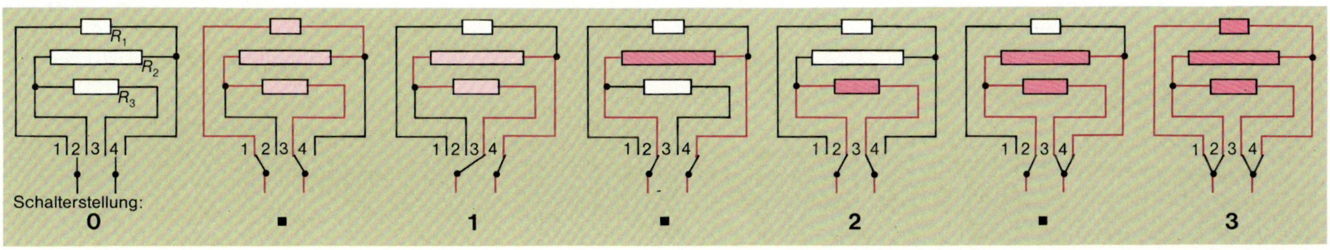

10

Aufgaben

1 Was versteht man unter Überlastung eines Stromkreises? Was versteht man unter einem Kurzschluss?

2 Welche Aufgabe hat die Sicherung in einem Stromkreis?

3 Woran kannst du erkennen, wie viele Stromkreise in einer Wohnung vorhanden sind?

4 In Bild 1 siehst du, wie eine Schmelzsicherung aufgebaut ist. Auch im Auto gibt es verschiedene Stromkreise, in die Schmelzsicherungen eingebaut sind (Bild 2). Manche Geräte haben eigene Sicherungen (Bild 3). Vergleiche den Aufbau dieser drei Sicherungsarten.

5 Kann man eine Waschmaschine mit 3300 Watt an eine Steckdose anschließen, in deren Stromkreis eine 10-A-Sicherung eingebaut ist? Begründe deine Antwort.

6 Die beiden Scheinwerfer eines Autos haben eine Leistung von je 55 W. Ihre Betriebsspannung beträgt 12 V. Berechne, für welche Stromstärke die Sicherung ausgelegt sein muss, wenn sie beide Lampenstromkreise gleichzeitig absichern soll.

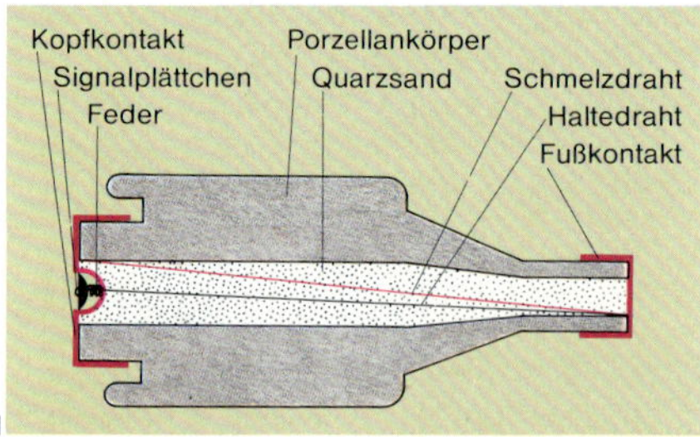

1

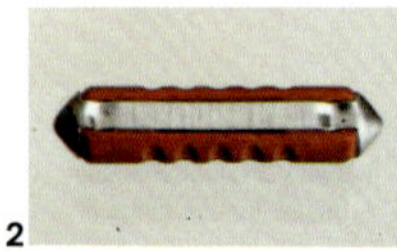
2

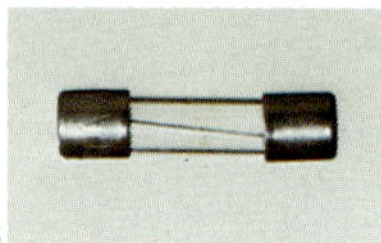
3

7 Warum benutzt man im Haushalt für die einzelnen Geräte Parallelschaltungen und keine Hintereinanderschaltung?

8 Zeichne zu Versuch 14 einen Schaltplan für den Augenblick, als sich die Drähte berührten. Für den Lamettafaden kannst du das Schaltzeichen der Sicherung verwenden.

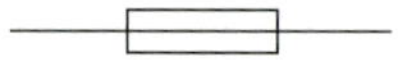
Schaltzeichen der Sicherung

9 Ergänze die folgende Wirkungskette: „Die Isolierung eines Bügeleisen ist schadhaft. → Die beiden Zuleitungsdrähte berühren sich. → …"

Alles klar?

1 Welche Schaltskizzen (Bilder 4 u. 5) gehören zu den Bildern 6, 7 u. 8? Gib den Namen der jeweiligen Schaltung an.

2 Warum sind im Haushalt Geräte und Steckdosen parallel geschaltet?

3 Nimm an, es werden 10 gleiche Haushaltglühlampen hintereinander geschaltet und an eine Steckdose angeschlossen. Was könnte man beobachten? Begründe deine Vermutung.

4 Es gibt elektrische Lichterketten mit 16 und 10 hintereinander geschalteten „Kerzen". – Für eine 16er-Kette muss eine Kerze nachgekauft werden. Du hast die Wahl zwischen Kerzen für folgende Gerätespannung: 14 V und 23 V. Für welche wirst du dich entscheiden? Begründe!

5 Wenn bei einer elektrischen Weihnachtsbaumbeleuchtung eine „Kerze" losgedreht wird, erlöschen auch die anderen „Kerzen". Erkläre!

6 Stromkreise, in denen z. B. Lampen parallel geschaltet sind, nennt man auch *verzweigte* Stromkreise. Diese Stromkreise haben nämlich verschiedene „Zweige", durch die die Elektrizität fließt.

Zeichne einen solchen Stromkreis und markiere seine Zweige mit unterschiedlichen Farben.

7 In einem Stromkreis sind zwei Lampen und ein Motor parallel geschaltet. In einem Versuch soll nun nachgewiesen werden, dass an jeder Lampe und am Motor die gleiche Spannung anliegt. Zeichne eine Schaltskizze für diesen Versuch.

8 Bei vielen Wohnzimmerleuchten lassen sich mit *einem* Schalter mehrere Lampen gleichzeitig schalten.

Überlege, ob die Lampen hintereinander oder parallel geschaltet sind. Wie könntest du das überprüfen?

9 Die Bilder 9 u. 10 zeigen zwei Spannungsteiler.

a) Nenne Unterschiede und Gemeinsamkeiten der beiden Schaltungen.

b) Welche Spannung zeigt das Messgerät in Bild 9 an? Was geschieht, wenn in der Schaltung von Bild 10 der Schleifkontakt nach oben bewegt wird?

10 Wie ändern sich beim Spannungsteiler von Bild 11 die Teilspannungen, wenn der Schalter geschlossen wird?

4
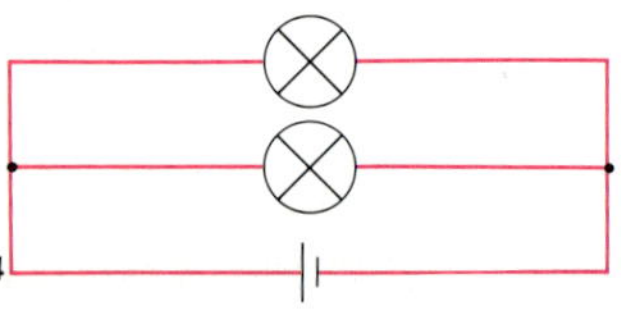

5
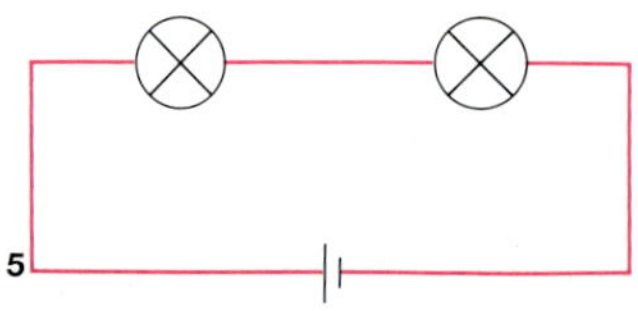

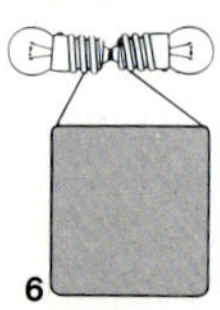
6

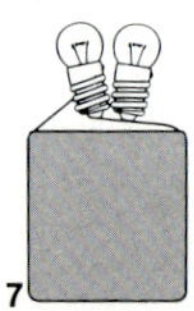
7

8

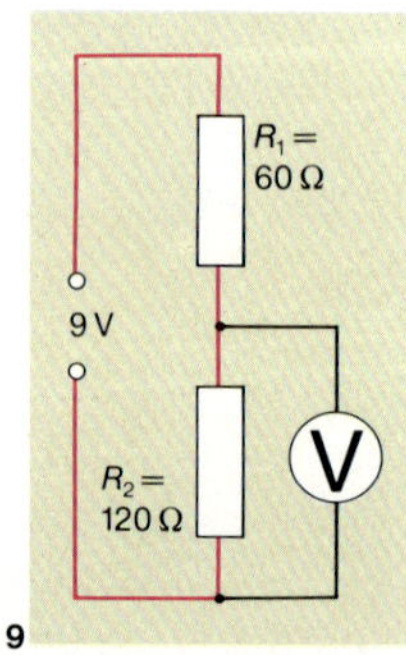

9

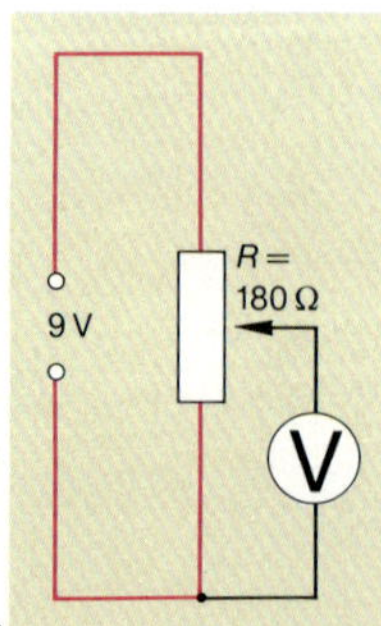

10

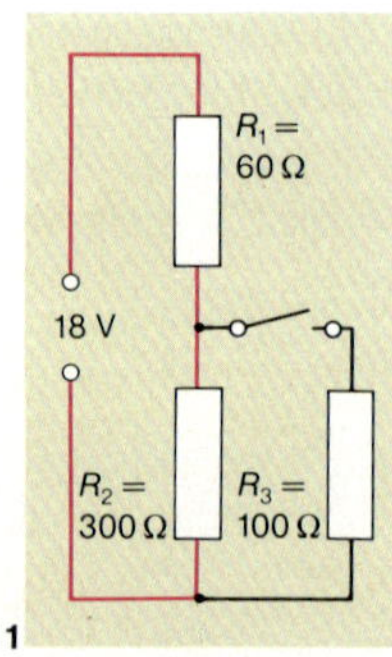

11

6734R

5 Zusammenfassung

Die Hintereinander- oder Reihenschaltung

12
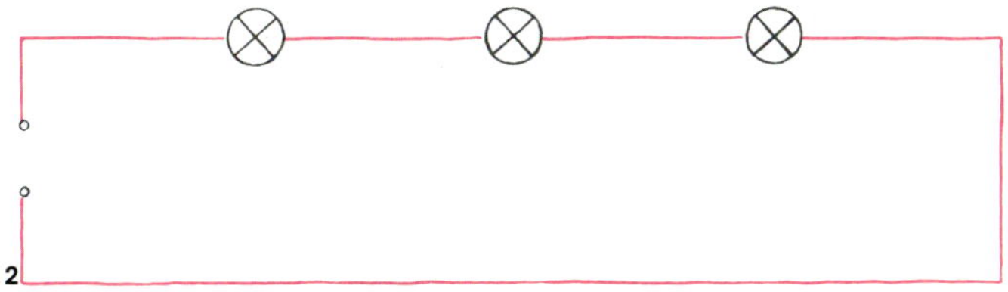

Bei der **Hintereinanderschaltung** werden mehrere Geräte (z. B. Lampen) hintereinander angeordnet. Sie bilden zusammen mit der Stromquelle **einen einzigen Stromkreis**.

Lockert man eine Lampe, so gehen auch die anderen aus, weil der Stromkreis unterbrochen ist.

13
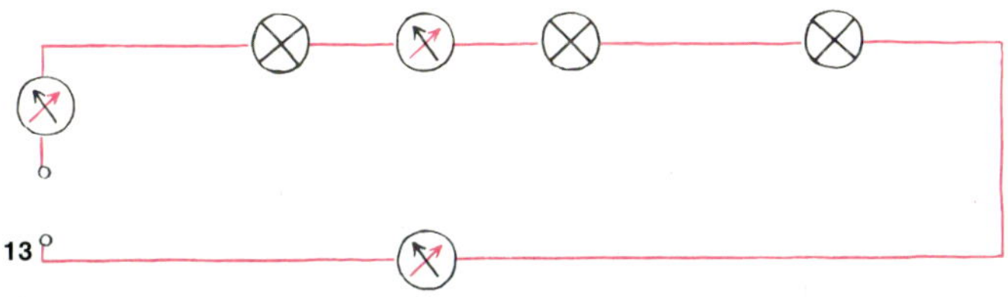

Da alle Lampen hier in *einem* Stromkreis angeordnet sind, fließt durch sie alle die gleiche Ladungsmenge pro Sekunde. An jeder Stelle des Stromkreises misst man daher die **gleiche Stromstärke**.

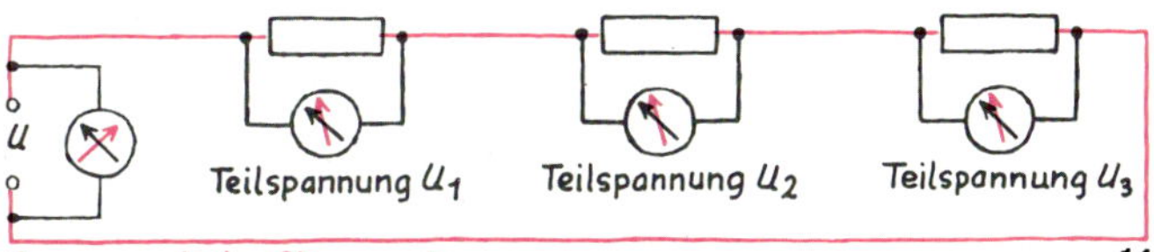

14

Spannung U der Stromquelle =
Teilspannung U_1 + Teilspannung U_2 + Teilspannung U_3

Die Spannung U der Stromquelle verteilt sich auf die einzelnen Widerstände; dabei gilt für die **Teilspannungen**:

$U = U_1 + U_2 + U_3 + \ldots$ (2. kirchhoffsche Regel).

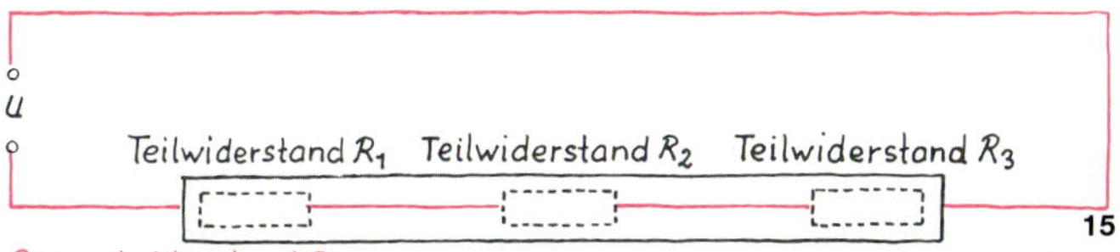

15

Gesamtwiderstand R_g =
Teilwiderstand R_1 + Teilwiderstand R_2 + Teilwiderstand R_3

Hintereinander geschaltete Widerstände (die **Teilwiderstände**) werden der Reihe nach von Elektrizität durchflossen. Deshalb behindern sie den Strom wie ein **Gesamtwiderstand** R_g, der aus den Teilwiderständen zusammengesetzt ist: $R_g = R_1 + R_2 + R_3 + \ldots$

Die Parallelschaltung

16
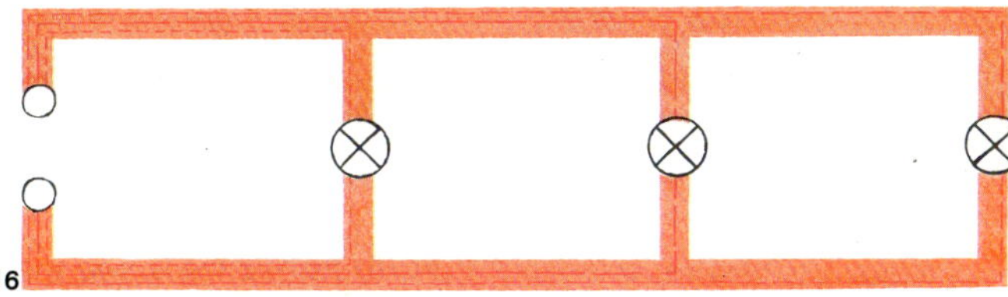

Bei der **Parallelschaltung** sind **mehrere Stromkreise** verknüpft: Jede Lampe ist direkt mit der Stromquelle verbunden und bildet mit ihr einen eigenen Stromkreis. Lockert man eine Lampe, so erlischt *nur* sie. Die Stromkreise der anderen Lampen sind nicht unterbrochen.

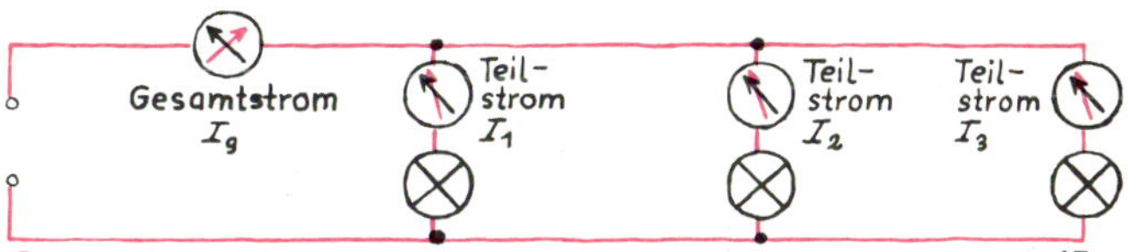

Gesamtstromstärke I_g = 17
Teilstromstärke I_1 + Teilstromstärke I_2 + Teilstromstärke I_3

Die Ströme, die hier in den einzelnen Stromkreisen gemessen werden, heißen **Teilströme**. Zusammengenommen ergeben diese Teilströme den **Gesamtstrom**:

$I_g = I_1 + I_2 + I_3 + \ldots$ (1. kirchhoffsche Regel).

18
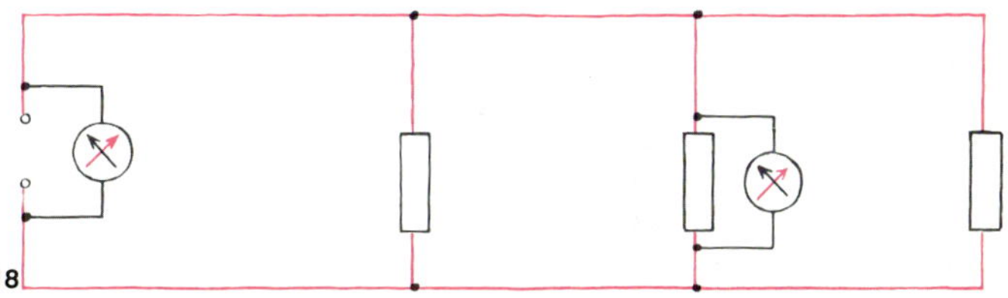

Da jeder Teilwiderstand *unmittelbar* mit der Stromquelle verbunden ist, misst man an jedem einzelnen **die gleiche Spannung** wie an der Stromquelle.

19

Bei einer Parallelschaltung von Widerständen ist der **Gesamtwiderstand kleiner** als jeder Teilwiderstand. Den Kehrwert des Gesamtwiderstands erhält man so:

$$\frac{1}{R_g} = \frac{1}{R_1} + \frac{1}{R_2} + \frac{1}{R_3} + \ldots$$

Kräfte auf Ströme im Magnetfeld

1 Wie funktioniert ein Drehspulinstrument?

In Bild 1 siehst du ein **Drehspulinstrument**, mit dem man Ströme (und auch Spannungen) messen kann.

Manche Teile erkennst du auf Anhieb. Mit einem Kompass, den du in der Nähe des Gerätes bewegst, erhältst du einen Hinweis auf ein weiteres Teil …

Die Versuche sollen dir helfen die Funktionsweise des Drehspulinstruments zu verstehen. Wir fangen mit einer ganz einfachen Schaltung an.

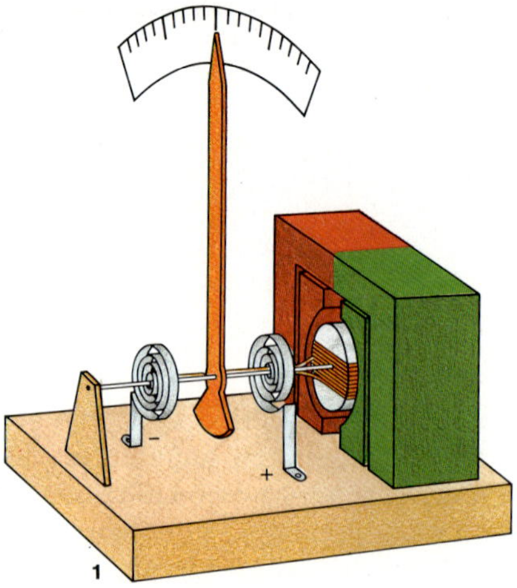

1

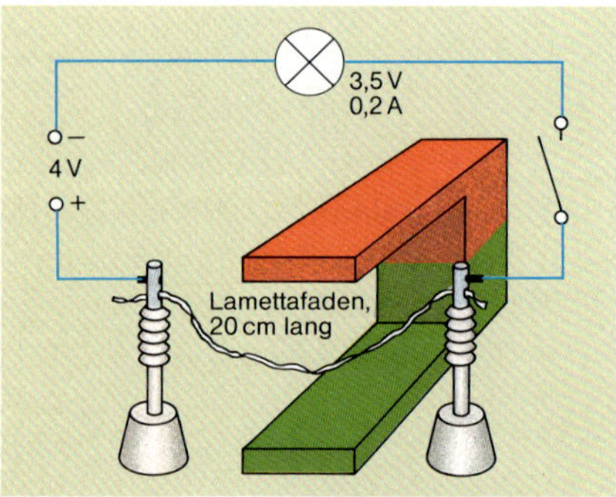

2

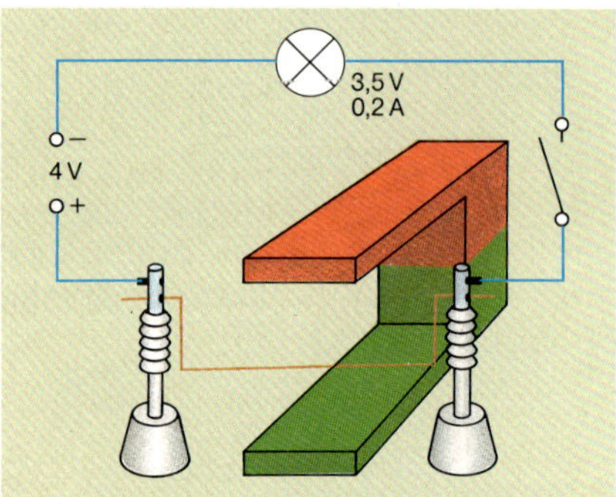

3

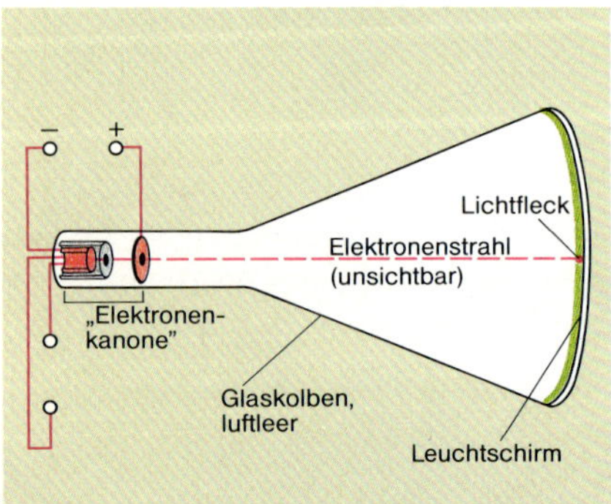

4

V 1 Für diesen Versuchsaufbau (Bild 2) eignet sich am besten ein Lamettafaden. Er ist nämlich leicht beweglich und ein guter Leiter.

a) Überprüfe zunächst, ob Lametta vom Magneten angezogen wird.

Entferne den Magneten und beobachte den Leiter, wenn der Stromkreis geschlossen wird.

b) Stelle nun den Bügelmagneten an seinen Platz. Schließe erneut den Stromkreis.

c) Was geschieht, wenn du die Stromrichtung veränderst?

d) Der Strom soll wieder in die ursprüngliche Richtung fließen. Drehe nun den Bügelmagneten um, sodass sich der Südpol über dem Leiter befindet und der Nordpol darunter.

e) Tausche den Bügelmagneten gegen einen schwächeren aus.

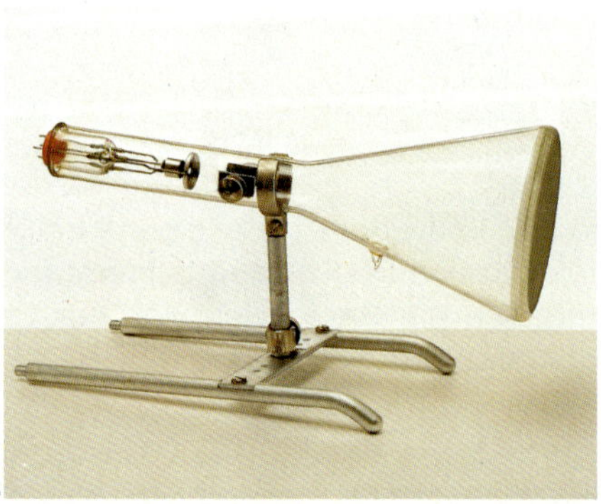
5

f) Verwende den stärkeren Magneten. Ersetze das Lämpchen durch einen veränderbaren Widerstand (0 bis 100 Ω); so kannst du verschieden große Ströme einstellen.

g) Anstelle des Lamettafadens werden unterschiedliche Metalldrähte wie in Bild 3 in den Stromkreis eingebaut.

h) Fasse jetzt deine Ergebnisse zusammen:

- ○ Welche Bedingungen müssen erfüllt sein, damit eine Kraft auf den Leiter wirkt?
- ○ Wovon hängt die Richtung dieser Kraft ab?
- ○ Unter welchen Umständen ist die Kraft besonders groß?

V 2 Wirkt die Kraft eigentlich auf den Leiter oder auf die Elektronen, die durch den Leiter fließen?

Mit Hilfe einer braunschen Röhre können wir die Antwort finden (Bilder 4 u. 5). In der luftleeren Röhre bewegen sich Elektronen geradlinig zum Leuchtschirm. Dort erzeugen sie einen Lichtfleck. Die Anordnung entspricht der Bildröhre beim Fernsehgerät.

Wir nähern der Röhre einen Magneten – entweder von der Seite oder von vorne. Was beobachtest du, wenn der Elektronenstrahl in das Magnetfeld gerät?

2834R

V 3 Wir bauen das Modell eines Drehspulinstruments (Bild 6). Anstelle des Lamettafadens benötigen wir dazu eine flache Spule.

a) Was wird geschehen, wenn der Schalter geschlossen und der Strom langsam vergrößert wird?

b) Wie wird sich die Drehspule bewegen, wenn man die Stromrichtung ändert?

c) Welche Aufgabe haben die Spiralfedern beim Drehspulinstrument?

Wieso sind bei unserem Modell keine Spiralfedern nötig?

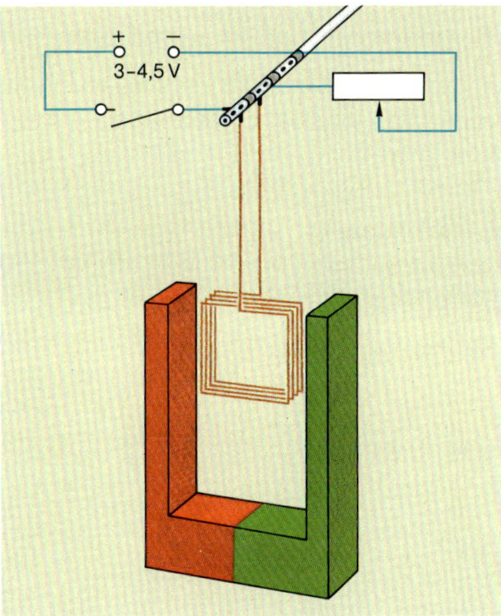

6

Die Lorentzkraft

Wenn man an einen Leiter eine Spannung legt, wirkt auf die beweglichen Ladungen im Leiter ein Antrieb in eine bestimmte Richtung. Die Ladungen bewegen sich dann durch den Leiter. So entsteht ein Strom elektrischer Ladungen – ein elektrischer Strom. In Metallen handelt es sich bei den bewegten Ladungen stets um freie Elektronen.

Im Vakuum lässt sich ein Elektronenstrahl erzeugen (Versuch 2). Auch in diesem Fall können wir von einem elektrischen Strom reden – auch wenn kein Leiter vorhanden ist; denn schließlich bewegen sich Elektronen, also elektrische Ladungen, von der „Elektronenkanone" zum Leuchtschirm.

Durchläuft ein solcher Elektronenstrahl ein Magnetfeld senkrecht zu den Feldlinien, so wird er abgelenkt.

Im Magnetfeld wirkt nämlich auf jede **bewegte Ladung** eine Kraft – und zwar senkrecht zur Bewegungsrichtung und senkrecht zu den Feldlinien (Bild 7).

Die Kraft auf jedes Elektron ist umso größer, je höher seine Geschwindigkeit und je stärker das Magnetfeld ist. Man bezeichnet diese Kraft als **Lorentzkraft** – zu Ehren des niederländischen Physikers *Hendrik Antoon Lorentz* (1853 bis 1928).

Lorentzkräfte wirken auch auf die bewegten Ladungen *in* einem Leiter. Die Ladungen übertragen die Kräfte auf den Leiter, denn sie können ihn ja nicht verlassen.

Die **Gesamtkraft** auf ein Leiterstück, das senkrecht zu den Magnetfeldlinien verläuft, hängt von der *Größe des Stromes*, der *Stärke des Magnetfeldes* und der *Länge des Leiters* im Magnetfeld ab.

Die Richtung der Kraft lässt sich mit Hilfe der **„Drei-Finger-Regel"** vorhersagen (Bild 8): Man hält den Daumen der rechten Hand in Richtung auf den Minusanschluss des Leiters und den Zeigefinger in Richtung der Feldlinien; der Mittelfinger weist dann in Richtung der Kraft, die auf den Leiter wirkt.

Mit dieser Regel wird auch verständlich, warum sich beispielsweise eine „Spule" mit einer einzigen Windung dreht (Bild 9).

Wenn die Spule mehrere Windungen hat, greifen an jeder einzelnen Windung die gezeichneten Kräfte an. Die insgesamt wirkenden Kräfte sind dementsprechend größer.

Die Lorentzkräfte sorgen dafür, dass sich eine frei bewegliche Drehspule stets senkrecht zum Magnetfeld einstellt – unabhängig davon, ob der Strom in ihr groß oder klein ist. In Versuch 3 konnten wir aber beobachten, dass die Spule umso stärker aus ihrer Ruhelage ausgelenkt wird, je größer der Strom ist.

Das hat folgenden Grund: Wenn die Anschlussdrähte der Spule gegeneinander gedreht werden, treten **Rückstellkräfte** auf. Diese sind umso größer, je weiter die Spule gedreht wird.

Die Spule dreht sich daher nur so weit, bis die Drehwirkungen der Lorentzkräfte und der Rückstellkräfte gleich groß sind.

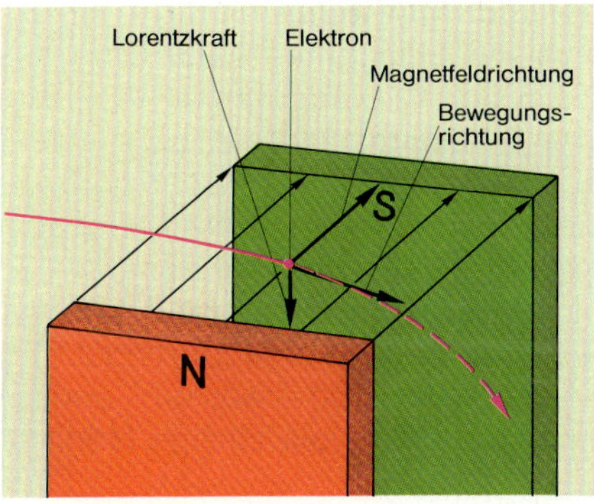

7

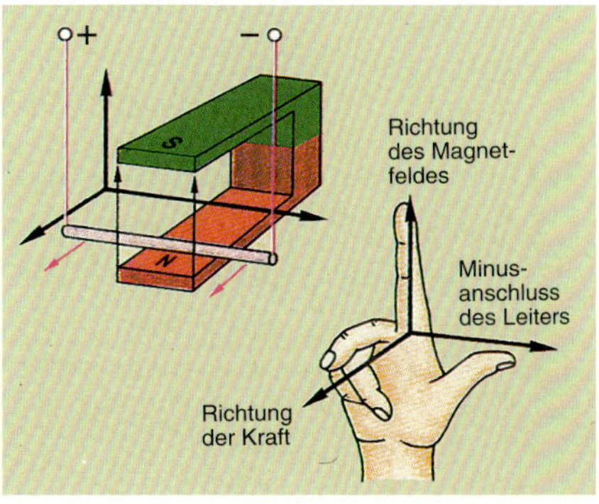

8

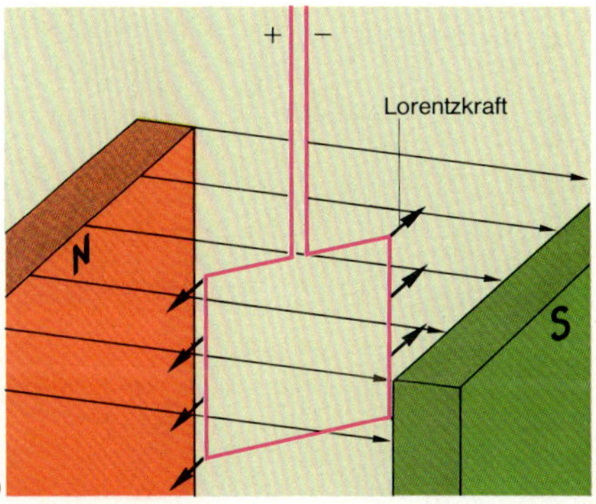

9

2835R

Aufgaben

1 Bild 1 zeigt eine ganz einfache Möglichkeit, wie man den **Versuch** mit dem Lamettafaden (V 1) durchführen kann.

In welche Richtung wird sich der Leiter bewegen?

Was geschieht, wenn wir die Monozelle umpolen? Anschließend wird noch der Magnet umgedreht, sodass sich der Südpol oben befindet.

2 Auch bei diesem **Versuch** hängt die Auslenkung vom Strom ab (Bild 2). Bei einem bestimmten Strom kommt die Leiterschaukel in der gezeichneten Stellung zur Ruhe. Welche Kräfte wirken?

3 Wenn man ein Drehspulinstrument zur Strommessung in einen Stromkreis einbaut, muss der Pluspol der Stromquelle mit dem Plusanschluss des Messgerätes verbunden sein. Was passiert, wenn die Polung falsch ist?

4 Drehspulen in Messgeräten haben viele Windungen. Warum ist das günstiger als nur eine Windung?

5 Erkläre die Funktionsweise des Drehspulinstruments von Bild 1 der Vorseite. (Das Magnetfeld zwischen den Polschuhen und dem Weicheisenkern ist überall gleich stark; es steht an jeder Stelle senkrecht auf dem Weicheisenkern.)

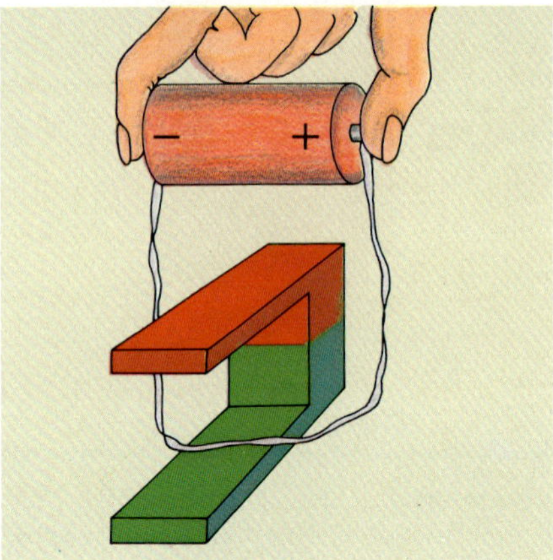

1

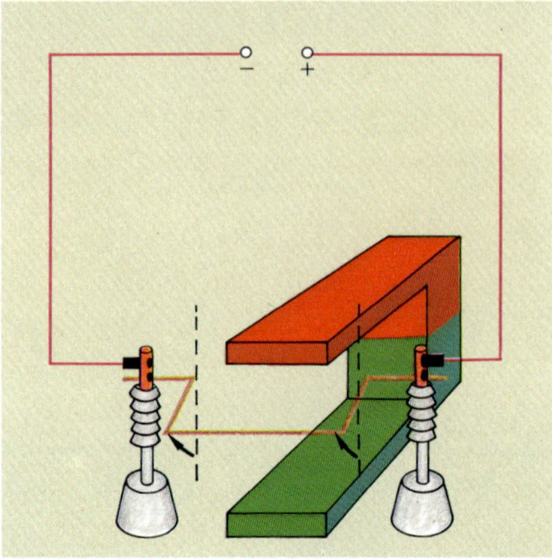

2

Aus der Geschichte: **Alte und neue Strommesser**

Vor mehr als 150 Jahren fand *Georg Simon Ohm* das nach ihm benannte Gesetz.

Um Ohms Leistung einschätzen zu können, musst du bedenken, dass es damals noch keine Messgeräte gab, wie wir sie heute kennen.

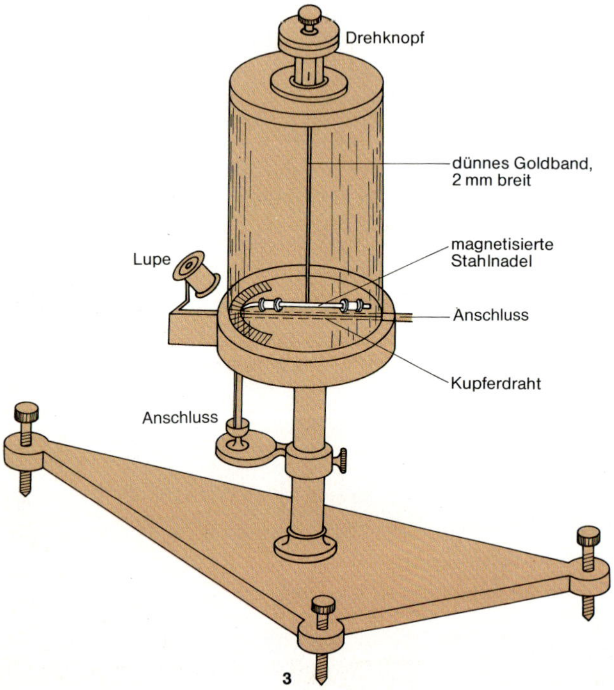

3

Bild 3 zeigt die Anordnung, mit der Ohm Ströme maß. Sie erinnert an den Versuchsaufbau, mit dem Oersted wenige Jahre zuvor die magnetische Wirkung des elektrischen Stromes nachgewiesen hatte.

So funktioniert **Ohms Strommesser**: Das Messgerät wird so aufgestellt, dass die Stahlnadel und der darunter liegende Kupferdraht in Nord-Süd-Richtung zeigen. Dann wird das Gerät angeschlossen, sodass der zu messende Strom durch den Kupferdraht fließt. Die Umgebung des Leiters wird dadurch zum Magnetfeld. Daher wirken auf die Magnetpole der Stahlnadel Kräfte, die sie aus der Nord-Süd-Richtung auslenken.

Die Auslenkung ist aber nicht proportional zum Strom. Das hängt damit zusammen, dass das Magnetfeld des gestreckten Kupferdrahtes nicht homogen ist. Aus diesem Grund kann das Messergebnis nicht einfach aus der Auslenkung der Nadel bestimmt werden.

Vielmehr dreht man die Magnetnadel mit Hilfe des Drehknopfes so lange, bis diese wieder genau über dem Leiter steht; dabei wird das Goldband verdrillt. Die ablenkende Kraft des Magnetfeldes ist dann genauso groß wie die Rückstellkraft, die das Goldband auf die Nadel ausübt. Der Winkel, um den der Drehknopf verstellt wird, ist ein Maß für die ablenkende Kraft des Feldes und damit für den Strom: Drehwinkel und Strom sind proportional.

Dieses Verfahren, das dir sicherlich etwas umständlich erscheint, war zu Lebzeiten Ohms die einzige Möglichkeit Ströme korrekt zu messen.

2836R

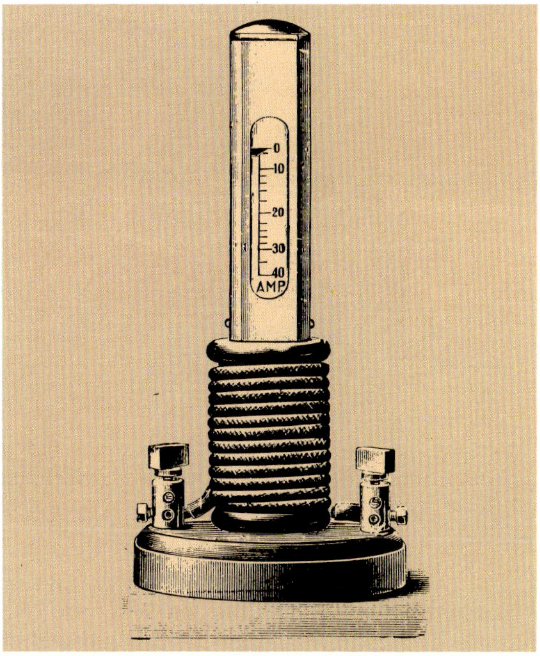

4

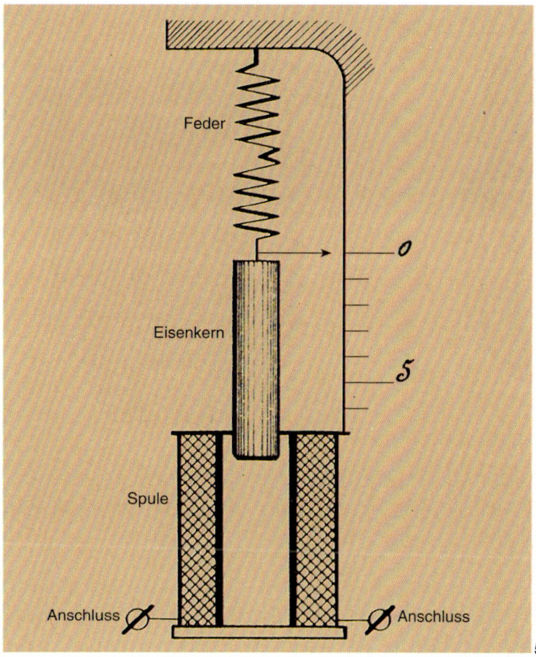

5

Viel einfacher und schneller konnten Ströme mit diesem **Federstrommesser** aus der Zeit um die Jahrhundertwende bestimmt werden (Bilder 4 u. 5). Ein Nachteil dieses Gerätes ist aber, dass die Teilstriche auf der Skala unterschiedliche Abstände haben.

Ebenfalls zu Beginn des 20. Jahrhunderts wurden die **ersten Dreheiseninstrumente** eingesetzt (Bild 6). Ihre Funktionsweise zeigt – stark vereinfacht – ein **Versuch**, der in Bild 7 dargestellt ist.

Der Strom, der durch die Spule fließt, ruft ein Magnetfeld hervor. Dadurch werden die Nägel magnetisiert: Zum Beispiel werden die Köpfe beider Nägel zu Nordpolen und die Spitzen zu Südpolen. Die Nägel üben somit abstoßende Kräfte aufeinander aus. Die Folge ist, dass der eine Nagel vom anderen wegrollt – und zwar umso weiter, je größer der Strom ist.

In Bild 8 siehst du den Aufbau eines Dreheiseninstruments, wie es noch heute verwendet wird.

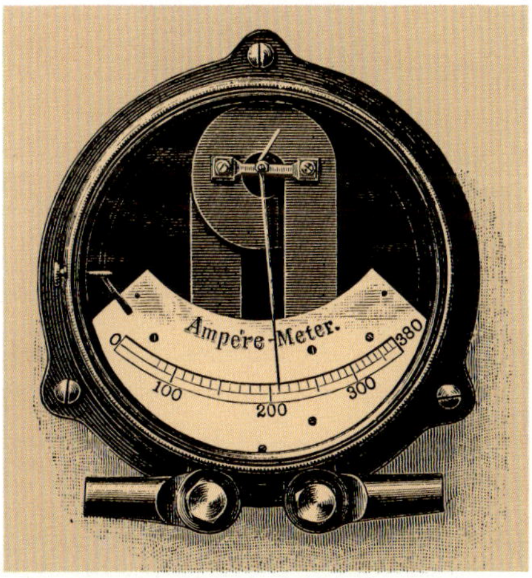

6

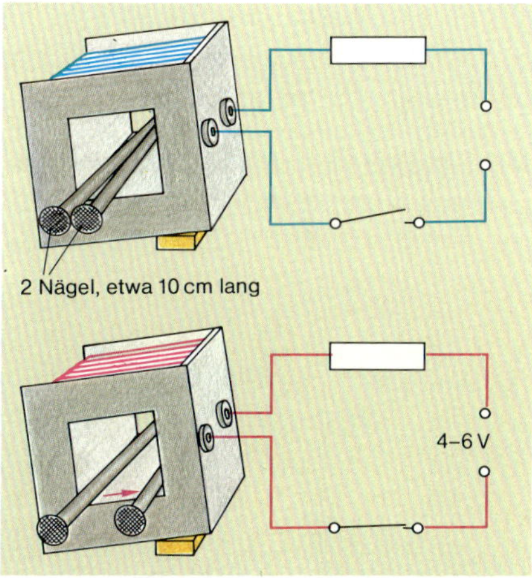

7

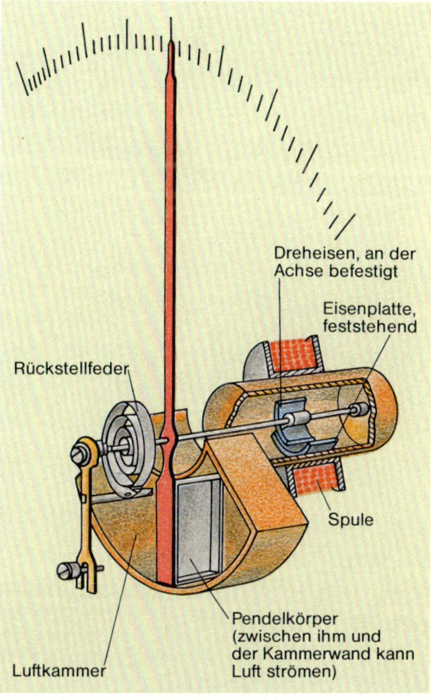

8

Fragen und Aufgaben zum Text

1 Beschreibe, wie ein Dreheiseninstrument funktioniert. Bild 8 hilft dir bei deiner Beschreibung.

2 Warum wird beim Dreheiseninstrument eine Spiralfeder verwendet?

3 Weshalb ist die Polung beim Dreheiseninstrument ohne Bedeutung?

2 Der Elektromotor

1

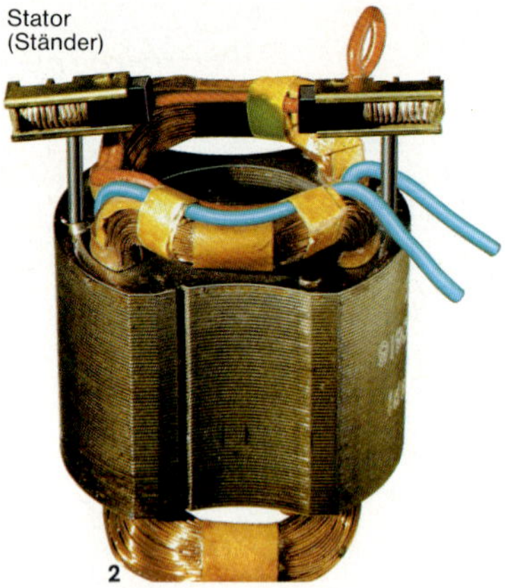

2

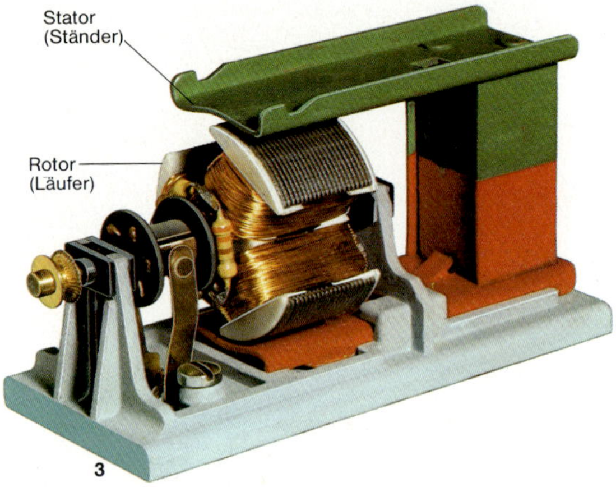

3

○ Viele Haushaltsgeräte sind mit Elektromotoren ausgerüstet. Sieh einmal nach: Wie viele Elektromotoren gibt es bei dir zu Hause?

○ Die Bilder 1–3 zeigen, wie Elektromotoren aufgebaut sind. Kannst du dir die Begriffe **Rotor** (Läufer) und **Stator** (Ständer) erklären?

○ In allen Elektromotoren spielen Magnete eine wichtige Rolle. Welche Teile eines Elektromotors könnten wohl wie Magnete wirken?

○ Wie entsteht die Drehwirkung auf den Rotor? Eine anschauliche Erklärung findest du, wenn du dir überlegst, wie die einzelnen Magnete aufeinander wirken …

V 4 Wir bauen einen einfachen „Elektromotor" (Bild 4). Als Rotor verwenden wir eine Kompassnadel oder einen Stabmagneten, als Stator eine Spule mit Eisenkern.

Gelingt es dir, die Kompassnadel (oder den Stabmagneten) zum Drehen zu bringen?

Beschreibe anschließend, wie du das geschafft hast.

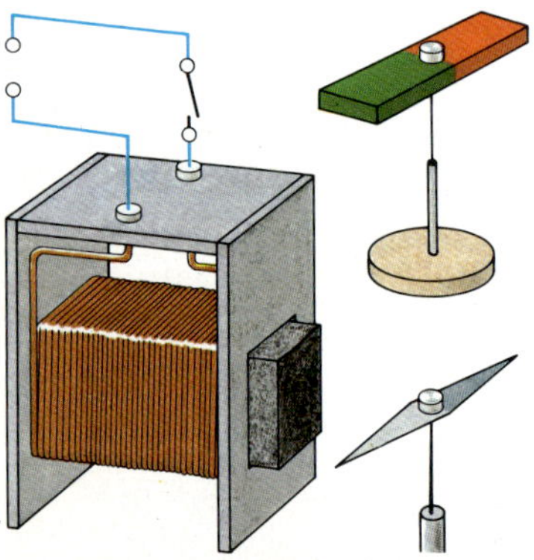
4

V 5 Damit sich bei einem richtigen Elektromotor der Rotor dreht, muss aber doch niemand ständig einen Schalter betätigen! …

Am praktischsten wäre es, wenn der Rotor selbst bei jeder Drehung den Strom ein- und wieder ausschalten würde – und zwar jeweils genau im richtigen Augenblick …

a) Wie du den Dauermagneten als „Schalter" verwenden kannst, zeigt dir Bild 5. Baue diesen verbesserten „Motor" auf.

b) Überlege, welchen großen Nachteil dieser „Motor" hat.

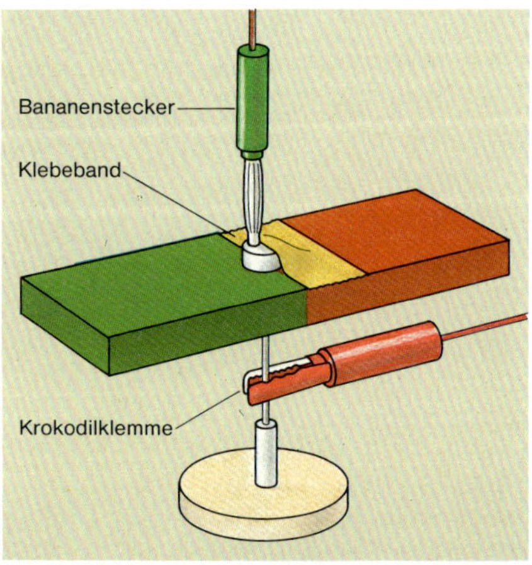

5

V 6 Dieser Versuch wird dich an das Drehspulinstrument erinnern. Als Rotor dient uns eine Spule. Als Stator verwenden wir einen Bügelmagneten. Den Versuchsaufbau zeigt Bild 6.

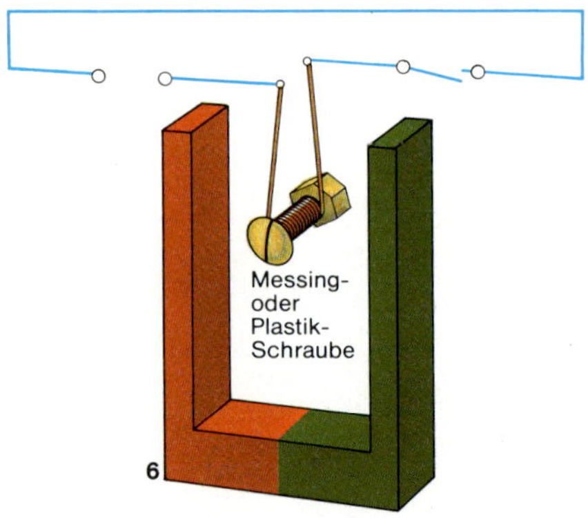

6

a) Wo befinden sich bei dieser Spule die Pole?

b) Wie kommt es hier zu der Bewegung der Spule?

c) Die Spule dreht sich nur ein wenig – auch wenn der Strom für längere Zeit eingeschaltet wird. Überlege dir eine einfache Erklärung dafür.

d) Auf welche Weise könntest du wohl erreichen, dass sich die Spule richtig im Kreis dreht? Versuche es einmal!

2838R

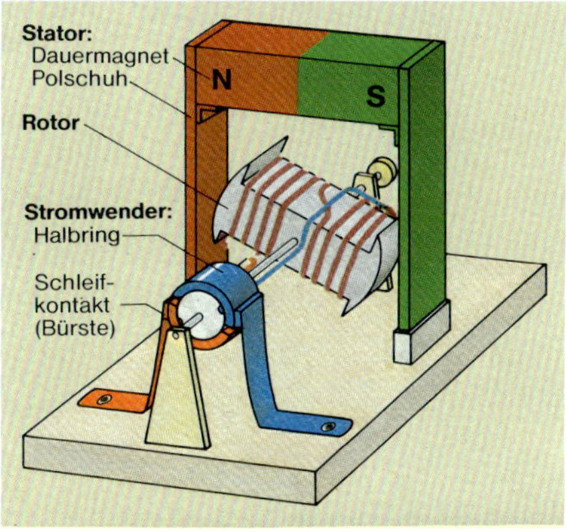

7

V 7 Ein Motor wie in Bild 7 wird zunächst an eine Stromquelle (4 bis 5 V) angeschlossen; dann wird der Rotor „angeworfen".

Suche die beiden Magnetpole des Rotors.

Dazu ein Tipp: Bei manchen Experimentiermotoren lässt sich der Dauermagnet abnehmen. Der Rotor bleibt dann stehen und du kannst die Magnetpole in Ruhe nachweisen.

V 8 Wir wollen nun untersuchen, weshalb sich der Rotor bei diesem Motor *ständig* dreht und warum er nicht (wie in Versuch 6) schon nach einer halben Umdrehung stehen bleibt.

a) Nachdem der Stabmagnet entfernt ist, wird die stromdurchflossene Spule langsam gedreht. Dabei kann man auf diese Weise (Bild 8) die Magnetpole des Rotors überprüfen. Was beobachtest du?

b) Erkläre, warum man die Kontakte A u. B zusammen mit den Bürsten als *Stromwender* (oder als *Kommutator*) bezeichnet (lat. *commutare:* vertauschen).

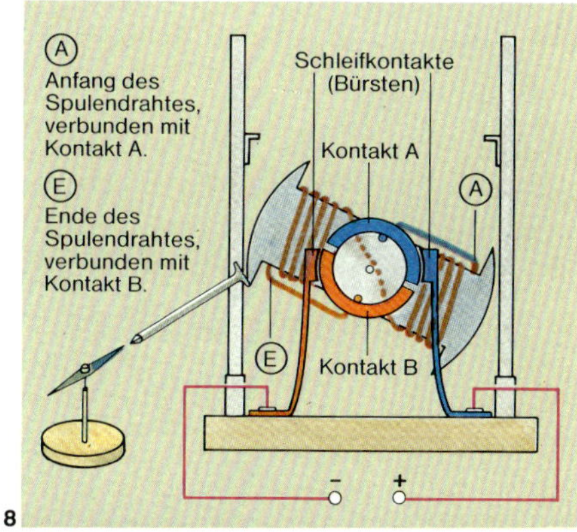

8

c) Wie steht der Rotor, wenn seine Pole vertauscht werden: senkrecht oder waagerecht?

Der Rotor des Elektromotors dreht sich immer weiter ohne stehen zu bleiben.

Versuche nun dafür eine Erklärung zu geben.

Aufgaben

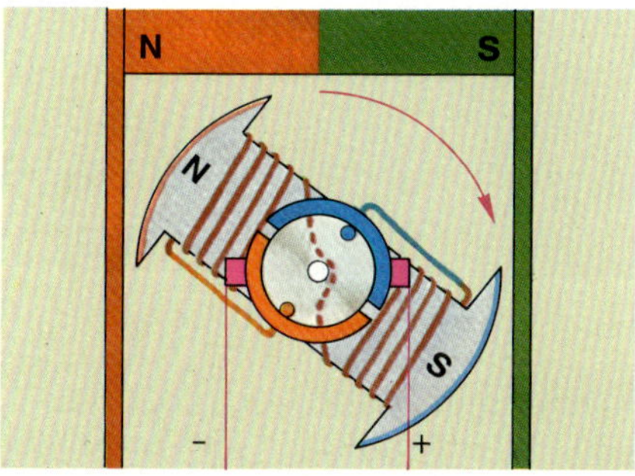

9

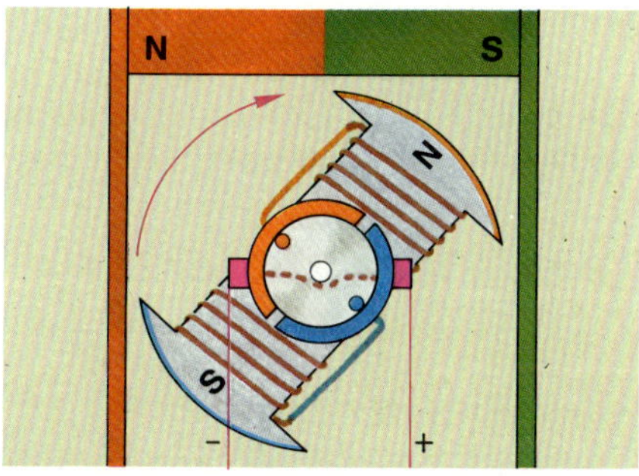

10

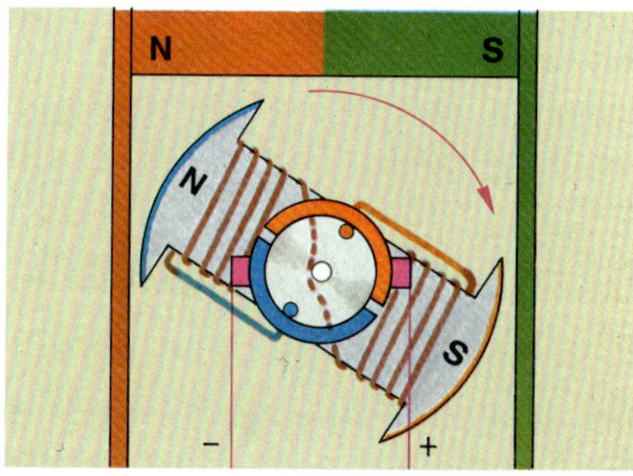

11

1 „Ein Elektromotor besteht nur aus drei wesentlichen Teilen." Welche drei Teile sind gemeint?

2 Die Bilder 9–11 zeigen einen Elektromotor mit verschiedenen Stellungen des Rotors. Der Rotor dreht sich in jeder Stellung weiter.

Gib eine einfache Erklärung, warum sich der Rotor des Motors jeweils dreht.

3 Die Drehung des Rotors lässt sich auch mit Hilfe der *Lorentzkräfte* erklären. Zur Vereinfachung ist in den Bildern 12 u. 13 anstelle des Rotors eine „Spule" mit einer einzigen Windung gezeichnet.

a) Welche Richtung haben die Kräfte auf die Leiterstücke a und b?

b) In welche Richtung dreht sich die „Spule"?

c) Immer wenn die „Spule" senkrecht steht, muss die Stromrichtung umgekehrt werden. Begründe das mit den Lorentzkräften.

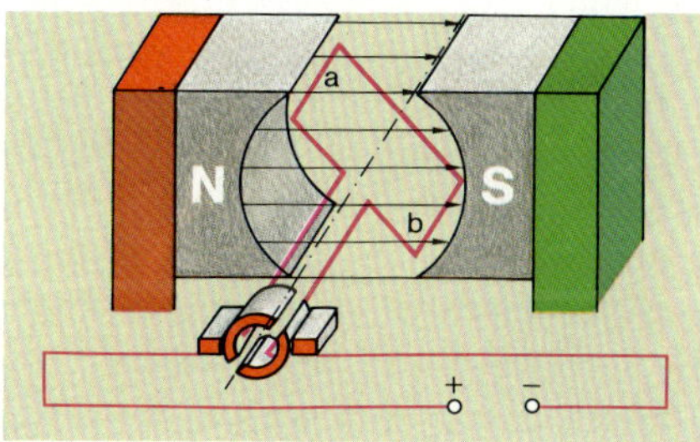

12

4 Mit einem Elektromotor (z. B. in einem Kran) können Lasten hochgehoben werden. Welche Kräfte ermöglichen das?

5 Suche nach Gemeinsamkeiten von Drehspulinstrument und Elektromotor. Welche Unterschiede gibt es in ihrer Funktionsweise?

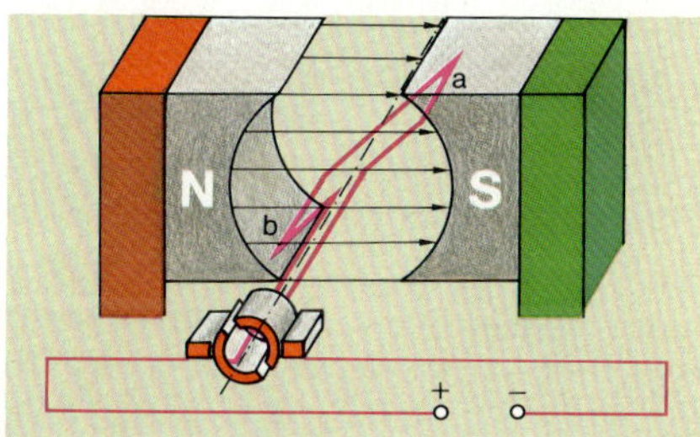

13

Aus der Geschichte: **Die ersten Elektromotoren**

1

Vor 150 Jahren begann man die anziehenden und abstoßenden Kräfte von Elektromagneten technisch zu nutzen. Damals baute der deutsche Physiker *Jacobi* einen Elektromotor (Bild 1):

Auf einer runden, drehbar gelagerten Holzscheibe (dem *Rotor*) brachte er vier hufeisenförmige Elektromagnete an.

Vier weitere Elektromagnete befanden sich – dem Rotor gegenüber – auf einer feststehenden Holzscheibe (dem *Stator*).

Sowohl die Elektromagnete des Stators als auch die des Rotors waren hintereinander geschaltet – und zwar in zwei getrennten Stromkreisen; sie hatten *eine* Batterie als gemeinsame Stromquelle. Auf der Rotorachse hatte Jacobi eine Vorrichtung befestigt, die dem Stromwender bei modernen Motoren entspricht.

Wie kam es bei diesem Elektromotor zur Drehung des Rotors? Das kannst du dir sicherlich selbst überlegen …

Im Jahr 1839 wurde Jacobis Elektromotor zum ersten Mal praktisch erprobt: Er trieb die Schaufelräder eines Bootes an. Innerhalb von zwei Stunden legte dieses „elektrische Boot" – mit zwölf Personen an Bord – eine Strecke von 7 km zurück.

50 Jahre später waren Elektromotoren nicht mehr die einfachen, teilweise aus Holz gebauten Geräte wie zu Jacobis Zeiten; es waren bereits elektrische Maschinen, wie wir sie heute kennen. Diese Maschinen verdrängten nach und nach in den Fabriken die Dampfmaschinen. Zunächst trieben nur ein oder zwei Elektromotoren *sämtliche* Werkzeugmaschinen an, die in einer Fabrikhalle standen. Dazu waren immer noch – wie bei den Dampfmaschinen – große Antriebswellen und Treibriemen erforderlich (Bild 2). Als dann aber im Laufe der Zeit jede Maschine mit einem eigenen Antriebsmotor ausgerüstet wurde, konnte man auf solche Riemen und Wellen verzichten.

2

Bald wurden auch erste Elektroloks gebaut. Am 4. Juni 1881 berichtete die „Illustrierte Zeitung" aus Leipzig:

Erste elektrische Bahn in Betrieb

Schon 1873 bei der Berliner Gewerbeausstellung erregte die von der weltbekannten Firma *Siemens und Halske* in Berlin eingerichtete elektrische Eisenbahn allgemeines Aufsehen. Den vielen Leuten schien es geradezu märchenhaft, die mit zahlreichen Personen schwer beladenen Wagen ohne sichtbare Kraft dahinfahren zu sehen.

Die kürzlich eröffnete elektrische Eisenbahnstrecke in Lichterfelde bei Berlin verbindet den Bahnhof mit der Kadettenanstalt und hat eine Länge von 2½ km. Zum Betrieb der Bahn ist nur erforderlich, den Strom beliebig einsetzen und unterbrechen zu können. Dies geschieht durch Drehung einer Kurbel, die sich auf der Wagenplattform zur Hand des Conducteurs befindet.

Der 20 Personen fassende Wagen ist den Fahrzeugen der Pferdebahn ähnlich, hat Bremse und Signalglocke und wird von einem Fahrer, der zugleich Fahrscheine verkauft, bedient. Der behördlichen Anordnung gemäß, soll die durchschnittliche Fahrgeschwindigkeit 15 km pro Stunde betragen und darf an keiner Stelle 20 km pro Stunde übersteigen.

Elektrische Oberleitungen waren damals noch unbekannt. Als Stromleitungen dienten die beiden Schienen. Für diese Bahnlinie gab es ein eigenes Kraftwerk, in dem zwei Dampfmaschinen mit jeweils 6 PS (oder 4,4 kW) Leistung zwei Generatoren antrieben.

3

2840R

3 Zusammenfassung

Die Lorentzkraft

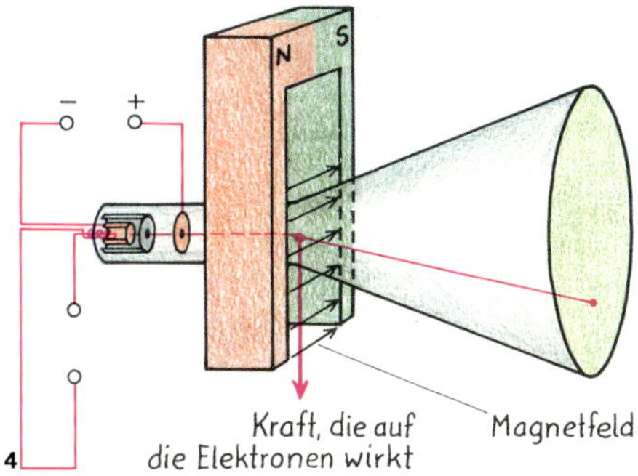

4

Auf **bewegte Ladungen** wirkt in einem **Magnetfeld** eine Kraft senkrecht zur Bewegungsrichtung und senkrecht zur Richtung des Feldes. Diese Kraft nennt man **Lorentzkraft**.

Elektronen in einem Metalldraht übertragen die Lorentzkräfte auf den Draht. Die Kraft, die auf den Leiter im Magnetfeld wirkt, hängt dabei von seiner Länge, von der Stärke des Magnetfeldes und vom Strom ab.

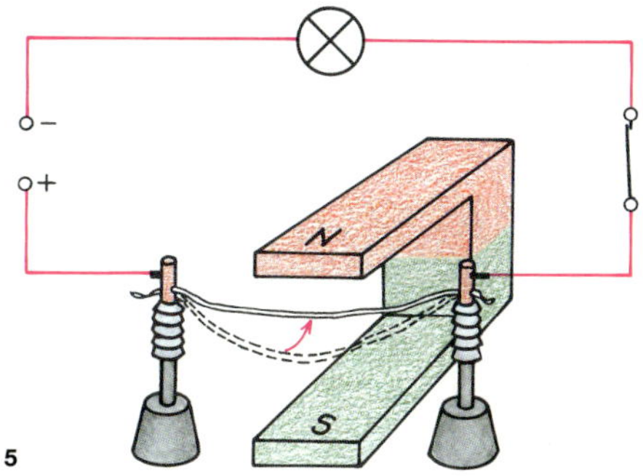

5

Das Drehspulinstrument

Die Drehspule kann sich im Luftspalt zwischen den Polschuhen und dem Weicheisenkern drehen. In diesem Bereich ist das magnetische Feld überall gleich stark. Die Kräfte, die auf die Spule wirken, hängen daher nur vom Strom (und seiner Richtung) ab. Sie sind unabhängig von der augenblicklichen Stellung der Spule.

Solange kein elektrischer Strom durch die Spule des Drehspulinstruments fließt, halten zwei Spiralfedern die Spule in der Ruhelage.

Wenn aber ein Strom fließt, dreht sich die Spule. Dadurch werden die Spiralfedern gespannt. Die Folge sind Rückstellkräfte auf die Spule, die proportional zur Auslenkung sind.

Die Spule dreht sich daher nur so weit, bis sich die Lorentzkräfte und die Rückstellkräfte in ihren Drehwirkungen gegenseitig aufheben.

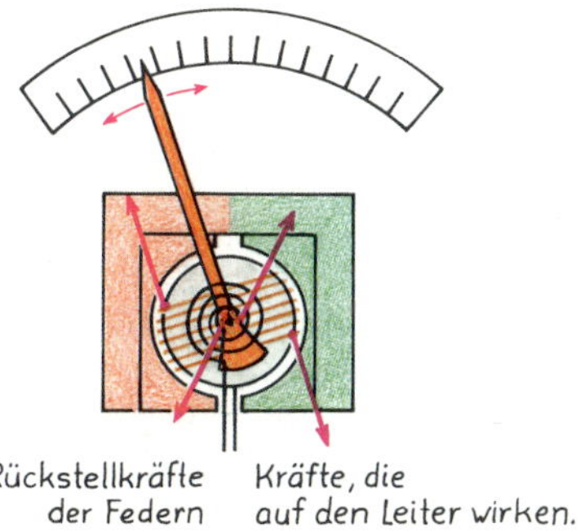

6

Der Elektromotor

Die wichtigsten Teile des Elektromotors sind ein fest stehender Dauermagnet (der *Stator* oder *Ständer*), ein drehbarer Elektromagnet (der *Rotor* oder *Läufer*) und ein *Kommutator* oder *Stromwender*.

Der Stromwender hat die Aufgabe, bei jeder Drehung des Rotors die Stromrichtung in der Rotorspule im jeweils „richtigen" Takt umzukehren. So werden immer wieder Nord- und Südpol des Rotors vertauscht.

Die Drehung des Rotors lässt sich mit Hilfe der Lorentzkraft erklären. Anschaulicher ist aber folgende Erklärung:

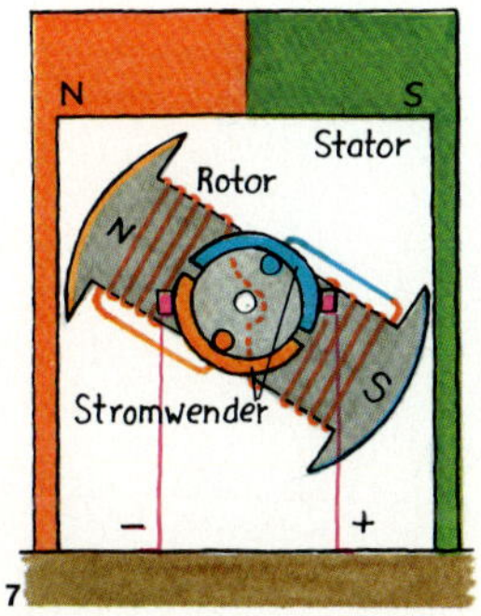

7

Da sich hier gleichnamige Pole von Rotor und Stator gegenüberstehen, *stoßen* sich diese gegenseitig *ab*. Die Folge ist, dass sich der Rotor dreht.

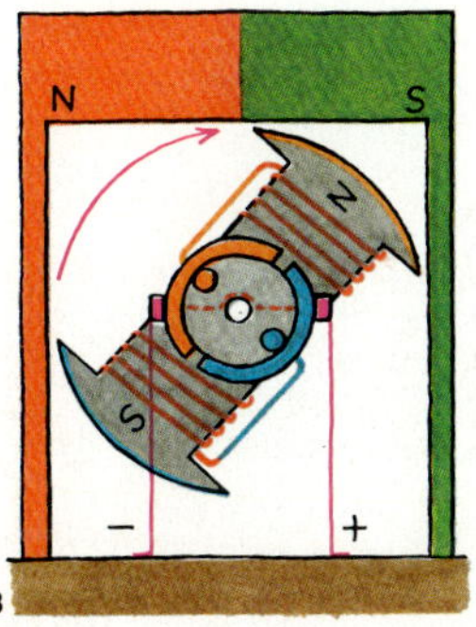

8

Der Rotor dreht sich weiter, denn nun *ziehen* sich die ungleichnamigen Pole von Rotor und Stator gegenseitig *an*. Die Drehung würde aber aufhören, wenn sich die ungleichnamigen Pole gegenüberstünden.

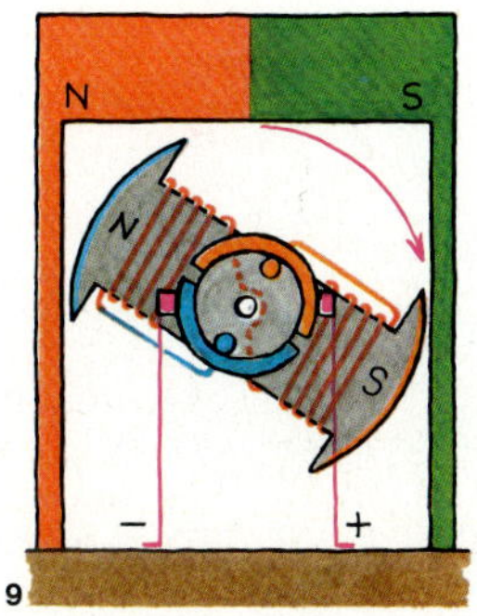

9

Daher wird rechtzeitig durch den Stromwender die Stromrichtung in der Rotorspule umgekehrt. Aus dem *Nordpol* des Rotors wird so ein *Südpol* und aus dem *Südpol* ein *Nordpol*. Die Drehung geht damit weiter.

Elektrische Energie durch Induktion

1 Eine Spule als Energiequelle?

1

2

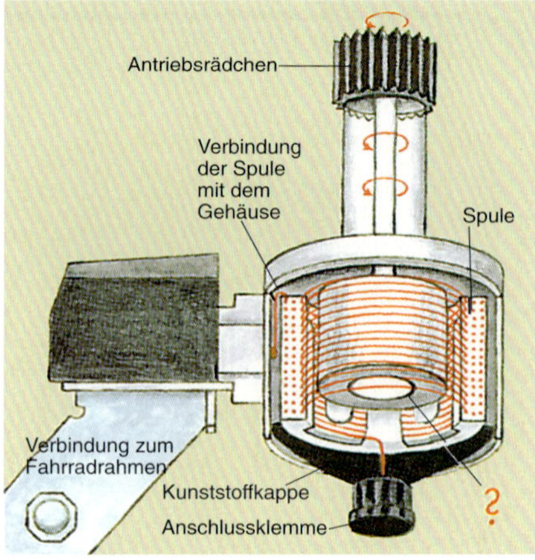

3

Ob das wirklich so einfach ist, wie Harry es sich denkt (Bild 1)? Vielleicht!
Auch der Stromkreis von Bild 2 enthält ja sowohl eine Glühlampe (im Scheinwerfer) als auch eine Spule (im Dynamo; Bild 3).

V 1 Schließe ein Lämpchen (3,8 V/ 0,07 A) an den Fahrraddynamo an. Drehe dann das Antriebsrädchen mit der flachen Hand, und zwar möglichst schnell.

Was kannst du dabei am Lämpchen beobachten?

V 2 Ein Fahrraddynamo besteht aus mehreren Teilen. In Bild 3 ist eines dieser Teile mit einem Fragezeichen versehen worden. Es ist mit dem Antriebsrädchen verbunden und kann gedreht werden.

Was könnte das für ein Teil sein? Du kannst deine Vermutung überprüfen, indem du eine Kompassnadel in etwa 2 cm Abstand an den Dynamo hältst und dann das Antriebsrädchen langsam drehst.

V 3 Ob man auch auf diese Weise eine Lampe zum Leuchten bringen kann (Bild 4)?

a) Versuche es zunächst, indem du den Nordpol (oder den Südpol) des Magneten ruckartig aus der Spule herausziehst. Was geschieht, wenn du ihn wieder in den Spulenhohlraum hineinstößt?

b) Was beobachtest du, wenn du einen Pol des Magneten in der Spule schnell hin und her bewegst?

c) Nun soll die *Spule* bewegt werden und der Magnet auf dem Tisch stehen (Bild 5). Was stellst du fest?

d) Bewege nun beide (die Spule und den Magneten) miteinander in derselben Richtung.

V 4 Wovon hängt es ab, wie hoch die Spannung zwischen den Spulenanschlüssen in Bild 6 ist?

a) Untersuche, ob sich die Spannung ändert, wenn du den Magneten unterschiedlich schnell im Spulenhohlraum bewegst.

b) Hängt die Spannung davon ab, wie stark der Magnet ist? Probiere verschiedene Magnete (möglichst mit gleicher Form) aus; bewege sie jedes Mal, so schnell du kannst.

c) Hat die Windungszahl der verwendeten Spule einen Einfluss auf die erzeugte Spannung?

d) Formuliere die Versuchsergebnisse so: „Die Spannung ist umso größer, je …"

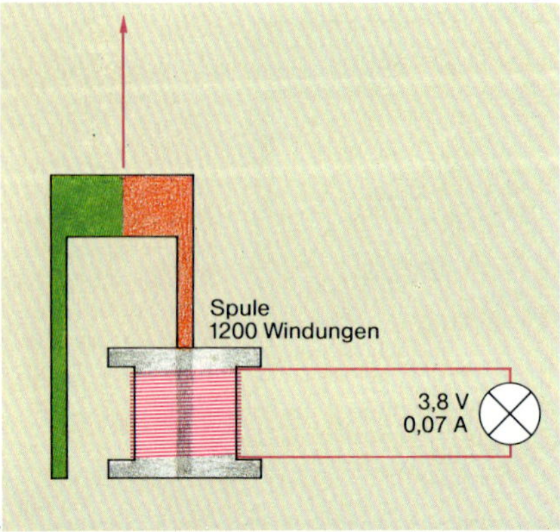

4

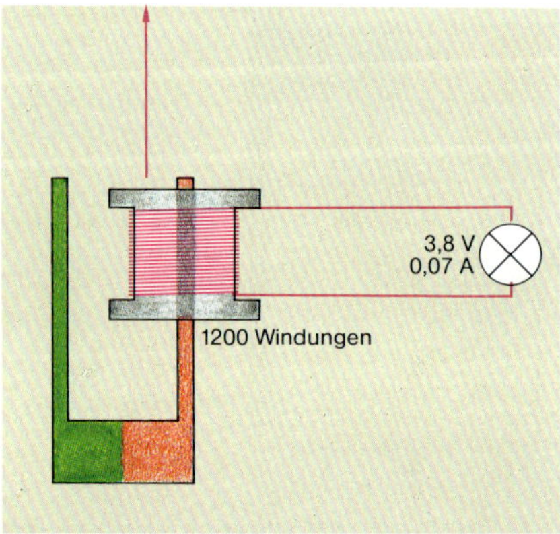

5

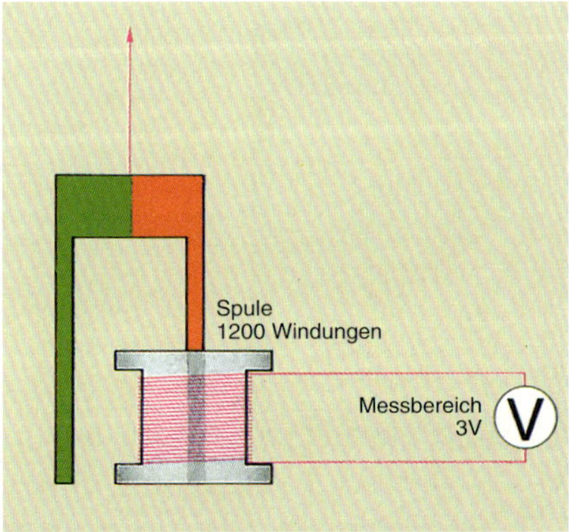

6

2790R

In den Versuchen haben wir festgestellt: **Spule und Magnet können dann die Elektronen in einem geschlossenen Stromkreis antreiben, wenn sie aufeinander zu oder voneinander weg bewegt werden.** Befinden sie sich in Ruhe oder werden sie gemeinsam (in gleicher Richtung und gleich schnell) bewegt, so lässt sich im Stromkreis kein Strom nachweisen.

Wie kommt es nun, dass durch die Leiter Elektrizität fließt, obwohl doch der Spulendraht gar nicht vom Magneten berührt wird? Jeder Magnet ist – wie du schon weißt – von einem **Magnetfeld** umgeben. Die magnetische Wirkung auf ein Eisenstück ist aber nicht an allen Stellen des Feldes gleich groß; man sagt, das Magnetfeld ist unterschiedlich stark.

Um ein Magnetfeld darzustellen, verwenden wir Feldlinien (Bilder 7 u. 8). Je dichter sie beieinander liegen, desto stärker ist das Magnetfeld.

Die Bilder 7 u. 8 zeigen, was geschieht, wenn einer Spule ein Dauermagnet genähert wird: Zunächst ist das Feld in der Spule schwach und wird dann immer stärker. **Durch die Bewegung des Magneten oder der Spule wird das magnetische Feld geändert, das die Spule durchdringt.**

Dies hat zur Folge, dass die beweglichen Elektronen im Spulendraht angetrieben werden. Zwischen den Enden des Spulendrahtes entsteht eine Spannung, die **Induktionsspannung.**

Ein angeschlossenes Lämpchen zeigt daher einen Strom an, und zwar so lange, wie sich das Magnetfeld in der Spule ändert.

Immer wenn sich im Hohlraum einer Spule ein Magntfeld ändert, tritt zwischen ihren Anschlüssen eine Spannung auf. Diesen Vorgang bezeichnet man als **elektromagnetische Induktion** (oder einfach als *Induktion*).

Bewegt man den Magneten **schneller**, so ändert sich das magnetische Feld in der Spule schneller. Dadurch werden die beweglichen Elektronen im Leiter stärker angetrieben; also steigt die Induktionsspannung. Der Strom im angeschlossenen Stromkreis ist größer, als wenn das Magnetfeld langsam geändert würde.

Führt man aber einen nur **schwachen Magneten** mit gleicher Geschwindigkeit an die Spule heran, so wird das Magnetfeld in der Spule weniger geändert als bei einem starken Magneten. Die Elektronen erfahren nur einen schwachen Antrieb; die Induktionsspannung ist gering.

Wird in einer **Spule mit sehr vielen Windungen** das Magnetfeld geändert, so werden die Elektronen in jeder Windung angetrieben. Die Induktionsspannungen, die an den Enden der einzelnen Windungen auftreten, addieren sich zu einer hohen Spannung – wie bei hintereinander geschalteten Batteriezellen.

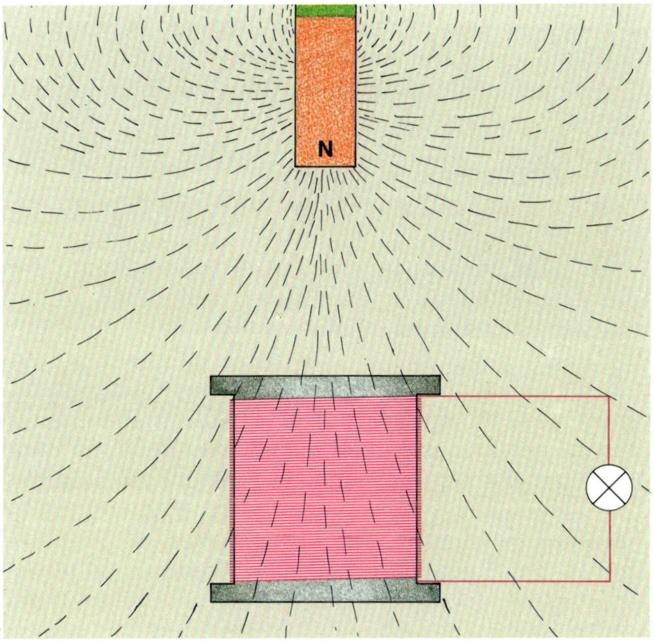

7

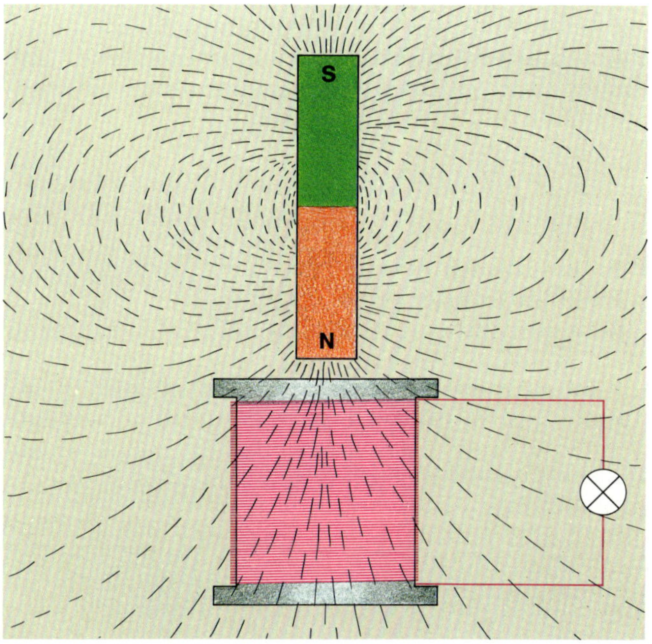

8

Aufgaben

1 Eine Spule soll die Batterie in einem Stromkreis ersetzen. Was benötigst du außer der Spule?

2 Harry hat einen Stabmagneten in eine Spule gelegt. Er verbindet einen Spannungsmesser mit der Spule. Der Spannungsmesser zeigt jedoch keine Spannung an.

Tina meint dazu: „Nur den Magneten in die Spule legen – wenn das so einfach wäre! Dann müsste ja der Fahrradscheinwerfer auch leuchten, wenn der Dynamo noch gar nicht ans Vorderrad geklappt ist." Kannst du erklären, was gemeint ist?

3 An eine Spule ist ein Spannungsmesser angeschlossen. Er soll möglichst hohe Werte anzeigen. Wie kannst du das erreichen?

Aus der Geschichte: **Faraday entdeckt die Induktion**

Vor mehr als 150 Jahren beschäftigte sich der Engländer *Michael Faraday* mit den Zusammenhängen zwischen Magnetismus und Elektrizität.

Ausgangspunkt für Faradays Überlegungen war der bekannte Versuch von *Oersted.* Oersted hatte 1821 bewiesen, daß strömende Elektrizität eine magnetische Wirkung besitzt. Er zeigte, daß eine Kompaßnadel abgelenkt wird, wenn sie sich in der Nähe eines Drahtes befindet, durch den ein Strom geschickt wird: *Elektrischer Strom verursacht also die Bewegung eines Magneten.*

Faraday vermutete nun, daß man diesen Vorgang auch umkehren kann:

Ein bewegter Magnet müßte doch in einem Leiter einen elektrischen Strom hervorrufen, dachte er.

Deshalb schrieb er schon 1822 in sein Tagebuch: *„Convert magnetism into electricity!"*

Aber was er sich vorgenommen hatte, wollte ihm einfach nicht gelingen. *„No usable results",* notierte er deshalb immer wieder in seinem Tagebuch.

Die Versuche zur Induktion lassen sich heute zwar recht einfach durchführen, Faraday mußte aber zunächst noch ganz erhebliche Schwierigkeiten überwinden. Seine Stahlmagnete waren nämlich viel schwächer als unsere heutigen Dauermagnete, und sein Strommesser war nichts anderes als ein Kompaß, den er mit Draht umwickelt hatte.

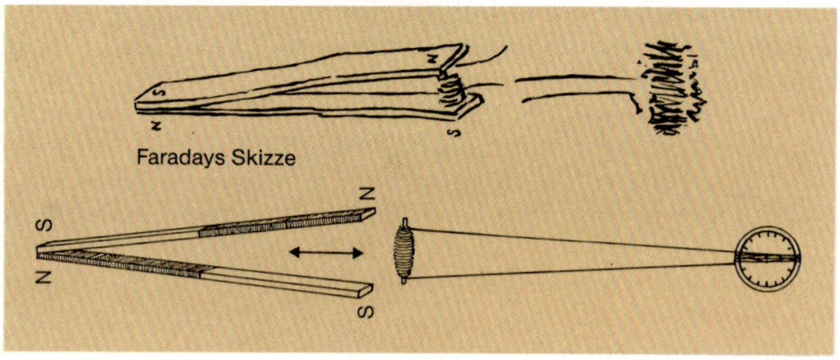

1

Erst 1831 hatte Faraday Erfolg: Er fügte zwei Stahlmagnete zu einem Bügelmagneten zusammen und näherte ihn einer kleinen Spule (Bild 1). Und tatsächlich – der an die Spule angeschlossene Strommesser zeigte einen kurzen Stromstoß an! Hielt Faraday den Magneten jedoch nur dicht an die Spule heran, ohne ihn zu bewegen, so war kein Strom nachweisbar. Entfernte er den Magneten wieder, so wurde erneut ein Stromstoß angezeigt.

Neben der Versuchsbeschreibung notierte Faraday: *„Conversion of magnetism into electricity."*

Er hatte so die elektromagnetische Induktion entdeckt und eine neue Energiequelle für Stromkreise gefunden.

2 Induktionsspannungen – streiken da unsere Meßgeräte?

V 5 Diese beiden Schaltskizzen (Bilder 2 u. 3) kennst du schon. Was wird hier jeweils gemessen?

Baue zunächst die Stromkreise auf, und überprüfe, ob dein Meßgerät funktioniert.

Ersetze in beiden Schaltungen die Batterie durch einen Fahrraddynamo, der mit einer Handkurbel angetrieben wird. Drehe die Kurbel so schnell, daß das Lämpchen hell leuchtet. Was beobachtest du jeweils am Meßgerät?

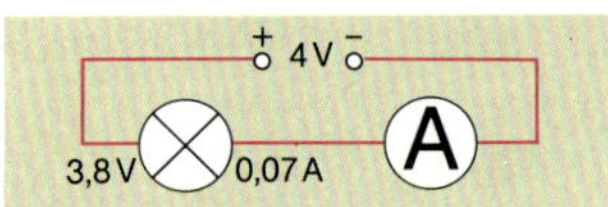

2

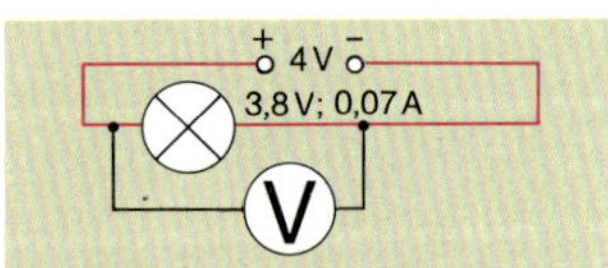

3

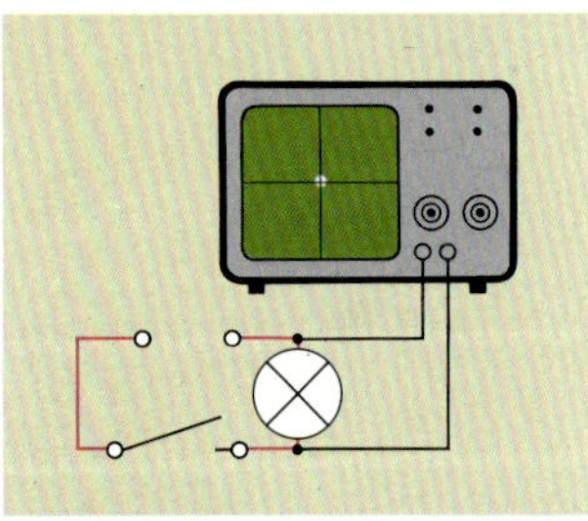
4

V 6 Um die Spannung des Fahrraddynamos genauer zu untersuchen, verwenden wir ein **Oszilloskop.** Das Gerät wird so eingestellt, daß in der Mitte des Bildschirms ein heller Punkt erscheint.

Wie zeigt das Oszilloskop Spannungen an? Um diese Frage in einem Vorversuch zu klären, bauen wir das Oszilloskop in eine Schaltung nach Bild 4 ein. Beobachte den Leuchtpunkt, ...

... wenn der Schalter betätigt wird,
... wenn die Batterie umgepolt wird,
... wenn die Spannung geändert wird.

V 7 Wir schließen das Oszilloskop an das mit dem Dynamo verbundene Lämpchen an. Der Dynamo wird in Gang gesetzt – erst langsam und dann immer schneller. Was kannst du über die Spannung am Lämpchen aussagen?

V 8 Der Leuchtpunkt „schrieb" in Versuch 7 nur einen senkrechten Strich auf den Schirm. Damit wir zu jedem Zeitpunkt die gerade herrschende Spannung feststellen können, wird die *Seitenablenkung* eingeschaltet. Dadurch erreicht man, daß sich der Leuchtpunkt von links nach rechts über den Schirm bewegt. Ist er am rechten Schirmrand angelangt, springt er blitzschnell wieder nach links an seinen Ausgangspunkt zurück.

Wie ändert sich das Bild auf dem Schirm, wenn der Dynamo in Bewegung gesetzt wird?

V 9 Das Lämpchen wird an ein Netzgerät mit 6 V *Wechselspannung* (~) angeschlossen. Was wird auf dem Schirm des Oszilloskops zu sehen sein?

Die Spannung zwischen den Lampenanschlüssen wird nun auch noch mit einem *Meßgerät für Wechselspannung* gemessen.

2792

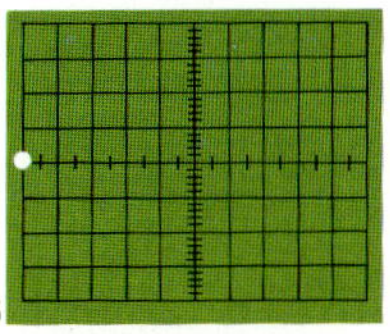

5 Die Kurve beginnt z. B. an der Mittellinie des Schirms. Das bedeutet: In diesem Augenblick beträgt die Spannung 0 V.

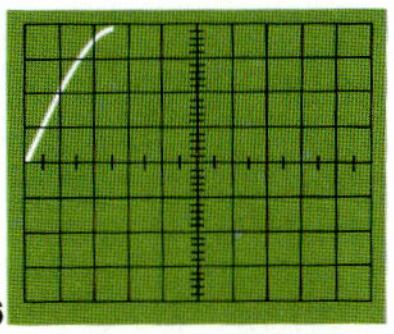

6 Zunächst steigt die Kurve steil an und erreicht dann einen Scheitelpunkt. Die Spannung nimmt also rasch zu und erreicht ihren höchsten Wert.

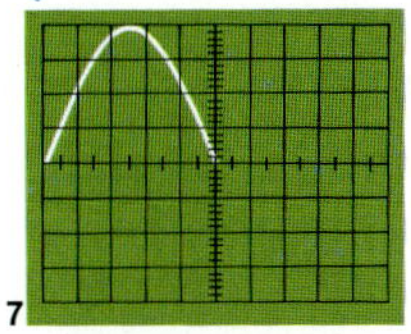

7 Nun fällt die Kurve wieder ab und trifft schließlich auf die Mittellinie. Die Spannung sinkt wieder auf 0 V.

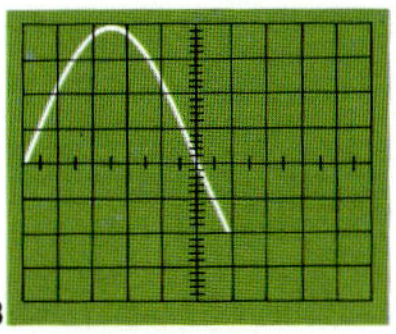

8 In dem Moment, in dem der Leuchtpunkt die Mittellinie überschreitet, polt sich die Stromquelle um. Auf die Elektronen im Stromkreis wirkt nun ein Antrieb in umgekehrter Richtung.

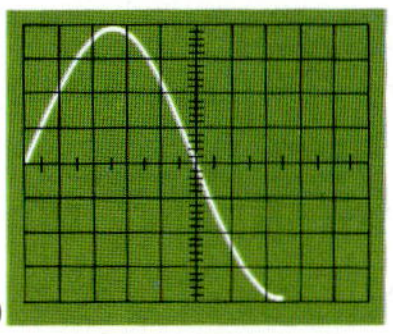

9 Die Kurve läuft wieder auf einen Scheitelpunkt zu. Der Antrieb wird also wieder stärker; d. h., die Spannung (in Gegenrichtung) nimmt zu und erreicht ihren Höchstwert.

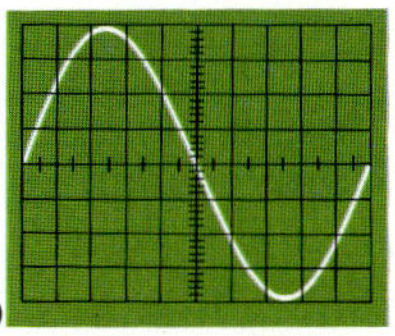

10 Jetzt nähert sich der Leuchtpunkt wieder der Mittellinie: Der Antrieb auf die Elektronen im Stromkreis wird wieder schwächer; die Spannung sinkt auf 0 V ab.

Bekanntlich übt eine Batterie auf die Elektronen im Stromkreis einen Antrieb aus, der immer in gleicher Richtung erfolgt **(Gleichspannung)**. Somit bewegen sich die Elektronen stets in die gleiche Vorzugsrichtung **(Gleichstrom)**.

Beim Dynamo dagegen wechselt ständig die Polung; das Gleiche gilt für ein Netzgerät. Jedes Umpolen bedeutet, dass sich die Richtung des Antriebs ändert **(Wechselspannung)**. Baut man also ein Netzgerät in einen Stromkreis ein, so wechselt der Elektronenstrom bei jedem Umpolen die Richtung **(Wechselstrom)**.

Doch auch die Stärke des Antriebs ändert sich; die **Spannung** ist also von Augenblick zu Augenblick **unterschiedlich hoch**. Das zeigt sich, wenn man ein Oszilloskop an ein Netzgerät anschließt (V 9). Die Seitenablenkung kann dabei so eingestellt werden, dass die Kurve auf dem Bildschirm nur *einen* „Berg" und *ein* „Tal" aufweist (Bilder 5–10).

Der Leuchtpunkt des Oszilloskops durchläuft diese Wechselspannungskurve 50-mal in jeder Sekunde. 50-mal in jeder Sekunde wiederholt sich somit der gleiche Vorgang.

Die Spannung steigt von 0 V auf ihren Höchstwert. → Sie fällt wieder ab. → Die Anschlüsse des Netzgerätes werden umgepolt. → Die Spannung nimmt ihren Höchstwert (in Gegenrichtung) an. → Sie erreicht erneut 0 V.

Diesen Vorgang, der sich ständig wiederholt, bezeichnet man als **Periode der Wechselspannung**. Die Wechselspannung unseres Stromnetzes z. B. hat 50 Perioden pro Sekunde. Der Fachmann spricht deshalb von einer Wechselspannung von **50 Hertz** (Hz; 1 Hz = 1/s).

Nun wird auch verständlich, dass wir die Spannungsänderungen bei einer solchen Wechselspannung nicht mit einem Messgerät für *Gleichspannung* untersuchen konnten (Versuch 5): Die Spannungsänderungen erfolgen nämlich so schnell, dass ihnen der Zeiger nicht folgen kann und bei 0 V stehen bleibt.

Trotzdem setzt man Zeigerinstrumente zum Messen von Wechselspannungen ein – und diese Geräte zeigen keineswegs schwankende, sondern *gleich bleibende* Werte an!

Welche Bedeutung diese Messwerte haben, macht ein **Versuch** (Bilder 11 u. 12) deutlich:

Ein Glühlämpchen wird an eine 4,5-V-Batterie angeschlossen und ein zweites, gleichartiges Lämpchen an ein Netzgerät. Nun wird die Wechselspannung des Netzgerätes so lange erhöht, bis schließlich beide Lämpchen gleich hell leuchten. Das Messgerät für Wechselspannung zeigt dann ebenfalls 4,5 V an.

Eine Wechselspannung von 4,5 V hat also die gleiche Wirkung (den gleichen *Effekt*) wie eine Gleichspannung von 4,5 V. Man bezeichnet den gemessenen Wert daher als *Effektivwert der Wechselspannung* oder als **Effektivspannung**.

Überprüft man die Wechselspannung von 4,5 V mit einem Oszilloskop, so stellt man fest, dass sie in beiden Richtungen Spitzenwerte von 6,4 V annimmt (Bild 13).

Entsprechendes gilt auch für Wechsel*strom*: Ein Wechselstrom, der zwischen den Spitzenwerten von 1,4 A schwankt, erzeugt in einem Widerstand genauso viel Wärmeenergie wie ein Gleichstrom von 1 A. Man sagt deshalb: Dieser Wechselstrom hat einen **Effektivwert** (eine **Effektivstromstärke**) von 1 A.

Bei Wechselspannungen und -strömen werden fast immer die Effektivwerte angegeben – nicht die Spitzenwerte.

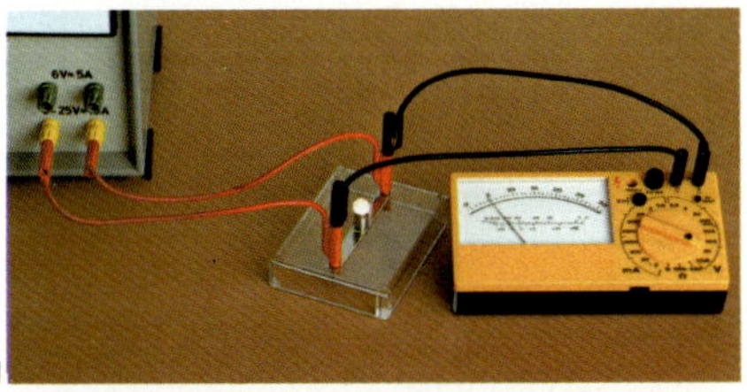

11

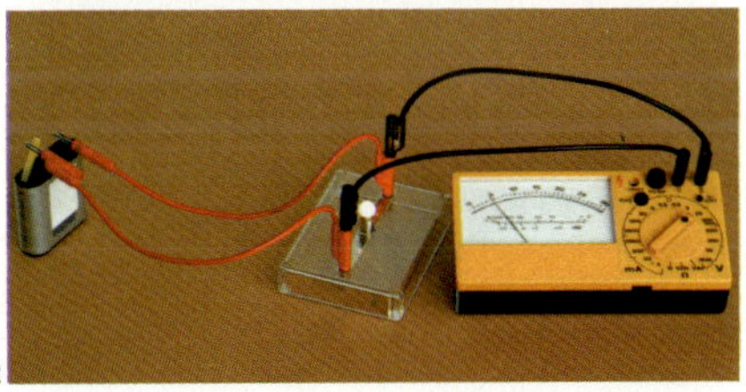

12

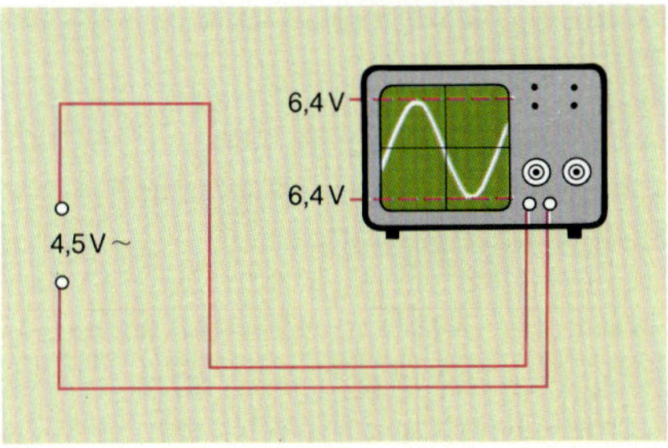

13

Fragen und Aufgaben zum Text

1 Was „wechselt" eigentlich bei einer Wechselspannung?

2 Warum kann man mit Gleichstrommessern keine Wechselströme messen?

3 In Bild 13 ist der zeitliche Verlauf der Wechselspannung mit Hilfe eines Oszilloskops dargestellt. Was lässt sich aus dem Schirmbild ablesen?

4 Was versteht man unter dem Effektivwert der Wechselspannung (des Wechselstromes)?

5 Bei Wechselspannungen und Wechselströmen sind die Spitzenwerte ca. 1,4-mal so groß wie die Effektivwerte, die man mit Zeigermessgeräten bestimmt.

a) Berechne die Spitzenwerte für die folgenden Effektivspannungen: 1,5 V; 4,0 V; 14 V; 160 V; 220 V.

b) In Stromkreisen wurden Effektivwerte des Wechselstromes gemessen: 2,7 A; 0,05 A; 0,07 A; 0,2 A. Wie groß sind die jeweiligen Spitzenwerte?

3 Wie funktioniert ein Generator?

Generatoren gibt es in vielen Größen und Ausführungen (Bild 1). Aber alle arbeiten nach demselben Prinzip.

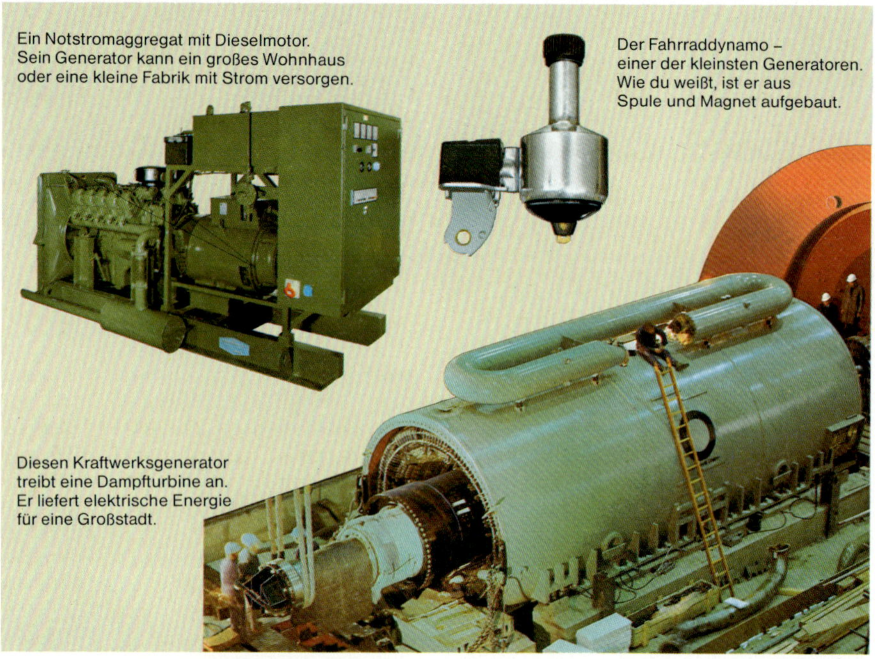

1

V 10 So kannst du dir einen einfachen Generator selbst bauen (Bild 2). Der Stabmagnet ist auf einer Nadelspitze drehbar gelagert, und zwar so, dass er den Kern der Spule nicht berühren kann.

Beobachte den Spannungsmesser, während du den Stabmagneten langsam drehst. Erkläre anschließend deine Beobachtung.

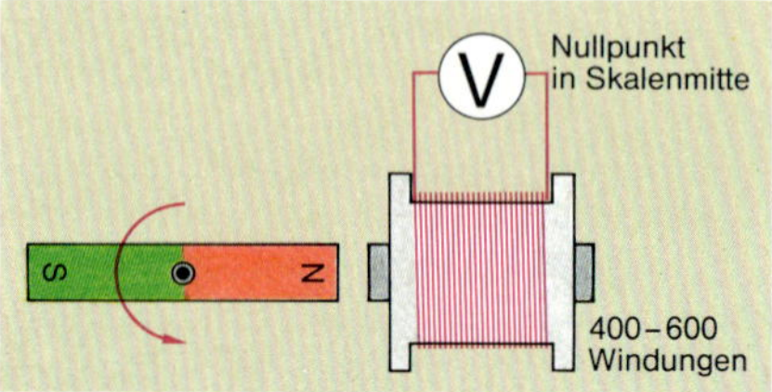

2

V 11 Bei diesem handgetriebenen Generator (Bilder 3 u. 4) wird nicht der Magnet gedreht, sondern die Spule (Rotorspule). Die Enden des Spulendrahtes sind je mit einem der beiden Schleifringe verbunden.

a) An die Schleifkontakte (und damit an die Enden des Spulendrahtes) werden ein Glühlämpchen und ein Strommesser angeschlossen. Nun wird die Spule gedreht …

b) Wir untersuchen die Spannung am Lämpchen auch mit dem Oszilloskop. Beschreibe das Schirmbild, das dabei entsteht.

c) Das Lämpchen wird über einen *Stromwender (Kommutator)* an die Rotorspule angeschlossen (Bild 5).

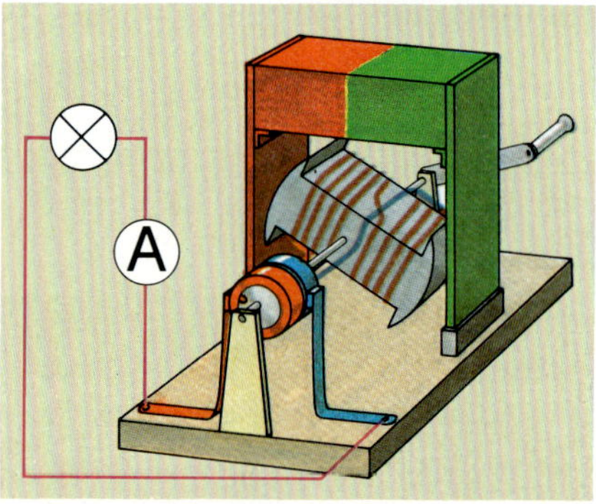

3

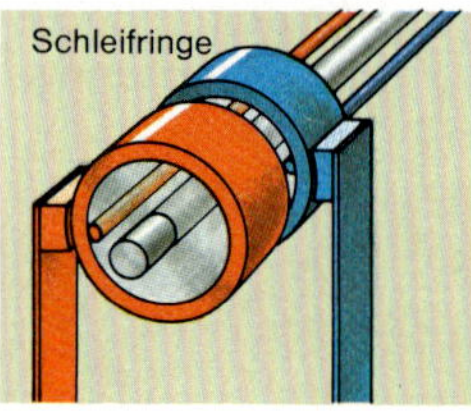

4

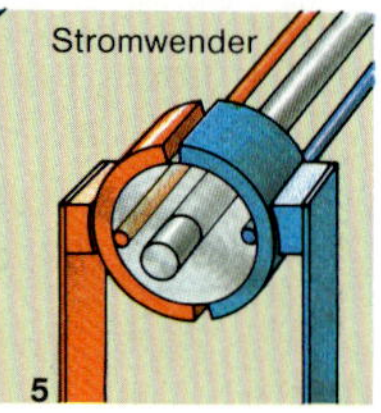

5

Die Enden des Spulendrahtes sind dabei mit den beiden Halbringen verbunden. Welchen Spannungsverlauf erwartest du jetzt?

d) Der Dauermagnet kann durch einen Elektromagneten ersetzt werden. Nenne Vor- und Nachteile dieser Anordnung.

e) Wir vergrößern den Spulenstrom des Elektromagneten (während die Rotorspule mit gleich bleibender Geschwindigkeit gedreht wird).

Wie ändert sich dabei die Induktionsspannung?

f) Was beobachtest du, wenn man den Strom für den Elektromagneten zwar abschaltet, den Rotor aber weiterdreht?

Aufgaben

1 Die beiden wichtigsten Teile eines Generators bezeichnet man als *Ständer* oder **Stator** (lat. *stare*: stehen) und als *Läufer* oder **Rotor** (lat. *rotare:* sich drehen).

Welche Bauteile waren in den Versuchen 10 u. 11 jeweils der Stator, welche der Rotor?

2 Laufen bei einem Generator die Schleifkontakte auf den Schleifringen (wie in Bild 4), so erhält man eine Wechselspannung.

Wenn wir sie dagegen auf den beiden Halbringen schleifen lassen (wie in Bild 5), so ergibt sich eine *pulsierende Gleichspannung.*

Beschreibe den Verlauf dieser Spannung und erläutere, wie sie zustande kommt.

3 Wie kannst du begründen, dass die Spannung eines Generators umso höher wird, je schneller man seinen Rotor dreht.

2794R

4 Induktion und lenzsche Regel

Axel überprüft seine Fahrradbeleuchtung. Er klappt den Dynamo ans Vorderrad und dreht es. Aber die Lampe leuchtet nicht (Bild 6).

Der Fehler ist schnell gefunden und behoben. Er dreht wieder das Vorderrad: Sowohl Scheinwerfer als auch Rücklicht leuchten nun auf.

Dabei glaubt Axel etwas Merkwürdiges zu beobachten:

Bleibt das Rad jetzt nicht schleller stehen als vorhin?

6

V 12 Kannst du an deinem Fahrrad dasselbe beobachten wie Axel?

V 13 Ein Elektromotor treibt einen Generator an (Bild 7). Anstelle des Elektromotors können wir auch eine Dampfmaschine einsetzen.

a) Der Generator läuft zunächst leer, dann wird ein Lämpchen angeschlossen. Achte dabei auf das Geräusch des Motors bzw. auf die Drehzahl der Dampfmaschine.

b) Nun wird ein zweites (und eventuell ein drittes) Lämpchen parallel zum ersten angeschlossen. Schließlich wird der Generator auch kurzgeschlossen.

c) Nimm an, du müsstest den Generator in allen vier Fällen mit der Hand antreiben. Welchen Unterschied würdest du bemerken?

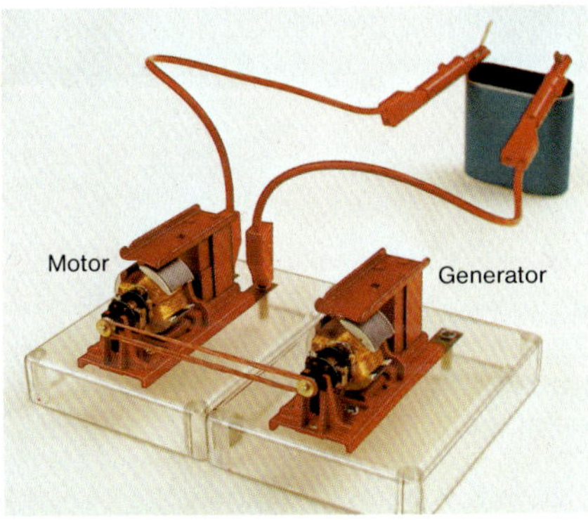

7

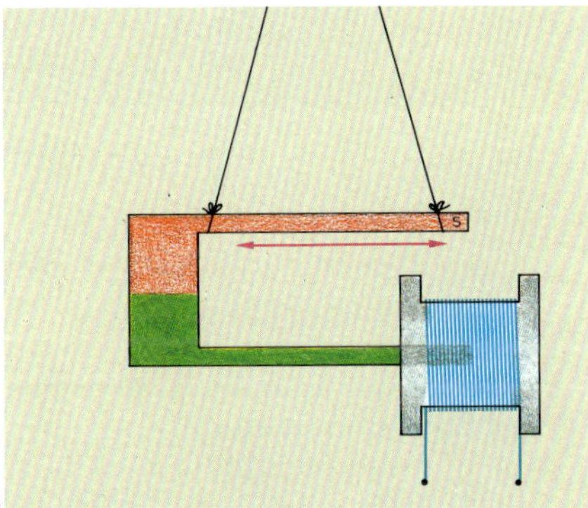

8

V 14 Ein kräftiger Bügelmagnet soll in einer Spule hin und her schwingen können; dabei darf er die Spule nicht berühren. Er wird an 40 cm langen Fäden aufgehängt (Bild 8).

a) Der Magnet wird um 3 cm aus seiner Ruhelage ausgelenkt und losgelassen. Wie lange dauert es, bis er zum Stillstand kommt?

b) Die Spulenanschlüsse verbinden wir über einen 500-Ω-Widerstand, dann durch einen kurzen, dicken Kupferdraht. Der Magnet wird wieder je um 3 cm ausgelenkt. Pendelt er für längere oder für kürzere Zeit?

c) Wie hängt die gemessene Dauer der Bewegung mit der Größe des Induktionsstromes zusammen?

Aufgaben

1 Warum bleibt das Rad in Bild 6 schneller stehen, wenn die Lampen richtig angeschlossen sind? (Lies ggf. das Info der nächsten Seite.)

2 In Versuch 13 kann man *hören*, ob das Lämpchen angeschlossen ist oder nicht. Begründe!

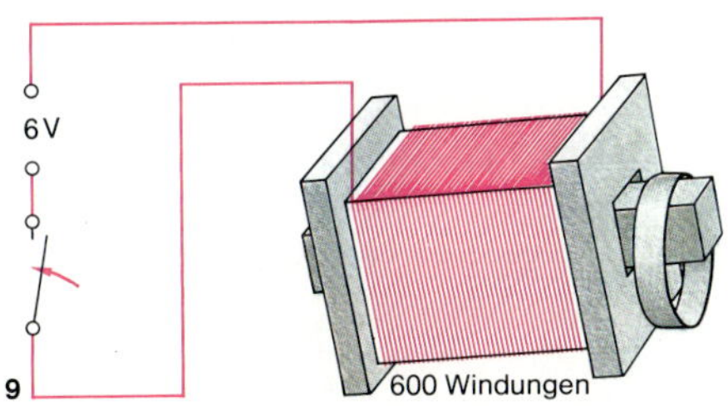

9

3 In einem **Versuch** wird über den Kern einer Magnetspule ein Ring aus Aluminium gestreift (Bild 9). Schließt man den Schalter, so wird der Ring in hohem Bogen fortgeschleudert; ein aufgesägter Ring dagegen bleibt liegen. Versuche dafür eine Erklärung zu geben.

Lenzsche Regel und elektrische Energie

In den Versuchen haben wir Folgendes beobachtet: Wenn z.B. die Bewegung eines Bügelmagneten einen Strom hervorruft, wird der Magnet stets abgebremst. Dabei wird seine Bewegung am stärksten gehemmt, wenn der Strom am größten ist, nämlich bei Kurzschluss.

Wie es zum Abbremsen kommt, lässt sich leicht anhand von Versuch 14 erklären: Pendelt nämlich der Magnet in der kurzgeschlossenen Spule hin und her, so wird durch Induktion ein Wechselstrom in Spule und Kupferdraht hervorgerufen. Wie jede andere stromdurchflossene Spule wird sie dadurch zum **Magneten**. Da sich die Stromrichtung beim Hinundherpendeln des Bügelmagneten ändert, ist jedes Spulenende abwechselnd Nordpol und Südpol.

Der Bügelmagnet wird nun offenbar dadurch abgebremst, dass sich **seine Magnetpole und die der Spule gegenseitig anziehen bzw. abstoßen**. D. h., schwingt z. B. der Nordpol in die Spule hinein (wobei er abgebremst wird), so muss an diesem Spulenende ebenfalls ein Nordpol entstanden sein (Bild 1); gleichnamige Pole stoßen sich ja gegenseitig ab. Bewegt sich der Bügelmagnet aus der Spule heraus, so muss dort ein Südpol sein, denn ungleichnamige Pole ziehen einander an (Bild 2). In beiden Fällen wird also der Bügelmagnet abgebremst.

Dass der pendelnde Magnet durch die magnetische Wirkung des Induktionsstromes *abgebremst* wird, ist auch ohne Versuch einleuchtend: Nehmen wir einmal an, beim Einschwingen des Nordpols in die Spule entstünde dort kein Nordpol, sondern ein *Südpol*. Der Magnet würde dann in die Spule hineingezogen. Das andere Spulenende dagegen wäre ein Nordpol und würde den Nordpol des Magneten abstoßen, nachdem dieser die Spule durchlaufen hat. Die Folge wäre, dass der Magnet immer wieder beschleunigt würde – ohne Energiezufuhr von außen! Der pendelnde Magnet würde sich nicht nur ewig weiterbewegen, sondern könnte sogar ständig Energie abgeben! Wir hätten somit ein Perpetuum mobile, d. h. eine Maschine, die Energie „aus dem Nichts" erzeugt. Eine solche Maschine aber kann es nicht geben, denn Energie wird nicht neu geschaffen, sondern stets nur aus einer Form in eine andere umgewandelt.

Die Induktionsspannung ist also so gerichtet, dass der entstehende Spulenstrom die Bewegung des Magneten bremst und damit den Vorgang behindert, der die Induktion verursacht. Diesen Zusammenhang entdeckte 1834 der Physiker *Emil Lenz* aus St. Petersburg.

Eine Induktionsspannung ist stets so gerichtet, dass der entstehende Strom der Ursache der Induktion entgegenwirkt (lenzsche Regel).

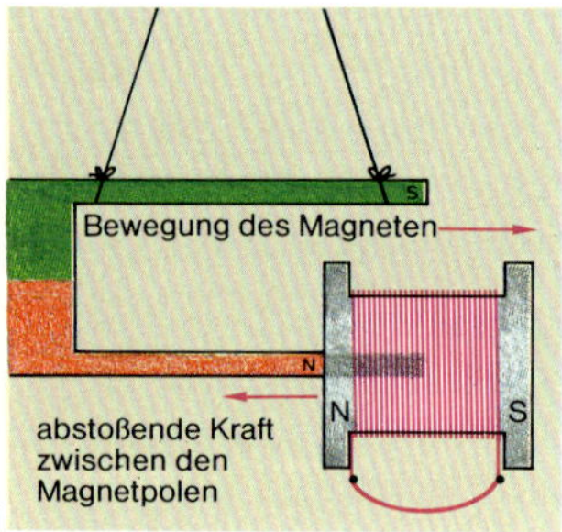

1

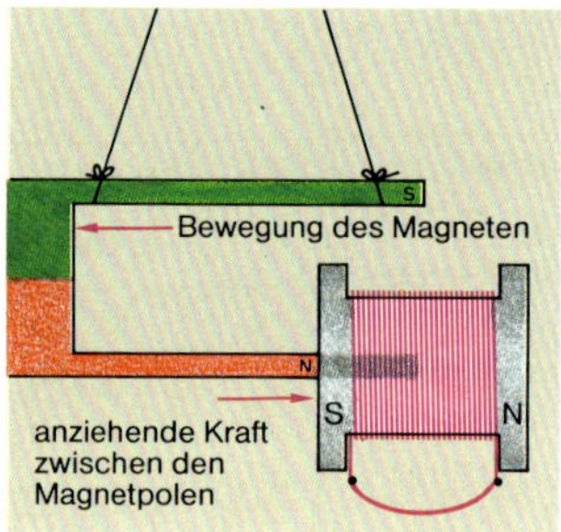

2

Soll ein dauernder Induktionsstrom erreicht werden, so müssen die hemmenden Kräfte überwunden werden. Dazu können wir z. B. den Magneten mit unserer Muskelkraft in der Spule hin und her bewegen; d. h., wir müssen **arbeiten**.

Auch bei Generatoren treten solche bremsenden Kräfte auf. Um Generatoren anzutreiben, muss daher ebenfalls Arbeit verrichtet werden. (In Elektrizitätswerken geschieht dies mit Hilfe von Turbinen, die mit Dampf von hohem Druck angetrieben werden.)

Wir können also sagen: **Um in einem geschlossenen Stromkreis einen Strom hervorzurufen, muss Arbeit verrichtet werden.** Die aufgewendete Energie ist aber nicht verloren, denn der elektrische Strom kann seinerseits arbeiten. (Er kann z. B. einen Elektromotor antreiben, der eine Last hochhebt.)

Die Fähigkeit der Elektrizität, Arbeit zu verrichten, bezeichnet man als **elektrische Energie**.

Alles klar?

1 Beschreibe, wie du mit Hilfe einer Spule und eines Dauermagneten erreichen kannst, dass ein Glühlämpchen möglichst hell aufleuchtet.

2 Bert will wissen, wie groß der Strom im Stromkreis seiner Fahrradbeleuchtung höchstens sein kann. Dazu hat er ein Gleichstrom-Messgerät eingebaut.

Nun dreht er (bei angeklapptem Dynamo) das Vorderrad – erst langsam, dann immer schneller. Aber je schneller er dreht, desto geringer ist die Anzeige des Messgerätes, obgleich das Scheinwerferlämpchen immer heller leuchtet. Woran liegt das?

3 Weshalb sind bei Netzgeräten die Anschlussbuchsen für Gleichspannungen unterschiedlich gefärbt, die für Wechselspannung dagegen nicht?

4 Eine Glühlampe ist an das Stromnetz angeschlossen.

Beschreibe, wie sich die Elektronen in diesem Stromkreis bewegen.

5 „Wenn man elektrische Energie erzeugen will, braucht man mehr als nur einen Generator." Was ist mit dieser Aussage gemeint?

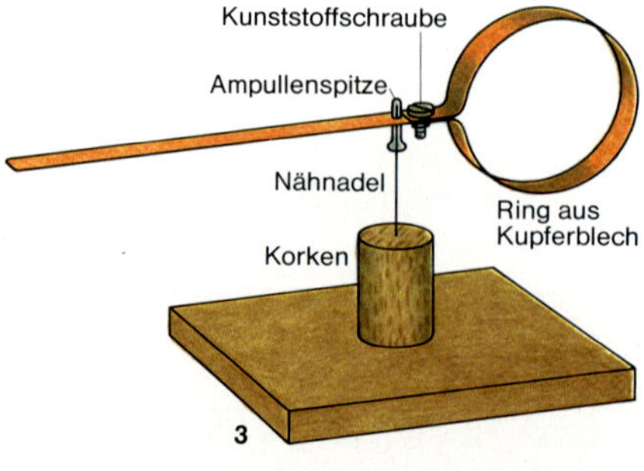

3

6 Warum muss man besonders kräftig drehen, wenn man einen Generator antreiben will, der mit einem dicken Kupferdraht kurzgeschlossen ist?

7 Ein Elektromotor treibt einen Generator an, der über einen Schalter mit einer Glühlampe verbunden ist. Wird dieser Schalter geschlossen, läuft der Motor langsamer. Begründe!

8 Bild 3 zeigt dir den Aufbau für einen erstaunlichen **Versuch**. Man bewegt den Nordpol eines Bügelmagneten möglichst schnell von vorne in den Blechring hinein, ohne dabei den Ring zu berühren: Der Ring dreht sich mit dem Magneten mit.

Wenn man aber die Kunststoffschraube lockert und anschließend den Versuch wiederholt, bewegt sich der Ring nicht! Gib dafür eine Erklärung.

2796R

5 Generatoren in der Technik

Aus Umwelt und Technik: **Pumpspeicherwerke**

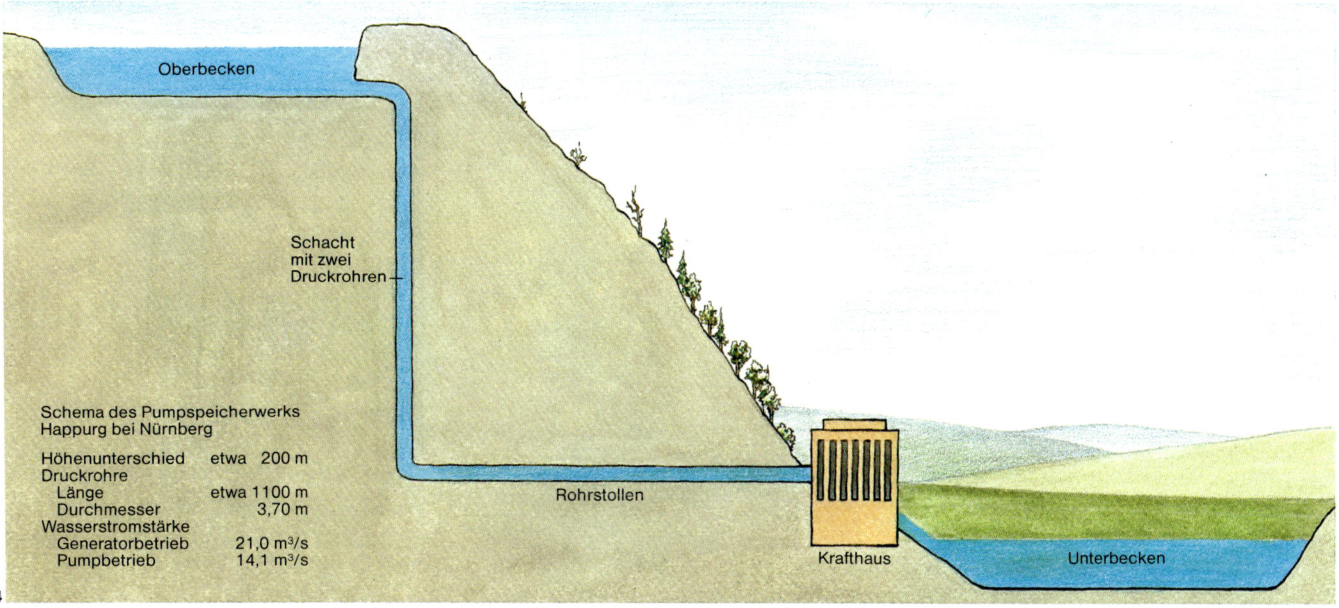

4

Morgens, mittags und gegen Abend werden in Haushalten und Betrieben mehr Elektrogeräte betrieben als in der Nacht. Deshalb müssten Kraftwerke eigentlich nachts einige ihrer Maschinen ausschalten.

Doch das häufige Ausschalten und Wiederanwerfen der mächtigen Turbinen und Generatoren würde diese stark beanspruchen.

Eine Lösung dieses Problems stellen die sogenannten Pumpspeicherwerke dar (Bild 4). Wenn der Bedarf an elektrischer Energie gering ist, setzt man die Generatoren dieser Kraftwerke als Elektromotoren ein. Sie treiben dann Pumpen an, mit deren Hilfe Wasser aus dem Unterbecken in das Oberbecken hinaufgepumpt wird.

Wenn aber zu den „Stoßzeiten" besonders viel elektrische Energie gebraucht wird, schaltet man diese Maschinen einfach wieder auf Generatorbetrieb um. Man lässt dann Wasser aus dem Oberbecken durch die Druckrohre und Turbinen wieder zurück in das Unterbecken laufen. Dabei werden die Generatoren, die ja mit den Turbinen verbunden sind, angetrieben und können erneut elektrische Energie erzeugen.

Auf welche Weise werden nun die Maschinen im Pumpspeicherwerk von Generatorbetrieb auf Pumpbetrieb umgeschaltet?

Bild 5 gibt dir die Antwort. Du siehst, wie die einzelnen Teile der Maschine in einem Maschinenblock angeordnet sind: Der Generator bzw. Elektromotor ist über eine gemeinsame Welle mit der Turbine und gleichzeitig mit der Pumpe verbunden.

Bei *Generatorbetrieb* läuft die Pumpe „leer" mit. Aus ihr wurde vorher das Wasser mit Druckluft herausgepresst. Bei *Pumpbetrieb* läuft die Turbine „leer" mit. Auch sie wurde vorher mit Druckluft entleert.

Pumpspeicherwerke sind bei Bedarf schnell als Kraftwerke einsatzbereit. Das Umschalten von Pumpbetrieb auf Generatorbetrieb dauert nämlich nur wenige Minuten.

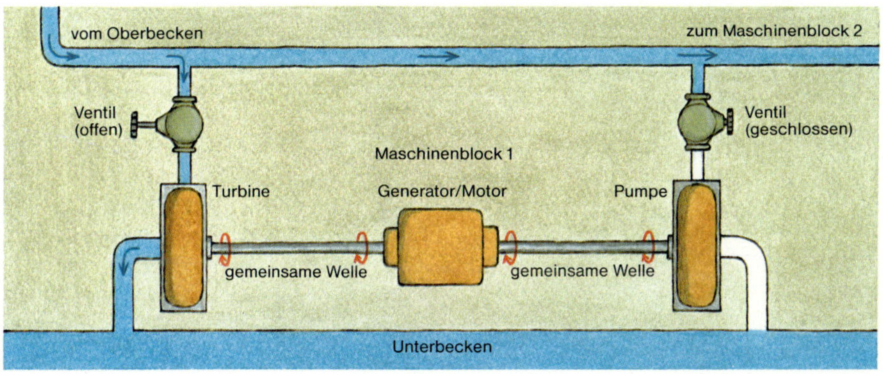

5

Fragen und Aufgaben zum Text

1 Was wird beim Pumpspeicherwerk gespeichert?

2 Welche Energieumwandlungen finden im Pumpspeicherwerk bei Generatorbetrieb statt, welche bei Pumpbetrieb?

3 Einen Fahrraddynamo kann man auch als Elektromotor einsetzen. Brauchst du dazu Gleich- oder Wechselspannung? Probiere es in einem **Versuch** aus. (Der Rotor muss „angeworfen" werden.)

2797R

Aus der Geschichte: **Von Pixii zu Siemens**

Im Jahre 1832 – also schon ein Jahr nach der Entdeckung der Induktion – baute der französische Mechaniker *Hippolyte Pixii* den ersten Generator (Bild 1). Mit Hilfe einer Kurbel konnte man bei ihm einen Hufeisenmagneten vor zwei Spulen rotieren lassen. Diese waren in Reihe geschaltet und saßen gemeinsam auf einem Weicheisenkern.

Bald folgten weitere, verbesserte Generatoren, die sogar von Dampfmaschinen angetrieben wurden. In Leuchttürmen z. B. wurden sie als Energiequellen für elektrische Lampen eingesetzt.

Bei all diesen Generatoren verwendete man Dauermagnete aus Stahl. Dadurch ergaben sich zwei Schwierigkeiten: Zum einen konnte man damals keine starken Magneten herstellen. Zum anderen verloren diese Magnete ziemlich schnell ihren Magnetismus, weil sie ständig erschüttert wurden, wenn der Generator in Betrieb war. Die induzierten Spannungen waren daher verhältnismäßig gering.

Ein Generator von damals wog doppelt so viel wie heute ein Pkw. Er würde aber als Energiequelle für einen modernen Elektroherd nicht ausreichen, ja nicht einmal für eine einzige Kochplatte.

1

Deshalb versuchte man bald die Dauermagnete in den Generatoren durch Elektromagnete zu ersetzen. Sind nämlich die Spulenströme bei diesen Magneten groß, so ist ihre magnetische Wirkung viel größer als die von Dauermagneten.

Aber an welche Energiequelle sollte man die Elektromagnete anschließen? Batterien waren nach kurzer Zeit „verbraucht" und mussten immer wieder erneuert werden; das war umständlich und vor allem teuer.

Mit diesem Problem beschäftigte sich im Herbst 1866 auch *Werner von Siemens*. Er hatte eine geniale Idee: Er versuchte für den Elektromagneten eines Generators dessen eigenen Induktionsstrom zu nutzen.

Dazu schaltete er in seinem Generator (Bild 2) die Statorspule und die Rotorspule hintereinander (Bild 3).

Doch wie konnte das funktionieren? Damit die Statorspule magnetische Wirkungen hervorruft, muss durch sie doch Elektrizität strömen!

Siemens hatte bereits vorher herausgefunden, dass der Eisenkern eines Elektromagneten seine magnetische Wirkung *nicht völlig* verliert, wenn der Spulenstrom abgeschaltet wird. Diesen „zurückbleibenden Magnetismus" *(Restmagnetismus)* nutzte er in seinem Generator:

Wird die Rotorspule in dem schwachen Magnetfeld des Eisenkerns der Statorspule gedreht, so fließt in dem Stromkreis (Bild 3) zunächst nur ein geringer Strom. Dadurch entsteht innerhalb der Statorspule ein Magnetfeld, das auch den Eisenkern etwas stärker magnetisiert. Der Strom wird etwas größer ... Auf diese Weise schaukeln sich Magnetfeld und induzierte Spannung gegenseitig auf, bis der Eisenkern vollständig magnetisiert ist *(elektrodynamisches Prinzip)*.

2

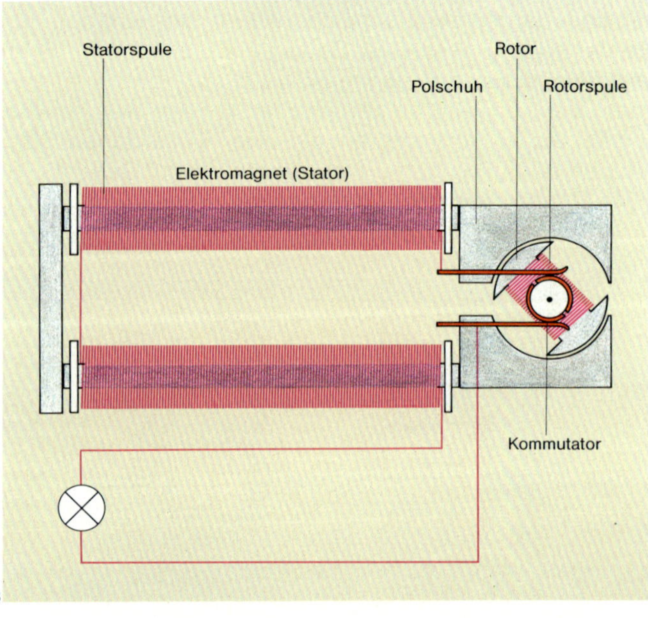

3

4898R

Aus Umwelt und Technik: **Generatoren in Kraftwerken**

4

5

In den Elektrizitätswerken stehen riesige Generatoren. Die größten dieser Generatoren können fast eine Million Menschen mit elektrischer Energie versorgen.

Bild 4 zeigt einen solchen Generator. Er erzeugt einen Energiestrom von 1300 MW, die Spannung beträgt 27 kV.

Die Generatoren in den heutigen Elektrizitätswerken sind anders konstruiert als die ersten Generatoren von Siemens: In ihrem Innern dreht sich nicht die Induktionsspule, sondern ein gewaltiger Elektromagnet. Den nötigen Strom liefert ein kleiner angekoppelter Generator (die *Erregermaschine*). Die Induktionsspulen sind fest montiert und werden vom Magnetfeld des rotierenden Elektromagneten durchsetzt; dadurch kommt es zur Induktion. Angetrieben werden die Generatoren mit Hilfe von Dampfturbinen: Im Kraftwerk wird heißer Wasserdampf erzeugt, der dann unter hohem Druck gegen die Schaufeln der Turbinenräder strömt. Bild 5 zeigt eine Turbine bei der Montage.

Die Turbine von Bild 6 treibt den 1300-MW-Generator von Bild 4 an. Sie besteht aus einem Hochdruckteil und drei Niederdruckteilen.

Der Hochdruckteil ist im Vordergrund des Bildes unter den Rohrleitungen zu erkennen. Durch die Rohre wird heißer Dampf in den Hochdruckteil geleitet. Anschließend strömt der Dampf in die Niederdruckteile. Der Generator ist gerade noch hinter dem letzten Niederdruckteil der Turbine zu sehen. Er sitzt mit den Turbinenläufern auf einer Welle. Die abgebildete Anlage ist 65 m lang.

6

6 Zusammenfassung

Spule und Magnet als elektrische Energiequelle

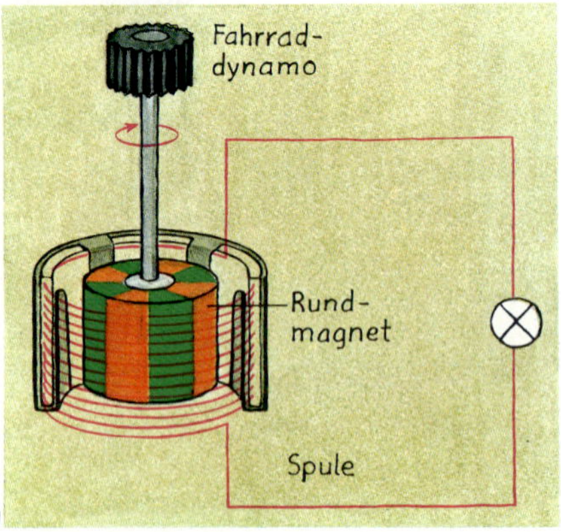

1

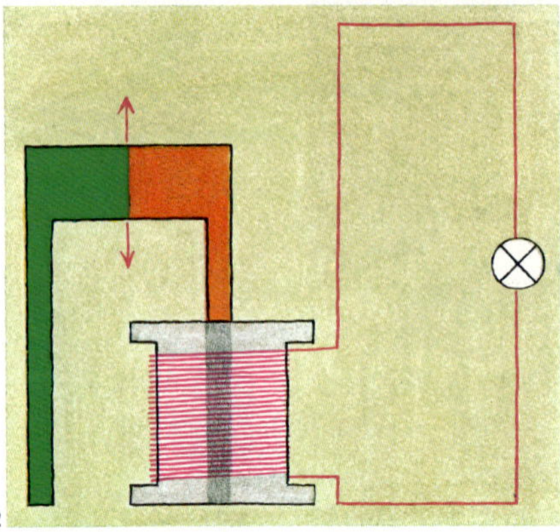

2

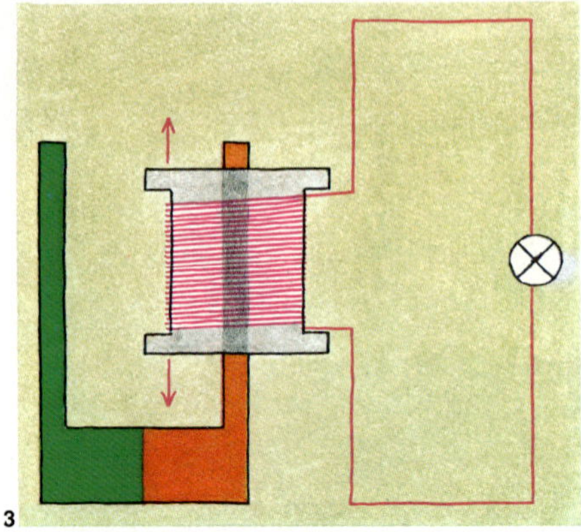

3

In dem Stromkreis aus Lampe und *Spule* wird ein elektrischer Strom hervorgerufen, wenn der *Rundmagnet* im Innern der Spule gedreht wird.

Auch wenn man einen Bügel*magneten* in einer *Spule* bewegt, zeigt die Lampe einen Strom an – aber nur, solange diese Bewegung andauert.

Elektrizität fließt auch, wenn statt des Dauermagneten die *Spule* bewegt wird. Sind Magnet und Spule in Ruhe, so ist kein Strom zu messen.

In allen drei Fällen wird das Magnetfeld in der Spule geändert. Durch diese Änderung des Magnetfeldes werden die Elektronen im Leiter angetrieben. Diesen Vorgang nennt man **elektromagnetische Induktion**. Man sagt:

Die **Änderung eines Magnetfeldes** bewirkt eine **Induktionsspannung** zwischen den Spulenenden. Im angeschlossenen Stromkreis fließt ein Strom.

Je **schneller** der Magnet (oder die Spule) bewegt wird, desto schneller ändert sich das Magnetfeld, das die Spule durchdringt; desto größer ist auch die erzeugte Induktionsspannung.

Die Induktionsspannung kann man auch erhöhen, wenn man eine **Spule mit mehr Windungen** (mit größerer Windungszahl) einsetzt. Man erhöht die Spannung auch, wenn man einen **stärkeren Magneten** verwendet.

Wechselspannung und Wechselstrom

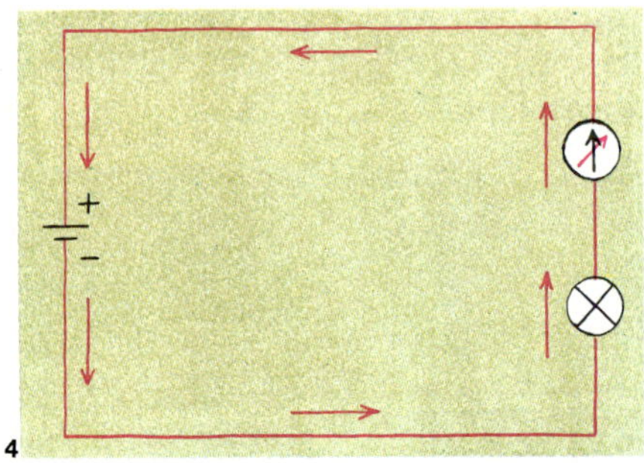

4

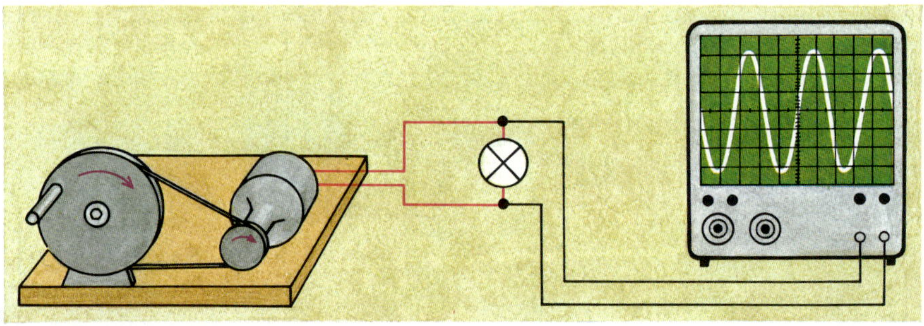

5

Batterien haben **Gleichspannung**. Der eine Pol ist stets ein Pluspol, der andere ein Minuspol.

Schließt man ein Lämpchen an, so fließen die Elektronen immer in die gleiche Richtung. Man spricht daher von einem **Gleichstrom**.

Beim Fahrraddynamo wechseln die Anschlüsse ständig ihre Polung. Man spricht von einer **Wechselspannung**. Im Stromkreis werden die Elektronen abwechselnd in die eine und in die andere Richtung getrieben. Der Elektronenstrom wechselt bei jedem Umpolen seine Richtung **(Wechselstrom)**.

Auf dem Schirm eines Oszilloskops erkennt man, dass sich außer der Richtung auch die Stromstärke ändert. Die Spannung hat ebenfalls keinen gleich bleibenden Betrag.

2800R

Generatoren

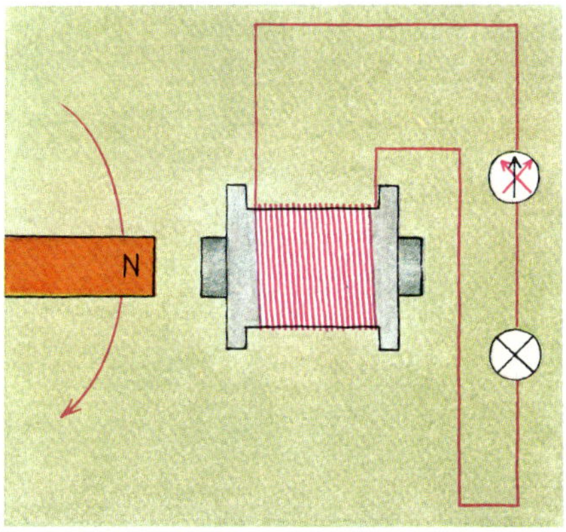
6

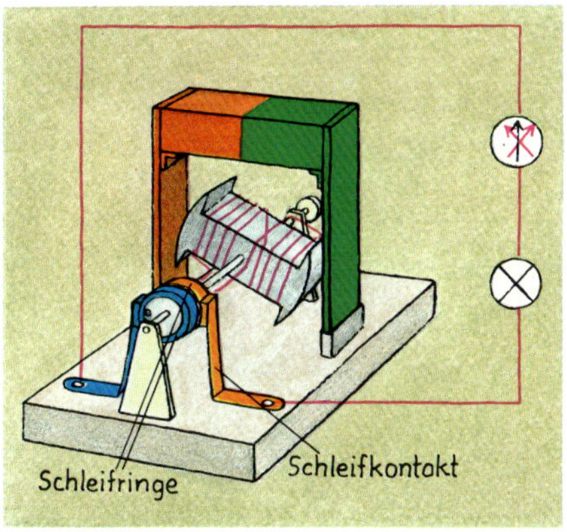

7

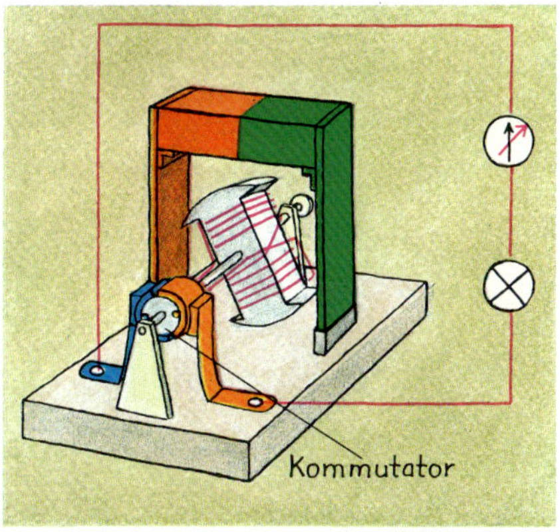

8

Wenn der Dauermagnet gedreht wird, ändert sich das Magnetfeld in der Spule. Die Folge ist eine Induktionsspannung zwischen den Spulenanschlüssen. Im Stromkreis aus Spule und Lämpchen lässt sich ein Wechselstrom nachweisen.

Nach diesem Grundprinzip funktionieren alle Generatoren.

Bei diesem Generator dreht sich nicht der Dauermagnet, sondern die Spule *(Rotorspule)*. Durch die Drehung wird sie zur elektrischen Energiequelle.

Beide Enden des Spulendrahtes sind mit je einem der Schleifringe verbunden. Über die Schleifkontakte ist das Lämpchen angeschlossen. Man erhält wieder einen Wechselstrom.

Hier wird ein **Kommutator** (Stromwender) benutzt: Die Enden des Spulendrahtes sind mit den beiden Halbringen verbunden. So werden die Anschlüsse des Lämpchens nach jeder halben Umdrehung mit dem jeweils anderen Spulenende verbunden.

Der Strom durch das Lämpchen hat daher immer die gleiche Richtung; es ist Gleichstrom.

Generatoren gibt es in vielerlei Ausführungen (z. B. als Fahrraddynamo, Lichtmaschine, Kraftwerksgenerator). Sie alle wandeln mechanische Energie in elektrische Energie um.

Lenzsche Regel und elektrische Energie

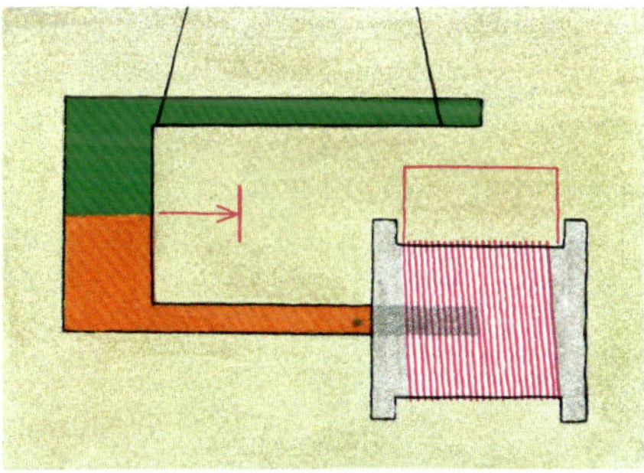
9

10

Die magnetische Wirkung des Stromes bremst den Magneten.

Eine Induktionsspannung ist stets so gerichtet, dass der hervorgerufene Strom der Ursache der Induktion entgegenwirkt *(lenzsche Regel)*.

Soll der Strom ständig fließen, müssen die bremsenden Kräfte überwunden werden: Es muss Arbeit am Generator verrichtet werden.

Der Generator wandelt die zugeführte Energie in elektrische Energie um.

Die Energie wird mit Hilfe des Stromkreises übertragen und z. B. von einer Lampe in Form von Licht und Wärme abgegeben.

Mit Hilfe von Stromkreisen wird elektrische Energie übertragen.

Der Transformator

1 Wie funktioniert ein Transformator?

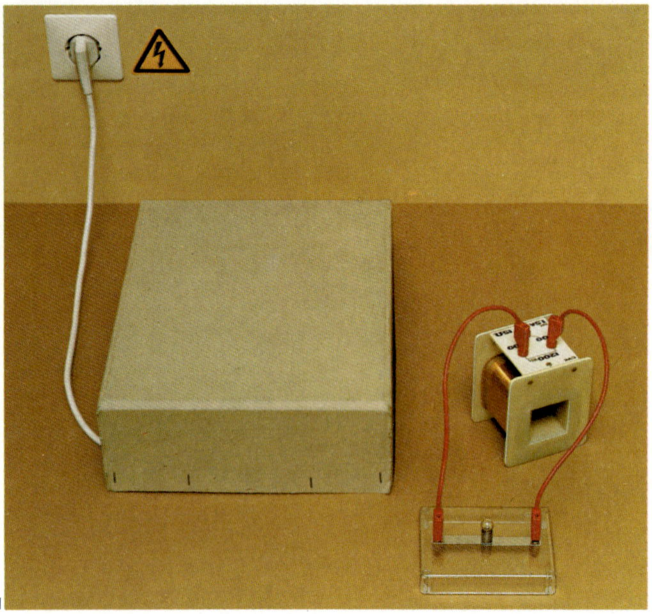
1

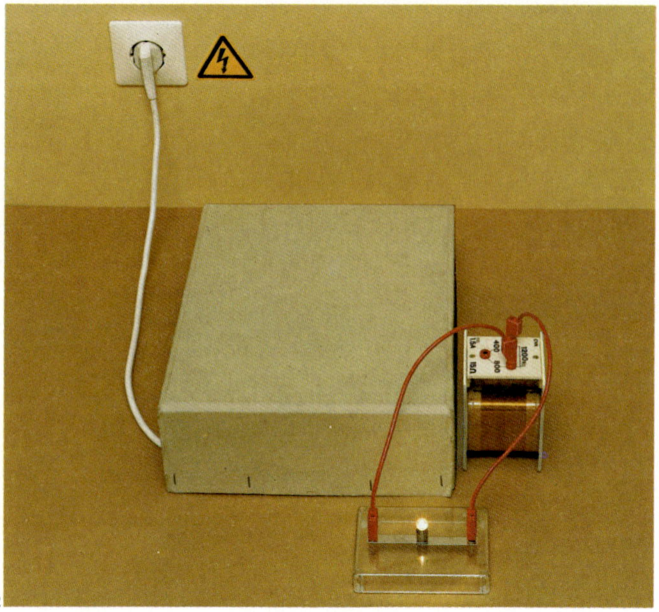
2

In Bild 2 leuchtet das Lämpchen!
Was muss das für ein merkwürdiger Versuchsaufbau in dem Kasten sein …

V 1 Der Versuchsaufbau von Bild 3 kommt dir sicherlich bekannt vor. Was beobachtest du, wenn du den Magneten auf den Spulenkern stellst und dann schnell hochhebst?

a) Wie haben wir diesen Versuch erklärt?

b) Ersetze nun den Dauermagneten durch einen Elektromagneten, der an ein Netzgerät mit 6 V *Gleich*spannung angeschlossen ist.

V 2 Wie lassen sich Magnetfeldänderungen erreichen ohne die Spulen zu bewegen? (Es soll wieder Gleichspannung benutzt werden.)

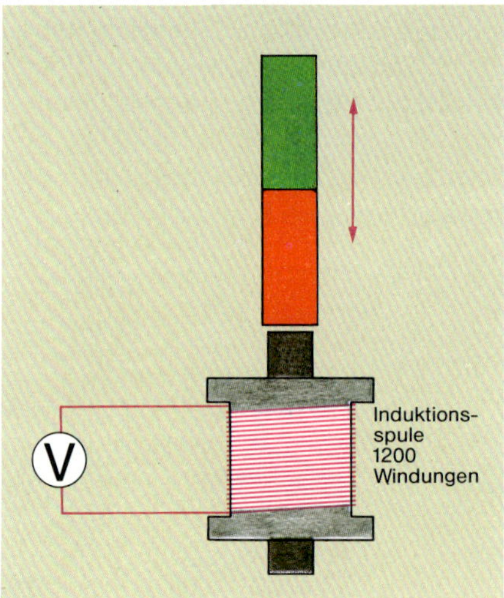

3

V 3 Wir benötigen jetzt ein Netzgerät mit *Wechselspannung* und ein entsprechendes Messgerät. Baue den Versuch nach Bild 4 auf.

a) Zeigt das Messgerät eine Spannung an? Erkläre die Beobachtung.

b) Warum nennt man hier die eine Spule *Feldspule* und die andere *Induktionsspule*?

c) Ersetze die beiden Eisenkerne durch einen einzigen langen Eisenkern. Was beobachtest du?

d) Ändert sich die Induktionsspannung, wenn der Eisenkern geschlossen ist (Bild 5)?

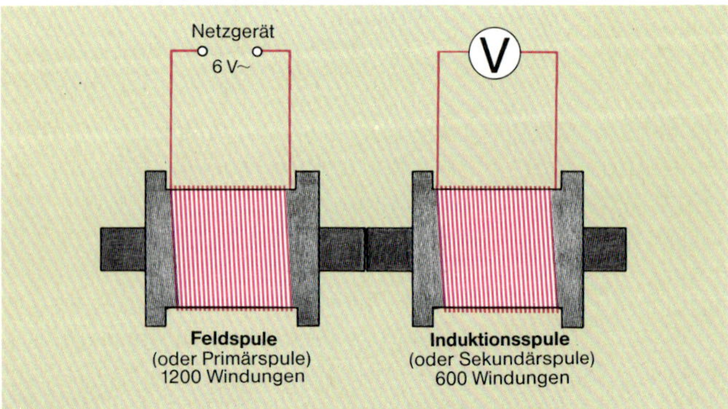

4

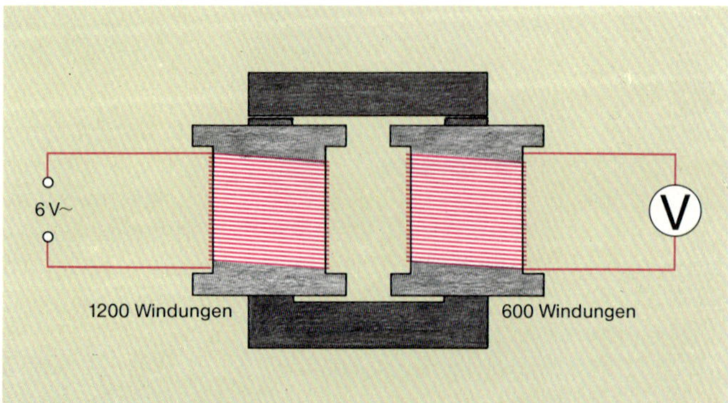

5

2802R

V 4 Der **Transformator** (Trafo) ist ein Gerät, mit dem man *Spannungen verändern* kann. Auch er besteht aus einem geschlossenen Eisenkern und zwei Spulen.

6 
Schaltzeichen des Transformators

a) Eine Feldspule mit z. B. 200 Windungen wird an ein Netzgerät (20 V~) angeschlossen. Als Induktionsspule verwenden wir ein Experimentierkabel, das mehrfach um den Eisenkern geschlungen wird (Bild 7). Wie viele Windungen sind nötig, damit das Lämpchen gerade aufleuchtet?

Miss die Spannung zwischen den Anschlüssen des Lämpchens.

b) Ersetze nun das Lämpchen durch einen Spannungsmesser. Wie groß ist die Induktionsspannung, wenn die Induktionsspule 5, 10, 15 ... Windungen hat?

c) Welche Spannung wird *pro Windung* durch Induktion erzeugt?

V 5 *(Lehrerversuch)* Wovon hängt die Induktionsspannung bei einem Trafo noch ab?

a) Die Induktionsspule soll 10 Windungen, die Feldspule 200 Windungen haben. Erhöhe die Spannung an der Feldspule. Wie ändert sich die Spannung an der Induktionsspule?

b) Hat auch die Windungszahl der Feldspule Einfluss auf die Spannung an der Induktionsspule? Verwende *Feldspulen* mit 200, 400 und 600 Windungen; die *Induktionsspule* hat wiederum 10 Windungen. (Achtung, Spulen nicht verwechseln!)

V 6 *(Lehrerversuch)* Bisher war die Spannung an der Induktionsspule immer *kleiner* als die Spannung an der Feldspule; man sagt, die Spannung wurde „heruntertransformiert". Sie lässt sich aber auch *hinauftransformieren*. (Achtung! Dabei kann die Spannung gefährlich hoch werden!)

a) Feld- und Induktionsspule besitzen je 400 Windungen. Die Spannung an der Feldspule beträgt 6 V~.

Welche Spannung wird an der Induktionsspule zu messen sein?

b) Nun wird die Windungszahl der *Induktionsspule* verdoppelt.

V 7 *(Lehrerversuch)* Bei dem Transformator von Bild 8 hat die Induktionsspule 40-mal so viel Windungen wie die Feldspule.

Überlege, wie hoch die Spannung ist. Was wird diese Spannung wohl bewirken?

7
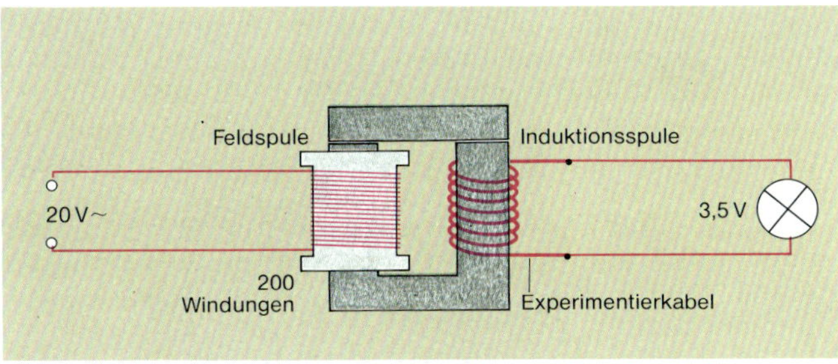

8
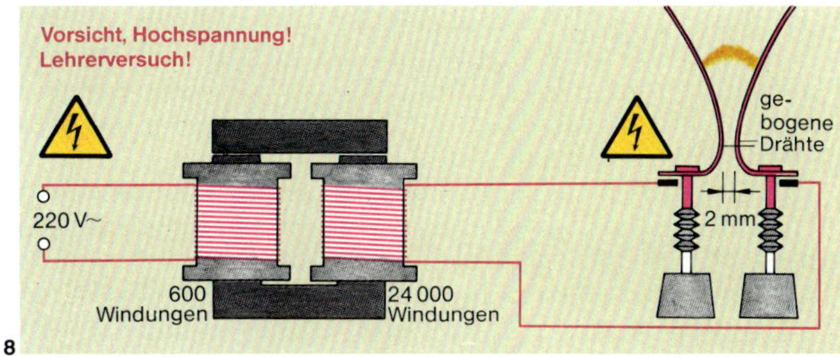

Aufgaben

1 Zähle die wichtigsten Teile eines Transformators auf.

2 Experimente mit Transformatoren können gefährlich sein. Warum?

3 Die Feldspule (600 Windungen) eines Transformators wird an eine 4,5-V-Flachbatterie angeschlossen, die Induktionsspule (1200 Windungen) an einen Spannungsmesser. Was ist zu beachten?

4 Bild 1 in dem Info der folgenden Seite zeigt einen Klingeltrafo.

Welches ist dort die Induktionsspule, welches die Feldspule? Begründe deine Antwort.

5 Die Feldspule eines Transformators hat 900 Windungen, die Induktionsspule 180.

Der Trafo wird an die Wechselspannungen 220 V, 380 V und 20 V angeschlossen. Berechne die jeweiligen Ausgangsspannungen. (Wie man dabei vorgeht, kannst du im Info „So berechnet man ..." auf der nächsten Seite nachlesen.)

6 Die Netzspannung von 220 V soll auf etwa 12 V heruntertransformiert werden.

Wie viele Windungen muss die Induktionsspule des Trafos haben, wenn eine Spule mit 600 Windungen als Feldspule verwendet wird?

7 Unter dem Kasten der Bilder 1 u. 2 sind ein Netzgerät (6 V~) und eine Feldspule (200 Windungen) mit Eisenkern verborgen.

Kannst du nun erklären, weshalb das Lämpchen in Bild 2 leuchtet?

8 Ein Transformator besitzt eine Feldspule mit 400 Windungen und eine Induktionsspule mit 20 000 Windungen. Ein solcher Trafo heißt *Hochspannungs*transformator.

a) Erkläre den Namen.

b) Wie hoch ist bei diesem Transformator die Ausgangsspannung, wenn seine Feldspule an die Netzspannung (220 V~) angeschlossen ist?

So funktioniert ein Transformator

1 Bei diesem Klingeltrafo sitzen zwei Spulen auf einem gemeinsamen Kern.

2 Auch dieser Radiotrafo hat zwei Spulen. Sie sind übereinander gewickelt.

3 So klein sind Trafos in der Elektronik. Auch sie werden an die Netzspannung angeschlossen.

Zwischen den beiden Spulen eines Transformators gibt es keine elektrisch leitende Verbindung. Trotzdem herrscht zwischen den Anschlüssen der **Induktionsspule** (oder *Sekundärspule*) eine Spannung, sobald die **Feldspule** *(Primärspule)* an eine Energiequelle mit Wechselspannung angeschlossen ist.

Wie es dazu kommt, können wir so erklären: Die stromdurchflossene Feldspule samt Eisenkern ist ein Elektromagnet. Das Feld dieses Magneten durchdringt die Induktionsspule. (Der geschlossene Eisenkern sorgt dafür, dass das Magnetfeld in beiden Spulen möglichst stark ist.)

Nur wenn sich dieses **Magnetfeld ändert**, herrscht zwischen den Anschlüssen der Induktionsspule eine Spannung. Wie aber kommt es hier zu einer Magnetfeldänderung? Weder die Feldspule noch die Induktionsspule werden doch bewegt!

Das ist auch nicht nötig. Weil **Wechselstrom** fließt, wechseln ständig Nord- und Südpol der Feldspule und das Magnetfeld im Eisenkern wird dauernd stärker oder schwächer. In der Induktionsspule wird somit eine Induktionsspannung erzeugt.

Mit Transformatoren kann man **hohe und niedrige Spannungen** erzeugen. Die Bilder 4–6 zeigen, welche Rolle dabei die Windungszahlen der Spulen spielen:

Selbst wenn die *Induktionsspule* nur **eine Windung** hat, lässt sich eine Induktionsspannung messen, in Bild 4 z. B. **0,1 V**. Wie groß sie ist, hängt von der Spannung an der Feldspule (der *Eingangsspannung*) und von ihrer Windungszahl ab.

Wenn die *Induktionsspule* **200 Windungen** besitzt (Bild 5), herrscht zwischen den Enden jeder einzelnen Windung ebenfalls eine Spannung von 0,1 V. Da die Windungen aber hintereinander geschaltet sind, kann man die Einzelspannungen zusammenzählen – wie bei hintereinander geschalteten Batteriezellen. Es ergibt sich also an den Enden der Induktionsspule eine *Ausgangsspannung* von 200 · 0,1 V = **20 V**; sie ist praktisch *genauso groß wie die Eingangsspannung.*

Bei einer *Induktionsspule* mit **doppelter Windungszahl** (Bild 6) erhalten wir eine *Ausgangsspannung* von 400 · 0,1 V = **40 V**; sie ist also doppelt so groß wie die *Eingangsspannung.*

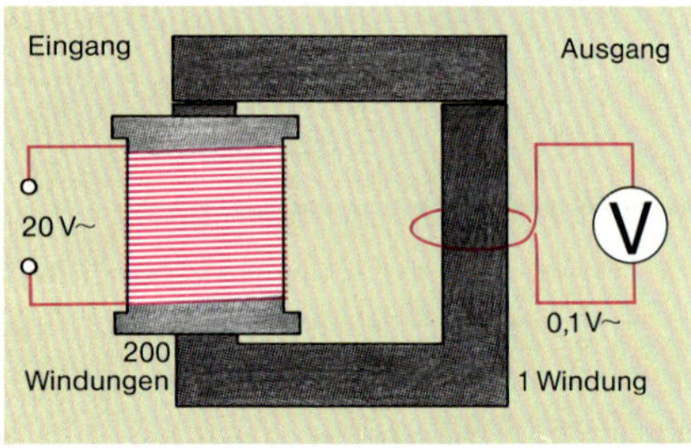

4

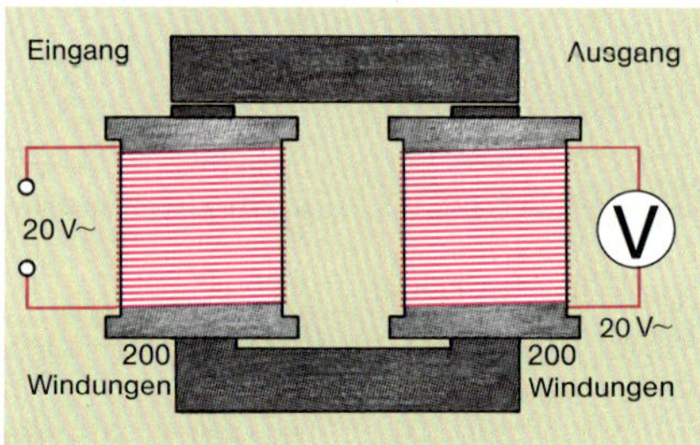

5

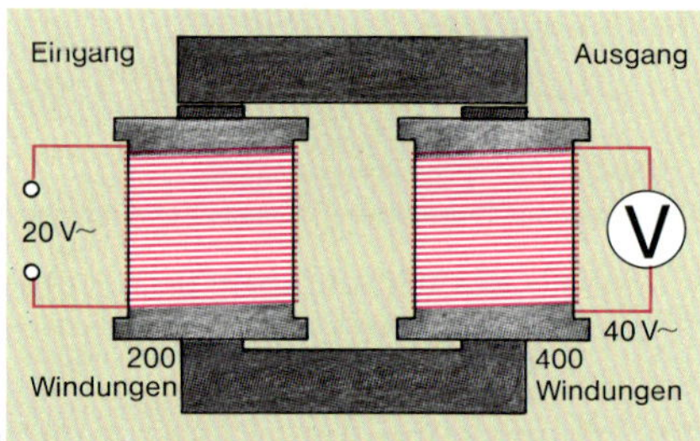

6

So berechnet man die Ausgangsspannung eines Trafos

Man kann die Ausgangsspannung aus der **Eingangsspannung** und den **Windungszahlen** berechnen.

(Unsere Überlegungen gelten genau genommen nur für einen *unbelasteten Trafo,* d. h. für den Fall, dass kein Gerät an die Induktionsspule angeschlossen ist.)

Beispiel: Eingangsspannung: $U_1 = 30$ V
Windungszahl der Feldspule: $N_1 = 400$
Windungszahl der Induktionsspule: $N_2 = 1200$

Lösung: Die Induktionsspule hat **3-mal so viele** Windungen wie die Feldspule (1200 : 400 = 3). Die Ausgangsspannung U_2 ist also **3-mal so groß** wie die Eingangsspannung:
$U_2 = \mathbf{3} \cdot 30\text{ V} = 90\text{ V}$.

Für den unbelasteten Trafo gilt: Hat die Induktionsspule doppelt (dreimal, ...) so viele *Windungen* wie die Feldspule, so ist die *Spannung* U_2 an der Induktionsspule doppelt (dreimal, ...) so groß wie die Spannung U_1 an der Feldspule.

Die Ausgangsspannung U_2 des Trafos verhält sich also zur Eingangsspannung U_1 wie die Windungszahl N_2 der Induktionsspule zur Windungszahl N_1 der Feldspule:

$$\frac{U_2}{U_1} = \frac{N_2}{N_1};$$

$$\frac{\textbf{Ausgangsspannung}}{\textbf{Eingangsspannung}} = \frac{\textbf{Windungszahl der Induktionsspule}}{\textbf{Windungszahl der Feldspule}}$$

2804R

2 Der Transformator wird belastet

V 8 Baue einen Transformator aus zwei Spulen mit je 400 Windungen auf. Lege dann an die eine Spule (die Feldspule) eine Wechselspannung von 5 V an.

a) Miss zunächst den Strom im Eingangsstromkreis bei unbelastetem Transformator (das heißt, wenn kein Gerät an die Induktionsspule angeschlossen ist).

b) Belaste den Transformator, indem du eine Glühämpchen (3,5 V; 0,2 A) an die Induktionsspule anschließt. Wie ändert sich der Strom in der Feldspule?

c) Mit einem elektrischen Zähler wird die *Leistung* gemessen, die ein Transformator im unbelasteten Zustand und bei Belastung *aufnimmt (Lehrerversuch)*. Dazu verwendet man z. B. einen Trafo, der die Netzspannung auf 12 V heruntertransformiert. Zum Belasten wird eine 12-V-Scheinwerferlampe angeschlossen.

Wie groß ist die Leistung, die der Trafo an das Lämpchen *abgibt*?

V 9 Bei einem „guten" Transformator ist die Ausgangsleistung nur geringfügig kleiner als die Eingangsleistung. Was aber macht einen „guten" Transformator aus?

a) Wie groß sind in der Schaltung nach Bild 7 die Ströme in Feld- und Induktionsspule? Wie ändern sie sich, wenn eine 5 mm dicke Pappe zwischen Joch und U-Kern geschoben wird? Leuchtet das Lämpchen dann noch genauso hell?

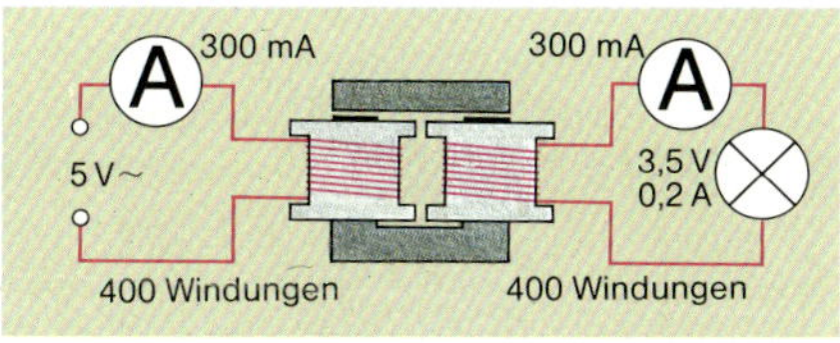

7

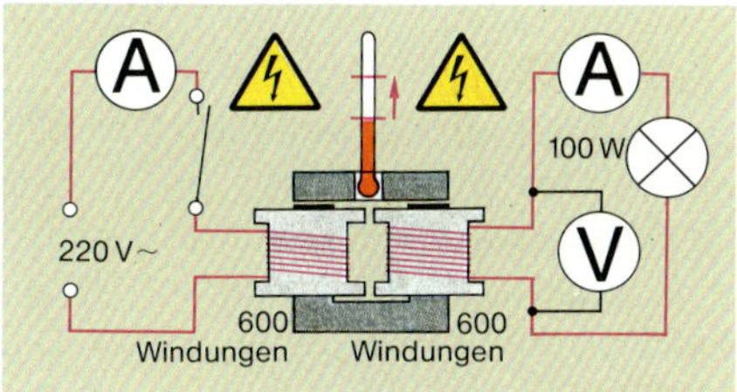

8

b) Nun wird das Joch entfernt. Was beobachtest du?

c) Anstelle des eisernen Jochs wird jetzt ein Aluminiumstab über den U-Kern gelegt.

V 10 *(Lehrerversuch) Die* Trafokerne bestehen nicht aus massivem Eisen, sondern aus vielen dünnen Eisenblechen (aus Eisenlamellen); diese Lamellen sind durch isolierende Lackschichten voneinander getrennt. Den Vorteil solcher Trafokerne zeigt dieser Versuch:

a) Der Transformator von Bild 8 wird einmal mit einem Joch aus Eisenblechen und einmal mit einem Joch aus massivem Eisen aufgebaut.

Wie groß ist jeweils die Temperaturerhöhung, wenn der Trafo 1 min lang eingeschaltet wird?

b) Die Induktionsspule des Trafos wird durch ein 2–3 cm langes Stück Eisenrohr ersetzt; das Rohr entspricht einer Spule mit nur einer Windung. Was wird zu beobachten sein?

Der unbelastete und der belastete Transformator

Fast alle Elektrogeräte besitzen einen Schalter, mit dem ihr Stromkreis unterbrochen werden kann. Die Feldspule des Klingeltrafos dagegen ist *ständig* ans Netz angeschlossen. Ist das nicht „Energieverschwendung"?

Eine **Versuchsreihe** gibt eine überraschende Antwort: Wird eine Spule (z. B. mit 600 Windungen) an ein Netzgerät mit 6 V *Gleich*spannung angeschlossen, so erwärmt sie sich. Der Strom in der Spule beträgt z. B. 1200 mA und hängt nur vom Widerstand des Spulendrahtes (und der Spannung) ab; ob sich ein Eisenkern in der Spule befindet oder nicht, spielt keine Rolle.

Schließt man dieselbe Spule an ein Netzgerät mit 6 V *Wechsel*spannung an, so ist der Strom zunächst ebenfalls recht groß (etwa 1000 mA). Mit einem Eisenkern in der Spule wird er aber erheblich kleiner (ca. 200 mA). Bei einem geschlossenen Eisenkern ist er sogar noch viel kleiner (rund 20 mA). Es scheint so, als ob der Eisenkern den Widerstand der Spule vergrößert!

Das hat folgenden Grund: Der Wechselstrom erzeugt im Eisenkern ein starkes Magnetfeld, das sich ständig ändert. Die Magnetfeldänderungen rufen zwischen den Spulenanschlüssen selbst eine Induktionsspannung hervor (Selbstinduktion). Nach der lenzschen Regel wirkt diese Spannung der Ursache der Induktion (der Spannung des Netzgerätes) entgegen. Der Antrieb auf die Elektronen wird also durch diese Gegenspannung stark abgeschwächt; der Strom ist daher klein. Man sagt: Die Spule drosselt den Strom. In einer solchen **Drosselspule** wird nur sehr wenig Energie in Wärmeenergie umgewandelt.

Bei einem *Transformator* wirkt die Feldspule wie eine Drosselspule. Beim **unbelasteten Trafo** ist die Drosselwirkung stark; daher nimmt er nur sehr wenig Energie aus dem Netz auf.

Beim **belasteten Trafo** ist das jedoch anders. Das Gerät, das an die Induktionsspule angeschlossen ist, erhält von dieser Spule elektrische Energie. Diese Energie muss der Induktionsspule von der Feldspule (und damit aus dem Netz) zufließen. Das konnten wir auch in den Versuchen beobachten: Bei Belastung wurden der Strom und damit die aufgenommene elektrische Leistung im Eingangsstromkreis größer.

Wie kann der Ausgangsstromkreis auf den Eingangsstromkreis zurückwirken? Die Spannung an der Induktionsspule wird ja durch die Magnetfeldänderungen im Eisenkern verursacht. Fließt (bei geschlossenem Ausgangskreis) durch die Induktionsspule ein Strom, so erzeugt er im selben Eisenkern ein zusätzliches Magnetfeld. Nach der lenzschen Regel schwächt dieses Feld der Induktionsspule das ursprüngliche Feld im Eisenkern, da es entgegengesetzt gerichtet ist.

Das hat Auswirkungen auf den Eingangskreis der Feldspule: Durch das ursprüngliche Magnetfeld kam ja die Drosselwirkung der Feldspule zustande. Da dieses Feld jetzt schwächer ist, drosselt die Feldspule den Strom im Eingangskreis nicht mehr so stark; d. h., der Strom im Eingangskreis wird größer.

Durch das zusätzliche Feld im Eisenkern bestimmt also der Induktionsstrom im Ausgangsstromkreis den Strom im Eingangsstromkreis.

Energieverluste beim Transformator

Jeder Transformator gibt weniger elektrische Energie ab, als er aufnimmt; d. h., seine Ausgangsleistung ist kleiner als seine Eingangsleistung. Entscheidend für diese **Energieverluste beim Trafo** sind hauptsächlich

- der Widerstand der Spulendrähte und
- der Eisenkern.

Bei allen Transformatoren ist der Eisenkern geschlossen, denn jeder kleine Luftspalt im Eisenkern führt zu Energieverlusten.

Aber auch bei einem geschlossenen Kern aus *massivem* Eisen treten erhebliche Verluste an elektrischer Energie auf, das sich der Kern recht stark erwärmt (Versuch 10). Wie es dazu kommt, können wir uns so erklären:

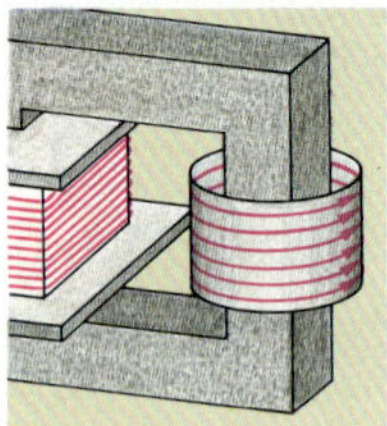
1

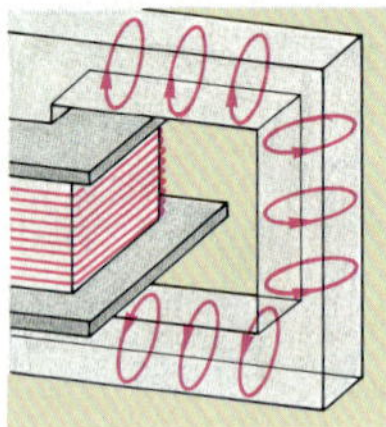
2

Verwendet man beim Trafo als Induktionsspule ein Stück Eisenrohr, so wird es schnell heiß. Weil sich das Magnetfeld im Hohlraum des Rohres dauernd ändert, entstehen nämlich in der Rohrwandung kreisförmige Wechselströme (Bild 1).

Besitzt der Trafo einen massiven Eisenkern, treten solche Ströme auch im Kern selbst auf und erwärmen ihn (Bild 2). Diese Ströme bezeichnet man als **Wirbelströme**. Sie werden hervorgerufen, weil der Kern von einem sich ändernden Magnetfeld durchsetzt ist.

Die Wirbelströme erzeugen ein eigenes zusätzliches Magnetfeld, das dem ursprünglichen Feld der Feldspule entgegengerichtet ist. Dadurch wird das ursprüngliche Feld geschwächt. Es kann daher an der Induktionsspule nicht die Spannung hervorrufen, die man aufgrund der Windungszahlen und der Eingangsspannung erwarten könnte.

Wirbelströme – und die mit ihnen verbundenen Energieverluste – lassen sich dadurch vermeiden, dass man Trafokerne aus vielen dünnen Eisenblechen zusammensetzt, die durch isolierende Lackschichten voneinander getrennt sind (Bild 1 der vorigen Doppelseite).

Aus Umwelt und Technik: **Elektrisch schweißen**

Bei Familie Klein muss am Gartentor ein Scharnier angeschweißt werden. Für Herrn Klein ist das keine Schwierigkeit, er besitzt nämlich ein sog. **Elektro-Schweißgerät** (Bild 3). Dieses Gerät ist eigentlich nichts anderes als ein Transformator; es ist ein **Schweißtransformator**.

Sobald die *Feldspule* dieses Trafos an eine Steckdose angeschlossen ist, braucht nur noch die Schweißstelle in den Stromkreis der *Induktionsspule* gebracht zu werden. Das macht Herr Klein so:

Er schließt einfach das eine Spulenende mit der Klemmzange an das Ziergitter an; das andere ist mit der Schweißelektrode verbunden, die er an einem Griff hält (Bild 4).

Herr Klein tippt nur kurz mit der Schweißelektrode auf die Schweißstelle. Der Strom ist so groß, dass das Metall an der Berührungsstelle sofort aufglüht und verdampft. Dann hebt er die Elektrode etwas an. Die Elektrizität fließt jetzt auch durch die glühend heiße Luft zwischen Elektrode und Schweißstelle; man sieht einen *Lichtbogen*. Der Stahl von Scharnier und Gartentor beginnt an dieser Stelle zu schmelzen und schon tropft von der Elektrode aus flüssiges Metall auf die Schweißstelle.

Nach kurzer Zeit hebt Herr Klein die Elektrode hoch. Der Stromkreis ist nun unterbrochen; der geschmolzene Stahl erstarrt. Tür und Scharnier sind miteinander verschweißt.

Selbst bei kleinen Schweißgeräten treten im Ausgangsstromkreis – also auch in der Schweißstelle – Ströme von über 100 A auf (bis etwa 160 A); dabei beträgt die Spannung zwischen den Enden der Induktionsspule nur ca. 25 V. Damit trotzdem so große Ströme erreicht werden, dürfen die Leitungen und vor allem die Windungen der Induktionsspule nur einen verschwindend kleinen Widerstand aufweisen. Die Induktionsspule wird daher aus dicken Kupferbändern oder Kupferstäben gebogen.

Der Strom in der Feldspule ist natürlich viel kleiner – sonst würde ja die Sicherung im Zählerkasten ansprechen und den Eingangsstromkreis unterbrechen.

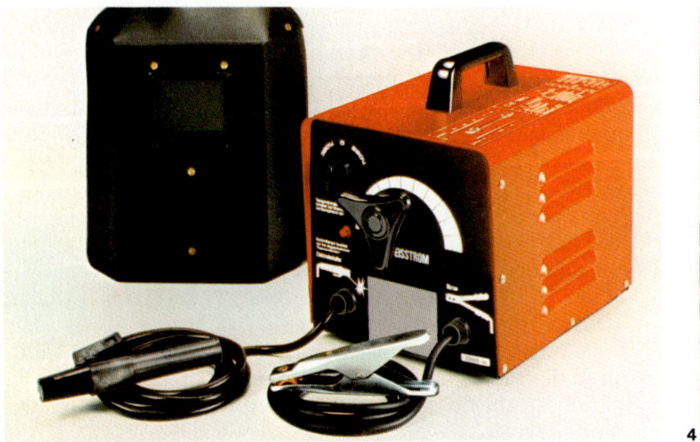
3

4

2806R

Fragen und Aufgaben zum Text

1 Das Prinzip des Elektroschweißens zeigt dieser **Versuch**:

a) Der Trafo von Bild 5 wird 10 s lang eingeschaltet. Wie stark wird sich wohl der Nagel dabei erwärmen?

b) Anstelle der selbst gewickelten Induktionsspule wird eine Spule mit fünf *dicken* Kupferwindungen verwendet; sie wird mit demselben Nagel kurzgeschlossen. Was beobachtest du jetzt? Was kannst du daraus schließen?

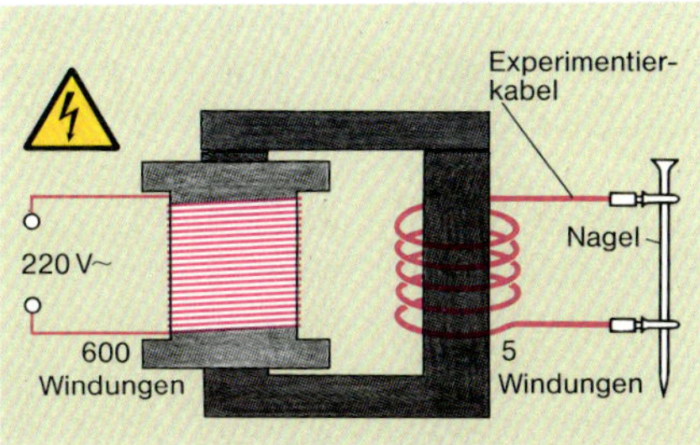

5

2 Der Querschnitt der Kupferleitungen der Induktionsspule ist etwa 100-mal so groß wie der Drahtquerschnitt der Feldspule. Warum?

3 Der Schweißtrafo ist ein Beispiel für einen **Hochstromtransformator**. Gib eine Erklärung für diesen Namen.

Nenne Unterschiede zwischen Hoch*strom*- und Hoch*spannungs*trafos.

4 Im **Versuch** von Bild 6 wird der Widerstand im Ausgangsstromkreis verändert. Dadurch ändert sich nicht nur der Strom im Ausgangsstromkreis (I_2), sondern auch der Strom im Eingangsstromkreis (I_1). Für den *belasteten* Trafo gilt etwa: $\frac{I_2}{I_1} = \frac{N_1}{N_2}$. Rechne nach.

I_2	2,0 A	2,3 A	2,9 A	?	?
I_1	0,7 A	0,8 A	1,0 A	1,1 A	1,2 A

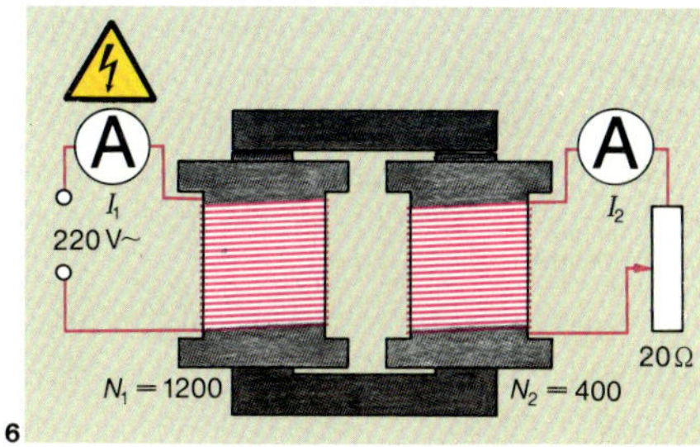

6

3 Transformatoren im Wechselstromnetz

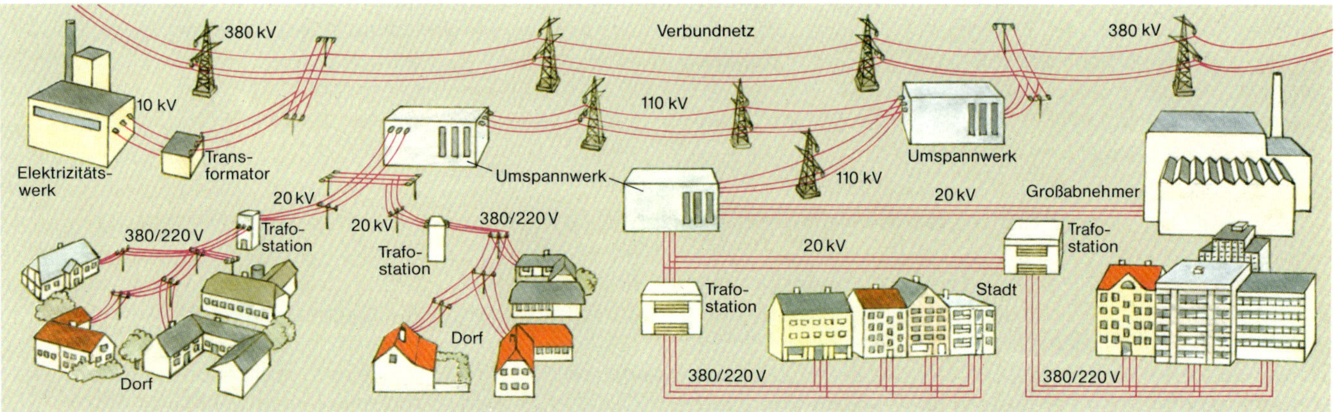

7

V 11 Das Modell eines Wechselstromnetzes wird aufgebaut: Das Netzgerät entspricht dem Elektrizitätswerk, die Lampe steht für die Verbraucher der elektrischen Energie.

a) Wenn Elektrizitätswerk und Verbraucher benachbart wären, brauchte man keine Trafos zur Energieübertragung (Bild 8).

Berechne den Energiestrom.

b) Je länger die Leitungen sind, desto größer ist auch ihr Widerstand. Im Modell ersetzen wir die Fernleitungen durch einen Festwiderstand (Bild 9). Wie groß ist der Energiestrom, der von der Energiequelle ausgeht? Wie groß ist der Energiestrom, der das Lämpchen erreicht?

c) Nun werden zusätzlich zwei Trafos eingesetzt (Bild 10). Der eine erhöht die Spannung (am Anfang der „Fernleitung"), der andere verringert sie (am Ende der Leitung). *Vorsicht*, bei Schaltungsfehlern kann eine Spannung von über 100 V auftreten!

Wie groß ist der Energiestrom, der das Lämpchen erreicht? Wie groß ist der Strom in der „Fernleitung"?

d) Begründe, warum man Transformatoren im Stromnetz benötigt.

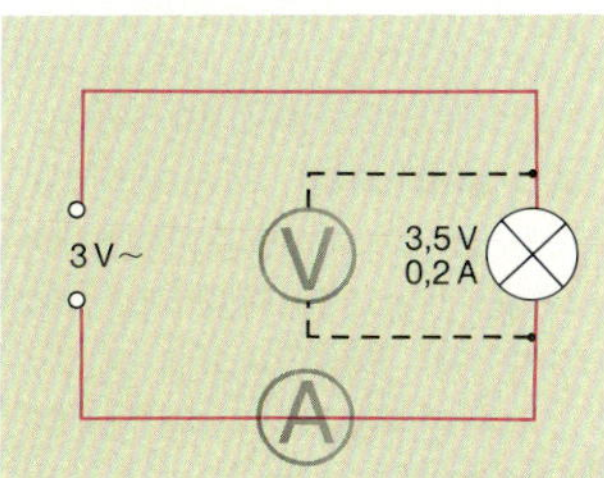

8

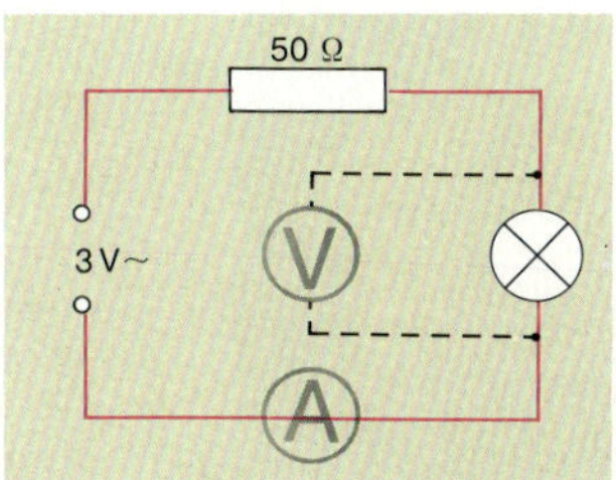

9

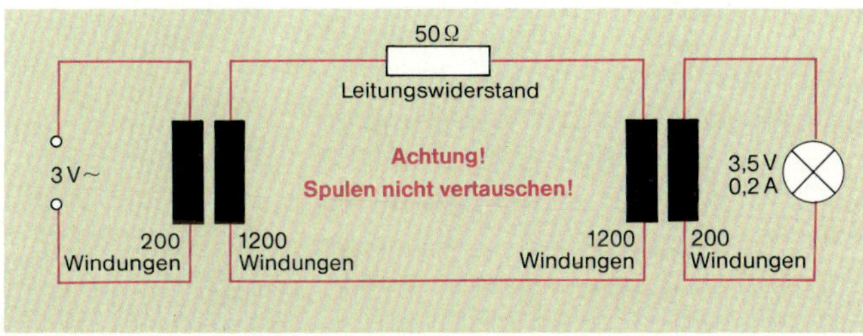

10

Aus Umwelt und Technik: **Energieübertragung mit 380 000 Volt**

Mit Hilfe von Hochspannungsleitungen wird elektrische Energie über weite Entfernungen übertragen. Die Leitungen sind aber nicht direkt an die Generatoren in den Elektrizitätswerken angeschlossen.

Vielmehr wird die Generatorspannung (8000 V bis 27 000 V) mit Hilfe von riesigen Transformatoren erhöht (Bild 1). So werden Spannungen von 110 000 V bis 380 000 V erreicht.

Wozu sind so hohe Spannungen nötig? Im Haushalt braucht man doch nur 230 V (oder 400 V)!

Die Spannung wird aus folgendem Grund erhöht: Die Leitungen erwärmen sich durch die elektrischen Ströme. In den Fernleitungen geht also elektrische Energie als Wärme verloren, und zwar umso mehr, je größer der Strom ist. Der Strom muss daher möglichst klein sein. Trotzdem soll viel Energie pro Sekunde übertragen werden – der Energiestrom soll groß sein. Das ist nur möglich, wenn die Spannung sehr hoch ist.

1

Dazu ein Beispiel: Ein Energiestrom von 1 MW (1 000 000 W) soll über eine Fernleitung von 300 km Länge (Widerstand: 50 Ω) übertragen werden.

Wenn man die Generatorspannung von z. B. 10 000 V nicht erhöhen würde, wäre dazu ein elektrischer Strom von 100 A notwendig ($P = U \cdot I$; 1 MW = 10 000 V · 100 A). Bei einem so großen Strom geht aber die Hälfte des Energiestromes (etwa 500 kW) durch Erwärmung der Leitungsdräte verloren.

Transformiert man aber die Generatorspannung von 10 000 V auf eine Spannung von 100 000 V hinauf, so ist für einen Energiestrom von 1 MW nur noch ein Strom von 10 A nötig (1 MW = 100 000 V · 10 A). Nun betragen die Verluste rund 5 kW; nur 0,5 % des Energiestromes gehen verloren.

Allerdings kann man die Spannung nicht immer weiter erhöhen um die Energieverluste zu verringern. Bei sehr hohen Spannungen lassen sich nämlich die Leitungen an den Masten nicht mehr isolieren, denn selbst die Luft wird dann leitend.

In den Elektrizitätswerken erhöhen also Trafos die Spannung, damit die elektrische Energie mit geringen Verlusten über weite Strecken transportiert werden kann. Nach dem Transport wird die Spannung in Umspannwerken und Trafostationen wieder „heruntertransformiert“.

Aus der Geschichte: **So begann es mit der elektrischen Energieübertragung**

„Die Spannung der Umstehenden war außerordentlich. Da – plötzlich fing der Elektromotor an sich zu drehen, immer schneller und schneller. Die von ihm angetriebene Pumpe, die einen Wasserfall speisen sollte, kam in Betrieb. Die Überraschung kann sich heute kein Mensch vorstellen.“

So beschrieb ein Augenzeuge einen Versuch, der 1882 bei der ersten deutschen Elektrizitätsausstellung in München Aufsehen erregte.

Das Erstaunliche daran war, dass die elektrische Energiequelle 57 km weit, in Miesbach, stand. Der Motor war über eine lange Doppelleitung aus gewöhnlichem Telefondraht mit einem *Gleichstrom*generator (Bild 2) verbunden; dieser wurde von einer Dampfmaschine angetrieben und erzeugte eine Spannung von 1500 bis 2000 V. Die Isolation der Drähte war allerdings für so hohe Spannungen unzureichend; die Anlage war daher nur an 4 von 12 Tagen in Betrieb.

Von der erzeugten Energie kamen nur 25 % beim Motor an, 75 % blieben buchstäblich auf der Strecke. Trotzdem – die Möglichkeit der elektrischen Energieübertragung über eine längere Strecke (mit Gleichstrom) war somit bewiesen.

2

Neun Jahre später wurde auf einer Ausstellung in Frankfurt ein weiterer Versuch durchgeführt.

Diesmal wurde Energie von Lauffen am Neckar über eine 174 km lange Leitung nach Frankfurt übertragen. Dabei setzte man nun nicht mehr Gleichspannung, sondern eine Wechselspannung ein:

Die Spannung des Generators (sie betrug 55 V) wurde zunächst mit einem Trafo auf 8500 V erhöht. Die Induktionsspule des Trafos war mit der Fernleitung verbunden. An ihrem Ende wurde die Spannung auf 65 V heruntertransformiert.

Dass die Wechselspannung tatsächlich der Gleichspannung bei der Energieversorgung überlegen ist, war bewiesen, als auf der Ausstellung 1000 Glühlampen aufleuchteten und ein 10 m hoher Wasserfall zu rauschen begann. Der Wirkungsgrad bei dieser Energieübertragung war unerwartet hoch: Er betrug 75 %.

Alles klar?

1 Welchen Vorteil hat ein Wechselstromnetz gegenüber einem Gleichstromnetz bei der Energieversorgung?

2 Die Bilder 3 u. 4 zeigen zwei verschiedene Versuchsaufbauten. Wann zeigt das Messgerät nach dem Einschalten eine Spannung an? Begründe deine Antwort.

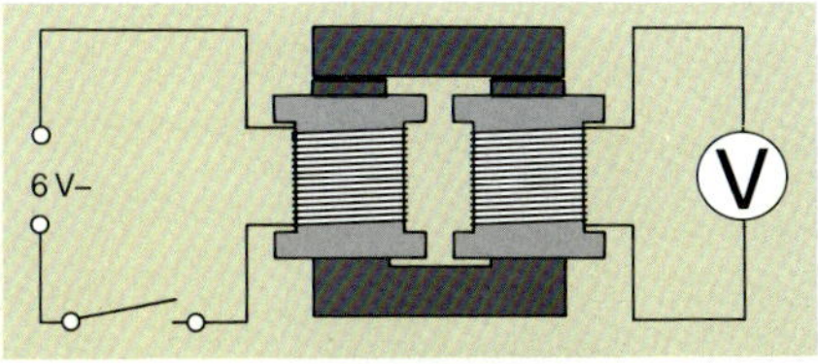

3

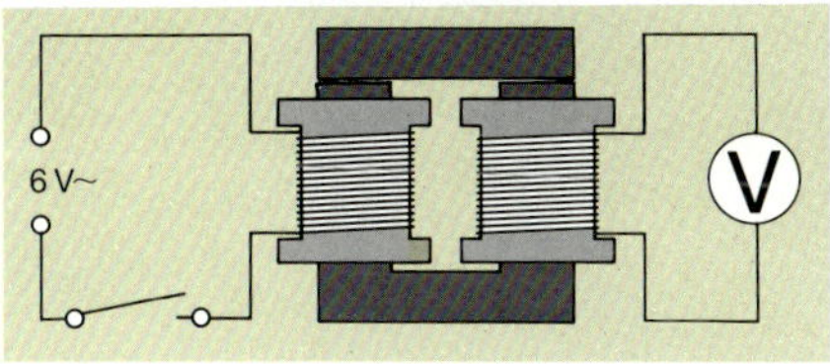

4

3 Skizziere einen Transformator, der die Spannung erhöht, und einen, der sie verringert. Trage jeweils die Begriffe *Feldspule* und *Induktionsspule* ein.

4 Die Feldspule eines Trafos hat 100 Windungen; sie ist an ein Netzgerät mit 12 V Wechselspannung angeschlossen. Nacheinander werden unterschiedliche Induktionsspulen eingebaut.

Übertrage die folgende Tabelle in dein Heft und ergänze sie.

Anzahl der Windungen der Induktionsspule	Induktionsspannung (Ausgangsspannung)
100	? V
50	? V
25	? V
10	? V
200	? V
500	? V
1000	? V

5 Warum hat beim Schweißtransformator die Induktionsspule erheblich weniger Windungen als die Feldspule?

6 In einem **Versuch** soll Folgendes gezeigt werden: Wenn Induktionsspule und Feldspule eines Trafos *gleiche* Windungszahlen haben, so ist die Ausgangsspannung *etwa so groß* wie die Eingangsspannung. Bild 5 zeigt den Aufbau. Aber bei 2 V Eingangsspannung misst man nur 0,8 V Ausgangsspannung. Erkläre!

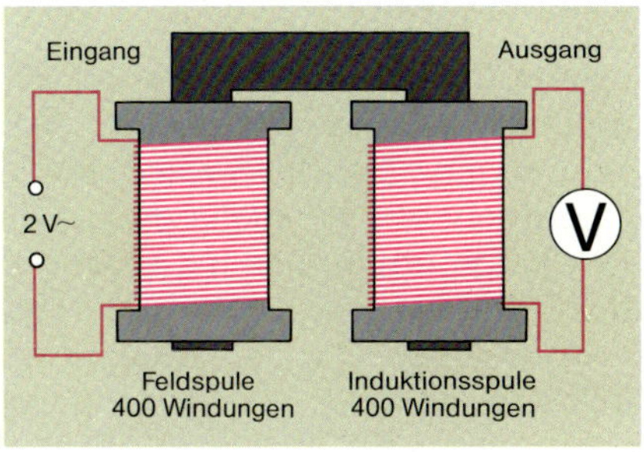

5

4 Zusammenfassung

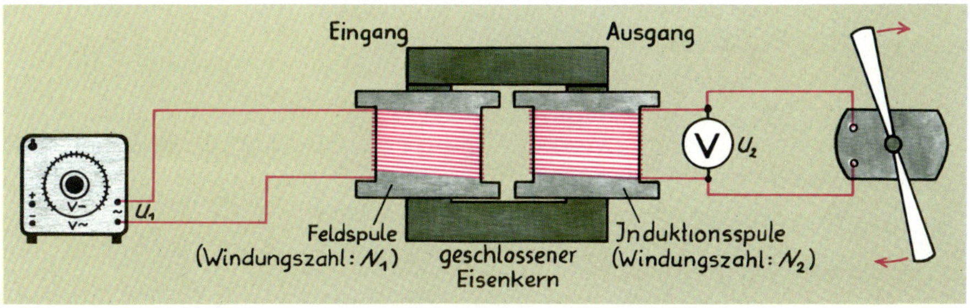

6

Jeder Transformator besteht aus einer **Feldspule** (der *Primärspule*) und einer **Induktionsspule** (der *Sekundärspule*). Beide Spulen sitzen auf einem **geschlossenen Eisenkern**.

Zwischen den Spulen gibt es keine elektrisch leitende Verbindung.

Die *Feldspule* wird an eine Energiequelle mit **Wechselspannung** angeschlossen. Im Eisenkern entsteht dann ein Magnetfeld, das sich ständig ändert.

Diese **Magnetfeldänderungen** bewirken eine Induktionsspannung zwischen den beiden Anschlüssen der *Induktionsspule*.

Die **Spannung an der Induktionsspule** *(Ausgangsspannung U_2)* hängt ab.

- von der Spannung an der Feldspule *(Eingangsspannung U_1)* und
- vom Verhältnis „$N_2 : N_1$" der Windungszahlen der beiden Spulen.

Ist kein Gerät an die Induktionsspule angeschlossen **(unbelasteter Trafo)**, so gilt: $$\frac{U_2}{U_1} = \frac{N_2}{N_1}.$$

Der unbelastete Trafo verbraucht pro Sekunde nur sehr wenig elektrische Energie.

Wird an den Trafo ein Elektrogerät angeschlossen, so erhält es von ihm elektrische Energie. Der Trafo selbst entnimmt diese Energie dem Netz (bzw. dem Netzgerät).

Bei Belastung nimmt daher der **Strom I_1 im Eingangskreis** zu. Wie groß er ist, wird bestimmt

- durch den Strom I_1 im Ausgangskreis und
- durch das Verhältnis „$N_2 : N_1$".

Für den **belasteten Trafo** gilt: $$\frac{I_2}{I_1} = \frac{N_1}{N_2}.$$

Die spezifische Wärmekapazität

Wärme wird gemessen

Aus Umwelt und Technik: **Fernwärme per Bahn**

In Elektrizitätswerken kann immer nur ein Teil der eingesetzten Energie zum Antrieb der Generatoren verwendet werden. Die übrige Energie muss in Form von Wärme abgeführt werden – z. B. mit Hilfe von Kühltürmen.

Diese *Abwärme* kann man aber auch in Fernheizungsnetzen nutzen: Im Elektrizitätswerk erhitztes Wasser fließt über Rohrleitungen in die Haushalte und wird dort beim Heizen abgekühlt; anschließend strömt es wieder zurück ins Elektrizitätswerk. Bei großen Entfernungen ist der Bau eines solchen Rohrleitungsnetzes allerdings zu teuer.

In kleinerem Rahmen könnten zur Überbrückung von Entfernungen bis etwa 100 km *Kesselwagen* eingesetzt werden. Der Spezialkesselwagen von Bild 1 wurde für entsprechende Versuche gebaut. Er kann eine Last von 63 t befördern und ist mit einer guten Wärmeisolierung ausgestattet.

Solche Kesselwagen sollen im Elektrizitätswerk z. B. um 80 K erhitztes Wasser aufnehmen, das am Bestimmungsort in ein Heizungsnetz eingespeist wird. Die Wagen transportieren dann das abgekühlte Wasser zurück.

Aber ist Wasser tatsächlich der beste Energiespeicher? Kann 1 kg Wasser mehr Energie als andere Stoffe beim Erwärmen aufnehmen und beim Abkühlen abgeben?

1

V 1 In diesem Versuch geht es um die zum Erwärmen von Wasser erforderliche Energie. Dabei leistet ein 1000-Watt-Tauchsieder gute Dienste, denn dieses Gerät gibt in jeder Sekunde eine ganz bestimmte Energie ab, nämlich 1000 J.

a) Überlege dir zunächst, wovon die Temperaturerhöhung des Wassers abhängen kann.

b) Unterschiedliche Mengen Wasser (0,50 kg, 0,75 kg, 1,00 kg, ..., 1,50 kg) sollen um 10 K erwärmt werden.

Es ist wichtig, dass beim Erwärmen ständig umgerührt wird.

Wie lange muss der Tauchsieder jeweils eingeschaltet sein? Wie viel Energie wird dem Wasser dabei zugeführt?

Stelle die Messwerte grafisch dar (*waagerechte Achse:* Masse; *senkrechte Achse:* zugeführte Energie).

c) Wir erwärmen jetzt 1 kg Wasser eine Minute lang. Nach jeweils 10 s wird der Tauchsieder ausgeschaltet und die erreichte Wassertemperatur ermittelt.

Wie viel Energie ist in 10 s, 20 s, ..., 60 s zugeführt worden?

Fertige wiederum ein Diagramm an (*waagerechte Achse:* Temperaturerhöhung; *senkrechte Achse:* zugeführte Energie).

d) Wie lange müsste der Tauchsieder eingeschaltet sein, damit sich 1 kg Wasser um genau 1 K erwärmt? Wie viel Energie ist dazu nötig?

V 2 Untersuche den Zusammenhang zwischen Energiezufuhr und Temperaturerhöhung für Glycerin oder Glykol (Frostschutzmittel). Gehe wie in V 1 b vor.

Wie viel Energie ist erforderlich um 1 kg Glycerin (Glykol) um 1 K zu erwärmen? Vergleiche dein Ergebnis mit der in Bild 7 angegebenen *spezifischen Wärmekapazität* dieses Stoffes (→ Info).

V 3 Mit einem Tauchsiederversuch lässt sich auch für feste Stoffe ermitteln, wie Energiezufuhr und Temperaturerhöhung zusammenhängen.

a) 0,5 kg Wasser und 0,5 kg Kupfer in Form kleiner Kugeln (Kupferschrot) werden in ein Blechgefäß geschüttet. Mit einem 1000-W-Tauchsieder führt man dann 60 s lang Energie zu. Wie groß ist die Temperaturerhöhung?

b) Wie viel Energie hat die Wassermenge aufgenommen? (Mit Tabellenwert rechnen!) Welcher Energiebetrag bleibt für das Kupfer übrig?

Berechne daraus, wie viel Energie erforderlich ist, um 1 kg Kupfer um 1 K zu erwärmen.

c) Vergleiche das Ergebnis mit dem Tabellenwert für die spezifische Wärmekapazität von Kupfer.

Wie sind auftretende Abweichungen zu erklären?

d) Zu einem genaueren Wert kann man kommen, wenn man den Versuch einmal ohne das Kupferschrot wiederholt ...

V 4 Wenn wir einen Körper durch mechanische Arbeit erwärmen, können wir die zugeführte Energie als Produkt von Kraft (in Wegrichtung) und Weg berechnen.

a) In einer 1 m langen Pappröhre befindet sich 1 kg Bleischrot. Die Röhre wird 10-, 20- und 30-mal gedreht und jeweils „auf den Kopf" gestellt. Bei jedem Drehen wird das Bleischrot um 1 m angehoben. Noch während es fällt, muss man die Röhre wieder auf die Tischplatte stellen. Die Temperatur des Bleischrots wird zu Beginn und am Ende des Versuchs (mit einem Temperaturfühler) gemessen.

3631R

b) Durch das fortwährende Umstülpen der Röhre wird am Bleischrot Hubarbeit verrichtet.

Wie groß ist diese Arbeit?

c) Der Versuch wird wiederholt: 500 g Bleischrot werden 40-mal hochgehoben und 1 m fallen gelassen.

V 5 Dem Metallzylinder von Bild 2 kann durch Reibungsarbeit Energie zugeführt werden.

a) Wie kannst du die Reibungsarbeit berechnen, die bei einer Umdrehung des Zylinders verrichtet wird? Welche Größen musst du dazu kennen?

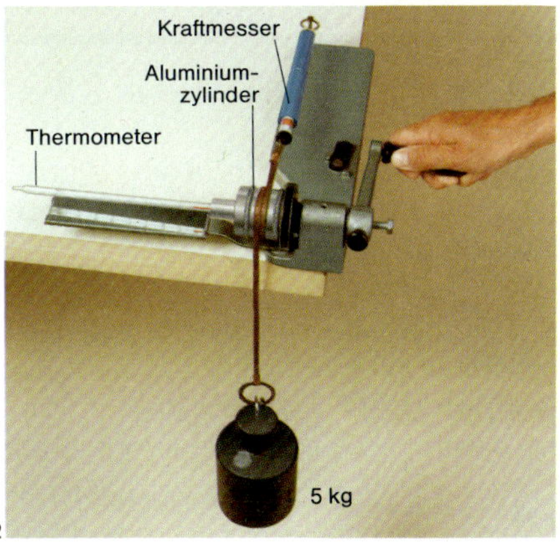

2

b) Wir verwenden zunächst einen Aluminiumzylinder und messen die Temperaturerhöhung für 25, 50, 75, 100 und 125 Umdrehungen.

c) Berechne die jeweils verrichteten Arbeiten und stelle die Temperaturerhöhung in Abhängigkeit von der zugeführten Energie grafisch dar.

d) Der Versuch wird mit einem Aluminiumzylinder doppelter Masse und mit einem Kupferzylinder wiederholt.

Info: **Wie zugeführte Energie und Temperaturerhöhung zusammenhängen**

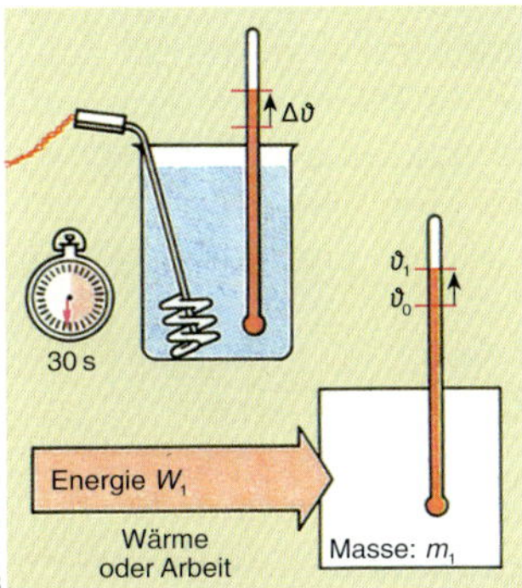

3

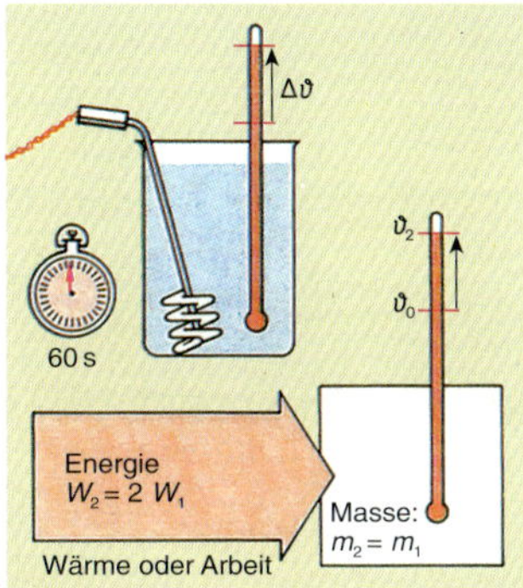

4

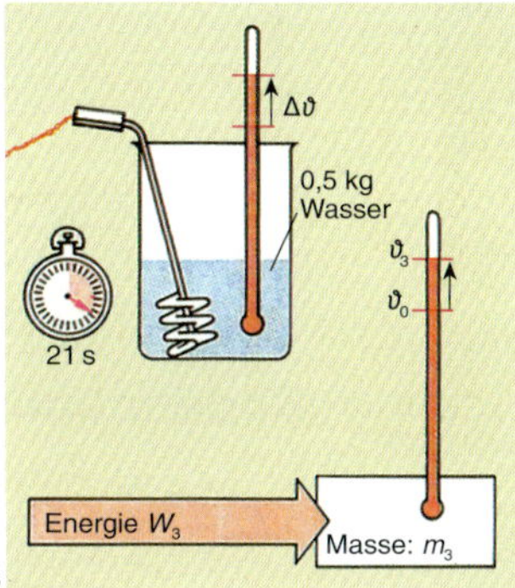

5

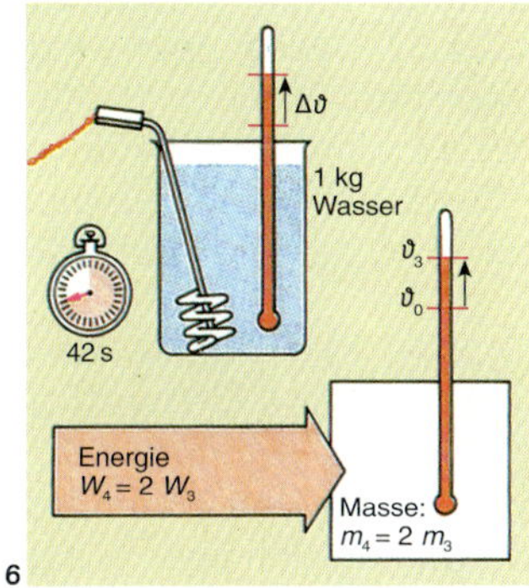

6

Wir wissen bereits: Wenn man die Temperatur z. B. in einem Becherglas mit Wasser erhöhen will, muss man dem Wasser Energie zuführen – entweder durch Arbeit oder als Wärme.

Je mehr Energie einem Körper zugeführt wird, desto größer ist die Temperaturerhöhung (Bilder 3 u. 4).

Wir nennen die Anfangstemperatur ϑ_0, die Endtemperatur ϑ und die Temperaturerhöhung $\Delta\vartheta = \vartheta - \vartheta_0$. Es gilt:

Die einem Körper zugeführte Energie W_Q *und die Temperaturerhöhung* $\Delta\vartheta$ *sind zueinander proportional.*

$W_Q \sim \Delta\vartheta \qquad (m = \text{konst.}).$

Verwendet man Körper unterschiedlicher Masse, aber aus gleichem Material, so stellt man fest: Für die gleiche Temperaturerhöhung muss einem Körper umso mehr Energie zugeführt werden, je größer seine Masse m ist (Bilder 5 u. 6).

Die für eine bestimmte Temperaturerhöhung nötige Energie W_Q *und die Masse der Körper sind zueinander proportional (bei gleichem Material).*

$W_Q \sim m \qquad (\Delta\vartheta = \text{konst}).$

Beide Proportionalitäten lassen sich zusammenfassen:

$W_Q \sim m \cdot \Delta\vartheta.$

Will man also einen Körper doppelter Masse um die doppelte (dreifache) Temperaturdifferenz erwärmen, braucht man die vierfache (sechsfache) Energie.

Die Proportionalität bedeutet, dass der Quotient $\frac{W_Q}{m \cdot \Delta\vartheta}$ konstant ist.

Man nennt diese Konstante **spezifische Wärmekapazität**. Sie hängt nur vom Material ab. Ihr Formelzeichen ist c (von engl. *capacity:* Aufnahmefähigkeit).

$$c = \frac{W_Q}{m \cdot \Delta\vartheta} \quad \text{oder} \quad W_Q = c \cdot m \cdot \Delta\vartheta.$$

Als Einheit für c ergibt sich $1\,\frac{\text{kJ}}{\text{kg} \cdot \text{K}}$.

Die spezifische Wärmekapazität gibt an, wie viel Energie zugeführt werden muss, um 1 kg eines Stoffes um 1 K zu erwärmen.

Bei Kupfer ist dazu ungefähr dreimal so viel Energie erforderlich wie bei Blei. Die spezifische Wärmekapazität von Wasser ist verhältnismäßig groß (→ Bild 7 u. Tabelle im Anhang).

Sinkt die Temperatur eines Körpers, so wird genauso viel Energie frei, wie bei der Erwärmung um die gleiche Temperaturdifferenz zugeführt wird.

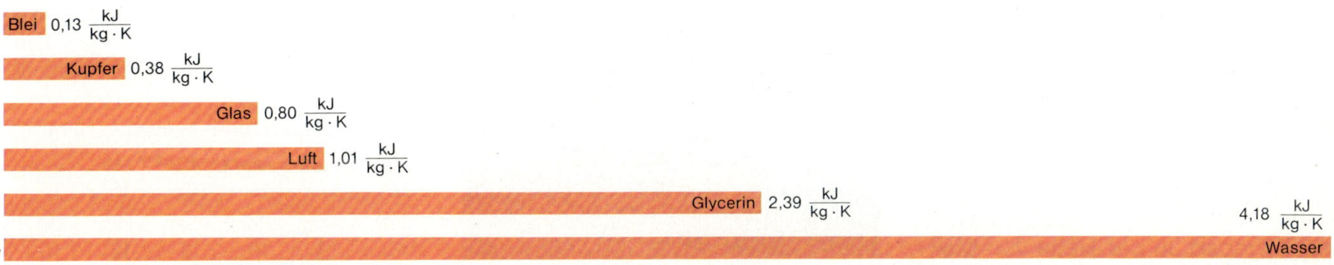

7

Aufgaben

1 Ist das Wasser in einem unbeheizten Freibad erst einmal warm, so kühlt es nur sehr langsam wieder ab. Ein kühler Tag wirkt sich kaum auf die Wassertemperatur aus. Erkläre!

2 Frau Meier setzt 1,5 l Teewasser auf. Es ist mit einer Temperatur von 15 °C aus der Wasserleitung gekommen und soll nun auf 95 °C erhitzt werden. Wie viel Energie ist nötig?

Wie hoch müsste ein 50 kg schwerer Mensch klettern, damit seine Lageenergie diesem Energiebetrag entspricht?

3 Eine Wärmflasche aus Kupfer fasst 5 l Wasser; leer wiegt sie 1 kg. Nach dem Füllen mit heißem Wasser hat sie eine Temperatur von 80 °C.

Solange ihre Temperatur nicht unter 30 °C gesunken ist, wärmt sie das Bett. Wie viel Energie gibt die Wärmflasche ab?

Wie viel Energie würde eine Wärmflasche abgeben, die mit 80 °C heißem Sand gefüllt wäre?

4 Die Geraden in Bild 1 ergaben sich aus zwei Messreihen beim Erwärmen von Frostschutzmittel. Worin unterschieden sich die Versuche?

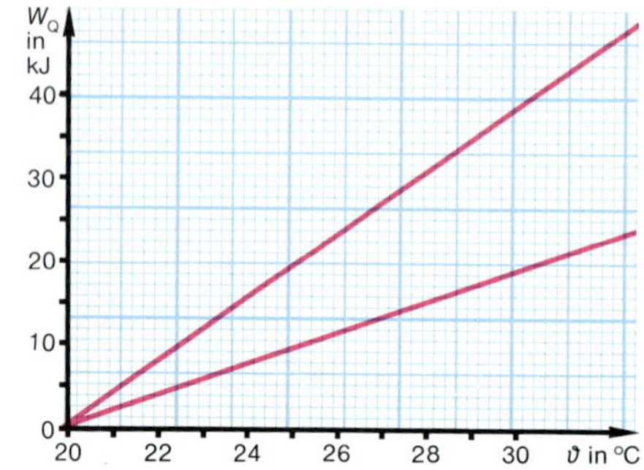

1 Erwärmen von Frostschutzmittel

5 Maschinen, in denen Teile aufeinander gleiten, werden häufig mit Öl gekühlt (z. B. Getriebe). Welche Vorteile hat die Verwendung von Öl? Welchen Nachteil muss man bei der Ölkühlung im Vergleich zur Wasserkühlung in Kauf nehmen? Wie kann man diesen Nachteil durch die Konstruktion des Kühlers ausgleichen?

6 In ein Trinkglas ($m_G = 110$ g) wird siedendes Wasser ($m_W = 130$ g) geschüttet. Die Temperatur des Glases beträgt 20 °C. Nach dem Umschütten hat das Wasser noch eine Temperatur von 85 °C.

Berechne die Energie, die das Wasser insgesamt abgegeben hat.

Berechne in gleicher Weise, wie viel Energie das Glas aufgenommen hat. Erkläre den Unterschied zwischen den beiden Energiebeträgen.

Aus Umwelt und Technik: **Bodennebel, Palmen in Lissabon, sibirische Kälte**

Vor allem in den frühen Morgenstunden bilden sich über Wiesen, Äckern und Mooren häufig gespenstische Bodennebel (Bild 2). Sobald die Sonne den Boden erwärmt, verschwinden die Nebel wieder.

Bei lockeren oder mit Gras bewachsenen Böden wird tagsüber nur die oberste Schicht warm. Eingeschlossene Luft wirkt isolierend und verhindert, dass die Energie in tiefere Bodenschichten dringt. Das Erdreich selbst hat eine geringe spezifische Wärmekapazität (rund $1 \frac{\text{kJ}}{\text{kg} \cdot \text{K}}$). Die Sonne hat es daher leicht, die oberste Bodenschicht zu erwärmen.

Weil aber nur wenig Energie gespeichert ist, kühlt der Boden nachts rasch wieder ab. Auch die dicht über dem Boden liegenden Luftschichten werden vom Boden ausgekühlt. Unterschreitet die Temperatur einen bestimmten Wert, kondensiert der in der Atmosphäre enthaltene Wasserdampf: Es entsteht Nebel.

2

3

Harte Winter bleiben Küstenbewohnern erspart. In der Nähe von Meeren herrscht *maritimes Klima.* Es kommt so zustande: Die Sonne erwärmt im Sommer das Meer. Das Sonnenlicht dringt tief ins Wasser ein und wird dort absorbiert. Da das Meer in ständiger Bewegung ist, erwärmt es sich mehrere Meter tief ziemlich gleichmäßig. Es dauert jedoch wochenlang, bis sich die Temperatur um 1 K erhöht (→ Tabelle). Wasser hat nämlich eine große spezifische Wärmekapazität. Im Wasser ist dann viel Energie gespeichert.

Nachts sinken an der Küste die Temperaturen nur wenig. Das Meer hält die Luft warm, ohne dass es sich merklich abkühlt. Tagsüber wird es auch im Sommer nicht extrem heiß, weil das Wasser die Luft kühl hält.

Im Winter dient das Meer als riesiger Wärmespeicher. So können z. B. die frostempfindlichen Palmen in Lissabon prächtig gedeihen (Bild 3).

Wassertemperaturen in Lissabon (in °C)

Jan.	Feb.	März	April	Mai	Juni
14	14	14	15	16	17

Juli	Aug.	Sept.	Okt.	Nov.	Dez.
18	19	19	18	16	15

5510R

Die Durchschnittstemperatur liegt dort im Januar mit 10,6 °C nur 11,4 K unter der mittleren Temperatur im Juli (22 °C).

Ganz anders liegen die klimatischen Verhältnisse innerhalb großer Landmassen, wie z. B. auf dem asiatischen Kontinent. Wegen der geringen Speicherfähigkeit des Bodens zeichnet sich das *kontinentale Klima* im Sommer durch warme oder heiße Tage – je nach Breitengrad – und kühle oder kalte Nächte aus. Im Winter kann es bitterkalt werden. In Jakutsk in Sibirien liegen die Temperaturen im Januar durchschnittlich bei −43 °C, im Juli dagegen fast so hoch wie in Hamburg, nämlich bei 18,8 °C.

Fragen und Aufgaben zum Text

1 In Obstbaumkulturen wird in frostgefährdeten Gebieten streng darauf geachtet, dass das Gras unter den Bäumen im Frühjahr kurz geschnitten ist. Wozu dient diese Maßnahme?

2 In der Wüste sind die Nächte oft empfindlich kalt, auch wenn tagsüber sengende Hitze herrscht. Was ist der Grund für die großen Temperaturunterschiede?

3 In Lissabon ist die Wassertemperatur im Oktober höher als im Juni, obwohl auch in Lissabon die Sonne im Juni am höchsten steht. Erkläre!

Alles klar?

1 Wenn man die Temperaturmessungen aus vielen Jahren vergleicht, stellt man fest, dass es überall in Deutschland im Januar am kältesten ist. Nur auf der Insel Helgoland ist die Durchschnittstemperatur im Frühjahr am niedrigsten. Erkläre!

2 Die Außenmauern eines Hauses bestehen aus 80 m³ Ziegelstein. 1 m³ hat eine Masse von 1,5 t.

An einem Frühlingstag erwärmen sich die Außenmauern auf 25 °C. Wie viel Energie gibt das Mauerwerk nachts ab, wenn es sich um 10 K abkühlt?

Angenommen die Mauern wären aus Styropor ($\varrho = 15\ \text{kg/m}^3$) statt aus Ziegeln. Wie viel Energie könnte das Mauerwerk in diesem Fall abgeben?

3 Ein Automotor ($m = 100$ kg) besteht aus Eisen und enhält 12 l Kühlwasser. Nach einer Fahrt hat der Motor eine Temperatur von 100 °C. Er kühlt auf 15 °C ab. Wie viel Energie gibt der Motorblock ab, wie viel das Kühlwasser?

4 Wenn an einem wolkenlosen Sommertag die Sonne ihren höchsten Stand erreicht hat, strahlt sie besonders stark. Durch die Sonnenstrahlung wird dann jedem Quadratmeter des Erdbodens pro Sekunde ca. 1 kJ Energie zugeführt. Genauso viel Energie gibt auch eine Kochplatte in jeder Sekunde ab. Warum ist es trotzdem nicht so einfach, mit Sonnenenergie Wasser zum Sieden zu bringen?

5 Zwei Liter Wasser (10 °C) werden mit einem 1000-Watt-Tauchsieder erhitzt. Berechne, wie lange es mindestens dauert, bis das Wasser siedet. Warum muss man stets länger als berechnet warten?

2 Zusammenfassung

Energiezufuhr und Temperaturerhöhung

Sollen Körper gleicher Masse, aber aus unterschiedlichen Stoffen um die gleiche Temperaturdifferenz erwärmt werden, ist unterschiedlich viel Energie erforderlich (Bild 4).

Die Körper geben auch unterschiedlich viel Energie ab, wenn sie um die gleiche Temperaturdifferenz abgekühlt werden.

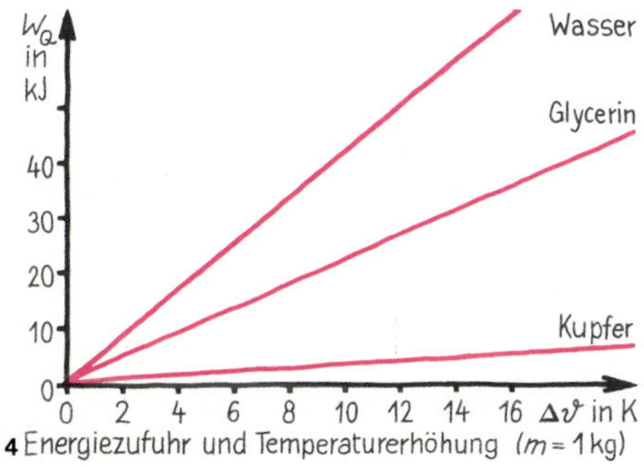

4 Energiezufuhr und Temperaturerhöhung ($m = 1$ kg)

Je nachdem, aus welchem Stoff sie bestehen, sind die Körper daher unterschiedlich gute Energiespeicher.

Wie gut die verschiedenen Stoffe zur Speicherung von Energie geeignet sind, wird durch die **spezifische Wärmekapazität** c beschrieben:

$$c = \frac{W_Q}{m \cdot \Delta\vartheta}.$$

Dabei bezeichnet W_Q die zugeführte Energie, m die Masse des Körpers und $\Delta\vartheta = \vartheta_1 - \vartheta_0$ die Temperaturdifferenz (ϑ_1: Endtemperatur; ϑ_0: Anfangstemperatur).

Die spezifische Wärmekapazität gibt an, wie viel Energie erforderlich ist, um 1 kg eines Stoffes um 1 K zu erwärmen. Gleich viel Energie wird frei, wenn 1 kg des gleichen Stoffes um 1 K abkühlt (Bilder 5 u. 6).

Die Energie W_Q, die ein Körper bei der Erwärmung von der Temperatur ϑ_0 auf ϑ_1 aufnimmt (oder bei einer entsprechenden Abkühlung abgibt), lässt sich so berechnen:

$$W_Q = c \cdot m \cdot \Delta\vartheta.$$

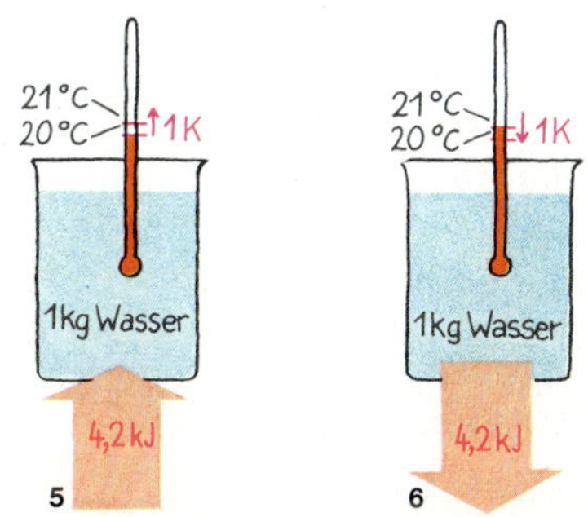

5 6

Verborgene Energie

1 Schmelzen und Erstarren

1

2

Wenn im Frühjahr Obstbäume und Weinreben austreiben, tritt häufig noch Frost auf – vor allem nachts oder in den frühen Morgenstunden.

Um die jungen Triebe vor dem Erfrieren zu bewahren, besprüht man sie mit Wasser! Blüten und Blätter werden dann von einer dünnen Eisschicht überzogen …

V 1 Stelle ein kleines Glas mit Wasser in die Gefriertruhe. In das Wasser soll ein Thermometer eintauchen.

Lies alle 15 Minuten die Temperatur des Wassers ab. Welche erstaunliche Beobachtung machst du?

V 2 Wir wollen das *Erstarren* (Gefrieren) von Wasser beobachten.

Zum Abkühlen des Wassers verwenden wir eine „Kältemischung" (Bild 3). Lies alle 30 Sekunden die Temperatur ab, die im Reagenzglas herrscht. Stelle die Messwerte in einem Diagramm dar und beschreibe den Erstarrungsvorgang genau.

V 3 Wir untersuchen das *Schmelzen* von Eis.

a) Einige zerstoßene Eiswürfel werden in ein Becherglas mit Wasser geschüttet. Dann erwärmen wir das Glas mit kleiner Brennerflamme und rühren dabei vorsichtig um. Alle 30 Sekunden wird die Temperatur abgelesen. Fertige ein Temperatur-Zeit-Diagramm an.

b) Vergleiche die *Schmelztemperatur* von Eis mit der *Erstarrungstemperatur* von Wasser (→ Versuch 2).

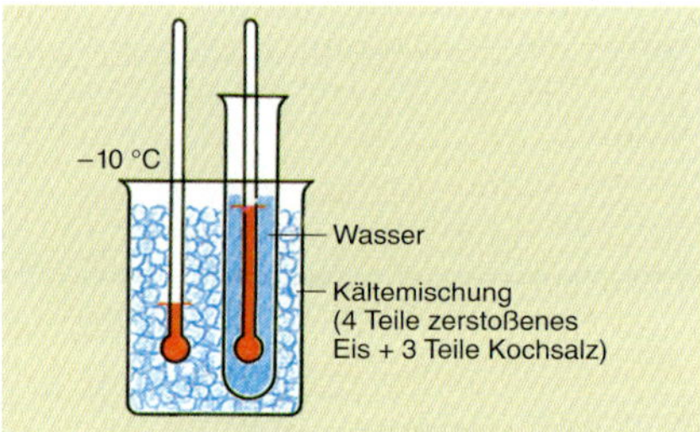

3

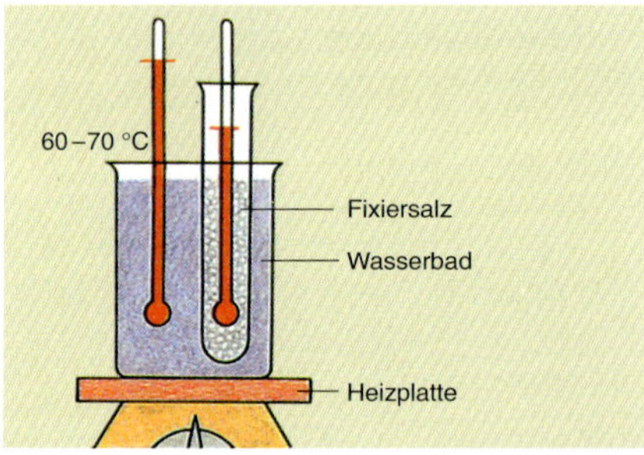

4

c) Obwohl Energie in Form von Wärme zugeführt wird, steigt die Temperatur *nicht.* Wofür wird die zugeführte Energie benötigt?

V 4 In einen ungefähr 500 g schweren Eisblock ist ein 300-Watt-Tauchsieder eingefroren.

Wie viel Schmelzwasser entsteht, wenn der Tauchsieder 100 s lang eingeschaltet wird? Überlege, worauf bei der Durchführung des Versuchs zu achten ist.

Berechne, wie viel Energie zum Schmelzen von 1 kg Eis nötig ist. (Der Tauchsieder gibt in jeder Sekunde eine Energie von 300 J ab.)

V 5 In diesem Versuch untersuchen wir das Erstarren eines geschmolzenen Salzes (Fixiersalz).

a) Fülle ein sauberes Reagenzglas zur Hälfte mit Fixiersalzkristallen und erhitze es im Wasserbad auf ca. 60 °C (Bild 4).

Bestimme die Schmelztemperatur.

b) Wenn die Kristalle restlos geschmolzen sind, lässt du die Flüssigkeit (Schmelze) auf Zimmertemperatur abkühlen. Während des Abkühlens darfst du nicht umrühren.

Wirf dann einen kleinen Kristall in die „unterkühlte Schmelze" und achte auf das Thermometer.

c) Vergleiche wieder Schmelz- und Erstarrungstemperatur.

d) Für jede Temperaturerhöhung eines Körpers ist Energie nötig. Woher stammt in diesem Beispiel die Energie für die Temperaturerhöhung?

3635R

Damit ein Körper schmilzt, muss ihm Energie zugeführt werden. Diese Energie bezeichnet man als **Schmelzwärme**.

Je größer die Masse eines Körpers ist, desto mehr Schmelzwärme ist erforderlich. Schmelzwärme und Masse sind zueinander proportional. Den Quotienten aus Schmelzwärme und Masse nennt man **spezifische Schmelzwärme**.

Die spezifische Schmelzwärme ist von Stoff zu Stoff verschieden. Sie gibt an, wie viel Energie man zum Schmelzen von 1 kg eines Stoffes benötigt.

Beim Erstarren gibt ein Körper Energie ab – genauso viel, wie er beim Schmelzen aufgenommen hat (Bild 5).

Die vom Körper abgegebene Erstarrungswärme ist genauso groß wie die aufgenommene Schmelzwärme.

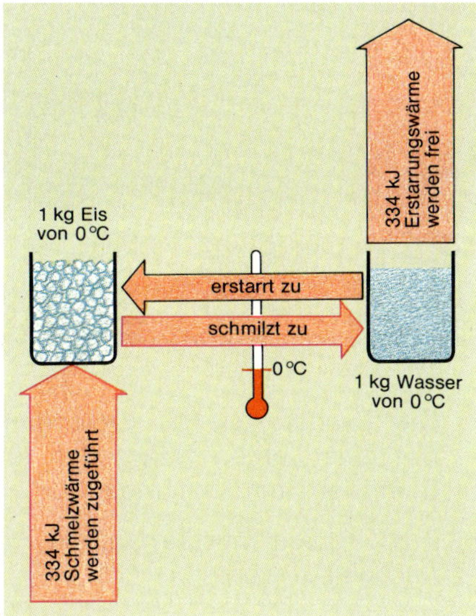

5

Während ein Körper schmilzt oder erstarrt, ändert sich seine Temperatur *nicht*. Daher ändert sich auch nicht die Bewegungsenergie der Teilchen.

Wo aber bleibt die beim Schmelzen zugeführte Energie und woher kommt die beim Erstarren freigesetzte Energie?

Mit Hilfe des *Teilchenmodells* können wir diese Fragen beantworten: In einem festen Körper üben die Teilchen große Kräfte aufeinander aus. Die Teilchen werden durch diese Kräfte auf bestimmten Plätzen festgehalten, wo sie sich hin und her bewegen.

Wenn man einen festen Körper erwärmt, steigt zunächst seine Temperatur an. Die zugeführte Energie vergrößert die Bewegungsenergie der Teilchen. Mit steigender Temperatur werden ihre Schwingungen immer heftiger.

Bei einer bestimmten Temperatur, der Schmelztemperatur, sind die Schwingungen so heftig, dass sich die Teilchen von ihren Plätzen lösen können.

Während des Schmelzvorgangs steigt die Temperatur nicht weiter an, da die gesamte zugeführte Energie benötigt wird, um die Teilchen voneinander zu trennen. Dabei muss nämlich Arbeit gegen die Kräfte verrichtet werden, die die Teilchen zusammenhalten.

Die beim Schmelzen zugeführte Energie wird beim Erstarren der Flüssigkeit wieder frei, wenn die Teilchen wieder an ihren Plätzen „einrasten".

Die als Schmelzwärme zugeführte Energie „steckt" also in der Flüssigkeit, und zwar in der beim Schmelzen geänderten Anordnung der Teilchen. Die Schmelzwärme erhöht daher die *innere Energie des Körpers*.

Schmelztemperatur und spezifische Schmelzwärme

Stoff	Schmelztemperatur in °C	spezifische Schmelzwärme in $\frac{kJ}{kg}$
Quecksilber	−38,9	11,8
Wasser	0	334
Glycerin	18,4	201
Fixiersalz	48,5	94
Zinn	232	59,6
Blei	327	23,0
Kupfer	1083	205
Eisen	1535	277
Wolfram	3380	192

Aufgaben

1 Bei kurzen Nachtfrösten werden manchmal Weinstöcke, Obstbäume und Gemüsekulturen künstlich „beregnet" (Bilder 1 u. 2).

Wieso werden Pflanzen dadurch vor dem Erfrieren geschützt?

Weshalb kann man dieses Verfahren nicht auch bei länger anhaltendem Frost anwenden?

2 Will man Saft für längere Zeit kühl halten, so wirft man ein paar *Eis*würfel (0 °C) hinein. Gleich viel *Wasser* von 0 °C hätte eine viel geringere Wirkung. Begründe!

3 100 g Eis (0 °C) werden mit 0,5 l Wasser von 15 °C übergossen.

Schmilzt dabei das ganze Eis?

Wenn nicht: Wie viel Gramm Eis bleiben übrig?

4 Frau Müller will eine tiefgefrorene Suppe (1 kg) auftauen und dann zum Sieden bringen. (Eine Suppe besteht fast ausschließlich aus Wasser – auch wenn sie nach etwas anderem schmeckt.)

Dazu stellt Frau Müller einen Topf mit der gefrorenen Suppe (0 °C) auf eine 1000-Watt-Herdplatte. (Die Platte gibt 1000 J pro Sekunde ab.)

a) Wie lange dauert es mindestens, bis die Suppe siedet („kocht")?

b) Wie viel elektrische Energie hätte Frau Müller sparen können, wenn sie die Suppe rechtzeitig aus der Gefriertruhe genommen hätte (Zimmertemperatur: 20 °C)?

5 Im Frühjahr bleiben Seen auch bei Temperaturen von über 0 °C noch lange zugefroren. Bei Sonnenschein taut die Eisdecke kaum; wenn aber Regenwetter einsetzt, taut sie recht schnell. Gib dafür eine Erklärung.

6 Wenn starker Frost drohte, stellte man früher einen großen Wasserbehälter zu den Kartoffeln in den Vorratskeller. Weshalb?

7 Beim Herstellen von Goldmünzen werden Goldbarren geschmolzen.

Einem 1-kg-Barren muss man eine Energie von insgesamt 202 kJ zuführen, um ihn zunächst von Zimmertemperatur (20 °C) auf die Schmelztemperatur (1063 °C) zu erhitzen und dann zu schmelzen.

Berechne die Schmelzwärme. *Tipp:* Die spezifische Wärmekapazität von Gold findest du im Anhang.

Aus der Geschichte: **Als es noch keinen elektrischen Kühlschrank gab …**

Um die Jahrhundertwende gab es in den Haushalten noch keine elektrischen Kühlschränke. Stattdessen bewahrte man leicht verderbliche Lebensmittel häufig in *Eisschränken* auf (Bild 1). Diese Schränke hatten Doppelwände, die mit trockenen Sägespänen ausgefüllt waren. Das obere Fach des Schrankes wurde mit Eis gefüllt, das alle zwei bis drei Tage geliefert wurde. Das Eis schmolz allmählich und sorgte so für Kühlung.

Die zum Schmelzen des Eises erforderliche Energie wurde der Luft im Innenraum sowie den eingelagerten Lebensmitteln entzogen. Dadurch erreichte man, dass die Temperatur der Lebensmittel sank.

Die Eisschränke hatten aber zwei schwerwiegende Nachteile.

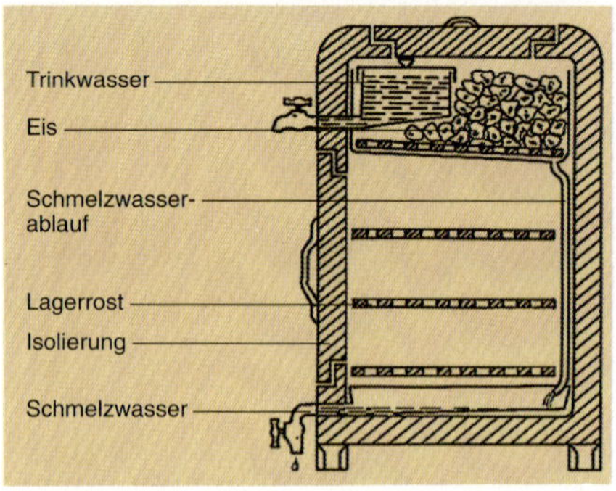

1

- ○ Die Feuchtigkeit im Eisschrank bot einen guten Nährboden für Bakterien und Schimmelpilze.
- ○ Zum Kühlen musste laufend Eis nachgelegt werden.

Um auch mitten im Sommer Eis zur Verfügung zu haben, gab es jahrhundertelang nur eine Möglichkeit: Man musste im Winter Eisblöcke aus den Eisdecken zugefrorener Seen und Flüsse herausschneiden. Die Blöcke wurden in Eiskellern gelagert und manchmal erst im dritten Sommer nach der „Eisernte" verwendet.

Seit Ende des 19. Jahrhunderts wurde dieses Natureis mehr und mehr durch das künstlich hergestellte „Kristalleis" ersetzt.

Im Jahre 1876 stellte nämlich der Ingenieur *Carl von Linde* in München die erste leistungsfähige Kühlmaschine vor.

Das war die Geburtsstunde des Kühlschranks – doch es dauerte noch einige Jahrzehnte, bis aus den unförmigen Kühlmaschinen handliche Kühlschränke wurden.

2 Verdampfen und Kondensieren

2 In das kalte Teewasser wird einfach nur Dampf geleitet … … und nach wenigen Sekunden siedet das Wasser. Wie ist das möglich?

V 6 Wir beobachten das *Sieden* von Wasser: Ein 250-ml-Becherglas, das zur Hälfte mit Wasser gefüllt ist, wird mit einem Brenner erhitzt.

Rühre ständig um; lies alle 30 Sekunden die Temperatur ab (Tabelle!).

a) Was ist kurz vor dem Sieden im Wasser zu bemerken?

b) Stelle die Messwerte grafisch dar. Was fällt dir an der Messkurve auf?

c) Was geschieht mit der während des Siedens zugeführten Energie?

V 7 In diesem Versuch bestimmen wir, wie viel Energie zum Verdampfen von 1 g Wasser erforderlich ist.

a) Fülle ein Reagenzglas etwa 2 cm hoch mit Wasser und gib ein paar Siedesteinchen dazu. Miss dann die Anfangstemperatur.

Wie lange dauert es, bis das Wasser bei kleiner Brennerflamme seine Siedetemperatur erreicht?

Ermittle anschließend die Zeit, die vergeht, bis das Wasser vollständig verdampft ist.

b) Man kann davon ausgehen, dass der Gasbrenner in jeder Sekunde gleich viel Energie an das Wasser abgibt. Wievielmal mehr Energie ist zum Verdampfen als zum Erhitzen erforderlich?

c) Um 1 g Wasser um 1 K zu erhitzen, braucht man 4,2 J. Wie viel Energie musste pro Gramm Wasser zugeführt werden, bis das Wasser siedete?

Berechne mit der Antwort von Teil b die Energie, die zum Verdampfen von 1 g Wasser nötig ist.

3637R

V 8 Kann man den Wasserdampf eigentlich sehen?

a) Bild 3 zeigt den Versuchsaufbau. Wo bildet sich sichbarer „Nebel“?

Halte auch eine Glasplatte in den Dampfstrahl.

b) Entferne die Düse und miss die Temperatur des Dampfes im Kolben (direkt über der Wasseroberfläche).

V 9 Wie du den „Teeautomaten“ von Bild 2 nachbauen kannst, siehst du in Bild 4. Plane mit diesem Aufbau einen Versuch zu folgender Frage:

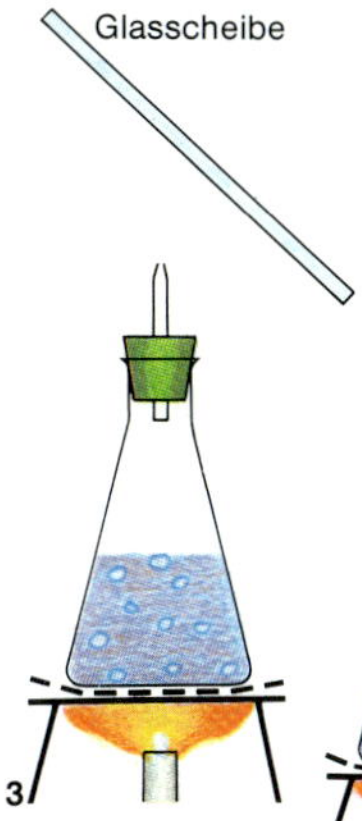

3

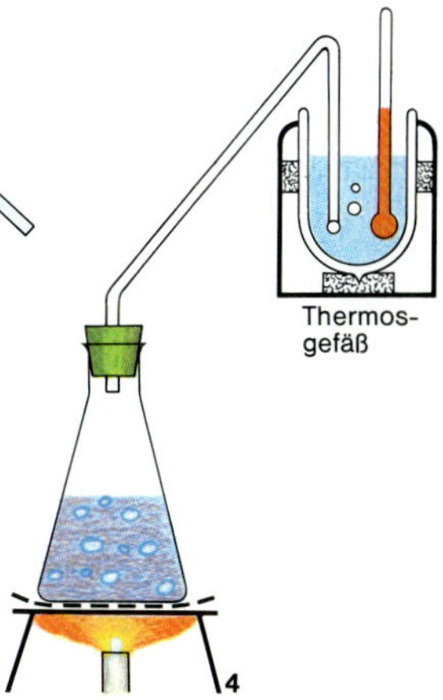

4

Wie viel Energie wird frei, wenn 1 g Wasserdampf wieder zu Wasser wird (kondensiert)?

Dazu einige *Tipps*:

1. Lass zuerst so lange Dampf durch das Rohr in die Luft ausströmen, bis sich im Rohr keine Wassertropfen mehr bilden.
2. Die Masse des kondensierten Dampfes erhältst du, wenn du das Thermosgefäß vor und nach dem Einleiten des Dampfes wiegst.
3. Die Rechnung wird einfacher, wenn du so lange Dampf einleitest, bis das Wasser gerade siedet.

Info: Die Verdampfungswärme

Wenn man einem Becherglas voll Wasser Energie zuführt, steigt die Wassertemperatur so lange an, bis das Wasser *siedet*. Im Wasser bilden sich dann Bläschen, die aus Wasserdampf bestehen und zur Oberfläche aufsteigen.

Wird weiterhin Energie zugeführt, so geht immer mehr Wasser in Wasserdampf über, bis schließlich das ganze Wasser verdampft ist. Die Wassertemperatur bleibt während dieser Zeit gleich; die zugeführte Energie wird nämlich für das Verdampfen gebraucht.

Die für das Verdampfen nötige Energie nennt man **Verdampfungswärme**.

Um 1 kg Wasser zu verdampfen, benötigt man 2256 kJ. Das ist mehr als das Fünffache der Energie, die erforderlich ist, um 1 kg Wasser von 0 °C auf 100 °C zu erhitzen.

Der Quotient aus Verdampfungswärme und Masse des verdampften Körpers heißt **spezifische Verdampfungswärme** und ist von Stoff zu Stoff verschieden (→ Tabelle im Anhang).

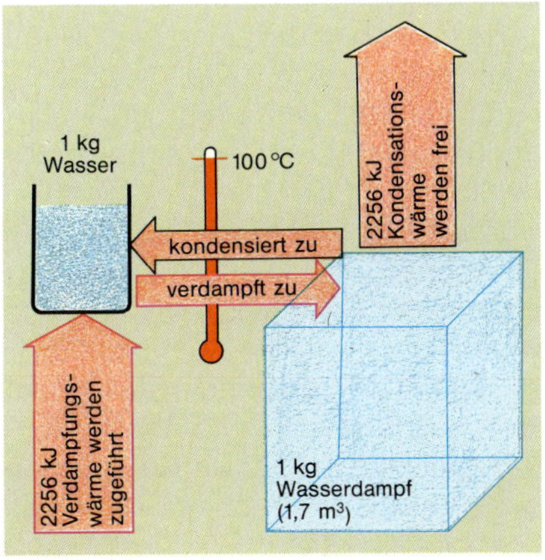

5

Entzieht man dem Dampf Energie, so verwandelt er sich wieder in eine Flüssigkeit; er *kondensiert*. Die Energie, die der Dampf beim Kondensieren abgibt, wird **Kondensationswärme** genannt.

Die zugeführte Verdampfungswärme ist genauso groß wie die freigesetzte Kondensationswärme (Bild 5).

Auch der Übergang zwischen dem flüssigen und dem gasförmigen Zustand lässt sich im *Teilchenmodell* erklären:

Im Innern einer Flüssigkeit lassen sich die Teilchen leicht gegeneinander verschieben. Bei der Verschiebung treten keine zusätzlichen (rücktreibenden) Kräfte auf. Die Kräfte, die auf ein Teilchen von seinen Nachbarteilchen ausgeübt werden, heben sich im Innern der Flüssigkeit gegenseitig auf (Bild 6).

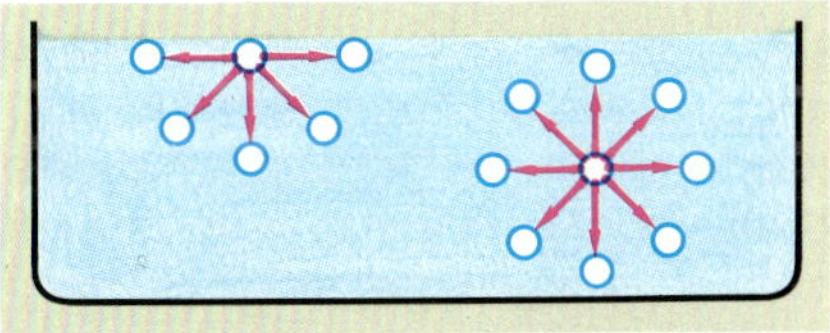

6

An der Flüssigkeitsoberfläche jedoch werden die Flüssigkeitsteilchen von den darunter liegenden Nachbarteilchen festgehalten.

Damit ein Teilchen die Flüssigkeit verlassen kann, muss es an der Oberfläche die anziehenden Kräfte der Nachbarteilchen überwinden. Auch unterhalb der Siedetemperatur reicht dazu die Bewegungsenergie der schnellsten Teilchen aus – die Flüssigkeit verdunstet.

Ist die Siedetemperatur erreicht, haben viele Teilchen eine so große Bewegungsenergie, dass sie die Flüssigkeit verlassen können. Befinden sie sich nicht in der Nähe der Oberfläche, sondern im Innern der Flüssigkeit, so bilden sie Dampfblasen, die nach oben steigen.

Beim Sieden bleibt die Temperatur der Flüssigkeit konstant. Die zugeführte Energie ist nötig, damit sich die Teilchen voneinander entfernen können.

Dass die Teilchenabstände beim Verdampfen größer werden, erkennst du daran, dass ein Körper im gasförmigen Zustand einen viel größeren Raum einnimmt als im flüssigen. So entstehen z. B. aus 1 l Wasser ca. 1700 l Wasserdampf (bei einem Druck von 1013 hPa).

Auch die als Verdampfungswärme zugeführte Energie steckt in der Anordnung der Teilchen und erhöht die *innere Energie* des Körpers.

Fragen und Aufgaben zum Text

1 Wenn man Kartoffeln in einem offenen Topf kocht, sollte man den Herd so einstellen, dass das Wasser gerade noch siedet.

Warum sollte man keine höhere Heizstufe wählen?

2 In Gasheizungen verbrennt Erdgas. Dabei bilden sich Kohlenstoffdioxid und Wasser. Beim Verbrennen von 1 kg Erdgas entstehen ca. 2 kg Wasserdampf.

Wie viel Energie ließe sich gewinnen, wenn man den Dampf noch innerhalb der Heizungsanlage zu 100 °C heißem Wasser kondensieren könnte?

3 Ein Kellner füllt 180 g Leitungswasser ($\vartheta = 15$ °C) in ein Teeglas und erhitzt dieses Wasser durch Einleiten von Wasserdampf auf Siedetemperatur.

Wird das Teeglas dabei voll? (Es muss mindestens 0,2 Liter Tee enthalten.)

Aus Umwelt und Technik: **Regen, Schnee, Hagel, Reif**

Überall auf der Erde verdunstet Wasser. Daher enthält die Luft stets Wasserdampf – mal mehr, mal weniger. Sehen kann man den Wasserdampf nicht; auch **Wolken** (Bild 1) bestehen *nicht* aus Wasserdampf.

Wolken entstehen erst dann, wenn Wasserdampf *kondensiert*: Meist lagern sich dabei mehr und mehr Wassermoleküle an ein Staubkorn an und bilden so schließlich einen winzigen Wassertropfen.

Wolken sind also nichts anderes als Ansammlungen mehr oder weniger großer Wassertröpfchen.

1

Solange die Tröpfchen (oder Eiskristalle) einer Wolke klein sind, fallen sie nicht zur Erde; sie werden nämlich von den Aufwinden in der Schwebe gehalten. Sind die Tropfen dafür zu schwer, so **regnet** es.

Regentropfen sind unterschiedlich groß. *Nieselregen* besteht aus Tropfen von etwa Sandkorngröße (0,1 bis 0,5 mm Ø). Bei einem Gewitterregen dagegen können die Tropfen Kirschkerngröße (6 mm Ø) erreichen.

2

3

4

In einigen Kilometern Höhe kann die Lufttemperatur oft weit unter 0 °C absinken, ohne dass der in der Luft enthaltene Wasserdampf kondensiert. (Wenn nämlich sehr wenige Wassermoleküle vorhanden sind, kommen kaum einmal so viele zusammen, dass sich ein Tropfen bildet.) Staubkörnchen mit bestimmten Eigenschaften dienen dann als Kristallisationskerne für **Schneekristalle** (Bild 2). Der Wasserdampf geht dabei unmittelbar in Eis über; der flüssige Zustand wird übersprungen.

Die Wassermoleküle können sich in vielfältigen Formen zu Schneekristallen aneinander lagern.

Mehrere Schneekristalle zusammen ergeben eine Schneeflocke.

Hagelkörner entstehen in hohen Wolken mit sehr viel Wasser; dort können sich große Tropfen bilden. Diese Tropfen fallen aber nur bis zur Wolkenunterseite, dann werden sie durch kräftige Aufwinde wieder in die Höhe getragen. Dort gefrieren sie zu kleinen „Eisklumpen" und fallen erneut nach unten. Unterwegs sammeln sie weitere „Wolkentröpfchen" ein und wachsen so ständig an. Manchmal werden sie mehrere Male vom Aufwind erfasst und nach oben transportiert. Hagelkörner können deshalb aus mehreren Schichten bestehen und sehr groß werden (Bild 3). Da große Hagelkörner schnell zur Erde fallen, bleibt ihnen nicht genügend Zeit zum Tauen.

Auch bei der Entstehung von **Reif** (Bild 4) wandelt sich Wasserdampf nicht erst in Wassertropfen um; es entstehen vielmehr sogleich kleine Eiskristalle.

Reif beobachtet man vor allem nach wolkenlosen, kalten Nächten – dann nämlich, wenn die Luft in Bodennähe unter den Gefrierpunkt abkühlt.

Enthält die Luft wenig Feuchtigkeit, so können sich keine Wassertröpfchen bilden. Zweige und Grashalme wirken dann wie die Kristallisationskerne bei den Schneekristallen: An ihnen lagern sich die Wassermoleküle nach und nach an. So wachsen oft dicht nebeneinander unzählige schöne Eiskristalle.

3639R

3 Siedetemperatur und Druck

5

Ein Schnellkochtopf hat gegenüber einem normalen Kochtopf verschiedene Vorteile. Woran liegt das?

Verehrte Kundin, verehrter Kunde!

Wir beglückwünschen Sie zu Ihrem neuen Schnellkochtopf. Jetzt gehören auch Sie zum großen Kreis derjenigen, die sich für eine moderne Kochmethode entschieden haben. Sie können nun *schnell, energiesparend* und *gesund* kochen:

- Das Kochgut wird viel schneller gar; also sparen Sie sowohl Energie (Strom oder Gas) als auch Zeit. Überzeugen Sie sich selbst anhand der folgenden Übersicht:
- Sie kochen gesünder, weil Mineralstoffe nicht ausgelaugt und Vitamine nicht durch langes Kochen zerstört werden.
- Sie kochen wesentlich appetitanregender, denn die Farbe des Kochgutes verändert sich kaum.
- Die Speisen sind auch wohlschmeckender, weil Aroma- und Geschmacksstoffe erhalten bleiben.

Kochgut	mit dem Schnellkochtopf	im normalen Kochtopf	Ihre Zeitersparnis
Kalbfleisch	15 min	60 min	75 %
Rouladen	20 min	90 min	78 %
Rotkohl	8 min	90 min	91 %
Salzkartoffeln	6 min	25 min	76 %

V 10 Schau einmal beim Kochen mit dem Schnellkochtopf zu.

a) Wenn die Speisen kochen, ragt aus dem Kochventil ein Stift heraus. Was kann man feststellen, wenn man mit dem Finger kurz auf den Stift drückt?

b) Was ist zu beobachten, wenn der Topf vorschriftsmäßig geöffnet wird? (Den Topf vor dem Öffnen abkühlen!)

V 11 Wir beobachten das Sieden von Wasser unter veränderten Bedingungen. In Bild 6 siehst du den Versuchsaufbau.

Sobald das Wasser im Kolben siedet, wird der Schlauch einige Sekunden lang mit einer Zange zusammengedrückt. (Schutzbrille tragen!) Achte auf das Wasser im Rundkolben und auf das Thermometer.

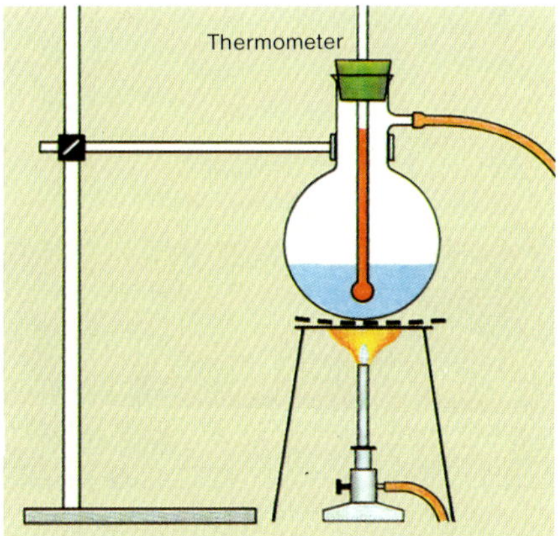

6

V 12 Eine mit Wasser gefüllte Schale wird unter eine Glasglocke gestellt. Dann wird die Luft abgepumpt. Versuche vorherzusagen, was geschehen wird.

Info: Wie die Siedetemperatur vom Druck abhängt

Die Siedetemperatur von Wasser beträgt nicht immer 100 °C. Vielmehr hängt sie vom Druck an der Wasseroberfläche ab, bei offenen Gefäßen also vom Luftdruck.

Je höher der Druck ist, desto höher ist die Siedetemperatur.

Ein hoher Druck erschwert die Bildung von Dampfblasen im Innern des Wassers. Dafür gibt es folgende Erklärung: Das Wasser wird durch die Luft oder andere Gase, die auf ihm lasten, „unter Druck gesetzt". Wenn sich eine Blase bildet, muss sie beim Ausdehnen das Wasser und die darauf lastende Luft wegschieben. Der Druck in der Blase muss daher mindestens so groß sein wie der äußere Luftdruck.

Der Druck in einer Blase hängt von der mittleren Geschwindigkeit der Teilchen ab (also von der Temperatur des Dampfes und der Flüssigkeit): Der Druck ist umso höher, je größer die Geschwindigkeit ist, mit der die Teilchen in der Blase gegen die Flüssigkeit prasseln.

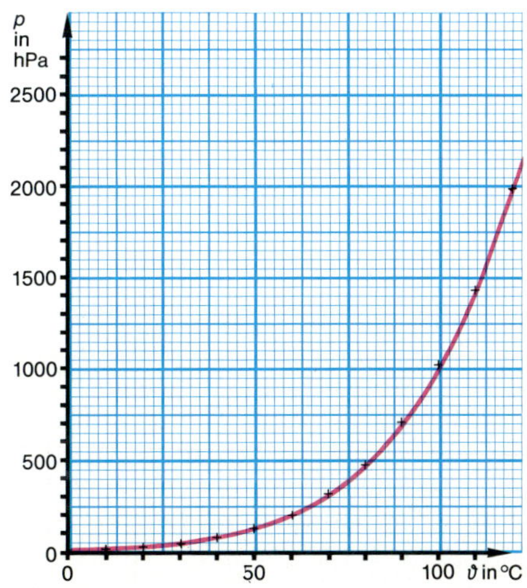

7 Dampfdruck und Temperatur von Wasser

Bild 7 zeigt für Wasser den Zusammenhang zwischen der Temperatur und dem Druck, bei dem sich gerade noch Dampfblasen bilden können. Bei gleicher Temperatur ist dieser **Dampfdruck** von Flüssigkeit zu Flüssigkeit verschieden.

Eine Flüssigkeit siedet bei der Temperatur, bei der Dampfdruck und äußerer Luftdruck gleich groß sind.

Der Luftdruck nimmt mit zunehmender Höhe ab. Daher sinkt im Gebirge die Siedetemperatur z. B. von Wasser umso tiefer, je höher man steigt.

Aus Umwelt und Technik: **Der Schnellkochtopf**

Der Schnellkochtopf besitzt einen dicht schließenden Deckel. Dadurch kann der beim Kochen entstehende Dampf nicht entweichen und der Druck im Topf steigt an.

Je nach der Höhe des Drucks im Topf steigt die Siedetemperatur des Wassers bis auf 117 °C an. Bei dieser erhöhten Temperatur werden die Speisen schneller gar. Das Ansteigen des Drucks wird durch den Stift am Kochventil angezeigt: Je höher der Druck ist, desto weiter ragt der Stift heraus (Bilder 1–3).

Schon wenn die erste Rille des Ventilstiftes sichtbar wird, kann man die elektrische Kochplatte auf Stufe 1 schalten. Die gespeicherte Energie der Kochplatte reicht dann aus, um Temperatur und Druck weiter zu erhöhen, sodass schließlich auch die zweite Rille des Stiftes sichtbar wird. (Gasherd jetzt auf Sparflamme drehen!). Beide Rillen müssen während der gesamten Kochzeit sichtbar sein.

Steigt der Druck im Topf zu stark an (z. B. durch ein spätes Zurückschalten der Kochplatte), öffnet sich ein Sicherheitsventil und ein Teil des Dampfes entweicht. So wird verhindert, dass der Topf explodiert und Personen zu Schaden kommen.

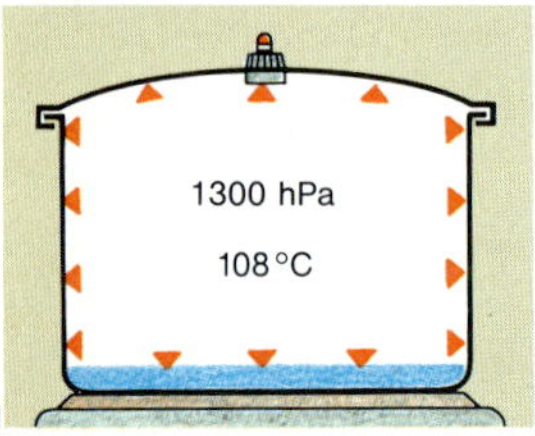

1

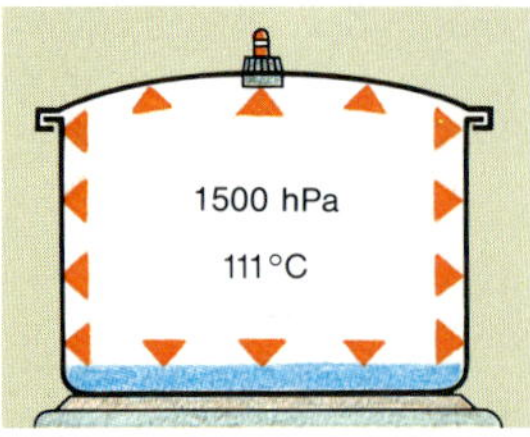

2

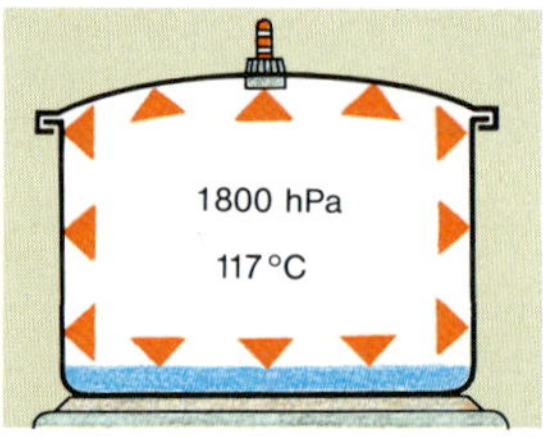

3

Aus Umwelt und Technik: **Geysire – heiße Springbrunnen**

Im Yellowstone-Nationalpark in den USA stehen Besucher in der Nähe eines Erdloches. Etwas Dampf steigt auf – sonst ist nichts zu sehen.

Plötzlich wird unter Zischen und Brausen heißes Wasser aus der Erde herausgeschleudert. Für kurze Zeit steht eine mehr als 10 m hohe Wassersäule über dem Erdloch (Bild 4). Ein gewaltiges Naturschauspiel!

Genauso unvermittelt wie diese Springquelle zu sprudeln beginnt, versiegt sie wieder. Erst nach einiger Zeit erfolgt der nächste Ausbruch.

Heiße Quellen, die ihr Wasser in Abständen springbrunnenartig ausstoßen, heißen **Geysire**.

Wie kommt es zum Ausbruch eines Geysirs? Wasser aus einer unterirdischen Quelle oder das Grundwasser sammelt sich ständig in einem Hohlraum. Diese Höhle ist durch einen langen, „knieartigen" Gang mit der Erdoberfläche verbunden.

4

Das Wasser in der Höhle wird durch heißes Gestein oder vulkanische Gase bis zum Sieden erhitzt. Der entstehende Wasserdampf und die Gase aus der Erde können zunächst ungehindert abziehen (Bild 5).

Von oben fließt dann wieder etwas Wasser zurück (vom vorangegangenen Ausbruch). Auch von unten aus der Höhle strömt Wasser nach. Dadurch wird im oberen Teil des Knies Wasserdampf eingeschlossen (Bild 6). In ihm entsteht ein Überdruck.

Das Wasser im unteren Teil kann nun nicht mehr ausweichen; auch in ihm herrscht ein Überdruck. Daher wird es bis zu 120 °C heiß und der Druck steigt weiter an. Schließlich presst der Wasserdampf die Wassersäule im oberen Teil des Ganges nach oben (Bild 7), sodass etwas Wasser aus dem Gang herausfließt.

Nun geht alles ganz schnell: Durch das abfließende Wasser wird die Dampfblase wieder „entlastet" und der Überdruck im Knie nimmt ab. Das Wasser im unteren Teil der Röhre beginnt plötzlich (explosionsartig) zu sieden. Dadurch wird das Wasser im oberen Teil der Röhre mit großer Gewalt herausgeschleudert (Bild 8). Nach kurzer Zeit beginnt der Vorgang erneut.

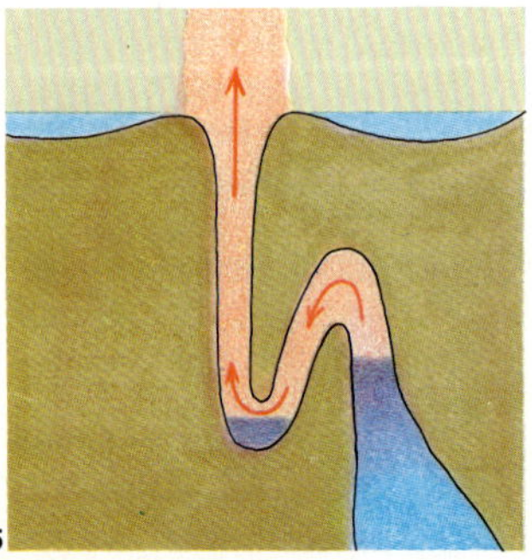
5

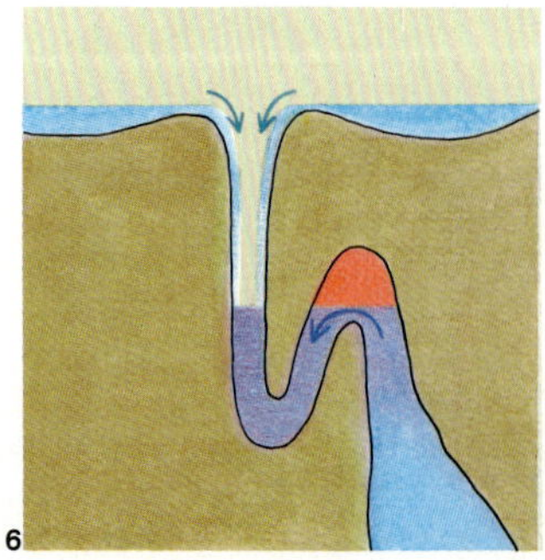
6

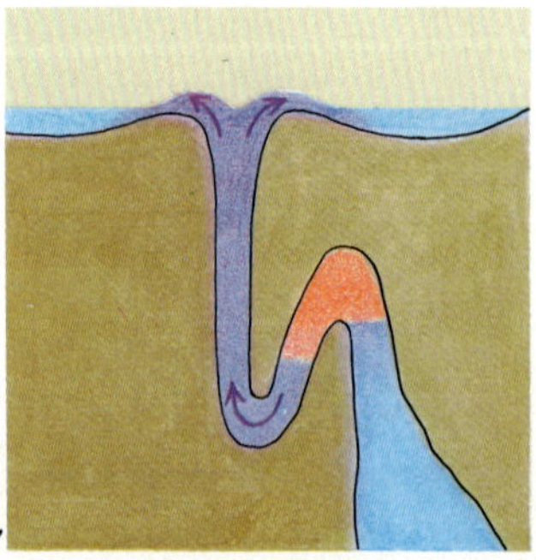
7

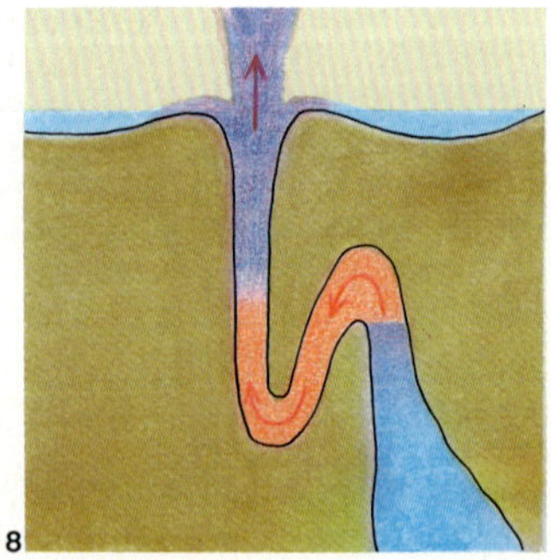
8

3641R

Alles klar?

1 Es gibt immer wieder Überlegungen, Eisberge mit Schiffen an die Küsten von Wüstengebieten zu schleppen. Dort sollen sie zur Trinkwasserversorgung dienen.
Warum wäre es möglich, Eisberge über lange Strecken in warme Regionen zu transportieren, ohne dass sie während des Transports völlig schmelzen?

2 Ein Glas Orangensaft (200 g) wird mit einem Eiswürfel (30 g) gekühlt.
Wie viel Energie wird dem Orangensaft beim Schmelzen des Eises entzogen?
Um wie viel Kelvin sinkt die Temperatur des Saftes höchstens?

3 Zum Erhitzen von Milch werden 20 g Wasserdampf von 100 °C in ein Glas mit 200 g Milch geleitet. Wie heiß wird etwa die Milch, wenn sie anfangs eine Temperatur von 15 °C besaß?

4 Schadet es den Pflanzen, wenn sich Raureif bildet, oder nutzt es ihnen eher? Begründe deine Antwort.

5 „Bei schönem Wetter dauert das Kochen länger." Erkläre diese Aussage.

6 Als einen Fixpunkt für die Thermometerskala haben wir die Siedetemperatur des Wassers benutzt. Welche Angabe muss zusätzlich gemacht werden?

7 Welcher Zusammenhang besteht zwischen dem Druck im Schnellkochtopf, der Siedetemperatur von Wasser und der Garzeit von Speisen?

8 Auf dem Mount Everest (8848 m) – dem höchsten Berg der Erde – beträgt der Luftdruck ungefähr 340 hPa, auf der Zugspitze ca. 700 hPa.
Lies aus Bild 7 auf der vorigen Doppelseite ab, welche Siedetemperatur das Wasser auf diesen Berggipfeln hat.

4 Zusammenfassung

Schmelzwärme und Verdampfungswärme

Während ein Körper schmilzt oder erstarrt, verdampft oder kondensiert, ändert sich seine Temperatur nicht.
Schmelztemperatur und Erstarrungstemperatur sind gleich.

Beim Schmelzen muss dem Körper Energie zugeführt werden: die **Schmelzwärme**. Beim Erstarren gibt der Körper Energie ab: die **Erstarrungswärme**.

Die von einem Körper abgegebene Erstarrungswärme ist genauso groß wie die von ihm aufgenommene Schmelzwärme.

Soll eine Flüssigkeit verdampfen, muss ihr Energie zugeführt werden: die **Verdampfungswärme**. Kondensiert ein Gas, so wird Energie frei: die **Kondensationswärme**.

Die von einem Körper abgegebene Kondensationswärme ist genauso groß wie die von ihm aufgenommene Verdampfungswärme.

Die als Schmelzwärme oder Verdampfungswärme zugeführte Energie steckt im flüssigen oder gasförmigen Körper; sie gehört zu seiner **inneren Energie**.

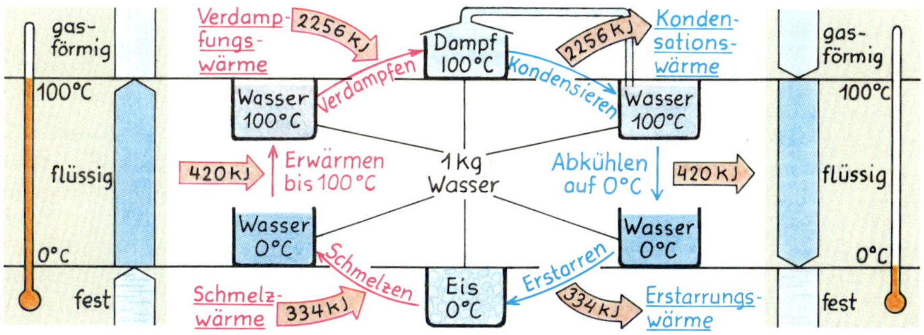

9

Siedetemperatur und Druck

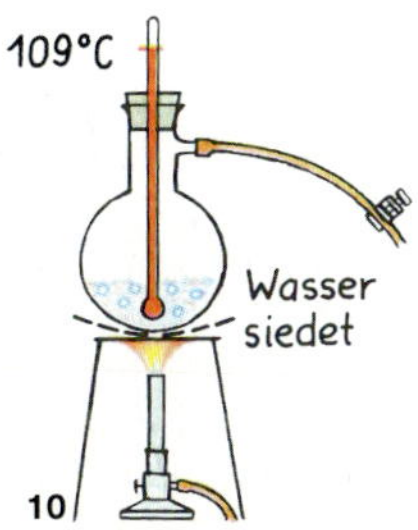

10

Die **Siedetemperatur** einer Flüssigkeit hängt von dem **Druck** ab, der über der Flüssigkeit herrscht (z. B. vom Luftdruck).

Bei normalem Luftdruck (1013 hPa) siedet z. B. Wasser bei 100 °C.
Steigt der Druck, so siedet das Wasser bei höherer Temperatur.
Verringert man den Druck an der Wasseroberfläche, so siedet das Wasser schon unterhalb von 100 °C.

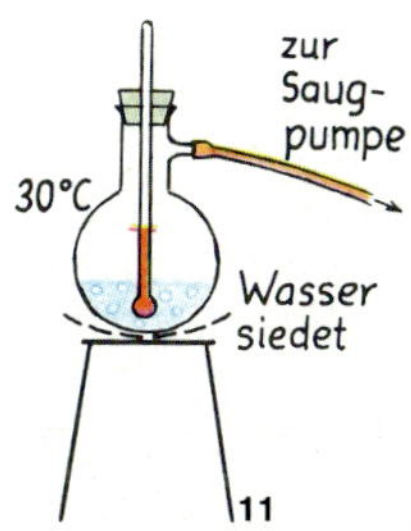

11

Verdunsten und Kühlen

1 Kühlen im warmen Sommerwind?

1

Wenn man Wasser in einem porösen Tonkrug aufbewahrt, wird der Krug zwar außen etwas feucht, dafür bleibt das Wasser aber angenehm kühl.

Warum ist das Wasser im Krug kühler als die Umgebung?

V 1 Verreibe einen Tropfen Wasser auf dem Handrücken. Was spürst du, wenn das Wasser verdunstet?

Versuche es auch mit einem Tropfen Spiritus oder Parfüm.

V 2 Lässt sich die Abkühlung mit einem Thermometer nachweisen?

a) Wickle etwas Löschpapier (oder Watte) um die Thermometerkugel. Feuchte das Papier mit Spiritus an und beobachte das Thermometer, während du es ruhig hältst.

b) Wiederhole den Versuch, blase aber diesmal gleichmäßig gegen das angefeuchtete Löschpapier.

c) Untersuche andere Flüssigkeiten (z. B. Wasser, Waschbenzin, Aceton). Versuche möglichst niedrige Temperaturen zu erreichen. Ermittle jeweils Anfangs- und Endtemperatur sowie den Temperaturunterschied.

V 3 Lass Flüssigkeiten in offenen Glasschalen verdunsten. Wie tief sinken ihre Temperaturen?

a) Verwende zum Beispiel Wasser, Spiritus, Speiseöl und Waschbenzin.

Alle vier Flüssigkeiten sollen in verschlossenen Vorratsflaschen bereits die Zimmertemperatur angenommen haben.

Miss die Anfangstemperaturen in den Flaschen.

b) Fülle dann jeweils etwa 50 g Flüssigkeit in die Glasschalen.

Bestimme die Temperaturen aller vier Flüssigkeiten eine Stunde lang alle 15 Minuten. Miss dann noch einmal nach zwei Stunden.

Überprüfe auch am folgenden Tag die Temperaturen. Ist das noch bei allen Flüssigkeiten möglich?

c) Versuche eine Erklärung für deine Beobachtungen zu finden.

Info: Verdunsten und Verdunstungskühlung

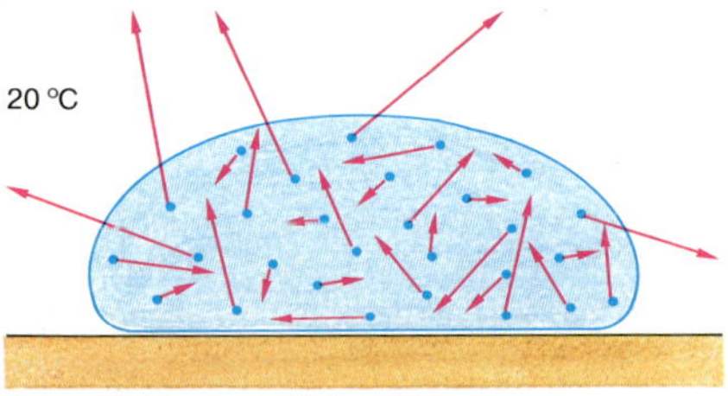

2

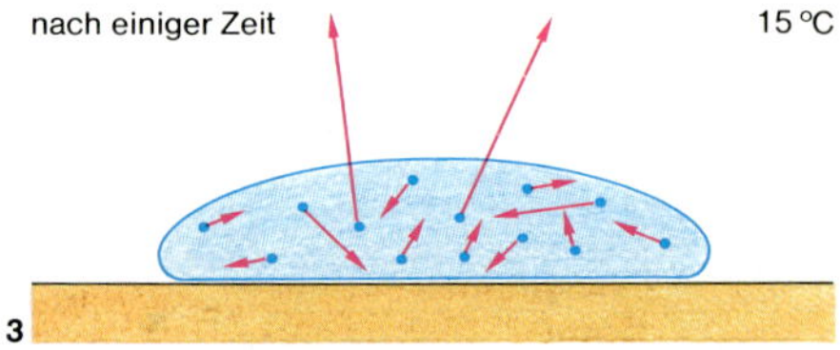

3

Lässt man eine Flüssigkeit in einem offenen Gefäß stehen, so geht sie allmählich in den gasförmigen Zustand über. Das geschieht auch weit unterhalb der Siedetemperatur. Die Flüssigkeit **verdunstet**. Im Gegensatz zum Sieden bilden sich beim Verdunsten aber keine Dampfblasen innerhalb der Flüssigkeit.

Mit dem *Teilchenmodell* können wir den Verdunstungsvorgang erklären. Stell dir dazu z. B. einen Wassertropfen vor:

Die Teilchen, aus denen der Tropfen besteht, sind bekanntlich in ständiger Bewegung. Aber nicht alle Teilchen haben die gleiche Bewegungsenergie. Die einen bewegen sich langsamer, andere dagegen schneller.

Auf ein Teilchen an der Tropfenoberfläche wirken Kräfte, die es in der Flüssigkeit halten. Um den Tropfen zu verlassen, muss das Teilchen Arbeit gegen diese Kräfte verrichten.

Die Bewegungsenergie der meisten Teilchen haben genügend Energie, um sich aus dem Zusammenhalt der Flüssigkeit zu befreien (Bild 2). Der Tropfen verliert daher beim Verdunsten nur die schnellsten Teilchen, die langsameren bleiben zurück. Das hat zur Folge, dass die mittlere Bewegungsenergie der restlichen Teilchen im Tropfen abnimmt; die Temperatur des Tropfens sinkt (Bild 3).

Für das Verdunsten einer Flüssigkeit ist Energie erforderlich (Verdampfungswärme). Sie wird der Flüssigkeit selbst entzogen. Dieser Vorgang heißt **Verdunstungskühlung**.

Somit sinkt die Temperatur der verdunstenden Flüssigkeit unter die Temperatur ihrer Umgebung. Die Folge ist, dass nun die Umgebung Energie an die Flüssigkeit abgibt. Bei einem Wassertropfen auf der Haut merkst du das daran, dass sich die Haut an dieser Stelle abkühlt. Der Verdunstungsvorgang wird durch die *Energiezufuhr aus der Umgebung* aufrechterhalten.

Verdunstung beobachtet man nur bei Flüssigkeiten, die sich in offenen Gefäßen befinden. Verschließt man die Gefäße, so kommt der Verdunstungsvorgang rasch zum Erliegen. Teilchen, die die Flüssigkeit verlassen haben, kehren nämlich auch wieder in die Flüssigkeit zurück. Das geschieht umso häufiger, je mehr Teilchen sich im Raum über der Flüssigkeit befinden. Schließlich stellt sich ein Gleichgewichtszustand ein: In jeder Sekunde treten ebenso viele Teilchen in die Flüssigkeit ein, wie aus ihr heraustreten. Die mittlere Bewegungsenergie der Flüssigkeitsteilchen ändert sich dann nicht.

In einem abgeschlossenen Gefäß sinkt daher die Temperatur einer Flüssigkeit nicht unter die Umgebungstemperatur.

3643R

2 Kühlschrank und Wärmepumpe

Info: Die Funktionsweise des Kühlschranks

Das Röhrensystem eines Kühlschranks enthält ein **Kühlmittel**, das je nach Temperatur flüssig oder gasförmig ist (z. B. Propan oder Frigen® 12). Es hat die Aufgabe Energie aus dem Innern des Kühlschranks nach außen zu transportieren. Frigen siedet bei –29,8 °C, wenn der Luftdruck 1 bar beträgt.

Im Innenraum des Kühlschranks befindet sich ein Teil des Röhrensystems, der **Verdampfer** (Bilder 4 u. 9). In ihm verdampft das Kühlmittel; dafür ist Energie nötig. Sie wird dem Kühlmittel selbst entzogen, dessen Temperatur dadurch rasch unter die des Kühlraumes sinkt. Die Folge ist, dass nun die Luft

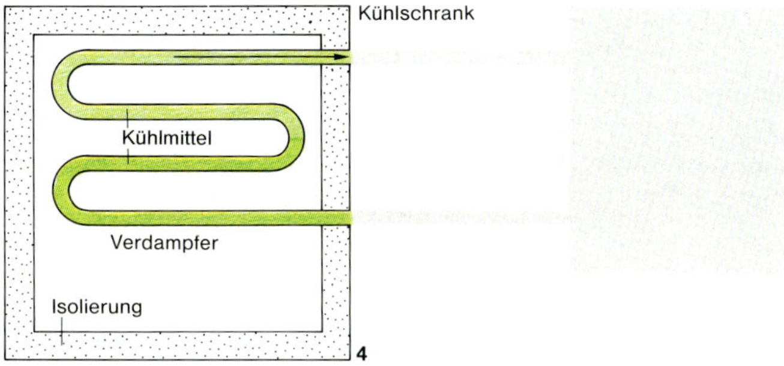

4

im Kühlraum und die eingelagerten Lebensmittel Energie an das Kühlmittel abgeben und so dessen weiteres Verdampfen ermöglichen; die Temperatur im Kühlschrank sinkt.

Mit einer Kolbenpumpe **(Kompressor)** wird der Dampf aus dem Verdampfer abgesaugt (Bild 5). Dadurch wird der Verdampfungsvorgang beschleunigt und die Kühlung verstärkt.

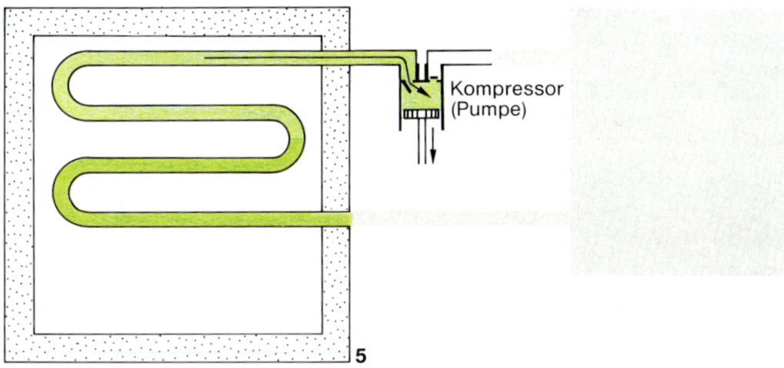

5

Es wäre nicht sinnvoll, wenn man den abgesaugten Dampf einfach in die Umgebung entweichen ließe; man müsste das Kühlmittel ständig nachfüllen. Daher wird der Dampf durch den Kompressor in den **Verflüssiger** gepresst (Bild 6). Er befindet sich außen an der Rückwand des Kühlschranks. Durch das Zusammenpressen erhitzt sich der Dampf (wie die Luft in einer Fahrradpumpe, deren Öffnung du beim Pumpen zuhältst).

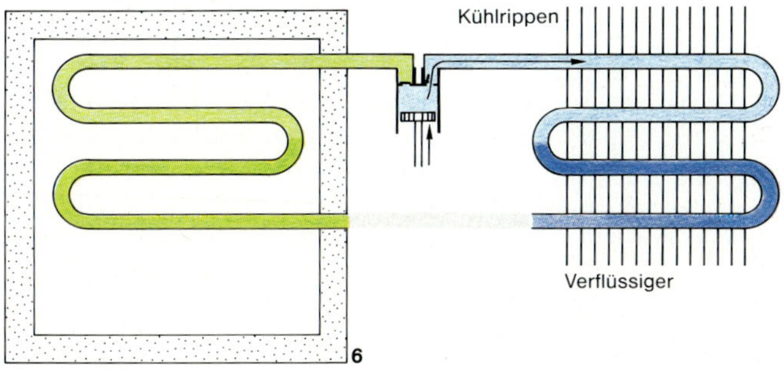

6

Die Temperatur des Dampfes steigt dabei über 40 °C und liegt somit über der Umgebungstemperatur. Während der Dampf durch den Verflüssiger strömt, gibt er Energie an die Umgebung ab, seine Temperatur sinkt.

Bei etwa 40 °C kondensiert der Dampf. Dass er bei einer so hohen Temperatur wieder flüssig wird, liegt daran, dass im Verflüssiger ein Druck von ca. 9 bar herrscht. Die freigesetzte Kondensationswärme wird über die Kühlrippen abgegeben.

Durch ein **Kapillarrohr** strömt das Kühlmittel zurück in den Verdampfer (Bild 7). Der Druck dort beträgt nur ca. 2 bar. Das Kühlmittel beginnt daher aufs Neue zu verdampfen. Der Kreislauf des Kühlmittels ist geschlossen (Bild 8).

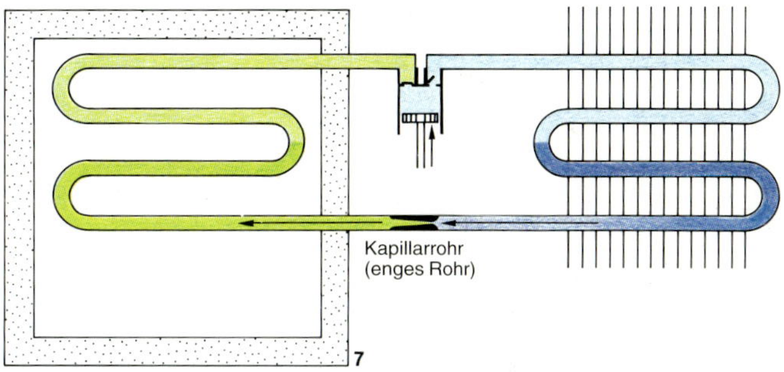

7

Die Bilder 8–10 zeigen den Aufbau eines Kühlschranks.

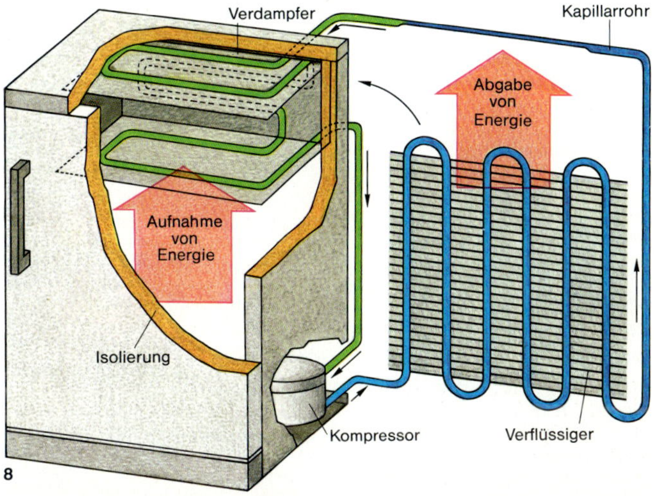

8

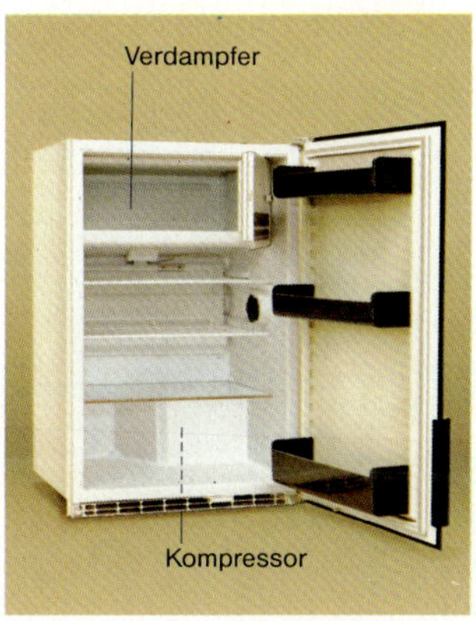

9

10

Diese Versuche sollen dir helfen den Kühlvorgang zu verstehen:

V 4 Im Aufbau nach Bild 1 wird der Etherdampf eine Zeitlang abgesaugt. Erkläre deine Beobachtung.

V 5 Bild 2 zeigt den Versuchsaufbau. Der Kolben wird zunächst langsam herausgezogen. Wie kannst du erklären, dass der Kraftmesser dabei stets den gleichen Betrag anzeigt?

Was geschieht, wenn sich der Kolben in den Zylinder hineinbewegt?

a) Wir wiederholen den Versuch, saugen diesmal aber *gekühlten* Ether in den Kolbenprober. (Etherflasche vorher in Wasser von 0 °C stellen.) Was zeigt der Kraftmesser jetzt an? Begründe den Unterschied zur Anzeige bei nicht gekühltem Ether.

b) Der Kolben wird (ohne Kraftmesser) ruckartig und in kleinen Schritten herausgezogen und zurückgeschoben. Wann setzt das Sieden bzw. Kondensieren ein? Wann hört es auf?

c) Jetzt pressen wir den Ether bis auf ein wenig „Restfeuchtigkeit" aus dem Kolbenprober und verschließen seine Öffnung. Zieht man den Kolben zurück, so sieht der Zylinder völlig trocken aus. Der Kolben wird nun kräftig in den Zylinder gepresst.

Was beobachtest du?

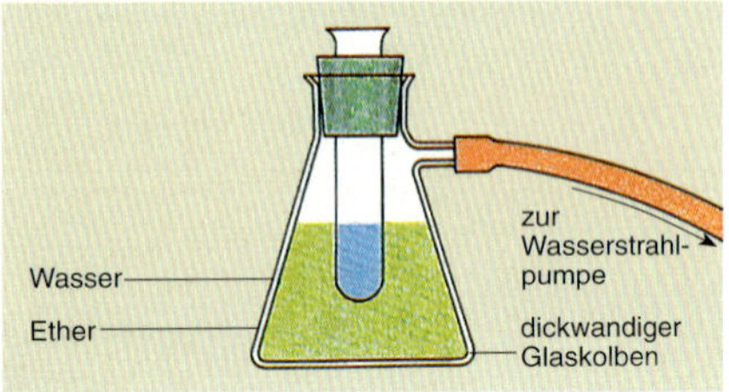

1

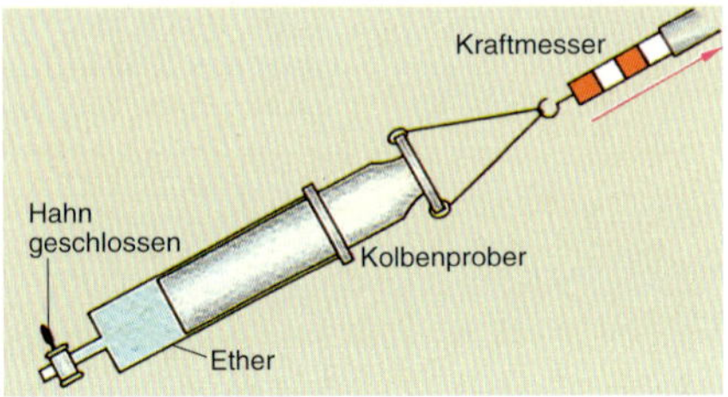

2

V 6 Das Röhrensystem eines Kühlschranks enthält meist Frigen® 12.

a) Aus einer Druckdose wird etwas flüssiges Frigen in ein Reagenzglas gefüllt. Was kannst du beobachten?

b) Warum siedet Frigen nicht schon in der Dose?

Aufgaben

1 Wenn wir in V 5 den Kolben ruckartig herausziehen, verdampft ein Teil der Flüssigkeit. Weshalb hört dieses Verdampfen wieder auf?

Presst man den Dampf zusammen, so kondensiert er teilweise. Aus welchem Grund hört das Kondensieren dann auf?

2 Auf welche Weise wird im Verdampfer eines Kühlschranks eine tiefe Temperatur erreicht?

3 An welchen Stellen des Röhrensystems wird Energie aufgenommen oder abgegeben?

4 Welche Aufgabe hat der Kompressor, welche das Kapillarrohr?

Aus Umwelt und Technik: **Mit kaltem Wasser heizen – die Wärmepumpe**

In 7 m Tiefe hat das Grundwasser eine Temperatur von ca. 10 °C – das ganze Jahr über. Solches Wasser bezeichnest du sicher als kalt. Würde man es durch einen Heizkörper pumpen, so könnte dieser auch nur eine Temperatur von 10 °C annehmen. Zum Heizen eines Zimmers sind aber Temperaturen von über 40 °C erforderlich. Trotzdem steckt in dem 10 °C warmen Wasser noch viel Energie. Kühlt man es z. B. auf 5 °C ab, so wird ein Teil davon frei.

Man kann diese Energie tatsächlich zum Heizen nutzen, und zwar mit einer **Wärmepumpe**.

Eine Wärmepumpe funktioniert nach dem gleichen Prinzip wie ein Kühlschrank (Bild 3). Vereinfacht kann man sich eine Wärmepumpe so vorstellen: Der *Verdampfer* befindet sich außerhalb des Hauses und entzieht dem Grundwasser, der Luft oder dem Erdreich Energie in Form von Wärme. Der *Verflüssiger* liegt im Haus und gibt Wärme ab. Eine Wärmepumpe kühlt also die Umgebung und erwärmt das Haus.

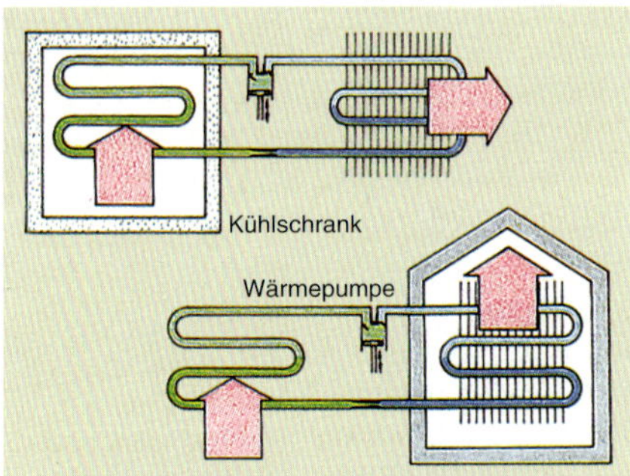

3

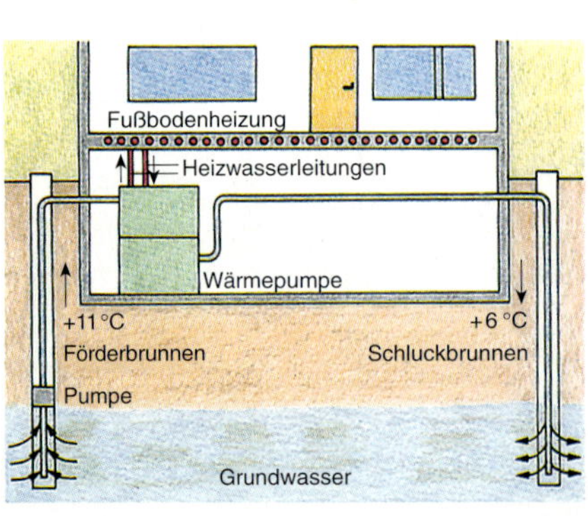

4

Bild 4 zeigt eine Möglichkeit, wie eine Wärmepumpe zur Heizung eines Hauses eingesetzt werden kann.

Um 1 kJ Wärme aus der Umgebung zu beziehen, benötigt eine Wärmepumpe nur etwa 0,4 kJ elektrische Energie für den Kompressor. Zur Erzeugung dieser Energie muss aber im Wärmekraftwerk etwa 1 kJ Energie aufgewendet werden.

Welchen Vorteil hat dann die Wärmepumpe? Eine Wärmepumpe zu betreiben kann billiger sein als z. B. mit Öl zu heizen. Das hängt von den „Strom"- und Heizölpreisen ab. Außerdem sind Umweltschutzmaßnahmen in Kraftwerken wohl eher zu verwirklichen als bei Einzelheizungen.

3645R

Alles klar?

1 Könnte man die Küche im Sommer dadurch kühlen, dass man die Tür des Kühlschranks offen stehen lässt?

2 Auf manchen Dosen mit Pflanzenschutzsprays findet sich folgender Hinweis: „Beim Sprühen Abstand von 50 cm einhalten, sonst sind Pflanzenschäden durch Unterkühlung möglich." Erkläre!

3 Das Enteiser-Spray für die Windschutzscheibe sollte man im Winter nie im Auto liegen lassen. Warum nicht?

4 Ein Bauer in Kirchhorst bei Hannover nutzt die Wärmeenergie der Milch, die seine Kühe geben. Mit einer Maschine wird die Milch von 32 °C auf 4 °C gekühlt; gleichzeitig wird mit derselben Maschine Waschwasser von 10 °C auf 55 °C erwärmt. Wie könnte diese Maschine wohl funktionieren?

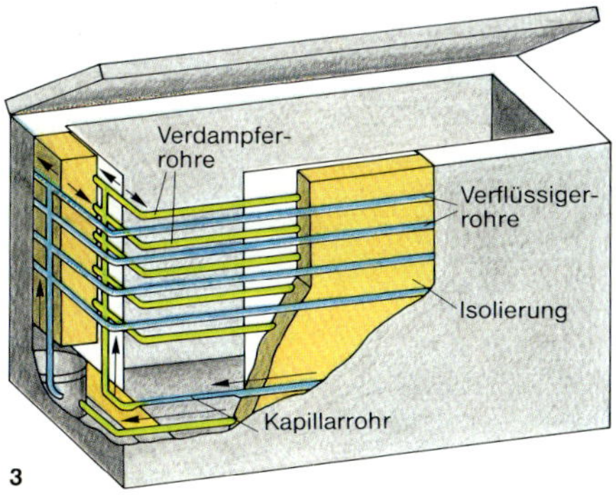

3

5 Bild 3 zeigt, wie eine *Gefriertruhe* aufgebaut ist. Wie sind die Verdampfer- und Verflüssigerrohre angeordnet? Vergleiche mit einem Kühlschrank.

6 „Wasser strömt nur von höher gelegenen Stellen zu tiefer gelegenen. Damit es in umgekehrter Richtung (also von unten nach oben) fließt, benötigt man eine Pumpe."

Formuliere eine entsprechende Aussage für die Wärmepumpe.

7 Die Windrichtung kannst du bestimmen, indem du einen Finger anfeuchtest und dann hochhältst. Weshalb funktioniert das?

8 Wenn man sich im Freibad nach dem Baden nicht abtrocknet, friert man häufig – trotz Sonnenschein. Warum?

9 Ein Wassertropfen verdunstet schneller, wenn man ihn verreibt (und damit seine Oberfläche vergrößert). Warum ist das so?

10 Weshalb sollte man nass gewordene Kleidungsstücke nicht am Körper trocknen lassen?

3 Zusammenfassung

Verdunsten und Verdunstungskühlung

Flüssigkeiten verdampfen auch *unterhalb* ihrer Siedetemperaturen; man spricht dann auch von **Verdunstung**.

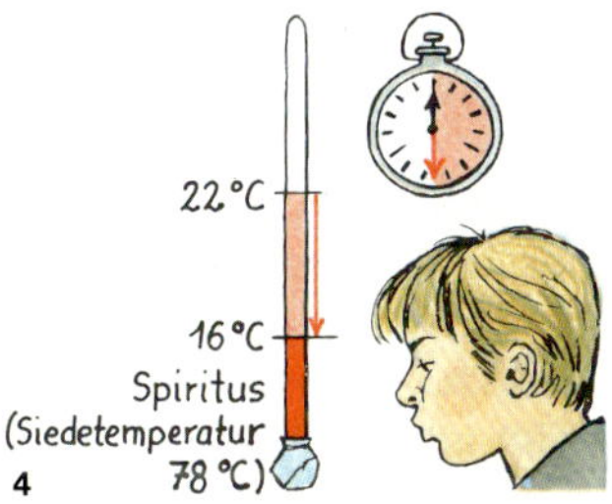

4

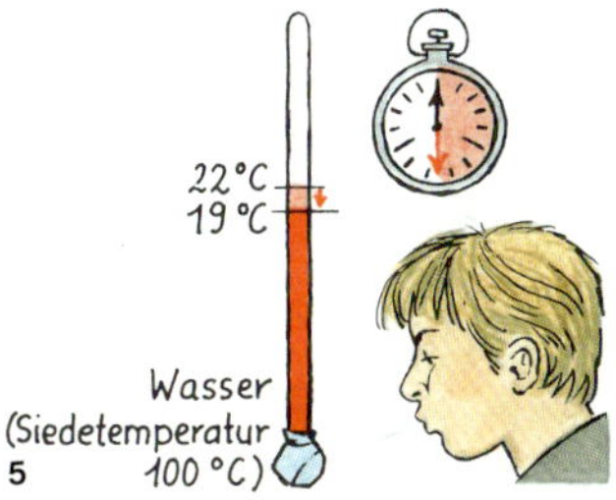

5

Die zum Verdunsten nötige Energie wird der Flüssigkeit selbst entzogen („Verdunstungskühlung"). Weil die Flüssigkeit dann kälter ist als ihre Umgebung, gibt die Umgebung Energie an die Flüssigkeit ab.

Je niedriger dabei der Siedepunkt der Flüssigkeit ist, desto *schneller* verdunstet die Flüssigkeit (und desto *tiefer* sinkt auch ihre Temperatur).

Wie schnell eine Flüssigkeit verdunstet, ist auch abhängig von *ihrer Temperatur* und der *Größe ihrer Oberfläche* – desgleichen von der *Umgebungstemperatur* und von der *Luftbewegung*.

Versuche zum Kühlschrank

Wenn *in einem abgeschlossenen Gefäß* eine Flüssigkeit verdampft, so steigt der Druck des Gases über ihr. Wenn der Druck einen bestimmten Wert (den sog. Dampfdruck) überschreitet, können sich in der Flüssigkeit keine Dampfblasen mehr bilden, und das Verdampfen hört auf.

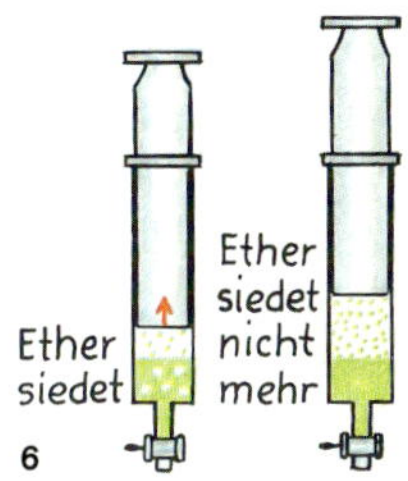

6

Je niedriger die Temperatur der Flüssigkeit ist, desto geringer ist ihr Dampfdruck.

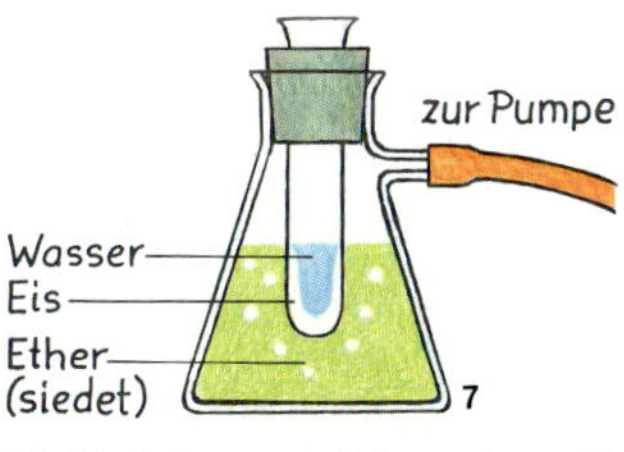

7

Saugt man den entstehenden Dampf ab, so siedet der Ether und verdampft dabei. Die zum Verdampfen nötige Energie wird dem Wasser entzogen.

Schließlich erstarrt das Wasser zu Eis.

Schiebt man hier den Kolben ein Stück in den Zylinder, so kondensiert so viel Gas, dass der Druck des Gases wieder den Dampfdruck erreicht.

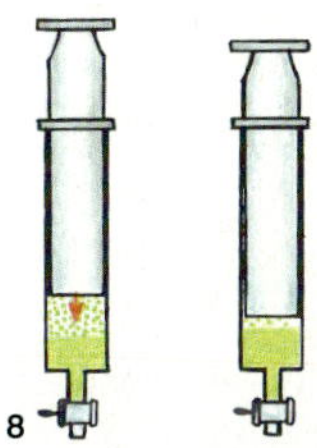
8

Auch im Kühlschrank verdampft eine Flüssigkeit und entzieht dem Kühlraum Wärme (Energie). Diese wird beim Kondensieren des Dampfes an die Außenluft abgegeben (→ das Info *„Die Funktionsweise des Kühlschranks"*).

Maschinen, die mit Wärme arbeiten

1 Heißer Dampf verrichtet Arbeit

1

2

Auch die Elektrolokomotive wird letzten Endes mit Dampf betrieben ...

V 1 Bringe in einem Reagenzglas Wasser zum Sieden. Verschließe das Reagenzglas mit einem Stopfen, den du vorher mit Glycerin oder Speiseöl angefeuchtet hast.

Achtung, der Stopfen darf nur leicht eingedrückt werden!

Erhitze das Wasser weiter. Was geschieht? Überlege dir, welche Energieumwandlung hier stattfindet.

V 2 Mit der Vorrichtung, die du in Bild 3 siehst, kann Wasser hochgehoben werden.

Beschreibe, wie sie funktioniert. Verwende dabei die Begriffe *Arbeit* und *Energie*.

V 3 Bild 4 zeigt dir zwei Phasen des Versuchsablaufs. Beschreibe, wie der Versuch durchgeführt wird.

Was ändert sich am Versuchsaufbau, wenn der Versuch mehrmals durchgeführt wird?

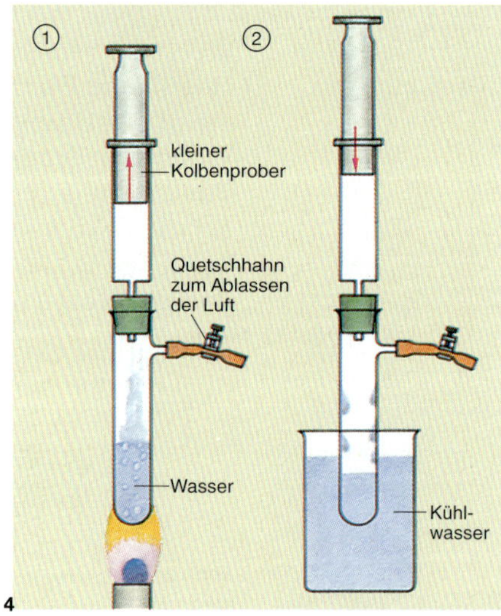

4

V 4 Bisher haben wir stets Wasser erwärmt und verdampfen lassen, um etwas in Bewegung zu setzen oder hochzuheben.

Es geht aber auch anders: Bild 5 zeigt die Anordnung. Erhitze kurzzeitig das leere Gefäß und achte dabei auf das Wasser im U-Rohr.

Erkläre deine Beobachtung.

V 5 Auch in diesem Versuch geht es um Wärme und Arbeit.

Du brauchst ein gebogenes Reagenzglas, das zu zwei Dritteln mit Wasser gefüllt ist. Erhitze den wassergefüllten Teil des Glases (Bild 6). Kurz bevor das Wasser zu sieden beginnt, entfernst du die Flamme. Kippe das Glas dann so, dass Luft in den heißen Teil des Winkelrohres strömt ... Vorsicht, heißer Dampf!

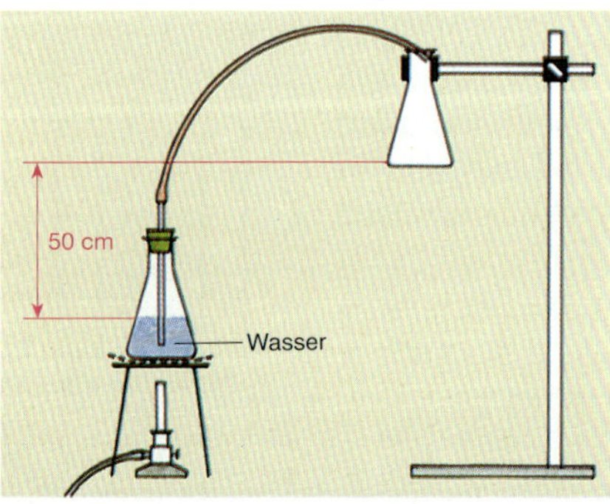

3

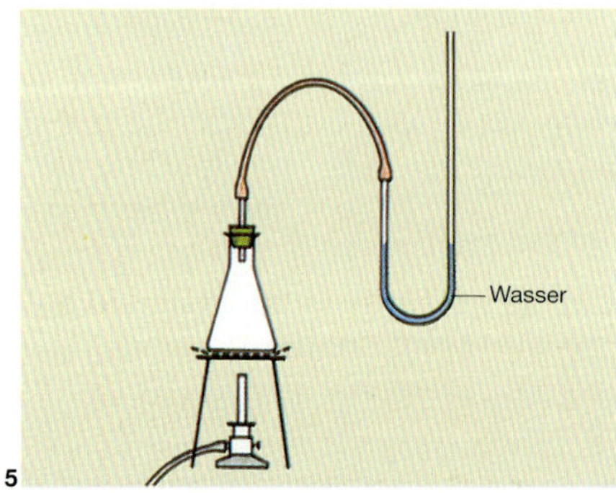

5

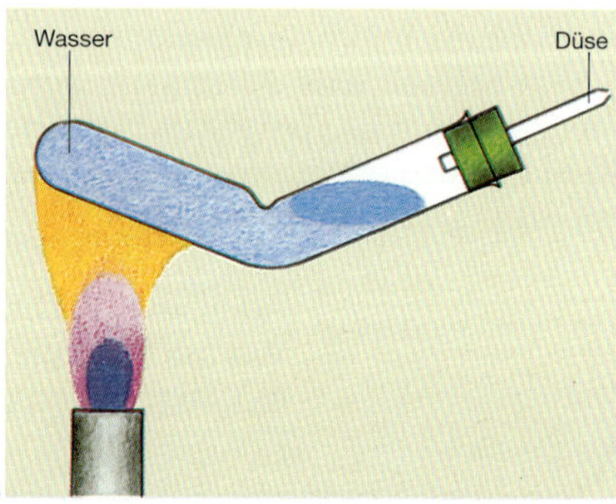

6

3647R

Aus der Geschichte: **Vom Tretrad zu den ersten Dampfmaschinen**

7

8

Bis vor etwa 250 Jahren war es oft sehr mühsam, Arbeitsgeräte und Maschinen anzutreiben. Damals gab es nämlich noch keine Motoren. Die Kräne, Mühlen oder Schmiedehämmer mussten durch strömendes Wasser, Wind, Tiere oder sogar durch Menschen bewegt werden.

Die Antriebsenergie für wind- und wassergetriebene Maschinen stand jedoch nicht ständig zur Verfügung und die von Menschen und Tieren angetriebenen Maschinen waren nicht sehr leistungsfähig.

Im Bergbau führte dies zu großen Schwierigkeiten. Um Kohle und Erz zu fördern, mussten die Schächte der Bergwerke immer tiefer in die Erde getrieben werden. Und je tiefer die Schächte waren, desto mehr Grundwasser drang in sie ein. Mit den vorhandenen Maschinen (Bild 7) konnte das viele Wasser oft nicht mehr herausgeschafft werden, die Schächte und Stollen wurden deshalb vom Wasser überflutet. Leistungsfähigere Maschinen und Pumpen waren erforderlich. Doch mit welcher Energie sollten diese Maschinen angetrieben werden?

Um das Jahr 1700 herum wurden in Deutschland und England Versuche durchgeführt, die das Ziel hatten, Wasserdampf zum Antrieb zu verwenden. Man bemühte sich die *innere Energie* des Dampfes zu nutzen.

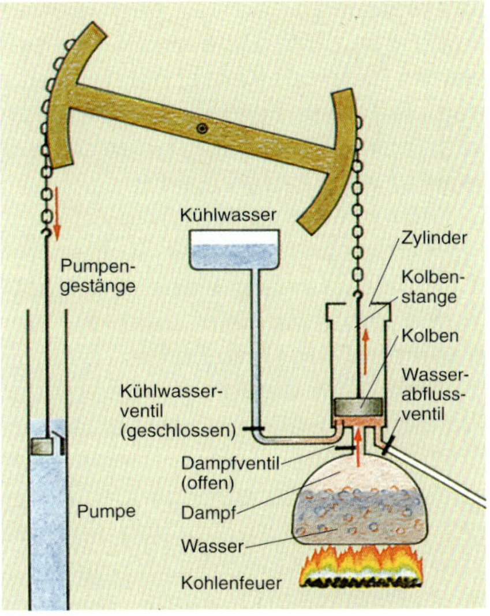

9

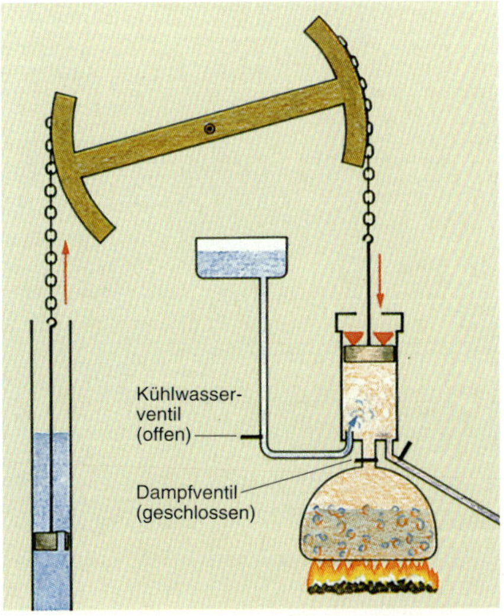

10

Am erfolgreichsten bei diesen Versuchen war 1712 der Engländer *Thomas Newcomen*. Er baute eine Dampfmaschine (Bild 8), die die Wasserpumpe einer Kohlengrube antrieb. Seine Dampfmaschine funktionierte so:

Durch das schwere Gestänge der Pumpe wurde der Kolben hochgezogen; dabei strömte Dampf in den Zylinder ein (Bild 9). Dann wurde das Dampfventil geschlossen und Kühlwasser in den Zylinder gespritzt (Bild 10). Durch dieses Abkühlen wurde der Wasserdampf im Zylinder wieder zu Wasser; der Dampf kondensierte. Das Wasser nahm einen viel geringeren Raum ein als zuvor der Dampf. Die Kraft, die der Dampf auf den Kolben ausgeübt hatte, wirkte nun nicht mehr. Aufgrund des Luftdrucks übte aber noch die Luft von außen eine Kraft auf den Kolben aus und schob ihn nach unten.

Diese Dampfmaschine nannte man **atmosphärische Dampfmaschine** – die Luft der Atmosphäre bewegte ja den Kolben und hob das Wasser.

Ab 1712 wurden solche Maschinen im Bergbau eingesetzt.

Newcomens Dampfmaschine hatte aber einen großen Nachteil: Der Zylinder musste für jede Kolbenbewegung neu aufgeheizt und dann wieder abgekühlt werden. Sie arbeitete daher recht langsam und „verschlang" riesige Mengen an Kohle.

Aus der Geschichte: **Mit Watts Dampfmaschine begann das Industriezeitalter**

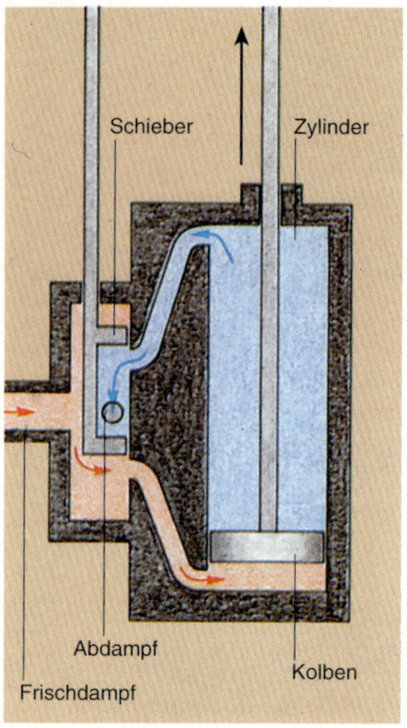

1

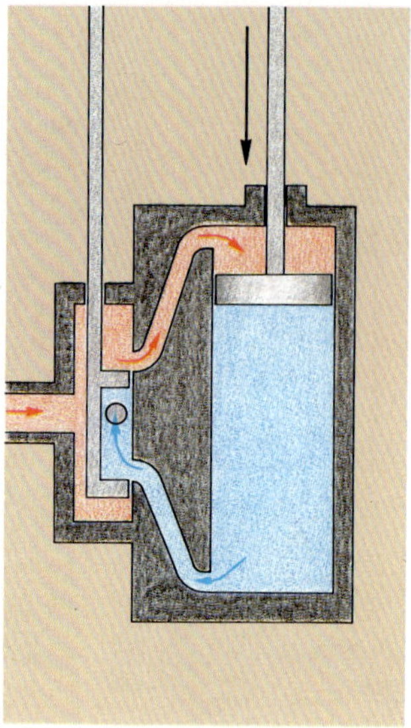

2

3

In den Jahren 1763 bis 1776 entwickelte der Schotte *James Watt* eine neuartige Dampfmaschine.

Sie verbrauchte nur noch ein Drittel der Brennstoffmenge von Newcomens Maschine. Außerdem führte sie 60 Kolbenbewegungen je Minute aus – mehr als dreimal so viel wie Newcomens Dampfmaschine.

Bei Watts Maschine wurde der Kolben nicht mehr von der Luft bewegt. Sie arbeitete mit Wasserdampf, dessen Druck wesentlich größer war als der äußere Luftdruck:

In einem Kessel, der mit Kohle beheizt wurde, verdampfte Wasser. Der Kessel war zunächst mit dem unteren Teil des Zylinders verbunden (Bild 1). Der unter Druck stehende Wasserdampf schob den Kolben nach oben. Mit Hilfe des Schiebers wurde dann der Kessel mit dem oberen Teil des Zylinders verbunden; nun schob der Dampf den Kolben wieder nach unten (Bild 2).

1781 gelang es Watt, die Auf- und Abwärtsbewegung des Kolbens in Drehbewegungen eines Schwungrades umzuwandeln (Bild 3). Nun konnten Dampfmaschinen auch in Spinnereien, Webereien, Eisen- und Walzwerken andere Maschinen antreiben; bisher hatten meist Menschen diese anstrengende Arbeit verrichtet. Große Fabriken entstanden. Das Industriezeitalter begann.

In Deutschland wurde die erste Dampfmaschine 1783 in Betrieb genommen. Um 1800 gab es in England bereits 500 Dampfmaschinen, zehn Jahre später waren es über 5000.

Einige Jahrzehnte nach Watts Erfindung setzte man Dampfmaschinen zum Antrieb von Fahrzeugen ein: 1818 fuhr erstmals ein Dampfschiff über den Atlantik. 1825 wurde in England die erste Eisenbahnlinie eröffnet. 1835 fuhr in Deutschland der erste dampfbetriebene Zug zwischen Nürnberg und Fürth.

Auch auf vielen anderen Gebieten wurden Dampfmaschinen verwendet (Bilder 4 u. 5).

Dampfmaschinen haben moderne Nachfolger bekommen: die Dampfturbinen. Auch in ihnen verrichtet Wasserdampf Arbeit.

4 Auch in der Landwirtschaft wurden Dampfmaschinen eingesetzt – zum Beispiel diese hier um 1895 zum Ziehen eines riesigen Pfluges. Ebenso konnte man damit Dreschmaschinen und andere Geräte betreiben.

5 Dampfwalze zum Glätten von Straßenschotter (um 1900).

3649R

Aus Umwelt und Technik: **Die Dampfturbine**

Dampfgetriebene Maschinen spielen heutzutage in Elektrizitätswerken eine wichtige Rolle. Allerdings handelt es sich dabei nicht um Dampfmaschinen, sondern um **Dampfturbinen**. Sie treiben die riesigen Generatoren (Dynamomaschinen) an.

Turbinen funktionieren nach dem gleichen Prinzip wie eine Windmühle. Bei der einfachsten Form einer Turbine strömt Wasserdampf, der in einem Dampfkessel erzeugt wird, aus einer Düse auf die Schaufeln des Turbinenrades. Bild 6 zeigt eine der ersten Turbinen aus dem Jahr 1629, entworfen von dem italienischen Architekten *Giovanni Branca.*

Der Dampf steht im Kessel unter hohem Druck. Durch die Düse bekommt er eine hohe Strömungsgeschwindigkeit. Mit Hilfe der Düse wird thermische (innere) Energie des Dampfes in Bewegungsenergie umgewandelt. Weil die thermische Energie des Dampfes abnimmt, sinkt seine Temperatur; er kühlt ab.

Der Dampf verrichtet dann Arbeit am Turbinenrad. Dabei nimmt seine Bewegungsenergie ab; die Strömung wird langsamer.

Der schwedische Ingenieur *Gustaf de Laval* konstruierte im Jahr 1889 die erste wirklich leistungsfähige Dampfturbine. Bei dieser Maschine strömte der Dampf durch vier Düsen auf ein großes Laufrad mit vielen Schaufeln (Bild 7).

Abb. 5. Brancas Dampfrad (1629). Ein »Püsterich« B bläst einen Dampfstrahl D gegen ein Schaufelrad E, das über ein Zahnradgetriebe F—L eine Pulverstampfe antreibt.

6

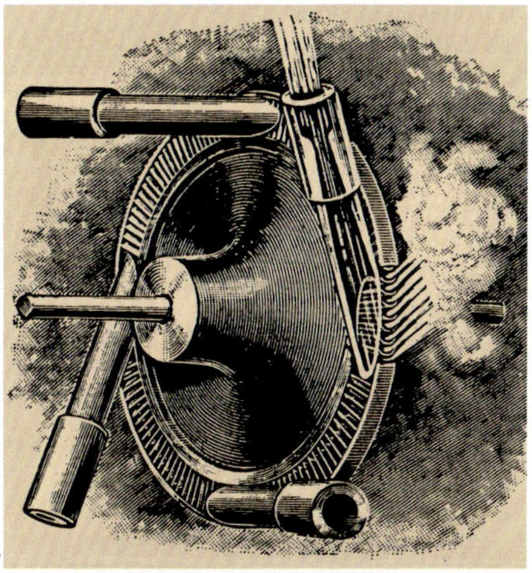

7

Weil die Energie des Dampfes von einem einzigen Schaufelrad aufgenommen wurde, drehte es sich sehr schnell. Eine solche *Schnellläuferturbine* erreichte mehr als 26 000 Umdrehungen in der Minute. So hohe Drehzahlen mussten durch komplizierte Getriebe verringert werden, wobei durch Reibung erhebliche Energieverluste auftraten.

Der amerikanische Ingenieur *Charles Curtis* (1860–1953) hatte die Idee eine mehrstufige Turbine zu bauen. Bei dieser Turbine wird die Bewegungsenergie des strömenden Dampfes in mehreren Schritten zum Arbeiten genutzt. Auf derselben Welle sind mehrere Laufräder befestigt (Bild 8). Zwischen den Laufrädern befinden sich Leitschaufeln, die den Dampf nach Durchströmen des einen Laufrades auf das nächste lenken.

Da der Dampf schrittweise Energie abgibt, wird seine Strömungsgeschwindigkeit immer geringer. Gleichzeitig sinkt seine Temperatur und er nimmt einen immer größeren Raum ein. Daher werden die Laufräder zum Turbinenende hin immer größer. Auf diese Weise lässt sich auch noch die Energie des langsam strömenden Dampfes nutzen.

In den modernen Elektrizitätswerken schaltet man mehrere Turbinen hintereinander, sodass oft Turbinenanlagen beachtlicher Länge entstehen (Bild 9).

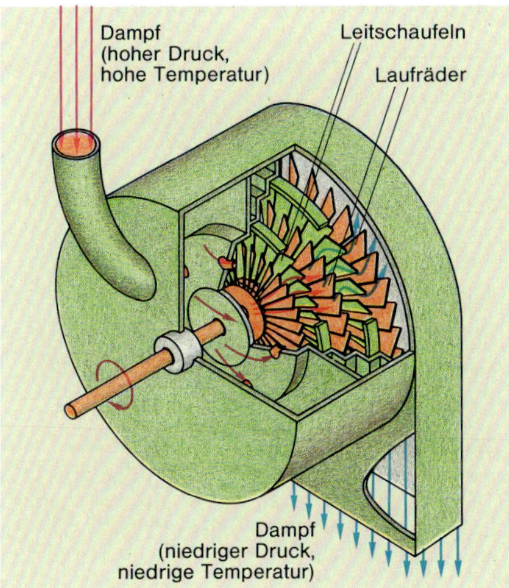

8

9 Montage einer Dampfturbine

Info: Energieumwandlungen im Kraftwerk

Ohne Zufuhr von Energie kann keine Maschine arbeiten. Wenn Maschinen Arbeit verrichten, wird die zugeführte Energie – meist in anderer Form – weitergegeben. Die Energie wird übertragen und umgewandelt.

Alle Maschinen geben genauso viel Energie ab, wie ihnen zugeführt wird. *Energie kann niemals verschwinden.* Man bezeichnet diesen Satz als *Gesetz von der Erhaltung der Energie*.

Die zum Arbeiten nötige Energie kann *in Form von Wärme* zugeführt werden, das geschieht z. B. bei der Dampfturbine. Maschinen, denen Wärme zugeführt wird und die mit dieser Energie Arbeit verrichten, heißen **Wärme-Energie-Maschinen**.

Wärme tritt also nicht nur am Ende von Energieumwandlungen auf, sondern auch am Anfang. Ein Beispiel für die Nutzung von Wärme zum Arbeiten sind die **Wärmekraftwerke** (z. B. Kohlekraftwerke, Kernkraftwerke). Dort wird mit *Dampfturbinen* Arbeit verrichtet: Die Turbinen treiben *Generatoren* (Dynamomaschinen) an und erzeugen so elektrische Energie.

Alle Wärmekraftwerke funktionieren nach demselben Prinzip: Wasser strömt in einem geschlossenen Kreislauf, wobei es verdampft oder wieder kondensiert.

Betrachten wir als Beispiel ein Kohlekraftwerk (Bilder 1 u. 2). Die Brennkammer enthält ein Netz von Rohrleitungen, in denen sich Wasser befindet. Bei der Verbrennung der Kohle wird Energie frei, die dem Wasser zugeführt wird. In einem Kraftwerk verdampfen in jeder Sekunde etwa 500 kg Wasser.

Der 500 bis 600 °C heiße Dampf steht unter hohem Druck (ca. 200 bar). Er strömt durch die Turbine und treibt sie an. Dabei nimmt sein Volumen zu, sein Druck und seine Temperatur sinken. Nachdem der Dampf durch die Turbine geströmt ist, könnte man ihn einfach an die Atmosphäre abgeben. Er hätte dann eine Temperatur von 100 °C und einen Druck von 1 bar.

Dem Dampf kann aber in der Turbine mehr Energie entzogen werden, wenn man für einen geringeren Druck am Ende der Turbine sorgt. Um das zu erreichen, wird ein *Kondensator* an die Turbine angeschlossen. In ihm kondensiert der Dampf bei ca. 30 °C; der Druck im Kondensator beträgt nur 0,04 bar. Das entstehende Wasser wird wieder dem Heizkessel zugeführt.

Wenn sich der Wasserdampf zu Wasser verflüssigt, gibt er Energie an das Kühlwasser ab (Kondensationswärme). Das erwärmte Kühlwasser wird meist in einem Kühlturm wieder abgekühlt und kann dann erneut in den Kondensator fließen.

Wärmekraftwerke erzeugen also nicht nur elektrische Energie, sondern auch Abwärme (Bild 3). Früher entledigte man sich der Abwärme einfach dadurch, dass man Flusswasser zur Kühlung benutzte. Auf diese Weise wurde aber das biologische Gleichgewicht in vielen Flüssen erheblich gestört.

Die Energie, die beim Verbrennen von Kohle, Erdöl oder Erdgas freigesetzt wird, kann nur zu einem Drittel in elektrische Energie umgewandelt werden. Der größte Teil der eingesetzten Energie geht als Abwärme verloren.

1

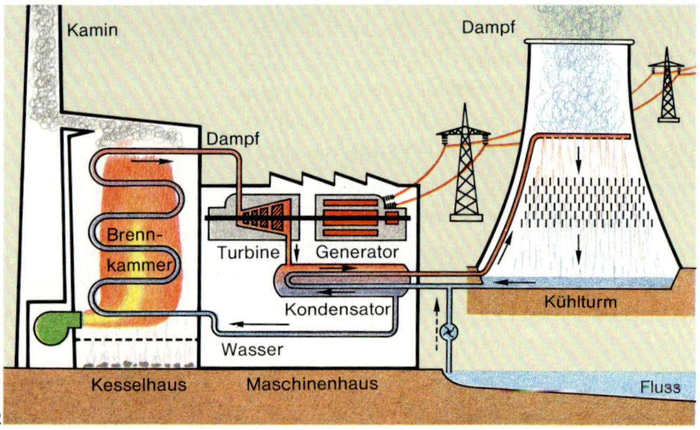

2

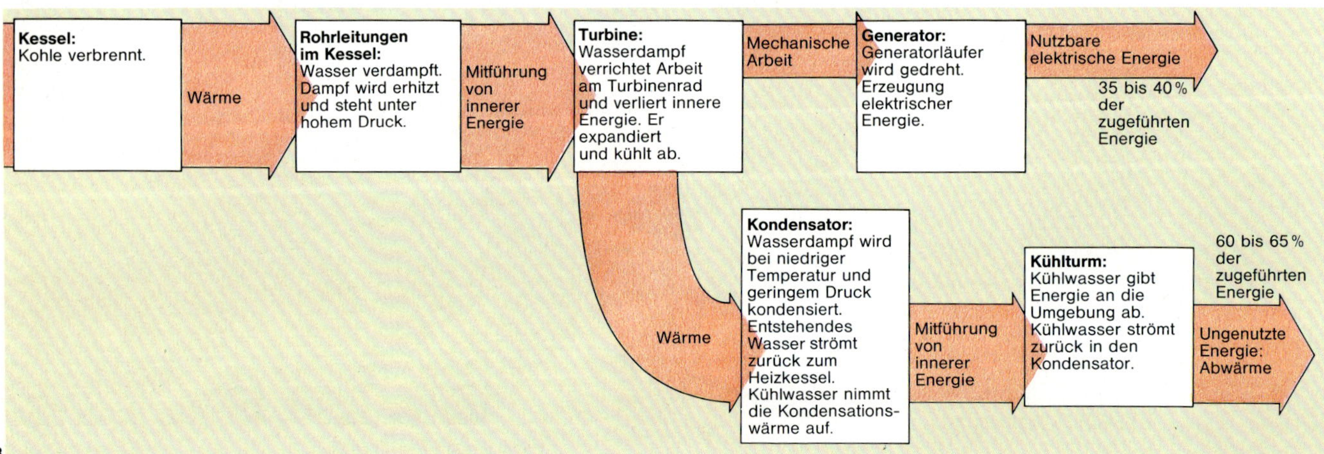

3

3651R

2 Energieumwandlung und Abwärme

Eine recht merkwürdige kleine „Dampfmaschine“! Wie funktioniert sie?

4

5

Woher nimmt die „Ente“ die Energie für ihre dauernden Bewegungen?

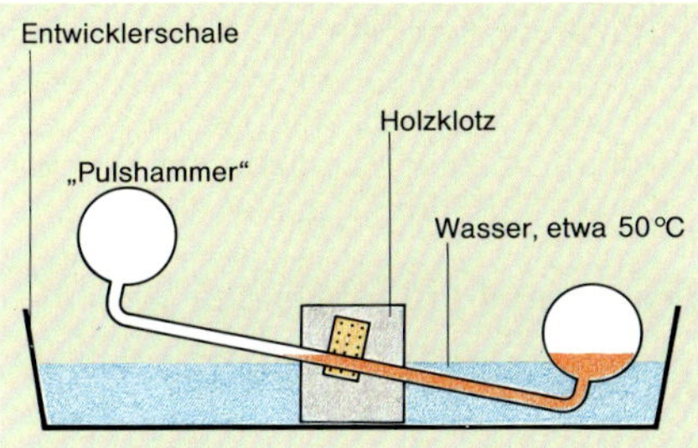

6

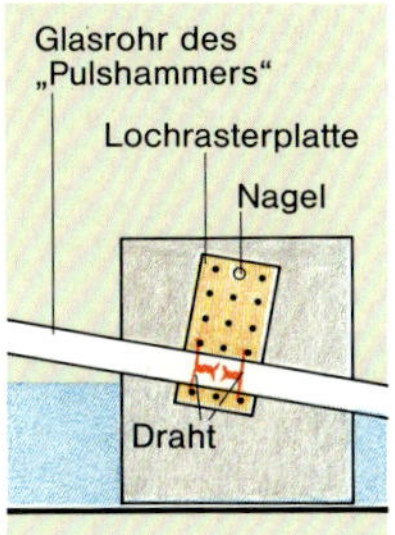

7

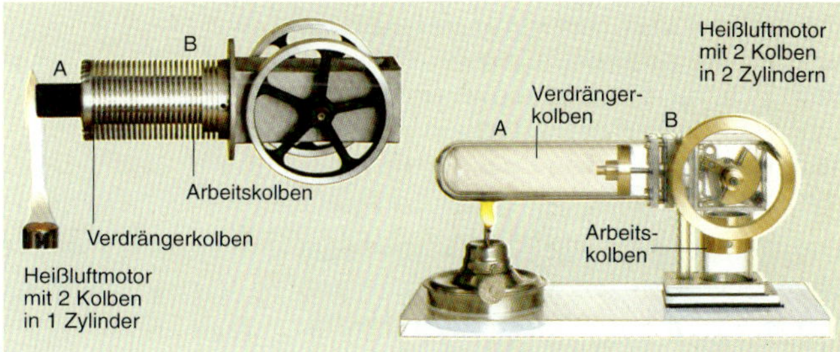

8

V 6 Einfacher als die „Trink-Ente“ ist die Funktionsweise eines „Pulshammers“ (Bild 6) zu verstehen. Die Flüssigkeit im Innern des Pulshammers hat einen niedrigen Siedepunkt.

Das Gerät wird wie in Bild 7 drehbar gelagert, sodass die Kugeln abwechselnd in warmes Wasser tauchen können. Beschreibe, wie diese Wippe funktioniert.

Wie erreicht man, dass sich die Wippe schneller bewegt? Überprüfe deine Vermutung im Versuch.

V 7 Wir beobachten die Bewegung einer Trink-Ente (Bilder 4 u. 5).

a) Warum muss die Ente ab und zu den Schnabel ins Wasser tauchen?

Wie kommt es, dass die Flüssigkeit im Hals nach oben steigt?

Was passiert, wenn die Ente in die Horizontale kippt?

b) Was beobachtest du, wenn der Kopf der Ente durch Zufächeln von Luft gekühlt wird?

Was geschieht, wenn der Kopf mit einer Infrarotlampe erwärmt wird?

Erkläre jeweils die Beobachtung.

c) Befeuchte den Entenkopf mit Brennspiritus oder Kölnischwasser. Beobachte und erkläre!

V 8 Bild 8 zeigt zwei kleine *Heißluft-* oder *Stirlingmotoren*. Kommt es bei dieser Maschine nur darauf an, den Motor zu heizen?

a) Zunächst wird nur der Zylinder A geheizt. Anschließend wird zusätzlich der gerippte Zylinder B erhitzt.

b) Dem Motor wird Wärme bei hoher Temperatur zugeführt. Er verrichtet dann Arbeit und gibt außerdem Wärme bei niedrigerer Temperatur ab. Ob man den Motor auch als Kühlmaschine betreiben kann?

V 9 Wenn ein Moped auf ebener Straße mit konstanter Geschwindigkeit fährt, wird nur Reibungsarbeit verrichtet. Wir wollen bestimmen, wie viel Energie dafür nötig ist.

9

a) Wir messen die Antriebskraft (Bild 9). Die Messung kann allerdings nur bei geringer Geschwindigkeit durchgeführt werden. (*Tipps:* Leerlauf einlegen, Moped anschieben, Motor bleibt ausgeschaltet.)

Nun kannst du die Reibungskraft berechnen, die verrichtet wird, wenn das Moped (mit dieser geringen Geschwindigkeit) 100 km weit fährt.

b) Wie viel Energie wird dem Moped auf einer 100 km langen Strecke zugeführt? Du kannst die Energie berechnen, wenn der Fahrer sagt, wie viel Liter Treibstoff er auf 100 km benötigt. 1 l Benzin liefert beim Verbrennen ungefähr 32 MJ Energie.

c) Vergleiche die zugeführte Energie mit der zum Arbeiten genutzten Energie. Was fällt dir auf? Erkläre!

d) Überlege, wodurch sich eine wirkliche Fahrt mit dem Moped von unserer Messfahrt unterscheidet. Welche Auswirkungen haben diese Unterschiede auf die genutzte Energie?

Info: Wärme-Energie-Maschine – Abwärme und Wirkungsgrad

Wärme-Energie-Maschinen funktionieren nur, wenn ein Temperaturgefälle vorhanden ist; in der Maschine muss es Stellen hoher und niedriger Temperatur geben. Sonst bleibt die Maschine stehen. Erwärmt man z. B. den Kopf der Trink-Ente, so hört sie auf sich zu bewegen.

In der Maschine muss neben der Erwärmung eine Abkühlung stattfinden. Das Temperaturgefälle ist nötig, damit die Maschine Wärme abgeben kann.

Eine Wärme-Energie-Maschine arbeitet besonders wirkungsvoll, wenn die Energie bei möglichst hoher Temperatur zugeführt und (am Kühler) bei möglichst niedriger Temperatur abgeführt wird.

Niemals kann die gesamte Energie, die in Form von Wärme zugeführt wurde, zum Arbeiten genutzt werden.

Es gibt keine Wärme-Energie-Maschine, die dauernd läuft und die mit der gesamten zugeführten Wärme nur Arbeit verrichtet. Immer wird ein Teil der zugeführten Energie als Wärme abgegeben.

Der Teil der Energie, der als Abwärme abgegeben wird, ist wertlos und für den eigentlichen Nutzungszweck verloren. Man spricht von „Energieverlusten".

Das Verhältnis aus genutzter und zugeführter Energie heißt **Wirkungsgrad** (Formelzeichen: η; sprich: eta).

$$\eta = \frac{\text{genutzte Energie}}{\text{zugeführte Energie}}.$$

Beispiel: 1 l Dieselöl liefert beim Verbrennen 40 MJ Energie. Der Automotor nutzt davon nur 14 MJ zum Arbeiten.

$$\eta = \frac{14\ \text{MJ}}{40\ \text{MJ}} = 0{,}35 = 35\ \%.$$

Der Wirkungsgrad beträgt 35 % (Bild 1).

Wirkungsgrade gibt man nicht nur für Wärme-Energie-Maschinen an. Auch bei anderen Maschinen wird die Energie nicht vollständig genutzt: Energie geht zum Beispiel durch Reibung in Lagern und Getrieben „verloren" oder sie entweicht bei Heizungsanlagen zusammen mit den Abgasen durch den Schornstein.

Ein Ziel der Ingenieure besteht darin, Maschinen und Anlagen so zu bauen, dass der Wirkungsgrad möglichst hoch ist. Bei den Wärme-Energie-Maschinen kann man aber stets nur verhältnismäßig geringe Wirkungsgrade erreichen.

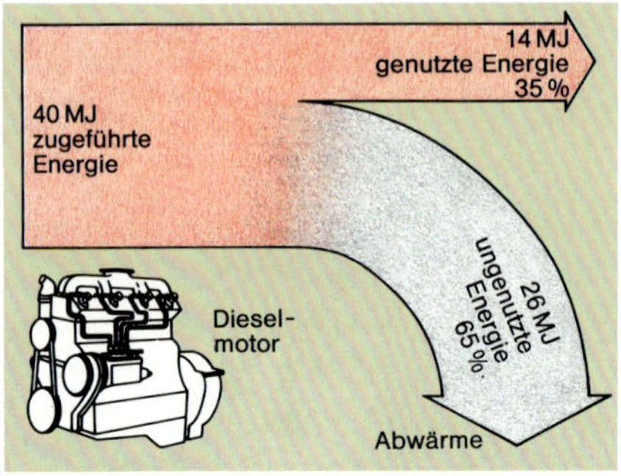

1

Die Energieverluste durch Abwärme lassen sich nämlich nicht beliebig verringern. Ein bestimmter Mindestanteil der Energie muss immer als Wärme abgegeben werden. Dieser Mindestanteil hängt nicht von der Bauart der Maschine ab. Vielmehr wird er durch die *Temperaturdifferenz* bestimmt, mit der gearbeitet wird; diese Temperaturdifferenz muss möglichst groß sein, damit der Anteil der Abwärme möglichst klein ist.

Man wählt die Temperatur, bei der die Wärme zugeführt wird, möglichst hoch – die Temperatur am Kühler kann ja nicht unter der normalen Umgebungstemperatur liegen.

Die Abwärme von Kraftwerken fällt bei Temperaturen an, die nur wenig über der Umgebungstemperatur liegen. Deshalb ist diese Abwärme für Wärme-Energie-Maschinen unbrauchbar.

Einige Wirkungsgrade

Wärme-Energie-Maschinen	
Dampfmaschine	10 %
Dampfturbine	40 %
Ottomotor	25 %
Dieselmotor	35 %
Stirlingmotor	bis 40 %
Sonstige Energiewandler	
Elektromotor (Großmotoren)	bis 90 %
kleiner Elektromotor	ca. 50 %
Solarzelle	12 %
Generator	bis 95 %
offenes Kaminfeuer	15 %
Ofenheizung	60 %
Zentralheizung (Öl, Gas)	bis 85 %

Fragen und Aufgaben zum Text

1 Ein Dieselmotor hat einen höheren Wirkungsgrad als ein vergleichbarer Benzinmotor. Welchen physikalischen Grund könnte es dafür geben?

2 In eine 900-Watt-Bohrmaschine strömen pro Sekunde 900 J elektrische Energie. Der Wirkungsgrad beträgt 60 %. Berechne die genutzte Leistung.

3 Auch die Trink-Ente ist eine Wärme-Energie-Maschine. Wie wird das nötige Temperaturgefälle erreicht?

Weshalb wäre es nicht sinnvoll, Trink-Enten als Wärme-Energie-Maschinen im großen Stil zu bauen?

Aus Umwelt und Technik: Der Stirlingmotor

Schottland zu Beginn des vorigen Jahrhunderts: In der Gemeinde des Pfarrers *Robert Stirling* müssen selbst sechsjährige Kinder in den Kohlenbergwerken arbeiten. Sie schieben und ziehen die Kohlenkübel durch die engen Stollen; sie kriechen auf allen vieren.

Oftmals steht der Boden unter Wasser. Zwar gibt es Pumpen; sie werden von Dampfmaschinen angetrieben, die *James Watt* entwickelt hat. Doch deren Kessel und Leitungen stehen unter Druck und reißen manchmal ...

Robert Stirling überlegt schon lange, ob eine Maschine nicht auch ohne den gefährlichen Wasserdampf arbeiten könne. Im Jahr 1816 ist er mit seinen Entwicklungen so weit: Er erhält als 26-Jähriger ein Patent auf ein *Neues Verfahren zum Antrieb von Maschinen* – der **Stirlingmotor** ist geboren.

Bild 2 zeigt eine Bauweise des Stirlingmotors: Im Zylinder befinden sich ein eng anliegender Arbeitskolben A und ein *nicht* abdichtender Verdrängerkolben V. Von bei-

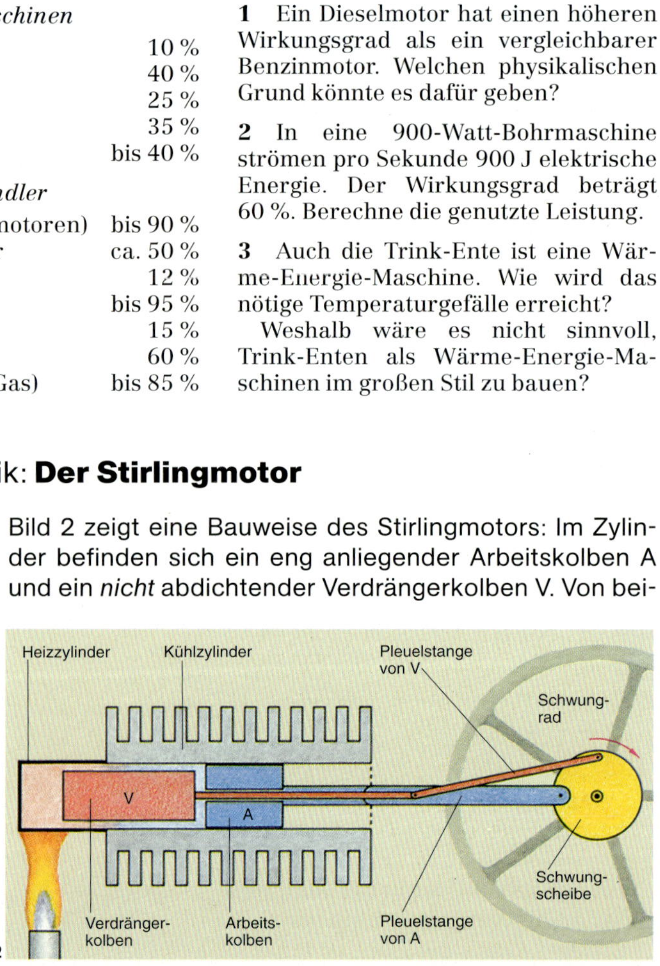

2

3653R

den Kolben führen Pleuelstangen zu einer gemeinsamen Kurbelwelle. Die beiden Pleuelstangen sind um 90° versetzt an der Schwungscheibe angebracht. Im Zylinder befindet sich – durch den Arbeitskolben völlig abgeschlossen – Luft oder ein beliebiges anderes Gas. Wie der Motor funktioniert, zeigen die Bilder 3–6.

Nach Stirlings Idee baute der Schwede *John Ericson* 1853 einen Schiffsmotor und von einem kleineren Modell verkaufte er bis 1860 über 3000 Exemplare als Industriemotoren. Nach der Erfindung der Elektromotoren geriet Stirlings Motor in Vergessenheit. Heute beginnt man aber wieder sich für ihn zu interessieren.

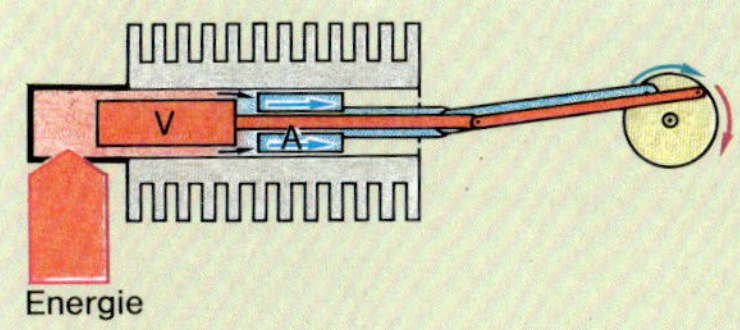

3 Die unter Druck stehende Luft im Zylinder dehnt sich aus. Sie schiebt dabei den Arbeitskolben nach rechts. Die für diese Arbeit nötige Energie wird der Luft durch die Heizung zugeführt. Daher kühlt sich die Luft nicht ab; ihre Temperatur ist konstant (T_1).
Der Verdrängerkolben bewegt sich kaum.

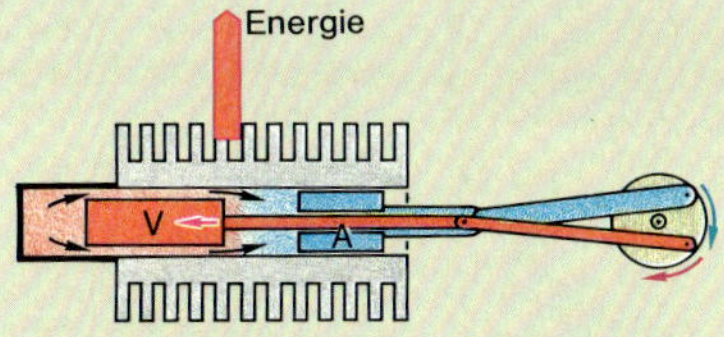

4 Der Arbeitskolben befindet sich äußerst rechts und bewegt sich praktisch nicht.
Durch die Drehung des Schwungrades wird der Verdrängerkolben nach links bewegt. Er drängt die heiße Luft in den kalten Zylinderteil. Der Verdrängerkolben nimmt dabei Energie aus der Luft auf. Ihre Temperatur sinkt auf T_2.

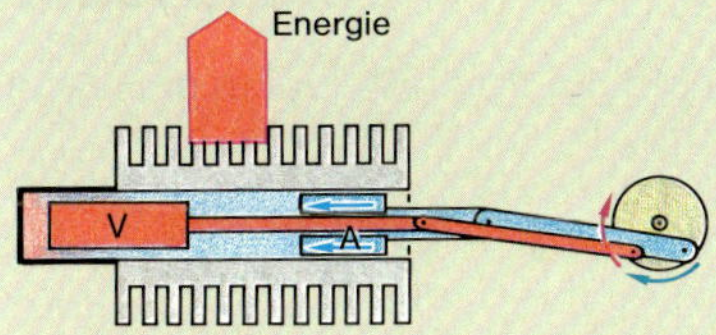

5 Jetzt bewegt sich der Arbeitskolben nach links. Die Luft wird komprimiert. Anders als bei der Luftpumpe wird sie dabei nicht erwärmt, weil Energie über die Kühlrippen abgeführt wird. Die Temperatur bleibt konstant (T_2).
Der Verdrängerkolben bleibt in seiner Position.

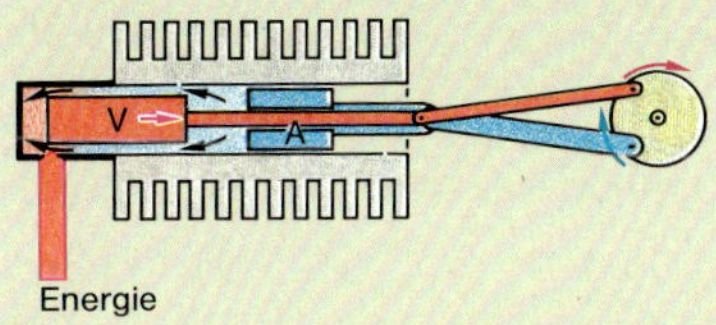

6 Der Arbeitskolben ist wieder in Ruhe.
Der Verdrängerkolben schiebt die (komprimierte) Luft in den heißen Zylinderteil zurück. Die Luft nimmt die im Verdrängerkolben gespeicherte Energie wieder auf. Ihre Temperatur steigt auf T_1.
Der Vorgang beginnt von vorn.

3 Verbrennungsmotoren

Aus der Geschichte: **Die ersten „Motorkutschwagen"**

Im Jahr 1876 stellte *Nikolaus August Otto* den ersten Viertaktmotor (Ottomotor) der Öffentlichkeit vor. Dieser Motor wurde mit gasförmigem Brennstoff betrieben.

Auch *Karl Benz* baute in seiner kleinen Fabrik in Mannheim zunächst Gasmotoren. Dann aber konzentrierte er sich darauf, einen Benzinmotor zu entwickeln. Im Juli 1886 konnte Benz sein erstes Kraftfahrzeug mit Benzinmotor vorführen. Bild 7 zeigt den dazugehörigen Autoprospekt, den ersten der Welt.

Wenige Monate nach Benz brachte auch *Gottlieb Daimler* einen Kutschwagen mit Motorantrieb heraus.

1888 fand mit einem Benz-Wagen die *erste Automobil-Fernfahrt* statt. Ohne Wissen von Karl Benz fuhren seine Ehefrau und seine 13 und 15 Jahre alten Söhne von Mannheim nach Pforzheim.

Auf der 90 km langen Strecke gab es zahlreiche Probleme und kleine Pannen;

Die Übersetzung war für die Ebene vorgesehen; bei jeder größeren Steigung musste also das Auto geschoben werden. Schwierig war es auch, die Berge hinunterzufahren: Das Auto besaß einfache Holzbremsen, die mit Leder überzogen waren. Beim Bremsen verwandelte sich der Lederbelag in eine schwärzliche, verkohlte Masse. Unterwegs musste ein Schuster neues Leder aufnageln.

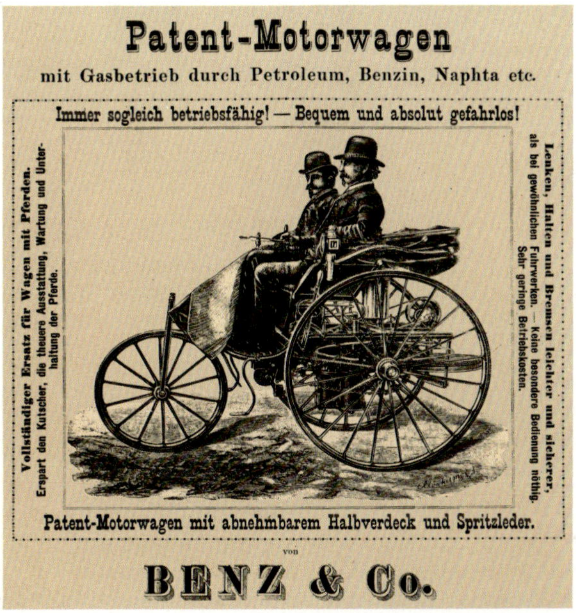

7

Dann sprangen die Antriebsketten von den Zahnrädern. Im nächsten Dorf musste sie der Schmied spannen.

Ein anderes Mal war die Benzinzufuhr verstopft. Mit einer Hutnadel ließ sich der Schaden beheben.

Getankt wurde in Apotheken, denn nur dort gab es – in kleinen Mengen – Benzin.

Das Kühlwasser musste alle 20 Kilometer aufgefüllt werden – aus Gastwirtschaften, Dorfbrunnen oder sogar Straßengräben.

Trotz aller Widrigkeiten kamen die drei nach einer Tagesreise in Pforzheim an – verstaubt und verdreckt, aber glücklich.

Info: **Wie ein Viertaktmotor funktioniert**

1

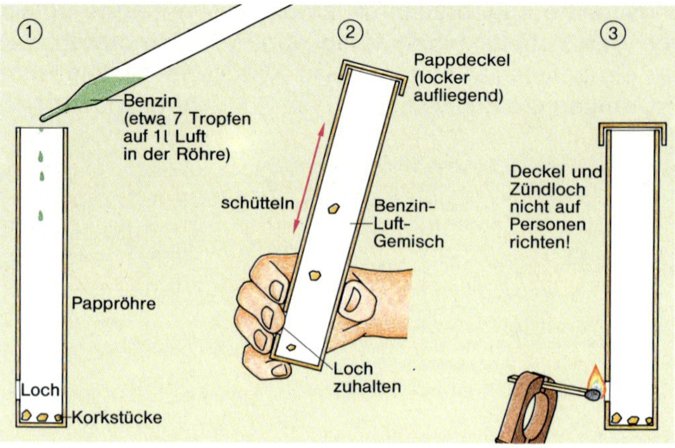

2

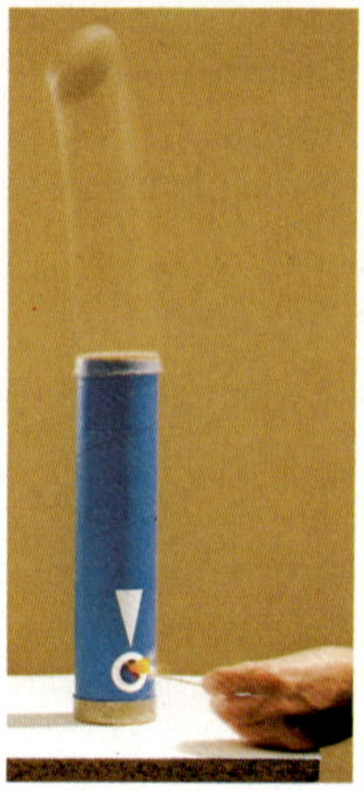
3

Wenn man Benzin in einer Porzellanschale entzündet, verbrennt es ohne zu explodieren (Bild 1). Das liegt daran, dass nur an der Oberfläche des Benzins der zur Verbrennung notwendige Sauerstoff zur Verfügung steht.

Was im Zylinder eines Motors geschieht, zeigt ein Versuch (Bild 2). *Achtung*, dieser Versuch ist nur dann ungefährlich, wenn man sich genau an die Anweisungen von Bild 2 hält!

Einige Tropfen Benzin werden in eine Pappröhre getropft. Dann wird ein Pappdeckel lose aufgelegt und die Röhre geschüttelt, damit sich Benzindämpfe mit der Luft mischen. Wenn das Benzin-Luft-Gemisch nun gezündet wird, verbrennt es sehr schnell (explosionsartig).

Da die entstehenden Abgase sehr heiß sind, „beanspruchen" sie mehr Raum als das Benzin-Luft-Gemisch vor dem Zünden. Es entsteht also ein hoher Druck in der Pappröhre und der Deckel wird weggeschleudert (Bild 3).

Die gleichen Vorgänge wie in der Pappröhre spielen sich auch im Zylinder eines Verbrennungsmotors ab. Die durch die Explosionen freigesetzte Energie wird für den Antrieb verwendet.

Voraussetzung für die Explosionen sind

- ein in Luft sehr fein verteilter (vergaster) Brennstoff und
- ein geschlossener Raum, in dem das Benzin-Luft-Gemisch gezündet wird.

Wie ein Verbrennungsmotor funktioniert, soll am *Viertakt-Ottomotor* erklärt werden. Mit solchen Motoren ist heute ein großer Teil der Autos ausgerüstet.

In der Regel besitzen Viertakt-Motoren vier Zylinder. Den Aufbau eines Zylinders zeigt Bild 4. Die vier Takte sind in den Bildern 5–8 dargestellt.

Im ersten Takt, dem *Ansaugtakt*, bewegt sich der Kolben abwärts. Dadurch entsteht im Zylinder ein Unterdruck. Das Benzin-Luft-Gemisch strömt durch das geöffnete Einlassventil in den Zylinder (Bild 5).

Im zweiten Takt, dem *Verdichtungstakt*, bewegt sich der Kolben nach oben und presst das Gemisch zusammen. Die beiden Ventile sind geschlossen (Bild 6).

Der dritte Takt ist der *Arbeitstakt*. Ein Funke in der Zündkerze zündet das Gemisch. Die entstehenden Gase dehnen sich explosionsartig aus und treiben den Kolben nach unten (Bild 7).

Schließlich folgt der vierte Takt, der *Auspufftakt*: Der Kolben bewegt sich aufwärts. Die Abgase entweichen durch das geöffnete Auslassventil (Bild 8).

In den einzelnen Zylindern eines Motors laufen die Takte zeitlich versetzt ab.

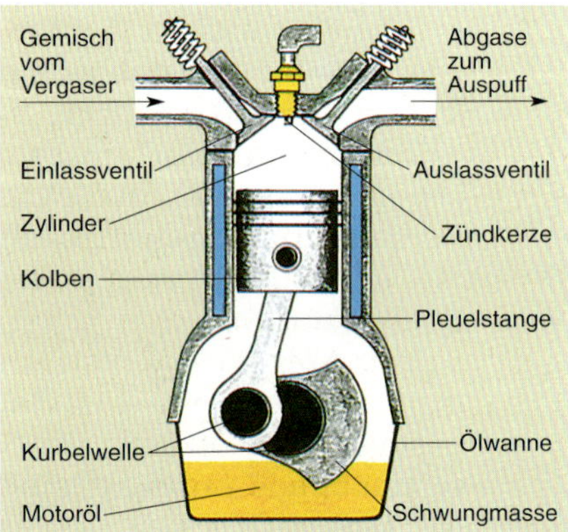

4

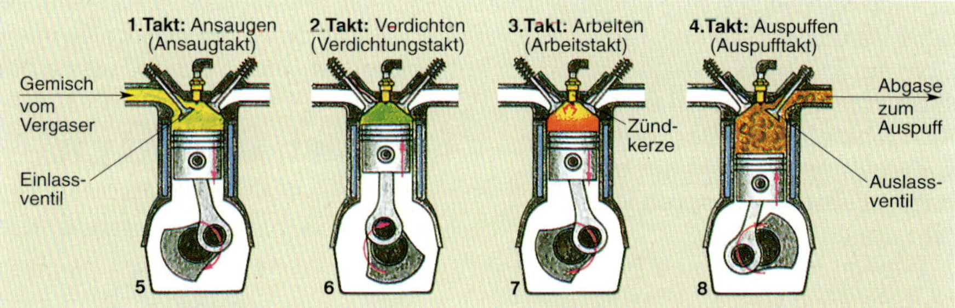

5 6 7 8

Fragen und Aufgaben zum Text

1 Wozu dienen die Ventile beim Viertaktmotor? Beschreibe ihre Stellung in den einzelnen Takten.

2 Begründe, warum der dritte Takt *Arbeitstakt* heißt.

3 Beschreibe die Energieumwandlungen im Viertaktmotor.
Welche Energieverluste treten bei Verbrennungsmotoren auf?

4 Bild 9 zeigt, wie die Auf-und-Ab-Bewegung des Kolbens in eine Drehbewegung umgewandelt wird. Beschreibe!

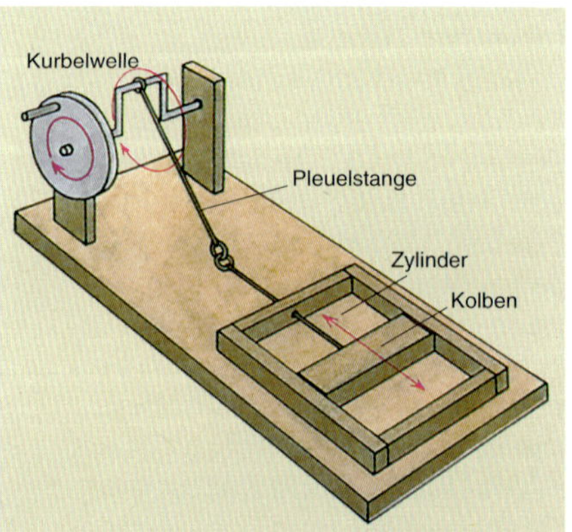

9

3655R

Aus Umwelt und Technik: **Der Zweitakt-Ottomotor**

Mopeds und Mofas werden von Zweitaktmotoren (Bild 10) angetrieben; auch viele Motorräder, Rasenmäher und Pumpen sind damit ausgestattet. Wie unterscheiden sich diese Zweitakter von den Viertaktern?

Die Vorgänge, die du schon vom Viertakter kennst (Ansaugen, Verdichten, Arbeiten, Ausstoßen der Abgase), gibt es auch beim Zweitakter. Nur laufen hier immer mehrere Vorgänge *gleichzeitig* ab.

Erster Takt: Die Zündkerze hat das Gemisch gerade gezündet, der Kolben wird im Zylinder nach unten gedrückt (Bild 11). Inzwischen ist neues Gemisch durch den Ansaugkanal in das Kurbelgehäuse eingeströmt. Der Kolben verschließt den Ansaugkanal und presst das Gemisch etwas zusammen (Bild 12).

Dabei gibt der Kolben den Abgaskanal und den Überströmkanal frei, sodass die Abgase nun entweichen; gleichzeitig strömt das vorverdichtete frische Gemisch durch den Überströmkanal in den Zylinder ein.

Zweiter Takt: Jetzt bewegt sich der Kolben wieder nach oben (Bild 12). Überström- und Abgaskanal werden geschlossen; das Gemisch im Zylinder wird verdichtet (komprimiert). Die Aufwärtsbewegung des Kolbens ruft im Kurbelgehäuse einen Unterdruck hervor. Durch den Ansaugkanal strömt neues Gemisch ein.

Da Zweitaktmotoren keine Ventile besitzen, benötigen sie auch keine Vorrichtung zu ihrer Steuerung. Zweitakter sind daher unkomplizierter, robuster und auch leichter als Viertakter gleicher Leistung. Da jeder zweite Takt ein Arbeitstakt ist, eignen sie sich gut als Einzylindermotoren.

Ein Nachteil ist, dass sich im Zylinder Abgase mit Benzindämpfen vermischen. Auch werden mit den Abgasen unverbrannte Benzindämpfe ausgestoßen. Nachteilig ist auch, dass Zweitakter ein Gemisch aus Benzin und Öl benötigen. Das Öl dient zum Schmieren der Kurbelwelle und anderer beweglicher Teile.

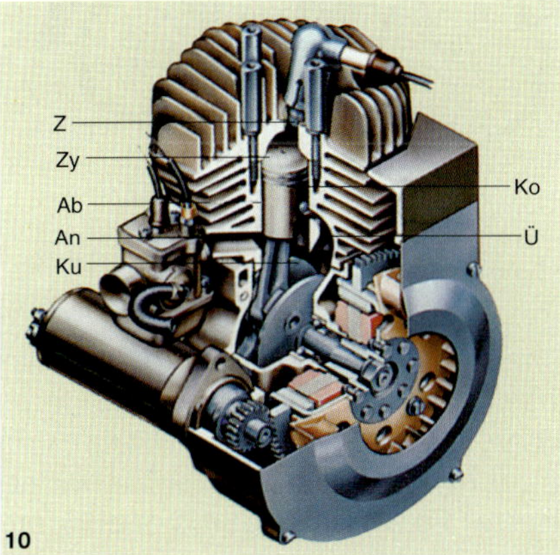

10

Z Zündkerze
Ab Abgaskanal
An Ansaugkanal
Ku Kurbelgehäuse
Ü Überströmkanal
Zy Zylinder
Ko Kolben

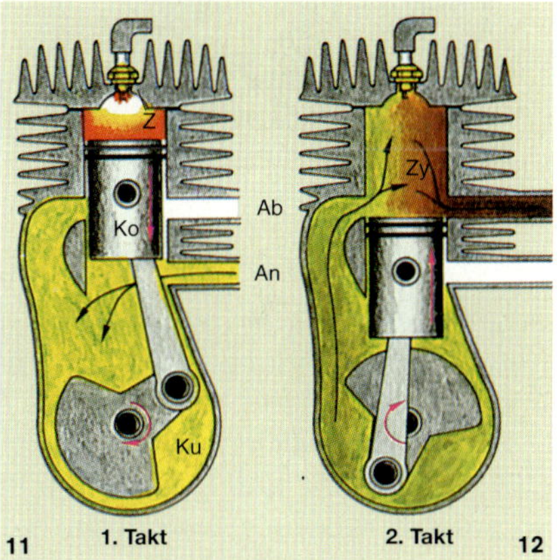

11 1. Takt

2. Takt 12

Aus Umwelt und Technik: **Der Dieselmotor**

Am 28. Februar 1892 reichte der Ingenieur *Rudolf Diesel* eine Patentschrift für ein neues „Arbeitsverfahren für Verbrennungskraftmaschinen" ein. Darin hieß es sinngemäß:

1. *Luft und Brennstoff sollen vor der Zündung nicht miteinander vermischt werden.*
2. *Die Luft muss so stark verdichtet (komprimiert) werden, dass sehr hohe Temperaturen entstehen. Diese Temperaturen müssen höher sein als die Entzündungstemperatur des Brennstoffs.*

Diese beiden Sätze enthalten bereits die beiden wichtigsten Merkmale des Dieselmotors. Im Februar 1897 lief dann der erste „Diesel".

Beim Dieselmotor (Bild 13) wird im ersten Takt nur Luft angesaugt, die im zweiten Takt stark zusammengepresst wird. Die Verdichtung kann bis 25:1 betragen. Dabei erhitzt sich die Luft auf 500 bis 900 °C!

In diese heiße Luft wird dann mit Hilfe einer Hochdruckpumpe durch eine feine Düse der Treibstoff gespritzt. Man verwendet dazu Dieselöl, das (wie Benzin) aus Erdöl gewonnen wird. Da sich das Dieselöl schon bei ungefähr 350 °C entzündet, verbrennt es ohne Zündung durch eine Zündkerze *(Selbstzündung)*.

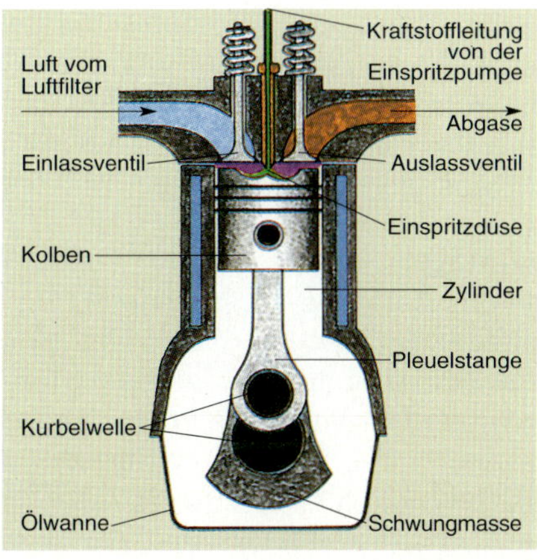

13

Der Dieselmotor ist sparsamer als ein Benzinmotor gleichen Hubraums (dieser leistet aber dafür mehr). Das liegt daran, dass im Dieselöl ca. 11 % mehr Energie „steckt" als in Normalbenzin. Außerdem ist die Verdichtung beim Dieselmotor rund 3-mal so groß wie beim Benzinmotor; dadurch wird die Energie besser genutzt.

Bei dieser sehr hohen Verdichtung treten gewaltige Drücke in den Zylindern auf. Um ihnen standzuhalten, sind Dieselmotoren im Allgemeinen schwerer gebaut als Benzinmotoren. Außerdem ist wegen der lauteren Verbrennungsgeräusche ein besserer Schallschutz erforderlich.

Aus der Geschichte: **Vom „Petroleum-Reitwagen" zum Mofa**

Gottlieb Daimler entwickelte aus dem Otto-(Gas-)Motor einen Benzinmotor, den er 1885 auch in ein Zweirad (eine *Draisine*) einbaute.

Dieser *Petroleum-Reitwagen* (Bild 1) blieb jedoch ein Einzelstück.

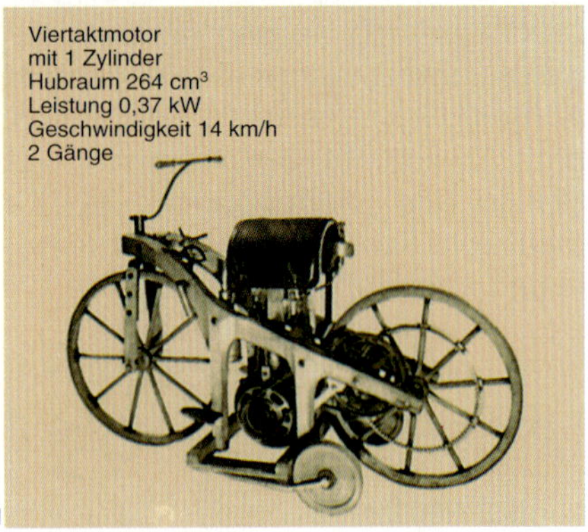

1

Bild 2 zeigt das erste in Serie hergestellte Motor-Fahrrad. Der Hersteller ließ sich dafür den Namen *Motorrad* patentieren.

Dieses Motorrad besaß einen Viertaktmotor mit zwei Zylindern. Der 2. Zylinder ist auf der anderen Seite (im Bild nicht sichtbar) angebracht.

Besonders interessant war, dass die Pleuelstangen (4) das Hinterrad praktisch direkt antrieben. Die Hinterradachse stellte also gewissermaßen die Kurbelwelle dar und das Hinterrad die Schwungmasse.

Der Gummiriemen (5) war vorne am Rahmen eingehakt und unterstützte die Rückwärtsbewegung des Kolbens. Kupplung und Getriebe gab es bei diesem Fahrzeug noch nicht.

Wenn der Motor – durch Anschieben – angesprungen war, musste man schnell in den Sattel springen.

Mit einem Handhebel konnte man die Benzinzufuhr und damit die Geschwindigkeit regeln.

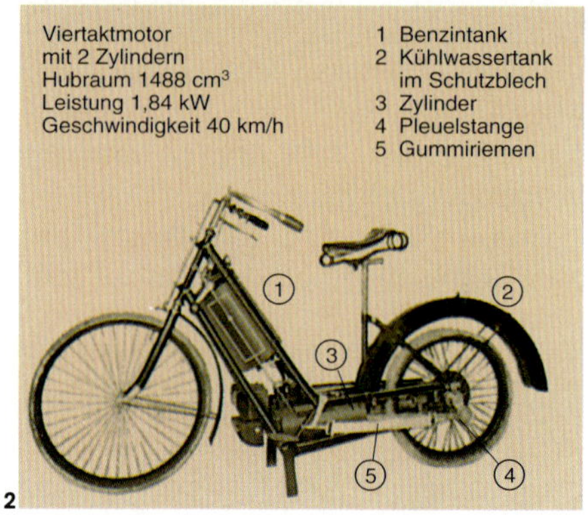

2

Aus Umwelt und Technik: **Der Mensch und das Auto**

Kaum eine Erfindung hat den Menschen so beschäftigt und sein Leben so beeinflusst wie das Auto.

Zunächst – als *Otto* seinen Viertaktmotor gebaut hatte (1878) und *Benz* und *Daimler* die ersten Motorkutschen vorstellten (1886) – waren die meisten Menschen gar nicht begeistert. Sie lehnten die „knatternden und stinkenden" Motorkutschen ab. In Stuttgart wurde Daimlers Motorkutsche mit Steinen beworfen und im Königreich Baden war jegliches Fahren damit verboten. Noch 1910 wandten sich viele Zeitungen heftig gegen die „sinnlose Raserei der Benzinkutschen", durch die in einem Jahr 4262 Menschen verletzt und 343 getötet worden waren.

Bald aber änderte sich diese Einstellung: Immer mehr Menschen träumten vom Besitz eines Autos, ja es wurde zum „liebsten Kind der Nation" – je schneller, desto besser! Heute kommen im Mittel zwei Autos auf fünf Einwohner der Bundesrepublik Deutschland.

Im Laufe der Zeit wurden die Autos nicht nur schneller. Das Autofahren wurde dadurch sicherer, dass man die Autos mit Sicherheitsgurten ausstattete und das Anlegen dieser Gurte vorschrieb. Die Fahrgastzellen wurden stabiler gebaut und man achtete auf ausreichende Knautschzonen. Vor allem mit Hilfe von Katalysatoren verringerte man den Ausstoß schädlicher Abgase.

Außerdem wurde der Benzinverbrauch der Autos gesenkt. Zu dieser Entwicklung haben steigende Treibstoffpreise geführt. Doch auch das Bewusstsein trug dazu bei, weil die Erdölvorräte beschränkt sind und ihr Verbrauch Umweltbelastungen hervorruft.

Ein Mittelklassewagen verbrauchte 1970 noch 12 l Benzin auf 100 km Fahrstrecke (bei 120 km/h). Heute wäre solch ein „Benzinsäufer" nicht mehr zu verkaufen. Gesenkt wurde der Treibstoffverbrauch durch ein geringeres Fahrzeuggewicht (leichtere Bauweise mit Aluminium und Kunststoff statt Stahl), durch Verringerung des Luftwiderstands (windschnittigere Form) und durch niedrigere Drehzahlen bei schneller Fahrt (5. Gang).

Trotz all dieser Maßnahmen sind die negativen Auswirkungen des Autoverkehrs unübersehbar:

- Jedes Jahr werden bei uns ungefähr 450 000 Menschen im Straßenverkehr verletzt (so viele Einwohner hat zum Beispiel Nürnberg).
- Jedes Jahr sterben bei uns fast 10 000 Menschen im Straßenverkehr.
- Viele Menschen werden durch den Straßenlärm gestört; Lärm macht krank.
- Schädliche Autoabgase führen zu Gesundheitsschäden und Umweltschäden („Waldsterben").
- Durch das Verbrennen von Erdöl steigt der Kohlenstoffdioxidgehalt der Atmosphäre. Der Straßenverkehr verstärkt den Treibhauseffekt (→ *Energie unterwegs*).
- Mehr Autos erfordern mehr Autobahnen und Straßen.

Einige Fragen zum Nachdenken:

- Könntest du dir vorstellen ganz ohne Auto zu leben?
- Wie könnte jeder motorisierte Verkehrsteilnehmer dazu beitragen, die nachteiligen Folgen zu verringern?
- Was ließe sich durch neue Gesetze erreichen?
- Hatten die Autogegner um die Jahrhundertwende nicht doch recht, als sie die ersten Motorkutschen zerstören wollten, um die Motorisierung zu stoppen?

3657R

Alles klar?

1 Auf einem Topf mit siedendem Wasser liegt ein Deckel und klappert.

Begründe, dass hier Arbeit verrichtet wird. Erkläre diesen alltäglichen Vorgang physikalisch.

2 Weshalb soll man Energie sparen? Sie geht doch niemals verloren! …

3 Erkläre den folgenden Satz: „Maschinen verbrauchen zwar keine Energie, sie machen sie aber *wertloser*."

4 „Energie aus der Steckdose ist absolut umweltfreundlich: kein Lärm, kein Abfall, keine Abgase." Was meinst du dazu?

5 Für elektrische Heizungen wird oft ein Wirkungsgrad von 100 % angegeben. Auf welche Energieumwandlung bezieht sich diese Angabe?

Wie groß ist der Wirkungsgrad einer solchen Heizung, wenn du die Energieumwandlungen im Kohlekraftwerk mit berücksichtigst?

6 Mit einem Skiträger auf dem Dach verbraucht ein Pkw ca. 20 % mehr Benzin (bei 120 km/h). Gib dafür eine Erklärung.

7 Welche Auswirkungen auf den Treibstoffverbrauch vermutest du, wenn man die Heizung des Autos in Betrieb setzt? Begründe deine Antwort.

8 Weshalb steigt der Benzinverbrauch eines Autos, wenn man die elektrische Heckscheibenheizung einschaltet?

4 Zusammenfassung

Zugeführte Wärme lässt sich zum Arbeiten nutzen

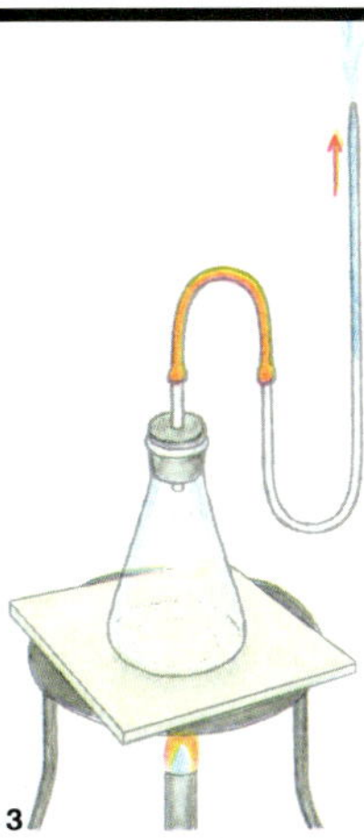
3

Wenn sich Luft beim Erwärmen ausdehnt, kann sie z. B. Wasser in einem Rohr anheben. Sie ist also in der Lage Hubarbeit zu verrichten.

Man kann durch Zufuhr von Wärme auch Wasser in einem geschlossenen Gefäß erhitzen und zum Verdampfen bringen. Je mehr Wasserdampf dabei entsteht, desto höher ist der Druck in dem Gefäß. Wenn der Dampf dann aus einer Düse mit hoher Geschwindigkeit austritt, kann er ein Turbinenrad antreiben. Auf diese Weise wird an dem Rad Arbeit verrichtet.

Die zum Arbeiten nötige Energie kann in Form von Wärme zugeführt werden.

4

Wärme-Energie-Maschinen

Maschinen, denen Wärme zugeführt wird und die dann mit dieser Energie Arbeit verrichten, bezeichnet man als *Wärme-Energie-Maschinen.*

Beispiele sind die Dampfmaschine, die Dampfturbine sowie der Stirling-, der Otto- und der Dieselmotor.

Damit solche Maschinen funktionieren, ist ein *Temperaturgefälle* zwischen einem geheizten und einem gekühlten Teil erforderlich.

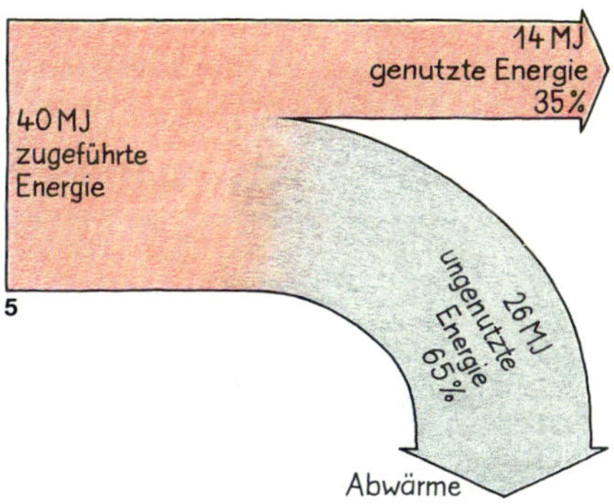

5

Wärme-Energie-Maschinen können nur einen geringen Teil der aufgenommenen Energie zum Arbeiten nutzen. Ein viel größerer Teil der Energie wird als Abwärme an die Umgebung abgegeben.

Zum Beispiel wird die Abwärme bei den Verbrennungsmotoren mit den heißen Abgasen und über die Motorkühlung abgegeben.

Der Wirkungsgrad

Welchen Anteil der zugeführten Energie eine Maschine nutzt, wird durch ihren Wirkungsgrad η angegeben:

$$\eta = \frac{\text{genutzte Energie}}{\text{zugeführte Energie}}.$$

Elektrizitätswerke im Vergleich

1 Energieversorgung durch Wärmekraftwerke

Aus Umwelt und Technik: **Die Energieversorgung Deutschlands**

Um unseren Energiebedarf zu decken, benötigen wir *Energieträger*:

- Für Wärmekraftwerke braucht man *fossile Brennstoffe (Kohle, Erdöl, Erdgas)* oder *Uranoxid*.
- Im Wasserkraftwerk wird Lageenergie des *Wassers im Stausee* in elektrische Energie umgewandelt.
- Aus *Rohbraunkohle* werden Briketts, aus *Steinkohle* wird Koks zum Heizen hergestellt.
- Aus *Erdöl* werden in Raffinerien Heizöl und Benzin gewonnen usw.

Diese Energieträger nennt man **Primärenergieträger**.

Bild 1 zeigt, welchen Anteil die verschiedenen Primärenergieträger 1992 an der Energieversorgung Deutschlands hatten. Insgesamt sind etwa 3900 Milliarden Kilowattstunden erforderlich. Anders ausgedrückt: Jeder der 80 Millionen Bundesbürger benötigt ständig einen Energiestrom von

$$\frac{3900 \cdot 10^9 \text{ kWh}}{80 \cdot 10^6 \cdot 365 \cdot 24 \text{ h}} \approx 6 \text{ kW}.$$

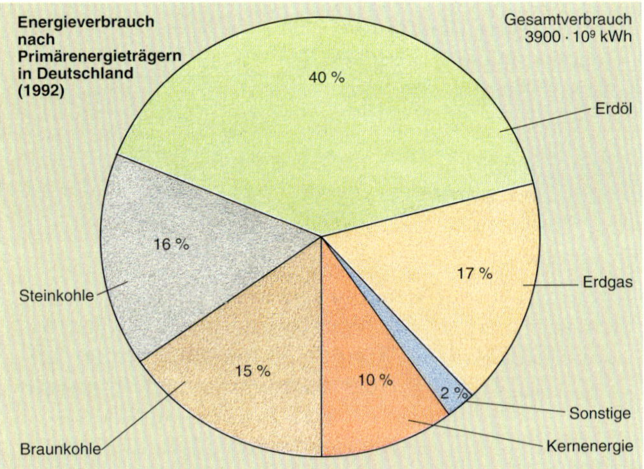

1

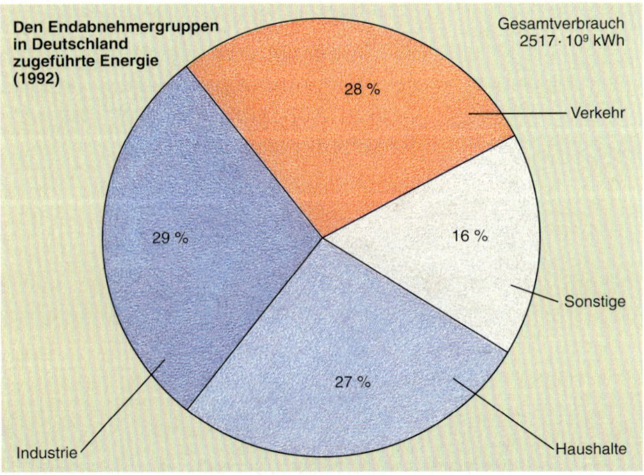

2

Mehr als 50 % des Energiebedarfs werden durch Importe gedeckt.

Mit den Primärenergieträgern können wir meist wenig anfangen. Wir benötigen z. B. elektrische Energie oder wollen Energie durch Verbrennen von Benzin oder Heizöl freisetzen.

Um die Energie zur Nutzung durch den Endabnehmer verfügbar zu machen, sind Energieumwandlungen nötig. Diese Umwandlungen sind stets mit Energieentwertungen verbunden. So gehen etwa bei der Erzeugung elektrischer Energie in Wärmekraftwerken rund 60 % in Form von Abwärme verloren.

Von den 3900 Milliarden Kilowattstunden kommen nur rund zwei Drittel bei den Endabnehmern an. Wie sich diese Energie auf die verschiedenen Abnehmergruppen verteilt, zeigt Bild 2. Pro Kopf der Bevölkerung beträgt dieser Energiestrom knapp 4 kW.

Jeder Bundesbürger benötigt davon etwa 0,7 kW als elektrischen Energiestrom (Bild 3). Pro Kopf der Bevölkerung müssen also in den Elektrizitätswerken Turbinen und Generatoren mit einer Leistung von fast 1 kW stehen. Eine Großstadt mit 250 000 Einwohnern benötigt ein Elektrizitätswerk mit mindestens 250 MW Leistung. Die tatsächlich installierte Kraftwerksleistung muss sogar größer sein als der durchschnittliche Energiestrom. Der tägliche Bedarf an elektrischer Energie schwankt nämlich erheblich: Nachts ist er gering, mittags und abends hoch.

3

Welche Rolle die verschiedenen Energieträger bei der Erzeugung elektrischer Energie spielen, zeigt Bild 4.

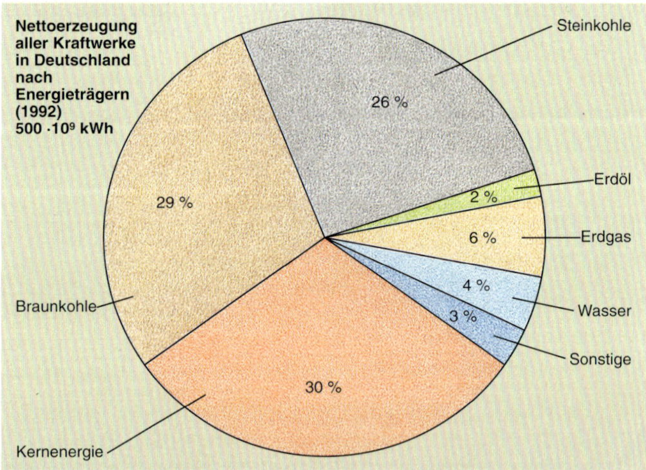

4

5966R

5

7

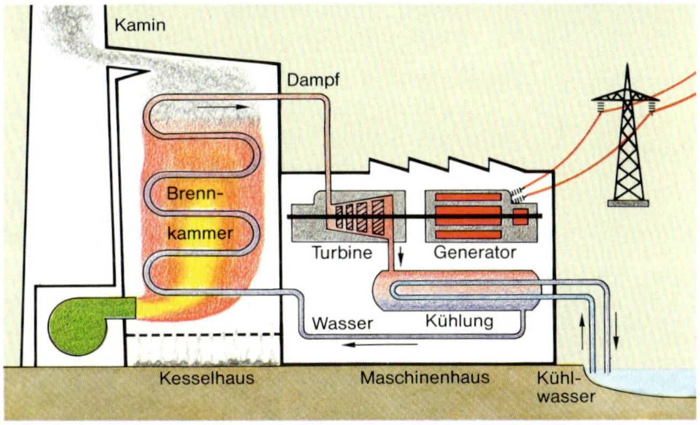

6

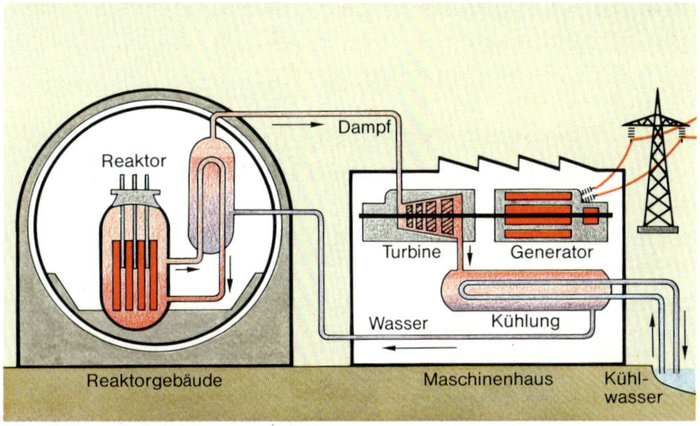

8

Das **Kohlekraftwerk** *Heilbronn* (Bilder 5 u. 6) erzeugt einen elektrischen Energiestrom von maximal 700 MW. In jeder Stunde werden 240 t Steinkohle verbrannt; das entspricht der Ladung von zwölf Güterwagen. Dabei entstehen 15 t Staub (Asche), 720 t Kohlenstoffdioxid, 0,1 t Kohlenstoffmonooxid, 0,02 t Kohlenwasserstoffe, 1,6 t Stickstoffoxide und 5 t Schwefeldioxid. Die Anlagen zur Abgasreinigung filtern 99,7 % des Staubs heraus und verringern den Schwefeldioxidgehalt um gut 85 %. Der Gehalt an Stickstoffoxiden wird um 65 % gesenkt.

Das **Kernkraftwerk** *Biblis Block B* (Bilder 7 u. 8) erzeugt einen Energiestrom von 1240 MW. Pro Stunde werden knapp 5 kg Uranoxid benötigt.

Wärmekraftwerke arbeiten alle nach demselben Prinzip: Wasser wird erhitzt. Der heiße Dampf (550 °C, 250 bar) strömt in eine Turbine, die einen Generator antreibt. Der Dampf wird nach Verlassen der Turbine gekühlt und kondensiert zu etwa 30 °C warmem Wasser. Dabei wird die Abwärme an das Kühlwasser abgegeben. Das kondensierte Wasser wird dem Kessel zur Erwärmung wieder zugeführt.

Durch die Abkühlung entsteht zwischen Eingang und Ausgang der Turbine ein starkes Druckgefälle. Dadurch erreicht man einen hohen Wirkungsgrad der Turbine. Er ist umso höher, je größer die Temperaturdifferenz zwischen dem heißen Dampf und dem kondensierten Wasser ist.

Auch die Verbrennungsvorgänge im Kessel wurden und werden optimiert: So wird z. B. bei Kohlekraftwerken die Kohle gemahlen und als Pulver dem Brenner zugeführt; die Verbrennung erfolgt vollständig.

Dennoch kommt von der eingesetzten Energie meist nicht mehr als ein Anteil von 40 % in Form von elektrischer Energie beim Verbraucher an (Bild 9): Die meiste Energie geht als Abwärme verloren. Dieser Verlust lässt sich bei Wärmekraftwerken prinzipiell nicht vermeiden.

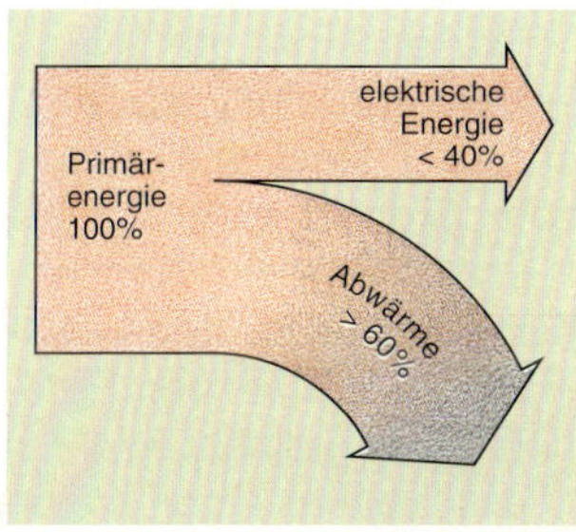

9

Aus Umwelt und Technik: **Kraftwerke und Kühltürme**

Elektrizitätswerke erzeugen mehr Abwärme als elektrische Energie.

Zum Beispiel werden dem Kohlekraftwerk von Bild 1 pro Sekunde 1865 MJ an chemischer Energie zugeführt. Das Kraftwerk hat einen Wirkungsgrad von 41 %. Der elektrische Energiestrom, der das Elektrizitätswerk verlässt, beträgt 765 MJ/s oder 765 MW. Als Abwärme werden dagegen 1100 MJ/s abgegeben.

Die Abwärme fällt am Kondensator des Kraftwerks an: Nachdem der Wasserdampf die Turbinen angetrieben hat, wird er im Kondensator verflüssigt. Die dabei frei werdende Energie – die Kondensationswärme – wird an das Kühlwasser abgegeben.

Am einfachsten ist es, wenn man Kraftwerke an Flüssen baut und einen Teil des Flusswassers durch den Kondensator leitet. Allerdings wird das Wasser dadurch aufgeheizt. Dies belastet die Umwelt, weil der Sauerstoffgehalt des Wassers abnimmt, Algen stärker wachsen und Bakterien sich vermehren. Würden alle Kraftwerke, die an den Ufern des Rheins stehen, mit Flusswasser gekühlt, hätte der Fluss selbst im Winter eine Temperatur von 35 °C.

Der Bau von Kraftwerken mit Flusswasserkühlung wird in Deutschland heute nicht mehr genehmigt. Die Abwärme muss vielmehr mit Hilfe von Kühltürmen an die Luft abgegeben werden.

Am stärksten verbreitet sind *Nasskühltürme* (Bild 2):

Das erwärmte Kühlwasser aus dem Kondensator wird im Kühlturm hochgepumpt. Wie bei einer großen Brause rieselt es dort nach unten. Dabei gibt das Wasser Energie an die Luft ab. Die Luft erwärmt sich und steigt im Kühlturm auf, während kältere Luft von unten nachströmt.

1

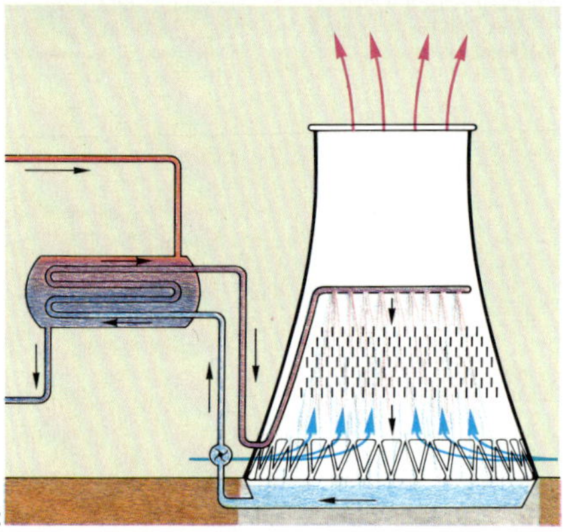

2

Außerdem verdunstet beim Herabrieseln ein Teil des Wassers. Die zum Verdunsten erforderliche Energie (Verdampfungswärme) wird den Wassertropfen entzogen. Vor allem durch diese Verdunstungskühlung sinkt die Wassertemperatur.

Die aufsteigende Luft nimmt den entstehenden Wasserdampf mit. In ihm steckt dann zusätzlich die Verdampfungswärme als „verborgene Energie".

Das abgekühlte Wasser wird am Boden des Kühlturms aufgefangen und wieder zu den Kondensatoren gepumpt. Das verdunstete Wasser – dabei handelt es sich immerhin um einige hundert Liter pro Sekunde – wird durch Wasser aus nahe gelegenen Flüssen oder Kanälen ersetzt.

Trockenkühltürme geben kein Wasser an die Luft ab.

Wie in einem Autokühler fließt das Wasser durch Rohrleitungen und wird durch die von unten nach oben strömende Luft gekühlt.

Trockenkühltürme sind viel größer als entsprechende Nasskühltürme.

Aus Umwelt und Technik: **Der Treibhauseffekt und unser Klima**

Die Lufthülle unserer Erde ist für einfallendes Sonnenlicht durchlässig. Das Licht wird vom Erdboden absorbiert und erwärmt ihn.

Wie jeder Körper strahlt auch der Erdboden aufgrund seiner Temperatur unsichtbares infrarotes Licht aus.

Dieses Licht wird von der Atmosphäre aber nur zum Teil durchgelassen, der Rest wird absorbiert oder zum Erdboden zurückgestrahlt. Dadurch steigt die Temperatur in der Nähe des Erdbodens an.

Die Lufthülle der Erde hat praktisch die gleiche Wirkung wie die Glasscheiben eines Treibhauses.

Ohne diesen **Treibhauseffekt** der Atmosphäre läge die mittlere Temperatur der Erdoberfläche bei nur −18 °C. Leben auf unserem Planeten wäre kaum möglich.

Die Treibhauswirkung der Lufthülle ist auf bestimmte Gase zurückzuführen, vor allem auf Kohlenstoffdioxid und Wasserdampf.

In den letzten 200 Jahren ist der Gehalt des Kohlenstoffdioxids in der Atmosphäre ständig angestiegen: Durch das Verbrennen von Kohle, Heizöl, Erdgas und Benzin wurden und werden große Mengen an Kohlenstoffdioxid erzeugt. Über ein Drittel des Kohlenstoffdioxid-Ausstoßes stammt in Deutschland heute aus Kraftwerken, 20 % gehen auf den Verkehrssektor zurück.

Außerdem wurden riesige Waldgebiete gerodet. Dadurch verringerte sich die Anzahl der Pflanzen, die ja das Kohlenstoffdioxid aus der Luft aufnehmen und zu Kohlenstoff und Sauerstoff abbauen.

Man nimmt an, dass die Zunahme des Kohlenstoffdioxids in der Atmosphäre den Treibhauseffekt verstärken wird. Weiter verstärkt wird er unter anderem durch die Fluorchlorkohlenwasserstoffe, die in den letz-

5968R

ten Jahrzehnten u. a. als Treibgase in Spraydosen verwendet wurden.

Klimaforscher befürchten für die nächsten 50 Jahre auf der Erde eine Erwärmung um bis zu 4,5 K. Die Auswirkungen wären erheblich:

Die Klimazonen der Erde würden sich verschieben. So könnten z. B. der Mittelmeerraum und der Mittlere Westen, die Kornkammer der USA, zu Trockengebieten werden.

Das Meerwasser würde sich erwärmen und ausdehnen. Der Meeresspiegel würde um 25 bis 165 cm ansteigen. Das Eis der Polkappen und der Gletscher würde zu schmelzen beginnen. Weite Gebiete würden überflutet, vor allem wären die Deltamündungen der Flüsse betroffen, wo Deiche kaum noch Schutz böten.

Den Ausstoß von Kohlenstoffdioxid kann man nur verringern, wenn man weniger fossile Brennstoffe verbrennt. Das bedeutet: Energie sparen, andere Energieformen nutzen, die Energie der Brennstoffe besser nutzen (z. B. durch Heizkraftwerke).

Aus Umwelt und Technik: **Ansätze zur Verbesserung der Wirkungsgrade**

Die Erzeugung hochwertiger elektrischer Energie in Wärmekraftwerken ist stets mit der Entwertung von viel thermischer Energie verbunden. In herkömmlichen Kraftwerken werden über 60 % der eingesetzten Energie in Form von Abwärme abgegeben. Der Wirkungsgrad liegt meist unter 40 %. Es gibt verschiedene Ansätze, um das Verhältnis der elektrischen Energie zur eingesetzten chemischen Energie, also den Wirkungsgrad, zu erhöhen.

Kraft-Wärme-Kopplung

Die Idee bei der Kraft-Wärme-Kopplung ist, die Energie zunächst zum Antrieb des Generators zu nutzen („Kraft") und anschließend die teilweise entwertete Energie zum Heizen zu verwenden („Wärme"). Dieses Prinzip wird in den *Heizkraftwerken* und den kleinen *Blockheizkraftwerken* angewendet. Der Gesamtwirkungsgrad solcher Anlagen kann bis zu 85 % betragen (Bild 3), allerdings nur

3

im Winterbetrieb. Voraussetzung für hohe Wirkungsgrade sind günstige Bedingungen wie eine möglichst gleichmäßige Abnahme von Wärme (thermischer Energie).

Blockheizkraftwerke werden meist mit Gas betrieben und versorgen höchstens einige tausend Haushalte in ihrer Umgebung mit Energie. Diese kleinen Heizkraftwerke stehen dort, wo Wärme und elektrische Energie benötigt werden. Vor allem für die Verteilung der Wärme ist das ein wichtiger Vorteil. Blockheizkraftwerke haben aber den Nachteil, dass sich das Verhältnis zwischen erzeugter elektrischer Energie und Wärme kaum ändern lässt. Sie sind also auf das Verbundnetz der großen Kraftwerke angewiesen, um überschüssige elektrische Energie abgeben oder fehlende elektrische Energie entnehmen zu können. Sie können also nicht auf die Versorgungssicherheit verzichten, die das Verbundnetz bietet.

GuD-Kraftwerke

Die Betreiber der Elektrizitätswerke setzen zunehmend auf *Kombikraftwerke mit gekoppelten Gas- und Dampfturbinen (GuD-Kraftwerk)*, die Wirkungsgrade von über 50 % erzielen: Mit einer gas- oder ölbefeuerten Gasturbine wird elektrische Energie erzeugt (Bild 4). Die Ver-

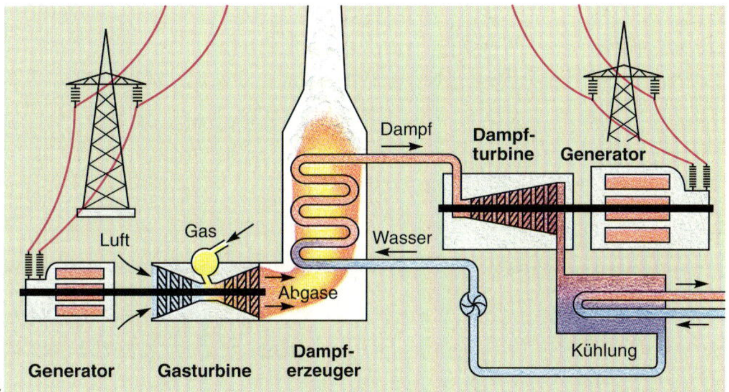

4

brennungsgase, die in neuere Turbinen mit Temperaturen bis 1300 °C eintreten und sie mit etwa 550 °C wieder verlassen, werden anschließend zur Dampferzeugung genutzt. Mit dem Wasserdampf wird eine weitere Turbine angetrieben.

Auch heimische Steinkohle lässt sich für GuD-Kraftwerke nutzen: Die Kohle wird zu diesem Zweck vergast. 70 % ihrer Energie kann auf diese Weise in Kohlegas umgewandelt werden, der Rest bleibt in der Schlacke. Der Gesamtwirkungsgrad solcher Anlagen liegt bei 45 %.

Hochtemperatur-Kohlekraftwerke

Hochtemperatur-Kohlekraftwerke wie das 400-MW-Kraftwerk in Lübeck erreichen Wirkungsgrade von 45 %: Neu entwickelte, besonders belastbare Werkstoffe erlauben es, mit deutlich höheren Temperaturen als bei herkömmlichen Wärmekraftwerken zu arbeiten.

Gleichzeitig wird wie in einem Heizkraftwerk Fernwärme ausgekoppelt. In Lübeck können bis zu 22 % der Energie in Form von Fernwärme abgegeben werden. Der Anteil der elektrischen Energie beträgt dann immerhin noch 40 % der eingesetzten Energie.

Info: Vor- und Nachteile verschiedener Wärmekraftwerkstypen

	Kohlekraftwerke	gasbefeuerte Kraftwerke	Kernkraftwerke
Brennstoff	Braunkohle, Steinkohle; einheimische Kohle steht zur Verfügung (Sicherung von Arbeitsplätzen), Vorräte begrenzt, Vernichtung eines nicht erneuerbaren Energieträgers, ein 700-MW-Kraftwerk braucht pro Std. 12 Güterwagen Steinkohle	Gas; Abhängigkeit von Einfuhr, begrenzte Vorräte, Vernichtung eines nicht erneuerbaren Energieträgers, einfache Verarbeitung, gute Regulierbarkeit bei Verbrennung, problemloser Transport	Uranoxid; Abhängigkeit von Einfuhr, begrenzte Vorräte, ein Kraftwerk braucht nur ca. 5 kg Uranoxid pro Stunde
Wirkungsgrad	bis 40 % (GuD- sowie Hochtemperatur-Kraftwerke: 45 %)	bis 40 % (GuD-Kraftwerk: ca. 50–54 %)	ca. 33 % (keine Fernwärme, da Standort außerhalb der Städte)
Umweltbelastungen	Abwärme, Abgase („saurer Regen"), CO_2-Produktion (Treibhauseffekt), z. T. giftbelastete Schlacken	Abwärme, CO_2-Produktion (Treibhauseffekt)	Abwärme, schwach radioaktive Abgase, hochradioaktiver „Atommüll"
Baukosten	relativ gering, aber Verteuerung durch Anlagen zur Entstickung und Entschwefelung der Abgase	relativ gering	sehr hoch (aufwendige Reaktortechnik, Sicherheitsmaßnahmen, Folgekosten)
Betriebskosten	hoch	hoch (abhängig von Gaspreisen)	gering, zusätzliche Kosten für Endlagerung und Abriss
Wirtschaftlichkeit	gut bei momentanen Preisen für Energie, Kohle u. Erdöl	gut bei momentanen Energie- und Gaspreisen	gut, Folgekosten unüberschaubar
Perspektive	gut durch Weiterentwicklung	gut durch Weiterentwicklung, im 21. Jahrhundert wird Gas knapp	ungünstig wegen Gefahrenpotentials
im Jahr 1992 erzeugte elektrische Energie	271 Mrd. kWh (Anteil: 54 %)	31 Mrd. kWh (Anteil: 6 %)	150 Mrd. kWh (Anteil: 30 %)

Aufgaben

1 Beschreibe die Funktionsweise eines Wärmekraftwerks. Stelle eine *Energieumwandlungskette* auf.

2 Welche Vorteile haben die verschiedenen Kraftwerke? Welche Probleme bringen Bau und Betrieb dieser Kraftwerke mit sich?

3 Bild 4 auf der ersten Seite dieses Kapitels zeigt, welche Anteile die Kraftwerkstypen an der Versorgung der Bundesrepublik Deutschland mit elektrischer Energie haben.

Suche nach Gründen, weshalb es zu den unterschiedlichen Anteilen der verschiedenen Primärenergieträger kommt.

2 Elektrische Energie aus erneuerbaren Energien

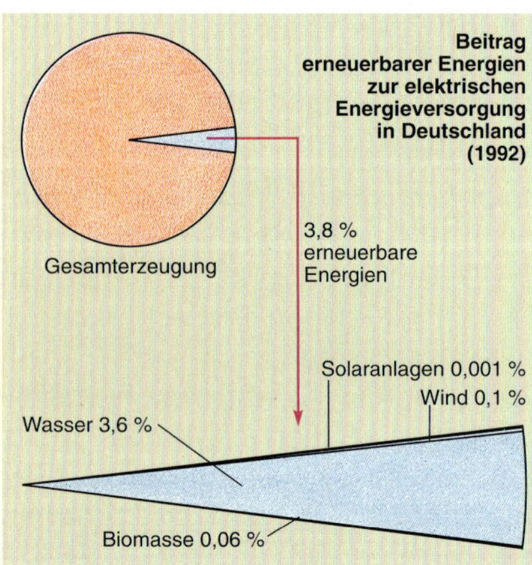

1

In Deutschland trugen 1992 die erneuerbaren Energien mit ca. 4 % zur elektrischen Energieversorgung bei.

Die Nutzung erneuerbarer Energien ist von Bedeutung um die Umwelt zu entlasten:

- Verringerung des Kohlenstoffdioxid-Ausstoßes,
- Vermeidung giftiger Schlacken bei Kohlekraftwerken,
- Vermeidung radioaktiver Abgase und Abfälle.

Außerdem werden die Vorräte an fossilen Brennstoffen geschont.

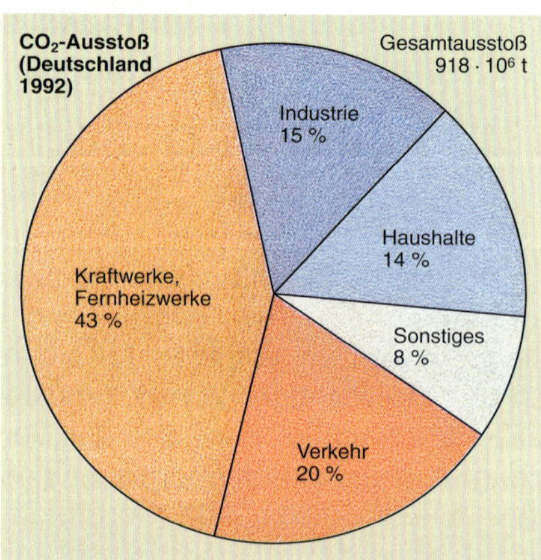

2

5970R

V 1 Wir bestimmen, wie groß der Energiestrom ist, der von der Sonne auf 1 m^2 der Erdoberfläche fällt (bei senkrechtem Einfall).

a) An einer elektrischen Kochplatte wird der Fühler eines elektronischen Thermometers befestigt. (In die Platte muss dazu ein Loch gebohrt sein.) Dann wird die Kochplatte senkrecht zum einfallenden Sonnenlicht aufgestellt; sie ist nicht ans Netz angeschlossen. Welchen Höchstwert nimmt die Temperatur der Platte nach einiger Zeit an?

b) Anschließend wird die Kochplatte nicht durch die Sonnenstrahlung, sondern elektrisch geheizt. Dazu schließen wir sie an ein regelbares Netzgerät an.

Wie viel Energie muss pro Zeit zugeführt werden, damit die Platte wieder die gleiche Temperatur annimmt?

c) Bestimme, wie groß die Fläche der Platte ist, und berechne die Energie, die pro Sekunde auf 1 m^2 fällt.

V 2 Zum „Treibhauseffekt“:

a) Miss die Temperatur in einer umgestülpten Glasschüssel, die von der Sonne bestrahlt wird. Vergleiche sie mit der Umgebungstemperatur.

b) Beim Treibhaus spielt nicht nur die einfallende Sonnenstrahlung eine Rolle. Auch der erwärmte Boden strahlt wieder Energie ab.

Die Strahlung des Bodens ersetzen wir durch die einer heißen Kochplatte oder eines heißen Bügeleisens, die der Sonne durch die einer Glühlampe.

Prüfe nach, ob beide Strahlungsarten eine Glasscheibe gleichermaßen durchdringen.

Info: **Nutzung der Sonnenenergie – erneuerbare Energien**

Von der Sonne geht ein gewaltiger Energiestrom aus. Stell dir eine Fläche von 1 m^2 vor, die so weit von der Sonne entfernt ist wie die Erde. Auf eine solche Fläche trifft bei senkrechtem Einfall der Sonnenstrahlung ein Energiestrom von 1370 W = 1370 J/s. Diese Größe nennt man *Solarkonstante*.

An der Erdoberfläche kommt jedoch weniger Energie an: Ein Teil der Sonnenstrahlung wird von der Atmosphäre reflektiert, ein weiterer Teil wird absorbiert. Wie der auf die Atmosphäre treffende Energiestrom verteilt wird, zeigen die Bilder 3 u. 4. (Angegeben sind Mittelwerte über die ganze Erde und über das Jahr.)

Mit der Sonnenstrahlung trifft in einer halben Stunde mehr Energie auf der Erdoberfläche ein, als die ganze Menschheit im Laufe eines Jahres in Form von elektrischer Energie benötigt. Sonnenenergie könnte also *im Prinzip* das Problem der Energieversorgung lösen. Um die Sonnenenergie zu nutzen, muss man sie aber nicht nur umwandeln. Auch die Probleme der Speicherung und des Transports sind zu lösen.

Die Nutzung der Sonnenenergie hätte den Vorteil, dass man vom laufenden „Einkommen“ lebt – und nicht vom „Ersparten“, d. h. von fossilen Brennstoffen, die in Jahrmillionen aus Pflanzen und Tieren entstanden sind.

Die Sonnenenergie kann direkt genutzt werden um elektrische Energie zu erzeugen. Diesem Zweck dienen Solarkraftwerke oder Solarzellen.

Es gibt aber auch noch Möglichkeiten, die Sonnenenergie indirekt zu nutzen – mit Wasser- und Windkraftwerken.

Flüsse und Winde sind nämlich auch auf das Wirken der Sonne zurückzuführen. Sonnenenergie hält das Wettergeschehen in Gang. Durch die unterschiedliche Erwärmung der Luftmassen kommt es zu Winden.

Über Wasserflächen oder feuchten Landgebieten verdunstet Wasser. Der Wasserdampf steigt mit der Luft auf und kondensiert zu winzigen Tröpfchen, es entstehen Wolken. Die Energie, die zum Verdampfen nötig war, wird beim Kondensieren wieder freigesetzt.

Daher ist die Bildung von Wolken mit der Freisetzung gewaltiger Energiemengen verbunden. Beim Abregnen bleibt diese Energie zum großen Teil in der Atmosphäre und wird weiter verteilt. Ein kleiner Teil der Energie findet sich aber auch als Lageenergie des angehobenen Wassers, die man mit Wasserkraftwerken nutzt.

Neben diesen Kreisläufen von Wind und Wasser gibt es auch die biologischen Kreisläufe, die letztlich durch Sonnenenergie in Gang gehalten werden.

Auch diese Kreisläufe können genutzt werden (z. B. mit Biogasanlagen).

Neben der direkten und indirekten Nutzung der Sonnenenergie zählt man auch die thermische Energie im Erdinnern und die Gezeitenenergie zu den erneuerbaren Energien.

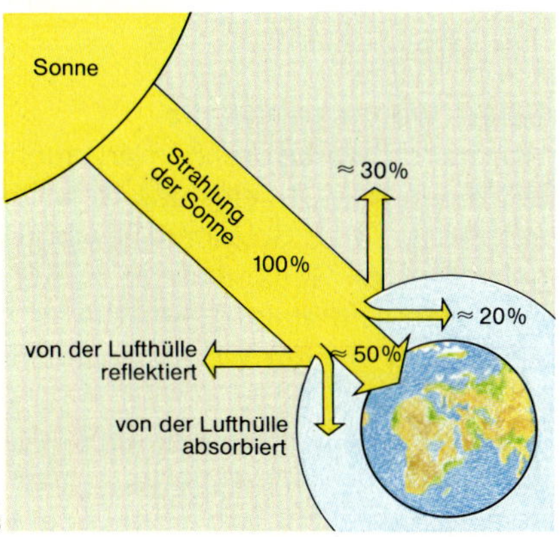

3

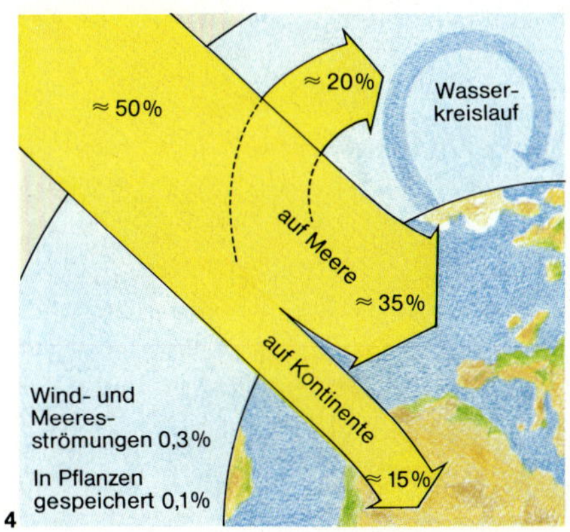

4

Aus Umwelt und Technik: **Wasserkraftwerke tragen zur Energieversorgung bei**

1

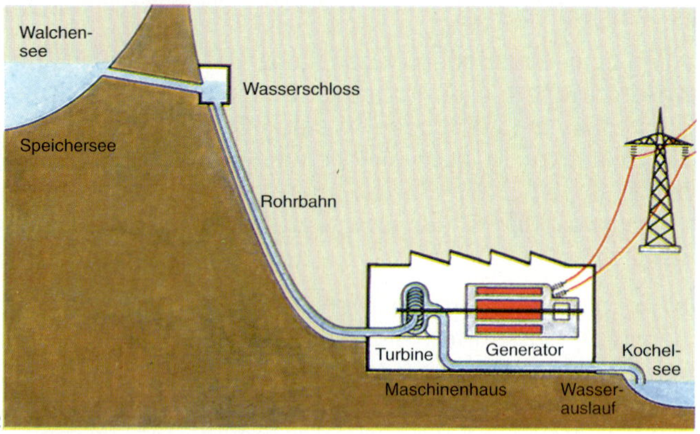

2

Im **Wasserkraftwerk** Walchensee (Bilder 1 u. 2) wird der Höhenunterschied zwischen dem Walchensee und dem 200 m tiefer liegenden Kochelsee genutzt.

Der Walchensee dient als Speicher, aus dem Wasser bei Bedarf entnommen wird. Man spricht von einem *Speicherkraftwerk.* (Bei *Laufwasserkraftwerken* strömt das Wasser eines gestauten Flusses ständig durch die Turbinen.)

Das Auffallende an diesem Kraftwerk sind die sechs Wasserrohre, die den Höhenunterschied überbrücken. Sie haben im oberen Bereich einen Innendurchmesser von 2,25 m und sind unten noch 1,85 m weit. Durch diese Rohre stürzt das Wasser 183 m tief hinunter zum Kraftwerksgebäude. Dort werden acht Turbinen angetrieben. Bei voller Leistung „schlucken" alle Turbinen pro Sekunde 84 m^3 Wasser. Jede Turbine treibt einen Generator an. Alle Generatoren zusammen leisten 124,5 MW.

In Wasserkraftwerken wird schon seit langer Zeit erneuerbare Energie in großem Maßstab genutzt. Die Möglichkeiten, in Deutschland weitere Wasserkraftwerke zu bauen, sind allerdings eng begrenzt. Die meisten günstigen Standorte werden bereits genutzt.

Aus Umwelt und Technik: **Sonnenkraftwerke und Windgeneratoren**

Zwar kommt auf der Erde unvorstellbar viel Energie von der Sonne an, aber sie ist auf die gerade beleuchtete Erdhalbkugel verteilt. Von der Tages- und Jahreszeit sowie vom Wetter hängt es ab, wie viel Energie bei uns je-

3

dem Quadratmeter Erdoberfläche in einer Sekunde zugeführt wird. Der Jahresmittelwert dieses Energiestroms beträgt bei uns ca. 100 J/s = 100 W.

Jeder Bundesbürger benötigt einen Energiestrom von 4 kW. Für seinen Energiebedarf würde also die auf 40 m^2 eingestrahlte Sonnenenergie ausreichen, wenn man sie nur vollständig umwandeln und ohne Verluste speichern und transportieren könnte.

Solare Wärmekraftwerke

Wärmekraftwerke kann man auch mit Sonnenenergie betreiben. Bild 3 zeigt das Solarturmkraftwerk *Eurelios* auf Sizilien. Das Sonnenlicht wird durch 182 Einzelspiegel mit einer Gesamtfläche von 6000 m^2 auf den Turm reflektiert. Die elektrische Energie, die Eurelios erzeugt, reicht aber nur für ein einziges Dorf – wenn die Sonne scheint.

Leider steht die Sonnenenergie am Abend oder im Winter nicht in ausreichendem Maße zur Verfügung, also gerade dann nicht, wenn besonders viel Energie benötigt

5972R

4

5

6

wird. Man muss daher Energie speichern und eventuell auch über weite Strecken transportieren, nämlich aus sonnenscheinreichen Gebieten in weniger begünstigte Regionen. Die damit verbundenen Kosten haben bisher verhindert, dass man die Sonnenenergie in großem Umfang zur elektrischen Energieerzeugung nutzt.

Moderne Solarkraftwerke können aber auch schon heute (fast) wirtschaftlich arbeiten. Das Kraftwerk von Bild 4 steht in der Mojave-Wüste in Kalifornien. Wolken sind dort selten, die Sonne scheint im Mittel jeden Tag 3,5 Stunden länger als bei uns.

In Kalifornien wird es so heiß, dass die Gebäude in den Städten mit Klimaanlagen gekühlt werden müssen. Dazu wird mehr Energie benötigt als im Winter für die Heizung. Die Energie aus dem Solarkraftwerk steht somit gerade dann zur Verfügung, wenn sie gebraucht wird.

Das Solarkraftwerk arbeitet mit zylindrischen Hohlspiegeln. Diese Spiegel haben keinen Brennpunkt, sondern eine Brennlinie. Genau in dieser Brennlinie verläuft ein Rohr, in dem Öl durch die Sonnenstrahlung auf 400 °C erhitzt wird (Bild 5). Mit dem erhitzten Öl wird der Wasserdampf für die Turbinen erzeugt.

Im Jahr 1991 erzeugten mehrere Solarkraftwerke in der Mojave-Wüste schon so viel elektrische Energie, wie bei uns eine Stadt mit 200 000 Einwohnern benötigt.

Solarzellen

Solarzellen wandeln Sonnenenergie direkt in elektrische Energie um. Der Wirkungsgrad von gebräuchlichen Solarzellen liegt derzeit bei etwa 11 %. Von der eintreffenden Sonnenenergie werden also 11 % in elektrische Energie umgewandelt.

Der Energiestrom bei klarem Wetter und senkrecht einfallendem Sonnenlicht liegt bei rund 1 kW/m^2. Eine 1 m^2 große mit Solarzellen belegte Fläche hätte also bestenfalls eine Leistung von 110 W.

Ob sich der Einsatz von Solarzellen lohnt, hängt auch von den klimatischen Bedingungen ab. Die von der Sonne eingestrahlte Energie beträgt bei uns im Jahr ungefähr 1000 kWh/m^2, in Südeuropa dagegen etwa 1400 kWh/m^2.

Auf der Nordseeinsel Pellworm gibt es bereits ein Sonnenkraftwerk mit Solarzellen (Bild 6), die Anlage wurde 1992 erweitert. Seitdem liefern 70 000 Solarzellen einen Energiestrom von maximal 600 kW.

Die Nutzung der direkten Umwandlung von Sonnenenergie in elektrische Energie ist auf absehbare Zeit noch nicht wirtschaftlich – von speziellen Anwendungen abgesehen (z. B. abgelegene Anlagen der Signaltechnik). 1 kWh kostet noch etwa 1,50 DM.

Wenn man alle leicht nutzbaren Dachflächen einbezieht, könnten bis zu 8 % der 1992 benötigten elektrischen Energie mit Solarzellen erzeugt werden (bei einem für die Zukunft angenommenen Wirkungsgrad von 17 %).

Fragen und Aufgaben zum Text

1 Jeder einzelne Spiegel des Sonnenkraftwerks von Bild 3 wird alle 10 Sekunden von einem Elektromotor bewegt. Warum müssen die Spiegel nachgeführt werden?

2 Der elektrische Energiebedarf für einen Drei-Personen-Haushalt liegt in Deutschland bei durchschnittlich 4000 kWh im Jahr.

Der gesamte elektrische Energiebedarf pro Kopf der Bevölkerung beträgt ungefähr 6000 kWh im Jahr.

Welche Fläche müsste man mit Solarzellen belegen, um diese Energien zu liefern?

3 Wie viel elektrische Energie kann man bei uns im Jahr mit einer 3 m · 5 m großen Solaranlage (z. B. auf einem Garagendach) erzeugen?

4 Welche Probleme müssten gelöst werden, wenn ein großer Teil des Bedarfs an elektrischer Energie mit Hilfe von Solarzellen gedeckt werden sollte?

Aus Umwelt und Technik: **Nutzung der Windenergie**

Bild 1 zeigt den Windpark Nordfriesland an der Westküste Schleswig-Holsteins, östlich der Insel Sylt. Bei Windstärke 6 erzeugen die Generatoren zusammen einen elektrischen Energiestrom von 12,5 MW. Die Nutzung von Windenergie steht bereits an der Schwelle zur Wirtschaftlichkeit: 1 kWh kostet schon weniger als 0,25 DM. An der deutschen Nord- und Ostseeküste gibt es Windgeneratoren mit einer Leistung von über 47 MW (Dänemark: 340 MW; USA: 1600 MW). Die Tendenz ist steigend, man rechnet in den nächsten Jahren mit 200 MW bis 300 MW.

1

Windgeneratoren können bestenfalls einige Prozent des elektrischen Energiebedarfs decken. Aber immerhin wird durch sie der Ausstoß von einigen hunderttausend Tonnen Kohlenstoffdioxid pro Jahr verhindert. Wenn man alle Standorte mit Windgeschwindigkeiten von wenigstens 4 m/s (Jahresmittelwert) ausnutzte, könnten theoretisch sogar 15 % des Energiebedarfs von 1992 gedeckt werden.

Info: **Elektrische Energie aus erneuerbaren Energien – Vor- und Nachteile von Kraftwerken und Anlagen**

	Wasserkraftwerke	Windgeneratoren	Solaranlagen (Fotovoltaik)
Brennstoff	entfällt	entfällt	entfällt
Wirkungsgrad	bis 95 %	20–40 %	ca. 11 % (Tendenz: steigend)
Umweltbelastungen	erhebliche Eingriffe in die Natur (Flüsse verlieren Gefälle, Täler werden überflutet)	Lärm durch Rotorblätter, Beeinträchtigung des Landschaftsbildes	keine
Baukosten	hoch, wenn Talsperren errichtet werden müssen	gering	sehr hoch
Betriebskosten	gering	gering	ganz gering
Wirtschaftlichkeit	gut	gut bei günstigen Windverhältnissen	heute noch unwirtschaftlich
Perspektive	gut, aber kaum noch ausbaubar	gut durch Weiterentwicklung, ausbaubar auf das 50fache, Versorgungssicherheit nur durch Verbundnetz	günstig nur bei höherem Wirkungsgrad und viel höheren Energiepreisen, Versorgungssicherheit nur durch Verbundnetz
jährlich erzeugte elektrische Energie (1992)	18 Mrd. kWh (Anteil: 3,6 %)	0,5 Mrd. kWh (Anteil: 0,1 %)	0,005 Mrd. kWh (Anteil: 0 %)

Aufgaben

1 Eine 55-kW-Windenergieanlage kann zum Beispiel einen Bauernhof versorgen.

Ab Windstärke 3 gibt der Generator Energie ab. Mit einer solchen Anlage bekommt der Betreiber im Monat rund 10 000 kWh elektrische Energie „geschenkt".

Wie viel DM ist die elektrische Energie wert, die von dieser Anlage pro Jahr erzeugt wird? (Für 1 kWh muss man ca. 25 Pf. bezahlen.)

Rund 200 000 DM kostet die Anlage. Vergleiche!

2 Wie funktioniert das Erdwärmekraftwerk in Bild 2?

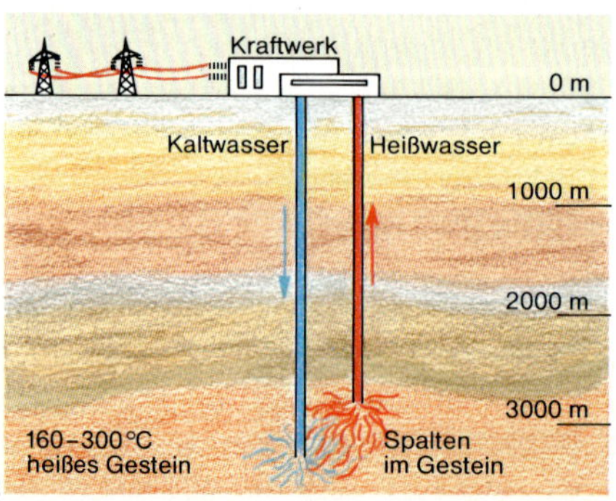

2

3 Wieso macht eine Windenergieanlage den Anschluss an das Stromnetz nicht überflüssig? Nenne Vor- und Nachteile solcher Anlagen.

4 In Deutschland gibt es einige hundert größere und mehrere tausend kleinere Wasserkraftwerke. An der Versorgung mit elektrischer Energie sind sie aber nur mit knapp 4 % beteiligt. In Österreich dagegen decken Wasserkraftwerke mehr als 70 % des Bedarfs an elektrischer Energie. Erkläre!

5974R

Aus Umwelt und Technik: **Wie Sonnenenergie direkt genutzt werden kann**

Für viele Zwecke ist die elektrische Energie viel zu schade. Man kann die Sonnenenergie auch direkt nutzen.

Zum Heizen haben Architekten auf den *Treibhauseffekt* zurückgegriffen. Dieser Effekt ist altbekannt: Gewächshäuser baut man seit 200 Jahren als Glashäuser.

3

Das Sonnenlicht durchdringt die Glasscheiben und erwärmt den Boden. Dieser gibt nun seinerseits Energie in Form von Strahlung ab. Der Boden hat aber gegenüber der Sonne eine sehr geringe Temperatur; seine Strahlung ist nicht sichtbar (Infrarotstrahlung) und wird zum Teil vom Glas absorbiert und wieder zurückgestrahlt. In das Glashaus fällt also zunächst mehr Strahlung ein als hinausgeht. Deshalb steigt die Temperatur an.

Mit steigender Temperatur strahlt der Boden immer mehr Energie ab. Immer mehr Strahlung geht dann auch durch das Glasdach nach außen. Schließlich stellt sich eine Temperatur ein, bei der genauso viel Energie das Treibhaus verlässt wie eingestrahlt wird.

Errichtet man also vor der Südwand eines Hauses einen verglasten Vorbau, kann man die Sonnenenergie zum Heizen nutzen. Bild 3 zeigt ein solches **Solarhaus**.

Im Monat März wurde in einem Solarhaus eine mittlere Temperatur von 20 °C gemessen – bei einer mittleren Außentemperatur von nur 4 °C!

Eine andere Möglichkeit, Sonnenenergie „einzufangen“, sind **Sonnenkollektoren**. Sie bestehen aus Rohrleitungen, die zwischen schwarzen Böden und gläsernen Abdeckungen verlegt sind. Durch die Rohrleitungen fließt Wasser und wird erwärmt. In einem Wärmetauscher gibt das erwärmte Wasser Energie an das Brauchwasser ab, das dann in Küche und Bad aus den Hähnen fließt.

Aus Umwelt und Technik: **Wie geht die Entwicklung weiter?**

Erneuerbare Energien könnten theoretisch den Energiebedarf der ganzen Menschheit decken. Sie sind aber nicht so einfach zu nutzen wie fossile Brennstoffe. Das Problem ist, dass Sonnen- und Windenergie großräumig verteilt sind und zeitlichen Schwankungen unterliegen. Ihre Aufbereitung ist kostspielig und bei heutigen Energiepreisen oft zu teuer.

Die Nutzung erneuerbarer Energien ist auch eine politische Frage. Soll z. B. in Deutschland bis zum Jahr 2005 ein Viertel weniger Kohlenstoffdioxid in die Atmosphäre geblasen werden, wären Investitionen von jährlich 10 Milliarden Mark nötig.

Die Bilder 4 u. 5 zeigen, welche Bedeutung die verschiedenen Energieträger für die Energieversorgung der Menschheit in Zukunft haben könnten.

Die Prognose der Weltenergiekonferenz von 1989 (Bild 4) geht davon aus, dass die Entwicklung im Wesentlichen so weiterläuft wie bisher. Danach wird der Energiebedarf auch auf absehbare Zeit durch die fossilen Brennstoffe gedeckt. Träte diese Entwicklung tatsächlich ein, würde die Kohlenstoffdioxid-Belastung der Lufthülle in den nächsten Jahrzehnten dramatisch zunehmen. Die Risiken für das Klima wären dementsprechend hoch.

Für die Prognose des Stockholmer Umweltinstituts (Bild 5) gab es zwei Vorgaben: Ausstieg aus der Nutzung fossiler Energieträger bis 2100 und Ausstieg aus der Nutzung der Kernenergie bis 2010. Nach einer Studie des Instituts ist es sowohl technisch als auch wirtschaftlich möglich, diese Ziele zu erreichen, und zwar vor allem durch Energieeinsparung und Nutzung erneuerbarer Energien. Voraussetzung für eine solche Entwicklung wäre eine sofortige Änderung der Energiepolitik: strenge Normen für die Energieeinsparung bei Autos und Kraftwerken, Umweltsteuern auf Öl, Kohle und Erdgas ...

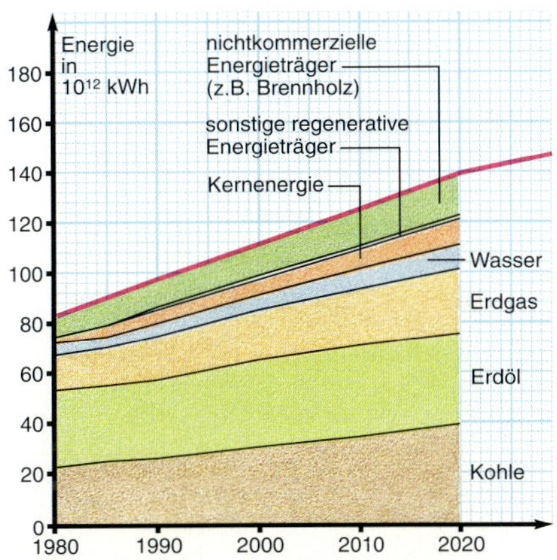

4 Prognose der Weltenergiekonferenz von 1989. Vorgaben: Energienutzung im Wesentlichen wie bisher.

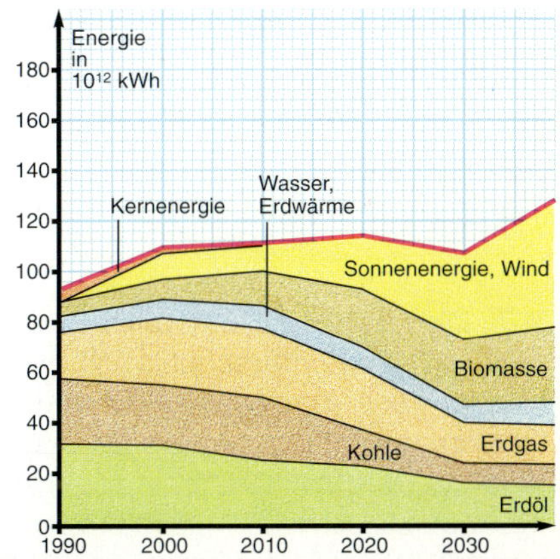

5 Stockholmer Umweltinstitut. Vorgaben: Nutzung der Kernenergie bis 2010, Nutzung fossiler Energieträger bis 2100.

Energie sparen!

1 Energiesparen beim Heizen

V 1 Führe den Versuch von Bild 1 durch. Fülle dazu eine Getränkedose randvoll mit heißem Wasser (etwa 80 °C). Fasse sie mit einem Lappen an und stelle sie auf ein Stövchen.

a) Miss alle fünf Minuten die Temperatur des Wassers und notiere sie.

Zeichne anschließend ein Temperatur-Zeit-Diagramm. Erkläre das Versuchsergebnis.

b) Fülle die gleiche Dose mit lauwarmem Wasser und wiederhole Versuch und Messungen. Was stellst du diesmal fest? Erkläre!

1

V 2 Die folgenden Versuche werden mit zwei Modellhäusern durchgeführt, die ihr z. B. im Technikunterricht herstellen könnt (Bilder 2 u. 3). Eine Gruppe baut ein Haus mit quadratischer Grundfläche, eine zweite einen „Winkelbungalow". Beide Häuser haben die *gleiche Wohnfläche* und die *gleiche Fensterfläche* (Bild 4).

Die beiden Häuser werden elektrisch beheizt, und zwar mit einem gewendelten Konstantandraht (0,3 mm Ø; 50 cm lang) oder mit Hochlast-Drahtwiderständen. Für die gleichmäßige Verteilung der Wärme sorgt jeweils ein kleiner Ventilator. Zur Temperaturmessung empfiehlt sich ein elektronisches Thermometer mit Digitalanzeige. Manchmal haben diese Geräte sogar *zwei* Messfühler: für die Innen- und für die Außenmessung.

a) Beheize zunächst das quadratische Modellhaus so lange, bis die Innentemperatur nicht mehr ansteigt. Notiere folgende Messwerte: Temperatur im Haus und in der Umgebung (nach jeweils 1 min), Heizzeit, Spannung, Stromstärke. Zeichne das Temperatur-Zeit-Diagramm.

b) Blase während des Versuchs „kalten Ostwind" gegen eine Außenwand (mit einem Ventilator).

c) Verändere nun die Bauweise des Hauses: zum Beispiel durch andere Wandstärken, Schaumstoff zwischen den Wandschichten, Doppelscheiben, Bekleben der Innenwände mit Alufolie.

d) Welches Ergebnis erwartest du, wenn das quadratische Haus und der „Winkelbungalow" mit gleich viel Wärmeenergie beheizt werden?

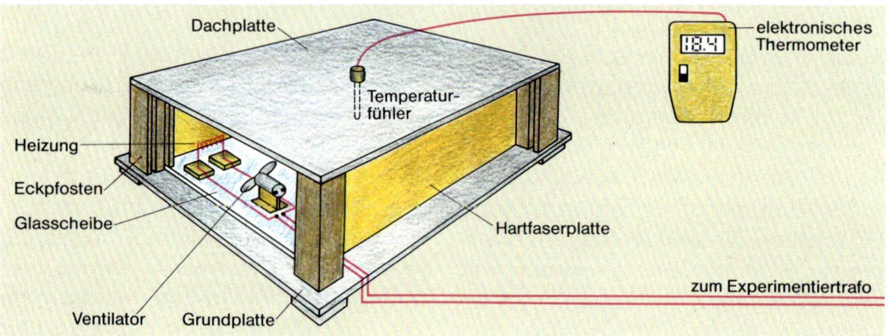

2

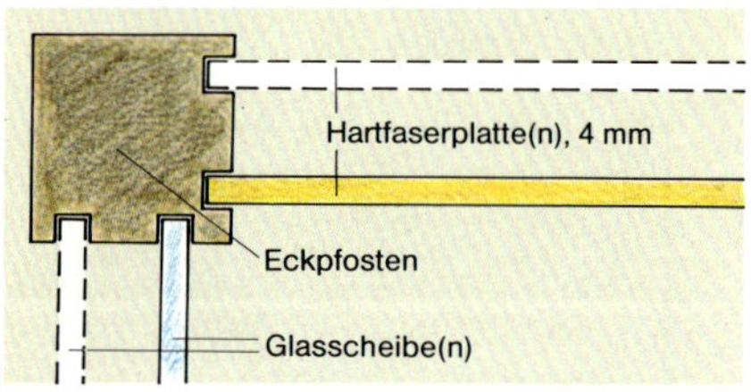

3

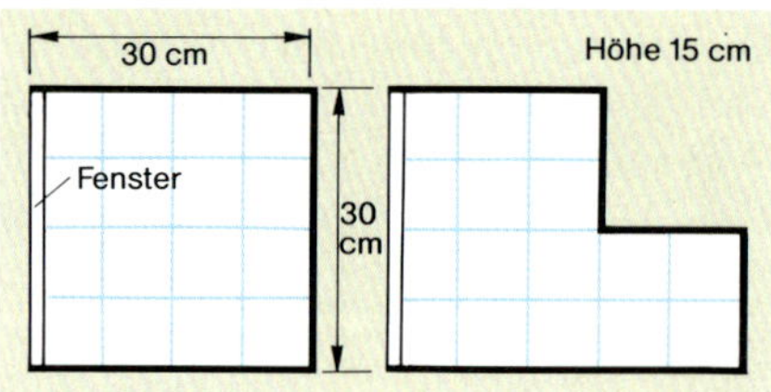

4

V 3 Die Leistung der Elektroheizung in den Häuschen soll vergrößert und durch einen Bimetallthermostaten geregelt werden (Bild 5). Die Kontrolllampe zeigt an, wenn elektrische Energie in die Häuser strömt. Stelle zunächst am Thermostaten die gewünschte Raumtemperatur ein; sie sollte 15–20 °C über der Außentemperatur liegen.

Notiere alle Messwerte (wie in V 2) und zeichne das Temperatur-Zeit-Diagramm.

Wie ändert sich das Diagramm, wenn die Wärmedämmung des Hauses verbessert wird?

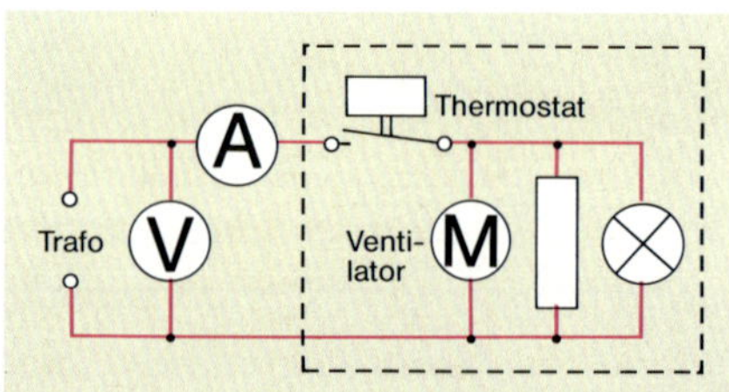

5

2916R

Aufgaben

1 Bild 6 zeigt ein Temperatur-Zeit-Diagramm, wie es bei Versuch 2 a gezeichnet wurde. Erkläre den Temperaturverlauf in den Zeiträumen a und b.

Wie sähe der Kurvenverlauf aus, wenn man bei demselben Haus die elektrische Leistung der Heizung vergrößerte (verkleinerte)?

2 Welche Wirkung hat die Luft zwischen den Scheiben bei Doppelverglasung?

3 Der Thermostat im Wohnzimmer steht auf genau 20 °C. Er schaltet bei 21 °C die Heizung aus und bei 19 °C wieder ein (Bild 7). Erkläre zunächst den Verlauf der Temperaturkurve während der Zeitabschnitte a bis d. Suche dann Unterschiede und Gemeinsamkeiten zum Verlauf in einem zweiten Zimmer (Bild 8). In welchem war es wärmer? In welchem wurde kostengünstiger geheizt?

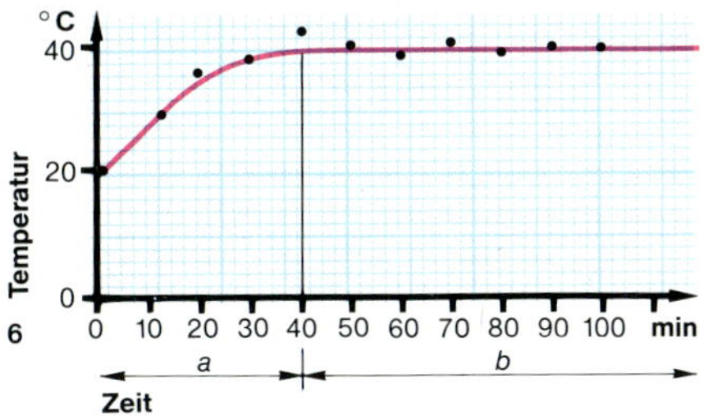

6

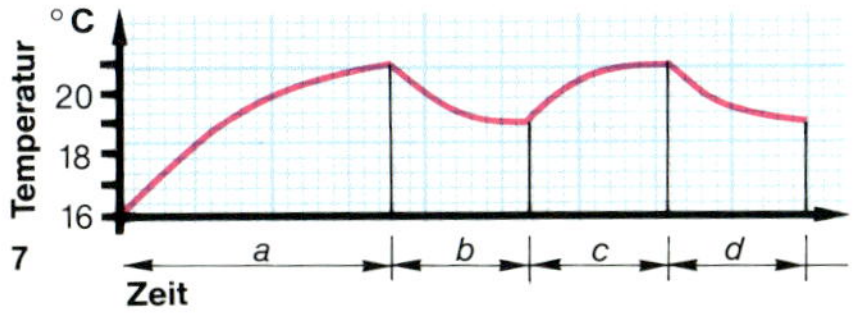

7

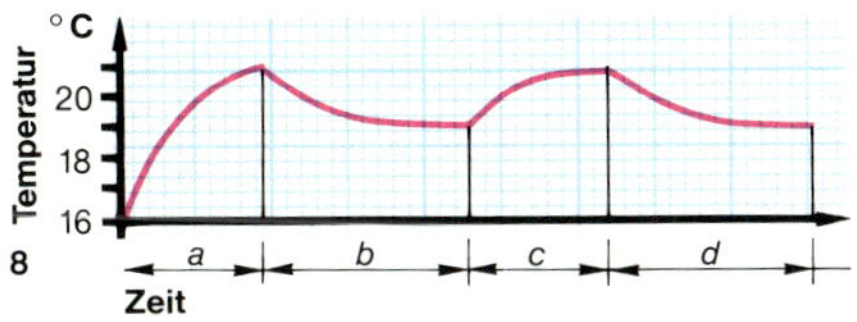

8

4 Nimm Stellung zu den folgenden Aussagen: a) „Wenn es mir zu warm ist, öffne ich das Fenster.“ b) „Wenn es mir zu kalt wird, ziehe ich zuerst mal einen Pullover an.“ c) „Zum Lüften mache ich im Winter das Fenster für ein paar Minuten weit auf.“ d) „Bei uns hat der Fensterrahmen im Wohnzimmer oben Lüftungsschlitze; die sind immer geöffnet.“ e) „Unsere Heizkosten sind viel höher, seit die Wohnung unter uns leer steht.“

Die Wärmedurchgangszahl *k* (der *k*-Wert)

Energie in Form von Wärme strömt von Stellen höherer Temperatur zu Stellen niedrigerer Temperatur. Im Winter strömt Energie aus dem beheizten Haus durch Wände und Fenster nach außen.

Die Bilder 9 u. 10 zeigen den Temperaturverlauf in einer Wand mit und ohne Wärmedämmung. Die Temperaturdifferenz zwischen Außenluft und Raumluft ist in beiden Beispielen gleich.

Bei der gedämmten Wand fällt die Temperatur erst in der außen liegenden Dämmschicht stark ab. Die Temperaturabnahme im Mauerwerk ist viel geringer als in einer ungedämmten Wand.

Die Dämmschicht ist ein sehr schlechter Wärmeleiter. Sie bewirkt, dass das Mauerwerk bei der gedämmten Wand wärmer ist. Für die Bewohner steigt dadurch die Behaglichkeit und sie sparen Geld. Durch das Mauerwerk und die Dämmschicht strömt die Energie langsamer als durch die ungedämmte Wand.

Noch mehr Energie als durch die Wände geht dem Haus durch *Dach- und Fensterflächen* verloren. Um die Energieströme durch unterschiedliche Bauteile zu vergleichen und um den Wärmebedarf von Gebäuden zu berechnen, verwendet man die **Wärmedurchgangszahlen (*k*-Werte)**.

Der k-Wert gibt an, wie groß der Energiestrom durch eine 1 m^2 große Fläche bei einem Temperaturunterschied von 1 K ist.

Je größer der k-Wert eines Bauteiles ist, desto schneller entweicht die kostbare Wärme aus dem Haus nach draußen.

Im k-Wert sind die Wärmeleitfähigkeit der Materialien, die Wandstärken und der Wärmeübergang an den Grenzflächen zur Luft berücksichtigt.

Beispiel: Wärmedurchgang durch ein einfach verglastes Fenster

P: Energiestrom (Energie durch Zeit)
k: Wärmedurchgangszahl
A: Fensterfläche, z. B. 1,5 m · 3 m
ϑ_2: Innentemperatur, z. B. 20 °C
ϑ_1: Außentemperatur, z. B. –10 °C

$$P = k \cdot A \cdot (\vartheta_2 - \vartheta_1)$$

$$P = \frac{5{,}8\ \text{W}}{\text{m}^2 \cdot \text{K}} \cdot 4{,}5\ \text{m}^2 \cdot 30\ \text{K} = 783\ \text{W}$$

Ein kleiner elektrischer Heizlüfter müsste ständig laufen, nur um den Wärmeverlust durch dieses eine Fenster auszugleichen. Bei doppelter Verglasung wäre der Energiestrom durch das Fenster erheblich kleiner:

$$P = \frac{3\ \text{W}}{\text{m}^2 \cdot \text{K}} \cdot 4{,}5\ \text{m}^2 \cdot 30\ \text{K} = 405\ \text{W}.$$

Der Energiestrom lässt sich also durch Doppelfenster nahezu halbieren.

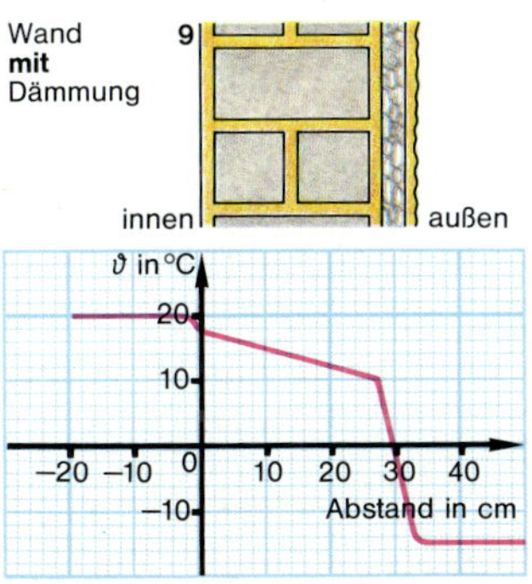

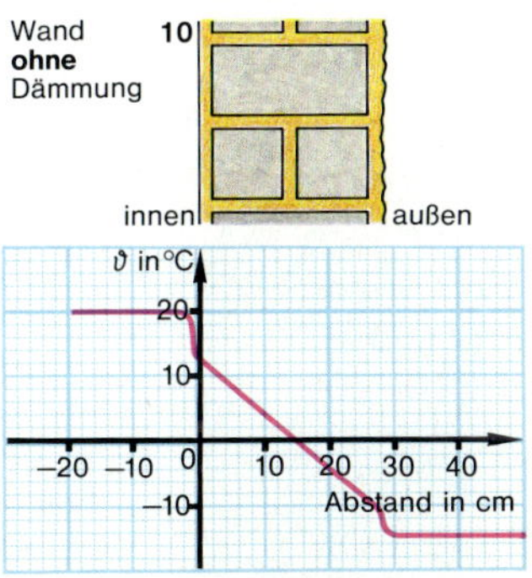

Temperaturverlauf in einer gedämmten und einer ungedämmten Wand.

Wärmedurchgangszahlen (*k*-Werte) in $\frac{\text{W}}{\text{m}^2 \cdot \text{K}}$	
Ziegeldach, ungedämmt	6,0
–, gedämmt	0,4
Außenwand, ungedämmt	1,3
–, gedämmt	0,4
Decke/Fußboden, ungedämmt	2,3
–, gedämmt	0,5
Glasscheiben, einfach	5,8
–, doppelt (6 mm Abstand)	3,5
–, doppelt (12 mm Abstand)	3,0
–, dreifach (2 · 12 mm Abstand)	2,1

5528R

Aus Umwelt und Technik: **Einige Möglichkeiten Energie zu sparen**

In unseren Haushalten wird der weitaus größte Teil der eingekauften Energie zum Heizen genutzt (Bild 1).

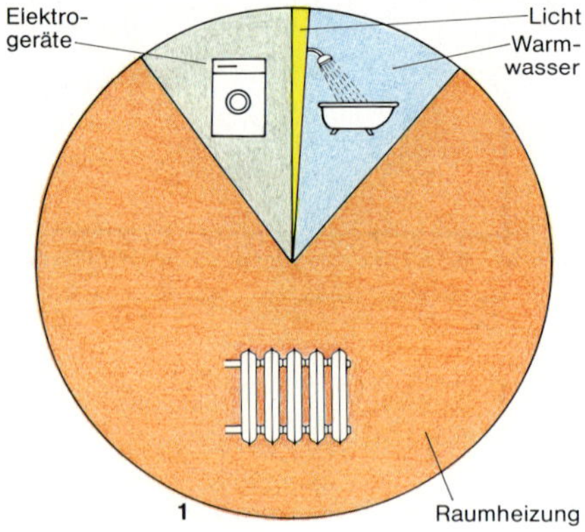

1

Wer also Energie sparen möchte, sollte damit beim Heizen anfangen! Hier einige Hinweise dazu, die besonders für alte Häuser gelten.

1. Thermostate, z. B. an den Ventilen der Heizkörper (Bild 2), machen es möglich, in jedem Zimmer eine andere Temperatur zu haben. Als *Richtwerte* gelten: Wohnzimmer, Esszimmer, Kinderzimmer (tagsüber) und Bad: 20 °C; Küche: 19 °C; Schlafzimmer: 16 °C; Treppenhaus: 15 °C.

Thermostatventile können die Heizkosten um bis zu 15 % senken. Sie „erfühlen" automatisch die Raumtemperatur und sperren die Warmwasserzufuhr im Heizkörper, wenn andere Energiequellen (z. B. Sonne, Kochplatten, Körperwärme von Menschen) den Raum erwärmen.

Auch durch Nachtabsenkung der Temperatur (z. B. zwischen 22 Uhr und 6 Uhr) kann man Heizkosten sparen.

2. Behaglichkeit empfinden wir in einem Raum nur, wenn außer der *Lufttemperatur* noch die *Oberflächentemperatur* von Wänden und Fußboden, die *Luftfeuchtigkeit* und die *Luftbewegung* „stimmen".

Warme Wände (Temperatur höher als 17 °C) machen einen Raum behaglich, auch wenn die Raumtemperatur nicht mehr als 20 °C beträgt.

Massive Wände sind *Wärmespeicher*; sie mildern Temperaturschwankungen. Diese Eigenschaft wird schlecht genutzt, wenn die Dämmmaterialien *innen* angebracht werden.

Die relative Luftfeuchtigkeit in einem Raum sollte etwa 50 % betragen.

3. Lüften ist für alle Räume wichtig. Es ist jedoch falsch, ein Fenster ständig etwas offen zu halten; so geht nämlich Wärmeenergie ununterbrochen verloren und man empfindet die Zugluft als kühlend. Sinnvoll ist es, das Fenster für kurze Zeit weit zu öffnen, da die Luft, die dann schnell entweicht, ohnehin ein schlechter Wärmespeicher ist. Die Wände sollten sich aber beim Lüften nicht abkühlen.

4. Wärmedämmung kann bis zu 25 % der Heizkosten sparen. An einer Wand sollte die Dämmung außen nur von einem Fachmann angebracht werden, da sie gegen Regen und Wind besonders geschützt sein muss. Eine durchfeuchtete Dämmung nutzt nämlich gar nichts.

Wer das Dach innen mit Glasfasermatten isoliert, muss darauf achten, dass die mit Alufolie belegte Seite nach innen zeigt (Bild 3). Das Aluminium dient so als Sperre („Dampfsperre") für die Luftfeuchtigkeit, die sich im Haus befindet; die Feuchtigkeit soll nicht in die Dämmschicht gelangen. (Jeder Mensch gibt täglich bis zu 1 Liter Wasser über Atem und Haut ab!)

Innerhalb einer ungedämmten Außenwand fällt die Temperatur steil ab (Bild 9 auf der Vorseite). Daher kann sich dort *Kondenswasser* bilden; dann schimmelt bald die Tapete, später zerfällt der Putz.

5. Rollläden, die abends ganz herabgelassen werden, setzen den Wärmeverlust durch die Fenster herab.

6. Heizkörpernischen haben meist eine dünnere Außenwand als der übrige Raum. Sie benötigen daher innen eine besondere Dämmschicht mit einer Metallfolie zum Reflektieren der Strahlung.

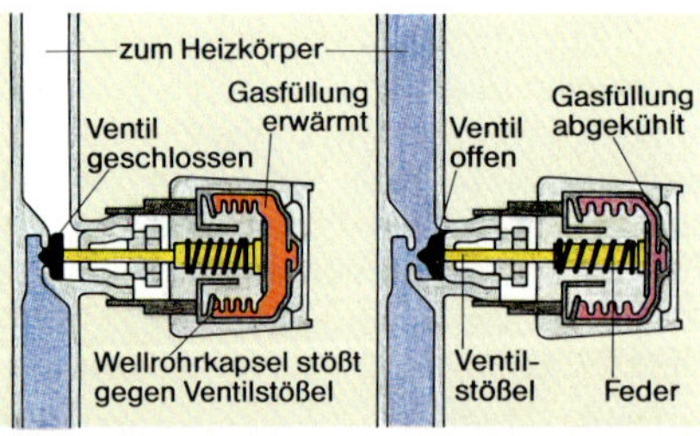

2

3

Dagegen behindern bodenlange Gardinen oder Ziergitter vor den Heizkörpern die Energieabgabe von der Heizung an die Raumluft.

7. Heizungsanlagen müssen regelmäßig gewartet werden. Der Schornsteinfeger misst die Temperatur der Abgase sowie deren Gehalt an Kohlenstoffdioxid (CO_2). Daraus berechnet er dann den *Abgasverlust* der Heizung. (Der Gesetzgeber hat Höchstwerte für den Abgasverlust von Heizungsanlagen festgelegt.)

Beträgt dieser z. B. 12 %, so heißt das, dass 12 % der aufgewendeten Energie durch den Schornstein entweichen; 88 % werden dann vom Heizkessel genutzt. (So groß ist also der *Wirkungsgrad* der Anlage.) Eine 2 mm dicke Rußschicht im Kessel setzt den Wirkungsgrad um 7 % herab.

Bevor man einen alten Heizkessel erneuert, sollte man die Wärmedämmung des Hauses prüfen. Wenn diese zu verbessern ist, kann der neue Heizkessel kleiner und damit preiswerter sein.

Fragen und Aufgaben zum Text

1 Durch welche Maßnahme lässt sich in vielen Wohnungen sofort und ohne große Mehrkosten Energie einsparen?

2 Wieso ist die *Außen*dämmung von Wänden besser, meist aber teurer als die *Innen*dämmung?

3 Je nach Tätigkeit ist die Wärmeabgabe eines Menschen unterschiedlich groß: ruhend 70–80 W, bei einer Büroarbeit 160 W, beim Tanzen 400 W.

Beschreibe den Vorteil der mit einem Thermostat gesteuerten Heizung eines Partykellers.

4 Seit 1984 schreibt die Wärmeschutzverordnung (WSVO) vor: „Flachdächer müssen bei Neubauten eine 120 mm starke Dämmschicht haben." Warum darf nicht jeder so viel Energie verschwenden, wie sein eigener Geldbeutel es erlaubt?

5 Laut Bundes-Immissionsschutz-Verordnung werden seit 1981 alle „Feuerstellen" regelmäßig überprüft.

Der Schornsteinfeger bescheinigt für eine Gasheizung z. B. 10,9 % Abgasverlust. Was ist damit gemeint?

2918R

2 „Geschenkte Energie“

Wir brauchen täglich warmes Wasser. Die Energie dafür (aus Öl, Gas oder elektrischem Strom) ist teuer. Dabei geht es doch viel preiswerter – wie Bild 4 es z. B. zeigt …

V 4 Welche Farbe sollte der Gartenschlauch bei dem in Bild 4 gezeigten Verfahren haben, wie muss das Brett ausgerichtet werden? Nenne Vor- und Nachteile der Warmwasserbereitung mit solchen Sonnenkollektoren.

Prüfe möglichst nach, um wie viel Kelvin sich das Wasser bei diesem Verfahren erwärmt.

4

V 5 Für die Fensterbank gibt es kleine Gewächshäuser aus Glas: *Solarhäuser* (lat. *sol:* Sonne). Darin sollen Kakteen besonders gut wachsen.

Stelle ein solches Häuschen (oder ein Einkochglas mit Deckel) in die Sonne. Um wie viel Grad liegt die Temperatur im Solarhaus höher als in der Umgebung?

V 6 Im Solarhaus (V 5) wird auch die Erde durch die Sonne erwärmt. Die so erwärmte Erde gibt – wie jeder warme Körper – *Infrarotstrahlung* ab, die für unser Auge nicht sichtbar ist. Eine solche Strahlung geht z. B. auch von einem heißen Bügeleisen aus.

Prüfe nach, ob diese Strahlung eine Glasscheibe genauso gut durchdringt wie das *sichtbare* Sonnenlicht.

a) Stelle ein heißes Bügeleisen so hin, dass die Heizfläche aufrecht steht (Vorsicht!). Halte deine Hand etwa 10 cm vor diese Fläche.

b) Wiederhole den Versuch, wenn sich zwischen Bügeleisen und Hand eine Glasscheibe befindet.

c) Ersetze die Hand durch ein elektronisches Thermometer.

d) Nimm statt des Bügeleisens (1000 W) eine Glühlampe (100 W). Welches Ergebnis erwartest du?

V 7 Bild 5 zeigt ein *Solarfeuerzeug.* Der Hohlspiegel reflektiert das einfallende Sonnenlicht zu einem Punkt hin. Bestimme die Temperatur in diesem Punkt (mit einem elektronischen Thermometer).

V 8 Vielleicht hast du selbst einen Taschenrechner mit *Silicium-Solarzellen.* Diese wandeln die Energie der Sonnenstrahlung in elektrische Energie um (Bild 6). Welche Spannung herrscht zwischen den Anschlüssen einer beleuchteten Solarzelle?

V 9 Windenergie wird schon seit Jahrhunderten genutzt. Vor etwa hundert Jahren entwarf der Finne *Savonius* ein Windrad, das von der Windrichtung unabhängig ist. Einen solchen *Savonius-Rotor* kannst du aus Getränkedosen nachbauen (Bild 7). Die mit einer Blechschere halbierte Dose wird dabei mit Heißkleber auf einer Welle befestigt.

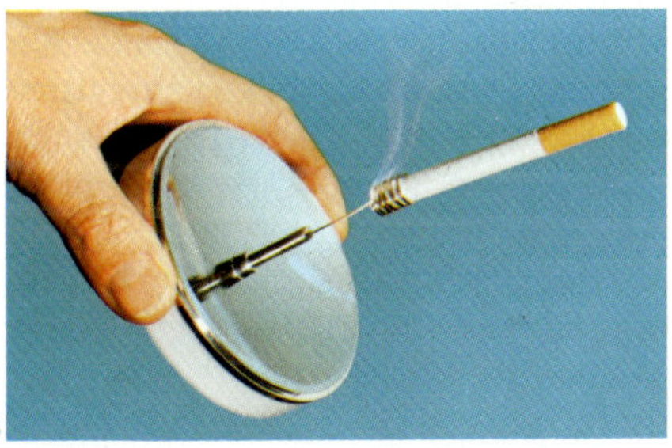
5

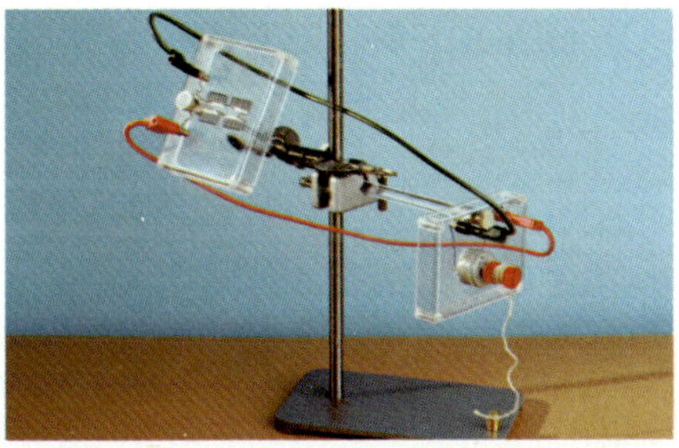
6

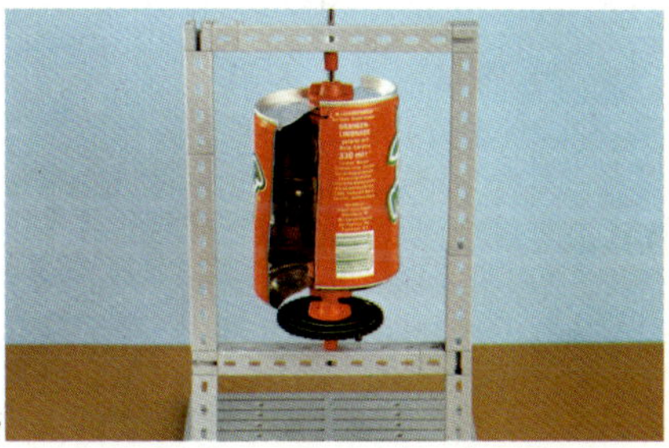
7

Aufgaben

1 Begründe, warum in Sonnenkollektoren nicht Luft, sondern Wasser (mit einem Frostschutzmittel) erwärmt wird.

2 In einem Pkw wurden einmal die folgenden Temperaturen gemessen: am Lenkrad 79 °C und am Armaturenbrett 88 °C. Wie kam es wohl zu solch hohen Temperaturen?

3 Bei einem Wohnhaus in München erzeugen 50 m^2 Silicium-Solarzellen pro Jahr 5000 kWh elektrische Energie. Vergleiche die Kosten des Daches (über 100 000 DM) mit dem Gewinn durch die eingesparte elektrische Energie.

4 Informiere dich über weitere Möglichkeiten „geschenkte“ Energie zu nutzen: die Abwärme von Kraftwerken, die Prozesswärme der Industrie, das Biogas usw.

Die Radioaktivität

1 Nachweis und Eigenschaften radioaktiver Strahlung

Hiroshima, 1945:
Nach dem Abwurf einer Atombombe starben fast 200 000 Menschen durch eine mächtige Druckwelle, ungeheure Hitze und *radioaktive Strahlung.*

1

Die Angst vor *radioaktiver Strahlung* spielt auch bei Diskussionen um Kernkraftwerke eine wichtige Rolle.

2

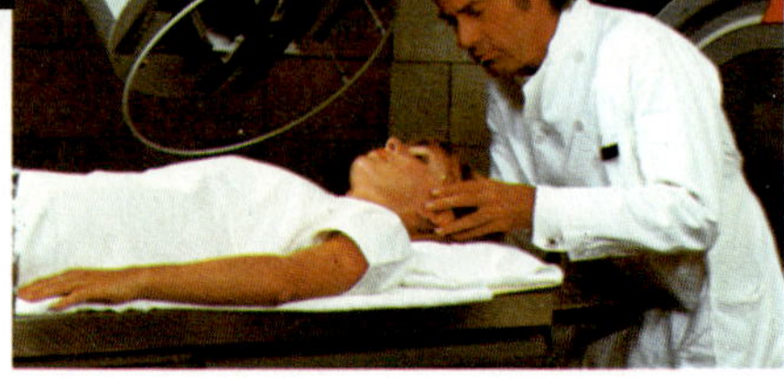

3

Für krebskranke Menschen ist eine Behandlung mit *radioaktiver Strahlung* oft die letzte Hoffnung.

Radioaktive Strahlung – was ist das eigentlich? Wie entsteht sie? Wie wirkt sie?

Aus der Geschichte: **So wurde die radioaktive Strahlung entdeckt**

Die Entdeckungsgeschichte der radioaktiven Strahlung beginnt am 26. Februar 1896 in Paris:

Der französische Wissenschaftler *Henri Becquerel* untersucht schon seit einiger Zeit das Nachleuchten bestimmter Steine, die vorher mit Licht bestrahlt wurden. (Dieses Nachleuchten, das nichts mit Radioaktivität zu tun hat, kennst du vielleicht von manchen Lichtschaltern oder von den Leuchtziffern einiger Uhren.)

Becquerel will feststellen, ob die Steine beim Nachleuchten außer sichtbarem Licht auch unsichtbare *Röntgenstrahlen* aussenden. Diese Strahlen waren knapp ein Jahr zuvor von *Conrad Wilhelm Röntgen* entdeckt worden. Die Röntgenstrahlen durchdringen viele Stoffe (z. B. Haut, Muskeln, Papier) und belichten Filme. Deshalb bereitet Becquerel an jenem 26. Februar einen **Versuch** vor:

In der Dunkelkammer packt er eine unbelichtete Fotoplatte (eine Glasplatte mit lichtempfindlicher Schicht) in dickes schwarzes Papier ein. Danach will er einen Stein (der auch Uran enthält) von der Sonne bestrahlen lassen, um zu sehen, ob er anschließend die Fotoplatte „belichtet".

Doch inzwischen hat sich der Himmel verfinstert; Becquerel muss mit seinem Experiment auf sonniges Wetter warten. Er legt deshalb den Stein (wie er ist) auf die eingepackte Fotoplatte und verstaut beide in einer dunklen Schublade …

4

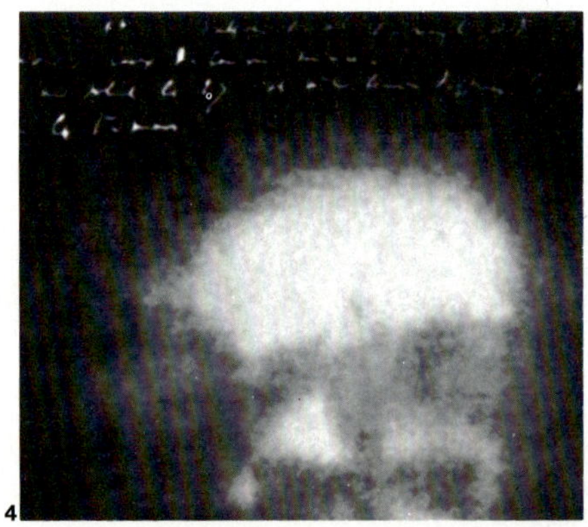

Erst am 1. März scheint wieder die Sonne. Nun endlich kann er den geplanten Versuch durchführen.

Vorsichtshalber nimmt Becquerel eine neue Fotoplatte. Zur Kontrolle entwickelt er aber auch die alte. Auf ihr dürfte jedoch nichts zu sehen sein; der Stein lag ja die ganze Zeit über im Dunkeln – er konnte also auch nicht nachleuchten.

Doch wie überrascht ist Becquerel, als auf der Fotoplatte der Umriss des Steines zu erkennen ist (Bild 4). Der Stein muss also von selbst *gestrahlt* haben.

Damit hatte Becquerel eine völlig unbekannte Strahlung entdeckt: Sie durchdringt – genau wie die Röntgenstrahlung – viele Stoffe und kann Fotoplatten „belichten". Im Gegensatz zur Röntgenstrahlung erzeugt man sie aber nicht mit einem Apparat, sondern sie strömt *wie von selbst* aus bestimmten Gesteinsarten heraus. Später erhielt sie dann den Namen **radioaktive Strahlung**.

1163R

Wichtige Hinweise auf **Schutzmaßnahmen** stehen im Anhang des Buches!

V 1 Mit Becquerels **Fotomethode** soll nachgewiesen werden, dass ein Uranstein radioaktiv ist. Als „Fotoplatte" dient ein Rollfilm, die „Belichtungszeit" beträgt eine Woche. Beschreibe den Versuchsablauf.

V 2 Mit einer **Nebelkammer** kann man den Verlauf der radioaktiven Strahlung sichtbar machen (Bild 5) – nicht jedoch die Strahlung selbst. (Bei Kondensstreifen am Himmel ist es ähnlich: Man sieht die Flugbahn, aber nicht immer das Flugzeug.)

a) Zeichne das Nebelkammerbild in wirklicher Größe nach. Kennzeichne die Lage des Strahlers und miss die Spurenlänge.

b) Welche *Reichweite* hat diese Strahlung ungefähr?

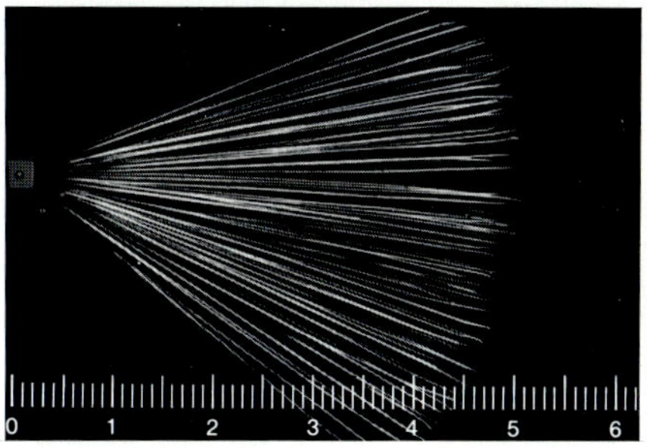

5

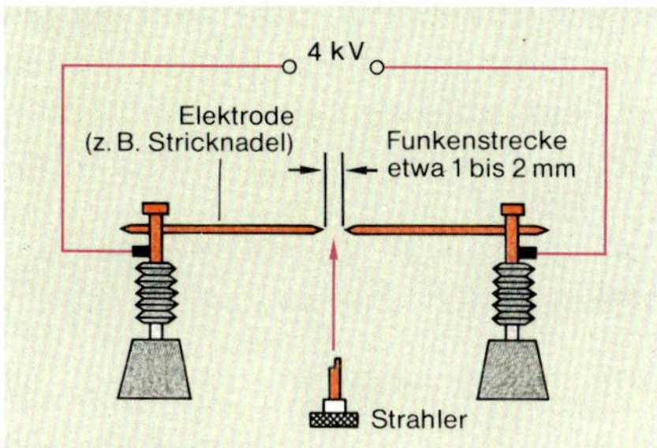

6

V 3 Auch mit der **Funkenstrecke** kann man radioaktive Strahlung nachweisen. Bild 6 zeigt dazu den Versuchsaufbau. Dabei ist der Abstand zwischen den beiden Elektroden so eingestellt, dass gerade noch *keine* Funken überspringen. Nun wird langsam ein Strahler herangeführt ...

V 4 Im **Geigerzähler** werden durch radioaktive Strahlung kurze Stromstöße (sogenannte *Impulse*) ausgelöst und gezählt.

Vor einen Geigerzähler legen wir verschiedene Körper und vergleichen ihre Radioaktivität, z. B. uranhaltige Steine, Glühstrümpfe von Gasleuchten, Feuersteine aus Feuerzeugen und alte Leuchtzifferuhren.

Auch Stoffe aus der Chemikaliensammlung können auf Radioaktivität hin untersucht werden, z. B. Kaliumpermanganat, Kaliumchlorat, Natriumchlorid, Sand, Kohlenstoff.

V 5 Die radioaktiven Strahler werden nun aus dem Raum entfernt. Eigentlich dürfte der Geigerzähler jetzt keine Strahlung mehr anzeigen ... Führe mehrere Messungen durch. Zähle jeweils 1 min lang die Impulse.

Aus Umwelt und Technik: **Der Geigerzähler**

Zum Nachweis radioaktiver Strahlung verwendet man häufig das **Geiger-Müller-Zählrohr** (Bild 7); meist wird es nur kurz **Geigerzähler** genannt. Der Geigerzähler wurde vor rund 70 Jahren von den deutschen Physikern *Hans Geiger* und *Walther Müller* entwickelt. Der Geigerzähler zählt Stromstöße (Impulse). Diese Stromstöße werden durch die radioaktive Strahlung verursacht, die ins Zählrohr eindringt (Bild 8).

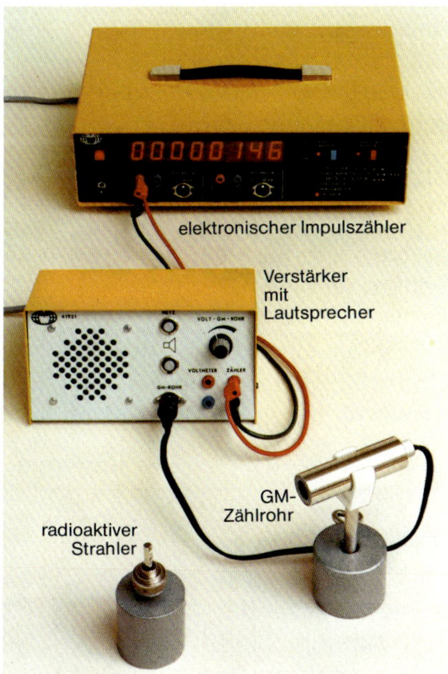

7

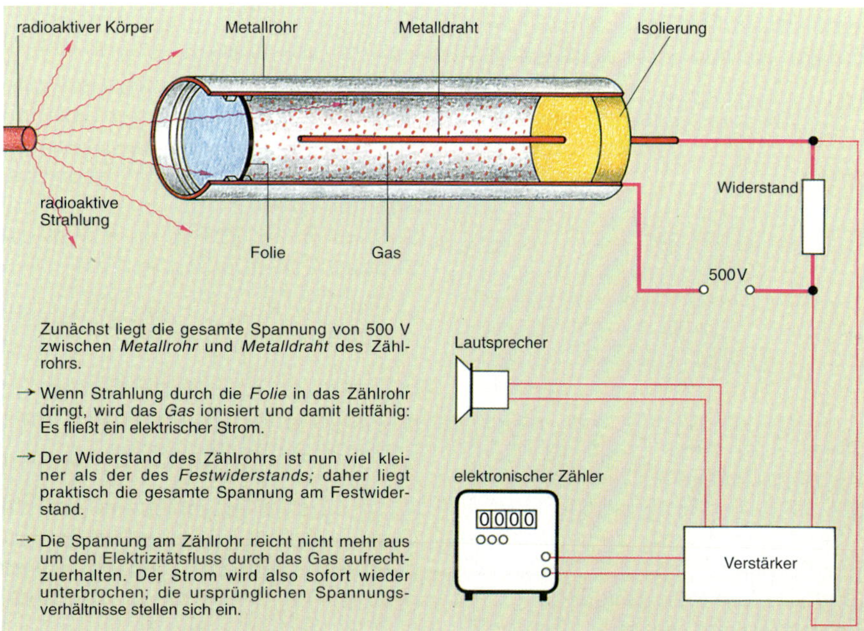

8

Aus Umwelt und Technik: **Radioaktive Strahlung – überall!**

Einer schwachen radioaktiven Strahlung bist du ständig ausgesetzt – ob du nun spazieren gehst, daheim deine Schularbeiten machst oder auch nur im Bett liegst. Diese Umweltstrahlung stammt zum Teil aus dem Weltraum **(Höhenstrahlung)**; zum Teil kommt sie von radioaktiven Stoffen in und auf der Erde **(terrestrische Strahlung** oder **Erdstrahlung)**.

Die terrestrische Strahlung geht vor allem von bestimmten Gesteinen und von den Baustoffen unserer Häuser aus. Gesteine und Baustoffe enthalten meist winzige Mengen radioaktiven Kaliums, Urans und Thoriums.

Gesteine mit erhöhter Radioaktivität sind häufig zu finden. Bild 1 zeigt einen *Burgsandstein* aus der Gegend von Nürnberg. Dass dieser Stein tatsächlich radioaktiv ist, lässt sich mit der Fotomethode nachweisen (Bild 2; „Belichtungszeit": ca. 3 Tage).

Zu den am stärksten radioaktiven Baustoffen gehören bestimmte Fliesen mit orangeroter uranhaltiger Glasur (Bilder 3 u. 4).

Manche recht alltägliche Gegenstände senden ebenfalls radioaktive Strahlung aus, z. B. bestimmte leuchtend gelbe oder grüne Gläser, ebenso Glühstrümpfe von Campingleuchten oder alte Uhren mit selbst leuchtenden Ziffern (Bilder 5 u. 6).

Sogar unsere Nahrungsmittel können sehr geringe Mengen radioaktiver Stoffe enthalten (meist radioaktives Kalium). Unter den Lebensmitteln ist die Paranuss am stärksten radioaktiv; Paranüsse haben nämlich einen hohen Radiumgehalt.

Am meisten wird dich aber wohl überraschen, dass sich auch in deinem Körper radioaktive Stoffe befinden. Das kommt vor allem daher, dass du mit der Nahrung Kalium zu dir nimmst, das stets zu einem kleinen Teil radioaktiv ist.

Das Kalium ist für den menschlichen Körper lebensnotwendig und wird in ihm gespeichert.

Bei starken Rauchern lässt sich auch radioaktives Polonium in der Lunge nachweisen.

1

2

3

4

5

6

Aufgaben

1 Wie könnte Bild 7 entstanden sein? (Als Strahlungsquelle wurde in diesem Versuch radioaktives Gestein aus dem Schwarzwald benutzt.)

Welche Eigenschaften der radioaktiven Strahlung spielten hier eine Rolle?

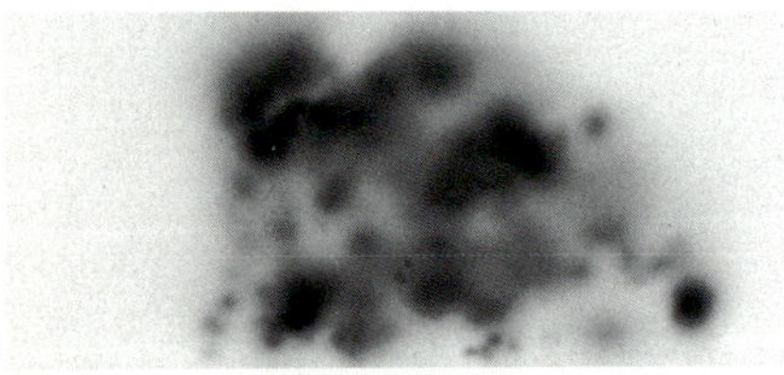
7

2 Wie funktioniert der Geigerzähler? Um diese Frage zu beantworten, brauchst du nur die folgenden Sätze richtig zu ordnen.

Ein elektronischer Zähler zählt jeden Stromstoß (Impuls). Die Gasfüllung wird für kurze Zeit leitfähig. Der Stromstoß wird verstärkt. Es erfolgt ein geringer Stromstoß. Radioaktive Strahlung gelangt in das Zählrohr.

3 In einem Versuch wurden drei Strahler nacheinander im gleichen Abstand vor einen Geigerzähler gelegt. Die Messungen ergaben bei Strahler A 9072 Imp. in 2 min, bei Strahler B 11 012 Imp. in 5 min, bei Strahler C 10 108 Imp. in 10 s.

a) Welcher Körper hatte die größte (geringste) Radioaktivität?

b) Berechne jeweils die Anzahl der Impulse pro Minute (Impulse/1 min), die sogenannte **Impulsrate**.

4 In einem Klassenzimmer ist ein Geigerzähler für je eine Minute eingeschaltet worden. Obwohl keine Strahler im Raum waren, ergaben sich folgende Messwerte:

Messung	1. Min.	2. Min.	3. Min.	4. Min.
Imp./min	20	17	22	18

a) Berechne daraus die durchschnittliche Impulsrate.

b) Woher kommt diese radioaktive Strahlung?

c) Man spricht hier vom **Nulleffekt**. Erkläre den Namen.

5 Einige Chemikalien wurden mit einem Geigerzähler untersucht (Nulleffekt: 20 Imp./min). Was fällt dir auf?

Stoff	Imp./min
Kaliumchlorat	55
Kaliumpermanganat	41
Kaliumnitrat	43
Seesand	24
Natriumchlorid (Kochsalz)	22

2200R

2 Atombau und radioaktive Strahlung

Das Kern-Hülle-Modell des Atoms

Um die Entstehung radioaktiver Strahlung verstehen zu können, musst du einiges über **Atome und ihren Aufbau** wissen.

Alle Stoffe setzen sich bekanntlich aus **Atomen** zusammen, d. h. aus kleinsten Teilchen, die chemisch nicht weiter zerlegt werden können.

Die Atome sind unvorstellbar klein. Selbst mit dem stärksten Mikroskop kann man sie nicht sehen. Einen Eindruck von den Größenordnungen der Atome gibt dir der folgende Vergleich:

Könnte man ein Stickstoffatom millionenfach vergrößern, so wäre es ungefähr so dick wie der Punkt am Ende dieses Satzes. Wenn man diesen Punkt genauso stark vergrößern würde, wäre er so dick, wie der Münchener Olympiaturm *hoch* ist!

Mit Hilfe des **Kern-Hülle-Modells des Atoms** können wir uns vorstellen, wie die Atome selbst aufgebaut sind (Bild 8). Jedes Atom besteht aus einem **Atomkern** und einer **Atomhülle**.

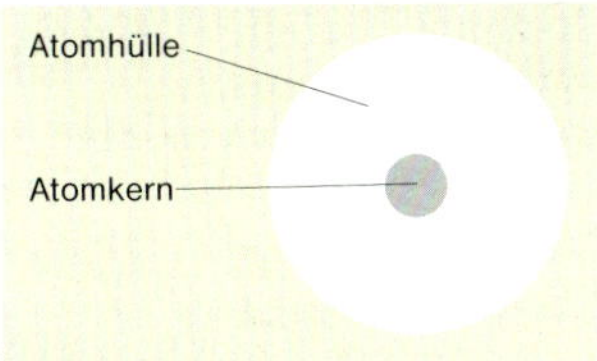

8

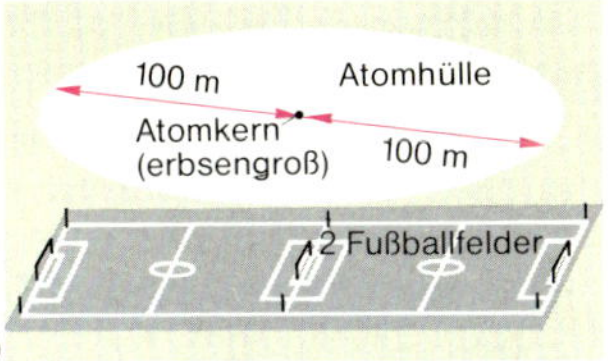

9

Im Vergleich mit der Atomhülle ist der Kern sehr klein. Die Größenverhältnisse lassen sich so veranschaulichen (Bild 9): Stellt man sich den Atomkern so groß wie eine Erbse vor, so hat die Atomhülle einen Durchmesser von 200 m!

Nach dem Kern-Hülle-Modell wird die **Atomhülle** aus den (negativ geladenen) **Elektronen** gebildet; sie umkreisen den Kern in bestimmten Bahnen.

Die **Atomkerne** dagegen bestehen aus zweierlei Kernbausteinen (Bild 10):

- den positiv geladenen **Protonen** und
- den neutralen (ungeladenen) **Neutronen**.

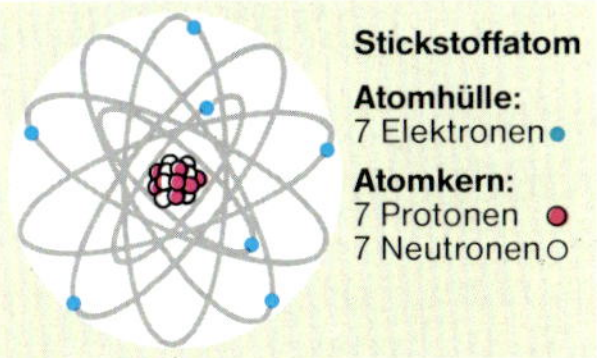

10

Atome besitzen genauso viele Elektronen wie Protonen; das heißt, sie sind elektrisch neutral.

Von der Anzahl der Protonen hängt es ab, zu welchem Element ein Atom gehört.

Wenn z. B. ein Atom nur 1 Proton besitzt, so ist es ein *Wasserstoff*atom; besitzt es 6 Protonen, liegt ein *Kohlenstoff*atom vor; bei 92 Protonen ist es ein *Uran*atom. In der Natur kommen nur Atome mit höchstens 92 Protonen vor. Da jedes Element durch die Anzahl seiner Protonen bestimmt ist, gibt es dementsprechend 92 natürliche Elemente.

Man kann die Elemente nach der Zahl ihrer Protonen ordnen. (Die Protonenzahl wird daher oft auch als **Ordnungszahl** bezeichnet.)

Die Reihe der Elemente beginnt dann beim Wasserstoff (1 Proton) und hört beim Uran (92 Protonen) auf. Das zeigt auch die Tabelle „Einige Elemente – geordnet nach ihrer Protonenzahl (Ordnungszahl)" im Anhang.

Zählt man die Protonen und die Neutronen eines Atoms zusammen, so erhält man die sogenannte **Massenzahl** dieses Atoms. Die Massenzahl ist also die Gesamtzahl der Kernbausteine eines Atoms (Bild 11).

Da die Elektronen der Hülle im Vergleich zu den Protonen und Neutronen des Atomkerns sehr leicht sind, haben sie praktisch keinen Einfluss auf die Masse (und damit auf die Massenzahl) des Atoms.

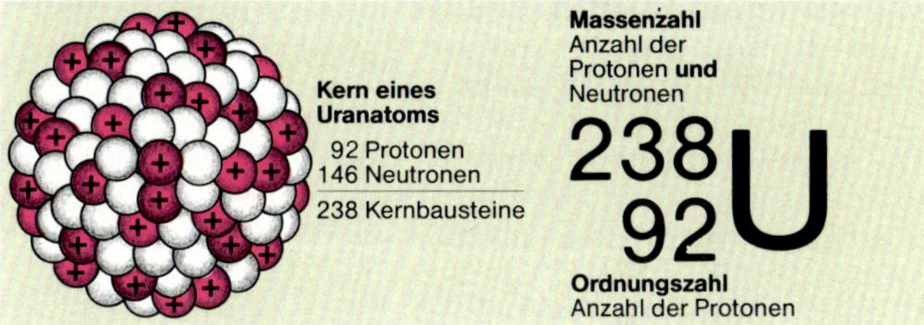

11

Isotope – gleich viele Protonen, aber unterschiedlich viele Neutronen

Atome *ein und desselben Elements* können **unterschiedlich viele Neutronen** haben.

Zum Beispiel besitzen die am häufigsten vorkommenden Kohlenstoffatome 6 Protonen und *6 Neutronen*; sie haben also die Massenzahl **12**. Es gibt aber auch Kohlenstoffatome mit der Massenzahl **14**; sie müssen also *acht Neutronen* besitzen; dieser Kohlenstoff ist **radioaktiv** (Bild 12).

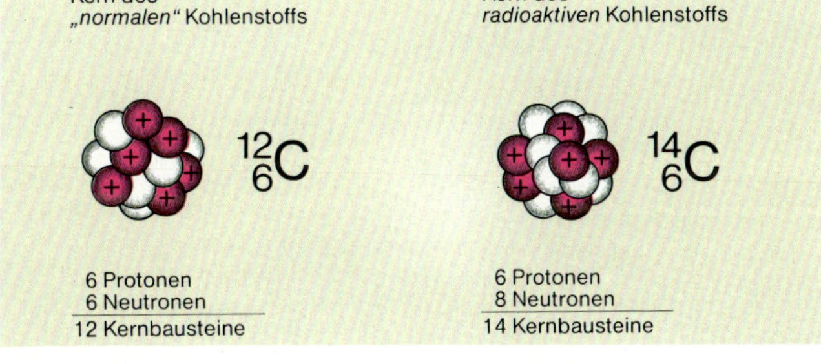

12

Solche Atome *gleicher Protonenzahl, aber unterschiedlicher Neutronenzahl* nennt man **Isotope** des betreffenden Elements (griech. *isos:* derselbe; *topos:* Platz).

„Normaler" und radioaktiver Kohlenstoff sind also Isotope des Elements Kohlenstoff; man bezeichnet sie meist kurz als ^{12}C bzw. ^{14}C (sprich: *Kohlenstoff-12* bzw. *Kohlenstoff-14*).

In der Umwelt kommt das radioaktive Isotop ^{14}C wesentlich seltener vor als das „normale" Isotop ^{12}C. (Von drei Billionen Kohlenstoffatomen ist im Durchschnitt nur eines radioaktiv.)

Auch bei anderen chemischen Elementen gibt es Isotope. Die meisten Elemente sind ein Gemisch von Isotopen. Einige dieser Isotope sind radioaktiv; sie kommen aber meist nur in ganz geringen Mengen vor.

Beispiele für solche Isotope sind das Kaliumisotop ^{40}K und Tritium (^{3}H, *Wasserstoff-3*).

Das radioaktive Kalium ^{40}Ka kommt in geringen Mengen in allen kalkhaltigen Baustoffen (Beton, Kalkstein) vor.

Auch Uran besteht aus Isotopen, nämlich aus ^{238}U und ^{235}U. Das ^{235}U wird in Kernkraftwerken benötigt.

Wie entsteht radioaktive Strahlung?

Die Atomkerne *nichtradioaktiver* Stoffe verändern sich nicht im Laufe der Zeit; man bezeichnet sie deshalb auch als **stabile Atomkerne**.

Die Atomkerne *radioaktiver* Stoffe dagegen sind instabil: Sie wandeln sich unter Aussendung radioaktiver Strahlung um; die Umwandlung bezeichnet man als **Kernzerfall**. Da sich beim Kernzerfall u. a. die Protonenzahl des Kerns ändert, **entstehen Atomkerne eines anderen Elements**.

Ein Beispiel dafür ist der **Zerfall eines Uranatoms**. Den ersten Schritt des Zerfalls kann man sich so vorstellen, wie es in Bild 1 dargestellt ist:

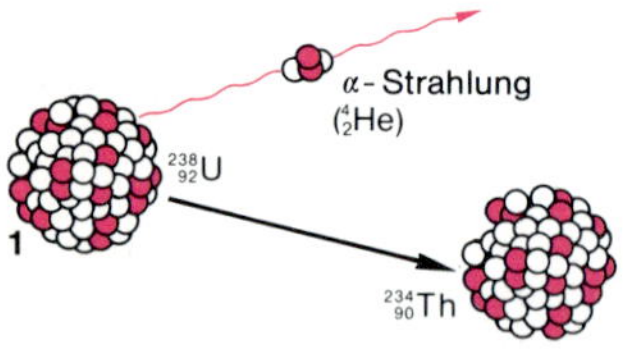

1

Ein Uranatomkern sendet je 2 Protonen und 2 Neutronen aus. Das entspricht einem Kern des Elements **Helium**, denn dieser setzt sich eben aus 2 Protonen und 2 Neutronen zusammen. Die radioaktive Strahlung von Uran-238 besteht also zum größten Teil aus Heliumkernen. Man spricht daher hier auch von einer *Teilchenstrahlung*. Diese Art der Strahlung heißt *α-Strahlung*. (Es gibt außerdem noch eine β- und eine γ-Strahlung; s. u.)

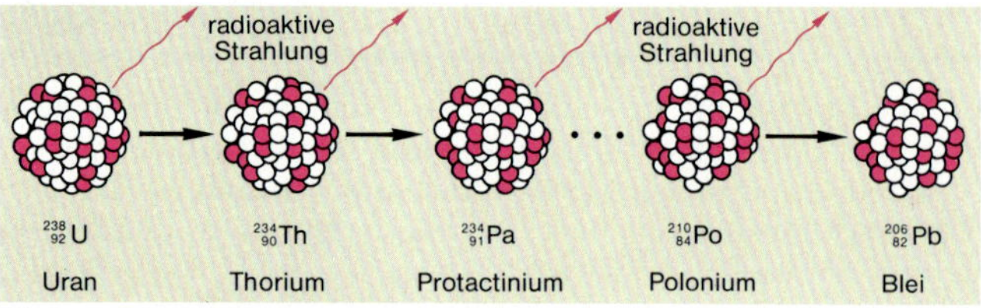

2

Nachdem der Heliumkern abgestrahlt ist, bleibt ein Atomkern des Elements **Thorium** zurück (90 Protonen, 144 Neutronen). Dieses Thorium ist wiederum radioaktiv; das heißt, es wandelt sich im Laufe der Zeit ebenfalls durch Aussenden von Strahlung in ein anderes radioaktives Element um. So geht es weiter, bis schließlich ein stabiler Atomkern entsteht: ein Atomkern des Elements **Blei** (Bild 2).

Radioaktive Strahlung ist also mit Elementumwandlungen verbunden:

Atomkerne des radioaktiven Elements „zerfallen“ und dabei entstehen Atomkerne eines anderen Elements.

Seit Entstehen der Erde verändert sich demnach die Menge der radioaktiven Elemente ständig. Zum Beispiel hat sich im Laufe der Jahrmilliarden mehr als die Hälfte des ursprünglich vorhandenen Urans in Blei umgewandelt.

Verschiedene Strahlungsarten

Es gibt drei verschiedene Arten radioaktiver Strahlung. Sie werden als α-, β- und γ-Strahlung (Alpha-, Beta- und Gammastrahlung) bezeichnet.

Bild 3 zeigt *einen Unterschied* zwischen den drei Strahlungsarten.

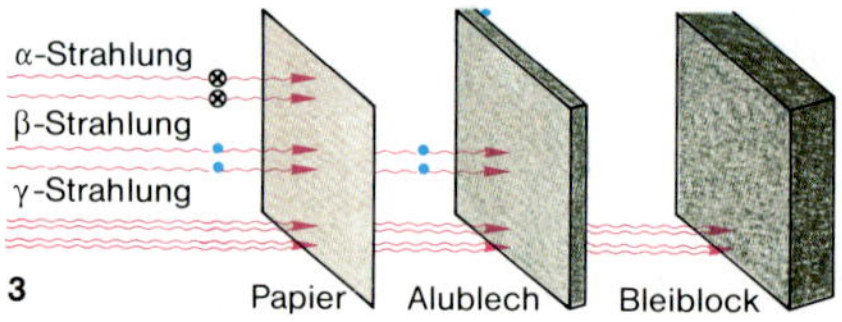

3

Wie weit die Strahlung in einen Stoff **eindringen** kann, hängt *nicht nur von der Strahlungsart* ab. Es kommt auch darauf an, *von welchem Element* sie ausgesandt wird: β-Strahlung (β-Teilchen) kann z. B. noch 3,5 mm dicke Aluminiumplatten durchdringen, wenn sie aus dem radioaktiven Bismut (^{214}Bi) stammt.

Dagegen können die β-Teilchen des radioaktiven Tritiums (^{3}H) praktisch gar nicht ins Aluminium eindringen.

Der Grund dafür ist, dass Bismut-214 viel *schnellere* β-Teilchen aussendet als Tritium. Die β-Teilchen von Bismut haben also die größere Energie.

Die folgende **Übersicht** zeigt, worin sich die Strahlungsarten außerdem noch unterscheiden:

	α-Strahlung	β-Strahlung	γ-Strahlung
Abschirmung	durch Papier (oder durch eine 4–8 cm dicke Luftschicht)	durch 4–5 mm dickes Aluminiumblech	durch dicke Bleiplatten
Art der Strahlung	Teilchenstrahlung (α-Teilchen)	Teilchenstrahlung (β-Teilchen)	ähnlich der Röntgenstrahlung (energiereich)
Wirkung auf andere Körper	stark ionisierend	weniger stark ionisierend	schwach ionisierend (verglichen mit α-Strahlung)

Die Ionisation – eine Wirkung der radioaktiven Strahlung

- Filme werden durch dieVerpackung hindurch „belichtet“.
- Luft wird leitend, sodass Funken überspringen können.
- In der Nebelkammer bilden sich Nebelspuren.

Alle drei Wirkungen beruhen auf der **Ionisation**: Wenn radioaktive Strahlung auf Materie trifft, werden Elektronen aus den Hüllen der Atome „herausgeschlagen“. Die „Restatome“ sind positiv geladen; es sind (positive) **Ionen** (Bild 4).

Die Luft z. B. wird durch die Strahlung ionisiert, sie wird leitend. Auch in der Nebelkammer entstehen durch radioaktive Strahlung Ionen. An sie lagern sich Wassermoleküle an, sodass Nebelspuren sichtbar werden.

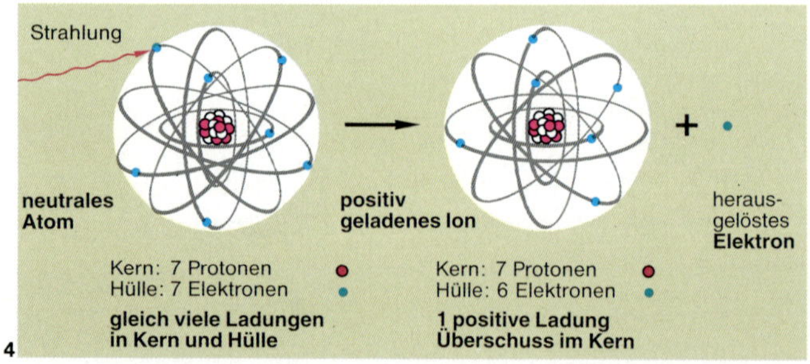

4

5115R

3 Wie kann man sich vor radioaktiver Strahlung schützen?

5 Beim Umgang mit radioaktiven Stoffen sind besondere Schutzmaßnahmen erforderlich – z. B. die von Bild 5.

V 6 Wir wollen verschiedene Schutzmöglichkeiten durch Messungen mit dem Geigerzähler untersuchen.

Plane deshalb zu jeder der folgenden Fragen einen Versuch; lege die Versuchsbedingungen genau fest.

a) Kann schon allein *ein* Blatt Papier schützen?

b) Bietet ein großer *Abstand* zum Strahler Schutz vor der Strahlung? (Beginne mit einem Abstand von 2 cm und vergrößere ihn dann in Schritten von 2 cm.)

c) Schirmen *verschiedene Stoffe* radioaktive Strahlen unterschiedlich gut ab? (Führe den Versuch mit 1 mm dicken Platten aus Pappe, Aluminium, Eisen, Blei, Kupfer, ... durch.)

d) Welche Rolle spielt dabei die *Dicke* des Materials? (Benutze 1–6 mm dicke Aluminiumbleche. Du kannst es auch mit unterschiedlich vielen Papierblättern versuchen: 1 Blatt, 50 Blätter, ... ein dickes Buch.)

Aufgaben

1 Radioaktive Strahlung lässt sich abschirmen. Das zeigen auch die **Versuche**, deren Ergebnisse in der rechts stehenden Tabelle angegeben sind: Zwischen einen Radiumstrahler und einen Geigerzähler wurden dabei Platten aus verschiedenen Materialien gestellt (Nulleffekt: 20 Imp./min).

a) Welcher Stoff eignet sich am besten zur Abschirmung?

b) Welches der untersuchten Metalle schirmt am wenigsten ab?

c) Welchen Einfluss hat die Dicke des Materials?

d) Stelle die Messwerte für *Aluminium* in einem Diagramm dar (*senkrechte Achse:* Impulsrate; *waagerechte Achse:* Dicke). Was fällt dir auf?

2 Die Bilder 6 u. 7 wurden mit den gleichen radioaktiven Strahlern hergestellt.

6

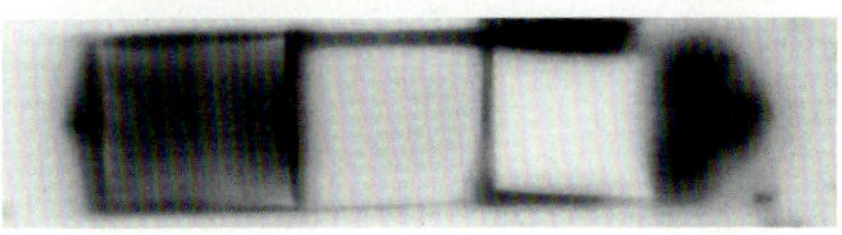

7

a) Die unterschiedlich dunklen Flächen von Bild 6 entstanden beim Durchstrahlen verschiedener Materialien gleicher Dicke (bei gleichem Abstand zwischen Strahler und Film). Wo lagen Blei, Eisen und Papier?

b) Die Quadrate in Bild 7 entstanden beim Durchstrahlen gleicher, aber unterschiedlich dicker Materialien. Wo lag das dickste und wo das dünnste Material?

3 Die folgende Tabelle zeigt, dass die Stärke der Strahlung abnimmt, wenn der Abstand zum Strahler größer wird (Nulleffekt: 20 Imp./min):

Strahler–Zählrohr Abstand in cm	Impulsrate Imp./min
3	70 400
6	16 658
9	7 424
20	1 330
40	266
60	122
100	48

Welche Behauptung trifft eher zu:
„2facher Abstand → halbe Strahlung, 3facher Abstand → 1/3 Strahlung“
oder
„2facher Abstand → 1/4 Strahlung, 3facher Abstand → 1/9 Strahlung“?

Abschirm-material	Dicke mm	Impulsrate Imp./min
keines	–	6 102
Aluminium	0,5	1 108
	1,0	533
	2,0	223
	3,0	135
	3,5	103
	4,0	96
	5,0	88
	6,0	87
	7,0	81
Eisen	1,0	112
Kupfer	1,0	93
Zink	1,0	122
Papier	0,1	4 948
Pappe	0,5	2 614
	1,0	1 581
Blei	1,0	80
	2,0	71
	4,0	66
	8,0	56
	25,0	37
Ziegelstein	60,0	96
Beton	60,0	81
Erde	60,0	108
Wasser	60,0	128

4 Halbwertszeit und Messung der Radioaktivität

„Wohin mit dem Atommüll?“ Diese Frage hört man immer wieder. Aber ist das überhaupt ein Problem? In jedem Stoff, der radioaktiv ist, zerfallen doch Atomkerne und wandeln sich um. Dadurch verringert sich laufend die Menge des radioaktiven Stoffes. So zerfallen z. B. in 1 g Radium pro Sekunde 37 Milliarden Atome!

Die Radioaktivität des „Atommülls“ müsste also eigentlich von selbst verschwinden …

Was versteht man unter Halbwertszeit?

Bei zwei verschiedenen Stoffen (Radium-226 und Barium-137) wurde mit einem Geiger-Müller-Zählrohr gemessen, ob ihre Radioaktivität tatsächlich im Laufe der Zeit verschwindet oder wenigstens immer schwächer wird.

Hier siehst du die Tabelle mit den Messwerten:

Messung	Radium (^{226}Ra) Imp./15 s	Barium (^{137}Ba) Imp./15 s
zu Beginn	554	1 040
nach 1 min	524	755
nach 2 min	550	552
nach 3 min	560	441
nach 4 min	541	329
nach 5 min	528	270
nach 6 min	529	210
nach 7 min	561	149
nach 8 min	560	119
nach 9 min	532	103
nach 10 min	551	89

Diese Ergebnisse sind recht überraschend: Während **Barium** seine Radioaktivität tatsächlich sehr schnell verliert, scheint sie sich bei **Radium** nicht zu verändern. Wie ist das möglich?

1 g Radium enthält unvorstellbar viele Atome. Im Vergleich dazu fallen die in einer Sekunde oder an einem Tag zerfallenden Atome nicht ins Gewicht. Es dauert nämlich bei Radium 1620 Jahre, bis **die Hälfte der Atomkerne zerfallen ist** (Bild 1). Diesen **Zeitraum** bezeichnet man als **Halbwertszeit** von Radium-226. Jeder radioaktive Stoff hat eine für ihn typische Halbwertszeit, die sich nicht beeinflussen lässt:

Radioaktiver Stoff	Halbwertszeit
Uran-238	4 500 000 000 Jahre
Kalium-40	1 260 000 000 Jahre
Kohlenstoff-14	5 760 Jahre
Radium-226	1 620 Jahre
Cäsium-134	30 Jahre
Strontium-90	29 Jahre
Iod-123	13,3 Stunden

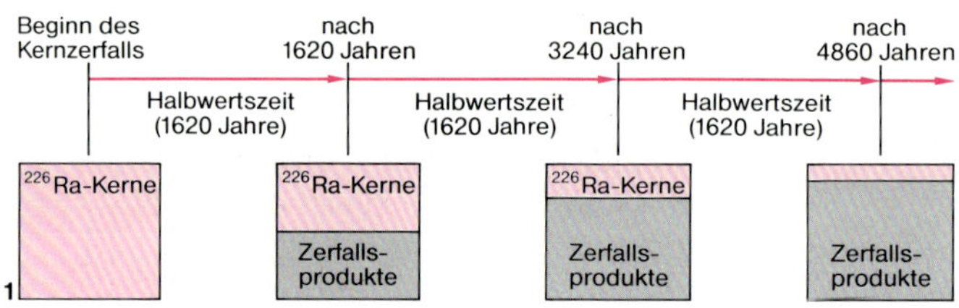

1

Aufgaben

1 Stelle den radioaktiven Zerfall von Barium-137 mit Hilfe der Messwerte aus der Tabelle zeichnerisch dar (*senkrechte Achse:* Impulsrate; *waagerechte Achse:* Zeitpunkte der Messungen).

Wenn die Hälfte der Bariumatome zerfallen ist, ist auch die Impulsrate nur noch halb so groß. Du kannst daher aus deinem Diagramm die Halbwertszeit von Barium-137 ermitteln. Wie groß ist sie?

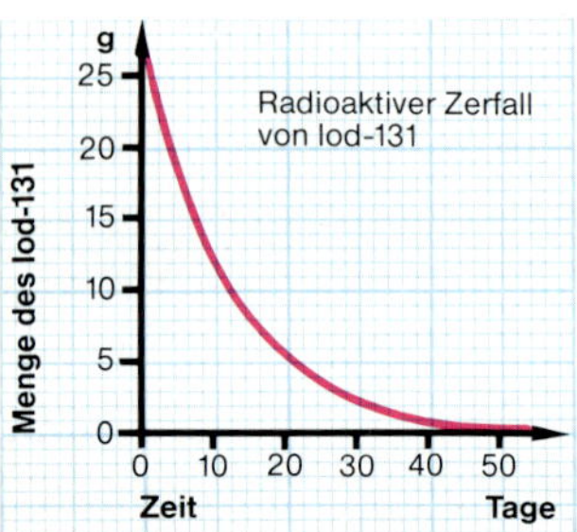

2

2 Bild 2 zeigt den Zerfall von 28 g Iod-131. Ermittle seine Halbwertszeit.

Wie lange dauert es, bis nur noch 1,5 g vorhanden sind?

3 Die folgende Tabelle zeigt den Zerfall von Iod-123. Übertrage sie in dein Heft und ergänze sie.

Zeit	Zahl der radioaktiven Atome	Zahl der nicht mehr radioaktiven Atome
zu Beginn	12 000 000	0
nach 13,3 Std.	6 000 000	6 000 000
nach 26,6 Std.	?	?
nach 39,9 Std.	?	?
nach 53,2 Std.	?	?
nach 66,5 Std.	?	?

4 Das Poloniumisotop $^{210}_{84}$Po sendet α-Strahlung aus. Seine Halbwertszeit beträgt 138,4 Tage. Welches Element entsteht beim Zerfall?

Dauert es länger als ein Jahr, bis sich alles Polonium in das neue Element umgewandelt hat?

5117R

Aus Umwelt und Technik: **Altersbestimmung mit Hilfe radioaktiver Strahlung**

Wann war eine Höhle mit vorzeitlichen Wandmalereien bewohnt? Wie lange lag ein Mammut im ewigen Eis? Mit Hilfe der **Radiokarbonmethode** (lat. *carbo:* Kohle) können Archäologen solche Fragen beantworten.

Bekanntlich enthält die Luft Kohlenstoffdioxid, eine Verbindung aus Kohlenstoff und Sauerstoff. Die Radiokarbonmethode beruht darauf, dass ein kleiner Teil des Kohlenstoffs radioaktiv ist; es kommt als radioaktives Kohlenstoffisotop C-14 vor, das mit einer **Halbwertszeit** von 5730 Jahren zerfällt.

Lebende Pflanzen nehmen Kohlenstoffdioxid aus der Luft auf und bauen ihn in ihr Gewebe ein – also auch den radioaktiven Teil entsprechend seinem Anteil am Kohlenstoff der Luft. (Man geht davon aus, dass der Anteil dort immer gleich bleibt.)

Wenn nun eine Pflanze stirbt, ist auch die Aufnahme von Kohlenstoff beendet. Von diesem Augenblick an *verringert* sich (durch Kernzerfall) der Anteil von C-14 in der Pflanze; er halbiert sich alle 5730 Jahre.

Man kann also aus der Radioaktivität von toter kohlenstoffhaltiger Materie auf deren Alter schließen. So gibt es z. B. in 1 g Kohlenstoff eines frisch gefällten Baumes ca. 16 Kernzerfälle pro Minute; nach 5730 Jahren sind es noch 8, nach 11 460 Jahren nur noch 4 usw.

Becquerel, Gray und Sievert – Einheiten für den Strahlenschutz

Becquerel – Einheit der Aktivität

Beim Zerfall von Atomkernen entsteht radioaktive Strahlung. Je mehr Atomkerne eines Stoffes in einer bestimmten Zeit (z. B. 1 s) zerfallen, desto größer ist die (Radio-)**Aktivität** dieses Stoffes.

In Bild 3 z. B. zerfallen in 5 s 5 Atomkerne. Die Aktivität beträgt somit „5 Zerfälle in 5 Sekunden"; das entspricht „1 Zerfall in 1 Sekunde". Das wird durch die Einheit Becquerel ausgedrückt:

1 Becquerel = 1 Zerfall pro Sekunde,

$$1\ \text{Bq} = \frac{1}{\text{s}}.$$

Wenn man die Aktivität *unterschiedlicher* Stoffe miteinander vergleichen will, muss man auch die Masse und das Volumen des Körpers berücksichtigen. In 1 kg Uran finden natürlich in 1 s weit mehr Kernzerfälle als in 1 g Uran statt.

Einige Beispiele für Aktivitäten:
1 g natürliches Uran: ca. 12 000 Bq, also 12 000 Zerfälle pro Sekunde);
1 g natürlicher Kohlenstoff: ca. 0,2 Bq (Kohlenstoff enthält geringe Mengen des radioaktiven Kohlenstoffisotops ^{14}C);
1 g Radium: ca. 37 000 000 000 Bq;
1 l. Milch: unter 1 Bq (kurz nach dem Reaktorunfall von Tschernobyl in einigen Teilen Deutschlands mehr als 800 Bq!);
Radiumstrahler für Unterrichtszwecke: z. B. 3700 Bq.

Gelegentlich werden von einigen Stoffen (so z. B. von Lebensmitteln) sogenannte **Grenzwerte** angegeben. Im Jahr 1986 betrug z. B. der Grenzwert von 1 l Milch bei uns 370 Bq; für 1 kg Fleisch wurde als Grenzwert 600 Bq angegeben.

Die Angabe von Grenzwerten bedeutet nicht, dass die Strahlung unterhalb dieses Wertes ungefährlich ist! Wissenschaftler sind heute der Meinung, dass es eine solche Grenze überhaupt nicht gibt.

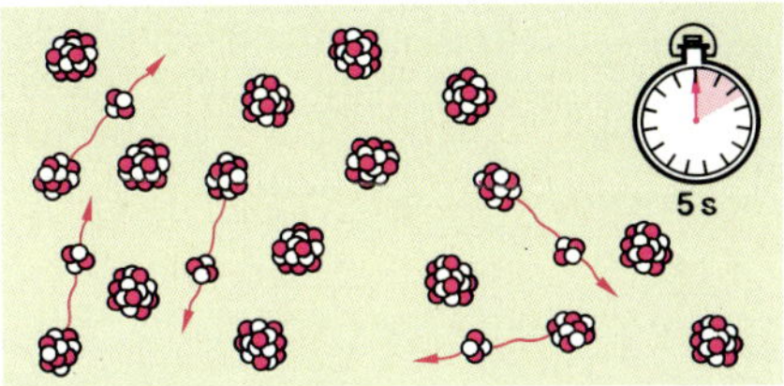

3

Daher lautet der wichtigste Grundsatz des Strahlenschutzes: *Die Strahlenbelastung ist für den Menschen so niedrig wie möglich zu halten!*

Gray – Einheit der Energiedosis

Wenn radioaktive Strahlung in Materie eindringt, zeigt sie häufig eine Wirkung: die Ionisation; d. h., Elektronen werden aus neutralen Atomen herausgelöst und es entstehen Elektron-Ion-Paare. Für jeden einzelnen Ionisationsvorgang ist eine bestimmte Energie nötig.

Deshalb ist die *Energie, die 1 kg Materie durch die Strahlung aufnimmt,* ein Maß für die Wirkung der Strahlung.

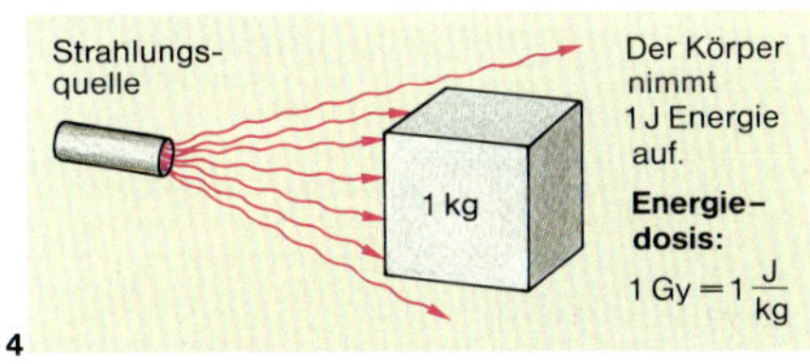

4

Den Quotienten aus aufgenommener Energie und Masse nennt man **Energiedosis** (Bild 4). Die Energiedosis hat die Einheit **1 Gray** (1 Gy): 1 Gy = 1 J/kg.

Eine veraltete, aber noch oft verwendete Einheit ist **1 Rad** (*radiation absorbed dose*; Zeichen: rd): 100 rd = 1 Gy.

Sievert – Einheit der Äquivalentdosis

Die Angabe der Aktivität in Bq reicht nicht, um zu beurteilen, *wie* gefährlich eine Strahlung für Lebewesen ist. Auch wenn die Aktivität zweier radioaktiver Stoffe gleich ist, kann ihre **biologische Wirkung** unterschiedlich sein.

Vor allem die *Art der Strahlung* (α-, β- oder γ-Strahlung) spielt dabei eine Rolle.

Um herauszufinden, wie die einzelnen Strahlungsarten wirken, hat man Organismen (Zellen, Pflanzen, Tiere) radioaktiv bestrahlt. Man fand heraus, dass z. B. Röntgenstrahlung die gleiche biologische Wirkung hat wie β- und γ-Strahlung. Die α-Strahlung dagegen hat eine etwa 20-mal (!) so große Wirkung wie eine gleich starke Dosis (Menge) von β-, γ- oder Röntgenstrahlung (Bild 5).

Die Einheit, die auch die unterschiedliche biologische Wirkung der Strahlungsarten berücksichtigt, ist **1 Sievert (1 Sv)**. 1 Sv = 1000 mSv (Millisievert).

Oft wird noch die bis 1985 gültige Einheit **1 Rem** benutzt: 1 Sv = 100 rem.

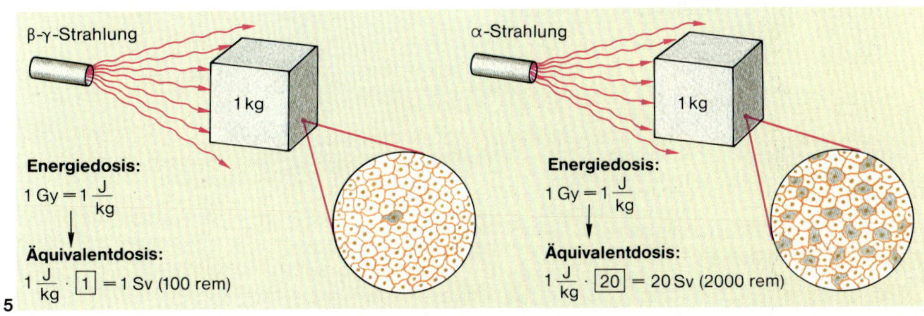

5

5 Gefahr und Nutzen radioaktiver Strahlung

Aus Umwelt und Technik: **Radioaktive Strahlung ist gefährlich!**

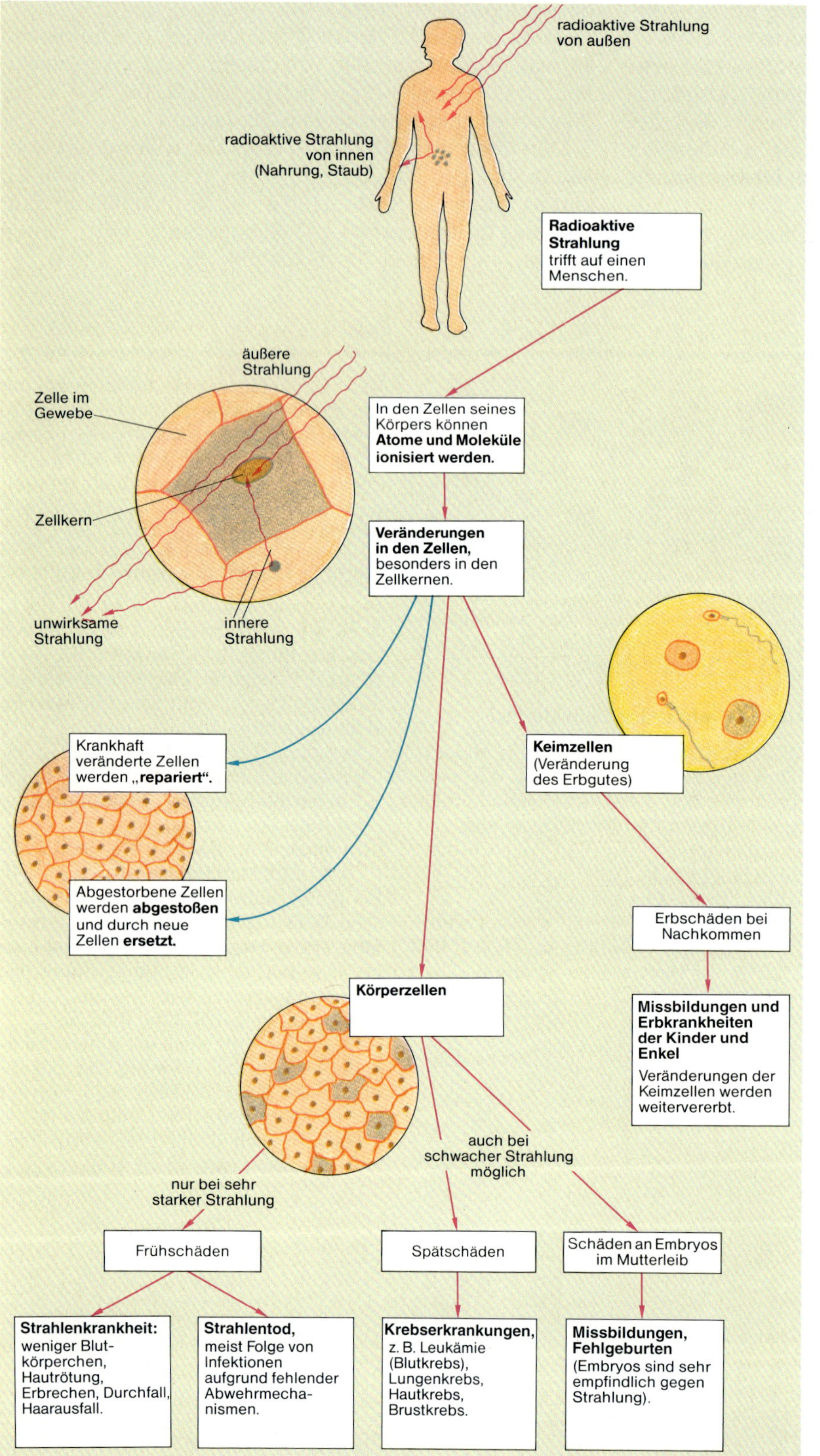

1

Immer wenn radioaktive Strahlung auf Zellen des menschlichen Körpers trifft, kann es in ihnen zu Veränderungen kommen. Dies gilt nicht nur für extrem starke Strahlung, wie sie z. B. bei schwersten Unfällen in Kernkraftwerken auftritt. Auch die Umweltstrahlung, der wir ja ständig ausgesetzt sind, ruft bei uns Zellveränderungen hervor.

Allerdings sind die Gefahren durch die Umweltstrahlung sehr gering – insbesondere, wenn sie von außen auf den Körper trifft. Die Strahlung wird nämlich zum größten Teil durch die Haut abgeschirmt, sodass empfindliche Organe nicht getroffen werden können.

Schon erheblich gefährlicher ist die *innere Strahlung* – d. h. diejenige Strahlung, die von radioaktiven Stoffen ausgeht, die mit der Nahrung und der Atemluft in unseren Körper gelangt sind.

So kommt z. B. das radioaktive Iod über die Nahrungskette Weide–Kuh–Milch in unseren Körper. Auch Cäsium nehmen wir mit der Milch auf, vor allem aber mit Pilzen und Fischen.

Welche Wirkungen radioaktive Strahlung auf den Menschen hat, zeigt dir Bild 1.

Ob aber die darin beschriebenen Schäden wirklich eintreten, hängt von verschiedenen Bedingungen ab. Besonders wichtig sind dabei:

- **Die Art und Energie der Strahlung, die auf den Körper einwirkt**
  Die Art der Strahlung hängt davon ab, welcher Strahler sie aussendet: Zum Beispiel ist Plutonium ein α-Strahler, Iod-131 ist dagegen ein β- und ein γ-Strahler.
  Vom Strahler ist auch die Energie der Strahlung abhängig. So haben etwa die β-Teilchen des Cäsiumisotops ^{134}Cs mehr Energie (Bewegungsenergie) als die des Isotops ^{137}Cs und können daher tiefer in den Körper eindringen.

2164R

○ **Die Dauer der Strahlung und ihre zeitliche Verteilung**
Je länger eine Strahlung wirkt, desto schwerwiegender sind die zu erwartenden Folgen. Bei Strahlern, die in den Körper aufgenommen sind, kann die Dauer der Bestrahlung von der Halbwertszeit abhängen.

Tierversuche zeigten, dass neben der Dauer auch die zeitliche Verteilung der Strahlung wichtig ist: Eine kurzzeitige Bestrahlung ist gefährlicher, als wenn die Strahlung über längere Zeit verteilt ist (bei gleicher zugeführter Energie).

○ **Die Empfindlichkeit des Organs**
Besonders strahlenempfindlich sind Organe, die ständig neue Zellen bilden. Dazu gehören vor allem Blut bildende Organe wie die Milz, das Knochenmark und die Lymphknoten, aber auch die Keimdrüsen, der Magen, der Darm, die Haarwurzeln, die Haut und die Blutgefäße. Weniger empfindlich sind Muskeln und Knochen.

Sofern radioaktive Stoffe in den Körper gelangen, ist wieder die Art des Strahlers entscheidend:

Das radioaktive Iod-131 wird beispielsweise in der Schilddrüse gesammelt und auch gespeichert. Die Schilddrüse benötigt nämlich Iod zur Bildung des Schilddrüsenhormons. Sie kann aber nicht zwischen radioaktivem und nichtradioaktivem Iod unterscheiden.

Strontium (^{89}Sr und ^{90}Sr) sammelt sich vorwiegend in den Knochen, denn es hat eine große Ähnlichkeit mit Calcium, aus dem die Knochen aufgebaut werden.

Cäsium (^{134}Cs und ^{137}Cs) verteilt sich fast gleichmäßig im ganzen Körper; geringe Konzentrationen treten in den Muskeln, den Nieren und den Keimdrüsen auf.

Aus Umwelt und Technik: **Radioaktive Strahlung in der Medizin**

Radioaktive Strahlung wird in der Medizin nicht nur eingesetzt um Krankheiten zu *behandeln* (Therapie), sondern auch um sie *festzustellen* (Diagnose).

Krebserkrankungen werden heute oft dadurch *behandelt,* dass man die kranken Zellen durch radioaktive Strahlung zerstört. Um dabei die gesunden Zellen möglichst wenig zu schädigen, bestrahlt man die Krebsgeschwulst aus verschiedenen Richtungen (Bild 2).

Mit radioaktiver Strahlung lassen sich heute auch Krankheiten *feststellen*, so z. B. bestimmte Erkrankungen der **Schilddrüse**. Dabei geht man folgendermaßen vor:

Der Patient muss zunächst eine Flüssigkeit trinken, die eine kleine Menge radioaktiven Iods-131 enthält. Da die Schilddrüse Iod aus dem Körper aufnimmt und speichert, gelangt auch (nach und nach) ein Teil dieses Iods in sie hinein; sie wird dort im Organgewebe gelagert.

Nun misst man in bestimmten Abständen die Strahlung der Schilddrüse. So stellt man fest, wie viel Iod jeweils schon aufgenommen wurde. Daraus lässt sich ableiten, ob die Schilddrüse richtig funktioniert oder ob sie krank ist.

Mit Hilfe der Strahlung kann man auch ein „Bild" der Schilddrüse herstellen um so kranke Stellen aufzuspüren. Dazu wird die Strahlungsstärke sämtlicher Teile der Schilddrüse mit einem empfindlichen Messgerät Punkt für Punkt bestimmt. Die Messwerte werden in einem sog. *Szintigramm* (Bild 3) durch engere bzw. weitere Strichabstände dargestellt.

In ähnlicher Weise werden auch **Geschwülste** (Tumoren) im Körper aufgespürt. Radioaktives Gallium (Ga-67) sammelt sich nämlich in Tumoren an; diese lassen sich dann in einem Szintigramm erkennen.

Untersuchungen mit radioaktiven Stoffen sind für den Patienten nicht ohne **Risiko**; jede radioaktive Bestrahlung kann ja zu Zellveränderungen auch bei gesunden Zellen führen. Um dieses Risiko möglichst gering zu halten, sollten bei den Untersuchungen Präparate mit möglichst geringer Halbwertszeit verwendet werden. Vor allem sollte sich jeder Patient vor der Behandlung beim Arzt über mögliche Nebenwirkungen erkundigen.

Grundsätzlich sollte die Zahl von Röntgenuntersuchungen und Untersuchungen mit radioaktiven Stoffen so selten wie möglich stattfinden.

Fragen und Aufgaben zum Text

1 Was will man mit der Strahlenbehandlung von Krebs erreichen?

2 Die Strahlenbehandlung ist für den Patienten gar nicht so ungefährlich. Weshalb kann man das sagen?

3

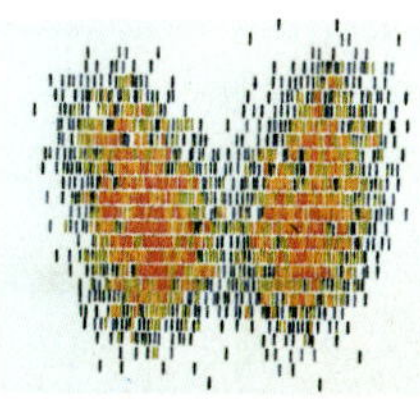

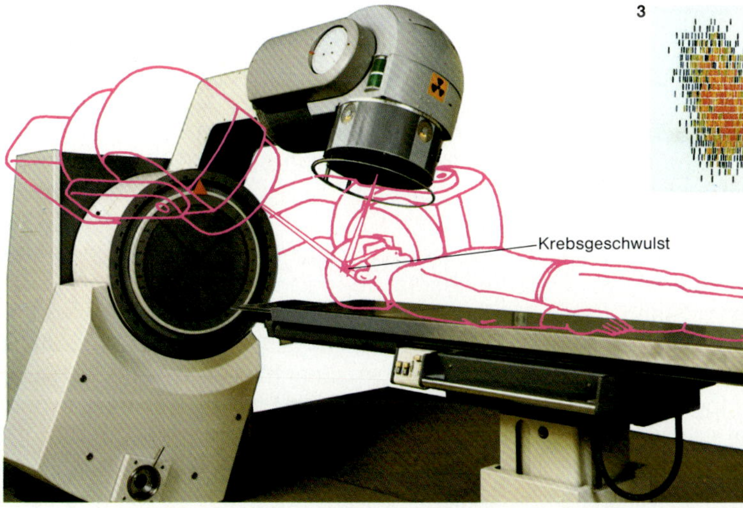

2

Die Strahlenbelastung und ihre Folgen

Wie groß die **durchschnittliche jährliche Strahlenbelastung** in der Bundesrepublik Deutschland ist, zeigt dir die unten stehende Tabelle 1.

Zum Vergleich: Bei Personen über 18 Jahre, die beruflich mit radioaktiver Strahlung zu tun haben, darf die Strahlenbelastung bis zu 50 mSv (5000 mrem) im Jahr betragen.

In unmittelbarer Nähe des brennenden Reaktors von Tschernobyl waren Menschen extrem hohen Strahlenbelastungen ausgesetzt. Die **Folgen kurzzeitiger und hoher Strahlenbelastungen** sind in der Tabelle 2 zusammengestellt.

Auch geringere Strahlenbelastungen über längere Zeiträume bedeuten eine Gefahr für unsere Gesundheit. Einen Grenzwert für eine absolut ungefährliche Strahlenbelastung gibt es nicht. Folgen treten manchmal erst Jahrzehnte später auf.

Untersuchungen in Hiroshima und Nagasaki zeigten, dass auch Menschen, die nur geringen Strahlenbelastungen ausgesetzt waren, Spätfolgen erlitten. Etwa zehn Jahre nach den Bombenabwürfen stieg die Zahl der Leukämiefälle (Blutkrebs) an, nach 25 Jahren auch die der anderen Krebserkrankungen.

Es gibt Vermutungen darüber, welche Folgen geringfügige Dauerstrahlenbelastungen haben: Wenn Menschen einer zusätzlichen Strahlenbelastung von 1 mSv (100 mrem) pro Jahr ausgesetzt sind, könnte die Zahl der Krebstoten um 1 bis 2 je 100 000 Menschen steigen.

Tabelle 1:

Art der Strahlenbelastung	Strahlenbelastung (im Jahr)
natürliche Strahlung:	
Weltraumstrahlung	ca. 0,3 mSv (30 mrem)
Erdstrahlung	ca. 0,5 mSv (50 mrem)
innere Strahlung des Menschen	ca. 0,3 mSv (30 mrem)
zusammen	ca. 1,1 mSv (110 mrem)
künstliche Strahlung:	
Kernkraftwerke	unter 0,01 mSv (1 mrem)
medizinische Strahlung (einschließl. Röntgenstrahlung)	0,6 mSv (60 mrem)
Atombombenversuche	unter 0,01 mSv (1 mrem)
sonstige Strahlung	unter 0,02 mSv (2 mrem)
zusammen	unter 0,63 mSv (63 mrem)
Reaktorunfall in Tschernobyl (vorsichtige Schätzungen für 1986)	ca. 0,2–2 mSv (20–200 mrem)

Tabelle 2:

kurzzeitige Belastung	Strahlenschäden
250–500 mSv (25 000–50 000 mrem)	Veränderungen im Blutbild, Schäden an Embryos
1000 mSv (100 000 mrem)	akute Gefahr für die Gesundheit, beginnende Strahlenkrankheit (Übelkeit, Erbrechen, Haarausfall ...)
2000 mSv (200 000 mrem)	Strahlenkrankheit, Hautschäden, ca. 10 % Todesfälle
3000 mSv (300 000 mrem)	Blutungen, schwere Veränderungen im Blutbild, ca. 20 % Todesfälle
4000 mSv (400 000 mrem)	schwere Entzündungen, 50 % Todesfälle innerhalb von 5 Wochen
ab 6000 mSv (600 000 mrem)	mehr als 90 % Todesfälle, selbst durch Knochenmarktransplantationen kann man die Mehrzahl der Verletzten nicht mehr retten
Zusätzlich sind Spätschäden (Krebs und Erbschäden) möglich.	

Aufgaben

1 Durch welche Eigenschaften radioaktiver Strahlung werden Schädigungen beim Menschen hervorgerufen?

2 Wovon hängt die schädigende Wirkung der radioaktiven Strahlung ab?

3 Eine α-Strahlung lässt sich schon durch Papier abschirmen; trotzdem kann sie unter bestimmten Bedingungen größeren Schaden anrichten als eine γ-Strahlung. Erkläre diese Behauptung.

4 Die Strahlenbelastung eines Menschen kann durchaus über oder unter den Durchschnittswerten der Tabelle 1 liegen. Nenne Gründe dafür.

5 Durch den Reaktorunfall in Tschernobyl im Jahr 1986 wurden stark radioaktive Stoffe freigesetzt, teils als Gas, teils als feinster Staub. Diese Stoffe wurden innerhalb einiger Tage mit dem Wind über fast ganz Europa verteilt. In diesen Tagen wurden u. a. folgende Vorsichtsmaßnahmen empfohlen: Möglichst oft waschen! Bei Regen nicht im Freien aufhalten! Keine Milch von Weidevieh trinken! Nicht auf staubigen Sportplätzen bzw. in Sandkästen spielen! Was sollte mit diesen Maßnahmen erreicht werden?

6 In 1 l Milch wird für Iod (^{131}I) und für Cäsium (^{134}Cs und ^{137}Cs) jeweils eine Aktivität von 20 Bq gemessen. Sowohl Iod als auch Cäsium sind β- und γ-Strahler.

Trotz gleicher Aktivität und gleicher Strahlungsart ist aber die biologische Wirksamkeit unterschiedlich?

7 Kurz nach dem Unfall von Tschernobyl wurden in Milch eine hohe Iod- und eine geringe Cäsium-Aktivität gemessen. Nach vier Wochen waren die Cäsium-Werte dagegen höher als die Iod-Werte.

Gib den Grund dafür an.

8 Ein α-Strahler bewirkt in einem Tierversuch eine Energiedosis von 0,5 Gy. Durch einen β-Strahler wird einem anderen Tier eine Energiedosis von 1 Gy zugeführt.

Berechne die Äquivalentdosen. Welche Folgen sind zu erwarten?

9 Nach dem Unglück von Tschernobyl wurden in vielen Orten der Bundesrepublik Deutschland am Erdboden Aktivitäten von ca. 20 000 Bq/m² gemessen.

Welche Informationen wären notwendig, um beurteilen zu können, welche Gefährdung von dieser Radioaktivität ausging?

2166R

Aus Umwelt und Technik: **Radioaktive Strahlung in Industrie und Technik**

In Industrie und Technik nutzt man radioaktive Strahlung für unterschiedliche Zwecke. Hier einige Beispiele:

Immer häufiger werden **Kunststoffe veredelt**, indem man sie für einige Zeit einer β-Strahlung aussetzt. So erreicht man z. B., dass bestimmte Kunststoffe (Thermoplaste) wesentlich beständiger gegen Hitze und Chemikalien werden. Die Strahlung bewirkt, dass die Molekülketten untereinander *vernetzen*. Dieses Verfahren wird z. B. bei Kunststoffrohren für die Heißwasserversorgung und bei Kunststoffmänteln von Elektrokabeln angewandt.

Ein weiteres Anwendungsgebiet ist die **Sterilisation**, d. h. das Abtöten von Keimen (Bakterien, Vieren usw.).

So werden nicht nur medizinische Geräte (z. B. Operationsbestecke) mit radioaktiver Strahlung keimfrei gemacht; auch Rückstände aus Kläranlagen (Klärschlamm) setzt man radioaktiver Strahlung aus. Diese Rückstände können dann als Dünger verwendet werden.

In einigen Ländern spielt die radioaktive Strahlung auch bei der **Konservierung von Nahrungsmitteln** eine wichtige Rolle (z. B. auch in dem EG-Land Holland). Dabei werden ganze Paletten mit Lebensmitteln gleichzeitig bestrahlt. Man verwendet dazu die γ-Strahlung von radioaktivem Cobalt-60. Bei dieser Art der Konservierung sind gegenüber herkömmlichen Konservierungsverfahren nur 10–20 % der Energie erforderlich.

Ob die Bestrahlung von Lebensmitteln der Gesundheit schadet, ist noch nicht geklärt. Die Lebensmittel werden zwar dadurch *nicht selbst radioaktiv*, doch die Bestrahlung verändert ihren Nährstoffgehalt. Vitamine gehen verloren, und ungesättigte Fettsäuren und Eiweißstoffe werden verändert. Außerdem können neue Substanzen entstehen, über deren Wirkung man nichts weiß.

Aus diesen Gründen wird eine Lebensmittelbestrahlung von vielen Wissenschaftlern abgelehnt, außer vielleicht bei stark verkeimten Gewürzen und Kräutern.

Mit radioaktiver Strahlung werden auch **Schweißnähte überprüft**. Bild 1 zeigt, wie man das macht.

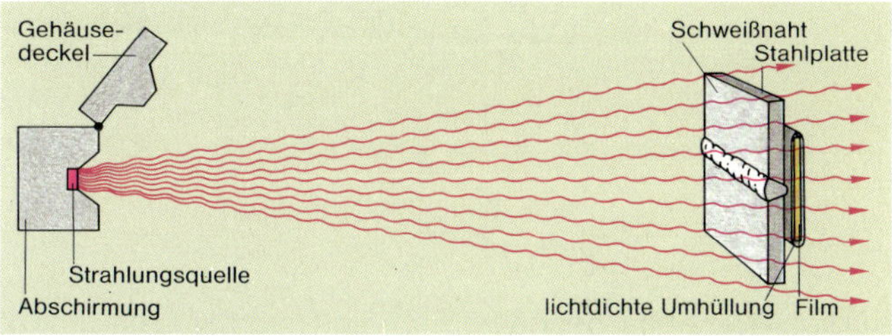

1

Alles klar?

1 Nenne einige Unterschiede und Gemeinsamkeiten der radioaktiven Strahlung und des Lichts.

2 Es gibt drei verschiedene Arten von radioaktiver Strahlung.

a) Wie heißen sie?

b) Welche Unterschiede zwischen den Strahlungsarten kennst du?

3 Zähle einige radioaktive Stoffe auf, die in der Natur vorkommen.

4 Du möchtest wissen, ob die Leuchtziffern einer Uhr radioaktiv strahlen. Beschreibe zwei Methoden, mit denen du das untersuchen könntest.

5 Mit *Filmdosimetern* (Bild 2) wird die Strahlenbelastung von Personen gemessen, die beruflich mit radioaktiver Strahlung zu tun haben. Diese Geräte enthalten ein Stück Film, das in eine Kunststoffhülle eingepackt ist. Das Filmstück wird regelmäßig ausgewechselt und entwickelt; dann wird die Schwärzung gemessen.

a) Woran erkennt man eine hohe Strahlenbelastung, woran eine geringe?

b) Welche Strahlungsart kann so nicht nachgewiesen werden.

2

6 Es gibt drei verschiedene Wasserstoffisotope.

a) Zeichne, wie man sich die Atom*kerne* der drei Isotope vorstellen kann.

b) Welches der Isotope ist radioaktiv?

c) Erkläre den Begriff *Isotop.*

7 Wie viel Protonen und wie viel Neutronen haben jeweils die Isotope ^{12}C, ^{14}C, ^{235}U und ^{238}U?

8 Ein *Nulleffekt* ist praktisch an jedem Ort zu messen.

a) Was verstehst du darunter?

b) Warum kann er an verschiedenen Orten unterschiedlich sein?

9 Jeder einzelne Mensch ist ständig einer schwachen radioaktiven Strahlenbelastung ausgesetzt.

a) Nenne einige der wichtigsten Strahlenbelastungen und ordne sie nach ihrer Größe.

b) Welche Bedeutung hat die Belastung durch Kernkraftwerke?

10 Welche Eigenschaft der radioaktiven Strahlung nutzt man beim Geigerzähler aus? Beschreibe dazu auch einen einfachen Versuch.

11 Radioaktive Strahlung ist oft mit Elementumwandlung verbunden.

a) Bei welchen Strahlungsarten ist das der Fall?

b) Plutonium (^{239}Pu) ist ein α-Strahler. Welches Element entsteht beim radioaktiven Zerfall?

12 Das Iodisotop ^{131}I besitzt eine Halbwertszeit von 8,1 Tagen. Erläutere an diesem oder einem anderen Beispiel den Begriff *Halbwertszeit.*

13 Radioaktive Strahlung wird in Medizin und Technik angewandt. Beschreibe dazu einige Beispiele.

6 Zusammenfassung

Das Kern-Hülle-Modell des Atoms

Jedes Atom besteht
aus einer **Atomhülle** und einem **Atomkern**.

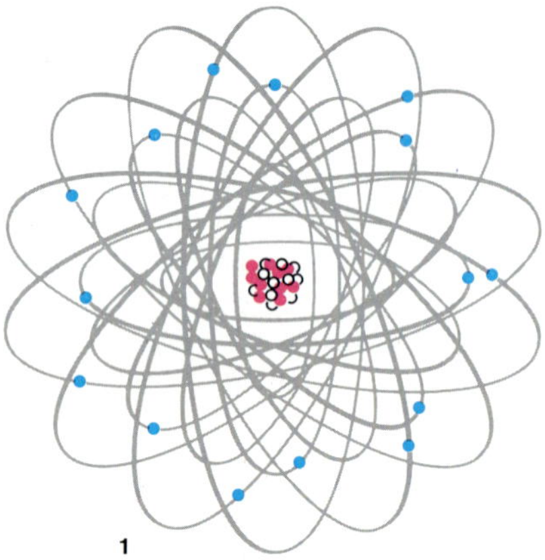
1

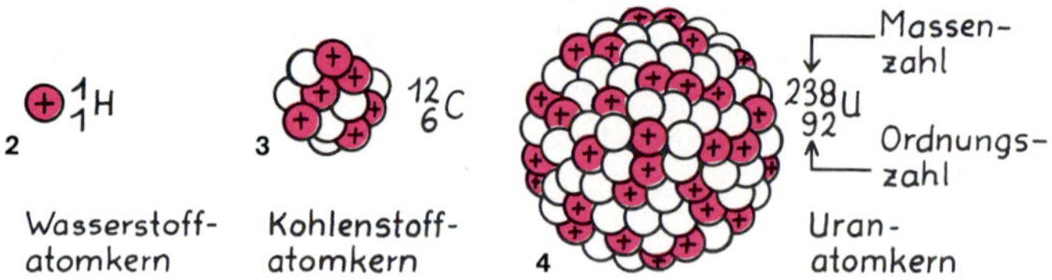

2 Wasserstoffatomkern
3 Kohlenstoffatomkern
4 Uranatomkern

Alle Atome ein und desselben Elements haben die gleiche Protonenzahl. Die Protonenzahl wird auch **Ordnungszahl** genannt.

Zählt man die Protonen und Neutronen eines Atoms zusammen, so ergibt sich die **Massenzahl**.

5 6

In der **Atomhülle** befinden sich die (negativ geladenen) *Elektronen* – hier als blaue Punkte gezeichnet.

Der **Atomkern** besteht aus zweierlei Kernbausteinen: den (positiv geladenen) *Protonen* sowie den (neutralen) *Neutronen.*

Atome mit gleicher Anzahl von Protonen, aber unterschiedlich vielen Neutronen nennt man **Isotope** des betreffenden Elements.

Isotope haben also die gleiche Protonenzahl, aber verschiedene Massenzahlen.

Mit dem Kern-Hülle-Modell des Atoms lassen sich viele Beobachtungen erklären.
Es ist aber nur ein *Modell*, mit dessen Hilfe wir uns eine Vorstellung vom Atomaufbau machen.
Man kann aber nicht sagen, wie Atome wirklich „aussehen".

Nachweise radioaktiver Strahlung

Radioaktive Strahlung
lässt sich mit verschiedenen Methoden nachweisen:

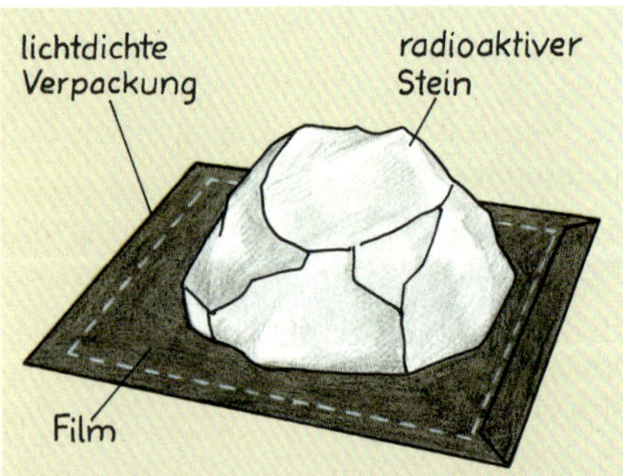

7

8

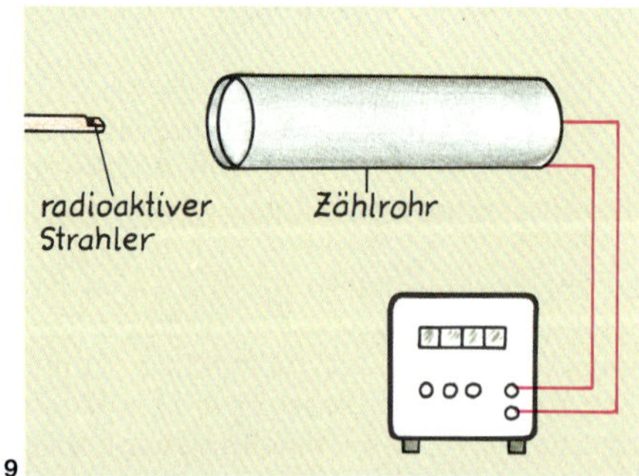

9

Bei der **Fotomethode** wird ausgenutzt, dass radioaktive Strahlung Stoffe (z. B. Papier) *durchdringt* und Filme *„belichtet"*.

In der **Nebelkammer** werden durch die radioaktive Strahlung Nebelspuren hervorgerufen.

Beim **Geigerzähler** wird das Gas im Zählrohr durch die radioaktive Strahlung elektrisch leitend. So kommt es zu Stromstößen (Impulsen).

2207R

Die Entstehung radioaktiver Strahlung

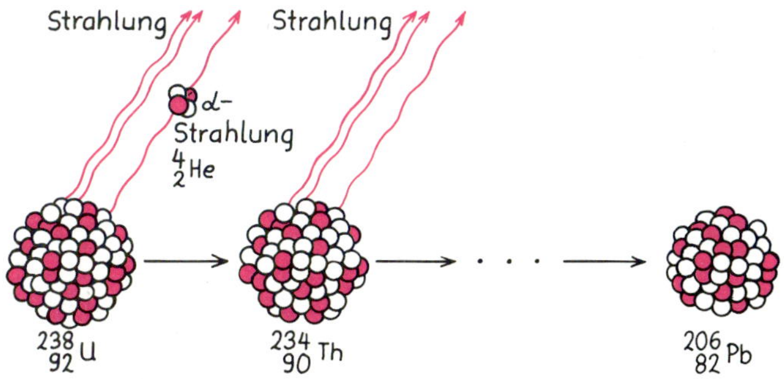

10

Radioaktive Strahlung wird von bestimmten **Atomkernen** ausgesandt.
Die Atomkerne **zerfallen** dabei;
d. h., sie wandeln sich in Atomkerne anderer Elemente um.

Die Atomkerne radioaktiver Stoffe bezeichnet man daher als **instabil**.

Atomkerne nichtradioaktiver Stoffe dagegen können sich nicht verändern; man nennt sie **stabil**.

Man unterscheidet verschiedene Strahlungsarten (α-, β- und γ-Strahlung). Die α-Strahlung z. B. besteht aus Heliumkernen, d. h. aus Teilchen mit zwei Protonen und zwei Neutronen. Die α-Strahlung ist also eine Teilchenstrahlung.

Die Halbwertszeit

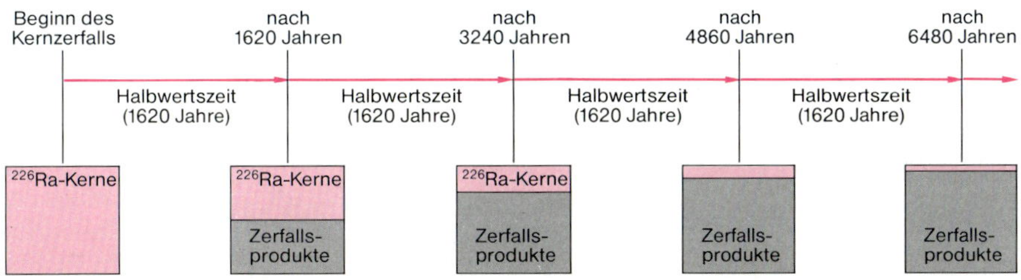

11

Jedes radioaktive Isotop hat eine bestimmte **Halbwertszeit**. Man versteht darunter den Zeitraum, nach dem jeweils die *Hälfte* der zunächst vorhandenen Atomkerne des Isotops zerfallen ist.

Strahlenschäden, Strahlenschutz und Umweltstrahlung

Radioaktive Strahlung kann den Menschen schädigen,
weil Atome und Moleküle in den Zellen des Körpers verändert werden.

Schutzmaßnahmen:

- Unnötige Strahlung vermeiden.
- Strahlung möglichst weitgehend abschirmen.
- Möglichst großen Abstand zu Strahlern halten.
- Aufnahme radioaktiver Stoffe in den Körpern verhindern. (Offene Strahler nicht berühren! Nach versehentlicher Berührung Hände sorgfältig waschen!)

Jeder Mensch ist ständig einer (schwachen) radioaktiven Strahlung ausgesetzt. Bei dieser **Umweltstrahlung** unterscheidet man nach ihrer Herkunft zwei Strahlungsarten:

- die **Höhenstrahlung**, die aus dem Weltraum stammt,
- die **terrestrische Strahlung** oder **Erdstrahlung**, die vor allem von bestimmten Gesteinen und den Baustoffen ausgeht.

Energie aus Atomkernen

1 Kernenergie und Kernspaltung

Um den durchschnittlichen Jahresverbrauch an elektrischer Energie für eine 4-köpfige Familie sicherzustellen, ...

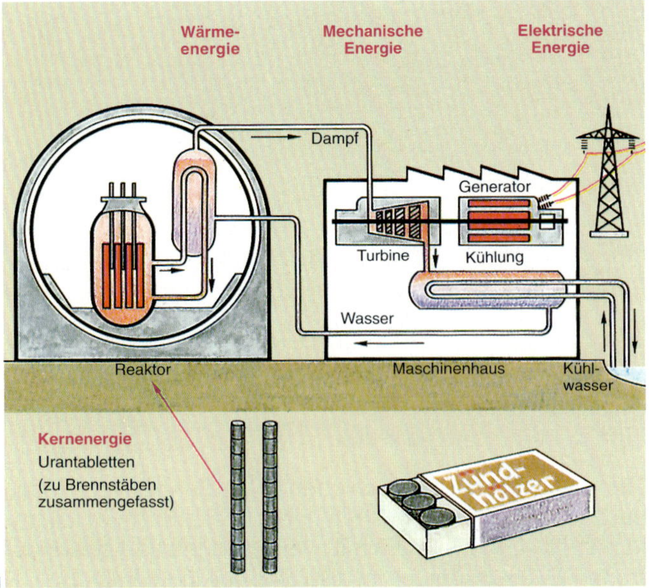

1

... sind in einem **Kernkraftwerk** ca. 22 g Urantabletten erforderlich

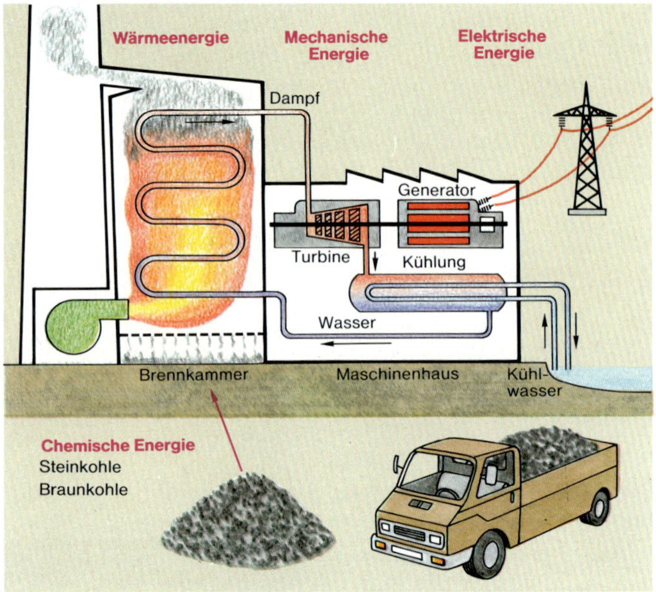

2

... oder in einem **Kohlekraftwerk** ca. 1800 kg Steinkohle (bzw. etwa 6000 kg Braunkohle).

Aus der Geschichte: **Die Entdeckung der Kernspaltung**

Berlin, am späten Abend des 19. Dezember 1938: Hinter einigen Fenstern der radiochemischen Abteilung des Kaiser-Wilhelm-Instituts für Chemie brennt noch Licht.

Otto Hahn, der Direktor des Instituts, setzt sich an seinen Schreibtisch. Er ist müde, doch erst in einer halben Stunde wird ihn sein Mitarbeiter *Fritz Straßmann* ablösen. Bis zur nächsten Messung ist noch Zeit.

Wie schon so oft in den letzten Stunden sieht sich Hahn sein Versuchsprotokoll an. Er kann einfach nicht glauben, dass das Ergebnis seiner Messungen richtig ist: Völlig *reines Uran* hat er mit Neutronen „beschossen" – und nun lassen sich im Uran winzige Mengen von *Barium* nachweisen. Aus Uran mit 92 Protonen im Kern kann doch nicht auf einmal Barium werden, das nur 56 Protonen besitzt!? Nach allem, was Hahn von Kernphysik weiß, ist das ganz und gar unmöglich. Kann er seinen Messungen überhaupt trauen? Er hat ja doch nur eine gerade noch messbare Menge Barium festgestellt.

Der Chemiker Hahn ist sich seiner Sache nicht sicher. Er beschließt, an die Physikerin *Lise Meitner* in Schweden zu schreiben. Bis zum Sommer 1938 haben beide gemeinsam geforscht. Jetzt ist sie auf der Flucht vor den Nazis; sie ist Jüdin. Voller Zweifel teilt er ihr seine Entdeckung mit und bittet sie um eine Erklärung.

Am 3. Januar 1939 kommt ihre Antwort: „Ich bin ziemlich sicher, dass ihr wirklich eine *Zertrümmerung* zum Ba (Barium) habt, und finde das ein wunderschönes Ergebnis, wozu ich dir und Straßmann gratuliere."

Sie schlägt vor, in dem mit Neutronen „beschossenen" Uran auch nach dem Element *Krypton* ($_{36}$Kr) zu suchen.

Tatsächlich ließ sich bei weiteren Versuchen auch Krypton finden. Damit war bewiesen, dass eine **Spaltung von Uran-Atomkernen** in zwei Bruchstücke (nämlich in einen Barium- und einen Kryptonkern) stattgefunden hatte (Bild 3).

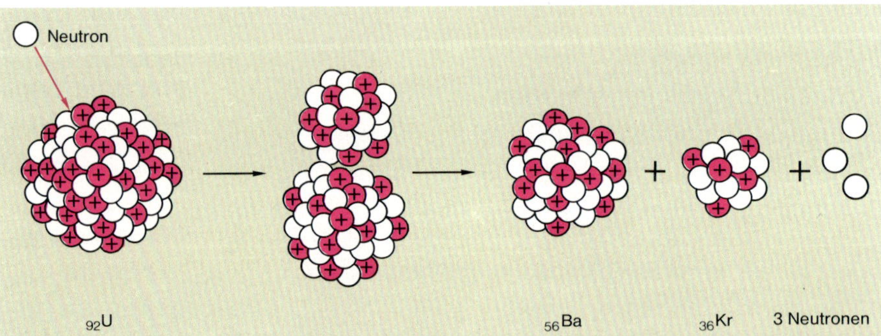

3

1177R

Auch andere Elemente wurden noch nachgewiesen. Bei der Kernspaltung kann also ein Urankern auch in andere Bruchstücke „zerbrechen“, zum Beispiel in Selen ($_{34}Se$) und Cer ($_{58}Ce$) *oder* in Strontium ($_{38}Sr$) und Xenon ($_{54}Xe$).

Lise Meitner errechnete schon damals, dass bei der Kernspaltung gewaltige Mengen von Energie frei werden: Wenn man in 1 g Uran *alle* Atomkerne spalten könnte, würde genauso viel Energie frei wie beim Verbrennen von 2,3 t Steinkohle.

Noch aber war der Weg zur technischen Nutzung der Kernspaltung weit – und Hahn, Straßmann und Meitner ahnten sicherlich nicht, dass ihre Entdeckung schon in wenigen Jahren *auch* zum Bau von Atombomben führen würde.

Wie wird Energie durch Kernspaltungen frei?

Um diese Frage beantworten zu können, müssen wir wissen, **welche Kräfte einen Atomkern zusammenhalten.**

Atomkerne bestehen bekanntlich aus positiv geladenen Protonen und aus Neutronen. Enthält ein Kern mehrere Protonen, so ist eigentlich zu erwarten, dass er auseinander fällt – die Protonen stoßen sich ja gegenseitig ab, weil sie gleiche elektrische Ladungen haben.

Ähnliches kann man bei gleichnamigen Magnetpolen beobachten: Wenn man zwei Magnete einander so wie in Bild 4 nähert, spürt man deutlich abstoßende Kräfte. Lässt man sie dann wieder los, so bewegen sich die beiden Magnete voneinander weg.

Atomkerne fallen aber nicht von selbst auseinander. Wir müssen daher annehmen, dass im Atomkern noch andere (stärkere) Kräfte wirksam sind, die die Kernbausteine trotz der Abstoßung *zusammenhalten.*

Diese anziehenden Kräfte zwischen den Kernbausteinen bezeichnet man als **Kernkräfte**. Sie wirken nur, wenn sich die **Kernbausteine ganz nahe beieinander** befinden – ähnlich wie der Kleber im **Modellversuch** von Bild 5.

An dem Modellversuch nach Bild 5 können wir uns auch den Begriff **Kernenergie** deutlich machen:

Wenn wir die beiden Magnete – gegen die abstoßenden Magnetkräfte – einander nähern, verrichten wir **Arbeit**. (Die Magnete werden ja durch unsere *Muskelkraft* über einen bestimmten Weg weiterbefördert.) Dadurch erhalten die beiden Magnete **Energie**. Werden sie zusammengeklebt, so bleibt die Energie so lange gespeichert, bis wir die Magnete trennen (Bild 6). Sie gleiten dann auseinander; d. h., die gespeicherte Energie wird in Bewegungsenergie umgewandelt.

Diese Überlegungen lassen sich auch auf Atomkerne, z. B. Urankerne, übertragen: Auch im Atomkern ist Energie gespeichert, die sogenannte **Kernenergie.** Dem Auseinanderschneiden der beiden Magnete entspricht hier das Eindringen eines Neutrons in den Atomkern. Der Kern zerbricht dadurch in zwei Teile. Jetzt sind nur noch die abstoßenden Kräfte zwischen den beiden positiv geladenen „Kernbruchstücken“ wirksam; diese fliegen daher mit hoher Geschwindigkeit auseinander. Das heißt also: **Kernenergie wird in Bewegungsenergie der Kernbruchstücke umgewandelt.**

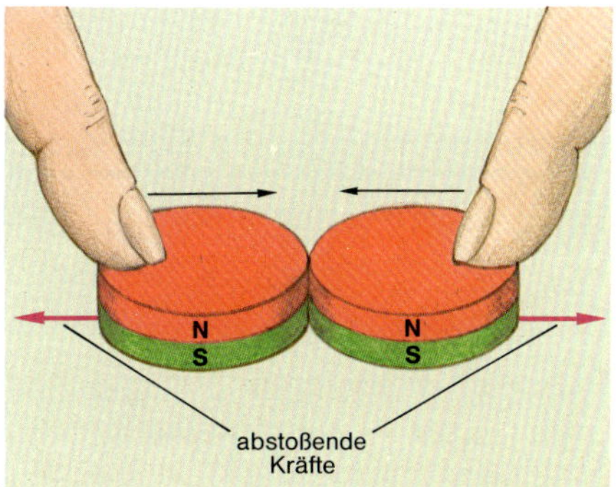

4

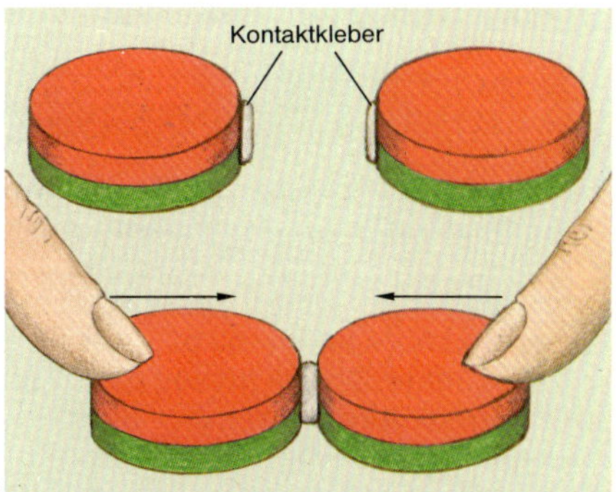

5

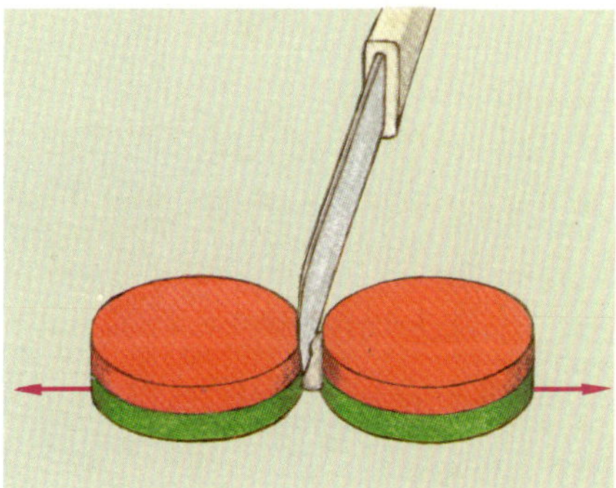
6

Da die Spaltung von Atomkernen praktisch immer im Innern eines Körpers (z. B. in einem Stück Uran) stattfindet, stoßen die Kerntrümmer mit benachbarten Atomen zusammen. Diese nehmen die Bewegungsenergie auf und führen dadurch *heftigere Zitterbewegungen* (Schwingungen) aus als zuvor. Dabei stoßen sie ihrerseits andere Atome an – und diese wieder andere. Das geht so lange weiter, bis die Energie auf alle Atome des Körpers verteilt ist. Sämtliche Atome bewegen sich dann heftiger hin und her. Das bedeutet, dass die Temperatur des Körpers angestiegen ist. Die Kernenergie ist also nunmehr in **Wärmeenergie** umgewandelt worden.

Je mehr Uranatomkerne durch eindringende Neutronen gespalten werden, desto mehr Kernenergie wird in Wärmeenergie umgewandelt.

Fragen und Aufgaben zum Text

1 Aus welchen zwei Kernbausteinen sind alle Atomkerne (bis auf die von Wasserstoff-1) aufgebaut?

2 Ohne Kernkräfte müssten fast alle Atomkerne auseinander fallen. Weshalb?

3 Welche Wirkung kann ein Neutron haben, das in einen Urankern eindringt?

4 Wie entsteht bei der Kernspaltung Wärmeenergie? Antworte mit einer Wirkungskette: „Ein Neutron dringt in den Kern des Uranatoms ein. → …“

5 Bei der Kernspaltung von Uran-235 entstehen verschiedene Spaltprodukte. Nenne fünf mögliche *Paare* von Elementen, die dabei entstehen können. Begründe auch deine Antwort.

2 Kernenergie als Bedrohung der Menschheit – die Atombombe

Aus Umwelt und Technik: **Die Folgen von Atombombenexplosionen**

Am 6. und 9. August 1945 wurden über den japanischen Städten *Hiroshima* und *Nagasaki* Atombomben abgeworfen. Die Explosionen dieser zwei Bomben setzten ungeheure Mengen an Wärmeenergie und radioaktiver Strahlung frei. Im Innern des „Atompilzes" stieg die Temperatur innerhalb eines Augenblicks auf mehrere Millionen Grad Celsius. Die Städte wurden zerstört. Von den ca. 300 000 Einwohnern Hiroshimas wurden mindestens 80 000 getötet und 125 000 erlitten schwere Strahlenschäden. Noch heute sterben Menschen an den Folgen, sodass es inzwischen fast 200 000 Opfer gibt.

Die Atombomben von damals waren aber geradezu winzig, wenn man sie mit heutigen Kernwaffen vergleicht.

Was für Auswirkungen ein Krieg mit solchen Waffen hätte, ist von vielen wissenschaftlichen Instituten untersucht worden. Alle kommen zu beinahe denselben grauenhaften Ergebnissen:

- Ein Atomkrieg würde etwa 2 Milliarden Opfer fordern, also fast die Hälfte der Weltbevölkerung vernichten.
- Die 2–3 Milliarden Menschen, die übrig blieben, würden (zumindest auf der Nordhalbkugel) in einer finsteren Welt zugrunde gehen.
- Es gibt vermutlich etwa 50 000 Atomsprengköpfe auf der Erde. Käme davon auch nur ein geringer Teil zum Einsatz, würden (neben direkten Schäden) katastrophale klimatische Veränderungen eintreten: Die Sonnenstrahlen könnten die Staub- und Rußwolken, die wegen der vielen Explosionen und Brände aufsteigen würden, nicht mehr durchdringen; die Temperaturen würden für Monate weit unter den Gefrierpunkt sinken und fast alles Leben würde absterben. Auch deshalb gäbe es nach einem Atomkrieg keine Sieger. „Am Tag danach" begänne das Ende der Menschheit.

So funktioniert eine Atombombe – die Kettenreaktion

Wie in den Versuchen von Otto Hahn werden auch bei der Explosion einer Atombombe Atomkerne gespalten. Bei der Atombombe werden jedoch *riesige* Energiemengen frei, während Hahn in seinen Versuchen die Wärmeenergie kaum hätte nachweisen können. **In einer Atombombe finden nämlich ungeheuer viele Kernspaltungen fast gleichzeitig statt.** Wie kommt es dazu?

Immer wenn *ein Neutron* einen Urankern (Uran-235) in zwei andere Kerne aufspaltet, werden auch *zwei oder drei weitere Neutronen* ausgestoßen. Jedes von ihnen kann wiederum einen Atomkern spalten und dabei weitere Neutronen freisetzen (Bild 1) usw. Man spricht hier von einer **Kettenreaktion**.

Da die Kettenreaktion innerhalb von Sekundenbruchteilen abläuft, können so **explosionsartig große Mengen Energie** frei werden. Gleichzeitig entsteht sehr viel **radioaktive Strahlung**.

In der Atombombe kann es nur dann zur Kettenreaktion kommen, wenn *genügend freie Neutronen auf genügend spaltbare Kerne* treffen. Dazu müssen **zwei Bedingungen** erfüllt sein:

1. Die Bombe muss **reines Uran-235** enthalten; nur die Kerne dieses Uranisotops lassen sich spalten. Natururan eignet sich nicht, denn es besteht zu 99,3 % aus Uran-238 und nur zu 0,7 % aus Uran-235. (Unter 1000 Atomen gibt es bei Natururan nur sieben Uran-235-Atome.)

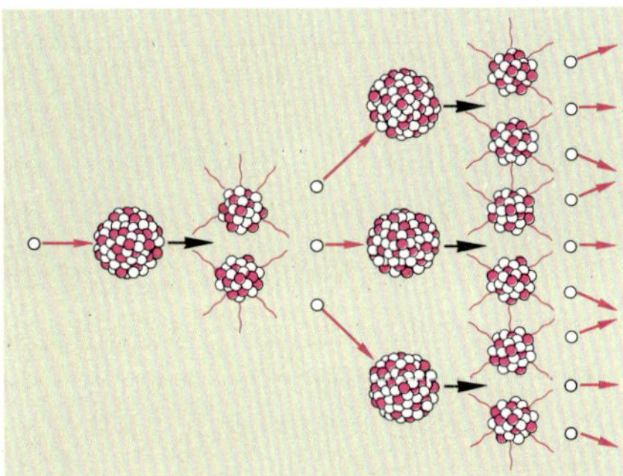

1

2. Eine **ausreichend große Masse** Uran muss vorhanden sein, denn sonst verlassen die meisten Neutronen das Uran durch seine Oberfläche – und eine Kettenreaktion findet nicht statt. Bei der Hiroshima-Bombe betrug diese *kritische Masse* (die notwendige Mindestmasse) noch ca. 50 kg (Bild 2); das entsprach einer Urankugel von der Größe eines Handballs. Heute kann man viel kleinere „Atomgranaten" bauen, weil man das Uran mit einem *Neutronenreflektor* umhüllt. (Das ist ein Stoff, der austretende Neutronen wieder in das Uran hineinreflektiert.) Dadurch kann auch bei kleineren Massen eine Kettenreaktion stattfinden.

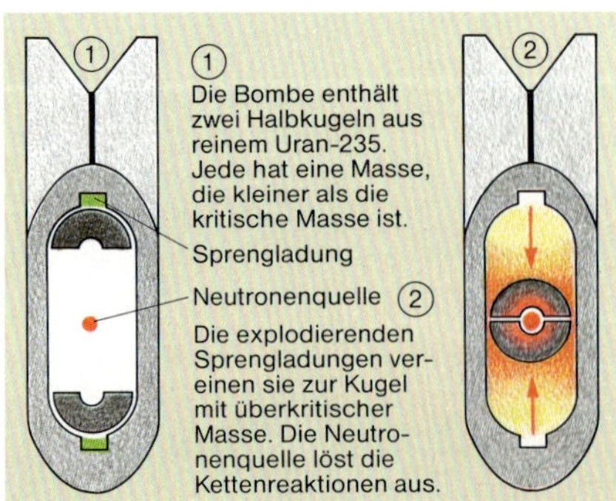

2

Außer Uran-235 eignet sich auch noch **Plutonium-239** für den Bau von Kernwaffen. Das Element Plutonium kommt in der Natur nur ganz selten vor, es wird aber ständig in den Reaktoren der Kernkraftwerke erzeugt.

Fragen und Aufgaben zum Text

1 Nimm einmal an, ein Neutron setzt bei einer Kernspaltung drei weitere Neutronen frei *(1. Generation)* – und diese drei setzen wiederum jeweils drei Neutronen frei *(2. Generation)* ...

Zeichne die Neutronen bis zur 3. Generation (Bild 3). Wie viele Neutronen hätte die 4., 5., 6. und 7. Generation?

Bei welcher Generation werden mehr als 1 000 000 Neutronen erzeugt?

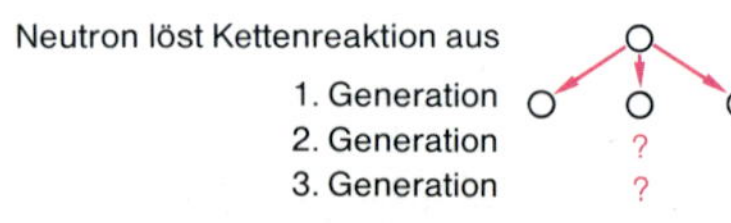

3

2 Unter welchen Bedingungen kommt es im Uranblock zur Kettenreaktion?

1179R

3 Die technische Nutzung der Kernenergie: Kernkraftwerke

Aus Umwelt und Technik: **Wie funktioniert ein Kernkraftwerk?**

4

Im Reaktor (Bild 4) eines Kernkraftwerks wird Kernenergie in Wärmeenergie umgewandelt. Dazu werden Atomkerne gespalten, und zwar in einer ***kontrollierten* Kettenreaktion**.

Wie aber kann man eine Kettenreaktion „kontrollieren", d. h. so steuern, dass sie nicht – wie bei der Atombombe – explosionsartig abläuft? Um diese Frage beantworten zu können, musst du die **Hauptbestandteile eines Reaktors** kennen lernen:

1. Als **„Brennstoff"** *(Kernbrennstoff)* wird im Reaktor *Uranoxid* verwendet. Dieses Uranoxid enthält jedoch nicht reines Uran-235, sondern *angereichertes Uran*. „Angereichert" bedeutet hierbei: Der Anteil an Uran-235 ist höher als bei Natururan; er beträgt etwa 3 % (Bilder 5 u. 6). Bei diesem Mischungsverhältnis ist zwar unter bestimmten Bedingungen eine Kettenreaktion möglich, sie kann aber niemals so ungehemmt wie bei einer Atombombe ablaufen.

Der Kernbrennstoff befindet sich, zu „Tabletten" gepresst, in metallenen Hüllrohren. Rund 200 solcher *Brennstäbe* werden zu einem *Brennelement* zusammengefasst (Bild 7).

2. Die Brennelemente sind in **Wasser** eingetaucht. Das Wasser erfüllt im Reaktor zwei Aufgaben:

Erstens *kühlt* es die Brennelemente; es nimmt also die Wärmeenergie auf, die bei den Kernspaltungen erzeugt wurde.

Zweitens macht erst das Wasser eine Kettenreaktion in angereichertem Uran möglich: Bei Kernspaltungen werden nämlich *sehr schnelle* Neutronen frei, doch nur *langsame* Neutronen können die Uran-235-Atomkerne spalten. Die schnellen Neutronen müssen also zuvor *abgebremst* werden – durch Zusammenstöße mit Atomen.

Dies kann aber nicht im Uran geschehen, denn die Uran-238-Atome haben die Eigenschaft auftreffende *schnelle* Neutronen im Kern aufzunehmen (oder „einzufangen"). Dabei kommt es zu keinen Kernspaltungen. Diese Neutronen wären also für die Kettenreaktion „verloren".

Man stellt daher so dünne Brennstäbe her, dass ein großer Teil der frei werdenden Neutronen ins Wasser gelangt (Bild 8). Sie werden dort stark abgebremst und können dann Uran-235-Kerne spalten.

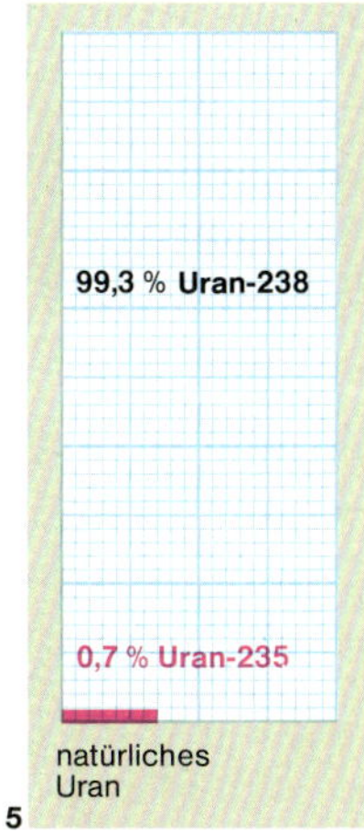

5

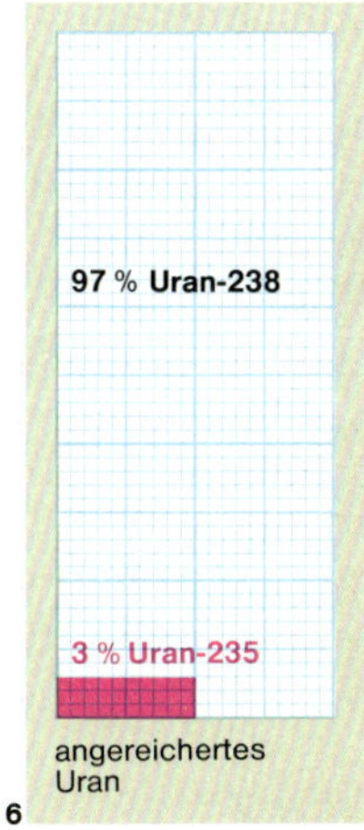

6

Einen Stoff, der – wie zum Beispiel das Wasser – Neutronen abbremsen soll, bezeichnet man als **Moderator** (lat. *moderare:* mäßigen).

3. Mit **Regelstäben** (Bild 7) kann man die Kettenreaktion „abschalten"; d. h., man kann verhindern, dass die Anzahl der Neutronen lawinenartig ansteigt.

Die Regelstäbe bestehen nämlich aus einem Material, das Neutronen „einfangen" kann (so z. B. aus Cadmium). Wenn der Reaktor abgeschaltet werden soll, werden die Regelstäbe in ihrer ganzen Länge zwischen die Brennstäbe „geschossen".

Zur Einleitung der Kettenreaktion dient eine **Neutronenquelle**; das ist ein Stoff, der Neutronen ausstößt.

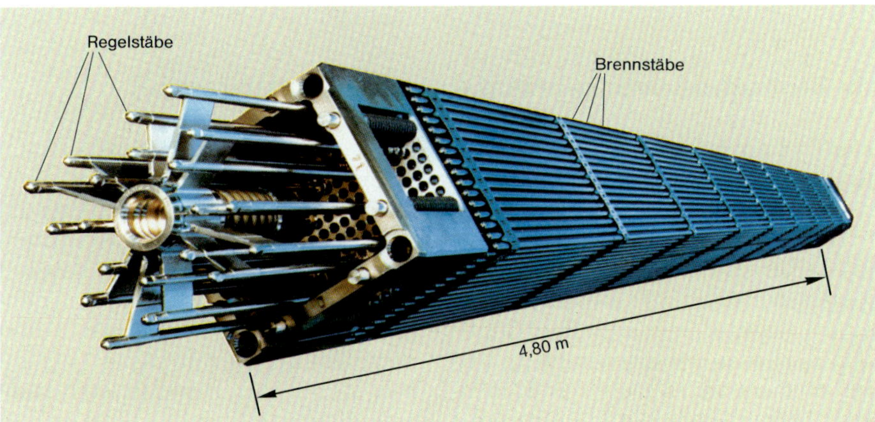

7

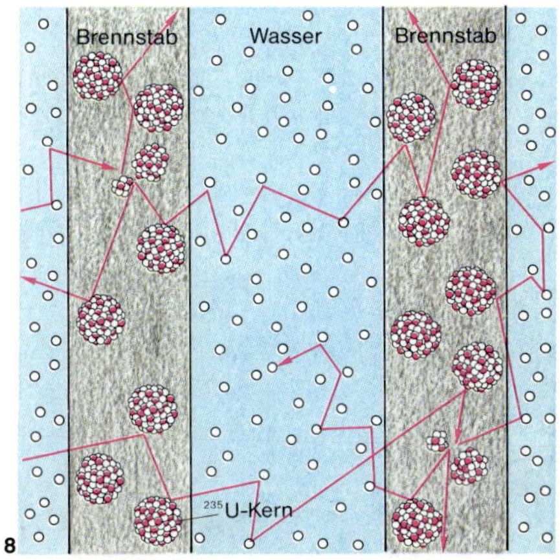

8

Aufgaben

1 Es gibt verschiedene Reaktortypen. Die meisten Kernkraftwerke in der Bundesrepublik Deutschland sind mit sog. *Druckwasserreaktoren* ausgestattet (Bild 1).

Beschreibe in einer Wirkungskette, wie ein solches Kraftwerk funktioniert: „In den Brennelementen wird Energie frei. → …"

2 Wie unterscheiden sich natürliches und angereichertes Uran?

3 Nenne den Unterschied zwischen dem „Brennstoff" einer Atombombe und dem eines Kernreaktors.

4 Welche Teile enthält ein Brennelement? Nenne ihre Aufgaben.

5 Warum ist im Reaktor Wasser?

6 In Kernkraftwerken mit Druckwasserreaktoren gibt es verschiedene Wasserkreisläufe. Beschreibe kurz ihre jeweiligen Aufgaben.

7 Was geschieht im Wärmeaustauscher?

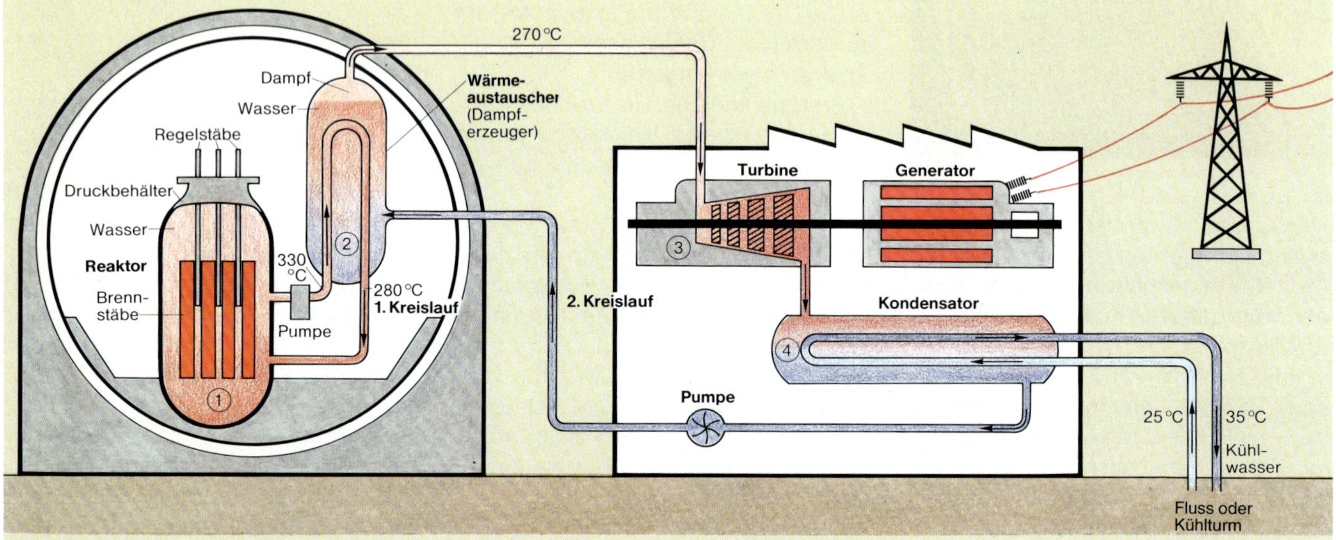

① Im **Reaktor** wird durch Kernspaltungen Energie freigesetzt. Das Wasser im Druckbehälter erhitzt sich dadurch auf über 330 °C. Der hohe Druck im Behälter (etwa 150 bar) verhindert, dass das Wasser siedet (Druckwasserreaktor).

② Das heiße Wasser wird in den **Wärmeaustauscher** (Dampferzeuger) gepumpt und fließt von dort zurück in den Reaktor (1. Kreislauf). Im Wärmeaustauscher gibt das heiße Wasser Energie in Form von Wärme an den 2. Kreislauf ab; es entsteht Wasserdampf.

③ Der Dampf treibt die **Turbine** an, die mit dem **Generator** gekoppelt ist.

④ Im **Kondensator** wird aus dem Wasserdampf durch Abkühlen wieder Wasser; der Dampf kondensiert.

1

Aus Umwelt und Technik: **Sicherheitsvorkehrungen in Kernkraftwerken**

Mit der Nutzung der Kernenergie in Kraftwerken sind Gefahren verbunden. Zwar kann ein Reaktor nicht explodieren wie eine Atombombe (er enthält ja kein *reines* Uran-235), aber mit der Zeit wird er in seinem Innern hochgradig radioaktiv (→ „Aktivität eines Reaktors" auf der Nachbarseite). Durch die Vielzahl von Kernspaltungen entstehen nämlich stark radioaktive Stoffe (z. B. Iod, Krypton, Strontium, Cäsium, Xenon), die **Spaltprodukte**.

Diese Stoffe dürfen auf keinen Fall in die Umwelt gelangen. Die Strahlung sämtlicher Spaltprodukte aus einem Reaktor würde größere Schäden anrichten als die Strahlung der Hiroshima-Bombe. Durch eine Reihe von Sicherheitsvorkehrungen wird dafür gesorgt, dass eine solche Katastrophe (nach menschlichem Ermessen) niemals eintreten kann (Bild 2).

Die Sicherheit eines Kernkraftwerks muss auch dann noch gewährleistet sein, wenn wichtige Anlagenteile (z. B. Pumpen, Ventile, Filter) ausfallen. Daher sind diese Teile immer mehrfach vorhanden *(Mehrfachsicherung)*.

1181R

Aktivität eines Reaktors

vor Inbetriebnahme	nach einigen Betriebsjahren
sehr geringe Aktivität: Bei der Handhabung der Brennelemente sind keine besonderen Schutzmaßnahmen nötig.	*hochradioaktiv:* Die Strahlung der Brennelemente ist jetzt lebensgefährlich. Sie muss z. B. durch Schutzmauern abgeschirmt werden.

Verhältnis der Aktivitäten:
1 : 10 000 000 000 (10 Milliarden)

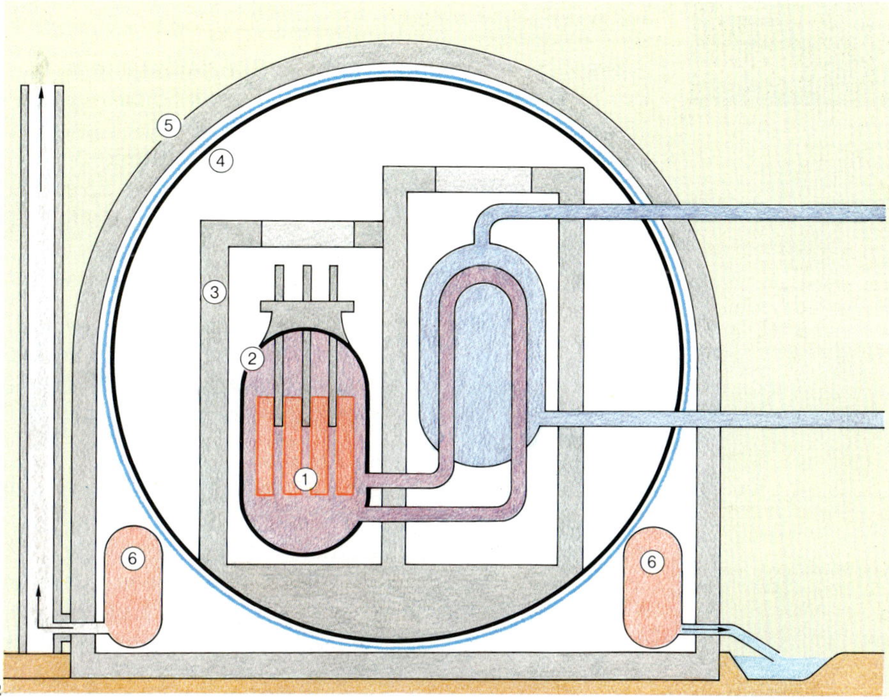

2

(1)
Die **Hüllrohre der Brennstäbe** sollen verhindern, dass radioaktive Spaltprodukte ins Reaktorwasser gelangen. Von den 45 000 Hüllrohren eines Reaktors sind aber im Durchschnitt 180 undicht – trotz sorgfältiger Materialprüfung.

(2)
Der **Druckbehälter** besteht bei Druckwasserreaktoren aus 25 cm dicken Stahl. Er hält wesentlich höherem Druck als dem Betriebsdruck von 150 bar stand.

(3)
Eine **Betonmauer** umgibt Druckbehälter und Wärmeaustauscher. Sie schirmt radioaktive Strahlung ab.

(4)
Der **Sicherheitsbehälter** ist eine Kugel aus 3 cm dickem Stahl. Er soll selbst bei schweren Störungen verhindern, dass radioaktive Stoffe freigesetzt werden. Ihn umgibt in geringem Abstand eine Blechhaut. Aus dem Zwischenraum wird ständig Luft abgesaugt und gefiltert, um eventuell doch ausgetretene radioaktive Stoffe abzufangen.

(5)
Das **Reaktorgebäude** aus Stahlbeton soll den Reaktor vor Beschädigungen von außen schützen. Bei Unfällen im Innern soll es verhindern, dass radioaktive Spaltprodukte nach außen gelangen.

(2)
Filter für Abwasser und Abluft lassen nur geringe Mengen radioaktiver Stoffe in die Umwelt gelangen.

4 Das Problem der „Entsorgung"

Aus Umwelt und Technik: **Wohin mit dem radioaktiven Abfall?**

Der Reaktor des Kernkraftwerks *Biblis A* enthält zum Beispiel in seinen Brennelementen 108 t angereichertes Uranoxid.

Nach jeweils einem Jahr wird ein Drittel der Brennelemente ausgetauscht, weil ihr Gehalt an Uran-235 zu gering geworden ist. Allein in diesem Kraftwerk fallen also rund 36 t „abgebrannten" Kernbrennstoffs an – und das in jedem Jahr. Darin befinden sich auch die sehr gefährlichen **hochaktiven Spaltprodukte**.

Doch auch die sog. **mittel- und schwachaktiven Abfälle** müssen beseitigt werden. Dazu gehören z. B. Filter, Ventile, Rohre und andere Geräte des Kernkraftwerks, die von Zeit zu Zeit ausgewechselt werden müssen. Sie sind erst durch den „Beschuss" mit Neutronen im Reaktor radioaktiv geworden.

Aber radioaktiver Abfall lässt sich nicht einfach irgendwo lagern oder verbrennen. Das zeigt auch folgender **Versuch**:

Mit einem Geigerzähler misst man die Impulsrate bei einem Stück Filterpapier, das mit einer Uransalzlösung (Uranylnitrat) getränkt ist. Dann brennt man das Papier ab. Eine erneute Messung der Impulsrate zeigt, dass die Asche nicht weniger radioaktiv ist als vorher das Papier. (Der Versuch kann auch mit einem Glühstrumpf durchgeführt werden.)

Auch die Strahlung, die von „abgebrannten" Brennelementen ausgeht, lässt sich nicht durch Verbrennen der Abfälle verringern. Es muss also auf andere Weise verhindert werden, dass sie die Menschen und die Umwelt schädigt (Bilder 1–4 auf der folgenden Seite).

1

2

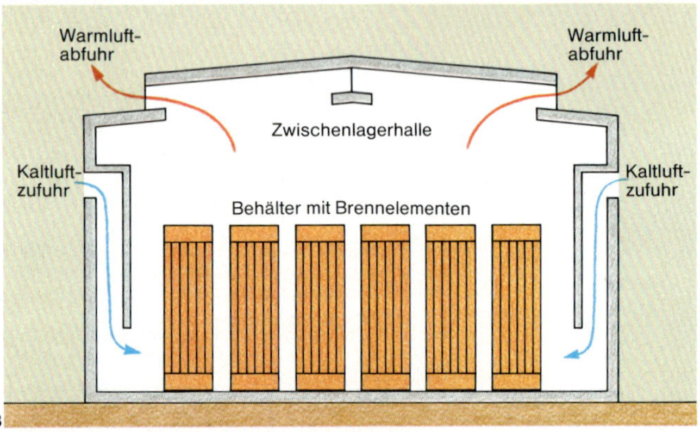

3

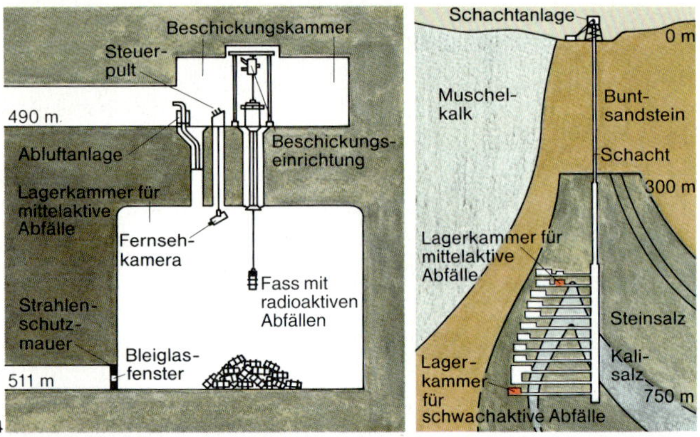

4

5

Lagerung in Wasserbecken im Reaktorgebäude:
Die verbrauchten Brennelemente mit ihren hochaktiven Spaltprodukten werden zunächst in Wasserbecken gelagert. Sie befinden sich im Innern des Reaktorgebäudes neben dem Reaktor (Bild 1). Hier klingt die Radioaktivität rasch ab, da viele Spaltprodukte nur kurze Halbwertszeiten haben. Das Wasser dient außerdem zur Kühlung der Brennelemente; das ist wichtig, da durch den radioaktiven Zerfall eine starke „Nachwärme" auftritt.

Nach zwei Jahren Lagerung ist die Aktivität auf 1/100 abgesunken. Trotzdem ist die Strahlung jetzt immer noch lebensbedrohend, sodass eine einfache Lagerung auf Müllhalden weiterhin unmöglich ist.

Transport der Brennelemente in Spezialbehältern:
Die Außentemperatur der Brennelemente beträgt jetzt immer noch ca. 250 °C; deshalb sind die Transportbehälter auch mit Kühlrippen ausgestattet (Bild 2).

In diesen Behältern wird die radioaktive Strahlung durch fast 50 cm dicke Wände aus Spezialwerkstoffen abgeschirmt. Außerdem sind die Behälter druck- und feuerfest, sodass sie auch bei schweren Unfällen sicher sind.

Zwischenlagerung der Brennelemente:
In den Spezialbehältern transportiert man die Brennelemente in Zwischenlager (Bild 3). Oder man schafft sie zur *Wiederaufarbeitungsanlage* (→ rechte Seite).

Endlagerung radioaktiver Abfälle:
Bei der Wiederaufarbeitung fallen hochaktive Stoffe mit z. T. sehr großen Halbwertszeiten an. Sie müssen für lange Zeit sicher gelagert werden.

Um Gefahren für die Umwelt auszuschließen, schlagen Kritiker der Wiederaufarbeitung sogar die *direkte Endlagerung* vor: Die gesamten *unzerlegten* Brennelemente sollen an sicheren Orten in Spezialbehältern gelagert werden – doch erst, nachdem ihre Radioaktivität in Zwischenlagern ausreichend abgeklungen ist.

Für die Endlagerung radioaktiver Stoffe sind (nach dem heutigen Stand der Forschung) stillgelegte Salzbergwerke geeignet (Bilder 4 u. 5), und zwar aus folgenden Gründen:

- ○ Salz ist für Flüssigkeiten und Gase undurchlässig;
- ○ Salz ist plastisch; d. h., Risse schließen sich schnell;
- ○ Salzsteingebirge sind sehr stabil; sie verändern sich über lange Zeit kaum;
- ○ Salz leitet Wärme gut ab. (Die radioaktiven Abfälle zerfallen ja weiterhin und entwickeln dabei Wärme.)

Derzeit wird untersucht, ob der Salzstock bei *Gorleben* (Niedersachsen) für die Endlagerung stark radioaktiver Abfälle (z. B. Brennelemente) geeignet ist.

Ein Endlager für schwach- bis mittelaktive Abfälle liegt bei *Morsleben* (nahe Helmstadt). Dort wurden bis Anfang 1990 Abfälle aus Krankenhäusern, ausgewechselte Bauteile von Reaktoren, verstrahlte Schutzkleidung usw. eingelagert.

Bild 5 zeigt das stillgelegte Salzbergwerk in *Asse* bei Braunschweig. Hierher wurden bis 1978 Tausende von Fässern mit schwach- bis mittelaktiven Abfällen gebracht.

5121R

Aus Umwelt und Technik: **Die Wiederaufarbeitung**

Auch „abgebrannte“ Brennelemente enthalten noch spaltbares Uran-235 (Bild 6). Aber nicht nur das: Im Reaktor ist aus nichtspaltbarem Uran-238 ein neuer spaltbarer Stoff entstanden, nämlich Plutonium-239 (^{239}Pu). Es eignet sich ebenfalls als Brennstoff für Reaktoren (Bild 7). In Wiederaufarbeitungsanlagen trennt man daher Uran und Plutonium von den eigentlichen radioaktiven Abfällen.

Kritiker halten die Wiederaufarbeitung für die gefährlichste Station im Brennstoffkreislauf: Beim Zerlegen und Auflösen der Brennelemente werden nämlich radioaktive Stoffe in großen Mengen frei – entweder als Gase oder (in *flüssiger* Form) als Lösungen. Vorher – wenn die Brennelemente aus dem Kernreaktor kommen – sind diese Stoffe noch in den Hüllrohren der Brennelemente fest eingeschlossen.

Nicht zuletzt wegen drohender Gefahren wurde der Bau der Wiederaufarbeitungsanlage im bayerischen Wackersdorf 1990 gestoppt.

In Frankreich (La Hague) und auch in England (Sellafield) befinden sich Wiederaufarbeitungsanlagen, zu denen auch Brennelemente aus bundesdeutschen Kernkraftwerken gebracht werden.

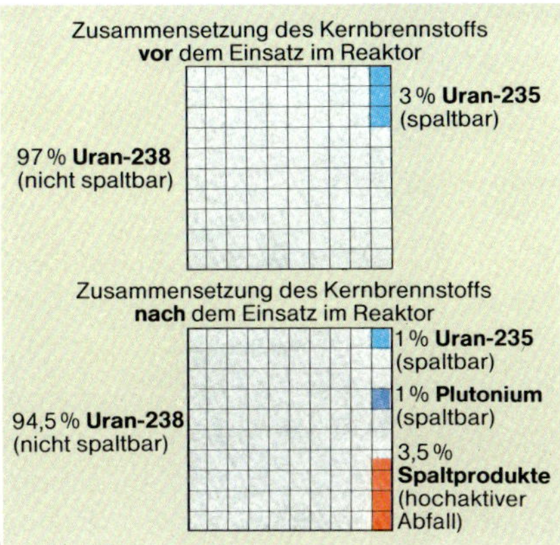

6

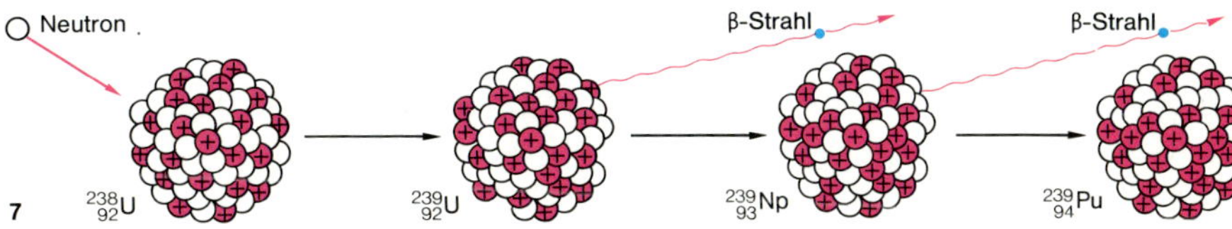

7

Aus Umwelt und Technik: **Wohin mit stillgelegten Kernkraftwerken?**

Ein Kernkraftwerk hat eine „Lebensdauer“ von höchstens 30–40 Jahren. Man kann es danach nicht einfach abreißen wie andere veraltete Industrieanlagen. Alle Bauteile und Geräte innerhalb des Sicherheitsbehälters sind strahlenverseucht. Sie sind durch den dauernden „Beschuss“ mit Strahlung selbst radioaktiv geworden; oder sie enthalten radioaktive Stoffe, die aus den Brennelementen ausgetreten sind. Dieser radioaktive Müll darf auf keinen Fall auf Schutthalden gelagert werden.

Was macht man also mit einem Kernkraftwerk, das nutzlos geworden ist? Man könnte es „einmotten“ und stehen lassen, bis die Strahlung nicht mehr so gefährlich ist. Dann müsste man aber etwa 100 Jahre mit dem Abbau warten! Inzwischen müsste die Anlage laufend instand gehalten und streng bewacht werden (Kosten pro Jahr etwa 2 Millionen DM).

Daher wurde bei uns beschlossen alte Kernkraftwerke 10–15 Jahre nach ihrer Stilllegung abzureißen. Bis dahin verringert sich die Strahlung wegen der kurzen Halbwertszeit vieler radioaktiver Stoffe erheblich.

Im Jahr 1987 begannen die Vorarbeiten für den Abriss des Kernkraftwerks Niederaichbach in Bayern. Dieses Kraftwerk hatte nur 18 Tage lang voll gearbeitet. Es war nach dauernden Störungen schon 1974 stillgelegt worden.

Zunächst wurden Spezialmaschinen für den Abbau konstruiert. Das war nötig, da die meisten Abrissarbeiten ferngelenkt erfolgten. Die Strahlung im Reaktor ist nämlich immer noch recht hoch, obwohl die Brennelemente schon bei der Stilllegung entfernt wurden. Bei Kernkraftwerken, die länger in Betrieb waren, ist die Strahlung noch viel höher.

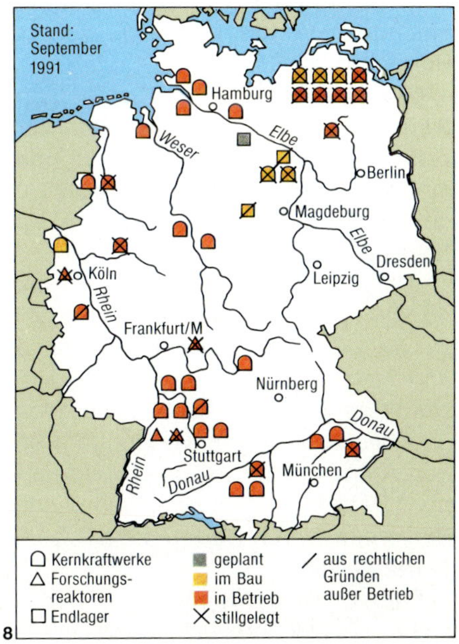

8

Besonders schwierig ist es, den 1–2 cm dicken Stahlbetonmantel zu entfernen; er ist bis zu 60 cm tief strahlenverseucht. Dazu werden, ebenfalls ferngelenkt, Sprenglöcher in den Beton gebohrt und dann Betonbrocken abgesprengt. Mit dem ferngelenkten Greifer werden diese eingesammelt und sorgfältig in Stahlfässer und Container gepackt. Die Behälter werden anschließend zwischengelagert.

Mit dem Abriss eines Kernkraftwerks sind die Gefahren aber noch nicht gebannt: Wohin mit dem verstrahlten Bauschutt? Allein in Niederaichbach fielen über 1000 t Beton, Stahl, Rohre usw. an. In der Bundesrepublik Deutschland gibt es dafür noch keinen geeigneten Ort.

Einige kleinere Kernkraftwerke sind inzwischen nicht mehr in Betrieb. Nach der Vereinigung Deutschlands sind die Probleme noch viel größer geworden: Alle ostdeutschen Kernkraftwerke mussten aus Sicherheitsgründen stillgelegt werden; ihre Bauruinen stehen aber noch (Bild 8).

5 Die Katastrophe von Tschernobyl und ihre Folgen

1

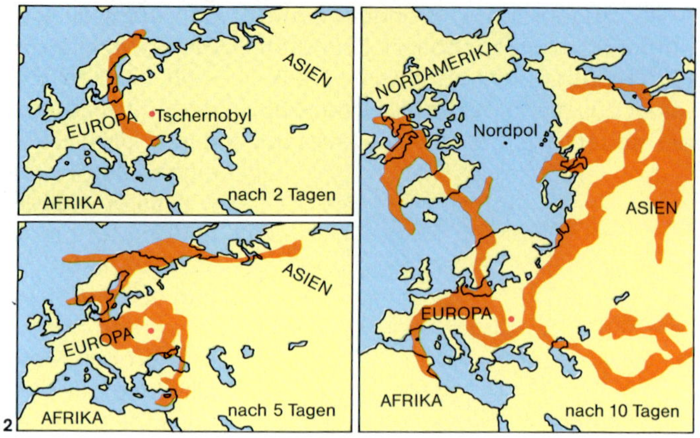

2

„Heute und morgen: Wind aus dem Osten"

So lautete Anfang Mai die Schlagzeile einer deutschen Tageszeitung. Die Windrichtung, für die sich normalerweise kaum jemand interessiert, war die wichtigste Meldung auf der Titelseite! Was war geschehen?

Am 26. April 1986 hatte sich im sowjetischen Kernkraftwerk *Tschernobyl* (Bild 1) bei Kiew ein schwerer **Reaktorunfall** – ein „Super-GAU" – ereignet. Bis dahin hatte man einen Unfall dieser Tragweite für praktisch unmöglich gehalten.

Als „GAU" (oder „**g**rößten **a**nzunehmenden **U**nfall") bezeichnet man den Ausfall des Reaktorkühlsystems. Dazu kann es z. B. kommen, wenn im Kühlwasserkreislauf des Reaktors ein großes Leck auftritt. Die Brennelemente im Reaktor heizen sich dann immer mehr auf. Gelingt es nicht, diesen Prozess durch Notkühlsysteme zu stoppen, kommt es zum „Super-GAU": Die Temperaturen im Reaktor steigen so stark an, dass die Brennelemente einschließlich des Kernbrennstoffs schmelzen.

Die Folgen einer solchen „Kernschmelze" können katastrophal sein:

Die verschiedenen Sicherheitsvorkehrungen werden möglicherweise zerstört (z. B. durch Explosionen oder zu hohen Druck), sodass die hochradioaktiven Spaltprodukte aus dem Reaktorgebäude entweichen.

In Tschernobyl kam es zu diesem „Super-GAU": Einer von vier Reaktoren geriet außer Kontrolle und die Notkühlsysteme versagten. Weder der Stahlblechmantel, der den Reaktorkern umgab, noch das Reaktorgebäude hielten dem steigenden Druck und den Explosionen stand. Der Kern, der vor allem aus Graphit bestand, brannte. Mit den Flammen und aufsteigendem Rauch wurden große Mengen radioaktiver Stoffe als Gase oder in Form feinster Staubteilchen in die Atmosphäre getragen (Bild 2).

Folgen von Tschernobyl

Die Auswirkungen dieser Reaktorkatastrophe sind weitaus schlimmer, als man zunächst befürchtet hatte. Ein Gebiet im Umkreis von 30 km um den Reaktor ist zum *Sperrgebiet* erklärt worden. Fast ein Jahrtausend lang darf sich dort niemand mehr ansiedeln. Vorher lebten in diesem Bereich rund 135 000 Menschen!

Die Kleinstadt Pripjat z. B. liegt 2 km von Tschernobyl entfernt. Hier wohnten die Reaktorarbeiter mit ihren Familien. Ein Arzt, der strahlengeschädigte Opfer betreute, schrieb über diese Stadt:

„Pripjat war eine neue Stadt mit 45 000 jungen Einwohnern. Jetzt ist sie eine Geisterstadt, wie Hiroshima und Nagasaki ein Opfer des Atomzeitalters. Ich ging durch die Straßen und blickte in leere Wohnungen, einen Kindergarten mit noch bezogenen Betten und in die öffentliche Bibliothek, deren Boden mit Büchern bedeckt war.

Pripjat ist aufgegeben, es wird nicht dekontaminiert (entseucht) *werden; das wäre zu teuer und wohl zu gefährlich. Doch das Problem ist damit nicht gelöst. Die hohen Betonhäuser, unbeheizt und von Regen und Schnee durchnässt, sind verwahrlost und fangen an zu bröckeln. Irgendwann werden sie unter ihrem eigenen Gewicht zusammenbrechen … Wahrscheinlich werden sie eines Tages abgerissen und als radioaktiver Abfall vergraben werden."*

Weitere 10 000 km^2 Land (das ist viermal so groß wie die Fläche des Saarlandes) sind stark strahlenverseucht (zwischen 550 000 und 15 000 000 Bq/m^2). Dort leben heute noch Menschen; auch Nahrungsmittel werden produziert.

Sowjetische Regierungsstellen reden von 86 Toten; die tatsächliche Zahl liegt vermutlich schon jetzt wesentlich höher. Ärzte vermuten, dass schon 7000 Menschen an den Folgen der Strahleneinwirkung gestorben sind, darunter 300 Soldaten, die bei Rettungsarbeiten eingesetzt waren.

Experten rechnen mit mindestens 100 000 zusätzlichen Krebstoten in den nächsten Jahrzehnten. Tausende von Kinder leiden nach Angaben russischer Ärzte an Leukämie und haben kaum Überlebenschancen; bei Zehntausenden sind die Abwehrkräfte so sehr geschwächt, sodass schon eine normale Erkältung zu einer schweren Krankheit wird.

Auswirkungen auf Erbanlagen sind schon jetzt sichtbar (Bild 3), doch erst in einigen Jahrzehnten wird deren volles Ausmaß erkennbar sein.

5123R

Nicht nur in der UdSSR hatte und hat das Unglück von Tschernobyl schlimme Folgen. Die radioaktive Wolke breitete sich über viele Gebiete Europas aus – je nach Wetterlage und Windrichtung allerdings sehr unterschiedlich (Bild 2).

Vorübergehend wurden auch bei uns Vorsichtsmaßnahmen empfohlen oder angeordnet: Man sollte kein Blattgemüse (Salat, Spinat usw.) essen. Kühe durften nicht auf die Weiden (Bild 4). Kleinkinder sollten keine Milch trinken.

Auch bei uns war der Boden teilweise stark strahlenverseucht. Noch heute werden in einigen Gebieten erhöhte Aktivitätswerte gemessen.

Ursache dafür ist das Isotop Caesium-137, das eine Halbwertszeit von etwa 30 Jahren hat. Und auch bei uns wird die Zahl der Krebstoten in den nächsten Jahren vermutlich noch höher sein als bisher.

Kann sich ein ähnliches Unglück bei uns ereignen?

Die Reaktoren in Tschernobyl weisen im Vergleich mit denen der Bundesrepublik Deutschland und anderen westlichen Staaten wichtige Unterschiede auf:

Als Moderator („Neutronenbremse") wird nicht Wasser benutzt, sondern Graphit, also Kohlenstoff. Das hat den folgenden Nachteil: Graphit ist brennbar und kann nicht – wie das Wasser in unseren Druckwasserreaktoren – zum Kühlen der Brennelemente verwendet werden.

Außerdem fehlten in Tschernobyl einige wichtige Sicherheitsvorkehrungen, die in Deutschland vorgeschrieben sind.

In unseren Kernkraftwerken befinden sich die Brennelemente in einem stählernen Druckbehälter; dieser ist wiederum von einem riesigen, kugelförmigen Sicherheitsbehälter (aus Stahl) und einer halbkugelförmigen Betonkuppel eingeschlossen.

In Tschernobyl hingegen war der Reaktor lediglich von einem Stahlblechmantel umgeben – und der sollte nur verhindern, dass Sauerstoff an den Graphitblock gelangt, damit dieser nicht zu brennen beginnt.

Aus diesen Gründen kann sich ein Unglück *wie das von Tschernobyl* bei uns nicht ereignen. Doch eine absolute Sicherheit gibt es für *keine* komplizierte technische Anlage – auch nicht für einen Kernreaktor.

Fragen und Aufgaben zum Text

1 Beschreibe einige Folgen des Reaktorsunfalls von Tschernobyl.

2 Wie weit ist das nächstgelegene Kernkraftwerk von deinem Wohnort entfernt?
Welche umliegenden Orte wären betroffen, wenn nach einem „Super-GAU" eine Sperrzone in deiner Gegend eingerichtet werden müsste?

3 Missgebildete Haustiere (Kalb mit verwachsenem Maul und missgestaltetes Ferkel) aus der Umgebung von Tschernobyl.

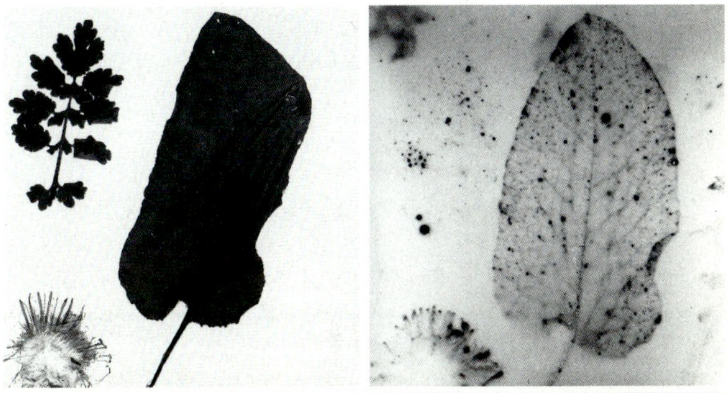

4 Diese Wiesenpflanzen (links) wurden am 2. Mai 1989 in der Münchner Innenstadt gesammelt. Die Fotomethode zeigte, dass sie strahlten (rechts).

Aus Umwelt und Technik: **Uranbergbau im Erzgebirge**

Im Erzgebirge (Aue, Schneeberg) und in der Umgebung von Ronneburg bei Gera gibt es Vorkommen von Uranerz (Pechblende). Die *Sowjetisch-Deutsche Aktiengesellschaft (SDAG) Wismut* betrieb dort die Uranerzförderung und -aufbereitung. Bis 1989 lieferte sie Uranbrennstoff für Kernwaffen und Kernkraftwerke, und zwar überwiegend in die Sowjetunion.

In der ersten Zeit nach dem Zweiten Weltkrieg waren die Arbeitsbedingungen besonders schlecht und die Sicherheitsvorkehrungen unzureichend. Damals erkrankten dort mehr als 5000 Bergleute an Lungenkrebs, einer typischen Berufskrankheit von Arbeitern im Uranbergbau.

Doch auch die übrige Bevölkerung ist in dieser Gegend hohen Strahlenbelastungen ausgesetzt. Das wurde bekannt, als 1990 erstmals umfangreiche Strahlenmessungen vorgenommen werden konnten.

In Schneeberg z. B. kam man zu beunruhigenden Ergebnissen, obwohl die Uranerzgruben dort schon 1950 stillgelegt wurden: In über der Hälfte aller Häuser war die Aktivität der Luft deutlich höher als in anderen Orten.

Diese hohe Aktivität ist auf das radioaktive Gas Radon zurückzuführen. Es entsteht beim Zerfall von Uran. Das Gas dringt aus dem Untergrund durch Kellerfußböden und -wände ein. Die Gaskonzentration ist daher in Gebäuden besonders hoch, vor allem dann, wenn wenig gelüftet wird.

Sorgfältiges Abdichten der Keller und häufiges Lüften können die Strahlenbelastung verringern.

Alles klar?

1 Vergleiche Kernkraftwerke mit Kohlekraftwerken: Nenne einige Gemeinsamkeiten und Unterschiede.

2 Stelle die *Energieumwandlungsketten* für Kohle- und Kernkraftwerke auf:

a) „Kohlekraftwerk:
Chemische Energie → ...“

b) „Kernkraftwerk:
Kernenergie → ...“

3 Warum kommt in Natururan normalerweise keine Kettenreaktion in Gang?

4 Was versteht man unter *angereichertem* Uran?

5 Bei der Explosion einer Atombombe läuft eine sog. *unkontrollierte* Kettenreaktion ab.

a) Erkläre diesen Vorgang.

b) Damit es in Uran zu einer solchen Kettenreaktion kommen kann, müssen zwei Bedingungen erfüllt sein. Nenne diese Bedingungen.

6 Beschreibe, wie bei Kernspaltungen Energie frei wird.

7 In Reaktoren laufen *kontrollierte* Kettenreaktionen ab.

a) Welchen „Brennstoff“ enthalten die Brennelemente eines Reaktors?

b) Wozu dienen die Regelstäbe?

c) Welche Aufgaben hat das Wasser im Reaktor?

8 Wodurch belasten die Kernkraftwerke und wodurch die Kohlekraftwerke unsere Umwelt?

9 In Kernkraftwerken gibt es verschiedene Sicherheitsvorkehrungen; sie sollen das Austreten von Radioaktivität verhindern – z. B. auch bei möglichen Unfällen. Nenne einige dieser Vorkehrungen.

10 Eines der schwierigsten Probleme ist die sogenannte *Entsorgung* der Kernkraftwerke, d. h. die Beseitigung des radioaktiven Abfalls.

a) Weshalb ist es so schwierig, diesen Abfall loszuwerden?

b) Welche Entsorgungsmöglichkeiten für „abgebrannte“ Brennelemente aus Kernreaktoren kennst du?

11 Die Frage, ob weitere Kernkraftwerke gebaut werden sollen oder nicht, ist immer wieder Gegenstand von Diskussionen. Dabei geht es häufig auch um physikalisch-technische Probleme.

Nimm zu den folgenden Behauptungen auf sachliche Art und Weise Stellung:

a) „Bei einem technischen oder menschlichen Versagen wirkt ein Kernkraftwerk wie eine Atombombe.“

b) „Kernkraftwerke verseuchen die Umwelt mit lebensgefährlicher radioaktiver Strahlung und belasten die Umwelt stärker als Kohlekraftwerke.“

c) „Nicht die Kernkraftwerke selbst sind so gefährlich; viel gefährlicher können Wiederaufbereitungsanlagen für die ausgedienten Brennelemente sein.“

d) „Das Wasser der Flüsse wird durch Kernkraftwerke nicht nur radioaktiv verseucht, sondern auch erwärmt. Alles Leben in den Flüssen wird dadurch abgetötet.“

e) „Radioaktiver Müll, der heute in Salzbergwerken eingelagert wird, kann den Menschen noch in Tausenden von Jahren gefährlich werden.“

6 Zusammenfassung

Die Kernspaltung

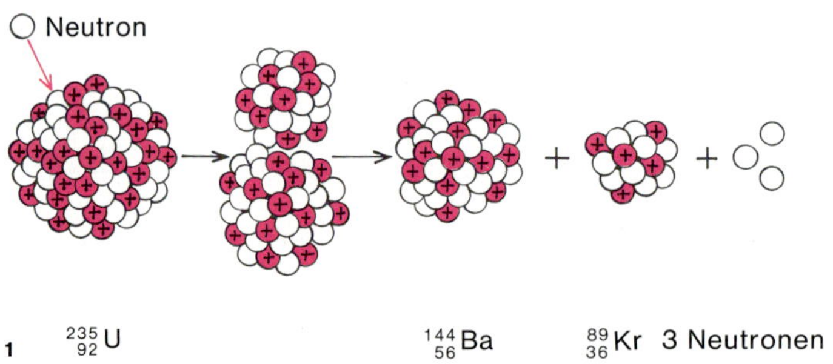

1

Ein langsames Neutron dringt in einen Urankern (^{235}U) ein. Der Kern wird in zwei Teile gespalten. (Außerdem werden zwei oder drei Neutronen frei.) Diese beiden Teile bewegen sich mit großer Geschwindigkeit auseinander und stoßen dabei Nachbaratome an; diese führen dadurch viel heftigere Zitterbewegungen (Schwingungen) aus als zuvor. Das bedeutet:

Bei der Spaltung von Uranatomkernen werden große Energiemengen freigesetzt.

2699R

Die Kettenreaktion

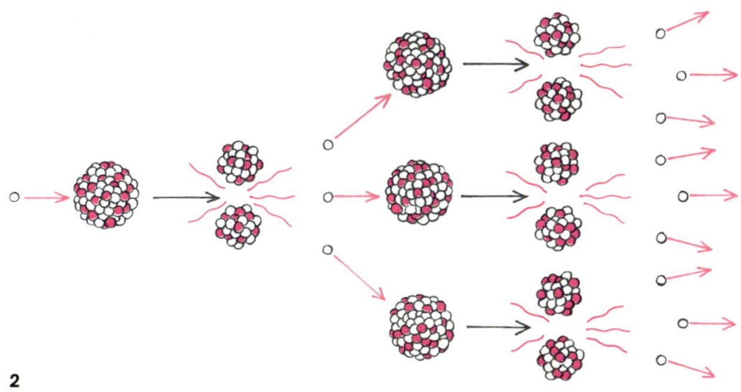

2

Bei jeder Kernspaltung werden auch zwei oder drei Neutronen frei. Läuft eine **unkontrollierte Kettenreaktion** ab, so löst (fast) jedes frei werdende Neutron eine neue Kernspaltung aus. Die Anzahl der Neutronen und der Kernspaltungen nimmt somit innerhalb von Sekundenbruchteilen lawinenartig zu.

Voraussetzungen für die unkontrollierte Kettenreaktion sind:
- **reines Uran-235** und
- ein **ausreichend großer Uranblock** *(kritische Masse)*.

Bei einer **kontrollierten Kettenreaktion** bleibt die Anzahl der Kernspaltungen pro Sekunde praktisch gleich. Das wird in den *Reaktoren* der Kernkraftwerke durch eine Reihe von Maßnahmen erreicht:
○ angereichertes Uran, ○ Wasser als Moderator, ○ Regelstäbe.

Kernkraftwerke mit Druckwasserreaktoren

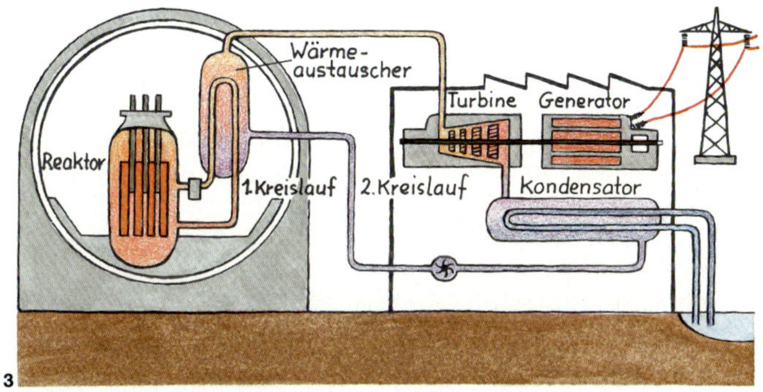

3

In den *Brennelementen* wird Energie freigesetzt.
→ Das Wasser des 1. Kreislaufs nimmt die Energie auf.
→ Das bis zu 330 °C heiße Wasser wird in den Wärme*austauscher* (Verdampfer) gepumpt.
→ Im Wärmeaustauscher wird das Wasser des *2. Kreislaufs* erhitzt und verdampft.
→ Der heiße Dampf treibt die Turbine und damit den *Generator* an.
→ Elektrische Energie wird erzeugt.
→ Im Kondensator wird der Dampf gekühlt; er kondensiert zu Wasser, das dann zum Wärmeaustauscher zurückgepumpt wird.

Leitungsvorgänge in Halbleitern

1 Leiter – Nichtleiter – Halbleiter

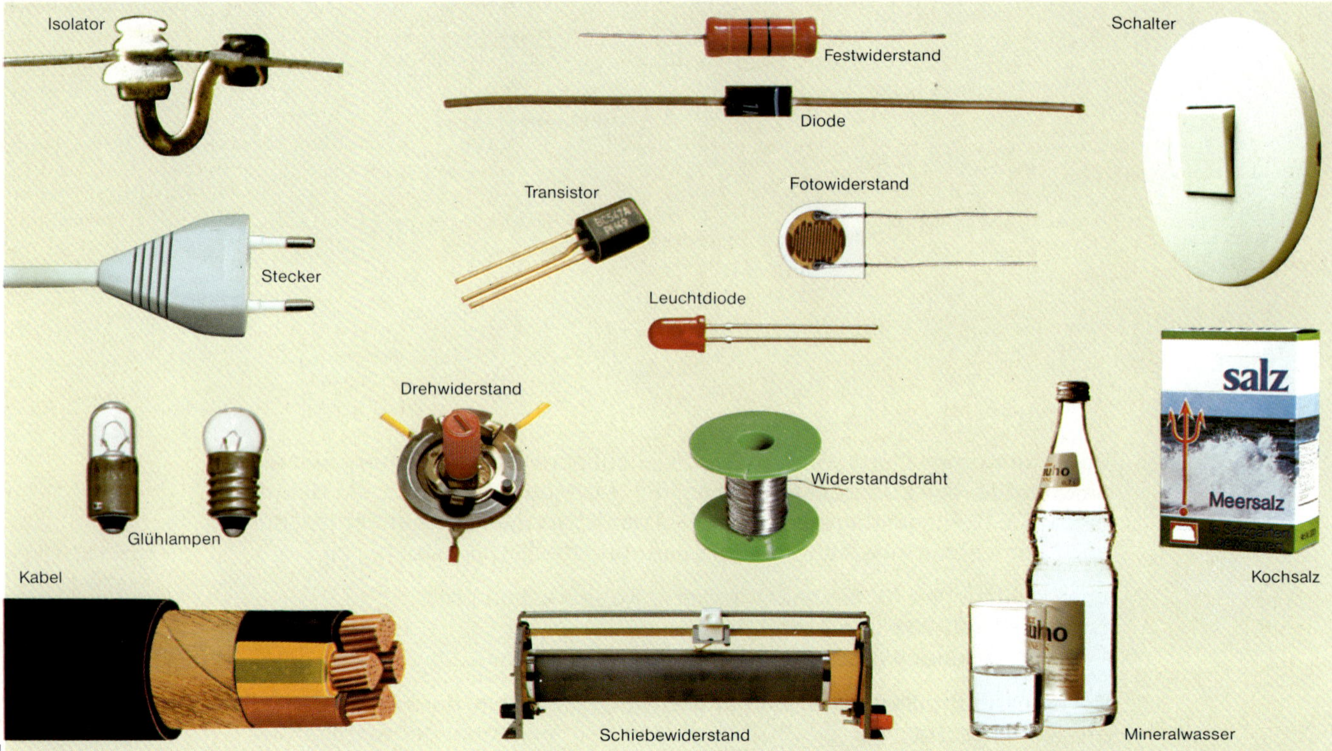

1

- Welche Stoffe sind *gute elektrische Leiter*, welche *schlechte*? Welche Stoffe gehören zu den *Nichtleitern (Isolatoren)*?
- Welche der Gegenstände, die du in Bild 1 siehst, zählen zu den *Widerständen*? – Begründe!
- Wovon hängt der elektrische Widerstand eines metallischen Leiters ab?
- Wie sehen die Schaltzeichen von Festwiderständen und veränderbaren Widerständen aus?

In der Elektronik werden oft sogenannte **Halbleiter** verwendet. Der Name *Halbleiter* verrät schon, dass ihre Leitfähigkeit zwischen der von guten Leitern und der von Isolatoren liegt.

Sogar bei ein und demselben Halbleiter ist die Leitfähigkeit nicht immer gleich: Er kann mal ein guter Leiter und mal ein Nichtleiter sein.

Die hier folgenden Versuche sollen dich zunächst einmal an eine charakteristische Eigenschaft von metallischen Leitern erinnern …

V 1 Wie ändert sich der elektrische Widerstand eines Metalldrahtes mit der Temperatur?

Für den Versuchsaufbau (Bild 2) benötigst du eine Drahtwendel. Um sie herzustellen, musst du etwa 50 cm Eisendraht (0,2 mm Ø) z. B. auf einer Stricknadel aufwickeln und die Nadel anschließend herausziehen.

Was beobachtest du, wenn du die Wendel – möglichst auf ihrer ganzen Länge – erhitzt? Miss dabei auch den Strom.

V 2 Drähte erwärmen sich, wenn sie von großen Strömen durchflossen werden. Ob auch diese Temperaturänderungen Einfluss auf den Widerstand der Drähte haben?

Schließe deine Eisendrahtwendel von Versuch 1 zusammen mit einem Strommesser an ein Netzgerät an. Erhöhe die Spannung in Schritten von 1 V (von 0 V bis 12 V) und miss jeweils den Strom. Stelle die Messwerte grafisch dar.

Wie ändert sich der Strom, wenn du kalte Luft gegen die heiße Wendel bläst? Überlege zunächst.

Der gleiche Versuch sollte auch mit Drähten aus Kupfer und Konstantan durchgeführt werden.

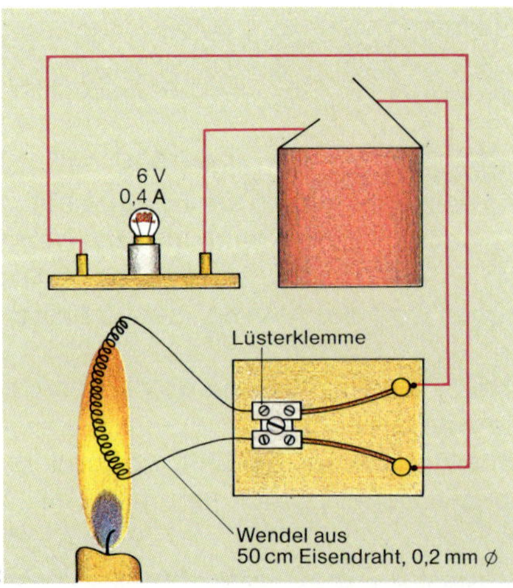

2

2848R

Wie kommt es zu Widerstandsänderungen bei Metallen?

Ein Kupferdraht besteht aus unvorstellbar vielen Kupferatomen: 1 cm^3 Kupfer setzt sich aus rund $8 \cdot 10^{22}$ Atomen zusammen. Die Atome sind regelmäßig angeordnet; jedes Atom hat seinen festen Platz. Eine solche Ordnung bezeichnet man als *Kristallgitter.*

Genau genommen sitzen aber keine vollständigen Kupferatome auf den Gitterplätzen, sondern *Atomrümpfe*. Jedes Kupferatom hat nämlich ein Elektron abgegeben. Diese *freien* Elektronen können sich im Kristallgitter bewegen; sie „schwirren" dort umher (Bild 3).

Legt man eine elektrische Spannung an den Kupferdraht an, so wirkt auf jedes freie Elektron eine Kraft, die es in Richtung auf den Pluspol antreibt. Die Folge ist eine *gerichtete Elektronenbewegung*, also ein *elektrischer Strom*.

Wenn das Kristallgitter völlig regelmäßig wäre und die Atomrümpfe sich bewegungslos genau auf ihren Plätzen befänden, würden die Elektronen auf ihrem Weg durch das Gitter nicht behindert. Der **Widerstand** – ein Maß für die Behinderung der Elektronen – hätte dann den Wert 0 Ω. Tatsächlich haben z. B. Drähte aus völlig reinem Kupfer in der Nähe des absoluten Nullpunktes (–273 °C) praktisch keinen Widerstand, weil die Atomrümpfe fast keine Bewegung ausführen.

Je höher aber die **Temperatur** des Drahtes ist, desto heftiger wackeln und schwingen die Atomrümpfe auf ihren Gitterplätzen hin und her (Bild 4); ihre Anordnung ist dann nicht mehr so regelmäßig. Dadurch wird die Behinderung der strömenden Elektronen stärker. Das bedeutet: **Der Widerstand des Drahtes nimmt mit steigender Temperatur zu.**

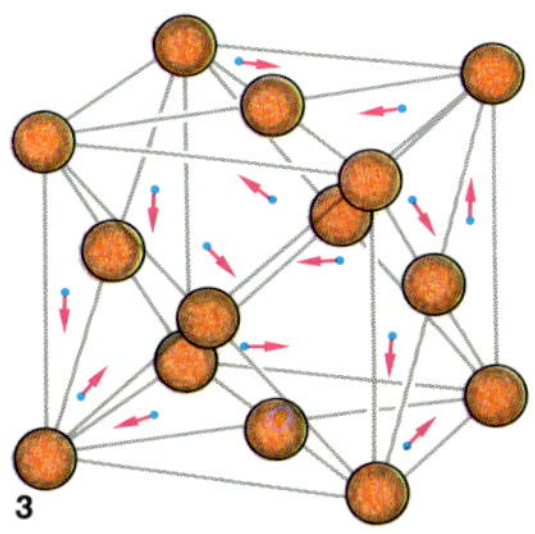
3

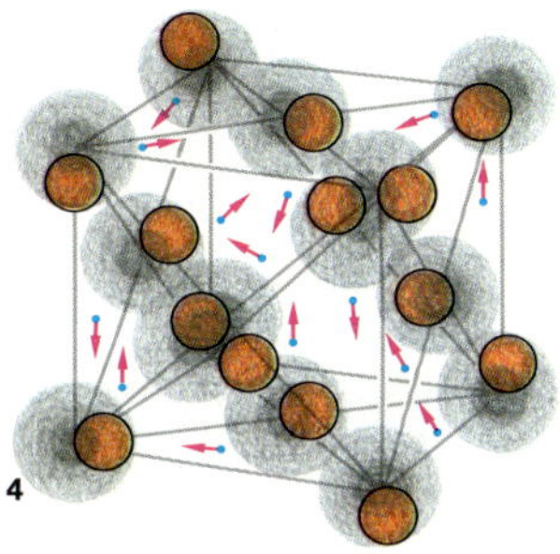
4

Auch geringe **Verunreinigungen** des Kupfers durch andere Elemente bewirken Störungen im Kristallaufbau. Der elektrische Widerstand wird durch solche Störstellen größer.

Bei Konstantan z. B. sind die Störstellen beabsichtigt und überall im Draht vorhanden. Konstantan ist nämlich eine Legierung aus 54 % Kupfer, 45 % Nickel und 1 % Mangan. Der Widerstand eines Konstantandrahtes ist daher ca. 30-mal so groß wie der Widerstand eines gleich langen und gleich dicken Kupferdrahtes.

Fragen und Aufgaben zum Text

1 Begründe, warum der Widerstand eines Eisendrahtes mit steigender Temperatur zunimmt.

2 Weshalb leiten Metalllegierungen meist schlechter als reine Metalle?

2 Wie verhält sich ein Halbleiter beim Erwärmen?

V 3 Verwende einen Halbleiter-Widerstand wie in Bild 5. Der Fachmann nennt ihn **NTC-Widerstand**.

Ermittle den elektrischen Widerstand des Halbleiters bei Zimmertemperatur. Wie ändert sich der Widerstand, wenn du den Halbleiter mit den Fingern (oder vorsichtig *über* einer Flamme) erwärmst? Kühle ihn auch mit kaltem Wasser oder Eis ab.

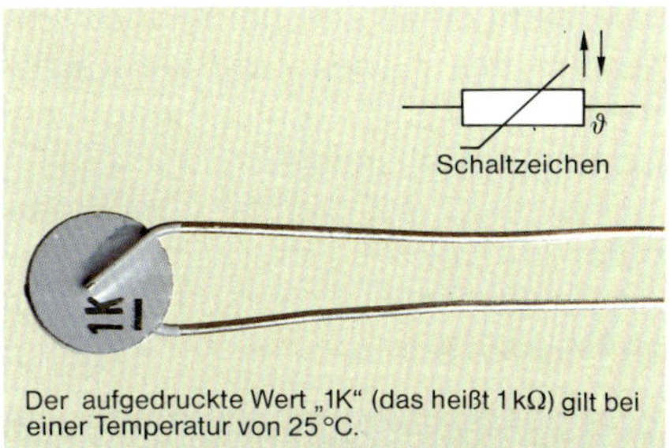

Der aufgedruckte Wert „1K" (das heißt 1 kΩ) gilt bei einer Temperatur von 25 °C.
5

Vergleiche das Verhalten von Halbleitern bei Erwärmung mit dem von Metallen.

V 4 Was beobachtest du, wenn du einen NTC-Widerstand (22 Ω), eine Lampe (6 V; 2,4 W) und einen Strommesser hintereinander an ein Netzgerät (6 V) anschließt? Erkläre dein Versuchsergebnis.

Aufgaben

1 Metalle sind **Kaltleiter**. NTC-Widerstände zählt man zu den **Heißleitern.** Was ist damit gemeint?

2 Das Schaltzeichen des NTC-Widerstands enthält das Formelzeichen ϑ (Theta) der Temperatur. Was deuten die gegenläufigen Pfeile an?

3 Der *Temperaturkoeffizient* eines Bauteils gibt an, wie sich sein Widerstand erhöht, wenn man das Bauteil um 1 K erwärmt. Auch die Abkürzung NTC (für engl. *negative temperature coefficient*) gibt das Verhalten des Widerstands an. Erkläre!

4 Das Kühlwasserthermometer eines Autos besteht im Wesentlichen aus einem NTC-Widerstand und einem Strommesser. Überlege dir dazu eine Schaltskizze.

5 Welche der Kurven gehört zu einer Glühlampe (Bilder 6 u. 7)? Begründe!

Die andere Kurve zeigt Messergebnisse für einen Graphitstab (Bleistiftmine). Was fällt dir auf?

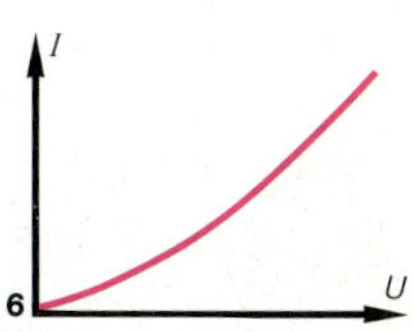

6

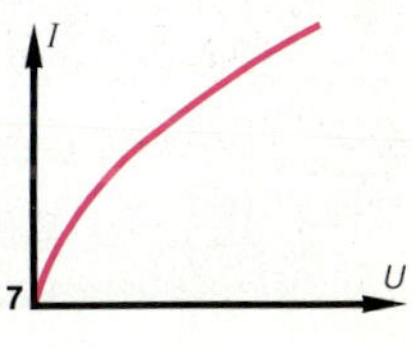

7

3 Ein weiterer Halbleiter: der Photowiderstand

V 5 Bild 1 zeigt einen lichtempfindlichen Halbleiter. Man nennt ihn *Fotowiderstand* oder *LDR* (engl. *light dependent resistor*). Ermittle die Eigenschaften eines Fotowiderstands in einem Messversuch.

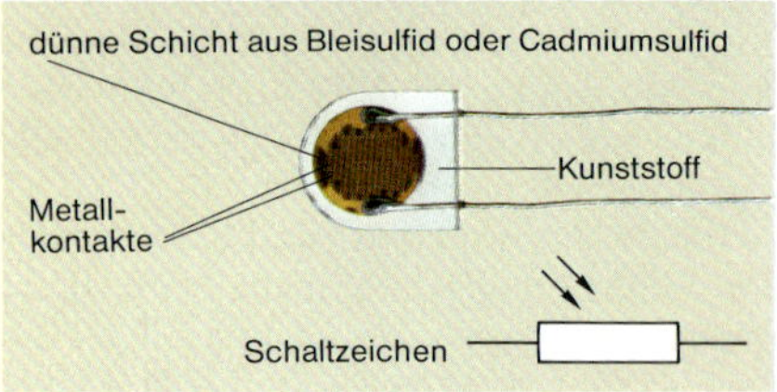

1

V 6 Fotografen und Filmemacher bestimmen die richtige Belichtungszeit und Blende mit einem elektrischen *Belichtungsmesser* (Bild 2). Er enthält ein Messwerk, dessen Zeiger umso weiter ausschlägt, je heller es ist. Baue das Modell eines Belichtungsmessers.

V 7 Eine Rolltreppe wird durch eine Lichtschranke gesteuert. Die Treppe setzt sich in Bewegung, sobald ein eingebauter Fotowiderstand abgedunkelt wird. Plane dazu einen Modellversuch, bei dem der Motor über ein Relais eingeschaltet wird (Schaltskizze!).

2

Aus Umwelt und Technik: **Steuern mit Lichtschranken**

Lichtschranken zum Steuern von Rolltreppen und Aufzugtüren sind weit verbreitet. Lichtschranken wachen zum Beispiel auch an Papierschneidemaschinen und Stahlpressen darüber, dass niemand mit der Hand in die laufende Maschine gerät.

Es gibt auch winzig kleine Lichtschranken; bei ihnen ist zwischen Lichtsender und -empfänger kaum mehr Platz als zwischen den Zinken einer Kuchengabel (Bild 3). Solche **Gabellichtschranken** werden z. B. in moderne Ladenkassen eingebaut. Das Papier zum Ausdrucken der Bons wird dabei durch die Gabel geführt. Die Lichtschranke kann so der Kasse melden, ob die Papierrolle erneuert werden muss.

Bild 4 zeigt eine Anwendung der Gabellichtschranke in der Robotertechnik: Ein Heimcomputer steuert hier ein Robotermodell. Soll sich der Arm des Roboters z. B. um 3 cm nach oben bewegen, so gibt es zwei Steuerungsmöglichkeiten.

Die erste Möglichkeit ist, dass der Computer den entsprechenden Elektroantrieb für eine bestimmte *Zeit* einschaltet. Eine solche **Zeitsteuerung** ist recht ungenau; es kann ja sein, dass diese Zeit bei höherer Belastung des Armes oder bei veränderter Spannung nicht für den 3 cm langen Weg ausreicht.

Die zweite Möglichkeit: Der Computer kontrolliert den *Weg*, den der Arm zurücklegt. Eine solche **Wegsteuerung** erfordert einen höheren technischen Aufwand, da der Computer kein „Auge" hat.

Das Problem ist hier mit einer Gabellichtschranke gelöst (Bild 5): Mit dem Schneckentrieb, der den Arm verstellt, ist die hell-dunkel gestreifte Trommel verbunden. Das infrarote Licht der Schranke durchdringt zwar den roten Kunststoff, nicht aber die dunklen Streifen.

Wenn der Motor die Schnecke und die Trommel dreht, meldet die Lichtschranke jedes Mal die auftretenden Lichtimpulse. Für den 3 cm langen Weg wartet der Rechner bei dem abgebildeten Modell die Meldung von 204 Impulsen ab. Erst dann schaltet er den Motor aus. So wird der Roboterarm sehr präzise gesteuert – auf Bruchteile von Millimetern genau.

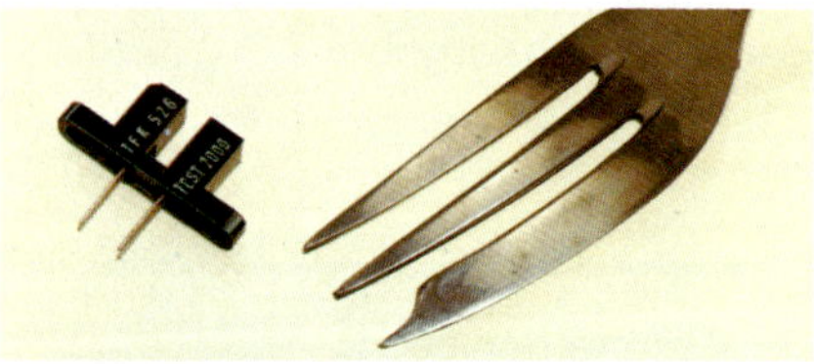
3

4

5

2850R

4 Elektronenleitung – Löcherleitung

Wie es bei Halbleitern zu Widerstandsänderungen kommt

Halbleiter verhalten sich beim Erwärmen ganz anders als metallische Leiter: **Mit steigender Temperatur** (also durch Zufuhr von Wärmeenergie) **wird der Widerstand von Metallen größer, der von Halbleitern dagegen nimmt ab.**

Aber nicht nur durch Zufuhr von Wärmeenergie lässt sich der Widerstand von Halbleitern senken. Zum Beispiel konntest du beim Fotowiderstand feststellen, dass sein Widerstand kleiner wird, wenn Energie in Form von **Licht** auf ihn trifft.

Um diese Beobachtungen zu erklären, müssen wir uns mit den **Vorgängen im Innern eines Halbleiters** beschäftigen. Wir wählen dazu jenes Halbleitermaterial aus, das am häufigsten verwendet wird: das **Silicium**.

Jeder Kubikzentimeter eines Siliciumkristalls setzt sich aus ca. $5 \cdot 10^{22}$ Atomen zusammen; das sind fast so viel wie die von 1 cm^3 Kupfer. Jedes Siliciumatom besitzt 14 Elektronen, von denen sich vier in den äußeren Bereichen der Atomhülle befinden. Die übrigen zehn Elektronen spielen für unsere Überlegungen keine Rolle, weil sie nicht zur Leitfähigkeit beitragen. Den Kern mit diesen zehn Elektronen nennen wir *Atomrumpf* (Bild 6). Jeder Atomrumpf gleicht die Ladung der vier äußeren Elektronen aus.

Im Kristall bilden die vier äußeren Elektronen eines Atoms mit den äußeren Elektronen der Nachbaratome vier *Elektronenpaare* (Bild 7). Jedes Paar gehört zu zwei Atomen und bindet diese aneinander.

Keines dieser *Bindungselektronen* kann sich frei im Kristall bewegen. Deshalb ist reines Silicium auch ein Nichtleiter – jedenfalls bei sehr tiefen Temperaturen (in der Nähe des absoluten Nullpunktes von ca. –273 °C).

Bei höheren *Temperaturen* (also bei Zufuhr von *Wärmeenergie*) schwingen die Siliciumatome an ihren Plätzen hin und her. Dabei brechen Bindungen auf; einzelne Bindungselektronen werden so gleichsam „freigeschüttelt“. Das heißt, die Energie der Zitterbewegung reicht aus um einige Elektronen von den Atomen zu lösen. Auch mit *Lichtenergie* können Elektronen aus ihren Bindungen gerissen werden. Im Kristall sind dann **freie Elektronen** vorhanden (Bild 8).

Legt man nun eine Spannung an einen solchen Kristall, so strömen die freien Elektronen in Richtung Pluspol.

Silicium hat bei Zimmertemperatur noch einen sehr hohen Widerstand, denn auf rund 10^{11} (hundert Milliarden) Atome kommt nur ein einziges freies Elektron. Im Gegensatz dazu wird bei Metallen ein Elektron *je Atom* freigesetzt.

Bei weiterer Energiezufuhr und steigender Temperatur lösen sich im Siliciumkristall immer mehr Elektronen. Die Zahl der freien Elektronen wächst also und damit nimmt die Leitfähigkeit des Kristalls zu. Oder anders ausgedrückt: Sein Widerstand sinkt rasch ab.

Wenn – wie beschrieben – *freie Elektronen* die Ströme bilden, spricht man von **Elektronenleitung** oder **n-Leitung** (n für *negative Ladung*).

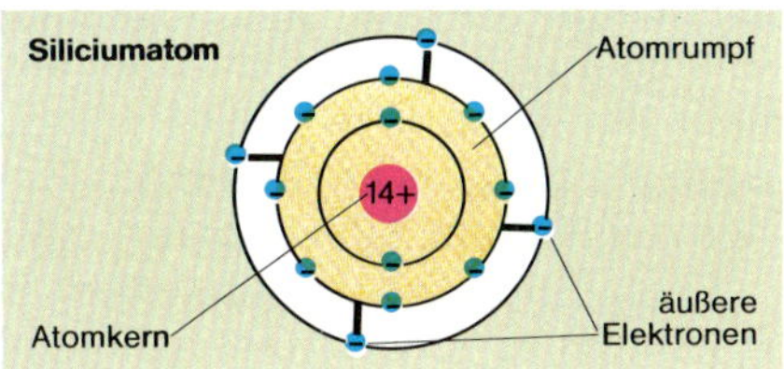

6

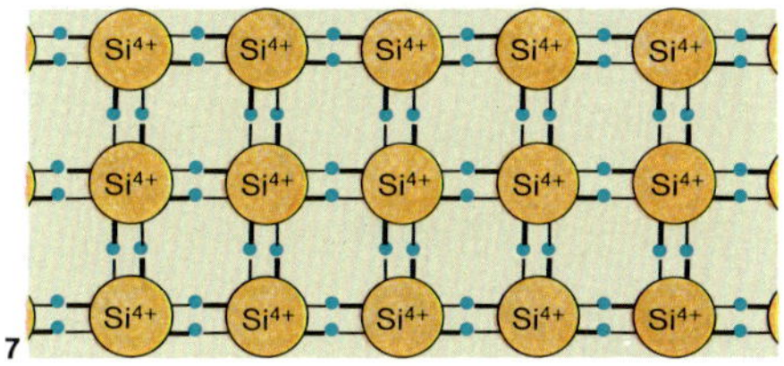
7

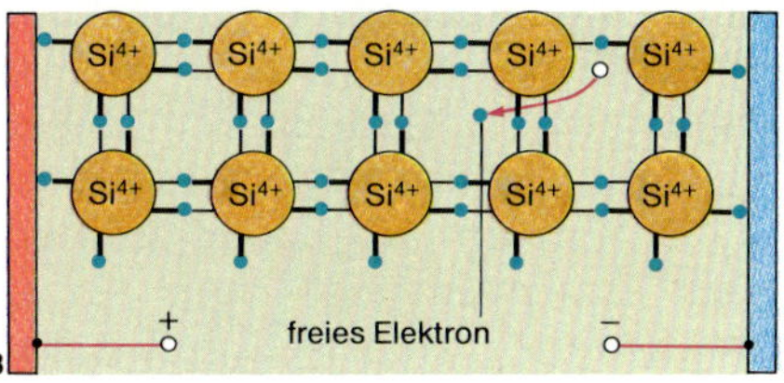

8

Die Löcherleitung

Die *Elektronenleitung* oder *n-Leitung* ist in reinen Halbleitern nicht der einzige Leitungsvorgang. Das zeigen die folgenden Überlegungen.

Betrachten wir einmal die Stelle im Kristall, an der ein Elektron „freigeschüttelt“ wurde: Das fehlende Elektron hinterlässt dort eine Lücke oder – wie man oft sagt – ein **Loch**. Die zurückbleibenden Elektronen können nun die positive Ladung der benachbarten Atomkerne nicht mehr ausgleichen. Deshalb ist jetzt in der Umgebung des Loches eine *positive Überschussladung* vorhanden.

Weil sich freie Elektronen und Löcher stets gleichzeitig bilden, spricht man hier von einer **Paarbildung**. Ebenso zufällig, wie sich diese Paare bilden, verschwinden sie auch wieder: Elektronen, die auf Löcher treffen, können dort nämlich wieder gebunden werden. Diesen Vorgang nennt man **Rekombination**.

Trotzdem nimmt mit steigender Temperatur die Anzahl der Paare zu, die in jedem Augenblick vorhanden sind.

Wenn man eine Spannung an den Halbleiterkristall anlegt, geschieht etwas Erstaunliches: Nicht nur die freien Elektronen wandern, sondern scheinbar auch die Löcher!

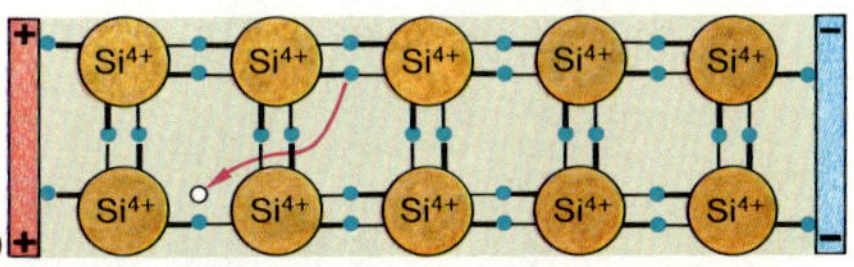
9

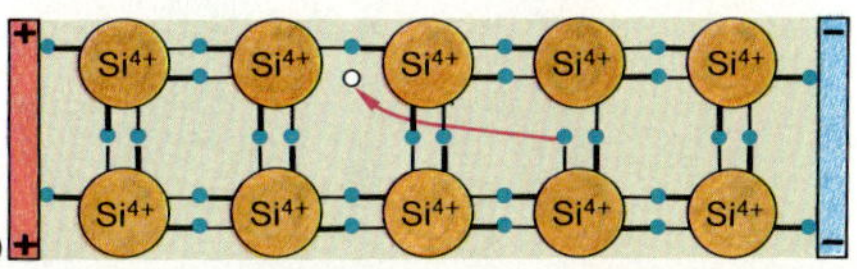
10

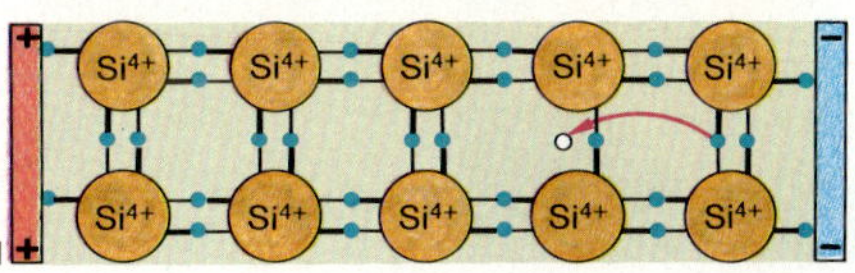
11

Ein Bindungselektron kann nämlich – angetrieben durch die anliegende Spannung – in ein benachbartes Loch „hineinhüpfen“. Das alte Loch wird dabei gefüllt, gleichzeitig entsteht aber ein neues, das näher am Minuspol liegt. In dieses springt dann ein anderes Bindungselektron usw. (Bilder 9–11).

Betrachtet man den Vorgang insgesamt, so scheint das Loch (eine positive Ladung) in Richtung Minuspol zu wandern. Aus diesem Grund spricht man hier von **Löcherleitung** oder **p-Leitung**. Solche Leitungsvorgänge gibt es nur bei Halbleitern, nicht bei Metallen.

Tatsächlich bewegen sich jedoch auch bei der Löcherleitung stets *nur* Elektronen: Die hüpfenden Bindungselektronen füllen alte Löcher und hinterlassen neue.

Aus Umwelt und Technik: **Silicium – Werkstoff der Zukunft**

Halbleiter sind heute nichts Besonderes mehr, sie gehören zum Alltag: Sie stecken im Radio und im Fernseher, im Taschenrechner und im Computer. Ohne sie bliebe die Quarzuhr stehen, das Telefonnetz bräche zusammen und es gäbe weder Herzschrittmacher noch Hörgeräte.

Die Geschichte der Menschheit wird nach ihren Werkstoffen eingeteilt: Steinzeit, Bronzezeit, Eisenzeit. Vielleicht wird man später unser Jahrhundert als Beginn der „Siliciumzeit“ bezeichnen, denn 95 % aller Halbleiter enthalten diesen Stoff.

Silicium findet man auf der Erde „wie Sand am Meer“. Es ist nach dem Sauerstoff das zweithäufigste Element auf unserem Planeten; in der Erdrinde ist im Durchschnitt jedes vierte Atom ein Siliciumatom. Jedes Sandkorn, jeder Kieselstein besteht fast nur aus Siliciumdioxid (SiO_2) – ein unerschöpflicher Vorrat für die moderne Mikroelektronik.

Allerdings – und hier beginnen die Probleme – muss es aus dem „Sand am Meer“ erst einmal isoliert werden. In besonderen „Hochöfen“ werden dazu Quarzsand (SiO_2) und Kohle bzw. Koks (C) gemeinsam erhitzt. Bei Temperaturen von über 1800 °C wird das Oxid reduziert – es entsteht Silicium mit einer Reinheit von 98 %.

$SiO_2 + 2\,C \rightarrow Si + 2\,CO$.

Weitere chemische Verarbeitungsstufen müssen durchlaufen werden, damit aus diesem *Roh-Silicium* das für die Elektronik nötige *Reinst-Silicium* wird. Seine Reinheit erreicht schließlich 99,999 999 99 %! Reines Silicium glänzt wie Metall (Bild 1).

Aber auch damit ist den Elektronikern noch nicht gedient. Die Siliciumbrocken bestehen nämlich aus vielen kleinen Kristallen und Kristallbereichen, die ohne jede Ordnung zusammengefügt sind – die Fachleute sprechen da von *polykristallinem Silicium* (griech. *polys:* viel). Gewünscht werden aber möglichst große Kristalle mit einer vollkommen regelmäßigen Anordnung der Atome: die sog. *Einkristalle.* Deshalb wird in einer weiteren Verarbeitungsstufe das polykristalline Silicium in *monokristallines* umgewandelt (griech. *monos:* einzig).

1

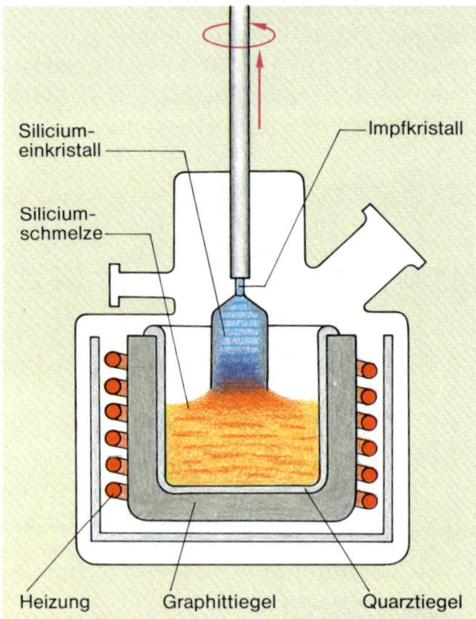

2

Die Bilder 2 u. 3 zeigen eines der Verfahren zur Herstellung von Einkristallen: das *Ziehen aus der Schmelze.*

Hochreines Silicium wird in einem Tiegel bei ca. 1450 °C geschmolzen. Von oben taucht man einen kleinen Impfkristall in die Schmelze. Er wird langsam gedreht und gleichzeitig nach oben gezogen. An den Impfkristall lagern sich beim Abkühlen immer mehr Siliciumatome an, und zwar in der vom Impfkristall vorgegebenen Ordnung. So entstehen im Laufe vieler Stunden stabförmige Einkristalle von bis zu 15 cm Durchmesser und über 1 m Länge. In Bild 4 erkennst du noch die Spitzen, an denen das Ziehen der Siliciumstäbe begann.

Diese Stäbe werden schließlich in 0,5 mm dicke Scheiben („Wafer“) zersägt, die nach dem Polieren (Bild 5) mit keinem Staubkorn mehr in Berührung kommen dürfen. Aus einem einzigen Wafer werden dann ungefähr 250 Chips (engl., Schnipselchen) hergestellt – und jeder Chip könnte das „Gehirn“ eines Computers werden.

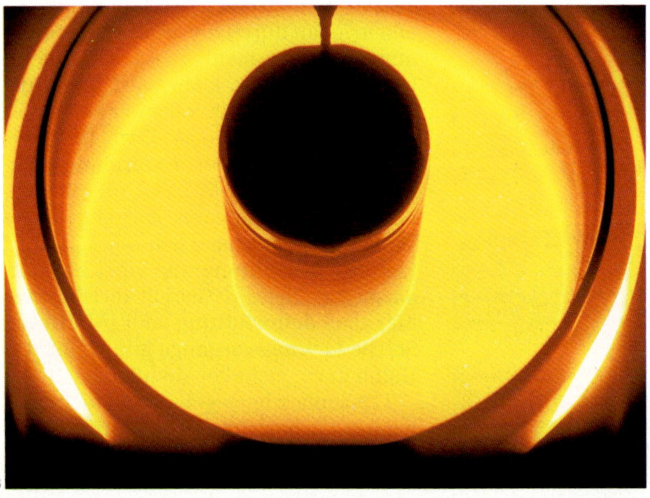
3

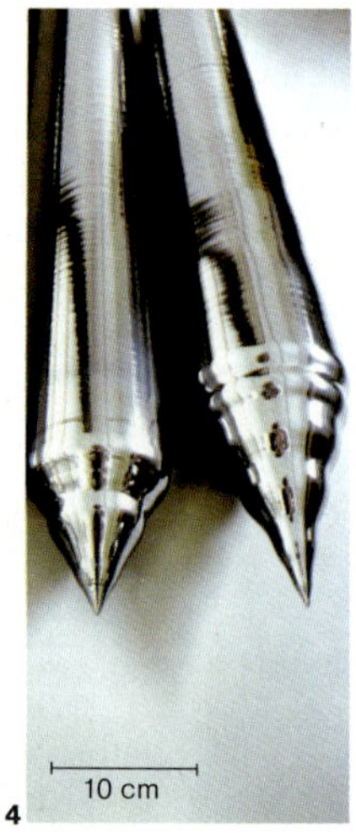

4

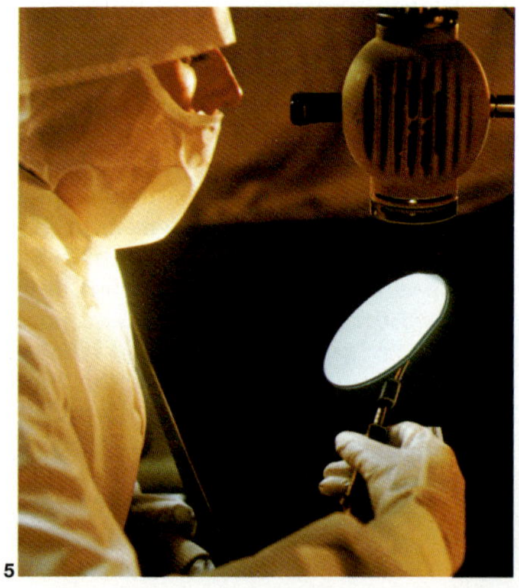
5

2852R

Aufgaben

1 Warum sind Halbleiter bei sehr tiefen Temperaturen *Isolatoren*?

2 Wie ändert sich der Widerstand eines Halbleiters bei steigender Temperatur? Begründe dieses Verhalten.

3 Damit aus einem Bindungselektron ein freies Elektron wird, ist Energie erforderlich. Welche Energieformen wurden dazu in unseren Versuchen genutzt?

4 Warum hat ein Stab aus reinem Silicium bei Zimmertemperatur einen viel höheren Widerstand als ein gleich großer Kupferstab?

5 So lassen sich die Leitungsvorgänge im Halbleiter „nachspielen" (Bild 6): Auf alle Stühle wurde ein Pluszeichen geklebt. Du wirst sehen: Das „Loch" und die positive Ladung können wandern – ohne sich selbst zu bewegen! Erkläre an diesem Modell die p-Leitung.

6 Im Periodensystem der Elemente (→ Chemie) findest du über und unter dem Silicium weitere Halbleiter. Welche Stoffe sind das? Welche Gemeinsamkeit im Atomaufbau haben diese Elemente?

6

Info: Die Leitfähigkeit wird verbessert – „verunreinigte" Halbleiter

Reine Halbleiter, wie z. B. reines Silicium, sind bei sehr tiefen Temperaturen Nichtleiter. Aber auch bei Zimmertemperatur haben sie noch einen hohen Widerstand; sie sind also recht schlechte Leiter.

Der Grund dafür ist, dass verhältnismäßig viel Energie nötig ist um Elektronen aus ihren Bindungen zu lösen. Bei Zimmertemperatur reicht die Bewegungsenergie eines zitternden Siliciumatoms nur sehr selten dafür aus.

Die Halbleiter in unseren Versuchen haben jedoch recht gut geleitet. Wie kam das?

Die Leitfähigkeit des Siliciums lässt sich mit einem „Trick" steigern: Man sorgt dafür, dass in den Kristallen von Anfang an eine gewisse Anzahl schwach gebundener Elektronen vorhanden ist. Dazu setzt man der Siliciumschmelze Fremdatome zu, die beim Erstarren in das Kristallgitter eingebaut werden. Dieses „Hineinmogeln" von Fremdatomen heißt **Dotieren** (lat. *dotare*: ausstatten).

Zum Dotieren von Silicium verwendet man z. B. Phosphor oder Arsen, also Atome mit *fünf* Elektronen in den äußeren Bereichen der Hülle. Von diesen Elektronen werden – wie du schon weißt – nur vier als Bindungselektronen im Kristallgitter benötigt; das fünfte bleibt übrig und ist daher nur sehr schwach gebunden. Es wird schon durch Zufuhr von wenig Energie freigesetzt und steht dann für die n-Leitung zur Verfügung (Bild 7).

Jedes Phosphoratom und jedes Arsenatom kann also dem Si-Kristall ein freies Elektron „schenken"; solche Atome nennt man deshalb **Donatoren** (lat. *donare*: schenken).

Auch Atome mit *drei* Elektronen in den äußeren Bereichen (z. B. Bor, Aluminium, Gallium, Indium) eignen sich zum Dotieren. Solche Fremdatome im Siliciumkristall heißen **Akzeptoren** (lat. *accipere*: in Empfang nehmen).

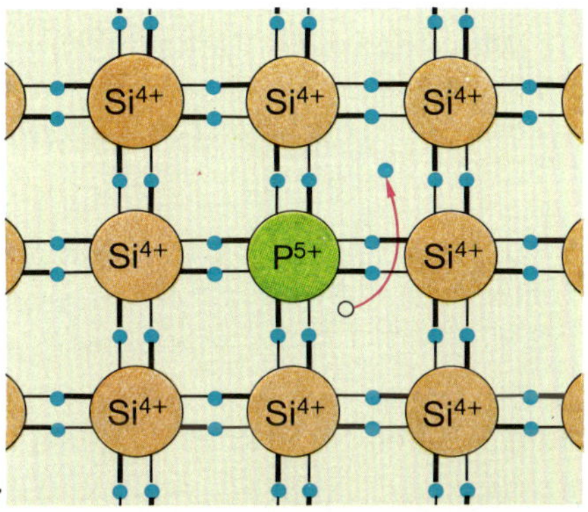

7

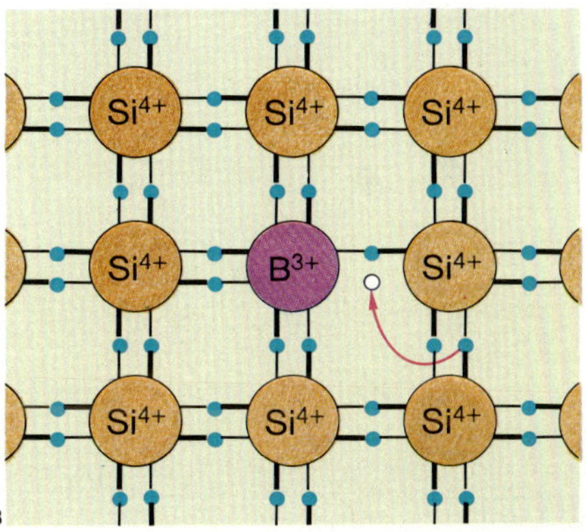

8

Akzeptoren bewirken im Siliciumkristall Elektronenlücken, also Löcher (Bild 8). So wird im Kristall die p-Leitung möglich: Bindungselektronen können nämlich leicht in benachbarte Löcher „hüpfen".

Die Leitfähigkeit des Siliciumkristalls kann ganz gezielt erhöht werden, indem man ihn mehr oder weniger stark mit Fremdatomen „verunreinigt". In der Technik spricht man von normaler Dotierung, wenn auf 1 000 000 Siliciumatome ein Fremdatom kommt. Bei starker Dotierung ist das Verhältnis 10 000 : 1.

Fragen und Aufgaben zum Text

1 Was versteht man unter *Dotieren*?

2 Nenne Unterschiede zwischen n-leitendem Silicium (dem sogenannten n-Silicium) und reinem Silicium.

3 „Auf 1 000 000 Siliciumatome kommt ein Atom als *Elektronenräuber*." Erkläre diesen Satz!

4 Die Verunreinigung eines schwach dotierten Siliciumkristalls mit Fremdatomen lässt sich mit einem Vergleich verdeutlichen: Sie entspricht der Verunreinigung eines 25 m langen, 20 m breiten und 2 m tiefen Schwimmbeckens, in das zwei Esslöffel (d. h. 10 cm^3) Farbe geschüttet wurden. Gib die Verunreinigung als Zahlenverhältnis an.

5 Die Diode

Aus der Geschichte: **Ein „richtungsabhängiger" Widerstand**

Vor mehr als 100 Jahren, im November 1874, veröffentlichte der Lehrer und spätere Nobelpreisträger *Ferdinand Braun* einen Aufsatz mit dem Titel: *„Über die Elektrizitätsleitung durch Schwefelmetalle"*. Braun hatte Eisensulfid, Kupfersulfid und ähnliche Stoffe auf ihre Leitfähigkeit untersucht und dabei eine erstaunliche Entdeckung gemacht.

Seine Versuchsanordnung siehst du in Bild 1: Ein gebogener Silberdraht drückt den Kristall gegen einen Ring, der ebenfalls aus Silberdraht besteht. Braun wollte so verschiedene Kristalle nacheinander an eine Batterie anschließen.

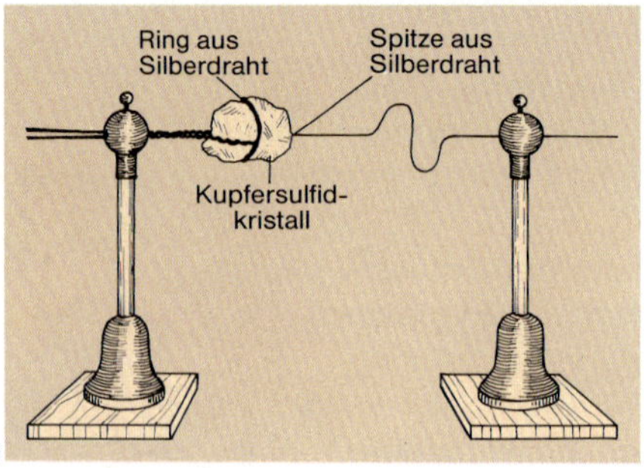

1

Das Verblüffende war nun: In ein und demselben Stromkreis (d. h. bei gleichem Kristall und gleicher Stromquelle) floss mal ein großer und mal ein kleiner Strom – je nach Polung der *Batterie*. Der Widerstand der Anordnung aus Kristall und Silberdraht hing also von der **Stromrichtung** ab!

Mit geringfügigen Änderungen kannst du den historischen Versuch selbst durchführen.

V 8 Fülle ein Reagenzglas 5 mm hoch mit Schwefelpulver und gib dann ebenso viel feine Kupferstückchen hinzu. (Diese kannst du von einer Kupferlitze abschneiden.)

Mische beide Stoffe und erhitze sie. Dabei bildet sich schwarzgraues Kupfersulfid (Cu_2S). Nach dem Abkühlen wird das Glas in ein Tuch gewickelt und zerschlagen.

Baue mit dem Kristall einen Stromkreis wie in Bild 2 auf. Was beobachtest du, wenn du die Polung am Netzgerät vertauschst?

V 9 Brauns Anordnung wurde später in Glasröhren eingeschmolzen (Bild 3), allerdings mit anderen Kristallen. Ein solches Bauteil nennt man Diode.

Eine moderne Diode siehst du in Bild 4, sie besitzt innen keine Drahtspitze mehr.

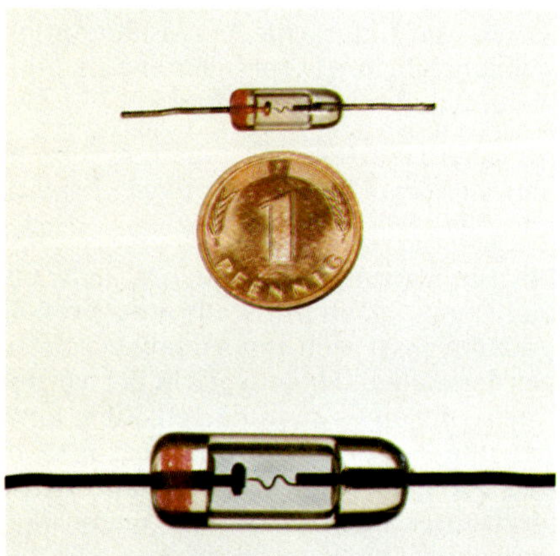

3

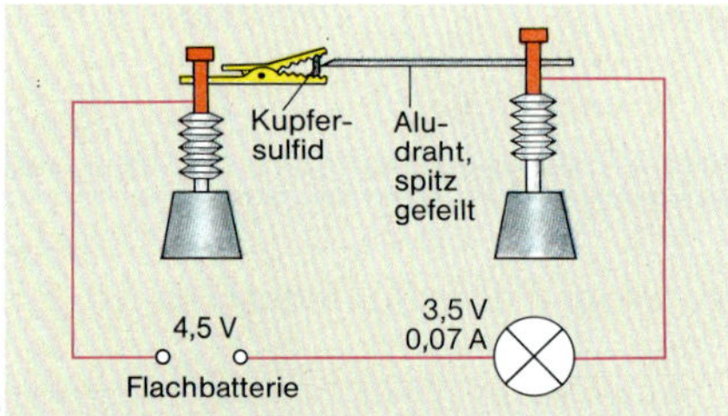

2

a) Stelle in einem Versuch die Eigenschaften einer Diode fest.

b) Wie muss eine Diode in einen Stromkreis eingebaut werden, damit sie den Strom *durchlässt* bzw. *sperrt*? Überlege dir dazu eine Merkregel.

V 10 Spannung und Strom sind bei Festwiderständen einander proportional. Gilt das auch für Dioden?

a) Die Diode wird in Durchlassrichtung in einen Stromkreis eingebaut.

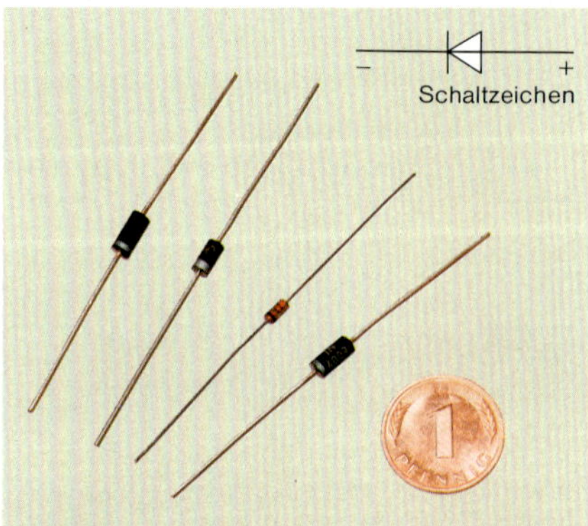

Der Ring an der Diode entspricht dem Balken im Schaltzeichen. Achte auf die *Einbaurichtung*.

4

Den Versuchsaufbau zeigt Bild 5. Erhöhe die Spannung an der Diode in Schritten von 0,1 V; beginne bei 0 V. Notiere jeweils die Spannung und den Strom, und stelle deine Messwerte grafisch dar (*waagerechte Achse:* Spannung; *senkrechte Achse:* Strom).

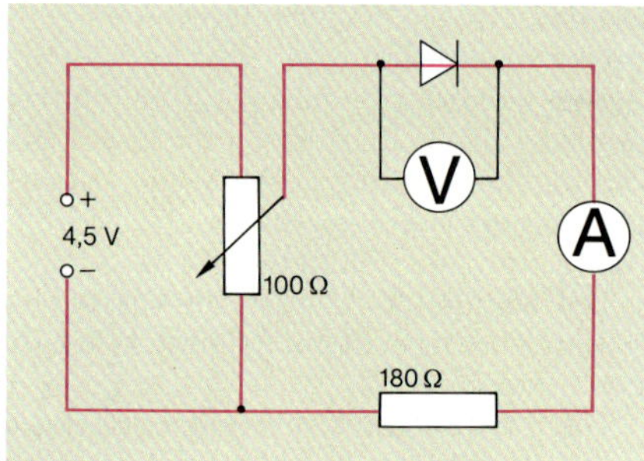

5

b) Man sagt, Dioden haben eine bestimmte *Schwellenspannung*. Was könnte damit gemeint sein? Wie groß ist bei der verwendeten Diode die Schwellenspannung?

V 11 Manche Dioden senden Licht aus, wenn sie vom Strom durchflossen werden. Man nennt eine solche Diode **Leuchtdiode** oder **LED** (engl. *light emitting diode*; Bild 6).

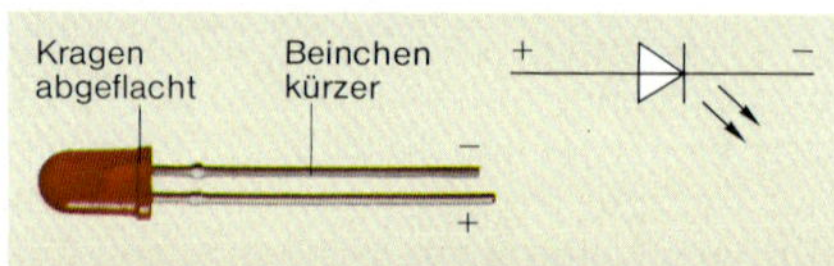

Einbaurichtung beachten! (Der abgeflachte Kragen entspricht dem Balken im Schaltzeichen.)

6

2854R

a) Untersuche die Wirkungsweise einer Leuchtdiode. Baue dir dazu die Schaltung von Bild 7 auf.

b) Bestimme die Schwellenspannung der Leuchtdiode.

V 12 In der Schaltung von Bild 7 ersetzen wir nun die Batterie durch ein Netzgerät mit 4,5 V Wechselspannung. Ob die Leuchtdiode aufleuchtet? Begründe deine Vermutung.

a) Bewege die Leuchtdiode möglichst schnell hin und her.

b) Die Spannungen am Netzgerät und zwischen den Anschlüssen des Widerstandes werden auf dem Schirm eines Oszilloskops dargestellt (Bild 8). Beschreibe und zeichne die Kurvenverläufe.

V 13 Für Dioden und andere elektronische Bauteile werden *Grenztemperaturen* angegeben (z. B. Si-Diode: 150 °C). Den Grund dafür zeigt dieser Versuch (Bild 9).

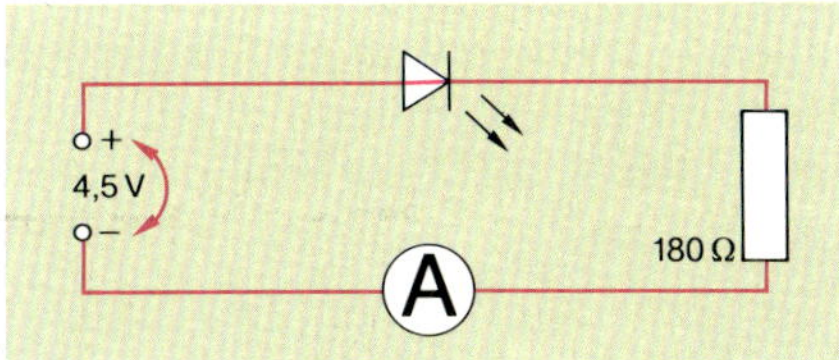

7

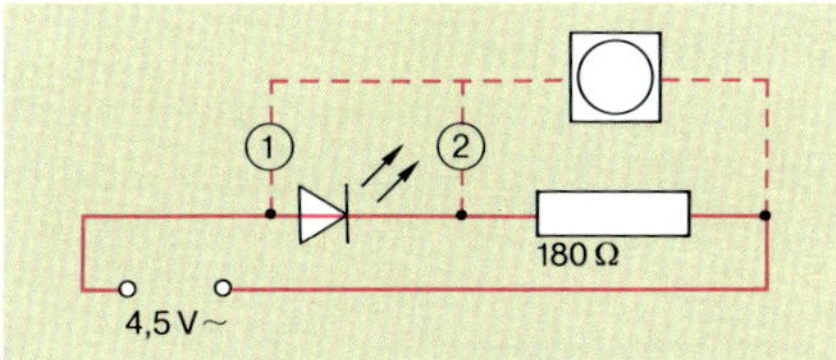

8

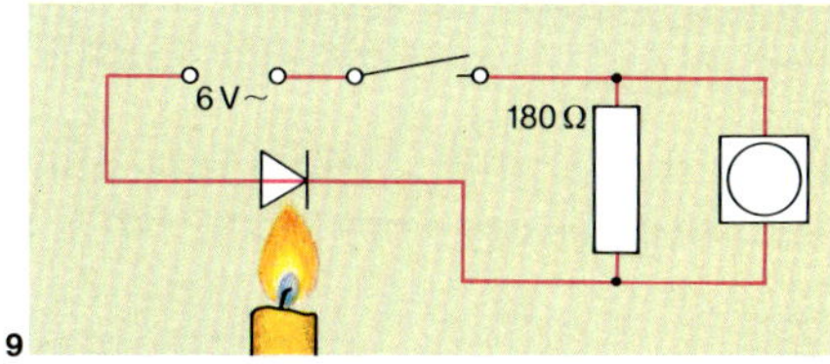

9

Aus Umwelt und Technik: **Der Brückengleichrichter**

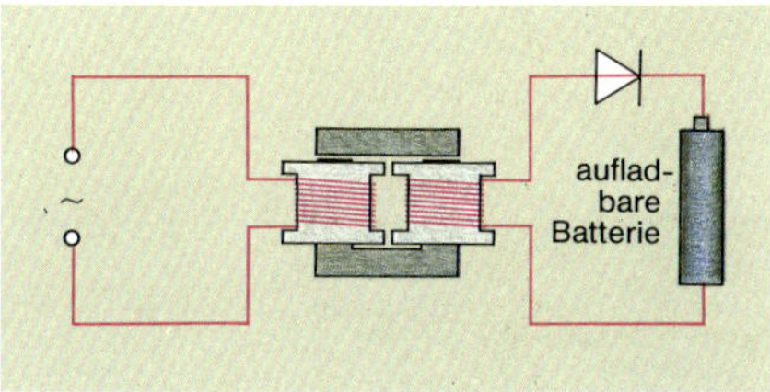

10

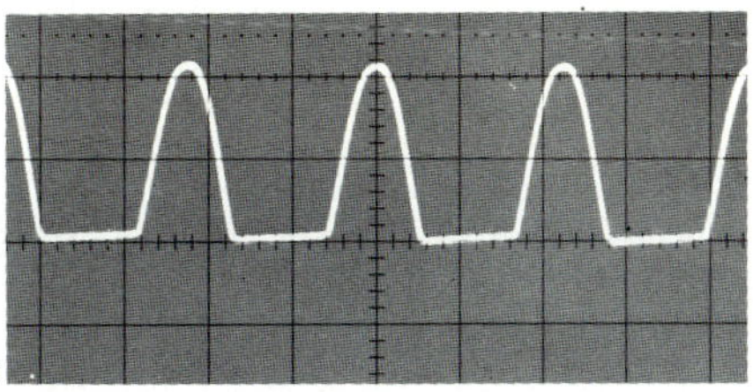
11

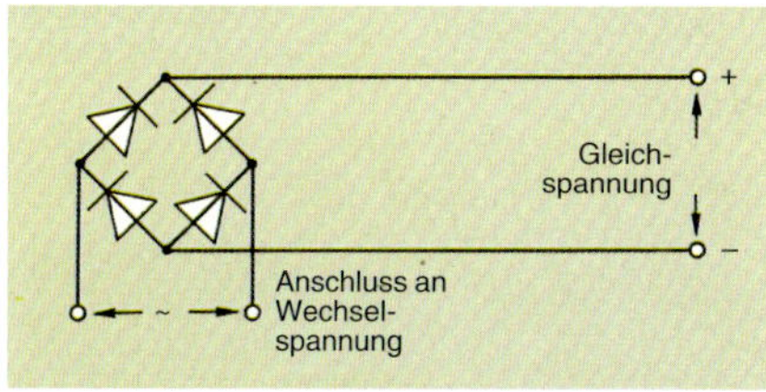

12

Elektronische Geräte – vom Radio bis zum Computer – benötigen *Gleichspannung*. Aber natürlich will man diese Geräte auch an die Steckdose anschließen. Im Gerät muss also die Wechselspannung in eine Gleichspannung umgewandelt werden.

Wie du schon weißt, kann man das mit einer Diode erreichen. Tatsächlich enthalten z. B. Ladegeräte für aufladbare Batterien oft nichts anderes als einen Transformator und eine Diode (Bild 10). Zum Aufladen genügt nämlich ein *pulsierender Gleichstrom.*

Ein Gleichrichter, der aus einer einzigen Diode besteht, hat aber einen Nachteil: Die Wechselspannung wird nur zur Hälfte genutzt, denn nur während der Hälfte ihrer Perioden fließt ein Strom; in der übrigen Zeit „sperrt" ja die Diode den Elektronenfluss (Bild 11). Für viele elektronische Geräte ist dieser pulsierende Gleichstrom ungeeignet. Man benötigt einen Gleichrichter, bei dem der Strom ohne längere „Pausen" fließt.

Am häufigsten nimmt man dazu die **Brückenschaltung** (Bild 12). Ihre Wirkungsweise zeigen die Bilder 13 u. 14: Obgleich sich die Polung des Trafos nach jeder halben Periode ändert, bleibt sie am Ausgang des Gleichrichters immer unverändert.

Dass hier tatsächlich *beide* Halbperioden der Wechselspannung genutzt werden, können wir in einem **Versuch** nachweisen: Misst man nämlich die Spannung am Ausgang einer Brückenschaltung mit einem Oszilloskop, so zeigt sich ein Kurvenverlauf wie in Bild 15.

Eine Brückenschaltung, die aus vier Dioden aufgebaut ist, nimmt noch viel Platz ein. In der Technik setzt man deshalb meist einen vorgefertigten **Brückengleichrichter** ein; er ist erheblich kleiner (Bild 16). Die vier Dioden sind dabei in einem Gehäuse untergebracht, das oft nicht größer als ein Fingerhut ist.

Die Gleichspannung, die ein Brückengleichrichter liefert, schwankt sehr stark. Für elektronische Schaltungen muss sie noch *geglättet* werden. Das erreicht man mit weiteren Bauteilen.

Fragen und Aufgaben zum Text

1 Was versteht man unter der *Gleichrichterwirkung* einer Diode?

2 Welchen Vorteil bietet ein Brückengleichrichter gegenüber einer Diode?

3 Die Diode ist ein *Einweg-Gleichrichter*; der Brückengleichrichter gehört zu den *Doppelweg-Gleichrichtern.* Erkläre diese Namen.

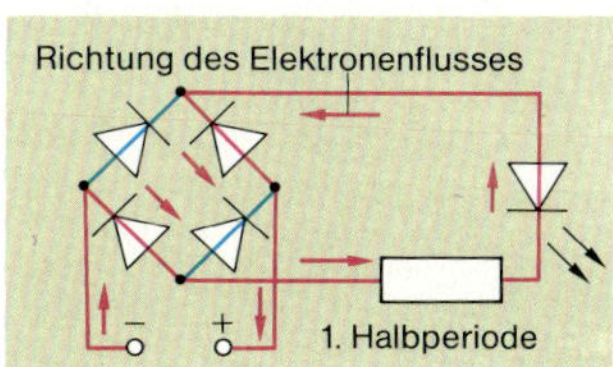

13

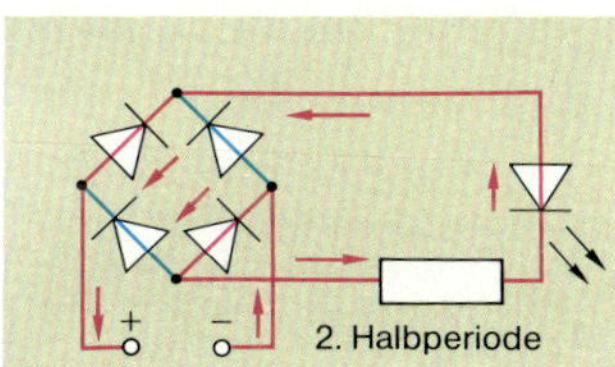

14

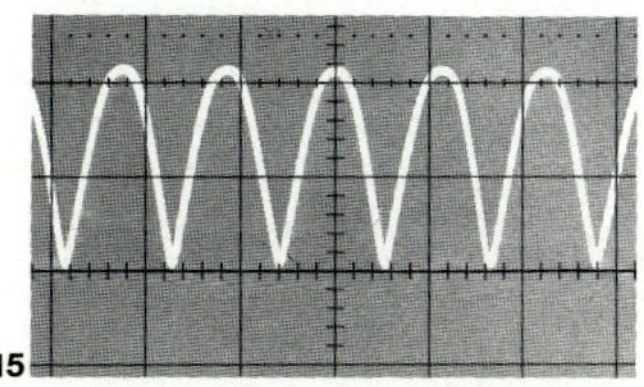
15

16

Aufgaben

1 Dioden sind Ventile oder „Einbahnstraßen“ für die Elektrizität …

2 Welche Lampe leuchtet in dieser Schaltung (Bild 1)?

3 Das Oszilloskop in Bild 2 zeigt den Verlauf einer Wechselspannung. Welche Kurve erwartest du in Bild 3?

4 Eine Wechselspannung zwischen den Anschlüssen einer Diode ruft einen *pulsierenden Gleichstrom* hervor. Was ist damit gemeint?

5 In Bild 4 siehst du das Strom-Spannungs-Diagramm (die *Kennlinie*) einer Siliciumdiode für die Durchlassrichtung. Was kannst du ablesen?

6 Auch für die Sperrrichtung einer Diode kann man eine Kennlinie zeichnen (Bild 5). Die maximale Sperrspannung beträgt hier 50 V. Erkläre!

7 Eine rote Leuchtdiode hat folgende Daten: Schwellenspannung 1,6 V; max. 20 mA (bei 1,8 V). Berechne ihre elektrische Leistung und ihren Widerstand bei voller Belastung.

Die Leuchtdiode soll an eine 9-V-Batterie angeschlossen werden. Dazu wird sie mit einem Schutzwiderstand in Reihe geschaltet. Wie groß muss dieser Widerstand *mindestens* sein, damit die Leuchtdiode nicht zerstört wird?

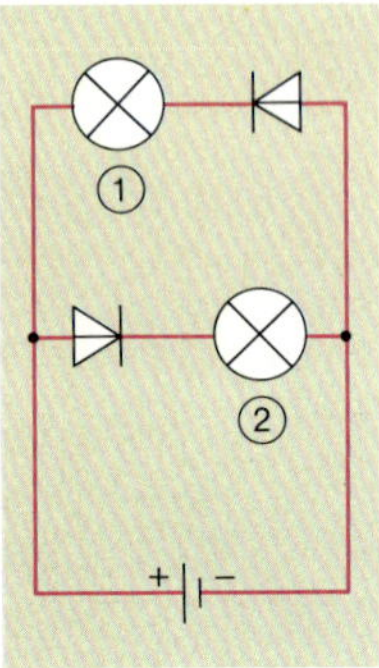

1

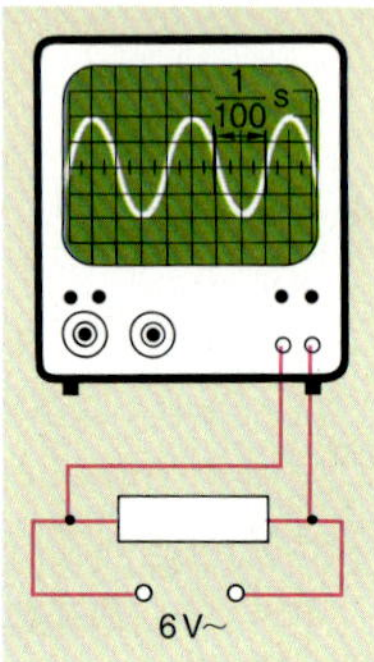

2

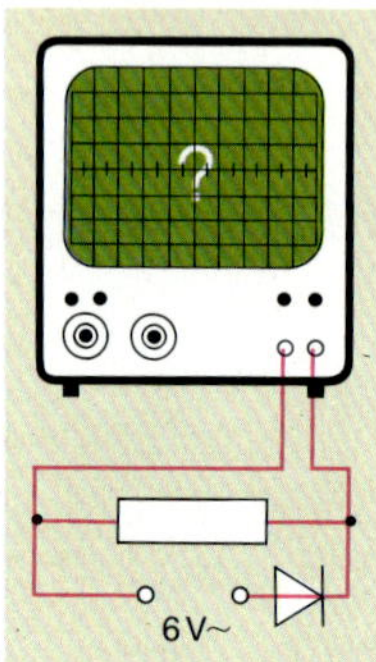

3

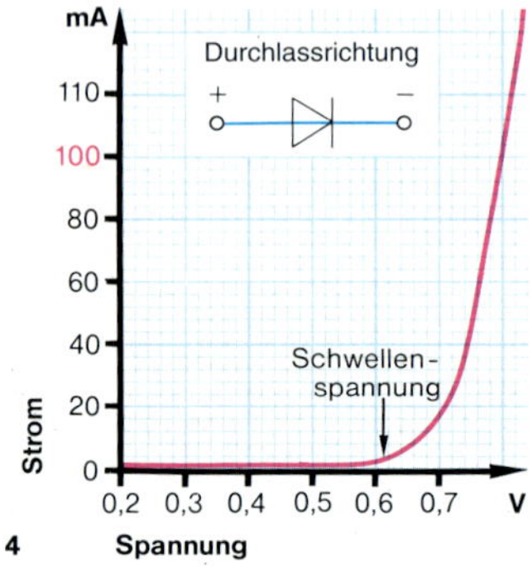

4

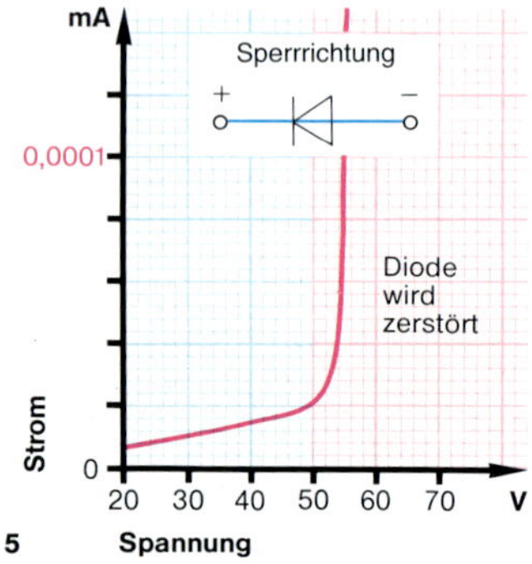

5

Aus Umwelt und Technik: **So wird eine Diode hergestellt**

Das Ausgangsmaterial für Dioden sind stabförmige Einkristalle aus n-leitendem Silicium. Die Dotierung erfolgt, noch bevor der Kristall gezogen wird; dazu werden die Fremdatome (z. B. Phosphor) einfach in die Siliciumschmelze gegeben.

Der dotierte Kristall wird zuerst in Scheiben (in *Wafer*) zersägt. Diese durchlaufen dann abwechselnd heiße Öfen, Fotolabors, Dunkelkammern, ätzende Bäder … Den Ablauf zeigen die Bilder 6–13. (Dabei ist nur ein winziges Stückchen des Wafers mit einer einzigen Diode gezeichnet.)

Eine wichtige Station erkennst du in Bild 11: In einem über 1000 °C heißen Ofen wandern Boratome in die oberste Schicht des Siliciums; man sagt, sie *diffundieren.* So bildet sich dort ein p-leitendes Silicium. An der Grenze zwischen dem n- und dem p-Silicium entsteht dabei die Sperrschicht einer Diode (→ rechte Seite).

Auf *einer* Kristallscheibe werden natürlich sehr viele Dioden zur gleichen Zeit hergestellt.

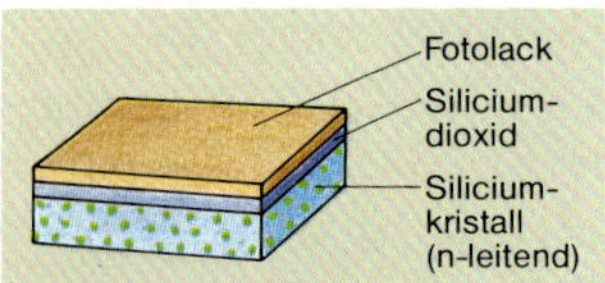

Oxidieren der Oberfläche der Siliciumscheibe in feuchter Luft bei 1200 °C. **Auftragen von Fotolack** auf diese Siliciumdioxidschicht.
6

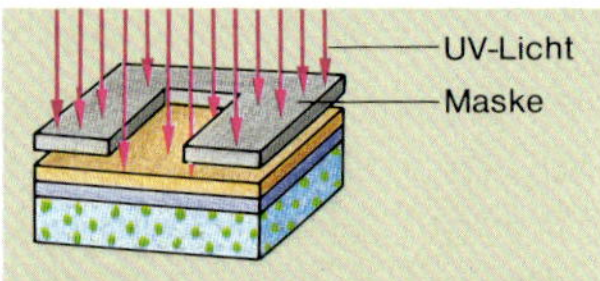

Belichten des Fotolacks. Das Licht dringt nur dort durch eine Maske in Form der Schaltungsstruktur, wo der Lack entfernt werden soll.
7

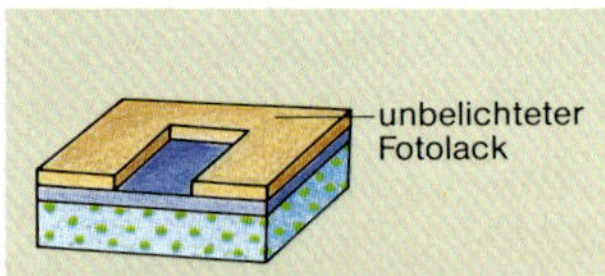

Entfernen des Fotolacks an den belichteten Stellen. Der zurückbleibende Fotolack schützt die Siliciumdioxidschicht beim Ätzen.
8

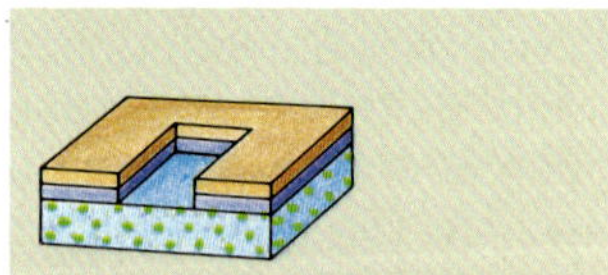
Wegätzen der Oxidschicht an den Stellen, an denen Licht durch die Maske fiel und der Fotolack nach dem Entwickeln entfernt wurde.
9

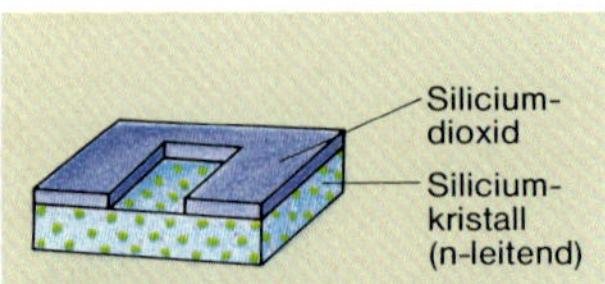

Entfernen des restlichen Fotolacks. Die verbleibenden Teile der Oxidschicht schützen den **n-leitenden Siliciumkristall** bei der Diffusion.
10

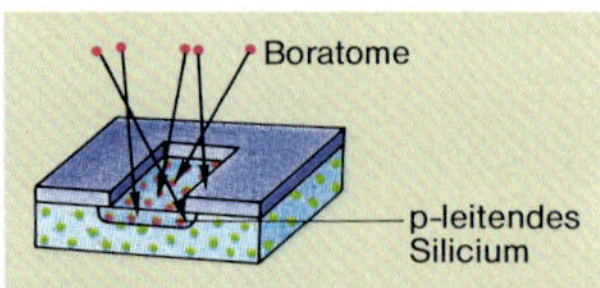

Diffusion. Dotieratome (z. B. Bor) wandern durch die Fenster in der Oxidschicht in den Si-Kristall und bilden einen **p-leitenden Bereich.**
11

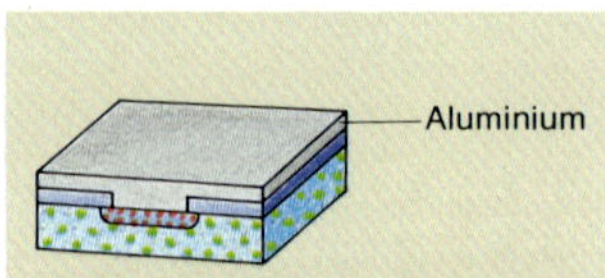

Aufdampfen von Aluminium auf die ganze Fläche. **Entfernen von Teilen dieser Schicht** auf fototechnischem Wege wie beim Siliciumdioxid.
12

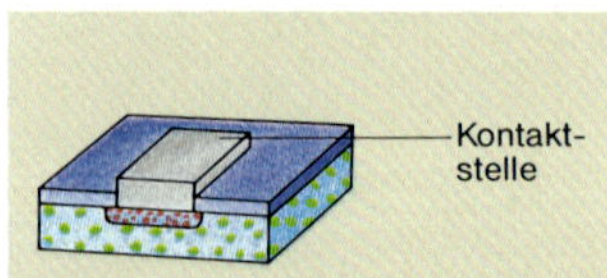

Die verbleibenden Teile der Aluminiumschicht dienen als **Leitbahnen oder Kontaktstellen.**
13

2856R

Info: **Was geschieht im Innern einer Diode?**

Eine (Halbleiter-)Diode besteht im wesentlichen aus einem Kristall, in dem ein *p-leitender Bereich* (z. B. p-Silicium) und ein *n-leitender* (z. B. n-Silicium) aneinander grenzen. Man spricht deshalb von einem **p-n-Übergang.**

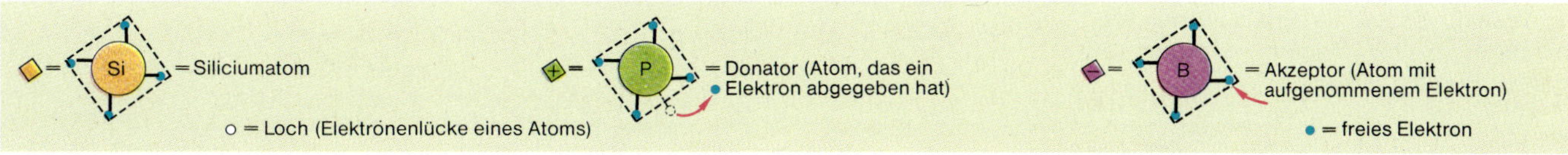

14

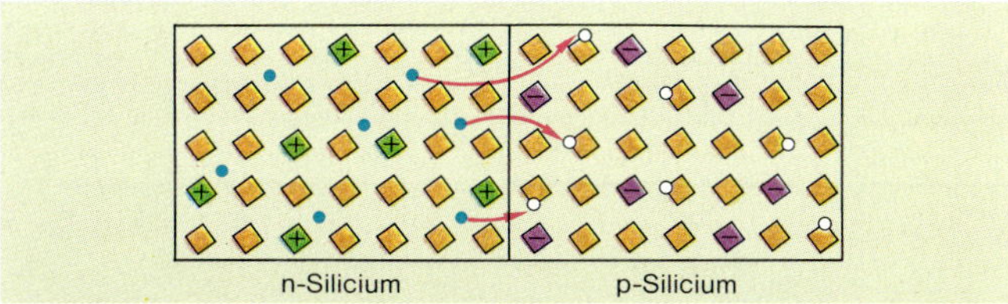

Wenn p-Silicum und n-Silicium einander berühren, setzt zunächst ein *Diffusionsvorgang* ein:

Freie Elektronen aus der n-Schicht wandern durch die Grenzfläche in die p-Schicht und füllen dort die Löcher. Diese Rekombinationen haben zur Folge, dass in einer schmalen Zone um die Grenzfläche herum keine freien Elektronen und keine Löcher mehr vorhanden sind. Dort gibt es also keine beweglichen Elektronen; die Zone ist somit nichtleichtend. Man nennt sie daher **Sperrschicht**.

15

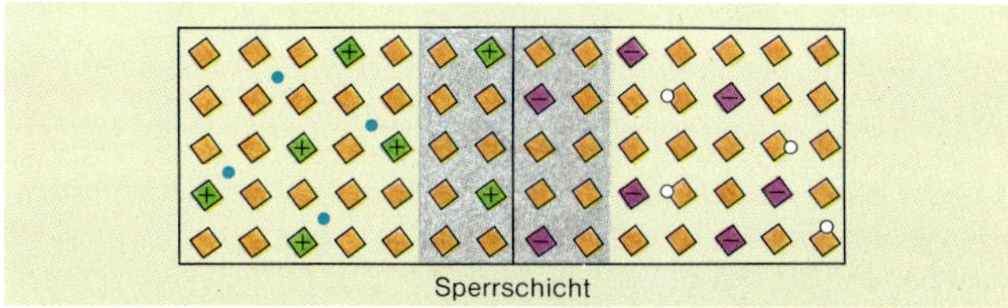

Die n-dotierte Seite der Sperrschicht ist jetzt positiv geladen, denn sie enthält nur noch die im Kristall fest verankerten, positiv geladenen Donatoren, nicht aber die abgegebenen Elektronen. Die p-dotierte Seite ist negativ – dort sind ja Elektronen von den Akzeptoren „eingefangen" worden.

Von der n-Schicht können somit keine Elektronen mehr in die p-Schicht springen, denn auf die Elektronen wirken elektrische Kräfte, die das unmöglich machen. Die Sperrschicht wird nicht dicker als ca. 0,1 mm.

16

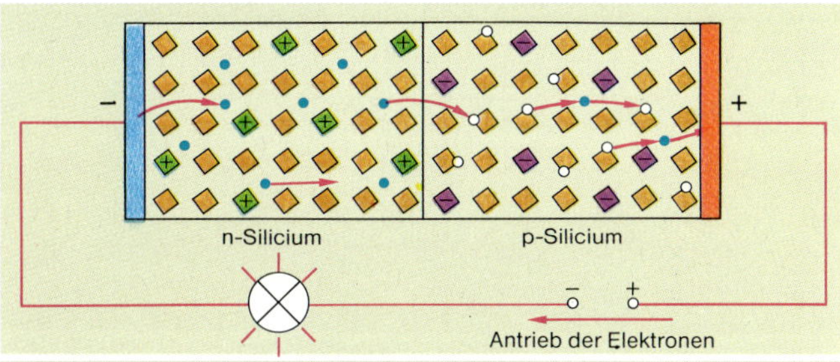

Die Diode ist in **Durchlassrichtung** in den Stromkreis eingebaut. D. h., ihre p-Schicht ist mit dem Pluspol und ihre n-Schicht mit dem Minuspol der Spannungsquelle verbunden. Die Elektronen im Stromkreis – auch im n- und p-Silicium – erfahren dadurch einen Antrieb in Richtung auf den Pluspol.

Auf der n-Seite der Grenzfläche werden freie Elektronen aus der n-Schicht in die Sperrschicht gedrängt; auf der p-Seite „hüpfen" Bindungselektronen aus der Sperrschicht in Löcher im p-Silicium. Dabei hinterlassen sie in der Sperrschicht neue Löcher. Die Sperrschicht wird dadurch schmaler. Bei der **Schwellenspannung** (bei Si-Dioden ca. 0,6 V) ist die Sperrschicht verschwunden – die Diode leitet.

17

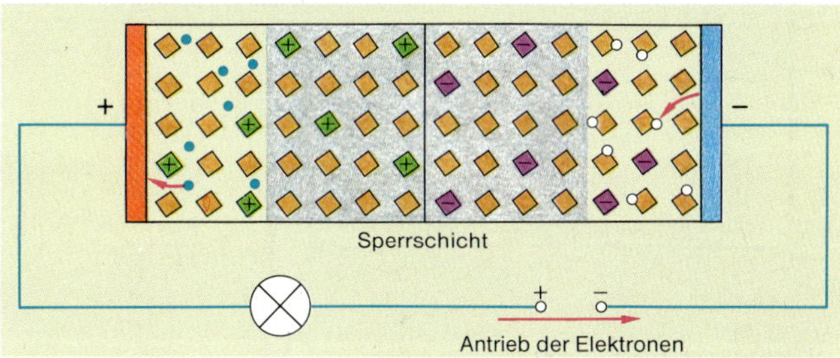

Wenn die Diode in **Sperrrichtung** geschaltet ist, werden in der n-Schicht die freien Elektronen durch die angelegte Spannung von der Grenzfläche weggedrängt (in Richtung auf den Pluspol).

In der p-Schicht erfahren die Bindungselektronen ebenfalls einen Antrieb in Richtung auf den Pluspol. Solange in der Nähe der Sperrschicht noch Löcher vorhanden sind, springen Bindungselektronen in diese hinein und füllen sie.

Die Folge ist, dass die Sperrschicht breiter wird; es fließt nun kein Strom.

18

Fragen und Aufgaben zum Text

1 Moderne Dioden werden aus zwei verschiedenen Arten Silicium hergestellt. Worin unterscheiden sie sich?

2 Was versteht man unter der *Sperrschicht* einer Diode? Wie kommt sie zustande?

3 „Die Sperrschicht in der Si-Diode verschwindet bei etwa 0,6 V." Beschreibe einen Versuch, mit dem man das beweisen kann.

4 Wenn freie Elektronen an der Grenzfläche einer Diode in Löcher springen, wird Energie frei – bei manchen Dioden als Licht. Dabei hängt es vor allem von der Grundsubstanz der Kristalle ab, ob das Licht sichtbar ist und welche Farbe es hat: GaP-Dioden leuchten gelbgrün, GaAsP-Dioden rot, GaAs-Dioden infrarot (As: Arsen, Ga: Gallium, P: Phosphor).

a) Wie nennt man solche Dioden?

b) Beschreibe, wofür diese Dioden verwendet werden.

Alles klar?

1 Bild 1 zeigt, welche Widerstände 1 cm^3 große Würfel aus verschiedenen Stoffen bei Zimmertemperatur haben. Erkläre anhand dieses Bildes den Begriff *Halbleiter.*

Weshalb ist z. B. für Eisen nur *ein* Wert eingetragen, für Silicium dagegen ein ganzer Bereich möglicher Werte?

2 Bild 2 zeigt Messkurven für zwei verschiedene Bauteile. Was sagen die Kurven aus?

Um welche Stoffe könnte es sich dabei handeln?

3 Für die Herstellung von Halbleitern werden vor allem Silicium und Germanium verwendet. Das hat etwas mit dem Atomaufbau zu tun …

4 F. Braun und andere Forscher ärgerten sich jahrelang darüber, dass natürliche Kristalle (z. B. aus Bleiglanz) trotz gleicher Abmessungen unterschiedliche Widerstände aufwiesen. Die Forscher sprachen von „Dreckeffekten".

Heute kennen wir die Erklärung dafür. Beschreibe!

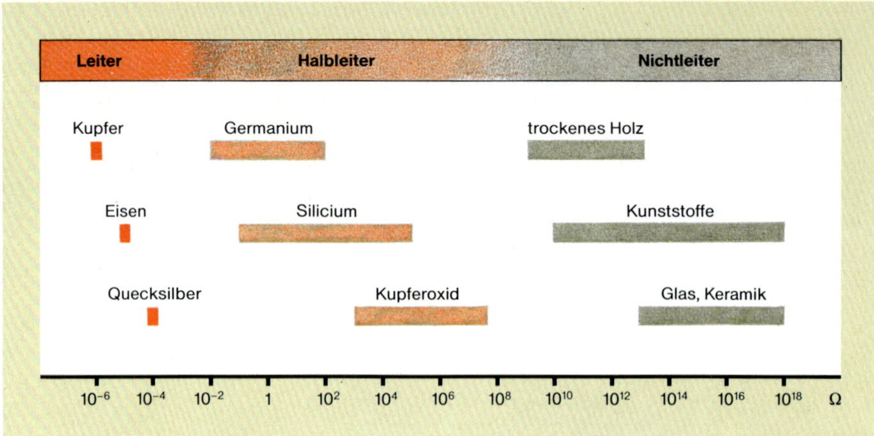

1

5 Auf einem Elektronikbauteil mit zwei Anschlüssen ist keine Beschriftung mehr zu erkennen. Wie kannst du prüfen, ob es sich um eine Diode handelt? Zeichne die Prüfschaltung.

6 Für eine gelbe Leuchtdiode gibt der Hersteller eine *Schwellenspannung* von 2,4 V an. Was bedeutet das?

7 Klingeln können mit Gleich- und mit Wechselspannung betrieben werden. Türklingeln sind meist direkt an den Klingeltrafo angeschlossen (Bild 3). Ohne neue Kabel zu verlegen, lässt sich für jede Wohnung eine weitere Klingel schalten, die unabhängig von der ersten betätigt werden kann. Mit Hilfe von Bild 4 findest du den Trick sicher selbst heraus …

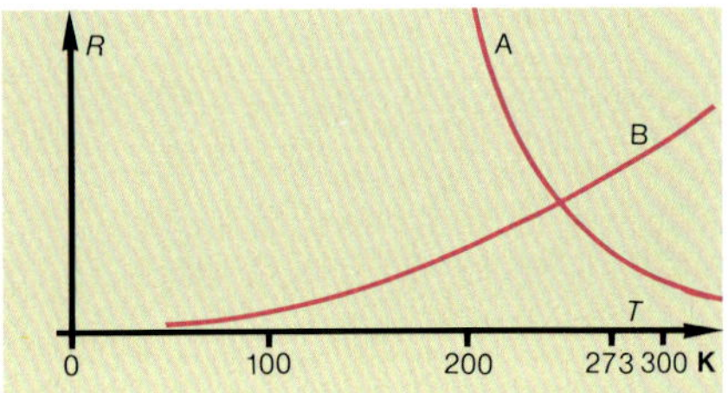

2

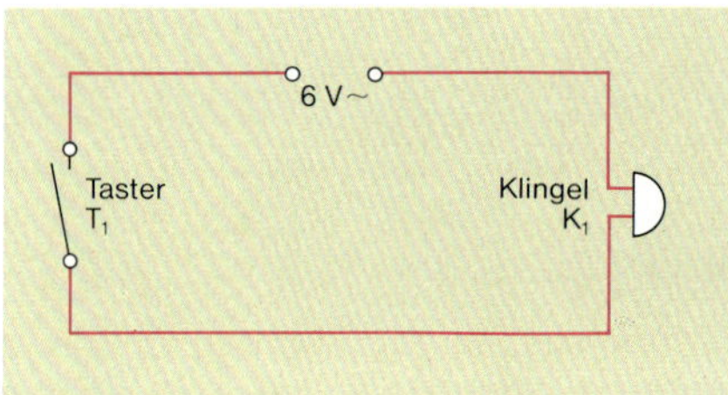

3

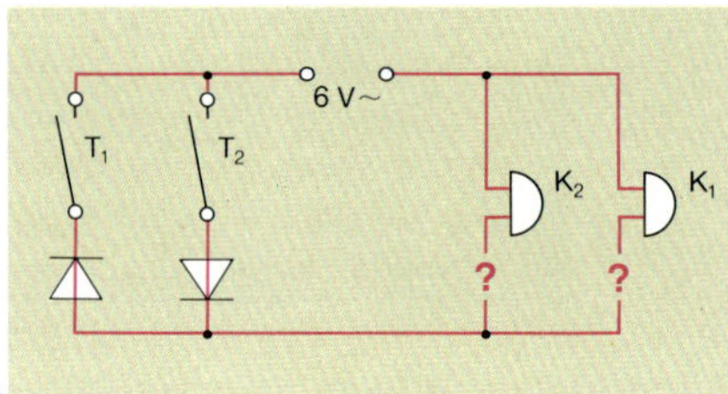

4

6 Zusammenfassung

Eigenschaften von Halbleitern

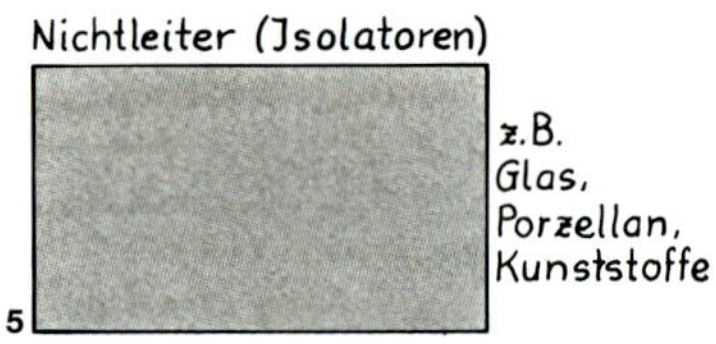

5
keine beweglichen Elektronen

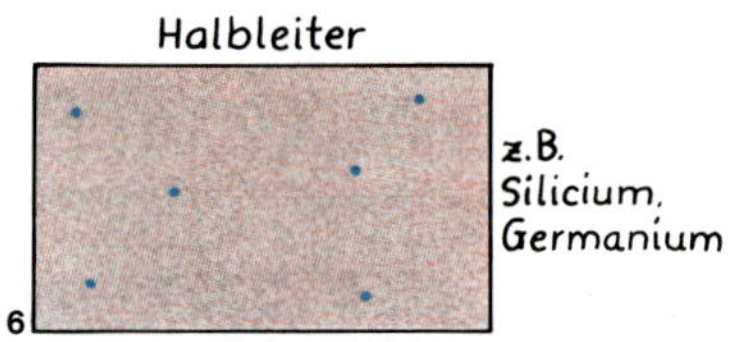

6
wenig bewegliche Elektronen

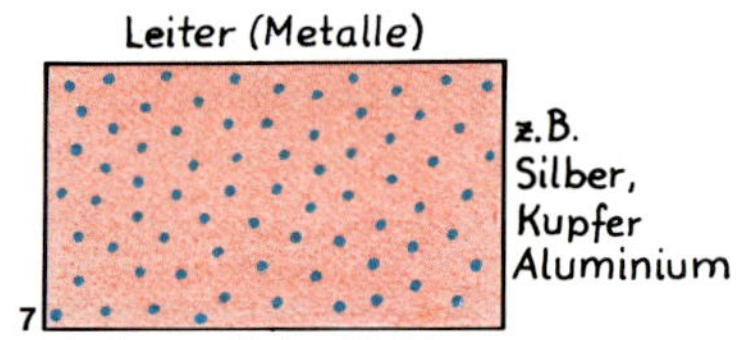

7
viele bewegliche Elektronen

Siliciumkristalle und Germaniumkristalle sind Beispiele für **Halbleiter**. Bei Zimmertemperatur leiten Halbleiter besser als Nichtleiter; sie leiten aber schlechter als metallische Leiter. Im Gegensatz zu den Nichtleitern besitzen die Halbleiter dann nämlich bewegliche Elektronen, deren Anzahl aber geringer als in Metallen ist.

Mit steigender Temperatur wird der Widerstand von Metallen größer, der von Halbleitern dagegen geringer.

2858R

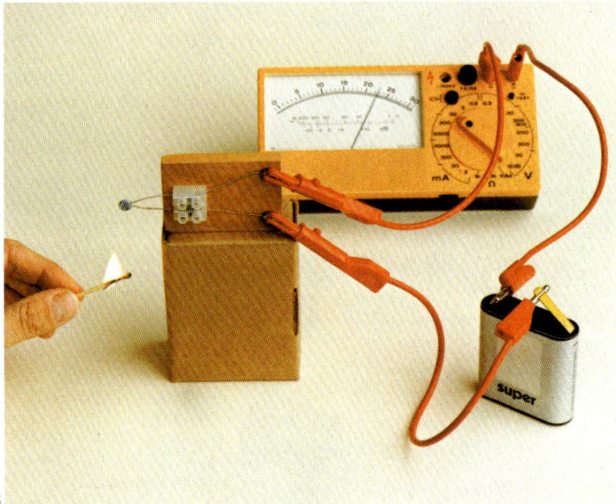

8

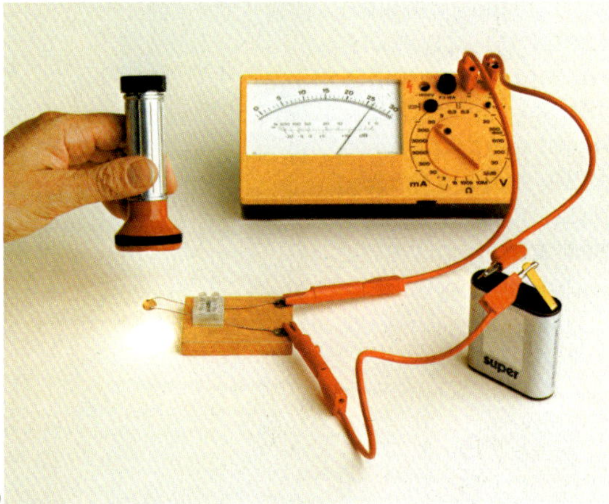

9

Zu den typischen Halbleitern in der Technik gehören die **Heißleiter** (NTC-Widerstände) und die **Fotowiderstände** (LDR).

Je mehr Energie in Form von Wärme oder Licht einem Heißleiter bzw. einem Fotowiderstand zugeführt wird, desto besser leitet er.

Durch die Energiezufuhr werden Elektronen aus ihren Bindungen befreit. Sie können sich dann im Kristall bewegen **(n-Leitung)**.

An bestimmten Stellen fehlen nun aber Elektronen in den Atomhüllen (Elektronenlücken oder **Löcher**). In diese Löcher können Bindungselektronen benachbarter Atome „hineinhüpfen" – wobei sie aber neue Löcher hinterlassen. So ist auch eine Bewegung von Bindungselektronen möglich (**p-Leitung** oder *Löcherleitung*; → Info: *Die Löcherleitung*).

Die Leitfähigkeit z. B. von Silicium lässt sich durch gezieltes Einbauen von Fremdatomen **(Dotieren)** erheblich steigern. Bei den Fremdatomen unterscheidet man *Donatoren* und *Akzeptoren*:

Donatoren besitzen in den äußeren Bereichen der Hülle ein Elektron *mehr* als die Siliciumatome. Dieses geben sie schon bei geringer Energiezufuhr ab.

Akzeptoren haben in den äußeren Bereichen ein Elektron *weniger* als die Siliciumatome. Sie nehmen daher von benachbarten Atomen Elektronen auf und dadurch entstehen Löcher.

10

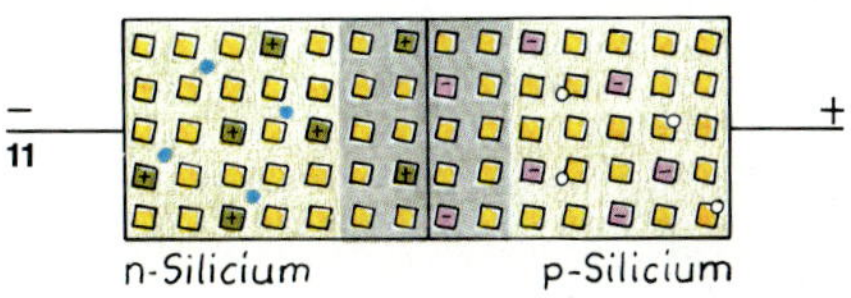

11

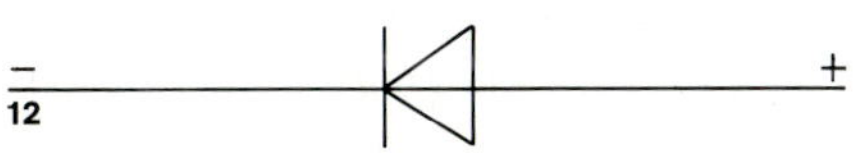

12

Die Diode

Besonders wichtige Halbleiter sind die **Dioden.** Sie bestehen aus p-leitendem und n-leitendem Silicium, die miteinander Kontakt haben.

Ob eine Diode leitet oder nicht, hängt von der Polung der angelegten Spannung ab (→ Info: *Was geschieht im Innern einer Diode?*).

Betreibt man eine **Leuchtdiode** in Durchlassrichtung, so wird in ihrer Sperrschicht elektrische Energie direkt in Lichtenergie umgewandelt.

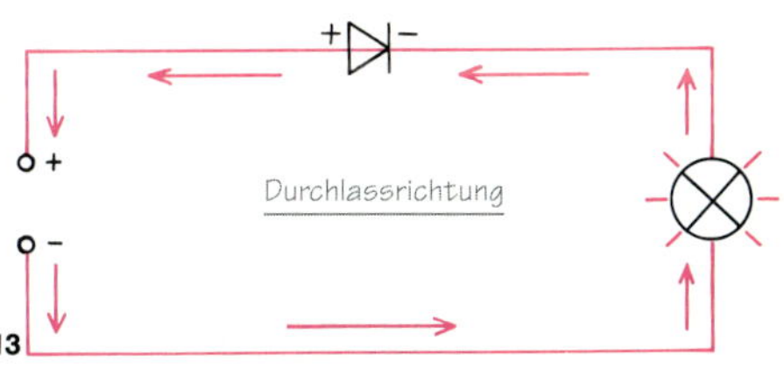

13

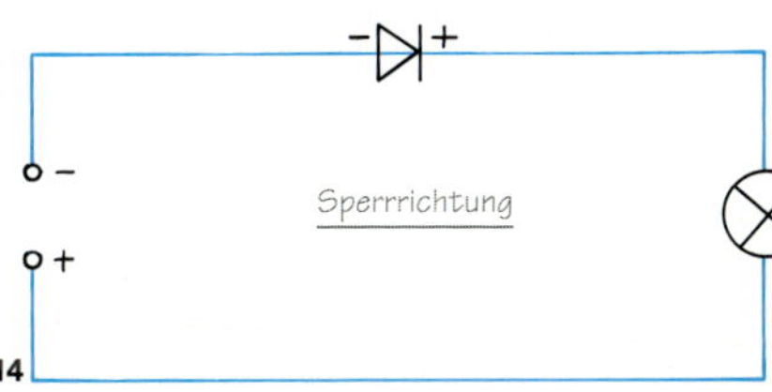

14

Transistoren in elektronischen Schaltungen

1 Verstärken

Michaela führt Tagebuch. Jeden Abend setzt sie sich in eine Dachkammer und schreibt. Dabei möchte sie von niemandem überrascht werden.

Daher hat sie sich ein *Warngerät* ausgedacht (Bild 1): Eine Lampe soll anzeigen, wenn die Treppenbeleuchtung eingeschaltet wird. Das Warngerät funktioniert aber nicht so recht …

1

Mit einem **Transistor** lässt sich das Gerät verbessern.

Seine Funktionsweise erinnert an ein Relais (Bild 2).

Ein Transistor des Typs BC 547 (Bild 3) eignet sich für unsere Versuche. Er kostet weniger als ein Eis.

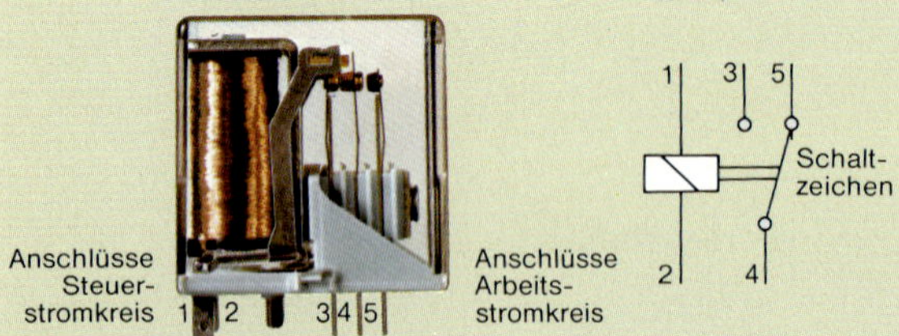

2 Ein **Relais** hat wenigstens vier Anschlüsse, weil es gleichzeitig Teil von zwei völlig getrennten Stromkreisen ist: dem *Steuerstromkreis* und dem *Arbeitsstromkreis*.

3 **Transistoren** haben *drei* Anschlüsse. Sie heißen *Kollektor* (C), *Basis* (B) und *Emitter* (E). Im Schaltzeichen ist der Emitter immer mit einem Pfeil gekennzeichnet. Weil man dem Transistor nicht ansieht, welches „Beinchen" welchen Anschluss darstellt, muss man die „Anschlussbelegung" kennen. Für den Transistortyp BC 547 ist sie hier angegeben.

V 1 Baue diese **Relaisschaltung** (Bild 4) nach. Beleuchte dann den Fotowiderstand mit einer hellen Lampe.

a) Leuchtet das Lämpchen, wenn du den Steuerstromkreis unterbrichst? Was beobachtest du, wenn der Arbeitsstromkreis unterbrochen wird?

b) Miss die Ströme im Steuerstromkreis und im Arbeitsstromkreis – jeweils bei beleuchtetem und bei abgedunkeltem Fotowiderstand.

c) Was geschieht, wenn du erst die eine und dann die andere Batterie umpolst?

d) Ist es überhaupt nötig, *zwei* Stromquellen zu verwenden? Schließlich kann doch eine Batterie Energie für mehrere parallel geschaltete Stromkreise liefern.

Entwirf eine Schaltskizze mit nur einer Stromquelle und probiere die Schaltung aus.

V 2 Erprobe auch die **Transistorschaltung** (Bild 5). Verwende dabei einen 1-kΩ-Schutzwiderstand.

a) Unterbrich nacheinander den Steuer- und den Arbeitsstromkreis. Was beobachtest du?

b) Miss die Ströme in beiden Stromkreisen. Auf den Fotowiderstand soll einmal viel und einmal wenig Licht fallen.

c) Pole die Stromquellen einzeln um.

d) So kommst du mit einer einzigen Batterie aus:

Übertrage Bild 6 in dein Heft; zeichne dabei Steuer- und Arbeitsstromkreis in verschiedenen Farben. Erprobe die Schaltung.

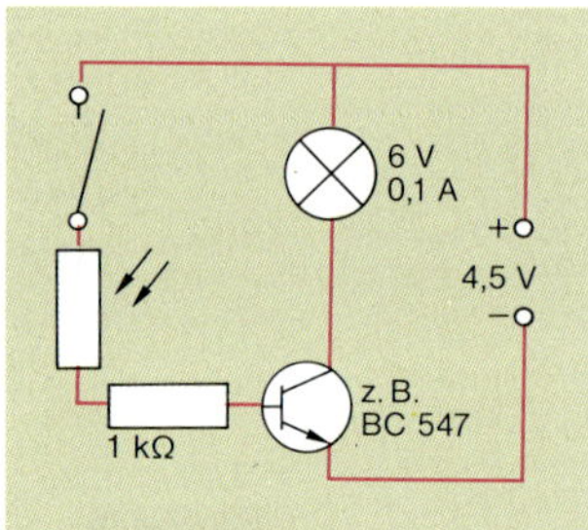

6

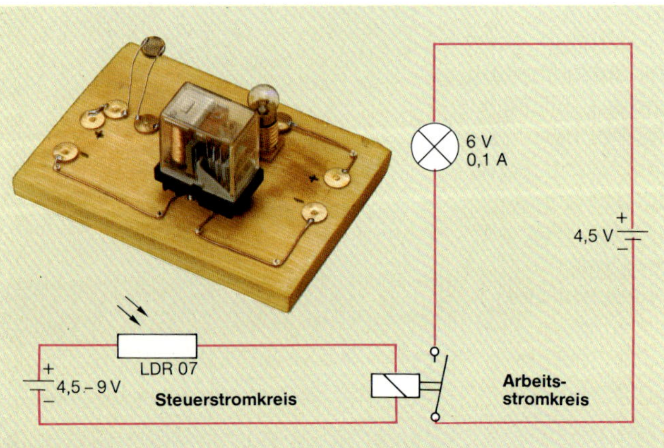

4

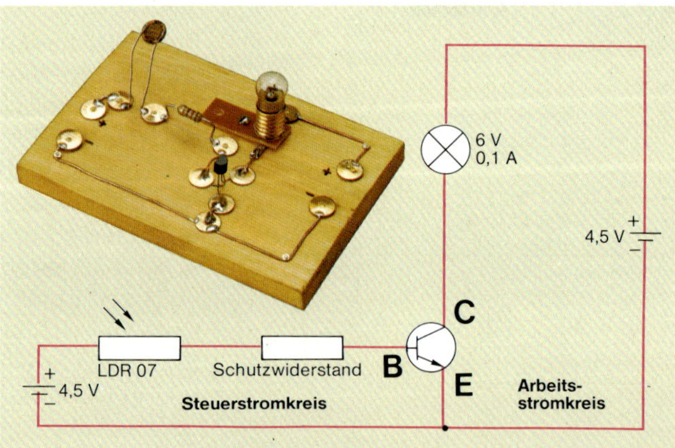

5

5038R

Aus Umwelt und Technik: **Versuchsgeräte für die Elektronik**

7

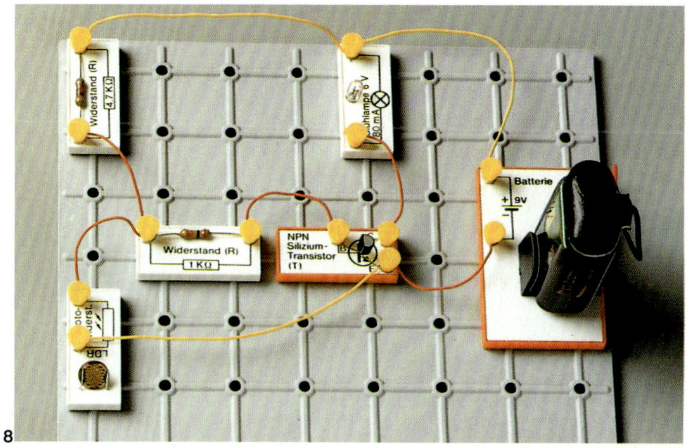

8

Wenn man elektronische Schaltungen aufbauen möchte, benötigt man viele einzelne Bauteile: Schalter, Lampen, Summer, Verbindungsleitungen, Widerstände, Dioden, Transistoren ...

Für den Unterricht in Schulen wurden spezielle Baukästen entwickelt, bei denen jeder einzelne Baustein ein solches Teil enthält. Auch für ein Stück Leitung oder eine Abzweigung benötigt man jeweils einen speziellen Baustein. Schaltungen, die so gesteckt werden, sehen sehr übersichtlich aus (Bild 7). Der Schaltplan und die Schaltung stimmen genau überein. Für Versuche zu Hause sind solche Stecksysteme aber viel zu teuer.

Preiswerter sind Baukästen, bei denen man für die Verbindungen einfache Kupferleitungen nimmt. Die Leitungen liegen dann jedoch selten so rechtwinklig wie im Schaltplan. Im Beispiel von Bild 8 sind die Leitungen mit Stöpseln aus Kunststoff versehen. Sie werden in Löcher auf den eigentlichen Bausteinen gequetscht. Andere Hersteller bevorzugen Schraubverbindungen oder Metallklemmen. Solche Elektronik-Baukästen findest du in jedem Spielwarengeschäft.

Vielleicht hast du schon einmal elektronische Bauteile gekauft. Dann weißt du, dass sie meist nur wenig Geld kosten. Was liegt da näher, als die Bauteile einzeln zu kaufen und mit Leitungen zu verbinden, an deren Ende Krokodilklemmen sitzen? Bild 9 zeigt eine solche Schaltung. Die Übersichtlichkeit geht allerdings verloren und Fehler sind schwer zu finden.

Vorteile dieser Aufbauten sind der geringe Preis und die Möglichkeit, Bauteile schnell auszutauschen. Der Fachmann nennt das Ganze deshalb einen „fliegenden Aufbau“.

Noch etwas preiswerter ist der Aufbau mit Lüsterklemmen. Die Schaltung in Bild 10 funktioniert zwar – aber wie sieht wohl der Schaltplan dazu aus? Eine Aufgabe für Rätselfreunde!

Elektronik-Fachleute verwenden für ihre Schaltungen **Platinen**. Das sind Kunststoffplatten, die auf der Unterseite dünne Bahnen aus Kupfer tragen. Die einzelnen Bauteile werden von oben mit ihren Anschlussbeinchen durch 1 mm große Bohrlöcher gesteckt. Unten verlötet man dann die Beinchen mit den Kupferbahnen.

Bild 11 zeigt eine solche Platine mit einer **Transistor-Grundschaltung**. Mit ihr kannst du alle Versuche auf den folgenden Seiten durchführen. Um Experimente blitzschnell umbauen zu können, kann man auch bei diesen Aufbauten Krokodilklemmen verwenden.

Platinen sind nicht teuer. Noch etwas billiger wird es, wenn du statt der Platine ein Brettchen benutzt (→ Bauanleitung auf der nächsten Seite).

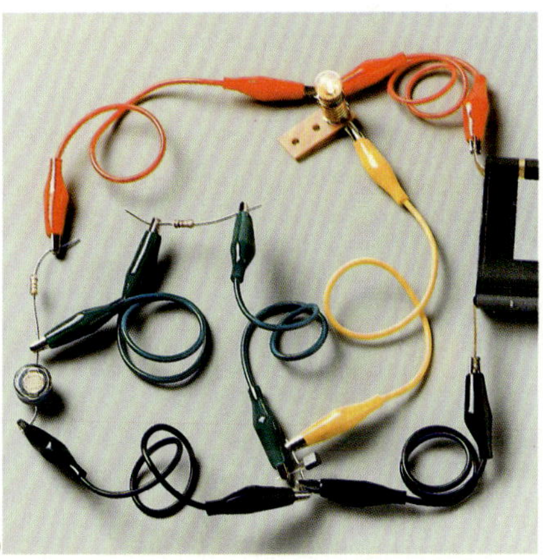

9

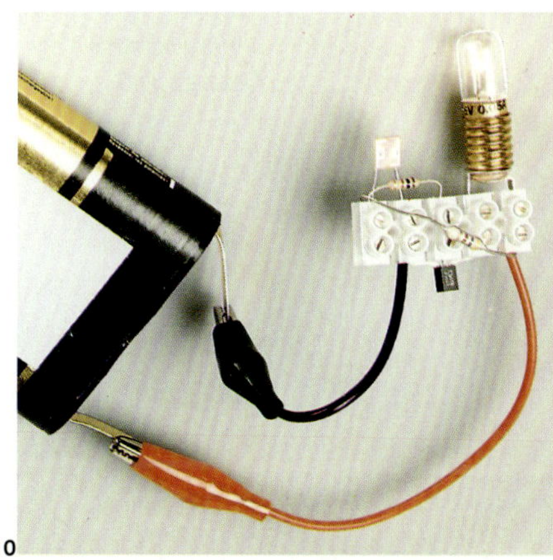

10

11

Bauanleitung: **Die Transistor-Grundschaltung**

Mit der **Transistor-Grundschaltung** von Bild 1 kannst du Versuche in der Schule und zu Hause durchführen. Eine Liste der benötigten Teile findest du im Anhang.

So wird's gemacht:

○ Befestige sieben Lüsterklemmen, sieben Heftzwecken und zehn Lötnägel auf einem Brett, das 18 cm · 15 cm groß ist.

○ Stelle aus blankem Schaltdraht die (als Linien gezeichneten) Verbindungen her. Verschraube bzw. verlöte sie mit den Klemmen, Heftzwecken oder Lötnägeln.

○ Löte die Lampenfassung fest, ebenso die LED und ihren Schutzwiderstand $R_2 = 180\ \Omega$ (Bild 2).

○ Biege die Beinchen des Transistors wie in Bild 3. Löte ihn auf den Heftzwecken fest. Sein „Gesicht" mit dem Aufdruck muss nach links zeigen. Damit der Transistor nicht zu heiß wird, solltest du ihn beim Löten mit einer Zange am Beinchen festhalten; so wird die Wärmeenergie abgeführt.

○ Setze den Schutzwiderstand vor den Basis-Anschluss.

○ Verbinde die Lötnägel 1 und 2 mit einer flexiblen Leitung (X), die mit Steckschuhen versehen ist. Auch die Lötnägel 3 und 4 werden durch eine solche Leitung (Y) verbunden.

○ Befestige die sechs flexiblen Anschlussleitungen mit je einer Krokodilklemme am Ende. Mit ihrer Hilfe kannst du die Schaltungen in den Versuchen schnell auf- und umbauen.

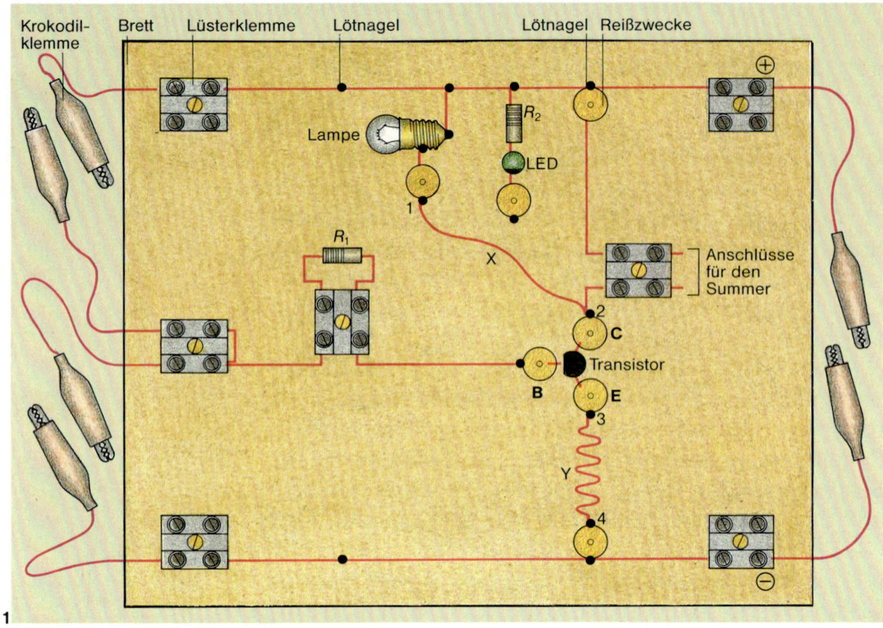

1

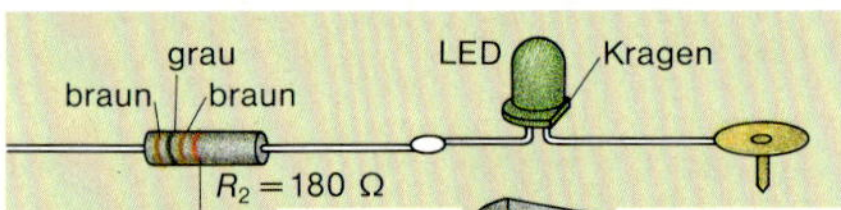

2

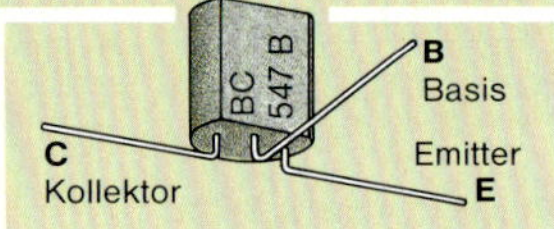

3

V 3 Teste die fertige Transistor-Grundschaltung. Wenn du mit einer Batterie den Steuerstromkreis (bei Strecke S) schließt, muss das Lämpchen aufleuchten (Bild 4).

a) Gelingt dir der Versuch auch mit einer alten, bereits erschöpften 1,5-V-Batteriezelle?

b) Baue nun in die Strecke S einen kleinen Spielzeugmotor ein. Drehe seine Welle mit der Hand rechts- bzw. linksherum. Der Motor wirkt jetzt als Dynamo und erzeugt eine Spannung.

Erkläre das Versuchsergebnis.

Beschreibe den Steuer- und den Arbeitsstromkreis.

V 4 Für den Steuerstrom ist keine eigene Stromquelle erforderlich. Er kann auch von der „Hauptbatterie" des Arbeitsstromkreises angetrieben werden (Bild 5).

a) Baue dazu in die Strecke A unterschiedlich große Widerstände R ein (100 Ω bis 1 MΩ). Benutze als Stromanzeiger im Arbeitsstromkreis die Glühlampe. Verfolge mit dem Finger Steuer- und Arbeitsstromkreis. Wo verzweigen und wo treffen sie sich?

b) Tausche die Glühlampe gegen die Leuchtdiode aus. Wiederhole die Versuchsreihe und beschreibe den Unterschied.

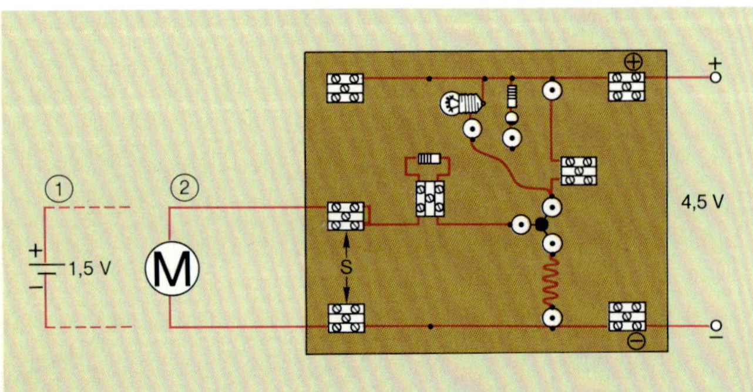

4

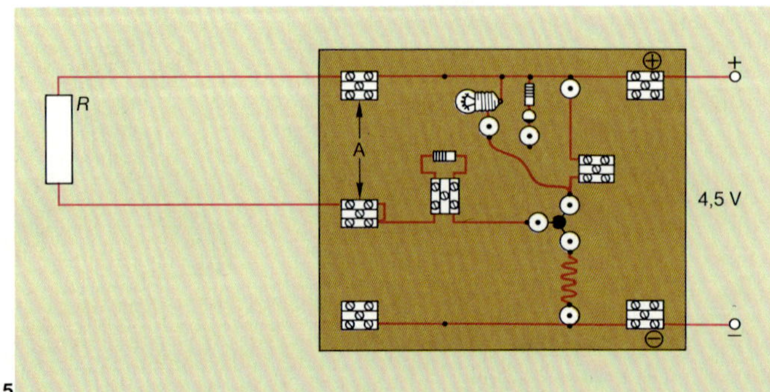

5

5040R

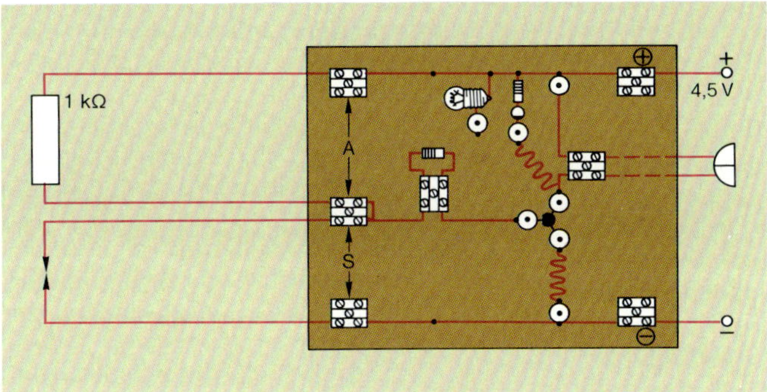

6

V 5 Schließe im Arbeitsstromkreis parallel zur Leuchtdiode einen Summer an. Dabei musst du die Polung des Summers beachten: Der rote Draht wird mit dem Plus-Anschluss verbunden.

a) Baue in die Strecke A einen Widerstand $R = 1\ \text{k}\Omega$ ein. Verbinde die Klemmen von Strecke S im „Kurzschluss" miteinander (Bild 6).

b) Beschreibe deine Beobachtungen, wenn die Strecke S geöffnet oder geschlossen wird. Verfolge in beiden Fällen den Steuerstromkreis.

c) Die Schaltung ergibt eine erstklassige **Alarmanlage**, wenn du in die Strecke S einen „Stolperdraht" oder einen Reedkontakt einsetzt.

V 6 In Versuch 5 beträgt der Widerstand in der Strecke S entweder 0 Ω (wenn du die Kontakte im Kurzschluss verbindest) oder viele Millionen Ohm (wenn du die Verbindung löst und zwischen den Kontakten nur Luft ist).

Nun sollen in die Strecken A und S unterschiedliche Widerstandspaare eingebaut werden (Bild 7). Verwende z. B. die Paare aus der folgenden Tabelle:

R_1	1 kΩ	4,7 kΩ	1 kΩ	10 kΩ	4,7 kΩ	10 kΩ
R_2	4,7 kΩ	1 kΩ	10 kΩ	1 kΩ	10 kΩ	4,7 kΩ

Je nach ihrer Größe teilt sich die Gesamtspannung der Batterie auf (→ *Der Spannungsteiler* im Kapitel *Elektronische Sensoren*).

Notiere dir, bei welcher Widerstandskombination die LED leuchtet. Was fällt dir auf?

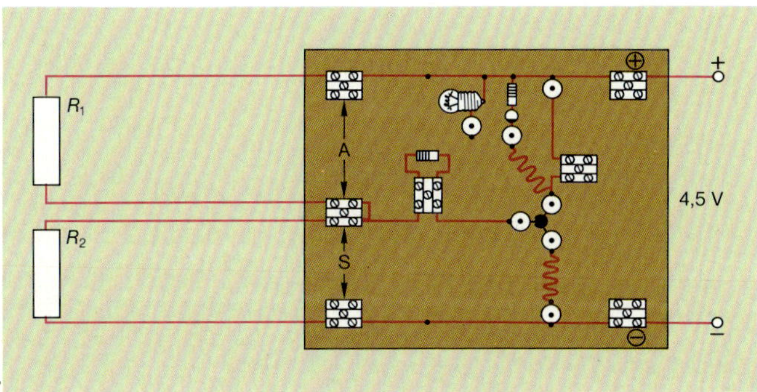

7

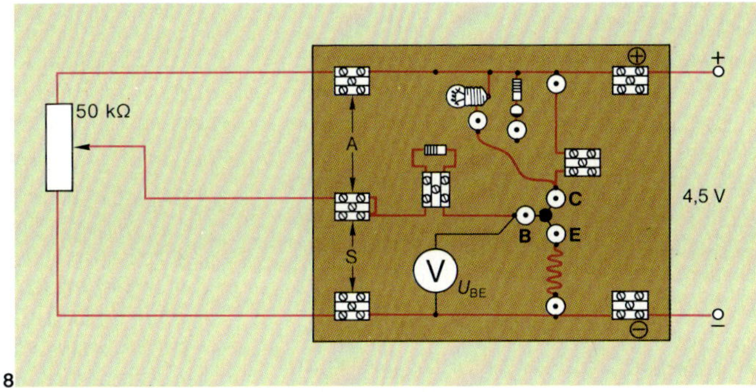

8

V 7 Zur Spannungsteilung zwischen den Strecken A und S benutzen wir ein Potentiometer (maximaler Widerstand 50 kΩ). Bild 8 zeigt den Versuchsaufbau.

Mit dieser Schaltung lässt sich die Lampe oder die Leuchtdiode in jeder gewünschten Helligkeit einstellen – wie mit einem Dimmer.

Miss am Transistor die Spannung zwischen Basis und Emitter. Der Transistor steuert erst dann durch, wenn diese Spannung U_{BE} einen bestimmten Wert erreicht. Der Fachmann spricht von einer **Schwellenspannung**.

Wie groß ist die Schwellenspannung, bei der dein Transistor gerade durchsteuert?

V 8 Wir vergleichen in der Schaltung nach Bild 9 den Arbeitsstrom mit dem Steuerstrom.

a) Miss bei *ganz schwach* leuchtender Lampe die Stromstärke I_B im Steuerstromkreis. (Der Steuerstrom, der ja über die Basis fließt, heißt auch *Basisstrom*.)

Bestimme gleichzeitig die Stromstärke I_C im Arbeitsstromkreis *(Kollektorstrom)*.

b) Berechne anschließend das Verhältnis *B* dieser beiden Stromstärken.

$$B = \frac{I_C}{I_B}.$$

c) Die Verhältniszahl *B* nennt der Fachmann den **Verstärkungsfaktor** des Transistors.

Erkläre diesen Ausdruck.

d) Bestimme den Verstärkungsfaktor, wenn die Lampe etwas heller leuchtet.

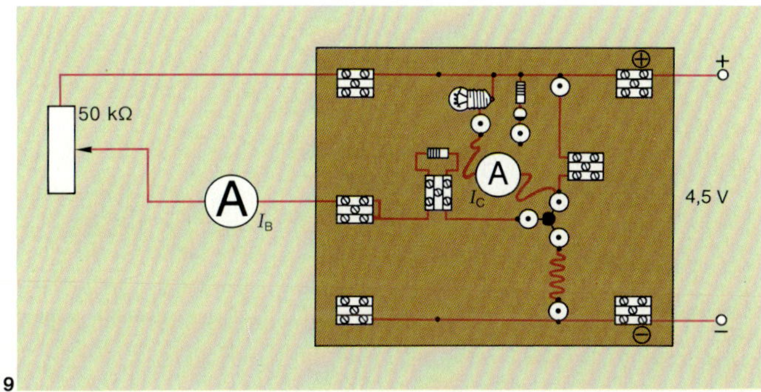

9

Der Transistor – Schalter und Verstärker

Der **Transistor** wurde 1947 in Amerika erfunden. Schon zwei Jahrzehnte später steckte dieses Bauteil in praktisch jedem Fernseher, Radio und Computer.

Ein Transistor wird stets in zwei Stromkreise eingebaut: in den **Steuerstromkreis** und in den **Arbeitsstromkreis** (Bild 1). Das ist wie bei einem Relais. Beim Transistor muss man jedoch – im Gegensatz zum Relais – auf die *richtige Polung* der Anschlüsse achten.

Steuer- und Arbeitsstromkreis eines Transistors sind nicht völlig voneinander getrennt. Vielmehr fließen durch einen seiner Anschlüsse und durch einen Teil des Transistorinnern die Ströme für *beide* Stromkreise.

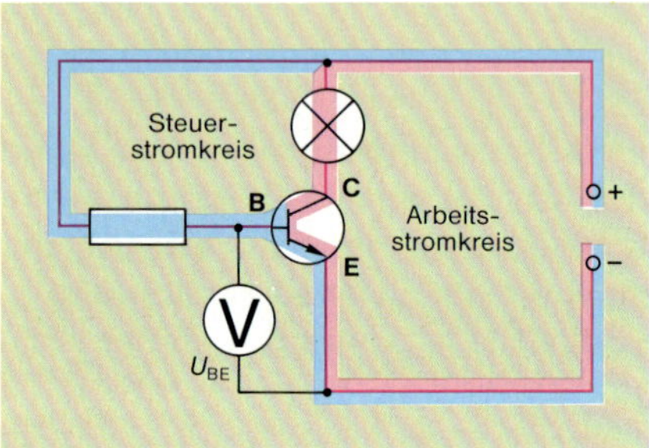

1

Transistoren werden für zwei Aufgaben eingesetzt: als **Schalter** (wie ein Relais) und als **Verstärker**. Ihre Arbeitsweise hängt vor allem von der Spannung U_{BE} zwischen Basis und Emitter ab.

○ *Fall 1: Zwischen Basis und Emitter herrscht keine Spannung* ($U_{BE} = 0$ V).
In diesem Fall fließt kein Steuerstrom. Der Transistor *sperrt*; er wirkt im Arbeitsstromkreis wie ein **geöffneter Schalter**. Ohne Strom im Steuerstromkreis fließt auch kein Strom im Arbeitsstromkreis.

○ *Fall 2: Die Spannung* U_{BE} *ist kleiner als* 0,6 V.
Der Transistor sperrt noch immer.

○ *Fall 3: Die Spannung* U_{BE} *erreicht* 0,7 V. Der Fachmann bezeichnet diesen Wert als **Schwellenspannung**.
Jetzt fließt ein *Steuerstrom* (auch Basisstrom I_B genannt). Ein Steuerstrom von weit weniger als 1 mA reicht aus um den Strom im Arbeitsstromkreis einzuschalten. Man sagt, der Transistor *steuert durch*. Wird dann die Spannung U_{BE} und damit der Steuerstrom etwas vergrößert, so steigt der Arbeitsstrom stark an.

Man sagt, der Transistor wirkt in Fall 3 als **Verstärker**: Kleine Änderungen des Steuerstromes bewirken große Änderungen des Arbeitsstromes.

„Verstärken“ heißt also: Mit einem kleinen Strom im Steuerstromkreis wird ein großer Strom im Arbeitsstromkreis gesteuert.

„Verstärken“ bedeutet aber nicht, dass der Transistor aus wenig elektrischer Energie viel Energie macht. Die Energie für den großen Strom stammt aus der Energiequelle des Arbeitsstromkreises, nicht aus dem Transistor selbst.

○ *Fall 4: Die Spannung* U_{BE} *wird noch weiter erhöht* (ca. 0,7 bis 0,9 V).
Der Steuerstrom wird immer größer. (Er kann den Transistor sogar zerstören.) Der Strom im Arbeitsstromkreis ändert sich aber schließlich nicht mehr. Der Transistor leitet; er *„steuert völlig durch“*.

In Fall 4 hat der Transistor die gleiche Wirkung wie ein **geschlossener Schalter**: Der Arbeitsstrom wird nur durch die Glühlampe (oder einen Widerstand im Arbeitsstromkreis) begrenzt. Der Widerstand des Transistors ist sehr klein.

Aus Umwelt und Technik: **Tipps zum Arbeiten mit Transistoren**

Es gibt weit über tausend verschiedene Typen von Transistoren. Sie unterscheiden sich nicht nur in der Gehäuseform und der Reihenfolge ihrer drei Anschlüsse (Bild 2).

Manche Typen schalten *besonders schnell*. Andere vertragen *hohe Stromstärken* im Arbeitsstromkreis. Wieder andere haben einen besonders *hohen Verstärkungsfaktor*. Außerdem gibt es zu den meisten Typen einen Zwilling, bei dem die Schwellenspannung vor der Basis negativ sein muss. Der in den Versuchen benutzte Typ BC 547 benötigt bekanntlich eine ***p**ositive Schwellenspannung*. (Er gehört zu den sogenannten n**p**n-Transistoren.) Übrigens verrät dir der Buchstabe hinter der Ziffer etwas über die Größe des Verstärkungsfaktors *B*:

BC 547	$B > 70$
BC 547 A	$B = 110$ bis 220
BC 547 B	$B = 200$ bis 450
BC 547 C	$B = 420$ bis 800

Manchmal möchte man mit einem Transistor ein **Relais** schalten, z. B. bei einer Alarmanlage: Um den Einbrecher zu vertreiben, wird oft die Hausbeleuchtung eingeschaltet.

In solchen Schaltungen muss parallel zum Relais eine **Schutzdiode** in Sperrrichtung liegen (Bild 3). Sonst zerstört der Ausschaltfunken der Relaisspule den Transistor. (Der Ausschaltfunken entsteht durch Induktion in der Relaisspule.)

Eine Schutzdiode solltest du auch benutzen, wenn du von dem Transistor einen Spielzeugmotor im Arbeitsstromkreis schalten lässt.

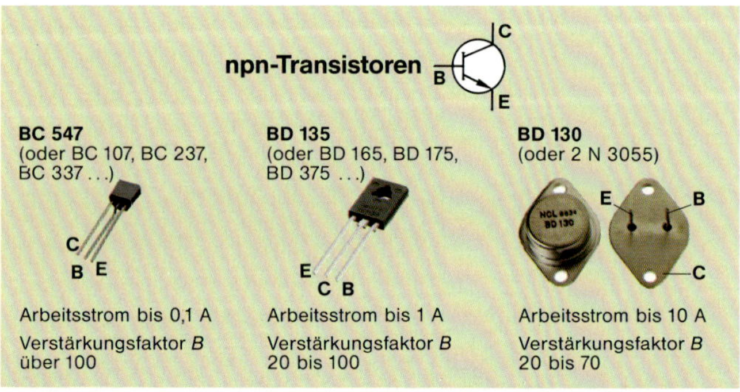

2

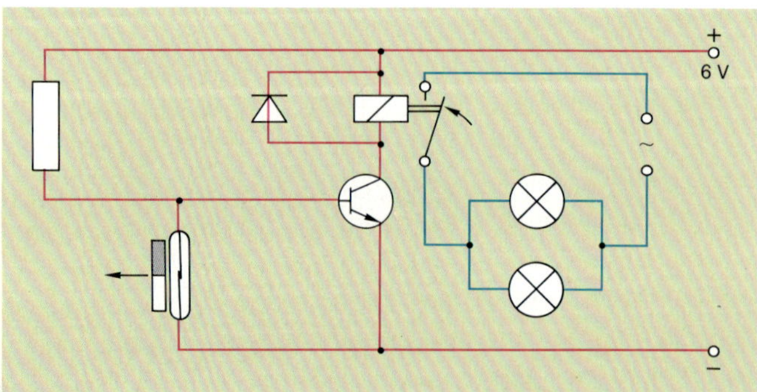

3

5042R

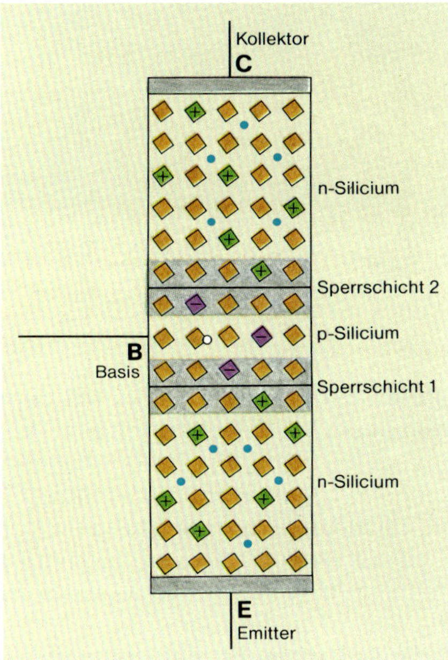

4

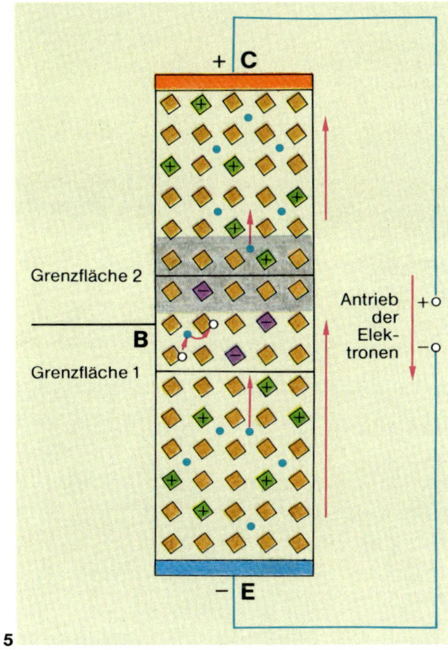

5

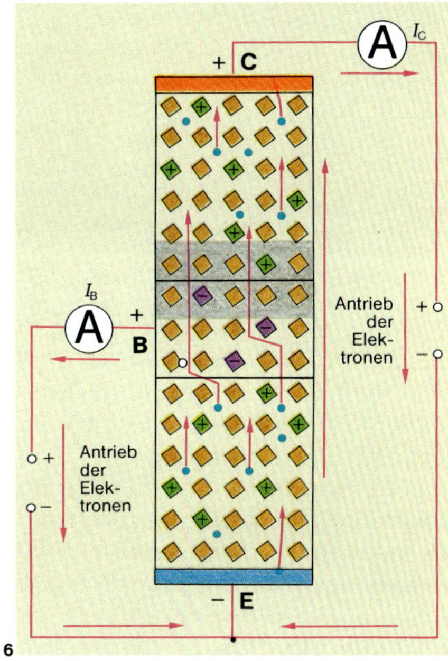

6

So ist der Transistor aufgebaut, den wir bisher eingesetzt haben (Bild 4):

In den Versuchen wurde ein **npn-Transistor** benutzt. Er besteht aus drei Kristallschichten. Die Bezeichnung *npn* verrät, wie die Schichten dotiert sind.

Wie du siehst, gibt es im Transistor zwei p-n-Übergänge und damit zunächst auch zwei Sperrschichten.

Der Transistor wird in den Arbeitsstromkreis eingebaut (Bild 5).

Auf die Elektronen im geschlossenen Stromkreis wirkt ein Antrieb. Die Folge ist, dass freie Elektronen aus dem n-Silicium in die Sperrschicht 1 getrieben werden. Auf der anderen Seite der Grenzfläche 1 wandern Bindungselektronen aus der Sperrschicht und hinterlassen dort Löcher. Somit verschwindet die Sperrschicht 1; der erste p-n-Übergang (n→p) leitet. Diesen Vorgang kennst du schon von der Diode.

Gleichzeitig wird die Sperrschicht 2 breiter, denn der zweite p-n-Übergang (n→p) ist in Sperrrichtung geschaltet. Im p-Silicium werden nämlich Bindungselektronen in die Löcher nahe der Sperrschicht 2 getrieben, während im n-Silicium freie Elektronen von der Sperrschicht „weggezerrt" werden. Befände sich in dieser Sperrschicht noch ein freies Elektron, so würde es sofort von den positiven Donatoratomrümpfen im n-Silicium des Kollektors „abgesaugt".

Die breite Sperrschicht 2 verhindert, dass im Arbeitsstromkreis Elektronen fließen können: Der Transistor *sperrt.*

Zwischen Basis und Emitter wird jetzt zusätzlich eine Steuerspannung angelegt (Bild 6).

Da der erste p-n-Übergang des Transistors (n→p) in Durchlassrichtung geschaltet ist, können im Steuerstromkreis Elektronen fließen.

Im Arbeitsstromkreis ist kein Strom zu erwarten, der zweite p-n-Übergang (n→p) ist ja in Sperrrichtung geschaltet. Der Strom im Arbeitskreis wird durch zwei „Tricks" ermöglicht: Erstens dotiert man die p-Schicht (Basis) nur sehr schwach, sodass dort wenig Löcher vorhanden sind. Zweitens wird diese Schicht extrem dünn gemacht.

Und so wirken sich diese „Tricks" aus: Angetrieben durch die Steuerspannung gelangen viele freie Elektronen über das n-Silicium des Emitters in die p-Schicht der Basis. Nur selten trifft dort ein freies Elektron auf eines der wenigen Löcher. Das bedeutet: Im p-Silicium gibt es nun *freie* Elektronen, und diese bewegen sich zunächst in Richtung auf den Basisanschluss.

Das Kristallgitter „wackelt" bei Zimmertemperatur schon recht stark; deshalb verlaufen auch die Bahnen der Elektronen im Zickzack. Weil die Basis so dünn ist, geraten die meisten dieser Elektronen auf ihrem Zickzackkurs zum Basisanschluss auch in die Sperrschicht 2. Dort werden die freien Elektronen sofort in das n-Silicium des Kollektors getrieben. Freie Elektronen in der Sperrschicht 2 werden ja – wie oben beschrieben – von den Atomrümpfen im n-Silicium des Kollektors „abgesaugt". Dort angekommen werden sie durch die Kollektor-Emitter-Spannung weitergetrieben.

Der Transistor „steuert durch": Es fließt ein Arbeitsstrom, weil auch ein Steuerstrom fließt.

Wir vergleichen Arbeitsstrom und Steuerstrom (Bild 7).

Von den Elektronen, die über den Emitter in den Transistor hineinfließen, verlässt z. B. nur etwa jedes Hundertste den Transistor über den Basisanschluss. Alle anderen gelangen in die Sperrschicht 2 und fließen über den Kollektor.

Der Arbeitsstrom ist daher 100-mal so groß wie der Steuerstrom.

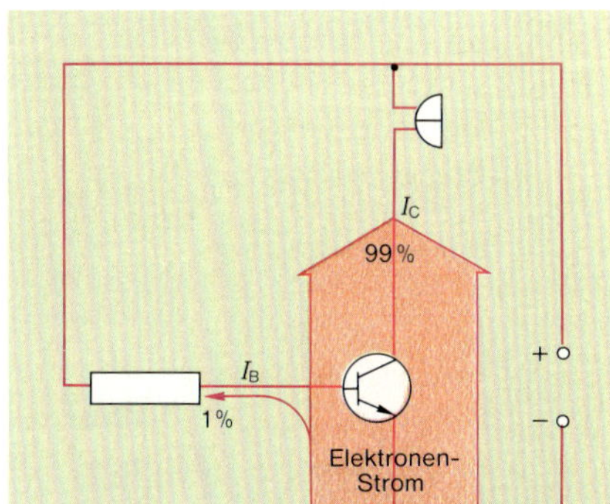

7

2 Elektronische Sensorschaltungen

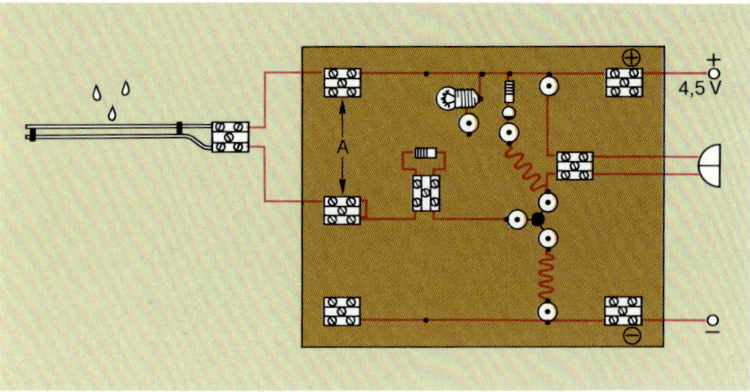

1

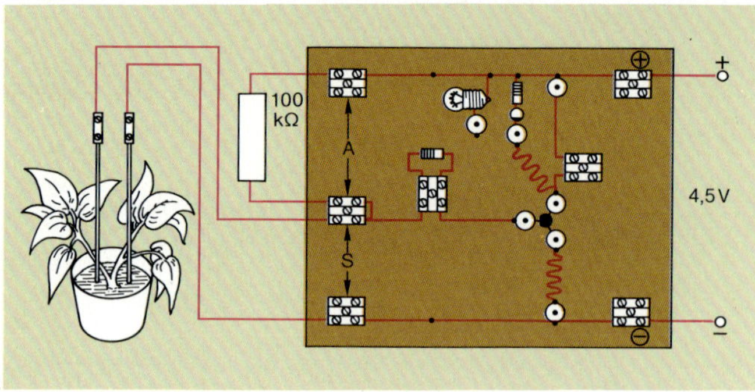

2

V 9 In Bild 1 ist ein **Feuchtigkeitsmelder** dargestellt. Als Fühler (Sensor) dienen zwei blanke, nicht isolierte Kupferdrähte von 10 cm Länge.

Die Drähte sollen voneinander nur einen Abstand von ungefähr 1 mm haben. Mit Resten der Isolierung kannst du dafür sorgen, dass sich die Drähte nicht berühren.

Beschreibe die Funktionsweise der Schaltung.

V 10 Mit Hilfe zweier Drähte kannst du auch einen **Trockenheitsmelder** bauen (Bild 2). Wenn die LED zu leuchten beginnt, wird es Zeit, die Blume zu gießen. Vielleicht ist sie ja noch zu retten.

Und so funktioniert die Schaltung: Solange die Erde feucht ist, ist sie ein elektrischer Leiter. Der Widerstand in der Strecke S ist gering. …

Erkläre weiter.

V 11 In dem elektronisch gesicherten Koffer von Bild 3 steckt eine Transistorschaltung (Bilder 4 u. 5); sie reagiert auf Licht.

Das wichtigste Bauteil dieses **Lichtmelders** ist ein Fotowiderstand (LDR). Beschreibe, wie die Alarmanlage funktioniert.

Wenn du den Lichtmelder mit der Transistor-Grundschaltung aufbauen willst, kannst du anstelle des Festwiderstands R_2 das Potentiometer verwenden. Mit dem Lichtmelder lassen sich auch Schubfächer sichern.

V 12 In Bild 5 (Versuch 11) liegt der Fotowiderstand R_1 in der Strecke A der Transistor-Grundschaltung. In der Strecke S befindet sich ein (fester oder veränderbarer) Widerstand R_2. Bei Lichteinfall wird der Widerstand R_1 kleiner.

Gelingt es dir, mit dem gleichen Fotowiderstand das genaue Gegenteil eines Lichtmelders zu bauen, also einen „Schattenmelder"? Eine solche Schaltung nennt man auch eine **Lichtschranke**. Wenn ein Schatten auf den Fotowiderstand fällt, soll der Transistor den Arbeitsstromkreis einschalten. Zeichne den Schaltplan.

V 13 Im Kapitel *Leitungsvorgänge in Halbleitern* hast du die Heißleiterwiderstände (NTC-Widerstände) kennen gelernt.

Je stärker man einen NTC-Widerstand erhitzt, desto kleiner wird sein elektrischer Widerstand.

Mit diesem Bauteil und der Transistor-Grundschaltung kannst du einen elektronischen **Feuermelder** aufbauen. Fertige zunächst einen Schaltplan an.

Wie erreichst du, dass der Summer nicht schon bei Zimmertemperatur losheult?

3

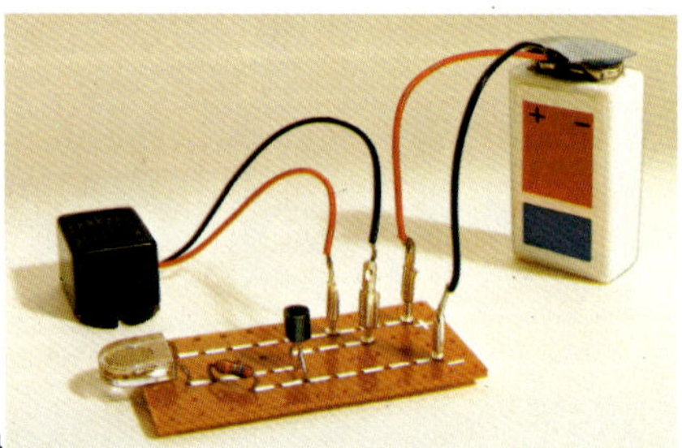

4

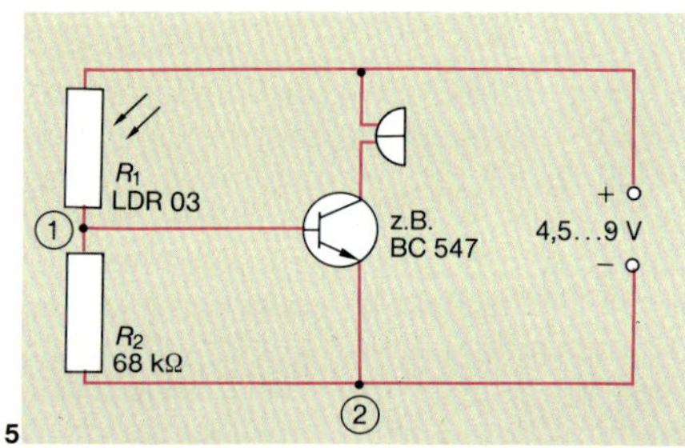

5

Aufgaben

1 Einen *Transistor* kann man – ähnlich wie ein *Relais* – als Schalter nutzen. Vergleiche die Bauteile.

2 Was bedeuten die Abkürzungen C, B, E? Welches sind die Anschlüsse für den Steuerstromkreis, welches die für den Arbeitsstromkreis?

3 Die Bilder 6 u. 7 zeigen ein Modell, das die Vorgänge im Transistor veranschaulicht. Nenne Gemeinsamkeiten von Modell und Transistor.

4 Warum sperrt ein Transistor, wenn man Basis und Emitter miteinander verbindet?

5 „Transistoren wirken als Verstärker." Was bedeutet hier *Verstärken*?

6 In die Transistor-Grundschaltung mit dem Transistor BC 547 soll die Scheinwerferlampe (6 V; 2,4 W) eines Fahrrades eingebaut werden.
Was meinst du zu diesem Plan?

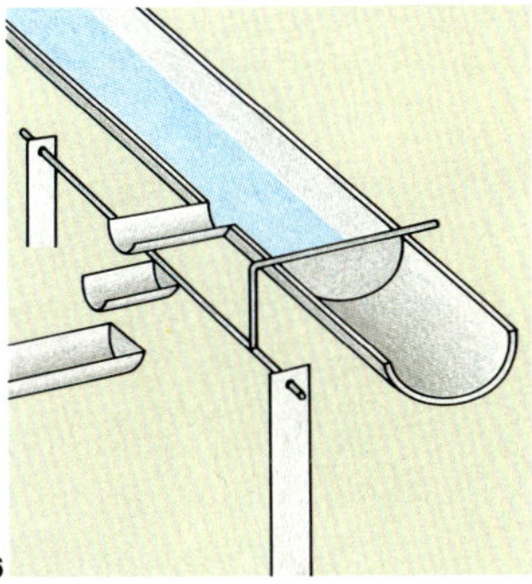
6

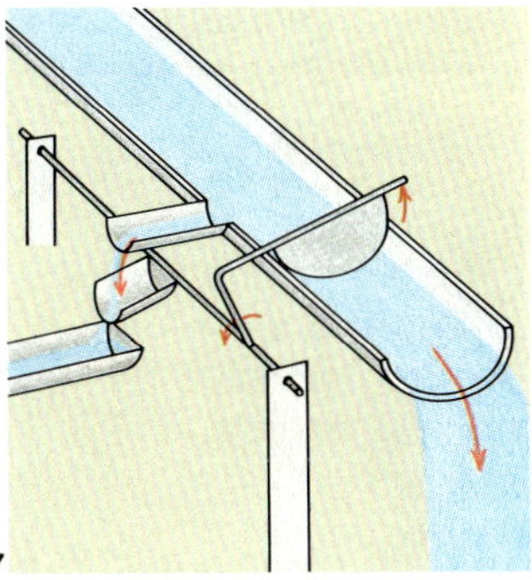
7

Technische Daten des npn-Transistors BC 547

Die folgenden Werte dürfen nicht überschritten werden *(Grenzdaten)*:

Spannung U_{CE} zwischen Kollektor und Emitter	45 V
Strom I_C im Arbeitsstromkreis (Kollektorstrom)	100 mA
Strom I_B im Steuerstromkreis (Basisstrom)	5 mA

Der Strom im Arbeitsstromkreis ist ungefähr 100-mal so groß wie der Steuerstrom.

Mehrfach verstärken – die Darlington-Schaltung

Du kannst den Steuerstromkreis einer Transistor-Grundschaltung über deinen Körper schließen. Dazu musst du nur die Anschlüsse der Strecke A gleichzeitig mit beiden Händen berühren. Eine Lampe im Arbeitsstromkreis leuchtet dabei aber nicht auf. Das liegt am hohen Widerstand deines Körpers.

Bild 8 zeigt nun einen „Trick" der Elektroniker: Der Transistor 1 verstärkt den kleinen Steuerstrom I_1. Man erhält einen viel größeren Arbeitsstrom I_2.

Der bereits verstärkte Strom I_2 fließt als Steuerstrom durch Transistor 2. Dieser Transistor verstärkt noch einmal.

Eine solche Schaltung heißt **Darlington-Schaltung**. Mit ihr erreicht man sehr große Verstärkungsfaktoren.

Fragen und Aufgaben zum Text

1 Wie groß ist der Widerstand des menschlichen Körpers? *Achtung*, zum Messen nur eine Flachbatterie verwenden! Spannungen über 25 V sind lebensgefährlich. (Der ermittelte Widerstand stimmt nur für Spannungen unter 10 V.)

2 Mit einer zweiten Transistor-Grundschaltung kannst du den **Versuch** nach Bild 8 durchführen.
Leuchtet die Lampe der rechten Grundschaltung von Bild 8 auch, wenn eine Schulklasse eine Menschenkette bildet und die Strecke A überbrückt?

3 Wie kommt es zum hohen Verstärkungsfaktor der Darlington-Schaltung?

4 Baue in Strecke A von Bild 8 einen großen Festwiderstand (z. B. $R = 1\ M\Omega$) ein. Miss die Ströme an den drei gekennzeichneten Stellen. Vergleiche I_2 mit I_1 und berechne den Verstärkungsfaktor.

Vergleiche I_3 mit I_2. Wie groß ist hier der Verstärkungsfaktor?

Wie groß ist die Gesamtverstärkung?

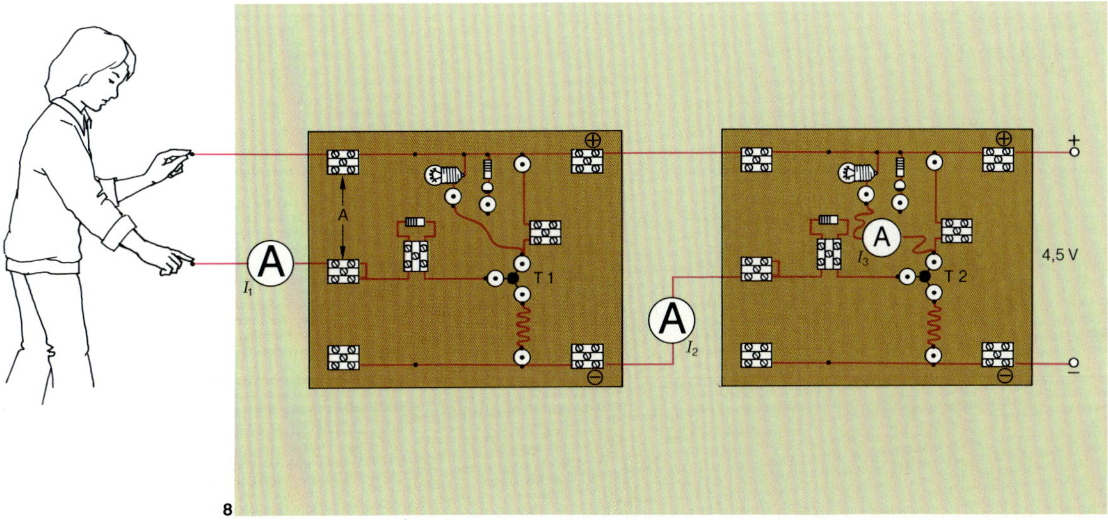

8

3 Kondensatoren für Zeitschaltungen

Ein erstaunlicher **Versuch**: Parallel zur Batterie eines Radios wird ein Kondensator geschaltet (Bild 1; auf die Polung achten!). Dann wird die Batterie entfernt …

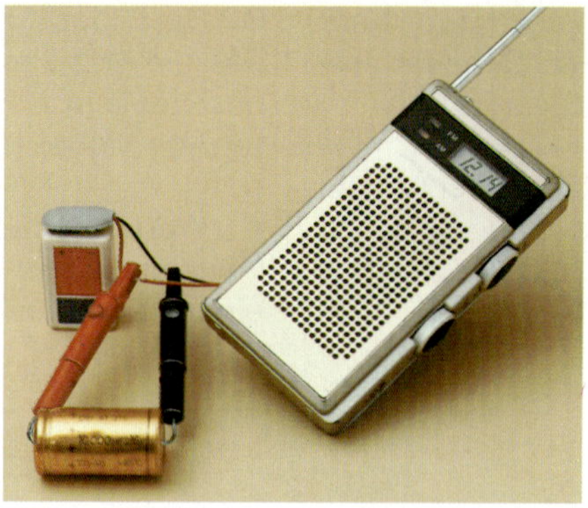

1

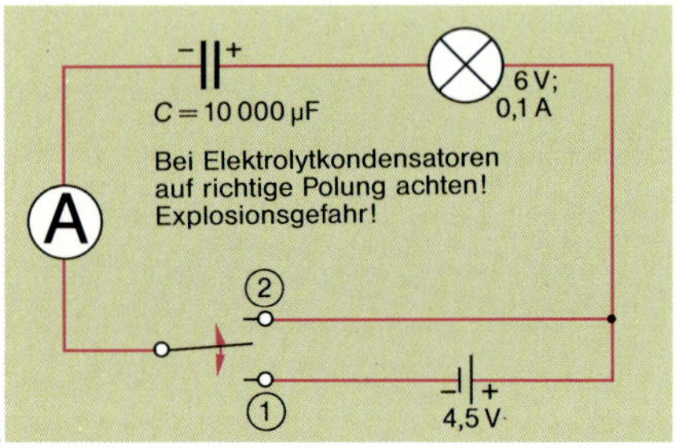

2

V 14 Wir untersuchen, wie sich ein Kondensator im Gleichstromkreis auswirkt. Bild 2 zeigt den Aufbau.

a) Was ist zu beobachten, wenn der Schalter in Stellung 1 gebracht wird? Was geschieht, wenn du ihn anschließend in Stellung 2 bringst?

b) Verwende nun Kondensatoren z. B. mit den folgenden Aufschriften: „4700 µF“, „100 µF“, „1 µF“.

c) Miss die Spannung zwischen den Anschlüssen des Kondensators vor und nach dem Aufladen. Was stellst du fest, wenn du die Messwerte mit der Batteriespannung vergleichst?

V 15 Jetzt soll das Aufladen und das Entladen des Kondensators „in Zeitlupe“ ablaufen. Tausche dazu die Glühlampe gegen einen Widerstand aus (Bild 3).

Die Spannung am Kondensator wird beim Laden und beim Entladen alle 10 s gemessen. Notiere die Messwerte in einer Tabelle und stelle sie grafisch dar (*waagerechte Achse:* Zeit; *senkrechte Achse:* Spannung).

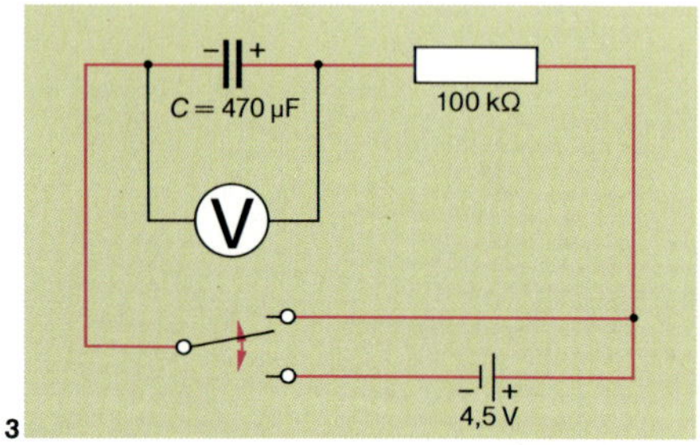

3

V 16 Mit einem aufgeladenen Kondensator kann man auch die Basis eines Transistors ansteuern. Baue die Schaltung von Bild 4 auf und probiere sie aus.

Erkläre, wie sie funktioniert.

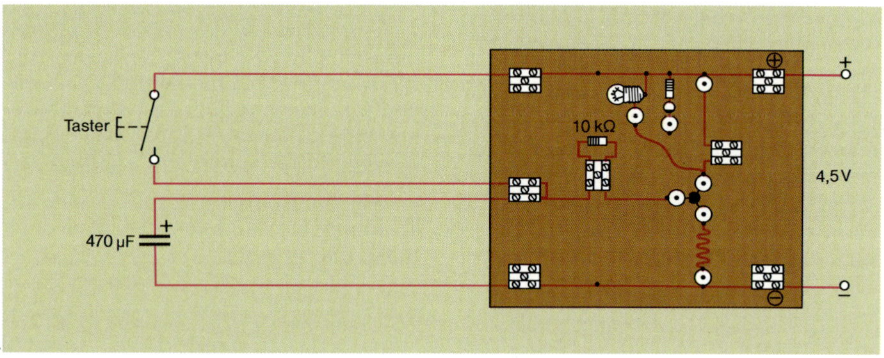

4

Die Kapazität eines Kondensators

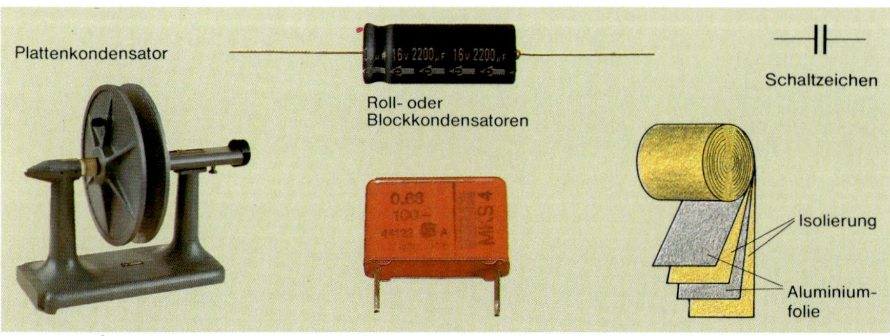

5

Ein Kondensator besteht im einfachsten Fall aus zwei Metallplatten oder -folien, die durch eine isolierende Schicht voneinander getrennt sind. In Bild 5 siehst du verschiedene Bauformen.

Baut man in einen Stromkreis aus Batterie und Lampe zusätzlich einen Kondensator ein, so beobachtet man Folgendes: Sobald der Stromkreis geschlossen wird, blitzt das Lämpchen kurz auf.

Das lässt sich so erklären: Zunächst treibt die Batterie Elektronen von der

5522R

einen Kondensatorplatte auf die andere. Dadurch werden die beiden Platten aufgeladen. Auf der einen Platte gibt es einen Überschuss an Elektronen, auf der anderen einen Mangel.

Je stärker die Platten geladen sind, desto höher ist die Spannung zwischen ihnen und damit zwischen den Anschlüssen des Kondensators.

Die Spannung des Kondensators ist der Spannung der Batterie entgegengerichtet: Die Batterie treibt die Elektronen beim Aufladen in die eine Richtung, der Kondensator übt einen immer stärkeren Antrieb in Gegenrichtung aus.

Wenn die Spannung des Kondensators schließlich genauso groß wie die der Batterie ist, fließt kein Strom mehr. Man sagt, der Kondensator ist geladen.

Ein geladener Kondensator kann z. B. ein Lämpchen zum Leuchten bringen. Er stellt also eine elektrische Energiequelle dar – aber nur so lange, bis er wieder entladen ist.

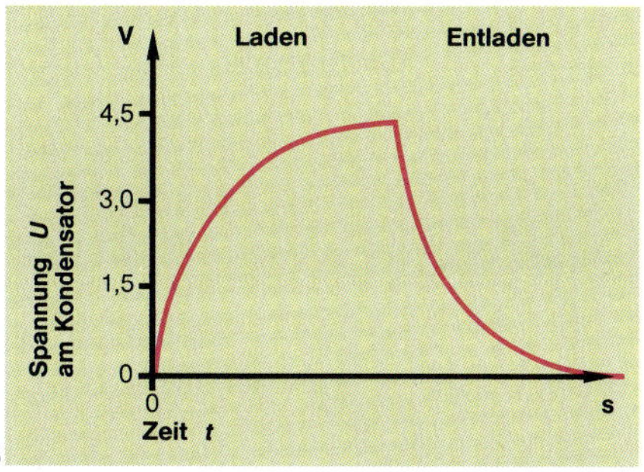

6

Den Spannungsverlauf beim Laden und beim Entladen eines Kondensators zeigt Bild 6.

Durch einen Kondensator können keine Elektronen fließen. Ströme sind immer nur von einer Platte auf die andere (über angeschlossene Leiter) möglich.

Je nach Bauform können Kondensatoren unterschiedlich viel Energie speichern. Man sagt: Die Kondensatoren haben unterschiedlichen **Kapazitäten**.

Die Kapazität C eines Kondensators ist umso größer, je größer die Ladung Q ist, die bei einer bestimmten Spannung U von der einen Kondensatorplatte zur anderen transportiert wird.

Man hat festgelegt:

$$\text{Kapazität} = \frac{\text{Ladung}}{\text{Spannung}}; \quad C = \frac{Q}{U}.$$

Die Einheit der Kapazität ist **1 Farad** (1 F); sie ist nach dem englischen Physiker *Michael Faraday* benannt.

$$1\ \text{F} = \frac{1\ \text{As}}{1\ \text{V}}.$$

Die Einheit 1 F ist sehr groß. In der Praxis werden Kondensatoren mit viel kleineren Kapazitäten verwendet. Man gibt daher Kapazitäten meistens in Bruchteilen von 1 F an.

Millifarad (mF); 1000 mF = 1 F;
Mikrofarad (μF); 1000 μF = 1 mF;
Nanofarad (nF); 1000 nF = 1 μF;
Pikofarad (pF); 1000 pF = 1 nF.

4 Der Kondensator im Wechselstromkreis

V 17 Wir untersuchen, wie ein Kondensator in einem Wechselstromkreis wirkt.

a) Baue den Stromkreis von Bild 7 zunächst ohne den Kondensator auf. Wie groß ist der Strom?

Ob das Lämpchen noch leuchtet, wenn ein Kondensator in den Stromkreis eingebaut wird?

b) Setze nacheinander Kondensatoren mit unterschiedlichen Kapazitäten ein (z. B. 4,7 μF und 1000 μF). Miss jeweils die Stromstärke.

V 18 Die Wechselspannung unseres Stromnetzes hat eine Frequenz von 50 Hz.

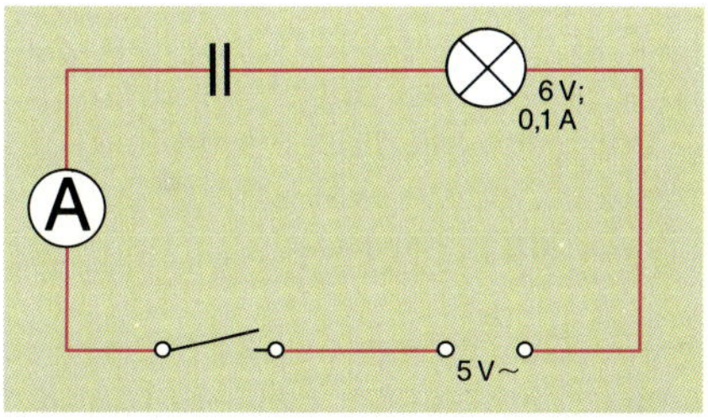

7

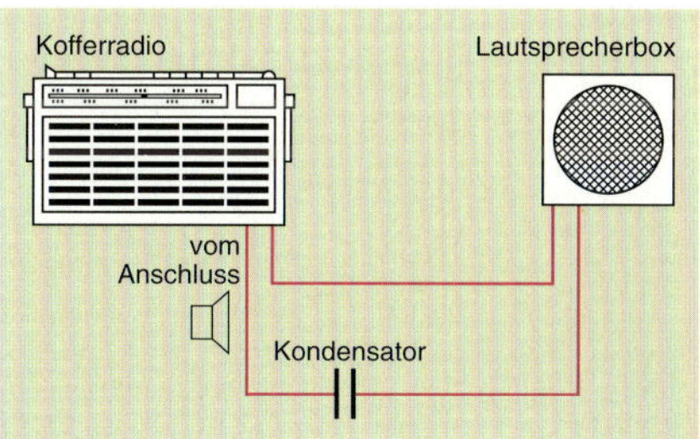

8

Ein Frequenzgenerator kann Wechselspannungen mit höheren und geringeren Frequenzen erzeugen.

Welcher Zusammenhang besteht zwischen der Frequenz der Wechselspannung und der Stromstärke, wenn sich ein Kondensator im Stromkreis befindet?

V 19 Wir schließen einen Lautsprecher über einen Kondensator an ein Radio an (Bild 8).

a) Hört man bei dazwischengeschaltetem Kondensator die hohen oder die tiefen Töne besser?

b) Welchen Einfluss hat dabei die Kapazität des Kondensators?

Laden und Entladen in schnellem Wechsel

Eine Lampe, die an ein Netzgerät mit Wechselspannung angeschlossen ist, leuchtet ständig. Baut man zusätzlich einen Kondensator mit großer Kapazität ein, so leuchtet das Lämpchen ebenfalls dauernd und fast genauso hell wie vorher. Dass ein Strom fließt, ist erstaunlich, denn der Stromkreis ist unterbrochen! Zwischen den Kondensatorplatten befindet sich ja eine isolierende Schicht.

Das Zustandekommen des Stromes lässt sich leicht erklären: **Im Wechselstromkreis wird der Kondensator in schnellem Wechsel geladen und entladen. Die Elektronen pendeln hin und her; es fließt ein Wechselstrom.**

Baut man einen Kondensator in einen Wechselstromkreis ein, wird der Strom kleiner. Diese hemmende Wirkung des Kondensators lässt bei hohen Frequenzen des Wechselstromes nach. Elektrische Tonsignale werden daher durch einen Kondensator kaum behindert, wenn seine Kapazität nur genügend groß ist.

5 Transistoren verstärken Signale

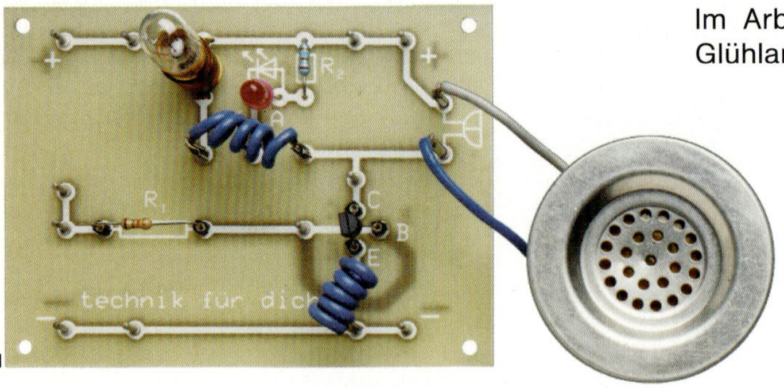

1

Im Arbeitsstromkreis haben wir bisher meistens eine Glühlampe oder eine Leuchtdiode eingesetzt. Bei den folgenden Versuchen wird zusätzlich die Hörkapsel eines Telefons parallel zur Leuchtdiode geschaltet (Bild 1).

Wenn Nachrichten übermittelt werden oder eine Schallplatte abgespielt wird, wollen wir schließlich die vom Transistor verstärkten Signale hören …

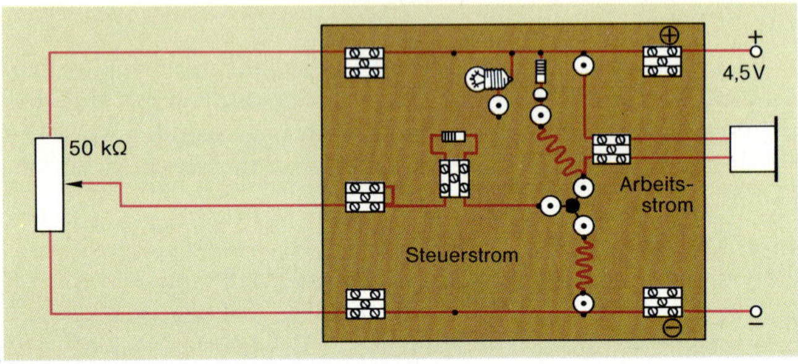

2

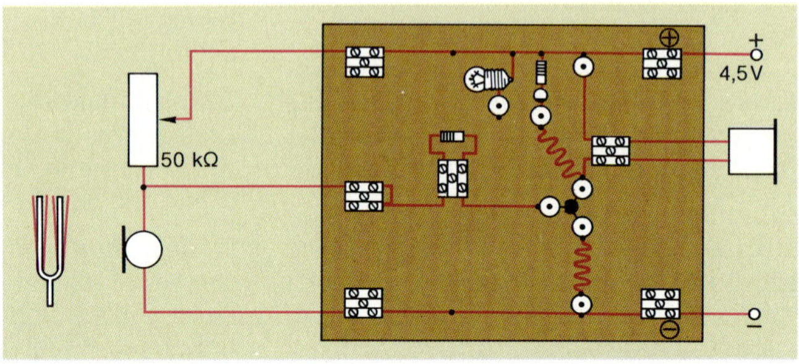

3

V 20 Bild 2 zeigt die Schaltung.

a) Verstelle den Schiebewiderstand (das Potentiometer) und beobachte dabei die Leuchtdiode. Erkläre deine Beobachtungen mit den Begriffen *Schwellenspannung, Spannungsteilung, sperren, durchsteuern.*

b) Im Hörer kannst du die Widerstandsänderungen im Steuerstromkreis sogar hören.

Sind kleine Widerstandsänderungen besonders deutlich zu hören, …
○ wenn die LED nicht leuchtet?
○ wenn die LED schwach leuchtet?
○ wenn die LED hell leuchtet?
Erkläre das Versuchsergebnis.

V 21 Der Widerstand eines *Kohlemikrofons* ändert sich, wenn Schallwellen die Kohlekörner unterschiedlich stark zusammendrücken.

Baue die Schaltung von Bild 3 auf. Halte eine Stimmgabel vor das Mikrofon oder puste dagegen. Stelle das Potentiometer so ein, dass die Lautstärke im Hörer besonders groß ist. Wie leuchtet dabei die LED?

Versuche mit dieser Schaltung geflüsterte Worte von einem Zimmer ins andere zu übertragen.

V 22 Die Tonsignale eines Radios werden untersucht (Bild 4). Um den Telefonhörer anzuschließen, ist ein Stecker für den *Ausgang* des Radios (Kopfhörerbuchse) erforderlich.

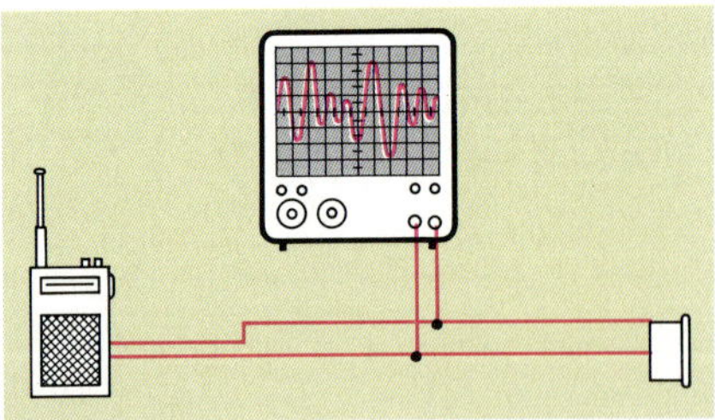

4

Schaltet man ein Oszilloskop zum Hörer parallel, werden die schnellen Spannungsschwankungen sichtbar.

Handelt es sich um Gleich- oder Wechselspannung? Woran erkennst du laute, leise, hohe und tiefe Töne?

V 23 Stelle die Lautstärke am Radio so leise ein, dass du die Musik im Telefonhörer gerade noch hörst. Drehe jetzt nicht mehr am Radio.

Das schwache Ausgangssignal wird verstärkt (Bild 5). Bei richtiger Einstellung des Potentiometers kannst du die Musik laut hören. Lies im Info nach, was der Kondensator in dieser Schaltung bewirkt.

V 24 In der Schaltung von Bild 6 wird eine zweite Hörkapsel als Mi-

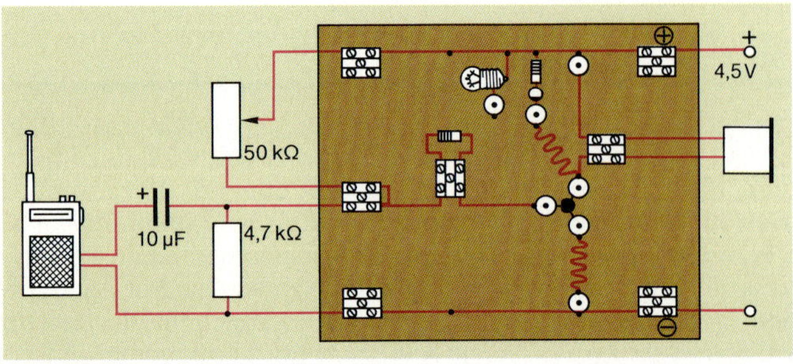

5

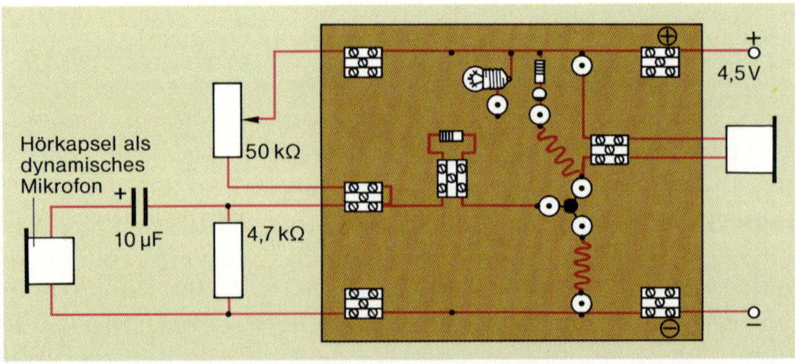

6

5524R

krofon verwendet. Wenn solch ein *dynamisches Mikrofon* von Schallwellen getroffen wird, erzeugt es durch Induktion Wechselspannungen.

V 25 Im Arbeitsstromkreis eines Transistors kann niemals ein Wechselstrom fließen, denn der Transistor leitet nur in einer Richtung.

In den bisherigen Versuchen wurden die Tonschwingungen im Hörer von einem Gleichstrom erzeugt, bei dem sich die Stromstärke änderte. Der Nachteil dabei ist, dass die Membran nicht um ihre Ruhelage schwingt. Mit der Schaltung nach Bild 7 wird dieser Nachteil vermieden.

Welche Aufgabe hat der 100-µF-Kondensator?

V 26 Bisher wurde das Signal mit *einem* Transistor verstärkt. Man spricht von einem *einstufigen Verstärker*.

Jetzt soll ein *zweistufiger Verstärker* aufgebaut werden: Das bereits verstärkte Signal wird ein weiteres Mal verstärkt. Die Schaltung besteht aus zwei Transistor-Grundschaltungen. Das Eingangssignal liefert wieder ein Radio, das ganz leise eingestellt ist (→ V 23).

Baue die Schaltung nach Bild 8 auf. Prüfe, ob du den Hörer am Ausgang auch durch einen normalen Lautsprecher ersetzen kannst.

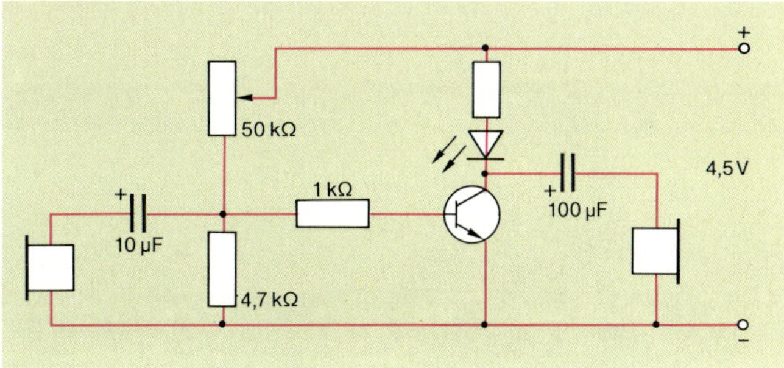

7

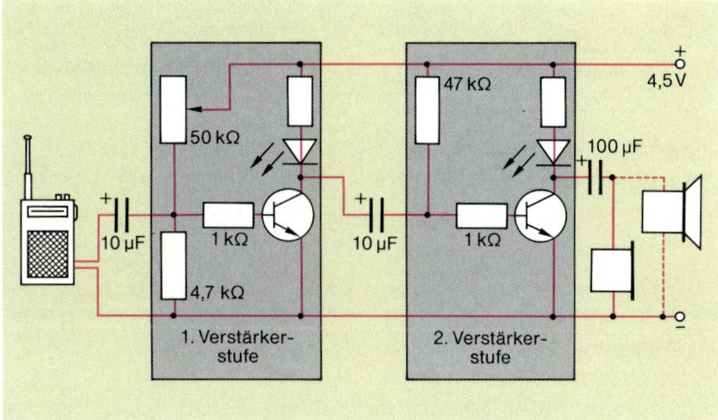

8

Verstärken von Signalen

Beim Transistor bedeutet **Verstärken**: *Kleine Änderungen der Stromstärke im Steuerstromkreis bewirken mehr als 100fach stärkere Änderungen im Arbeitsstromkreis.*

Angenommen das Ausgangssignal eines Radios soll verstärkt werden. Ein Oszilloskop zeigt, dass es sich um ein Signal mit ständig wechselnder Spannung handelt (so ähnlich wie in Bild 4). Bei diesem *Wechselspannungssignal* kommen positive und negative Spannungswerte vor.

Bei geringer Lautstärke betragen die Höchstwerte allerdings weniger als ±0,1 V. Mit einer solch geringen Spannung lässt sich natürlich kein Transistor ansteuern, denn seine Schwellenspannung liegt ja mit +0,7 V viel höher. Und da Transistoren nur mit Gleichspannung und Gleichstrom funktionieren, würden sowieso alle negativen Spannungswerte des Eingangssignals verloren gehen.

Deshalb benutzen die Techniker einen Schaltungstrick: Der Eingang des Transistors wird über einen Spannungsteiler mit einer Gleichspannung versorgt, die etwas über der Schwellenspannung liegt (z. B. +0,75 V).

Wird *zusätzlich* die Wechselspannung des Tonerzeugers von z. B. ±0,05 V an den Eingang gelegt, so schwankt die Eingangsspannung zwischen +0,70 V und +0,80 V. Der Transistor steuert also in jedem Fall durch.

Wenn sein Verstärkungsfaktor z. B. $B = 200$ beträgt, werden die Änderungen des Steuerstroms 200fach verstärkt an die Hörkapsel im Arbeitsstromkreis weitergegeben.

Man muss aber verhindern, dass die Vorspannung von +0,75 V über die Verbindungsleitungen am Radio anliegt. Dafür sorgt ein Kondensator. Er ist für Gleichstrom nicht durchlässig, wohl aber für *Wechselstrom*.

Nach der Verstärkung des Eingangssignals kann man den Kondensatortrick noch einmal anwenden: Den Hörer in Bild 7 erreichen nur Wechselspannungen, weil der Kondensator keinen Gleichstrom durchlässt.

Bild 9 zeigt alles im Überblick. Dabei fällt dir sicher auf, dass die Wellenzüge der Signale entgegengesetzt verlaufen: Wo das Eingangssignal ein *Wellental* hat, bekommt das Ausgangssignal einen *Wellenberg*. Der Grund ist folgender: Der Transistor ist Teil eines Spannungsteilers im Arbeitsstromkreis. Wenn die Steuerspannung niedrig ist (Wellental), leitet der Transistor schlecht. Im Arbeitsstromkreis fällt daher am großen Widerstand des Transistors eine hohe Spannung ab (Wellenberg).

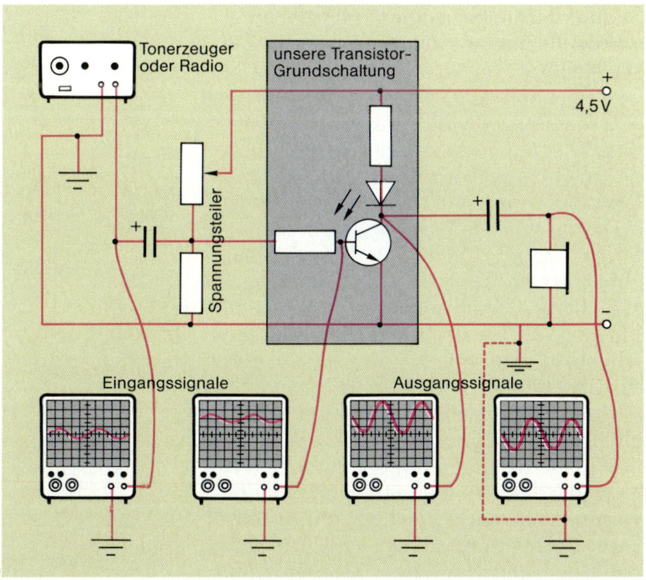

9

6 Analog – digital

1 So sehen die elektrischen Signale an den Anschlüssen eines dynamischen Mikrofons aus, wenn man hineinspricht.

2 Der Matrose sendet mit dem Morsescheinwerfer Lichtsignale.

Analoge und digitale Signale

Das Oszilloskop zeigt den Verlauf der Spannung am Mikrofon an (Bild 1). Wird die Stimme lauter, so wird die Schwingungskurve auf dem Oszilloskop immer höher. Wenn die Tonhöhe zunimmt, dann rücken die „Zacken" der Kurve enger zusammen.

Die elektrischen Signale von Bild 1 sind ein Beispiel für **analoge Signale** (griech. *analogos:* entsprechend).

Die elektrischen Signale ändern sich entsprechend der Stimme: Wenn sich die Tonhöhe und die Lautstärke stufenlos ändern, dann weist auch der Signalverlauf keine Sprünge auf.

Auch die Helligkeit des Sonnenlichtes oder die Lufttemperatur an einem Wintertag schwanken stufenlos. Bild 3 zeigt eine Temperaturkurve, die von einem automatischen Schreiber aufgezeichnet wurde. Es handelt sich um eine *analoge* Darstellung.

Für Bild 4 wurde die Temperatur an einem Thermometer zu jeder vollen Stunde auf 1 °C genau abgelesen. Diesen stufigen Kurvenverlauf nennt man **digital**.

Das lateinische Wort *digitus* bedeutet Finger. Kinder benutzen ihre Finger zum Zählen. Auch Erwachsene zeigen z. B. beim Urlaub im Ausland mit den Fingern, ob sie drei oder vier Mangofrüchte kaufen wollen. Geknickte Finger für 3½ oder 3⅛ benutzt man nicht, sie würden nur Verwirrung stiften. Als Zeichen verwendet man nur ganze Finger.

Dieses Beispiel zeigt deutlich die Kennzeichen von digitalen Signalen: Es werden einzelne Zeichen dargestellt (zum Beispiel die Ziffern 1 bis 10) und der Übergang von einem Zeichen zum nächsten erfolgt sprunghaft oder in Stufen. Ein digitales Signal kann z. B. zehn oder zwölf Stufenhöhen haben. Wie in Bild 4 können die auftretenden Stufen unterschiedlich hoch sein.

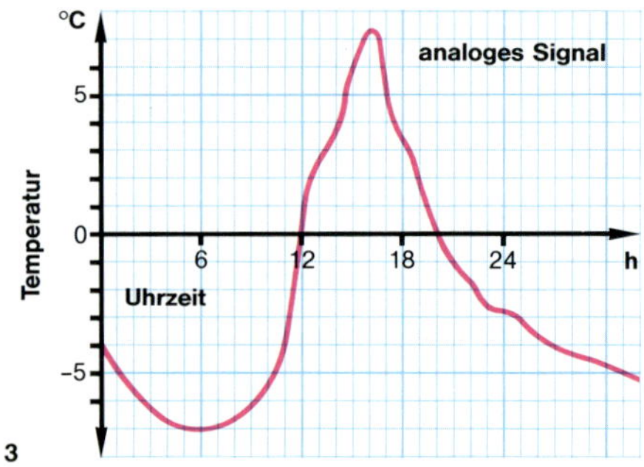

3

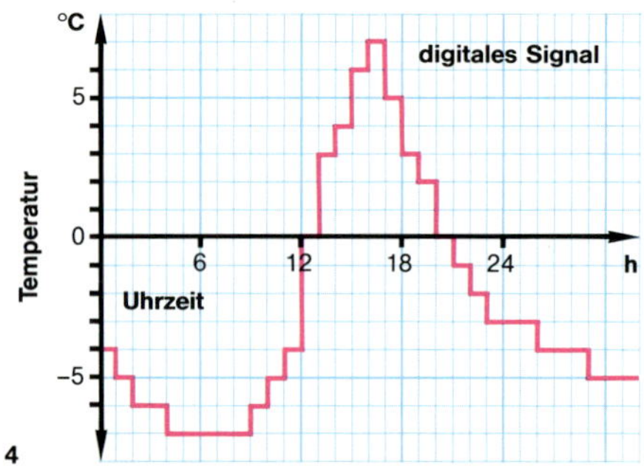

4

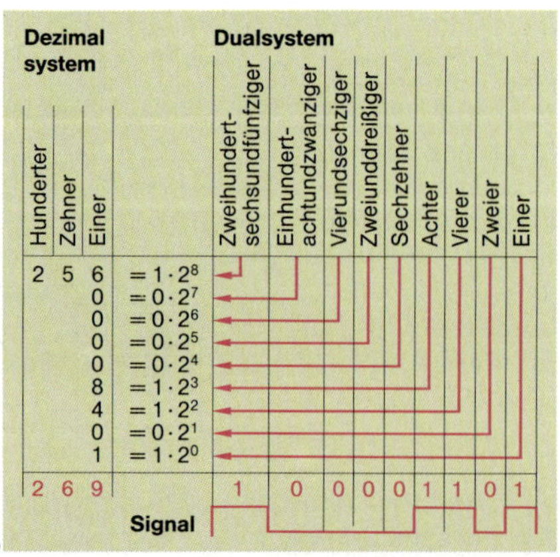

5

Besonders einfach sind die Lichtsignale von Bild 2. Es gibt nur die zwei Möglichkeiten: Licht ein – Licht aus. Für solche Signale verwendet man z. B. auch die Zustände Strom ein – Strom aus, ein Loch – kein Loch, schwarz – weiß.

Üblicherweise werden die beiden Möglichkeiten durch die Symbole 0 und 1 dargestellt.

Wie lassen sich z. B. die Messwerte von Bild 4 in eine Form übertragen, die nur aus zwei Zeichen besteht?

Zur Vereinfachung verschieben wir den Nullpunkt der Thermometerskala so weit nach unten, dass es keine negativen Werte mehr gibt. Wir verwenden dazu einfach statt der Celsiusskala die Kelvinskala, deren Nullpunkt bekanntlich bei –273 °C liegt.

Für den Messwert –4 °C erhält man 269 K, aus +6 °C wird 279 K. Und jetzt kommt der „Trick": Man verwandelt diese Dezimalzahlen in **Dualzahlen**, die nur aus Nullen und Einsen bestehen (lat. *duo:* zwei). So wird aus der Dezimalzahl 269 die Dualzahl 100001101 (Bild 5).

Mit einer Taschenlampe könnte man dieses Signal einem anderen zublinken. Auf den ersten Blick scheint dieses Verfahren umständlich zu sein. Aber in dieser dualen Zeichensprache blinkt die Fernbedienung des Fernsehgeräts, ist die Musik auf einer Kompaktschallplatte gespeichert, arbeiten alle Computer …

5526R

Alles klar?

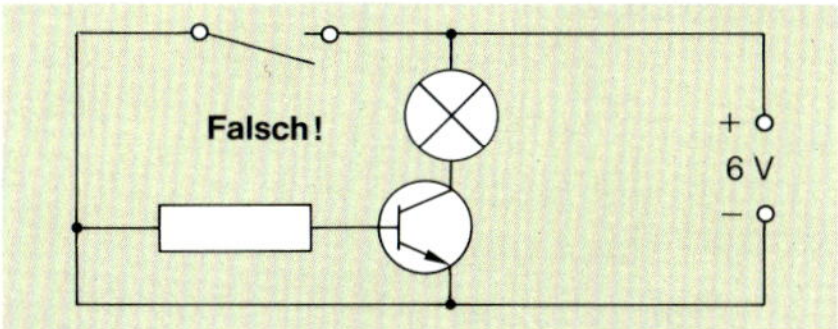

6

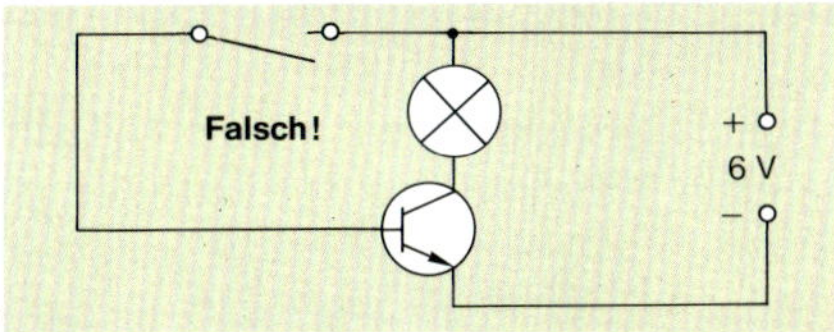

7

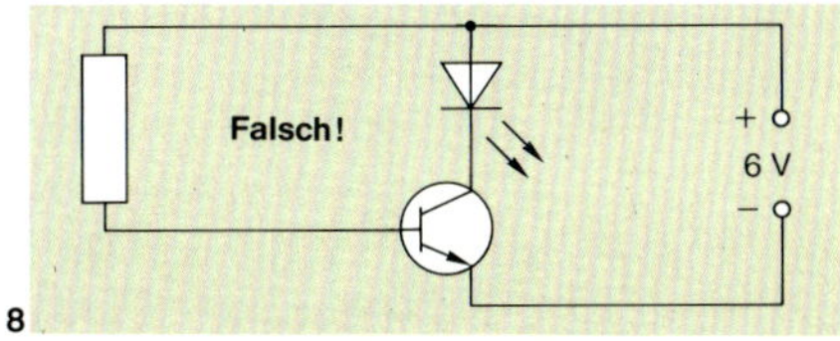

8

1 Für Schalter (und Relais) gibt es nur zwei Zustände: Entweder sind sie eingeschaltet oder ausgeschaltet. Wie ist das bei einem Transistor?

2 Wo stecken in den Bildern 6–8 die Fehler?

3 Damit ein Transistor durchsteuert, muss die Spannung U_{BE} größer als die *Schwellenspannung* sein. Wie hoch ist diese Schwellenspannung?

4 Worauf weist die Bezeichnung *npn*-Transistor hin?

5 Für einen Transistor des Typs BC 547 wird der *Verstärkungsfaktor* mit 100 angegeben.
Erläutere, was damit gemeint ist.

6 Warum hat man wohl die Bezeichnungen *Emitter* (lat. *emittere:* aussenden, abschicken) und *Kollektor* (lat. *colligere:* einsammeln) gewählt?

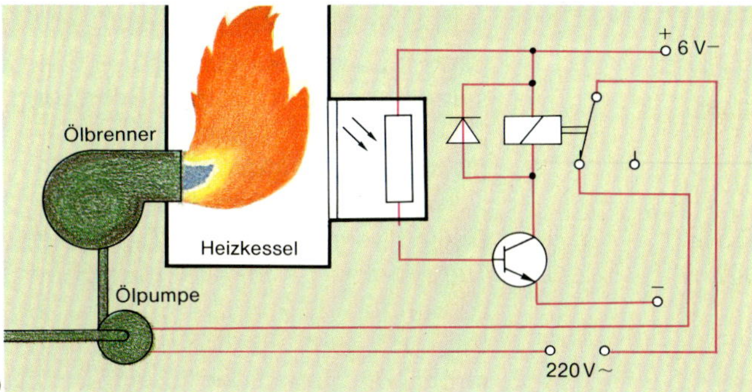

9

7 Bei vielen Ölheizungen wacht ein Fotowiderstand darüber, ob die Flamme brennt. Ein solcher **Flammenwächter** ist in Bild 9 vereinfacht dargestellt. Beschreibe seine Funktionsweise in einer Wirkungskette: „Die Flamme erlischt. → Der elektrische Widerstand des Fotowiderstandes … → …"

7 Zusammenfassung

Der Transistor als Schalter

Der Transistor hat drei Anschlüsse: *Emitter, Kollektor* und *Basis.*

Man baut den Transistor in zwei Stromkreise ein: in den Steuerstromkreis und in den Arbeitsstromkreis.

Er kann im Arbeitsstromkreis als **Schalter** wirken – und zwar als ein Schalter, der durch einen Strom (im Steuerstromkreis) betätigt wird.

Ein Steuerstrom fließt nur, wenn die Spannung U_{BE} zwischen der Basis und dem Emitter mindestens 0,7 V beträgt. Diesen Wert bezeichnet man als *Schwellenspannung* des Transistors.

Ist der Steuerstrom groß genug,
wirkt der Transistor
im Arbeitsstromkreis
wie ein *geschlossener Schalter.*
Er „steuert durch" (Bild 10).

Wenn die Schwellenspannung nicht erreicht ist, verhält sich der Transistor zwischen Emitter und Kollektor wie ein *geöffneter Schalter.* Der Transistor „sperrt" (Bild 11).

Der Transistor als Verstärker

Transistoren können als **Verstärker** benutzt werden:

Kleine Änderungen
des Steuerstromes bewirken
große Änderungen der Stromstärke
im Arbeitsstromkreis.

In den Steuerstromkreis kann man Fühler einbauen (z. B. einen Fotowiderstand). Man erhält so *Sensorschaltungen* (Bild 12). Der Sensor ruft Änderungen des Steuerstromes hervor; der Transistor verstärkt sie.

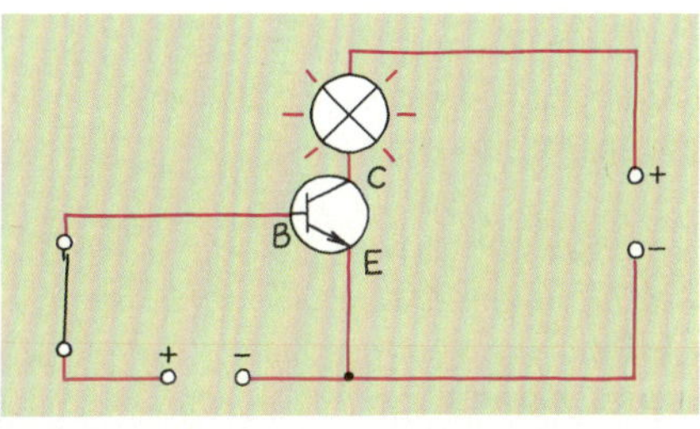

10

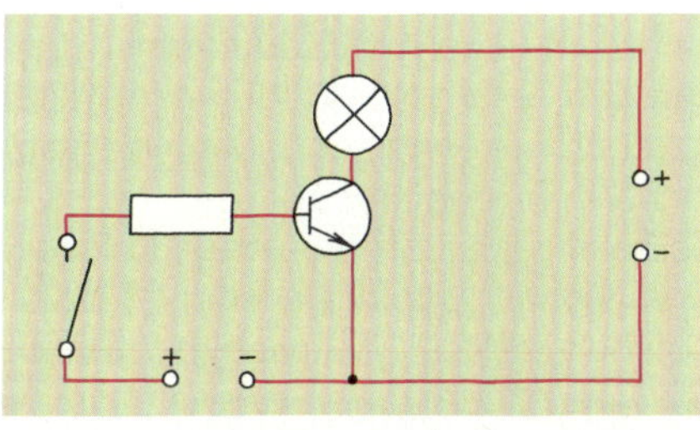

11

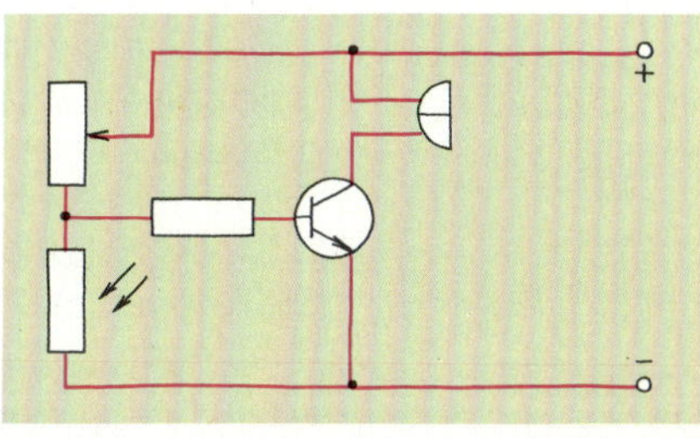

12

Die Flipflopschaltung

Transistorschaltungen als „Gedächtniszellen" von Computern

Aus Umwelt und Technik: **Von Flipflops und Computern**

Bei unseren Alarmschaltungen kamen wir jeweils mit einem einzigen Transistor aus. Als Einbruchmelder haben diese Schaltungen jedoch einen Nachteil:

Wenn ein Dieb z. B. eine mit einer Lichtschranke gesicherte Tür öffnet und dabei einen Alarm auslöst, wird er vermutlich die Tür schnell wieder schließen. Auf diese Weise beendet er aber den Alarm.

Besser ist also eine Schaltung, auf die der Dieb nach dem Einschalten keinen Einfluss mehr hat oder – wie der Fachmann sagt – die er *nicht zurücksetzen* kann. Eine solche Schaltung zeigen dir die Bilder 1 u. 2.

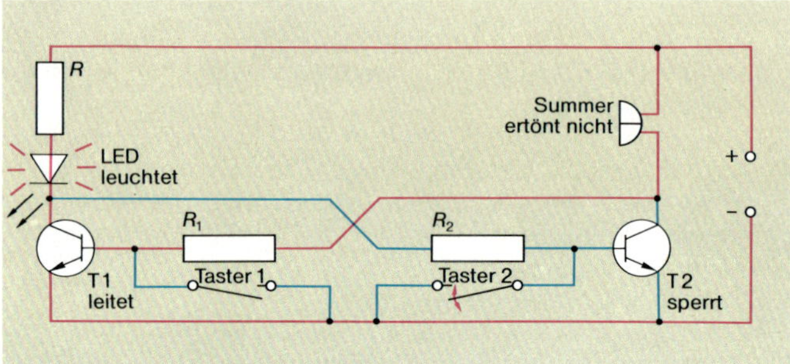

1

So funktioniert diese Schaltung:

Wenn man in Bild 1 den Taster 2 schließt, sind Basis und Emitter des Transistors T2 direkt miteinander verbunden. Die Spannung U_{BE} beträgt 0 V; durch T2 fließt kein Steuerstrom. Der Transistor T2 sperrt und der Summer ertönt *nicht.*

Der Transistor T1 dagegen leitet: Da T2 sperrt, liegt die gesamte Spannung der Stromquelle an T2. Über den Summer fließt daher ein kleiner Strom durch den Widerstand R_1 sowie über Basis und Emitter von T1. Dies ist der Steuerstrom von T1. Der Transistor T1 wirkt wie ein geschlossener Schalter. Die Leuchtdiode leuchtet.

Lässt man den Taster 2 wieder los, so sperrt der Transistor T2 weiterhin: Seine Basis und sein Emitter sind immer noch über R_2 und den (leitenden) Transistor T1 miteinander verbunden.

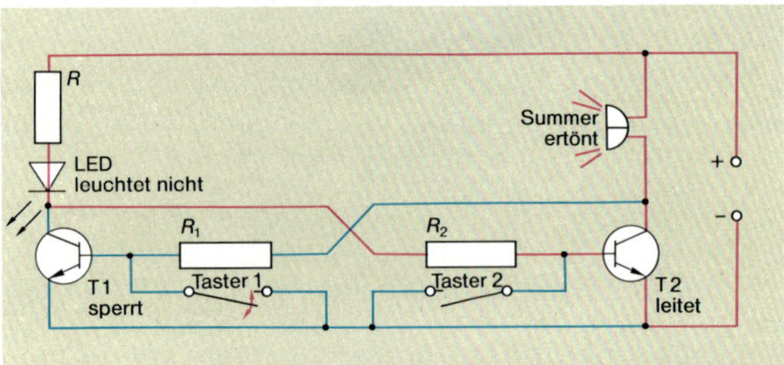

2

Durch T2 fließt daher auch jetzt kein Steuerstrom.

Die Schaltung befindet sich in einem stabilen Zustand.

Nun wird der Taster 1 kurz betätigt. Die Schaltung „kippt" in einen zweiten stabilen Zustand (Bild 2).

Er lässt sich auf die gleiche Weise erklären …

Eine solche Schaltung heißt **bistabile Kippschaltung** (lat. Vorsilbe *bi-:* zwei). Die Elektroniker haben ihr einen Namen mit mehr Klang gegeben: **Flipflop**. In diesem Wort hört man geradezu das „Umkippen" der Schaltung.

Flipflops werden keineswegs allein zum Vertreiben von Einbrechern eingesetzt. Vielmehr haben Kippschaltungen eine überragende Bedeutung in der Computertechnik.

Das Flipflop stellt nämlich eine Art „Gedächtnis" dar: In unserem Beispiel „speichert" es, ob man den Taster 1 betätigt hat, ob also das Alarmsignal eingeschaltet oder *gesetzt* wurde (engl. *set*). Mit Hilfe von Schalter 2 kann das Signal *zurückgesetzt* werden (engl. *reset*).

Kippschaltungen sind die kleinsten „Gedächtniszellen" von Computern. Sie können speichern: *Signal gesetzt* (*ja* oder *1*) oder *Signal nicht gesetzt* (*nein* oder *0*). Eine solche „Ja/Nein"-Möglichkeit nennt man **1 Bit**.

Um eine Ziffer oder einen Buchstaben zu speichern, verwendet man meist acht Speicherzellen. Dabei werden alle gebräuchlichen Zeichen (Buchstaben, Ziffern …) in der Regel nach dem *ASCII-Code (American Standard Code for*

5502R

Information Interchange) verschlüsselt. Der Buchstabe R z. B. wird gespeichert als 01010010 und die Ziffer 8 als 00111000. Jeweils 8 Bit nennt man **1 Byte** und 1000 Byte (genau genommen: 2^{10} Byte = 1024 Byte) ergeben **1 Kilobyte**.

Ein kleiner Heimcomputer wie in Bild 3 hat Speicherzellen für 64 Kilobyte. Er kann also z. B. 64 000 Buchstaben speichern. Dazu sind immerhin mehr als eine halbe Million einzelner „Ja/Nein"-Speicherplätze nötig.

Nahezu unglaublich ist, auf welch kleinem Raum Zehntausende von Speicherzellen untergebracht werden (Bild 4). Ermöglicht wird diese starke Verkleinerung dadurch, dass nicht mehr einzelne Bauteile zusammengelötet werden. Vielmehr stellt man auf einem einzigen Chip gleich die vollständige Schaltung her – einschließlich aller Transistoren, Widerstände und elektrischen Verbindungen.

3

Dieser 4 mm x 6 mm große Chip enthält 64 000 Speicherzellen. Schon heute gibt es gleich große Chips, die ein Vielfaches an Speicherplätzen enthalten.

4

Aufgaben

1 Baue das Flipflop in einem **Versuch** auf. Überlege dir zuvor, welche Festwiderstände du verwenden willst.

2 Was geschieht, wenn du in der Flipflopschaltung auf der Nebenseite den Schalter 1 für kurze Zeit schließt? Beschreibe den Vorgang genau. Bild 2 hilft dir dabei.

3 Warum können beim Flipflop niemals beide Transistoren gleichzeitig durchsteuern (also ihren Arbeitsstromkreis einschalten)?

4 Mit diesem **Stresstester** (Bild 5) kannst du feststellen, ob du eine ruhige Hand hast. Die Aufgabe besteht darin, den Ring über den gebogenen Draht zu führen, ohne dass sich beide berühren. Wie funktioniert diese Schaltung?

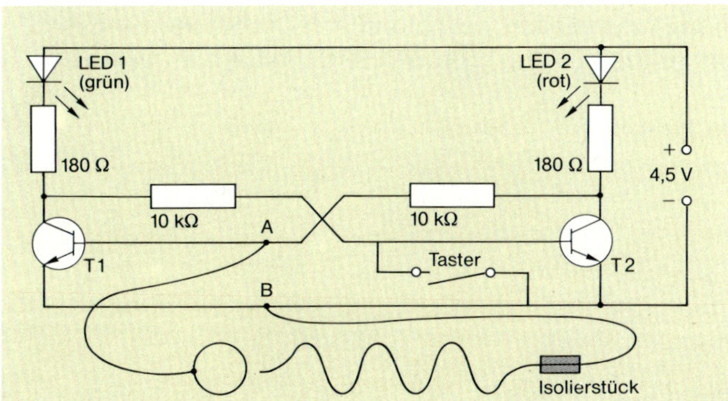

5

5 Welcher der Taster in Bild 1 löst den Alarm aus?

6 Erkläre den Begriff *bistabile Kippschaltung.*

7 Im Deutschen Bundestag gibt es für Abstimmungen eine **elektronische Zählschaltung**: Auch wenn ein Abgeordneter mehrmals sein Knöpfchen drückt, wird seine Stimme nur einmal gezählt. Wie könnte diese Schaltung aussehen?

8 Bild 6 zeigt dir eine Gegenüberstellung der Ziffern des Dezimalsystems und der jeweiligen Codierungen für den Computer.

Gelingt es dir, den Code zu „entschlüsseln"?

Ergänze in deinem Heft den fehlenden Teil der Tabelle.

Dezimal-ziffern	ASCII-Codierung
0	0011 0000
1	0011 0001
2	0011 0010
3	0011 0011
4	0011 0100
5	0011 0101
6	0011 01
7	0011
8	001
9	0

6

Grundlagen der Informationsverarbeitung

1

1 Informationen werden gespeichert

2

Hat während meiner Abwesenheit jemand geklingelt?
War jemand in diesem Zimmer?
Wurde die Geheimschublade geöffnet und wieder geschlossen?

Zur Beantwortung dieser Fragen braucht man keinen Agenten oder Detektiv. Einfache Speicherschaltungen geben präzise und preiswert Auskunft.

V 1 Die Funktion eines „Gedächtnisses" kann die Relais-Schaltung von Bild 3 übernehmen. Man nennt diese Anordnung *Relais mit Selbsthaltung*. Erkläre diese Bezeichnung.

Wann wird die Batterie belastet? Erprobe die Schaltung im Versuch.

V 2 Die Schaltung von Bild 4 speichert *dauerhaft*, ob ein Besucher die Tür geöffnet und damit den Magneten für kurze Zeit vom Reedkontakt entfernt hat. Überprüfe und erläutere die Schaltung.

4
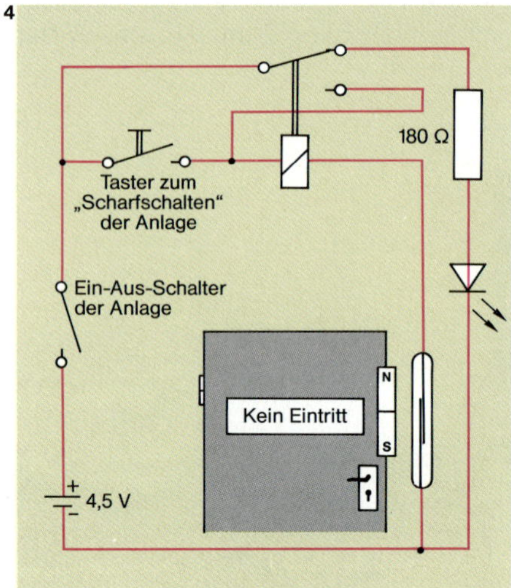

V 3 Wann gibt der Summer in diesem Versuchsaufbau (Bild 5) Alarm? Begründe deine Antwort.

Welchen Nachteil hat diese Schaltung als Alarmanlage?

V 4 Eine bistabile Kippschaltung – ein Flipflop – wie in Bild 6 kennst du wahrscheinlich schon. Wenn der eine Transistor leitend ist, sperrt der andere – und umgekehrt.

Überprüfe, welcher der Transistoren beim Drücken des Tasters sperrt. Wann leuchtet die Leuchtdiode?

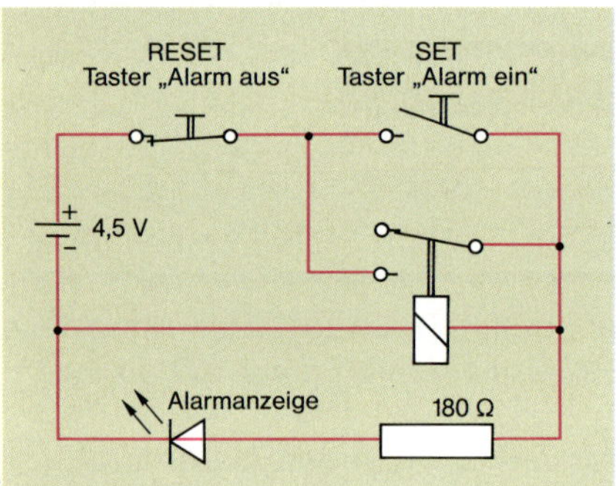

3

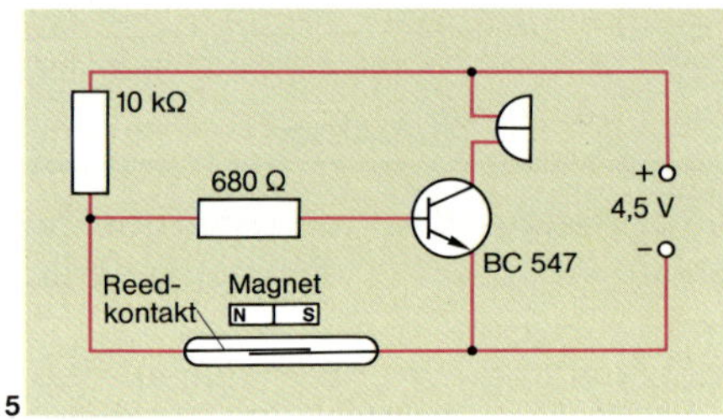

5

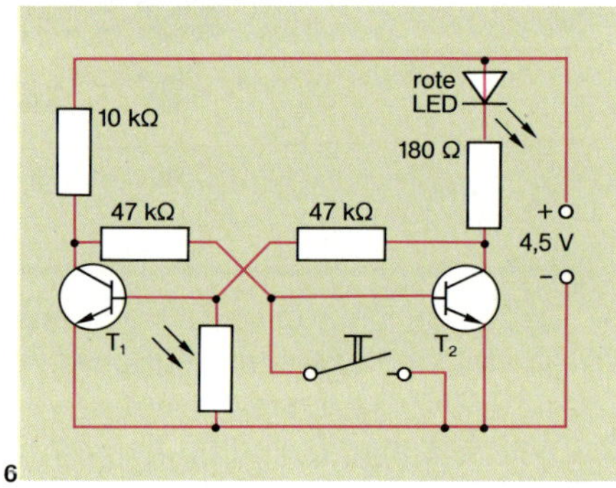

6

Aufgaben

1 Was bedeutet die Redensart: „Er hat etwas auf dem Kerbholz" (→ „Vom Kerbholz zum …", rechte Seite)?

2 Nenne Speicher für Musik.

3 Welche Speicher für stehende und für bewegte Bilder kennst du?

4 Was versteht man unter einem *festen* Speicher? Nenne Beispiele.

5 Was ist auf dem Magnetstreifen einer Scheckkarte gespeichert?

6 So kannst du deinen Stundenplan elektronisch speichern (Bilder 7 u. 8).

Auf welche Weise wird die Information, welche Fächer du an einem bestimmten Wochentag hast, eingegeben? Oder kurz gesagt: Wie wird hier *programmiert*?

Warum darfst du statt der Dioden nicht einfach Drähte verwenden? Erprobe die Schaltung im **Versuch**.

7

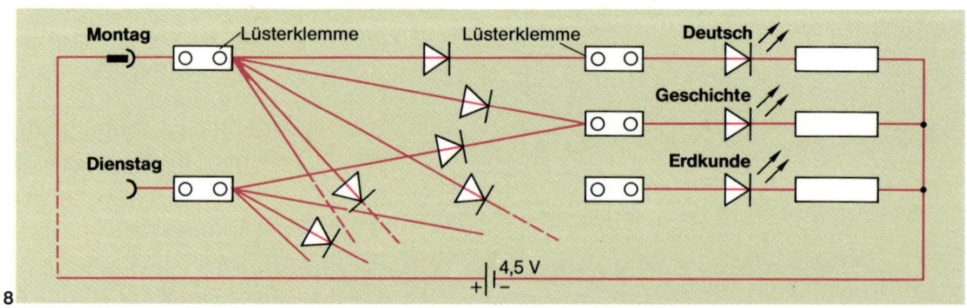

8

2946R

Aus Umwelt und Technik: **Vom Kerbholz zum elektronischen Speicher**

Erlebnisse, Gefühle, Bilder, Symbole, Töne, Texte, Formeln, Zahlen ... können wir im Gedächtnis behalten.

Die Speicherfähigkeit unseres Gehirns ist fantastisch groß – und jeden Tag gelangen neue Informationen in diesen „Speicher“. Manches geht über kurz oder lang auch wieder verloren; es wird aus dem Speicher „gelöscht“. Wir vergessen es einfach.

Um dem Vergessen entgegenzuwirken, ersannen die Menschen schon früh andere Speichermöglichkeiten für Informationen. So gab es im Mittelalter z. B. für Stammgäste in Wirtshäusern einen Holzstab, in den der Wirt für jeden geschuldeten Dukaten eine Kerbe schnitzte. Heute wird die Höhe der Zeche oft mit Strichen auf dem Bierdeckel gespeichert.

Der bekannteste und am meisten verbreitete Speicher ist Papier. In Form von Texten und Noten, Formeln und Zahlen, Bildern und Fotos speichert es das in den vergangenen Jahrtausenden angesammelte Wissen der Menschheit.

9

Mit der modernen Technik dringen jedoch immer neue Speichermedien in unseren Alltag. In fast jedem Haushalt steht heute ein Kassettenrekorder, der Informationen in der magnetisierbaren Schicht von Kunststoffbändern speichern kann. Auch viele der üblichen Scheckkarten tragen ihre Geheimnisse verschlüsselt in magnetischer Form.

Bei anderen Speichern sind die Informationen fest vorgegeben und nicht mehr zu verändern; man spricht dann von *festen Speichern*. Die Programmwalze einer Spieluhr gehört ebenso dazu wie die Schallplatte oder die CD-Platte mit deiner Lieblingsmusik.

Computer haben beides: sowohl feste Speicher als auch Speicher, bei denen die gespeicherten Informationen verändert werden können.

Aus den festen Speichern können Informationen nur herausgelesen werden; sie dienen z. B. als Speicher für Programmsprachen oder Rechenregeln. Man bezeichnet sie als Nur-Lese-Speicher oder meist kurz als ROM (engl. ***r**ead **o**nly **m**emory*).

Speicher, die die Benutzer immer wieder neu „beschreiben“ können, heißen Schreib-Lese-Speicher oder RAM (engl. ***r**andom **a**ccess **m**emory*): Speicher mit wahlfreiem Zugriff; dies bedeutet, dass man auf jeden Teil des Speichers sofort zugreifen kann – im Gegensatz zu dem Suchen auf einem Magnetband).

2 Informationen werden verarbeitet: logische Schaltungen

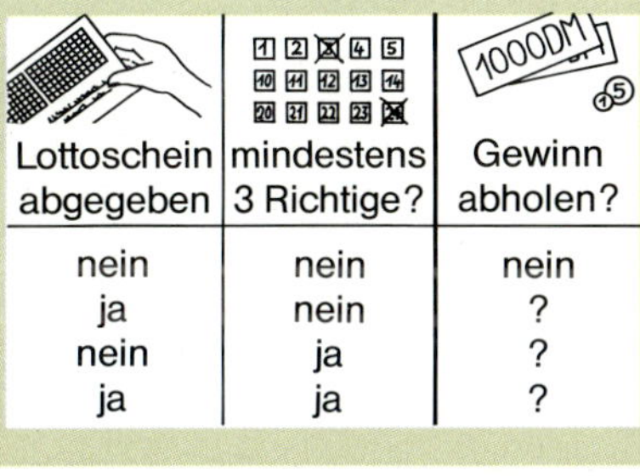

Lottoschein abgegeben	mindestens 3 Richtige?	Gewinn abholen?
nein	nein	nein
ja	nein	?
nein	ja	?
ja	ja	?

10

Glatteis?	Nässe?	Gefahr?
nein	nein	?
ja	?	?
nein	?	?
ja	?	?

11

Rechnung bezahlt?	Mahnung schicken?
nein	?
ja	?

12

Bei den Bildern 10–12 sind *logische Entscheidungen* zu treffen. Die möglichen Entscheidungen lauten *ja* oder *nein* – je nachdem, ob die entsprechenden Bedingungen *erfüllt* oder *nicht erfüllt* sind.

Wie z. B. die Entscheidung über den Lottogewinn ausfällt, hängt davon ab, ob die beiden Aussagen „Lottoschein abgegeben“ und „mindestens drei Richtige angekreuzt“ *wahr* oder *falsch* sind.

Für jede Aussage gibt es nur zwei Möglichkeiten: Die Aussage ist entweder wahr oder falsch. Deshalb spricht man von *dualer* oder *binärer* Logik (lat. *duo, bini*: zwei).

Statt *wahr* bzw. *ja* verwenden die Mathematiker auch die Zahl *1*, statt *falsch* bzw. *nein* die Zahl *0*.

Auch Maschinen können logische Entscheidungen fällen. Den Bedingungen werden dabei die Eingänge A, B, ... zugeordnet; für das Ergebnis steht der Ausgang Z zur Verfügung. Für den Techniker ist *wahr* (oder *1*) gleichbedeutend mit *Spannung vorhanden* oder *high*; *keine Spannung* oder *low* steht für *falsch* (oder *0*).

Aussage	Eingang oder Ausgang der Schaltung
wahr *1*	Spannung vorhanden *high* (*H*)
falsch *0*	keine Spannung vorhanden *low* (*L*)

Aufgaben

1 Übertrage die Tabellen für die Entscheidungen über *Lottogewinn, Schleudergefahr* und *Mahnen* (→ Vorseite) in den Heft und ergänze sie.

2 In den ersten beiden Beispielen sind zwei Bedingungen miteinander verknüpft.

a) Man spricht hier von einer UND- bzw. ODER-Verknüpfung. Erkläre die beiden Namen.

b) In unserer Sprache wird *oder* in zwei Bedeutungen verwendet: einmal als *entweder-oder* (z. B. „alles oder nichts") und einmal als *und-oder* („Wer Banknoten fälscht oder in Umlauf bringt, wird bestraft").

Welches *oder* entspricht nun der ODER-Verknüpfung?

c) Im dritten Beispiel (Mahnen) gibt es nur *eine* Bedingung. Man spricht dabei von einer Negation (oder NICHT-Verknüpfung). Warum?

3 Überlege dir, wie du die logischen Verknüpfungen mit einfachen elektrischen Bauteilen technisch verwirklichen kannst. Bild 1 zeigt dir dazu ein Beispiel.

Logische Verknüpfungen

UND			ODER			NICHT	
Beispiel: Lottogewinn			Beispiel: Gefahr			Beispiel: Mahnung	
Eingang A	Eingang B	Ausgang Z	Eingang A	Eingang B	Ausgang Z	Eingang A	Ausgang Z
0	0	?	0	?	?	0	?
1	0	?	1	?	?	1	?
0	1	?	0	?	?	–	–
1	1	?	1	?	?	–	–

Technische Verwirklichung mit einfachen Bauteilen

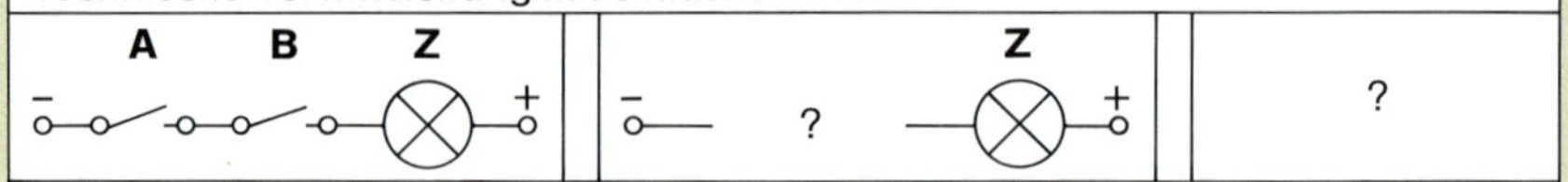

Schaltzeichen nach DIN mit deutscher und internationaler Benennung

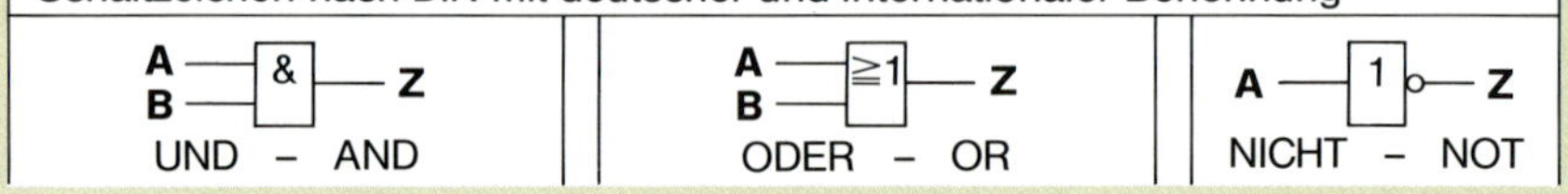

1

4 In der Schaltung von Bild 2 werden als Eingänge doppelt wirkende Taster mit jeweils zwei beweglichen Kontakten benutzt. Der eine Kontakt wirkt dabei als Öffner, der andere als Schließer.

Stelle die zugehörige *Wahrheitstafel* auf (Taster betätigt: *1*, Taster nicht betätigt: *0*). Formuliere den logischen Zusammenhang.

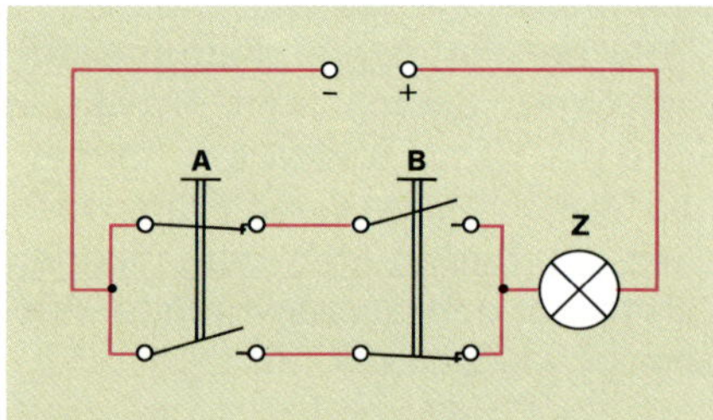

2 Beide Taster sind in Ruhestellung gezeichnet.

Die „74er Familie" – Wie arbeitet man mit einem IC?

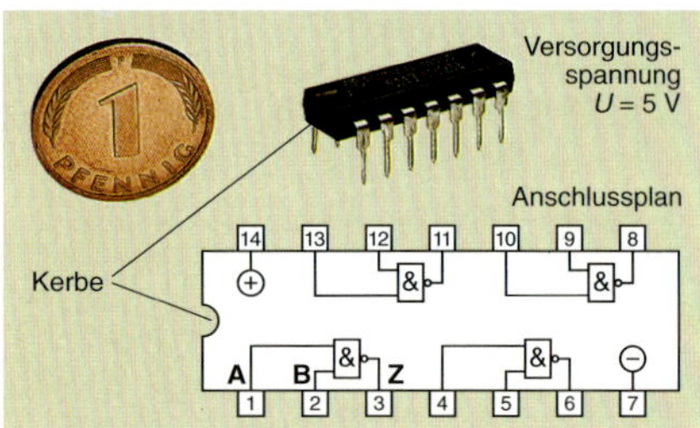

7

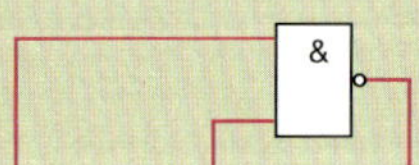

Eingang A	Eingang B	Ausgang Z
0	0	1
0	1	1
1	0	1
1	1	0
Spannungsbereiche		
Wert *0* ≙ 0 . . . 0,8 V Wert *1* ≙ 2 . . . 5,0 V		0 . . . 0,4 V 2,4 . . . 5,0 V

8

IC ist die Abkürzung für *integrated circuit*, also für **integrierter Schaltkreis**.

Die Firma *Texas Instruments* brachte 1959 eine „Familie" von ICs mit allen logischen Grundschaltungen heraus. Die „Familie" enthält auch ICs, die speichern, zählen, addieren ... können. Alle Mitglieder dieser „Familie" tragen eine Kennziffer, die mit 74 beginnt.

Die elektronischen Schaltungen stecken in kleinen schwarzen Kunststoffgehäusen mit vielen Anschlussbeinchen. Damit man die Beinchen nicht verwechselt, hat jedes Gehäuse an der Oberseite eine Einkerbung (Bild 7).

Der IC-Typ 7400 enthält vier getrennte logische Schaltungen oder – wie der Fachmann sagt – vier **Gatter**. Es handelt sich dabei um NAND-Schaltungen. Die Wahrheitstafel für die NAND-Verknüpfung (NICHT-UND) zeigt Bild 8.

Die integrierten Schaltungen werden mit all ihren Bauteilen einschließlich der Verbindungsleitungen auf einem kleinen Scheibchen eines Siliciumkristalls hergestellt. Ein solcher **Chip** für den Typ 7400 enthält 16 Widerstände, 12 Dioden und 20 Transistoren. Und das Ganze kostet heute weniger als die Batterie für eine Taschenlampe!

Mit solchen ICs begann das Zeitalter der kleinen und preiswerten Computer.

Die ICs der „74er-Familie" werden dir bei den Versuchen kaum Probleme bereiten. Sie sind äußerst robust und wenig störanfällig. Ihre geringe Leistungsaufnahme schont deine Batterien.

Auch die Schnelligkeit der 74er ist erstaunlich. Selbst bei 20 Millionen Umschaltungen in einer Sekunde entstehen durch diese ICs keine Fehler.

Folgende **Gemeinsamkeiten der 74er-Familie** solltest du bei den angeregten Versuchen beachten:

1. Die ICs benötigen eigentlich eine Versorgungsspannung von 5 V (± 0,25 V).

2948R

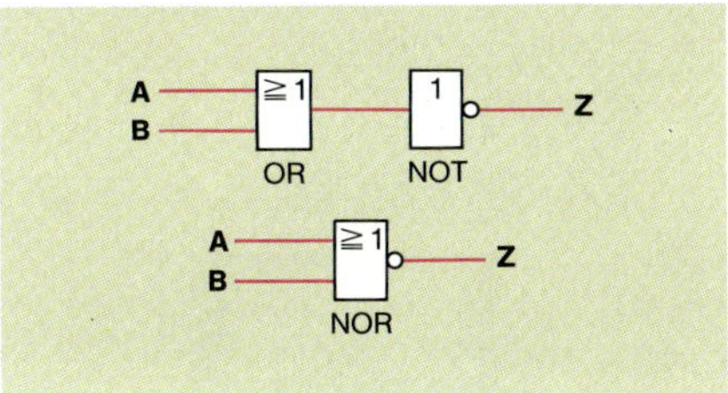

3

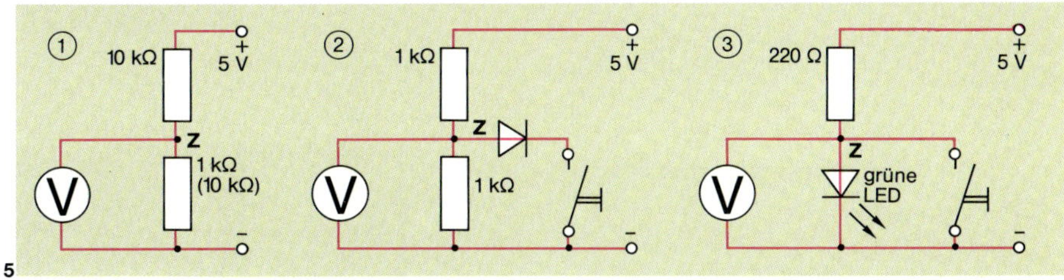

5

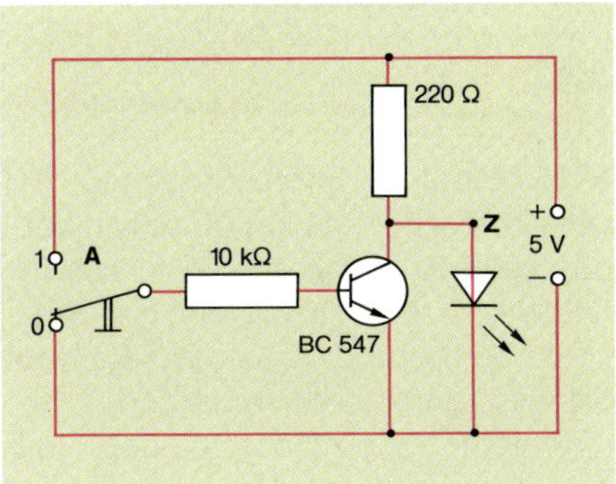

4

5 „Ich suche einen Gebrauchtwagen. Das Auto kommt für mich nur in Frage (Z), wenn es sich um ein Dieselfahrzeug (A) handelt, das blau (B), gelb (C) oder grün (D) lackiert ist und keine Automatik hat (E)."

Zeichne dazu eine entsprechende Schaltung mit Schaltern als Eingängen (A, B, C, D, E) und einer Lampe als Ausgang (Z).

6 Bild 3 zeigt die Kombination einer ODER- und einer NICHT-Schaltung. Ein solches NICHT-ODER wird als NOR bezeichnet (engl. *not or*).

Schreibe die dazugehörige Wahrheitstafel auf.

7 Es gibt auch eine NAND-Verknüpfung. Welche logischen Verknüpfungen sind dabei kombiniert?

Stelle die Wahrheitstafel für das NAND auf. Welches Symbol hat eine entsprechende Schaltung?

8 Logische Schaltungen lassen sich auch mit Transistoren aufbauen (Bild 4). Welche logische Verknüpfung ist hier technisch verwirklicht?

9 Viele Logik-Schaltungen werden mit 5 V Spannung betrieben. An den Ausgängen der Schaltungen gelten

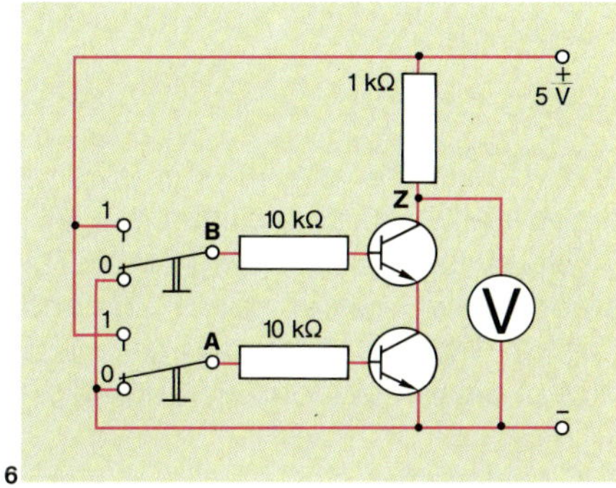

6

Spannungen über 2 V als *high*, Spannungen unter 0,8 V als *low*.

a) Baue im **Versuch** die Schaltungen von Bild 5 auf und miss die Spannungen zwischen Z und dem Minuspol der Spannungsquelle. Wann sind die Werte *high* bzw. *low*? Erkläre!

b) Welche logische Verknüpfung stellt die Schaltung von Bild 6 dar?

Eine Flachbatterie reicht aber als Spannungsquelle für unsere Versuche aus.

2. Logisch *wahr* (*1*) bedeutet immer: Spannung vorhanden, *high* ($U > 2$ V). Dagegen bedeutet logisch *falsch* (*0*): keine Spannung vorhanden, *low* ($U < 0{,}8$ V).

Spannungen zwischen 0,8 V und 2 V sind an Ein- und Ausgängen verboten.

3. Ein *nicht* angeschlossener, freier Eingang wird vom IC als *high* verarbeitet! (Eigentlich würde man das Gegenteil erwarten.) Deshalb sind an den Eingängen Taster empfehlenswert, die als *Umschalter* wirken. In Ruhestellung verbinden sie den Eingang mit dem Minuspol, sodass die Spannung am Eingang *low* ist (→ Bild 1 der folgenden Doppelseite).

4. Ausgänge dürfen mit Eingängen durch Leitungen verbunden werden; auch mehrere Eingänge darf man untereinander verbinden.

Verboten ist aber die Verbindung mehrerer Ausgänge!

Fragen und Aufgaben zum Text

1 Erkläre den Begriff *IC*.

2 Welcher Zusammenhang besteht zwischen logischen Gattern und Computern? Weshalb hatten die Computer vor 1959 ein großes Volumen und sehr hohe Preise?

3 Welche Beinchen des ICs von Bild 7 darf man nicht miteinander verbinden?

4 Warum sollen an den Eingängen der Gatter keine Spannungen zwischen 0,8 V und 2 V liegen?

5 Die Bilder 9 und 10 zeigen zwei weitere Mitglieder der „74er-Familie".

a) Um welche Gatter handelt es sich?

b) Wenn man den Zustand am Ausgang eines Gatters mit einer Glühlampe anzeigen will, muss ein Transistor dazwischengeschaltet werden. Welche Aufgabe hat hier der Transistor?

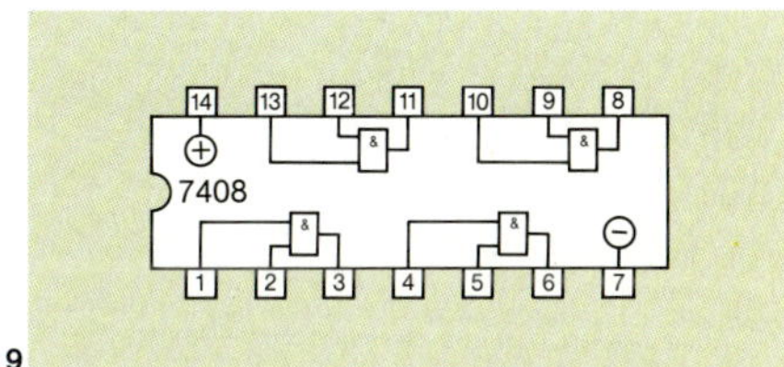

9

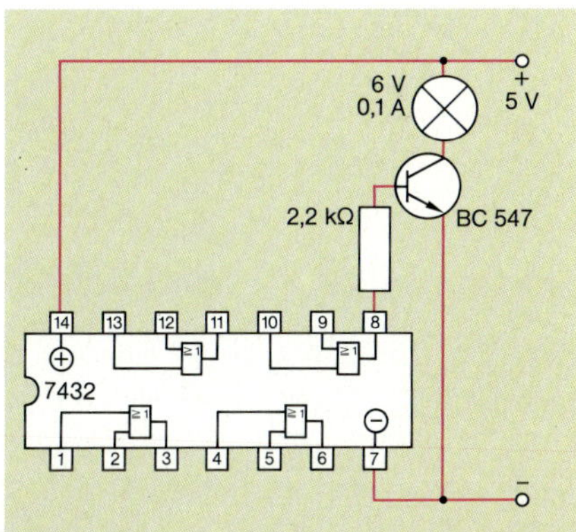

10

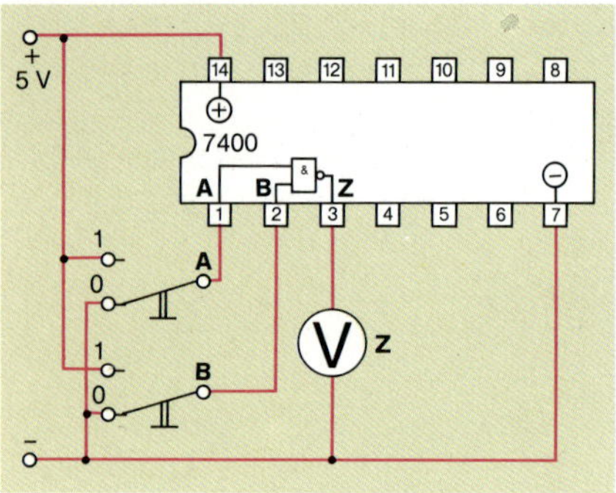

1

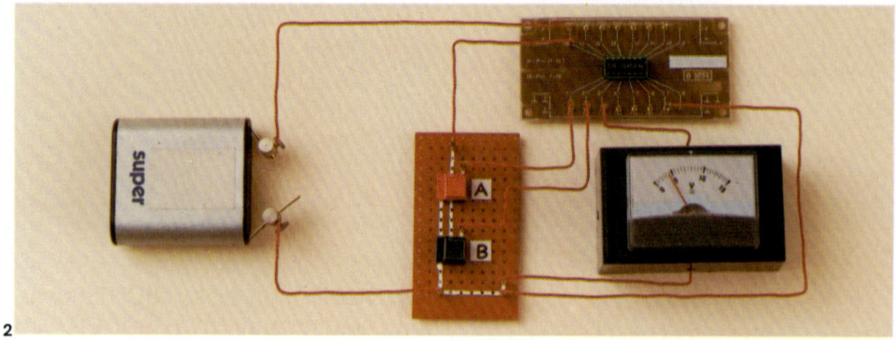

2

V 5 Überprüfe die Wirkungsweise eines NAND-Gatters (Bilder 1 u. 2).

Wann ist der Ausgang im *0*-Zustand *(low)*, wann im *1*-Zustand *(high)*? Welche Spannungen misst du bei diesen beiden Zuständen?

V 6 Verbinde beide Eingänge eines NAND-Gatters miteinander (Bild 3). Die Nummern der Beinchen helfen beim Aufbau. Vergiss nicht die Versorgungsspannung für den IC-Baustein.

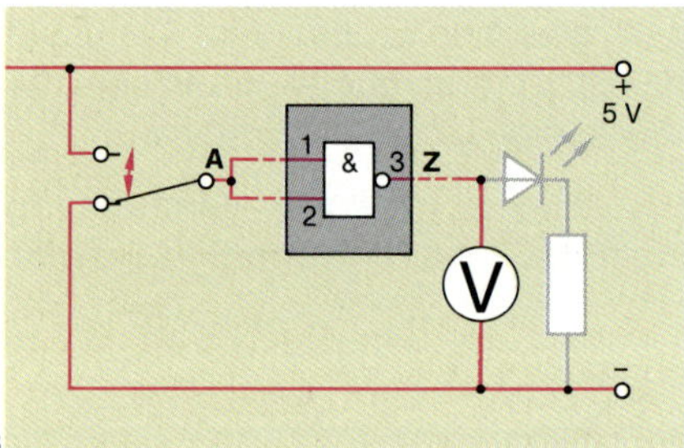

3

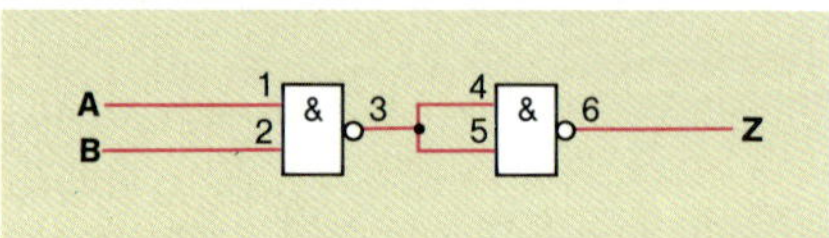

4

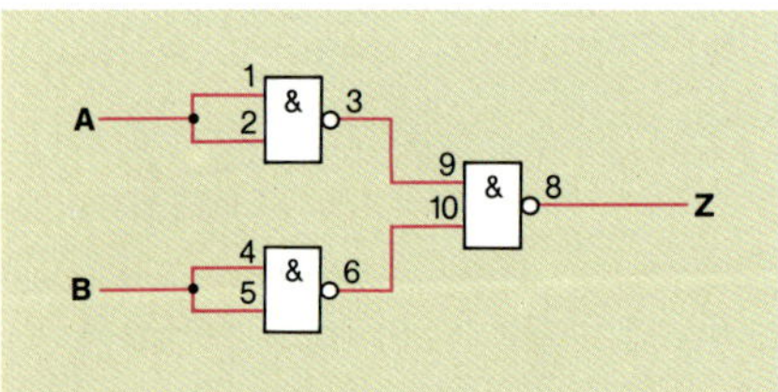

5

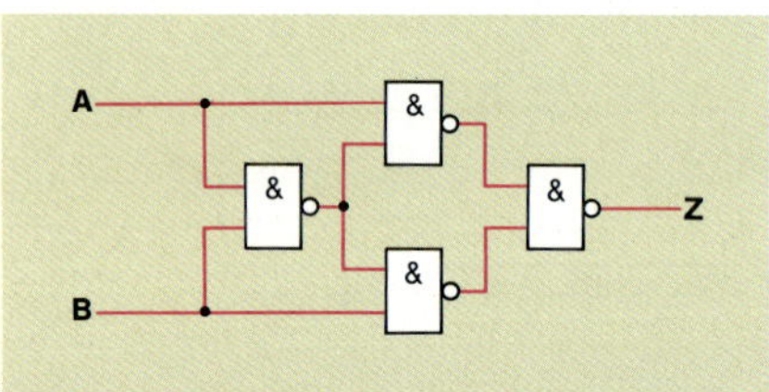

6

Wann ist die Spannung am Ausgang Z *high* bzw. *low*? Sieh dir zunächst die Wahrheitstabelle der NAND-Verknüpfung an. Versuche dann das Ergebnis vorherzusagen.

Um den Zustand des Ausgangs anzuzeigen, kannst du statt des Spannungsmessers auch eine Leuchtdiode verwenden.

V 7 Bild 4 zeigt eine Kombination von zwei NAND-Gattern. Verbinde den Ausgang des ersten NAND-Gatters mit den beiden Eingängen des zweiten NAND-Gatters.

Welche Verknüpfung wird durch diese Schaltung erreicht? Überlege zunächst und überprüfe dann deine Vermutung.

V 8 Hier siehst du eine Kombination aus drei NAND-Gattern (Bild 5).

a) Versuche für die verschiedenen Eingangszustände das Ergebnis am Ausgang vorherzusagen.

b) Auch das vierte freie NAND-Gatter kann noch benutzt werden. Der Ausgang Z wird mit den beiden Eingängen dieses NAND-Gatters verbunden. Welche Verknüpfung ist damit dargestellt?

V 9 Schaffst du es, mit vier NAND-Gattern die Schaltung von Bild 6 aufzubauen?

Diese Schaltung stellt eine ENTWEDER-ODER-Verknüpfung dar. Sie wird oft auch EXKLUSIV-ODER (EXOR) genannt. Stelle die Wahrheitstabelle für diese Verknüpfung auf und erkläre die Namen. Vergleiche mit der ODER-Verknüpfung.

V 10 Einen Flipflop-Speicher mit zwei Transistoren hast du schon kennen gelernt. Auch aus zwei NAND-Gattern lässt sich ein solcher Speicher aufbauen. Das *Prinzip* der Schaltung siehst du in Bild 7.

Welche Gemeinsamkeiten mit dem Transistor-Flipflop erkennst du?

Bild 8 zeigt den Verdrahtungsplan. Prüfe, mit welchem der beiden Taster sich die Schaltung so kippen lässt, dass die Leuchtdiode Y aufleuchtet.

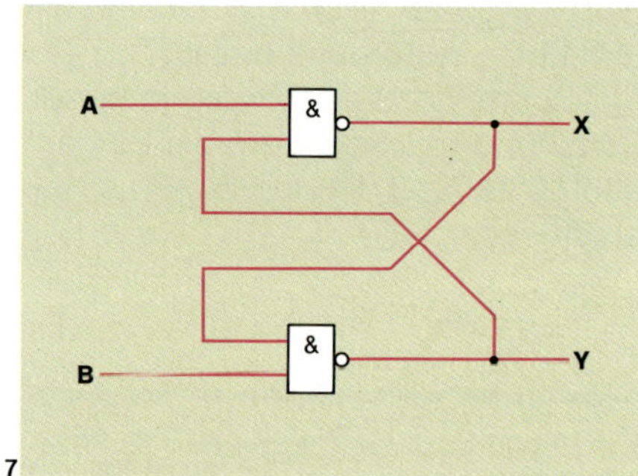

7

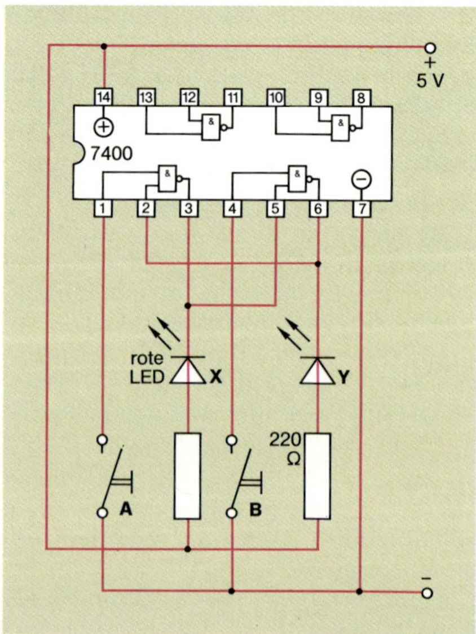

8

2950R

9 10

3 Zählen und Addieren

1, 2, 3, 4, ..., so schreiben wir Zahlen im *Dezimalsystem.*

1, 10, 11, 100, ..., so zählen die Computer. Sie kennen ja nur zwei Ziffern: die 0 und die 1. Entsprechend viele Stellen haben die Zahlen im **Dualsystem**.

Das Dualsystem ist – wie das Dezimalsystem – ein Stellenwertsystem; es hat nur zwei Ziffern (0 und 1). Alle Zahlen werden als Summe von Potenzen zur Grundzahl 2 dargestellt.

So hat z. B. die Zahl 19 im Dualsystem die Darstellung 10011.

Was uns verwirrend erscheint, macht dem Computer das Rechnen einfach; er braucht ja bei der Addition nicht viel mehr zu beherrschen, als vier „Aufgaben".

Darum würde ihn wohl so mancher Erstklässler beneiden ...

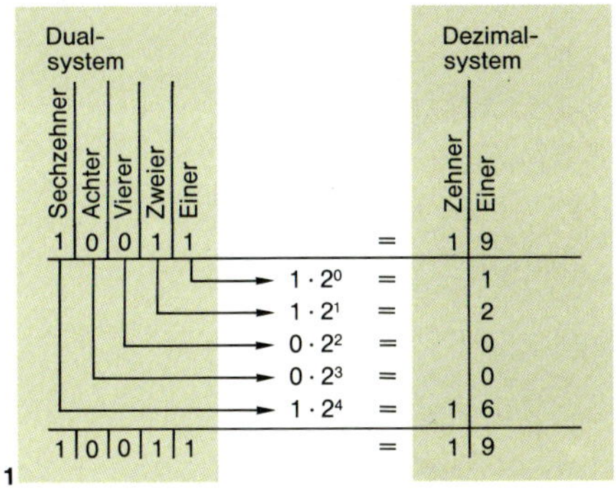

11

Aufgaben

1 Elektronische Schaltungen können zählen, wie oft die Spannung an ihrem Eingang von *low* auf *high* ansteigt (oder von *high* auf *low* abfällt).

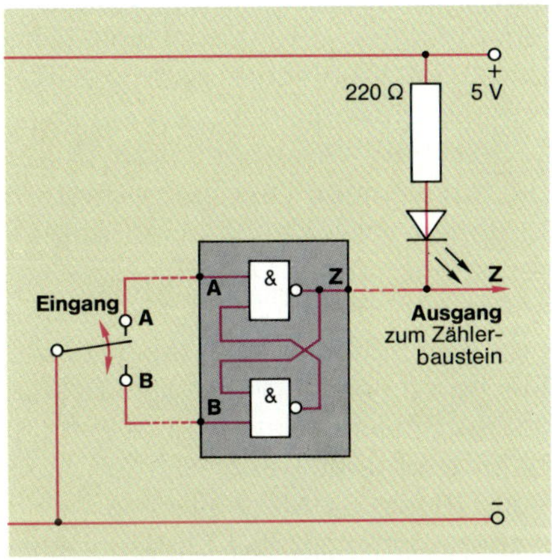

Der dunkle Teil der Schaltung zeigt einen Flipflop-Speicher. Du kannst ihn mit einem IC 700 aufbauen. Vergiss nicht die Versorgungsspannung anzulegen.

12

Um die Spannung ein- und auszuschalten, darf man aber keinen einfachen Taster benutzen. Alle mechanischen Taster haben nämlich die Eigenschaft, dass sie stets etwas nachfedern *(prellen)* und somit den Zählkontakt mehrmals schließen.

Man muss daher Eingabetaster für elektronische Zähler *entprellen*.

Eine Möglichkeit zur Entprellung zeigt die Schaltung von Bild 12. Es handelt sich dabei um ein Flipflop, das immer dann „kippt", wenn an einem seiner Eingänge die Spannung erstmals auf *low* abfällt. (Erinnere dich: Freie Eingänge von 74er-ICs werden als *high* verarbeitet!)

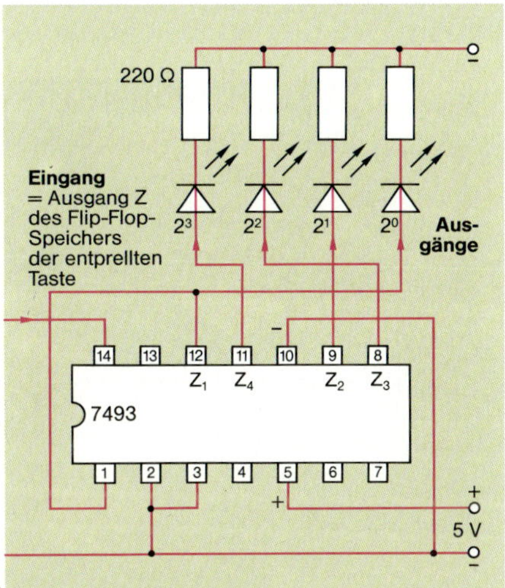

13

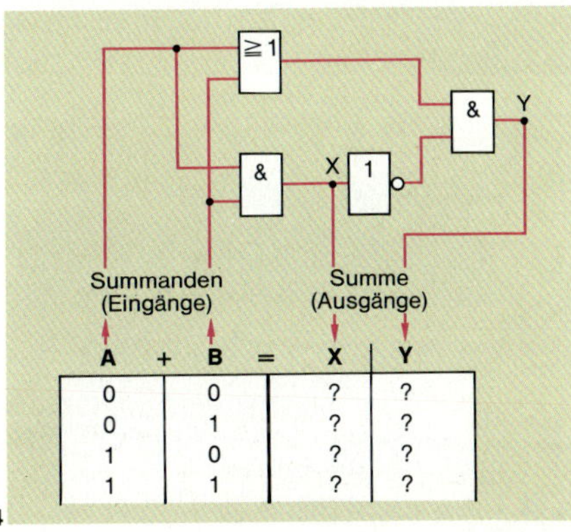

A	+ B	= X	Y
0	0	?	?
0	1	?	?
1	0	?	?
1	1	?	?

14

Überprüfe in einem **Versuch**, wann die Leuchtdiode leuchtet.

2 In der „74er-Familie" gibt es spezielle Bausteine zum Zählen. Zum Beispiel ist der IC 7493 ein 4-Bit-Zähler. Er zählt, wie oft die Spannung an seinem Eingang *high* war. Ein 4-Bit-Zähler kann aber höchstens bis zur Dualzahl 1111 zählen, also bis 15.

Der Zähler hat vier Ausgänge, deren Zustand von Leuchtdioden angezeigt wird. Wenn sie richtig angeordnet sind, kann man die Dualzahl direkt ablesen (LED leuchtet: *1*; LED leuchtet nicht: *0*).

Wer ist Hobby-Elektroniker und schafft es, die Schaltung von Bild 13 aufzubauen? (Der Eingabetaster muss entprellt sein!)

Bei jedem wievielten Tastendruck gehen die einzelnen Leuchtdioden an und aus?

3 Mit einer Kombination aus vier Logik-Gattern kann man einstellige Dualzahlen addieren (Bild 14). Für die Summanden stehen die Eingänge A und B zur Verfügung, die Summe wird an den Ausgängen X und Y ausgegeben. Verfolge bei den verschiedenen Eingangszuständen, ob an den Ausgängen der einzelnen Gatter die Spannung *high* oder *low* ist.

Vervollständige die Tabelle.

4 Eine kleine Geschichte der Computertechnik

Aus Umwelt und Technik: **Computer – gestern, heute, morgen**

1

2

Den ersten Computer der Welt (Z 1) konstruierte 1938 der deutsche Ingenieur *Konrad Zuse* (1910–1995) aus Altmaterial der Post. Dabei wurden die logischen Schaltungen aus Relais aufgebaut. Das Programm zum Rechnen war auf einem Kleinbildfilmstreifen gelocht.

Das Nachfolgemodell Z 3 mit 2000 Relais wurde ebenfalls von Zuse konstruiert. Diese Maschine multiplizierte – mit lautem Geklapper – zwei siebenstellige Zahlen in vier Sekunden. Eine Nachbildung des Z 3 kann im Deutschen Museum in München besichtigt werden (Bild 1).

Im Jahr 1944 wurde ein ähnlicher Relais-Rechner in den USA in Betrieb genommen. Er hieß MARK I, hatte 2600 Relais, wog 35 t und war 16 m lang und 2,5 m hoch.

Nur ein Jahr später (1945) gab es in Amerika den Großrechner ENIAC, der 2000-mal so schnell wie die Relais-Rechner arbeitete. Er rechnete beinahe geräuschlos, denn seine Flipflop-Speicher waren aus Röhren aufgebaut, die du vielleicht aus alten Radios kennst.

In diesen Röhren gaben Glühdrähte ständig Wärme ab. Die 18 000 Röhren des ENIAC erzeugten so viel Wärme wie 170 moderne Bügeleisen zusammen. Der Rechner besaß deshalb eigene „Schornsteine" (Bild 2). Zwei 10-stellige Zahlen multiplizierte das Gerät in 0,003 s. ENIAC wurde wie MARK I militärisch genutzt; mit ihm berechnete man Flugbahnen von Geschossen und Bomben.

Kleiner und Energie sparender wurden Computer erst durch die 1948 erfundenen Transistoren.

Bild 3 zeigt den ersten Transistoren-Computer (den TRADIC) mit 11 000 Dioden und 800 Transistoren. Er wurde 1955 in den USA gebaut. Seine vielen Transistor-Flipflops benötigten nicht mehr Energie als eine 100-W-Glühlampe – ein gewaltiger Fortschritt gegenüber dem ENIAC mit einer Leistung von 174 000 W.

Schon 1957 fertigte die Firma Siemens Großrechner in Serie, die keine einzige Röhre mehr enthielten. Doch die Transistoren wurden noch einzeln verlötet!

Das änderte sich 1962, als man auf kleinen Keramikscheiben Baugruppen (Module) zusammenfasste. Dadurch verzehnfachte sich die Rechengeschwindigkeit noch einmal.

Seit 1968 verwendet man Chips, die auf wenigen Quadratmillimetern Millionen von Schaltkreisen enthalten können (Bilder 4 u. 5).

Die integrierten Schaltkreise sind heute so dicht gepackt, dass auf der Fläche eines Daumennagels 64 Millionen Speicherplätze (jeweils für 0 oder 1) untergebracht werden können. Diese 64-Megabit-Chips sind sicher noch nicht das Ende der Entwicklung. Derzeit arbeitet man weltweit schon am 256-Megabit-Chip.

Die npn-Transistoren, die du kennen gelernt hast, können aber für Schaltungen auf modernen Chips nicht eingesetzt werden: Auch wenn die Steuer- und Arbeitsströme sehr klein wären, würden die Millionen von npn-Transistoren zu viel Wärme erzeugen. In dem winzigen Chip käme es zu einer so starken Überhitzung, dass er zerstört würde. Die Schaltungen in modernen Computern werden daher mit *Feldeffekttransistoren* ausgeführt, die statt Steuer*strom* nur eine Steuer*spannung* brauchen.

3

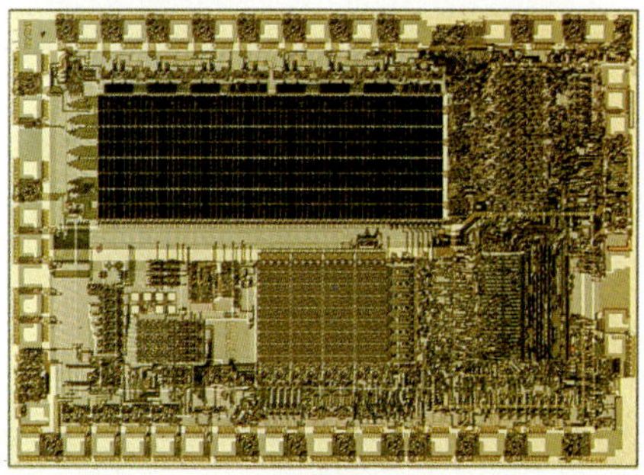

4

5

Damit ein npn-Transistor durchsteuert, muss ein kleiner Steuerstrom fließen. Im Steuerstromkreis wird dabei elektrische Energie in Wärmeenergie umgewandelt (mit der Leistung $P = U \cdot I$).

Die Techniker suchten nun nach einer Möglichkeit den Steuerstrom einzusparen, also leistungslos zu steuern. Sie ersannen einen Transistortyp, der lediglich eine Steuer*spannung* benötigt, aber keinen Steuer*strom*.

Wenn man an einen solchen Transistor die **Steuerspannung** U_{GS} anlegt, entsteht in seinem Innern ein elektrisches Feld. (Dort wirken Kräfte auf elektrische Ladungen; z. B. werden negative Ladungen von der positiven Elektrode angezogen.) Allein dieses Feld bewirkt schon das Durchsteuern des Transistors. Man bezeichnet solch einen Transistor deshalb als **Feldeffekttransistor** oder als **FET**. Seine Anschlüsse heißen *Source, Drain* und *Gate* (engl. *source*: Quelle; *drain*: Abfluss; *gate*: Tor).

Was geschieht im Innern eines FET?

Beim Feldeffekttransistor BSS 97 (Bild 6) handelt es sich um einen **MOS-FET**. Die Abkürzung MOS verrät etwas über den Aufbau des Transistors; sie steht für **M**etall-**O**xid-**S**ilicium (Bild 7).

Das Grundmaterial ist hier p-leitendes Silicium, in das zwei n-leitende Bereiche (Source und Drain) hineinragen. Das Gate ist ein Aluminiumbelag, der durch eine Schicht aus Siliciumoxid gegenüber dem Halbleiter isoliert ist. Zwischen dem Gate und der Rückseite des Transistors liegt die Steuerspannung, sodass im Kristall ein elektrisches Feld besteht.

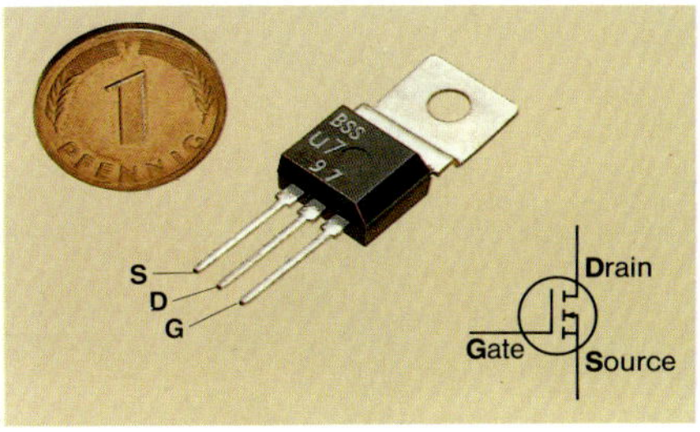

6

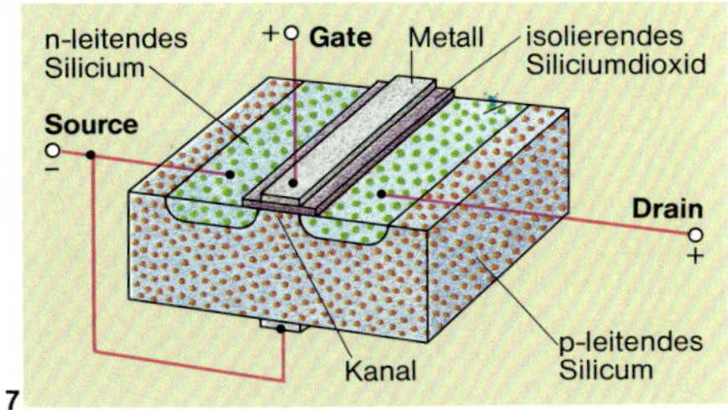

7

Angetrieben durch dieses Feld „hüpfen" Bindungselektronen in die Löcher in der Nähe des Gates, während tiefer im p-Silicium neue Löcher entstehen. In der Umgebung des Gates sind dann keine Löcher mehr vorhanden; eigentlich dürfte jetzt der Transistor nicht leiten.

Im p-Silicium sind aber stets auch einige **freie Elektronen** vorhanden; sie werden durch die Temperaturbewegung der Siliciumatome aus ihren Bindungen „freigeschüttelt". Normalerweise spielen sie keine Rolle, da ihre Anzahl erheblich kleiner ist als die der Löcher.

Bei einem FET ist das jedoch anders: Die freien Elektronen bewegen sich nämlich unter dem Einfluss des Feldes zum Gate und sammeln sich dort dicht unter der Isolierschicht an (Bild 8).

Zwischen Source und Drain entsteht somit ein schmaler **Kanal**, der mit freien Elektronen angereichert ist. Dieser Kanal ist also n-leitend.

Wenn zwischen dem Source- und dem Drain-Bereich eine Spannung herrscht, fließen Elektronen durch den Kanal. Wie groß dieser Strom ist, hängt von der Breite des Kanals ab – und die wird durch die Steuerspannung bestimmt.

Fragen und Aufgaben zum Text

1 Nenne Unterschiede zwischen npn-Transistor und Feldeffekttransistor.
Was bedeutet MOS-FET?

2 Probiere in einem **Versuch** aus, wie ein MOS-FET in der Schaltung nach Bild 9 wirkt. Erkläre deine Beobachtung.
Verbinde das Gate auch mit dem Plus- bzw. Minuspol der Spannungsquelle.

3 Bei Computerherstellern müssen bei bestimmten Arbeiten Personen durch Metallbänder geerdet werden. Gib dafür eine physikalische Begründung.

4 Dieser **Versuch** (Bild 10) zeigt einige Vorteile, die Feldeffekttransistoren gegenüber npn-Transistoren haben.
a) Bei welcher Spannung U_{GS} leuchtet die Lampe? Wie groß ist der Gate-Strom? Welche elektrische Leistung gibt die Steuer-Spannungsquelle ab?
b) Welchen Einfluss hat es auf das Versuchsergebnis, wenn der Widerstand R 1 kΩ, 10 kΩ, 100 kΩ oder 1 MΩ beträgt?

5 Überlege dir eine Flipflopschaltung mit zwei Feldeffekttransistoren. Überprüfe deine Planung im **Versuch**.

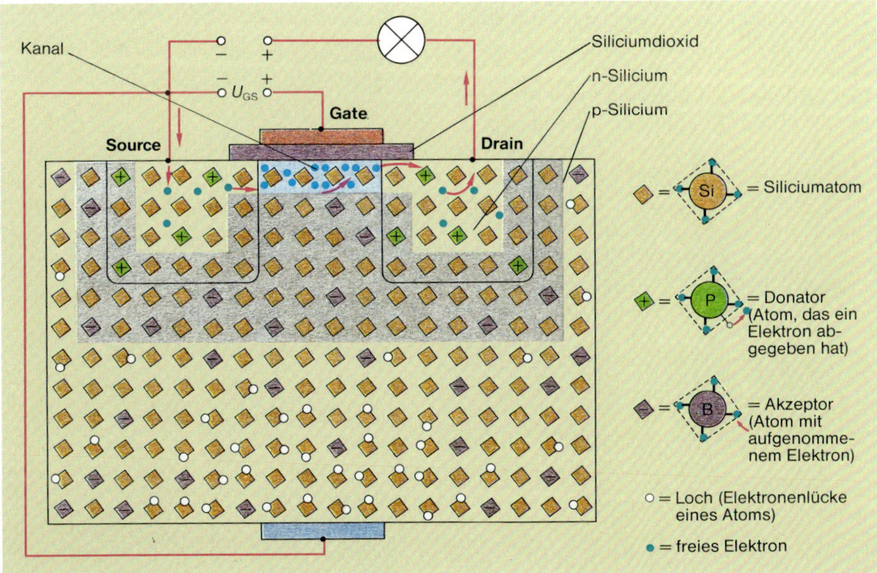

8

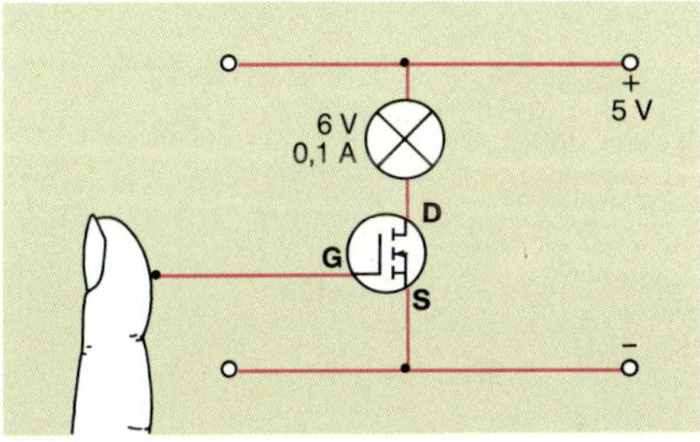

9

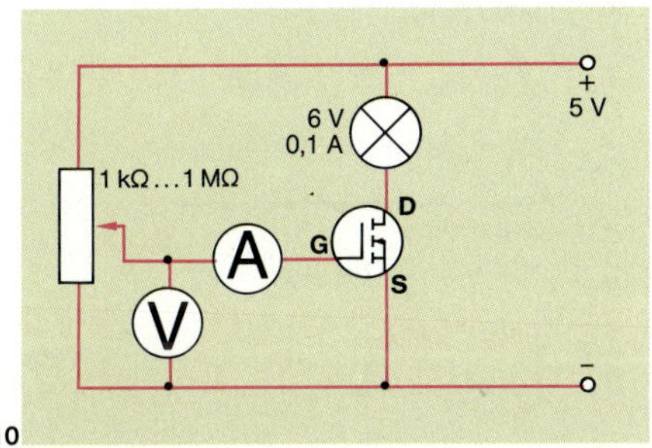

10

Alles klar?

1 Bild 1 zeigt einige technische Speicher. Wo werden sie benutzt?

In welcher Form sind auf ihnen die Informationen gespeichert?

2 Ein UND-Gatter (ODER-Gatter bzw. NICHT-Gatter) zeigt am Ausgang den Wert *high* (*1, ja*), wenn …

3 „Wir wollen in Griechenland oder Spanien Urlaub machen." Welche logische Verknüpfung liegt hier vor?

4 Welche logische Verknüpfung wird durch die in Bild 2 gezeichnete Schaltung dargestellt?

5 Zu welcher logischen Verknüpfung gehört die hier abgebildete Wahrheitstabelle?

Welches Schaltzeichen hat diese Verknüpfung?

A	B	Z
0	0	1
0	1	0
1	0	0
1	1	0

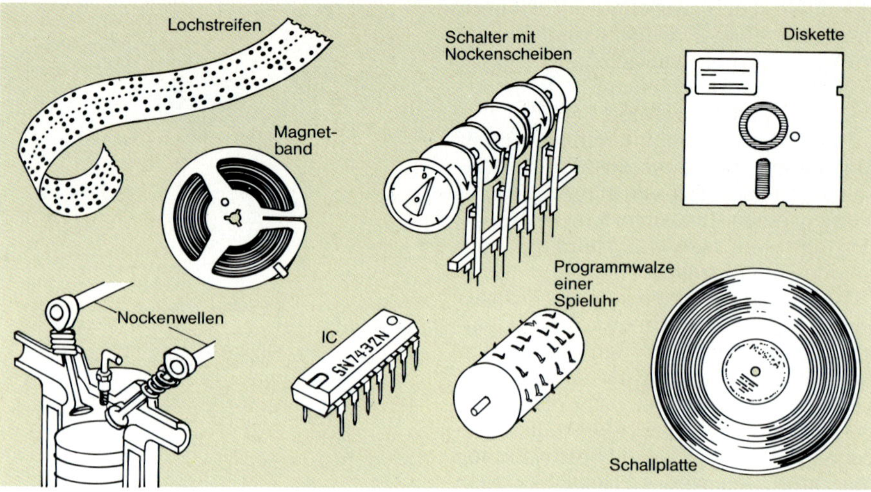

1

6 Im oberen Teil von Bild 3 siehst du die Spannungen an den Eingängen A und B einer logischen Schaltung in Abhängigkeit von der Zeit. Der untere Teil des Bildes zeigt die Spannung am Ausgang Z.

a) Um welche logische Schaltung handelt es sich?

b) Übertrage die Spannungsverläufe an den Eingängen in dein Heft. Stelle dann darunter die Spannung am Ausgang eines NAND-Gatters (OR-, EXOR-Gatters) dar.

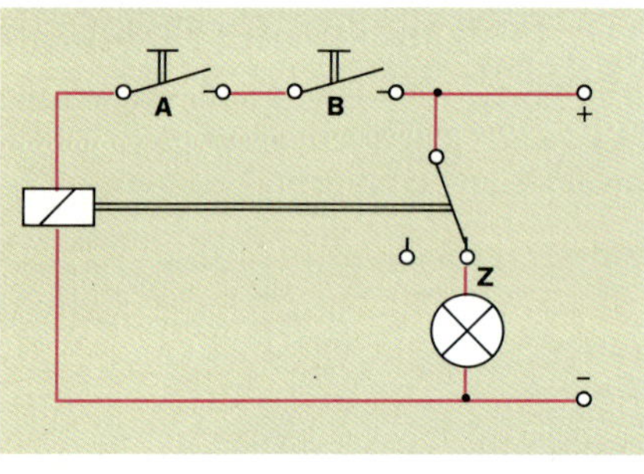

2

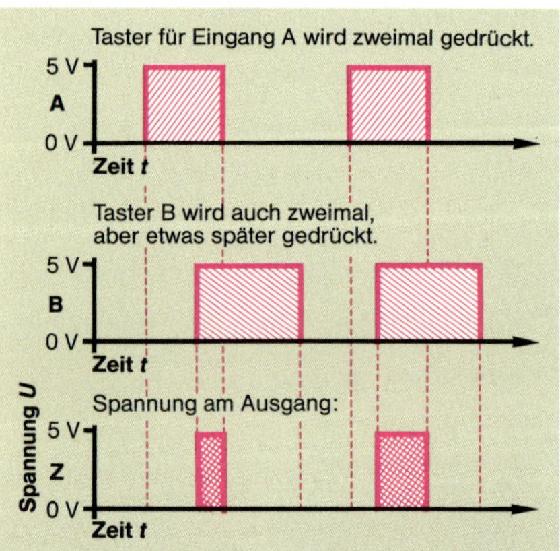

3

7 Was braucht man zum Autofahren (Bild 4)? Suche für diese Entscheidung eine Schaltung, die mit nur zwei Gattern auskommt.

8 Bild 5 zeigt noch eine weitere Schaltung aus zwei NAND-Gattern: Die Leuchtdioden blinken automatisch in einem bestimmten Takt. Man nennt solch eine Blinkschaltung auch *Taktgeber (astabile Kippschaltung, Multivibrator)*.

Geübte Bastler können diesen Taktgeber nachbauen und damit z. B. den Zählerbaustein 7493 ansteuern.

Wie kann man *ohne Veränderung der Widerstände* die Taktfrequenz erhöhen?

9 Ein Computer errechnet als Ergebnis einer Aufgabe diese Dualzahl: 110010101. Wie lautet sie im Dezimalsystem?

10 Gelegentlich passiert beim Arbeiten am Computer Folgendes: Man tippt z. B. den Befehl LIST ein, auf dem Monitor erscheint jedoch LLIST. Welche Ursachen hat dieser Fehler?

11 Eine Zeile aus einem Basic-Programm für einen Computer:

IF A = 12 AND B = 5 OR C = 0 THEN …

Was fällt dir auf?

12 Erst die Erfindung des Feldeffekttransistors im Jahr 1952 machte es möglich, dass Uhren und Taschenrechner mit der Energie einer winzigen Batterie jahrelang auskommen. Begründe!

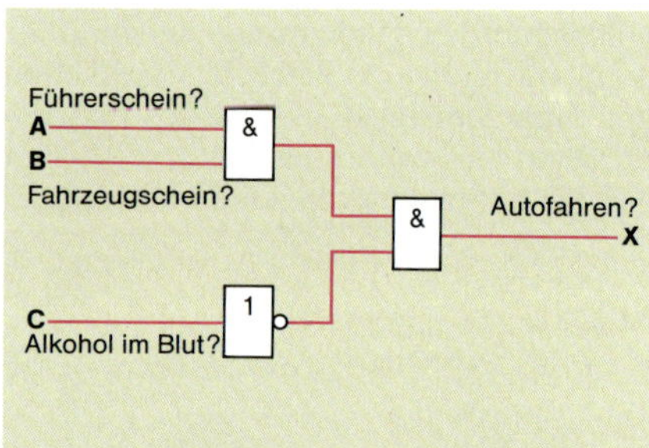

4

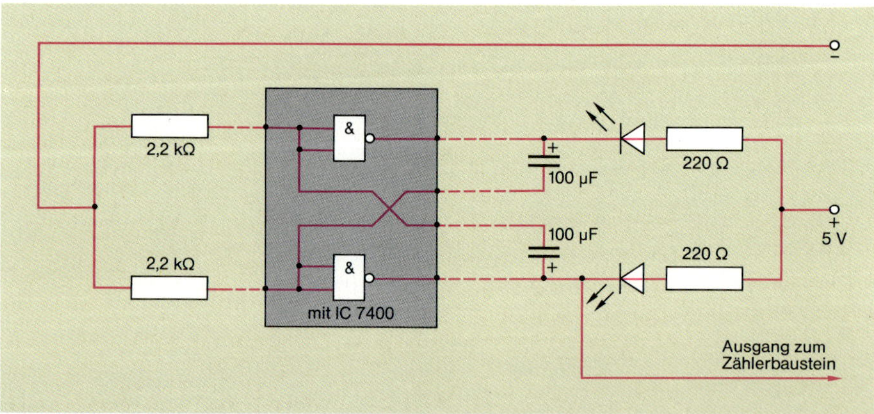

5

2954R

5 Zusammenfassung

Speicher

Unser Gehirn verarbeitet und speichert eine riesige Menge von Informationen. In jedem Augenblick liefern unsere Sinne neue Informationen, während alte oft wieder vergessen (gelöscht) werden.

Gegen das Vergessen helfen uns **technische Speicher**: *Bücher* mit Texten, *Filme* mit Bildern, *Schallplatten* mit Musik, *Lochkarten* für Programme, ... Die Informationen werden auf diese Speichermedien einmal „geschrieben" und dann nicht mehr verändert (feste Speicher).

Andere Speicher kann man auf Wunsch löschen und neu „beschreiben", so z. B. Ton- und Videokassetten sowie Computerdisketten.

Als *Speicher* bezeichnet man auch bestimmte elektrische und elektronische Schaltungen. Sie können z. B. behalten, ob eine Taste kurz gedrückt oder ein Kontakt vorübergehend geöffnet wurde. Typische Bauteile solcher Speicherschaltungen sind *Relais*, *Transistoren* und *ICs*.

Der Anker A des Relais bleibt *auf Dauer* angezogen, wenn man die Taste T *einmal* kurz drückt.

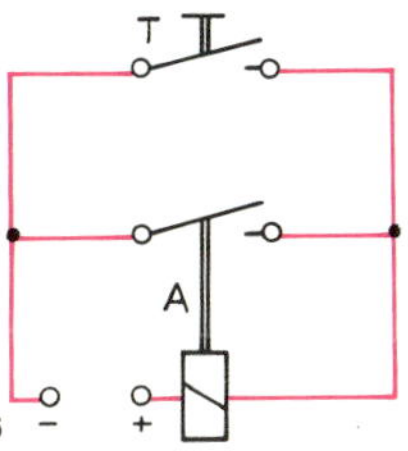

6

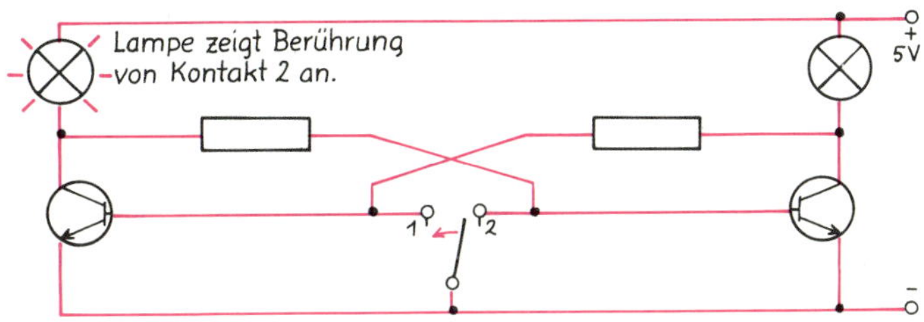

7

Die Flipflopschaltung speichert, welcher Kontakt zuletzt berührt wurde.

Logische Schaltungen

Bei logischen Entscheidungen ist zu prüfen, ob bestimmte Bedingungen erfüllt sind. Für diese Bedingungen gibt es stets nur zwei Möglichkeiten:

- ○ Bedingung erfüllt (*ja, 1,* die entsprechende Aussage ist *wahr*)
- ○ oder Bedingung *nicht erfüllt* (*nein, 0, falsch*).

Auch für die Entscheidung gibt es nur diese Möglichkeiten: *ja* oder *nein*.

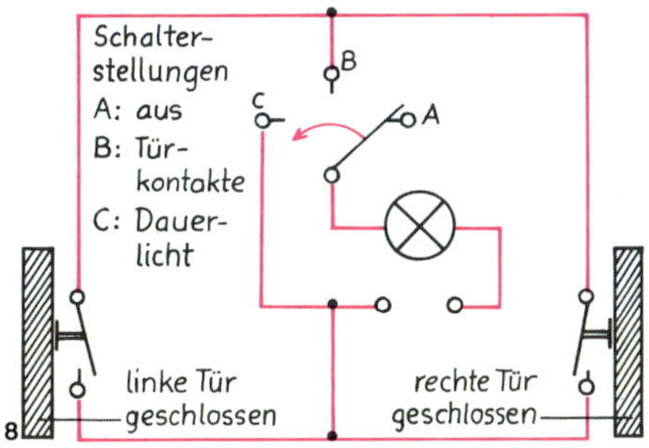

8

Logische Entscheidungen kann auch eine elektrische Schaltung treffen. Dazu ein Beispiel aus dem Alltag:

Wenn der Lichtschalter auf der Stellung „Dauerlicht" steht
oder
wenn der Lichtschalter auf „Türkontakt" steht *und* die linke oder rechte Fahrzeugtür geöffnet ist,
leuchtet die Innenlampe.

Es gibt drei grundlegende **Verknüpfungen** für Aussagen oder Bedingungen: UND, ODER und NICHT. Zu jeder Verknüpfung gehört eine *Wahrheitstafel*.

Die Verknüpfungen lassen sich durch unterschiedliche Schaltungen technisch verwirklichen.

Beispiel: ODER-Verknüpfung

Wenn jemand auf den Taster an der Wohnungstür (A) *oder* wenn jemand auf den Taster auf der Haustür drückt (B), ertönt die Klingel (Z).

Die Wahrheitstafel lässt sich auch als Tabelle mit Schaltzuständen deuten. Dann bedeuten: *1*: Taster gedrückt bzw. Klingel ein, *0*: Taster nicht gedrückt bzw. Klingel aus.

A	B	Z
0	0	0
1	0	1
0	1	1
1	1	1

Wahrheitstafel der ODER-Verknüpfung

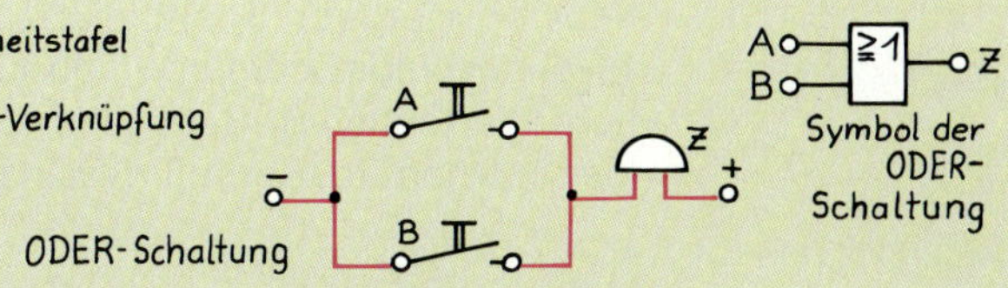

9

In Computern werden sämtliche Entscheidungen und Ergebnisse aus den Spannungszuständen logischer Schaltglieder gewonnen:

Computer unterscheiden nur *high* (*ja, 1*) und *low* (*nein, 0*).

Die Farben

1 Licht steckt voller Farben

Nur Sonnenlicht und klares Wasser – wo kommen da die Farben am Spiegelbild des Bleistifts her?

1

V 1 Führe den Versuch von Bild 1 durch. Richte den Spiegel so aus, dass du in ihm das Fenster siehst, wenn du flach aufs Wasser schaust.

V 2 In Bild 1 geht das Licht durch ein „Wasserprisma". Jetzt lassen wir das Licht der Sonne durch ein Glasprisma fallen (Bild 2).

Kippe das Prisma hin und her: Bei welcher Stellung leuchtet das farbige Band auf dem Schirm am stärksten?

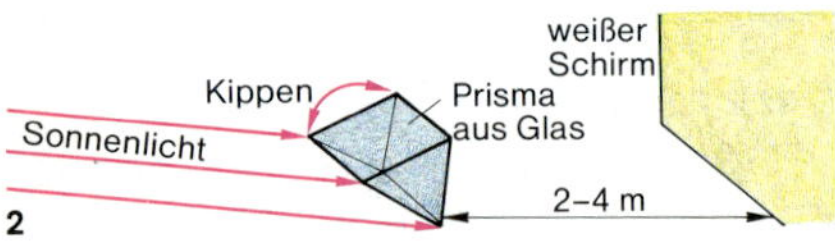

2

V 3 Der Projektor von Bild 3 wird so eingestellt, dass ein scharfes Bild der Schlitzblende entsteht, wenn sich der Schirm in Position (1) befindet.

a) Das farbige Lichtband, das du auf dem Schirm (2) siehst, nennt man *Spektrum*. Notiere die *Spektralfarben* in ihrer Reihenfolge.

b) Wird das Licht vom Prisma „eingefärbt"? Wir halten ein Blatt weißes Papier hinter das Prisma und bewegen es auf den Schirm zu.

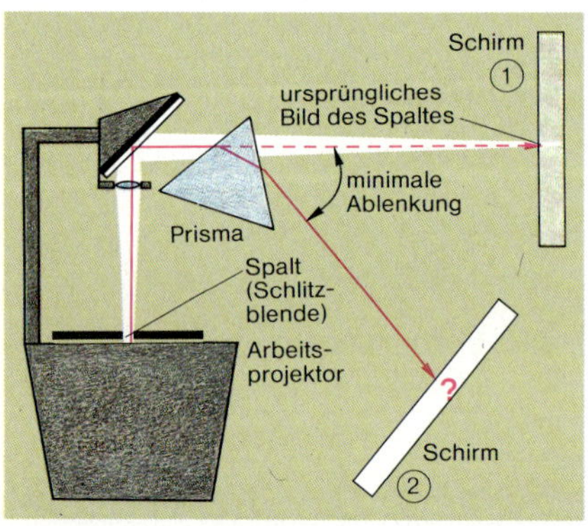

3

c) Der Spalt wird gegen eine Lochblende ausgetauscht. Erkläre die Form, die das Spektrum mit Spalt- und mit Lochblende hat.

d) Wir halten 50 cm vor dem Schirm ein zweites Prisma in den Lichtweg. Das Prisma drehen wir so, dass eine Farbe aus dem Spektrum herausgelenkt wird. Findet eine weitere Auffächerung der Farben statt?

V 4 Hört das Spektrum bei Rot bzw. bei Violett auf?

Auf ungebleichtem Papier erzeugen wir wie in Versuch 3 ein Spektrum. Mit einem fluoreszent-grünen Markierungsstift wird ein Strich über das Spektrum gezogen – auch über das violette „Ende" hinaus …

Wir führen eine Solarzelle durch das Spektrum – auch über das Rot hinaus. Was schließt du aus der Anzeige des angeschlossenen Spannungsmessers?

V 5 Kann man das Spektrum wieder zu weißem Licht zusammenführen? Bild 4 zeigt den Aufbau: Die Lochblende wird hinter die Lampe gestellt um störendes Streulicht abzublenden. Das Prisma steht unmittelbar hinter der Spaltblende. Den Taschenspiegel befestigst du an einem Plattenhalter. Sein Stiel steckt lose in einem Tonnenfuß. Wackle den Spiegel mit der Wäscheklammer schnell hin und her. Was beobachtest du auf dem Schirm? Warum bleiben farbige Ränder?

V 6 Wenn man durch ein Glasprisma blickt, sieht man farbige Ränder. Eine Fläche des Prismas soll etwa in Höhe der Augenbraue liegen (Bild 5).

Betrachte Gegenstände der Umgebung. Versuche bestimmte Dinge trotz der „Verrückung" auf Anhieb zu finden. Wo beobachtest du besonders leuchtende Farbränder?

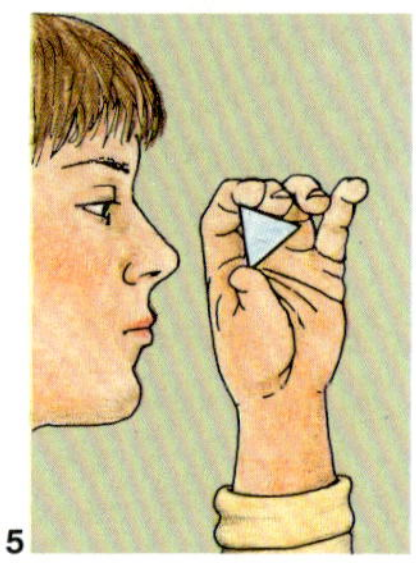

5

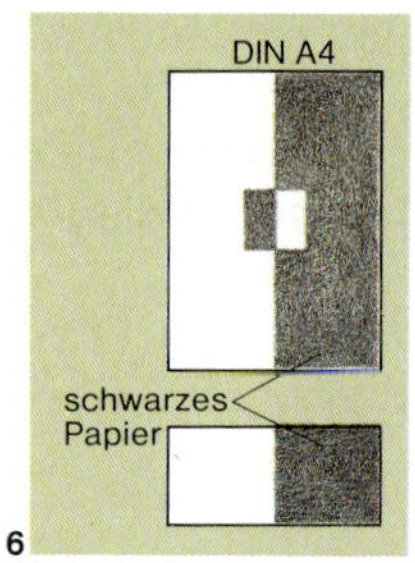

6

V 7 Fertige dir eine Vorlage nach Bild 6 an. Betrachte dann das helle Rechteck auf dunklem Grund und das dunkle Rechteck auf hellem Grund durch das Prisma. Vergleiche die Farbenfolgen.

Schiebe nun den schwarz-weißen Streifen von unten her über die Rechtecke, sodass diese immer schmaler werden. Wann tauchen die Farben Purpur und Grün auf?

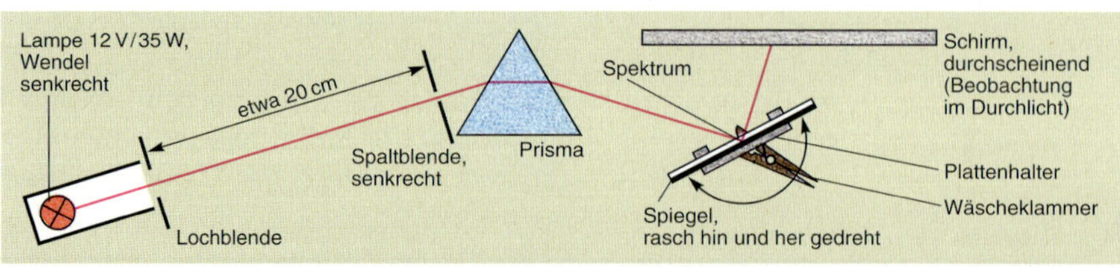

4

6714R

Info: **Weißes Licht wird zerlegt**

Wenn weißes Licht auf ein Prisma fällt, wird es zweimal gebrochen. Dadurch wird das Lichtbündel aus seiner ursprünglichen Richtung abgelenkt.

Außerdem wird es „gespreizt“: Dicht hinter dem Prisma hat das Bündel bunte Ränder. Mit zunehmender Entfernung werden sie immer breiter, während die weiße Mitte immer schmaler wird.

Auf dem Schirm entsteht ein buntes Lichtband. Man nennt es **Spektrum**. Die farbigen Lichter des Spektrums heißen **Spektralfarben.**

Bild 7 zeigt das Spektrum der Sonnenstrahlung. Es ist bei Rot und Violett noch nicht zu Ende: Auf der einen Seite folgt *infrarote Strahlung*, auf der anderen *ultraviolette Strahlung* (lat. *infra:* unterhalb; *ultra:* über … hinaus). Allerdings können wir diese beiden Strahlungsarten nicht mit dem Auge wahrnehmen.

Wenn man alle Farben des Spektrums zusammenführt („mischt“), entsteht wieder weißes Licht.

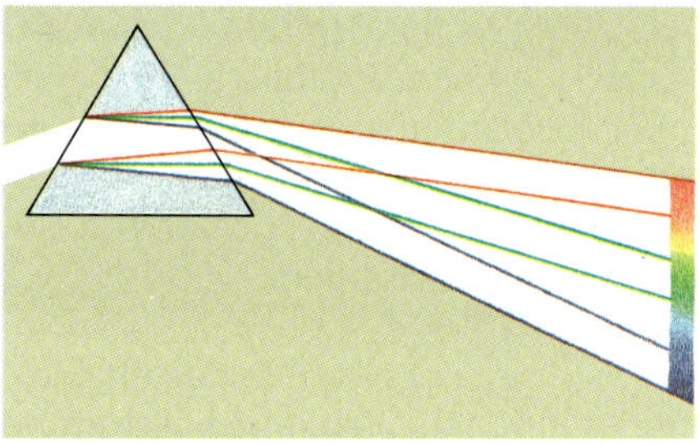

7

Isaac Newton (1643–1727) untersuchte als Erster systematisch die Entstehung der Spektralfarben; dabei griff er auf die Ideen mehrerer Vorgänger zurück. Seine Erklärung für die Farbentstehung hat sich bis heute bewährt. Newton zog aus seinen Experimenten folgende Schlüsse:

○ Durch das (farblose) Prisma wird das Licht nicht eingefärbt; das farbige Licht ist vielmehr schon im weißen Licht „verborgen“. Weißes Licht setzt sich aus farbigen Lichtern zusammen.

○ Das Spektrum kommt dadurch zustande, dass die im weißen Licht enthaltenen farbigen Lichter verschieden stark gebrochen werden. Violettes Licht wird beim Durchgang durch das Prisma am stärksten abgelenkt, rotes Licht am wenigsten (Bild 8).

Bild 9 zeigt, wie bei einer stark brechenden Glassorte der Brechungswinkel β vom Einfallswinkel α und von der Farbe des Lichtes abhängt.

Die Idee, dass sich weißes Licht aus farbigen Lichtern zusammensetzt, war zur Zeit Newtons umstritten. Weiß galt als Sinnbild für Reinheit und Vollkommenheit. Zu dieser Anschauung passte nicht, dass weißes Licht die „weniger reinen“ Farben und sogar „finstere“ Farbtöne wie Violett enthalten soll. Damals stand die Wissenschaft unter dem Einfluss von *Aristoteles*, nach dessen Lehre bunte Farben aus dem Zusammenwirken von Hell und Dunkel bzw. von Licht und Finsternis entstehen. Noch 100 Jahre später bekämpfte *Johann Wolfgang von Goethe* die Lehre Newtons aufs Heftigste.

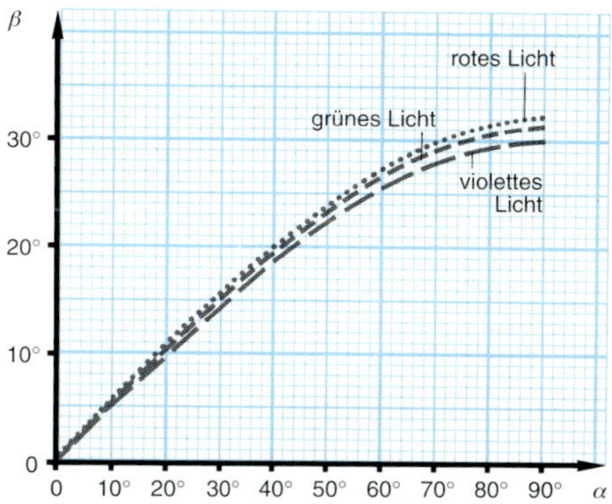

9 Brechung farbigen Lichtes

8

Info: **Bunte Ränder – Kantenspektren**

Blickt man durch ein Prisma, so sieht man die Gegenstände mit farbigen Rändern. Diese **Kantenspektren** erscheinen dort besonders bunt, wo helle Flächen an dunkle grenzen (Bild 10).

Wie bei einer schwarzen Fläche auf weißem Grund z. B. ein violettblauer Rand entsteht, lässt sich so erklären: Stell dir vor, dass die weiße Fläche in schmale Streifen S_1, S_2, S_3, … zerlegt ist (Bild 11). Von jedem dieser Streifen fällt dann Licht durch das Prisma ins Auge. Wenn man die gebrochenen Lichtstrahlen rückwärts verlängert, erhält man die Richtung, aus der das Licht zu kommen scheint.

10

Durch die Brechung am Prisma wird außerdem das Licht jedes Streifens zum Spektrum aufgefächert. Da Violett am stärksten abgelenkt wird, beginnen alle Spektren unten mit Violett.

Das Violett des Streifens S_1 liegt am tiefsten; wir nehmen es direkt im Anschluss an die dunkle Fläche wahr. Oberhalb des violetten Streifens überlagern sich die Spektren von S_1 und S_2.

Im Anschluss an die farbigen Ränder sehen wir eine weiße Fläche. Denn von verschiedenen Streifen gelangen alle Farben des Spektrums ins Auge; sie mischen sich zu Weiß.

In gleicher Weise erklärt man, weshalb unterhalb der dunklen Fläche ein rotgelber Rand zu sehen ist: Rot wird am wenigsten abgelenkt, daher nimmst du Rot als Grenze der dunklen Fläche wahr. Es wird nicht von den Spektren tiefer liegender Streifen überlagert. Auf das Rot folgen Orange, Gelb und Weiß.

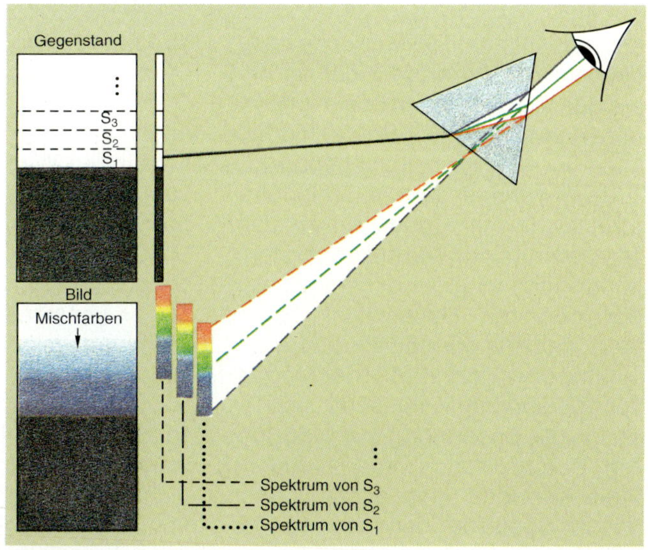

11

Aufgaben

1 Wenn Licht von der Sonne auf ein Prisma fällt, sieht man auf einem Schirm dicht hinter dem Prisma eine weiße Fläche mit farbigen Rändern. Gib dafür eine Erklärung.

2 Nenne Gründe für die Annahme, dass ein Prisma das weiße Licht nicht „einfärbt“.

3 1670 schrieb *Isaac Newton*:

„Die wundervollste Farbzusammenstellung ist aber die von Weiß. Es ist immer zusammengesetzt ... Ich habe oft mit Erstaunen gesehen, wie alle Spektralfarben, wenn sie wieder vereinigt und so gemischt wurden, wie sie im Lichte vor dem Prisma enthalten waren, aufs Neue ein gänzlich reines, vollkommen weißes Licht hervorbrachten.“

Beschreibe Versuche, die Newtons Sätze bestätigen.

4 Wie bezeichnet man das unsichtbare Licht, das sich im Spektrum an Rot bzw. an Violett anschließt?

Beschreibe für jede dieser beiden Lichtarten, wie man sie in einem Versuch nachweisen kann.

5 Die Farben des Spektrums lassen sich auf einfache Weise „mischen“: Man erzeugt mit einem Prisma ein Spektrum und hält einen Spiegel in den Lichtweg. Mit ihm wackelt man, sodass das Spektrum an der Wand hin und her geschoben wird. Die Farben mischen sich dann im Auge.

Erkläre, weshalb das Lichtband in der Mitte weiß erscheint, die Ränder aber farbig bleiben.

6 Bild 11 auf der vorigen Doppelseite zeigt das Kantenspektrum für einen violettblauen Rand an einer dunklen Fläche auf hellem Grund.

Fertige eine entsprechende Zeichnung für den rotgelben Rand an, den du an der gegenüberliegenden Hell-Dunkel-Grenze siehst.

Aus Umwelt und Technik: **Unsichtbares Licht**

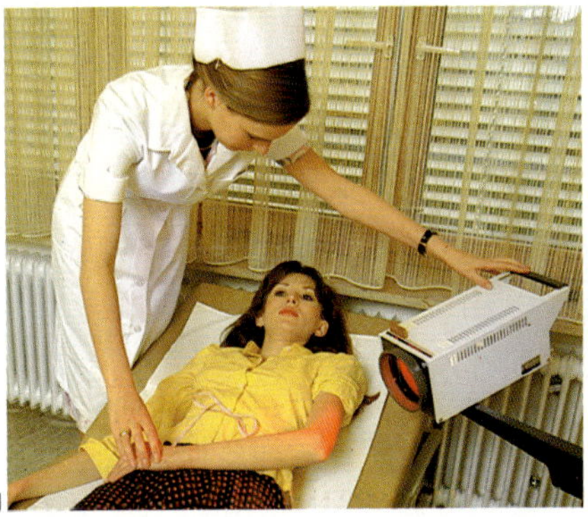
1

2

3

Im Sonnenspektrum schließt sich an das Rot das **infrarote Licht** an und auf das Violett folgt im Spektrum das **ultraviolette Licht**. Beide Farben kann unser Auge nicht sehen.

Doch nehmen wir immerhin infrarotes Licht wahr – und zwar mit dem Temperatursinn (Wärmeempfinden): Infrarotstrahlung wird nämlich von der obersten Hautschicht absorbiert; dabei erwärmt sich die Haut.

Infrarotes Licht wird in der Medizin zur Behandlung eingesetzt, weil es durch die Erwärmung der Haut deren Durchblutung fördert (Bild 1). Viele Infrarotlampen strahlen auch das im Spektrum benachbarte Rotlicht aus; sie leuchten daher rot.

Ultraviolettes Licht ruft auf ungeschützter Haut rasch einen Sonnenbrand hervor. Die Lufthülle der Erde absorbiert zwar den größten Teil der Ultraviolettstrahlung der Sonne; im Gebirge und bei klarem Wetter ist aber noch viel ultraviolettes Licht vorhanden. Wird das Licht dann noch von Schneeflächen reflektiert, sollte man die Augen durch eine Sonnenbrille schützen, sonst besteht die Gefahr der *Schneeblindheit*. Auf die Dauer kann durch übermäßige Bestrahlung mit ultraviolettem Licht Hautkrebs ausgelöst werden.

Ultraviolettes Licht regt bestimmte Stoffe zum Leuchten an. Diese wandeln nämlich ultraviolettes in sichtbares Licht um. Man nennt diesen Vorgang **Fluoreszenz**. Darauf beruht auch die gespenstische Beleuchtung mit „Schwarzlichtlampen“ (Bild 2); diese senden vorwiegend ultraviolettes Licht aus.

Genau genommen leuchten nicht die Kleidungsstücke, sondern optische Aufheller („Weißmacher“), die aus den Waschmitteln stammen. Diese Stoffe wandeln ultraviolettes Licht in blauviolettes um. Dadurch erscheinen weiße Textilien „weißer als weiß“. Wenn nämlich der gelbliche Farbton vergilbter Wäsche mit Blauviolett gemischt wird, ergibt sich Weiß.

Fragen und Aufgaben zum Text

1 Warum werden Fotos von scheuen Nachttieren oft mit *Infrarotfilmen* gemacht? Welche Eigenschaft haben wohl diese Filme?

2 Beim Schweißen schützen Handwerker ihre Augen durch ein dunkles Glas (Bild 3). Welchen Grund vermutest du?

3 Beschreibe, wie es zur Gefahr der Schneeblindheit kommt.

3527R

Aus Umwelt und Technik: **Wie ein Regenbogen entsteht**

Manchmal scheint die Sonne, obwohl es noch regnet. Wenn dann die Sonne dabei tief steht und du ihr deinen Rücken zuwendest, siehst du einen **Regenbogen** (Bild 4).

4

Wie entsteht diese farbenprächtige Naturerscheinung? Auf jeden einzelnen Regentropfen fällt Sonnenlicht. An der Grenzfläche Luft–Wasser wird ein Teil des Lichtes reflektiert; das übrige Licht wird gebrochen und verläuft im Tropfen weiter (Bild 5).

Die Brechung ist besonders stark, wenn ein Lichtbündel nahe am oberen (oder unteren) Rand des Regentropfens auftrifft (1); der Einfallswinkel ist dann nämlich besonders groß.

Durch die Brechung wird das Sonnenlicht in seine Spektralfarben zerlegt. Blaues Licht wird stärker gebrochen als rotes.

An der Rückseite des Tropfens (2) tritt ein Teil des Lichtes aus und wird ein zweites Mal gebrochen, der andere Teil wird reflektiert und bleibt im Tropfen. Dieser Vorgang wiederholt sich noch mehrere Male (3 und 4).

Die farbigen Lichtbündel, die an der Stelle (3) aus dem Tropfen austreten, fallen in Richtung Erdoberfläche. Wir können sie daher wahrnehmen. Sie bilden mit dem Sonnenlicht einen Winkel von 40° bis 42°. Alle Tropfen, die wir unter diesem Winkel sehen, liegen auf einem Kreisbogen.

Von jedem einzelnen Tropfen nehmen wir nur jeweils *die* Farbe wahr, die genau in unser Auge fällt – von einigen Tropfen zum Beispiel das Rot und von anderen das Blau. So entsteht für uns insgesamt der Eindruck eines vielfarbigen Regenbogens.

Bild 6 zeigt dazu einen Versuch: Wenn du den Rundkolben in verschiedene Höhen hältst und schräg von unten hineinblickst, nimmst du nacheinander die verschiedenen Farben des Sonnenlichtes wahr.

Außer dem eigentlichen Regenbogen, dem **Hauptregenbogen**, ist in Bild 4 auch noch ein lichtschwacher **Nebenregenbogen** zu sehen.

Sein Zustandekommen lässt sich mit Hilfe von Bild 7 verstehen: Auch in der Nähe des unteren Randes des Tropfens fällt Licht ein. Dieses Licht verläuft spiegelbildlich zu Bild 5. Ein Teil dieses Lichtes verlässt den Tropfen nach einmaliger Reflexion (3). Diese Lichtbündel verlaufen nach oben in den Himmel und können somit von der Erde aus nicht wahrgenommen werden.

Ein anderer Teil des Lichtes wird im Tropfen zweimal reflektiert (4) und tritt dann aus – in Richtung Erdoberfläche. Dieses Licht nehmen wir als Nebenregenbogen wahr.

Der Nebenregenbogen erscheint unter einem Winkel von etwa 52° zum Sonnenlicht. Gegenüber dem Hauptregenbogen ist seine Farbenfolge umgekehrt, weil bei der zweiten Reflexion im Tropfen die Reihenfolge der Farben vertauscht wird.

Insgesamt erreicht nur ein geringer Anteil des einfallenden Sonnenlichtes unser Auge. Deshalb sehen wir die Farben von Haupt- und Nebenregenbogen nur vor einem dunklen Hintergrund, z. B. einer Regenwolke.

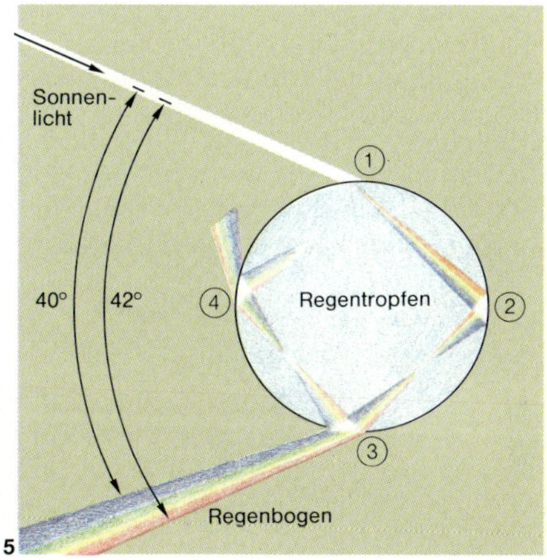

5

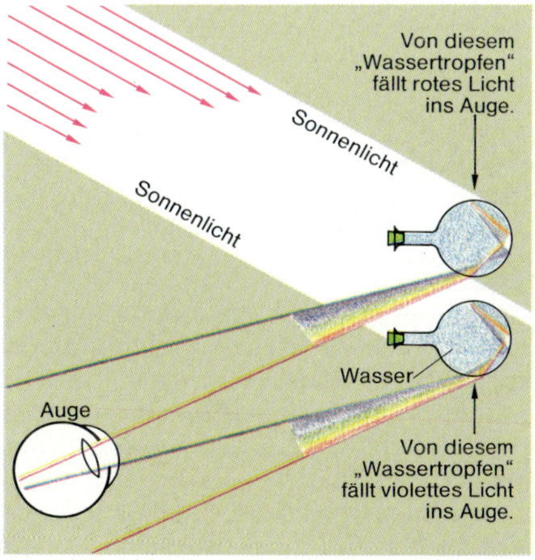

6

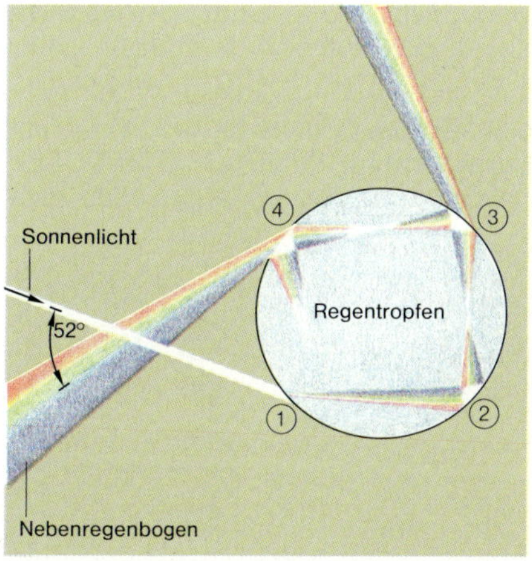

7

2 Farbaddition und Farbsubtraktion

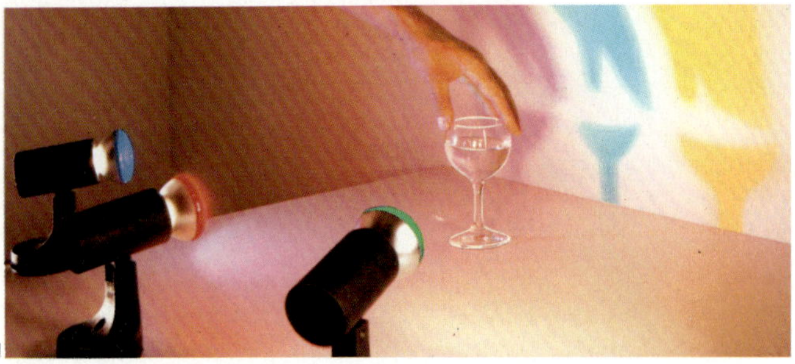

1

Die Schatten haben andere Farben als die Lampen! Wie kommen diese Farben zustande?

V 8 Drei farbige Spotlampen (40 W, mattiert; rot, grün, blau) werden in Form eines senkrechten Dreiecks vorne im Raum aufgestellt. Welche Farbe erwartest du, wenn das Licht auf einen (durchscheinenden) Schirm fällt?

a) Schneide ein Loch in ein Blatt Papier. Halte diese Lochblende zwischen die Lampen und den Schirm. Wie kommen die drei Farbflecken auf dem Schirm zustande?

Nähere die Blende dem Schirm so weit, dass sich die Farbflecke überdecken. Welche Farben erhältst du? Was beobachtest du dort, wo sich alle Farbflecke überlappen?

b) Verwende statt der Lochblende einen Bleistift. Welche Farben erhältst du dort, wo sich die Schattenbilder nicht überlappen? Erkläre. Wie kommen die Farben zustande, wenn sich die Schattenbilder teilweise überlappen?

V 9 Wir verwenden den Aufbau von Versuch 5. Stelle zwischen Spiegel und Prisma einen Bleistift, sodass sein Schattenbild von unten bis zur Hälfte in das Spektrum ragt. Durch Verschieben des Bleistiftes kannst du einzelne Farbzonen abdunkeln. Welche Mischfarbe entsteht, wenn du mit dem Spiegel hin- und herwackelst?

Das gleiche Ergebnis erhältst du, wenn du das Spektrum mit einer Sammellinse zusammenführst.

V 10 Das Licht eines Arbeitsprojektors wird zu einem Spektrum aufgefächert. In den Lichtweg halten wir Farbgläser in den Farben Blaugrün, Purpur und Gelb. Welche Teile des Spektrums werden jeweils absorbiert?

V 11 Wir legen die Farbgläser so auf den Arbeitsprojektor, dass sie sich paarweise überlappen. Welche Farben entstehen, wenn weißes Licht durch zwei Filter fällt? Erkläre die Entstehung der einzelnen Farben.

Was geschieht, wenn alle Gläser übereinander liegen?

Info: **Mischen und Entmischen farbiger Lichter**

Blendet man aus dem Spektrum des weißen Lichtes einzelne Farben aus und mischt das restliche Licht, ergeben sich verschiedene Farben (Bild 2). Die ausgeblendete Farbe und die Mischfarbe des Restlichtes bilden ein Paar von **Komplementärfarben** (lat. *complementum:* Ergänzung). Bei Komplementärfarben ist immer eines der Lichter ein Mischlicht und das andere eine reine Spektralfarbe. Komplementärfarben sind z. B. die Spektralfarbe Gelb und das Mischlicht Blau aus dem Rest des Spektrums.

Ob eine Farbe ein Mischlicht oder eine reine Spektralfarbe ist, können wir nicht aus dem Farbeindruck schließen. Wir sehen es nur am Spektrum des Lichtes.

Das Mischen farbiger Lichter nennt man **Farbaddition**. Wenn wir zwei Lichter mischen, die im Spektrum nicht weit auseinander liegen, so liegt die Farbe des Mischlichtes im Spektrum zwischen den beiden addierten Farben. Beispiele:

- Rotes Licht und grünes Licht ergeben gelbes Mischlicht;
- rotes Licht und gelbes Licht ergeben orangerotes Mischlicht;
- gelbes Licht und blaues Licht ergeben grünes Mischlicht.

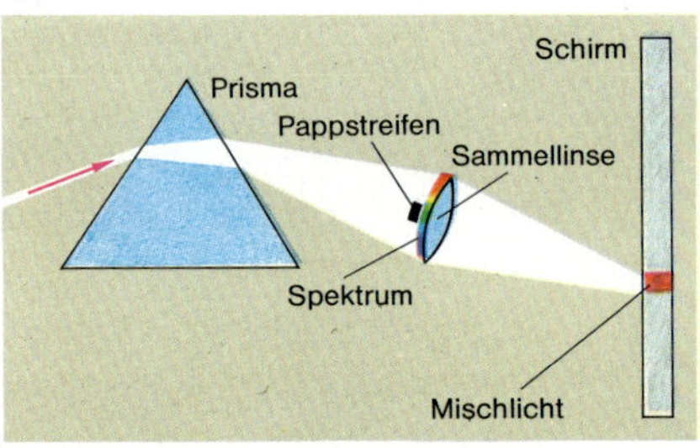

2

Wenn man die Lichter der (sichtbaren) Enden des Spektrums – also Rot und Violett – mischt, erhält man einen Farbton, der im Spektrum nicht auftritt: Purpur. Um die Mischfarbe Purpur zwischen Rot und Violett einfügen zu können, ordnet man die Farbenfolge des Spektrums als Kreis an (**newtonscher Farbenkreis**; Bild 3). Im Farbenkreis ist jede Farbe die Mischfarbe der beiden Nachbarfarben. Gegenüberliegende Farben geben die Farbeindrücke von Komplementärfarben wieder.

Farbgläser absorbieren einen Teil der Spektralfarben. Dieser Vorgang heißt **Farbsubtraktion**. Lässt man Sonnenlicht durch ein Farbglas fallen, so fehlen anschließend Farben im Spektrum. Man nennt daher Farbgläser auch *Farbfilter*.

Farbfilter weisen den Farbton auf, der sich als Mischung des durchgelassenen Lichtes ergibt. Ein Gelbfilter kann z. B. rotes, gelbes und grünes Licht durchlassen; das Mischlicht erzeugt den Eindruck Gelb.

Wenn Licht durch mehrere Farbfilter fällt, werden nacheinander verschiedene Spektralfarben absorbiert (Bild 4).

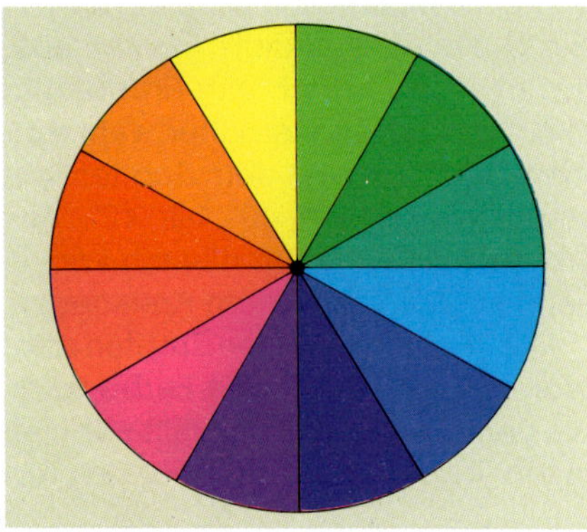

3

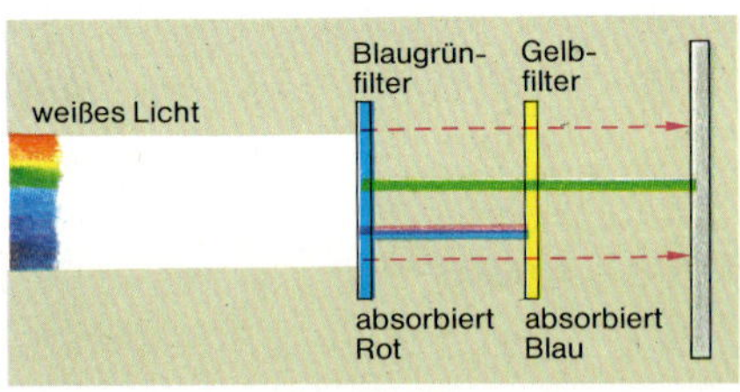

4

6994R

Aufgaben

1 Welche Farbe, die nicht im Spektrum vorkommt, kann man durch Addition von Spektralfarben erzeugen?

2 Was kannst du über die Farben aussagen, die sich ergeben, wenn unterschiedliche farbige Lichter gemischt werden? Nenne einige Beispiele.

5

6

3 Erkläre, was man unter den Begriffen *Farbaddition* und *Farbsubtraktion* versteht.

4 Welche Farbe entsteht, wenn man aus dem Spektrum des Sonnenlichtes das rote Licht ausblendet und die restlichen Farben addiert?

5 Beschreibe, was man unter einem Paar von Komplementärfarben versteht.

Welche Farbe hat das Licht, wenn ein Paar von Komplementärfarben gemischt wird?

6 Farbdias und Farbnegative sind lichtdurchlässig; ihre farbigen Flächen wirken wie Farbfilter (Bilder 5 u. 6). Vergleiche die verschiedenen Blüten auf dem Dia und dem Negativ. Was fällt dir auf?

Aus Umwelt und Technik: **Das farbige Fernsehbild**

Ein farbiges Fernsehbild – mit der Lupe betrachtet: Es besteht aus kleinen Stäbchen, die rot, grün oder blau leuchten können (Bild 7). Jeweils ein rotes, ein grünes und ein blaues Stäbchen bilden ein *Farbtripel*.

Die farbigen Stäbchen sind die Lichtpunkte, aus denen das Fernsehbild zusammengesetzt ist. Sie liegen so dicht beieinander, dass aus einiger Entfernung weder einzelne Stäbchen noch einzelne Farbtripel zu erkennen sind. Vielmehr sehen wir das Mischlicht der Farbtripel und erhalten so die unterschiedlichen Farbeindrücke (Farbaddition).

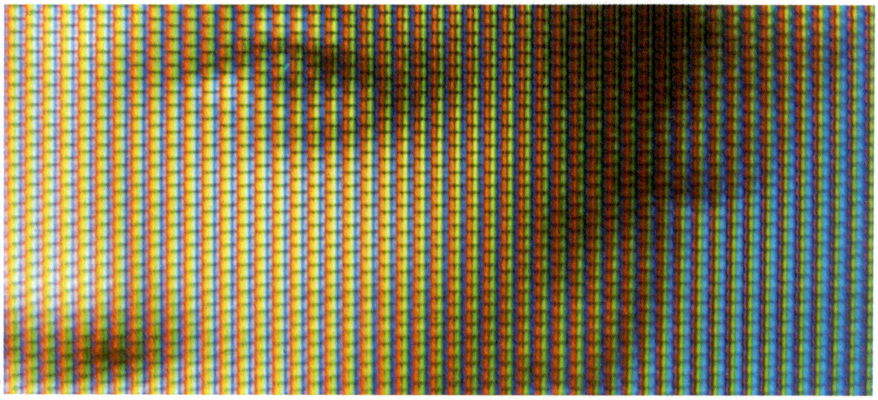
7

Leuchten die Stäbchen aller drei Farben gleich hell, so erscheint uns der Bildschirm weiß. Weitere Farben entstehen, wenn nur je zwei Stäbchen leuchten (Bilder 8–10).

Die einzelnen Stäbchen können aber nicht nur „ein- und ausgeschaltet" werden, auch ihre Helligkeit lässt sich verändern. Auf diese Weise kann eine Vielzahl von Farben erzeugt werden. Zusätzlich haben auch nicht leuchtende Stäbchen zwischen den leuchtenden einen Einfluss auf den Farbeindruck.

Das Fernsehbild setzt sich aus ca. 900 000 Stäbchen zusammen. Jedes dieser Stäbchen leuchtet 25-mal pro Sekunde mit unterschiedlicher Helligkeit auf. Auf diese Weise erscheinen in jeder Sekunde 25 Bilder auf dem Fernsehschirm. Wir haben dadurch den Eindruck einer Bewegung, denn das menschliche Auge kann höchstens 16 Bilder pro Sekunde unterscheiden.

8

9

10

Info: Grundfarben der Farbaddition – Grundfarben der Farbsubtraktion

Beim farbigen Fernsehbild wird der Farbeindruck Weiß mit rotem, grünem und blauem Licht hervorgerufen. Auch in Bild 1 entsteht der Farbeindruck Weiß aus Rot, Grün und Blau. In beiden Fällen werden die farbigen Lichter gemischt oder *addiert*; d. h., sie werden an einer Stelle zusammengebracht.

Die Farben Rot, Grün und Blau nennt man die *Grundfarben der Farbaddition* oder **additive Grundfarben**. Aus diesen Grundfarben lassen sich durch Farbaddition alle Farben des Spektrums und Purpur (Magenta) zusammenfügen. Als Grundfarben kann man die entsprechenden reinen Spektrallichter verwenden. Die additiven Grundfarben bilden drei Ecken des Farbensechsecks (Bild 2).

Auch durch *Farbsubtraktion* lassen sich alle Farben aus drei Grundfarben herstellen, nämlich aus Blaugrün (Zyan), Purpur (Magenta) und Gelb. Diese **subtraktiven Grundfarben** müssen – im Gegensatz zu den additiven Grundfarben – Mischfarben sein. Sie werden erzeugt, indem aus weißem Mischlicht einzelne Farbtöne herausgefiltert oder *subtrahiert* werden (Bilder 3–5).

So subtrahiert z. B. das Purpurfilter (Bild 4) von weißem Licht die grünen und die gelben Farbtöne. Es lässt nur die blauen und die roten Teile des Spektrums durch. Die Mischung aus blauem und rotem Licht ergibt Purpur.

Fällt weißes Licht nacheinander durch zwei Filter verschiedener subtraktiver Grundfarben, so bleibt rotes, grünes oder blaues Licht übrig (Bilder 6–8).

1

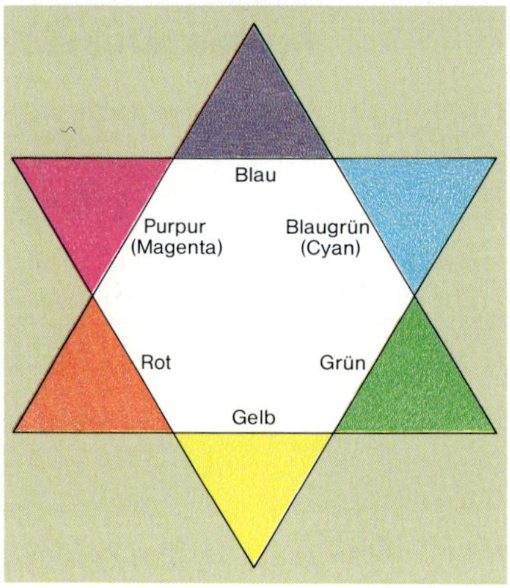

2

Ordnet man die Filter der subtraktiven Grundfarben hintereinander an, wird kein Licht durchgelassen (Bild 9).

Das Farbensechseck (Bild 2) zeigt den Zusammenhang zwischen den additiven und den subtraktiven Grundfarben:

- Zwischen zwei additiven Grundfarben liegt eine subtraktive Grundfarbe. Man erhält sie, wenn man das Licht der beiden additiven Grundfarben mischt.
- Zwischen zwei subtraktiven Grundfarben liegt eine additive Grundfarbe. Man erhält sie, wenn weißes Licht nacheinander durch Filter mit beiden subtraktiven Grundfarben fällt.
- Farben, die einander gegenüberliegen, sind Komplementärfarben.

Fragen und Aufgaben zum Text

1 Nenne die Komplementärfarben zu Rot, Orange, Blaugrün und Gelb.

2 Welche Farben filtert ein rotes Farbfilter aus weißem Licht heraus? Welche lässt es hindurch?

3 Gelb lässt sich durch Addition von zwei reinen Spektralfarben erzeugen. Welche Farben kann man verwenden?

Wie lässt sich Gelb durch Farbsubtraktion aus weißem Licht herstellen?

4 Wenn weißes Licht durch zwei Filter mit subtraktiven Grundfarben fällt, entsteht eine additive Grundfarbe.

Durch welche Filterkombinationen kann Rot (Blau, Grün) erzeugt werden?

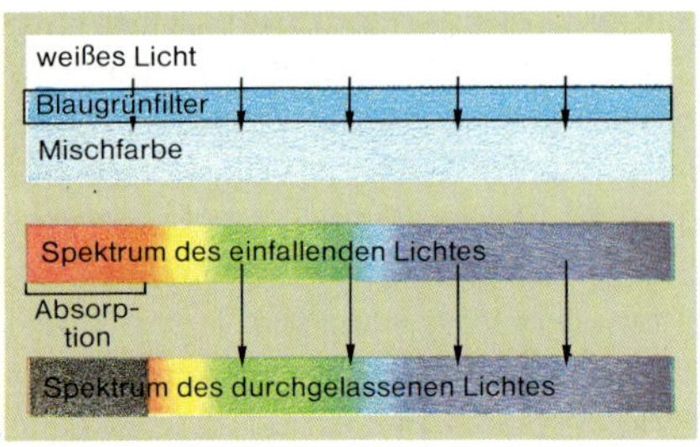

3

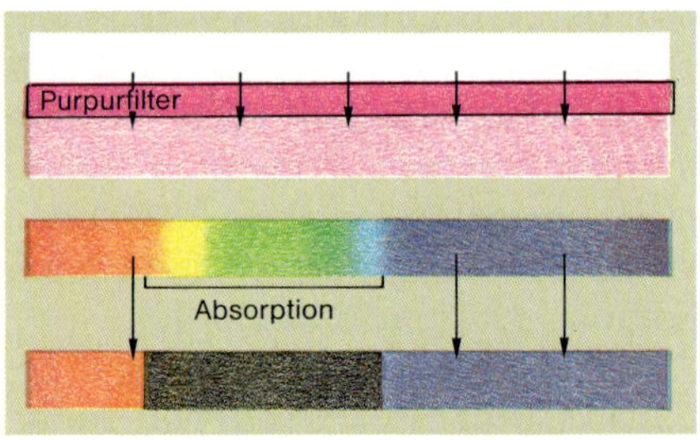

4

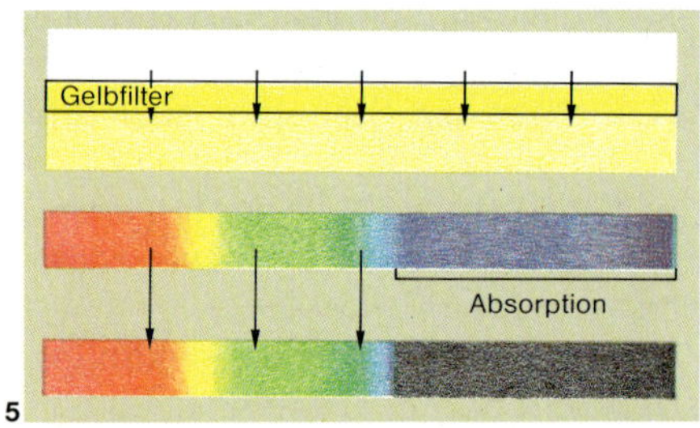

5

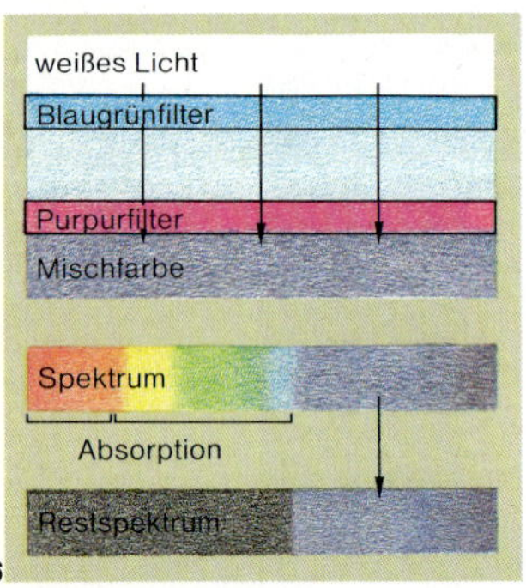

6

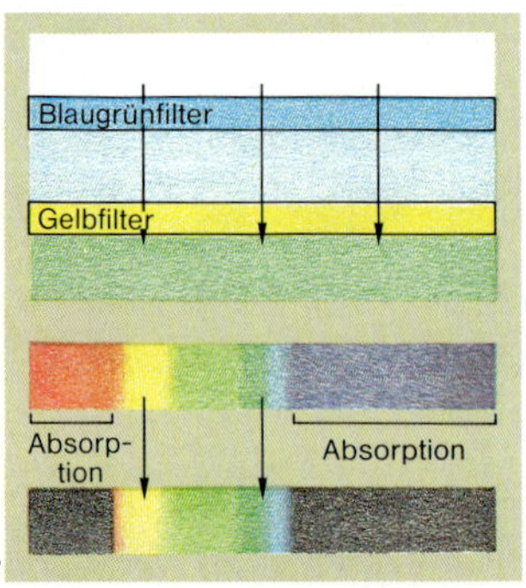

7

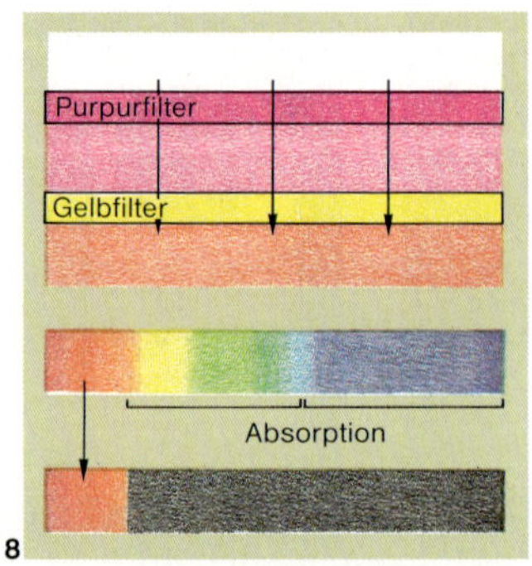

8

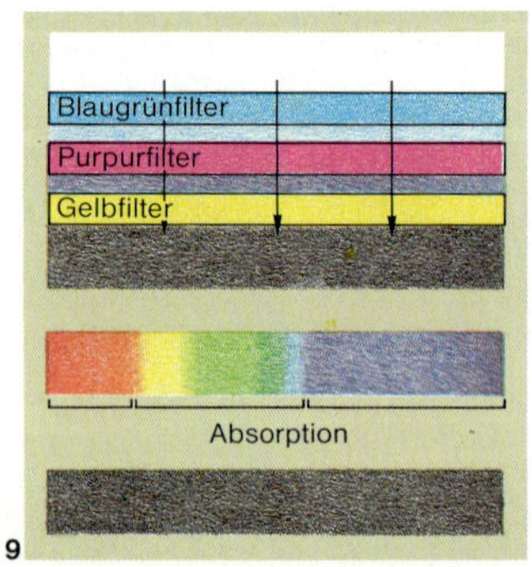

9

6996R

Aus Umwelt und Technik: **Die Farbfilter eines Dias**

Ein Dia ist aus drei Filterschichten aufgebaut. Dabei handelt es sich um ein Blaugrün-, ein Purpur- und ein Gelbfilter. In Bild 10 ist dargestellt, wie durch schrittweise Farbsubtraktion das fertige Bild entsteht.

Auf große Teile des Purpur- und des Gelbfilters fällt kein weißes Licht, sondern blaugrünes bzw. purpurnes. Diese Filter sind daher nicht in Purpur oder Gelb gezeichnet, sondern in der Farbe, die man bei der tatsächlichen Beleuchtung sieht.

Neben den Farbtönen der Filter spielen die schwarzen Silberkörnchen des Filmmaterials eine wichtige Rolle für den Farbeindruck; sie machen aus Rot braune Farbtöne und aus Grün olivgrüne (→ *Körperfarben*).

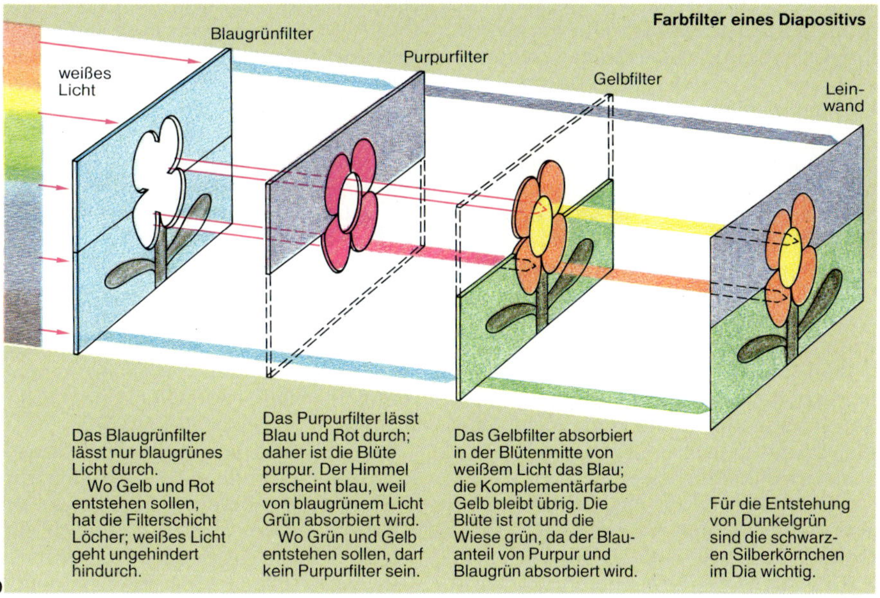

10

3 Das Auge macht's möglich

Aus Umwelt und Technik: **Farben sehen, wo gar keine sind ...**

Blicke etwa eine Minute lang starr auf den schwarzen Punkt im Vogelflügel. Bewege dabei möglichst nicht die Augen. Sieh dann auf eine weiße Wand.
11

Dieser **Versuch** (Bild 11) zeigt etwas Erstaunliches: Du nimmst noch Farben wahr, wenn gar kein bunter Gegenstand mehr vorhanden ist!

Mit der Drei-Farben-Theorie des Sehvorgangs (→ Info, nächste Seite) können wir erklären, wie es dazu kommt: Beim Betrachten des Vogels werden die rot- und grünempfindlichen Zapfen in der Netzhaut stark gereizt. Dabei werden – wie bei jeder Reizung – chemische Substanzen in den Zapfen, die Sehfarbstoffe, verändert. Diese Stoffe werden ständig erneuert – doch das dauert nach einer starken Reizung einige Sekunden.

Fällt in dieser Zeit weißes Licht auf die Netzhaut, so erhält das Gehirn von den vorher nicht gereizten Zellen stärkere Signale als von den „ermüdeten": Es entsteht ein Bild in den Komplementärfarben, das *Nachbild*.

Gelegentlich „erfindet" unser Gehirn sogar Farbtöne, die nicht durch Reizung oder Überreizung von Sinneszellen zu erklären sind. In einem verdunkelten Raum lässt sich dazu ein einfacher **Versuch** durchführen; Bild 12 zeigt, was man dabei sieht:

Die beiden Kerzen erzeugen zwei Halbschatten des Bleistifts. Der eine Halbschatten (A) ist rot; dort fällt rotes Licht von der einen Kerze in den Schatten, den die andere erzeugt.

Auch der zweite Halbschatten (B) erscheint uns farbig – nämlich grün. Dabei wird hier vom Schirm nur das weiße Licht der nicht abgedeckten Kerze gestreut!

Wie kommt der grüne Schatten zustande? Wir betrachten zunächst die Farbe des Schirms. Aus Erfahrung wissen wir, dass der Schirm weiß ist. Diesen Farbeindruck versucht unser Gehirn aufrechtzuerhalten – ganz gleich, welche Farbe das vom Schirm gestreute Licht hat.

Im Versuch von Bild 12 wird der Schirm mit einer Mischung aus weißem und rotem Licht beleuchtet – er müsste rötlich erscheinen. Das Gehirn gleicht aber den rötlichen Farbton dadurch aus, dass es die Komplementärfarbe Grün „dazumischt". Daher erscheint der Schirm weiß.

Im Bereich des Halbschattens B – wo nur weißes Licht auf den Schirm trifft – bleibt das dazugedachte Grün übrig; es wird ja nicht vom rötlichen Farbton ausgeglichen.

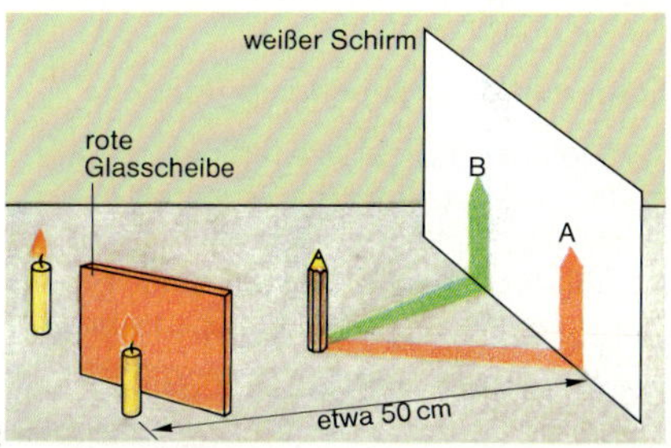

12

Info: **Die Drei-Farben-Theorie des Sehvorganges**

Mit dem **Farbfernsehen** ist es schon eine merkwürdige Sache: Wenn von einem Körper rotes und grünes Licht ausgehen, sehen wir die Farbe Gelb – obwohl gar kein gelbes Licht in unser Auge fällt!

Auch merken wir es einem Farbton nicht an, ob es sich um die *Spektralfarbe* Gelb handelt oder ob von weißem Licht das blaue Ende des Spektrums herausgefiltert wurde. Und wenn rotes, grünes und blaues Spektrallicht gemischt werden, sehen wir genau das gleiche Weiß, wie wenn das Licht des gesamten Spektrums ins Auge fallen würde.

Beim Farbensehen spielen Vorgänge im **Auge** und im **Gehirn** eine Rolle. Allerdings gibt es bis heute keine allgemein anerkannte Theorie, die das Farbensehen in allen Einzelheiten erklärt.

Mit der Frage, wie das Gehirn Farbeindrücke erzeugt, beschäftigte sich *Isaac Newton* (1643–1727). Er schrieb:

Könnten nicht Harmonie und Disharmonie von Farben aus dem Verhältnis von Schwingungen entstehen, die sich über die Sehnervenfasern in das Gehirn fortpflanzen, so wie Harmonie und Disharmonie von Tönen aus dem Verhältnis der Luftschwingungen entstehen?

Newton vermutete also, dass ein Farbeindruck auf ähnliche Weise entsteht wie ein Klang, der aus verschiedenen Tönen zusammengesetzt ist. Später zeigte sich, dass diese einfache Theorie zur Erklärung des Farbensehens nicht ausreicht.

Einen bedeutenden Fortschritt stellte die **Drei-Farben-Theorie** des englischen Arztes *Thomas Young* (1773 bis 1829) dar. Young wusste, dass Menschen weit über hundert Farbtöne unterscheiden können. Er überlegte sich, dass es nicht für jeden einzelnen Farbton eigene Sinneszellen in der Netzhaut geben könne. Denn wäre das der Fall, müssten die Sinneszellen für einen bestimmten Farbton, z. B. für ein bestimmtes Rot, recht weit auseinander liegen. Durch ein Rotfilter betrachtet, erschiene dann ein bunter Gegenstand wesentlich unschärfer als sonst, weil mit dem Filter nur die rotempfindlichen Zellen gereizt würden. Bei entsprechenden Versuchen konnte Young aber keine deutliche Verschlechterung der Sehschärfe feststellen.

Young schloss daraus, dass es nur wenige unterschiedliche Sinneszellen für die Farbwahrnehmung geben könne. Er behauptete sogar, dass der Mensch mit drei Arten von Sinneszellen auskommt, wobei jede Zellenart für eine bestimmte Farbe „zuständig“ ist. Zunächst vermutete er je eine Zellenart für Blau, Rot und Gelb; später korrigierte er seine Theorie und vermutete Sinneszellen für rotes, grünes und violettes Licht.

Diese Drei-Farben-Theorie fand wenig Beachtung. Erst mehr als 50 Jahre später wurde sie von den Physikern *James Clerk Maxwell* (1831–1879) und *Hermann von Helmholtz* (1821–1894) aufgegriffen und weiterentwickelt.

Heute wissen wir, dass es in der Netzhaut des Auges tatsächlich drei verschiedene Arten von Sinneszellen für das Farbensehen gibt. Diese Sinneszellen nennt man **Zapfen**. Jede Zapfenart ist jedoch nicht nur für das Licht einer bestimmten Farbe empfindlich, sondern für einen ganzen Spektralbereich (Bild 1).

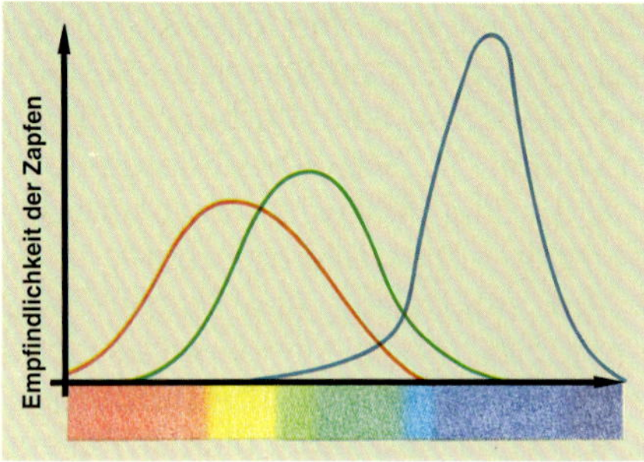

1

Die eine Zapfensorte ist für orangerotes Licht am empfindlichsten, die andere für grünes und die dritte für blaues. Die Zapfen für Rot und Grün sprechen beide auch auf gelbes Licht an.

Gelbes Spektrallicht reizt demnach die rot- und die grünempfindlichen Zapfen (Bild 2). Dieselben Zapfen werden aber auch durch rotgrünes Mischlicht gereizt (Bild 3). Wir haben in beiden Fällen denselben Farbeindruck; wir sehen das gleiche Gelb – obwohl das rotgrüne Mischlicht gar kein Gelb enthält!

Entsprechendes gilt für das blaugrüne Spektrallicht und für die Mischung aus blauem und grünem Licht (Bilder 4 u. 5).

Weiß nehmen wir dann wahr, wenn alle drei Zapfenarten gleichermaßen gereizt werden (Bilder 6 u. 7).

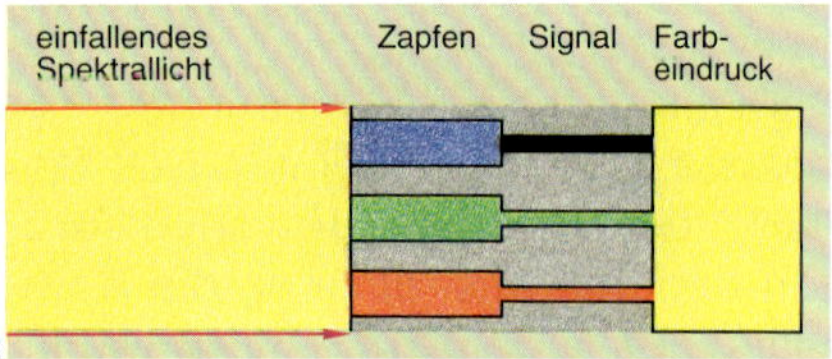

2

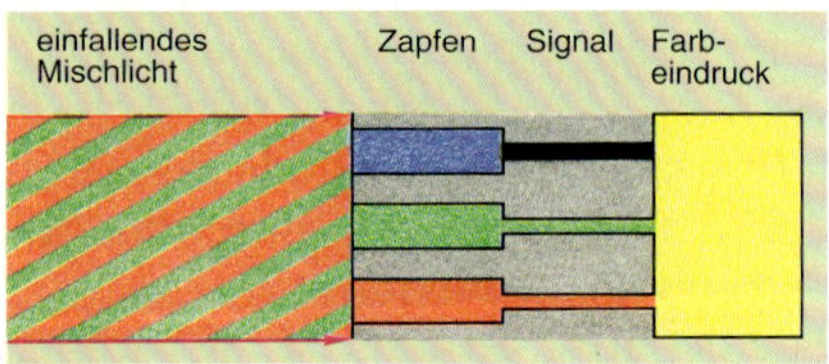

3

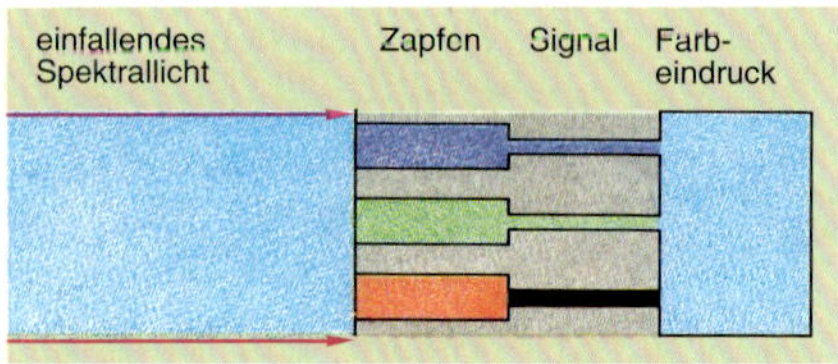

4

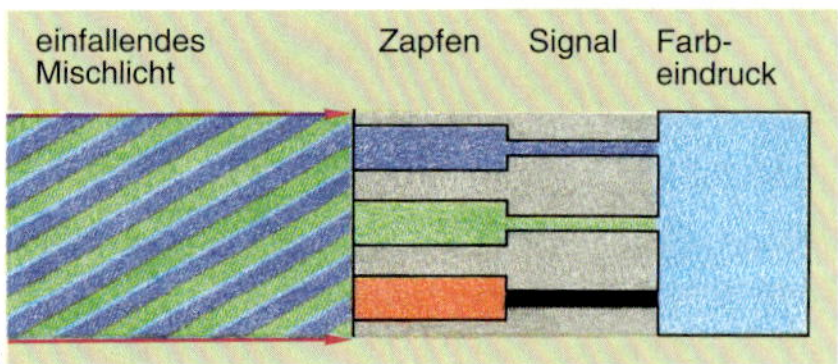

5

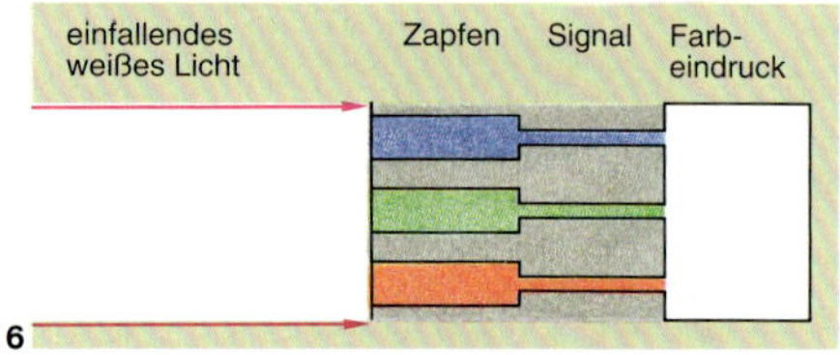

6

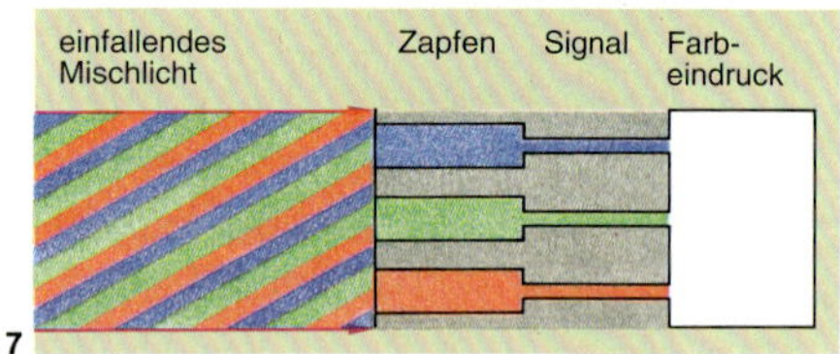

7

Fragen und Aufgaben zum Text

1 Welche Zapfen werden gereizt, wenn gelbes Spektrallicht ins Auge fällt?

Warum entsteht eigentlich derselbe Farbeindruck, wenn rotes und grünes Licht gleichzeitig die Netzhaut treffen?

2 Fällt eine Mischung aus gelbem und blauem Spektrallicht ins Auge, hat man den Farbeindruck *Weiß*. Gib dafür eine Erklärung.

3 Warum kann man die Spektralfarbe *Blaugrün* nicht von der Mischfarbe aus Blau und Grün unterscheiden?

4 Ein einfacher **Versuch** zum Farbensehen: Schließe beide Augen, decke ein Auge zusätzlich mit der Hand ab und wende dein Gesicht ungefähr eine Minute lang einer hellen Lichtquelle zu.

Wenn du gleich danach abwechselnd mit dem linken und rechten Auge deine Umgebung betrachtest, wirst du sie mit jedem Auge anders sehen …

Erkläre deine Beobachtungen. (Dazu ein *Tipp:* Das Augenlid ist für Licht nicht völlig undurchlässig.)

3535R

4 Körperfarben

8

Unter diesen orangegelben Lampen sieht alles recht farblos aus. Wie das wohl kommt? ...

V 12 Das Licht der gelben Straßenlampe lässt sich auch im Physiksaal erzeugen. Dazu braucht jede Schülergruppe einen Brenner (mit farbloser Flamme) und ein Magnesiastäbchen, das zunächst angefeuchtet und dann in Kochsalz getaucht wird.

Im verdunkelten Raum werden alle Magnesiastäbchen gleichzeitig in die Flamme gehalten. Wie sehen farbige Gegenstände aus? Schau auch mal deiner Nachbarin oder deinem Nachbarn ins Gesicht ...

V 13 Warum sehen wir eigentlich (lichtundurchlässige) Körper in unterschiedlichen Farben?

Wir erzeugen wie in Versuch 3 ein Spektrum auf einem weißen Schirm. Dann werden farbige Kartons auf den Schirm gehalten – und zwar so, dass alle Farben des Spektrums zur Hälfte auf dem Karton und zur Hälfte auf dem Schirm liegen.

V 14 Baue dir einen Farbkreisel (→ Bauanleitung im Anhang). Stell den Kreisel dann so ein, dass du ein helles Grau siehst, wenn er sich bei Tageslicht dreht.

Stelle unterschiedlich große Farbsektoren ein, welche Farben kannst du erzeugen? Erkläre, wie sie zustande kommen.

Beleuchte den Kreisel auch mit dem gelben Licht der mit Kochsalz gefärbten Flamme. Vergleiche die Farben mit denen, die du bei Tageslicht siehst.

V 15 Welche Farbe hat das Licht, das von einem *braunen* Gegenstand ins Auge gelangt?

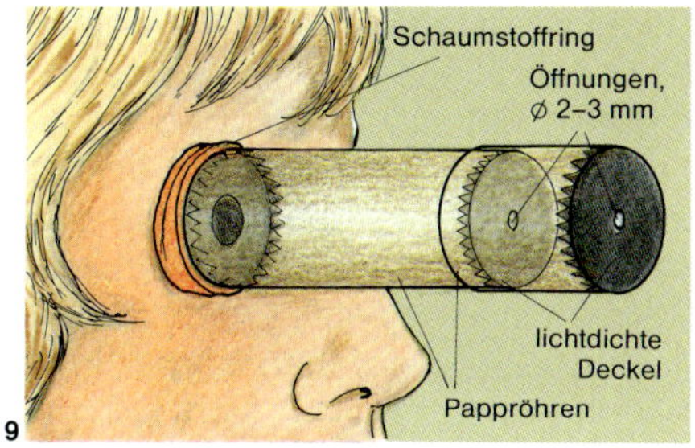

9

Eine Testperson hält sich ein Rohr wie in Bild 9 vor ein Auge; das andere Auge ist geschlossen.

Vor die Öffnung werden verschiedene braune Gegenstände gehalten, die gut beleuchtet sind. Die Testperson, die diese Gegenstände vorher nicht gesehen hat, soll nun deren Farben nennen.

V 16 „Aus Rot wird Braun."

Stecke eine Kreisscheibe aus schwarzem Karton auf ein Streichholz. Auf die Scheibe klebst du einen roten Fleck, der einen Durchmesser von 5 bis 10 mm hat.

Welcher Farbeindruck entsteht, wenn sich dieser „Kreisel" dreht? Du kannst den Farbton aufhellen, indem du zusätzlich einen schmalen, gelben Streifen auf die Scheibe klebst.

Wiederhole den Versuch mit anderen Farbflecken.

Aufgaben

1 Warum sehen Gegenstände im gelben Licht einer mit Kochsalz gefärbten Flamme nicht bunt aus?

2 „Das ist ja ein schreckliches Rot", stöhnt Frau Kunze, als sie ihr neues Kleid bei Tage sieht. Dabei hat ihr doch abends im Geschäft die Farbe so gut gefallen. Es scheint, als habe sie sich über Nacht verändert ...

3 Wie entsteht Grün, wenn man die Farben Blau und Gelb aus einem Tuschkasten mischt (Bild 10)?

4 Vergleiche, wie Farben von lichtundurchlässigen Körpern und Filtern entstehen.

5 „Körperfarben gibt es nicht – es gibt nur farbiges Licht." Nimm Stellung zu dieser Behauptung.

6 Welche Farben leuchten besonders hell, wenn man das Spektrum des Sonnenlichtes auf einem grünen, blauen, orangeroten oder braunen Körper auffängt?

7 Rotes und grünes Licht ergeben den Farbeindruck Gelb. Wenn du im Tuschkasten rote und grüne Farbe mischst, entsteht aber ein schmutziges Braun. Wie kommt dieser Farbton zustande?

Tipp: Um Braun zu erzeugen, muss außer farbigem Licht auch Schwarz vorhanden sein.

10

Aus Umwelt und Technik: **Farben gibt's – „die gibt's gar nicht"**

Damit wir einen lichtundurchlässigen Körper sehen, muss Licht von ihm in unser Auge fallen. Der Körper erzeugt dieses Licht nicht selbst, sondern streut auftreffendes Licht. Allerdings werden nur bestimmte Farbanteile gestreut, andere werden absorbiert. Die Mischung der gestreuten Farben ergibt die Körperfarbe. Die Farben von Körpern sind also das Ergebnis einer Farbsubtraktion.

Nur selten sieht man Körper in den leuchtenden Farben des Spektrums. So sieht z. B. das Rot eines Pullovers stets viel gedämpfter aus als das rote Licht des Sonnenspektrums. Und außerdem haben Kleidungsstücke, Möbel und Tapeten häufig Farben, die gar nicht im Spektrum vorkommen: Braun, Rosa, Olivgrün, Ockergelb, ...

Mit unseren Augen können wir nur *Licht* wahrnehmen. Braunes oder olivgrünes Licht gibt es aber überhaupt nicht – und es lässt sich auch nicht durch Mischen herstellen. Trotzdem erscheinen uns Körper in diesen Farben!

Wie solche Farbtöne entstehen, lässt sich an Bild 1 erklären. Das Bild ist aus purpurroten, gelben und blaugrünen (zyanblauen) Farbpunkten zusammengesetzt. Diese überdecken sich teilweise und ergeben so die Farben Rot, Grün und Blau. Außerdem gibt es schwarze Punkte. Du wirst aber keinen einzigen *braunen* Farbpunkt finden.

Bei den Brauntönen in Bild 1 fällt auf, dass vor allem purpurrote und gelbe Punkte in schwarze Punkte „eingebettet" sind. Von den Flächen, die wir als Braun wahrnehmen, kann also nur *rotes* Licht ausgehen (denn Purpur und Gelb ergeben sowohl bei der Farbaddition als auch bei der Farbsubtraktion Rot).

Von den schwarzen Punkten geht kein Licht aus; sie absorbieren ja alles auftreffende Licht. Die schwarzen Punkte bewirken nur, dass die rotschwarzen Flächen weniger hell erscheinen – mehr nicht! Das genügt aber schon: Merkwürdigerweise nehmen wir nämlich das rote Licht, das von den in Schwarz eingebetteten Flächen ausgeht, nicht als gedämpftes oder „schmutziges" Rot wahr, sondern als *Braun*!

Bild 2 zeigt, wie aus Rot durch immer mehr schwarze Punkte dunkelbraune Farbtöne entstehen. Genauso lassen sich aus Grün olivgrüne Farbtöne herstellen.

Wenn man Farbpunkte in dunkle Punkte „einbettet", erhält man also eine Vielzahl von anderen Farbtönen. Man spricht von *schwarz verhüllten* Farben.

Auch durch Weiß lassen sich Farben verändern. Je größer der Weißanteil des Lichtes ist, desto weniger *gesättigt* erscheinen die Farben (Bild 3).

1

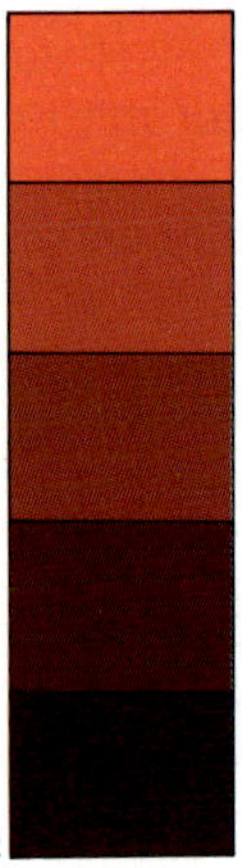

2

3

Bei unserer Wahrnehmung spielen *Farbkontraste* eine wichtige Rolle. So sieht man z. B. farbige Halbschatten, ohne dass diese Farben überhaupt vorhanden sind (→ *Farben sehen, wo gar keine sind*). Ohne Kontraste könnten wir auch keine Brauntöne sehen.

Wie stark der Farbeindruck von der Umgebung abhängt, wird am Fernsehbild deutlich: Dir erscheint z. B. ein Kleid auch dann „richtig schwarz", wenn Tageslicht auf die Mattscheibe fällt. Der (dunkle) Bildschirm hat jedoch eine graugrüne Farbe – und genau diese Farbe nimmst du als Schwarz wahr, wenn nur die Umgebung hell genug ist.

Alles klar?

1 Wenn man die Zimmerdecke durch ein Prisma betrachtet, erscheint sie weiß – trotz der zweimaligen Lichtbrechung an den Prismenflächen. Man beobachtet lediglich bunte Ränder. Erkläre physikalisch, weshalb nicht auch in der Mitte der Zimmerdecke Farben zu sehen sind.

2 Aus den additiven Grundfarben Rot, Grün und Blau lassen sich die subtraktiven Grundfarben Gelb, Blaugrün und Purpur herstellen. Beschreibe, wie man vorgehen muss.

Wie lassen sich aus den subtraktiven Grundfarben die additiven gewinnen?

3 Bei Aristoteles kann man folgenden Satz lesen: *So erzeugt sich die Weinfarbe, wenn mit reinem und leuchtendem Schwarz sich lichte Strahlen verbinden.*

Wodurch unterscheidet sich diese Auffassung besonders deutlich von der heutigen Physik?

4 In der Erdatmosphäre kommt in 25 bis 50 km Höhe ein Teil des Sauerstoffs in Form von Ozon vor. Unterhalb dieser Schicht enthält die Sonnenstrahlung nur noch wenige Prozent der vorher vorhandenen ultravioletten Strahlung. Womit kann man diese Luftschicht vergleichen?

Durch industriell erzeugte Gase wird der Ozongehalt dieser hohen Atmosphärenschicht verringert. Welche Folgen für den Menschen sind zu befürchten?

5 Welche Farben haben die einzelnen Punkte in Bild 1?

Betrachte das Bild aus einiger Entfernung. Erkläre, wie die Farbtöne zustande kommen, die du siehst.

6 Welche Sinneszellen im Auge werden gereizt, wenn wir den Farbton Blaugrün wahrnehmen? Welche farbigen Lichter können diesen Farbeindruck erzeugen?

6998R

5 Zusammenfassung

Farbige Lichter

4

Fällt weißes Licht auf ein Prisma, so wird es zweimal gebrochen. Dabei „spreizt" sich das Lichtbündel auseinander und auf einem Schirm hinter dem Prisma ist ein farbiges Lichtband zu beobachten. Man nennt es **Spektrum**. Die farbigen Lichter des Spektrums heißen **Spektralfarben**.

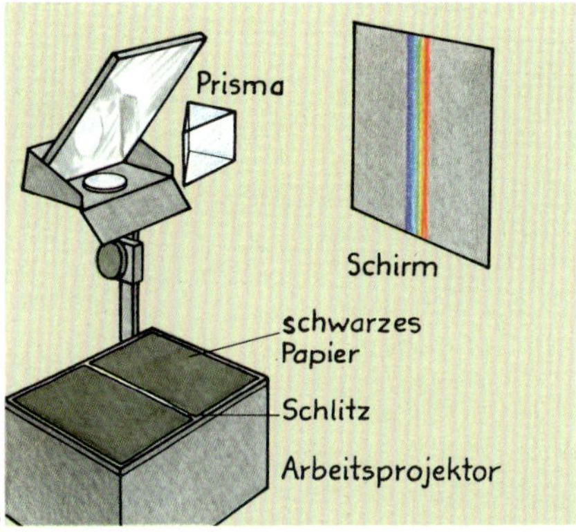

5

Das Spektrum der Sonnenstrahlung ist bei Rot bzw. Violett noch nicht zu Ende. Auf der einen Seite folgt *infrarote* Strahlung, auf der anderen *ultraviolette*. Beide Strahlungsarten können wir mit dem Auge nicht wahrnehmen.

Wenn man alle Spektralfarben wieder zusammenführt (wenn man sie also „mischt"), erhält man weißes Licht.

Weißes Licht setzt sich aus den Spektralfarben zusammen.

Das Prisma *erzeugt* also *nicht* das farbige Licht. Vielmehr bricht es die im weißen Licht enthaltenen Spektralfarben unterschiedlich stark:

Rotes Licht wird am wenigsten abgelenkt, violettes am stärksten.

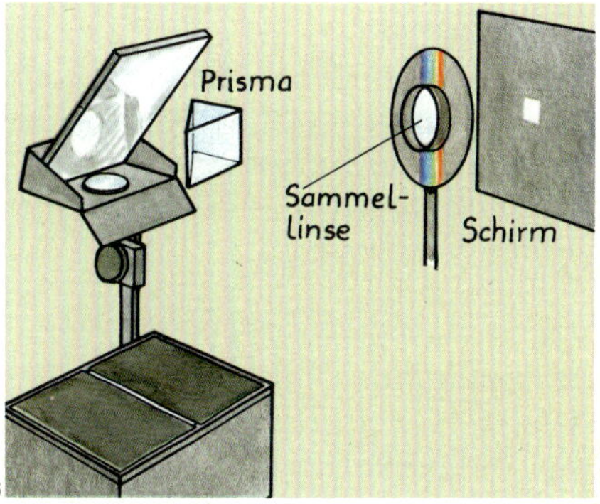

6

Man kann auch mehrere Spektralfarben mischen: Zum Beispiel ergeben rotes und grünes Licht zusammen ein gelbes Mischlicht.

Das Mischen farbiger Lichter bezeichnet man als **Farbaddition**.

Farbige Körper

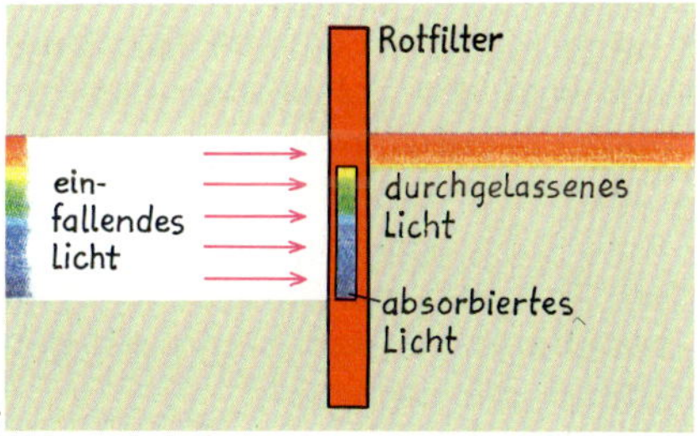

7

Fällt weißes Licht durch ein Farbglas (Farbfilter), wird ein Teil der Spektralfarben absorbiert. Das durchgelassene Licht ist nicht mehr weiß, sondern farbig. Von (weißem) Mischlicht werden hier also Farben weggenommen; man nennt dies **Farbsubtraktion**.

Auch die Farben lichtundurchlässiger Körper, die **Körperfarben**, entstehen durch Farbsubtraktion.

So absorbiert z. B. ein roter Stoff alle Spektralfarben außer Rot, Orange und Gelb. Diese Farben werden gestreut und rufen in unserem Auge den Eindruck eines bestimmten Rots hervor.

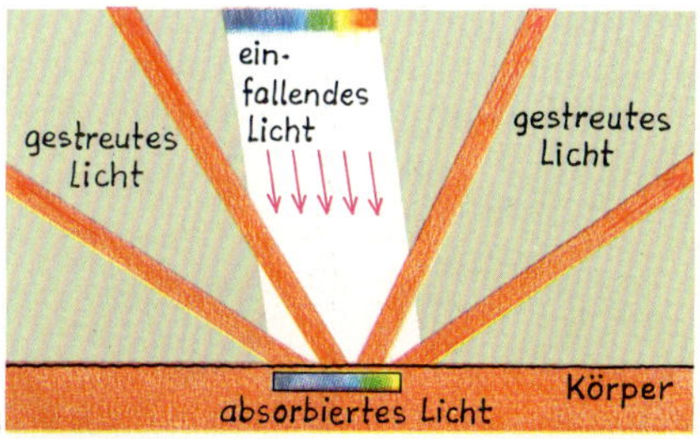

8

Körper erscheinen uns auch vielfach in Farbtönen wie Braun, Ocker, Rosa. Es gibt aber weder braunes noch ocker- oder rosafarbenes Licht. Solche Farbtöne entstehen in unserem Bewusstsein, wenn zum Farbeindruck des Lichtes noch der Eindruck „Schwarz" oder „Weiß" hinzukommt.

Schallerzeugung und Schallausbreitung

1 Wie entsteht der Schall?

1

2

Musik, eine Stimme, das Summen einer Mücke, der Lärm einer Baustelle, Mopedknattern – *alles,* was du hören kannst, wird in der Physik als **Schall** bezeichnet. Und alles, was Schall aussendet, bezeichnet man als **Schallquelle**.

V 1 Erzeuge Schall mit folgenden Gegenständen: Lineal, Kamm, Joghurtbecher, Gummiband, Sprudelflasche usw. Achte dabei auf die jeweilige Schallquelle.

V 2 Presse ein Ende einer Stricknadel fest auf den Tisch. Das freie Ende der Nadel zupfst du dann mit dem Finger an.

V 3 Ziehe ein Stück Styropor® an einer Fensterscheibe entlang. (Wenn du vorher gegen die Scheibe hauchst, funktioniert die Nervensäge noch besser.)

V 4 Fülle etwas Wasser in ein dünnwandiges Weinglas. Tauche deinen Zeigefinger ein und fahre mit ihm langsam auf dem Glasrand entlang (Bild 3).

V 5 Blase einen Luftballon prall auf und ziehe die Öffnung auseinander. So entsteht ein Spalt, durch den die Luft ausströmen kann …

V 6 Viele Musiker stimmen ihre Instrumente mit Hilfe einer Stimmgabel (Bild 4). Sie erzeugt nämlich immer den gleichen Ton.

Man kann kaum erkennen, wie der Ton der Stimmgabel entsteht. Überlege dir deshalb eine Möglichkeit, mit der du beweisen kannst, dass die *Zinken* den Schall erzeugen.

V 7 Eine Trommel (oder ein großes Tamburin) wird mit Sand bestreut und am Rand angeschlagen. Was geschieht?

V 8 Erzeuge unterschiedliche Töne mit einem Gummiband.

V 9 Halte ein langes Lineal so am Tisch fest, dass der größte Teil frei schwingen kann.

Untersuche, wovon die *Lautstärke* des Tones abhängt. Versuche die *Tonhöhe* zu verändern.

V 10 Fülle zunächst mehrere gleiche Flaschen unterschiedlich hoch mit Wasser. Vergleiche die Tonhöhen, wenn du die Flaschen mit einem Stab anschlägst oder wenn du flach über die Flaschenränder bläst.

V 11 In einem Radio oder Tongenerator wird der Schall elektrisch erzeugt: Ein Elektromagnet bewegt die Membran des Lautsprechers hin und her (Bild 5). Lege Papierkügelchen in den Membrantrichter des offenen Lautsprechers. Beobachte sie bei lauter und leiser Musik.

3

4

5

5020R

Aufgaben

1 Ergänze: „Ein Körper wird zur Schallquelle, wenn …“

2 Vergleiche die Schwingungen einer Schaukel und die einer Schallquelle miteinander.

3 Nach der Art der Schallerzeugung unterscheidet man Schlag-, Zupf-, Blas- und Streichinstrumente. Nenne jeweils mehrere Beispiele.

4 Bild 6 zeigt eine Stimmgabel, an der eine „Schreibzinke“ befestigt ist. Wie ist die Spur auf der mit Ruß geschwärzten Platte entstanden? Probiere es in einem **Versuch** aus.

5 Nach der Art der Schwingungen unterscheidet man mehrere Arten von Schall:

Schwingt die Schallquelle gleichmäßig hin und her, hören wir einen **Ton** oder **Klang** (Stimmgabel).

Von einem **Knall** sprechen wir, wenn die Schallquelle nur einmal stark angestoßen wird und wenn die Schwingungen gleich wieder aufhören (Schuss).

Ein **Geräusch** entsteht, wenn die Schallquelle unregelmäßig schwingt (Reißen von Papier).

Suche mehrere Beispiele für die Schallarten *Ton, Geräusch* und *Knall.* Ordne sie in einer Tabelle an.

6 Wodurch werden bei den sechs Saiten einer Gitarre verschieden hohe Töne erzeugt?

7 Die Gitarren werden nach dem Stimmgabelton gestimmt. Was verrät dir Bild 7 über diesen *Kammerton a'*?

8 Die Stimmbänder im Kehlkopf können durch Muskeln straffer gespannt werden. Was lässt sich dadurch erreichen?

9 „Der Orgelton war sehr laut und sehr tief.“ Was kannst du über Frequenz und Amplitude dieser Schallschwingung sagen (→ Info unten)?

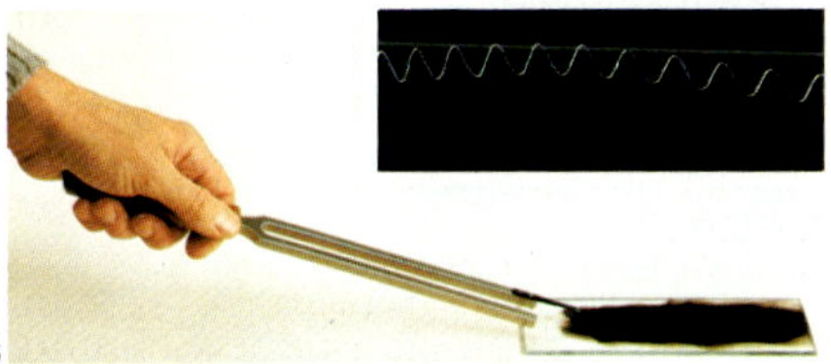
6

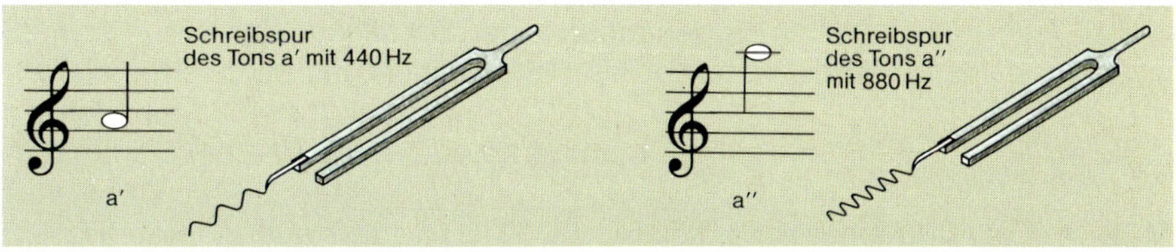

7

Schallschwingungen genauer betrachtet: Amplitude und Frequenz

Schall erzeugt man, indem man einen Körper (zum Beispiel eine Gitarrensaite) in schnelle Schwingungen versetzt.

Schwingungen kennst du z. B. von einer Schaukel (Bild 8). Der Weg, den die Schaukel zwischen der *Ruhelage* und einem der *Umkehrpunkte* zurücklegt, heißt **Amplitude** (*Schwingungsweite*).

Amplituden von Schallschwingungen zeigt Bild 9. Wird z. B. eine Saite stark angezupft, schwingt sie mit großer Amplitude – wir hören einen lauten Ton. Wird die Saite schwach angezupft, ist die Amplitude klein – der Ton ist leise. Beide Töne haben die gleiche Tonhöhe.

Je größer die Amplitude ist, desto lauter hören wir den Schall.

Wenn man die Saite verkürzt oder stärker spannt und dann anzupft, erklingt ein höherer Ton als zuvor. Die Saite schwingt nun schneller als vorher. *Je schneller eine Schallquelle schwingt, desto höher ist der Ton.*

Unter einer **Schwingung** versteht man eine vollständige Hin- und Herbewegung des schwingenden Körpers. Eine Schwingung ist z. B. die Bewegung von der Ruhelage zu einem Umkehrpunkt, weiter über die Ruhelage zum anderen Umkehrpunkt und zurück zur Ruhelage.

Die Anzahl der Schwingungen in einer Sekunde nennt man **Frequenz** f (oder *Schwingungszahl*).

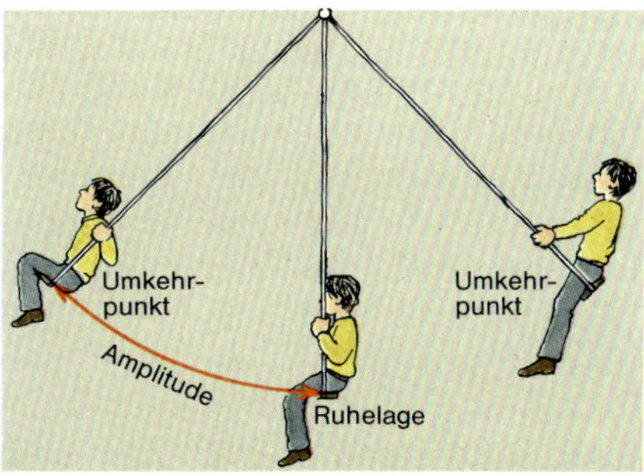

8

Die Einheit der Frequenz heißt **1 Hertz** (1 Hz) – nach dem deutschen Physiker *Heinrich Hertz* (1857–1894). Höhere Frequenzen gibt man auch in Kilohertz (kHz) an. 1 kHz = 1000 Hz.

Je größer die Frequenz ist, desto höher ist der Ton.

Führt z. B. ein Pendel in 1 s eine Schwingung aus, so hat es die Frequenz 1 Hz (Bild 10). Durch diese Schwingung wird kein Schall erzeugt. Wir hören Schwingungen erst ab 16 Hz als Töne.

Die Zeit, die der schwingende Körper braucht, um *eine* Schwingung auszuführen, heißt **Schwingungsdauer** T.

Führt eine Saite 100 Schwingungen in 1 s aus, beträgt die Frequenz 100 Hz.

Für eine Schwingung braucht sie $\frac{1}{100}$ s.

Die Schwingungsdauer beträgt 0,01 s.

Die Schwingungsdauer T ist der Kehrwert der Frequenz f. $T = \frac{1}{f}$.

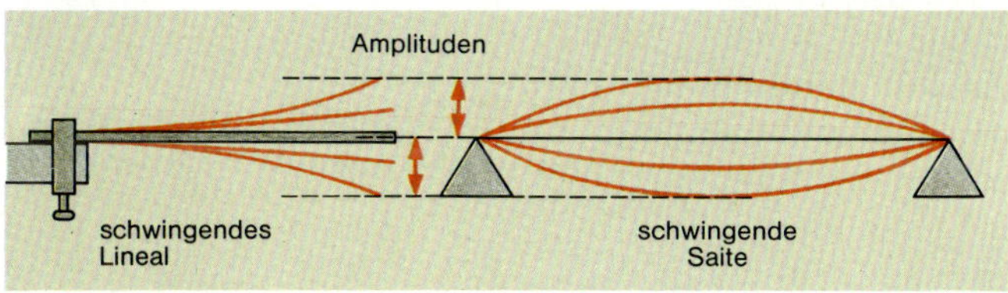

9

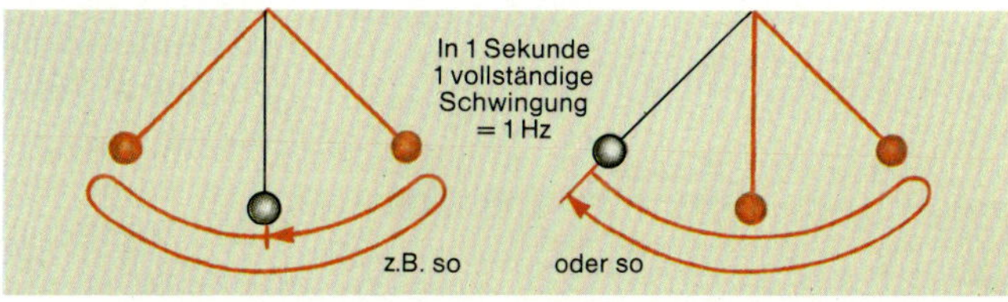

10

2 Schallwellen und Schallausbreitung

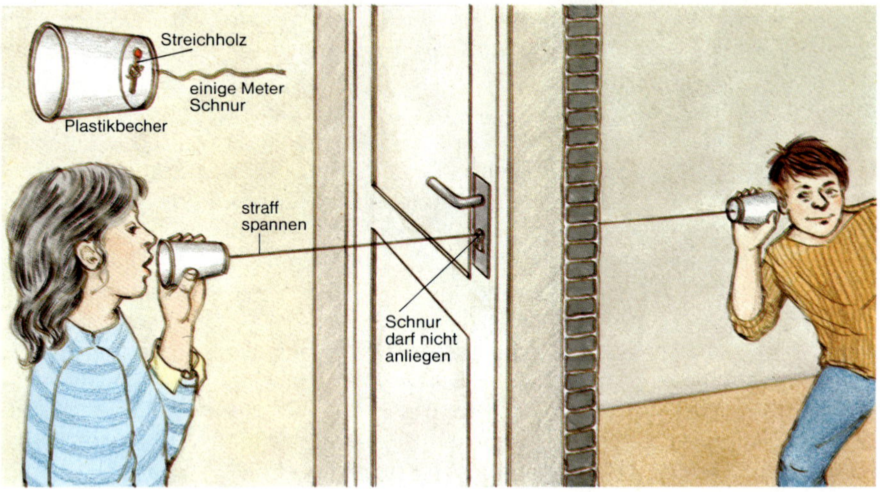

1

1667 beschrieb der englische Physiker *Robert Hooke* das **Fadentelefon**.
Er behauptete, der Schall laufe im Faden schneller als in Luft.
Im 18. Jahrhundert gab es diese Vorrichtung als „Liebestelefon“ auf Jahrmärkten zu kaufen.
Wie funktioniert das Fadentelefon?
Kann man den Bindfaden durch ein Gummiband ersetzen?

V 12 In der Mitte eines etwa 1,50 m langen Bindfadens wird eine Gabel festgeknotet. Halte dir die Ohren zu und drücke dabei die Enden des Fadens gegen die Ohren. Was hörst du, wenn du die Gabel gegen eine Tischkante schlagen lässt?

Versuche zu erklären, was du gehört hast.

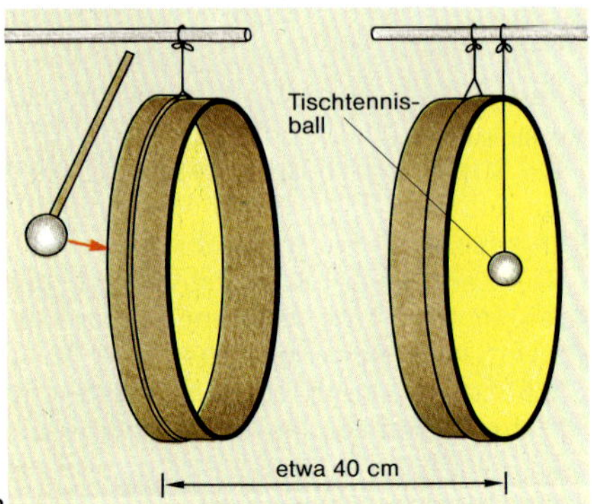

2

3

V 13 Ob man auch unter Wasser hören kann? Probiere es aus.

V 14 Kannst du durch eine Stativstangen hindurch hören? Plane einen Versuch und führe ihn durch.

V 15 Was wird wohl geschehen, wenn jemand das linke Tamburin anschlägt (Bild 2)?

V 16 Was passiert, wenn man die linke Kugel loslässt (Bild 3)?

Was könnte dieser Versuch mit der Schallausbreitung zu tun haben?

V 17 „Im Weltall ist es ganz still. Morgens kann man nicht vom Läuten eines Weckers erschreckt werden.“

Dieser Satz aus einem Sciencefiction-Roman soll überprüft werden. Plane dazu mit den Geräten von Bild 4 einen Versuch.

V 18 Bitte einen Freund oder eine Freundin sich in etwa 100 m Entfernung aufzustellen und dort eine aufgeblasene Papiertüte zu zerschlagen. Was fällt dir dabei auf?

V 19 Stelle eine laut tickende Uhr in ein hohes, oben offenes Glas. Unten im Glas soll eine Lage Schaumstoff liegen. In einiger Entfernung vom Glas kannst du das Ticken der Uhr nicht mehr hören (Bild 5).

Wie kannst du erreichen, dass du die Uhr von derselben Stelle aus hören kannst? (Sowohl die Uhr als auch das Glas sollen dabei unverändert an ihrem Ort bleiben.)

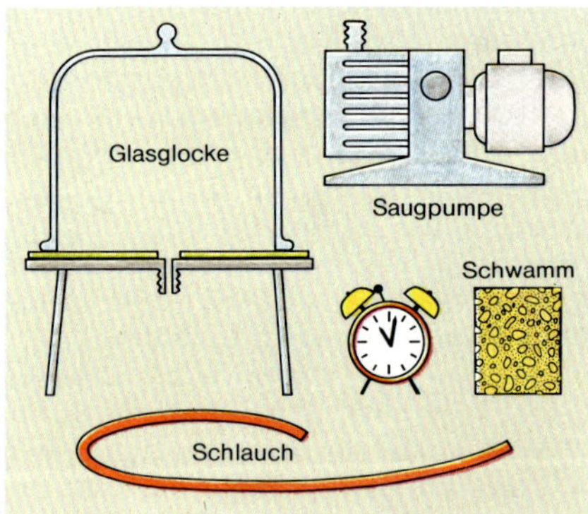

4

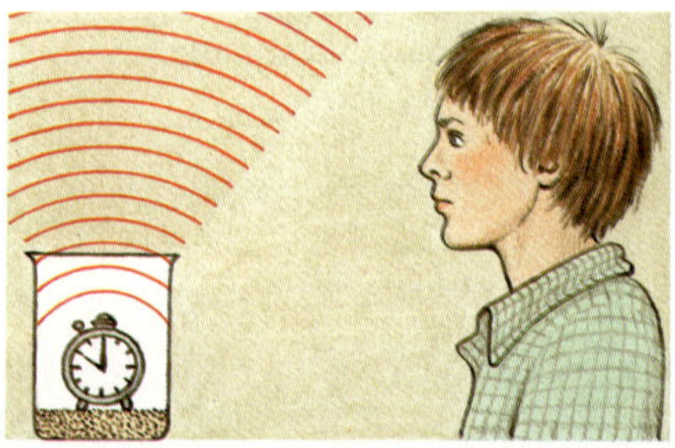
5

Schallwellen in Luft

Wenn sich ein Gegenstand (z. B. eine Schaukel) *langsam* durch die Luft bewegt, weichen die Luftteilchen vor ihm aus; sie strömen um ihn herum und treffen hinter ihm wieder zusammen.

Schlägt man auf eine Trommel, wird die Membran *schnell* eingedrückt: Die Luftteilchen können nicht ausweichen; sie werden hinter der Membran zusammengepresst. So entsteht dort für kurze Zeit ein Raum mit sehr vielen Teilchen – eine **Luftverdichtung**.

Die zusammengedrückten Luftteilchen stoßen ihrerseits benachbarte Teilchen an. Diese werden dadurch ebenfalls dichter zusammengepresst. Auf diese Weise breitet sich die Luftverdichtung aus.

Gleich nach dem Anschlagen der Trommel schwingt die Membran ebenso schnell zurück. Jetzt entsteht hinter der Membran ein Raum mit weniger Luftteilchen, also eine **Luftverdünnung**.

Die Luftverdichtungen und -verdünnungen wechseln einander ständig ab (Bild 6). Wir nennen die sich ausbreitenden Luftverdichtungen und -verdünnungen **Schallwellen**. Die Schallwellen wandern, während die Luftteilchen am gleichen Ort bleiben und sich nur geringfügig hin und her bewegen. Von der Schallquelle laufen Schallwellen nach allen Seiten auseinander. Mit zunehmendem Abstand werden die Schwingungen der Luftteilchen geringer. Daher hören wir mit zunehmender Entfernung von der Quelle den Schall immer leiser.

6
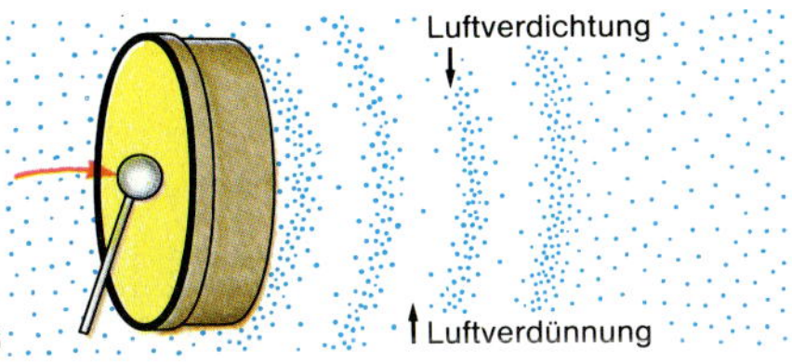

In der Luft brauchen Schallwellen etwa 3 s um 1 km zurückzulegen.

In anderen Stoffen sind die Schallwellen noch schneller (→ Tabelle). In allen festen Stoffen breiten sich Schallwellen besonders schnell aus. Das liegt daran, dass die Teilchen dieser Stoffe dichter und fester zusammenliegen als etwa die Luftteilchen. Die Teilchen dieser Stoffe geben daher einen Stoß besonders schnell an benachbarte Teilchen weiter.

Schallgeschwindigkeiten

Luft	ca. 1200 km/h = 340 m/s
Wasser	1485 m/s
Meerwasser	1530 m/s
Buchenholz	3300 m/s
Ziegelstein	3650 m/s
Marmor	3800 m/s
Stahl	5100 m/s
Glas	5300 m/s

Aus Umwelt und Technik: **Der Kehlkopf – eine Schallquelle**

Das menschliche Stimmorgan übertrifft in seiner Vielseitigkeit sämtliche Musikinstrumente: Menschen können laut schreien oder leise flüstern, sie können singen, in verschiedenen Tonlagen sprechen und viele Töne und Geräusche nachahmen.

Das eigentliche Stimmorgan des Menschen ist der **Kehlkopf**, der sich am oberen Ende der Luftröhre befindet (Bild 7).

Die Stimmbänder durchziehen den Kehlkopf von vorn nach hinten. Während des Atmens liegen sie ungefähr 0,5 cm bis 1,5 cm auseinander (Bilder 8 u. 9). Zum Sprechen und Singen sowie zum Flüstern werden sie mit Hilfe von Muskeln aneinandergedrückt (Bilder 10 u. 11).

Wenn Luft aus der Lunge durch diese **Stimmritze** gepresst wird, werden die gespannten Stimmbänder von der durchströmenden Luft auseinander gestoßen. Sie schlagen sofort wieder zusammen. Das Auseinanderstoßen und das Zusammenschlagen erfolgen in schnellem Wechsel. Das heißt, die Stimmbänder beginnen zu schwingen. Es entsteht ein eigentümliches Geräusch, das dem „Schnattern" des Luftballons in Versuch 5 recht ähnlich ist.

Dass daraus unterschiedliche Laute werden, liegt am Zusammenwirken des Brust-, Rachen-, Nasen- und Mundraumes.

Wir verändern beim Sprechen außerdem auch die Stellung der Zunge, des Gaumens, der Zähne und der Lippen.

7
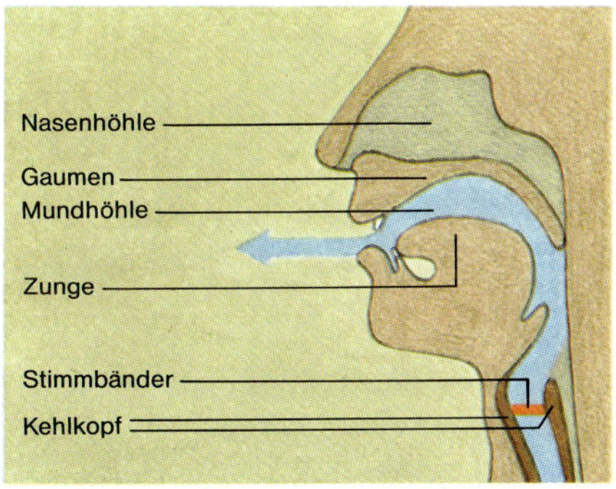

Fragen und Aufgaben zum Text

1 Was stellst du fest, wenn du während des Singens den Kehlkopf vorsichtig mit deinen Fingern berührst?

2 Die Schallerzeugung im menschlichen Kehlkopf hat einige Ähnlichkeit mit der Schallerzeugung in Versuch 5.
Welche Gemeinsamkeiten kannst du erkennen?

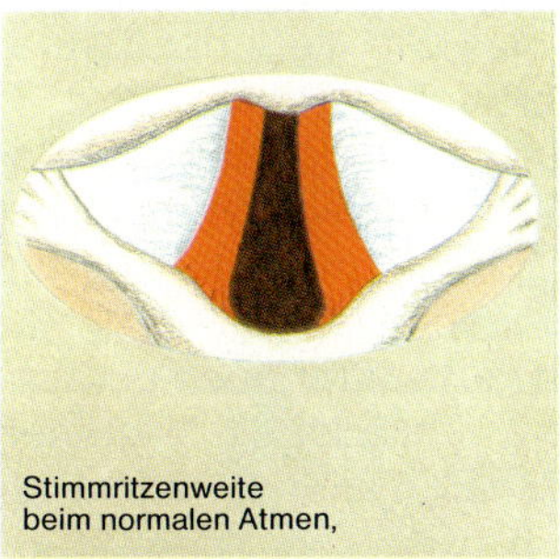

8 Stimmritzenweite beim normalen Atmen,

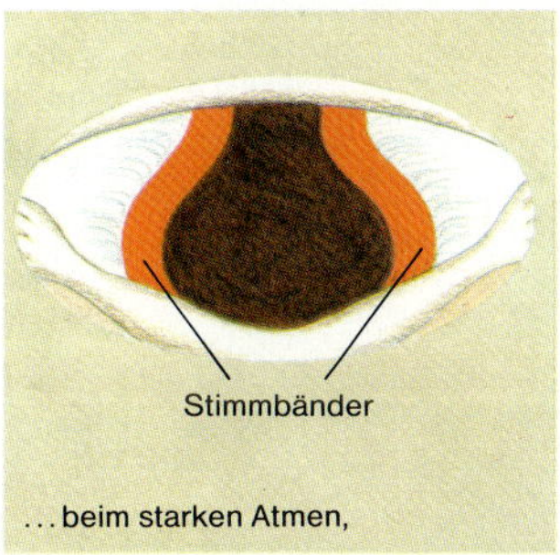

9 ... beim starken Atmen,

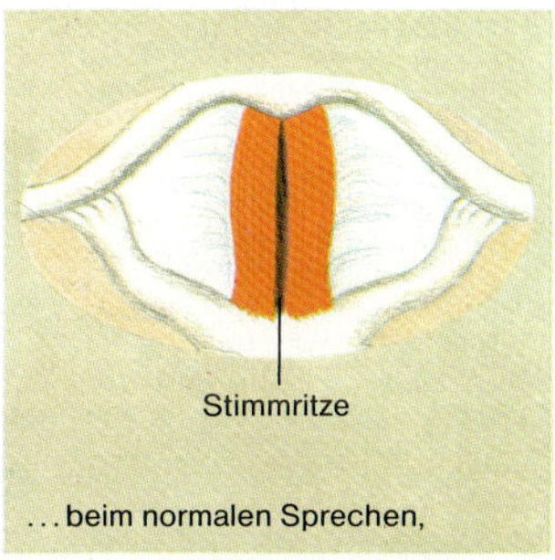

10 ... beim normalen Sprechen,

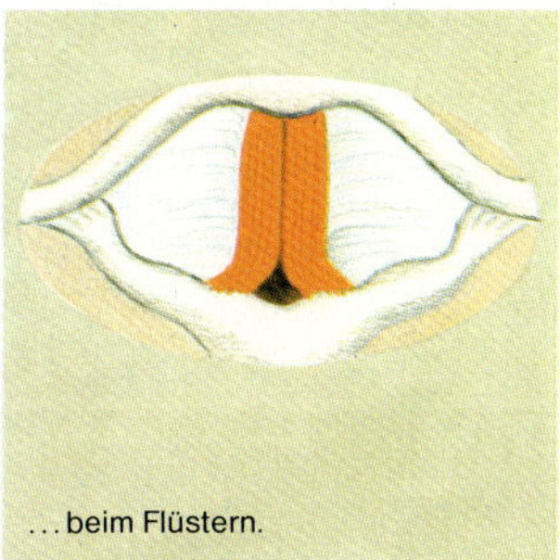

11 ... beim Flüstern.

Aus Umwelt und Technik: **Das Ohr – ein Schallempfänger**

Das menschliche Ohr besteht aus drei Teilen: dem *Außenohr*, dem *Mittelohr* und dem *Innenohr* (Bild 1).

Das **Außenohr** nimmt die Schallwellen mit der *Ohrmuschel* auf und leitet sie durch den *Gehörgang* zum *Trommelfell* weiter. Durch den auftreffenden Schall wird das Trommelfell in Schwingungen versetzt.

Hinter dem Trommelfell beginnt das **Mittelohr** mit den drei Gehörknöchelchen: Das erste Knöchelchen, der *Hammer*, ist fest ans Trommelfell angewachsen. Wenn das Trommelfell schwingt, drückt der Hammer auf den *Amboss*, der dann den *Steigbügel* bewegt. Die drei Knöchelchen übertragen die Schwingungen des Trommelfells auf das *ovale Fenster*.

Das ovale Fenster ist eine Membran ähnlich wie das Trommelfell.

Beim ovalen Fenster beginnt das **Innenohr**. Es ist ganz mit einer Flüssigkeit gefüllt. Hier befinden sich das *Gleichgewichtsorgan* und das eigentliche Hörorgan, die *Schnecke*. In ihren zwei Windungen befinden sich Tausende von Hörzellen, die *Haarzellen* (Bild 2).

Unterschiedlich hohe Töne führen zu unterschiedlich schnellen Druckschwankungen in der Flüssigkeit, mit der die Schnecke gefüllt ist.

Etwa 20 000 Nervenfasern melden die Druckschwankungen über den Gehörnerv an das Gehirn weiter. Selbst bei gleicher Tonhöhe weiß das Gehirn sofort, ob der Klang von einem Klavier, einer Flöte oder einer Gitarre kommt.

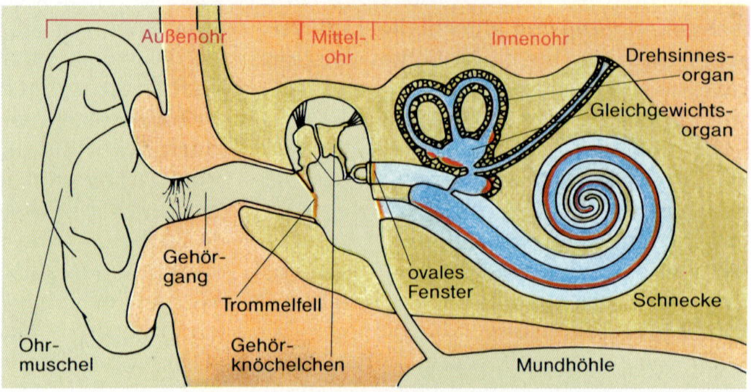

1

2

Sehr laute Töne und starker Lärm können die Haarzellen im Innenohr zerstören.

Leider wachsen die Haarzellen nicht wieder nach. Wer einmal schwerhörig ist, bleibt es sein Leben lang.

Ein weiteres Wunder der Natur ist die Empfindlichkeit des Ohres für unterschiedliche Lautstärken. Wir hören noch Geräusche, die ein Millionstel der Lautstärke einer Fahrradglocke haben.

Wir hören mit beiden Ohren gleichzeitig. Dadurch wird das Richtungshören ermöglicht: Wir könnnen auch bei geschlossenen Augen recht genau angeben, in welcher Richtung sich die Schallquelle befindet.

Aus Umwelt und Technik: **Schallleitung – unerwünscht**

Man hört es im ganzen Haus, wenn der Klempner im Keller an der Heizung arbeitet. Die Rohre übertragen den Schall in jedes Zimmer.

Damit sich Trittgeräusche nicht ebenso im ganzen Haus ausbreiten, haben die Geschossdecken aller Räume einen bestimmten Aufbau (Bild 3).

Auf der Decke aus Beton liegt eine Schicht aus Kunststoff oder Steinwolle.

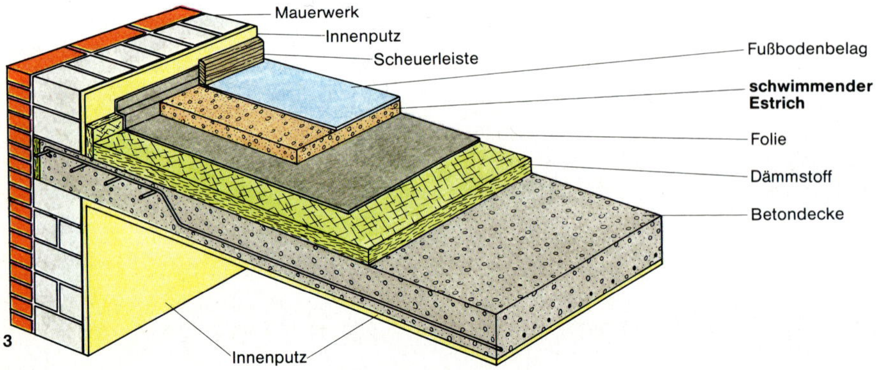

3

Diese Stoffe *dämmen* den Schall, weil die Teilchen, aus denen sie bestehen, weniger dicht gepackt sind als die Teilchen des Betons. Ein schmaler Streifen dieses Dämmstoffes wird an den Wänden sogar noch etwas hochgestülpt.

Über den Dämmstoff kommt eine Folie. Auf die Folie gießt der Maurer Zementmörtel, den **Estrich**.

Der Estrich hat also mit der Betondecke keine direkte Verbindung. Deshalb spricht man auch vom *schwimmenden Estrich*.

Wenn darauf später noch ein Teppichboden kommt, ist die Weiterleitung von Schall in andere Räume nur noch gering.

6024R

Hörbereich und Hörschwelle

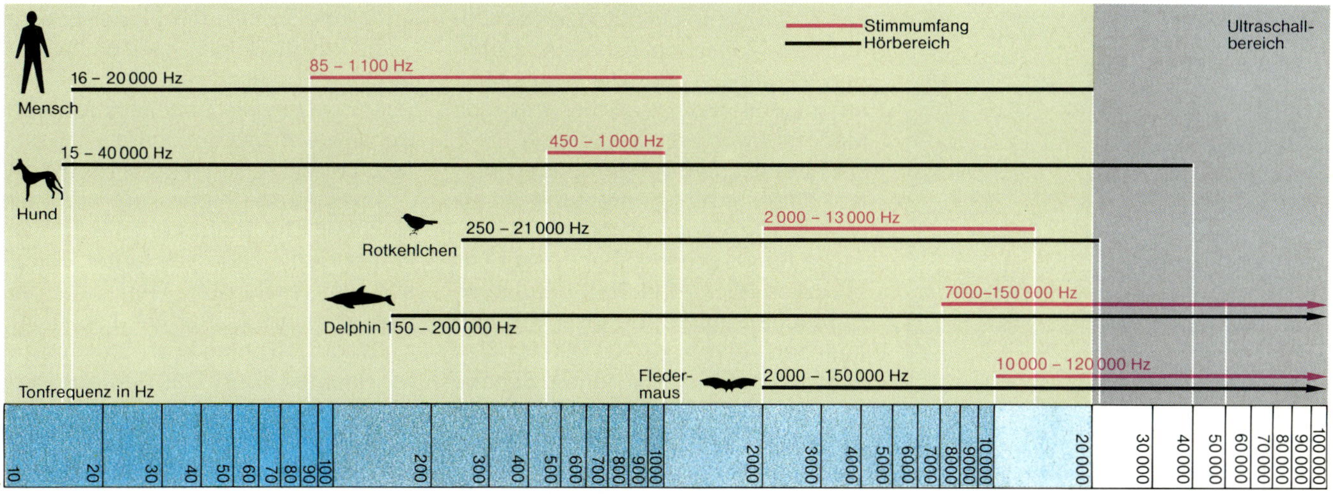

4

Ein Kind hört Schallschwingungen, wenn diese eine Frequenz zwischen 16 Hz und 20 000 Hz haben. Dies ist der **Hörbereich** des Menschen. Mit zunehmendem Alter nimmt die obere Hörgrenze des Menschen allmählich ab – mit jedem Lebensjahrzehnt um ungefähr 2000 Hz.

Schall oberhalb von 20 000 Hz ist für uns nicht hörbar; man bezeichnet ihn als **Ultraschall**.

Ob wir einen Ton wahrnehmen oder nicht, ist auch von der Energie abhängig, die pro Sekunde von der Schallquelle zum Trommelfell gelangt. Wir hören einen Ton erst, wenn ein bestimmter Mindestwert überschritten ist.

Diese **Hörschwelle** ist frequenzabhängig; sie liegt bei sehr hohen bzw. tiefen Tönen besonders hoch. Damit wir einen tiefen oder hohen Ton wahrnehmen, muss also verhältnismäßig viel Energie pro Sekunde an unserem Ohr ankommen. Für mittlere Tonhöhen (3000 bis 5000 Hz) dagegen ist das Ohr recht empfindlich.

Der Frequenzbereich der menschlichen Stimme ist kleiner als der Hörbereich (Bild 4). Ein Sänger mit einer Bassstimme erzeugt 85 bis 350 Hz, eine Sopransängerin 250 bis 1100 Hz. Außer diesen reinen Tonschwingungen erzeugen wir beim Sprechen auch höhere Frequenzen, z. B. bei Zischlauten.

Aus Umwelt und Technik: **Die Ultraschall-Untersuchung**

Wenn eine Schallwelle auf die Grenze zwischen zwei unterschiedlichen Stoffen trifft, wird die Welle zum Teil zurückgeworfen *(reflektiert)*. Die reflektierte Welle wird am Ort der Schallquelle als **Echo** wahrgenommen.

Zwischen dem Aussenden des Schalls und dem Eintreffen des Echos vergeht eine bestimmte Zeit. Aus dieser Zeit lässt sich der Abstand der reflektierenden Grenzfläche berechnen. Auf diesem Prinzip beruhen die Ultraschall-Untersuchungen schwangerer Frauen. Man verwendet dabei Ultraschall bis 5000 kHz.

Der Arzt drückt einen Schallsender und -empfänger auf den Bauch der schwangeren Frau (Bild 5). Eine Schallwelle durchläuft die verschiedenen Schichten des Körpers: Haut, Fettgewebe, Muskeln, Knochen ...

An jeder Grenzfläche wird ein Teil des Schalls reflektiert. Die einzelnen Echos werden vom Schallempfänger aufgefangen und an einen Computer übertragen. Dieser berechnet dann aus den Laufzeiten Entfernungen und Dicken der Schichten. Die Lage der Schichten wird auf einem Monitor angezeigt. Es entsteht so ein Bild des ungeborenen Kindes (Bild 6), auf dem der Arzt erkennen kann, wie sich das Kind entwickelt.

Nach heutigen Kenntnissen sind solche Untersuchungen für Mutter und Kind ungefährlich.

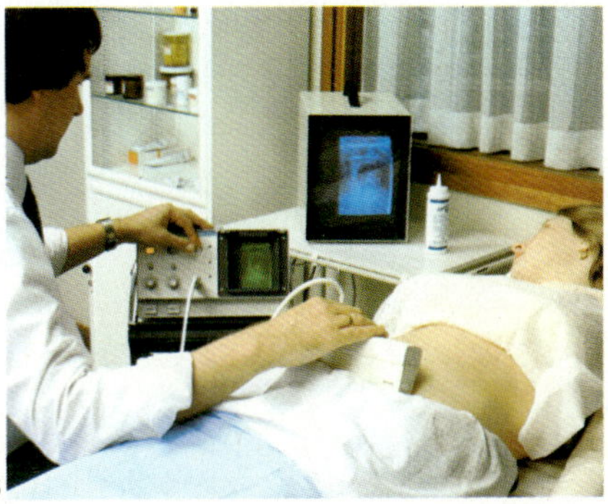
5

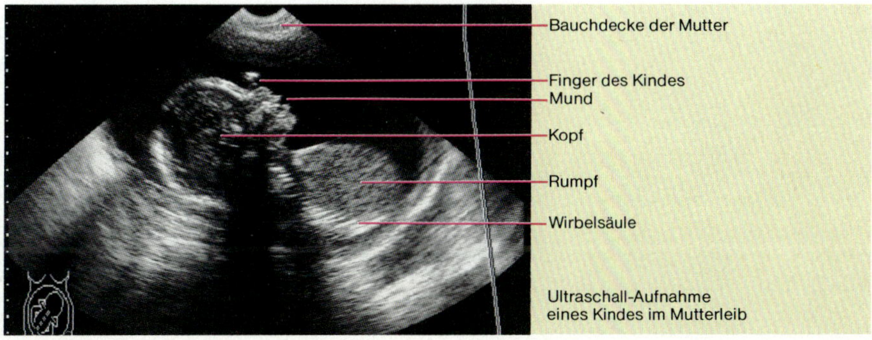

6 Ultraschall-Aufnahme eines Kindes im Mutterleib

Aus Umwelt und Technik: **Die Echo-Ortung der Delphine**

1

Delphine (Bild 1) sind mit Lungen atmende Säugetiere. Sie besitzen ein hoch entwickeltes Gehirn, das unserem Gehirn ähnlicher ist als das der Menschenaffen. Die Familie der Delphine gehört mit ihren über 25 Arten zu den Walen.

Von alters her gilt den Delphinen die besondere Zuneigung des Menschen. So wurden sie in der Antike als heilige Tiere verehrt, deren Tötung als Verbrechen galt. Noch heute sehen es viele Seeleute gern, wenn ihr Schiff von ganzen Herden dieser „Glücksbringer“ begleitet wird.

Es gibt viele Berichte, nach denen Delphine kranke Artgenossen oder sogar erschöpfte Menschen über Wasser hielten und so vor dem Tode bewahrten.

1938 wurde in Florida das erste Delphinarium eröffnet. Erst seit dieser Zeit werden Delphine in der Obhut des Menschen gehalten; so haben Wissenschaftler die Möglichkeit erhalten das Verhalten dieser klugen Meeresbewohner zu studieren.

Erstaunliche Beobachtungen wurden dabei unter anderem mit Unterwassermikrofonen gemacht:

Die Tiere senden außer den für uns hörbaren Klick- und Pfeiftönen auch **Ultraschall** aus – und zwar mit Frequenzen von bis zu 200 000 Hz. Das **Echo** dieser kurzen, hohen Schreie dient ihnen zur Orientierung und zum Beutefang. Wo sich z. B. ein Hindernis befindet, ergibt sich aus der Laufzeit des Echos und der Richtung, aus der das Echo kommt (Bild 2).

Nach dem gleichen Echoverfahren machen sich auch **Fledermäuse** ein regelrechtes Bild von ihrer (teilweise völlig dunklen) Umgebung.

Ihre Ultraschallschreie liegen im Bereich unter etwa 120 000 Hz.

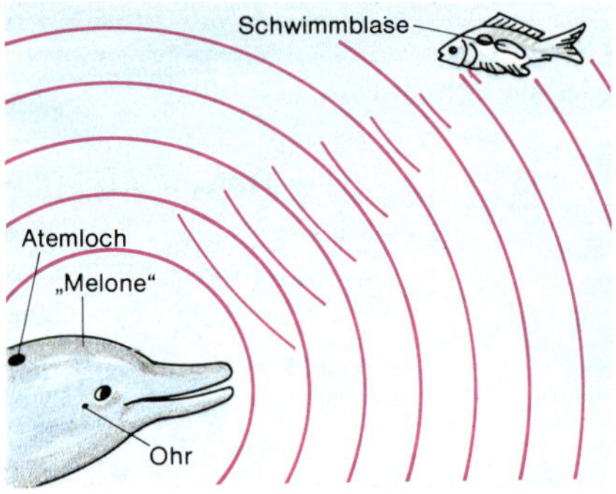

2

Im Vergleich mit den Fledermäusen scheinen die Delphine auf den ersten Blick im Vorteil zu sein, denn sie sind über ihre Umwelt *schneller* informiert. Schallwellen breiten sich ja in Wasser fast fünfmal so schnell aus wie in Luft.

Aber gerade hierin liegt auch ein Nachteil. Die Zeitunterschiede zwischen den Echos von unterschiedlich weit entfernten Gegenständen sind ebenfalls fast fünfmal so klein!

Für die Delphine kommt ein weiterer Nachteil hinzu. Das Gewebe ihrer Beute (meist Fische) besteht im Wesentlichen aus dem gleichen Stoff wie die ganze Umgebung – nämlich aus Wasser. Daher werden auftreffende Schallwellen vom Körper des Beutetieres praktisch nicht reflektiert!

Trotzdem orten Delphine ihre Beute auch „mit verbundenen Augen“. Die *luft*gefüllte Schwimmblase „verrät“ nämlich die Beutefische, weil an der Grenzfläche Luft–Wasser Schall fast vollständig reflektiert wird.

Delphine geben noch immer viele Rätsel auf. Bis heute weiß man nicht genau, wie und so sie den Ultraschall erzeugen und empfangen. Schließlich haben sie keine Stimmbänder und nur 0,5 mm weite Ohröffnungen. Ob der verdickte Teil ihres Kopfes – die „Melone“ – mit zur Echo-Ortung beiträgt? Das könnte erklären, wieso Delphine Beutefische nicht hören, die sich *unter* ihnen befinden.

Fragen und Aufgaben zum Text

1 Die Bilder 3 u. 4 zeigen, wie mit Hilfe von Ultraschall die Wand eines Schiffes untersucht wird. Genauso lassen sich zum Beispiel die Schweißnähte einer Rohrleitung oder der Druckbehälter eines Kernkraftwerks überprüfen.

Beschreibe das Verfahren.

2 Das **Echolot** eines Schiffes besteht aus dem Schallgeber (einem Ultraschallsender) und dem Echoempfänger (Bild 5). Erkläre die Funktionsweise.

3 Ein Echolot empfängt die reflektierte Schallwelle 0,4 s nach dem Aussenden. Wie tief ist das Meer an dieser Stelle?

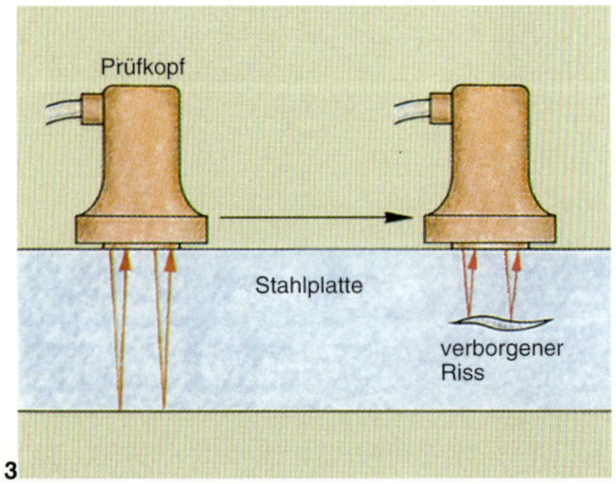

3

4

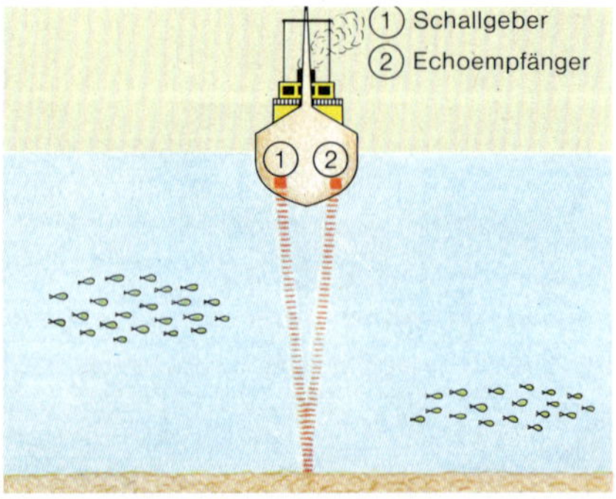

5

5026R

3 Resonanz

Die einzeln stehende Stimmgabel von Bild 6 wurde angeschlagen und dann mit der Hand an den Zinken fest gehalten. Obwohl sie keinen Ton mehr abgeben kann, ist der Ton noch lange zu hören!

Wie ist das möglich?

V 20 Schlage eine Stimmgabel an und stelle sie mit dem Fuß auf die Tischplatte und auf verschiedene „Resonanzkästen“.

V 21 Bild 7 zeigt den Aufbau.

a) Über einem Glasrohr, das teilweise in Wasser steht, wird eine Stimmgabel angeschlagen. Das Rohr wird durch langsame Auf- und Abbewegung mehr oder weniger tief in das Wasser eingetaucht.

Achte darauf, wie laut der Ton zu hören ist.

b) Anstelle der Stimmgabel wird nun ein Lautsprecher über dem Glasrohr angebracht, der mit einem *Tonfrequenzgenerator* verbunden ist. Bei fest stehendem Glasrohr wird die Tonfrequenz geändert. Achte genau auf die Lautstärke der Töne!

6

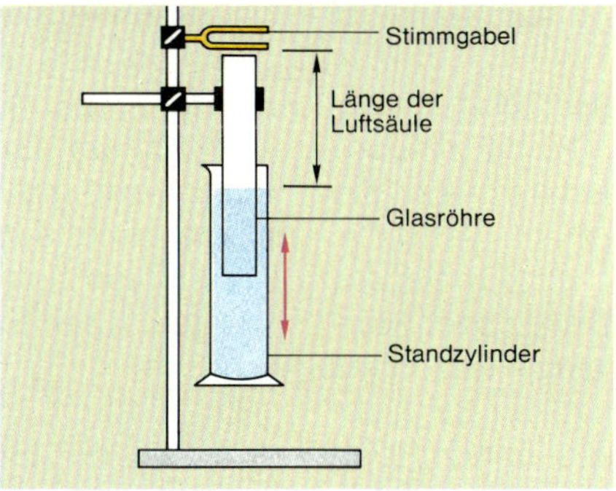

7

V 22 Versuche durch Anblasen einer kleinen Flasche einen Ton zu erzeugen. Ist es bei verschiedenen Flaschen immer der gleiche Ton?

V 23 Halte einen Körper (von etwa 100 g Masse) an einem dünnen Gummiband.

a) Versetze den Körper dadurch in senkrechte Schwingungen, dass du deine Hand ganz wenig auf und ab bewegst.

b) Beobachte genau, *wann* es am günstigsten ist, die Hand wieder nach oben zu bewegen. In welcher Phase seiner Bewegung befindet sich dabei gerade der schwingende Körper?

c) Der Körper soll jetzt frei schwingen. Bestimme die Schwingungsdauer.

Resonanz und Resonanzkatastrophe

Was man unter Resonanz versteht, soll zunächst an Beispielen aus der Mechanik erläutert werden:

Wenn man eine Schaukel einmal anstößt, schwingt sie mit einer ganz bestimmten Frequenz. Diese Frequenz heißt **Eigenfrequenz** der Schaukel.

Auch ein Pendel, eine eingespannte Saite, die Luftsäule in einem Rohr und jedes andere schwingungsfähige System haben eine bestimmte Eigenfrequenz.

Wenn man einen schwingungsfähigen Körper anstößt und dann sich selbst überlässt, schwingt er mit seiner Eigenfrequenz. Die Schwingung heißt Eigenschwingung.

Die Amplitude der Eigenschwingung nimmt durch Reibungsverluste ständig ab und schließlich kommt der Körper wieder zur Ruhe. Man sagt, die Schwingung ist *gedämpft*.

Wird der Körper jedoch ständig in einem bestimmten Takt angestoßen, so führt er **erzwungene Schwingungen** aus, und zwar mit der von außen aufgezwungenen Frequenz, der *Erregerfrequenz*.

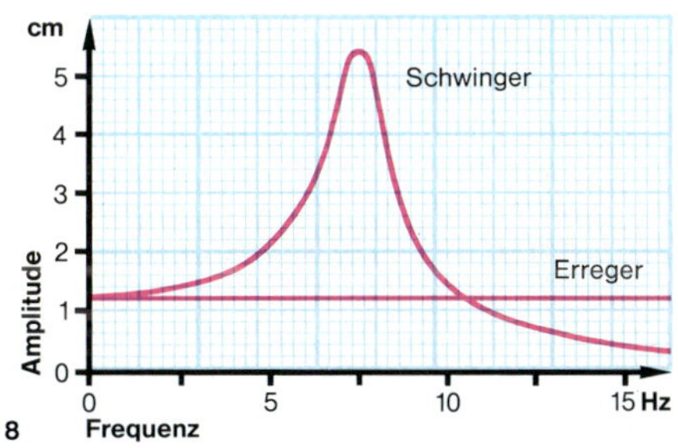

8

Bei den erzwungenen Schwingungen sind zwei Fälle zu unterscheiden (Bild 8):

- ○ Erregerfrequenz und Eigenfrequenz unterscheiden sich deutlich. Der Körper schwingt mit kleiner Amplitude.
- ○ Erregerfrequenz und Eigenfrequenz stimmen ungefähr überein. Der Körper wird zu heftigen Schwingungen angeregt. Die Amplitude erreicht große Werte. Es wird viel Energie auf den schwingenden Körper übertragen. Man spricht von **Resonanz**.

Resonanz tritt z. B. ein, wenn man eine Schaukel immer wieder im Takt ihrer Eigenschwingung anstößt.

In der Technik ist Resonanz meist gar nicht erwünscht: Im Resonanzfall kann die Amplitude so groß werden, dass das ganze schwingende System zerstört wird **(Resonanzkatastrophe)**. Das geschieht immer dann, wenn bei jeder Schwingung mehr Energie zugeführt wird als durch Reibung verloren geht.

So können z. B. Brücken einstürzen, wenn durch Schaukeln oder Marschieren im Gleichschritt Schwingungen mit der Eigenfrequenz angeregt werden.

Auch in der Akustik treten Resonanzen auf: Wenn man eine Stimmgabel anschlägt, gerät eine zweite gleichartige Stimmgabel nach kurzer Zeit in Schwingung. Sie wird von den ankommenden Schallwellen ja gerade zu Schwingungen in ihrer Eigenfrequenz angeregt.

Haben die Stimmgabeln unterschiedliche Frequenzen, wird die zweite Stimmgabel kaum merklich angeregt.

Mikrofone und auch unsere Ohren sind so gebaut, dass das Mitschwingen in großen Frequenzbereichen möglich ist, aber keine Resonanz angeregt wird.

Aus Umwelt und Technik: **Vom Klang der Violine**

Vom Klang einer Violine lassen sich die Menschen verzaubern. Was wir beim Musikhören empfinden, lässt sich physikalisch weder beschreiben noch erfassen. Physikalisch erklären kann man immer nur bestimmte Aspekte der Musik, z. B. die Klangentstehung bei der Violine (Bild 1):

Die Saiten der Violine werden mit dem Bogen gestrichen und so in Schwingungen versetzt. Die Schwingungen werden über den Steg auf den hölzernen *Korpus*, den *Klangkörper*, übertragen. Dadurch wird sowohl der Korpus als auch die eingeschlossene Luft zum Mitschwingen angeregt.

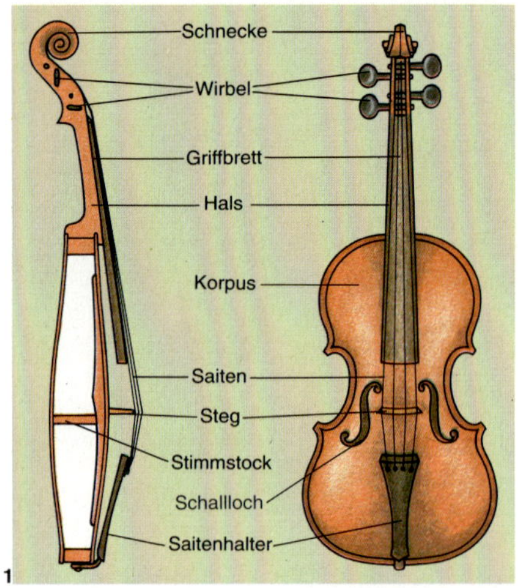

1

Der Korpus hat also die Aufgabe den Schall auszusenden, er ist ein „akustischer Strahler“. Die Schwingungen der Luft im Innern werden hauptsächlich über die „F-Löcher“ nach außen übertragen.

Zunächst einmal wäre es für einen solchen Strahler am günstigsten, wenn er alle Töne möglichst in gleicher Stärke abstrahlt. Er dürfte also keine Töne durch Resonanz verstärken. Allerdings lassen sich Resonanzen gar nicht vermeiden, sowohl der Korpus als auch die Luft im Hohlraum haben immer irgendwelche Eigenfrequenzen. Die Kunst des Geigenbauers besteht darin, das Instrument so zu bauen, dass die Eigenfrequenzen „günstig“ liegen, nämlich in der Nähe der Grundtöne der einzelnen Saiten.

Bild 2 zeigt ein Resonanzdiagramm für den Korpus einer Violine. Die Schwingungen für die einzelnen Töne wurden elektronisch erzeugt und in gleicher Lautstärke auf den Steg übertragen. Mit einem Mikrofon wurden die erzwungenen Schwingungen der Violine aufgenommen. Die einzelnen Töne werden unterschiedlich verstärkt. Die tiefen Töne werden besser verstärkt als die höheren.

Für jede Violine würde das Resonanzdiagramm etwas anders aussehen. Einfluss auf die Klangqualität der Violine haben außer der Form des Klangkörpers auch die Wandstärke von Boden und Decke, die Wölbung, der Lack, die Holzbeschaffenheit und andere Faktoren. Wie die spezielle Klangfarbe einer bestimmten Violine zustande kommt, lässt sich bis heute nicht vollständig erklären. Es bleibt ein Geheimnis der Geigenbauer, aus welchen Hölzern und durch welche Bauweise eine „Meistergeige“ entsteht. Ein Rätsel bleibt auch, warum der Klang von Violinen mit zunehmender Spieldauer und wachsendem Alter besser zu werden scheint.

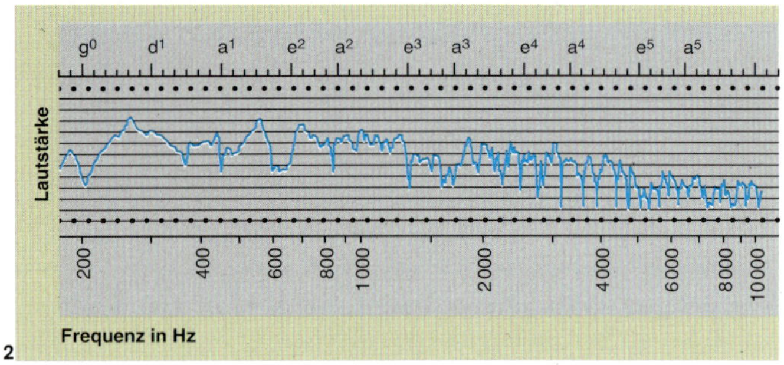

2

Aufgaben

1 Nenne Musikinstrumente, die einen hölzernen Korpus (Klangkörper) zur Verstärkung der Töne haben.

2 Manche Sänger können durch Singen eines hohen Tons Weingläser zum Zerspringen bringen. Erkläre!

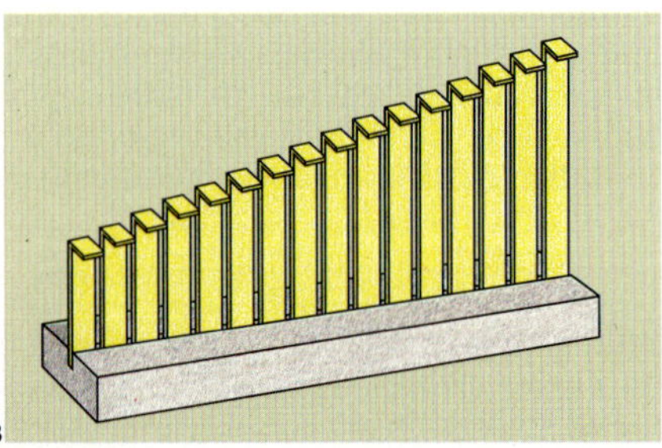
3

3 Zungenfrequenzmesser (Bild 3) bestehen aus einer Reihe von Blattfedern (Zungen) unterschiedlicher Länge und Masse. Die Eigenfrequenz ist auf jeder Zunge notiert.

a) Mit einem Zungenfrequenzmesser kann man z. B. die Frequenz ermitteln, mit der ein Motor „brummt“. Dazu wird das Gerät am laufenden Motor angebracht. Was wird zu beobachten sein?

Erkläre die Funktionsweise des Zungenfrequenzmessers.

b) Warum könnte diese Frequenzmessung wichtig sein?

4 Wieso müssen die Warnungen in Bild 4 beachtet werden?

4

6709R

Alles klar?

1 Die Schwingungen einer Schallquelle sind gekennzeichnet durch Amplitude und Frequenz. Welche Größe bestimmt die Lautstärke, welche die Tonhöhe?

2 Auf einer Stimmgabel steht „440 Hz". Was bedeutet diese Angabe?

3 Schallquellen erzeugen in der Luft Druckschwankungen.

Man kann die Druckschwankungen mit einem Mikrofon in Schwankungen eines elektrischen Stromes umwandeln. Mit einem Oszilloskop lassen sich die Stromschwankungen sichtbar machen (Bild 5).

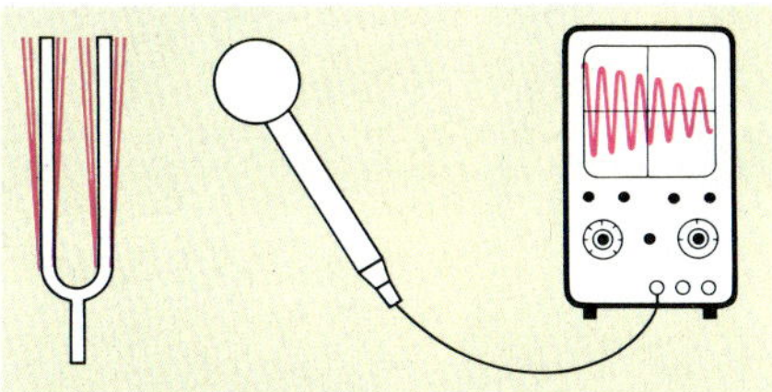

5

Die Einstellungen am Oszilloskop wurden bei den Bildern 6–9 nicht verändert.

Welche Schwingung gehört zu einem hohen bzw. tiefen Ton, welche zu einem leisen bzw. lauten Ton?

4 Man sagt, die Indianer hätten herannahende Feinde oft schon in großer Entfernung bemerkt. Bild 10 zeigt, wie sie dabei vorgegangen sein sollen.

Erkläre, warum diese Methode funktioniert haben kann.

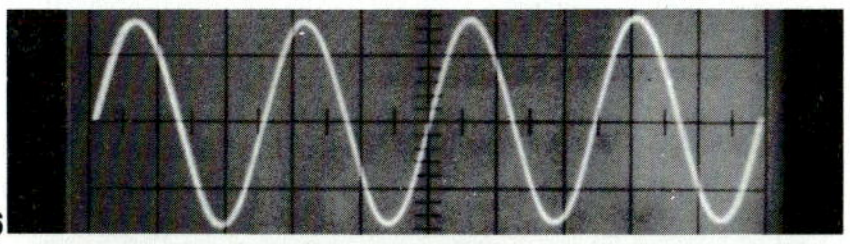

6

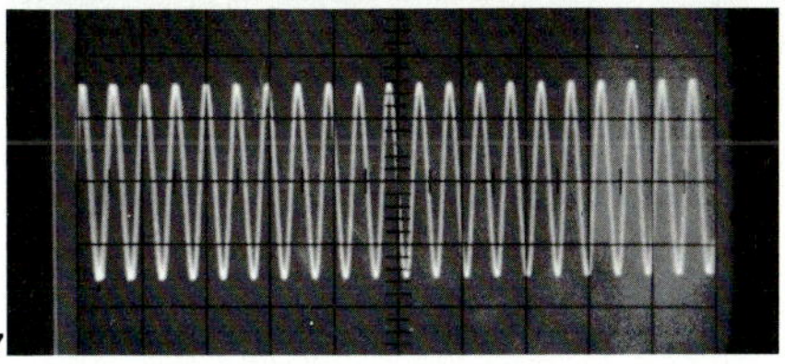

7

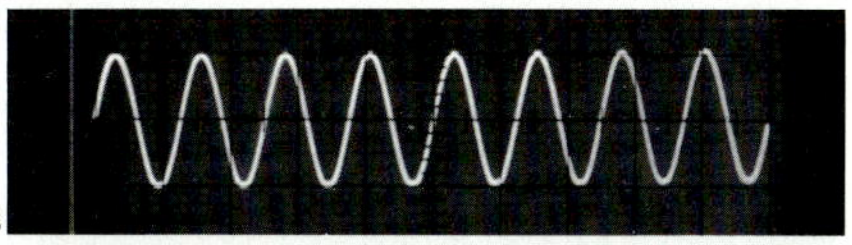

8

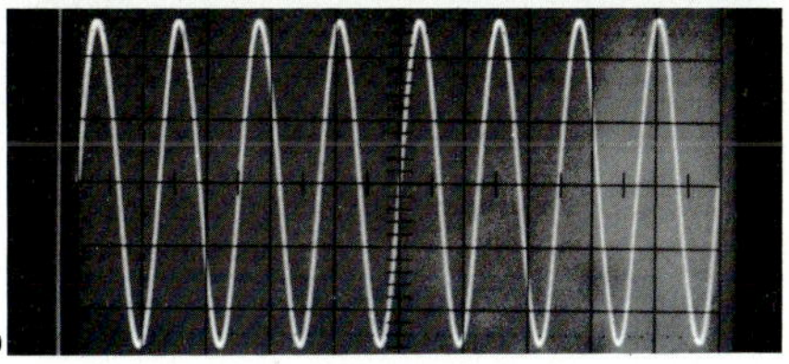

9

10

4 Zusammenfassung

Wie entsteht Schall?

11

12

13

Schall entsteht, wenn ein Körper rasche Schwingungen ausführt.

Den Weg von der Ruhelage zu einem der Umkehrpunkte eines schwingenden Körpers nennt man **Amplitude**.

Je größer die Amplitude ist, desto lauter ist der Ton.

Die **Frequenz** gibt an, wie viele Schwingungen die Schallquelle in 1 s ausführt. Ihre Einheit ist **1 Hertz** (1 Hz).

Je größer die Frequenz ist, desto höher ist der Ton.

Unser Ohr nimmt Schwingungen zwischen 16 Hz und 20 kHz wahr.

Schallausbreitung und Schallgeschwindigkeit

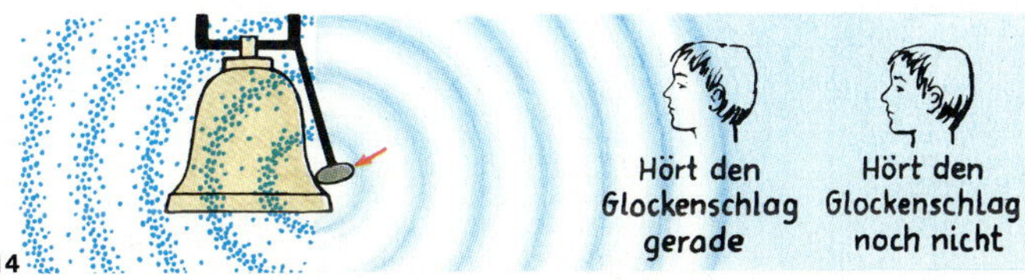

14

Schallwellen breiten sich nach allen Seiten hin aus. Wenn sie das Ohr erreicht haben, hören wir den Schall.

Der Schall benötigt rund 3 s um in Luft eine Strecke von 3000 m zurückzulegen.

Die Schallgeschwindigkeit in Luft beträgt 340 $\frac{m}{s}$.

Lärm und Lärmbekämpfung

1 „Power“ für die Ohren?

1

Lärmschutz jetzt auch in der Diskothek

9000 Diskotheken haben Sorgen: Das Ende eines „irren Sounds“?

Laute Musik ist eine feine Sache – aber nicht für jeden und vor allem nicht immerzu. Sie kann auch als unangenehm und belästigend empfunden werden, ebenso wie mancher andere Schall in unserer Umgebung. Störenden Schall nennt man *Lärm* – und dauernder Lärm macht krank: Die Adern verengen sich, der Blutdruck steigt, man wird nervös und schläft schlecht.

Wie kann man Lärm bekämpfen? Wie kann man Lärm messen?

V 1 Lege einen läutenden Wecker oder einen eingeschalteten Küchenhandmixer (ohne Knethaken) auf den Tisch. Wie kannst du den Lärm verringern? Welche Hilfsmittel benötigst du für deinen „Lärmschutz“?

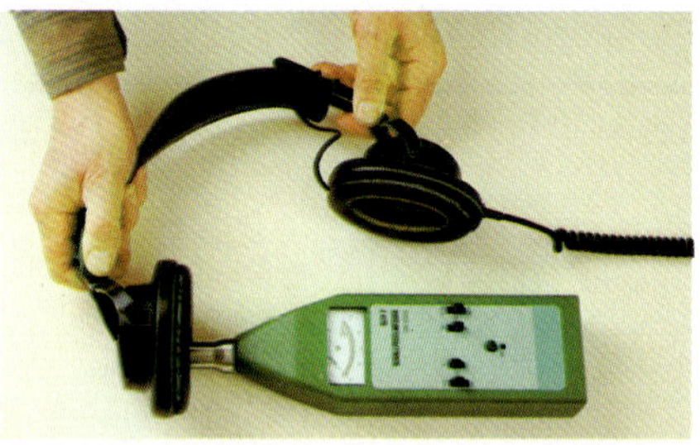

2

V 2 Verschließe den Abfluss eines Waschbeckens. Drehe nun den Wasserhahn so weit auf, dass ein schwacher Strahl ins Becken fließt. Du hörst dann, wie er auf die Wasseroberfläche auftrifft. Halte an die Auftreffstelle einen Schwamm. Was stellst du fest?

V 3 In das Waschbecken füllst du 10 cm hoch Wasser. Gib etwas Geschirrspülmittel hinzu und wirble das Wasser auf, sodass eine Schaumschicht entsteht.

Jetzt schiebst du den Schaumteppich beiseite und lässt auf die freie Wasseroberfläche einen Wasserstrahl plätschern. Schiebe dann den Schaumteppich unter den Wasserstrahl.

Was hörst du jeweils? Erkläre den Unterschied.

V 4 Wir bestimmen mit dem *Schallpegelmesser* die Lautstärke im Klassenraum (im Treppenhaus nach dem Läuten zur Pause, auf dem Schulhof, auf der Straße ...).

V 5 Zwei Mofas oder Mopeds stehen nebeneinander. Beide Motoren laufen im Stand. Welchen Wert zeigt der Schallpegelmesser? Vergleiche ihn mit dem Wert, den er bei einem der Fahrzeuge anzeigt.

V 6 Wie laut hört man die Musik in einem Kopfhörer (Bild 2)? Wir spielen dieselbe Musik über Lautsprecher und messen in 3 m Abstand wieder den Schall.

V 7 In einer offenen Styroporschachtel wird mit einem elektrischen Summer Schall erzeugt (Bild 3). Der Schall wird in unterschiedlichen Abständen gemessen (Tabelle).

Wie laut ist der Summer, wenn die Schachtel mit einem Deckel (aus Pappe, Styropor, Glas) verschlossen wird?

Prüfe nach, ob es *innen* mit Deckel lauter ist.

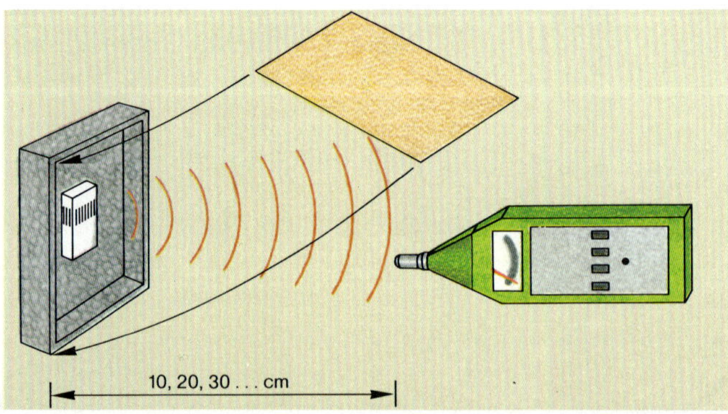

3

5721R

Lärm kann man messen: der Schallpegel

Wie laut ist der Lärm, den die Anwohner in der Nähe einer Autobahn ertragen müssen? Wie viel Lärm macht ein Motorrad? Wie laut ist ein Presslufthammer in 20 m Entfernung zu hören?

Um solche Fragen beantworten zu können, muss man den Schall messen. Dazu benutzt man **Schallpegelmesser**. Solche Geräte verwendet z. B. die Polizei um Lärmsünder zu ermitteln (Bilder 4 u. 5).

Man gibt den Schallpegel in **Dezibel A (dBA)** an. Bei 0 dBA hören wir nichts.

4

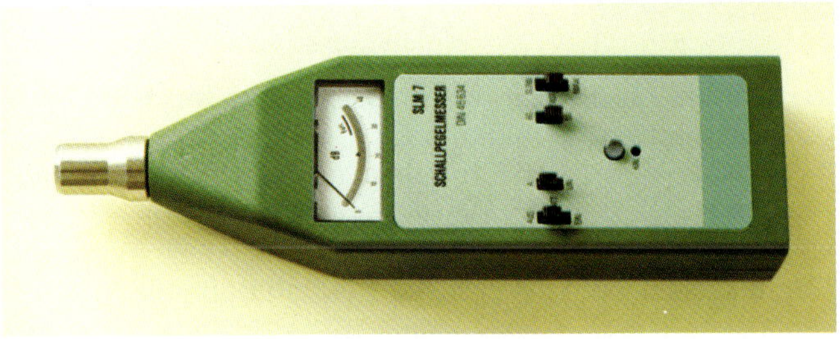

5

Geräusche bis 30 dBA empfinden wir als ruhig. Dauernder Lärm über 85 dBA macht schwerhörig. Die Tabelle unten gibt einen Überblick über Schallpegel.

Bei der Beurteilung von Schallpegelwerten sind zwei Punkte zu beachten:

- Der Schallpegelmesser zeigt bei einem Rasenmäher z. B. 65 dBA an. Bei zwei Rasenmähern beträgt der Schallpegel aber nicht 130 dBA, sondern nur 68 dBA. *Durch eine zusätzliche gleich laute Schallquelle steigt der Schallpegel immer um 3 dBA an.*
- Von zwei Mopeds geht doppelt so viel Schallenergie aus wie von einem Moped. Trotzdem empfindet unser Ohr die zwei Mopeds nicht als doppelt so laut. Erst bei zehn gleich lauten Fahrzeugen haben wir den Eindruck doppelter Lautstärke (Bild 10).

  Doppelte Lautstärke bedeutet, dass der Schallpegel um 10 dBA ansteigt.

  Nach unserer Tabelle ist ein Motorrad doppelt so laut wie ein Mofa – es macht also genauso viel Krach wie zehn Mofas zusammen.

Beispiel	dBA	Hörempfindung	
Schmerzgrenze Düsentriebwerk, Rockkonzert Hubschrauber Diskothek, Kompressor	130 120 110 100	„unerträglich“	 6
laute Fabrikhalle Motorrad, Straßenverkehr lautes Rufen, Mofa	90 80 70	„laut“	 7
Büro Unterhaltung Flüstern	60 50 40	„leise“	 8
Blättergeräusch Taschenuhr Atmen Hörschwelle	30 20 10 0	„ruhig“	 9

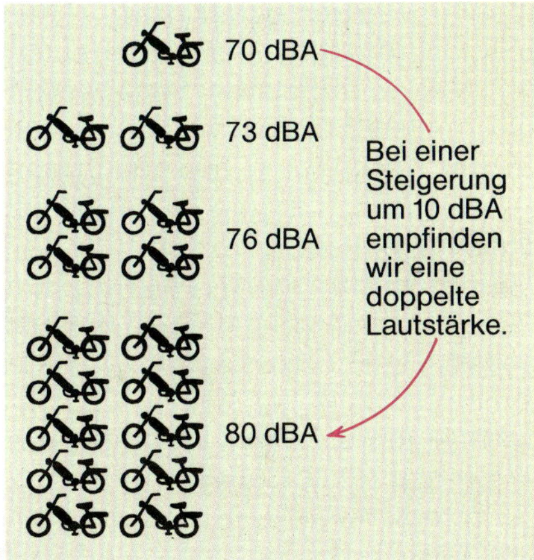

10

Aufgaben

1 Wenn dich grelles Licht blendet, kannst du dreierlei dagegen tun:
- auf die Lichtquelle einwirken (z. B. mit einem Dimmer);
- auf die Lichtübertragung einwirken (Vorhang vorziehen);
- auf den Lichtempfänger einwirken (Augen schließen).

Gibt es auch einen vergleichbaren Schutz vor Lärm?

2 „Ein Kompressor (100 dBA) ist so laut wie 1000 Mofas.“ Begründe diese Aussage.

3 Ein bestimmtes Kraftfahrzeug erzeugt beim Fahren einen Schallpegel von 77 dBA. Wie laut sind zwei dieser Fahrzeuge?

4 Zehn Blechpressen bewirken in einer Fabrik einen Schallpegel von 95 dBA. Wie laut ist es, wenn die Hälfte der Maschinen läuft?

5 In Diskotheken sollte – wie in Fabriken – der Schallpegel 85 dBA nicht überschreiten. Wem soll diese Einschränkung nutzen?

6 Welche Vorteile und welche Nachteile hat es, wenn du Musik über einen Kopfhörer statt über Lautsprecherboxen hörst?

7 In Versuch 7 gab der Summer in der geschlossenen Styroporschachtel genauso viel Schallenergie wie in der offenen ab. Mit Deckel war es außen deutlich leiser als ohne.

a) Wo ist der Schall geblieben?

b) Wie lässt sich deine Vermutung nachweisen?

2 Lärmschutz

Aus Umwelt und Technik: **Schall dämmen – Schall dämpfen**

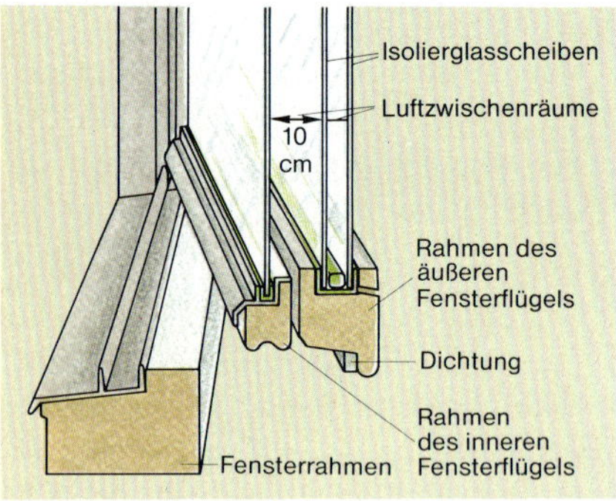

1

2

Stell dir vor, du sitzt im Wohnzimmer und hast eine besonders schwierige Hausaufgabe zu lösen. Das Fenster ist geöffnet und tosender Straßenlärm dringt herein.

Um dich konzentrieren zu können, wirst du in dieser Situation wahrscheinlich das Fenster schließen. Die Fensterscheiben werfen dann (ebenso wie die Mauern des Hauses) einen Teil der auftreffenden Schallwellen zur Straße zurück; so wird der Schall an der Ausbreitung gehindert. Man nennt diese Art von Schallschutz **Schalldämmung**.

Eine Glasscheibe dämmt den Schall schon recht gut. Doch dreimal besser dämmt ihn ein Schallschutzfenster (Bild 1). Ein solches Fenster schützt genauso gut vor Lärm wie 27 cm starkes Mauerwerk!

Harte, schwere und glatte Materialien eignen sich besonders gut zur Schalldämmung. Bild 2 zeigt eine Schallschutzwand aus Betonplatten. Auch Wände aus Stein, Holz oder Glas dämmen den Schall gut.

Eine andere Art des Schallschutzes ist die **Schalldämpfung**.

Bei der Schalldämpfung werden Schallwellen nicht zurückgeworfen, sondern von geeigneten Materialien „verschluckt". Schalldämpfende Materialien müssen eine lockere Oberfläche oder Poren besitzen.

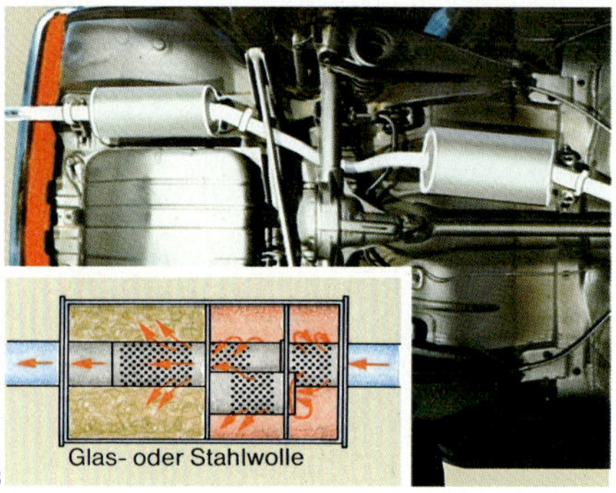

3

Ein Beispiel für dieses Schallschutz-Verfahren ist der Schalldämpfer von einem Auto. Zwischen Motor und Auspuff befinden sich ein oder zwei „Töpfe" (Bild 3) – so bezeichnet der Mechaniker die Schalldämpfer.

Sie bestehen innen aus mehreren Kammern, die mit Glas- oder Stahlwolle gefüllt sind. Die Schallwellen des Motors dringen in alle Ecken dieser Kammern. Sie werden häufig reflektiert und „verlaufen" sich so schließlich in den Poren der Füllung. Die Energie der Schallwellen wird dabei in Wärme umgewandelt und die Lautstärke nimmt deutlich ab.

Bei der Schalldämpfung wird der Schall also nicht nur an der Ausbreitung gehindert, sondern teilweise sogar „vernichtet".

Fragen und Aufgaben zum Text

1 Erkläre den Unterschied zwischen Schalldämmung und Schalldämpfung. Die Bilder 4 u. 5 helfen dir dabei.

2 Mit welchen Materialien kann man den auftreffenden Schall besonders gut dämmen?

Welche Materialien eignen sich zur Schalldämpfung?

3 Der Schalldämpfer eines Autos kann im Laufe der Zeit durchrosten und Löcher bekommen.

Wie wirken sich die Löcher aus?

4 Auspuffrohre und Schalldämpfer sind nicht an der Autokarosserie festgeschraubt, sondern hängen dort an dicken Gummiringen. Welchen Sinn hat diese Art der Befestigung?

4

5

5 Wenn die Motorhaube eines Autos geöffnet ist, hört man das Geräusch des laufenden Motors recht laut.

Bei geschlossener Motorhaube ist das Motorgeräusch erheblich leiser.

Bewirkt die Motorhaube eine Lärmdämmung oder eine Lärmdämpfung? Begründe deine Antwort.

6 In welchen Gegenden sollten unbedingt Schallschutzfenster in die Wohnungen und Häuser eingebaut werden?

7 Sicherlich kennst du auch Lärmschutzwände, die anders als auf Bild 2 aussehen.

Beschreibe diese Wände.

5723R

Aus Umwelt und Technik: **Lärm macht krank**

Dauernder Lärm macht schwerhörig. Dem ganzen Körper drohen Gefahren durch Lärm! Lärm geht unter die Haut: Die Adern verengen sich, der Blutdruck steigt, man atmet schneller, die Konzentration lässt nach, der Magen schmerzt, man wird nervös und schläft schlecht.

Nur jeder zehnte Bundesbürger wohnt wirklich ruhig, jeder zweite fühlt sich durch Verkehrslärm belästigt. Gesetzliche Bestimmungen schreiben Höchstwerte für den Schallpegel von Fahrzeugen vor:

Fahrzeug	zulässiger Schallpegel (in Klammern: ab 1996)
Mofa	70 dBA
Moped	72 dBA
Motorrad	84 dBA
Pkw	77 dBA (74 dBA)
Lkw	84 dBA (80 dBA)

Der Schallpegel wird gemessen, während das Fahrzeug in 7,5 m Entfernung vorbeifährt. Die Polizei misst auch den Lärm im Nahbereich von Krafträdern. Die erlaubten Höchstwerte stehen mit dem Zusatz N (Nahmessung) in den Fahrzeugpapieren.

Auch der Autofahrer kann zur Minderung des Verkehrslärms beitragen. Er kann darauf achten, dass die Drehzahl des Motors möglichst niedrig ist. Ein einziger Benzinmotor ist bei 4000 Umdrehungen pro Minute genauso laut wie 32 Motoren, die mit 2000 Umdrehungen pro Minute laufen!

Auch die Geschwindigkeit hat etwas mit Lärm zu tun. Ein Fahrzeug, das mit 140 km/h fährt, ist genauso laut wie vier Fahrzeuge mit 100 km/h.

Manche jugendliche Fahrer glauben, zu leistungsstarken Motoren gehöre dröhnender Lärm. Sie basteln am Auspuff herum, „frisieren" den Motor – und das Ergebnis klingt wie Musik in ihren Ohren. Sie schaden jedoch sich und anderen. Außerdem erlischt durch solche Eingriffe die Betriebserlaubnis für das Fahrzeug. Die Versicherung muss dann bei einem Schaden nicht zahlen.

Höchstwerte für den Schallpegel am Arbeitsplatz sind in der *Unfallverhütungsvorschrift Lärm* festgelegt:

Im Büro darf der Lärm dem eines Mofas entsprechen (70 dBA). In Fabriken darf es so laut sein wie 30 Mofas (85 dBA). Wer 45 Minuten lang Lärm von 90 dBA ertragen muss, dessen Ohren brauchen 48 Stunden, um sich zu erholen. Bekommen sie diese Ruhepause nicht, wird man im Lauf der Zeit schwerhörig. Das gilt auch für alle, die den Lärm über Kopfhörer nur für sich selbst machen.

Fragen und Aufgaben zum Text

1 Die Eltern bitten ihren Sohn sein Radio leiser zu stellen. „Das stört euch doch nur, weil ihr noch nicht daran gewöhnt seid", meint er. Wie denkst du darüber?

2 Zu welchen gesundheitlichen Schäden kann Lärm oder zu laute Musik führen?

Aus Umwelt und Technik: **Schwerhörig durch laute Musik**

Wer mit einem Presslufthammer arbeitet, muss sein Gehör schützen, um nicht schwerhörig zu werden.

Wenn es aber ums Musikhören geht, ist vielen Jugendlichen die Lautstärke eines Presslufthammers gerade recht. Dies ergab eine Untersuchung der Hörgewohnheiten von Jugendlichen. Jeder der 377 Schüler sollte an den Testgeräten eine für ihn normale Lautstärke einstellen.

Während sich Erwachsene beim Musikhören meist auf die Lautstärke einer Fabrikhalle beschränken, hört jeder zweite Jugendliche Musik gern lauter (Bild 6).

Wenn Musik nur in der Freizeit gehört wird, sind bei mittleren Disko-Lautstärken keine bleibenden Gehörschäden zu erwarten. (Berufstätige, die bei ihrer Arbeit ständig solchen Lautstärken ausgesetzt sind, müssten allerdings schon einen Gehörschutz tragen.)

Wer sich aber regelmäßig mit Musik in der Lautstärke eines Presslufthammers oder eines Düsentriebwerks beschallen lässt, muss langfristig mit Schwerhörigkeit rechnen. In der Testgruppe war jeder Dritte gefährdet. Ob man schwerhörig wird, hängt von den Musikhörzeiten und von den „Erholungsmöglichkeiten" ab, die dem Ohr bleiben.

Heilen lässt sich die Lärmschwerhörigkeit nicht. Diese traurige Erfahrung haben schon viele Rockmusiker gemacht. Sie müssen damit leben, dass sie nur noch wenig hören und von pfeifenden Geräuschen in den Ohren geplagt werden.

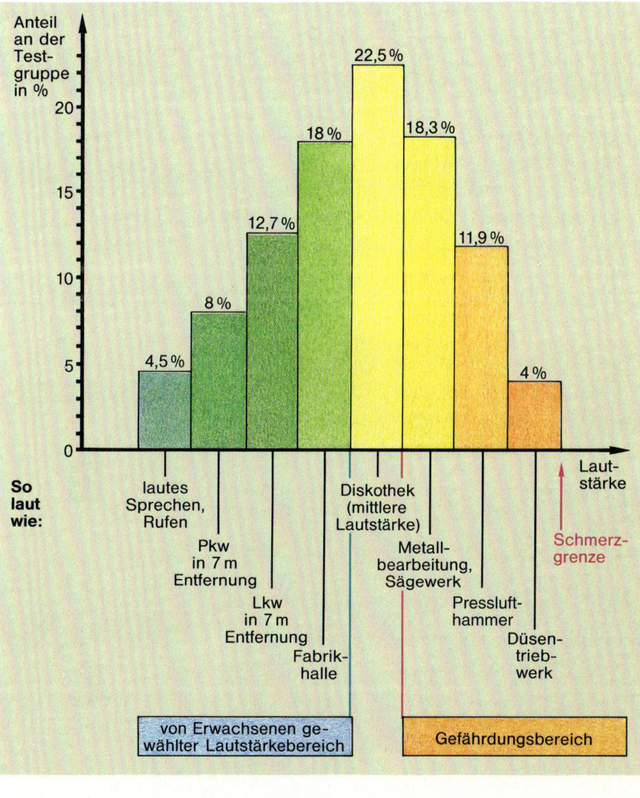

6

Anhang

Bauanleitung: **Löten auf Platinen**

Zum schnellen Aufbau von Schaltungen sind *Platinen mit Lötstreifenraster* (Bild 1) hervorragend geeignet. Die Kupferbahnen sollten möglichst *nicht* dicht nebeneinander liegen, sondern einen Abstand von ca. 2,5 mm haben. Solche Platinen kannst du in Elektronik-Geschäften kaufen. Dort bekommst du auch die nötigen elektronischen Bauteile.

Du brauchst außerdem einen *Lötkolben* (maximal 30 Watt), *Elektroniklot* (Lötdraht aus 60 % Zinn und 40 % Blei mit eingeschmolzenem Flussmittel), eine *kleine Telefon- oder Spitzzange*, eine *Kneifzange* (oder einen *Seitenschneider*), ein scharfes Messer und eine *Lötunterlage* (Brettchen oder Pappe).

Vor dem Löten:

Zuerst musst du dir anhand des Schaltplanes überlegen, wie du die Leiterbahnen optimal nutzen kannst. (Die Seite mit den Leiterbahnen ist übrigens die *Unterseite* der Platine.)

Die Bilder 2 u. 3 zeigen als Beispiel den Schaltplan und einen Platinenentwurf von einem **elektronischen Schutz für Schubladen**.

Wenn Licht auf die Schaltung fällt, wird Alarm ausgelöst. Die Alarmanlage bleibt für einige Zeit eingeschaltet – auch wenn die Schublade gleich nach dem Öffnen wieder geschlossen wird.

Nun kannst du die Platine mit den Bauteilen bestücken. Dazu werden die Beinchen der Bauteile von oben durch die Löcher gesteckt. Biege die Beinchen leicht um, damit die Bauteile nicht verrutschen können.

Manchmal musst du einen Widerstand parallel zu einem Lötstreifen einsetzen. Dazu unterbrichst du eine Leiterbahn mit einem scharfen Messer und baust dort den Widerstand in Richtung der Leiterbahn ein (Bild 4).

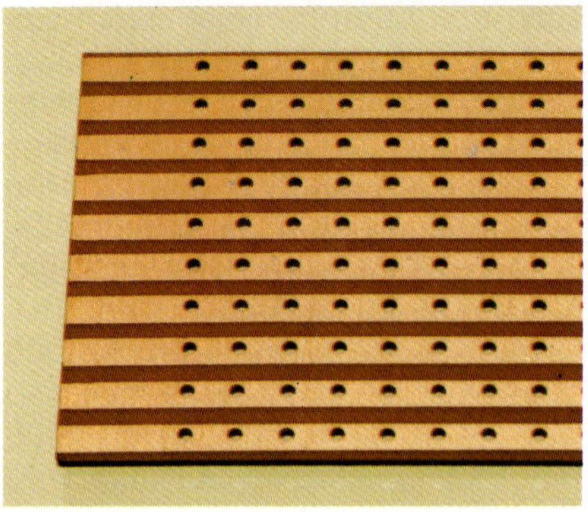
1

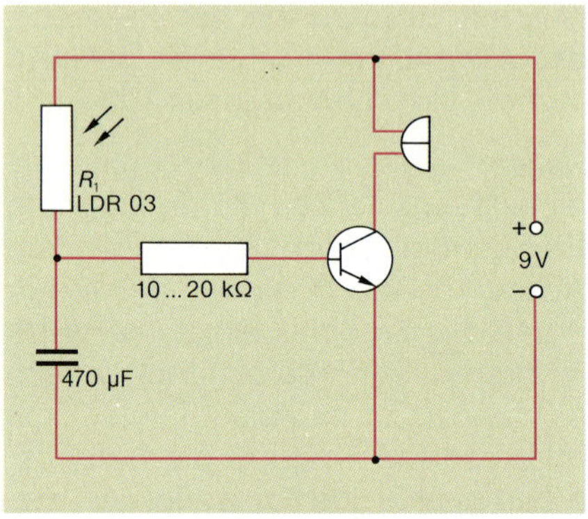

2

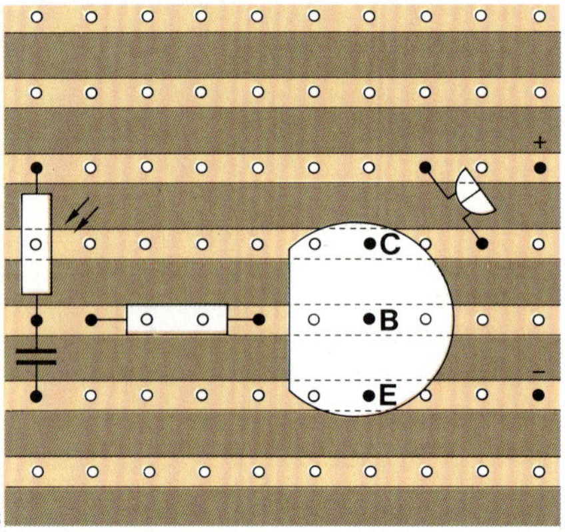

3

So wird gelötet:

Halte die Lötkolbenspitze schräg zwischen Leiterbahn und Beinchen und führe sofort von der anderen Seite Elektroniklot zu (Bild 5). Wenn das Lot geschmolzen ist, nimmst du Lötdraht und Lötkolben weg. Danach darf sich die Lage des Bauteils nicht mehr ändern. Nach wenigen Sekunden erstarrt das Lot und es entsteht eine feste Verbindung zwischen den zusammengelöteten Teilen.

Das Löten selbst sollte nicht länger als 5 s dauern, sonst könnten die Bauteile durch die Hitze zerstört werden. Besonders empfindliche Bauteile (Transistoren, Dioden, NTC-Widerstände, LDR, ...) werden während des Lötens mit einer spitzen Zange am Beinchen fest gehalten, damit die Wärmeenergie abgeleitet wird.

Eine verschmutzte Lötspitze kannst du leicht reinigen. Du streifst die heiße Spitze einfach an einem feuchten Lappen ab.

Nach dem Löten:

Kontrolliere sorgfältig die einzelnen Lötstellen: Das Lot muss blank aussehen und gut verlaufen sein. Ist es grau und tropfenförmig, so war die Lötstelle nicht heiß genug (Bilder 6 u. 7). Achte auch auf die richtige Höhe der Bauteile.

Wenn alles in Ordnung ist, werden die überstehenden Anschlussdrähte unmittelbar über der Lötstelle mit einer Zange abgekniffen.

Noch ein Tipp:

Teure Bauteile möchtest du vielleicht in anderen Schaltungen wiederverwenden. Am einfachsten geht das, wenn du sie von vornherein mit Lötschuhen versiehst und in die Schaltung passende Steckstifte einlötest.

Zum Beispiel wurde beim Bau unserer Alarmanlage (Bild 8) der Summer auf diese Weise befestigt.

4

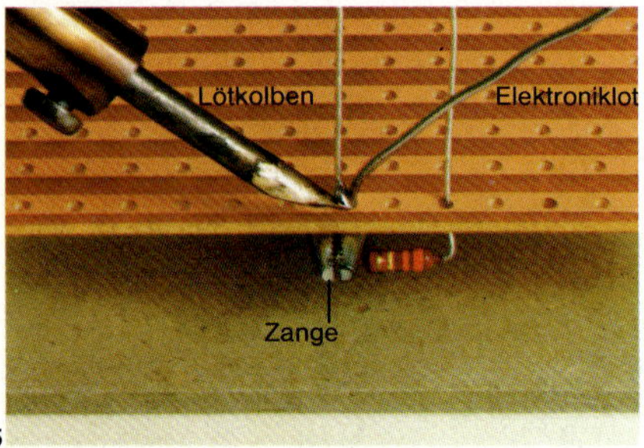

5

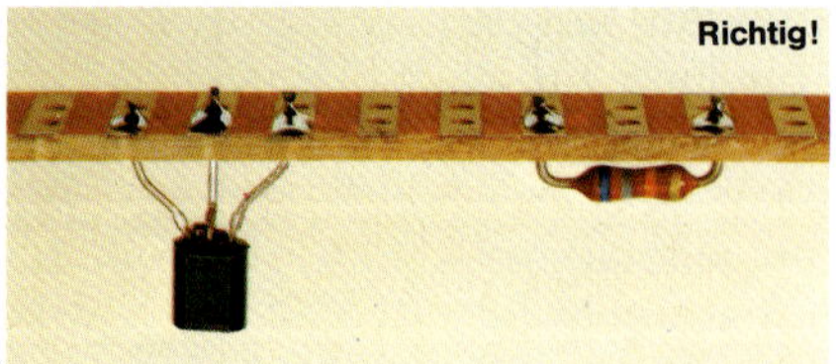

6

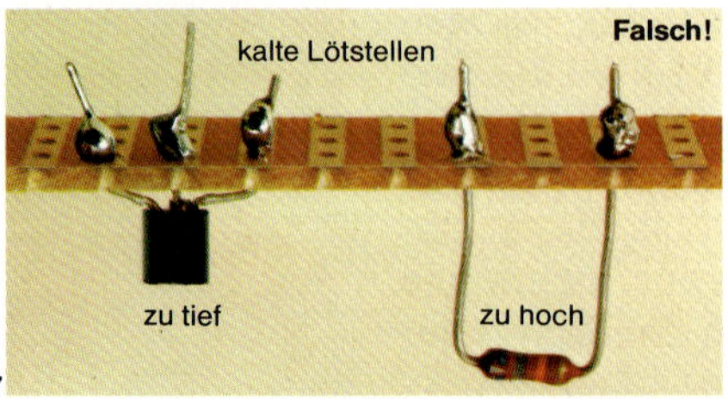

7

8

5149R

Schaltzeichen (Schaltsymbole)

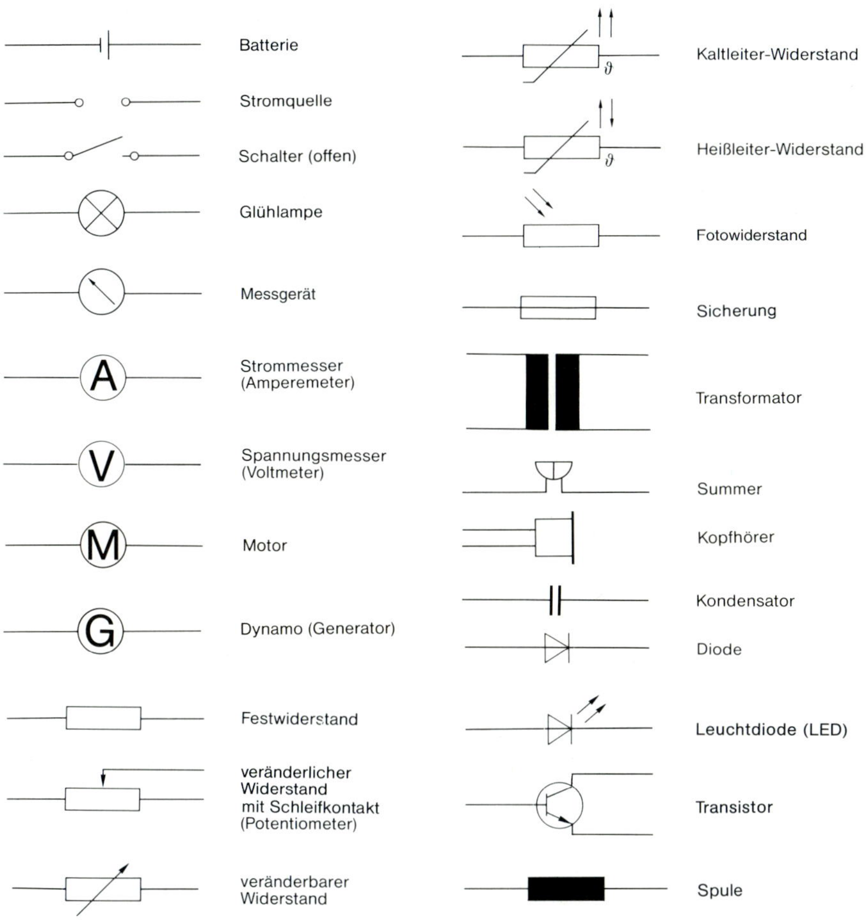

Farbcode für Widerstände

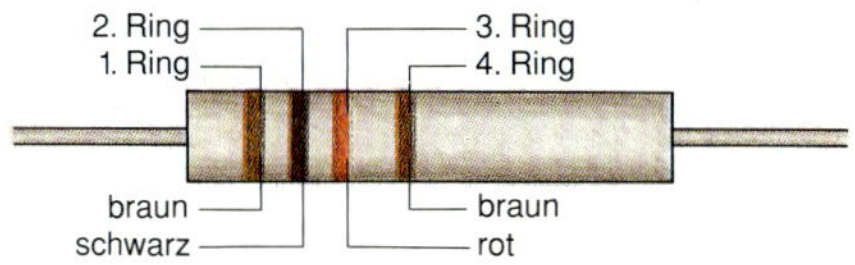

	1. Ring	2.Ring	3.Ring	4.Ring
schwarz	0	0		
braun	1	1	0	± 1%
rot	2	2	00	± 2%
orange	3	3	000	
gelb	4	4	0000	
grün	5	5	00000	
blau	6	6	000000	
violett	7	7		
grau	8	8		
weiß	9	9		
gold				± 5%
silber				± 10%

Fehlt der 4. Ring: ± 20%

Beispiel: Der abgebildete Widerstand hat 1000 Ω ± 1% Fertigungsgenauigkeit (4. Ring). Er kann also 990 bis 1010 Ω haben.

Spezifische Wärmekapazität

Stoff (bei 20 °C)	c in $\frac{\text{kJ}}{\text{kg} \cdot \text{K}}$
Blei	0,13
Gold	0,13
Kupfer	0,38
Messing	0,38
Eisen	0,45
Stahl	0,42 bis 0,50
Granit	0,75
Glas	0,80
Sand	0,84
Ziegelstein	0,84
Aluminium	0,89
Luft	1,01
Styropor®	1,5
Kunststoff (PVC)	1,3 bis 2,1
Holz	ca. 1,5
Motorenöl	2,0
Glycerin	2,39
Spiritus	2,43
Glykol (Glysantin®)	2,43
Wasser	4,18
Wasserstoff	14,32

Liste der benötigten Elektronik-Bauteile

In der Elektronik können viele Experimente mit einer Transistor-Grundschaltung durchgeführt werden. Du findest die Bauanleitung im Kapitel *Transistoren in elektronischen Schaltungen.*

Die nötigen Elektronik-Bauteile sind in der folgenden Liste zusammengestellt. Die Liste ist z. B. nützlich, wenn du in einem Elektronik-Geschäft einkaufen willst.

Für die Transistor-Grundschaltung selbst brauchst du:
1 Lampenfassung E 10 mit Lötösen,
1 Lampe E 10, z. B. Fahrradrücklicht (6 V; 0,1 A),
1 npn-Transistor (Typ BC 547 B, BC 237 B o. Ä.),
1 Leuchtdiode (5 mm Ø) mit Schutzwiderstand 180 Ω,
7 Lüsterklemmen (für je zwei Verbindungen),
12 Lötnägel,
1 Flachbatterie 4,5 V,
6 Krokodilklemmen.

Außerdem sind etwa 1 m blanker Schaltdraht (versilbert) und 1 m Anschlusslitze erforderlich.

Für die Versuche benötigst du weitere Widerstände. Am besten besorgst du dir Widerstände mit folgenden Werten: 100 Ω, 220 Ω, 1 kΩ, 4,7 kΩ, 10 kΩ, 47 kΩ, 68 kΩ, 100 kΩ, 470 kΩ, 1 MΩ.

Zum Experimentieren sind ein paar spezielle Bauteile notwendig:
1 Fotowiderstand (LDR 03 oder 07),
1 Potentiometer 50 kΩ,
1 NTC-Widerstand (10 kΩ),
je 1 Kondensator 4,7 μF, 10 μF, 100 μF, 470 μF, 2200 μF, 10 000 μF,
1 Summer,
1 Potentiometer 50 kΩ,
1 Klinkenstecker (passend für den Kopfhöreranschluss deines Radios).
Zusätzlich werden zwei Hörkapseln und die Sprechkapsel eines alten Telefons (Kohlemikrofon) benutzt.

Abgaswerte pro 100 km

(bei 8 l Treibstoff)

Schadstoff	Ottomotor ohne Kat.	Ottomotor mit Kat.	Dieselmotor
Kohlenstoffmonooxid	481 g	210 g	58 g
Kohlenwasserstoffe	172 g	17 g	43 g
Stickstoffoxide	292 g	30 g	73 g
Bleiverbindungen	1 g	0,08 g	0 g
Ruß	0,5 g	0,5 g	34 g

Dichte fester und flüssiger Stoffe
(bei 20 °C)

Stoff	ϱ in $\frac{g}{cm^3}$
Styropor®	0,015
Balsaholz	0,1
Kork	0,2 bis 0,4
Holz	0,4 bis 0,8
Butter	0,86
Eis (0 °C)	0,92
Gummi	0,9 bis 1,0
Stearin	ca. 0,9
Bernstein	1,0 bis 1,1
Plexiglas	1,2
Kunststoff (PVC)	ca. 1,4
Sand	ca. 1,5
Beton	1,5 bis 2,4
Kohlenstoff	
Graphit	2,25
Diamant	3,52
Glas	ca. 2,6
Aluminium	2,70
Granit	ca. 2,8
Marmor	ca. 2,8
Zink	7,13
Zinn	7,28
Eisen	7,87
Stahl	7,8 bis 7,9
Messing	ca. 8,5
Nickel	8,90
Kupfer	8,96
Silber	10,5
Blei	11,3
Gold	19,3
Platin	21,5
Benzin	ca. 0,7
Alkohol (Ethanol)	0,79
Terpentinöl	0,86
Wasser (4 °C)	1,00
Milch	1,03
Salzwasser	1,03
Glycerin	1,26
Schwefelsäure, konzentriert	1,83
Quecksilber	13,55

Einige elektrische Stromstärken

Blitz	ca. 300 000 A
Motor einer E-Lok (beim Anfahren)	ca. 200 A
Anlasser eines Autos	90 A
Ströme in Haushaltsgeräten (230 V):	
Heizstrahler	9 A
Staubsauger	4,6 A
Bügeleisen	4,6 A
Toaster	1,8 A
Glühlampe (100 W)	0,5 A
Kühlschrank	0,5 A

Einige elektrische Spannungen

Monozelle	1,5 V
Taschenlampenbatterie	4,5 V
Autobatterie	12 V
Steckdose	230 V
Hochspannungsgeräte	bis 18 000 V
Transistorradio	bis 9 V
Spielzeugeisenbahn	bis 24 V
Haushaltsgeräte	230 V
Straßenbahn	500 V
Elektro-Lok	15 000 V

Einige Wirkungsgrade

Dampfmaschine	10 %
Dampfturbine	40 %
Benzinmotor	25 %
Dieselmotor	35 %
Elektromotor	bis 90 %
Solarzelle	12 %
Sonnenkollektor	50 %
Generator	bis 95 %
offenes Kaminfeuer	15 %
Ofenheizung	60 %
Zentralheizung (Öl, Gas)	85 %
Elektroheizung	98 %

Einige Reibungszahlen

Reibungspartner	Reibungszahlen μ_{Haft}	μ_{Gleit}
Holz auf Stein	0,70	0,30
Holz auf Holz	0,50	0,30
Stahl auf Stahl	0,15	0,12
Stahl auf Stahl (geschmiert)	0,10	0,05
Stahl auf Eis	0,03	0,01
Autoreifen auf		
trockenem Asphalt	1,0*	0,9
nassem Asphalt	0,8	0,6
vereistem Asphalt	0,2**	0,1***
M-und-S-Reifen auf Eis	0,4	0,16

*$\mu_{Haft} = 1,0$ bedeutet: Die Haftung auf der Straße ist ebenso groß wie die Anpresskraft des Reifens. Der Reifen „klebt" förmlich auf der Fahrbahn. Das Auto lässt sich gut lenken und sicher bremsen.
**$\mu_{Haft} = 0,2$ bedeutet: Gegenüber der trockenen Straße ist die Haftung jetzt fünfmal kleiner. Der Bremsweg wird entsprechend länger.
***$\mu_{Gleit} = 0,1$ bedeutet: Die Reibungskräfte verringern sich nochmals um 50 %. Das geschieht, wenn die Räder beim Bremsen blockieren und die Reifen nur noch rutschen oder wenn die Räder beim Anfahren durchdrehen.

Rollreibungszahlen sind noch viel kleiner als die Gleitreibungszahlen. Sie sind auch von den jeweiligen Raddurchmessern abhängig.

Die hier angegebenen Zahlen gelten für Eisenbahnräder und Pkw-Reifen von durchschnittlicher Größe.

Reibungspartner	Rollreibungszahl μ_{Roll}
Autoreifen auf Feldweg	0,050
Autoreifen auf Straße	0,015
Stahlrad auf Schiene	0,001

Zustandsänderungen einiger Stoffe

Stoff	Schmelztemperatur in °C	spezifische Schmelzwärme in $\frac{kJ}{kg}$	Siedetemperatur in °C	spezifische Verdampfungswärme in $\frac{kJ}{kg}$
Blei	327	23,0	1750	8600
Eisen	1535	277	2730	6340
Glycerin	18,4	201	291	
Kupfer	1083	205	2590	4790
Quecksilber	−38,9	11,8	357	285
Sauerstoff	−219	13,8	−183	213
Spiritus	−114	108	78,3	840
Stickstoff	−210	26,0	−196	198
Wasser	0	334	100	2256

Schutzmaßnahmen für den Umgang mit radioaktiven Strahlern

1. Nur radioaktive Strahler benutzen, die für Schulversuche *zugelassen* sind!

2. Radioaktive Strahler *nicht mit bloßen Händen berühren*!

3. Strahler immer nur *für kurze Zeit den schutzbehältern entnehmen*!

4. Wer mit Strahlern hantiert, muss sich anschließend *gründlich die Hände waschen*!

7503R

Literaturhinweise für Schülerinnen und Schüler

Zum Experimentieren, Basteln, Spielen

Bublath, Joachim: Das knoff-hoff-Buch. Physik und Chemie: Gags, Tricks und Tips mit seriösem naturwissenschaftlich-technischem Hintergrund. Bände 1 und 2: G+G Urban, Baierbrunn, Band 3: Heyne, München.

Calvani: Physik und Chemie spielend entdecken. Dumont, Köln. *)

Cherrier, Francois: Physik macht Spaß. Gute Experimentierbücher. J. F. Schreiber, Esslingen. Österreichischer Bundesverlag, Wien. Schwager und Stein, Nürnberg. *)

Einfache Experimente (Reihentitel). Die Welt der Klänge. Mit Wasser spielen. Licht und Schatten. Bewegung, Schwerkraft, Gleichgewicht. Beschreibungen von ganz einfachen Experimenten mit Mitteln aus dem Haushalt. Ab 11 J. Südwest-Verlag, München. *)

Freyer/Gaebler/Möckel: Gut gedacht ist halb gelöst. 200 Knobeleien aus der Naturwissenschaft. Aulis, Deubner, Köln.

Haase, Konrad/Lehmann, Dietmar: Nano's Physik-Abenteuer. Über 100 physikalische Probleme. Urania, Leipzig.

Heepmann, Bernd: Technik für dich (Reihentitel): Digitale ICs. Bst.-Nr. 74269.

Flug und Fliegen. Bst.-Nr. 74285.

Transistorschaltungen. Bst.-Nr. 74250. Bauanleitungen, Versuche und Informationen zum Thema. Cornelsen, Berlin.

Hoffmann-Pieper, Kristina: Basteln zum Nulltarif. Spiel und Spaß mit Haushaltsdingen. Rowohlt, Hamburg.

Jones, David: Zittergras und schräges Wasser. Nicht in jeder Hinsicht ernstzunehmendes Buch über physikalische Lösungsmöglichkeiten für verrückteste technische Problemstellungen.
Harri Deutsch, Frankfurt/Main.

Kent, Amanda: Physik, wie sie mir Spaß macht. Anschauliche Texte mit guten Bildern, viele Versuche. Ab 10 J.
Ravensburger Buchverlag Otto Maier, Ravensburg. *)

Krekeler, Hermann: Spannende Experimente. Versuche zur Physik und Chemie. Ab 12 J. Ravensburger Buchverlag Otto Maier, Ravensburg.

Lange, W. N.: Physikalische Knobeleien. Experimentelle physikalische Knobeleien, teilweise recht anspruchsvoll.
Teubner, Leipzig. *)

Moisl: Physik 1 und 2. Schüler-Experimentierbücher. *) Ravensburger Buchverlag Otto Maier, Ravensburg.

Müller-Fonfara, Robert/Scholl, Wolfgang: Physikalische Denkspiele. Mehr als 100 Aufgaben mit Lösungen zu ausgefallenen Problemen der Alltagsphysik. Bechtermünz, Eltville. *)

Perelmann, J. I.: Unterhaltsame Physik. Physikalische Aufgaben und Experimente aus dem Alltag. Harri Deutsch, Frankfurt/Main.

Press, Hans-Jürgen: Spiel, das Wissen schafft (Experimente). Geheimnisse des Alltags (Experimente). Ravensburger Buchverlag Otto Maier, Ravensburg.

Raaf, Hermann/Sowada, Harald: Physik macht Spaß. Überraschende Einsichten durch über 100 Modelle und Experimente.
Herder, Freiburg.

Richards: 101 Experimente und Tricks. Tolle Spiele für Tüftler, Bastler und Rechner. Pawlak, Herrsching. *)

Schmidt, Werner: Physikaufgaben. Beispiele aus der modernen Arbeitswelt. Eine Fülle detaillierter Informationen in Aufgabenform zu aktueller Technik. Klett, Stuttgart.

Stein, Walter: Physik-Geschichten aus Bad Einstein. Sammlung „unmöglicher" Aufgaben mit schülergerechten Lösungen. Klett, Stuttgart.

Teichmann, Jürgen u. a.: Experimente, die Geschichte machten. Bayerischer Schulbuch-Verlag, München.

Treitz, Norbert: Spiele mit Physik. Ein Buch zum Basteln, Probieren und Verstehen.
Harri Deutsch, Frankfurt/Main.

Walker, Jearl: Der fliegende Zirkus der Physik (2 Bände). Aufgaben mit Lösungen. Oldenbourg, München.

Walpole, Brenda: Experimente, Tricks und Tips. Einfache Experimente mit Mitteln aus dem Haushalt zu den Themen Elektrizität, Akustik, Chemie, Wetter. Ab 12 J.
Südwest-Verlag, München.

Wittmann, Josef: Trickkiste 1 und 2.
Je etwa 200 verblüffende Experimente zum Selbermachen.
Bayerischer Schulbuch-Verlag, München.

Zeier, Ernst: Kurzweil durch Physik. Erklärungen physikalischer Vorgänge, viele Experimente. Aulis, Deubner, Köln.

Zum Nachschlagen und als Lesestoff

Ardley, Bridget: Das große Buch der 1001 Fragen und Antworten. Gute kurze Darstellungen von Themen aus Physik, Chemie, Biologie, Erdkunde. Gute Abbildungen. Delphin, Köln

Borucki, Hans: Physik zum Schmökern. Ein physikalisches Lesebuch. G+G Urban, Baierbrunn.

Darstellung und Methoden der Wetterbeobachtung und Wettererscheinungen. Gute Bilder und sachgerechte Erklärungen zum Thema. Ab 12 J., aber auch für ältere Schülerinnen und Schüler geeignet.
Gerstenberg, Hildesheim. *)

Eckermann, Pelle: Linsen, Lupen und magische Skope. Beschreibungen mit Bildern zum Thema „Geschichte und Funktionsweise optischer Instrumente". Ab 10 J.
Oetinger, Hamburg.

Faszinierende Forschung:
Band 1: Elektrizität *), Band 2: Licht. *)
Alle Titel ab 14 J. Gerstenberg, Hildesheim.

Goldmann, Arthur: Tessloffs Jugendlexikon Computer. Reich illustriertes Nachschlagewerk, 1200 Stichwörter. Ab 12 J.
Tessloff, Nürnberg. *)

Ingram, Jay: Wie man trocken durch den Regen läuft und andere Phänomene des täglichen Lebens. Droemer Knaur, München.

Kranzer, Walter: So interessant ist Physik. Aulis, Deubner, Köln.

Nahum, Andrew: Flugmaschinen.
Vom Heißluftballon bis zum Düsenflugzeug. Geschichte der Flugtechnik.
Gerstenberg, Hildesheim.

Naturwissenschaftler (Lexikon). Verdienste bedeutender Naturwissenschaftler und Techniker von der Antike bis zur Gegenwart.
Herder, Freiburg.

Päch: Wie Technik funktioniert. Großformatiger Bild- und Textband mit verständlichen Beschreibungen der wichtigsten technischen Geräte aus allen Lebensbereichen. Ab 13 J. Naumann & Göbel, Köln. *)

Pörtner, Rudolf: Sternstunden der Technik. Spannend erzählte Geschichten über Forscher und Erfindungen. Econ, Düsseldorf.

Rowland-Entwistle, Theodore: Wolken, Wind und Wetter. Aus der Reihe „Wissen warum". Kurze Texte und gute Bilder zur Erklärung der Fachbegriffe. Ab 13 J. Herder, Freiburg.

Schülerduden: Die Physik. Die Ökologie. Ab 15 J. Bibliographisches Institut, Mannheim.

Schwenk, Ernst: Mein Name ist Becquerel. Wer den Maßeinheiten die Namen gab. Von Ampère bis Watt. dtv, München.

Seidenberg, Steven: Brennpunkt Energie. Fächerübergreifende Darstellung des Themas. Ab 10 J. Herder, Freiburg.

Spoule, Anna: Die Brüder Wright. Spannende Darstellung der Anfänge der Fliegerei mit guten Bildern und anspruchsvollen Texten. Bitter, Recklinghausen.

Tessloffs Bildlexikon in Farbe:
Oxlade/Stockley/Wertheim: Physik.
Struan: Erfindungen und Entdeckungen. Übersichtlich gegliederte, verständlich geschriebene Nachschlagewerke.
Ab 12 J. Tessloff, Nürnberg.

Umweltbundesamt (Hrsg.): Was Sie schon immer über das Auto wissen wollten. Umweltbundesamt, Berlin.

Was ist was? (Reihentitel):
Band 35 Erfindungen.
Band 79 Moderne Physik. Tessloff, Nürnberg.

Wie funktioniert das? (Reihentitel): Die Technik im Leben von heute. Technische Geräte und Vorgänge aus unserer Umwelt werden in Text und Bild erklärt. Bibliographisches Institut, Mannheim.

Wie ist das? (Reihentitel). Aus der Reihe „Wissenschaft für die Jugend":
Kerrod, Robin: Rohstoffe und Industrie.
Kerrod, Robin: Wissenschaft und Forschung.
Twist, Clint: Die Umwelt.
Twist, Clint: Kraft und Energie.
Alle Titel ab 12 J. Esslinger im Österreichischen Bundesverlag, Wien und Stuttgart.

Wilson, Francis/Mansfield, Felicity:
Wir entdecken und bestimmen das Wetter. Ravensburger Buchverlag Otto Maier, Ravensburg.

*) Die so gekennzeichneten Buchtitel sind nicht mehr im Buchhandel erhältlich. Sie können aber in Bibliotheken ausgeliehen werden.

Bauanleitung: **Der Farbenkreisel**

Du brauchst:
je 1 kleines Stück blauen, roten und grünen Kartons in möglichst leuchtenden (fluoreszierenden) Farben;
1 Streichholz.

So wird's gemacht:
Aus den Kartonstücken fertigst du drei Kreisscheiben mit etwa 5 cm Durchmesser an. Jede Scheibe wird bis zur Mitte eingeschnitten (Bild 1).

Schiebe die drei Scheiben ineinander und stecke sie dann auf ein Streichholz (Bild 2). Jede Farbe erscheint in einem Kreissektor; die Farbanteile lassen sich verstellen. Der Kreisel soll sich auf dem Streichholzkopf drehen (Bild 3).

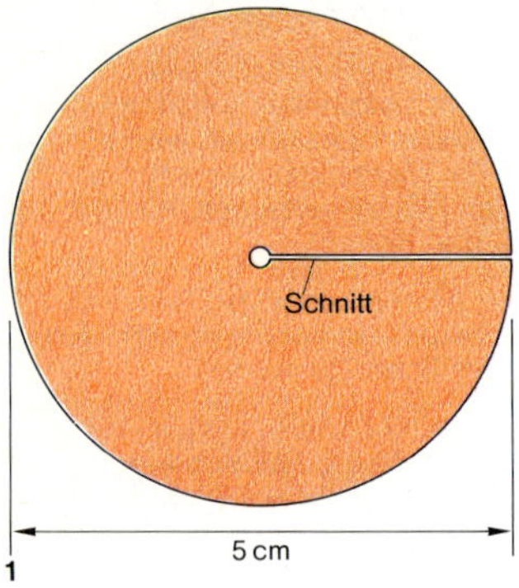

1

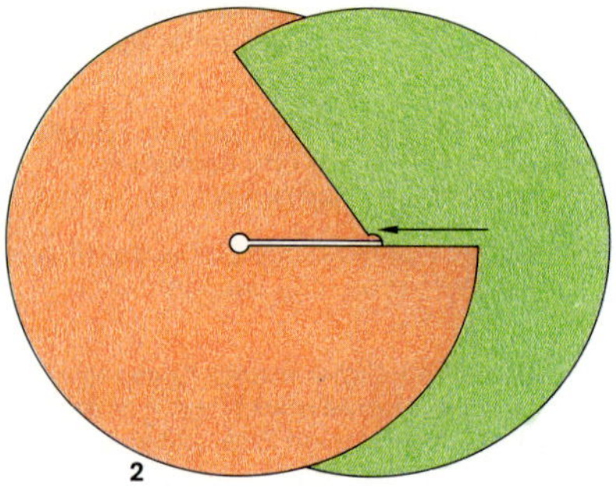
2

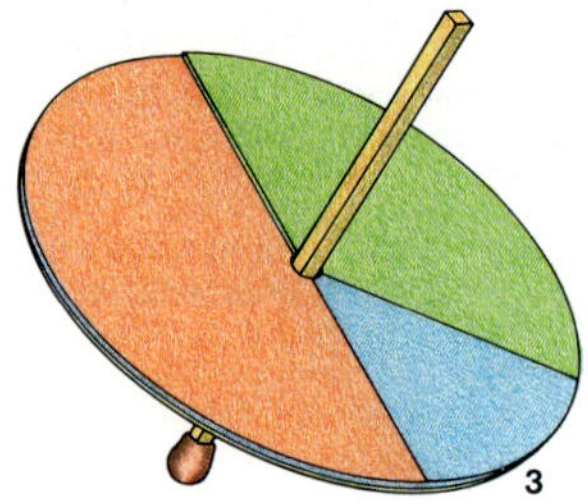
3

Verzeichnis der Bild- und Textquellen

AEG-Telefunken, Hamburg: 379.6; Allianz-Zentrum für Technik, Ismaning: 190.1–4; Anthony, Starnberg: 172.6; ap, Frankfurt/M.: 408.1; Artreference, Frankfurt/M.: 258.1; BASF, Ludwigshafen: 254.4 u. 5; Bavaria, Gauting: 172.7, 192.1 u. 3, 204.1, 242.2, 354.4, 472.1; Bayernwerk, München: 378.1; Beckmann, Hamburg: 328.1 (Notstromaggregat); Beuth Verlag, Berlin: DIN-Normen; BSR, Berlin: 272.2; Büdeler, Thalham: 265.5; Bundesminister der Verteidigung, Bonn: 436.2; Bundesministerium f. Forschung u. Technologie, Bonn: 201.3; Daimler-Benz, Stuttgart: 186.10, 230.1; Deutsche Steyr-Daimler-Puch-GmbH, Aschheim-Dornach:241.3 (Traktor); Deutsche Verkehrswacht, Bonn: 184.4–7; Deutsches Museum, München: 216.2, 224.2 u. 3, 225.4, 231.15, 233.4, 240.1, 260.1 u. 2, 262.2, 267.4, 281.9, 286.1 u. 3, 332.1, 361.8, 362.3, 367.7, 370.1 u. 2, 386.4, 446.1; Walt Disney Productions, Frankfurt/M.: 250.1, 252.1, 254.3; dpa, Frankfurt/M.: 199.6, 204.5, 209.16, 220.2, 238.1, 409.3; DWK, Hannover (verändert): 406.3; Eichdirektion Rheinland-Pfalz, Bad Kreuznach: 194.1; Einhell, Landau: 340.3 u. 4; Energie-Versorgung Schwaben, Stuttgart (Freigabe Nr. 2857 A2): 364.1, 373.5; Fichtel & Sachs, Schweinfurt: 369.10; Fischerwerke, Tumlingen: 414.4 u. 5; Flagsol, Flachglas Solartechnik, Köln: 379.4 u. 5; Wilhelm-Foerster-Sternwarte, Berlin: 192.2 u. 4, 265.6; Fraunhofer-Institut, Freiburg: 281.10; FWU, Grünwald: 381.3; Ges. für Strahlen- u. Umweltforschung, München: 406.5; Gmeinder, Mosbach: 210.1; GNS, Essen: 406.2; Gossen, Erlangen: 414.2; Greiner & Meyer, Braunschweig: 352.1, 360.1; Grünzweig + Hartmann, Ludwigshafen: 384.3; HEW, Hamburg: 234.1; Hildebrand, Hiddenhausen: 388.7, 391.6 u. 7; Historia-Photo, Hamburg: 231.14, 266.1; Hottinger Baldwin, Darmstadt: 296.3; Huber, Garmisch-Partenkirchen: 274.2; Hug, Darmstadt: 348.1 u. 2; Husumer Schiffswerft/W. Denckmann, Husum: 380.1; Dr. Ibelgaufts, München: 409.4; IBM, Stuttgart: 439.4; Interfoto, München: 247.4; Horst von Irmer, Intern. Bildarchiv, München: 180.1, 205.7, 346.3; IZE, Frankfurt/M.: 292.2; Kernforschungszentrum Karlsruhe: 391.5; Knapp, Neuhausen: 230.13; Krautkrämer, Köln: 468.4; KWU, Erlangen: 281.7, 328.1 (Kraftwerksgenerator), 333.4, 388.1–6, 403.4 u. 7, 406.1; Luftschiffbau Zeppelin, Friedrichshafen („Das erste Luftschiff des Grafen Grafen Zeppelin"): S. 267; Mannesmann Demag, Duisburg: 215.13; Mauritius, Mittenwald: 172.1 u. 9, 174.1, 226.3, 228.2, 255.11, 352.3, 360.2, 452.1, 468.1, 470.4, 474.2; MBB, München: 378.3; Menck, Ellerau: 233.3; Motoren-Werke Mannheim: 375.3; Opel, Rüsselsheim: 191.9; Pergamon Press, London: 387.5; Pfletschinger/Angermayer, Holzkirchen: 211.11; Philips, Hamburg: 386.3, 395.2, 467.5; Polizeipräsident, Berlin: 168.2; Preußischer Kulturbesitz, Berlin: 216.3 u. 5, 266.2 u. 3; Prinoth, St. Ulrich (Italien): 242.1; PTB, Braunschweig: 192.5; Roth-Technik, Gaggenau: 474.3; RWE, Essen: 363.9, 373.7, 386.2; Schledermann, Berlin: 372.3; Siemens, München: 412.1, 446.2–5, 467.6; Siemens, Energieerzeugung KWU, Erlangen: 333.5 u. 6; Werner-von-Siemens-Institut, München: 332.2; Silvestris, Kastl/Obb.: 238.2, 282.4, 346.2, 352.4, 452.3; Stäcker & Olms, Hamburg: 263.10; Stadtwerke, München: 290.1; Süddeutscher Verlag, München: 386.1; Transformatoren-Union, Stuttgart: 342.1; Ullstein, Berlin: 247.5, 267.5; Union Carbide, Düsseldorf: 292.3; USIS, Bonn: 191.11 u. 12, 200.1; ; VEW (Wiese), Dortmund: 374.1; Voith, Heidenheim: 232.1 u. 2; VTG, Hamburg: 344.1; VW, Wolfsburg: 190.5–8, 210.4 u. 5, 241.1 (Pkw); Wacker, Burghausen: 416.1, 416.3–5; Wolf, Betzdorf: 269.7; ZEFA, Düsseldorf: 172.3 u. 4, 211.6, 272.1 u. 3, 274.1; Zeiss, Oberkochen: 183.6, 352.2; Zentralbild, Berlin: 225.5; Zscharschuch, Preetz: 178.1.

Alle anderen Fotos: Cornelsen Verlag (Budde, Fotostudio Mahler und Atelier Schneider), Berlin.

Für hilfreiche Unterstützung danken wir außerdem
der Firma Cornelsen Experimenta, Berlin (Versuchsgeräte); der Firma fischerwerke Artur Fischer, Tumlingen (fischertechnik®-Schulprogramm); der Firma gm-Elektronik, Bielefeld (Abb. 302.1); der Firma Leybold-Heraeus, Berlin (Versuchsgeräte); dem Museum f. Verkehr u. Technik, Berlin (Abb. 259.8 u. 9; der Firma Optac, Rödermark (Abb. 473.5); der Firma Phywe, Göttingen (Versuchsgeräte) und dem Studio tolon, Fürth (Bearbeitung einiger historischer Abbildungen).

7504

Auswahl physikalischer Größen mit ihren Einheiten

Größe	Formelzeichen	Einheit		Weitere Einheiten		Beziehung
Temperatur	T ϑ (Theta)	Kelvin Grad Celsius	K °C			0 K ≙ −273,15 °C 0 °C ≙ 273,15 K
Länge	l	Meter	m	Seemeile	sm	1 sm = 1852 m
Fläche Querschnittsfläche	A S	Quadratmeter	m^2	Ar Hektar	a ha	1 a = 100 m^2 1 ha = 100 a = 10000 m^2
Volumen	V	Kubikmeter	m^3	Liter	l	1 l = 1 dm^3 = 0,001 m^3
Masse	m	Kilogramm	kg	Gramm Tonne	g t	1 g = 10^{-3} kg = 0,001 kg 1 t = 10^3 kg = 1000 kg
Dichte	ϱ (Rho)	Gramm durch (pro) Kubikzentimeter	$\frac{g}{cm^3}$			
Kraft	F	Newton	N			1 N = $1 \frac{kg\,m}{s^2}$
Druck	p	Pascal	Pa	Bar	1 bar	1 Pa = $1 \frac{N}{m^2}$ 1 bar = 10^5 Pa = 1000 hPa 1 mbar = 1 hPa = 10^2 Pa = 100 Pa
Arbeit Energie	W	Joule Newtonmeter	J Nm			1 J = 1 Nm = 1 Ws = $1 \frac{kg\,m^2}{s^2}$
Leistung	P	Watt	W			1 W = $1 \frac{Nm}{s} = 1 \frac{J}{s}$
Zeit	t	Sekunde	s	Minute Stunde Tag Jahr	min h d a	1 min = 60 s 1 h = 60 min = 3600 s 1 d = 24 h = 1440 min = 86400 s
Frequenz	f	Hertz	Hz			1 Hz = $\frac{1}{s}$
Geschwindigkeit	v	Meter durch (pro) Sekunde	$\frac{m}{s}$	Kilometer durch Stunde Knoten	$\frac{km}{h}$ Kn	$1 \frac{km}{h} = \frac{1}{3{,}6} \frac{m}{s}$ 1 Kn = $1 \frac{sm}{h} = 1{,}852 \frac{km}{h}$
Beschleunigung	a	Meter durch Sekunde hoch zwei	$\frac{m}{s^2}$			
elektr. Stromstärke	I	Ampere	A			
elektr. Spannung	U	Volt	V			1 V = $1 \frac{Ws}{As} = 1 \frac{W}{A}$
elektr. Widerstand	R	Ohm	Ω			1 Ω = $1 \frac{V}{A}$
Kapazität	C	Farad	F			1 F = $1 \frac{As}{V}$
Aktivität	A	Becquerel	Bq	Curie	Ci	1 Bq = $\frac{1}{s}$ 1 Ci = $37 \cdot 10^9$ Bq
Energiedosis	D	Gray	Gy	Rad	rd	1 Gy = $1 \frac{J}{kg}$ = 100 rd
Äquivalentdosis	D_q	Sievert	Sv	Rem	rem	1 Sv = $1 \frac{J}{kg}$ = 100 rem

Vielfache und Teile von Einheiten

Vorsatz	Giga-	Mega-	Kilo-	Hekto-	Deka-	Dezi-	Zenti-	Milli-	Mikro-	Nano-	Piko-
Vorsatzzeichen	G	M	k	h	D	d	c	m	µ	n	p
Faktor, mit dem die Einheit multipliziert wird	10^9	10^6	10^3	10^2	10^1	10^{-1}	10^{-2}	10^{-3}	10^{-6}	10^{-9}	10^{-12}

Periodensystem der Elemente

Hauptgruppenelemente

Perioden	Ia	IIa		IIIa	IVa	Va	VIa	VIIa	VIIIa	Perioden
1	1,00797 1 H								4,0026 2 He	1
2	6,939 3 Li	9,0122 4 Be		10,811 5 B	12,011 6 C	14,007 7 N	15,999 8 O	18,998 9 F	20,183 10 Ne	2
3	22,990 11 Na	24,312 12 Mg		26,982 13 Al	28,086 14 Si	30,974 15 P	32,064 16 S	35,453 17 Cl	39,948 18 Ar	3
4	39,102 19 K	40,08 20 Ca		69,72 31 Ga	72,59 32 Ge	74,922 33 As	78,96 34 Se	79,909 35 Br	83,80 36 Kr	4
5	85,47 37 Rb	87,62 38 Sr		114,82 49 In	118,69 50 Sn	121,75 51 Sb	127,60 52 Te	126,90 53 I	131,30 54 Xe	5
6	132,90 55 Cs	137,34 56 Ba		204,37 81 Tl	207,19 82 Pb	208,98 83 Bi	(209) 84 *Po	(210) 85 *At	(222) 86 *Rn	6
7	(223) 87 *Fr	(226) 88 *Ra								7

Metalle: Hauptgruppen; Nebengruppen; Lanthanoide, Actinoide

Halbmetalle (Elemente mit metallischen **und** nichtmetallischen Eigenschaften)

Nichtmetalle

Edelgase

Pu Symbol in Kursivschrift: künstliches Element

* radioaktive Elemente

( ) Massenzahl des langlebigsten Isotops

C fest

Br flüssig

O gasförmig

Nebengruppenelemente

4	44,956 21 Sc		47,90 22 Ti	50,942 23 V	51,996 24 Cr	54,938 25 Mn	55,847 26 Fe	58,933 27 Co	58,71 28 Ni	63,54 29 Cu	65,37 30 Zn	4
5	88,905 39 Y		91,22 40 Zr	92,906 41 Nb	95,94 42 Mo	(97) 43 *_Tc_	101,07 44 Ru	102,90 45 Rh	106,4 46 Pd	107,87 47 Ag	112,40 48 Cd	5
6	138,91 57 La		178,49 72 Hf	180,95 73 Ta	183,85 74 W	186,2 75 Re	190,2 76 Os	192,2 77 Ir	195,09 78 Pt	196,97 79 Au	200,59 80 Hg	6
7	(227) 89 *Ac		(261) 104 *_Db_	(262) 105 *_Jl_	(263) 106 *_Rf_	(262) 107 *_Bh_	(265) 108 *_Hn_	(266) 109 *_Mt_				7

Lanthanoide (6. Periode)
Actinoide (7. Periode)

6	140,12 58 Ce	140,91 59 Pr	144,24 60 Nd	145 61 *_Pm_	150,35 62 Sm	151,96 63 Eu	157,25 64 Gd	158,92 65 Tb	162,50 66 Dy	164,93 67 Ho	167,26 68 Er	168,93 69 Tm	173,04 70 Yb	174,97 71 Lu
7	232,04 90 *Th	(231) 91 *Pa	238,03 92 *U	(237) 93 *_Np_	(244) 94 *_Pu_	(243) 95 *_Am_	(247) 96 *_Cm_	(247) 97 *_Bk_	(251) 98 *_Cf_	(254) 99 *_Es_	(257) 100 *_Fm_	(258) 101 *_Md_	(259) 102 *_No_	(260) 103 *_Lr_

Die chemischen Elemente

Element	Symbol	Element	Symbol	Element	Symbol	Element	Symbol	Element	Symbol	Element	Symbol	Element	Symbol
Actinium	Ac	Caesium	Cs	Francium	Fr	Kupfer	Cu	Nobelium	No	Ruthenium	Ru	Thorium	Th
Aluminium	Al	Calcium	Ca	Gadolinium	Gd	Lanthan	La	Osmium	Os	Rutherfordium	Rf	Thulium	Tm
Americium	Am	Californium	Cf	Gallium	Ga	Lawrencium	Lr	Palladium	Pd	Samarium	Sm	Titan	Ti
Antimon	Sb	Cer	Ce	Germanium	Ge	Lithium	Li	Phosphor	P	Sauerstoff	O	Uran	U
Argon	Ar	Chlor	Cl	Gold	Au	Lutetium	Lu	Platin	Pt	Scandium	Sc	Vanadium	V
Arsen	As	Chrom	Cr	Hahnium	Hn	Magnesium	Mg	Plutonium	Pu	Schwefel	S	Wasserstoff	H
Astat	At	Cobalt	Co	Hafnium	Hf	Mangan	Mn	Polonium	Po	Selen	Se	Wolfram	W
Barium	Ba	Curium	Cm	Helium	He	Meitnerium	Mt	Praseodym	Pr	Silber	Ag	Xenon	Xe
Berkelium	Bk	Dubnium	Db	Holmium	Ho	Mendelevium	Md	Promethium	Pm	Silicium	Si	Ytterbium	Yb
Beryllium	Be	Dysprosium	Dy	Indium	In	Molybdaen	Mo	Protactinium	Pa	Stickstoff	N	Yttrium	Y
Bismut	Bi	Einsteinium	Es	Iod	I	Natrium	Na	Quecksilber	Hg	Strontium	Sr	Zink	Zn
Blei	Pb	Eisen	Fe	Iridium	Ir	Neodym	Nd	Radium	Ra	Tantal	Ta	Zinn	Sn
Bohrium	Bh	Erbium	Er	Joliotium	Jl	Neon	Ne	Radon	Rn	Technetium	Tc	Zirconium	Zr
Bor	B	Europium	Eu	Kalium	K	Neptunium	Np	Rhenium	Re	Tellur	Te		
Brom	Br	Fermium	Fm	Kohlenstoff	C	Nickel	Ni	Rhodium	Rh	Terbium	Tb		
Cadmium	Cd	Fluor	F	Krypton	Kr	Niob	Nb	Rubidium	Rb	Thallium	Tl		